JN300827

Infectious and parasitic diseases of fish and shellfish

魚介類の
感染症・寄生虫病

監 修
江草周三

編 集
若林久嗣・室賀清邦

恒星社厚生閣

IHN罹患サクラマス稚魚．体側にV字状出血が見られる（Ⅱ-2参照）

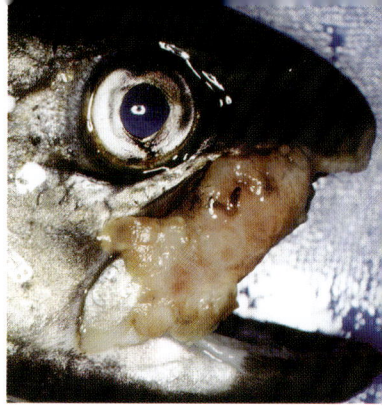

採卵親魚からOMVが分離された飼育場のサクラマスに見られた腫瘍（Ⅱ-4参照）

ヘルペスウイルス性乳頭腫に罹病したニシキゴイ（Ⅱ-10参照）

VHSに冒されたニジマス．眼球の突出・出血，鰓と肝臓の貧血による褪色，鰓，体側筋，腹膜の出血などが見られる（Ⅱ-5参照）（写真提供：Dr. P. Ghittino）

リンホシスチス病に罹患したヒラメ（Ⅱ-13参照）

SVCに冒されたコイ．腹部膨脹が著しく，眼球は突出し，体表に出血もみられる．（Ⅱ-9参照）（写真提供：Dr. N. Fijan）

HIRRV人工感染ヒラメに見られた筋肉内出血像（Ⅱ-15参照）

PAV罹病エビ外骨格に認められる白斑（Ⅱ-19参照）（写真提供：桃山和夫氏）

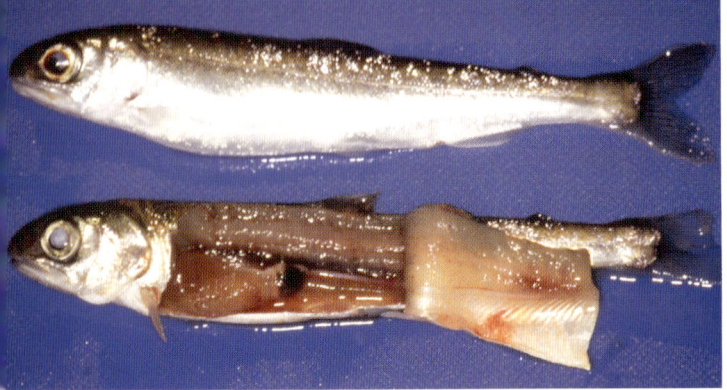

せっそう病に冒されたサケ稚魚（Ⅲ-3参照）（写真提供：浦和茂彦氏）

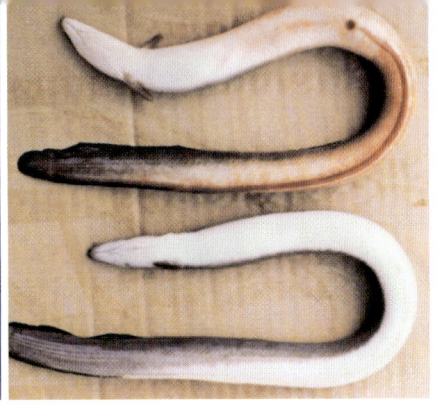

鰭赤病に冒されたウナギ（上）躯幹腹側部皮膚と臀鰭，および肛門の発赤が著しい．（下）は健康魚（Ⅲ-5参照）

ビブリオ病（*Vibrio anguillarum*）罹病アユ（Ⅲ-6参照）（写真提供：城　泰彦氏）

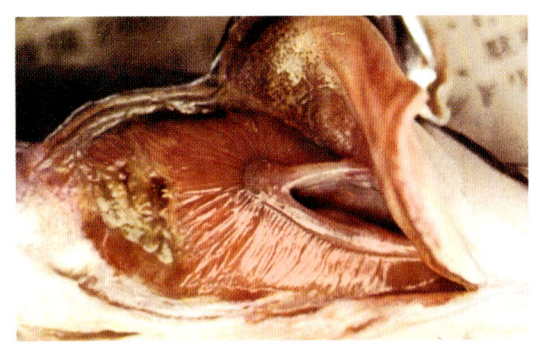

カナムナリス病に冒されたウナギの鰓．鰓弁の欠損とその先端部に病原菌の黄色い集落が見られる（Ⅲ-9参照）

腸管白濁症（*Vibrio ichthyoenteri*）罹病ヒラメ仔魚（Ⅲ-7参照）（写真提供：村田　修氏）

細菌性冷水病に罹ったアユ稚魚．躯幹後部から尾柄部の皮膚が剥離して筋肉が露出している（Ⅲ-10参照）（写真提供：沢田健蔵氏）

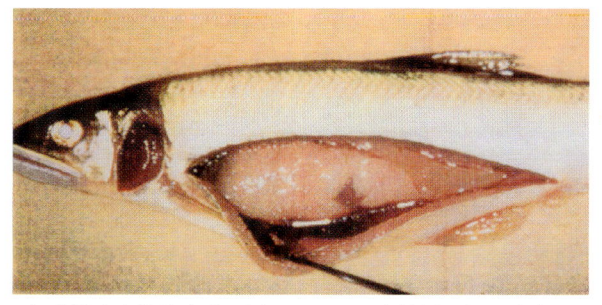

細菌性出血性腹水病に罹ったアユ．血液混じりの腹水の貯留が見られる．（Ⅲ-11参照）（写真提供：二宮浩司氏）

エドワジエラ症に冒されたヒラメ．腹部の体色が黒化し，脱腸している．（Ⅲ-12参照）（写真提供：水野芳嗣氏）

赤点病罹病ニホンウナギ（Ⅲ-13参照）
（写真提供：城　泰彦氏）

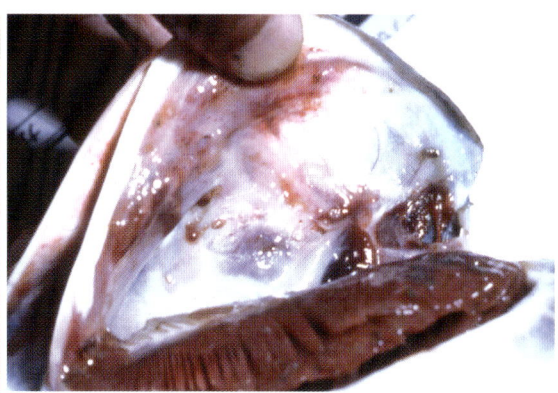

連鎖球菌症罹病ブリ（鰓蓋内側の出血）
（Ⅲ-14参照）（写真提供：城　泰彦氏）

連鎖球菌症（*Streptococcus iniae*）罹病アユ．肛門が拡張し，発赤している（Ⅲ-15参照）
（写真提供：城　泰彦氏）

類結節症罹病ブリの腎臓における小白点（菌集落）（Ⅲ-16参照）
（写真提供：城　泰彦氏）

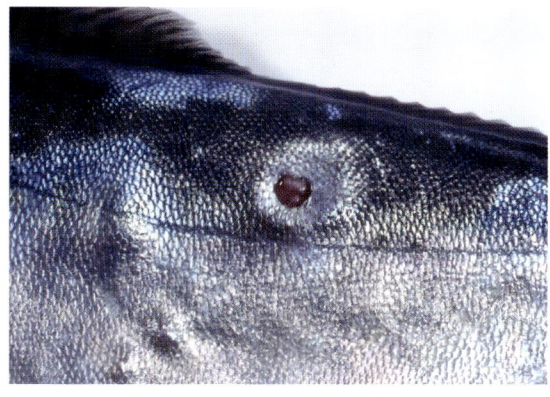

ノカルジア症罹病ブリ（躯幹結節型）（Ⅲ-17参照）
（写真提供：福田　穣氏）

ノカルジア症罹病ブリの鰓（鰓結節型）
（Ⅲ-17参照）（写真提供：福田　穣氏）

ミズカビ病に冒されたヤマメ幼魚（Ⅳ-2参照）

真菌性肉芽腫症に冒されたアユ．体表各部に出血を伴う膨隆や潰瘍を示す患部が見られる．（Ⅳ-3参照）

イクチオホヌス症に冒されたニジマス．脾臓と肝臓に *Ichthyophonus hoferi* 寄生による白色粒状物が見られる（Ⅳ-4参照）

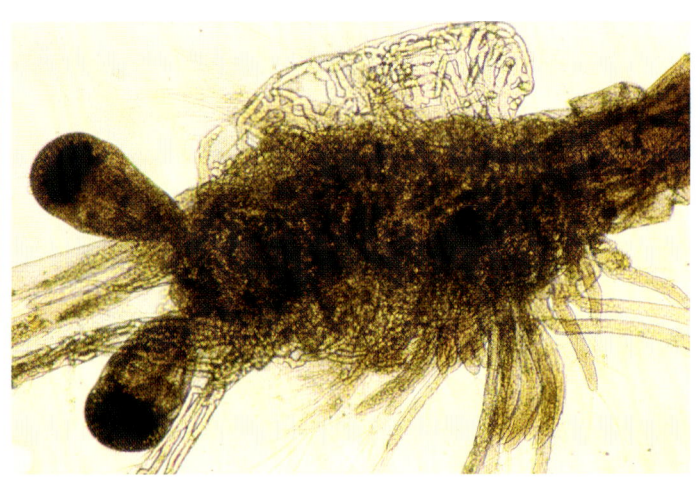

卵菌症（*Haliphthoros milfordensis*）に冒されたクルマエビのミシス幼生．菌糸が体内に充満している．（Ⅳ-6参照）

フサリウム症（鰓黒病）に冒されたクルマエビの鰓（Ⅳ-6参照）

マダイ稚魚の白点病（V-4 参照）

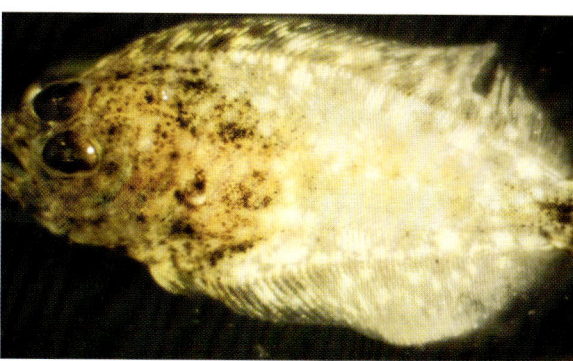

スクーチカ繊毛虫の侵襲を受けて体色が白化したヒラメ稚魚（写真提供：乙竹　充氏）（V-7 参照）

微胞子虫 *Glugea plecoglossi* の重篤寄生を受けたアユ．解剖すると多数のグルゲアシストが見える（V-8 参照）

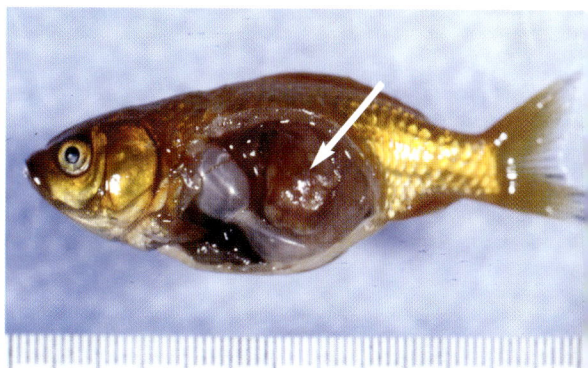

粘液胞子虫 *Hoferellus carassii* によるキンギョの腎腫大（矢印）（VI-1 参照）

粘液胞子虫性やせ病に罹患したトラフグ（VI-1 参照）

粘液胞子虫性側湾症に罹患したブリ（VI-4 参照）

ハダムシ *Benedenia seriolae* を駆除するために淡水浴を行ったブリ（Ⅶ-3参照）

タイセイヨウサケの体表に寄生する単生類 *Gyrodactylus salaris* の走査電顕像（写真提供：Dr. Tor Bakke）（Ⅶ-3参照）

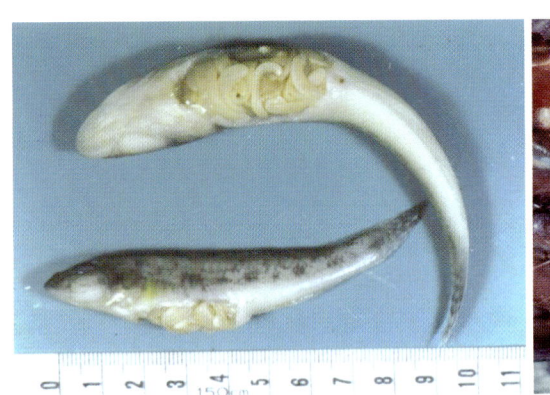

マハゼの体腔内に寄生する条虫 *Ligula* sp. の擬充尾虫（Ⅷ-2参照）

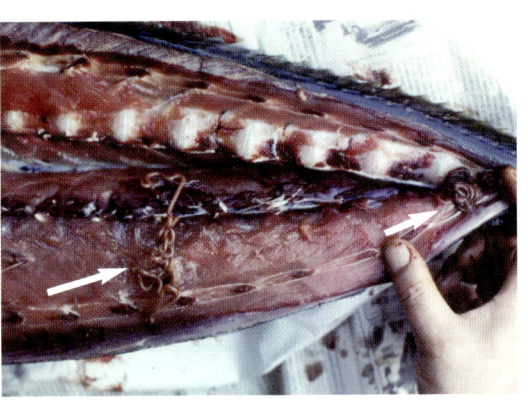

線虫 *Philometroides seriolae* が体側筋に寄生した天然ブリ（Ⅷ-3参照）

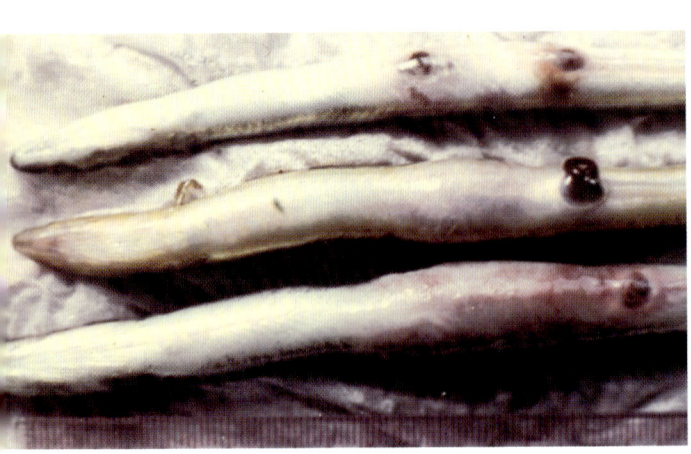

ヨーロッパウナギの鰾線虫症，鰾腔内の虫体の崩壊による腸炎が見られる．（写真提供：廣瀬一美氏）（Ⅷ-3参照）

タイセイヨウサケの体表に寄生する甲殻類サケジラミ *Lepeophtheirus salmonis*（写真提供：Dr. Alan Pike）（Ⅷ-5参照）

ま え が き

　本書の出版は，新水産学全集 17B「魚病学－感染症・寄生虫病篇（江草編）」の改訂を意図して企画されました．1983年（昭58）の初版から20年を経過し，魚病とりわけ感染症・寄生虫病をめぐる状況は大きく変化し，この間に多くの知識や技術が蓄積され，教科書・参考書としては全面的に改訂すべき時期と思われたからです．また，17A「魚病学 - 診断・治療篇」が未刊であること，1996年（平8）に「魚病学概論（室賀・江草編集）」が刊行されたことに鑑み，今回は書名を「魚介類の感染症・寄生虫病」とし，その内容を感染症・寄生虫病に絞るとともに主なエビ類や貝類の病気も取り込み，原稿は全て書き改めて出版することにしました．

　本書の構成は，序論において魚介類の病気を本書の章立てとは別の観点から俯瞰し総述したほかは，原則として「魚病学－感染症・寄生虫病篇」にならい，各章巻頭に概説を置き，続いてそれぞれの病気について1）序，2）原因，3）症状・病理，4）疫学，5）診断，6）対策，の順に記述しました．また，関連文献を網羅するのではなく主要な文献を選ぶ一方，記事の根拠になっている文献はできる限り丁寧に示すことに努めました．

　また，教科書・参考書として平易な記述を心がけ，関連分野専修の大学院生，水産試験場などの研究員，漁協などの魚病専門員，水産関連企業の研究員，生産現場の技術者などを主な読者として想定しています．内容や文体の統一性を高めるためにできるだけ少人数で執筆することとして編者の他は，吉水　守，福田穎穂，畑井喜司雄，小川和夫，良永知義，横山　博の各氏に分担を依頼しました．各氏には，担当分野の第一人者として活躍中である上に国立大学の法人化などの機構改革の最中にあって，極めて多忙な時間を割いてご協力を頂きました．また，「魚病学－感染症・寄生虫病篇」の編者であられる江草周三先生には，企画に当たってご了解ご助言を頂き，さらに監修の労をお取り願いました．なお，諸般の事情により企画から出版まで4年の歳月を要し，執筆者には原稿の加筆・修正などのご迷惑をお掛けしました．また，読者の方々には，それでもなお，各章・節ごとに最新のデータや情報の時期に若干の差異のあることをお詫びいたします．

　本書が魚介類の感染症・寄生虫病に関心のある学生，研究者，現場の技術者の教科書・参考書として前者と同様に長く愛読されることを祈ってやみません．読者の皆様の忌憚のないご指摘を頂いて，改訂版を重ねることができればこれに過ぎる喜びはありません．

　終わりに，本書の出版にあたりいろいろお世話になった恒星社厚生閣の佐竹久男社長と小浴正博氏，ならびに貴重な写真を提供して下さった井上　潔，浦和茂彦，岡　英夫，乙竹　充，金井欣也，木村喬久，佐野徳夫，澤田健蔵，城　泰彦，高橋耿之介，高橋　誓，長澤和也，西村定一，二宮浩司，広瀬一美，福田　穰，前野幸男，宮崎照雄，水野芳嗣，村田　修，桃山和夫，Susan Bower, John L. Fryer, Pietro Ghittino, Sun-Joung Lee, Alan Pike, Kay Lwin Tun の諸氏に深く感謝いたします．

2004年8月10日

若林久嗣
室賀清邦

執筆者紹介 (ABC順)

* 江 草 周 三	1920年生,	東京帝国大学農学部卒, 東京大学名誉教授.
福 田 穎 穂	1947年生,	東京水産大学大学院修士課程修了, 東京海洋大学海洋科学部教授.
畑 井 喜司雄	1944年生,	東京水産大学大学院修士課程修了, 日本獣医畜産大学獣医学部教授.
** 室 賀 清 邦	1943年生,	東京大学大学院農学系修士課程修了, 東北大学大学院農学研究科教授.
小 川 和 夫	1949年生,	東京大学大学院農学系修士課程修了, 東京大学大学院農学生命科学研究科教授.
** 若 林 久 嗣	1940年生,	東京大学大学院農学系修士課程修了, 東京大学名誉教授.
横 山 博	1964年生,	東京大学大学院農学系博士課程修了, 東京大学大学院農学生命科学研究科助手.
吉 水 守	1948年生,	北海道大学大学院水産学系博士課程修了, 北海道大学大学院水産科学研究科教授.
良 永 知 義	1958年生,	東京大学大学院農学系博士課程修了, 東京大学大学院農学生命科学研究科助教授.

*監修者
**編集者

魚介類の感染症・寄生虫病　目次

第Ⅰ章　序　論 ……………………………………（若林久嗣）……1
1. 魚介類の病気の特徴 …………………………………………1
    1）病因と病理（1）　2）魚病の原因（2）
2. 魚病と人間の関係 ……………………………………………4
    1）魚病と公衆衛生（4）　2）魚病と漁業の関係（5）
    3）魚病学の目的（7）
3. 魚病における感染と発病と流行 ……………………………7
    1）感染（7）　2）発症・発病と生体防御（8）
    3）病気の流行（9）
4. 種苗生産における病害 ………………………………………10
    1）稚仔の病気（10）　2）親魚の病気（13）
5. 養殖生産における病害 ………………………………………13
    1）日本の養殖魚介類の主な病害（13）　2）養殖方法と病気の変遷（14）
6. 診断と治療 ……………………………………………………18
    1）診断（18）　2）治療・投薬（19）　3）消毒・殺菌（21）
7. 防　疫 …………………………………………………………21
    1）予防接種（21）　2）魚類防疫制度（22）　3）魚類防疫の課題（24）

第Ⅱ章　ウイルス病 ………………………………………29
1. 概　説 ……………………………………………（吉水　守）……29
    1）魚介類のウイルス病研究の歴史（29）　2）魚類培養細胞（33）　3）代表的な魚類のウイルス病（35）
    4）甲殻類と貝類のウイルス病（37）
2. サケ科魚類の伝染性造血器壊死症（Infectious hematopoietic necrosis：IHN）……………（吉水　守）……38
    1）序（38）　2）原因（39）　3）症状・病理（40）
    4）疫学（41）　5）診断（42）　6）対策（42）
3. サケ科魚類の伝染性膵臓壊死症（Infectious pancreatic necrosis：IPN）………………（福田穎穂・室賀清邦）……44
    1）序（44）　2）原因（44）　3）症状・病理（46）
    4）疫学（46）　5）診断（47）　6）対策（47）

目　次

4. サケ科魚類のヘルペスウイルス病（Herpesviral disease of salmonids）······················（吉水　守）······48
    1）序（48）　2）原因（49）　3）症状・病理（50）
    4）疫学（51）　5）診断（52）　6）対策（52）

5. ニジマスのウイルス性出血性敗血症（Viral hemorrhagic septicemia：VHS）·····················（吉水　守）······53
    1）序（53）　2）原因（53）　3）症状・病理（54）
    4）疫学（55）　5）診断（56）　6）対策（57）
    7）ヒラメのVHS（57）

6. 赤血球封入体症候群（Erythrocytic inclusion body syndrome：EIBS）······················（福田頴穂）······57
    1）序（57）　2）原因（58）　3）症状・病理（58）
    4）疫学（59）　5）診断（59）　6）対策（59）

7. 伝染性サケ貧血症（Infectious salmon anemia：ISA）·······················（福田頴穂）······60
    1）序（60）　2）原因（60）　3）症状・病理（60）
    4）疫学（61）　5）診断（62）　6）対策（62）

8. ウイルス性旋回病（Viral whirling disease：VWD）·····················（吉水　守）······62
    1）序（62）　2）原因（63）　3）症状・病理（63）
    4）疫学（63）　5）診断・対策（64）

9. コイの春ウイルス血症（Spring viremia of carp：SVC）·················（福田頴穂・室賀清邦）······64
    1）序（64）　2）原因（64）　3）症状・病理（65）
    4）疫学（66）　5）診断（66）　6）対策（66）

10. コイのヘルペスウイルス性乳頭腫（Herpesviral papilloma of carp）·······················（福田頴穂）······67
    1）序（67）　2）原因（68）　3）症状・病理（68）
    4）疫学（69）　5）診断（69）　6）対策（69）

11. ブリのウイルス性腹水症（Viral ascites of yellowtail）·················（福田頴穂・室賀清邦）······70
    1）序（70）　2）原因（71）　3）症状・病理（72）
    4）疫学（73）　5）診断（73）　6）対策（75）

12. マダイイリドウイルス病（Red sea bream iridoviral disease）·······················（室賀清邦）······75
    1）序（75）　2）原因（75）　3）症状・病理（77）
    4）疫学（77）　5）診断（78）　6）対策（78）

13. リンホシスチス病（Lymphocystis disease：LCD）·····················（吉水　守）······79

目　次

　　　1）序（79）　　2）原因（79）　　3）症状・病理（80）
　　　4）疫学（80）　　5）診断（81）　　6）対策（81）
　14．シマアジのウイルス性神経壊死症（Viral nervous necrosis：
　　　VNN）……………………………………………………（室賀清邦）……81
　　　1）序（81）　　2）原因（82）　　3）症状・病理（84）
　　　4）疫学（85）　　5）診断（85）　　6）対策（86）
　15．ヒラメのラブドウイルス病（Hirame rhabdoviral disease）
　　　…………………………………………………………………（吉水　守）……86
　　　1）序（86）　　2）原因（87）　　3）症状・病理（88）
　　　4）疫学（88）　　5）診断（88）　　6）対策（88）
　16．流行性造血器壊死症（Epizootic hematopoietic necrosis：EHN）
　　　…………………………………………………………………（福田穎穂）……89
　　　1）序（89）　　2）原因（89）　　3）症状・病理（90）
　　　4）疫学（91）　　5）診断（92）　　6）対策（93）
　17．トラフグの口白症（Snout ulcer disease）……………（江草周三）……93
　　　1）序（93）　　2）原因（94）　　3）病状・病理（95）
　　　4）疫学（96）　　5）診断（96）　　6）対策（96）
　18．クルマエビのバキュロウイルス性中腸腺壊死症（Baculoviral
　　　mid-gut gland necrosis：BMN）……………………（福田穎穂）……97
　　　1）序（97）　　2）原因（97）　　3）症状・病理（97）
　　　4）疫学（98）　　5）診断（98）　　6）対策（99）
　19．クルマエビの急性ウイルス血症（Penaeid acute viremia：
　　　PAV＝White spot disease：WSD）…………………（室賀清邦）……99
　　　1）序（99）　　2）原因（99）　　3）症状・病理（101）
　　　4）疫学（102）　　5）診断（102）　　6）対策（102）
　20．外国におけるクルマエビ類のウイルス病（Viral diseases of
　　　penaeid shrimp）………………………………………（室賀清邦）……103
　　　1）序（103）　　2）原因ウイルスおよび病気（症状・病理）
　　　（104）　　3）疫学（108）　　4）診断（110）　　5）対策（110）

第Ⅲ章　細菌病……………………………………………………………………129
　1．概　説……………………………………………………（室賀清邦）……129
　　　1）魚介類病原細菌（129）　　2）偏性病原菌と条件性病
　　　原菌（131）　　3）細菌病の診断（132）　　4）細菌病の
　　　予防・治療対策（132）　　5）食品衛生上問題となり得る
　　　魚類病原菌（133）　　6）その他の細菌病（134）
　2．サケ科魚類の細菌性腎臓病（Bacterial kidney disease：BKD）
　　　…………………………………………………………………（若林久嗣）……136
　　　1）序（136）　　2）原因（137）　　3）症状・病理（138）

目次

　　4）疫学（*138*）　　5）診断（*139*）　　6）対策（*140*）

3. サケ科魚類のせっそう病（Furunculosis）………（若林久嗣）……*141*
　　1）序（*141*）　　2）原因（*141*）　　3）症状・病理（*143*）
　　4）疫学（*144*）　　5）診断（*145*）　　6）対策（*145*）

4. 非定型 *Aeromonas salmonicida* 感染症（Atypical *Aeromonas salmonicida* infection）………………（若林久嗣）……*146*
　　1）序（*146*）　　2）キンギョの穴あき病（*147*）　　3）ニシキゴイの'新'穴あき病（*148*）　　4）ウナギの頭部潰瘍病（*149*）　　5）海産魚類の非定型 *Aeromonas salmonicida* 感染症（*150*）

5. 運動性エロモナス感染症（Motile *Aeromonas* infections）
　　………………………………………………（若林久嗣）……*150*
　　1）序（*150*）　　2）原因（*152*）　　3）症状・病理（*155*）
　　4）疫学（*156*）　　5）診断（*157*）　　6）対策（*157*）

6. ビブリオ病-1（*Vibrio anguillarum* infection）……（室賀清邦）……*158*
　　1）序（*158*）　　2）原因（*158*）　　3）症状・病理（*160*）
　　4）疫学（*161*）　　5）診断（*161*）　　6）対策（*162*）

7. ビブリオ病-2（Other *Vibrio* infections）…………（室賀清邦）……*163*
　　1）*Vibrio ordalii* 感染症（*163*）　　2）*Vibrio vulnificus* 感染症（*165*）　　3）*Vibrio cholerae* 感染症（アユのナグビブリオ病）（*166*）　　4）*Vibrio ichthyoenteri* 感染症（ヒラメ仔魚の細菌性腸管白濁症）（*167*）　　5）その他の *Vibrio* 属細菌による感染症（*168*）

8. 細菌性鰓病（Bacterial gill disease：BGD）………（若林久嗣）……*169*
　　1）序（*169*）　　2）原因（*169*）　　3）症状・病理（*170*）
　　4）疫学（*172*）　　5）診断（*172*）　　6）対策（*172*）

9. カラムナリス病（Columnaris disease）……………（若林久嗣）……*173*
　　1）序（*173*）　　2）原因（*174*）　　3）症状・病理（*176*）
　　4）疫学（*176*）　　5）診断（*177*）　　6）対策（*177*）

10. 細菌性冷水病（Bacterial cold-water disease）……（若林久嗣）……*177*
　　1）序（*177*）　　2）原因（*178*）　　3）症状・病理（*180*）
　　4）疫学（*181*）　　5）診断（*182*）　　6）対策（*183*）

11. アユの細菌性出血性腹水病（Bacterial hemorrhagic ascites）
　　………………………………………………（若林久嗣）……*184*
　　1）序（*184*）　　2）原因（*184*）　　3）症状・病理（*185*）
　　4）疫学（*187*）　　5）診断（*187*）　　6）対策（*187*）

12. エドワジエラ症（Edwardsiellosis）…………………（若林久嗣）……*188*
　　1）序（*188*）　　2）原因（*188*）　　3）症状・病理（*192*）
　　4）疫学（*193*）　　5）診断（*195*）　　6）対策（*195*）

目　次

13. ウナギの赤点病（Red spot disease）……………………（室賀清邦）……196
　　1）序（196）　　2）原因（196）　　3）症状・病理（197）
　　4）疫学（198）　5）診断（198）　6）対策（198）

14. ブリの連鎖球菌症（*Lactococcus garvieae* infection）
　　　　　　　　　　　　　　　　　　　　　　　　（室賀清邦）……198
　　1）序（198）　　2）原因（199）　　3）症状・病理（201）
　　4）疫学（201）　5）診断（202）　6）対策（202）
　　7）*Lactococcus garvieae* 以外の細菌による海産魚の連鎖球菌
　　症（203）

15. アユ等淡水魚の連鎖球菌症（*Streptococcus iniae* infection）
　　　　　　　　　　　　　　　　　　　　　　　　（室賀清邦）……203
　　1）序（203）　　2）原因（204）　　3）症状・病理（205）
　　4）疫学（205）　5）診断（205）　6）対策（206）

16. ブリの類結節症（Pseudotuberculosis）……………………（室賀清邦）……206
　　1）序（206）　　2）原因（207）　　3）症状・病理（209）
　　4）疫学（209）　5）診断（210）　6）対策（210）

17. ブリのノカルジア症（Nocardiosis）………………………（室賀清邦）……211
　　1）序（211）　　2）原因（211）　　3）症状・病理（213）
　　4）疫学（213）　5）診断（214）　6）対策（214）

18. 海産魚の滑走細菌症（Gliding bacterial disease, *Tenacibaculum maritimum* infection）……………………………（若林久嗣）……214
　　1）序（214）　　2）原因（215）　　3）症状・病理（218）
　　4）疫学（219）　5）診断（219）　6）対策（220）

19. ピシリケッチア症（Piscirickettsiosis）……………………（室賀清邦）……220
　　1）序（220）　　2）原因（221）　　3）症状・病理（221）
　　4）疫学（222）　5）診断（222）　6）対策（223）

20. エピテリオシスチス病（Epitheliocystis）…………………（室賀清邦）……223
　　1）序（223）　　2）原因（223）　　3）症状・病理（224）
　　4）疫学（225）　5）診断（225）　6）対策（225）
　　7）エピテリオシスチス類症（225）

21. レッドマウス病（Redmouth disease）……………………（若林久嗣）……226
　　1）序（226）　　2）原因（226）　　3）症状・病理（228）
　　4）疫学（228）　5）診断（228）　6）対策（229）

22. クルマエビのビブリオ病（Vibriosis of kuruma prawn）
　　　　　　　　　　　　　　　　　　　　　　　　（室賀清邦）……229
　　1）序（229）　　2）原因（230）　　3）症状・病理（230）
　　4）疫学（231）　5）診断（232）　6）対策（232）

目　次

第Ⅳ章　真菌病 ……………………………………（畑井喜司雄）……263
　1．概　説 ……………………………………………………………263
　2．水カビ病（Water mold disease）………………………………265
　2-1　ミズカビ病（Saprolegniasis）………………………………266
　　　1）序（*266*）　2）原因（*267*）　3）症状・病理（*268*）
　　　4）診断（*268*）　5）対策（*268*）
　2-2　サケ科魚類稚魚の内臓真菌症（Visceral mycosis）………269
　　　1）序（*269*）　2）原因（*269*）　3）症状（*270*）
　　　4）疫学（*270*）　5）診断（*270*）　6）対策（*270*）
　3．真菌性肉芽腫症（Mycotic granulomatosis）……………………270
　　　1）序（*270*）　2）原因（*271*）　3）症状・病理（*272*）
　　　4）疫学（*272*）　5）診断（*272*）　6）対策（*272*）
　4．イクチオホヌス症（Ichthyophonosis）…………………………273
　　　1）序（*273*）　2）原因（*273*）　3）症状・病理（*274*）
　　　4）疫学（*275*）　5）診断（*275*）　6）対策（*275*）
　5．オクロコニス症（Ochroconis infection）………………………275
　　　1）序（*275*）　2）原因（*275*）　3）症状・病理（*276*）
　　　4）疫学（*276*）　5）診断（*277*）　6）対策（*277*）
　6．甲殻類の真菌病（Fungaldiseases in crustacean）………………277
　6-1　卵菌症（Oomycetes infection）………………………………277
　　　1）序（*277*）　2）原因（*278*）　3）症状・病理（*279*）
　　　4）疫学（*280*）　5）診断（*280*）　6）対策（*280*）
　6-2　フサリウム症（Fusariosis）…………………………………280
　　　1）序（*280*）　2）原因（*280*）　3）症状・病理（*281*）
　　　4）疫学（*281*）　5）診断（*281*）　6）対策（*281*）

第Ⅴ章　原虫病 ………………………………………（小川和夫）……285
　1．概　説 ……………………………………………………………285
　　　1）魚類に寄生する原虫（*285*）　2）魚類寄生原虫の害作用と
　　　それに対する宿主の生体防御（*286*）　3）各門の概説（*287*）
　2．イクチオボド症（Ichthyobodosis）………………………………289
　　　1）序（*289*）　2）原因（*289*）　3）症状・病理（*290*）
　　　4）疫学（*291*）　5）診断（*291*）　6）対策（*292*）
　3．その他の鞭毛虫病（Other flagellate diseases）…………………292
　4．白点病（淡水・海水）（White spot disease）……………………295
　　　1）序（*295*）　2）原因（*295*）　3）症状・病理（*297*）
　　　4）疫学（*298*）　5）診断（*301*）　6）対策（*301*）
　5．トリコジナ症（Trichodinosis）…………………………………303
　　　1）序（*303*）　2）原因（*304*）　3）症状・病理（*304*）

目　次

　　　4）疫学（305）　　5）診断（305）　　6）対策（305）
　6．キロドネラ症（Chilodonellosis） ……………………………………………… 305
　　　1）序（305）　　2）原因（305）　　3）症状・病理（306）
　　　4）疫学（306）　　5）診断（306）　　6）対策（306）
　7．その他の繊毛虫病（Other ciliate diseases） ………………………………… 307
　8．アユのグルゲア症（Glugeosis） ……………………………………………… 309
　　　1）序（309）　　2）原因（310）　　3）症状・病理（311）
　　　4）疫学（311）　　5）診断（312）　　6）対策（312）
　9．べこ病（ウナギ）（Beko disease-1） ………………………………………… 312
　　　1）序（312）　　2）原因（312）　　3）症状・病理（314）
　　　4）疫学（315）　　5）診断（315）　　6）対策（315）
　10．べこ病（ブリ，マダイ）（Beko disease-2） ………………………………… 315
　　　1）序（315）　　2）原因（316）　　3）症状・病理（317）
　　　4）疫学（317）　　5）診断（317）　　6）対策（318）
　11．その他の微胞子虫病（Other microsporidan diseases） …………………… 318
　12．貝類の原虫病（Protozoan diseases in mollusks）……（良永知義）…… 320
　　　1）概説（320）　　2）アサリのパーキンサス症（325）
　　　3）マガキの卵巣肥大症（326）　　4）ホタテガイの *Perkinsus qugwadi* 感染症（328）

第Ⅵ章　粘液胞子虫病 ……………………………………（横山　博）…… 339
　1．概　説 ……………………………………………………………………………… 339
　　　1）序（339）　　2）旋回病（340）　　3）セラトミクサ症（340）
　　　4）PKD（proliferative kidney disease, 増殖性腎臓病）（341）
　　　5）海産魚の筋肉クドア症（341）　　6）海産魚の腸管粘液胞子虫症（342）　　7）その他（342）
　2．コイ稚魚の鰓ミクソボルス症（Gill myxobolosis of carp） ……… 343
　　　1）序（343）　　2）原因（344）　　3）症状・病理（345）
　　　4）疫学（345）　　5）診断（345）　　6）対策（346）
　3．コイの筋肉ミクソボルス症（Muscular myxobolosis of carp） … 346
　　　1）序（346）　　2）原因（346）　　3）症状・病理（346）
　　　4）疫学（347）　　5）診断（348）　　6）対策（348）
　4．ブリの粘液胞子虫性側湾症（Myxosporean scoliosis of yellowtail） ……………………………………………………………………… 348
　　　1）序（348）　　2）原因（348）　　3）症状・病理（349）
　　　4）疫学（349）　　5）対策（349）

第Ⅶ章　単生虫病 ……………………………………………（小川和夫）…… 353
　1．概　説 ……………………………………………………………………………… 353

目　次

  2．ダクチロギルス症・シュードダクチロギルス症
　　（Dactylogylosis・Pseudodactylogyrosis）……………………………354
　　　1）序（354）　2）原因（354）　3）症状・病理（356）
　　　4）疫学（357）　5）診断（357）　6）対策（357）
  3．ギロダクチルス症（Gyrodactylosis）……………………………358
　　　1）序（358）　2）原因（358）　3）症状・病理（359）
　　　4）疫学（360）　5）診断（360）　6）対策（360）
  4．ハダムシ症（ベネデニア・ネオベネデニア）（Skin fluke disease）……………………………360
　　　1）序（360）　2）原因（362）　3）症状・病理（364）
　　　4）疫学（364）　5）診断（365）　6）対策（365）
  5．エラムシ症-1（ヘテラキシネ・ゼウクサプタ・ビバギナ・ミクロコチレ）（Gill fluke disease-1）……………………………365
　　　1）序（365）　2）原因（365）　3）症状・病理（368）
　　　4）疫学（369）　5）診断（369）　6）対策（369）
  6．エラムシ症-2（ヘテロボツリウム・ネオヘテロボツリウム）（Gill fluke disease-2）……………………………369
　　　1）序（369）　2）原因（370）　3）症状・病理（372）
　　　4）疫学（373）　5）診断（374）　6）対策（374）

第Ⅷ章　大型寄生虫病 ……………………………（小川和夫）……381
  1．吸虫病（Trematodiasis）……………………………381
　　　1）概説（381）　2）カンパチの血管内吸虫症（382）
　　　3）メタセルカリア寄生症（385）
  2．条虫病（Cestodiasis）……………………………389
　　　1）概説（389）　2）各論（389）
  3．線虫病（Nematodiasis）……………………………390
　　　1）概説（390）　2）各論（391）
  4．鉤頭虫病（Acanthocephaliasis）……………………………393
　　　1）概説（393）　2）各論（394）
  5．甲殻虫病（Crustacean disease）……………………………395
　　　1）概説（395）　2）イカリムシ症（397）　3）カリグス症（399）　4）アルグルス症（402）

本書における魚介類の学名一覧……………………………407
病原体・寄生虫　索引……………………………411
事項索引……………………………415

第 I 章　序　論

1. 魚介類の病気の特徴

1）病因と病理

「病」という字を反時計回りに45度回転させると人が寝台に横たわっている姿になり，この文字の象形とのことである．「病気」の「気」の意味するところは定かではないが，英語のdiseaseが安らか（ease）でない（dis）との心情表現の転意であるように，心的要素を加味しているのではないかと思える．語源はともかくとして，「病気」の定義を探すと，「個体の秩序が何らかの原因（病因）により偏倚した状態をいう」（岩波生物学辞典，第4版）とあり，「個体の秩序」，「原因」，「偏倚した状態」の3つが「病気」を構成するキーワードであることが分かる．これら3つのキーワードは病気を科学する3つの視点ともいえ，それぞれ「生理学」「病因学」「病理学」に当てはまる．また，「個体の秩序」の「個体の」からは，病気が生物の各個体の問題であることがわかるが，多数の個体を飼育する魚介類の種苗生産や養殖生産の場合には，病気は集団の問題として対処することが求められる．しかし，この場合も病気の本質が各個体に在ることを看過してはならないということであろう．

ある病気に罹った生物個体にどのような秩序の偏倚，すなわち病変，が生じるかを明らかにするのが病理学である．その根幹は，人を頂点とする哺乳類から魚類までの脊椎動物，さらには無脊椎動物に至るまで共通している．代謝障害，循環障害，炎症，奇形，腫瘍などはあらゆる動物に認められ，変性，萎縮，壊死，化生，肥大，増殖，再生，修復，貧血，鬱血，出血，血栓，塞栓，梗塞，などの共通の学術用語で記述される．このことは，魚介類の病理を明らかにする場合も，病理学の体系に則ってそれぞれの動物種の特徴を明らかにしなければならないことを意味する．医学は人だけを対象にし，獣医学は家畜家禽や愛玩動物を中心とした陸生動物を対象としている．「魚病学」は魚類ばかりでなく貝類や甲殻類など種々の水生動物（以下，魚介類と総称する）を対象としており，また，種苗生産や養殖生産の対象になっている魚介類は家畜家禽に比べてはるかに種類が多いことが特徴としてあげられる．対象としなければならない動物種の多様さが，魚介類の病理学の特色であるとともに，種ごとの詳細な研究を困難にしているといえよう．なお，魚病（fish disease/Fischkrankheiten）は魚介類の病気の総称として慣用されており（Hofer, 1906），本章においてもこれを踏襲したい．

英語のpathologyは狭義には病理学であるが，病気の科学全体を意味する言葉としても使われている．病理学を病気の科学の表門とすれば，病因学は脇門ということになる．ある魚が病気に罹ったとすると，どの器官のどの組織に

どのような病変が生じているかを明らかにし，それを基に病因を探り出し，病変の修復の手だてと病因の除去を行うのが，治療および予防の正攻法といえる．しかしながら，魚病にあっては，前述のように病理学的知見の集積が十分ではなく，また，一刻も早い対策を求められるため，病因の究明が優先することが多い．病因を突き止めることができれば，病因を取り除くことによって病気を治療したり，予防したりすることができる場合が多い．病変の修復に人間が手を貸さなくも，その動物がもともともっている個体の秩序の偏倚からの回復力が働くからである．また，人や家畜では死に致らないが著しく健康が損われたり，成長が遅れるような病気も深刻な問題であり，重要な研究対象とされている．しかし，魚介類では，致死性のない病気は従来殆ど問題にされず，専ら個体集団の死亡率が問題とされてきた．魚病についてのこれまでの研究がどちらかといえば病因学的視点でなされてきた所以である．

2) 魚病の原因

病因学においては，通常，病因を内因と外因の2つに大別する．魚病の原因を類別すると，内因として素因，遺伝，体質などが，また外因として環境因子，食餌因子，寄生因子があげられる（図Ⅰ-1-1）．哺乳類等の病気と同様に，同じ魚病でも種や品種によって罹ったり罹らなかったりするし，同じ種であっても罹る年齢（月齢）範囲が決まっていることが多い．また，雌雄によって差の見られるものもある．しかし，これら素因による罹病の差異がどのような機構で生じるのかはよく分かっていない．遺伝による魚病の一例として，米国で報告されたテラピアのサドルバック（Saddleback）をあげることができる．背鰭の一部あるいは全てを欠き，欠けた鰭の基部の背部がやや陥没することを特徴とする．サドルバックの遺伝子は優性で染色体に存在し，ホモ接合体は致死性で，サドルバック魚はヘテロ接合体をもつことが交雑実験により明らかにされている（Tave *et al*., 1983）．また，一般に白子と呼ばれている皮膚に色素の生じない白化現象（albinism）の多くは遺伝的に決まるとされているが，ニジマスなど種々の魚にも知られている．魚病にも個体の体質や内分泌機能不全，またアレルギーなどの免疫機能に起因する病気があると思われるが，それらの詳細は明らかでない．

魚病の外因としての環境因子は物理因子，化学因子，生物因子に類別される．物理因子としては，熱，光，音（振動），水流，衝撃，摩擦（擦過），粘着などがあげられる．また，化学因子としては，酸素，窒素，アンモニア，亜硝酸，硫化水素，酸，アルカリ，農薬，などがあげられる．生物因子としては，魚介類の周囲にあってその生存を脅かす赤潮プランクトン，有毒渦鞭毛藻など，寄生生物以外の生物があげられる．これら環境因子は，生物因子を含め，物理的作用あるいは化学的作用によって魚介類に病変や障害を引き起こす（表Ⅰ-1-1，表Ⅰ-1-2）．これらの殆どは魚介類の周囲に常に存在するものであり，それらの作用に対して魚介類は個体の秩序を維持するように応働するが，作用量が許容範囲を越えると病変が生ずる．以前，防汚剤

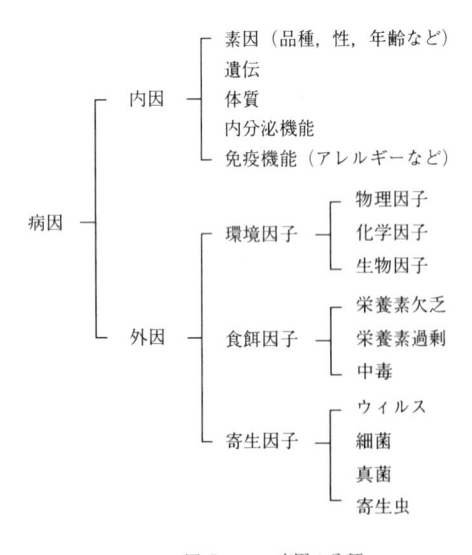

```
         ┌ 内因 ┬ 素因（品種，性，年齢など）
         │     ├ 遺伝
         │     ├ 体質
         │     ├ 内分泌機能
         │     └ 免疫機能（アレルギーなど）
         │
病因 ─┤            ┌ 物理因子
         │     ┌ 環境因子 ┤ 化学因子
         │     │          └ 生物因子
         │     │          ┌ 栄養素欠乏
         └ 外因 ┼ 食餌因子 ┤ 栄養素過剰
               │          └ 中毒
               │          ┌ ウィルス
               └ 寄生因子 ┤ 細菌
                          ├ 真菌
                          └ 寄生虫
```

図Ⅰ-1-1　病因の分類

1. 魚介類の病気の特徴

として生け簀網に塗布されていた有機スズ化合物のTBTO（tri-butyl-tin-oxide）が養殖ブリの脊椎湾曲の原因と疑われ，消費者の不安と魚価の下落を招いたことがあった．しかし，その後，脊椎湾曲は粘液胞子虫 *Myxobolus buri* の脳寄生が原因であることが明らかになって，TBTOとの因果関係は否定されることになった（江草，1995b）．環境因子が病因として疑われる場合，その因子の現場における実際の作用量によって病変が生ずるか否かを確認することが大切である．また，その因子が病因であった場合は，なぜ作用量が許容範囲を越えたかを明らかにすることが対策を立てる上で重要である．なお，TBTOは脊椎湾曲の原因ではないが，魚体内の有機スズ濃度を高めるため生け簀網の防汚剤として使用することは禁止されている．

魚介類に病気をもたらす環境因子の由来は，自然現象，種々の産業，消費生活，など多岐にわたるが，水産業はそれ自身がその水域に大きな負荷を与えており，病気を引き起こす環境因子の多くは自らが作り出すものといえる．環境因子の作用が個体にとって許容できる範囲であっても，それによって病原体の感染などが誘発されることがある．このような因子を病気の誘因といい，病気を直接引き起こす病因とは区別される．感染症の場合，環境因子は宿主に作用してその生体防御能を低下させるだけでなく，寄生体にも作用してその感染能を高める．また，宿主の生体防御能の低下は，環境因子が直接作用して皮膚粘膜を剥離させることなどによる場合もあるが，環境因子がストレッサーとして作用し，ストレス反応として生じる場合もある（若林，1996）．

魚介類には自分の体内で作ることができず，食餌から摂取しなけらばならない栄養素があり，これらは必須栄養素と呼ばれ，不足あるいは欠乏するといろいろな欠乏症が起こることが知られている（金澤，1996）．魚介類の栄養学の進んだ現在，配合飼料で飼育されている養殖魚介類に欠乏症が起こることは，製造工程や保管中のミスでもなければ，殆ど起こらないと思われる．栄養素の過剰症は余り知られていないが，最も初期のウナギ用配合飼料において炭水化物過剰症が起こったことがある．養殖魚類は家畜家禽に比べて炭水化物の利用能力が劣り，練り餌型のウナギ用配合飼料の粘結剤として使用されたアルファでん粉が消化吸収されたあと十分利用されず貯留して肝臓を異常に肥大させた．その後直ぐに，吸収されない粘結剤が配合され現在に至っている．炭水化物の利用能の劣る魚類の飼料においては，できるだけ油脂をエネルギー源とすることによって高価なタンパク

表Ⅰ-1-1　物理因子による病変

因子	事例	病変／障害
熱	高水温	痙攣，体色変化，鰓蓋開放
	低水温	急性－平衡障害
		慢性－粘膜剥離，水腫，炎症
光	露光	孵化異常（奇形），カレイ・ヒラメの体色異常
	紫外線	日焼け
音／振動	交通，工事	孵化異常（奇形）
水流	強い通気による湧昇流	マダイ仔魚の脊椎湾曲
衝撃	ダムからの流下	脳内出血，鰾の破裂
摩擦／擦過	捕食，闘争	咬傷，擦傷
	水揚げ，選別作業	擦傷，骨折，脱臼
	懸濁粒子	鰓組織の増殖性反応
粘着	腐泥，（赤潮生物）	鰓の呼吸・排泄阻害

表Ⅰ-1-2　化学因子による病変

化学因子	事例	病変／障害
酸素（欠乏）	過密飼育	鼻上げ，窒息
酸素（過飽和）	光合成量の激増	ガス病：皮下・眼窩に気泡
窒素（過飽和）	深井戸，ポンプや配管のピンホール	ガス病：皮下・眼窩に気泡　循環器官のガス栓塞
アンモニア	過密飼育	急性－痙攣，旋回游泳
		慢性－成長不良，免疫力低下
亜硝酸	過密飼育	メトヘモグロビン血症
硫化水素	底泥層の還元	急性－痙攣，旋回游泳
		慢性－成長不良，免疫力低下
酸	過密飼育（硝酸の蓄積）	体表・鰓の粘液分泌亢進
アルカリ	光合成の激増（重炭酸イオンの増加）	体表・鰓の粘液分泌亢進
農薬	有機リン系やチオカーバイト系農薬	筋肉の痙攣的収縮，脊椎の骨折，脱臼

質を節約することが求められる．しかし，配合飼料に添加するフィードオイルは貯蔵中に酸化して有毒な過酸化脂質が増えるので注意が必要である．マダイやトラフグの黄脂症は品質の劣化した冷凍魚の給餌，また，コイの背こけ病は変敗した蚕蛹の給餌による過酸化脂質中毒と考えられている．過酸化脂質中毒は抗酸化作用をもつビタミンEの消耗をもたらすため，その症状はビタミンE欠乏症と共通する．新鮮なカタクチイワシやマイワシはチアミナーゼを多く含んでおり，これを連続給餌すると魚体内のビタミンB_1が破壊されることが知られている．

小川や池で採ったコイやフナの皮膚にイカリムシやチョウを見つけることがあるように，魚介類には多くの種類の寄生虫がいることは古くから知られ，記録されている．天然水域にあっては，通常，それら寄生虫は寄生数が少なく宿主に与える害作用は軽微で問題にならない．しかし，金魚鉢のキンギョがしばしば白点病で死ぬように，愛玩飼育，さらに養殖生産や種苗生産などの集団飼育が盛んになるに連れて魚介類の寄生虫による重篤な病害が次第に知られるようになった．この点は寄生虫に限らず細菌，さらにはウイルスも同様であって，サケ科魚類のせっそう病やウナギのビブリオ病などは19世紀末から20世紀初めの病原細菌学の黎明期に発見されているが，これらも蓄養・養殖魚の発病によって顕在化したものである．現在，世界各国で種々の魚介類が種苗生産や養殖生産の対象になっているが，それらの生産過程で生ずる病気の大部分は，自然界から侵入あるいは導入されたウイルス，細菌，真菌，原生動物，後生動物などの寄生生物に起因し，それらが飼育集団の中で個体から個体へ伝搬して大きな被害をもたらしている．本書においては，これら寄生生物による病気を感染症とし，魚介類の生産を阻害する主要なものを各論において解説している．

2. 魚病と人間の関係

1) 魚病と公衆衛生

「魚介類の感染症は人間に伝染するか」あるいは「病気の魚介類を食べても害はないか」などは人間の病気あるいは健康に関する問題であり，本来は医学ないしは公衆衛生学の領域といえる．しかしながら，魚病の研究が主に人間が魚介類を利用する上での障害についての知識とそれを除去する技術の取得を目的としているところから，魚病を専攻する者にとっても避けて通れない課題といえよう．

魚病ウイルスのなかに人畜に伝染するものは見つかっていない．反対に，人畜病ウイルスのなかに魚などに感染するものも知られていない．生細胞内でしか増殖できないウイルスにとって，魚と哺乳動物のように系統分類学的に遠く離れ，また水中と陸上のように生息環境の非常に異なる動物間では宿主をともにすることが難しいからであろう．

魚病細菌ではやや趣を異にする．運動性エロモナスは河川湖沼の魚や蛙，淡水養殖魚などに古くから知られている代表的な魚病細菌であり，河川湖沼や養魚池だけでなく清水にも存在する水中常在細菌であるが，稀に幼児や高齢者などに食中毒を起こすことが知られている．そのため，食中毒発生の際に検査すべき原因の一つに指定されている．一方，腸炎ビブリオ（*Vibrio parahaemolyticus*）は，毎年多くの食中毒患者を出している代表的な食中毒細菌であり，春から秋まで沿岸海水から検出され，冬も海底泥から検出される．しかし，生きた魚に感染することは稀で，食中毒は，殆ど全て，水揚げ後に防御能力を失った魚体上で増菌したものを食べた場合に起っている．すなわち，前者は魚病細菌としてメジャーであるが人の食中毒菌としてはマイナーであり，後者はその逆の関係

2. 魚病と人間の関係

にある．これもウイルスの場合と同様に，魚は人との縁が鳥獣に比べて遠いことによると思われる．他にも魚と人の両方に感染する細菌が知られているが，数種に過ぎず，同じような関係が認められる（表 1-2-1）（坂崎，1991；江草，1990，1995a）．

魚介類の寄生虫の人間への感染には，水に浸かった皮膚から直接侵入する場合（経皮感染）と寄生虫をもった魚介類の生食による場合（経口感染）とがある．前者の代表的な例が日本住血吸虫であり，第一中間宿主である貝（ミヤイリガイ）から泳ぎ出した幼虫（セルカリヤ）が人の皮膚から侵入し，門脈系の血管で成虫となり，宿主である人に腹部の膨満や肝臓肥大などの重篤な障害をもたらす．後者の例としては，サクラマスなどからの日本海裂頭条虫（最近まで広節裂頭条虫と呼ばれていた），アユなどからの横川吸虫，モクズガニなどからの肺吸虫類，ドジョウなどからの顎口虫類，タラなどからのアニサキス，ホタルイカなどからの旋尾線虫，などいろいろなものがあげられる（鈴木了司，2000）．これらには，日本海裂頭条虫のように人が宿主となり得るものもあるが，アニサキスのように人の体の中では成虫になれず，いずれ死んでしまうものもある．これらの寄生虫の侵入によって人は腹痛や下痢，胸痛，移動性皮膚腫瘤，腸閉塞などかなり激しい症状を呈するが，中間宿主である魚介類は通常殆ど障害は受けない（表 1-2-2）．また，飼育環境下では生活環が絶たれやすいため，養殖魚介類にこれらの寄生虫が認められることは殆どなく，専ら野生魚介類に寄生している．

2）魚病と漁業の関係

養殖魚介類に知られている多くの病原微生物も元々は天然水域あるいは野生魚介類に由来すると推察されるが，それらが天然水域で見つけ出されることは極めて稀である．川や海に棲む野生魚介類の病気についての我々の知識は乏しく，水面に浮き上がったり，岸辺に打ち上げられたり，あるいは漁獲物の中に混じっている病魚や死魚から僅かな知識を得ているだけである．陸上動物である人間にとって水中は近づき難く，調査研究が極めて遅れていることが先ず第一の理由としてあげられる．また，野生魚介類の寄生虫で認められるように野生魚介類における宿主寄生体関係は通常は穏やかなものであり，病原微生物においても感染している魚介類

表 I-2-1 人に害を与える可能性のある主な魚病細菌

細菌	感染例	人体への影響
Aeromonas hydrophila	淡水魚一般	食中毒
Aeromonas sobria	淡水魚一般	食中毒
Edwardsiella tarda	養殖ウナギ，養殖テラピア，養殖ヒラメ	腸炎*
Vibrio parahaemolyticus	養殖ブリ	食中毒
Vibrio cholerae non-O1	河川アユ	食中毒
Vibrio vulnificus biotype 2	養殖ウナギ	敗血症
Clostridium botulinum	欧米の養殖ニジマス	食中毒
Mycobacteium marinum	野生および水族館の海産熱帯魚	皮膚病

* 一次原因であるか否かは明確ではない

表 I-2-2 人に害を与える可能性のある主な魚介類寄生虫

	寄生虫名	主な寄生魚介類	人体への影響
条虫	日本海裂頭条虫（広節裂頭条虫）	サクラマス，カラフトマス，シロサケ	腹痛，下痢
吸虫	異形吸虫	ボラ，ハゼ，シマイサキ，メナダ	腹痛，下痢
	横川吸虫	アユ，シラウオ，オイカワ，ウグイ	腹痛，下痢
	肝吸虫	タモロコ，タナゴ，フナ，コイ	黄疸，胆管炎，肝硬変
	ウエステルマン肺吸虫	モクズガニ，サワガニ，アメリカザリガニ	胸痛，咳，喀痰
	宮崎肺吸虫	サワガニのみ	胸水，気胸，呼吸困難
	日本住血吸虫	ミヤイリガイ	発熱，肝腫大，腹水貯留
線虫	アニサキス	マサバ，スケトウダラ，スルメイカ	急性腹痛，吐き気，嘔吐
	旋尾線虫	ホタルイカ，スケトウダラ	皮膚爬行疹，腸閉塞
	有棘顎口虫	ライギョ，ドジョウ，コイ，フナ	移動性皮膚腫瘤
	剛棘顎口虫	輸入ドジョウ	移動性皮膚腫瘤

第Ⅰ章 序　論

はごく少数であり，また不顕感染の状態にあったりするため，見つけ難いとも考えられる．しかし，時折，川や海でも多数の病魚がみられることがある．一例として河川におけるカラムナリス病の流行があげられる．北米太平洋岸のフレーザー川では渇水で水温の高い年には遡上中のサケを高所から観るとカラムナリス菌の増殖で頭部や背部が黄白色に変色したものが多数観察される．これらは川に入ってから sucker などの保菌魚から感染し，高温ストレスにより発病すると考えられている（Colgrove and Wood, 1966）．同様の現象として，1978年8月に干魃で水温が30℃近くまで上がった広島県の河川におけるアユのカラムナリス病の大発生が知られている（村上，1999）．このように野生魚の病気の発生は気象などの自然要因に支配されており，野生魚の病気が環境変化の鋭敏な指標になる可能性も指摘されている（Kent and Fournie, 1993）．

　しかしながら，近年，野生魚の病気の発生に対する人間生活の影響が問題になっている．とくに，生活排水や産業排水による河川や沿海の汚染が野生魚の病気の発生を促進しているのではないかとの懸念があるが，実証されているものは案外少ない．水質汚染は赤潮プランクトンの異常増殖を引き起こし，日本各地で赤潮による網生け簀養殖魚の被害が生じているが，赤潮を回避することのできる野生魚は殆ど被害を受けない．これに対して，1980年代半ばから米国の東海岸で河口近く野生魚に大量死亡をもたらしている渦鞭毛藻の一種の *Pfiesteria piscicida* は毒素によって魚を麻痺させ，皮膚を傷つけたり死に至らしめたりするのみならず，漁師や研究者にも吐き気，記憶喪失，呼吸障害をもたらす．周辺地域で盛んな養豚業などからの排水による河川の富栄養化が主な要因とされている（Burkholder, 1997）．

　サケやアユでは古くから稚魚の河川放流がなされており，野生魚の他に放流されたものが混じっている．1960年代になるとマダイやクルマエビなどの海産魚介類の種苗が大量生産され，沿岸海域に放流されるようになった．後に述べるように，これらの放流種苗の生産過程においていろいろな病気の発生が知られている．病気の予防や放流前の除菌などの努力はされているものの病魚とくに不顕感染魚の放流を完全に防ぐことは難しい．例えば，サケ科魚類の細菌性腎臓病は孵化場において稚仔魚を死亡させるだけではなく，不顕感染状態になりやすい．放流された保菌魚がその後どのような経過を辿るかは不明である．サケの回遊する海洋の雄大な自然環境下では，たとえ保菌していても発病も病死も他の魚への伝搬も殆ど起こらないか，起こったとしても生態に影響を与えるほどのものではないかもしれない．しかし，予防接種して放流したタイセイヨウサケの再捕率が高かったとの報告があり（Buchmann *et al.*, 2001），種苗生産魚の種苗放流後の生残率に天然水域に分布する病原体が影響する可能性は否定できない．ここ数年来，全国の河川においてアユを中心に大流行している冷水病のように，保菌アユ種苗の放流によって被害が拡大したと推察されるものもある（井上，2000）．種苗放流のみならず，知らず知らずのうちに養殖場などから出ていく保菌魚の天然水域における動態を把握することは，困難ではあるが努力しなければならない課題といえる．

　養殖業の集約化が急速に進み始めた1960年頃までは，ごく少数の専門家を除いて，魚介類に寄生虫のほかに人や家畜のような伝染病があることを知る人は殆どいなかった．歴史の長いコイ，ニジマス，ウナギなどの養殖においても粗放的に養殖されていた時代には，病害はそれ程大きな問題ではなかった．集約化が進んで生産量が増大する一方で，多種多様な病気，とりわけ感染症が多発するようになった．現在，我々が知っている魚病の大部分は養殖生産の過程あるいは種苗生産の過程で顕在化したもので

ある．それらを顕在化させたのは，結局のところ，安く，早く，大きくして，たくさん収穫したいという欲望であるといえよう．

3）魚病学の目的

放流事業および養殖業に不可欠な種苗生産過程で稚仔に発生する数々の病気は養殖生産過程で発生する成魚の病気と共通するものもある一方，稚仔あるいはその生産技術に固有のものもある．また，稚仔を得るための親の養成中に発生する病気は，生殖機能の昂進のために免疫機能などの生理機能が低下している点や，集団としてではなく個体個体として扱われる点などで種苗生産過程や養殖生産過程のそれとは異なる面をもっている．

愛玩や鑑賞のために飼育されている魚介類に発生する病気への対応は，種苗生産や養殖生産の過程で起こる病気とは非常に異なっている．愛玩・鑑賞魚の場合，個々の病魚が患者として扱われ，その生命を救うことが第一で，処置後の醜美や経費は二の次であるなど，病人や病愛玩犬猫に対すると基本的に同じ価値観の上に置かれる．一方，種苗生産や養殖生産においては，病気はその魚集団の問題であり，親魚のような特別の個体以外は個々の健康や生命の問題として扱われることはない．集団への被害を防ぐためや商品としての価値を失ったものを取り除くために病気の個体を殺処分することも行われる．また，病気の処置はその集団に許容される生産コストの中でしか行われない．治療も予防も集団の死亡率の低下，感染発病率の低下を目的として行われる．すなわち，「魚病学」の目的は，人間が魚を利用する上での障害に対する知識と技術を取得することにあるといえよう．諸外国，とくに欧米諸国とは異なり，日本における魚病学は水産科学の一分野として発足し，発展してきた．近年，魚医学ということばを見聞きするが，患者の気持ちを思いやって手だてを講ずるのが「医」であるとすれば，魚医学ということばは愛玩・鑑賞魚に限って使われるべきもので，産業動物としての魚介類には使うべきではないであろう．

3. 魚病における感染と発病と流行

1）感　　染

感染は病原体とその宿主との接触によって始まり，両者の接触がなければ感染は起こらない．魚介類と病原体との接触の仕方としては，卵や精子への親からの感染は別にして，①水中の病原体が魚介類の体表面に付着する，②他の動物のもつ病原体が水を介さず魚介類に移る，③餌に混入した病原体が消化管内に入る，の3つが考えられる．

魚類病原微生物には，細菌性鰓病原因菌の *Flavobacterium branchiophilum* にみられる線毛（Heo and Wakabayashi, 1990）や水カビ病を起こす *Saprolegnia diclina* Type I の 2 次胞子にみられる鉤状毛（Pickering et al., 1979）のような魚体表への付着に寄与している思われる細胞器官をもつものが知られている．病原体にはこのような付着器官や何らかの付着に有利な機能が備わっていて，健全な皮膚にも付着できるものが多いと思われる．しかし，一方，浸漬感染実験で容易に感染させることのできる細菌性出血性腹水病原因菌 *Pseudomonas plecoglossicida* は微細創傷部にしか付着しないことが皮膚で確かめられている（Sukenda and Wakabayashi, 2001）．また，外見的に全く健全にみえる魚も生体染色すると鰭や皮膚にトリパンブルーで青く染まる微細な創傷が多数存在し，水中懸濁微粒子（直径約 $1\mu m$ の蛍光ラテックスビーズ）は魚体表面の創傷部位にしか付着しないことがニジマスを使ったモデル実験で示されている（Kiryu and Wakabayashi, 1999）．角皮をもたない魚類の表皮は傷つきやすく，飼育作業に伴う魚体表面の損傷は"スレ"

第Ⅰ章 序　論

と呼ばれ，感染症を誘発しやすいことが知られており，特別な付着機構をもたず専ら微細創傷部に付着して感染する魚病細菌もかなり存在すると考えられる．

　一旦付着した微粒子もその多くは粘膜の更新に伴い体表面から排除され，また微生物は粘液中に含まれるリゾチームや補体や抗体などの生体防御物質によって不活化させられる．このような種々の防御機能に打ち勝って生存し続けられなければ，水中の病原体は魚に感染することができない．体表面に感染した病原体はその場で増殖をするものと，さらに体内に侵入して適当な標的組織に達してから増殖するものとに分かれる．感染した病原体がどのような動きをするかは，病原体の種類によって異なるとともに同じ種類であっても環境条件や経過時間などによって変化する．

　人や家畜の感染症には，狂犬病のように犬に咬まれることによってウイルスに感染したり，マラリヤのように蚊に刺されることによって原虫に感染するものがかなり多く知られている．魚などの水生動物にも仲間同士や外敵との咬み合いや寄生虫による吸血などを介して病原体に感染することもあり得ると思われる．例えば，分類学上の位置未確定のウイルス感染症であるトラフグの口白症は，環境水を介する伝搬もあるであろうが，主に噛み合いによって口唇部のウイルスが直接伝搬すると思われる．また，欧米において，ウオビルやアルグルス（チョウ）が環境水を介さず原虫（住血鞭毛虫）や病原ウイルス（IHNV や SVCV）をサケ科魚類やコイに直接媒介する可能性が指摘されている（Ahne, 1985; Cusack and Cone, 1986; Mulcahy et al., 1990）．

　淡水魚は，僅かながら水を飲むとの説もあるが，水を飲まないとするのが通説である．一方，海水魚は海水を飲み，濃い塩水を排泄することによって体内水分を補給しているとされている．従って，環境水中の病原体が飲水に伴って消化管内に入ることは，淡水魚においては少ないと思われる．消化管からの病原体の感染の場合，餌あるいは水とともに消化管内に入った病原体が消化管壁に付着し，そこで増殖あるいはさらに組織内へ侵入する．ただし，それらの中には主に管内での増殖が病変を生じさせ，消化管壁への付着や組織内への侵入は副次的と考えられるものもある．例えば，ウナギの鰭赤病においては消化管内で異常増殖した運動性 Aeromonas の産生する毒素によって腸炎が起こり，さらに血液に入った毒素によって鰭や皮膚の発赤をはじめとする全身的な障害が起こると考えられている（Egusa, 1965; Egusa and Nishikawa, 1965）．腸炎が進むと病原菌も体内に侵入するが，初期症状の病魚からは菌が検出されない場合が多い（金井ら，1977）．また，タイ類の種苗生産過程で仔魚に発生する腹部膨満症は腸管内に未消化の餌料が充満し，正常魚の100～1,000倍の細菌が増殖している．異常増殖している細菌は Vibrio が主体であるが特定の種が常に優占するわけではないことが知られている（安信ら，1988）．一方，ヒラメ仔魚の細菌性腸管白濁症の場合は，V. ichthyoenteri が絨毛に付着，増殖して腸カタルを起こす点が腹部膨満症と異なっている（Muroga et al., 1990）．いずれにせよ，これらの腸管内感染は仔魚に特有の病気であると考えられる．

2）発症・発病と生体防御

　魚の体表や体内に病原体が存在し続けても皮膚にも内臓にも病変が生じない場合がある．一般に不顕感染とか健康保菌と呼ばれ，宿主の自己防御力と病原体の攻撃力が均衡している状態と考えられる．このような状態は不安定であり，均衡が破れれば病原体は完全に排除されるか，あるいは逆にさらに増殖して諸臓器を侵して病変を生じせしめる．諸臓器に生じた病変はやがて個体の外観にそれぞれの病原体に特有の症状を発せしめ，病気として認識されるようになる．

しかし，しばしば不顕感染の状態が長期間続くことがあり，この場合，個体には症状が現れず，病気として認識されない．そのため，不顕感染は見落とされやすく，また，感染している病原体の量が少ないためにその検出には高い感度と精度をもつ技法を必要とする．

宿主に対する病原体の攻撃力はその量と毒力によって決まる．毒力（virulence）が強ければ量が少なくても発症させ得る一方，弱ければより多くの病原体を必要とする．一般に同種の病原体であっても株によって毒力に差があり，また同じ株の毒力も環境や時間経過とともに変化する．とくに培地で継代を続けると毒力が低下し，人為的に宿主の体内を通過させるとその毒力が回復する場合が多い．病原体の毒力のもととなる毒素にはいろいろな物質が知られており，その作用も溶血や壊死など多様である．魚類病原体の毒素やその作用については，本書の各論中の関連記事を参照されたい．

病原体の攻撃に対する宿主の防御は非特異的防御と特異的防御とに分けることができる．魚の体表に付着した細菌に対する粘液中のリゾチームや補体による殺菌や体内に侵入した異物に対する好中球やマクロファージの貪食に代表される非特異的防御機能は，個体が外敵から自己を護る基本的な機能であり，貝類や甲殻類などの無脊椎動物にも備わっている．特異的防御は，「同じ感染症には再度罹らない，あるいは罹り難くなる現象」を指す免疫と同義語であり，体液性免疫と細胞性免疫とに分けられる．前者の主役は抗体（免疫グロブリン）であり，抗原抗体反応により効率よく病原体を排除するだけでなく，免疫記憶により2回目に同じ病原体（抗原）に出会ったときは1回目より速やかに大量の抗体が産生される．後者の主役はT細胞であり，抗原を認識して種々のリンホカインを産生し，感染部位に食細胞を誘導・活性化するほか，標的細胞の抗原を認識して接触することによってその細胞を障害する．魚類は，系統分類上，脊椎動物の最下位に位置づけられているが，基本的には哺乳動物と変わらない免疫機能をもち，病原体に対して特異的防御を行う．一方，無脊椎動物である貝類や甲殻類は非特異的防御機能しかもたない．魚介類の防御機能については，多くの総説がある（森・神谷，1995；飯田，1996；矢野，1998; Bachere et al., 1995; Ellis, 2001）．

3）病気の流行

ある病気の頻度がある地域である時点に顕著に高くなった時，これを「流行（epidemic）」という．「流行病（epidemics）」は「疫（病）」とも呼ばれ，流行病に関する学問が「疫学（epidemiology）」である．疫学は「人間集団の中で，疾病や障害を含む健康事象がどのような頻度で分布し，それが時間的にどのように変動するかを測定し，その分布に対して，どのような要因が働いているかを，異なった条件下での事象の発現と比較することによって明らかにする学問分野である」とされている（山本，1978）．このように疫学は，元来，人間集団がその対象であり，動物集団を対象とする場合には，「動物流行病あるいは獣疫（epizootics）」，「動物流行病学あるいは獣疫学（epizootiology）」と区別されている．しかし，疫学は「集団病理学（population pathology）」とも呼ばれ，病理学と同様に，対象動物が異なってもその知識体系や研究方法には共通するところが多く，魚介類集団にも当てはまるところが多い．なお，現代の疫学は感染症だけでなく，非感染症である食中毒，日射病，群集疲労，などが集団的に発生する場合もこれを流行として包含している（山本，1978）．

ある病気の頻度には地域差がみられるが，特に高頻度地域が時間的に移動する現象を「流行の移動」といい，その移動速度は病原体の条件，宿主の免疫程度，密度，自然的ないしは人為的な環境条件などによって決められる．しかし，流

行の移動がなく，流行範囲が限定して，毎年繰り返して起こる病気も知られており，これを「地方流行病あるいは風土病（endemics/enzootics）」という．魚病の中では，北海道の千歳川水系のサケ科魚類の武田微胞子虫症や米国のコロンビア水系のサケ科魚類のセラトミクサ（粘液胞子虫）症は，それぞれの国内の限定された地域にしか認められておらず，風土病といえる（粟倉，1974；Barthlomew et al., 1992）．また，世界的にみて，特定の国や地域にしか知られていない病気も，その国や地域の地方流行病といえる．それらの病気がある地域・水域に限局している理由は一律ではなく，病原体の中間宿主の分布がその地域・水域に限られていたり，その地域・水域が高度に隔離されていたり，それぞれに異なる．

疫学においては，流行の発生様式を「同時感染流行」と「連鎖流行」に分けている．魚病に当てはめれば，前者は，病原菌に汚染された餌を与えたために養殖池中の魚が同時に感染して多数の魚が発病するような場合である．後者は，外部から持ち込まれたり，あるいは何かのきっかけ（誘因）によってその池で感染あるいは発病した1尾ないし少数の魚から病原菌が他の魚に次々に伝搬して多数の魚が発病する場合である．魚病の流行の殆どは後者であり，感染魚から未感染魚への病原体の伝搬は，身体的接触や捕食によっても生じるが，多くは感染・発病魚が放出する病原体に環境水を介して接触することによって起こると考えられる．感染を受けるかどうかは個体的にみれば偶然であり確率によって支配されている．そこで，確率論に基づいた流行のモデル解析が陸圏の動物の疫病について試みられ，Reed-Frost 理論や Kermack-McKendrick 理論などいろいろな論理が展開されているが，水圏における流行モデルの解析はまだ殆どなされていない（山本，1978；重定，1992）．

流行には，地域に係わらず経時的に変化する現象として，「周期的変動」と「趨勢変動」，が知られている．季節は1年を周期とする気象条件の変化であるが，病気の流行も季節の影響を受けて「季節変動（年内変動）」を示すものが多く，変温動物である魚介類は特にこの季節性が顕著である．日本で知られている殆どの魚病の流行には季節性が認められる．人の病気の周期的変動には，そのほかに「日内変動」，「月単位の周期」，「年単位の周期」が知られている．とくにインフルエンザなど多くの伝染病でかなり明瞭な年単位の周期が認められ，「循環変動」と呼ばれている．その周期は病原体の毒力，病後の免疫の程度，社会条件によって決まるとされている．一方，趨勢変動は，長年月の間に認められる周期性などの規則性のない流行の変動をいうが，一般に種々の要因が複雑に関与しており，将来の変動予測のみならず現状の把握も難しい場合が多いとされている．魚類病原体の毒力や魚類の免疫の程度の変化などによる年単位の周期性が魚病にもあり得ると思われる．1960年代末から70年代に流行し，その後下火になっていたブリのノカルジア症が90年代後半になって再び流行しているが，これが循環変動に相当するのかどうかは要因の解析が十分されていないため定かではない．また，日本のウナギ養殖は100年以上の歴史があり，後に述べるようにその間にいろいろな病害が発生し，それぞれに趨勢変動が認められるが，これまでのところ循環変動が認められたものはない．

4. 種苗生産における病害

1）稚仔の病気

サケ・マスは数千，マダイは百万以上，ヒラメは千万以上，ホタテガイは1億近い数の卵を1個体の親が産むことが知られている．しかし，天然水域では産卵・孵化のごく初期のうちに天敵による捕食と飢餓によって減耗してしまい，

4. 種苗生産における病害

万に一つも成魚・成貝にならない．これを人が保護し餌を与えれば，初期減耗は著しく軽減され，大量の稚仔を養殖用や放流用の種苗として安定的に確保することが可能になる．

サケの産卵・孵化の保護は，村上藩の「種川の制度」のように江戸時代から行われ，明治21年（1888）には北海道千歳川に官営サケ・マス孵化場が設立され本格的な孵化・放流事業が始まっている．また，明治10年（1877）に初めて米国から発眼卵が移入されたニジマスもやがて国内生産が行われるようになった．サケ・マス類の種苗生産は長い歴史をもち，その過程において，卵の水カビ病，卵膜軟化症，細菌性鰓病などの在来病原体によるものや，伝染性造血器壊死症（IHN），細菌性腎臓病（BKD）などの外来病原体によるものなど，多数の病気が知られている（小林，1980）（表Ⅰ-4-1）．一方，海産魚介類の種苗生産の歴史はサケ・マスに比べるとずっと短い．1960年代になってようやく国の事業として取り上げられ，1960年代後半に初期餌料としてシオミズツボワムシが導入されて海産魚類の種苗生産が飛躍的に増大したことを機に種苗生産施設が全国各地に設けられるようになった．現在，マダイ，ヒラメ，トラフグなどの魚類，クルマエビ，ガザミなどの甲殻類，アワビなどの貝類など，80種を越える海産魚介類が種苗生産されている．そして，その生産過程において発生する病気もまたいろいろ知られるようになった（室賀，1995；Muroga, 2001）（表Ⅰ-4-1）．

種苗生産は，採卵に始まり，放流や養殖に適した大きさに育ったところで終わる．この間，生産対象の魚介類の飼育環境や餌飼料は，胚から稚魚・若魚までの発達段階に応じて変化していく．種苗生産の過程で発生する病気には成魚と共通するものもあるが，発達段階に特有のものがあることが一つの特徴といえる．サケ科魚卵には，古くから卵膜軟化症や水カビ病が知られている．これらは卵の表面に細菌や真菌が増殖するものであるが，そこにみられる菌は1種ではなく幾つかのものが混じっている．卵膜軟化症は，卵膜表面が融解して薄くなるため衝撃に弱く輸送等が困難になる障害であり，多数の細菌の付着が観察されることから細菌が原因と考えられているが，高水温，水中溶存ガス，水質との関連も指摘されている（野村，1998）．また，腐生菌として水中に常在している水カビは，通常，健全な卵表面には付着・増殖せず，最初は死卵あるいは卵表面の損傷（局所壊死）部に感染し，そこでの菌糸の増殖がその周囲の環境を悪化させ，それによって近隣の健全卵が窒息などの障害を受け，感染が拡がっていくと考えられる．卵の死亡や卵表面の損傷の原因で明らかにされているものは少ないが，伝染性造血器壊死症ウイルス（IHNV）の受精胚への感染とそれによる卵の死亡が報告されている（吉水，1998b）．IHNVのほかにもヘルペスウイルス病のOMV（吉水，1998b）や細菌性腎臓病（BKD）（Evelyn et al., 1986）や細菌性冷水病（BCWD）（Kumagai et al., 2000）の原因菌も受精卵内に存在することが知られているが，胚に感染して卵の死亡をもたらすか否かは未だ明らかでない．

仔魚期は，卵黄を栄養としている前期仔魚期と外部から餌を摂り始める後期仔魚期とに分けられる．前期仔魚期の病気としてギンザケの卵黄凝固症が知られているが，これは冷水病原因菌が卵囊に感染したものであり，冷水病の一症例である．サケ科魚類は一般に卵が大きく，孵化までに1ヶ月前後，摂餌までに更に1ヶ月前後を要するが，マダイやヒラメなど種苗生産されている魚介類の多くは孵化日数も前期仔魚期も一両日に過ぎないことからその間の病気について未だよく分かっていない．

後期仔魚期の病気にはマダイの閉鰓症やヒラメの細菌性腸管白濁症のように魚体の組織器官や生理機能の発達過程と密接に関係しているものが知られている．マダイの閉鰓症は感染症で

第I章 序　論

はないが，仔魚期に発生し，それが原因で成長中の魚体に骨格異常が生ずるもので，かって種苗生産施設で頻発し，大いに研究されたものであるので紹介したい．マダイは孵化5～6日後に水面で気泡を呑み込むことによって鰾が膨らみ，そのあと気管が塞がる（有管鰾から無管鰾への発達）．その時期に何らかの原因でこの動作が妨げられると，その個体は鰾が膨らまず閉鰾症となる．閉鰾症の個体は鰾が膨らまないまま成長し，鰾の浮力を欠くことによる加重のために鰾付近で脊柱が屈曲してしまう．マダイの種苗生産施設でかって閉鰾症が多発したことが

表I-4-1　日本の種苗生産過程における主な病気

サケ科魚類

病　名	原　因	主な罹病魚種
卵の水カビ病	ミズカビ科の種々の糸状真菌	（死卵から伝播）
卵膜軟化症	未確定（細菌・環境因子）	ニジマス・サケ
伝染性造血器壊死症（IHN）	ラブドウイルス科のIHNV	ニジマス・ヤマメ
伝染性膵臓壊死症（IPN）	ビルナウイルス科のIPNV	ニジマス
ヘルペスウイルス病	ヘルペスウイルス科のSaHV-2	サクラマス・ギンザケ
赤血球封入体症候群（EIBS）	イリドウイルス科のEIBSV	ギンザケ
細菌性鰓病（BGD）	*Flavobacterium branchiophilum*	ニジマス・ヤマメ
せっそう病	*Aeromonas salmonicida*	ヤマメ・アマゴ
細菌性腎臓病（BKD）	*Renibacterium salmoninarum*	ヤマメ・ギンザケ
イクチオボド症	*Ichthyobodo necator*	サケ・カラフトマス

海産魚類

病　名	原　因	主な罹病魚種
脊椎湾曲症	必須脂肪酸欠乏，その他	マダイ
体色異常	未確定（餌料・環境因子）	ヒラメ
ウイルス性腹水症	ビルナウイルス科のYAV	ブリ・ヒラマサ
ウイルス性表皮増生症	ヘルペスウイルス科のウイルス	ヒラメ・キツネメバル・マツカワ
ビルナウイルス症	ビルナウイルス科のウイルス	ヒラメ
ウイルス性神経壊死症	ノダウイルス科のSJNNV等	シマアジ・イシダイ
細菌性腸管白濁症	*Vibrio ichthyoenteri*	ヒラメ
腹部膨満症	*Vibrio alginolyticus* ほか複数の細菌	マダイ・クロダイ・ヒラメ
ビブリオ病	*Vibrio anguillarum, Vibrio ordalii*	マダイ・ヒラメ・クロソイ
パスツレラ症	*Photobacterium damselae* subsp. *piscicida*	クロダイ・キジハタ
エドワジエラ症	*Edwardiella tarda*	ヒラメ
滑走細菌症	*Tenacibaculum maritimum*（syn. *Flexibacter maritimus*）	マダイ・ヒラメ・トラフグ
スクーチカ症	スクーチカ繊毛虫	ヒラメ・マツカワ

海産無脊椎動物

病　名	原　因	主な罹病魚種
筋萎縮症	ウイルス？	クロアワビ
バキュロウイルス性中腸腺壊死症	バキュロウイルス科のBMNV	クルマエビ
急性ウイルス血症（PAV）	ニマウイルス科のPRDV（WSSV）	クルマエビ
細菌性壊死症	*Vibrio splendidus* II	マガキ
細菌性壊死症	*Vibrio harveyi*	トコブシ
細菌性壊死症	*Vibrio* sp.	トリガイ
ビブリオ病	*Vibrio* sp. Zoea	ガザミ
棘抜け症	未同定の滑走細菌	アカウニ
卵菌症	クサリフクロカビ目の種々の真菌	ガザミ，ヨシエビ

あり，その原因が追及された結果，仔魚の初期餌料であるシオミズツボワムシの培養の際にその餌料である海産クロレラ（ナンノクロロプシス）の培養が間に合わず，代わりにパン酵母を与え続けたことによることが明らかにされた．パン酵母は魚類の必須脂肪酸である EPA を欠いており，仔魚はその欠乏症による活力低下のために水面における気泡の呑み込みができなくなったためと結論され，EPA の添加が防除対策として開発された（北島，1985；金澤，1996）．そのほか，過度のエアレーションによる水流や水面に生じた油膜が仔魚の気泡呑み込み動作を妨げて閉鰾症を引き起こす場合もある．ヒラメの腸管白濁症については第Ⅲ章第7節（ビブリオ病2）に記述されている．

2）親魚の病気

サケ科魚類は産卵期に親魚が水カビ病に罹りやすいが，成熟に伴う表皮構造の変化，とりわけ基底細胞の配列の乱れ，表皮の部分的な薄層化，粘液細胞数の減少との関連が指摘されている．また，サケ科魚類は産卵期になると性ホルモンや副腎皮質ホルモンのコルチゾルが上昇し，これらのホルモンの免疫抑制作用によって血中や皮膚粘液中の IgM 量や抗体産生細胞数が著しく減少することが報告されている（Hou et al., 1999；鈴木譲，2000）．親の病気は，性成熟にともなって防御機能が低下していることを前提に対処されなければならない．

種苗生産においては，親から仔への病気の伝搬，すなわち病原体の垂直感染を防ぐことが重要であり，病原体フリーの親を確保するためにいろいろな努力がされている．例えば，日本の種苗生産施設では，クルマエビの急性ウイルス血症や海産魚のウイルス性神経壊死症の防除対策として，予め PCR 法などの高感度検出法によって病原体フリーの親エビあるいは親魚を選別しており，好成績を収めている（虫明・有元，1998a, b）．

哺乳動物の新生児は母親由来の抗体を保有しており，いわゆる母子免疫によって護られている．魚類についても，マダイ親魚にビブリオワクチンを接種しておくと卵や孵化仔魚に抗ビブリオ抗体が認められることや（Kanlis et al., 1995），ニジマスにおいて IHN に対する母子免疫が成立したこと（Oshima et al., 1996）が報告されている．しかし，ニジマスでは親魚に対する免疫が孵化仔魚の感染防御に有効であったのに対し（Oshima et al., 1996），マダイでは免疫抗体が孵化後2, 3日で急速に消失してしまい，感染防御には有効ではなかったと報告されている（Tanaka et al., 1999）．このように魚類においても，卵や仔魚に親魚由来の抗体が存在することが知られているが，親魚由来の抗体がどのような働きをするのか十分には分かっていない．

5. 養殖生産における病害

1）日本の養殖魚介類の主な病害

日本で養殖されている主な食用淡水魚は，コイ，ウナギ，アユ，ニジマス，およびヤマメなどの在来マスであり，平成10年の生産量はそれぞれ，12,030トン，21,971トン，9,540トン，12,524トン，4,487トンである．そのほかに，食用のスッポンや鑑賞用のキンギョやニシキゴイがあげられる．主な養殖海産魚は，ブリ類，マアジ，シマアジ，マダイ，ヒラメ，フグ類，ギンザケであり，平成10年の生産量はそれぞれ，146,849トン，3,412トン，2,568トン，82,516トン，7,605トン，5,389トン，8,721トンである．また，主な養殖海産無脊椎動物は，クルマエビ，カキ類，ホタテガイであり，それらの平成10年の生産量はそれぞれ1,993トン，199,460トン，226,134トンである．そのほかに，真珠母貝のアコヤガイがあげられる．

養殖魚介類には，これまでに様々な病気の発

第I章 序　論

生が報告されており，その主なものは表I-5-1，I-5-2のとおりである．これらの個々については各論で解説されるのでここでは省くことにする．これらによる魚病被害の調査は，国をはじめ種々の機関で実施されてはいるが，被害量や被害額などの数値，さらには被害（流行）地域・範囲は殆ど公表されていない．その主な理由として，アンケート調査に基づく集計値の信頼度が極めて低いこと，また，そのような数値の所謂"一人歩き"が社会的混乱を生む恐れがあること，などがあげられている．しかし，これが人の医学や獣医学に比べて，魚病学の研究論文を興味の薄い，あるいは重みのないものにしてしまう一つの重要な要因であり，今後の魚病学の進歩発展のために改善が必要と思われる．

2) 養殖方法と病気の変遷

養殖魚介類の主な病気として表I-5-1，I-5-2に示した病気の全てが寄生性のもので非寄生性のものがあげられていないことは，養殖生産に大きな被害を与えている病気が寄生性の病気，とりわけ感染症，であることを反映している．栄養性の病気や環境性の病気が養殖魚介類に大きな被害を与えた事例が過去にないわけではないが，それらは原因が明らかにされると有効な対策が講じられ，その後はその病気がなくなるか，あるいは完全に防ぐことができなくて

表I-5-1　日本の養殖魚類の主な病気（内水面）

魚　種	病　名	原　因	類別*
コイ	カラムナリス病	*Flavobacterium columnare*	B
	穴あき病	非定型 *Aeromonas salmonicida*	B
	赤斑病	*Aeromonas hydrophila* などの運動性エロモナス	B
	白点病	*Ichthyophthirius multifiliis*	P
ウナギ	ウイルス性血管内皮壊死症	未同定のウイルス	V
	カラムナリス病	*Flavobacterium columnare*	B
	パラコロ病	*Edwardsiella tarda*	B
	鰭赤病	*Aeromonas hydrophila* などの運動性エロモナス	B
	赤点病	*Pseudomonas anguilliseptica*	B
	水カビ病	*Saprolegnia diclina* などの鞭毛菌類	F
	ベコ病	*Heterosporis anguillarum*	P
アユ	細菌性冷水病（BCWD）	*Flavobacterium psychrophilum*	B
	カラムナリス病	*Flavobacterium columnare*	B
	細菌性出血性腹水病	*Pseudomonas plecoglossicida*	B
	ビブリオ病	*Vibrio anguillarum*	B
	グルゲア症	*Glugea plecoglossi*	P
サケ科魚類	伝染性造血器壊死症（IHN）	ラブドウイルス科のウイルス IHNV	V
	伝染性膵臓壊死症（IPN）	ビルナウイルス科のウイルス IPNV	V
	ヘルペスウイルス病	ヘルペスウイルス科のウイルス SaHV-2	V
	カラムナリス病	*Flavobacterium columnare*	B
	細菌性鰓病（BGD）	*Flavobacterium branchiophilum*	B
	細菌性冷水病（BCWD）	*Flavobacterium psychrophilum*	B
	ビブリオ病	*Vibrio anguillarum* とその近縁種	B
	せっそう病	*Aeromonas salmonicida*	B
	細菌性腎臓病（BKD）	*Renibacterium salmoninarum*	B
	水カビ病	*Saprolegnia diclina* などの鞭毛菌類	F
	イクチオホヌス症	*Ichthyophonus hoferi*	F
	白点病	*Ichthyophthirius multifiliis*	P
	チョウモドキ症	*Argulus coregoni*	P

＊ V－ウイルス，B－細菌，F－真菌，P－寄生虫

5. 養殖生産における病害

表 I-5-2 日本の養殖魚類の主な病気（海面）

魚介種	病　名	原　因	類別*
ブリ類	マダイイリドウイルス病	イリドウイルス科のウイルス RSIV	V
	ウイルス性腹水症	ビルナウイルス科のウイスル YTAV	V
	リンホシスチス病	イリドウイルス科のウイルス LCDV	V
	ビブリオ病	*Vibrio anguillarum* とその近縁種	B
	類結節症	*Photobacterium damselae* subsp. *piscicida*	B
	連鎖球菌症	*Lactococcus garvieae*	B
	ノカルジア症	*Nocardia seriolae*	B
	細菌性溶血性黄疸	未同定の細菌	B
	イクチオホヌス症	*Ichthyophonus hoferi*	F
	脳ミクソボルス症	*Myxobolus buri*	P
	奄美クドア症	*Kudoa amamiensis*	P
	べこ病	*Microsporidium seriolae*	P
	はだむし症	*Benedenia seriolae*	P
	えらむし症	*Heteraxine heterocerca*	P
	鰓カリグス症	*Caligus spinosus*	P
マダイ	マダイイリドウイルス病	イリドウイルス科のウイルス RSIV	V
	リンホシスチス病	イリドウイルス科のウイルス LCDV	V
	滑走細菌症	*Tenacibaculum maritimum* (syn. *Flexibacter maritimus*)	B
	ビブリオ病	*Vibrio anguillarum* とその近縁種	B
	エドワジエラ症	*Edwardsiella tarda*	B
	エピテリオシスチス病	クラミジア類細菌 EPO	B
	白点病	*Cryptocaryon irritans*	P
	えらむし症	*Bivagina tai*	P
ヒラメ	ヒラメラブドウイルス病	ラブドウイルス科の HIRRV	V
	ヒラメウイルス性出血性敗血症	ラブドウイルス科の VHSV	V
	マダイイリドウイルス病	イリドウイルス科のウイルス RSIV	V
	リンホシスチス病	イリドウイルス科のウイルス LCDV	V
	滑走細菌症	*Tenacibaculum maritimum*	B
	エドワジエラ症	*Edwardsiella tarda*	B
	ビブリオ病	*Vibrio anguillarum* とその近縁種	B
	連鎖球菌症	*Streptococcus iniae*	B
	イクチオボド症	*Ichthyobodo* sp.	P
	白点病	*Cryptocaryon irritans*	P
	スクーチカ症	未同定のスクーチカ繊毛虫目の繊毛虫	P
	えらむし症	*Neoheterobothrium hirame*	P
トラフグ	口白症	未同定のウイルス	V
	マダイイリドウイルス症	イリドウイルス科のウイルス RSIV	V
	白点病	*Cryptocaryon irritans*	P
	えらむし症	*Heterobothrium okamotoi*	P
	ギロダクチルス症	未同定の単生虫 *Gyrodactylus* sp.	P
	カリグス症	*Pseudocaligus fugu*	P
	やせ病	*Myxidium* sp. TP および *Leptotheca fugu*	P
ギンザケ	赤血球封入体症候群（EIBS）	未同定のウイルス	V
	ヘルペスウイルス病	ヘルペスウイスル科のウイルス SaHV-2	V
	ビブリオ病	*Vibrio anguillarum* とその近縁種	B
	せっそう病	*Aeromonas salmonicida*	B
	細菌性腎臓病（BKD）	*Renibacterium salmoninarum*	B

* V－ウイルス，B－細菌，F－真菌，P－寄生虫

第I章　序　論

もその被害は著しく減少している．一方，寄生性の病気は，原因が判明しても有効な防除対策を立てることができず，なかなか被害が軽減しない．もちろん被害の大きな感染症のなかにも一過的なものや有効な防除対策によって被害が殆どなくなったものもある．ある感染症の問題を解決するとまた別の感染症が大きな被害を与えるようになり，全体としての感染症による被害は殆ど減少していないのが，養殖魚介類の病害の現状といえる．

養殖魚介類の病気の種類や被害の多少は，その時代の社会・経済的環境，とりわけ生産技術と密接に関連している．日本の養殖魚介類はそれぞれ固有の歴史をもっており，病害もそれに従って独自の変遷がみられる．100年を越える歴史をもつウナギ養殖を例に振り返ってみると，表I-5-3に示すような変遷をみることができる．明治の終わりから大正の初めにかけて，産業振興策の一環として東海地方に大規模なウナギ養殖場が多数つくられて，本格的な養殖事業が始まった．それまでの餌はアサリなどの貝類と雑魚であったが，製糸工場から副産物として出る蛹（さなぎ）が主体になった．機械で蛹を細かく切って大量に与えるようになってから，下顎の皮と肉が落ちて骨が露出する「口腐れ」によって毎日ボロボロと死んでいく現象が

表I-5-3　ウナギの養殖方法と病気の変遷

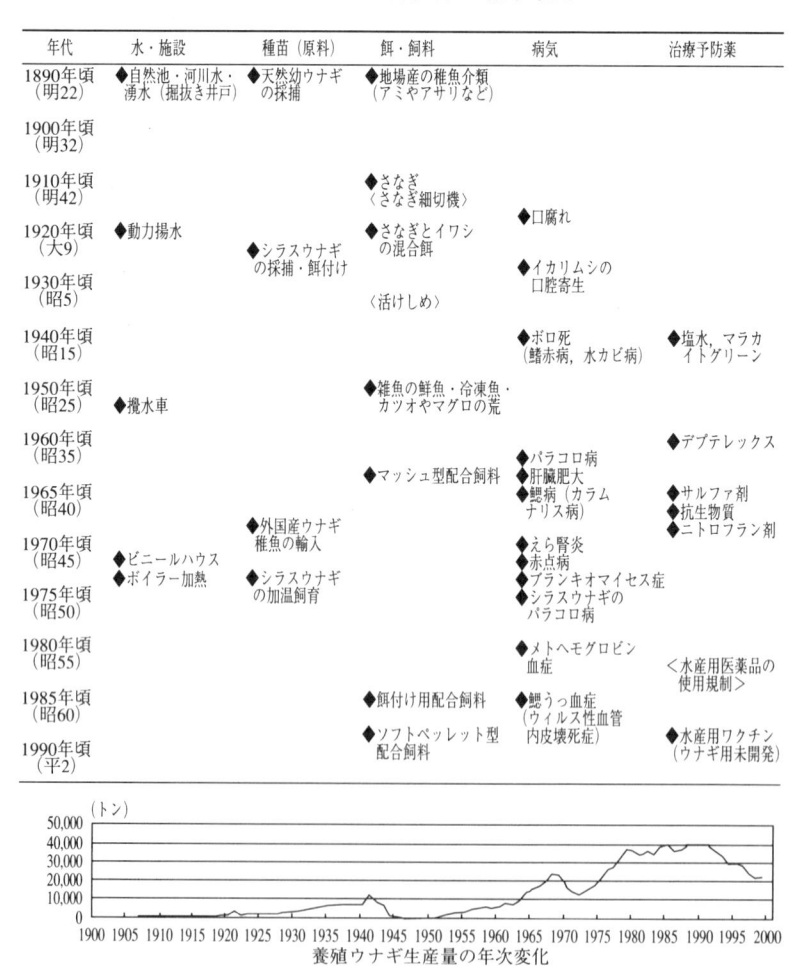

年代	水・施設	種苗（原料）	餌・飼料	病気	治療予防薬
1890年頃（明22）	◆自然池・河川水・湧水（掘抜き井戸）	◆天然幼ウナギの採捕	◆地場産の稚魚介類（アミやアサリなど）		
1900年頃（明32）					
1910年頃（明42）			◆さなぎ〈さなぎ細切機〉	◆口腐れ	
1920年頃（大9）	◆動力揚水	◆シラスウナギの採捕・餌付け	◆さなぎとイワシの混合餌	◆イカリムシの口腔寄生	
1930年頃（昭5）			〈活けしめ〉		
1940年頃（昭15）				◆ボロ死（鰭赤病，水カビ病）	◆塩水，マラカイトグリーン
1950年頃（昭25）	◆攪水車		◆雑魚の鮮魚・冷凍魚・カツオやマグロの荒		
1960年頃（昭35）			◆マッシュ型配合飼料	◆パラコロ病　肝臓肥大	◆デプテレックス
1965年頃（昭40）				◆鰓病（カラムナリス病）	◆サルファ剤　◆抗生物質　◆ニトロフラン剤
1970年頃（昭45）	◆ビニールハウス　◆ボイラー加熱	◆外国産ウナギ稚魚の輸入		◆えら腎炎　◆赤点病　◆ブランキオマイセス症	
1975年頃（昭50）		◆シラスウナギの加温飼育		◆シラスウナギのパラコロ病	
1980年頃（昭55）				◆メトヘモグロビン血症	〈水産用医薬品の使用規制〉
1985年頃（昭60）			◆餌付け用配合飼料	◆鰓うっ血症（ウイルス性血管内皮壊死症）	
1990年頃（平2）			◆ソフトペレット型配合飼料		◆水産用ワクチン（ウナギ用未開発）

養殖ウナギ生産量の年次変化

生じた．豊橋市外にあった農商務省試験場の松井佳一によって蛹の偏食が原因であることが明らかにされ，イワシを混ぜて餌とすることで解決された（稲葉，1964）．

つぎに大きな被害を出したのは「イカリムシ」の寄生であった．イカリムシは川や沼に住むフナなどの皮膚にみられる寄生甲殻類であるが，イカリムシが寄生したフナなどが住む河川水を不用意に養殖池水として用いたことに始まっている．養殖ウナギの場合には口腔内に多数寄生し，そのために餌が摂れなくなって衰弱死した．ウナギの飼育密度が技術の向上によって高くなったことによって，養殖場では池水の溶存酸素濃度が最も低くなる明け方にウナギが酸素の多い表層水を求めて「鼻上げ」するようになった．一方，イカリムシの幼虫には走光性があり，水面が明るくなると浮き上がってくる．浮上した幼虫を水とともに取り込むためにウナギの口の中に激しい寄生が起こったと考えられている．イカリムシの被害は，昭和34年（1959）に笠原が有機リン系殺虫剤ディプテレックス（現在の商品名「水産用マゾテン」）による駆虫法を確立するまで続いた．

戦前から知られるもう一つの重要な病気に「ボロ死に（スレとも呼ばれた）」がある．昭和10年頃に浜名湖地方で発生したのが最初とされており，中井・保科（1935）によって研究が始められ，戦争で中断した後，保科（1959 a, b）に引き継がれ，病因として細菌の *Aeromonas punctata* と *Paracolobactrum anguillimortiferum*，真菌の *Saprolegnia parasitica* があげられた．保科はこの2種の細菌は同様の病気の原因となるとして，それに「鰭赤病」という病名を与えたが，その後，2種の細菌の引き起こす病気の違いが明瞭になり，現在は *A. punctata*（現在の分類では *Aeromonas hydrophila* とその近縁菌種によるものを「鰭赤病」とし，*P. anguillimortiferum*（現在の分類では *Edwardsiella tarda*）によるものを「パラコロ病」と呼んでい

る．また，*Saprolegnia* 属真菌寄生は，後に「水カビ病」と呼ばれるようになった．鰭赤病と水カビ病は，冬眠していたウナギに餌を与え始める春先に大きな被害を出した．未だ気温・水温が定まらない時期に過剰に与えられた餌が消化不良を起こし，ウナギ腸内で異常増殖した *Aeromonas* の毒素が全身の生体防御能を低下させ，そのために水中に常在する *Saprolegnia* の二次感染が起こると考えられている（Egusa, 1965; Egusa and Nishikawa, 1965）．食塩とマラカイトグリーンの池中散布が対策として行われたが，戦前最高の昭和16年（1941）の生産量に回復した昭和40年（1965）頃からサルファ剤や抗生物質が養魚にも使えるほど安価になり，鰭赤病などの細菌病に効力を発揮するようになった．また，この頃，練り餌方式の配合飼料が市販され始めた．その初期に前述した粘結剤のアルファでん粉に起因する炭水化物過剰による「肝臓肥大」が生じたことがあったが，粘結剤を魚が消化吸収しないCMC（carboxymethylcellulose）などに換えることによって直ぐに解決された．

配合飼料の普及とともに昭和40年頃から全国的な養殖ブームが起こり，先ず先進地である東海3県，とくに静岡県の生産量が急激に伸び始めた．その頃，鰓弁の欠損を特徴とする「鰓病」が，水が豊富で飼育密度がとくに高い焼津・吉田地方を中心に大きな被害を与え，*Chondrococcus columnaris*（現在の分類では *Flavobacterium columnare*）による「カラムナリス病」であることが明らかにされた（江草，1967）．さらに，昭和44年の冬に最初にこの地方の越冬中のウナギを襲った「えら腎炎」は，その後加温ハウス式養殖が普及するまで数年間甚大な被害を与えた．病魚は鰓に肥厚や癒着がみられ，腎臓泌尿系に特異な病変を生じることを特徴とする（江草，1970）．また，血液中の塩素濃度が極めて低いことも特徴の一つにあげられる（江草ら，1971）．えら腎炎は養殖方式

の変化とともに収まったため原因不明のままであるが，高密度のため冬の休眠もままならず，また餌止め前に与えられた配合飼料が越冬中の体力維持にまでは配慮されていない，などを主因とする適応病ではないかとも考えられる．

ウナギ養殖の拡大はまた深刻な種苗不足を引き起こし，その対策として，初期には台湾や韓国からニホンウナギの稚魚を輸入し，さらにそれらの国でも養殖が始まると，欧米，とくにフランスからのヨーロッパウナギの稚魚の輸入が盛んになった．このヨーロッパウナギ種苗の輸入に伴ってもたらされたと推察される病原体で，在来のニホンウナギに伝搬したものとして *Pseudomonas anguilliseptica*（赤点病）があげられる．幸い，日本のウナギ養殖場には定着しなかった（ただし，*P. anguilliseptica* の感染はその後も稀にウナギその他の魚で認められている）．また，1972 年に愛媛県の一養鰻場で突然真菌病のブランキオマイセス症が発生し被害を出した．しかし，この病気は国内のどこにも 2 度と発生がなかった．近隣国からの稚魚の輸入が係わっていた疑いがある．

シラスウナギの餌付けから出荷までをビニールシート製の温室内の飼育池で行う所謂「ハウス養鰻」は，最初，高知県の園芸農家が試み大成功したことを契機に全国に広がったといわれており，さらに池底にパイプを敷いて池水をボイラーで加温するようになった．この加温ハウス養鰻は，シラスウナギの餌付けの際の歩留りを飛躍的に高め，また，従来 2 年であった養成期間を 1 年以下に短縮するなどウナギ養殖の高度集約化をもたらすとともに，えら腎炎ばかりでなく，鰭赤病，水カビ病，赤点病などの越冬明けの春先におこる病気も過去のものとしてしまった．しかし，その一方，従来は夏の病気で被害もそれ程でなかった *E. tarda* によるパラコロ病が成魚のみならず餌付け中のシラスウナギにも大きな被害を出すようになった．

「メトヘモグロビン血症」は感染症ではなく，池水中の亜硝酸塩の濃度が極端に高くなり，赤血球なかのヘモグロビンに作用して，ヘモグロビンの酸素運搬能力を損なわしめる環境性の病気である．昭和 55 年に三重県の循環濾過式養殖池と愛知県の加温ハウス式養殖池で発生した例がある（窪田ら，1981, 1982）．加温コストを抑えるために換水率をできるだけ低くする必要があることが背景にあり，現在は，換水率を上げることや残餌・排泄物を効率的に除去することによって回避されている．

「鰓うっ血症」はこの 20 年近くの間，日本の養殖ウナギに大きな被害を与え続けている．本病は鰓弁の中心静脈洞の強度なうっ血と拡張を特徴とすることから名付けられ（江草ら，1989），病魚の鰓の磨砕濾液の接種で症状が再現されることから原因としてウイルスが疑われていたが，後に病魚組織の電子顕微鏡観察からウイルス感染による血管内皮細胞の壊死によることが明らかにされ「ウイルス性血管内皮壊死症」の病名が提案された（井上ら，1994）．また，鰓薄板の「板状充血症」と「点状充血」が現場で知られ，両者は別の病気との考えもあるようであるが（宮川，1998），正確なことは分かっていない．しかし，最近，点状充血は IPN ウイルス Sp 型の感染が原因であるとする論文（Lee *et al.*, 1999）が出ている．これらのウイルス感染症は，かつての屋外養殖ではまったく知られていなかったもので，加温ハウス養鰻法の何かがこれらに係わっているに違いないと思われる．

6. 診断と治療

1）診　　断

患者を診察して病状を判断することを診断といい，患者が人間である場合は医師が，家畜・家禽・犬猫である場合は専ら獣医師が診断を行っている．患者が魚介類である場合の診断を獣

6. 診断と治療

医師が行う場合もあるが，それはむしろ例外であって，通常，水産業の試験研究機関あるいは大学の専門家が行っている．それは，診断をする上で必要な知識や患者の取り扱い方に人間や陸上動物と異なる点が多いことによる．先に述べた魚病学が水産科学の一分野として発足し発展してきた理由がここにある．魚病の診断対象は，多くの場合，飼育水槽，養魚池，網生け簀などの飼育施設内の個体集団であり，この場合，診断は先ず病気の発生している飼育施設から複数の病魚を選抜することから始まる．病魚を選抜するに当たっては，それまでの状況を飼育担当者から聞き取り，症状の推移を推定して，初期から末期までの経過を代表すると思われる病魚を複数採取しなければならない．採取された病魚は，通常，検査材料であって，治療の対象ではない．採取された病魚をその場で診断する場合もあるが，多くの場合，現場で大まかな観察をした後，試験機関等に持ち帰って，さらに詳細な観察や種々の検査が行われる．あるいは，飼育現場を訪れることなく，飼育担当者が運んできたものを診断することも多い．いずれにしても，運ばれてきた病魚あるいは病死魚の状態の良否が検査・診断に大きな影響を与える．生きたまま運ばれることが望ましいが，それができない場合には，状況に応じて最良の方法を選ばなければならない．一般的には，即殺し，直ちに氷冷して（凍結せず），6時間以内に検査・診断に供することが望ましい．

診断の基礎となる病魚の検査には，肉眼による観察，顕微鏡による観察，病原体の分離培養，さらには血液検査など人や家畜の病気の診断に準じた検査が行われる．しかしながら，血液検査などの生理・生化学的検査のデータは，今のところ魚病の診断には殆ど役立たない．その理由は，魚が変温動物であるために環境温度の影響を受けるなど，どの検査項目もデータのばらつきが大きく，診断の基準となる各魚種の正常値（幅）が未だ明示されていないことによる．

医師や獣医師は診断内容さらには以後の処置・治療について記録する．この所謂「カルテ」は，もし担当医師が変われば新しい担当医師に伝達され，また多くのカルテが集積されて基本的データとして医療の進歩に多大の貢献をしている．魚病の診断や処置・治療の記録カードも水産試験場等で個々に工夫されているが未だ標準化されるには至っていない．また，インターネットによる魚病情報システムの構築が国内外で検討され，既に稼働しているものもあるが，初歩的な状況にある（新川，1998）．魚病の診断記録等のデータベース化は，今後急速に進むことが予想され，また期待される．

2）治療・投薬

1970年代に愛玩用のキンギョやニシキゴイに穴あき病が大流行した時，穴あき患部の表面や周囲の壊死組織を外科的に除去し，傷口を消毒したあと，抗菌剤を含む軟膏を塗布する治療が主に開業獣医師によって行われ，よい成績を収めた．一方，施療者による技量の差も現れた．魚病において，このような個体治療が広く頻繁に行われることはそれまで例がなく，穴あき病の流行は魚病の個体診療に対する魚病技術者，とくに獣医師の関心を高める出来事であったといえる．

しかしながら，キンギョなどを含め養殖魚では，魚病の治療は集団を対象とし，軽症のものから重症のものまで（さらには罹病していない個体も一緒に）多数の個体を一括して治療することが求められる．餌止めを含む給餌の調整，注水量や水温の調整などの飼育条件を魚群には好適である（ないし耐えられる）が病因（病原体）には不適な（ないしは耐えられない）ものに変えることが先ず試みられる．次に，治療効果が期待できそうな薬剤を探索して，魚群に投与される．前にも述べたように，昭和40年頃からサルファ剤，ニトロフラン剤，抗生物質，などの化学療法剤がウナギなどの養殖魚の治療

第Ⅰ章 序　論

にも使えるほど安価になり，急速に普及した．しかし，間もなく，それまで目覚ましい効果を発揮していた薬剤が効かなくなり始め，種々の魚病細菌に薬剤耐性菌が出現するようになった．それとほぼ時を同じくして，薬剤の濫用が社会的問題として注目され始めた．現在，養殖魚などの治療に使われている薬剤は，水産用医薬品として製造承認されたもの（図Ⅰ-6-1）と，食塩，ホルマリン，マラカイトグリーン，などの水産用医薬品以外の薬品類に大別される．

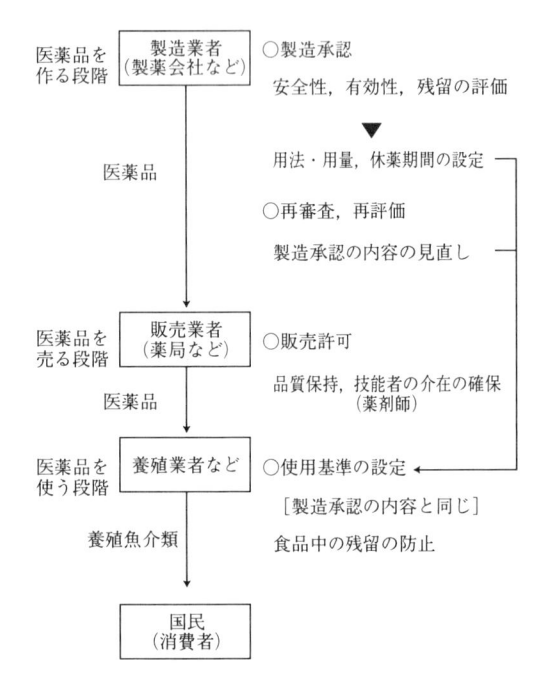

```
医薬品を        製造業者          ○製造承認
作る段階    （製薬会社など）      安全性，有効性，残留の評価
              ↓
            医薬品              ▼用法・用量，休薬期間の設定
                                ○再審査，再評価
                                製造承認の内容の見直し
              ↓
            販売業者            ○販売許可
         （薬局など）            品質保持，技能者の介在の確保
              ↓                                （薬剤師）
            医薬品
              ↓
医薬品を     養殖業者など         ○使用基準の設定 ←
使う段階                         ［製造承認の内容と同じ］
              ↓                 食品中の残留の防止
          養殖魚介類
              ↓
            国民
         （消費者）
```

図Ⅰ-6-1　薬事法による水産用医薬品の規制

水産用医薬品は薬事法によって規定されている動物用医薬品のうち専ら水産用に使用されるものと位置付けられ，養殖魚の病気を治療するために使用される（水産庁，2001）．薬事法は，元来，人間用の医薬品の効能や安全性を確保するための法律であるが，動物用医薬品にも準用されている．動物用医薬品の製造承認の手続きが人間用医薬品に準じていることに不合理な点がないとはいえない．例えば，医薬品の副作用は，その薬剤を投与された動物に対する作用であって，動物を飼育したり，食べたりする人間に対するものではない．しかし，食品として消費される動物については，動物よりもそれを食べる人間に対する害作用が問題となる．そこで，動物用医薬品には，出荷時にその薬剤が残留していないようにするために必要な休薬期間が定められている．すなわち，特に生産量が多く食品として重要な動物については，農林水産省令によって，動物用医薬品を使用する生産者に対して「動物用医薬品の使用規制」が定められている．使用規制の対象となっている動物用医薬品の用法・用量・休薬期間を遵守しない生産者は，この法律により罰せられる．さらに，「食品衛生法」は「食品中に抗生物質等の有害物質を含んではならない」と規定しており，出荷された食品に動物用医薬品が残留していると廃棄処分される．

前述のように水産用医薬品以外にも，食塩，マラカイトグリーン，ホルマリンなど魚病の治療に有効な種々の薬品が知られている．水産庁は，昭和56年に「ホルマリン，マラカイトグリーン等を，食用に供される魚介類には使用しないこと，食用に供されない魚卵や稚魚にやむを得ず使用した場合は吸着または中和して環境の汚染を生じないよう処置することを関係者に指導されたい」旨を長官から都道府県知事ならびに関係団体宛に通達した．しかし，最近，熊本県天草地方で真珠養殖業者が「アコヤガイが大量死亡したのは，同じ湾内にあるフグ養殖場で鰓の寄生虫（ヘテロボツリウム）の駆除に大量のホルマリンを使い，使用後の液を海中にそのまま流しているのが原因だ」として裁判所に訴えるという事件が起こっている．アコヤガイの大量死亡がホルマリンによるか否かは別にして，使用してはいけないホルマリンが寄生虫駆除に使われたことは，県ならびに関係団体の指導が十分なされていない，あるは遵守されていない，ということであり，各県では，急遽，フグ養殖関係者にホルマリンの使用の自粛を求め，また，使用自粛を決めた組合も多いという

ことである．一方，ホルマリン浴に替わる実用的なヘテロボツリウムの駆除対策の確立が養殖業者から強く求められている．

追記：薬事法および薬事法関係省令の改正（平成15年7月30日施行）により，未承認医薬品（ホルマリンなど）の使用が法的に禁止された（罰則あり）．

3）消毒・殺菌

病気，とくに伝染病が発生した場合，病原体が拡散しないよう施設等の消毒・殺菌が行われなければならない．畜舎の場合は，口蹄疫などごく限られた法定伝染病の場合を除いて，暫時，家畜を舎外に出しておいて消毒することができる．しかしながら，養魚池の場合には，短時間の消毒であっても魚を移す別の養魚池ないしは水槽を用意しなければならない．この当たり前のことが，養殖業にとっては非常に大きな経済的負担であり，消毒の実施の妨げになっている．池の消毒方法としては，天日乾燥とサラシ粉による塩素消毒が一般的であるが，素掘り池等では底泥に消石灰を混ぜ込むことが古くから行われている．飼育施設のほかに日常の飼育管理の中で消毒の対象となるものには，①飼育者の手指，履物，衣服，②飼育器具，器材，③車両，④病死魚などがあり，対象物の性質に応じて消毒方法が工夫されているが，消毒剤等の種類としては熱湯，サラシ粉，逆性石鹸，クレゾール石鹸，ポピドンヨード，などが使用されている（本西，1998）．

施設や器材・器具の消毒と並んで養魚場において重要な消毒・殺菌の対象は，飼育用水および排水である．飼育用水の消毒としては，紫外線やオゾンを利用する殺菌装置が開発され，普及しつつある（吉水，1998a）．排水には多量の残餌や糞などの有機物が含まれ，またそれらを栄養とする病原体を含む微生物が繁殖しており，そのまま天然水域に放出することは環境汚染の原因となる．魚類防疫の観点からも汚染防止からも，排水対策が重要な課題になっている．しかしながら，大量の飼育排水の処理には莫大な経費を要することから普及が遅れているのが実情といえる．飼育排水の消毒方法としては，先ず沈殿槽で固形物を除去し，次に塩素を用いて殺菌し，続いてチオ硫酸ソーダで中和したのち，天然水域に排水するのが一般的である．排水をオゾンで消毒する方法も欧州などで行われている．

サケ科魚類の発眼卵をポピドンヨード（ヨードと非イオン界面活性剤を結合させたものでBetadine系とWescodyne系のものがある）で消毒することが広く行われ，孵化場においては有効濃度50 ppmで15分間の消毒が推奨されている（本西，1998）．しかし，アユなどのサケ科魚類以外の魚種の卵については，安全計数が低く，実用に至っていない．

なお，以上述べてきたことは，陸上で行われる養殖生産や種苗生産についてのことであって，海面や湖面で行われている網生け簀養殖や垂下式養殖などでは原則的に施設や用水などの消毒や殺菌は不可能である．そこで，網替えなどの施設の更新，種苗の導入，給餌や水揚げなどの日々の作業に際して，病原体を持ち込んだり持ち出したりすることがないよう留意することが何よりも重要となる．

7．防　疫

1）予防接種

魚類においても哺乳動物と同様な予防接種（ワクチネーション）が有効であり，日本では平成13年3月現在，①アユのビブリオ病，②サケ科魚類のビブリオ病，③ブリのα溶血性連鎖球菌症（*Lactococcus garvieae* 感染症），④マダイおよびブリのイリドウイルス病のそれぞれに対する不活化ワクチンおよび⑤ブリのα溶血性連鎖球菌症とビブリオ病に対する混合不活

第I章 序　論

化ワクチンの5種類が水産用ワクチンとして製造承認され市販されている．これらのうち①と②はワクチンを飼育水で希釈し，その中に魚を一定時間漬ける「浸漬ワクチン」，③はワクチンを飼料に混ぜて食べさせる「経口ワクチン」で，④と⑤は腹腔内に注射する「注射ワクチン」である．

経口ワクチンは，先ずサケ科魚類のせっそう病に対して試みられ（Duff, 1942），さらにビブリオ病に対して有効性が確認され（Fryer et al., 1976），魚の採り上げに伴うストレスもなく，最小限の手間で多数の個体を処理できることから魚の予防接種に最も適した方法として研究開発が進められている．ワクチンが胃を通過する際に胃酸などによって抗原性が損なわれることを避けるためにマイクロカプセルで保護するなどの工夫もされているが，ビブリオ病や連鎖球菌症などのごく限られた病気以外は殆ど効果が認められていない．感染力のない不活化ワクチンの経口投与によって魚が免疫を得るメカニズムについてさらに詳細な研究が必要と思われる．

浸漬ワクチンは，水に溶けたアルブミンを魚が体表面から体内に取り込むことが明らかにされたことを契機に考案された魚独特の予防接種法であり（Amend and Fender, 1976），多数の魚を処理するのに適した方法として研究開発が進められた．可溶性抗原だけでなく細菌細胞のような粒状抗原も取り込まれることが明らかにされ，多くの魚類病原体で有効性が認められ，いろいろな魚病に対する浸漬ワクチンが各国で実用化されている．しかしながら，せっそう病ワクチンのように殆ど効果がないものもあり，また，一般に，有効性の認められるものも注射ワクチンに比べるとその効果は劣る．

不活化ワクチンの注射によって魚に免疫を与えることができることは，かなり古くからいろいろな魚病について明らかにされていた（Evelyn, 1997）．しかしながら，多数の魚に個別に注射することは非常に困難であり，また水中から取り上げて処理することが却って擦れやストレスなどの悪影響を与えるのではないか，などの考えから，久しく養殖の現場では実用されることがなかった．ところが，ノルウェーのタイセイヨウサケの網生け簀養殖場を襲ったせっそう病による大きな被害と薬剤による治療の行き詰まりに対する窮余の一策として注射法が採用され，予想外の好成績が得られたことを契機に注射法が魚病の予防接種法として見直されることとなった（Midtlyng, 1996）．現在，日本で市販されているイリドウイルス病ワクチンや連鎖球菌症とビブリオ病の混合ワクチンは，この流れの中で開発されたものであり，連続注射器や自動注射機などの開発改良とともにさらに多くの魚病に対する注射ワクチンの実用化が予想される．

注射ワクチンに対する期待は大きいが，取り扱える魚の大きさや数量にはやはり限界があり，今後も経口ワクチンや浸漬ワクチンの開発努力が続けられると思われる．さらに，魚に適した新しい接種法の考案も必要であろう．アジュバントや免疫賦活剤を用いて免疫効果を高める工夫（中西，1998）や，先端的なバイオテクノロジーの応用による生ワクチン，成分ワクチン，DNAワクチンなどの研究開発（酒井，2000）が進められている．

2）魚類防疫制度

魚病の発生の予防とまん延の防止を目的とする法律として古くは，英国の魚病法（The Diseases of Fish Act 1937）が知られている．1910〜30年代に英国各地の河川のサケ科魚類にせっそう病が大流行し，その原因が1900年代初めにドイツから持ち込まれたニジマス病魚によると考えられたことを契機に制定されたという．その内容は，生きたサケ科魚類の輸入を禁止し，またサケ科魚類以外の生きた淡水魚類および全ての淡水魚の卵の輸入を農水産大臣の

7. 防　疫

許可制としたものである．米国は「タイトル50」(Code of Federal Regulations: Title 50) と通称されている法律によって特定の魚類とその卵の輸入・輸送を規制しており，そのほか多くの諸外国も法律によって養殖種苗などの輸入を規制している．

外国から日本への魚の移植は，文亀2年 (1502) の中国からのキンギョ，明治10年 (1877) の米国からのニジマスのような古いものもあるが，ギンザケの卵やヨーロッパウナギの稚魚のように毎年多量の養殖種苗が輸入されるようになったのは昭和45年 (1970) 頃からであり，その後さらにカンパチなど種々の海産魚の種苗が韓国，中国，東南アジア諸国から輸入されている．これらの養殖種苗の輸入に伴って外来の病気による被害が顕在化してきた (表Ⅰ-7-1)．このような状況に対処するために，日本においても魚類防疫に係わる法律の制定が諮られ，先ず，種苗の輸入に伴う伝染病の侵入を防止することを目的として，平成8年 (1996) に「水産資源保護法」の一部が改正された．続いて，平成11年 (1999) には国内における特定の病気のまん延防止等を目的とする「持続的養殖生産確保法」が制定された．なお，これらの法律の制定には，前述の種苗輸入に伴う外来の病気による被害対策に加えて，国際獣疫事務局 (OIE) の勧告に対する対応という背景がある．

OIE は，家畜の伝染病について国際協力をすることを目的に1924年に設立された国際機関で，パリに本部があり，日本は昭和5年 (1930) に加盟している．OIE の専門部会の一つである魚病部会は，平成8年1月に国際水生動物衛生規約 (International Aquatic Animal Health Code) (OIE, 1997a) を水生動物病診断マニュアル (Diagnostic Manual for Aquatic Animal Diseases) (OIE, 1997b) と一緒に発行した．本規約の目的は，水生動物病の拡散の防止に資することにより，水生動物およびその製品の国際貿易を促進することにある，とされている．主な内容は，① OIE に届け出を要する病気 (5つの魚病と6つの軟体類の病気) に感受性のある魚介類あるいはその生殖物の輸出入は，それらの病気のない養殖場由来のものとする，②上記の輸出においては，それを示す証明書を添付する，③自国で流行しており，特別な対策を実施していない病気について清浄であることを求めることは，不必要かつ国際貿易の促進の目的に反する，④天然で採捕され，食用に輸出されるものには証明書は不要，などである．また，当該の病気のないことを確認する範囲として，①国，②地域，③養殖施設の3つのカテゴリーを設け，①少なくとも過去2年間，当該の病気の発生が認められない，②行政機関による魚病検査において，当該病原体が検出されない，を確認に要する条件としている．

日本の「水産資源保護法の一部を改正する法律」は，農林水産省令で定める水産動物の種苗の輸入を許可制とし，許可の条件として省令で定める伝染性の病気 (特定疾病) に罹っているおそれのないことを確かめた旨を記載した輸出

表Ⅰ-7-1　養殖種苗の輸入に伴って渡来したと推察される疾病

病気あるいは病原体	推定渡来年／最初確認年	推定感染源あるいは感染経路
伝染性造血器壊死症 (IHN)	1970/1971	米国アラスカからのベニザケ種卵
細菌性腎臓病 (BKD)	1973/1973	米国西部からのギンザケ種卵
冷水病	1985?/1990	米国西部からのギンザケ種卵
赤点病	1971/1971	ヨーロッパからのウナギ種苗
エピテリオシスチス病	1984/1984	香港からのマダイ種苗
ネオベネデニア・ギレレ	1991/1991	中国海南島などからのカンパチ種苗
急性ウイルス血症 (PAV)	1993/1993	中国福建省からのクルマエビ種苗

第 I 章 序　論

国政府の発行する検査証明書の添付を義務付けたものである．平成13年6月現在，輸入許可を必要とする種苗は，コイ科魚類，サケ科魚類，およびクルマエビ属のエビ類である．また，検査証明を必要とする病気は，コイ科魚類がコイ春ウイルス病，サケ科魚類がウイルス性出血性敗血症，流行性造血器壊死症，ピシリケッチア症，およびレッドマウス病，エビ類がバキュロウイルス・ペナエイによる感染症，モノドン型バキュロウイルスによる感染症，イエローヘッド病，および伝染性皮下造血器壊死症である．

　追記：平成15年6月にコイヘルペスウイルス（KHV）病が特定疾病に追加された．

表 I-7-2　特定疾病

持続的養殖生産確保法施行規則第2条第2項に基づいて定められている特定疾病は，水産資源保護法施行規則に基づき種苗輸入の際に検査証明を必要する疾病と同じ疾病であり，つぎの9つの疾病である（平成13年7月現在）．

水産動物	伝染性疾病
コイ科魚類 サケ科魚類	コイ春ウイルス血症 ウイルス性出血性敗血症 流行性造血器壊死症 ピシリケッチア症 レッドマウス病
クルマエビ属の エビ類	バキュロウイルス・ペナエイによる感染症 モノドン型バキュロウイルスによる感染症 イエローヘッド病 伝染性皮下造血器壊死症

また，「持続的養殖生産確保法」は，「漁業協同組合等による養殖漁場の改善を促進するための措置および特定の養殖水産動植物の伝染病のまん延の防止のための措置を講ずることにより，持続的な養殖生産の確保を図り，もって養殖業の発展と水産物の供給の安定に資することを目的とする」としている．この法律に基づいて，都道府県知事は特定疾病（種苗輸入の際に検査証明を必要とする病気と同じ）について，移動制限，消毒等を命令すること，職員（魚類防疫員）に立ち入り検査をさせること，などができるようになった．すなわち，この法律はOIEの規約を踏まえ，また，相互主義が求められる種苗の輸入許可制度に対する国内制度の整備という意味合いを具えている．

3) 魚類防疫の課題

　魚類防疫の基本は，先ず，魚を病原体から隔離する，すなわち，病原体を持ち込まず，持ち出さず，その場で駆除することである．具体的には，種苗など生きた水産動物の移動の禁止，輸出入検疫の実施，発病魚集団の殺滅，など，生産者のみならず国としても大きな負担を覚悟しなければならない．家畜の伝染病（寄生虫病を含む）は，「家畜伝染病予防法」に基づき，輸出入検疫が行われているが，水産動物は検疫の対象外である．水産動物にも検疫制度を設けてはどうかということが議論されてきたが，未だ実現していない．その理由として，①検疫の対象となる水産動物の種類が非常に多い，②船の生け簀で運ばれる海産魚種苗では検疫以前に船の航行によって水域が汚染されている，③輸出国における情報が入手し難い，④人や家畜に感染するものは殆どない，⑤検疫に必要な財源の確保が難しいなどがあげられている．

　病原体からの隔離が困難な場合は，次善策として，病原体の数量をできる限り少なくすることに努めなければならない．数量の少ない病原体は，魚の自己防御能（抵抗力）に打ち勝てないだけでなく，宿主を離れた状態では水中常在微生物などとの生存競争にも弱く，やがて消滅することが期待できるからである．たとえ病魚や保菌魚を百パーセント捕捉できなくても，種苗移動の際の選別や保菌検査が有効な防疫手段である所以である．

　魚の自己防御能を低下させず，さらにはそれを助長することは，病原体の数量を減らすことと並んで，重要な防疫手段である．種苗生産や養殖生産，あるいは種苗の輸送や放流においては，安いコストで高い収益を得ることを目指すあまり，給餌や飼育環境の悪化が看過されやすい．しかしながら，栄養不良，過密，低酸素，水質不良などが抗体や貪食細胞など様々な因子

に影響し，防御能を低下させることが知られており（Bly et al., 1997），長期的な視野に立った給餌と飼育環境の改善への投資が求められる．

魚の自己防御能を助長する手段として，予防接種が不可欠であるが，どんなに優れたワクチンも接種された魚の飼育条件が悪ければ十分に能力を発揮することができない．ワクチンの効果を損なわず，さらにはそれを高めるために，ワクチンの有効性と給餌や飼育環境などの飼育技術との関係についての研究やその成果の啓蒙・普及が必要である．しかしながら，認可されたワクチンを良好な飼育条件下で使用したとしても病気の流行を完全に抑えることは難しく，期待される相対有効率は通常 60～80％である．また，病気の流行がなかった場合，ワクチンの効果によるものかどうかは対照区を設けない限り判然としない．養殖等の生産現場に対照区を設けることは現実的ではなく，従って，予防接種は生産者にとって成果を評価し難い先行投資である．また，ワクチンは，薬のような汎用性がなく，動物種ごと，病原体ごとに異なっており，市場が狭い．その上，魚類の種苗生産や養殖生産は畜産などに比べ多種少量生産であることが，魚病ワクチンの市場をさらに狭くしている．これらの問題の克服のためには，メーカーのワクチン開発コストの軽減や予防効果の向上のための集団接種などについて，行政的な支援が必要であろう．

耐病性品種の作出は，養殖魚の病気に対する抵抗性を高める有効な手段である．養殖の歴史の長いコイには大和鯉や信濃鯉などの養殖品種があり，これらは野生魚に比べ体高が高く可食部が多いなどの特徴があるが，そのほか養魚池で継代を重ねている間に無意識のうちに養魚環境に適した病気にも強い系統が選抜されたと思われる．また，サケ科魚類には，伝染性膵臓壊死症（IPN）や伝染性造血器壊死症（IHN）などのウイルス病やビブリオ病やせっそう病などの細菌病に対する耐病系の選抜育種についての報告がある（小林，1998）．しかしながら，ブリ養殖をはじめ水産養殖の多くは，天然種苗を利用する不完全養殖であり育種の対象にはならず，また，マダイやヒラメなども完全養殖の歴史は浅く，育種は始まったばかりである．一方，染色体操作などによって魚のクローンは比較的容易に作れることや，耐病性に係わる遺伝子の解析や耐病遺伝子をマーカーとした選抜育種の効率化，さらには遺伝子導入による耐病性品種の作出，などの研究が盛んに行われていることから（岡本・尾崎，2000；吉崎，2000），魚類の育種も急速に進展することが期待される．ただし，いくら耐病性品種ができたとしても，劣悪な飼育条件下では健康な魚には育たないことは論を待たない．

（若林久嗣）

引用文献

Ahne, W. (1985)：*Argulus foliaceus* L. and *Piscicola geometra* L. as mechanical vectors of spring viraemia of carp virus (SVCV) *J. Fish Dis.*, 8, 941-942.

Amend D. F. and D. C. Fender (1976)：Uptake of bovine serum albumin by rainbow trout from hyperosmotic infiltration: a model for vaccinating fish. *Science*, 192, 793-794.

粟倉輝彦（1974）：サケ科魚類の微胞子虫病に関する研究．水産孵化場研究報告．29, 1-96.

Bachere, E., E. Mialhe, D. Noel, V. Boulo, A. Morvan and J. Rodriguez (1995)：Knoledge and research prospects in marine mollusk and crustacean immunology. *Aquaculture*, 132, 17-32.

Barthlomew, J. L., J. L. Fryer, and J. S. Rohovec (1992)：*Ceratomyxa shasta* infections of salmonid fish. In "Salmonid Diseases" (ed. by T. Kimura) Hokkaido University Press, Sapporo, pp. 267-275.

Bly, J. E., S. M.-A. Quinou and L. W. Clem (1997)：Environmental effects on fish immune mechanisms. In "Fish vaccinology, Developments in biological standardization, Vol. 90". (ed.by R. Gudding, A. Lillehaug, P. J. Midtlyng and F. Brown), Karger, Basel, pp. 33-44.

Buchamann, K., J. L. Larsen and B. Therkildesen (2001)：Improved recapture rate of vaccinated sea-ranched Atlantic salmon, *Salmo salar* L. *J. Fish Dis.*, 24, 245-248.

Burkholder, J. M. and H. B. Glasgow, Jr. (1997)：*Pfiesteria piscicida* and other *Pfiesteria-like* dinoflagellates:

第Ⅰ章 序　論

Behavior, impacts, and environmental controls. *J. Ocean.*, 42 (5 part 2), 1052-1075.

Colgrove, D. J. and J. W. Wood (1966)：Occurrence and control of *Chondrococcus columnaris* as related to fresh river sockeye salmon. International Pacific Fishery Committee Progress Report, 51 p.

Cusack, R. and D. K. Cone (1986)：A review of parasites as vectors of viral and bacterial diseases of fish. *J. Fish Dis.*, 9, 169-171.

Duff, D. C. B. (1942)：The oral immunization of trout against *Bacterium salmonicida. J. Immunol.*, 44, 87-94.

Egusa, S. (1965)：The existence of a primary infectious disease in the so-called fungus disease in pond-cultured eels. *Bull. Japan. Soc. Sci. Fish.*, 31, 517-522.

江草周三 (1967)：養殖ウナギの鰓病について．魚病研究，1 (2), 72-77.

江草周三 (1970)：今冬 (1969〜1970) 養殖ウナギに流行した"えら腎炎"について－併せて腹水病との比較．魚病研究，5, 51-66.

江草周三 (1990)：魚病と公衆衛生・食品衛生．魚病論考 (江草周三著)，恒星社厚生閣，179-184.

江草周三 (1995a)：魚病細菌と人．魚病研究余録 (江草周三著)，緑書房，103-116.

江草周三 (1995b)：養殖ブリの骨曲がり．魚病研究余録 (江草周三著)，緑書房，28-40.

Egusa, S. and T. Nishikawa (1965)：Studies of a primary infectious disease in the so-called fungus disease in pond-cultured eels. *Bull. Japan. Soc. Sci. Fish.*, 31, 804-813.

江草周三・広瀬一美・若林久嗣 (1971)：ウナギのえら腎炎に関する調査報告-Ⅱ．鰓の病変の出現と血漿中イオン濃度．魚病研究，6, 57-61.

江草周三・大上皓久・田中　真・岡　英夫 (1989)：養殖ニホンウナギの鰓の強度鬱血の病理組織学的観察．魚病研究，24, 51-56.

Ellis, A. E. (2001)：Innate host defense mechanisms of fish against viruses and bacteria. *Dev. Comp. Immunol.*, 25, 827-839.

Evelyn, T. P. T. (1997)：A historical review of fish vaccinology. In "Fish vaccinology, developments in biological standardization, Vol. 90". (ed.by R. Gudding, A. Lillehaug, P. J. Midtlyng, and F. Brown), Karger, Basel, pp.1-12.

Evelyn, T. P. T, L. Prosperi-Porta and J. E. Ketcheson (1986)：Experimental intra-ovum infection of salmonid eggs with *Renibacterium salmoninarum* and vertical transmission of the pathogen with such eggs despite their treatment with erythromycin. *Dis. Aquat. Org.*, 1, 197-2002.

Fryer, J. L., J. S. Rohovec, G. L. Tebbit, J. S. McMichael and K. S. Pilcher (1976)：Vaccination for control of infections diseases in Pacific salmon. *Fish Pathol.*, 10, 155-164.

Heo, G.-J., and H. Wakabayashi (1990)：Purification and characterization of pili from *Flavobacterium branchiophila. Fish Pathol.*, 25, 21-27.

Hofer, B. (1906) ： Handbuch der Fishkrankheiten. E. Schweizerbartsche Verlagsbuchhandlung. Stuttgart, 359 p.

保科利一 (1959a)：ウナギの鰭赤病に関する研究．水産増殖，6, 149-160.

保科利一 (1959b)：ウナギの水カビ病に関する研究．水産増殖，6, 161-166.

Hou, Y., Y. Suzuki and K. Aida (1999)：Changes in immunoglobulin producing cells in response to gonadal maturation in rainbow trout. *Fisheries Sci.*, 65, 844-849.

飯田貴次 (1996)：魚類の生体防御．魚病学概論 (室賀清邦・江草周三編)，恒星社厚生閣，p.9-22.

稲葉　俊 (1964)：養鰻の実際．緑書房，281p.

井上　潔 (2000)：アユの冷水病．海と生物，22, 35-38.

井上　潔・三輪　理・青島秀治・岡　英夫・反町　稔 (1994)：養殖ウナギ (*Anguilla japonica*) の"鰓うっ血症"に関する病理組織学的研究．魚病研究，29, 35-41.

金井欣也・若林久嗣・江草周三 (1977)：養殖ウナギにおける健康魚と病魚との腸内細菌叢の比較，相違について．魚病研究，12, 199-204.

金澤昭夫 (1996)：栄養性疾病．魚病学概論 (室賀清邦・江草周三編) 恒星社厚生閣，p.121-133.

Kanlis, G., Y. Suzuki, M. Tauchi, T. Numata, Y. Shirojo and F. Takashima (1995)：Immunoglobulin concentration and specific antibody activity in oocytes and eggs of immunized red sea bream. *Fisheries Sci.*, 61, 791-795.

笠原正五郎 (1959)：イカリムシの防除について．水産増殖，6, 140-148.

Kent, M. L. and J. W. Fournie (1993)：Importance of marine fish diseases - An overview. In "Pathobiology of Marine and Estuarine Organisms" (ed. by J. H. Couch and J. W. Fournie), CRC Press, Baca Raton, pp.1-24.

Kiryu, I. and H. Wakabayashi (1999)：Adherence of suspended particles to the body surface of rainbow trout. *Fish Pathol.*, 34, 177-182.

北島　力 (1985)：仔稚魚用飼料 (生物餌料)，養魚飼料 (米　康夫編)，恒星社厚生閣，p.75-88.

小林哲夫 (1980)：増殖事業におけるサケ・マスの疾病．魚病研究，14, 151-157.

小林　徹 (1998)：耐病性育種．月刊海洋，号外 No.14, 206-210.

窪田三朗・天野秀臣・一岡　衛・宮崎照雄・丹羽　誠 (1981)：ニホンウナギのメトヘモグロビン血症．三重大学水産学部紀要，8, 149-161.

窪田三朗・天野秀臣・宮崎照雄・神谷直明・一岡　衛 (1982)：ニホンウナギに対する実験的メトヘモグロビン血症の研究-Ⅰ．三重大学水産学部紀要，9, 135-153.

Kumagai, A, S. Yamaoka, K. Takahashi, H. Fukuda and H.

引用文献

Wakabayashi (2000): Waterborne transmission of Flavobacterium psychrophilum in coho salmon eggs. *Fish Pathol.*, 35, 25-28.

Lee, N.-S., Y. Nomura and T. Miyazaki (1999): Gill lamellar pillar cell necrosis, a new birnavirus disease in Japanese eel. *Dis. Aquat. Org.*, 37, 13-21.

Midtlyng, P. J. (1996): A field study on intraperitoneal vaccination of Atlantic salmon against furunculosis. *Fish Shellfish Immunol.*, 6, 553-565.

宮川宗紀 (1998): 加温ハウス養鰻における疫病. 月刊海洋, 号外No.14, 46-50.

本西 晃 (1998): 器材・施設の消毒. 月刊海洋, 号外No.14, 118-122.

森 勝義・神谷久男 (編) (1995): 水産動物の生体防御. 恒星社厚生閣, 129 p.

Mulcahy, D., D. Klaybor, and W. N. Batts (1990): Isolation of infectious hematopoietic necrosis virus from a leech (Piscicola salmositicea) and a copepod (Salmincola sp.), ectoparasites of sockeye salmon Oncorhynchus nerka. *Dis. Aquatic Org.*, 8, 29-34.

村上恭祥 (1999): アユの冷水病と行動特性の関係を推理す. 広報ないすいめん (全国内水面漁業協同組合連合会), No.15, 18-24.

室賀清邦 (1995): 魚介類の仔稚におけるウイルス性および細菌性疾病. 魚病研究, 30, 71-85.

Muroga, K. (2001): Viral and bacterial diseases of marine fish and shellfish in Japanese hatcheries. *Aquaculture*, 202, 23-44.

Muroga, K., H. Yasunobu, N. Okada, and K. Masumura (1990): Bacterial enteritis of cultured flounder Paralichthyis olivaceus larvae. *Dis. Aquat. Org.*, 9, 121-125.

虫明敬一・有元 操 (1998a): クルマエビのPAVに関する防除対策. 月刊海洋, 号外No.14, 186-188.

虫明敬一・有元 操 (1998b): シマアジのウイルス性神経壊死症における防除対策. 月刊海洋, 号外No.14, 42-44.

中井信隆・保科利一 (1936): 鰻の鰭赤病の細菌学的研究 (日本水産学会昭和10年度大会講演要旨). 日水誌, 4, 132.

中西照幸 (1998): 魚類ワクチン開発における問題点と課題. 月刊海洋, 号外No.14, 149-153.

野村哲一 (1998): サケ科魚類の細菌病. 月刊海洋, 号外No.14, 20-25.

Ohshima, S., J. Hara, C. Segawa, and S. Yamashita (1996): Mother to fry, successful transfer of immunity against infectious hematopoietic necrosis virus infection in rainbow trout. *J. Gen. Virol.*, 77, 2441-2445.

OIE (1997): International Aquatic Animal Health Code. Office International des Epizooties, Paris, p.

OIE (1997): Diagnostic Manual for Aquatic Animal Diseases. Office International des Epizooties. Paris, 252 p.

岡本信明・尾崎照遵 (2000): DNAマーカーを利用した新しい水産育種. 次世代の水産バイオテクノロジー (隆島史夫編), 成山堂書店, 43-53.

Pickering, A. D., L. G. Willoughby and C. B. McGrory: (1979): Fine structure of secondary zoospore cyst cases of Saprolegnia isolates from infected fish. *Trans. British Micol. Soc.*, 72, 427-436.

水産庁 (2001): 養殖業者の皆様へ―水産用医薬品の使用について. 第15報. 17 p.

鈴木 譲 (2000): 魚類の生体防御機構. 日水誌, 66, 372-375.

鈴木了司 (2000): しのびよる寄生虫. 集英社, 230 p.

酒井正博 (2000): 魚類の免疫と遺伝子. 次世代の水産バイオテクノロジー (隆島史夫編), 成山堂書店, 54-71.

坂崎利一 (編集) (1991): 水食系感染症と細菌性食中毒. 中央法規出版, 557 p.

重定南奈子 (1992): 侵入と伝搬の数理生態学. 東京大学出版会, 157 p.

新川俊一 (1998): アジアの魚病情報システムの構築のためのワークショップ. 月刊海洋, 号外No.14, 200-204.

Sukenda and H. Wakabayashi (2001): Adherence and infectivity of green fluorescent protein-laveled Pseudomonas plecoglossicida to ayu (Plecoglossus altivelis) *Fish Pathol.*, 36, 161-167.

Tanaka, T., K. Furukawa, Y. Suzuki and K. Aida (1999): Transfer of maternal antibody from mother to egg may have no protective meaning for larvae of red sea bream, Pagrus major, a marine teleost. *Fisheries Sci.*, 65, 240-243.

Tave, D., J. E. Bartels and R. O. Smitherman (1983): Saddleback: a dominant, lethal gene in Sarotherodon aureus (Steindachner) (=Tilapia aurea) *J. Fish Dis.*, 6, 59-73.

若林久嗣 (1996): 環境性疾病およびストレス. 魚病学概論 (室賀清邦・江草周三編), 恒星社厚生閣, pp.109-120.

山本俊一 (1978): 疫学総論. 文光堂, 380 p.

矢野友紀 (1998): 魚類の生体防御機構. 月刊海洋, 号外No.14, 124-129.

安信秀樹・室賀清邦・丸山敬悟 (1988): マダイ仔魚の腸管膨満症に関する細菌学的検討. 水産増殖, 36, 11-20.

吉水 守 (1998a): 用水および排水の殺菌. 月刊海洋, 号外No.14, 112-117.

吉水 守 (1998b): サケ科魚類の種苗期のウイルス病対策. 月刊海洋, 号外No.14, 14-19.

吉崎悟朗 (2000): トランスジェニック技法の水産育種への応用. 次世代の水産バイオテクノロジー (隆島史夫編), 成山堂書店, 72-85.

第Ⅱ章 ウイルス病

1. 概　説

1) 魚介類のウイルス病研究の歴史

　コイのポックス (pox) やカレイ類のリンホシスチス病 (lymphocystis disease：LCD) は，外観症状が特徴的で慢性的に経過することから，広く人々の目に留まり，18世紀から記載がある (Lowe, 1874; Woodcock, 1904)．しかし，病原体としてのウイルスの研究が始まったのは1950年代になってからである．まず，米国東部およびカナダのカワマスならびにニジマスの伝染性膵臓壊死症 (infectious pancreatic necrosis：IPN) が濾過性の病原体によることが明らかになった (Wood et al., 1955)．しかし，当時は魚類の培養細胞がなく，ニジマスの尾鰭を用いた初代培養細胞により，1960年に初めて魚類ウイルスが分離された (Wolf et al., 1960)．同時期，米国西部のベニザケならびにマスノスケの風土病的な病気も濾過性の病原体によることが明らかになった (Rucker et al., 1953)．1960年代に入り，ニジマスの生殖腺組織由来細胞 RTG-2 およびマスノスケの胚由来細胞 CHSE-214 が樹立され (Wolf and Quimby, 1962; Fryer et al., 1965)，IPNウイルス (IPNV) をはじめ上記のベニザケおよびマスノスケからウイルスが分離された．このベニザケおよびマスノスケからのウイルスは，伝染性造血器壊死症ウイルス (infectious hematopoietic necrosis virus：IHNV) と名付けられ (Amend et al., 1969)，IPNVおよびIHNVの分離が魚類ウイルスおよびウイルス病研究の始まりとなった．以来，次々と魚類由来株化細胞が樹立され，1994年の Fryer and Lannan (1994) の総説には34科74種から樹立された137株の魚類由来培養細胞が記載されている．魚類培養細胞については後段で紹介するが，これと並行して魚類のウイルス病の研究も進み，原因が不明であったサケ科魚類のエグドベト病やコイの伝染性腹水症 (正確にはその一部) がウイルス病であることが明らかとなり，ウイルス性出血性敗血症 (viral haemorrhagic septicemia：VHS) (Jensen, 1963) およびコイ春ウイルス血症 (spring viremia of carp：SVC) (Fijan et al., 1971) なる名称が提案され原因ウイルスも分離された．

　このような経緯から，魚類のウイルス病および原因ウイルスの研究は，北米，欧州および日本で産業的に被害の大きいサケ科魚類およびコイ科魚類の病気およびその原因ウイルスが研究の対象となった．近年になって種々の魚類，甲殻類，貝類が増養殖の対象になり，海産魚，エビ類，一部の貝類の病気が大きな問題になっている．表Ⅱ-1-1に産業的に重要なウイルス病の原因ウイルスを示した (吉水，1996)．魚類に致死性の病気を引き起こすウイルスのうち分離培養が可能なものによる病気として，北米・欧州・日

第Ⅱ章　ウイルス病

表Ⅱ-1-1 a)　魚類の主なウイルス-DNAウイルス

ウイルス科	ウイルス名	宿　　主	文　献***
イリド ウイルス	リンホシスチスウイルス（LCDV）*	海産魚・淡水魚（142種）	Wolf et al., 1962
	ウイルス性赤血球壊死症ウイルス（VENV）*	海産魚（21種）	Appy et al., 1976
	タライリドウイルス（CIV）	タイセイヨウタラ	Jensen et al., 1979
	チッチルドイリドウイルス*	chichilludo	Leivovitz and Riis, 1980
	ニホンウナギイリドウイルス（EV102）	ニホンウナギ	Sorimachi and Egusa, 1982
	キンギョイリドウイルス（GFV）	キンギョ	Berry et al., 1983
	コイ鰓壊死症イリドウイルス（CCIV）	コイ	Shchelkunov and 　　Shchelkunova, 1984
	レッドフィンパーチイリドウイルス	レッドフィンパーチ	Langdon et al., 1986
	チョウザメイリドウイルス（WSIV）	シロチョウザメ	Hedrick et al., 1985
	マダイイリドウイルス（RSIV）	マダイほか多くの海産魚	井上ら，1992
ヘルペス ウイルス	アメリカナマズウイルス（CCHV）	アメリカナマズ	Fijan, 1968
	Herpesvirus salmonis（SaHV-1）	ニジマス	Wolf and Taylor, 1975
	マダラヘルペスウイルス*	マダラ	McArn et al., 1978
	Herpesvirus scophthalmi**	ハリバッド	Buchanan and Madeley, 1978
	Oncorhynchus masouウイルス（SaHV-2） （NeVTA, YTV, COTV, CSTV, OKV, CHV, RKV）	サクラマス	Kimura et al., 1980
	ウオールアイヘルペスウイルス	ウォールアイ	Kelly et al., 1980
	パイクヘルペスウイルス（EHV-1）**	パイク	Yamamoto et al., 1984
	シートフィッシュヘルペスウイルス**	sheetfish	Bekesi et al., 1984
	Herpesvirus cyprini（CyHV-1）	コイ	Sano et al., 1985
	スメルト乳頭腫ヘルペスウイルス**	smelt	Moller and Anders, 1984
	サメヘルペスウイルス**	スムースドッグフィッシュ	Leibovitz and Lebouitz, 1985
	ウナギヘルペスウイルス	ウナギ	Sano and Fukuda, 1988
	ヒラメヘルペスウイルス（FHV）*	ヒラメ	Iida et al., 1989
アデノ ウイルス	タラアデノウイルス**	タイセイヨウタラ	Jensen and Bloch, 1980
	シロチョウザメアデノウイルス**	シロチョウザメ	Hedrick et al., 1985
	ダブアデノウイルス**	dab	Bloch et al., 1986
パポバ ウイルス	ヨーロッパウナギパポバウイルス**	ヨーロッパウナギ	Schwanz-Pfitzner, 1976
不明	トラフグクチシロショウウイルス	トラフグ	井上ら，1986

表Ⅱ-1-1 b)　魚類の主なウイルス-RNAウイルス

ウイルス科	ウイルス名	宿　　主	文　献***
アクア ビルナ ウイルス	伝染性膵臓壊死症ウイルス（IPNV） （VR-299, Ab, SpやEVEなど）	サケ科魚類13種，淡水魚11種，海産魚11種 ニジマス	Wolf et al., 1960
	マリンビルナウイルス（MBV） （ブリ腹水症ウイルスなど）	海産魚のアクアビルナウイルスをMBVと称する提案あり ブリ	反町・原，1985
ラブド ウイルス	ウイルス性出血性敗血症ウイルス（VHSV）	ニジマス	Jensen, 1963
	伝染性造血器壊死症ウイルス（IHNV）	ベニザケ	Amend et al., 1969
	コイ春ウイルス血症ウイルス（SVCV）	コイ	Fijan et al., 1971
	パイク稚魚ラブドウイルス（PFRV）	パイク	de Kinkelin et al., 1973
	Rhabdovirus anguilla （EVA, EVEX, C_{30}, B_{44}, D_{13}, B_{12}, C_{26}）	アメリカウナギ，ヨーロッパウナギ	Sano 1976, Sano et al., 1977 Castric et al., 1984
	Rhabdovirus salmonis	ニジマス	Osadchaya and Nakonechnaya, 1981
	パーチラブドウイルス（PRV）	perch（Perca fluviatilis）	Dorson et al., 1984
	リオグランデパーチラブドウイルス	reo grande（Cichlasoma cyanoguttatum）	Freriche et al., 1986
	スネークヘッドラブドウイルス	ストライプドスネークフィッシュ	Frerichs et al., 1986
	ヒラメラブドウイルス（HIRRV）	ヒラメ	Kimura et al., 1986

1. 概　説

ウイルス科	ウイルス名	宿　主	文　献***
レオウイルス	ゴールデンシャイナーウイルス（GSV）	golden shiner	Plumb et al., 1979
	アメリカナマズレオウイルス（CRV）	アメリカナマズ	Amend et al., 1984
	サケレオウイルス（CSV）	サケ	Winton et al., 1981
	ブルーギル肝臓壊死症レオウイルス（13p$_2$）	ブルーギル	Meyers, 1980
	テンチレオウイルス	tench	Ahne and Kolbl, 1987
	チューブレオウイルス	tube	Ahne and Kolbl, 1987
	ソウギョレオウイルス（GCRV）	ソウギョ	Chen and Jiang, 1984
	ウナギレオウイルス	ニホンウナギ	Sano and Fukuda, 1988
レトロウイルス	パイクリンパ肉腫ウイルス*	パイク	Papas et al., 1976
	ホワイトサッカー乳頭腫ウイルス**	シロコバンザメ	Sonstegard, 1977
	タイセイヨウサケ繊維肉腫ウイルス**	タイセイヨウサケ	Duncan, 1978
	ブルーギルレトロウイルス**	ブルーギル	Walker, 1985
	クロダイウイルス**	ヨーロッパヘダイ	Gutierrez et al., 1977
	パイク表皮増生ウイルス*	パイク	Winqvist et al., 1968
	ウォールアイ表皮増生ウイルス*	ウォールアイ	Yamamoto et al., 1985
	ウォールアイ肉腫ウイルス*	ウォールアイ	Yamamoto et al., 1976
	ウイルス性旋回病ウイルス	ギンザケ	Yoshimizu, 1995
パラミクソウイルス	マスノスケパラミクソウイルス	マスノスケ	Winton et al., 1985
	クロダイパラミクソウイルス	クロダイ	Miyazaki and Egusa, 1972
オルソミクソウイルス	ウナギオルソミクソウイルス（EV-1, 2）	ヨーロッパウナギ	Pfitzner and Schubert, 1969
コロナウイルス	コイコロナウイルス**	コイ	Giron 1979
	Coronavirus carpio	コイ	Sano et al., 1988
パポバウイルス	ウナギパポバウイルス	ニホンウナギ	Sano and Fukuda, 1988
ピコルナウイルス	ウナギピコルナウイルス	ニホンウナギ	Sano and Fukuda, 1988
ノダウイルス	魚類ノダウイルス	シマアジほか14種	Mori et al., 1991
トガウイルス？	赤血球封入体症候群ウイルス（EIBSV）*	ギンザケ	Holt and Rohovec, 1984
不明	フラットヘッドソール乳頭腫**	flathead sole	Wellings et al., 1965
	ウナギウイルス-1	ヨーロッパウナギ	Wolf and Quimby, 1972
	ブラウンブルヘッド乳頭腫ウイルス**	ブラウンブルヘッド	Edwards et al., 1977
	タイセイヨウサケ乳頭腫**	タイセイヨウサケ	Carlisle, 1977
	ブラウンブルヘッド乳頭腫**	ブラウンブルヘッド	Edwards et al., 1977
	赤血球内ウイルス様粒子**	ニジマス	Landolt et al., 1977
	プラティーフィッシュウイルス様粒子**	platyfish	Kollinger et al., 1979
	ブルーギルウイルス	ブルーギル	Beckwith and Malsberger, 1979
	エンゼルフィシュウイルス	angelfish	Wolf, 1984
	ギンザケ赤血球ウイルス**	ギンザケ	Hedrick et al., 1987

*：　電子顕微鏡で観察されかつ病原性が確認されているもの．
**：　組織内にウイルス粒子が観察されているもの．
***：　Pilcher and Fryer, 1980, 佐野徳夫，1984, Wolf, 1988, Kimura and Yoshimizu, 1991, 室賀清邦，1995, Murphy ら編，1995 参照．

本のサケ科魚類のIHNおよびIPN，日本のサケ科魚類のヘルペスウイルス病（*Oncorhynchus masou* virus disease：OMVD）およびウイルス性旋回病（viral whirling disease：VWD），欧州のニジマスのVHS，伝染性サケ貧血症（infectious salmon anemia：ISA）およびSVC，オーストラリアのレッドフィンパーチやニジマスの流行性造血器壊死症（epizootic hematopoietic necrosis：EHN），米国のアメリカナマズのウイルス病（channel catfish viral disease：CCVD）およびシロチョウザメのイリドウイルス病，ウナギのヘルペスウイルス病などがあり，さらに海産魚のウイルス病としてはブリやヒラメのウイルス性腹水症，海産魚のラブドウイルス病，マダイ等多くの海産魚のイリドウイルス病やウイルス性神経壊死症などがある．

これらウイルスが分離されている病気に加え，原因ウイルスの分離・培養には成功していないが，ウイルス粒子が病患部組織などに電子顕微鏡によって観察され，感染試験によりウイルスが原因であることが確認されている病気も多い．古くから知られているものとしては種々の海産魚・淡水魚のLCD（近年ヨーロッパヘダイやヒラメのLCDVは分離が可能になった），サケ科魚類のウイルス性赤血球壊死症（viral erythrocytic necrosis：VEN），赤血球封入体症候群（erythrocytic inclusion body syndrome：EIBS），コイの浮腫症やキンギョのヘルペスウイルス病，ヒラメの表皮増生症，トラフグの口白症などがある．

日本では栽培漁業の進展に伴い各地の栽培漁業センターあるいは種苗生産施設で人工種苗が生産されるにつれ，多くの魚種で新しいウイルス病の被害が報告されるようになってきた．特にシマアジ，キジハタ，ヒラメ，トラフグ，マツカワ等の海産仔稚に見られるウイルス性神経壊死症（viral nervous necrosis：VNN）およびヒラメ，キツネメバル等のウイルス性表皮増生症は，一時各地で壊滅的な被害を与え，種苗生産におけるウイルス病対策の重要性を提示した．外国では北欧のタイセイヨウサケおよびブラウントラウトの潰瘍性皮膚壊死症，欧米のパイク類のリンパ肉腫等もウイルスが関与している疾病とされている．また魚類の腫瘍の中には，上記のサケ科魚類のヘルペスウイルスやコイのヘルペスウイルスによる腫瘍，パイクやウオールアイの肉腫の他，ウイルスが原因と考えられるものがいくつかある．なかでもサケ科魚類の口部基底細胞上皮腫とニシキゴイの上皮腫は，その原因ウイルスが分離され，実験的に腫瘍誘発が証明されている．

ところで，魚類の種類は24,618種（Nelson, 1994）と報告され，日本の沿岸には3,362種類が生息している．そのうち食用に供されている魚は約500種程度，養殖の対象になっているのはその1/10程度である．しかし宿主となる魚類の数に比べると発見されている魚類ウイルスの数は極めて少ない．これは，魚類ウイルスの研究が増養殖魚，漁獲魚あるいは観賞魚の病気，もしくは皮膚等の異常の原因究明とその防除・防疫対策など産業的な疾病対策に重点が置かれてきたためである．魚介類の種苗の生産・放流といった栽培漁業や沿岸域での養殖が盛んになるにつれ，魚を人為環境下で管理することが多くなり，病原体が侵入すれば病気が発生しやすい環境になっている．特にウイルスによる病気は被害が大きく，その対策確立が急務であり，水産関係のウイルス研究者の労力の大半はこちらに注がれている．

このように魚介類ウイルスの種類は，今のところヒトや家畜に比べればかなり少ない．これは前述のように魚介類のウイルス研究が産業的に被害の大きい病気の原因ウイルスを対象に行われてきたこと，および魚類・甲殻類のウイルスで人や家畜に病原性を有するウイルスが分離されていないことにより，医学・獣医学領域の研究者の関心を引かなかったためと考える．増養殖対象魚介類がより広範囲になれば，今後も未知のウイルスによる病気が発生する可能性がある．増養殖の対象となり得る魚種のウイルス保有状況調査を行うとともに，現在実施されている防疫対策に加え，より効果的なウイルス病対策を検討しておく必要がある．

魚類は水中に生息し，空気中に暮らすヒトや家畜とは生活環境が大きく異なる．ウイルスの

1. 概　　説

侵入門戸も異なる．変温動物であり実験動物としては取り扱いにくいように思われがちであるが，適切な管理をすればマウスやラットよりも容易であり，同時に多数の同腹飼育群が得られる．ニジマスを中心に実験動物としての系群の確立やクローンの樹立が進んでいる．病気によっては浸漬攻撃により自然に近い状態での感染の再現が可能である．また魚類の培養細胞もすでに数多く樹立されている．温血動物由来細胞と異なり，宿主の生息温度に近い温度で培養しなければならないが，発育温度域が広く管理しやすいなど多くの利点を有している．ウイルスの科が同じであれば抗ウイルス物質の作用は同一であり，ヒトや家畜の危険なウイルスに対する抗ウイルス物質の検索等，利用が広がっている．さらにウイルスの分子生物学的比較研究が進めば，魚類ウイルスはむろん脊椎動物のウイルス進化の過程も明らかになってくると考えられる．

2）魚類培養細胞

魚類のウイルス病研究の基礎として，原因ウイルスの分離・同定，性状検査等に宿主由来の培養細胞が不可欠である．前述のように1960年以降，サケ科魚類を中心に魚類由来培養細胞が樹立され，1994年現在少なくとも34科74魚種から137株の魚類由来細胞が樹立されている．日本には，現在57株の魚類由来細胞が継代維持されている（吉水ら，2000）．ここでは世界的に広く使用されているRTG-2，CHSE-214，EPCおよびFHM細胞を含め，比較的性状が安定している31株の魚類由来培養細胞の好適培養条件，魚類ウイルス感受性および細胞の保存法を示す（吉水，1997）．

魚類培養細胞はEagleの最小必須培地（MEM）を基礎培地に，炭酸緩衝液を使用してCO_2インキュベータを用いて培養した場合とTrisおよびHEPES緩衝液を用いた場合，さらにLeibovitzのL-15培地あるいは199培地を用いた場合，いずれの細胞もよく増殖し，海産魚由来細胞を含め，食塩濃度0.116～0.171 Mで増殖する．至適発育温度はサケ・マス類由来細胞が15～20℃，他の温水魚由来細胞は20～30℃である．染色体は2nのものが大部分である．ヒトおよび家畜の細胞培養にはCO_2インキュベーターが広く用いられているが，魚類細胞の多くは培養温度が低く，冷凍機を備えた装置が必要となる．低温CO_2インキュベーターは特注品であり，高価となることから，L-15培地あるいはMEM-Tris培地が広く用いられ，プレートにはシールを貼ることが多い．

魚類ウイルスとして，前述の伝染性膵臓壊死症ウイルス（IPNV）や伝染性造血器壊死症ウイルス（IHNV）を含め，ヒラメラブドウイルス（hirame rhabdovirus：HIRRV），コイの春ウイルス血症ウイルス（SVCV），アメリカウナギのラブドウイルス（eel virus American：EVA），ヨーロッパウナギのラブドウイルス（eel virus European X：EVEX），パイク稚魚のラブドウイルス（pike fry rhabdovirus：PFRV），サケ科魚類のヘルペスウイルス（OMVと*Herpesvirus salmonis*），アメリカナマズのヘルペスウイルス（CCV），サケのレオウイルス（chum salmon reovirus：CSV）を対象に各細胞のウイルス感受性を観察した結果を表Ⅱ-1-2に示した．サケ科魚類由来細胞の大部分はIPNV，IHNV，OMVおよび*H. salmonis*に感受性を示したが，HIRRV，SVCV，CSVには一部感受性を示さず，CCVには大部分が感受性を示さない．他方，温水魚および海産魚由来細胞は供試ラブドウイルスには感受性を示すが，OMVや*H. salmonis*には感受性を示さない．

細胞のウイルス感受性スペクトラムを調べた結果では，サケ科魚類のウイルスの増殖にRTE-2細胞あるいはRTG-2細胞が優れていた．また，約10年間継代培養を続けた細胞は液体窒素中に保存して継代数の少ない細胞に比べ，ウイ

第Ⅱ章　ウイルス病

ルス増殖量と染色体数のモードに変化が見られ，RTG-2 と SE 細胞では OMV の増殖量が低下していた．また継代していた7種類の細胞のうち2種類の細胞で明らかな染色体数の増加が観察され，樹立時の状態での凍結保存の必要性が認められた．

細胞を凍結する場合の凍結保護剤としては，DMSO，グリセリンあるいはレバンが優れていた．これらを FBS あるいは $MEM_{10}Tris$ に10％の割合に加え，凍結時の温度勾配は 0.3～1.0℃/min，0℃から60℃あるいは－80℃までこの条件で下げ，その後，液体窒素中に保存する．この温度条件は発泡スチロール製の断熱ボックスを使用しても得られる．この方法により，細胞は現在のところ10年間，生存率85％以上で保存されている（吉水，1990）．

表Ⅱ-1-2　代表的な魚類由来培養細胞

細胞名	起源と性質			培養条件		ウイルス感受性
	魚種	組織	細胞形態	培地[*1]	培養温度	
AF-29	アユ	鰭	繊維芽	L-15	20℃	IP IH HR PF CS
ASE	タイセイヨウサケ	胚	上皮	MEMt	20℃	IP IH HR SV OM HS
BB	ブラウンブルヘッド	尾柄	繊維芽	MEMt	30℃	IP IH HR CS
BF-2	ブルーギル	鰭	繊維芽	MEMt	30℃	IP IH HR SV EA EX PF
CCO	アメリカナマズ	卵巣	上皮	L-15	30℃	SV EX PF CC
CHH-1	サケ	心臓	上皮	MEMt	20℃	IP IH SV EA EX CC CS OM HS
CHSE-214	マスノスケ	胚	上皮	MEMt	20℃	IP IH SV CS OM HS
EK-1	ウナギ	腎臓	繊維芽	MEMh	30℃	IP IH HR EA EX PF CC CS
EO-2	ウナギ	卵巣	繊維芽	MEMh	30℃	IP IH HR SV EA EX PF CS
EPC	コイ	上皮腫	上皮	MEMt	30℃	IP IH HR SV EA EX PF CS
EPG	金魚	上皮腫	上皮	L-15	30℃	IH HR SV EA EX PF
FHM	ファットヘッドミノー	尾柄	上皮	L-15	30℃	IP IH HR SV EA EX PF
GSE	コノシロ	胚	上皮	MEMt	20℃	IP IH PF
HF-1	ヒラメ	鰭	繊維芽	L-15	20℃	IH HR
JSKG	シマアジ	卵巣	上皮	L-15	25℃	IP IH HR SV EA EX PF CC CS
KO-6	ヒメマス	卵巣	上皮	MEMt	20℃	IP IH EX PF CS OM HS
KRE	クエ	胚	上皮	MEMt	25℃	IP SV EA EX PF CC
MSE	サクラマス	胚	上皮	MEMt	20℃	IH OM HS
PAS	カンパチ	胚	上皮	L-15	25℃	IP IH SV EA EX PF CC CS
RTE-2	ニジマス	胚	上皮	MEMt	20℃	IP IH HR SV EA EX PF CS OM HS
RTH	ニジマス	肝腫	上皮	MEMh	20℃	IP IH HR EA EX PF CS OM HS
RTG-2	ニジマス	卵巣	繊維芽	MEMt	20℃	IP IH HR EA PF OM HS
RTT	ニジマス	尾柄	繊維芽	MEMt	20℃	IP IH HR EA PF CS OM HS
SBK	マダイ	腎臓	繊維芽	MEMt	25℃	IP IH HR PF
SE	サケ	胚	繊維芽	MEMt	20℃	IP IH HR EA EX SV PF CC CS OM HS
SF-2	チカ	鰭	繊維芽	L-15	20℃	IP IH HR
SHH	キノボリウオ	心臓	上皮	MEMt	25℃	IP IH HR SV EA EX PF
STE-137	スチールヘッドトラウト	胚	繊維芽	MEMt	20℃	IP IH HR SV EA EX PF CS OM HS
WF-1	ワカサギ	鰭	繊維芽	MEMt	20℃	IH HR SV EA EX PF
WSF	チョウザメ	鰭	上皮	L-15	20℃	IP IH HR
YNK	サクラマス	腎臓	繊維芽	MEMt	20℃	IP IH HR EA EX PF CS

[*1]：L-15；10％ FBS 加 Leibovitz
　　　MEMt；10％ FBS 加 Minimun Essential Medium（Tris 緩衝液もしくは炭酸緩衝液）
　　　MEMh；10％ FBS 加 Minimun Essential Medium（Hepes 緩衝液）
[*2]：IP；Infectious pancreatic necrosis virus（IPNV），IH；Infectious hematopoietic necrosis virus（IHNV），
　　　HR；Hirame rhabdovirus（HIRRV），SV；Spring viremia of carp virus（SVCV）
　　　EA；Eel virus from America（EVA），EX；Eel virus from Europe X（EVEX），PF；Pike fry
　　　rhabdovirus（PFRV），CS；Chum salmon reovirus（CSV），CC；Channel catfish herpesvirus
　　　（CCHV），OM；*Oncorhynchus masou virus*（OMV），HS；*Herpesvirus salmonis*

1. 概　　説

なお，甲殻類のエビ・カニ類や軟体動物の貝類由来の株化細胞はほとんどなく，これら水生無脊椎動物のウイルス病研究に大きな障害となっている．

3）代表的な魚類のウイルス病

サケ科魚類のウイルス病としては米国およびカナダのカワマスおよびニジマスの IPN，米国西部のベニザケ，マスノスケおよびニジマスの IHN，欧州のニジマスの VHS およびタイセイヨウサケの ISA，日本のヒメマス，サクラマス，ギンザケ，ニジマスの OMVD，ギンザケの EIBS，VWD 等があげられる（表Ⅱ-1-3）．産業的にはそれほど被害がない病気あるいは孤児ウイルス感染症として米国のニジマスのヘルペスウイルス病，日本のシロサケおよびカラフトマスの VEN，サクラマスのレオウイルス感染症がある．北欧のタイセイヨウサケおよびブラウントラウトの潰瘍性皮膚壊死症，タイセイヨウサケの基底細胞腫もウイルスが関与すると考えられている．

淡水魚のウイルス病としては表Ⅱ-1-4 にみられるような病気が報告されている．日本では現在までのところコイ，ウナギおよびアユからウイルスが分離されている．この中で，病原性が証明され現在も産業的に問題となっている病気としてはコイの上皮腫，コイの浮腫症があげられる．コイのコロナウイルスは実験室で飼育中のコイから分離されたウイルスで病原性も確認されているが自然界からは分離されていない．

一方，ウナギからは種々のウイルスが分離され報告されているが，その中で病原性が確認さ

表Ⅱ-1-3　サケ科魚類のウイルス病

病　名	原因ウイルス	主な感染魚	特　徴
伝染性膵臓壊死症	IPNV	ニジマス	キリモミ状旋回遊泳と突然の大量死
伝染性造血器壊死症	IHNV	ニジマス・ヤマメ	貧血と体表の V 字状出血を伴う大量死
ヘルペスウイルス病	OMV	サクラマス・ニジマス	肝炎と体表の潰瘍および腫瘍の形成
赤血球封入体症候群	EIBSV	ギンザケ	赤血球の細胞質に封入体，極度の貧血
ウイルス性旋回病	WDV	ギンザケ・ニジマス	回転を伴う旋回遊泳
ウイルス性赤血球壊死症	ENV	サケ・カラフトマス	赤血球の細胞質に封入体
レオウイルス感染症	CSV	サクラマス	環境変化による死亡
日本では未報告の病気			
ウイルス性出血性敗血症	VHSV	ニジマス	貧血と骨格筋の出血，成魚も発症
ヘルペスウイルス病	H.salmonis	ニジマス	稚魚期の肝炎と産卵親魚の死亡
流行性造血器壊死症	EHNV	ニジマス	体色黒化・運動失調・摂餌低下

表Ⅱ-1-4　淡水魚のウイルス病

病　名	原因ウイルス	主な感染魚	特　徴
コイの上皮腫（ポックス[*1]）	CyHV-1	コイ	鰭の上皮腫
ウイルス性血管内皮壊死症[*2]	未分離	ウナギ	血管内皮細胞の壊死
コイヘルペスウイルス病	KHV	コイ	2003年に初発生
日本では未報告の病気			
コイの春ウイルス血症	SVCV	コイ	鰓の貧血と各臓器の点状出血
コイの鰓壊死症	CCIV	コイ	鰓薄板の肥厚・癒着・壊死
ソウギョのレオウイルス病	GCRV	ソウギョ	貧血と各臓器の点状出血
パイク稚魚ラブドウイルス病	PFRV	パイク・カワマス	貧血と各臓器の点状出血
アメリカナマズのウイルス病	CCHV	アメリカナマズ	眼球突出，鰓・鰭基部・腹部の出血
チョウザメのイリドウイルス病	WSIV	シロチョウザメ	鰓の貧血・皮膚に出血・衰弱死

[*1]：ヨーロッパではポックスと呼ばれるが，ウイルスは未分離

第Ⅱ章 ウイルス病

れているのは腎臓, 脾臓, 膵臓の病変を特徴とする病魚から分離された ICDV (正20面体DNAウイルス) のみである. しかし, この病気は加温養鰻が普及した現在, ほとんどみられなくなっている.

1969年以降10年間近く, 養殖種苗としてヨーロッパウナギのシラスが主としてフランスから盛んに輸入され飼育されたが, 1973年冬, 静岡県下で養殖されていたヨーロッパウナギと同地区の養殖ニホンウナギから一種のウイルスが RTG-2 細胞を用いて分離された. 当初, これは EVE (eel virus European) と名付けられたが, 後にデンマークのニジマス由来ビルナウイルス科のIPNウイルス-Ab型に極めて近似するものであることが明らかにされた. 少し後に, 台湾の養殖ニホンウナギからも, やはり Ab 型に近い IPNウイルスが分離された. さらにその後, 欧州各地でウナギから IPNウイルス-Ab型 または Sp 型が分離されている. しかし, これらいずれのウイルスについても, その感染によるウナギの実害は報告されておらず, ウナギに対する病原性も確認されていない. その他, 日本のウナギからはラブドウイルス科に属す EVA, EVEX, ヘルペスウイルス, コロナウイルス, ピコルナウイルス, レオウイルスが分離されているが, いずれも病原性は確認されていない. なお最近, 出荷前のウナギを井水で短期間飼育する過程で起こる皮膚炎の原因が EVA や EVEX に近縁のラブドウイルスであるとの報告があり, さらに養鰻場での皮膚炎にヘルペスウイルスが関与しているとの報告がなされている. またアユからはIHNウイルスとウイルス性旋回病原因ウイルスが分離されているが, アユに対する病原性は検討されていない.

表Ⅱ-1-5 海産魚のウイルス病

病　名	原因ウイルス	主な感染魚	特　徴
リンホシスチス病	LCDV	ヒラメ	粟粒状のリンホシスチス細胞形成
ウイルス性神経壊死症	SJNNV	シマアジ・マハタ	仔魚の突然の大量死, 異常遊泳
ウイルス性腹水症	YATV	ブリ	腹水貯留
ウイルス性表皮増生症	FHV	ヒラメ	鰭・体表表皮の増生・壊死
マダイイリドウイルス病	RSIV	マダイ, ブリ他	内臓諸器官の褪色, 脾臓の腫大
赤血球封入体症候群	EIBSV	ギンザケ	貧血
ヘルペスウイルス病	OMV	ギンザケ	体表の潰瘍・口部腫瘍
日本では未報告の病気			
伝染性サケ貧血症	ISAV	タイセイヨウサケ	貧血

表Ⅱ-1-6 甲殻類と軟体類のウイルス病

病　名	原因ウイルス	主な感染動物	特　徴
急性ウイルス血症 (PAV＝WSS)	PRDV (WSSV)	クルマエビ	外骨格の白点形成
BMN	BMNV	クルマエビ	中腸腺の白濁・軟化
筋萎縮症	未確認	クロアワビ	腹足筋肉の萎縮
平滑筋着色異常	未確認	ホタテガイ	平滑筋に繊維状着色
日本で未報告の病気			
イエローヘッド病	YHDV	ウシエビ	リンパ様器官・造血組織の壊死
IHHN	IHHNV	ブルーシュリンプ	皮下・造血組織の壊死
GN	GNV	ポルトガルガキ	鰓の壊死
OV	OVV	マガキ	面盤異常

PRDV：penaeid rod-shaped DNA virus
BMN：baculoviral mid-gut glant necrosis ＝バキュロウイルス性中腸腺壊死症.
IHHN：infectious hypodermal and hematopoietic necrosis ＝伝染性皮下造血器壊死症.
GN：gill necrosis, OVV: oyster velar virus.

1. 概　説

　外国では米国南部のアメリカナマズにヘルペスウイルスによる病気が知られている。分離ウイルスは *Herpesvirus ictaluri* と命名されたが、一般には channel catfish virus（CCV）と呼ばれている。ブラウンブルヘッド尾柄由来細胞 BB あるいはアメリカナマズの卵巣由来細胞 CCO 細胞で増殖し、多核巨細胞を特徴とする CPE を形成する。感受性を有するナマズはアメリカナマズと blue catfish, European catfish である。稚魚期から 1 年魚あるいは体長が 10〜15 cm に達する時期、季節的には夏の高水温期に発生する。5 cm 以下の稚魚では死亡率は 90% に達する。成長とともに死亡率は低下する。旋回運動や頭部を上にして水面に回転浮上する異常遊泳を示す。眼球の突出、鰭あるいは鰓に出血斑が見られる個体が多い。解剖すると筋肉、肝臓、腎臓、および脾臓に出血斑が見られ、胃の膨隆と粘液の貯留が見られる。水を介して感染し、感染耐過魚には高い抗体価が測定される。診断は上記の BB あるいは CCO 細胞を用いてウイルス検査を行う。蛍光抗体法、PCR も用いられる。一方、欧州では越冬明けのコイおよびパイク稚魚に、中国ではソウギョにラブドウイルス感染症が知られ、いずれも体側筋に出血を伴う疾病である。

　淡水魚および海産魚のウイルス病としては、古くから LCD が知られている。海産魚では VEN が知られ、イリドウイルス感染によることが明らかになった。また北米大西洋岸で発生した Atlantic menhaden の回転病（spinning disease）やその他の海産魚の病魚からビルナウイルスが分離されている。一方、日本では 1980 年代に入り海面養殖や種苗生産が盛んになり、ウイルス病の被害が見られるようになった。これらのウイルス病はいずれも致死性が高く、養殖経営や種苗生産の成果を左右しかねない状況となった。海面養殖のサケ科魚類では、淡水養殖起源の EIBS や OMVD の被害がみられる。表II-1-5 に海産魚の主要なウイルス病を示した。これらのウイルス病の多くは、VNN やヒラメのウイルス性表皮増生症のように仔稚魚期に発生するものとラブドウイルス病やマダイイリドウイルス病、口白症のように稚魚期から成魚に至るものが感染するタイプがあり、さらにウイルスが分離できるものとできないものがある。ウイルスの分離に関しては、今後の研究に待たなければならない。海産天然魚のウイルス病についてはいくつかの研究があるが、養殖魚に比べるとはるかに少ない。最近ではオーストラリアにおいてヘルペスウイルスによる pilchard の大量死が報告されている（Whittington *et al.*, 1997）

4）甲殻類と貝類のウイルス病

　ウイルスが原因として疑われている甲殻類および貝類の病気も多数報告されている。産業的被害の大きいものを表II-1-6 に示した。増養殖の対象となる主な水産無脊椎動物としては、クルマエビ類、カニ類およびカキ、アワビ、ホタテ等があげられる。重要なウイルス病はクルマエビ類とカキ類のものである。クルマエビ類のウイルスは節足動物に特有なバキュロウイルス科に分類されるものや新しいグループに分類されるものがある。ウイルス核酸に関してはまだ検討が不十分で分類学的に問題を残すものもある。クルマエビ類の病原ウイルスは主に中腸腺を侵し、幼生に強い病原性を発揮するタイプと、全身感染を引き起こし若齢から未成熟のエビに大量死をもたらすタイプに分けられる。日本ではクルマエビのみが養殖されているために、報告のあるウイルス病も少ない。クルマエビの急性ウイルス血症（penaeid acute viremia：PAV）は 1993 年に中国からクルマエビ種苗とともにもち込まれたもので、その後、西日本一帯に広まった。エビ類のウイルス病に関しては各論を参照されたい。

　一方、貝類の病気は、原虫や細菌、リケッチア、ウイルスによるものなど、近年研究の進展

とともに多くの報告が見られるようになった(Bower et al., 1994). 特に, 古くから養殖されているカキについてはPerkinsus属原虫に代表される多くの感染症が報告されている. 一方で貝類は水中の微小生物や有機物を濾過濃縮して栄養源とするため, ヒトのウイルスであるA型肝炎ウイルスやポリオウイルス, Norovirus(小型球形ウイルス：SRSV)等も濃縮する. そのため汚染カキを食して, 伝染病や食中毒となることもあり, 逆にこの性質を利用してウイルス調査に使用されたりしている. カキのウイルス病としてはヘルペスウイルスによるヨーロッパヒラガキやマガキ稚貝の夏場の病気やイリドウイルス科のGNV (gill necrosis virus) とOVV (oyster velar virus) によるは病気が知られ, 産業被害が大きい. 特にGNVはポルトガルガキに病原性が強く, フランスおよびポルトガルにおける本種の養殖が成り立たなくなっている. 日本のクロアワビの種苗生産および中間育成時に大量死を引き起こし, 本種の栽培漁業推進に大きな障害となっている筋萎縮症は, ウイルスは未だ確定されていないが, 濾過性の病原体の関与が疑われている. さらにホタテガイの平殻筋着色異常も濾過性の病原体の関与が疑われている. アコヤガイの大量死の原因として, アコヤウイルスやビルナウイルスが分離されており, このうちビルナウイルスは日和見感染と考えられている. さらにウイルス粒子は見つからないものの濾過性の病原体が関与しているとする見解や伝染性の病気ではないとする報告等があり, 詳細は今後の研究に待たなければならない. (吉水 守)

2. サケ科魚類の伝染性造血器壊死症 (Infectious hematopoietic necrosis：IHN)

1) 序

米国太平洋岸の孵化場のベニザケおよびマスノスケ稚魚に濾過性の病原体, つまりウイルスによる病気が存在することが1950年頃から知られていた. 1953年にRucker et al.(1953)によって初めて報告されたベニザケ稚魚の病気はSockeye Salmon Virus Disease (SSVD), コロンビア川流域の孵化場で発生したものはColumbia River Sockeye Salmon Disease (CRSD), オレゴン州で発生したものはOregon Sockeye Salmon Disease (OSD) と呼ばれていた (Rucker et al.,1953; Watson et al.,1954; Guenther et al.,1959). 1968年にWingfield et al.(1969)により原因ウイルスが分離された. 一方, マスノスケ稚魚の病気はカリフォルニア州サクラメント川水系で最初に見られたことからSacramento River Chinook Salmon Disease (SRCD)と呼ばれた (Ross et al.,1960; Parisot and Pelnar, 1962). 当時, これらの病気は症状および病理組織像が類似するものの (Yasutake et al., 1965), 別々のウイルスによる病気と考えられていた (Parisot et al., 1965).

1969年春, カナダのブリティッシュ・コロンビア州フレーザー川下流の孵化場でニジマス稚魚に死亡率の高い病気が発生した. Amend et al.(1969)は病魚からニジマスでは従来知られていなかったウイルスを分離し, 病魚の腎臓と脾臓, 特に腎臓の造血組織に激しい壊死が起こっていたことから, その病気をinfectious hematopoietic necrosis (伝染性造血器壊死症：IHN) と呼ぶことを提唱した. この中でIHNウイルスは粒子の性状, 細胞感受性やCPEの形態がOSDVやSRCDVと類似し, 病魚の症状にも多少の差はあるものの, 本質的な相違はないとした. その後, ベニザケ, マスノスケ, ニジマス由来の各ウイルスはその形態, 物理・化学的および血清学的性状により区別し難いことから同一ウイルスとされ, さらに病理組織学的にも同一範疇に収まることから, 病名はIHNに統一された.

以来, IHNは米国各地に広まり, 現在, 太平洋岸ではカリフォルニア州からアラスカ州ま

で分布している．1970年まで，IHNは米国，カナダのみに存在するものと考えられていたが，1970年に日本で，1977年には台湾で，さらに1991年にイタリアとフランスでも発生がみられ，以降ヨーロッパ各国に広がっていった．日本では1970年にアラスカ州のFire Lake孵化場から輸入したベニザケ卵を導入した北海道立水産孵化場森支場で飼育中の支笏湖産ヒメマスと輸入したアラスカ産ベニザケ幼魚に初めてIHNが発生した．翌年もRed Lake産ベニザケ卵の輸入に伴い北海道さけ・ますふ化場虹別事業場のヒメマスおよび同ベニザケ幼魚に本病が発生し，千歳支場のヒメマスにも発生がみられた（Yoshimizu, 1996）．1974年になって長野，静岡両県下のニジマスにも発生があり，以来各地へ蔓延し，ニジマスおよび在来マスに大きな損害を与えている．

2）原　　因

IHNウイルス（IHNV）は砲弾型の形態を示し，平均的な大きさは長さ160～180 nm，直径80～90 nmである（図Ⅱ-2-1）．エーテル，クロロホルム，酸（pH3）に感受性を有し，ラブドウイルス科に分類される（Amend and Chambers, 1970）．ss-RNAウイルスで，比重は1.16 g/cm^3とされている（McCain et al., 1974）．国際ウイルス命名委員会（ICTV）の第4版までは狂犬病の原因ウイルス（rabies virus）と同じ Lyssavirus属に分類されていたが，現在の7版ではNovirhabdovirus属が設けられ，後述のVHSVおよびHIRRVとともにこの新しい属に分類されている（van Regenmortel et al., 2000）．ウイルス構造タンパク質は，ポリアクリルアミドゲル電気泳動像で5本のバンドが見られる．分子量はウイルス株により若干の差が認められ，その組み合わせによって5群に群別できる（Hsu et al., 1986）．血清学的にVHSVと区別することができる（Hill et al., 1975）．IHNVは熱に不安定で，55℃では5分で不活化される．しかし，−20℃以下の温度では安定である．20℃以上の温度では不安定であり，また養魚池や河川水中では泥や細菌等の微細粒子に吸着し，濾過法では速やかに検出されなくなる．無菌の蒸留水や平衡塩類溶液中では比較的安定である（Yoshinaka et al., 2000）．

IHNVは，FHM，EPC，RTG-2，CHSE-214の他，サケ科魚由来の細胞でよく増殖する（Wolf et al., 1973）．培養至適温度は15～18℃である．ウイルス感染細胞の細胞変性効果（CPE）や培養細胞に見られるプラークはコイ科魚類の細胞でもサケ科魚類の細胞でも変わらない．感染した細胞は核のクロマチンが周縁に寄って顆粒化し，核膜は肥厚してみえる．細胞はやがて球形化し，壁面から剥離する．また，細胞同士が引き合い，房状に集合する（図Ⅱ-2-2）．なお，CPEはFHMやEPC細胞の方が

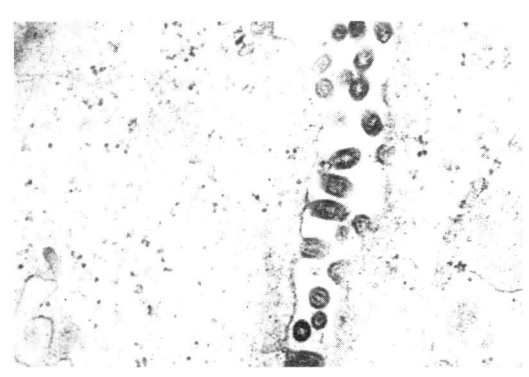

図Ⅱ-2-1　RTG-2細胞間隙に見られたIHNウイルス粒子

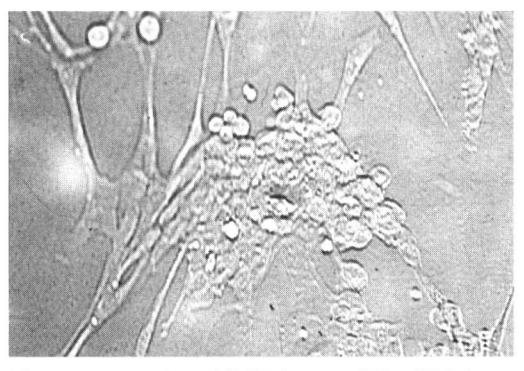

図Ⅱ-2-2　IHNウイルスを接種したRTG-2細胞に見られたCPE

RTG-2 細胞より早く現れ，通常病魚由来試料を接種すると15℃では接種2～3日で CPE が観察される．RTG-2 や CHSE-214 細胞では1日程度遅れる場合が多い．ただ FHM および EPC 細胞は毒性物質の影響を受けやすく，本病の診断やウイルス同定には RTG-2 や RTE-2 細胞を用いた方が CPE 形態の変化が観察しやすい（吉仲ら，1997）．魚類由来の他のラブドウイルスと同様，IHNV もヒト，ハムスターなどの哺乳動物および爬虫類や両生類由来細胞でも増殖するとの報告がかつてあったが，以後そのような報告例はない．

血清型については，抗 IHNV ウサギ血清（ポリクローナル抗体）を用いた場合，OSDV，SRCDV を含め，世界各地で分離されている IHNV 株は血清学的に同一である（McCain et al., 1971）．しかしモノクローナル抗体を用いるといくつかの型に分類される．

3）症状・病理

IHNV に冒されるのは主として稚魚であり，死亡率は70～80％に達する．日本のニジマス，ヤマメ，アマゴでは孵化直前から餌付けに入った4週齢の被害が大きい．加齢とともに死亡率は低下し，2年魚では発症することはないといわれていたが，最近は大型魚（10g以上）の発症例が増加し，時に成魚や親魚の死亡例も見られている．

本病の特徴の一つは稚魚が突然死に始めることである．罹病魚はまず活動が鈍くなって流れに向かって浮かぶようになる．ついで流れとともにふらふらと泳ぎ，ときに痙攣に似た動作をするようになる．やがて浮上，横転し，ときどき激しく泳ぐがやがて死亡する．腹部は腹水貯留によって膨張し，眼球は突出する．貧血症状を呈し，鰓の褪色が著しい．胸鰭基部や肛門付近の躯幹筋に高頻度で V 字状の出血が起こる（図Ⅱ-2-3，口絵参照）．大型魚では腹腔壁にしばしば出血点が見られる．脾臓と幽門垂周辺の脂肪組織，腹膜，脳や心臓を囲む膜などにも出血点がしばしば発生するし，腸が内出血を起こしていることもある．卵黄をもった仔魚では臍嚢に出血があり，漿液で膨張している．なお，本病を耐過した魚は脊椎湾曲や内臓癒着を起こしていることがある．病理については Amend et al.(1969)，Yasutake and Amend（1972），Yasutake et al.（1965）の詳しい報告がある．それらによると，IHN の病変は腎臓の造血組織の激しい壊死が特徴であり，症状の進んだものでは，肝臓にも巣状壊死が見られることがある．また脾臓の造血組織の壊死も特徴的である．症状の進んだものでは，腸管固有層の顆粒細胞の壊死が特異的に起こっている．この顆粒細胞の退行変性・壊死は VHS や HIRRV 感染症では起こらない．壊死した顆粒細胞が消化管の筋肉層に認められることもある．膵臓の腺房およびランゲルハンス氏島の細胞の部分的な退行変性・壊死も例外なく見られる．

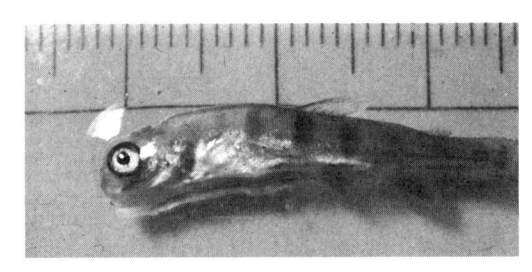

図Ⅱ-2-3 IHN 罹患サクラマス稚魚，体側に V 字状出血が見られる

人工感染ベニザケ稚魚の腎臓・脾臓の造血組織の壊死域に存在する赤血球，細網細胞，内皮細胞は正常にみえるが，リンパ球が喪失していることから，リンパ球がウイルス増殖の場となっていると考えられている．また，血液性状の変化に関して，腹腔内注射したニジマス幼魚ではヘマトクリット値，ヘモグロビン量，赤血球数，血漿重炭酸イオン濃度が減少するが，血漿の Cl イオン，Ca イオン，リンの各濃度，全タンパク量および血球比は変化せず，血漿 LD_4 アイソザイムの著しい増加が起こる．このアイソザイムの増加は IPN，ビブリオ病，せっそう

2. サケ科魚類の伝染性造血器壊死症

病, およびレッドマウス病では起こらない. さらに Amend and Smith (1974) は人工感染ニジマスで, 血漿の酸・塩基調節に異常が起こり, 腎臓の機能障害による電解質と水との不均衡が死因であるとしている.

4) 疫　学

本病は発見当時, アメリカ西海岸のベニザケおよびマスノスケの風土病的な性格をもつものと考えられていたが, ニジマスでの発症が確認されて以来, 米国各地で発生が確認され, 1970年代に日本, 台湾に, 1990年代にヨーロッパ各国に広がった. 前述の如く, 日本にはアラスカ産のベニザケ卵を介し侵入したものと考えられている. 防疫対策としての卵消毒法が普及する前であり, 同じ孵化場の卵を移植したアラスカ州の孵化場でもIHNが発生し, アラスカ州での最初の報告例となっている.

宿主範囲は, 本病発見当時, OSD (ベニザケの病気) あるいは SRCD (マスノスケの病気) という病名で報告されたように, 感受性を有する魚種は限られていると考えられていたが, ニジマスでの発生後, IHN と統一され, IHNは宿主範囲の広いウイルスとして認知された. 現在 IHNに罹り得る魚種は, ニジマス (スチールヘッドを含む), マスノスケ, ベニザケ (ヒメマス), サクラマス (ヤマメ), アマゴであり, ギンザケは感受性を示さない.

伝染源は主として幼稚魚期に感染し耐過したウイルス保有成魚と考えられている. 日本を始め, 米国カリフォルニア州, オレゴン州, ワシントン州, アラスカ州の孵化場に産卵回帰するサクラマス, サケ, カラフトマス, マスノスケ, ギンザケ, ベニザケ等のウイルス保有状態が調査されている. 当初は, 雌親魚から卵巣腔液 (ovarian fluid) を, 雄親魚から精液を採取してウイルス検査を行っていたが, IHNVは精子表面に吸着され, 遠心分離あるいは濾過除菌した際に精子とともに取り除かれて検出率が著しく低下する. 現在は, Yoshimizu et al. (1985) の方法により雌親魚の卵巣腔液を採取し検査が行われている. 産卵期前の親魚の腎, 脾, 肝, 糞, 血漿からウイルスは分離されないが, 幽門垂や腸から少量, 卵巣腔液からは多量のウイルスが分離される (Amend, 1975). また産卵前期には分離されなくても産卵期に入ると検出率が高まることが明らかになり, ウイルス検査は産卵期の雌親魚を対象に, 産卵直前に卵巣腔液を採取して行う. さらに催熟のための蓄養期間が長くなると, 感染耐過魚あるいは先に産卵したウイルス保有魚が放出したウイルスで蓄養池内の非感染魚が水平感染し, ウイルス検出率が上昇する (Yoshimizu et al., 1993). IHNを耐過したニジマスをウイルスフリーの環境で飼育したところ3年魚でも33%にウイルス保有が認められ, 数年以上持続することも分かっている. しかし同一河川に回帰したサクラマスやベニザケを, 複数箇所で蓄養すると蓄養池によりウイルス検出率が異なり, 感染耐過魚全てがウイルスを保有するかどうかは疑問である.

IHNの米国内における蔓延, 日本への伝播はウイルスで汚染された卵の移植によると考えられる. IHNVが精子表面に吸着した形で見いだされ, 受精の際に卵内に侵入するとの知見が得られて以来 (Mulcahy and Pascho, 1984), 垂直感染の可能性が論議された. IHN耐過魚の精子や精漿に感染性 IHNVの存在を証明することはできず, その受精卵から孵化した稚魚の追跡調査でもIHNの発生は認められていない. IHNVで人為汚染した受精卵は8分割期までに死亡し, 卵内で増殖した IHNVは卵内容物により不活化され, 精子を介した垂直感染の問題は一段落した (Yoshimizu et al., 1989).

一方, 実験室で受精卵をIHNVで汚染しても, 孵化槽に置かれている間にウイルスは洗い流され検出できない. しかし, IHNV 保有魚から得た卵の場合, 時に孵化後仔稚魚が発症する. そこで, まず受精卵の表面を洗浄・消毒し, ウイ

ルスフリーの孵化用水で飼育し，死卵を取り除く．発眼期に検卵後，再度卵表面を消毒する手法が推奨され広く行われている．発眼卵の汚染防止がきわめて重要と考えられ，自動検卵機には死卵を除去した後に正常卵の消毒を行う消毒装置が開発され組み込まれている．

　IHNは水中にウイルスを混入（浸漬）することで実験的に仔稚魚に感染させることができる．また，ウイルスを餌に混ぜての投与により感染させることも可能である．したがって，感染門戸は鰓，体表と消化管と考えられる．潜伏期間は一般的には10～12℃で4～6日，死亡は8～14日で最高に達する．また死亡が数週間継続することもある．10℃以下では症状の進行は遅くなる．15℃以上では自然発症は少なくなる．Mulcahy et al. (1990) は河川に生息するヒルの類や橈脚類からIHNVを分離し，ベクターとしての関与を示唆している．また，サケ科魚類以外ではカジカやアユから本ウイルスが分離され，野生魚もキャリアーとなる可能性が危惧される．

5）診　　断

　IHNの診断は症状や解剖所見からおおよその見当はつくものの正確とはいえない．また，病理組織学的にかなり正確に診断し得るが，実用的見地からは手数を要する．確定診断のためにはウイルスの分離・同定を行う必要があり，それにはRTG-2あるいはFHM細胞を用いた分離・培養を行い，CPEを確認後，後述の抗血清を用いた中和試験かRT-PCRを行う．現在はIPNVやOMVといった他のウイルスとの混合感染が見られるので注意を要する．

　より迅速・確実かつ簡便に本病を診断するための迅速診断法として，IHNウイルス特異抗血清を用いた種々の血清学的診断法や，ウイルス遺伝子を検出する方法が開発されてきた．血清学的手法としては共同凝集反応，蛍光抗体法，酵素抗体法，ELISA法が報告されている．現在広く用いられているのは蛍光抗体法である．特にモノクローナル抗体の開発が進み反応特異性が飛躍的に向上し，病魚のスタンプ標本を用いた診断では30分～1時間で正確な診断が下せるようになった．酵素抗体法についても同様であるが，内因性ペルオキシダーゼの除去に同じくらいの時間を要する．なお，従来IHNウイルスの血清型は均一であるとされてきたが，モノクローナル抗体の確立により，複数の血清型が知られるようになり，疫学研究に役立っている．

　一方，IHNウイルス遺伝子の塩基配列が決定され，このうちGタンパク質やN，M2タンパク質をコードする遺伝子を基にPCR用プライマーが設計され，逆転写反応を行って相補的DNA（cDNA）を作成し，これを基に遺伝子増幅を行うRT-PCR法が診断に用いられている（Arakawa et al., 1990）．

6）対　　策

　IHNの化学療法に関連しては，抗ウイルス剤のsodium benzimidazoleが40μg/ml以上でFHM細胞におけるウイルスの増殖を抑止したが（Amend, 1976），in vivo 試験はまだ行われていない．また，養魚池や河川から分離した細菌の培養液やハーブ，漢方生薬に抗IHNV活性が見られ，in vivo でも効果が認められている（Direkbusarakom, 1996；吉水・絵面，1999）が，まだ実用化には至っていない．

　昇温による本病の発症防止法が各地で行われている．そのヒントは，本病によるベニザケ稚魚の死亡率が15.5℃に比べて20℃で低かったこと，加温下の15℃で飼育されたマスノスケは殆ど死亡しなかったことなどによる（Amend, 1970）．20℃という高温下で発病が抑制されるのはホルモンや酵素の活性が高まるため，あるいはインターフェロンの合成が活発になるためなどが考えられるが，その機構は分かっていない．また，高温耐性株が出現し，23℃でも発育できる株も分離されている．

2. サケ科魚類の伝染性造血器壊死症

　日本をはじめ世界各国のサケ科魚類に大きな被害を与えていることから，その予防法の一環としてワクチン開発の研究が進み，不活化ワクチン，弱毒生ワクチン，成分ワクチンそしてDNAワクチンと活発な研究が行われてきた．Fryer et al.（1976）はニジマスから分離したIHNV株をSTE細胞を用いて9.5℃で34回継代培養し，病原性が低下した株を得た．この弱毒株を用いて浸漬免疫したベニザケ稚魚は，腹腔注射法および浸漬攻撃のいずれに対しても抵抗性を示した．ただ，弱毒株が毒力を回復しないかという問題が残っている．同様の試験は福田ら（1989a, b）によっても行われ，弱毒株が樹立されている．しかし，こちらも弱毒株と野生株を区別するマーカーがなく実用化に至っていない．

　前述のように，IHNVの遺伝子配列は現在全て決定されているが，この研究の発端はGタンパク質遺伝子の解析から始まった．Gタンパク質をコードする遺伝子の解析と平行して，IHNVの抗原性を決定する各種エピトープタンパク質の遺伝子も決定されていった．IHNVが細胞に感染する際に必要とするタンパク質をコードした遺伝子が大腸菌のプラスミドに組み込まれ，組換え体が産生するタンパク質をワクチン原とした浸漬ワクチンが開発され，実験感染で優れた感染防御効果を示したが（Gilmore et al., 1988），量産できず，実用化の段階に至っていない．遺伝子組換え体を酵母あるいはバキュロウイルスベクターに改善することが検討されたが（Koener and Leong, 1990），いずれもまだ市販される段階に至っていない．

　最近，このGタンパク質遺伝子にその発現を促す遺伝子を結合し，直接魚の筋肉内に注射する方法，いわゆるDNAワクチンが開発され，きわめて優れた感染防御効果が認められている（LaPatra et al., 2002）．稚仔魚に対する注射が困難と思われたが，これに代わる方法として，微細金粒子にDNAをつけ，これを空気銃方式で発射して魚体内に入れるという遺伝子銃が開発された．産業動物への遺伝子導入の論議はあるが，この点がクリアーできれば優れた方法である．

　IHNに対する抗体形成に関しては中和抗体の産生が古くから知られている．しかし，中和抗体の測定は時間と労力を要し，ヒトや家畜で行われているELISAを用いた抗体検査手法の導入が検討されている．IHNV粒子をELISA抗原として用いるとコスト高となることから，組換えタンパク質の利用が考えられた．しかし，非特異的な反応が多くみられ，多くは判定困難とされている．これは温血動物と異なり魚類は水中で生活し，かつ鰓や体表から細菌を含め微細粒子やタンパク質を取り込む能力があり，その一部が抗原として認識されているためと考えられる．大腸菌等組換えに使用したホスト由来抗原を取り除くことでELISAの反応特異性が向上し，抗体検出によるIHNV感染履歴の診断が可能になった（Yoshimizu et al., 2001）．

　前述のように，ウイルス保有親魚に直接由来する経卵感染の可能性は実際的には否定されている．しかし，ウイルス保有魚が存在する水系では水平汚染が起こる可能性が大きく，伝播防止には施設の消毒とウイルスフリー用水の確保，卵の消毒が必要である．卵の消毒にはポビドンヨード剤（有効ヨード1％含有）による有効ヨード濃度50 ppm，15分間の処理が推奨されている．In vitro ではIHNVは有効ヨード濃度25 ppmで15秒，12 ppm 30秒で活性を失うとされているが，アルカリ側で低下することや（Amend and Pietsch, 1972），pH6以下で発眼卵に毒性が現れることから，有機物含量が少ないpH6以上の水を用い，有効ヨード25～50 ppmで15～30分間処理することが望ましい．また，ウイルス汚染地域での用水の確保は，紫外線処理やオゾン処理が広く用いられている．IHNVは市販の紫外線ランプの線量で得られる$10^4 \mu W \cdot sec/cm^2$で十分不活化され，オゾン

では0.1 mg/l, 1～5分の処理で不活化される（吉水・笠井, 2002）．

現在実施されている防疫対策は以下のとおりである．種卵等種苗を導入する場合に発症歴のない養魚場のものを選び，受精直後および発眼期にヨード剤で卵を消毒し，消毒済みの孵化器に収容する．孵化用水はウイルスフリーの湧水を用いるか紫外線あるいはオゾン処理水を用いる．水源の魚類を排除し，幼稚魚を最上流で飼育し，経年魚および親魚との混養を避ける．器具・機材や出入りするヒトによるウイルスの持ち込みを防止する．病死魚は必ず消毒処分し，施設を消毒する．可能ならば発生群全てを処分するのが望ましい（吉水, 1998）．（吉水　守）

3. サケ科魚類の伝染性膵臓壊死症
（Infectious pancreatic necrosis：IPN）

1）序

伝染性膵臓壊死症（infectious pancreatic necrosis：IPN）は最初カナダで報告され（M'Gonigle, 1940），1950年代に米国東部において，1960年代に米国西部およびフランスにおいて，そして1970年代にデンマークなどのヨーロッパ諸国および日本（Sano, 1971）においてその発生が認められた．さらに1980年代になり，韓国，台湾，中国，タイおよびラオスなどでも本病の存在が確認されている．サケ科魚類を養殖しているにもかかわらず，オーストラリアおよびアイスランドでは本病発生の報告がなく，これは厳格なる動物の輸入規制の結果であると考えられる．しかし，最近になってオーストラリア（タスマニア）の養殖魚（タイセイヨウサケ）および天然魚（異体類 *Rhombosolea tapirina* など）からIPNウイルス（IPNV）と区別しがたい aquabirnavirus が分離されている（Crane et al., 2000）．

本病は，カワマスおよびニジマスを中心とするサケ科魚類の病気として登場したが，健康な white sucker（*Catostomus commersoni*）からIPNVが分離されて以来（Sonstegard et al., 1972），現在までに80種を超す水生動物からIPNVが分離され，本病に対する概念は大きく変化している．日本においても別の章で詳述するようにブリにおけるIPNV様ウイルスによる病気（ウイルス性腹水症）などが問題となっているが，ここではサケ・マス類におけるIPNに絞って説明する．

日本では1964年頃から長野県および静岡県下の養殖ニジマスの稚魚において不明病と呼ばれる病気による被害が問題となった（佐野, 1966）．本病は症状などからIPNではないかと考えられ，ウイルス学的検討が行われ，IPNであることが確認された（Sano, 1971）．その後本病は日本全国で認められるようになり（Sano, 1972），1972年にピークを迎えるが，1985年頃にかけ徐々に減少し，その後現在に至るまで下火の状態が続いている．

本病に関してはいくつかの総説や解説があるが（Wolf, 1988；江草, 1988），ここでは比較的新しい Reno（1999）の総説に基づき，解説する．

2）原　　因

分類および物理化学的性状：IPNVは魚類病原ウイルスとしては最初に分離されたウイルスであり，最初はレオウイルスに近いと考えられたが，遺伝子解析の結果，新しいウイルスであることが判明し，新たにビルナウイルス科が設けられそこに分類された（Dobos et al., 1979）．直径60 nmのエンベロープをもたない球形（正20面体）ウイルスで，2重鎖，2分節RNA（Segmernt A：約2.7 kb；Segment B：約3 kb）を核酸としてもつ．3ないし4つの主要タンパク質を含み（100 kDa：RNAポリメラーゼ, 50 kDa：カプシド・タンパクVP2, 30 kDa：カプシド・タンパクVP3；VP4はVP3より翻訳後開裂により生じる），RNAのSegment AはVP2

3. サケ科魚類の伝染性膵臓壊死症

およびVP3をコードし，Segment B はRNAポリメラーゼをコードしている．

クロロホルム，エーテル，pH3・60分，60℃・30分に耐性で，緩衝液中では4℃で約1年間，15℃で2ヶ月間，感染力を維持し得る．海水中や淡水中でも長時間感染力を維持し得る（Toranzo and Hetrick, 1982）．サケ科魚類の飼育水，脱塩素水道水，および緩衝液（Hanks液）中におけるIPNVの生存性を異なる温度下（5, 10, 15℃）で調べたところ，いずれの試験水中でも，またいずれの温度においても，試験期間の2週間ウイルス感染価の大きな変化はなく，安定であったことが報告されている（吉水ら，1986；図Ⅱ-3-1）．

IPNVに関するいくつかの総説があるが（Dobos and Roberts, 1982; Hill, 1982; Wolf, 1988），特に分子生物学的な面からの新しいものとしてDobos（1995）がある．

血清型：現在，IPNVは大きく2つの血清型（A，B）に分けられ，血清型Aはさらに9つ（A1〜A9）に細分されている（Hill and Way, 1995）．古くは VR-299（米国型），Sp および Ab（ともに欧州型）などに分けられていたが，この AB 型分では VR-299 株は WB 株や Buhl 株とともに A1 型に入り，Sp 株は A2 型に，Ab 株は A3 型にそれぞれ入る（表Ⅱ-3-1）．モノクローナル抗体を用いた解析も行われているが，基本的にはポリクローナル抗体を用いて得られた上記の型分けと同じ結果が得られている．

表Ⅱ-3-1　Aquatic birnavirus の血清型（Reno, 1999 を改変）

血清型	原株	由来動物
A 型		
A1	WB	主としてサケ科魚類
A2	Sp	サケ科魚類，コイ科魚類，その他
A3	Ab	サケ科魚類，ウナギ類，その他
A4	He	サケ科魚類，コイ科魚類，その他
A5	Te	サケ科魚類，その他
A6	C1	タイセイヨウサケ
A7	C2	ニジマス
A8	C3	European char（*Salvelinus alpinus*）
A9	JA	ニジマス
B型		
B1	TV-1	ブラウントラウト，コイ，カキ，その他

A1型株には病原性の強い株から弱い株が含まれ，A2型株は病原株が多く，A3型株は少なくともサケ・マス類に対しては病原性を示さない株が多い．

培養細胞の感受性：RTG-2，CHSE-214，FHM，BF-2，および EPC が一般的に IPNV に対し高い感受性を有し，中でも RTG-2 および CHSE-214 細胞が一般的によく使用される．しかし例外はあり，サバヒーからの分離株は用いた4種類のうち1種類の細胞でしか増殖しなかったとされ，Atlantic menhaden（*Brevoortia tyrannus*）の旋回病（spinning disease）からはそれらの細胞では分離できず，menhaden 由来

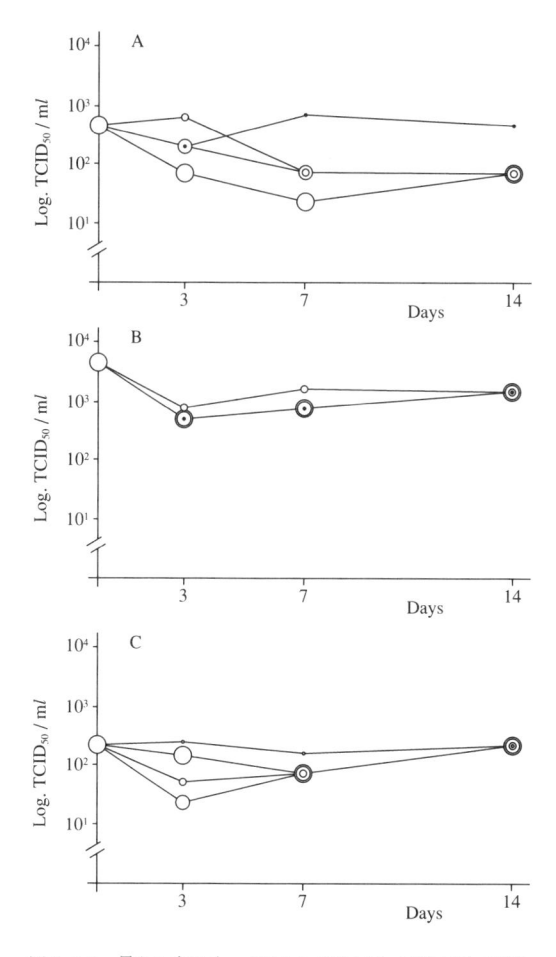

図Ⅱ-3-1　異なる水温（・, 0℃；○, 5℃；◯, 10℃；◎, 15℃）下の養魚飼育水（A），脱塩素水道水（B）およびハンクス緩衝液（C）中における IPNV の生残

第Ⅱ章　ウイルス病

の細胞を用いて始めて分離できたという．例えばRTG-2においてIPNVは糸くず状の退縮と核濃縮を特徴とするCPEを示す．RTG-2細胞における増殖は5～25℃の間で可能で，15～20℃で最もよく増殖する．

　宿主および病原性：先に触れたように80種以上の水産動物からIPNVもしくはIPNV様ウイルスが分離されており，宿主範囲は淡水魚（サケ科魚類，コイ科魚類，ウナギ等），海産魚（ブリ，タイセイヨウタラ，ヒラメ等）のみならず貝類（マガキ，バージニアガキ，ヨーロッパヒラガキ等）や甲殻類（クルマエビ等）に及んでいる．しかし，宿主と血清型の関係や，宿主と分離株の病原性との関係はあまり明瞭ではない．サケ科以外の魚類や貝類から分離された株でもサケ科魚類に実験的に病原性を示すものがある．Reno (1999) はサケ科魚類に病原性を有するものだけをIPNVと呼び，そうでないものをaquabirnavirusと呼び，区別することを提案している．

　IPNVもしくはaquabirnavirusは，サケ科魚類のIPN以外に，チェサピーク湾におけるmenhadenの旋回病，ヨーロッパの養殖ターボットにおける病気，あるいは東南アジアにおけるEUS（流行性潰瘍症候群）に関与するともいわれるが，その役割は明らかにされていない．

　感染魚あるいはウイルスに汚染された卵の移動によりIPNVが広まったと考えられる例はいくつかあるが，それだけでなく，それぞれの地域にもともと存在したIPNVが増養殖の発展にともない顕在化したと考えられる場合も多い．米国およびカナダでは，1980年代後半ぐらいからサケ・マス類におけるIPNVの垂直伝播および感染魚の移動を積極的に防止するようになり，1990年代に入り明らかにIPNVによる汚染地域が縮小している．しかし，ヨーロッパやアジアではこのことに関しさほど積極的ではなく，依然としてIPNV汚染は拡がったままである．IPNVは仔稚魚には病害をもたらすが，それ以上に成長した魚にはほとんど病害をもたらすことはなく，厳格にウイルス保有魚あるいはその可能性のある魚の移動を禁止することは，増養殖産業の発展の障害となる場合が多く，産業界に仲々受け入れられないようであるが，その是非については真剣に考える必要があろう．

3）症状・病理

　IPNに罹病したサケ・マス類の仔魚は，食欲を失い，キリキリ舞するなど運動失調に陥り，外見的には体色黒化，眼球突出，腹部の点状出血を呈し，開腹してみると内臓における点状出血，黄色粘質物が充満した腸などが見られるが，本病に固有の病変というものはない．

　病理組織学的には，膵臓の腺房細胞（acinar cell）およびランゲルハンス氏島細胞（islet cell），および腎臓の造血組織における巣状凝固壊死（focal coagulative necrosis）が認められ，それらの細胞質にはIPNVが高密度で観察される．感染魚の組織中には10^7～10^{10} $TCID_{50}$/gものウイルスが存在する．感染耐過魚には成長の低下や他の病原体に対する抵抗性の低下などは認められない．なお，ニジマスやカワマスの感染耐過魚におけるウイルス力価は$10^{0.85}$～$10^{6.5}$ $TCID_{50}$/gと大きな幅がある．

4）疫　学

　本病の疫学は複雑で，長年に亘りいろいろ調べられてはいるが，依然として不明な部分も多く残されている．基本的には幼若魚（特に体重1g以下の6ないし8週齢以下の魚）が感染・発病し，感染耐過魚がキャリアーとなり，それから排出されたウイルスが次世代に垂直伝播する．

　養殖施設においては，感染魚が排出する糞や尿にウイルスが混じり，水平伝播を引き起こす（Billi and Wolf, 1969）．また，前述のごとく，天然水域の魚類や無脊椎動物にもIPNVが存在し，それらからの水平感染もあり得ると考えられる．さらには，孵化場等に出入りするヒトや

運搬器具が媒介する可能性も指摘されている（Sano, 1972）．IPNVの個体における潜伏感染および培養細胞における持続感染の間には共通性が認められ，インターフェロンや干渉性欠陥粒子（defective interfering particle）の影響が考えられている（Hedrick and Fryer, 1982）．IPNVは卵を介して伝播するとされ（OIE, 2003），孵化した仔魚からは容易にIPNVが検出できるが，胚のどこにウイルスが存在するのかは不明である．

媒介動物として魚以外の動物も疑われている．哺乳動物（ミンク）や鳥類（ニワトリ）からIPNVが検出されたり（Sonstegard et al., 1972），IPNVに汚染された餌を与えたサギ（Ardea cinerea）から投与30日後にウイルスが回収されている（Peters and Neukirch, 1986）．さらには淡水ザリガニ（Astacus astacus）が媒介する可能性も示唆されており（Halder and Ahne, 1988），餌生物としてのワムシが媒介した例も報告されている（Bonami et al., 1983; Comps et al., 1991）．しかし，これらの魚類以外の動物を介しての水平感染の機会は実際にはかなり少ないものと考えられる．

IPNVの病原性はウイルス株や水温の影響を受け，カワマスにおける実験的感染による死亡率は，用いたウイルスがカナダ株の場合は10℃で，VR-299株の場合は15℃で，それぞれ最高であったという（Frantsi and Savan, 1971）．岡本ら（1987a）はニジマスにBuhl株を用いて浸漬攻撃した時の，浸漬攻撃時の水温およびその後の飼育水温の死亡率に対する影響を調べ，浸漬攻撃時の水温はほとんど影響しないが，攻撃後の飼育水温は大きく影響することを明らかにしている．すなわち，飼育水温20℃の場合は5日以内に，15℃では1週間位で，10℃では2週間位で，ほとんどの魚が死亡したが，5℃ではほとんど死亡しなかった．また，ニジマスの系統の違いにより，IPNVに対する感受性に大きな差があることが実験的に示されている（岡本ら，1987b）．

5）診　断

一般的には，病魚の症状を観察するとともにRTG-2およびCHSE-214等の細胞を用いてウイルスを分離し，CPEが認められたら中和試験を行い，分離ウイルスを同定する（岡本, 1993）．ウイルス株により細胞の感受性が異なることがあるので，複数の細胞を用いることが望ましい．無脊椎動物から分離する場合はBF-2細胞が適しているともいわれる（Hill, 1982）．分子生物学的手法も検討されているが，現時点では培養法が最も感度が高く，信頼性がある．

同定法としては，中和試験の他に，補体結合反応，蛍光抗体法，酵素抗体法，共同凝集試験（Kimura et al., 1984），ELISA（Hattori et al., 1984），免疫沈降，およびイムノブロット法などがある．また，nested PCR法も開発されているが（Rimstad et al., 1990），時間を要する中和試験の代わりには便利であるが，感度がさほど高くないため，分離法に取って代わるものではない．

6）対　策

基本的には防疫対策が理想であるが，現実的には困難な場合が多い．

IPNVはヨード，塩素，エタノール，メタノール，ハロサイアミンA，塩化アンモニウムなどに感受性を示すが，例えばヨードなどのハロゲン系消毒剤の実際の使用にあたっては，有機物の混入により効力が著しく低下することがあり，注意を要することが報告されている（井上ら，1990）．多くの孵化場では，飼育水の消毒に紫外線照射（IPNVは感受性が低いため有効照射量を確保するには経済的に難点がある）が，受精卵の消毒にはヨード剤が用いられている．

IPNに対する予防免疫についてはDorson（1988），あるいはChristie（1997）の総説にあるように，多くの研究がなされてきている．

Sano et al. (1981a) はホルマリン不活化ウイルスを用いて体重 500〜800g のニジマスに対する注射免疫実験を行い，高濃度のウイルス液を使用すれば1回の注射で十分なウイルス中和能を有する抗体を誘導し得ることを報告している．彼らは，これにより産卵親魚をウイルスフリーにすることができるのではないかと予想している．また，生ワクチンについても検討されているが，安全性に問題があり，将来性はないと考えられている．一方，サブユニットワクチンについての研究もなされ，IPNVの構造タンパク質 VP2 の組換えタンパク質が作製され（Huang et al., 1986），免疫原としての有効性が示されている（Manning et al., 1990）．

最近ノルウェーではタイセイヨウサケにおけるIPNの被害が大きな問題になっている．そこで，現在一般に使われている不活化細菌混合ワクチンに VP2 の組換えタンパク質を混ぜて注射したところ，実験的感染における感染率の低下やウイルス力価の低下が認められた．さらに，IPNの自然発生に対するこの混合ワクチンの有効性調べたところ，RPS（relative percent survival）価は約 60％となり，十分なる有効性が示された（Christie, 1997）．最初に述べたように最近日本では本病による被害はあまり問題になっていないので，ワクチン開発に対する要望はほとんどないと考えられる．

IPNVに対するバイオコントロールの可能性についても検討されているが，IHNVなどと異なりIPNVは水中生残性が高く（Toranzo and Hetrick, 1982；吉水ら，1986），IHNVに阻害作用を示す細菌に対しても抵抗性を示すなど（岡本ら，1988），あまり期待はもてない．日本ではニジマスの多くは IPN に耐性を示すようになっており，ギンザケやヤマメなどに極めて散発的に IPN による大量死が発生する程度である．しかし，将来強毒化した IPNV が出現する可能性は否定できず，IPNVの監視は継続されるべきである． （福田頴穂・室賀清邦）

4. サケ科魚類のヘルペスウイルス病
（Herpesviral disease of salmonids）

1）序

1970 年代前半，米国ワシントン州の孵化場で産卵後のニジマス親魚に 30〜50％に及ぶ死亡がみられ，病原体と推定されるウイルスが分離された．1975 年に至り，それがヘルペスウイルス科に属すウイルスであり，ニジマス稚魚に病原性を有することが明らかとなり Herpesvirus salmonis と命名された（Wolf et al., 1978）．その後，このウイルスは長く分離されなかったが，1986 年にカリフォルニア州北部の河川に遡上したスチールヘッドトラウト親魚から分離された（Hedrick et al., 1986）．ほぼ時を同じくして，日本でも十和田湖の孵化場でヒメマス稚魚が大量死し，同場のヒメマス親魚からウイルスが分離された．このウイルスもヘルペスウイルス科の性状を有し NeVTA（Nerka virus in Towada Lake Akita and Aomori Prefectures）と名付けられた（Sano, 1976）．これと前後して類似のウイルスが北海道の支笏湖のヒメマスに 1974 年頃から大発生した水カビ病の一次病原体として関与していることが示唆された（Wolf et al., 1975）．分離ウイルスの性状は未確認のままになっている．1978年に至り，北海道の日本海側乙部町の孵化場のヤマベ（サクラマスの陸封型，ヤマメを北海道ではヤマベという）採卵親魚からヘルペスウイルスが分離され，上記のヘルペスウイルスとその大きさ，発育温度，血清学的性状が異なり，さらに腫瘍原性を有していたことから Wolf により Oncorhynchus masou virus：OMVと命名された（Kimura et al., 1981a）．また1983年に新潟県下の養殖ヤマメに見いだされた口部の腫瘍組織から，やはりヘルペスウイルスが分離されYTV（yamame tumor virus）と仮称された（Sano et al., 1983）．OMV発見の前後から，

北日本に回帰するサケ科魚類の採卵親魚を対象に病原ウイルスと細菌の保有状況調査が実施され，OMVはサクラマスあるいはヤマメに広く分布していることが明らかになっている（Yoshimizu et al., 1993）．

このように，日本におけるサケ科魚類のヘルペスウイルス病は，当初サクラマスあるいはヤマメの病気と考えられていたが，1988年以降，淡水養殖ギンザケ（堀内ら，1989）および海中飼育ギンザケにヘルペスウイルス病が見られるようになり，幼魚から成魚，特に出荷間近の成魚が感染・発症し，死亡率も10～30％に及ぶことから産業的に問題となった（Kumagai et al., 1994）．病魚から分離されたウイルスはギンザケの学名から Oncorhynchus kisutch virus，CSTV，COTV（coho salmon tumor virus）あるいは CSH（coho salmon herpesvirus 株）として報告されている．

さらに1992年には，北海道内で飼育されていたニジマス成魚が多数死亡し，死亡率は13～78％に達した．病魚から分離されたヘルペスウイルスは感染試験により病原性が確認され，RKV（rainbow trout kidney virus）と仮称された（鈴木，1993）．その後，1994に本州中部のニジマス成魚からもヘルペスウイルスが分離され，1998年以降その分布域を広げている．稚魚から成魚まで感染・発症し，死亡率が95％に達した養鱒場もあり大きな問題となっている．このウイルスも北海道のニジマス由来ウイルスと同様の性状を示し，抗OMV家兎血清で中和されOMVと同一のウイルスと判定されている（降幡ら，2003）．

2）原　　因

日本で分離されているヘルペスウイルスは，直径約220～240 nmのエンベロープを有すウイルスで，100～110 nm 前後の正20面体カプシッドを有している（図Ⅱ-4-1）．一方，H. salmonis のエンベロープの直径は 150 nm，カプシドの大きさは 90 nmであり，DNA密度は 1.709 g / cm^3，GC 含量は 50％である．温血動物由来のヘルペスウイルスと異なり，至適発育温度は H. salmonis が 10℃，OMV が 15℃で，20℃以上では増殖できない．これはOMVが誘導する DNA ポリメラーゼの至適温度が 25℃と温血動物のヘルペスウイルスに比べて低いことにより裏付けられる（Suzuki et al., 1986）（図Ⅱ-4-2）．サケ科魚類由来細胞に接種すると 10～15℃での培養では 5～7日後に多核巨細胞形成を特徴とする CPE を形成する．OMV は宿

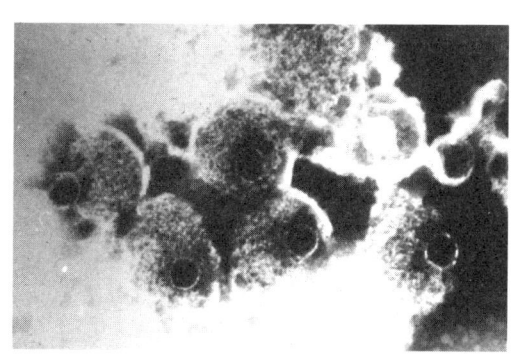

図Ⅱ-4-1　NeVTAのネガティブ染色像
（写真提供：佐野徳夫氏）

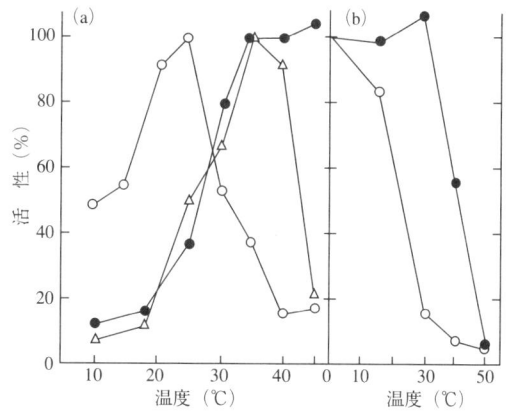

図Ⅱ-4-2　ヘルペスウイルスのDNAポリメラーゼ活性の至適温度 (a) と温度安定性 (b)．○：OMV，●：HCMV（サトメガロウイルス），△：HSV-2（単純ヘルペスウイルス型）．

第Ⅱ章 ウイルス病

主細胞外で−20℃に保存すると半月から1ヶ月で90〜99.9％，15℃以上では完全に失活する（木村・吉水，1988）．

前述のサクラマス，ギンザケおよびニジマスから分離された株はすべて抗OMV家兎血清で中和され，クロス中和試験でも血清学的に同一と考えられる（Yoshimizu et al., 1995）．しかし，アメリカのニジマスおよびスチールヘッドトラウトから分離されたウイルスとは血清学的に異なる（Hedrick et al., 1987）．さらにウイルスDNAの制限酵素による切断パターンの比較では，OMVを含むヤマメあるいはサクラマス由来株間に大きな差は認められず，ヒメマスおよびヤマメ由来のNeVTAとYTV間にも違いは認められなかった．さらに H. salmonis と日本由来のOMV, NeVTA, YTVとのDNA相同性の比較でも，H. salmonis と日本由来株は明らかに異なるが，日本由来株は多少の相違はあるものの類似していることが明らかになっている（Hayashi et al., 1987；Guo et al., 1991；猪狩ら，1991；Eaton et al., 1991b）．一方，抗ヘルペスウイルス剤である phosphonoacetate や acyclovir を始めとする核酸誘導体により，明らかな増殖阻害が認められ，in vivo においても感染発症の抑制と後述する腫瘍の発現が認められなくなった（Kimura et al., 1983a, b；Suzuki et al., 1987a, b）．これらの血清学的およびウイルスDNAの比較検討結果をふまえ，現在では最初に報告された H. salmonis は Salmonid herpesvirus 1（宿主魚類の科名・ウイルスの科名・報告順），NeVTA, OMV, YTV 等は Salmonid herpesvirus 2 として整理され，国際獣疫局（OIE）にはSaHV-1の標準株として H. salmonis が，SaHV-2の標準株としてOMVのOO-7812株が登録されている．OIEでは病名をOMVDとし，注意すべき届出を要する疾病として扱い注意を呼びかけている．

3）症状・病理

サクラマスの場合，養魚場での本ウイルス（OMV）による死亡事例は見られていない．しかし採卵親魚の卵巣腔液からOMVが分離された群には腫瘍の発現が見られ（図Ⅱ-4-3，口絵参照），市場価値が損なわれる．OMVを用いた実験感染では，まず1ヶ月齢のサクラマスの腎臓に壊死が観察され，頭部等の上皮細胞にも壊死が観察される．その後3ヶ月齢になると肝臓に壊死が見られ，壊死域にウイルス粒子が多数観察される．他の魚種でも同様の病理変化が見られる．ウイルス感受性は魚種により異なり，ヒメマスがもっとも高く，次いでサケ，サクラマス，ギンザケ，ニジマスの順となる（Tanaka

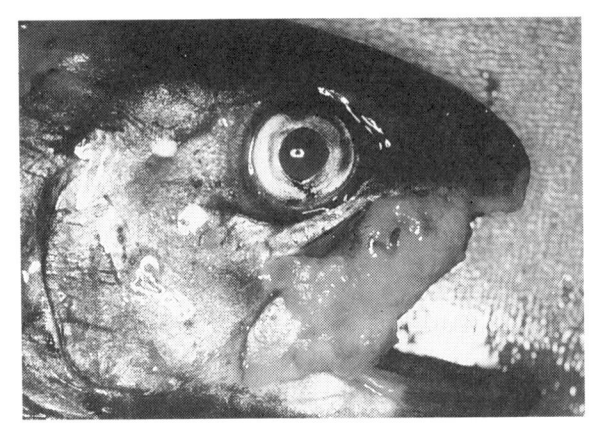

図Ⅱ-4-3　採卵親魚からOMVが分離された飼育場のサクラマスに見られた腫瘍

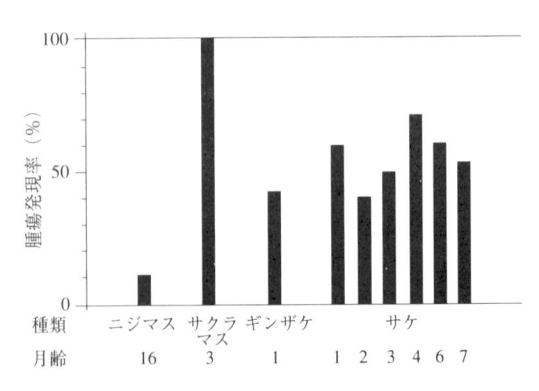

図Ⅱ-4-4　OMVに感染耐過したニジマス，サクラマス，ギンザケ，サケの腫瘍発現率

et al., 1984；田中ら, 1987；木村ら, 1983)（図Ⅱ-4-4）. 感染耐過魚を継続観察すると, サケおよびギンザケではウイルス感染後約4ヶ月, サクラマスおよびニジマスでは約7ヶ月から1年を経過すると頭部を中心に腫瘍が出現し始め, 顎の周囲, 鰓蓋, 体表, 尾部, 腎臓等に腫瘍が観察される. 腫瘍発現率は35〜60%に及び, 病理組織学的には基底細胞がんであった (Kimura et al., 1981b; Yoshimizu et al., 1987). この腫瘍発現は毎年の反復実験で確認された. 腫瘍組織から直接OMVを分離することは困難であるが, 腫瘍細胞の初代培養液あるいは継代した腫瘍細胞の培養液からOMVが分離される. さらに腫瘍組織の細胞中にOMV由来DNAポリメラーゼ活性が認められ, 魚類におけるウイルス誘発腫瘍の最初の実験例となった. OMVは浸漬法で容易に実験感染が成立することから, 感染門戸は鰓および体表あるいは消化管と推定される.

ギンザケでは, 淡水域の場合9〜11月の幼魚期, 水温12℃前後に発症し, 肝臓に白斑がみられる. 白斑部は肝実質細胞の壊死域であり, 一部ミズカビ病と合併症状を示す. 海面養殖ギンザケでは海水移行後の1ヶ月間および冬期の低水温期 (7〜10℃), 春先の水温上昇期 (10〜12℃) に発症が見られ, 一部4〜7月の出荷期 (10〜17℃) にも発症が見られる. 魚体サイズは200〜1,000 g, 累積死亡率は10〜30%に及ぶ (Kumagai et al., 1994). 症状に2つのタイプが知られている. 一方は体表のびらん・潰瘍形成と肝臓の白斑, 幽門垂および腸管の発赤であり, もう一方は口部を中心とした腫瘍の形成 (図Ⅱ-4-5) が特徴となっている. 肝臓の白斑は壊死した部分であり, 腫瘍は上記サクラマス同様, 基底細胞がんである (吉水ら, 1988).

さらにニジマスでは冬期の低水温期 (6〜10℃) に発症が見られ, 前述のごとく特に際だった症状がなく死亡する. 一部体表に膨隆部や潰瘍状患部が形成され, 肝臓に白斑壊死がみられる (降幡ら, 2003). 現在までのところ腫瘍形成は観察されていない. 分離ウイルスを用いた実験感染では, 大型ニジマスおよびサクラマスにも強い病原性を示し, 腹腔内接種法での累積死亡率は110 gのニジマスで67〜92%, 100 gのサクラマスでは67%に達した (降幡ら, 2003).

4) 疫　学

1978年以降の北海道および本州各地の河川に遡上してきたサクラマス親魚あるいは池産サクラマスもしくはヤマメ親魚の体腔液および口部腫瘍組織のウイルス検査において, 1群60尾以上の検査を実施したところ, 1ヶ所を除き調査した全ての場所でサクラマスあるいはヤマメからOMVが分離され, 本ウイルスは北日本および本州中部に広く分布していることが明らかになった (Yoshimizu et al., 1993). 1983年から北海道内の河川に遡上してくる採卵親魚のウイルス検査の徹底とともに発眼期におけるサクラマスおよびベニサケ卵の消毒が励行され, OMVの検出率は減少の一途をたどり, 1986年には全く分離されなくなった. 1992年からは, サケ科の全魚種を対象に発眼卵のヨード剤による消毒が実施され, 1994年以降北海道では分離されなくなった.

以前, ギンザケは中国山地から本州中部, 関東・東北地方にかけて広く淡水飼育され, その後, 鳥取, 新潟, 宮城, 岩手の各県で海面飼育

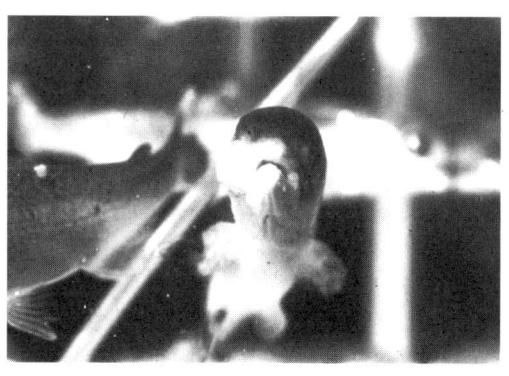

図Ⅱ-4-5　OMV実験感染によりサケに誘発された腫瘍

第Ⅱ章　ウイルス病

されていた．海面生け簀で本病が発生するのは特定の養魚場で生産された種苗を用いた時に限られ，海面での本病の発生は淡水養魚場で感染した種苗に由来しているものと考えられ，淡水養魚場の施設および発眼卵の消毒，ニジマスとの混養を避けることでこの地域での発生もなくなっている．

ただ，大型ニジマスの病魚からヘルペスウイルスが分離される事例が本州中部で見られ，北海道で分離された株との関連性が注目されている．ただ本州中部では同時にIHNVや時にはIPNVが分離され，ウイルス間の相互作用等も検討する必要がある．

5）診　　断

OMVDの診断は症状や解剖所見からおおよその見当はつくものの確実ではない．確定診断には，ウイルスの分離・同定を行う必要がある．通常RTG-2細胞あるいはCHSE-214細胞を用いてウイルス分離を行い，CPEを確認後，抗血清を用いた中和試験を行う．IHNVとの混合感染が多く見られ，中和試験に注意を要する．さらに腫瘍組織からウイルスを分離する場合，直接分離は困難であり，腫瘍組織の初代培養細胞とRTG-2細胞とのco-cultureを行うのがもっとも分離成績がよい．ウイルス分離に際しても，本ウイルスはエンベロープを有し比較的大型のため，0.45μmのニトロセルロース膜で濾過すると99〜99.9%のウイルスが膜中に捕捉されて分離成績が悪い．そのため病魚の腎臓や肝臓といった臓器の検査は別として，卵巣腔液等は抗生物質液（Anti Ink; American Fisheries Society, Fish Health Section; Blue Book）で1晩処理し，濾過せずに細胞に接種する．この場合，試料中の細菌量を低く押さえる必要があり，卵巣腔液の採取は滅菌チップを用いた方法（Yoshimizu et al., 1985）が各国で用いられている．

より迅速・確実かつ簡便にOMVDを診断するための迅速診断法として，IHNV同様，特異抗血清を用いた種々の血清学的診断法やウイルス遺伝子を検出する方法が開発されている．血清学的手法としては蛍光抗体法，酵素抗体法，ELISA法等が報告されているが，蛍光抗体法が広く用いられている．モノクローナル抗体を用いた病魚のスタンプ標本の蛍光抗体法が最も短時間で正確な診断を下せる（Hayashi and Izawa, 1993）．

本ウイルスはDNAウイルスであるため，PCR法の感度も高く，現在の検出感度は0.8感染粒子/mlとなっている（Aso et al., 2001）．OMVは病魚の肝臓，腎臓，患部のほか，脳や神経に潜伏していることが明らかになり，感染耐過魚の80％以上はウイルスを保有し，採卵期の卵巣腔液中にウイルスが存在している．

6）対　　策

OMVDの化学療法に関連しては，前述のように抗ヘルペスウイルス剤であるphosphonoacetateやacyclovir，BVdUを始めとする核酸誘導体により，増殖阻害が認められ，acyclovirはin vivoにおいても感染発症と腫瘍の発現を抑制する効果が認められている．また，養魚池や河川から分離した細菌やハーブ，漢方生薬に抗OMV活性が見られ（Direkbusarakom et al., 1996），現在in vivoでの試験が行われている．

防除対策としては，OMVは卵内に侵入しないこと，あるいは受精時に侵入したとしても卵内容物により不活化されることから，IHN同様，採卵親魚の卵巣腔液を検査し（吉水・野村，1989），受精直後にポピドンヨード（50 ppm, 15分）を用いて卵表面の消毒を行い，消毒済みの孵化槽に収容する．死卵を除去し，ウイルス検査の結果にかかわらず再度，発眼期の早い時期にポピドンヨードを用いて卵の消毒を行う．孵化飼育用水は湧水を用いるか，紫外線あるいはオゾンで処理をした感染性ウイルスフリ

一の用水を用いて飼育する．紫外線照射量は$1.0\times10^4\mu W\cdot sec/cm^2$程度，オゾン処理の場合はオキシダント量として0.1 mg/l，1分程度とする．

サケ科魚類のヘルペスウイルスのうち，OMVをはじめSaHV-2に属するサケ科魚類由来株は，現在までのところ日本でしか分離されていない．国際的には注意すべき病原体にランクされ監視下に置かれているが，幸いなことに上記の対策が実施されて以来，分離件数は年々減少の一途をたどっている．　　　　　　（吉水　守）

5. ニジマスのウイルス性出血性敗血症（Viral hemorrhagic septicemia：VHS）

1）序

Viral hemorrhagic septicemia（ウイルス性出血性敗血症：VHS）は，エグトベド病（Egtved disease）とも呼ばれ，欧州のニジマス養殖で最も怖れられている病気である．Egtvedとはデンマークの村の名前であり，1950年頃からこの地域のニジマスに病気が発生していた（Rasmussen, 1965）．本病に関しては古くから，ニジマスの腎腫脹（Nierenschwellung），伝染性腎腫脹・肝変性症（Infektiose Nierenschwellung und Leberdegeneration＝INuL），腹水症（Bauchwassersucht der Forellen），新病（Neue Forellen-Krankeit），伝染性貧血（anémie infectieuse de la truite），悪性貧血（anemie pernicieuse des truites），脂肪肝（la lipoidosi epatica）などと呼ばれてきた（Schäperclaus, 1954；Heutschmann, 1952；Liebmann, 1956；Numann and Deufel, 1956；Klinger, 1958；Besse, 1955, 1956; Scolari, 1954）．1962年にトリノで開かれた国際獣疫機構（Office International des Epizooties：OIE）の魚病シンポジウムで報告され（Jensen, 1963），その専門委員会でエグドベド病をViral hemorrhagic septicemia（VHS）と呼ぶことが決められた．

VHSは現在も欧州でときに猛威をふるっている．1989年に米国ワシントン州の孵化場に回帰したマスノスケ，ギンザケ，スチールヘッドトラウトからVHSVが分離されたが，いずれも不顕性感染であり，分離株に病原性は認められなかった（Brunson et al., 1989; Winton et al., 1989）．その後の調査でアラスカ湾のタラをはじめ，北海・イギリス海峡のニシン，タラからVHSウイルスが分離され（Ross et al., 1994; Mortensen et al., 1999; Meyers et al., 1992, 1994, 1999），海産魚由来ウイルスとニジマス由来ウイルスの塩基配列の比較から，本ウイルスは海産魚が起源ではないかといわれている．日本のニジマスには，現在までのところ侵入した形跡はない．しかし数年前から瀬戸内海の養殖ヒラメ病魚からラブドウイルスが分離され，2000年になってVHSVと同定された（Isshiki et al., 2001a）．欧州のニジマス卵や養殖魚の輸入が行われるようになった現在，その拡散に対し十分な警戒を要する．

2）原　　因

VHSVはIHNVと同様，エーテル，クロロホルムに感受性を有し，酸（pH3）で不活化し，長さ160～180 nm，直径70～80 nmの砲弾型を呈する（Jensen, 1965）．ss-RNAウイルスで，ウイルス構造タンパク質のポリペプチド電気泳動パターンも前述のIHNVや後述のHIRRVと同様5本のバンドを示し，Lyssavirus属に属していたが，現在はNovirhabdovirus属に分類されている（van Regenmortel et al., 2000）．血清学的にVHSV, IHNVおよびHIRRVはそれぞれ独立したものである．現在，VHSVには3血清型が知られ，エグドベト村で見られたニジマスの病魚由来F-1株が1型，フランス由来株が2型および3型に分けられている（Jorgensen, 1972）．また，遺伝子型はgenotype I～IIIの3つに分けられ（Stone et al.,

1997),日本のヒラメ由来株は1株を除き全てgenogroup Ⅰ（American genotype）に属している（Nishizawa et al., 2002）.

VHSVもIHNV同様，−20℃での保存が可能であるが，50％グリセリンでは感染性を失う．その代表株 F-1は20℃以下の低温での増殖がよく，最適温度は14℃付近にある．20℃以上では増殖不良，また，21℃以上に短時間おかれるだけで感染性は著しく低下する．養魚池水中でも不安定で14℃の池水中での感染性は24時間後には10％に落ちるという．同じ株についての研究によると4℃の水中では数ヶ月間活性が維持されていた（Frost and Wellhause, 1974）.

VHSVはRTG-2細胞やFHM，EPC細胞に対してもCPEを示し，そのCPEの特徴がウイルスの推定に重要な鍵を握る．海産魚のVHSV分離にはBF-2が優れているとの報告がある．VHSVに感染したRTG-2細胞は短縮，球形化し，やがて壊死，崩壊する．プラークは15℃では3日後に明瞭に観察される．壊死，崩壊した細胞はプラーク内に一様に散在する顆粒として残る．プラークの周縁はかなり明瞭である（図Ⅱ-5-1）．CPE は培地のpHに左右されpH 7.6では急速にCPEが現れるが，pH 7.2ではCPEを示さないか示しても微弱であるともいわれているが，現在の株はあまりpHの影響を受けない．なお，FHM細胞ではIHNVと同様，感染細胞がブドウの房状になるとされている（De Kinkelin, 1973）.

3）症状・病理

VHSは本来ニジマスの病気であるが，近年各種の魚種に見いだされている．現在までに，VHSによる病気は，ニジマス，カワマス，ブラウントラウト，パイク，グレーリング，whitefish（*Coregonus* sp.）などで報告されている．VHSに冒されるのはニジマスでは体長5 cm 程度の幼魚から，200〜300 g 程度の出荷サイズの大きさまでが主たる被害魚である．仔魚や親魚が罹病することは殆どない．1年魚以上では一般に高齢魚ほど抵抗力があるといわれる（Bellet, 1965）．通常，水温8℃前後の冬から春にかけて発生し，10℃付近以上になると病勢は弱まり，15℃を越えると病気の新たな発生はなくなり，罹病魚は治癒するか不顕性感染の形をとるようになる．しかし，15℃を越える夏にも散発的発生がある．死亡率は条件によって大幅に変わるが，一般に20〜80％の範囲にある．症状・病理については Besse et al. (1965), Ghittino (1965), Yasutake and Rasmussen (1968), Schäperclaus (1969), Yasutake (1970), Amlacher (1976) 等の報告や総述がある．ここでは Ghittino にしたがって要点を述べる．症状は（1）急性型，（2）慢性型，（3）神経型の3型に分けられる．

急性型：流行発生の初期にみられるもので，症状は急速に進行し，死亡率は高い，罹病魚は体色が暗化し，眼球が突出する．貧血が著しく，鰓には出血が認められる．眼球出血も普通にみられ，胸鰭基部その他に皮膚出血をみることもある．

慢性型：流行の初期を過ぎた頃にみられるもので症状の進行は遅く死亡率も低い，罹病魚の体色は黒化し，貧血が著しく，鰓は全く褪色する．眼球の突出が著しく，腹水の貯留もしばしばみられる．体各所の出血は急性型のように著しくはない．

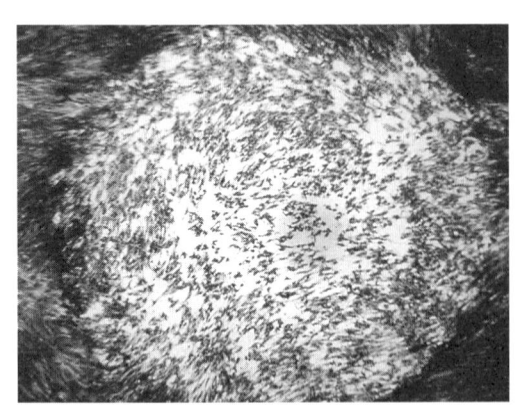

図Ⅱ-5-1 RTG-2細胞に見られたVHSウイルスのプラーク

5. ニジマスのウイルス性出血性敗血症

神経型：流行の終期にみられるもので，魚は体を捩る円運動をなし，あるいは傾いて泳いだり，突進したりする．このような異常な行動と腹壁が縮こまったように見える他は健康魚とあまり変わらない．

これら3型は厳格に区別し得るものではなく，中間段階のものもあり，同一病魚群でも3型が混在する．

剖検すると各種の骨格筋，腹腔内脂肪組織，鰾，腸など全身的に顕著な出血が認められる（図Ⅱ-5-2）．この出血は急性型の病魚では著しいが，慢性型では認められないことが多い．出血は赤血球を主とし，少量の白血球を伴うのみで，恐らく毛細血管の破綻によるものと考えられている．神経型では肉眼的にも顕微鏡的にも特異な病変は認められていない．肝臓は急性型では洞様構造は拡張して血液をみたし，外観的には暗赤色を呈するが，慢性型では褪色し，しばしば点状出血がみられる．洞様構造は拡大しているが，そこには溶血しつつある赤血球を含む血漿が凝固して存在し，肝臓は肉眼的には褪色している．しばしば点状出血がみられるが，胆汁色素やヘマトイジン顆粒がみられることもある．肝臓の各所に実質細胞の壊死像がみられ，また肝細胞内と核内封入体が観察される．腎臓は急性型では赤みが強くなっているが腫大の傾向はない．しかし慢性型では灰色化し，腫脹し，凹凸が生じている．この腎臓の腫脹は不可欠の症状ではない．急性型ではネフロン（ボーマン嚢，糸球体および細尿管の組織群）では細胞質空胞化，核濃縮，核溶解，細尿管上皮の剥離，糸球体水腫などの壊死性変化が起こっており，リンパ組織にも類壊死性変化と，リンパ球の減少，大単核球の増加がみられる．慢性型では単核リンパ様細胞の増殖が著しいのが特徴である．両型とも褐色色素小顆粒が散在する．腎腫脹の著しいものでは造血組織の増生が著しい．脾臓の造血組織の増生もまた顕著である．貧血の著しい魚では赤血球数は健康魚の1/3～1/4になることもあり，ヘモグロビン含量も1/3くらいに減少する．白血球には変化はないが，リンパ球の赤血球に対する比は著しく上昇している．なお，体側筋に出血がみられるほか硝子変性や壊死がみられることもあるが，これは本病に特異なものではない．Yasutake and Rasmussen（1968）の実験感染魚についての観察によると，最初に冒される器官は腎臓で，ついで脾臓，肝臓，膵臓，副腎皮質となるという．

4）疫　学

VHSは本来ヨーロッパのニジマスの病気であった．前述のように1989年と1990年に米国ワシントン州の孵化場に回帰したマスノスケ，ギンザケ，スチールヘッドトラウトから分離され，その後，アラスカ湾や北海，英国海峡のタイセイヨウタラ，ニシン，2000年に日本の天然ヒラメ由来株もVHSVと同定され，世界各地の海産魚に分布している可能性が示唆される状況になってきた．

VHSは本来ニジマスの病気であるが，注射等でVHSVを接種すればブラウントラウト，カワマスも感受性を示す（Tak, 1959; Rasmussen, 1965）．しかし，接触法ではそれらは感染・発症しない．その他にグレーリング，whitefish（Reihenbach-Klinke, 1960），レイクトラウト（Klingler, 1958）も感受性

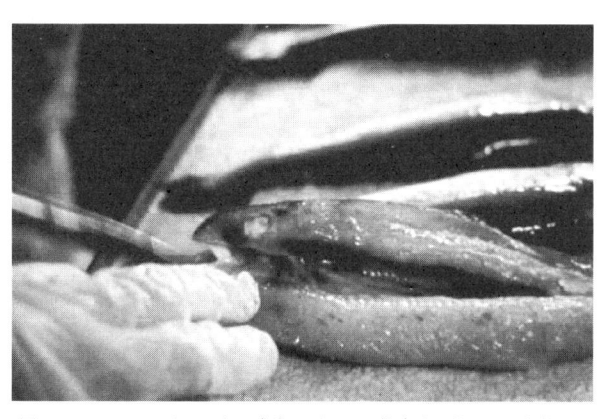

図Ⅱ-5-2　VHSウイルス人工感染ニジマスの筋肉内に見られた点状出血

があるといわれている．一方，マスノスケおよびギンザケは感受性を示さない（Ord, 1975; De Kinkelin et al., 1974）．また，ニジマスとギンザケの交雑種はニジマスに比べて抵抗力が大きい（Ord et al., 1976）．温水魚の多く，たとえば chub, European redeye minnow（Tak, 1959），コイ（Liebmann et al., 1960; Ghittino, 1962），tench, perch（Zwillenberg et al., 1968）はVHSVに感受性がないことが確認されている．但し，Pfitzner（1966）はキンギョは感受性をもつと報告している．

伝染源の一つは，一度感染したが耐過し，ウイルスを体内に残しているウイルス保有魚であると考えられている．しかし，ウイルス保有魚に関するデータは少ない．また，他所から搬入された病魚が重要な伝染源となることは論を俟たない．病気発生のあった池では底泥や無脊椎動物体内にウイルス粒子が存在し，伝染源となることもある（Zwillenberg and Zwillenberg, 1968）．Jorgensen（1973b）によれば，VHSウイルスは4℃で暗所，自然乾燥状態で2週間感染性を失わなかったという．したがって，ヒトその他に付着して陸上経由の伝染搬入もあり得る．Eskildsen and Jorgensen（1973）はカモメ（*Larus ridibundus*）にVHSVを経口投与したが，排泄物中には感染性をもったウイルス粒子は存在しなかったと報告している．これは前述のようにVHSVが高温に対して抵抗性をもたないことによるものであり，鳥その他の恒温動物経由でのVHSVの伝播はあり得ない．

経卵伝染，あるいは発眼卵移入に伴うウイルスの侵入は関心のもたれる問題であるが，Jorgensen（1970）は罹病魚から採卵した卵は直後の3～4時間までは卵表面からVHSVが分離されたが，やがてウイルスは消失し，発眼卵からは全く検出されなかったこと，さらに，卵をVHSVを含む水中（$10^{7.3}TCID_{50}/ml$）に2分間置き，流水（10℃）に移し，以後ウイルス検査継続実施したところ，10日後まではウイルスが分離されたが，その後は検出できなくなり，また，それらの卵から孵化した魚にもVHS発生は全くなかったことを報告している．また，Ghittino（1973）は，発病地域や発病孵化場の親魚から得た発眼卵を移植した養殖場のその後の経過を追ってみた結果から，卵によってVHSVが運ばれる可能性はないと述べている．

伝染は水を介して起こる．感染門戸としては鰓が重要であるといわれる（Ghittino, 1970, 1973）．一方，経口感染の可能性は証明されておらず，むしろ否定的結果が示されている（Ghittino, 1962）．感染した魚における潜伏期間は水温に左右されるが，一般的にいえば7～15日である．しかし，稀には25日あるいはそれ以上のこともある（Ghittino, 1962）．

感染したニジマスの血清中における中和抗体の産生に関してJorgensen（1971）は，自然感染した魚では中和抗体は証明できなかったが，弱毒化したVHSVを接種したニジマスでは中和抗体の産生が認められたと報告している．なお，Jorgensen（1968, 1970, 1971, 1973a）はF-1株を継代培養すると病原性が失われることを多くの例をあげて示している．一方，De Kinkelin and Dorson（1973）はニジマスは個体差は著しいがインターフェロンを合成する能力をもつことを報告している．インターフェロンの合成能は水温が高いほど高まるので，VHS自然感染の場合，水温が15℃付近になると殆ど死ななくなるのはそのためであると考えられる（Dorson and De Kinkelin, 1974）．

5）診　　断

VHSの診断にはウイルスの分離・同定が必須である．通常，腎臓と脾臓を用いる．分離・同定には古くからRTG-2細胞が用いたれてきたが，OIEの診断マニュアルではFHM細胞を使用することになっている．分離ウイルスのCPEの特徴を確認後，抗血清による中和試験を行う．VHSVに対しても，迅速診断法として前述の

IHNV同様，血清学的診断法と遺伝子検出法が用いられている．血清型の問題があるものの，蛍光抗体法が広く用いられている．RT-PCR用のプライマーも最近では従来のVHSVと米国型を区別できるものまで開発されている．

6）対　策

ワクチンはIHN同様組換えGタンパク質を用いた浸漬ワクチンの有効性が確かめられているが，実用化の段階に達していない．またDNAワクチンも開発されているが，IHNと同様の理由で使用されていない．

積極的治療法やワクチンによる予防法が見いだされていない現在では，防疫措置によって伝染源の侵入を阻止することがもっとも重要であり，その伝染源とは病魚あるいは病歴のある魚ということになる．発眼卵のVHS汚染は少ないわけであるが，その搬出時に汚染されることのないよう注意がいる．発病池や汚染の怖れのある道具などの消毒には石灰消毒が広く用いられるが，その効果は疑わしいともいわれている．ポピドンヨード剤のWescodyneおよびBetadineも有効で有効ヨード濃度8 ppm 5分処理でVHSVは死滅することが報告されている．

7）ヒラメのVHS

前述のように1990年代になって世界各地の海産魚からVHSVが分離されるようになっていたが，日本にはVHSはないとされてきた．秋卵を用いたヒラメの冬期飼育が普及した1996年頃から香川県下のヒラメにラブドウイルスが原因と考えられる病気が見られはじめ，2～3年後から発生地域，発生件数が拡大し，香川，大分，愛媛，広島，岡山，山口の各県に及ぶようになった．2000年にこのウイルスがVHSVと同定され，日本にもVHSVが存在することが明らかになった（Isshiki et al., 2001a）．時折しも持続的養殖生産確保法（養殖新法）が制定され，サケ科魚類のVHSが特定疾病に指定された．ヒラメのVHSは宿主がヒラメであったため，現在，新疾病として対処されている．

本病は海面および陸上養殖ヒラメに見られ，病魚には体色黒化，腹部膨満，腹水貯留，肝臓・脾臓の肥大，肝臓の褪色が認められる．発生時期は12月から5月の水温15℃以下の低水温期であり，水温上昇とともに自然終息する．罹病魚は1～1,000 gで，累積死亡率は数％～90％に及ぶ．分離ウイルスは中和試験，蛍光抗体法，ウエスタンブロット法およびRT-PCR法によりVHSVと同定される．前述の北海・バルト海，ベーリング海の海産魚由来VHSV同様，サケ科魚類に対する病原性は低い．分離ウイルスの遺伝子型は1996年分離株が欧州タイプ，1997年以降は北米タイプである（Nishizawa et al., 2002）．日本近海の天然魚の調査では，瀬戸内海と小浜湾のヒラメおよび西日本のイカナゴから本ウイルスが分離されているが，症状は認められていない（Takano et al., 2000; Watanabe et al., 2002）．

本ウイルスは後述のヒラメラブドウイルス（HIRRV）と同属のウイルスであり，ヒラメに見られる症状や発生状況も極めてよく似ている．抗血清を用いた血清学的試験およびRT-PCR法によりHIRRV感染症との区別が必要である．HIRRV感染症はヒラメの冬期飼育が普及する以前に発生した病気であり，当時，親魚管理をはじめ採卵誘発のための低温処理をなるべく短くし，以後18℃以上で飼育することで発症を防ぎ，日本から産業被害がなくなった．世界でも他に例のないウイルス病防除の成功例である．ヒラメのVHSもこの事例を参考にすべきである．

（吉水　守）

6. 赤血球封入体症候群
（Erythrocytic inclusion body syndrome：EIBS）

1）序

日本におけるギンザケの海面養殖は宮城県志

津川湾で1976年に開始され，その後，生産量は宮城県を中心にして年々増加した．しかしギンザケ養殖が発展拡大するに伴って魚病被害も増加し，販売単価の低迷などと相まって養殖経営を極めて不安定なものにしている．特に赤血球封入体症候群（erythrocytic inclusion body syndrome：EIBS）は1986年に突然大発生し，その後毎年のように大量死を引き起こしている．EIBSは激しい貧血を伴うサケ科魚類のウイルス性の疾病で，ギンザケ養殖において多大の被害を及ぼしているため，EIBSの発生を未然に防除して養殖経営の安定化を図ることがギンザケ養殖における最重要課題の一つになっている．

なお，EIBSは1982年に米国ワシントン州のマスノスケで最初に発生し（Leek, 1987），その後ノルウェー（Lunder et al., 1990）やアイルランド（Rodger et al., 1991）のタイセイヨウサケに発生している．一方，アイルランドのタイセイヨウサケからはphagocytolytic syndrome（PCLS）なる病気が報告され（Palmer et al., 1992），最近そのPCLSとEIBSは同じウイルスによる病気ではないかと考えられている（Graham et al., 2002）．

2）原　　因

EIBS罹患魚では赤血球の細胞質中に特徴的な封入体が観察される（図Ⅱ-6-1）．電子顕微鏡観察により封入体内および細胞質中に，エンベロープのある直径約75 nmの球形のウイルス粒子が確認され，これが本疾病の原因ウイルスとされている．ウイルス粒子内部には直径約35 nmの正20面体様ヌクレオカプシドを有している（Leek, 1987; Arakawa et al., 1989; Takahashi et al., 1992a）．また，細胞質内に形成される封入体がアクリジン・オレンジ染色により蛍光顕微鏡下で赤橙色を呈することからウイルスの核酸型は1本鎖RNAと考えられている（Piacentini and Rohovec, 1989）．生化学的性状としては，220 nmのメンブレンフィルター濾過後も感染力を維持し，60℃で1時間の加温で感染力が低下し，クロロホルムに感受性がある．ウイルスの粒径，形態，核酸型，エンベロープの存在から，EIBS病原ウイルスはトガウイルス科に属すると考えられている（Arakawa et al., 1989）．現在まで，既存の培養細胞で感受性のあるものは見つかっていない（Piacentini et al., 1989；Graham et al., 2002）．

3）症状・病理

ギンザケにおいて，激しい貧血による鰓の褪色と肝臓の黄変を主な症状とする．病魚の赤血球細胞質内に特徴的な封入体が観察される．早川ら（1989）はEIBSと思われる海面養殖自然発病魚を組織学的に検討した．その結果，心臓，腎臓，脾臓，肝臓に病変が観察されたが，これは貧血に伴う酸素不足により生じていると推定された．Takahashi et al.（1992b）は赤血球の形態，封入体の出現状況，およびヘマトクリット（Ht）値の変化から病態の進行状況を5つのステージに分け，封入体出現時期とHt値の最低となる時期が異なっていることを示した．すなわち，まず幼若赤血球に封入体が出現し，次いで成熟赤血球にも封入体が見られるようになり，やがてHt値は最低となるが，その頃にはもはや封入体は認められなくなる（図Ⅱ-6-2）．

また，自然感染魚（Maita et al., 1996）および実験的感染魚（Maita et al., 1998）における

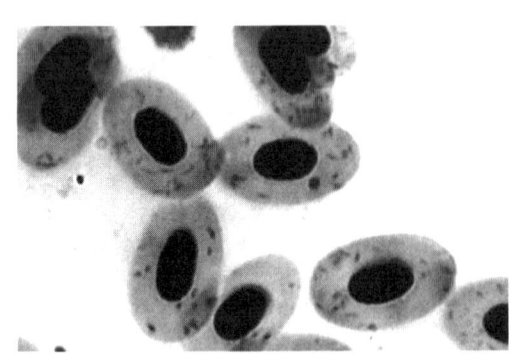

図Ⅱ-6-1　EIBS罹病ギンザケ血球内の封入体（写真提供：高橋清孝・熊谷　明氏）

6. 赤血球封入体症候群

病態生理学的検討もなされ，各種血漿成分の変動が捉えられている．

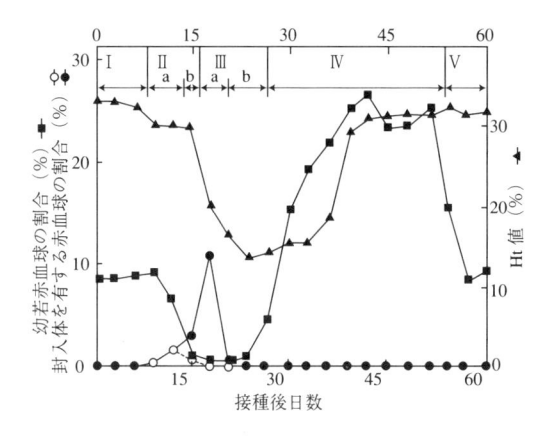

図Ⅱ-6-2 EIBS 感染ギンザケの赤血球磨砕濾液を接種したギンザケにおけるヘマトクリット値，未成熟赤血球率（％）および封入体形成赤血球率（％）の経時的変化．
ヘマトクリット値（▲），未成熟赤血球率（■），封入体形成赤血球率（未成熟赤血球率○，成熟赤血球●），ローマ数字Ⅰ～Ⅴ，EIBS 進行ステージ（Takahashi et al., 1992b）

4）疫　　学

発症時期：ギンザケにおける内水面養殖の段階では，水温が 15℃以下の養殖場で発生する．5月以降に 5 g 以上の稚魚で発生し，特に梅雨期の水温が低下した時期に大量死することが多い．夏期に水温上昇とともに自然に終息する．また冷水病との合併症も多く見られる．

海面養殖に移行後は，低水温期の 2 月から 6 月に体重 300 g～2 kg の魚に発生する．10℃以下では病勢が拡大するが，それ以上の水温では終息に向かい，15℃以上では完全に終息する．

宿主域：ギンザケ，マスノスケ，タイセイヨウサケ．実験感染によってニジマス，ヤマメ，サケにおいても感染（赤血球中に封入体形成）が確認されているが死亡する魚は見られていない（Okamoto et al., 1992a）．

発生地域：日本（原田ら，1988；岡本ら，1992），アメリカ，ノルウェー，アイルランド．

5）診　　断

病魚の症状と赤血球封入体の観察によって推定診断する．赤血球内封入体は感染初期の軽症魚にしか認められないので，サンプリングの際には瀕死魚ばかりでなく同じ池の正常遊泳魚も採取する必要がある．確定診断にはウイルス粒子の電子顕微鏡観察と感染実験により行う．

6）対　　策

本病の発病および重篤度は水温に依存することが知られている．海面養殖ギンザケでは 13℃を境にしてそれ以上の水温で本病は終息し（Takahashi et al., 1992a），淡水ギンザケでは 15℃を境にして短期間に治癒することが知られている．また実験感染耐過魚および自然発病生残魚は EIBS に対して抵抗力を獲得していることも確認されている（Piacentini et al., 1989; Okamoto et al., 1992b）．さらに昇温飼育（16℃）の有効性，治癒魚における抵抗力の獲得が証明されている（田中ら，1994）．しかしながら EIBS 自然治癒魚や昇温飼育による治癒魚において EIBS ウイルスが完全に消失するか否かは不明であるので，耐過魚と非感染魚を同一地域で飼育する際などでは慎重な配慮が必要であろう．

根本的な解決としては本疾病の感染環を解明し，感染源を除去することや感染経路を遮断することが望まれる．現在のところ EIBS の原因ウイルスは既存の培養細胞で分離，培養できず，ウイルス精製も未だなされていないことなどから，抗体検査等の簡便な検査法は確立されていない．本疾病の迅速な診断法が確立していないため，ウイルス保有の検査を行う場合には健康なギンザケに人為感染させ，接種された魚の赤血球細胞質に特徴的な封入体が出現するかどうかを検査するという方法を取らざるを得ない．しかし，この検査法は，試験魚の隔離飼育施設を必要とすることや，結果の判定に時間がかかることなどから一般的には行われていないのが

現状である．また，抗体検査により感染耐過魚の追跡が可能となっているが（熊谷ら，1997），結果の判定にはやはり感染実験を行う必要がある．したがって，現在，本疾病防除のため，簡便で迅速な検査法の確立が必要とされている．

（福田穎穂）

7. 伝染性サケ貧血症（Infectious salmon anemia：ISA）

1）序

タイセイヨウサケに激しい貧血と高い死亡率をもたらすウイルス性の疾病で，ISAと略称され，1990年代初頭にはInfectious anemia in Atlantic salmonとも呼ばれていた（Evensen et al., 1991）．本病は1984年にノルウェーで養殖されていたタイセイヨウサケに最初に発生し（Thorud and Djupvik, 1988），その後，カナダ東海岸（Lovely et al., 1999; Bouchard et al., 1999）とスコットランド（Rodger et al., 1998）さらに最近南米チリの養殖ギンザケに発生が認められた（Kibenge et al., 2000）．ノルウェーの養殖タイセイヨウサケでの発生例では死亡率も高く，経済的な被害も大きかった．同居感染実験や病魚の濾過除菌磨砕液の接種によって本病が再現できることからウイルス病であるとされていたが，1995年にタイセイヨウサケ頭腎由来のSHK-1細胞（Dannevig et al., 1995）が樹立され，病原体の培養が可能になり，本病はオルソミキソウイルス（Orthomyxoviridae）科のウイルスによる感染症であることが確定した．ノルウェーでは魚の移動に伴って発生域が広がる傾向と，魚の加工場付近での発生が目立った．本病の発生は1991年にピークを迎えたが，魚の移動規制，加工場における廃水処理，ならびに種苗生産施設における未消毒飼育水の使用禁止などに関する法規制を施行したところ，1995年以降被害が激減しているという（Dannevig and Thorud, 1999; OIE, 2003）．

2）原因

オルソミキソウイルス科に分類されるウイルスで，infectious salmon anemia virus（ISAV）と呼称される．オルソミキソウイルス科にはインフルエンザウイルスなどが含まれ，現在4属が設定されている．オルソミキソウイルスの遺伝子は8分節の1本鎖（マイナス鎖）RNAであり，ビリオンはやや多形性を示し，エンベロープを有し，直径約100 nmのほぼ球形を呈する．エンベロープ上には2つの糖タンパク質，ノイラミニダーゼと血球凝集素が突起として観察されるが（Cox et al., 2000），ISAVの性状もこれらと一致する（Mjaaland et al., 1997）．

前記のSHK-1細胞が樹立されて以来，ISAVの分子生物学的研究が多数なされ（Falk et al., 1997; Inglis et al., 2000; Krossoy et al., 1999, 2001; Griffiths et al., 2001; Snow and Cunningham, 2001），ISAVはオルソミキソウイルス科に分類されるがInfluenzavirusとは明らかに異なったウイルスであるとされている．

3）症状・病理

養殖タイセイヨウサケに発生した場合，発症個体数は緩やかに増加する場合が多い．罹患魚は不活発で激しい貧血を呈し，瀕死魚はヘマトクリット値（Ht）5%以下を示すことが多い．鰓の褪色，眼球部の出血，眼球突出もしばしば見られ，腹水の貯留，肝臓および脾臓の鬱血と肥大，さらに内臓脂肪組織での点状出血が顕著である．また，腸前部における充血も見られる．特に肝臓は鬱血により暗色化するが，これは本病診断の必須所見とされる．ISAは慢性の経過をとることもあり，その場合には，肝臓は褪色・黄変し，急性の場合に比べてHt値の低下は顕著でなく，腹水の貯留も少なく，診断しにくいという（Evensen et al., 1991; Dannevig and Thorud, 1999; OIE, 2003）．

Ht値が25%を下回るような魚では，たとえば，alanine aminotransferase, lacteate dehydrogenase, aspartate aminotransferase など，細胞内酵素の血漿中レベルが上昇することから，肝細胞が障害を受けていると推定され，また浸透圧調節機能障害も現れ，血漿の浸透圧上昇と電解質濃度の上昇が見られる（Dannevig and Thorud, 1999）．

ISA自然発症個体における病理変化は，肝臓における出血性の壊死が特徴的である．肝臓では感染初期（Ht値25％前後）においては類洞の拡張と鬱血が認められ，中期（Ht値：25～15％）ではそれがより顕著になり，肝実質細胞には萎縮，変性，壊死が認められる．また，肝臓に血球で満たされた領域が広範に観察されるがそれら領域辺縁に内皮細胞が存在しない．Ht値が10％付近かそれ以下になると，実質細胞の広範囲な変性，壊死ならびに出血が極めて顕著になり（出血性壊死），壊死病巣は拡大・融合し，肝実質はそれら病巣中に散在する島のように見える．また，大きな静脈を取り囲んで正常な部分が残るという特徴的な病理像を示す．脾臓ではマクロファージによる赤血球の貪食，腎臓では出血と造血組織における変性と壊死ならびに尿細管の壊死が認められ（Falk and Dannevig, 1995; Simuko et al., 2000），腸管粘膜固有層には出血が観察される．またそれら臓器においては鬱血が顕著であった．循環血には幼若赤血球の増加や赤芽球の出現が認められる（Evensen et al., 1991）．

タイセイヨウサケにISAVを接種した場合，Ht値の低下には2～3週間かかるが，接種4日後には，マクロファージに空胞化が認められる．空胞化は時間とともに進行し，細胞の肥大をもたらす．このとき，肝臓類洞内皮細胞の変性も起こる．これらの変化は類洞の血流を阻害し，それによって鬱血が起こり，虚血性の壊死が生じる．内皮細胞がISAVの標的であるとされていることから（Nylund et al., 1995a），類洞内皮細胞の変性は本細胞中でのウイルスの増殖に起因するとも考えられる．一方，肝細胞でのウイルス増殖の証拠はない（Speilberg et al., 1995）．体内でのウイルスの増殖は，まず腎臓で起こるようであり，ISAVを腹腔内に接種した場合，7日後には腎臓からウイルスが検出されている（Dannevig et al., 1994）．血漿中には遅れて出現し，2～3週間でピークを迎える．この時期にはほとんどの内臓でウイルスが証明されるが，これはウイルスが内皮細胞で増殖した結果と思われる．

自然発病あるいは実験感染耐過魚には防御免疫が成立する．また，回復期の個体の血清による受動免疫が成立することから，感染防御には液性免疫が関与していると考えられる（Falk and Dannevig, 1995）．

4）疫　　学

前述のように，本病はノルウェー，スコットランド，カナダのタイセイヨウサケと，チリのギンザケで発生が報告されている．ノルウェーでは主として5月から7月に流行し，11月に小さなピークがある．タイセイヨウサケにおいて，本病の発生はほとんど海面養殖期間に限られるという．序に述べた種苗育成用水の消毒処理などにより本病の発生が激減していることから考えると，魚は陸上の種苗生産施設で感染し，海面養殖中に発病する可能性が高いものと思われる．

上記のように，通常は海面養殖に移行したタイセイヨウサケに発生するが，実験的には幼魚（parr）にも発病させ得る．また，ブラウントラウトやニジマスでも発症はしないものの実験的に感染が成立し，保菌状態になるといわれている．ISA発生海域から遠く離れ，また，野生のタイセイヨウサケが少ない海域での発生が時としてみられることから，これら魚種がISAVのreservoir（病原体保有動物）として疑われている（Nylund et al., 1995b）．ただし，上記のように防疫体制を整備することによって本病がほぼ制圧できたことを考えると，reservoir

が存在したとしても本病の流行に大きな関与はしていないものと思われる.

ウイルスは糞,尿,皮膚,粘液などから排出されると推定され,感染の広がりには水媒介性の感染が関与する.感染ルートとして,鰓および皮膚の傷が最も可能性が高いと報告され,糞を食することによる感染も報告されている(Totland et al., 1996). また,垂直感染について,Melville and Griffiths (1999) は,ISAV感染が証明されている親から採卵し消毒して飼育した発眼卵,稚仔魚にはRT-PCRやウイルス分離でISAVが証明できず,また発病もなく,卵内感染による垂直感染はないであろうと報告している.

ISAVについて,遺伝子塩基配列の比較による分子疫学的検討もなされてきている.例えば,ヨーロッパとカナダの株の第2および第8分節RNAの塩基配列を比較したところ,ヨーロッパ域内の株間にも変異が認められたが,カナダ株とは明らかに区別できたという (Cunningham and Snow, 2000; Blake et al., 1999; Inglis et al., 2000). このことは,本病の発生が認識される以前からISAVが大西洋海域に広く分布していたことを想起させる.さらにISAV株の単位期間(年)あたりの塩基置換数を計算し,ヨーロッパ株とカナダ株が分岐した年代を試算した結果,両者は約100年前に分岐したと推定された (Krossy et al., 2001). この結果は19世紀末からヨーロッパと北米間でサケが運搬されるようになったことと符合するという.

5) 診　断

Ht値の低下,肝臓の暗色化,肝臓における出血性壊死とその他の病変,ウイルス分離結果などから診断するが,RT-PCR法 (Devold et al., 2000 ; OIE, 2003),蛍光抗体法 (Falk et al., 1998 ; Falk and Dannevig, 1995) も開発されている.

6) 対　策

治療法は確立されていない.ISAVは4℃で14日間,15℃で10日間保存しても感染価の顕著な減少はないとされているが,海水中では安定性が減少する.0℃の海水中では2日程度感染力を維持するが,15℃にすると活性保持期間は12時間程度に短縮するという.これらの知見は,種苗生産期における病原体からの隔離が本病防除にとって極めて重要であることを示唆している.前述のように,ISAVの卵内感染による垂直感染はないと考えられている.実際,卵消毒の徹底と非汚染飼育水を用いた種苗育成,汚染種苗の移動禁止などの法規制の実施によって,1995および1996年には散発的にわずかな発生はあったものの,流行という状態は脱却できたとされている (Dannevig and Thorud, 1999).

また,本ウイルスがオルソミクソウイルスであることから,消毒はアルコールで可能と思われる.

(福田穎穂)

8. ウイルス性旋回病（Viral whirling disease：VWD）

1) 序

1991年春から1992年夏にかけ,北日本の養殖ギンザケ,イワナ,ニジマスおよびアユに異常遊泳を主徴とする病気が発生し,これらの病魚の脳から既知のウイルスと異なるウイルスが分離された.そのウイルスはエーテル耐性以外はレトロウイルス科の性状に一致した.またサケ科魚類に対し病原性を示し,感染魚体内の腎臓でまず増殖し,血液系に入って脳に達し,脳の病変により感染魚は異常遊泳を呈するものと考えられた.さらに本ウイルスは北日本のギンザケを中心に広く分布していることが明らかとなった.本ウイルス感染症単独では被害は少ないが,他の病原体と混合感染すると死亡率が高くなる (Oh et al., 1995a).

8. ウイルス性旋回病

2）原　　因

異常遊泳を示すニジマス，ギンザケ，イワナ，アユ等の脳やサクラマスの体腔液から分離されたウイルスは，いずれも IUdR や BVdU による増殖阻害は認められず，エーテル，クロロホルム，pH，熱に対し安定であり，電子顕微鏡観察からウイルス粒子はカプシドが 50～65 nm，エンベロープをもつ 75～85 nm の正20面体であり，超音波処理をしたものでは長いエンベロープ様のものが観察されている．ショ糖液中での浮遊密度は 1.155～1.160 g/cm^3，構造タンパクは11本で，1本鎖の約 7.3 kb の RNA をもち，逆転写酵素活性を有している．赤血球凝集は認められない．魚類培養細胞 33 種類のうち 27 種類に CPE を発現し，特に BF-2，CHSE-214，RTE-2，SF-2 細胞において高い増殖量を示す．CHSE-214細胞に見られるCPEはやや角張った球形化を特徴とする．至適増殖温度は 15℃ である．感染細胞の種類によってはCPE形成後，細胞の再生が観察され，CHSE-214 細胞の場合は再生細胞の培養液中のウイルス感染価は継代12回まで $10^{3.85}$ から $10^{6.50}$，細胞内のウイルス量は $10^{5.05}$ から $10^{7.25}$ TCID$_{50}$/ml と安定で，持続感染が成立していた．既知のウイルスに対する抗血清では中和されず，ND$_{50}$（50% neutralization dose）は 1:960～1:2560の範囲にある．本ウイルスはエーテル非感受性を除けばレトロウイルスの性状を有し，ニワトリのレトロウイルス，アビアンウイルスに近いが，属の決定に至っていない（Oh et al., 1995a）．

3）症状・病理

発症した稚魚は回転しながら旋回遊泳する．養魚池1面につき1尾から数尾程度見られる場合が多い．成魚や親魚では壁面あるいは池底に横たわる．本病に特有の外観症状はなく，解剖しても異常は見られない．成魚に時々脊椎骨異常が見られる．自然発症魚および人工感染魚ともに眼球突出，体色黒化を示し，回転遊泳を呈する．ギンザケおよびサクラマスの浸漬攻撃群では 6% から 34%，筋肉内接種群で 35% から 63% の累積死亡率を示し，スチールヘッドトラウトとアメマスの筋肉内接種群でも 30% から 45% の累積死亡率を示したと報告されている．この時のイトウの死亡率は 5% であった．浸漬・筋肉内接種いずれの死亡魚からもウイルスが分離され，各試験群の全感染耐過魚からも高いウイルス感染価が得られている．本ウイルスはサケ科魚類に対し病原性を有し，感染耐過魚はキャリアーになる．また本ウイルスの魚体内での増殖部位は，ウイルス抗原が最初に腎臓で検出され，その後，血液や脳からも観察されることから，最終標的臓器は脳あるいは神経と考えられる．

病理組織学的には腎臓の壊死と，脳血管の拡張，神経細胞の壊死，特に神経軸索の壊死が特徴的で，これが旋回・回転遊泳の原因と考えられる．自然発症魚と人工感染魚について脳，腎臓，脾臓，肝臓等の臓器を対象に回転遊泳との関連性を中心に病理組織学的観察とウイルス粒子の電顕観察が行われた．感染初期の瀕死魚の間脳，小脳および中脳の周囲に充出血，神経細胞の空胞化，神経繊維（軸索）の崩壊が観察され，感染後期に発症した個体の視葉，小脳，中脳の分子層には脳内血管の充血と拡張像が見られた．さらに，神経細胞の退行病変および空胞化が観察され，これらの結果から病魚の異常遊泳は本ウイルス感染に伴う脳内における病変の進行が原因と考えられた．腎臓，肝臓，胸腺，心臓，卵巣等でも種々の病理学的変化が観察された．また，電顕観察により脳，腎臓，肝臓，血液および心臓でウイルス粒子が観察された（Oh et al., 1995b, c）．

4）疫　　学

1991年から1994年にかけて，北日本で養殖中のサケ科魚類を対象に本ウイルスの分布調査が行われた．本ウイルスは北海道・青森・岩

第Ⅱ章 ウイルス病

手・宮城・新潟・山形の各県下の養殖ニジマス, サクラマス, ギンザケ, イワナ, アユから分離され, 特に回転遊泳魚のみならず外観的正常魚からも分離されたことから, 本ウイルスが北日本の養殖サケ科魚類に広く分布していることが明らかとなった. しかし, 2000年に同一の養殖場を調査した結果では, 1ヶ所の養魚場を除き, ウイルスは分離されなくなっていた (Oh et al., 1995b).

5) 診断・対策

診断法としては, 病魚から脳あるいは脳室液を採取し, CHSE-214 細胞に接種して CPE を確認後, 中和試験を行う. 感染細胞にはウイルス抗原を含む多数の顆粒が観察される. 脳組織のスタンプ標本を用いた蛍光抗体法や ELISA も有効である (Oh and Yoshimizu, 1996). 細胞は一度 CPE を発現後, 持続感染細胞になるため注意が必要である. 本ウイルスは通常の紫外線照射量 ($5.3 \sim 5.8 \times 10^3 \mu$W・sec/cm^2) および 1.9 mg/l, 30 秒のオゾン処理により不活化され, クレゾール 50～500 ppm, イソジン 10～100 ppm, オスバン10～100 ppm, 次亜塩素酸ナトリウム 10～50 ppm によりに不活化され, 本ウイルスの防除法としてこれらによる処理が有効である.

防疫対策としては, 採卵親魚の卵巣腔液からもウイルスが分離されるため, 卵の消毒を十分に行う必要がある. 本ウイルスの各種消毒薬, 紫外線, オゾン感受性は IHNV の感受性と同等あるいはやや低い程度であり, 前述の IHN 対策が有効である.

病魚が見られる池では, 正常魚の 20～40%が本ウイルスに感染している. IHNV や EIBS ウイルスと混合感染している事例が多く, この場合被害が大きくなるため混合感染の防止を計る必要がある. さらに, 養殖対象サケ科魚類で現在問題となっている大型魚の IHN や, 症状の悪化傾向が目立つ病気に本ウイルスが関与している可能性も検討する必要がある.

(吉水 守)

9. コイの春ウイルス血症 (Spring viremia of carp : SVC)

1) 序

かつてヨーロッパには伝染性腹水症 (infectious dropsy of carp: IDC) と呼ばれるコイの病気があり, その原因については細菌説が有力ながら多くの論争があった. 1970年代の初頭に至り, 当時のユーゴスラビアの Fijan らは本病について詳細な研究を行い, 本病は急性で腹水貯留を特徴とするウイルス病と, 慢性で皮膚の発赤や潰瘍を特徴とする細菌病 (非定型 *Aeromonas salmonicida* 感染症) の2つの病気から成ることを明らかにした. 前者はコイの春ウイルス血症 (spring viremia of carp : SVC), 後者はコイの紅斑性皮膚炎 (carp erythrodermatitis : CE) と呼ぶことが提案され, 今日に至っている (Fijan, 1972, 1999).

SVC は *Rhabdovirus carpio* (RVC), あるいは SVCV と呼ばれるラブドウイルスによる急性の全身感染症である. 本病はコイだけでなく, フナ, キンギョ, ソウギョ, コクレン, ハクレン, tench などのコイ科魚類に発生するが, 地域的にはヨーロッパに限局され, 日本では発生していない. ごく最近, 北米のニシキゴイにおける本病の発生が報告されている (Goodwin, 2002). 本病は OIE への届け出伝染病の一つに指定されており, 注意を要する (OIE, 2003). ここでは比較的新しい Fijan (1999) の総説にしたがって本病の概略を説明する. なお, 本病原因ウイルスに関する分子生物学的研究の成果を盛り込んだ新しい総説も出されている (Ahne et al., 2002).

2) 原　因

大きさ 60～90 nm×90～180 nm で, 典型的

な砲弾型をし，エンベロープには規則正しく小突起が並ぶ．ヌクレオカプシッド（径約50 nm）は核酸としての単鎖（マイナス・センス）RNAおよびタンパク質としてポリメラーゼ（L），ヌクレオカプシッドタンパク（N），およびリンタンパク（P）を含む．エンベロープには糖タンパク（G）およびマトリックスタンパク（M）が含まれる．Gタンパクは本ウイルスの感染性と免疫原性に関与している．Lタンパク質遺伝子およびGタンパク質遺伝子の解析により，SVCVはラブドウイルス科のベシキュロウイルス属に位置することが確かめられている（Bjorklund et al., 1995, 1996）．ウイルス遺伝子の大きさは約11 kbで，5つの主要タンパク質に対応する5つの主要なオープンリーディングフレームを含む．

SVCVは有機溶媒，加熱（60℃，15分），グリセロール，オゾン，ジエチルピロカルボネート，およびpH4以下あるいはpH10以上で不活化され，ホルマリン（3％），塩素（500 mg/l），紫外線照射各10分間処理でも不活化される．しかし，10℃の水中や4℃の泥中（pH7.4）では42日間感染力を保持するなど環境中での高い生残能力を有する．

本ウイルスは種々の魚類由来細胞で増殖するが，とくにコイ科魚類由来のEPC，FHMあるいはCLC（コイ白血球由来細胞）でよく増殖する（$10^8 \sim 10^9$ TCID$_{50}$/ml）．BF-2，BBあるいはRTG-2でも増殖するが得られるウイルス力価は低い．Vero細胞などいくつかの哺乳類由来細胞も培養温度を20〜22℃にすれば感受性を示すといわれる．

細胞培養における本ウイルスの増殖は4〜32℃の範囲で認められるが，至適温度は20〜22℃である．細胞変性効果としては，クロマチンの顆粒化，核の融解，細胞の球形化および剥離，融解が認められる．

ポリクローナル抗体を用いた解析によれば，すべての分離株は一つの血清型に入る．SVCVに対する抗血清はIHNVあるいはVHSVとは反応しないが，PFR（pike fry rhabdovirus）とは反応する．SVCVとPFRは，G，N，およびMタンパクにおいて共通抗原を有し，蛍光抗体法などでも区別はできない．したがって，これらは同じウイルスの異なる血清型株に過ぎないとの意見がある（Jorgensen et al., 1989）．しかし，現時点ではこの両ウイルスを区別することは必要で，RNA分解酵素耐性を利用した鑑別法が考案されている（Ahne et al., 1998）．なお，コイの鰾炎（swim bladder inflammation：SBI）の原因ウイルスといわれたラブドウイルスはSVCVと同じウイルスと考えられている．

3）症状・病理

発病初期の魚は水流の緩やかな箇所に集まり，刺激に対する反応が鈍くなり，遊泳も緩慢になる．最後には水底に静止するようになり，横臥する．外見的には，体色黒化，腹部膨満，眼球突出，皮膚の点状・斑状出血，貧血（鰓の褪色），肛門拡張・炎症などが認められ，粘液状の糞を長く引く．開腹してみると，各臓器における水腫および出血が顕著で，腹膜炎およびカタール性の腸炎も認められる．鰓上皮板の点状出血も特徴的である．脾臓は肥大し，出血や時に虚血性梗塞がみられる．

病理組織学的には，肝臓における浮腫性血管周囲炎および壊死，実質組織における充血，巣状壊死が認められる．脾臓においては充血が起こり，細網内皮における細胞増生およびメラノマクロファージセンターの拡張がみられる．腎臓においては，排出組織および造血組織のいずれにおいても損傷が起こり，尿細管は塞がり，上皮細胞では硝子変性および空胞変性が起きている．これらの腎臓での病変および毛細血管内皮におけるウイルスの増殖が感染魚における塩類調節機能の失調をもたらし，最終的に宿主の死をもたらすものと考えられる．腸管では血管

第Ⅱ章 ウイルス病

周囲炎，上皮細胞剥離，および絨毛の萎縮が認められる．鰓では本来1層の上皮層が多層になり，粘膜下組織の血管は拡張し，リンパ球の顕著な浸潤が認められる．心臓においても，心筋層における細胞浸潤や心膜炎が起きている．

4）疫　学

本病は11月から7月にかけて発生し得るが，4月から6月に流行するのが一般的である．すなわち水温が7℃から14℃位に上昇する時期に最も発生しやすく，水温が22℃以上では発病しない．実験的には1ヶ月齢のコイ仔魚は23℃でも発病したとの報告はある．1, 2歳魚に比べれば当歳魚の感受性は高く，加齢による抵抗性の増大傾向が認められる．

高飼育密度や長時間輸送が魚にストレスを与え，発病の誘因となり得る．

一般的には水平伝播により病気が拡がる．発病魚の糞や粘液中にウイルスが存在し，感染源となる．感染耐過魚にウイルスが潜伏し，新たな感染を引き起こすと考えられるが，実証されていない．コイの寄生虫であるチョウの仲間（*Argulus foliaceus*）やヒル（*Piscicola geometra*）がベクターとなる可能性も指摘されている（Ahne, 1985）．SVCVを混入させた餌を食べさせたサギ（*Ardea cinerea*）から2時間後に餌を吐き出させて調べたところ，SVCVが分離され，鳥による媒介もあり得ると考えられている（Peters and Neukirch, 1986）．しかし，感染の広がりにはコイその他のウイルス保有魚からの水平感染が最も重要である．

実験的に浸漬攻撃が成立し，鰓がSVCVの侵入門戸と考えられており，経口感染はほとんどないと考えられている．実験的には浸漬攻撃より注射攻撃のほうがより高い死亡率をもたらす．13℃でコイに浸漬攻撃を行ったところ，2時間後には鰓からウイルスが分離され，鰓が侵入門戸であることを裏付けている．さらに腎臓，肝臓および脾臓からウイルスが多量に分離されたことからそれらの臓器が標的器官となっているものと思われる．

率は低いものの（0.6％），産卵親魚の卵巣腔液からウイルスが分離されたことから，垂直伝播もあると考えられている（Bekesi and Csontos, 1985）．

5）診　断

先に示した症状を示し，SVCが疑われる病魚の腎臓，脾臓および脳を検査材料とし，常法に従い，EPC細胞あるいはFHMに接種し，20℃で2週間観察する（OIE, 2003）．通常CPEは1ないし2日後に認められるが，試料中のウイルス濃度が高すぎるとCPEが出にくい場合があるので，そのような恐れがあるときは適当に希釈した試料を接種する必要がある（Shchelkunov and Shchelkunova, 1989）．CPEが観察されたら，中和試験，IFAT，ELISAあるいは酵素抗体法などによりウイルスを同定する．遺伝子プローブを用いたhybridization法やPCR法も考案されているが（Oreshkova *et al.*, 1995, 1999），OIEのマニュアルにはまだ採り上げられていない（OIE, 2003）．また，モノクローナル抗体も開発されている．

未発病あるいは感染耐過魚からのウイルスの検出は多くの場合困難ではあるが，成功例もないわけではないので，それらのキャリヤーと疑われる魚の脳および卵巣腔液からウイルス分離を試みる必要がある．また，感染履歴を知るには検査魚からの抗体検出法も有効である．

6）対　策

感受性のある魚に病原体を接触させない防疫が基本になるが，河川水を飼育水として用いている養殖場が多いため，その実施はかなり難しい．水温を20℃以上にあげる方法もあるが，経費を考えると非現実的といわざるを得ない．実際的な方向としては，耐病性育種が最も重要と考えられる．

実験的には，不活化ウイルスあるいは弱毒生ウイルスを用いた免疫効果が有る程度確かめられているが（Fijan, 1988），有効なワクチンの供給態勢は確立されていない．

予防的な措置として，上記の消毒処理に加え，魚へのハンドリングストレスを最小限にすることや，死魚の適切な処分，冬季と春季に高い飼育密度を避けることなどが必要である．

（福田穎穂・室賀清邦）

10. コイのヘルペスウイルス性乳頭腫（Herpesviral papilloma of carp）

1）序

コイのウイルス性乳頭腫については，中世ヨーロッパにおいて既にコイのポックス（皮膚の膨隆）として知られていた．しかし本病の病態を上皮腫あるいは乳頭腫とはやや異なると考える研究者からは，cyprinid herpesvirus 1 infection（CHI）（コイ科魚類の1型ヘルペスウイルス感染症）もしくは herpesviral epidermal proliferation in carp（HEPC）（コイのヘルペスウイルス性表皮増生症）と呼ぶことが提案されている（Fijan, 1999）．ここでは，過去の経緯もあり，またごく最近日本で問題になり始めたコイヘルペスウイルス病と区別するため，本病をコイのヘルペスウイルス性乳頭腫と呼ぶことにする．日本でも，ニシキゴイおよびマゴイにおいて本症の発生が見られ，図Ⅱ-10-1（口絵参照）および図Ⅱ-10-2のように外観を損なうため問題とされる．この乳頭腫によって死亡することはほとんど知られていないが，腫瘍組織には壊死も見られ細菌などによる二次感染が危惧される．原因はヘルペスウイルスであり，Cyprinid herpesvirus 1（CyHV-1）と呼ばれる．表皮増生の誘発だけでなく，仔魚期に感染させた場合にはきわめて高い死亡率がもたらされ，生残魚には数ヶ月経過すると高率で皮膚における表皮増生が形成される（Sano et al., 1991）．

なお，最近コイに新たなヘルペスウイルス病が発生し，わが国を含め，世界各地でニシキゴイとマゴイに大量死をもたらしている．この病気の病原体は koi herpesvirus（KHV）と呼ばれ，本稿の CyHV-1 とは DNA の塩基配列や病態が異なり，別のウイルスである（Hedrick et al., 2000）．また，ニシキゴイに大量死をもたらすウイルス病として，コイウイルス性浮腫症が知られているが，この病原体は CEV（carp edema virus）と呼ばれ，ビリオンの形態や，遺伝子として2本鎖 DNA を有すること，DNA のサイズなどからポックスウイルスに属すると推定されている

図Ⅱ-10-1　ヘルペスウイルス性乳頭腫に罹病したニシキゴイ

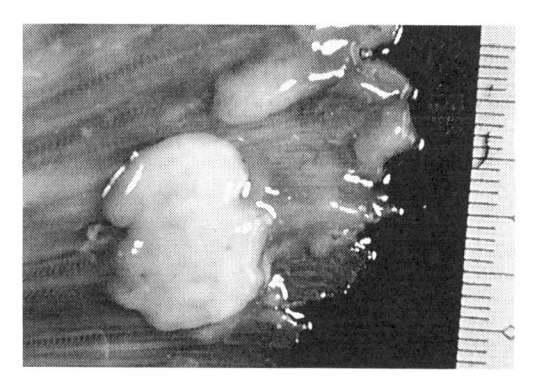

図Ⅱ-10-2　尾鰭に形成された乳頭腫様病変　拡大像

(Oyamatsu et al., 1997).

1960年代には，電子顕微鏡観察により本腫瘍組織の細胞核にヘルペスウイルス様の粒子が観察され，ウイルス病であると考えられてきた．何人かの研究者により原因ウイルスの分離が試みられてきたが，いずれも失敗に終わった．しかし，1983年に佐野らにより新潟県のニシキゴイからFHM並びにEPC細胞を用いて最初に原因ウイルスが分離された（Sano et al., 1985a, b）.

現在まで本病はヨーロッパ，イスラエル，日本，韓国，中国および北米で発生している（Fijan, 1999）.

2) 原　　因

原因体は，ヘルペスウイルスであり，佐野らによりCHV（Carp herpesvirus）と名付けられたが，現在では Cyprinid herpesvirus 1（CyHV-1）と呼ばれる．本ウイルスはエンベロープを有し，大きさ190 ± 27 nmで，正20面体のヌクレオカプシッド（113 ± 9 nm）中に2本鎖DNAを遺伝子としてもつ（Sano et al., 1993b）．数種類の魚類由来細胞について検討したところ，FHMおよびEPCがCyHV-1に対して感受性を示し，20℃でFHMで培養すると最も高いウイルス力価（$10^{5.8}$ TCID$_{50}$/ml）が得られた（Sano et al., 1985a）．なお，FHM細胞で培養するとCyHV-1は10℃および25℃でも増殖するが30℃ではまったく増殖しない（Sano et al., 1993a）．現在のところ，コイに同様の病気がヨーロッパ，北米，並びに日本を含む極東で発生しているが，それぞれの病原体の異同は未確定である．

実験的に2週齢仔魚に本ウイルスを感染させると60～95％が死亡し，夏を過ぎて水温が20℃以下になると生残魚に高率（ある事例では67％）で表皮増生が認められる（Sano et al., 1991）．仔魚における，主たる病変は肝細胞の壊死である．図Ⅱ-10-3に同実験で得られた瀕死魚を示す．

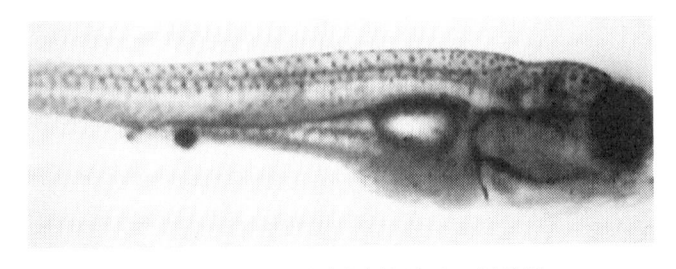

図Ⅱ-10-3　CyHV-1実験感染瀕死魚（マゴイ仔魚）

3) 症状・病理

本病の病態は慢性的かつ良性の表皮増生症である．最初，皮膚の一部（鰭の場合も多い）に平滑でやや透明な病変部が認められ，やがてまるで皮膚の上にパラフィンを垂らしたような感じのやや厚みのある病変へと発達する．細胞増生部は体表に島状に点々と形成され，厚さは最大4～6 mmに達し，乳白色を呈するが，それらが融合し体表全体を覆うようなことはない．

病理組織学的には，表皮細胞の増生およびそれらの中へ結合織の陥入が認められ，乳頭腫様の様相を呈する（図Ⅱ-10-4）．本病変部組織は上皮が増生して形成されるため，色素細胞をもたず概ね白色である．一部の細胞では細胞質中あるいは核内に封入体が認められる．正常な基

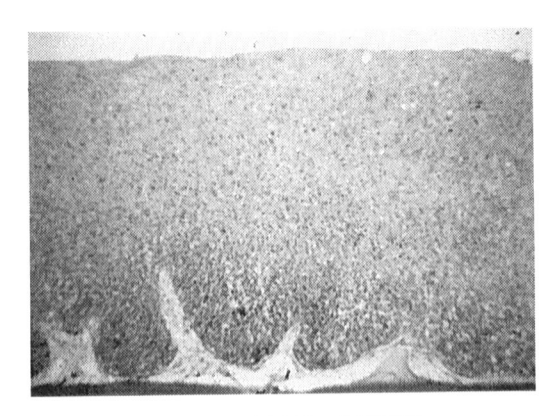

図Ⅱ-10-4　表皮増生の病理組織像

底層は消失し，粘液細胞は著しく減少している．

罹病魚は痩せ，成長が遅れるが死亡するものはほとんどない．しかし，ヨーロッパの例では回復後に脊椎異常が認められる場合もあるという（Fujan, 1999）．

4）疫　学

日本では本病の発生域に関して全国的な調査が行われたことはないが，コイを継続的に飼育している地域では本症発生の危険性があると考えるべきであろう．魚齢による本ウイルスに対する感受性の違いはあまり詳しく調べられていないが，実験的に1年魚にウイルスを腹腔内接種した場合にも発症が認められている．

本病は，0年魚にも稀にみられるが，1年以上の魚で発症例が多く，ニシキゴイの場合，越冬池への移動のため取り上げた際に見つけられることが多い．通常，水温が20℃を下回る秋から春季まで発症個体が見られる．実験感染の結果から，感染耐過魚に数ヶ月かそれ以上の期間をおいて発症するものと思われる．しかし，表皮増生が形成されたことによる死亡はほとんどなく，初夏から夏にかけて水温の上昇とともに増生組織が退行（脱落）し，治癒することが多い．発症率は，ある事例では20〜30％に及んだ場合もあるが，通常それほどは高くないと思われる．

本症病原体の宿主域はコイ以外に知られていない．

5）診　断

症状が進行した場合には池中に遊泳するコイにおいて体表に白色斑が観察され，そのような時には本症が疑われる．このように，診断は肉眼観察によってほぼ可能であるが，原生動物であるエピスティリスの寄生によって，白色の集塊が体表に形成されたときには乳頭腫と類似した様相を呈するので，紛らわしい場合には病魚を取り上げ，白色の部分にさわり，こりこりした感じで確認する．エピスティリスの場合には弾力性を感じない．なお，本症は良性腫瘍であり，内臓諸器官などの病変やそれらへの転移も認められない．正確な診断法としては，蛍光抗体法，ウイルス分離やPCR法が必要となり，研究上の手法としては開発されているが，一般化していない．

6）対　策

感染耐過魚であっても，体表にもはや病変が認められない時期にはウイルスが分離されることはほとんどない．しかし，PCR法で検査した場合には脳あるいは脳神経よりウイルス遺伝子が検出されることから，本ウイルスは他のヘルペスウイルスで知られているように，脳や神経組織に潜伏する可能性が高い．現在のところ明確な証拠は得られていないが，成熟や産卵など何らかの刺激によってウイルスが潜伏状態から開放され，増殖あるいは排出されることにより次世代に感染してゆく感染環の存在が推定される．また，体表より脱落した腫瘍組織からもウイルスが効率よく分離できることから，これらが感染源となっている可能性も充分考えられる．前記のように，コイの本ウイルスに対する感受性期が比較的長いことから，活魚での取引が前提となるニシキゴイでは病原体からの隔離は難しく，本病の根絶は難しいと考えられる．

ただし，本ウイルスは蒸留水中で有効ヨウ素濃度10 ppm以上のポビドンヨード剤で処理すると30秒以内に失活し，コイの発眼卵は200 ppm沃素30分間の処理にも充分耐えることから，隔離飼育が可能であれば発眼卵の消毒は有効と考えられる．

本症発症個体の治療については，昇温が有効である．水温上昇により，腫瘍組織は壊死・脱落し，治癒する．一例として，実験的に乳頭腫を形成させたコイを用いて行った実験結果を示す．2週齢の仔魚にCyHV-1を感染させ，約6ヶ月間飼育し，腫瘍が形成された生残魚（図

第Ⅱ章　ウイルス病

図Ⅱ-10-5　CyHV-1 実験感染耐過魚に形成された乳頭腫（感染後7ヶ月の稚魚）

図Ⅱ-10-6　昇温による治癒過程にあるマゴイ稚魚（図Ⅱ-10-5と同じ個体．14℃から20℃へ昇温後，1週間で退行）

Ⅱ-10-5）を水温14℃から約10時間かけて20℃に昇温したところ，4日目から腫瘍の退行が認められ，16日間で全ての個体（n＝19）が治癒した（Sano et al., 1993a）．図Ⅱ-10-6は上記個体の昇温開始後1週間の像である．

(福田穎穂)

11. ブリのウイルス性腹水症
（Viral ascites of yellowtail）

1）序

1983年に瀬戸内海の一種苗生産施設においてブリ稚魚（体重0.5～1.1 g）が腹水症状を呈して多数死亡し，病魚からRTG-2，CHSE-214およびEK-1細胞を用いてIPNV（伝染性膵臓壊死症ウイルス）に類似したウイルス（yellowtail ascites virus：YAVと命名されたが，現在は国際的命名法に従いYTAVと呼ばれる）が分離され，復元実験の結果などから本病はウイルス病であることが明らかになった（反町・原，1985）．その後，同海域で採捕された天然のブリ稚魚（もじゃこ）の中にも感染魚がいることが確かめられた（一色ら，1989a）．1985年位までは累積死亡率が80～90％に達するなど大きな被害をもたらしたが，その後，本病による大きな被害はあまりなくなっている（Nakajima et al., 1998a）．

1989年および1990年に西日本の一種苗生産施設において，ブリ稚魚（体重7.9～8.2 g）に狂奔および脊椎の軽度の湾曲（側湾）を呈して死亡する事例が発生し，病魚の磨砕濾液からYTAVとよく似たウイルスが分離された．本ウイルス（viral deformity virus：VDV）は抗YTAV血清により中和されるものの，EPC細胞における増殖性や30℃での増殖などの点でYTAVとの違いがみられた．このVDVをブリ稚魚に腹腔内接種したところ，自然発病魚と同様の変形症状を呈して死亡した．これらのことから，本病はウイルス性変形症と名付けられた（中島ら，1993；Nakajima and Sorimachi, 1994a）．

1986年および1987年に種苗生産施設で飼育されていたヒラメ稚魚（体重1～2.4 g）に腹水貯留もしくは頭部の発赤を主徴とする大量死が発生し，病魚からIPNV様のウイルスが分離された．腹腔内接種実験により分離ウイルスのヒラメ稚魚に対する病原性が確認され，本病はウイルス病と判明した（楠田ら，1989）．その後

本ウイルスは YTAV と同定できることが報告されている（Kusuda *et al*., 1993）.

これらの病気は，海産魚のアクアビルナウイルス症と総称し得るが，ウイルス性腹水症なる病名がよく知られていることから，本節ではウイルス性腹水症なる病名の下に関連の病気を纏めて紹介する．

2）原　因

分類・血清型：原因ウイルスYTAVはビルナウイルス科の中の *Aquabirnavirus* 属に入り，IPNVと基本的には同じ性状を有する．YTAVは，抗IPNV血清で中和されるが，中和抗体価からみると IPNV の 3 血清型（A1: VR-299, A2: Sp, A3: Ab）のいずれとも区別されると報告されているが（Kusuda *et al*., 1993），Reno (1999) がまとめた血清型一覧（IPNのところで示した表II-3-1参照）では，血清型 A1 の中にブリ由来株が含まれている．ただしこの株の由来は明示されておらず，ウイルス性腹水症との関係は分からない．前述のように，VDVはYTAVと異なる点があるとはいうものの別種のウイルスとするのは無理があり，病原性の異なる株と位置づけるのが妥当と考えられる．

数種魚類由来細胞のブリ由来 YTAV（反町・原，1985），ヒラメ由来 YTAV（楠田ら，1989）およびブリ由来 VDV（中島ら，1993）に対する細胞感受性に大きな違いはなく，いずれも BF-2, CHSE-214, EK-1, EPC, FHM および RTG-2 細胞において CPE を形成する．しかしながら，細かく見れば，ブリ由来 YTAVは他の2つのウイルスと異なり EPC 細胞におけるウイルス力価は低く，またヒラメ由来YTAVは他の2つのウイルスと異なり RTG-2 細胞における力価が低いといった差は見られる．

病原性：ブリ由来 YTAV 株を懸濁させた海水中（$10^{7.75}$ TCID$_{50}$/ml）に，大（平均体重6 g）中（3 g），小（1.5 g）の3群のブリ稚魚を30分間浸漬したところ，大型魚，中型魚および小型魚における累積死亡率は，それぞれ 22，33，および 55% となり，小型魚ほど感受性が高いことが確かめられた（反町・江草，1986）.

魚の大きさによる感受性の違いは腹腔内接種（$2×10^{5.6}$ TCID$_{50}$/g）によっても確かめられ，大型魚（平均体重6 g），中型魚（3 g），および小型魚（0.7 g）の累積死亡率はそれぞれ25%，44%，および 100% であった（楠田・一色，1987）．

ブリ由来の YTAV を CHSE-214 および EK-1 細胞を用いて異なる温度で培養すると，5℃では緩やかながら増殖するが 35℃ではまったく増殖せず，20～30℃の間でもっともよく増殖する（図II-11-1）．しかし，実際に浸漬攻撃を行った場合，水温 20℃の時の累積死亡率は62%であったのに対し，25℃の時は14%に止まり，腹水症状の発現も乏しかった（反町・原，1985）．

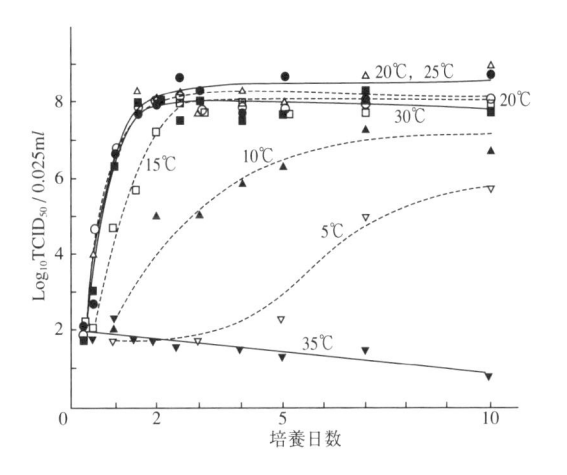

図II-11-1　EK-1 細胞（―）および CHSE-214 細胞（…）における異なる温度での YTAV の増殖（反町・原，1985）

本病の自然発生はブリ，ヒラマサ，イサキ，カワハギおよびヒラメで認められている．注射攻撃によりブリ由来の YTAV はカンパチにも致死的病原性を示したが，クロダイ，トラフグあるいはマコガレイを死亡させることはなかった．また株によっても病原性は大きく異なり，アコヤガイから分離された株はブリには病原性

を示さなかった（Isshiki et al., 2001b）．

3）症状・病理

本病に罹患したブリ稚魚は，体色黒化あるいは黄色化を呈し，鰓は貧血による褪色を呈し，腹部は膨満し，肛門から白色または黄色の糞を引く．また眼球突出や鰭基部・腹部の発赤も認められるが，急性死する罹病魚にはこれらの外見的病変が認められないことが多い．罹病魚の中には体軸を軸に回転遊泳しながら狂奔するものもある．開腹してみると腹水の貯留と肝臓の赤変がみられる．

消化管にはほとんど食物はなく，乳状粘液が充満し，胃が膨張していることも多い（江草・反町，1986）．

病理組織学的検討の結果，すべての病魚（ブリ稚魚）に膵臓腺房細胞と肝臓実質細胞における巣状壊死が認められた．また多くの個体で肝臓に激しい出血がみられ，一部の個体では以下のような病変も認められた（江草・反町，1986）．

膵組織は幽門垂と腸の付近に散在するが，位置にかかわりなく腺房細胞の限局性壊死が起きている（図Ⅱ-11-2）．そのような腺房細胞では核濃縮，細胞質の染色性低下・喪失，融解，そして最終的には細胞崩壊が認められる．壊死巣およびその周辺組織には封入体らしきものは見られず，また炎症細胞の浸潤も観察されない．ランゲルハンス氏島の細胞は比較的侵されにくいようで，周囲の腺房細胞群がほとんど崩壊したところでもランゲルハンス氏島が残存している例が少なくない．すべての魚で肝実質細胞の集中的壊死による大小の壊死巣が形成され，変性過程の細胞では，核濃縮，核融解，そして細胞崩壊が観察され，壊死巣内は細胞崩壊残渣で占められる．多くの病魚において肝全域に多数の斑状の出血が生じているが（図Ⅱ-11-3），壊死巣の多くは出血域とは関係なく形成される．

一部の病魚の腎臓では，尿細管の上皮細胞の空胞変性と基底膜からの遊離，および核濃縮を伴う壊死が観察される．また，幽門垂と腸に程度の差はあるが剥離性カタール炎症および絨毛の崩壊が見られる．脾臓，心臓，鰓等には目立った病変は認められない．なお，実験的感染魚においても，膵臓の病変はほぼ例外なく認められたが，肝臓における病変は軽微な個体も多かったという．

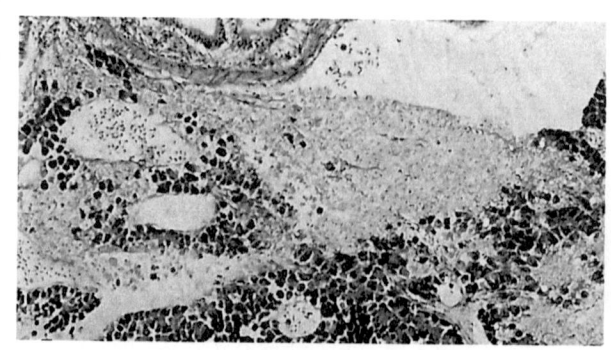

図Ⅱ-11-2 自然YTAV感染ブリの膵臓腺房細胞における巣状壊死（江草・反町，1986）

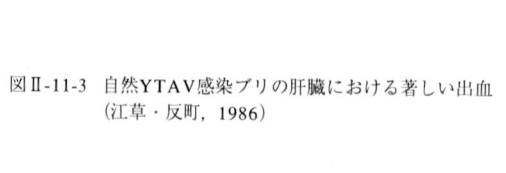

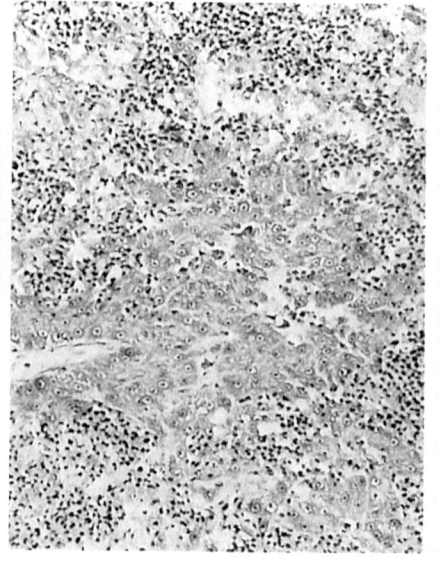

図Ⅱ-11-3 自然YTAV感染ブリの肝臓における著しい出血（江草・反町，1986）

一方，VDV感染症の場合は，自然感染および実験感染を問わず，発病魚は脊椎側湾を呈し，軽度の腹水貯留は認められるもののウイルス性腹水症の場合のような顕著な腹部膨満は認められない．また病理組織学的にも，膵臓の壊死が認められないなどの大きな違いがあると報告されている（中島ら，1993）．

YTAVに感染したヒラメ稚魚の場合は，ある罹病魚群では腹水の貯留による腹部膨満が認められたが，別の病魚群では内臓には病変が少なくとも肉眼的には認められず，無眼側の脳付近に発赤が認められたという（楠田ら，1989）．

4）疫　学

本病の最初の報告例は，5月から7月にかけて種苗生産施設で発生したものに基づいているが，その後5月から6月（水温18〜23℃）に採捕された天然のブリ稚魚455尾について検査したところ，約15％の魚からYTAVが分離され，ウイルスが分離された魚の約半数に腹部膨満がみとめられたという（一色ら，1989a）．またある養殖場では本病の発生が5月22日（水温21.4℃）に確認され，6月6日（水温23.7℃）まで死亡魚が認められたがそれ以降死亡する魚はなく，YTAVも6月18日以降検出されなくなったという（一色ら，1989b）．

このように本病は水温20℃前後の5月に発生し水温が25℃に近づく6月中旬ないし7月に終息する傾向がみられる．この水温の影響は感染実験においても確認されている．

もう一つの大きな要因は魚の大きさであり，本ウイルスの病原性のところで示したように，小さい魚ほど本病に罹りやすい．天然のブリ稚魚（体重0.5g未満〜9.5g）の場合も，体重4g以下の小型魚における感染率が4g以上の大型魚より明らかに高かった（一色ら，1989a）．

本病の伝搬経路としては，既に感染している，あるいはウイルスを保有している種苗を養殖場に導入し，それらが発病しウイルスを排出することによる水平伝播がもっとも一般的と考えられる．実験的にも浸漬攻撃が容易に成立することが確かめられている．養殖場では多くの場合，種苗を収容してから1〜2週間のうちに発生する．

一方，種苗生産施設では親魚から孵化仔魚への垂直伝播が起きていると考えられる．すなわち，生殖腺刺激ホルモンを注射する前のブリ親魚からはYTAVはまったく検出されなかったが，ホルモン注射48時間後に得られた卵巣（93％）および精巣試料（20％）から高率にウイルスが検出され，垂直伝播の可能性が示された（一色ら，1993）．これらの親魚はもともとYTAVの潜伏感染を受けており，ホルモン注射により成熟・産卵が促進されると，何らかの機序でウイルスが増殖し，生殖産物を汚染するに至ると考えられる．垂直伝播の結果，本病は孵化後30日〜100日齢の全長20〜180mmの稚魚に発生する．ただし，ウイルスが卵内に侵入するか否かは調べられておらず，厳密な意味での垂直伝幡が起きているかどうかは不明である．

最近の調査によれば天然ヒラメから40％もの高い割合でaquabirnavirus（代表株についてはYTAVと同定されている）が分離され（Takano et al., 2001），ヒラメ以外にマアジやメバルからも分離されており（Watanabe et al., 2002），本ウイルスは沿岸海域の魚類に広く分布していることが明らかにされつつある．

しかし，天然ヒラメ由来のaquabirnavirus株はヒラメ幼魚に注射攻撃しても，感染は成立するものの魚を死亡させることはなかった．

5）診　断

先に述べた疫学的特徴および外観・剖検症状を確認した後，ウイルスの分離を行う．一般にはRTG-2もしくはCHSE-214細胞を用い，全長3〜5cmの魚では内臓全部を，それ以上の大きな魚では肝臓もしくは腹水を採取して，5

第Ⅱ章　ウイルス病

尾分をプールして1検体とし，最低2検体を供試する．肝臓は磨砕し約50倍に，腹水は10倍程度に希釈し，遠心分離，濾過除菌の後細胞に接種し，20℃で2週間培養する．CPEの発現を認めたら，抗YTAV家兎血清と反応後CHSE-214細胞に接種し，中和反応をみる（反町，1993）．

その他，蛍光抗体法なども使われるが，それらについてはIPNの診断法の項を参考にされたい．

Suzuki and Nojima (1999)はPCR法を用いて二枚貝類および腹足類（合計200試料）からaquabirnavirusの検出を試みており，二枚貝類の60%，腹足類の35%の試料からウイルスを検出しているが，RSBK-2細胞（マダイ腎臓由来細胞）を用いた分離法ではわずか2.5%の試料からしかウイルスは分離されなかった．さらに彼らは，それら貝類から検出されたウイルスの遺伝子の一部について魚類由来aquabirnavirusの遺伝子と比較し，一部の塩基に違いがあることを見ている．無脊椎動物にもaquabirnavirusが広く分布していることはよく知られているが，それらと魚類に感染するaquabirnavirusとの関係については今後明らかにされる必要があろう．

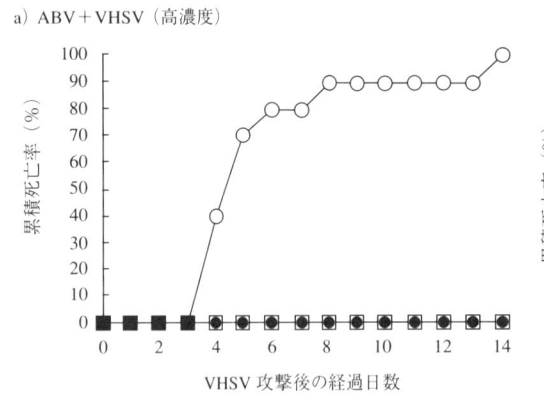

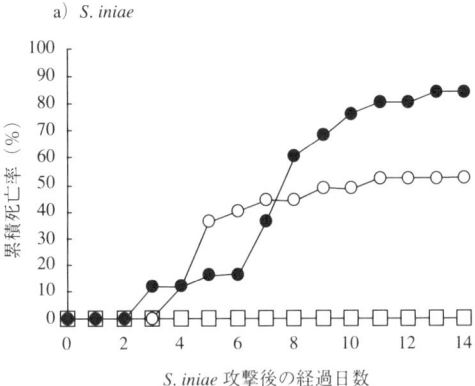

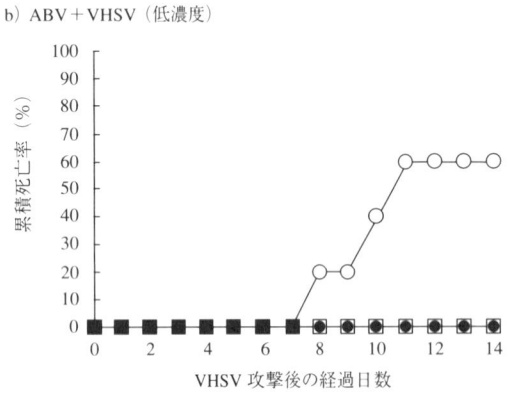

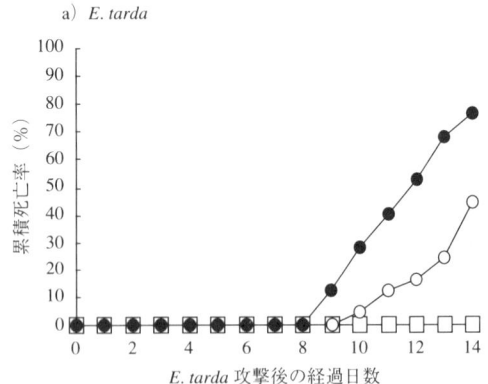

図Ⅱ-11-4　アクアビルナウイルス（ABV）接種1週間後に高濃度（a）もしくは低濃度（b）のVHSVを接種したヒラメにおける累積死亡率（Pakingking et al., 2003）．
● : ABV+VHSV, ○ : MEM+VHSV
□ : ABV+MEM

図Ⅱ-11-5　アクアビルナウイルス（ABV）接種1週間後にStreptococcus iniaeもしくはEdwardsiella tardaを接種したヒラメにおける累積死亡率（Pakingking et al., 2003）．
● : ABV + S. iniaeもしくはE. tarda
○ : MEM + S. iniaeもしくはE. tarda
□ : ABV + PBS

6) 対　策

種苗生産施設においては，親魚候補の卵巣や精巣試料を培養法により検査し，ウイルス陽性と判定された魚からの卵あるいは孵化仔魚を処分するという垂直伝播の防止は，理屈の上では可能であるが，実施されてはいない．サケ・マス類における IPN の場合と同様，感染が起こっても死亡率が一般的に低いため，防疫に対する熱意が湧かないというのが実情であろう．同じ理由からワクチン開発に対する要請もほとんどないように思われる．

最近，ヒラメにおけるYTAVとVHSV，*Edwardsiella tarda* および *Streptococcus iniae* との重感染に関する実験が行われ，YTAV 感染後に VHSV を感染させた場合は，対照区では高い死亡率がもたらされたのに対し重感染区ではまったく死亡が認められず（図Ⅱ-11-4），また YTAV を感染させた 1 週間後に *E. tarda* もしくは *S. iniae* を感染させた場合は，細菌だけを感染させた対照区よりやや高い死亡率がもたらされた（図Ⅱ-11-5），という結果が報告されている（Pakingking et al., 2003）．これは弱毒 YTAV 株の感染によりインターフェロン様の物質が産生され，そのため 1 週間後に攻撃した VHSV の感染が抑えられたと考えられる．しかしその後の研究で，そのような効果は YTAV の感染後 2 週間程度しか続かないことが明らかにされ（Pakingking et al., 2004），いわゆるバイオコントロールとしての利用には繋がりにくいと考えられる．

（福田穎穂・室賀清邦）

12. マダイイリドウイルス病（Red sea bream iridoviral disease）

1) 序

1990 年の 8 月から 9 月にかけ，愛媛県下のマダイ養殖場において新しい病気が発生し，その翌年には西日本の養殖場において本病は広く発生するようになり，それまであまり深刻な病害問題のなかったマダイにおける最も深刻な病気となった（井上ら，1992；Nakajima et al., 1998a）．累積死亡率は高い場合 60％にも達するといわれる．しかも1991年からはマダイだけでなくスズキ，ブリ，カンパチ，シマアジ，イシダイ，およびイシガキダイにも発生するようになり，1995 年までには既に 20 種類もの罹病魚種が報告され（松岡ら，1996），現在では罹病魚種は 30 種を超えている．本病の原因は新しいイリドウイルスであると考えられ，RSIV（red sea bream iridovirus）と名付けられた（Nakajima and Sorimachi, 1994b）．原因ウイルスは外国から種苗とともに持ち込まれたのではないかと考えられ，香港で採捕され日本に輸入されたスズキ（*Lateolabrax* sp.）やタイのヤイトハタから分離されたイリドウイルス（GSIV）が遺伝子的にも病原性の上でも，RSIVとよく似ているという報告もあるが（Miyata et al., 1997; Jung et al., 1997），伝搬経路が明らかにされたわけではない．1998 年に至り，本病に対する注射ワクチンの製造承認がなされ，1999 年から実際に現場で使用され始め，2000 年にはブリに対する適用も認められた．

2) 原　因

原因ウイルスRSIVはイリドウイルス科に属するDNAウイルスであり，大きさ 200～240 nm の球形（正 20 面体）を呈する．中心部に直径 120 nm のコアが認められるが，エンベロープは認められない（井上ら，1992）（図Ⅱ-12-1）．ただし，ウイルスの大きさには報告者によりかなり違いがあり，上記の井上らの測定値は1990年の愛媛県の病魚サンプルから得られたものであるが，1991年の和歌山県のサンプルを調べた楠田ら（1994）によれば，ウイルスの大きさは 170 nm（コア 90 nm）と記載され，1993 年に香港から輸入後に発病したスズキから分離されたウイルスは直径 160～170 nmであった

第Ⅱ章　ウイルス病

と報告されている（Miyata et al., 1997）. 電子顕微鏡観察ではエンベロープはないとされているが，エーテルおよびクロロホルムに感受性があり，ごく薄い脂質膜を有する可能性がある. オーストラリアのレッドフィン・パーチなどの病原イリドウイルスである EHNV（epizootic haematopoietic necrosis virus）では厚さ 7〜9 nm の脂質膜が認められるという（Eaton et al., 1991a）.

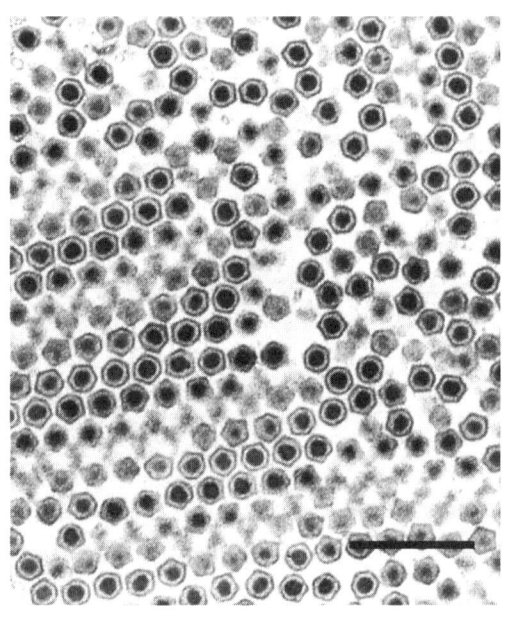

図Ⅱ-12-1　罹病マダイ脾臓中のマダイイリドウイルス（スケール 1 μm）（写真提供：井上　潔氏）

RSIV は 5〜30℃の範囲で増殖可能であり，20〜25℃が至適温度である. 感受性細胞は，BF-2, CHSE-214, FHM, GF, JSKG, KRE-3, RTG-2, および YTF であり，中でも BF-2, GF および KRE-3 の感受性が比較的高い. しかし，5 代ほど継代すると得られるウイルス量は極端に少なくなることから，より感受性の高い細胞を作出する必要があると考えられる. BB, EK-1, および EPC 細胞は感受性を示さない（楠田ら，1994；Nakajima and Sorimachi, 1994b；Nakajima et al., 1998a）.

病原性：後述する疫学のところで示すように，本病はこれまでに 30 種類以上もの海産魚で発生している. 実験的には 10^3 TCID$_{50}$ 程度のウイルス量を腹腔内注射することによりマダイを殺し得る. 最近，亜熱帯性魚類について検討され，RSIV に対しヤイトハタがマダイと同程度の高い感受性を有することが報告されている（Sano et al., 2001）.

他のイリドウイルスとの比較：魚類のイリドウイルスとしてはリンホシスチス病およびウイルス性赤血球壊死症（VEN）などの原因ウイルスが知られるが，これらとは病態やウイルスの大きさなどで明らかに区別される. オーストラリアではレッドフィン・パーチやニジマスに流行性造血器壊死症（EHN）と呼ばれるイリドウイルス感染症が発生しているが（Langdon et al., 1986；Eaton et al., 1991a），その原因ウイルスは抗原性や病原性の点で RSIV とは異なることが確かめられている. なお，EHNV は新しい分類書（van Regenmortel et al., 2000）では Frog virus（FV-3）とともに Iridoviridae 科の Ranavirus 属に入れられているが，RSIV は登載されていない. また，RSIV はヨーロッパナマズのイリドウイルス（SFIV）とも抗原性および病原性の点で異なることが報告されている（Nakajima et al., 1998b；Nakajima and Maeno, 1998）. 米国ではシロチョウザメのイリドウイルス病が知られるが（Hedrick et al., 1990；LaPatra et al., 1994），これは淡水中のしかも魚種が特異的ということもあってか，RSIV をこれと比較した研究は見あたらない.

シンガポール，タイ，あるいは台湾（Chou et al., 1998）など東南アジア各国で養殖されているハタ類にイリドウイルス感染症が発生し問題となっている. ウイルス粒子の大きさを比べても，シンガポールのヒトミハタ由来ウイルスは 130〜160 nm（Chua et al., 1994），タイのヤイトハタ由来ウイルスは 120〜135 nm（Danayadol et al., 1997）あるいは 140〜160 nm（Kasornchandra and Khongpradit, 1997），台湾のハタ類（Epinephelus spp.）由来ウイル

スは 230±10 nm と記載されており，別々のウイルスが関与している可能性が窺われる．Jung et al. (1997) によれば，ハタ類に感染するイリドウイルスには 2 種類あり，GSIV (grouper spawner iridovirus) は成魚まで冒すのに対し，GIV (grouper iridovirus) は仔稚魚にしか感染せず，GSIV は Nakajima and Sorimachi (1995) が作製したモノクローナル抗体 (M10) に反応し，マダイに病原性を示し，RSIV と遺伝的にも差が認められなかったという (Miyata et al., 1997)．一方，GIV は EPC 細胞で CPE を形成する点で RSIV と区別され，またマダイに病原性を示さないことでも区別される (Nakajima and Maeno, 1998)．このように，日本を含めアジア地域で海産魚に感染する RSIV 様のイリドウイルスは少なくとも 2 種類存在すると考えられ，早急に整理される必要がある．

3) 症状・病理

ここでは井上ら (1992) の記載に基づきマダイにおける症状・病理について述べる．

症状：体色黒化もしくは褪色，体表や鰭における出血，眼球の軽度の突出・出血，鰓の褪色 (貧血)，臓器における点状出血および脾臓の肥大が認められる．

病理：もっとも顕著な変化は脾臓に見られ，広範な組織の空疎化，マクロファージの減少，および直径約 20 μm の大型細胞の出現が認められる (図 II-12-2)．細胞質が塩基性色素で均一あるいは粒子状に染まるこの大型細胞は異型肥大細胞と呼ばれ，脾臓以外に心臓，腎臓や鰓などにも認められ，本病の最大の特徴とされる．この異型肥大細胞は白血球系の細胞に由来するのではないかといわれるが，確証はない．心臓では心外膜炎および心内膜炎の状態を呈する．腎臓では，細尿管上皮細胞における細胞質の空胞変性および核濃縮が起き，細尿管の崩壊に発展する．間質リンパ様組織では組織の空疎化と散在的な細胞壊死が起こり，異型肥大細胞が間質リンパ様組織および糸球体内に存在するが，細尿管内には認められない．

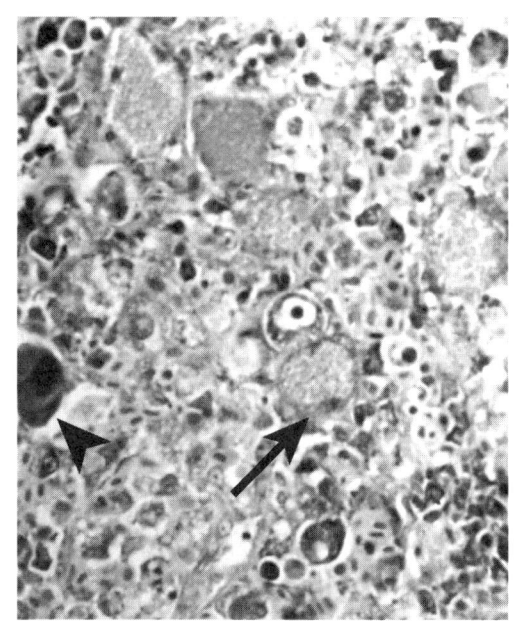

図 II-12-2 罹病マダイ脾臓の組織像：細胞質がヘマトキシリンで均質に濃染 (矢じり形) あるいは顆粒状に染まる (矢印) 異型肥大細胞 (写真提供：井上 潔氏)

鰓では，鰓弁の中心静脈洞の軽度の拡張とうっ血，二次鰓弁の上皮細胞の空胞変性と剥離・崩壊，毛細血管からの出血がみられる．鰓弁の中心静脈洞内皮および中肋の軟骨膜に接する組織間隙に異型肥大細胞が層をなして存在する．肝臓では他の臓器に比べ，病変は少ない．

異型肥大細胞の細胞質中にウイルス粒子が多数認められるが，赤血球中にウイルスは認められない．

4) 疫　学

モノクローナル抗体を用いた脾臓のスタンプ標本における蛍光抗体法により，1995年までに，マダイ，チダイ，クロダイ，スズキ，ブリ，カンパチ，ヒラマサ，シマアジ，マアジ，マルコバン，クロマグロ，イシダイ，イシガキダイ，キジハタ，マハタ，アオハタ，イサキ，メジナ (以上スズキ目)，ヒラメ (カレイ目) およびトラフグ (フグ目) の 20 種の海産魚でマダイイ

第Ⅱ章　ウイルス病

リドウイルス病が発生していることが確認されている（松岡ら，1996）．その後罹病魚種は更に増加し，2000年までには30種以上が確認されている（川上・中島，2002）．季節的には水温25～30℃の夏期に流行し，魚の大きさによる感受性の差はあるが，一応幼魚から成魚まで罹病する．ただし，ウイルスの感染源を考える上で興味深いことに，これまで種苗生産施設における仔魚での発生例は報告されておらず，親魚におけるウイルス保有状況についても検討されたことはないようである．本病は韓国でも，マダイ，イシダイおよびクロソイで多発している（Oh et al., 1999）．

先に触れた米国におけるシロチョウザメのイリドウイルス病（WSIV 感染症）では，感染源は河川中に存在するが，魚の適正な飼育管理により被害を最小限に食い止めることができるといわれている（LaPatra et al., 1994）．マダイの場合でも魚が大きくなると注射攻撃を行っても死亡率はごく低いものに止まるという実験結果も出されており（Nakajima et al., 1997），RSIV感染症の場合も宿主の抵抗力を正常な範囲に維持すれば，被害はさほど大きくはならない可能性がある．

5）診　断

研究が開始された初期の頃は，病魚の脾臓のスタンプ標本をギムザ染色し，異型肥大細胞の存在を確認して推定診断を行っていたが，モノクローナル抗体が作製され（Nakajima and Sorimachi, 1995），その診断への有用性が示されてからは（Nakajima et al., 1995），もっぱらモノクローナル抗体を用いた脾臓スタンプ標本の蛍光抗体法による診断法が普及した．その後ポリクローナル抗体が作製され比較したところ，EHNV，SFIV および GIV と RSIV との間には共通抗原が存在することが明らかにされている．また，マダイ由来 RSIV に対する20種類のモノクローナル抗体と異なる魚種・地域由来の RSIV 株との反応性を調べた結果，反応性にバラツキが認められることも確かめられた（Nakajima et al., 1998b）．一般的にはすべての RSIV 分離株に反応するモノクローナル抗体 M10 が診断に用いられる．しかし，この M10 はウイルスの構造タンパク質を認識しているのではなく，RSIV 感染細胞に特異的に発現するタンパク質を認識しているようで，やはりウイルス構造タンパクを認識するモノクローナル抗体の作製が望まれる．

実験感染魚を用いて攻撃後経時的に脾臓のスタンプ標本を作製して調べたところ，ギムザ染色により青紫色に染まる異型肥大細胞の出現は7日後から認められたのに対し，モノクローナル抗体を用いた蛍光抗体法では5日後に陽性に転じた．このことから，本蛍光抗体法は発病魚の診断には有効なものの，感染初期の病魚を診断することは困難であることがわかった（Nakajima et al., 1995）．本法に代わる感度の高い検出法として，PCR 法（Kurita et al., 1998；Oshima et al., 1998）あるいは定量 PCR 法（Caipang et al., 2003）が考案されているが，培養法との感度の比較や，潜伏感染魚からの検出などについては今後の課題となっている．

6）対　策

感染源が不明であるため感染経路の遮断といった防疫対策は確立していない．先に述べたように東南アジアでは RSIV とは異なるイリドウイルスが流行している可能性もあり，外国種苗の導入には十分注意を払う必要がある．積極的な予防法として，マダイに対するホルマリン不活化ワクチンを用いた注射免疫の有効性が室内実験のみならず（Nakajima et al., 1997），フィールド実験でも確かめられている（Nakajima et al., 1999）．更に，同ワクチンのブリ，カンパチ，クエ，シマアジおよびイシガキダイに対する有効性も室内実験で認められている（Nakajima et al., 2002）．最初に触れたように，

1999年からマダイに対する注射ワクチンが現場で使用されるようになり，その後ブリおよびシマアジでの使用も認められ，近い将来本病による被害が大幅に減少することが期待される．しかしながら，安易に予防免疫のみに頼るのではなく，宿主本来の抵抗力が低下しないような飼育管理がまず基本にあるべきであることはいうまでもない．　　　　　　　　　　（室賀清邦）

13. リンホシスチス病
（Lymphocystis disease：LCD）

1）序

リンホシスチス病（lymphocystis disease：LCD）は，魚類ウイルス病の中では最も古くから知られているもので，19世紀にはプレイスに見られたとの記載がある（Lowe, 1874）．1900年代初頭はその原因は胞子虫類であろうとされ *Lymphocystis johnstonei* なる名前がつけられていた（Woodcock, 1904）．1914年になってリンホシスチス病には伝染性があること，皮膚の腫瘍様物の構成単位はウイルス感染によって肥大した皮膚結合組織細胞（リンホシスチス細胞）であることが明らかになり，以後ウイルス説が定着した（Weissenberg, 1914）．以来，リンホシスチス病は世界的に種々の海産魚と淡水魚に見いだされている．リンホシスチス細胞と，その中に存在するウイルスに関する光学顕微鏡的ならびに電子顕微鏡的研究が多数行われ，Nigrelli and Ruggieri（1965）の総説では96編に上る文献が紹介されている．日本では現在までのところ養殖場のスズキ（宮崎・江草，1972），マダイおよびブリ（松里，1975），ヒラメ（田中ら，1984）等で見いだされている．天然水域から漁獲されたヒラメでも観察されている．頭部，躯幹，尾部，鰭などの皮膚に小水疱様のものが散在的に，あるいは，集団をなして形成される病気で（図Ⅱ-13-1, 口絵参照），罹病魚は致死することはないが不気味な外観となり，商品価値はなくなる．

2）原　因

イリドウイルス科リンホシスチスウイルス（LCDV）属に分類されている．エーテルおよびグリセリンに感受性を示し，大きさは魚種によって異なる．リンホシスチスウイルスの分離に初めて成功したのは Wolf *et al.*（1966）である．分離に先立ち，ブルーギルのリンホシスチス病患部組織のホモジネート濾過物の接種によって病気を再現させることに成功し，ついで接種を受けたブルーギル魚体組織内におけるウイルスの増殖とそれに対応するリンホシスチス細胞の肥大を実験的に証明した．そして Wolf らはオオクチバスおよびブルーギル由来の培養細胞を用いて LCDV の分離に成功し，さらに分離したウイルスをブルーギルに接種してリンホシスチス病を起こさせることにも成功し，リンホシスチス病はウイルスが原因であることが確認された（Wolf and Quimby, 1973）．その後も，リンホシスチス細胞と LCDV に関する多くの知見が集積され，新しい水域，新しい魚種におけるリンホシスチス病が報告されている．本病は従来，主として欧州と南北アメリカの沿岸や内陸の魚について報告されていたが，日本をはじめ，アフリカ，オーストラリアなど

図Ⅱ-13-1　リンホシスチス病に罹患したヒラメ

第Ⅱ章 ウイルス病

からも報告され，全地球上に分布するものと考えられる．Wolfの報告以来，LCDV分離の報告はなかったが，1999年になってヨーロッパヘダイのLCDVがSAF-1細胞で（Rosado et al., 1999），ヒラメのLCDVがヒラメの胚体由来細胞HINAEを用いて相次いで分離された（笠井・吉水，2001）．

ブルーギル由来ウイルスに感染したBF-2細胞の超薄切片にみられるウイルス粒子は20面体で大きさ250 nm，ネガティブ染色によるウイルス粒子の大きさは約300 nmであった．LCDVがDNAウイルスであることはWolfらやLopezらによって報告され，1997年には全塩基配列が明らかになった．なお，LCDVの大きさについては，240～260 nm，200 nm，130～150 nmと種々報告があり，少なくとも33のポリペプチドから構成されている．LCDVの大きさやこれを構成するポリペプチドは宿主となる魚種によって違いが見られる．BF-2細胞とLBF-1細胞で培養されたブルーギルのウイルスおよびHINAE細胞で培養されたヒラメのウイルスともに，特異なCPEを現わす．まず，感染細胞の核，仁および細胞全体の巨大化が起こり，球形化し，徐々に崩壊する．崩壊の始まった細胞には多数のウイルス粒子が観察される（図Ⅱ-13-2）．

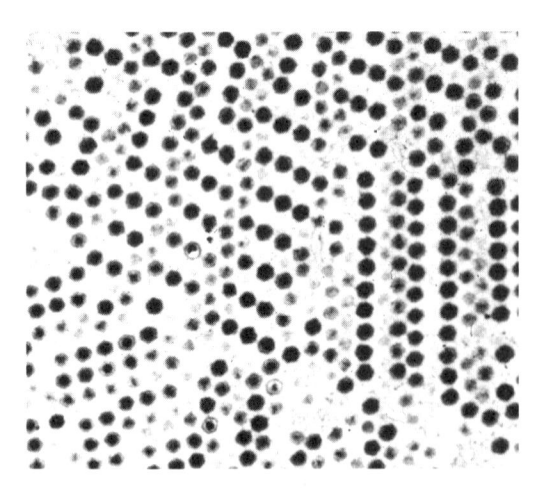

図Ⅱ-13-2 ヒラメのリンホシスチス細胞内に見られるLCDウイルス粒子

3）症状・病理

躯幹，頭部，鰭，さらには眼など体表任意の場所に小さな水疱様または粟粒様異物が散在的に，あるいは集団をなして現れる．この水疱様のものは巨大化した皮膚結合組織細胞で，その大きさは100 μm から500 μm，ときにはそれ以上にもなる．この異常に発育したリンホシスチス細胞は，皮膚のみならず，筋肉，肝臓，卵巣，腸などに生ずることもある．なお，リンホシスチス細胞自体は透明なものであるが，光の乱反射によって銀色にみえる．ブリではリンホシスチス細胞は散在的に出現し，その周囲に黒色色素胞が発達するために黒色状に見えることが多い．マダイでは病患部に体色を残し，他は褪せることがある．ヒラメでは全身に，時に盛り上がって形成され，腫瘍様に見える．リンホシスチス細胞を摘出して検鏡すると厚い弾力性のある膜をもつ球状体であるが，組織切片でみると細胞が相互に押し合って不斉形を呈する．リンホシスチス細胞周辺の組織への影響は認められず，魚の行動や活力にもほとんど影響がみられない．通常，魚群の一部に発生がみられたとき，放置しておいても，数ヶ月内に罹病魚はみられなくなり，これは自然治癒の結果と考えられている．感染耐過魚には特異抗体が形成され（Nishida et al., 1998），細胞性免疫も関係しているものと考えられる．

4）疫学

リンホシスチス病は主として野生魚でみられるものであるが，水族館などで飼育されている魚でも発生する．日本では養殖魚からの報告が多い．同じ水域の野生魚でも発生が見られている．本病は古くから非致死性ウイルス病（non-fatal viral disease）といわれてきたように，魚に致死的障害を与えるものではなく，また魚の活力にも殆ど影響を及ぼさないように考えられてきた．しかし，養殖魚では活力の低下や口部にできた場合には餓死するなど，産業的被害が

見られ，特にヒラメでは死亡率が50％に及ぶ例もあり被害が大きい．

伝染源は病魚そのものであろうと考えられる．ウイルスを水中に加えて魚に接触させることにより感染・発症することが実験的に認められて，水を介する感染が主たる経路と考えられる．また，皮膚などに傷があると感染門戸となりやすく，種々の寄生虫が感染門戸を作ったり，ウイルスの媒介者となる可能性も指摘されている．LCDVが経口感染するかどうかは未解決である．養殖魚では一般に高水温期に発病がみられることが多い．リンホシスチス病は一般に春に始まり，夏にピークとなり，秋には治まる．なお，リンホシスチス病は通常，発病して数ヶ月以内に治癒する．

5）診　　断

病魚の診断は外観症状から容易に診断できる．病理組織学的にも正確に診断し得るが，実用的見地からは手数を要する．確定診断のためにはウイルスの分離・同定を行う必要がある．日本で分離できるのはヒラメのリンホシスチス病ウイルスのみである．HINAE 細胞を用いた分離・培養を行い，CPEを確認後，抗血清を用いた中和試験を行う．より迅速・確実かつ簡便に本病を診断するための迅速診断法として，特異抗血清を用いた種々の血清学的診断法や，ウイルス遺伝子を検出する方法が開発されている．血清学的手法としては蛍光抗体法が報告されている．一方，LCDV 遺伝子の塩基配列が決定され，このうち外被タンパク質をコードする遺伝子を基にPCR用プライマーが設計され，遺伝子増幅を行うPCR法が診断に用いられている (Iwamoto et al., 2002)．

6）対　　策

ヒラメのLCDに関しては，その予防法の一環としてワクチン開発の研究が進み，不活化ワクチン，弱毒生ワクチンが報告されている

(Iwamoto et al., 2002)．生ワクチンに用いられたLCDVは病原性のない変異株であるが，抗原性が保持されていて，注射法で免疫されたヒラメは感染防御能を示し，その効果は不活化ウイルスより強かった．本弱毒ウイルスはSDS電気泳動像で野生株と区別できる．

（吉水　守）

14．シマアジのウイルス性神経壊死症
（Viral nervous necrosis：VNN）

1）序

シマアジはアジ科魚類の中でも最も商品価値の高い魚であり，栽培漁業および養殖業の対象種として重要視されている．本種の種苗生産は1970年代の初めから試みられ，日本栽培漁業協会（以下，日栽協：現水産総合研究センター栽培漁業センター）では1982年から種苗の量産試験に取り組み，1988年には83万尾の稚魚を生産するに至った．しかしその翌年，種苗生産の初期に病気が発生するようになり，更に1990年には全ての飼育例において同じ病気が発生し，シマアジの種苗生産は壊滅状態に陥った．病魚の病理組織学的検討，電子顕微鏡観察，および感染実験などの結果から，本病はYoshikoshi and Inoue（1990）がイシダイで報告したウイルス性神経壊死症（viral nervous necrosis：VNN）と同じ病気であることが判明した．その後，シマアジにおける原因ウイルス（striped jack nervous necrosis virus：SJNNV）の伝播経路の解明，遺伝子解析，およびウイルス検出のためのポリメラーゼ連鎖反応（PCR）の開発といった研究成果が得られ，それらに基づきウイルス保有親魚の除去による垂直伝播の防止策を確立し，受精卵の消毒などと相俟って日栽協の事業場では1996年以降はほとんど本病の発生をみていない（室賀，1998）．

日本ではその後，キジハタ（Mori et al., 1991），クエ（中井ら，1994），ヒラメ（Nguyen et al.,

第Ⅱ章　ウイルス病

1994)，コチ（宋ら，1997）あるいはスズキ（鄭ら，1996）などで本病の発生が報告されている．また，ほぼ時を同じくしてアジアおよびヨーロッパ各地で本病と同じ病気が各種海産魚の仔稚魚に発生している．すなわち，オーストラリアおよび東南アジアのバラマンディー，フランスやギリシャのヨーロッパスズキ，ノルウェーのターボットおよびハリバット，東南アジアのハタ類などにおける発生例が報告されている（Munday and Nakai, 1997; Munday et al., 2002）．諸外国では本病は脳脊髄炎（encephalomyelitis）あるいは脳・網膜症（encephalopathy and retinopathy）とも呼ばれている．

これまでにVNNに罹ったことのある魚種は5目11科にわたる25種に及び（表Ⅱ-14-1），ハタ科の魚がやや多いように思われるが，全体的には特定の目あるいは科の魚が罹りやすいといった傾向はみられない．ほとんどの魚種において仔稚魚のみが発病しているが，東南アジアのハタ類および日本のマハタ（Fukuda et al., 1996; Tanaka et al., 1998），さらにはヨーロッパスズキでは若魚期あるいは未成魚期と思われるかなり大きな個体が罹病し，高水温などの環境条件が副次的に作用し大量死が発生している．なお，実験的にはマダイ，ブリ，およびヒラマサの仔魚はSJNNVに対し感受性を示さなかった（Arimoto et al., 1993）．しかし，病的症状を示さないマダイやヨーロッパヘダイからノダウイルスが検出され，それらが感染源となっている可能性が指摘されている（Dalla Valle et al., 2000; Castric et al., 2001）．

2）原　　因

本病の原因ウイルスについては当初，その大きさが30 nm前後で，核酸がRNAであることからピコルナウイルス科に入るのではないかと考えられた．しかし，SJNNVは大きさ約25 nmの正20面体でエンベロープをもたず，核酸は3'末端にポリA構造をもたないプラスセンスの2分節1本鎖RNAからなることから，ノダウイルス科に分類された（Mori et al., 1992）．それまでノダウイルス科には昆虫由来のウイルスのみが含まれていたが，この発見により第6版以降のVirus Taxonomyではノダウイルス科に魚類病原ウイルス（SJNNV）が含まれるようになった．

本ウイルスの遺伝子はRNA1（$1.01×10^6$ Da）およびRNA2（$0.49×10^6$ Da）からなり，前者は110 kDaのRNAポリメラーゼを，後者は42および40 kDaの構造タンパク質をコードしている（Mori et al., 1992）．外被タンパク質遺伝子の塩基配列を基に，他のVNN原因ウイルスおよび昆虫由来のノダウイルスと比較した結果，VNN原因ウイルスは保存領域（図Ⅱ-14-1）における類似度が相互に高く同一グループを形

表Ⅱ-14-1　ウイルス性神経壊死症罹病魚種

目	科	種
タラ目	タラ科	マダラ（Gadus macrocephalus）
カサゴ目	コチ科	コチ（Platycephalus indicus）
スズキ目	アカメ科	バラマンディー（Lates calcarifer）*
	スズキ科	シーバス（Dicentrarchus labrax）*
		スズキ（Lateolabrax japonicus）
	ハタ科	サラサハタ（Cromileptes altivelis）*
		キジハタ（Epinephelus akaara）
		アオハタ（E. awoara）*
		アカマダラハタ（E. fuscogutatus）*
		ヤイトハタ（E. malabaricus）*
		クエ（E. moara）
		マハタ（E. septemfasciatus）
		ヒトミハタ（E. tauvina）*
	アジ科	シマアジ（Pseudocaranx dentex）
		カンパチ（Seriola dumerili）
	ニベ科	ホワイトシーバス（Atractoscion nobilis）*
		サイドラム（Umbrina cirrosa）*
	イシダイ科	イシダイ（Oplegnathus fasciatus）
		イシガキダイ（O. punctatus）
カレイ目	カレイ科	マツカワ（Verasper moseri）
		マガレイ（Limanda herzensteini）*
		ハリバット（Hipoglossus hippoglossus）*
	ヒラメ科	ヒラメ（Paralichthys olivaceus）
		ターボット（Scophthalmus maximus）*
フグ目	フグ科	トラフグ（Takifugu rubripes）

*：外国報告種

14. シマアジのウイルス性神経壊死症

成するが，昆虫ウイルスとは類似度が低く別のグループ（属）に分類されることが明らかになった（Nishizawa et al., 1995a）。更に，外国由来株を含む 25 株の VNN 原因ウイルスの変異領域について比較した結果，トラフグ株，シマアジ株，マツカワ株，およびキジハタ株の 4 グループに細分されることが判った（Nishizawa et al., 1997）。

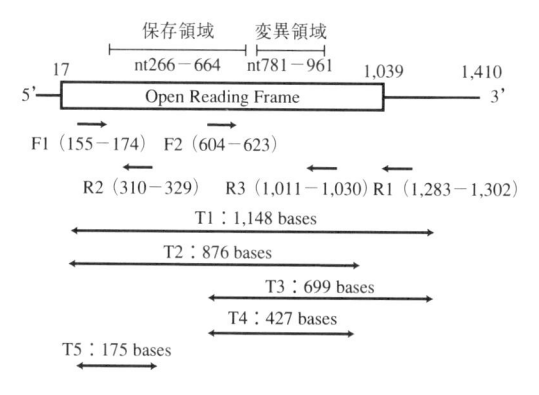

図Ⅱ-14-1 SJNNV RNA2 の塩基配列の概略図（T1～T5：PCR 標的領域，F1，F2，R1～R3：PCR プライマー）

SJNNV の RNA2 の塩基配列を基に，本ウイルス検出のための PCR 用プライマーが設計された（Nishizawa et al., 1994）。図Ⅱ-14-1 に示した 5 つ（T1～T5）の領域を増幅するプライマーを用いて調べたところ，T2 および T4 領域は上記の 4 グループのウイルスから共通して増幅され，T4 領域（427 bp）をターゲットとするプライマーが本ウイルスの検出に適していると判断された。本プライマーに対し，国内のいろいろな魚種由来のウイルス株が反応するだけでなく，フランスのシーバス病魚由来株からも同じ大きさの増幅産物が得られている。最近，遺伝子組換えウイルス（reassortant）を用いた実験により，RNA2 もしくはそれがコードしている外被タンパク質が宿主特異性を決定していることが示されている（Iwamoto et al., 2004）。

VNN あるいはウイルス性脳・網膜症の原因ウイルスは，RTG-2 や FHM などの既存の魚類由来細胞では分離培養できないが，Frerichs et al.（1996）はストライプト・スネークヘッド由来の SSN-1 細胞を用いてヨーロッパにおけるシーバス病魚から原因ウイルスを分離することに成功した。最近は日本でもこの SSN-1 細胞を用いて，いろいろな魚種からの本病原因ウイルスの分離がなされている（Iwamoto et al., 1999, 2000）。なお，シンガポールの Chew-Lim et al.（1998）もバラマンディー由来の SB 細胞を用いてハタ類病魚から VNN 原因ウイルスを分離している。なお，SSN-1 および SB のいずれの細胞にも他のウイルスが持続感染しているが，これが SJNNV を分離し得ることと関係しているか否かはわからない。

病魚より精製した SJNNV に対するポリクローナル抗体が作製され（Nguyen et al., 1996），診断のための蛍光抗体法（中井ら，1994；Nguyen et al., 1994），親魚や仔魚からの

表Ⅱ-14-2 シマアジ神経壊死症ウイルス（SJNNV）の化学的・物理的不活化条件

化学物質等	濃度	処理時間（分）
次亜塩素酸ナトリウム	50 μg/ml	10
次亜塩素酸カルシウム	50 μg/ml	10
塩化ベンザルコニウム	50 μg/ml	10
ヨウ素	50 μg/ml	10
クレゾール	1000 μg/ml	10
熱	60℃	10
pH	12	10
紫外線	410 μw/cm^2	4
オゾン	0.1（残留オキシダント）μg/ml	2.5

Arimoto et al.（1996）を一部改変．処理時の温度は 20℃．

第Ⅱ章　ウイルス病

ELISAによるウイルスの検出（Arimoto et al., 1992），あるいは親魚血液からの抗体の検出（Mushiake et al., 1992）に利用されている．SJNNVと他魚種由来のVNN原因ウイルスとの間に共通抗原が存在し，抗SJNNV血清がバラマンディーにおけるウイルス性脳・網膜症の診断にも使用し得ることや（Munday et al., 1994），ハタ類から分離されたウイルスの中和反応に使用可能であったことが報告されている（Chew-Lim et al., 1998）．ポリクローナル抗体を用いた解析により，魚類ノダウイルスは3つの血清型に分けられることが報告されている（Mori et al., 2003）．また，SJNNVに対するモノクローナル抗体（MAb）も作製されており，そのうちのいくつかのMAbはSJNNVに対する感染中和能を示したが他の魚種由来のVNNウイルスとは反応しなかったことが報告されている（Nishizawa et al., 1995b）．

SJNNVを不活化する化学的，物理的条件については，シマアジ仔魚を用いた感染実験によるバイオアッセイにより調べられている（Arimoto et al., 1996）．表Ⅱ-14-2にその結果を要約したが，SJNNVは50μg/ml濃度の次亜塩素酸ナトリウムなどの消毒剤，あるいは60℃およびpH12といった条件で10分間処理すると不活化される．また，紫外線やオゾンによっても同表に示したような濃度で感染力が失われる．

3）症状・病理

孵化後2～10日までのシマアジ病魚では摂餌不良や不活発な遊泳がみられ水面に浮上して死亡する．11日齢以上になるとそれらに加え鰾上部の脊索の湾曲がみられる場合もある（有元ら，1994）．

本病は前述の如く日本ではイシダイにおいて最初に報告され，罹病魚の脊髄，脊髄神経節および脳（特に延髄）の神経組織に顕著な空胞変性が観察されているが，その他の組織では病変は認められていない（Yoshikoshi and Inoue, 1990）．シマアジにおいても基本的には同様の病変が認められ（Nguyen et al., 1996），まず

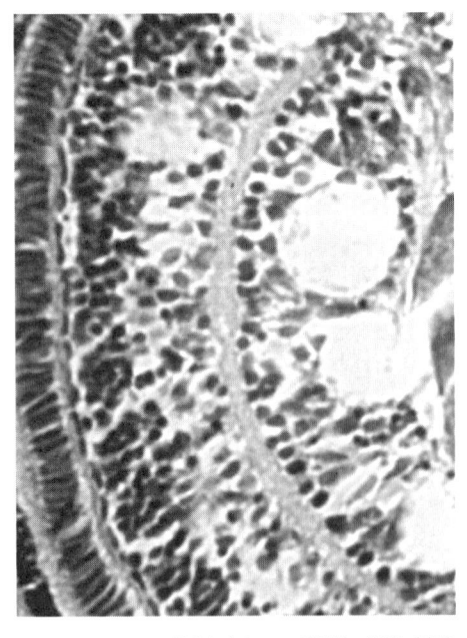

図Ⅱ-14-2　VNNに罹病したシマアジ仔魚の網膜（空胞変性）

図Ⅱ-14-3　シマアジ神経細胞中のSJNNV

最初に鰓近くの脊髄の神経組織に壊死および空胞変性が認められ，次いで脳および網膜に病変が認められるようになる（図Ⅱ-14-2）．そしてそれらの病変部における原因ウイルスの増殖が電顕観察および蛍光抗体法により確認されている（図Ⅱ-14-3）．

4）疫　　学

本病はシマアジにおいてはもっぱら仔魚期に発生する．1988年から1992年にかけて日栽協の事業場では計117回の飼育例中77回にVNNが発生したが，そのうちの69回（90%）は10日齢までの仔魚に発生し，残る8回は11〜20日齢の仔魚に発生している（有元ら，1994）．その後まれに稚魚期に発病したこともあるが，シマアジにおいては本病はもっぱら前期仔魚期に発生すると考えて差し支えない．

日栽協においてシマアジの種苗生産は12月から6月にかけて行われ，シーズン当初の12月および1月には比較的VNNの発生率は低いが，2月以降のシーズン後半になるにつれて発生率は高くなる．この間，水温は20〜26℃に保たれ，この水温範囲内では水温と発生率の間に特に関係は認められない．同一親魚群では産卵回数が増すにつれそれらから生まれる仔魚における本病の発生率が高くなる傾向がある．

一般にウイルス病の伝播様式には垂直伝播と水平伝播があるが，本病においてもその両方が関与している．産卵直前の親魚の卵巣試料からELISAによりウイルス抗原が検出され（Arimoto et al., 1992），親魚の血中から抗SJNNV抗体が検出される（Mushiake et al., 1992）．更に親魚の卵巣および精巣試料からのPCRによるウイルスの検出結果とそれらから得られた仔魚におけるウイルス感染との間に相関性が認められることから，ウイルスが親魚から受精卵を経て仔魚に垂直伝播することが確認された（Mushiake et al., 1994）．PCR陽性および陰性と判定された親魚について蛍光抗体法およびPCR法を用いて各組織におけるSJNNVの存在を調べたところ，PCR陽性魚の生殖腺，腸管，胃，腎臓，および肝臓にウイルスが存在することが確認され，腸管および生殖腺に存在するウイルスが垂直感染の感染源になるものと判断された（Nguyen et al., 1997）．

なお，SJNNVはシマアジ受精卵の表面に付着しているだけなのか，それとも卵の中に侵入しているのかは不明であるが，ノルウェーのハリバット卵ではオゾン処理海水による消毒の有効性が確認され，ノダウイルスは卵表面を汚染しているにすぎないと考えられている（Grotmol and Totland, 2000）．飼育している仔魚の一部にひとたび本病が発生すると瞬く間に同一水槽中の仔魚に伝染するが，これは水平伝播によるものと考えられる．

5）診　　断

シマアジでは前期仔魚期に死亡する例が多いため異常遊泳はあまり顕著ではないが，イシダイやハタ類およびシーバスなどでは罹病魚は旋回運動などの異常遊泳を示すことが観察されている．また，日本のマハタの未成魚では転覆病と呼ばれる如く，腹部を上にして浮遊するような状態を呈する（Fukuda et al., 1996; Tanaka et al., 1998）．しかし，これらの異常行動にのみ基づいて診断するのは危険であり，現在一般的にはPCR法によるウイルス検出が診断法として用いられている．しかし，本方法は本来微量のウイルスを検出するための方法であり，PCR陽性であったからといって死亡原因がVNNであるとは限らず，やはり中枢神経組織における空胞変性を観察するか蛍光抗体法あるいは電顕観察によりウイルスの増殖を確認することが望ましい．同じ遺伝子検出にしても，PCRより in situ hybridization（Comps et al., 1996）の方が診断法としては適している．表Ⅱ-14-3に本病の診断法を纏めたが，PCR法のように病魚の診断法というより親魚などのウイ

ルス保有魚からのウイルスの検出を目的とした方法も含まれているので，その場の状況に応じて適切な方法を選択すべきであろう．最近，SSN-1 細胞を用いた分離培養法と RT-PCR を組み合わせた比較的迅速で感度の高い検出法が提案されている（Iwamoto et al., 2001）．

表Ⅱ-14-3 ウイルス性神経壊死症に対する診断法

方　　法	文　　献
病理組織学	Yoshikoshi and Inoue（1990）
蛍光抗体法	Nguyen et al.（1996）
酵素抗体法（免疫組織化学）	OIE（2003）
ELISA	Arimoto et al.（1992）
電子顕微鏡観察	Mori et al.（1992）
PCR	Nishizawa et al.（1994）
In situ ハイブリダイゼーション	Comps et al.（1996）

6）対　　策

SJNNV の伝播には垂直伝播と水平伝播の両方が関与し，それぞれに対する対策が必要となる．垂直伝播の防止策として，産卵親魚の健康管理（虫明ら，1993），ウイルス感染歴のない親魚選別のための抗体検査（虫明ら，1993；Watanabe et al., 1998），ウイルス保有魚発見のための PCR 検査（Mushiake et al., 1994），および受精卵の洗浄・消毒があげられている（Mori et al., 1998）．シマアジの産卵誘発手段としてホルモン注射および加温が知られているが，これらの処理が親魚にストレスとして働き，ひいてはウイルス保有魚におけるウイルスの増殖をもたらすことが確かめられている．シマアジは一シーズン中に一産卵群（通常 10 尾程度）として 30 回も産卵し得るが，15 回を過ぎるとウイルス陽性に転じる親魚が出てくる傾向が認められる．したがって一シーズンにおける産卵回数を 10 回程度に止めることが一つの予防対策となる（虫明・有元，2000）．

シマアジの親魚選別には PCR が有効であるが，他の魚種においては PCR 法により生殖巣からあまり効率よくウイルス遺伝子が検出されず，方法上に問題があるのか，それともそれらの魚種においては垂直感染がさほど重要ではないのか，現在のところ不明である．

受精卵の消毒に関しては未だ有効性をきちんと実証したフィールド実験結果は報告されていないが，現場では残留オキシダント濃度 0.5 μg/ml，30 秒，2 回の卵消毒が有効とされている（Mori et al., 1998）．

一方，水平伝播の防止策としては，仔魚飼育用水の滅菌，飼育水槽間の器具の共用の禁止，飼育水槽間のエアレーションなどによる飛沫感染の防止，低密度飼育による仔魚へのストレスの軽減があげられている．バラマンディー仔魚でも低密度飼育（10 尾以下 / l）による VNN の発生率の低下が認められている（Anderson et al., 1993）．

これらを総合的に実施することにより本病の発生を防止し得ることが報告され（Mori et al., 1998；虫明・有元，2000），日栽協においてはここ数年間シマアジの VNN の発生をほとんど見ていない．同様の総合的対策はマツカワ（Watanabe et al., 1998）においても，あるいはオーストラリアのバラマンディー（Glazebrook and Heasman, 1992）においても確立されている．

シマアジにおいては本病は抗体産生能力がない仔魚期にもっぱら発生するから，予防免疫はほとんど期待できないが，ハタ類やシーバスのように稚魚期を過ぎても発病するような魚種においては予防免疫の効果が期待され，事実，大腸菌で発現させたウイルス外被タンパク質をマハタ幼魚に注射することにより防御能を賦与し得ることが確かめられている（Tanaka et al., 2001; Yuasa et al., 2002）．　　　（室賀清邦）

15. ヒラメのラブドウイルス病
（Hirame rhabdoviral disease）

1）序

本病はヒラメのラブドウイルス感染症として

15. ヒラメのラブドウイルス病

最初に報告されたが，その後原因ウイルスは海産魚のクロダイ，メバルからも分離され，感染実験では数種の海産魚をはじめサケ科魚類の一部にも病原性を示すことが明らかとなっている．1984年3月兵庫県下の海面小割生簀で飼育中のヒラメに，翌年3月には兵庫県水産試験場，北海道および香川県下の陸上海水飼育ヒラメに，いずれも体表や鰭の充出血，腹部膨満，生殖腺のうっ血，筋肉内出血などを主徴とする病気が発生し，病魚の各臓器からRTG-2細胞にIHNVと類似のCPEを発現するウイルスが分離された．同様のウイルスは1984年兵庫県水産試験場のアユの病稚魚からも分離されたのをはじめ，1986年には三重県および岡山県下の養殖ヒラメ稚魚，香川県下のクロダイさらに韓国から輸入されたメバルからも分離された(Kimura et al., 1986)．

2) 原　　因

原因ウイルスはラブドウイルス科(rhabdoviridae)に属するウイルスで，最初にヒラメから分離されたことにちなみ *Rhabdovirus olivaceus* と命名された．一般にはヒラメラブドウイルスHIRRVと称されている．本ウイルスはRTG-2細胞で細胞の球形化を特徴とするCPEを形成し，IUdRによる増殖阻害は認められず，エーテル，酸(pH3)に感受性を示し，電子顕微鏡による観察では80×160〜180 nmの砲弾型を呈している(図Ⅱ-15-1)．血清学的には株間で均一であり，他の魚類病原ラブドウイルスIHNV，VHSV，SVCV，PFRV，EVA，EVXなどとは明らかに区別できる．精製ウイルスのSDS-PAGEによる構造タンパクの比較でも6本のポリペプチドを有しているがIHNVやVHSVとは泳動像が異なり，区別できる(Nishizawa et al., 1991)．HIRRVの全塩基配列は11034 bpである．HIRRVは海水中で淡水中よりも安定である．増殖適温は15〜20℃，上限は20℃，下限は5℃である．熱に極めて不安定で50℃2分間の加熱により失活するが，-20℃以下の凍結保存では安定である．FHM，EPC，RTG-2細胞の感受性が高く，BF-2，HF-1，BB，CCO，EK-1，YNK，SE細胞も比較的高い感受性を示すが，サケ科魚類由来細胞であるCHSE-214，CHH-1，KO-6はCPEを示さない．FHMなどの培養細胞を用いて15℃で培養すると2日目頃より細胞全体に球形化を伴うCPEが現れ始める．最高増殖量はFHMおよびEPC細胞で

図Ⅱ-15-1　RTG-2細胞間隙に見られるHIRRV粒子

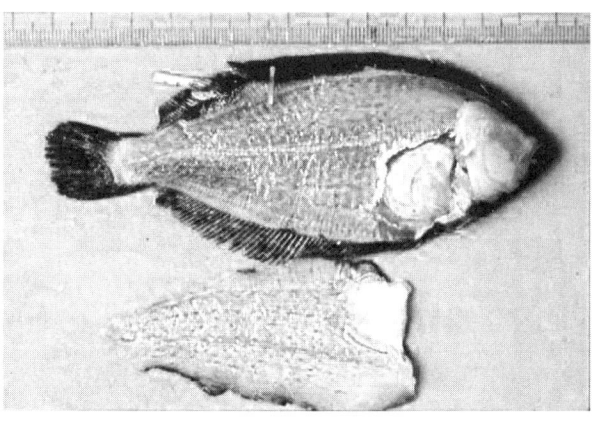

図Ⅱ-15-2　HIRRV人工感染ヒラメに見られた筋肉内出血像

$10^{9.3～9.8}$ TCID$_{50}$/ml である (Kimura et al., 1986).

3) 症状・病理

体表や鰭の充出血, 腹部膨満, 生殖腺のうっ血, 筋肉内出血を主徴とし, 発症水温は 2～18℃, 罹病魚の体重は100～700 g, 累積死亡率は数%から高い場合 90%を越える. 水温が 15℃まで上昇すると自然終息する傾向がみられている. 感染試験では, ヒラメのほかマダイ, クロダイ, ブリ稚魚にも強い病原性を示し, さらにニジマスにも病原性を示した. 実験的発症魚でも自然発症魚と同様生殖腺の充出血, 筋肉内出血等が観察され (図II-15-2, 口絵参照), ニジマスでは筋肉内出血が顕著である. ヒラメを用いた試験では飼育水温が10℃のときに死亡率が最も高く, 20℃では全く死亡魚は認められなかった (五利江・中本, 1986; 大迫ら, 1988b).

病理学的には, 腎臓の間質, 特に造血組織に核濃縮を伴う顕著な壊死が観察され (図II-15-3), 脾臓でも実質細胞の壊死が広範囲に観察される. 生殖腺では間質内と輸精管・輸卵管を取り巻く結合組織に激しい出血が認められ, 腸管にも粘膜固有層に出血が観察され細胞変性を引き起こしている. 筋肉内には筋繊維間の毛細血管にうっ血や出血が観察される (大迫ら, 1988a).

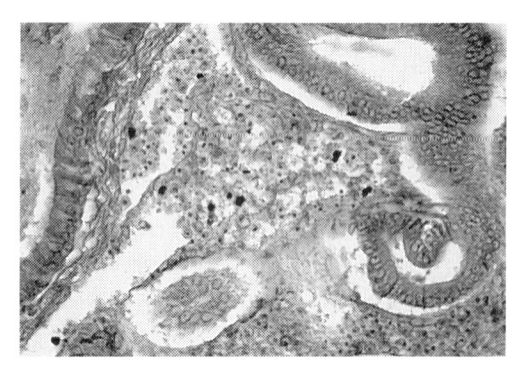

図II-15-3 HIRRV感染ヒラメの腎臓造血組織における壊死像

4) 疫　　学

HIRRVは1984年に兵庫県下で初めて分離されたが, 調査が進むにつれてその分布域が広まり, 現在までに北海道, 三重, 香川, 岡山県で本病の発生が報告されている. 北海道での発生例は種苗とともに持ち込まれたものと考えられているが詳細は明らかでない. 本病はヒラメ種苗のみでなく種苗生産時の稚魚にも発生が見られ, クロダイや韓国から輸入されたメバル稚魚の病魚からも分離されている. 韓国でも1998年にヒラメから本ウイルスが分離されている. マダイ, クロダイに対する病原性については前項で紹介した. 本病は水温が 15℃を越えると終息し, 実験感染でも15℃を越えると発病が見られなくなることから, 18℃以上での飼育が進められ, 1988年以降本病の発生は報告されていない (大迫ら, 1988b).

5) 診　　断

症状・病理の項で述べた症状は他の細菌感染症においても時に観察されることから, 病魚の診断に際しては, ウイルス分離および特異抗血清を用いた中和試験を行う必要がある. 感染細胞を用いた蛍光抗体法や酵素抗体法の利用も可能である. 親魚については個体別に採卵し, 卵の遠心上澄み液あるいは洗浄液を用いることにより個体別のウイルス検査が可能である. RT-PCR も開発され, 利用可能である.

6) 対　　策

ヒラメのラブドウイルス病は, 現在のところ薬剤による治療は不可能である. しかしHIRRVはポビドンヨード (有効ヨード 25 ppm, 15分間の処理) により不活化され, 紫外線に高い感受性を有している ($2.0～4.0×10^3 \mu$ W・sec/cm^2). 海産養殖魚類の受精卵はサケ・マス類に比べヨード剤に対する抵抗力は弱いと考えられるが, 卵に対するヨード剤の影響が問題でなければ, サケ・マス類における IHNV 対策同様卵を消毒後, 紫外線処理した孵化飼育用水を用いて飼育することによりHIRRV 感染症の発生

を防止できると考えられる．また VHS の項で述べたように飼育水温を 18℃以上に保つ加温対策も有効と考えられる．

ワクチンに関しては，養成魚では注射法による不活化ワクチンが有望であるが，現在，IHN 同様，組換え G タンパク質を用いたワクチンが検討され有効との報告がある（Eou et al., 2001）．　　　　　　　　　　（吉水　守）

16．流行性造血器壊死症（Epizootic hematopoietic necrosis：EHN）

1）序

本病は現在まで，オーストラリアで発生が確認されているのみであるが，OIE のコードやマニュアルでは，VHS や SVC などとともに届け出を要する危険な疾病の一つにあげられている（OIE, 2003）．

1984 年，オーストラリア・ビクトリア州の Nillahcootie 湖で野生のレッドフィンパーチに大量死が発生し，瀕死魚から RTG-2 細胞に CPE を示すウイルスが分離された．本疾病は，その病理像から，epizootic hematopoietic necrosis（EHN）なる病名が付けられた（Langdon et al., 1986; Langdon and Humphrey, 1987）．この急性疾病は腎臓造血組織，肝臓，脾臓，および膵臓（不定）における壊死によって特徴付けられ，初夏に好発し，幼魚では特に死亡率が高く，高齢の魚では散発的な発生を見る．河川，ダム，湖沼など，人工飼育環境下にないレッドフィンパーチに繰り返し大量死をもたらす点で，魚類資源への悪影響が危惧されている．病原体はイリドウイルスで，レッドフィンパーチ，ニジマス，タイセイヨウサケ，カダヤシなどのオーストラリアにおける外来魚のほか，mountain galaxias（Galaxias olidus），macquarie perch（Macquaria australasia），golden perch（M. ambigua），silver perch（Bidyanus bidyanus），Murray cod（Maccullochella peelii）

などの原産種も高い感受性を示す．これら原産種のうち，G. olidus, M. australasia, B. bidyanus および M. peelii は最近特に資源量が減少しており，それら魚種における自然発病例は報告されていないものの，その資源量減少に本疾病の関与が疑われている（Langdon, 1989）．

1986 年以降，養殖ニジマスにおける本症の発生が報告されている（Langdon et al., 1988; Whittington et al., 1994）．ニジマスの例では，特異的な症状が顕著でなく，累積死亡率も流行期全体の合計で 3～4% と低く"日常的な死亡（routine mortality）"と区別できない程度であるという．

現在まで，本病の自然的発生はレッドフィンパーチと養殖ニジマスでのみ確認されている．EHN に関しては，Fijan（1999）の総説がある．

2）原　　因

病原体は EHN ウイルス（EHNV）で，イリドウイルス科，Ranavirus 属に分類（仮）されている（Eaton et al., 1991; Williams et al., 2000）．ウイルス粒子は感染細胞の細胞質で構築され，直径 148～167 nm の正 20 面体構造である．ウイルス DNA のサイズは 101 kb とされ，CpG 配列が高度にメチル化されている点，遺伝子配列，ならびにビリオンの形態において Frog virus 3（Ranavirus 属の代表ウイルス）によく似ている（Eaton et al., 1991; Hyatt et al., 2000; Yu et al., 1999）．ウイルスを接種した細胞では 26 種類の，精製ウイルスでは約 20 種（18～128 KDa）のウイルスタンパク質が検出され，それらのうち，32, 52 および 88 Kda タンパク質は主要なタンパク質である．病魚より分離したウイルスをレッドフィンパーチに腹腔内接種したところ，病徴の再現と死亡が確認され，それら死亡魚からウイルスが再分離されたことから本ウイルスが病原体として確定した．本ウイルスは RTG-2 細胞で分離でき，初回分離では接種後 15℃で培養すると 10 日で CPE が

発現したという．CPE は細胞が巣状に球形化することに始まり，進行すると，プラック様になる．感染細胞をヘマトキシリン－エオシン染色すると，球形で好塩基性の封入体が観察される．本ウイルスを魚類由来細胞に接種した場合，8種類の細胞で CPE が観察され，BF-2，BB，RTG-2，FHM ではウイルスの増殖が確認できた．感受性は FHM が最も高く，ついで RTG-2，BF-2 および BB の順であったと報告されている（Langdon et al., 1986）．ただし，後の報告では BF-2 細胞に接種すると高い感染価のウイルスが得られ，ウイルス粒子の精製材料としても使われている（Eaton et al., 1991）．また，RTG-2 細胞で数十回継代したウイルスのレッドフィンパーチに対する病原性は低下しなかったという（Langdon, 1989）．

ニジマス病魚より分離されたウイルスもレッドフィンパーチに自然発病魚と同じ病徴・病理をもたらし，部分的に比較した DNA 塩基配列も完全に一致したことから，レッドフィンパーチのウイルスとニジマスから分離されたウイルスは同じ EHNV であると考えられている（Langdon et al., 1988; Langdon, 1989; Yu et al., 1999）．また，オーストラリアのカエル（Limnodynastes ornatus）のイリドウイルス（Bohle iridovirus）はバラマンディーに対して致死的病原性を示すとされるが（Moody and Owens, 1994），EHNV とは分布域，粒子の大きさ，構造タンパク，抗原性，遺伝子配列などの特徴が異なり，さらにバラマンディーはEHNV に対して耐性である点でも異なる（Hyatt et al., 2000; Yu et al., 1999; Mao et al., 1997）．日本ではイリドウイルスとしてはマダイイリドウイルス（RSIV）が有名であるが，EHNV とは抗原性や病原性の点で異なることが報告されている（Nakajima et al., 1998）．

3）症状・病理

レッドフィンパーチ病魚は運動失調を呈し，水表面付近を緩慢，無規律に遊泳し，時には旋回遊泳も見られる．罹患した幼魚が群で池底や水中物に逆立ちするような行動も見られるという．また，鼻腔周辺における発赤，幼魚では体側筋中に巣状あるいは全体にわたって浮腫に起因する蒼白な部分が顕著に認められる．鰭基部付近には点状出血が見られ，特に尻鰭基部に顕著である．成魚の肝臓では 1～3 mm の多数の白斑（pale foci）が観察されるが，幼魚では肝臓全体の褪色があり白斑は見つけにくい．また，幼魚の脾臓は肥大・褪色し，ゼラチン様を呈する（Langdon and Humphrey, 1987）．

病理組織を見ると，最も顕著で一貫性のある病理変化は，腎臓の造血組織と肝臓における巣状あるいは広範な壊死であり，さらに脾臓と膵臓でも種々の程度の壊死が認められる．腎臓の造血細胞は球形化し過染性を呈し，核濃縮も認められる．肝臓には動脈あるいは静脈を中心として不連続の壊死病巣が見られ，進行した患部では血管内壁の崩壊が観察される．また，患部の中心部分は過染性を示し，特に初期段階の患部では，濃縮，あるいは核質の偏縁化（核膜過染）を伴った肥大核を有する過染性の細胞によって縁どられ，細胞質に好塩基性で粗面球形の封入体が観察されることもある．より進行した症例では，壊死病巣が肝全体に観察されるが，過染性の領域は顕著でない．また，そのような患部から排出された細胞破片が全身の血管内腔に観察されるという．脾臓では赤脾髄，白脾髄の構造が乱れ，巣状あるいは全体的な壊死が見られる．膵臓においても時に壊死が見られるが一貫性はない．さらに，多くの症例で脳脊髄膜血管に血栓が生じ，特に成魚では出血も生じる．これらの血管における変化が脳周辺や鼻腔周辺の発赤に関与すると考えられている（Langdon and Humphrey, 1987）．

一方，ニジマスにおいては 0＋魚群において

16. 流行性造血器壊死症

のみ発症が認められ，死亡率は正常群を僅かに上回る程度（0.03～0.2%／日）で，日常的な死亡率と大差ないとされる．病魚では摂餌不良，腹部膨満，眼球突出，平衡失調，皮膚および鰭の褪色斑が一貫した病徴として報告され（Langdon et al., 1987; Whittington et al., 1994），腎臓，肝臓，脳，および皮膚潰瘍部からウイルスが分離される．ニジマスにおいても腎臓造血組織および脾臓において巣状あるいは広範な壊死が，また肝臓で巣状壊死，消化管では上皮細胞の広範な壊死が認められ，腎臓，脾臓，特に肝臓で好塩基性細胞質封入体が認められるが（Whittington et al,. 1994），ニジマスにおけるこれらの病変は顕著でないとされる（Langdon et al., 1988）．

4）疫　　学

レッドフィンパーチは1861年に英国からタスマニアに移入された外来魚で，その後，遊漁などの目的で豪州の広い範囲に放流された．欧州やタスマニアでは現在もEHNの発生例がないことなどから，本病は新しいウイルス病と考えられるが，その起源は未解明である．前述の通り，EHNは現在までオーストラリアのみで発生が認められ，ビクトリア州とニュー・サウス・ウェールズ州に広く分布し，レッドフィンパーチや蚊の駆除を期待したカダヤシの放流に伴って発生域を広げたと推定されている．1984年から1987年にかけての流行では，農業用ダム，河川，釣り堀などで発生があり，レッドフィンパーチに大きな被害が生じた．Eildon湖の幼魚における発生例では湖岸線100mあた

表II-16-1　オーストラリア原産あるいは外来硬骨魚類14種に対するEHNVの実験的病原性

魚種	感染法	魚齢	発症率	死亡率	生残魚の病原体保持率
レッドフィンパーチ	同居	35日	40/40	40/40	―
	浸漬	35日	20/20	20/20	―
	浸漬	1+年	0/6	0/6	0/6
	IP	1+年	4/6	4/6	0/2
	自然流行	全て	>90%	>90%	<10%（成魚）
macquarie perch	浸漬	3ヶ月	20/20	20/20	―
	IP	3ヶ月	5/5	5/5	―
golden perch	浸漬	2ヶ月	0/30	0/30	0/30
	IP	2ヶ月	12/12	12/12	―
Australian bass	浸漬	6ヶ月	0/10	0/10	0/10
	IP	6ヶ月	1/5	1/5	0/4
Murray cod	浸漬	2ヶ月	0/4	0/4	2/4
	IP	2ヶ月	4/4	4/4	―
Silver perch	浸漬	3ヶ月	10/26	10/26	0/16
	IP	3ヶ月	5/5	5/5	―
バラマンディー	浸漬	4ヶ月	0/20	0/20	0/20
	IP	4ヶ月	0/6	0/6	0/6
ニジマス	浸漬	5ヶ月	1/7	1/7	―
	自然流行	6-18ヶ月	>90%	>0.05%/	>90%
タイセイヨウサケ	IP	6ヶ月	15/15	0/15	5/15
mountain galaxias	浸漬	1+年	10/10	10/10	―
Australian smelt	同居	1+年	0/10	0/10	0/10
	浸漬	1+年	0/12	0/12	0/12
カダヤシ	同居	1+年	4/4	4/4	―
	浸漬	1+年	9/10	9/10	0/1
キンギョ	浸漬	<1年	0/8	0/8	0/8
	IP	<1年	0/3	0/3	0/3
tiger barbs	浸漬	?	0/5	0/5	0/5

（Rangdon, 1989）　IP：腹腔内注射

り1日で40～数千尾の死魚が見られたという (Langton, 1989). このように野生魚にも甚大な被害を及ぼす点で，重大な疾病といえる．

この疾病は晩春から初夏にかけて突然発生し，レッドフィンパーチでの流行期間は2～3週間と比較的短いが高い死亡率をもたらし，特に幼魚ではほぼ全滅した例もある．流行期間中でも外見上正常な成魚からのウイルス検出率は低く，さらに，流行終息後3週間経過した時点での調査でも保菌率が低く，病原体が簡単に検出できるのは流行期間にほぼ限られるという (Langton and Humphrey, 1987).

本ウイルスは後述するように，水中で非常に長く感染性を維持し，流行のあった場所には長く感染の危険性が残る．また乾燥にも耐えられることから，釣り道具などによるウイルス拡散の可能性も指摘されている (Langton, 1989).

ニジマスについては1984年のオーストラリア国内における広範な調査でEHNV感染は一切確認されなかった．しかし，1986～1987年に2つの養魚場でEHNVによる疾病が発生した．流行期間はレッドフィンパーチの場合より長く，3ヶ月程度継続した場合もあったという．ニジマスでは，上流域でレッドフィンパーチにEHNの流行を見た後に発生した例もあるが，集水流域にレッドフィンパーチが存在しない場所での発生もあり，汚染ニジマスの移入が流行に関与していると考えられている．実際，ニジマスでは特異的病徴がほとんどないことから，発症に気づかないまま移動させることが危惧されている (Whittington et al., 1994; 1999). EHNVに対して多くの魚種が高い感受性を示すことから，他地域からのニジマス種苗の移動において，EHNVフリーであることを確認することは発生域拡大阻止のために重要である．そのような観点からニジマスにおけるウイルス検出法，EHNV保菌検査指針などに関する報告がある (Whittington et al., 1994; 1999).

EHNは現在まで，レッドフィンパーチおよびニジマスのみで流行が確認されているが，Langdon (1989) により，種々のオーストラリア原産種および外来魚に対するEHNVの病原性が調べられている（表Ⅱ-16-1）．レッドフィンパーチとニジマスおよびタイセイヨウサケに加え，4種の魚類では浸漬接種でも高い感受性が示された．発病魚の最も一貫した病理は腎臓造血組織の壊死であり，肝臓，脾臓，および膵臓における壊死もある種では認められた．発症終息後の生残魚のウイルス検査結果から，レッドフィンパーチ，ニジマス，Murray cod などは保菌状態になり，感染のリザバー (reservoir) になり得ると推定される．彼らの実験で高い感受性を示した魚種の中には，近年オーストラリアにおいて深刻な資源量低下を見ている原産種 macquarie perch, mountain galaxias, silver perchが含まれている．生息環境の悪化やレッドフィンパーチやカダヤシなどの移入魚による食害に加えて，EHNも資源量低下に関与している可能性が指摘されている．なお，EHNVに高い感受性を示したカダヤシはメキシコ原産種で，1925年に導入され1940年代にはオーストラリアに広く移された．しかし，上記の感染実験で感受性を示した魚種においても現在まで自然発生は確認されていない．なお，コイ，キンギョ，Australian smelt (Retropinna semoni) ならびに tiger barb (Barbs tetrazona) は耐性であった．

5）診　断

上記の病徴・病理観察と RTG-2, BF-2, FHM などの魚類細胞を使ったウイルス分離によって仮診断できるといわれるが，時間と手間がかかる．それに対して，抗原捕捉 ELISA (antigen capture enzyme-linked immunosorbent assay) は迅速，高感度で確実性も高いとされている (Whittington et al., 1994; Whittington and Steiner, 1993). さらに分離ウイルスの ELISA による同定は有効である．また，

Gould et al.（1995）は PCR によっても迅速なウイルス検出が可能であるとしている．OIE の魚病診断マニュアルでは，ウイルス分離，ELISA，蛍光抗体法，PCR が診断に有効であるとしている（OIE, 2003）．

6）対　策

本ウイルスの保存条件，物理・化学的処理に対する安定性が Langdon（1989）によって報告されている（表Ⅱ-16-2）．本ウイルスは無菌蒸留水中で 97日間感染価の低下が見られず，RTG-2 細胞に接種して 4℃においたものでは 300日経過しても感染性が保持され，さらに培養液を乾燥し15℃に放置した場合にも113日まで感染性が確認できるなど，非常に安定である．手指や器材の消毒には，エタノール処理，200 ppm の次亜塩素酸ナトリウム処理，あるいは 60℃15分間，40℃24時間の処理が有効とされる．

前述したように，本病の発生域拡大には生きた魚の移動が大きく関与すると考えられている．本ウイルスの感染性が長く保持されること，ニジマスでは病徴も目立たず急性の大量死が見られないが流行期間は長いことなどが，本ウイルスが新たな地域に侵入した後，汚染域を拡大する要素として重要と思われる．無秩序な魚の移動を避けるとともに，不可避的に魚を移動する場合には，複数年にわたる定期的検査の結果本ウイルスが存在しないことが確認された魚群に限ることが肝要と思われる．なお，ニジマスの保菌検査では，発病魚群においても生存魚のウイルス陽性率がきわめて低いことから，生存魚をランダムに検査するよりも，「日常的な斃死魚」からウイルスを分離するほうが有効であると提案されている．また，わずかな率（1％内外）ではあるが，血清中に抗体が証明される個体（3，4年魚）も存在することから，無病確認のためには血清検査も有効と考えられる（Whittington et al., 1999）．また，ニジマス養殖生け簀が多数展開しているダムでの発生例では，診断 2 週間後に EHN 発生魚群を廃棄したところ，他生け簀での発生を防げたという（Langdon et al., 1987）．診断が確定した後の処置も重要であろう．

（福田穎穂）

表Ⅱ-16-2　種々保存条件および処理におけるEHNV活性の保存性

保存条件	ウイルス活性維持
病魚組織での保存	
4℃	>7日
−20℃	>2年*
−70℃	>2年*
溶液中での保存	
蒸留水　15℃	97日まで100％保持
培養状態　4℃	>300日*
培養液中　−20℃	>2年*
乾燥状態での保存	
暗黒　15℃	113日以上，200日以下
消毒剤処理	
70%EtOH　2時間（乾燥検体）	0%
200 ppm次亜塩素酸Na　2時間（溶液）	0%
400 ppm次亜塩素酸Na　5時間（乾燥）	活性残存
pH 12.0　1時間	0%
pH 4.0　1時間	0%
有機溶媒処理	
50%　エーテル	1%
加熱処理	
60℃　15分間	0%
40℃　24時間	0%

（Langdon, 1989）

17. トラフグの口白症
（Snout ulcer disease）

1）序

トラフグ養殖が始まったのは1973年香川県下であるが，その後南西九州諸県下に広まり，1980 年代に入って生産量は急増し始めた．そして口白症は1981年頃に始まっている．

口白症病魚は狂奔し，まさに狂暴となって激しく噛み合い，口吻部に甚しい潰瘍ができる．

そのために上下顎の歯板，さらには上唇下唇も露出し，水中の病魚の口部が白く見える．その状態を業者は口白症と呼んだが，それが研究者間でも病名として使われるようになった．年齢に関わりなく発生し，死亡率は高く，業者の恐れる疫病である．

この病気を最初に報告したのは畑井ら（1983）で，不明病として扱っているが，病魚肝臓の磨砕濾過物接種実験で病気が再現されたことから，病因としてウイルスを疑った．少し遅れて中内ら（1985）と和田ら（1985）は口白症の病理組織学的所見を報告したが，やはりその中で病因としてウイルスを疑った．続いて井上ら（1986）と和田ら（1986）はウイルス説を裏付ける実験結果を発表した．

口白症については井上の病因論を中心とし，病状・病理，さらに疫学に及ぶ広範な研究をまとめた論文（1988）がある．これは学術誌上に発表されていないので，著者の許可を得てここでは専らそれに基づいて記述する．なお，その論文の中の病原体ウイルスの分離と再現実験の一部が速報として1986年，また病因論の主要部分が英文報告として1992年に，ともに学術専門誌上に発表されていることを付け加えておく．

2）原　　因

口白症の病原体は，分類学上の位置未確定の，直径約30 nm，正20面体，エンベロープまた突起などの付属構造物をもたないDNAウイルスである．増殖の場は神経細胞その他の後述する感受性細胞の細胞質内である．井上は述べていないが，この病原体は口白症ウイルスと呼ぶべきものと思うが，以下，便宜上単にウイルスと呼ぶ．

このウイルスが病原体と確認されたのは，自然発病魚で例外なく脳延髄，脊髄の神経細胞さらには脊髄の血管周囲の周細胞（pericyte）の細胞質内で増殖していることが電顕観察されること，病魚の脳の磨砕濾過物，また，それを井上が作出したトラフグ生殖腺由来細胞（PFG）で培養したものを50 nmのメンブレンフィルターで濾過し，トラフグに皮下接種したとき口白症が再現され，ウイルスが病魚の上記諸細胞に電顕観察され，加えてPFGで分離培養されたことに基づいている．

ウイルスはPFGで培養され，その細胞質内で増殖するが，やがて細胞の濃縮，球形化が起こり培養器面から剥離し崩壊するCPEを示す．このように異なるCPEを示すのはPFGが初代培養細胞であり，ウイルスに対する感受性が異なる細胞が混在するためと考えられる．

このウイルスに対して代表的な淡水魚由来株化細胞のBB，CHH-1，CHSE-214，EPO，FHM，MCT，RTG-2，SSE-30は感受性を示さない．また，井上が作出したブリその他6種の海産魚の種々の臓器由来の細胞も感受性を示さなかった．

ウイルスは有機溶剤と酸に対する感受性をもつ．また，50℃では不安定であるが，37℃では安定である．

先に口白症ウイルスは未同定と述べたが，これは上記のウイルスの形態，大きさ，核酸種，増殖の場，有機溶剤感受性，酸感受性などを既知のウイルスグループ（科）と比較したとき，すべてが一致するものが見当たらないことから未同定としたわけである．その後このウイルスの分類に関する報告はなく，現在も未同定のままとなっている．

接種実験で幾つかの海産魚種のこのウイルスに対する感受性を調べたところ，フグ亜目のクサフグとヒガンフグが弱い感受性を示した．一方，マダイ，イシダイ，メジナは非感受性であった．注目されたのはブリが高い死亡率を示したことである．病理組織学的検討やウイルスの再分離がなされていないが，トラフグに類する高感受性をもつとすると疫学上その他無視できないことで，さらなる検討が必要であろう．

3）病状・病理

　この病気は冒頭に述べたように次の2点で特徴づけられる．一つは異常な行動で，病魚は，最初，遊泳が緩慢となり，やがて狂奔し始め，さらには狂暴になって他の魚と激しく噛み合う．もう一つは口吻部に生じる激しく重い潰瘍で，表皮がまずびらんし，びらん域は拡大して深部にも及び，やがて表皮のみならず真皮も崩壊し，上下各一対の歯板さらにその上下の上唇・下唇までが露出するようになる．この口唇部の病変は噛み合いによる機械的破壊も関わるであろうが，後に述べるようにウイルス感染だけでも起こる．死亡率は高い．

　内臓では肝臓が全体にうっ血気味であるが，目立つのは多くの病魚に見られる中央表面の1～2条の線状出血斑である．これは肩帯に所属する発達した後擬鎖骨の伸長部が魚の異常行動によって肝臓表面に強く接触することでできた機械的出血である．肝臓以外の臓器には特別の異常は起こらない．

　血液性状が詳しく調べられ，正常魚と多くの点で相違することがわかっている．特に肝臓機能障害を示唆する変化が多くの病魚に認められ，注目されるが，それを含め，さまざまの性状変化が本病に特異なものであるとは考え難い．これは殆どの種類の魚病についていえることである．

　病理組織学的検討が中内ら（1985），和田ら（1985），そして井上によってなされている．口唇部について中内らは，表皮次いで真皮の変性・壊死が起こり潰瘍化へ進むが，その初期段階では細菌の侵襲があまり起こっていないことを述べており，注目される．

　関連して井上は口唇部の病変組織を電顕観察で，初期に口唇部広範囲にわたって皮膚上皮細胞が空胞化し，その細胞質内にウイルスの増殖像を，また空胞内にウイルス粒子が存在することとを認め，口吻部病変はウイルスの感染増殖が一次因と判断した．ウイルス感染は後に述べる再現実験で，噛み合い接触で起こることが確かめられているが，さらに，ウイルスを背部皮下に接種し個別に小容器に収容した魚で口唇部潰瘍が生じたことが注目された．これは接種点から何らかの経路で運ばれたウイルスが口唇部皮膚に感染したためと思われるが，口唇部潰瘍は噛み合いなしにも起こることの一つの証拠となる．なお，中内らと和田らは口唇部の発達した潰瘍に細菌侵襲が起こっていたことを観察しているが，細菌侵襲が潰瘍の進行悪化に関与する可能性は否定できない．

　異常行動は中枢神経系，特に運動中枢障害のためと考えられることから，中内ら，和田らは脳延髄と脊髄の組織学的変化の光顕観察結果を報告しているが，ここでは電顕観察をあわせ行った井上に基づいて述べる．

　光顕観察では脳延髄と脊髄の神経細胞の変性壊死がすべての病魚で認められ，特に大型神経細胞の濃縮（萎縮）像が顕著である．電顕像では延髄細胞やそれから出る有髄無髄神経の神経突起の局所的融解壊死が認められ，その壊死部分にはウイルスが存在する．さらに脊髄の血管周囲の周細胞の細胞質内にもウイルスが認められる．病魚の行動の異常はウイルスの感染増殖によるこれら脳延髄，脊髄の変性によってもたらされると考えられる．

　実験感染魚でも脳延髄，脊髄に同様の病変が起こっている．それ以外の臓器には顕著な病変は生じていないが，萎縮傾向が種々の臓器組織，例えば心筋，鰓弁上皮細胞，腸粘膜上皮細胞，膵臓分泌細胞，腎臓尿細管上皮細胞などに認められた．これらの萎縮傾向は循環系の機能低下によると考えられるが，それを含め総合的に考察すると，神経機能の失調廃絶が種々の生理機能の低下・失調をもたらし，それが極度に進んだとき死因となると考えられる．

　以下は重複する点も多いが，ウイルスの増殖像が自然感染病魚では延髄や脊髄の有髄無髄神経の局所的融解壊死部分に，また脊髄の血管周

囲の周細胞の細胞質中に認められ，実験感染病魚ではそれらに加え，腎臓のリンパ様細胞の細胞質内にも認められている．特に口唇部の多くの空胞化した上皮細胞の細胞質内に増殖像と空胞内にウイルス粒子が例外なく認められたことは注目すべきことで，ウイルスの主な増殖部はこの口唇部の上皮細胞と考えられた．なお，肝臓ではウイルスが電顕観察で認められたことはないが，その磨砕濾過物の接種で再現されたことは冒頭の述べたところで，肝臓内のどの組織，細胞かは不明であるが，ウイルスが存在することは疑いない．要するに口白症ウイルスの細胞親和性はかなり広いと考えられる．

4）疫　　学

井上によると口白症は1981年頃から西日本（九州）の養殖場で見られるようになり，以後，年を追って中国，四国さらに近畿の養殖場は蔓延したという．しかし，かつて知られていなかったこの新しい伝染性の病気の出現に関する疫学的情報はなく，病原体ウイルスの由来がまったくわかっていないことが惜しまれる．また，蔓延の経緯についてもこれといった情報はない．

口白症の被害が各地の養殖場でみられるようになって以来，発生や流行に関わる条件，例えば季節・水温とか，魚の年齢・大きさとかについての情報が増えた．しかし，それを養殖現場で調査追求した報告はない．これに関連して井上が再現実験の中で，水温15℃では発病はないが，20℃以上，特に25℃以上で症状経過は早く，死亡率も高いこと，また0年魚と1年魚の間に致死日数や死亡率に差がないことを確かめている程度である．

井上の研究で発生・流行に関わるものとして注目されるのは，種々の方法による再現実験に基づく伝染経路についての知見である．感染は噛み合いによる接触感染が主であることは既に述べたが，ウイルス液に浸漬した魚で，また魚病で汚染された水中に置かれた魚でも感染が起こったことから，魚病から排出されたウイルスが水を介して伝染し得ることがわかる．換言すれば水平感染が起こり得るということである．但し，この場合の感染門戸は，口吻部の皮膚と思われるが確認されているわけではない．

問題として残されているのは，感染魚の中には発病せず不顕性感染の状態に止まるものはないか，一旦感染発病したが自然治癒しウイルス保有状態になるものはないか，獲得免疫の可能性はないか，といったものである．これらは口白症の発生，流行，また魚の移動による蔓延に関わることで，今後の研究が待たれる．

5）診　　断

現在，口白症ウイルスの実際的検出方法が確立されていないので，口白症の確実な診断は不可能である．何らかの目的で，口白症であることを確認する必要に迫られたときには，病魚の口唇部皮膚病変組織中のウイルスの存在を電顕で調べる一方，脳と腎臓の磨砕濾過物を作って健康トラフグに皮下接種して口白症再現を調べる他はない．

実際問題としては，このきわめて特異な口吻部潰瘍ができる病気は他にないので，それだけで口白症と判断してまず間違いはない．肝臓表面の線状出血斑は補助として役立つ．但し，トラフグの習性である噛み合いでできた口吻傷口に滑走細菌などが感染して皮膚びらんを起こす例があること，肝臓表面の線状出血斑は魚を取り揚げるなどの刺激が原因で腹を膨らませたときにもできる可能性があることを知っておくべきである．

6）対　　策

蔓延防止には近い過去に病歴がある養殖場などからの魚を移入しないこと，一旦発病したときの被害軽減のためには病魚を取り揚げ処分すること，などごく当り前のことがいわれている

が，いわば決り文句である．また，ワクチンが開発されていない現在，有効な予防手段はない．

(江草周三)

18. クルマエビのバキュロウイルス性中腸腺壊死症（Baculoviral mid-gut gland necrosis：BMN）

1）序

クルマエビのポストラーバ（PL）10日齢前後に発生する，急性で致死性の高いウイルス病である．1971年に山口県で発生が認められて以降，西日本の多くのクルマエビ種苗生産施設で発生した．病エビは中腸腺（肝膵臓：hepatopancreas の語も一般的に使用されるが，本稿では病名に従い，中腸腺と表記する）上皮細胞が冒され，核の膨化・細胞の壊死などにより中腸腺が白濁する（桃山，1981a）．したがって，当初本病は中腸腺白濁症と呼ばれた．本病は同居感染，経口感染ならびに病エビ磨砕濾液による感染が成立し（桃山，1981b），その後，病エビから形態的にバキュロウイルスの特徴を有するウイルスが検出され，バキュロウイルス性中腸腺壊死症（Baculoviral mid-gut gland necrosis：BMN）なる病名が提案された（Sano et al., 1981b）．本病が一旦発生すると，死亡率は90％以上に達する場合が多いが，1980年代後期以降，発生件数は激減し，最近ではきわめて散発的に発生するのみである（桃山，1991；Muroga, 2001）．

2）原　因

病原体は，Baculoviral mid-gut gland necrosis virus（BMNV）で，ビリオンはエンベロープを有し，310×72 nm の桿状である．ヌクレオキャプシドは 250×36 nm の棒状構造をとる．ビリオンが感染細胞核内で構築されることや，その形態などからバキュロウイルスとされているが，包埋体（occlusion body）は形成しない（Sano et al., 1981b）．現在まで，本ウイルスを培養できる細胞は開発されていない．また，核酸解析もなされていない．ウシエビのMonodon baculovirus（MBV）やノーザンピンクシュリンプなどの Baculovirus penaei（BP）とはビリオンの形態が酷似するものの，包埋体を形成しない点で異なる（Sano et al., 1984）．ちなみに MBV は感染細胞核内に球形の，BP は4面体の包埋体（核多角体）を形成する．

ウイルスの分類に関する ICTV（International Commitee on Virus Taxonomy）の第5報告以前にはバキュロウイルス科に包埋体を形成しないウイルスも含まれ，C型 baculovirus あるいは non-occluded baculovirus（Nudibaculovirinae 亜科）とされていたが，第6報告以降この項目が削除された．現在バキュロウイルス科には包埋体を形成する核多角体病ウイルス属とグラニュローシスウイルス属だけが残されており，BMNV はどちらにも該当しない（Index of Viruses: ICTV dB, The universal virus database: http://life.bio2.edu/Ictv/index.htm）．分類的地位の確定には遺伝子の解析が必要であろう．

3）症状・病理

本病はゾエアから PL-20 期前後まで発生例はあるが，ほとんどの場合体長6～9 mm（PL10日齢前後）の稚エビに発生する．病エビは刺激に対する反応が鈍く，不活発となる．最も特徴的な病徴は，中腸腺と腸管の一部が白濁することである．

病エビでは中腸腺と腸管の上皮細胞に壊死が起こるが，その他の組織には顕著な異常は認められない．上皮細胞の配列の乱れ，基底膜からの剥離・脱落，壊死および崩壊が顕著に見られる．感染細胞の核は正常のそれより2～数倍の大きさにまで肥大し，細胞自体も膨大する．核内は無構造となりヘマトキシリンに濃染されるようになる．中腸腺内腔には細菌の増殖が認め

第Ⅱ章　ウイルス病

られる場合も多いという（桃山, 1981a）.

4）疫　学

本病の発生は水温 19.4〜29.5℃のかなり広い温度域で認められ，発生時の飼育水の水素イオン濃度も pH7.8〜8.8 とかなり広く，一般的なクルマエビ種苗生産環境とほぼ一致する．

桃山（1988）は，BMNV の感染源について検討し，種苗生産に用いられた親エビと本病発生後継続して飼育された生残個体群の中腸腺にウイルス感染の証拠を見出し，感染に耐過した個体が成熟するまでウイルスを保有し続け，種苗生産用に親エビとして使用されることに起因すると推定した．病エビ磨砕濾液による浸漬感染実験では，死亡はゾエアⅡ期から PL-4 日齢までに感染させたものに限られるが，異常核の出現は PL-10 日齢までに感染させた稚エビにも認められたという（Momoyama and Sano, 1989）．高感受性期の群に一旦感染個体が生じると，水媒介性の感染や死亡個体あるいは感染により行動が鈍った個体の摂食（共食い）により急速に感染が広がるものと思われる．

本病の自然発生は現在までクルマエビ以外に知られていないが，Sano and Momoyama（1992）は本ウイルスに対するウシエビ，コウライエビ（タイショウエビ），クマエビ，ヨシエビ，およびガザミの感受性を検討した．その結果，Penaeus 属のウシエビ，コウライエビ，クマエビにおいて BMNV の感染が証明され，特にウシエビではほとんどの個体が感染したという．しかし，コウライエビとクマエビでは感染による成長や生残への影響はなく，さらに実験終了後の個体とクルマエビのミシスを同居させても発病はなく，これらのエビは，たとえ BMNV に感染しても感染源になることはないだろうと考察している．

感染個体（ポストラーバ）は，急性の経過をとり，感染後数日で死亡する．発病個体では感染細胞の崩壊に伴い，大量のウイルス粒子が消化管管腔内に放出される（図Ⅱ-18-1）．それらのウイルスは最終的に体外に排出され，感染源となり，感染の急速な拡大を見るものと思われる（Sano et al., 1981b）．また，親エビにおいても，中腸腺の上皮細胞核内で増殖したウイルスは壊死上皮細胞の内腔への脱落・崩壊により放出された後，糞とともに環境水中へ放出され，同一環境水中で飼育されている仔稚に感染する（桃山, 1988；Momoyama, 1992）．

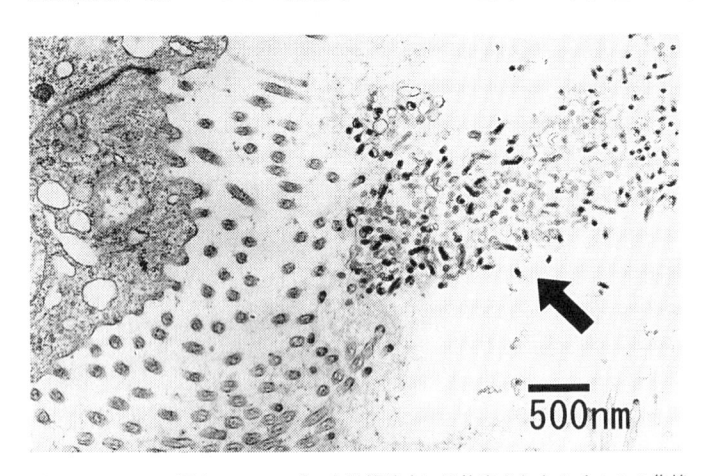

図Ⅱ-18-1　BMN 罹病クルマエビの中腸管腔内には放出されたウイルスの集塊（矢印）．（写真提供：西村定一氏）

5）診　断

クルマエビのゾエア期以降，PL-20 程度までの稚エビに，中腸腺から中腸にかけて白濁が観察された場合本病を疑うべきであろう．しかし，桃山（1983）によれば，本症以外の理由によっても，また，健康稚エビにおいても中腸腺が白く見えることがしばしばあり，中腸腺の白濁は本症に特異的な現象ではないという．彼はより特異的で迅速な診断法として，中腸腺押しつぶし染色標本の観察によって，直径 10〜30μm に肥大した異常核を検出する方法を提案した．

病エビの異常核は内部が無構造で，好酸性の染色性を示す．さらに，生鮮標本の暗視野観察法も提案した．病エビの中腸腺ウエットマウントを暗視野観察すると，感染細胞核内に配向性をもって形成されたビリオンによる乱反射によって，核が輝いて見える（図Ⅱ-18-2）（桃山，1983）．生鮮標本の暗視野観察では，感染細胞核がコントラストよく観察され，また広い範囲の観察が可能であり，仮診断法として極めてユニークで優れた方法といえよう．

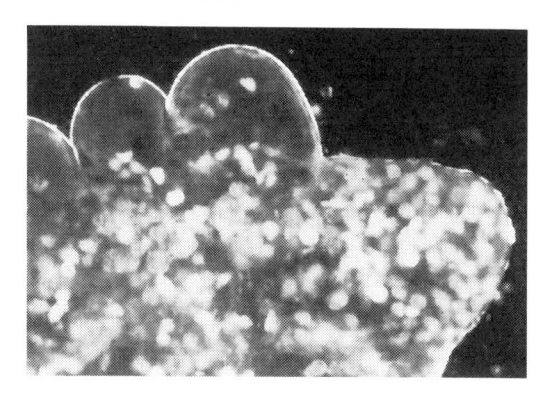

図Ⅱ-18-2 BMN罹病クルマエビ中腸腺の暗野観察像．感染細胞が輝いて観察される（桃山，1983）

6）対　策

桃山はBMNVを不活化するための処理方法を動物実験によって種々検討した．5 ppm塩素，25 ppmヨード，100 ppm塩化ベンザルコニウム，30％アルコール，ならびに0.5％ホルマリンの10分間の処理（桃山，1989a），60℃5分間，50～55℃30分間の処理（桃山，1989b）でBMNVが不活化するという．また，海水中では15℃で20日，20℃で12日，25℃で7日，30℃では4日以内に不活化したという．

桃山（1991）によれば，1985年頃から西日本のクルマエビ種苗生産機関で種々の防疫対策が実施され，本病の発生が激減したという．防除対策として，発病群の殺処分，発病群飼育水の塩素（20 ppm）による消毒が必要であり，さらに，受精卵を回収し，親エビの糞などを清浄な海水で洗浄・除去した後，別に用意した種苗生産タンクに収容するいわゆる受精卵洗浄は（Sano and Momoyama, 1992），これを確実に実行した施設では本病の発生が皆無であることから，有効であるとしている．　　　（福田穎穂）

19. クルマエビの急性ウイルス血症
（Penaeid acute viremia：PAV＝White spot disease：WSD）

1）序

この病気は国際的にはwhite spot syndrome（WSS）あるいはwhite spot disease（WSD）と呼ばれ，アジアのみならず中南米の養殖クルマエビ，コウライエビ，ウシエビなどで流行し大きな問題となっている（Lightner, 1996b）．1992年に台湾で最初に観察され，翌1993年に中国および日本で流行し始め，1994年にはタイおよびインドでも発生するようになり，韓国やインドネシアなどでも問題となっている．日本では中国から購入したクルマエビの種苗を飼育していた養殖場において1993年に初めて発生し（Takahashi et al., 1994, 1998；中野ら，1994），翌年には西日本各地に拡がった．1995年には種苗生産施設においてクルマエビのみならずヨシエビにも発生した（Momoyama et al., 1997）．前項のBMNがもっぱら種苗生産施設における幼生の病気であるのに対し，本病は大きなエビにも発生し，養殖施設における重要な病気となっている．幼生やP-20以下のポストラーバにおける発生例はほとんどなく，また実験的にもそれらの若いステージのエビの感受性は低いことが確かめられている（Venegas et al., 1999）．1997年頃から種苗生産現場で防疫対策がとられるようになり，養殖場における被害は減少している．

2）原　因

原因ウイルスは当初バキュロウイルス科に近縁なものであるとされたが，現在では，主として分子生物学的解析を基に，ニマウイルス

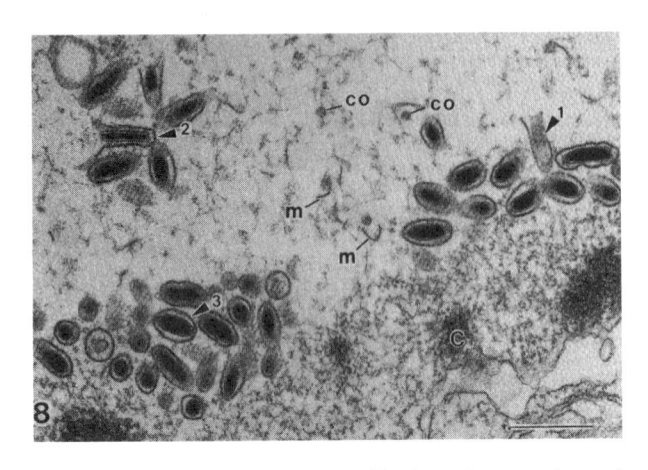

図Ⅱ-19-1 実験的感染クルマエビのリンパ様器官における PRDV(WSSV). 矢印1～3：成熟段階のビリオン，m：membrane，C：クロマチン，CO：capsid originator，スケール：400 nm（井上ら，1994）

（Nimaviridae）科（新科）の Whispovirus 属（新属）に分類されている．一般的に昆虫由来のバキュロウイルスは包埋体（occlusion body）を形成するが，本種はそれを形成せずバキュロウイルスと異なる．大きさ 400×150 nm（ヌクレオカプシド 230～390×85 nm）のエンベロープを有する桿状のウイルスであり（図Ⅱ-19-1），核酸は dsDNA からなり，その大きさは約 300 kbp で（van Hulten et al., 2001; Yang et al., 2001; Chen et al., 2002），VP35，VP28，VP26，VP24，および VP19 なる5つの主要タンパク質を有する（van Hulten et al., 2000a,b; Chen et al., 2002）．日本では本ウイルスは最初 RV-PJ（rod-shaped nuclear virus of Penaeus japonicus）と呼ばれたが（井上ら，1994），その後病名としてクルマエビの急性ウイルス血症（penaeid acute viremia：PAV）が提案されるとともに原因ウイルスも PRDV（penaeid rod-shaped DNA virus）と再命名された（Inouye et al., 1996）．中国やタイではそれぞれ別のウイルス名が使用されてきたが，国際的には WSSV（white spot syndrome virus）なる名前が共通名として用いられており（OIE，2003），ここでもそれにならい WSSV と呼ぶ．

実験的感染エビの血リンパからウイルスを精製し，ウイルス DNA を抽出後，その一部を制限酵素で切断し，プラスミドベクターに挿入して組換え体を得た．そのうち約1.4 kbp の DNA 断片について塩基配列を決定し，それに基づき，WSSV 検出用 PCR のプライマー（P1-P2，第1ステップ用；P3-P4，第2ステップ用）が設計された（木村ら，1996）．同様に，Takahashi et al.（1996）により本ウイルス検出用の別の PCR 用プライマーが作成されている．

WSSV を含めて，現在までのところ，エビ類の病原ウイルスを分離・培養し得る細胞は樹立されていない．ただし，リンパ様器官の初代培養細胞を用いて WSSV の分離を試みたところ，CPE が認められたという報告はある．

本ウイルスは，クルマエビのみならず，多くの十脚目（エビ・カニ類）に病原性を示す．感染実験によれば，コウライエビ，フトミゾエビ，ヨシエビはクルマエビと同様の高い感受性を示し，クマエビおよびガザミもそれらに比べれば

表Ⅱ-19-1 PRDV（＝WSSV）の不活化条件

薬剤等	濃度	時間（分）
次亜塩素酸ナトリウム	1.0 μg/ml	10
ポビドンヨード	2.5 μg/ml	10
	10 μg/ml	30*
オゾン	0.62 μg/ml	1
エチルアルコール	30 %	1
ホルマリン	5.0 μg/ml	10
トリメチルアンモニウムエチルクロライド	25 μg/ml	10
食塩	12.5%* もしくは 25%	24時間
熱	50℃	20*
乾燥	含水率 3.7%	3時間
	含水率 3.4%	1時間*
紫外線	1×10^4 μW・sec/cm^2	100秒

中野ら（1998）および Maeda et al.（1998b）（*印）より

やや低いものの感受性を有することが明らかにされている（Momoyama et al., 1999）.

表II-19-1に示したように，WSSVは塩素処理やオゾン処理により不活化される．また，$1\times10^4\mu W\cdot sec/cm^2$の紫外線照射などで不活化される（中野ら, 1998；Maeda et al., 1998b）海水中での感染力の維持には水温が大きく影響し，15℃では100日程度，20℃では90日程度，25℃では40日程度，30℃では30日程度感染力が維持された（Momoyama et al., 1998）.

3）症状・病理

本病に罹ったエビの外骨格には白点もしくは白斑が認められ（図II-19-2, 口絵参照），これが国際的病名WSD（WSS）の由来となっている．白点が肉眼的に認めがたい場合もあるが，外骨格を皮下組織から剥がし解剖顕微鏡下で観察すれば，容易に白点が認められることが多い．ただし，このような白点は，他の要因により病態を呈するエビにも認められ，本病に特有の症状というわけではない．もう一つの肉眼的特徴は，体色の変化であり，赤変もしくは褪色が認められる．末期にはウイルス血症を呈するため，重症個体の血リンパ中には大きさ約 $0.5\mu m$ のウイルスと考えられる粒子が暗視野顕微鏡観察により多数認められる（Momoyama et al., 1995）.

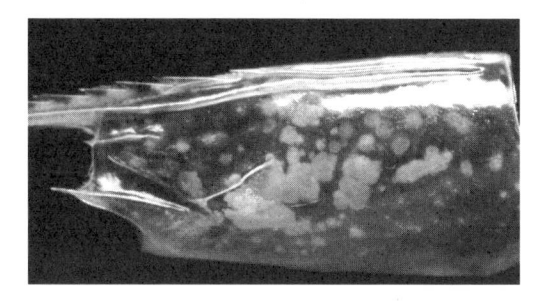

図II-19-2 PAV罹病エビ外骨格に認められる白斑
（写真提供：桃山和夫氏）

病理組織学的には，感染エビの胃をはじめとするクチクラ層下の上皮細胞層，結合組織，リンパ様器官，造血組織などの中・外胚葉起源の組織において，細胞の核の肥大と無構造化が特徴的に認められる（図II-19-3）．リンパ様器官では，それらの肥大・無構造化核が比較的少なく，鞘構造の崩壊や血球浸潤が認められる．罹病エビは，これらの病理組織学的な変化の少ない急性型と，変化の著しい慢性型とに分けられる（桃山ら, 1994）.

これらの細胞を電子顕微鏡観察すると，上皮細胞層の肥大した核内に桿状のウイルス粒子が

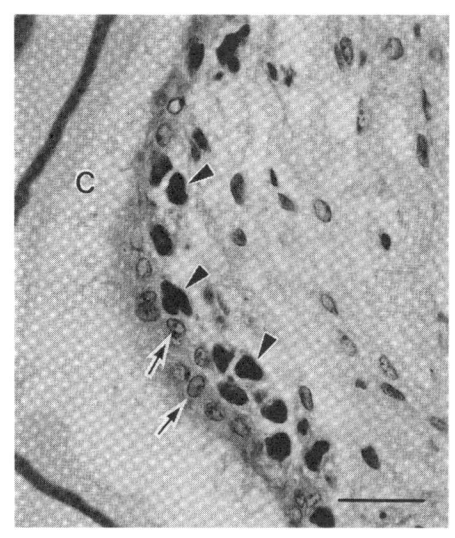

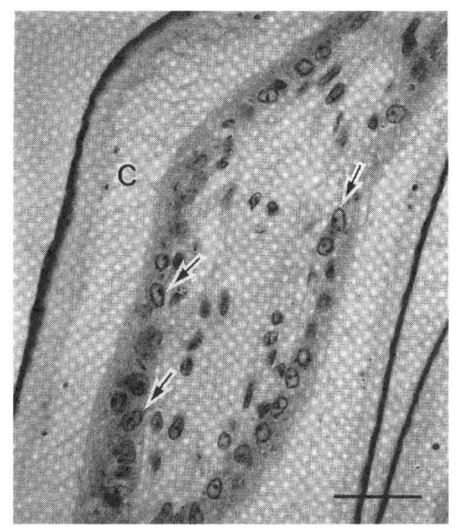

図II-19-3 PRDV（WSSV）実験的感染クルマエビ（A），および健康クルマエビ（B）の胃クチクラ上皮の組織像．（矢じり：肥大・無構造化核を有する上皮細胞，矢印は正常な上皮細胞（スケール $25\mu m$）

密集し，部分的には結晶状の配列がみられる．バキュロウイルス感染症にみられるような包埋体は認められない（井上ら，1994）．

4）疫　学

世界的には，クルマエビ，ウシエビ，コウライエビ，インドエビ，バナナエビ，ホワイトレッグシュリンプおよびノーザンホワイトシュリンプなどにおける本病の自然発生が知られるが（Lightner，1996b），日本ではクルマエビ以外ではヨシエビにおける発生例のみが知られる．アシハラガニなどの十脚目からPCR法によりWSSVの存在が確認され，クルマエビを感染したアシハラガニと同居させることにより，クルマエビを感染させ得ることが報告されている（Maeda et al., 1998a）．養殖場の中ではWSSVの水平伝播が起きているが，飼育エビの密度が高いと共食いおよび水系感染による水平感染の機会が増し，死亡率が高くなることが実験的に示されている（Wu et al., 2001）．

種苗生産用の親エビ（天然エビ）から頻繁にWSSVが検出され（虫明ら，1998），垂直伝播により親エビから稚エビへ原因ウイルスが伝播すると考えられるが（佐藤ら，1999），ウイルスが卵内に侵入しているのか否か，あるいは顕性感染を示さない幼生期や初期のポストラーバ期にウイルスがどこに存在するのかなどは，不明である．

クルマエビでは，稚エビ以上でPAVが発生するが，実験的にも6日目以降のポストラーバ（PL-6）のみがWSSVに対して感受性を示す（Venegas et al., 1999）．

5）診　断

体色の赤化あるいは褪色および外骨格における白点の形成により推定診断がなされるが，少なくとも暗視野顕微鏡を用いた血リンパ中のウイルス粒子の検出と胃の上皮層における肥大・無構造化した細胞核の観察が必要である．また，血リンパあるいは胃上皮細胞中のウイルス粒子の電顕観察により準確定診断ができる（Momoyama et al., 1995）．PCR法による診断が一般化しているが，他の原因で死亡したエビがたまたまWSSVに軽度の感染を受けていたというような場合もないわけではないので，病気の診断にはPCR法だけではなく他の診断法を併用することが望ましい．

親エビや種苗がウイルスを保有しているか否かを検査する場合のように，感染しているウイルス量が少ない場合は，PCR法に頼らざるを得ない．

感染エビからのウイルスの精製が難しいためか，抗血清は一般化しておらず，血清学的な診断は行われていない．なお，中国で分離されたWSSVに対するモノクローナル抗体が作製されている（Zhan et al., 1999）．

6）対　策

現在日本ではWSSVの存在をPCR（nested PCR）により検査し，ウイルス陰性と判定された種苗を養殖あるいは放流に供するという防疫対策がとられ，それが効を奏して流行が下火になっている．しかし，養殖場にはウイルスを保有したエビが残っていたり，さらには本ウイルスのリザバーとなっている各種エビ・カニ類が養殖池あるいはその周辺に存在することがある．したがって，ウイルス・フリーの種苗を導入しても，それらの感染源から感染し発病するケースも存在するので，養殖場におけるウイルス保有生物の駆除も必要である．

種苗生産施設においては，前述の如く直接本病による大量死を蒙ることはほとんどないが，ウイルス・フリーの種苗を作るために，ウイルス・フリーの親エビを用いるなど垂直伝播の防止策がとられている．具体的には，産卵後の雌親エビの受精嚢におけるWSSVの存在をPCR法によって検査し，陰性と判定された親エビからの卵のみを種苗生産に用いることが，垂直伝

播の防止に最も有効であると報告されている（Mushiake et al., 1999；佐藤ら, 2003）.

ウイルスの伝染性はかなり強いと考えられるものの，感染したら必ず発病するというわけではなく，エビの抵抗力も発病を左右する要因となっていると考えられる．したがって，種苗の輸送中や養殖中にエビの抵抗力がなるべく低下しないよう注意する必要がある．また，最近，本病の原因ウイルスに感染しながら生き残ったエビには，本ウイルスに対する抵抗性が認められることが，実際の養殖場の生残エビおよび実験感染の生残エビで確認されている（Venegas et al., 2000）．その機構についてはまだ不明であるが，クルマエビが WSSV 感染に対して示す免疫様応答は，感染3週間後から発現し，その後約1ヶ月抵抗性が維持されることが確かめられ（Wu et al., 2002），更に WSSV の構造タンパク VP26 および VP28 の組換えタンパク質を用いた注射免疫が有効であることも室内実験で示されている（Namikoshi et al., 2003）.

（室賀清邦）

20. 外国におけるクルマエビ類のウイルス病（Viral diseases of penaeid shrimp）

1）序

1930年代に藤永元作によって日本で確立されたクルマエビの種苗生産と飼育技術は，その後種々のクルマエビ類に応用されるようになり，台湾，フランス（タヒチ）あるいは米国での基礎研究を加えて改良され，現在では世界中でエビ類の養殖が盛んに行われている．表Ⅱ-20-1に1997年のエビの推定養殖生産量を東半球および西半球に分けて示したが（Rosenberry, 1997），東半球ではタイ，インドネシアおよび中国の生産量が多く，西半球では圧倒的にエクアドルの生産量が多い．日本の生産量は1988年に約3,000トンと過去最高の生産量を記録したが，その後低迷を続け，現在ではその生産量は2,000トン強で世界の20位にも入らない．逆に，例えばエクアドルでは1960年代の末にエビ養殖が始まり，1980年には約6,000トン，1985年には35,000トン，1990年には53,000トン，1997年には130,000トンと，生産量が急激に増加している．このような状況の中で，生産を阻害する要因が顕在化し，特に病気は最も深刻な問題となっている．中でもウイルス病による被害は甚大であり，例えば，台湾では病気流行前の1987年には約100,000トンあった養殖エビの生産量が MBV によると推定される流行病が発生した1988年には30,000トンに急減している（Lightner, 1996a）．中国ではウイルス病のため，エビの養殖生産量は1991年の220,000トンから1993年の30,000トンへと信じ難い程大幅に減少したといわれる（Lightner and Redman, 1998a）．タイでは WSD 流行前の1994年に約225,000トンのエビが生産されていたが，本病が流行した1995年の被害量は約30,000トン（2億4千万ドル）に昇ると推定されている（Flegel et al., 1997）．西半球でも，例えばホンジュラスでは流行前の1993年に7,200トンあった生産量はタウラ症候群が流行した1994年には約1/3の2,300トンにまで激減している（Lightner, 1996a）．さらに，死亡

表Ⅱ-20-1 世界のエビの推定養殖生産量（1997年）（単位1,000トン）

順位	東半球		西半球	
1	タイ	150	エクアドル	130
2	インドネシア	80	メキシコ	16
3	中国	80	ホンジュラス	12
4	インド	40	コロンビア	10
5	バングラデッシュ	34	パナマ	7.5
6	ヴェトナム	30	ペルー	6
7	台湾	14	ニカラガ	4
8	フィリピン	10	ヴェネズエラ	3
9	マレーシア	6	ヴェリーゼ	2.5
10	オーストラリア	1.6	米国	1.2
その他を含む計		462		198.2

Rosenberry（1997）より
（本資料によれば日本の生産量は1,200トンで東半球の11位を占めるが，日本の資料によればこの年の生産量は2,241トンとなっている）

しないまでもIHHNVによる発育不全症候群（Runt-deformity syndrome）と呼ばれるような成長不良が起こり，そのために生じる経済的被害も無視できない．

クルマエビ類のウイルス病についてはいくつかの総説があるが，ここではFlegel et al.（1997），Lightner et al.（1992），Lightner（1996 a, b），およびLightner and Redman（1998 a, b）を参考にして以下に主要なウイルス病について概説する．なお，カニなどの甲殻類や貝類のウイルス病をも含む総説としては，Brock and Lightner（1990），Sindermann（1990），Bower et al.（1994），McGladdery（1999）などがある．

2）原因ウイルスおよび病気（症状・病理）

表Ⅱ-20-2に世界のクルマエビ類の主要な病原ウイルスを示し，これらのうち主なものについて以下に説明する．なお，最近WSSVがウシエビのリンパ様器官由来細胞の初代培養においてCPEを形成したという報告もあるが（Wang, C.H. et al., 2000），表Ⅱ-20-2に示されたこれらのウイルスを継代培養し得る細胞は樹立されていない．

IHHNV（Infectious Hypodermal and Hematopoietic Necrosis Virus）：クルマエビ類に感染するウイルスの中でも最も小型（直径22 nm）のエンベロープをもたない球形ウイルス．4.1 kbのsingle stranded DNAを有し，カプシドは4つのポリペプチド（74, 47, 39, 37.5 kDa）からなる．表Ⅱ-20-3に示されたように，多くの宿主に感染する．本ウイルスによって引

表Ⅱ-20-2 世界におけるクルマエビ類の主要な病原ウイルス

DNAウイルス
パルボウイルス科
  IHHNV（infectious hypodermal and hematopoietic necrosis virus）
        伝染性皮下造血器壊死症
  HPV（hepatopancreatic parvovirus）
  LPV（lymphoidal parvo-like virus）
  SMV（spawner mortality virus）
バキュロウイルス科
  Baculovirus penaei（PvSNPV）　　Tetrahedral baculovirosis
  Penaeus monodon- type baculovirus　　Spherical baculovirosis
  Baculoviral midgut gland necrosis virus（BMNV）バキュロウイルス性中腸腺壊死症
ニマウイルス科
  WSSV＝white spot sydrome virus＝PRDV（penaeid rod-shaped DNA virus）
        ホワイト・スポット病（＝PAV：クルマエビ急性ウイルス血症）
イリドウイルス科
  IRDO＝shrimp iridovirus

RNAウイルス
ピコルナウイルス科
  TSV（Taura syndrome virus）＝infectious cuticular epithelial necrosis virus（ICENV）
        タウラ症候群
レオウイルス科
  REO-III and IV＝reo-like virus types III and IV
トガウイルス様ウイルス
  LOVV＝lymphoid organ vacuolization virus
ロニウイルス科
  YHV＝yellow head virus
        イエローヘッド病
  LOV/GAV＝lymphoid organ and gill associated virus of *P. monodon* in Australia

20. 外国におけるクルマエビ類のウイルス病

表II-20-3 エビの病原ウイルスの宿主域

ウイルス	宿　　　主
IHHNV	*Penaeus stylirostris, P. vannamei, P. occidentalis, P. californiensis, P. monodon, P. semisulcatus, P. japonicus*
HPV	*P. merguiensis, P. semisulcatus, P. chinensis, P. esculentus, P. monodon, P. japonicus, P. penicillatus, P. indicus, P. vannamei, P. stylirostris*
LPV	*P. monodon, P. merguiensis, P. esculentus*
SMS	*P. monodon, Cherax quadricarinatus*
BP	*P. duorarum, P. azztecus, Trachypenaeus similis, P. setiferus, P. marginatus, P. vannamei, P. penicillatus, P. schmitti, P. paulensis, P. subtilis*
MBV	*P. monodon, P. merguiensis, P. semisulcatus, P. indicus, P. plebejus, P. penicillatus, P. esculenus, P. kerathurus, P. vannamei*
BMNV	*P. japonicus, P. monodon, P. plebejus*
WSSV	*P. monodon, P. japonicus, P. chinensis, P. indicus, P. merguiensis, P. setiferus, P. vannamei, P. stylirostris, P. aztecus, P. duorarum, P. setifera*
TSV	*P. vannamei, P. stylirostris, P. setiferus*
Reo-III	*P. japonicus, P. monodonm, P. vannamei*
Reo-IV	*P. chinensis*
LOVV	*P. vannamei, P. stylirostris*
TYDV	*P. monodon*
LOV/GAL	*P. monodon*

き起こされる伝染性皮下造血器壊死症は最初ハワイでブルーシュリンプで発見されたが（Lightner et al., 1983；Bell and Lightner, 1987），その後，ホワイトレッグシュリンプなどにも感染することがわかり，現在では米国，中米，南米のみならずシンガポール，フィリピン，タイ，マレーシアおよびインドネシアでもその発生が認められる．

罹病したブルーシュリンプの稚エビは食欲を失い，緩慢に水槽表面と水底との間を遊泳し，死亡する．しばしばクチクラ上皮に白点を形成し，全体的に青みを帯る．鰓，表皮，生殖腺，リンパ様器官，造血組織などの感染細胞に，Cowdry type A（エオシン好性で肥大した核の殆どを封入体が占める）の特徴を示す封入体が観察される．ホワイトレッグシュリンプは本ウイルスにある程度抵抗性を有し，死亡率は低いものの，生き残ったエビは発育不全症候群と呼ばれる病態を呈しあまり大きくならず，額角が短くなるなど変形が見られ，商品価値が低下する．

最近，本ウイルスの検出法として real-time PCR なる迅速かつ高感度な方法が確立されている（Tang and Lightner, 2001）．

HPV（Hepatopancreatic Parvovirus）：先のIHHNVと同様，小型（22〜24 nm）の球形ウイルスで，感染細胞がホイルゲン反応陽性であることから，DNAウイルスであると考えられ，パルボウイルス科に入れられている．本ウイルス感染症は，シンガポールやオーストラリアのバナナシュリンプ，中国のコウライエビ，クウェートのクマエビ，およびフィリピンのウシエビなどで報告され（Lightner and Redman, 1985; Roubal et al., 1989），現在では世界中で多くのクルマエビ類に感染し（表II-20-3 参照），問題となっている．本病に固有の症状というものはないが，中腸腺は白っぽくなり肥大し，食欲不振および不活発になり，脱皮がスムーズに行えなくなり各種付着生物の着生が目立つ．ビブリオ属細菌などによる二次感染に罹りやすくなるといわれる．中腸腺の細管上皮細胞の核は

第Ⅱ章　ウイルス病

肥大し，好塩基性，ホイルゲン反応陽性の封入体を形成する．また，核内のクロマチン顆粒が周囲に局在するのも本病の特徴である．

LPV（Lymphoidal Parvo-like Virus）：オーストラリアで飼育されていたウシエビ，バナナシュリンプおよびブラウンタイガープラウンにおいて，肥大したリンパ様器官に多核巨大細胞の形成が観察された．それらの細胞では，核の肥大，クロマチンの偏在，細胞質の好塩基性の増進などが観察され，核内に好塩基性の封入体が存在する．その封入体のそばに直径18～20 nmのパルボウイルス様の粒子が観察され，LPVと名付けられた（Owens et al., 1991）．本ウイルスの病害性や，よく似ているIHHNVやHPVとの関係もあまり検討されていない．

SMV（Spawner Mortality Virus）：1993年にオーストラリアで養殖されていたウシエビ（産卵用親エビ）に食欲不振，不活発，頭胸部の赤色化などを伴う死亡が認められた．感染実験によりウイルス病であることが推定され，消化管にパルボウイルス様の小型球形ウイルス（20 nm）が観察され，SMV（spawner-isolated mortality virus）と命名された（Fraser and Owens, 1996）．その翌年から同国のウシエビ養殖場で収穫中期大量死症候群（mid-crop mortality syndrome：MCMS）と呼ばれる似たような病気が発生し，病エビ磨砕濾液中に直径20～25 nmの小型ウイルスが認められた．抽出したDNAを基にプローブを作製して調べたところ，SMVとも反応し，収穫中期大量死症候群の原因はSMVであろうと考えられた（Owens et al., 1998）．最近，オーストラリアでは淡水ザリガニ（*Cherax quadricarinatus*）で本ウイルスによる感染症例の報告があるが（Owens and McElnea, 2000），現在のところオーストラリア以外から本ウイルスの報告はない．

BP（*Baculovirus penaei*）：包埋体（occlusion body）を形成するバキュロウイルスであり，*Baculovirus penaei* あるいは PvSNPV とも呼ばれる（Bonami et al., 1995）．ビリオンの大きさは地域・宿主により異なり，56×286 nm（ハワイ，テラオクルマエビ），79×337 nm（エクアドル，ホワイトレッグシュリンプ）あるいは75×330 nm（フロリダ，ノーザンブラウンシュリンプ，ノーザンピンクシュリンプ）と報告されている．表Ⅱ-20-3に示したように数種類のクルマエビ類に感染するが，これまでにハワイを含む南北アメリカからのみ報告され，東半球での発生例は知られていない．幼生および稚エビが感染し，特に種苗生産場での被害が大きい．すなわち，ゾエア期から発病し，ミシス期に最も死亡率が高く，PL-5以降のポストラーバでは死亡率は急速に低下する．感染したミシスあるいはポストラーバの腸管は白濁してみえる．飼育条件が良好であれば，本ウイルスによる死亡率はさほど高くはないが，種々の付着生物が増加し，飼育成績は不調となる．電子顕微鏡観察を行うと，中腸腺や腸の上皮細胞に核多角体包埋体（PIB＝polyhedral inclusion body）が認められる．OIEの1997年版のマニュアルでは本ウイルスと次のMBV-typeバキュロウイルスによる感染症を一つにまとめ，核多核体バキュロウイルス症（nuclear polyhedrosis baculoviroses）としていたが，新しいマニュアル（OIE, 2003）ではこれらを別々に記載し，本ウイルス病を Tetrahedral baculovirosis としている．

MBV（*Penaeus monodon*-type baculovirus）：Monodon baculovirus あるいは PmSNPV とも呼ばれ，type-A封入体を形成するバキュロウイルスである．エンベロープを被ったビリオンの大きさは $75\pm4\times324\pm33$ nm で，二重鎖DNAを含む．ウシエビなど数種のエビに感染するが（表Ⅱ-20-3），中国，台湾，フィリピン，タイ，インドネシア，オーストラリアといった東半球からのみ報告されている．日本では1983年に，台湾から輸入された成ウシエビか

20. 外国におけるクルマエビ類のウイルス病

ら種苗生産を行って得た稚エビに本ウイルス症が発生した例がある（福田ら，1988）。本ウイルスによる病気は spherical baculovirosis（OIE, 2003）と呼ばれ，ゾエア期に始まり，ミシスにも被害を与えるが，ポストラーバ期において最も死亡率が高くなる。養成池に収容された稚エビで発病することはほとんどない。感染エビは食欲不振，不活発遊泳，付着生物の増加が認められ，重症個体では中腸の白濁化が認められ，それらの組織の細胞核中に球形の包埋体（0.1～20μm）が認められる。

WSSV（White Spot Syndrome Virus）：white spot disease（WSD）（日本ではクルマエビ急性ウイルス血症 PAV と呼ばれる）の原因ウイルスであり，日本では PRDV と呼ばれる。「クルマエビの急性ウイルス血症（PAV）」の項で述べるように，日本では本病は1993年に最初に発生しているが，台湾あるいは中国では1992年に既に発生していたといわれる。そして，1995年に台湾（Chou et al., 1995），中国（Huang et al., 1995），タイ（Wongteerasupaya et al., 1995a）でいっせいに報告された。ほとんどのクルマエビ類に感染するだけでなく，種々の甲殻類に感染することが知られ，地域的にみてもアジアのみならず中米や南米でも猛威を振っている。WSSV と PRDV は同じウイルスであると考えられ，本ウイルスについては PAV の項で詳しく説明してあるので，ここでは省略する。

TSV（Taura Syndrome Virus）：1992年にエクアドルのタウラ川河口部付近のホワイトレッグシュリンプ養殖場において流行病が発生し，甚大な被害をもたらした。その後，1993年にはペルーで，1994年にはコロンビア，ブラジルおよびハワイなどで養殖されていたホワイトレッグシュリンプに同じ病気が発生し，現在ではアメリカ中に広がっている（Brock et al., 1997）。最近，台湾で養殖されていたホワイトレッグシュリンプにも発生している（Tu et al., 1999）。感染宿主もホワイトレッグシュリンプだけではなく表II-20-3に示したように数種類が罹ることが分かっている。タウラ症候群と呼ばれるこの病気の原因については環境因子などいろいろな説があったが，主として組織学的検討の結果，ウイルス病であると考えられるようになった（Hasson et al., 1995; Lightner et al., 1995）。原因ウイルス（TSV）は大きさ30～32 nm の球形ウイルスで約9 kb の ssRNA を含んでいる。カプシドは3つの主要なタンパク質（49, 36.8, 23 kDa）および2つのマイナーなタンパク質（51.5, 52.5 kDa）からなり，ピコルナウイルス科に入ると考えられている。なお，タウラ症候群は本ウイルス以外の原因による病態をも含むとの主張から，本ウイルスによる病気を infectious cuticular epithelial necrosis（ICEN）と呼ぶことを提案している論文もある（Jimenez et al., 2000）。本病は養殖池に収容14日後から40日後の稚エビに発生しやすいが，大きくなるまで本ウイルスに接触したことのないエビではある程度大きくなっても感染する。急性感染の場合，罹病エビの体色はやや赤みを帯びたようになり，特に尾節および遊泳脚は顕著に赤くなり，"red tail disease" とも呼ばれる。脱皮中に死亡することが多い。体表，鰓，胃や腸の上皮細胞には巣状壊死が認められ，核濃縮あるいは核崩壊が起きており，ホイルゲン反応は陽性である。これらの細胞の細胞質には大きさ1～20μm のエオシン好性から弱好塩基性に染まる球状体（spherical body）が多数認められる。これらの病変は肉眼的にコショウをふったような（peppered），あるいは散弾銃で撃ったような（buckshot-riddled）状態にみえ，本病の特徴的な症状とされている。慢性感染あるいは回復期のエビには細菌性甲殻病に見られるような甲皮における黒点（メラニン）がしばしば認められる。

Reo-like virus：フランスで飼育されていたクルマエビに大量死が発生し，調べたところレオウイルス様のウイルスの感染が認められた。

本ウイルスの実験的病原性は低く，また自然発生例では *Fusarium* など他の微生物の関与やエビの飼育条件にも問題があったと考えられた（Tsing and Bonami, 1987）．このウイルスは大きさ約 60 nm のエンベロープをもたない球形ウイルスであり，核酸として ds-RNA を有する．また，ハワイで飼育されていたクルマエビでGNS（gut and nerve syndrome）と呼ばれる病気が発生したが，この病気にもレオウイルス様のウイルスが関与していると考えられている（Lightner, 1988）．これらの例にみられるように，エビにおけるレオウイルスの重要性はいまのところあまりはっきりしていない．

LOVV（Lymphoid Organ Vacuolization Virus）：ウシエビ，レッドテイルプロウン，ホワイトレッグシュリンプ，ブルーシュリンプ，コウライエビなどのクルマエビ類において，リンパ様器官に"spheroids"と呼ばれる異常細胞が形成されることを特徴とする"idiopathic proliferative disease"なる病気がある．その原因については明らかにされていないが，メキシコで養殖されていたホワイトレッグシュリンプにおける症例については，原因としてLOVVと呼ばれるウイルスが疑われている（Bonami et al., 1992）．本ウイルスは大きさ 52～54 nm（カプシド 30～31nm）のエンベロープを有する球形ウイルスであり，リンパ様器官細胞に感染し，細胞の空胞化をおこし，細胞内にエオシン好性もしくは弱好塩基性，ホイルゲン反応陰性の封入体を形成する．上記の性状から本ウイルスはトガウイルス科に分類されると考えられている．アジアのクルマエビ類に認められる"idiopathic proliferative disease"にLOVVが関与しているかどうかははっきりしていない．

YHV（Yellow Head Virus）：1990 年よりタイで養殖されていたウシエビに yellow head disease（YHD）と名付けられた新しいウイルス病が発生し，大きな被害をもたらすようになった．原因ウイルス YHV は最初バキュロウイルスの近縁種として報告されたが，後に核酸がDNAではなく RNA であることが明らかになった（Wongteerasupaya et al., 1995b）．YHVは ssRNAを有するエンベロープをもつ桿状（44±6×173±13 nm）のウイルスであり，Nidoviridae 科に属すると考えられた（Sittidilokratna et al., 2002）．更に，OIE（2003）のマニュアルによれば，新設の Roniviridae 科の新属 *Okavirus* 属に分類されている．YHVはタイおよびインド（Mohan et al., 1998）で養殖ウシエビに比較的高い死亡率をもたらしているが，台湾で養殖されていたクルマエビ，ウシエビおよびホワイトレッグシュリンプにも発生しており（Wang et al., 1996; Wang and Chang, 2000; Lien et al., 2002），アメリカ大陸でも認められるという（Durand et al., 2000）．

YHVに感染したウシエビ（稚エビもしくは養殖開始 2ヶ月程度までの幼エビ）は，突然食欲を増し，数日後に今度はぱったり食欲がなくなり，死亡する個体が出始める．その後数日以内に池のほとんどのエビが発病し，累積死亡率は時に100％近くに達する．罹病エビの頭胸部は黄色味を帯び，鰓の色も淡黄色から褐色に変わる．リンパ様器官，造血組織，体表の上皮組織および血球などにおいて巣状的およびびまん的壊死が認められ，細胞核の縮小・崩壊，細胞質内における好塩基性で球形の封入体の形成が認められる．血球の浸潤や凝集などの炎症反応も起こるが，細菌などの二次感染がない場合は一般に軽度である．

3）疫　　学

序で述べたように，現在アジアおよび中南米を中心に世界的にエビ養殖が盛んであるが，いずれの地域においてもウイルスによる病害問題は深刻化している．しかしすべてのウイルス病が世界中で流行しているわけではなく，地域により病気の種類はある程度異なっている．すなわち，東半球（アジア）では MBV, WSSV, お

20. 外国におけるクルマエビ類のウイルス病

およびYHVによる病気が流行し，西半球（中南米）ではBPおよびTSVによる病害が問題になっている．SMVやLOV/GAV感染症は主としてオーストラリアで認められている．一方IHHNVやHPV感染症は両半球において発生している（Lightner and Redman, 1998a）．しかし最近ではWSSVは中南米でも猛威を振るっており，逆にTSVが台湾でも発生し，ウイルスの分布地図は年々書き換えられつつある．新たな地域への新しいウイルス病の伝播は，日本におけるPAV（WSD）の例に見られるように，種苗の導入に伴って起こる場合が多い．日本でもこのPAVの侵入による苦い経験から，種苗の導入時に特定の病原体に対する検疫制度がようやく制定された．しかし，この制度で予め想定された病原体のもち込みは阻止し得るが，予期せぬ病原体の侵入に対しては無効であり，今後も新たな病原体の侵入は十分起こり得ると考えられる．また種苗以外のものを介する伝播の可能性もあり，例えば，東南アジアから米国に輸入された食用の冷凍ウシエビから感染力を保持したWSSVおよびYHVがかなり高率に検出されている（Durand et al., 2000）．

先に示したウイルスの多くは，宿主の発達段階によりその病原性がかなり異なる．あるウイルス病は主に幼生や若いポストラーバに発生し，種苗生産場で問題となるが，別のウイルスは主にポストラーバ以降に感染し，養殖場でその被害が問題となる．例えば，IHHNVはブルーシュリンプにおいて垂直伝播するが，幼生期やポストラーバの早い時期には発症せず，PL-35以降に初めて病的症状を示す．このような現象はTSV感染症（タウラ症候群）においてもみられ，またクルマエビにおいても幼生や若いポストラーバはWSSV（PRDV）に感受性を示さないことが実験的に確認されている（Venegas et al., 1999）．逆にバキュロウイルス性中腸腺壊死症やBP-typeバキュロウイルス感染症は幼生期や若いポストラーバにもっぱら発生する．

新しいウイルス病が発生した直後は，死亡率が高く甚大な被害を与えるが，しばらくすると死亡率は低下し，被害があまり問題とならなくなる現象がいくつかのエビのウイルス病で認められている．例えば，タイでは最初にYHDが登場した時の被害は甚大であったが，僅か1年半ばかりでウシエビは本ウイルスに対する耐性を獲得し，発病率あるいは死亡率は急激に低下したという．またWSSに対しても同様の変化が認められている（Flegel et al., 1997）．この変化は非常に短期間のうちに起きていることから，宿主の世代交代による抵抗性の向上によるものではなく，あくまでもエビの個体における抵抗性の獲得によると考えられる．Flegel and

表II-20-4 主要なウイルス病の診断法およびウイルスの検出法

方法	IHHNV	HPV	MBV	BP	WSSV	TSV	YHV
顕微鏡観察	＋	＋＋	＋＋	＋	＋	＋	
位相差・暗視野顕微鏡観察	－	－	＋	＋	＋	－	－
病理組織観察	＋	＋	＋	＋	＋	＋＋	＋＋
バイオアッセイ（感染実験）	＋	－	－	＋	＋	＋＋	＋＋
電顕観察（TEM）	＋	＋	＋	＋	＋	＋	＋
蛍光抗体法	(＋)	(＋)	－	＋	＋	＋	－
ELISA（PAb）	(＋)	－	－	＋	－	＋	(＋)
ELISA（MAb）	(＋)	(＋)	－	＋	－	(＋)	(＋)
DNAプローブ	＋＋	＋＋	＋	＋	＋	＋＋	＋
PCR	＋＋	＋＋	＋	＋＋	＋＋	＋	＋

－：使用されていない，＋：使用できる，(＋)：研究用には開発されている，＋＋：多用される，
PAb：ポリクローナル抗体，MAb：モノクローナル抗体 （Lightner and Redman, 1998bを一部改変）

Pashanawipas（1998）は active viral accomodation なる新しい概念を提唱しており，それによれば一度あるウイルスに感染したエビでは同じウイルスの感染を再び受けても，ウイルスは増殖するかもしれないがそれに続くアポトーシスは起こらず，宿主が死ぬことはないと考えられている．抵抗性を獲得するメカニズムについては不明であるが，クルマエビにおいてもWSSVに対して免疫様現象が認められることが実験的に確認されている（Venegas et al., 2000; Wu et al., 2002）．いずれにせよ，クルマエビ類におけるウイルスに対する抵抗性の獲得機構については今後急速に研究が進むものと思われる．

4）診　　断

Lightner and Redman（1998b）はクルマエビ類のウイルス病の診断法およびウイルスの検出法について纏めているが，ここでは彼らの示した表から主要なウイルスを抜粋し，さらに一部新しい情報（Tang and Lightner, 1999；Hasson et al., 1999; Sithigorngul et al., 2000）を加え表Ⅱ-20-4 を作成した．最初に述べたように，これらのウイルスを分離・培養することが可能な樹立化細胞はないため，多くの場合顕微鏡観察により推定診断がなされ，確定診断には通常 PCR 法が用いられる．微量のウイルスの検出，すなわちウイルスキャリアーの検出には PCR 法は適しているが，病エビの診断法としては必ずしも適しているとはいえない．すなわち，他の原因で死亡したようなエビにおいても，もし PCR 検査の対象としたウイルスが微量に存在すれば，検査結果は陽性となり，誤った診断につながることがあり得る．そのような恐れのある場合は組織切片を用いて蛍光抗体法なり In situ hybridization 法なりで裏付けをとる必要がある．また，MBV-type baculovirus 感染症では，中腸腺や腸の押しつぶし標本中や糞中の球状の包埋体の観察により診断が可能である．なお，最近 IHHNV に対する Real-time PCR が開発され，定量性があることから診断にも使用し得ると考えられる（Tang and Lightner, 2001）．

5）対　　策

魚類のウイルス病と同様，化学療法がまったく期待できないことから，予防に主眼をおくことになる．予防法の第一は，防疫にあり，ウイルスを保持している可能性のあるエビを種苗生産場なり養殖場にもち込まないことが肝要である．すなわち SPF（specific pathogen-free）の種苗を生産し，養殖種苗とすることが肝要である．多くのウイルス病において，ウイルスキャリアーの検出法として PCR 法が確立されている．BP, MBV あるいは BMNV などは親エビの糞を介して幼生に感染するので，その経路を遮断するだけでも被害は大幅に軽減できる．またBPに対しては塩素，オゾン，あるいはヨード剤による卵の消毒も有効であるとされている．

しかし既に対象とするウイルスが蔓延しているような地域においては，SPF 種苗の導入はあまりよい結果をもたらさない．このような地域では，そのウイルスに抵抗性を有する系群（SPR：specific pathogen resistant）を作出する育種が重要な予防対策となる．例えば，IHHNV あるいは TSV に対し抵抗性を有するブルーシュリンプ種苗（Super Shrimp TM）が作出され，実際に中南米でそれらをもちいてよい成績が得られている（Lightner and Redman, 1998a）．しかし，TSV 耐性育種により作出されたエビの成長が悪かったという報告もあり（Argue et al., 2002），耐病性育種はさほど容易ではないと思われる．

第三の方法として予防免疫が考えられる．エビ類は抗体を産生せず適応免疫をもたないとされているが（Söderhäll and Thörnqvist, 1997），先に述べたように WSSV, YHV あるいは TSV

に対してクルマエビ類が免疫様現象を示すことが認められている．したがって，それを応用すれば，予防免疫も不可能ではないと思われる．不活化したWSSVに浸漬することによりウシエビに防御力を賦与し得たとする断片的な記述もあるが（Flegel et al., 1997），最近の実験によれば不活化したWSSVをクルマエビに接種してもあまり高い防御力は賦与されなかったが，WSSV構造タンパクの組換えタンパク質を用いた注射免疫は有効であった（Namikoshi et al., 2003）．

グルカンやLPS等の免疫賦活剤の投与がエビ類におけるウイルス病の被害を軽減し得ると考えられ，いくつかのウイルス病で試されている．LPS投与によるクルマエビにおけるWSSVに対する抵抗性の向上が報告されているが（Takahashi et al., 2000），TSV感染症に対するホワイトレッグシュリンプの抵抗性を高めるグルカンの効果にはばらつきが認められる（Lightner and Redman, 1998a）．

最後に，全般的な飼育管理の改善があげられ，比較的病原性の低いウイルス，例えばBPなどに対しては実際に有効であったといわれている．現在タイではWSSVによる被害が減少しつつあるが，前述したようにウシエビが何らかのメカニズムで抵抗性を獲得したこと，あるいはSPF種苗の供給が実施されていることなどが影響していると考えられるが，同時に進められている池の底質改善の努力が反映されていると見ることができる． （室賀清邦）

引用文献

Ahne, W. (1985)：*Argulus foliaceus* L. and *Philonetra geometra* L. as mechanical vectors of spring viremia of carp virus (SVCV). *J. Fish Dis.*, 8, 241-242.

Ahne, W., G. Kurath and J. R. Winton (1998)：A ribonuclease protection assay can distinguish spring viremia of carp virus from pike fry rhabdovirus. *Bull. Eur. Ass. Fish. Pathol.*, 18, 220-224.

Ahne, W., V. Bjorklund, S. Essbauer, N. Fijan, G. Kurath and J.R. Winton (2002)：(Review) Spring viremia of carp (SVC). *Dis. Aquat. Org.*, 52, 261-272.

Amend, D. F. (1970)：Control of infectious hematopoietic necrosis virus disease by elevating the water temperature. *J.Fish.Res.Board Can.* 27, 265-270.

Amend, D. F. (1975)：Detection and transmission of infectious hematopoietic necrosis virus in rainbow trout. *J. Wildl. Dis.*, 11, 471-478.

Amend, D. F. (1976)：Prevention and control of viral diseases of salmonids. *J. Fish. Res. Board Can.*, 33, 1059-1066.

Amend, D. F. and V. C. Chambers (1970)：Morphology of certain viruses of salmonid fishes. I. In vitro studies of some viruses causing hematopoietic necrosis. *J. Fish. Res. Board Can.*, 27, 1385-1388.

Amend, D. F. and J. P. Pietsch (1972)：Virucidal activity of two iodophores to salmonid viruses. *J. Fish. Res. Board Can.*, 29, 61-65.

Amend, D. F. and L. Smith (1974)：Pathophysiology of infectious hematopoietic necrosis virus disease in rainbow trout (*Salmo gairdneri*)：Early changes in blood and aspects of immune response after injection of IHN virus. *J. Fish. Res. Board Can.*, 31, 1371-1378.

Amend, D. F., W. T. Yasutake and R. W. Mead (1969)：A hematopoietic virus disease of rainbow trout and sockeye salmon. *Trans.Am. Fish.Soc.*, 98, 796-804.

Amlacher, E. (1976)：Taschenbuch der Fischkrankheiten. 3. Aufl. Gustav. Fischer Verlag, Stuttgart, New York. 394p.

Anderson, I., C. Barlow, S. Fielder, D. Hallam, M. Heasman and M. Rimmer (1993)：Occurrence of the picorna-like virus infecting barramundi. *Austasia Aquacult.*, 7, 42-44.

Arakawa,C. K., D. A. Hursh, C. N. Lannan, J. S. Rohovec and J. R. Winton (1989)：Preliminary characterization of a virus causing infectious anemia among stocks of salmonid fish in the western United States. In "Viruses of lower vertebrates" (ed.by W. Ahne and E. Kurstak). Springer-Verlag, Berlin, pp.442-450.

Arakawa,C. K., R. E. Deering, K. H. Higman, K.H. Oshima, P.J. O'Hara and J.R.Winton (1990)：Polymerase chain reaction (PCR) amplification of a nucleoprotein gene sequence of infectious hematopoietic necrosis virus. *Dis. Aquat.Org.*, 8, 165-170.

Argue, B.J., S.M. Arce, J.M. Lotz and S. M. Moss (2002)：Selective breeding of Pacific white shrimp (*Litopenaeus vannamei*) for growth and resistance to Taura syndrome virus. *Aquaculture*, 204, 447-460.

有元 操・丸山敬悟・古澤 巌 (1994)：シマアジのウイルス性神経壊死症の発生状況．魚病研究，29, 19-24.

Arimoto, M., K. Mushiake, Y. Mizuta, T. Nakai, K. Muroga and I. Furusawa (1992)：Detection of striped jack nervous necrosis virus (SJNNV) by enzyme-linked immunosorbent assay (ELISA). *Fish Pathol.*, 27,191-195.

第Ⅱ章　ウイルス病

Arimoto, M., K. Mori, T. Nakai, K. Muroga and I. Furusawa (1993) : Pathogenicity of the causative agent of viral nervous necrosis disease in striped jack, *Pseudocaranx dentex* (Bloch & Schneider). *J. Fish Dis.*,16, 461-469.

Arimoto, M., J. Sato, K. Maruyama, G. Mimura and I. Furusawa (1996) : Effect of chemical and physical treatments on the inactivation of striped jack nervous necrosis virus (SJNNV). *Aquaculture*, 143, 15-22.

Aso,Y., J.Wani, D.A.S. Klenner and M.Yoshimizu(2001) : Detection and identification of *Oncorhynchus masou* virus by polymerase chain reaction (PCR). *Bull. Fac. Fish. Hokkaido Univ.*, 52, 111-116.

Bekesi, L. and L. Csontos (1985) : Isolation of spring viremia of carp virus from asymptomatic broodstock carp, *Cyprinus carpio* L. *J. Fish Dis.*, 8, 471-472.

Bell, T. A. and D. V. Lightner (1987) : IHHN disease of *Penaeus stylirostris*: effects of shrimp size on disease expression. *J. Fish Dis.*, 10, 165-170.

Bellet,R. (1965) : Viral hemorrhagic sepicemia (VHS) of the rainbow trout bred in France. *Ann.N.Y.Acad.Sci.*, 126 (Part.1), 461-467.

Besse, P. (1955) : Recherches sur l'etiology de l'anemie infectieuse de la truite. *Bull.Acad.Vet.France*, 28, 194-198.

Besse, P. (1956) : L'anemie pernicieuse des truites. *Ann. Stat. Centr. Hydrobiol.*, 6, 441-467.

Besse, P. and P. De Kinkelin (1966) : Sur l'existence en France de la necrose pancreatique de la truite arc-en-ciel (*Salmo gardneri*). *Bull. Acad. Vet.France*, 38, 185-190.

Besse, P., J. C. Levaditi, J. C. Guillin, and P. De Kinkelin (1965) : Occurrence of viral disease in the rainbow trout hatcheries in France. First histopathological results. *Ann. N. Y. Acad. Sci.* 126 (Part. 1), 543-546.

Billi, J. L. and K. Wolf (1969) : Quantitative comparison of peritoneal washes and faeces for detecting infectious pancreatic necrosis (IPN) virus in carrier brook trout. *J. Fish. Res. Board Can.*, 26, 1459-1465.

Bjorklund, H.V., G. Emmenegger and G. Kurath (1995) : Comparison of the polymerases (L genes) of spring viremia of carp virus and infectious hematopoietic necrosis virus. *Vet. Res.*, 26, 394-398.

Bjorklund, H.V., K.H. Higman and G. Kurath (1996) : The glycoprotein genes and gene junctions of the fish rhabdovirus spring viremia of carp virus and hirame rhabdovirus: analysis of relationships with other rhabdoviruses. *Vet. Res.*, 42, 65-80.

Blake, S., D. Bouchard, W. Keleher, M. Opitz and B.L. Nicholson (1999) : Genomic relationships of the North American isolate of infectious salmon anemia virus (ISAV) to the Norwegian strain of ISAV. *Dis. Aquat. Org.*, 35, 139-144.

Bonami, J. R., F. Cousserans, M. Weppe and B. J. Hill (1983) : Mortalities in hatchery-reared sea bass fry associated with a birnavirus. *Bull. Eur. Ass. Fish Pathol.*, 3, 41-42

Bonami, J.R., D.V. Lightner, R.M. Redman and B.T. Poulos (1992) : Partial characterization of a togavirus (LOVV) associated with histopathological changes of the lymphoid organ of penaeid shrimps. *Dis. Aquat. Org.*, 14, 145-152.

Bonami, J.R., L.D. Bruce, B.T. Poulos, J. Mari and D.V. Lightner (1995) : Partial characterization and cloning of the genome of PvSNPV (=BP-type virus) pathogenic for *Penaeus vannamei*. *Dis. Aquat. Org.*, 23, 59-66.

Bouchard, D., W. Keleher, H. M. Opitz, S. Blake, K.C. Edwards and B.L. Nicholson (1999) : Isolation of infectious salmon anemia virus (IASV) from Atlantic salmon in New Brunswick, Canada. *Dis. Aquat. Org.*, 35, 131-137.

Bower, S.M., S.E. McGladdery and I.M. Price (1994) : Synopsis of infectious diseases and parasites of commercially exploited shellfish. *Ann. Rev. Fish Dis.*, 4, 1-199.

Brock, J. A. and D. V. Lightner (1990) : Diseases of crustacea. Diseases caused by microorganisms. In "Diseases of marine animals, Vo. III" (ed. by O. Kinne), Biological Anstalt Helgoland, Hamberg, pp. 245-349.

Brock, J. A., R. B. Gose, D. V. Lightner and K.W. Hason (1997) : Recent developments and an overview of Taura syndrome of farmed shrimp in the Americas. In "Diseases in Asian aquaculture III" (ed. by T.W. Flegel and I.H. MacRae), FHS/AFS, Manila, pp.275-283.

Brunson,R., K. True and J. Yancey (1989) : VHS virus isolated at Makah National Fish Hatchery. *Am. Fish. Soc., Fish Health Sec., News Letter*, 17, 3-4.

Caipang, C. M., I. Hirono and T. Aoki (2003) : Development of a real-time PCR assay for the detection and quantification of red seabream iridovirus (RSIV). *Fish Pathol.*, 38, 1-7.

Castric, J., T. Thiery, J. Jeffroy, P. de Kinkelin and J.C. Raymond (2001) : Sea bream *Sparus aurata*, an asymptomatic contagious fish host for nodavirus. *Dis. Aquat. Org.*, 47, 33-38.

Chen, L.-L., J.-H. Leu, C.-J. Huang, C.-M. Chou, S.-M. Chen, C.-H. Wang, C.-F. Lo and G.-H. Kou (2002) : Identification of a nuceocapsid protein (VP35) gene of shrimp white spot syndrome virus and characterization of the motif important for targeting VP35 to the nuclei of transfected insect cells. *Virology*, 293, 44-53.

Chew-Lim, M., S.Y. Chong and M. Yoshimizu (1998) : A nodavirus isolated from grouper (*Epinephelus tauvina*) and seabass (*Lates calcarifer*). *Fish Pathol.*,33, 447-448.

Chou, H.Y., C.Y. Huang, C.H. Wang, H.C. Chiang and C.F.

引用文献

Lo (1995): Pathogenicity of a baculovirus infection causing white spot syndrome in cultured penaeid shrimp in Taiwan. *Dis. Aquat. Org.*, 23, 165-173.

Chou, H.-Y., C.-C. Hsu and T.-Y. Peng (1998): Isolation and characterization of a pathogenic iridovirus from cultured grouper (*Epinephelus* sp.) in Taiwan. *Fish Pathol.*, 33, 201-206.

Christie, K. E. (1997): Immunization with viral antigens: Infectious pancreatic necrosis. In "Fish vaccinology" (ed. by R. Gudding, A. Lillehaug, P. J. Midtlyng and F. Brown), Karger, Basel, pp.191-199.

Chua, F. H. C., M. L. Ng, K. L. Ng, J. J. Loo and J. Y. Wee (1994): Investigation of outbreaks of a novel disease, 'sleepy grouper diseases', affecting the brown-spotted grouper, *Epinephelus tauvina* Forskal. *J. Fish Dis.*, 17, 417-427.

Comps, M., B. Menu, J. Breuil and J.-R. Bonami (1991): Viral infection associated with rotifer mortalities in mass culture. *Aquaculture*, 93, 1-7.

Comps, M., M. Trindade and Cl. Delsert (1996): Investigation of fish encephalitis viruses (FEV) expression in marine fishes using DIG-labelled probes. *Aquaculture*, 143, 113-121.

Cox, N. J., F. Fuller, N. Kaverin, H.-D. Klenk, R. A. Lamb, B. W. J. Mahy, J, McCauley, K. Nakamura, P. Palese and R. Webster (2000): Family Orthomyxoviridae. In "Virus taxonomy. Seventh report of the International Committee on Taxonomy of Viruses" (ed. by M. H.V. van Regenmortel, C. M. Fauquet, D. H. L. Bishop, E. B. Carstens, M. K. Estes, S. M. Lemon, J. Maniloff, M. A. Mayo, D. J. McGeoch, C. R. Pringle and R. B. Wickner), Academic Press, London, pp.585-597.

Crane, M. S., P. Hardy-Smith, L. M. Williams, A. D. Hyatt, L. M. Eaton, A. Gould, J. Handlinger, J. Kattenbelt and N. Gudkovs (2000): First isolation of an aquatic birnavirus from farmed and wild fish species in Australia. *Dis. Aquat. Org.*, 43, 1-14.

Cunningham, C.O. and M. Snow (2000): Genetic analysis of infectious salmon anaemia virus (ISAV) from Scotland. *Dis. Aquat. Org.*, 41, 1-8.

Dalla Valle, L., L. Zanella, P. Patarnello, L. Paolucci, P. Belvedere and L. Colombo (2000): Development of a sensitive diagnostic assay for fish nervous necrosis virus based on RT-PCR plus nested PCR. *J. Fish Dis.*, 23, 321-327.

Danayadol, Y., S. Direkbusarakom, S. Booyaratpalin, T. Miyazaki and M. Miyata (1997): Iridovirus infection in brown-spotted grouper (*Epinephelus malabaricus*) cultured in Thailand. In "Diseases in Asian aquaculture III" (ed. by T. W. Flegel and I. H. MacRae), FHS/AFS, Manila, pp.67-72.

Dannevig, B. H. and K. E. Thorud (1999): Other viral diseases and agents of cold-water fish: Infectious salmon anaemia, pancreas disease and viral erythrocytic necrosis. In "Fish diseases and disorders Vol.3, Viral, bacterial and fungal infections" (ed. by P.T.K. Woo and D.W. Bruno), CAB International Publishingm Wallingford, pp.149-158.

Dannevig, B.H., K. Falk and E. Skjerve (1994): Infectivity of internal tissues of Atlantic salmon, *Salmo salar* L., experimentally infected with the etiological agent of infectious salmon anemia (ISA). *J. Fish Dis.*, 17, 613-622.

Dannevig, B. H., K. Falk and E. Namork (1995): Isolation of the causal virus of infectious salmon anemia (ISA) in a long-term cell line from Atlantic salmon head kidney. *J.Gen.Virol.*, 76, 1353-1359.

De Kinkelin, P. (1973): Proorietes in vitro du virus d'Egtved. In "Symposium on the major communicable fish diseases in Europe and their control" (ed. By W. A. DILL), FAO, EIFAC Tech. Pap. 17, Supple, 2. pp.28-33.

De Kinkelin,P. and M.Dorson (1973): Interferon production in rainbow trout (*Salmo gairdneri*) experimentally infected with Egtved virus. *J.Gen.Virol.* 19, 125-127.

De Kinkelin,P., M. Leberre and A. Meurillon (1974): Septicemia hemorrhagique virale: demonstration de letat refractaire du saumon coho (*Oncorhynchus kisutch*) et de la truite fario (*Salmo trutta*). *Bull. Fr. Piscic.* 253, 166-176.

Devold, M., B. Krossoy, V. Aspehaug and A. Nylund (2000): Use of RT-PCR for diagnosis of infectious salmon anemia virus (ISAV) in carrier sea trout *Salmo trutta* after experimental infection. *Dis. Aquat. Org.*, 40, 9-18.

Direkbusarakom, S., A. Herunsalee, M. Yoshimizu and Y. Ezura (1996): Antiviral activity of several Thai traditional herb extracts against fish pathogenic viruses. *Fish Pathol.*, 31, 209-213.

Dobos, P. (1995): The molecular biology of infectious pancreatic necrosis virus. *Ann. Rev. Fish Dis.*, 5, 25-54.

Dobos, P. and T. E. Roberts (1982): The molecular biology of infectious pancreatic necrosis virus: a review. *Can. J. Microbiol.*, 29, 377-384.

Dobos, P., B.J. Hill, R. Hallet, D.T.C. Kells, H.Becht and D. Teninges (1979): Biophysical and biochemical characterization of five animal viruses with bi-segmented double-stranded RNA genomes. *J. Virol.*, 32, 593-605.

Dorson, M. (1988): Vaccination against infectious pancreatic necrosis. In "Fish vaccination" (ed. by A.E. Ellis), Academic Press, New York, pp.162-171.

Dorson, M. and P. De Kinkelin (1974): Mortality and interferon production in rainbow trout experimentally infected with Egtved virus; role of temperature. *Ann. Rech. Veter.* 5, 365-372.

第Ⅱ章 ウイルス病

Durand, S. V., K. F. J. Tang and D. V. Lightner (2000): Frozen commodity shrimp: Potential avenue for introduction of white spot syndrome virus and yellow head virus. *J. Aquat. Anim. Health*, 12, 128-135.

Eaton, B. T., A. D. Hyatt and S. Hengstberger (1991a): Epizootic haematopoietic necrosis virus: purification and classification. *J. Fish Dis.*, 14, 157-169.

Eaton, W. D., W. H. Wingfield and R. P. Hedrick (1991b): Comparison of the DNA homology of five salmonid herpesviruses. *Fish Pathol.*, 26, 183-187.

江草周三 (1988): サケ科魚類の伝染性膵臓壊死症.「改訂増補 魚病学 感染症・寄生虫病編」, 恒星社厚生閣, 東京, pp.23-30.

江草周三・反町 稔 (1986): ブリ稚魚の yellowtail ascites virus (YAV) 感染症の病理組織学的研究. 魚病研究, 21, 113-121.

Eou, J.-I., M.-J. Oh, S.-J.Jung, Y.-H. Song and T.-J. Choi (2001): The protective effect of recombinant glycoprotein vaccine against HIRRV infection. *Fish Pathol.*, 36, 67-72.

Eskildsen, U. K. and P. E. V. Jorgensen (1973): On the possible transfer of trout pathogenic viruses by gulls. *Riv.It. Piscic.Ittiop.*, 8, 104-105.

Evensen, O., K. E. Thorud and Y. A. Olsen (1991): A morphological study of the gross and light microscopic lesions of infectious anemia in Atlantic salmon (*Salmo salar*). *Res. Vet. Sci.*, 51, 215-222.

Falk, K. and B. H. Dannevig (1995): Demonstration of infectious salmon anemia (ISA) viral antigens in cell culture and tissue sections. *Vet. Res.*, 26, 499-504.

Falk, K., E. Namork, E. Rimstad, S. Mjaaland and B.H. Dannevig (1997): Characterization of infectious salmon anemia virus, an orthomyxo-like virus isolated from Atlantic salmon (*Salmo salar* L.). *J. Viriol.*, 71, 9016-9023.

Falk, K., E. Namork and B. H. Dannevig (1998): Characterization and application of a monoclonal antibody against infectious salmon anemia virus. *Dis. Aquat.Org.*, 34, 77-85.

Fijan, N.(1972): Infectious dropsy in carp–a disease complex. In "Diseases of fish. Symposia of the Zoological Society of London" (ed. by L.E. Mawdesley-Thomas), Academic Press, London, pp.39-51.

Fijan, N. (1988): Vaccination against spring viremia of carp. In "Fish vaccination" (ed. by A.E. Ellis), Academic Press, London, pp.204-215.

Fijan, N. (1999): Spring viremia of carp and other viral diseases and agents of warm-water fish. In "Fish diseases and disorders Vol. 3: Viral, bacterial and fungal infections" (ed. by P.T.K. Woo and D.W. Bruno), CABI Publishing, Wallingford, UK, pp.177-244.

Fijan, N., Z. Petrinec, D. Sulimanovic and L.O. Zwillenberg (1971): Isolation of the viral causative agent from the acute form of infectious dropsy of carp. *Vet.Arh.*,41, 125-138.

Flegel, T. W. and T. Pashanawipas (1998): Active viral accomodation: a new concept for crustacean response to viral pathogens. In "Advances in shrimp biotechnology (Ed. by T.W. Flegel)", National Center for Genetic Engineering and Biotechnology, Bangkok, pp.245-250.

Flegel, T.W., S. Boonyaratpalin and B. Withyachumnarnkul (1997): Progress in research on yellow-head virus and white-spot virus in Thailand. In "Diseases in Asian aquaculture Ⅲ" (ed. by T.W. Flegel and I. MacRae), FHS, AFS, Manila , pp.285-295.

Frantsi, C. and M. Savan (1971): Infectious pancreatic necrosis virus-temperature and age factors in mortality. *J. Wildlife Dis.*, 7, 249-255.

Fraser, C. A. and L. Owens (1996): Spawner-isolated mortality virus from Australian *Penaeus monodon*. *Dis. Aquat. Org.*, 27, 141-148.

Frerichs, G. N., H. D. Rodger and Z. Peric (1996): Cell culture isolation of piscine neuropathy nodavirus from juvenile sea bass, *Dicentrarchus labrax*. *J. Gen. Virol.*, 77, 2067-2071.

Frost, J. W. and S.Wellhouse (1974): Studies on the effect of temperature and glycerol on the inactivation of the virus of hemorrhagic septicaemia (VHS) of rainbow trout by use of the microtiter system. *Zentbl.Vet.Med.*, 21, 625-631.

Fryer, J. L. and C.N. Lannan (1994): Three decades of fish cell culture: A current listing of cell lines derived from fish. *J.Tissue Culture Methods*, 16, 87-94.

Fryer, J.L., A.Yusha and K.S. Pilcher (1965): The *in vitro* cultivation of tissue and cells of Pacific salmon and steelhead trout. *Ann.N.Y.Acad.Sci.*, 126, 566-586.

Fryer, J. L., J.S. Rohovec, G.L.Tebbit, J.S. Mcmichael and K.S. Pilcher (1976): Vaccination for control of infectious diseases in Pacific salmon. *Fish Pathol.*, 10, 155-164.

福田穎穂・桃山和夫・佐野徳夫 (1988): 日本国内における Monodon baculovirus 検出例. 日水誌, 54, 45-48.

福田穎穂・加藤宜昭・佐伯宏樹・岡本信明・佐野徳夫 (1989a): 連続継代による IHNV の弱毒化とクローン分離による弱毒 IHNV の選抜について. 日水誌, 55, 261-265.

福田穎穂・加藤宜昭・佐伯宏樹・佐野徳夫 (1989b): IHNV 弱毒クローンの IHN 防御免疫効果. 日水誌, 55, 479-484.

Fukuda, Y., H.D. Nguyen, M. Furuhashi and T. Nakai (1996): Mass mortality of cultured sevenband grouper, *Epinephelus septemfasciatus*, associated with viral nervous necrosis. *Fish Pathol.*, 31,165-170.

降幡 充・細江 昭・竹居 薫・小原昌和・中村 淳・本西 晃・吉水 守 (2003): ニジマスにおけるヘルペスウイ

引用文献

ルス症の発生. 魚病研究, 38, 23-25.

Ghittino, P. (1962）: L'ipertrofia renale degenerazione epatica infettiva della trota irideadi allevamento (Salmo gairdneri). Caratteristiche clniche, eziologiche ed anatomoistopatologiche. Vet.Ital., 13, 457-489.

Ghittino, P. (1965): Viral hemorrhagic septicemia (VHS) in raibow trout in Italy. Ann. N. Y. Acad. Sci. 126 (Part.1), 468-478.

Ghittino, P.(1970): Piscicoltura e ittiopatologia. Vol. 2. Ittiopatologia. Ed. Riv. Zootecnica, Milano., 420 p.

Ghittino, P.(1973): Viral hemorrhagic septicemia (VHS. (In "Symposium on the major communicable fish diseases in Europe and their control" (ed. By W.A.DILL), FAO, EIFAC Tech.Pap. No.17, Suppl.2, pp.4-11.

Gilmore, R. D., H. M. Engelking, D. S. Manning and J.C. Leong (1988) Expression in Escherichia coli of an epitope of the glycoprotein of infectious hematopoietic necrosis virus protects against viral challenge. Bio-Technology, 6, 295-300.

Glazebrook, J.S. and M.P. Heasman (1992): Diagnosis and control of picorna-like virus infections in larval barammundi, Lates calcarifer Bloch, in "Diseases in Asian aquaculture I" (ed. by M Shariff, R.P. Subasinghe, and J. R. Arthur), Fish Health Sec., Asian Fish. Soc. Manila, pp.267-272.

Goodwin, A.E.(2002): First report of spring viremia of carp virus (SVCV) in North America. J. Aquat. Anim. Health, 14, 161-164.

Gould, A. R., A. D. Hyatt, S. H. Hengstberger, R. J. Whittington and B.E.H. Coupar (1995): A polymerase chain reaction (PCR) to detect apizootic haematopoietic necrosis virus and Bohle iridovirus. Dis. Aquat. Org., 22, 211-215.

五利江重昭・中本幸一（1986）: ヒラメより分離されたウイルスの病原性. 魚病研究, 21, 177-180.

Graham, D.A., W. Curran, H.M. Rowley, D.I. Cox, D. Cockerill, S. Campbell and D. Todd (2002): Observation of virus particles in the spleen, kidney, gills and erythrocytes of Atlantic salmon, Salmo salar L., during a disease outbreak with high mortality. J. Fish Dis., 25, 227-234.

Griffiths, S., M. Cook, B. Mallory and R. Ritchie (2001): Characterisation of ISAV proteins from cell culture. Dis. Aquat. Org., 45, 19-24.

Grotmol, S. and G.K. Totland (2000): Surface disinfection of Atlantic halibut Hippoglossus hippoglossus eggs with ozonated sea-water inactivates nodavirus and increases survival of the larvae. Dis. Aquat. Org., 39, 89-96.

Guenther, R.W., S.W. Watson and R. R. Rucker (1959): Etiology of sockeye salmon "virus" diseases. U. S. Fish, Wildl. Serv. Spec. Sci. Rep., No.296, 10.

Guo, D.F., H.Kodama, M.Onuma, T.Kimura and M.Yoshimizu (1991): Comparison of different Oncorhynchus masou virus (OMV) strains by DNA restraction endonuclease cleavage analysis. Jpn. J. Vet. Res.,39, 27-37.

Halder, M. and W. Ahne (1988): Freshwater crayfish Astacus astacus–a vector for infectious pancreatic necrosis virus (IPNV). Dis. Aquat. Org., 4, 205-209.

原田隆彦・早川 穣・畑井喜司雄・窪田三朗・文谷俊雄・星合愿一・澤 伸介（1988）: 海面養殖ギンザケに見られた一疾病について, 魚病研究, 23, 271-272.

Hasson, K. W., D.V. Lightner, B. T. Poulos, R.M. Redman, B. L. White, J. A. Brock and J. R. Bonami (1995): Taura syndrome in Penaeus vannamei: demonstration of a viral etiology. Dis. Aquat. Org., 23, 115-126.

Hasson, K.W., D.V. Lightner, J. Mari, J.-R. Bonami, B.T. Poulos, L.L. Mohney, R. M. Redman and J. A. Brock (1999): The geographic distribution of Taura syndrome virus (TSV) in the Americas: determination by histopathological and in situ hybridization using TSV-specific cDNA probes. Aquaculture, 171, 13-26.

畑井喜司雄・安永統男・安元 進（1983）: 養殖トラフグの不明病. 長崎水試研報, 9, 59-61.

Hattori, M., H. Kodama, S. Ishiguro, A. Honda, T. Mikami and H. Izawa (1984): In vitro and in vivo detection of infectious pancreatic necrosis virus in fish by enzyme-linked immunosorbent assay. Ame. J. Vet. Res., 45, 1876-1879.

早川 穣・原田隆彦・山本雅一・畑井喜司雄・窪田三朗・文谷俊雄・星合愿一（1989）: 海面養殖ギンザケに見られたウイルス性貧血の病理組織学的研究, 魚病研究, 24, 203-210.

Hayashi,Y. and H.Izawa (1993): A monoclonal antibody cross-reactive with three salmonid herpesviruses. J. Fish Dis., 16, 474-486.

Hayashi,Y., H. Kodama, T. Mikami and H. Izawa (1987): Analysis of three salmonid herpesvirus DNAs by restriction endonuclease cleavage patterns. Jpn. J. Vet. Sci.,49, 251-260.

Hedrick, R. P. and J. L. Fryer (1982): Persistent infections of salmonid cell lines with infectious pancreatic necrosis virus (IPNV): A model for the carrier state in trout. Fish Pathol., 16, 163-172.

Hedrick, R. P., T. McDowell, W. D. Eaton, L. Chan and W.Wingfield (1986): Herpesvirus salmonis (HPV): First occurrence in anadromous salmonids. Bull. Eur. Ass. Fish Pathol., 6, 66-68.

Hedrick, R. P., T. McDowell, W. D. Eaton, T. Kimura and T. Sano (1987): Serological relationships of five herpesviruses isolated from salmonid fishes. J. Appl. Ichthol., 3, 87-92.

Hedrick, R.P., J.M. Groff, T.McDowell and W.H. Wingfield (1990): An iridovirus infection of the integument of the white sturgeon *Acipenser transmontanus*. *Dis. Aquat. Org.*, 8, 39-44.

Hedrick, R.P., O. Gilad, S. Yun, J. V. Spangenberg, G. D. Marty, R. W. Nordhausen, M. J. Kebus, H. Bercovier and A. Eldar（2000）：A herpesvirus associated with mass mortality of juvenile and adult koi, a strain of common carp. *J. Aquat. Anim. Health*, 12, 44-57.

Heuschmann,O.（1952）：Bauchwassersucht bei Regenbogenforellen. *Allg. Fisch-Ztg.*, 77, 214.

Hill, B. J.（1982）：Infectious pancreatic necrosis virus and its virulence. In "Microbial diseases of fish"（ed. by R.J. Roberts）, Academic Press, London, pp.91-114.

Hill, B.J. and K. Way（1995）：Serological classification of infectious pancreatic necrosis（IPN）virus and other aquatic birnaviruses. *Ann. Rev. Fish Dis.*, 5, 55-77.

Hill, B. J., B. O. Underwood, C. J. Smale and F. Brown（1975）：Physicochemical and serological characterization of five rhabdoviruses infecting fish. *J.Gen.Virol.*, 27, 369-378.

堀内三津幸・宮澤真紀・中田　実・飯田九州男・西村伸一郎（1989）：淡水養殖ギンザケのヘルペスウイルス感染例. 水産増殖, 36, 297-305.

Hsu, Y-L., H. M. Engelking and J. C. Leong（1986）：Occurrence of different types of infectious hematopoietic necrosis virus in fish. *Appl. Environ. Microbiol.*, 52, 1353-1361.

Huang, J., X. Song, J. Yu and C. Yang（1995）：Baculoviral hypodermal and hematopoietic necrosis— Study on the pathogen and pathology of the explosive epidemic disease of shrimp. *Marine Fish. Res.*, 16, 1-7.（In Chinese with English abstract）

Huang, M. T. F., D. S. Manning, M. Warner, E. B. Stephens and J. C. Leong（1986）：A physical map of the viral genome for infectious pancreatic nectosis virus Sp: analysis of cell-free translation products derived from viral cDNA clones. *J. Virol.*, 60, 1002-1011.

Hyatt, A., A. Gould, Z. Zupanovic, A. Cunningham, S. Hengstberger, R. Whittington, J. Kattenbelt and B.E. Coupar（2000）：Comparative studies of piscine and amphibian iridoviruses. *Archiv. Virol.*, 145, 301-331.

猪狩忠光・福田顕穂・佐野徳夫（1991）サケ科魚類ヘルペスウイルス分離株DNAの制限酵素切断パターンについて. 魚病研究, 26, 45-46.

Inglis, J.A, J. Bruce and C.O. Cunningham（2000）：Nucleotide sequence variation in isolates of infectious salmon anaemia virus（ISAV）from Atlantic salmon *Salmo salar* in Scotland and Norway. *Dis. Aquat. Org.*, 43, 71-76.

井上　潔（1988）：トラフグの"口白症"に関する研究. 北海道大学学位論文, 189 p.

井上　潔・安元　進・安永統男・高見生雄（1986）：養殖トラフグの"口白症"の病原体分離と復元実験. 魚病研究, 21, 129-130.

井上　潔・池谷文夫・山崎隆義・原　武史（1990）：IPNウイルスに対する市販消毒薬の殺ウイルス効果. 魚病研究, 25, 81-86.

Inouye, K., K. Yoshikoshi and I. Takami（1992）：Isolation of causative virus from cultured tiger puffer（*Takifugu rubripes*）affected by Kuchijirosho（snout ulcer disease）. *Fish Pathol.*, 27, 97-102.

井上　潔・山野恵祐・前野幸男・中島員洋・松岡　学・和田有二・反町　稔（1992）：養殖マダイのイリドウイルス感染症. 魚病研究, 27, 19-27.

井上　潔・三輪　理・大迫典久・中野平二・木村武志・桃山和夫・平岡三登里（1994）：1993年に西日本で発生した養殖クルマエビの大量死：電顕観察による原因ウイルスの検出. 魚病研究, 29, 149-158.

Inouye, K., K. Yamano, N. Ikeda, T. Kimura, H. Nakano, K. Momoyama, J. Kobayashi and S. Miyajima（1996）：The peaeid rod-shaped DNA virus（PRDV）, which causes penaeid acute viremia（PAV）. *Fish Pathol.*, 31, 39-45.

一色　正・川合研児・楠田理一（1989a）：天然採捕ブリ稚魚におけるYAV感染. 日水誌, 55, 633-637.

一色　正・川合研児・楠田理一（1989b）：養殖ブリにおけるYAVと抗YAV中和抗体の保有の推移. 日水誌, 55, 1305-1310.

一色　正・川合研児・楠田理一（1993）：採卵用ブリ親魚からのYAVと抗YAV中和抗体の検出. 魚病研究, 28, 65-69.

Isshiki, T., T.Nishizawa, T. Kobayashi, T. Nagano and T. Miyazaki（2001a）：An outbreak of VHSV（viral hemorrhagic septicemia virus）infection in farmed Japanese flounder *Paralichthys olivaceus* in Japan. *Dis. Aquat. Org.*, 47, 87-99.

Isshiki, T., T. Nagano and S. Suzuki（2001b）：Infectivity of aqabirnavirus strains to various marine fish species. *Dis. Aquat. Org.*, 46, 109-114.

Iwamoto, R., O.Hasegawa, S. LaPatra and M. Yoshimizu（2002）：Isolation and characterization of the Japanese flounder（*Paralichthys olivaceus*）lymphocystis disease virus. *J.Aquat. Anim. Health*, 14, 114-123.

Iwamoto, T., K. Mori, M. Arimoto and T. Nakai（1999）：High permissivity of the fish cell line SSN-1 for piscine nodaviruses. *Dis. Aquat. Org.*, 39, 37-47.

Iwamoto, T., T. Nakai, K. Mori, M. Arimoto and I. Furusawa（2000）：Cloning of the fish cell line SSN-1 for piscine nodaviruses. *Dis. Aquat. Org.*, 43, 81-89.

Iwamoto, T., K. Mori, M. Arimoto and T. Nakai（2001）：A conbined cell-culture and RT-PCR method for rapid detection of piscine nodaviruses. *J. Fish Dis.*, 24, 231-236.

Iwamoto, T., Y. Okinaka, K. Mise, K. Mori, M. Arimoto, T. Okuno and T. Nakai（2004）：Identification of host-specificity determiniants in betanodaviruses by using reassortants between striped jack nervous necrosis

引用文献

virus and sevenband grouper nervous necrosis virus. *J. Virol.*, **78**, 1256-1262.

Jensen, M. H. (1963) : Preparation of fish tissue cultures for virus research. *Bull. Off.Int.Epiz.*, **59**, 131-134.

Jensen, M. H. (1965) : Research on the virus of Egtved disease. *Ann. N.Y. Acad. Sci.*, **126** (Part 1), 422-426.

Jimenez, R., R. Barniol., L. de Barniol and M. Machuca (2000) : Periodic occurrence of epithelial viral necrosis outbreaks in *Penaeus vannamei* in Ecador. *Dis. Aquat. Org.*, **42**, 91-99.

Jorgensen, P. E. V. (1968) : Serological identification of Egtvet virus (Virus of viral haemorrhagic septicaemia of raibow trout). A preliminary report. *Bull. Off.I nt. Epiz.*, **69**, 985-989.

Jorgensen, P.E.V. (1970) : The survival of viral hemorrhagic septicemia (VHS) virus associated with trout eggs. *Riv.It. Piscic.Ittiop.*, **5**, 13-15.

Jorgensen, P. E. V. (1971) : Egtved virus: demonstration of neutralizing antibodies in serum from artificially infected raibow trout. *Jour.Fish.Res.Board Can.*, **28**, 875-877.

Jorgensen, P. E. V. (1972) Egtved virus: antigenic variation in 76 virus isolates examined in neutralization tests and by means of the fluorescent antibody technique. In "Diseases of fish" (ed. By L.E.Mawdesley-Thomas), Symp. Zool. Soc. London, No.30. Academic Press, London, pp.330-340.

Jorgensen, P.E.V. (1973a) : Artifical transmission of viral haemorrhagic septicaemia (VHS) of rainbow trout. *Riv. It. Piscic.Ittiop.*, **8**, 101-102.

Jorgensen, P. E. V. (1973b) : Inactivation of IPN and Egtved virus. *Riv.It.Piscic.Ittiop.*, **8**, 107-108.

Jorgensen, P. E. V., N. J. Olesen, W. Ahne and N. Lorenzen (1989) : SVCV and PFR viruses: serological examination on 22 isolates indicates close relationship between the two fish rhabdoviruses. In "Viruses of lower vertebrates" (ed. by W. Ahne and E. Kurstak), Springer-Verlag, Berlin, pp.349-366.

鄭 星珠・宮崎照雄・宮田雅人・大石 巧 (1996) : 神経壊死症ウイルスの新宿主スズキにおける病理組織像. 三重大学生物資源学部紀要, **16**, 9-16.

Jung, S., T. Miyazaki, M. Miyata, Y. Danayadol and S. Tanaka (1997) : Pathogenicity of iridovirus from Japan and Thailand for the red sea bream *Pagrus major* in Japan and histology of experimentally infected fish. *Fisheries Sci.*, **63**, 735-740.

笠井久会・吉水 守 (2001) : ヒラメ胚由来細胞2株の樹立. 北大水産彙報, **52**, 67-70.

Kasornchandra, J. and R. Khongpradit (1997) : Isolation and preliminary characterization of a pathogenic iridovirus in nursing grouper, *Epinephelus malabaricus*. In "Diseases in Asian aquaculture III" (ed. by T.W. Flegel and I.H. MacRae), FHS/AFS, Manila, pp.61-66.

川上秀昌・中島員洋 (2002) : 1996年から2000年にマダイイリドウイルス病が確認された海産養殖魚種. 魚病研究, **37**, 45-47.

Kibenge, F.S.B., O.N. Garate, G. Johnson, R. Arriagada, M.J.T. Kibenge and D. Wadowska (2001) : Isolation and identification of infectious salmon anaemia virus (ISAV) from coho salmon in Chile. *Dis. Aquat. Org.*, **45**, 9-18.

木村喬久・吉水 守 (1988) : 魚類病原ウイルスの保存法. 日本微生物保存連盟誌, **4**, 1-8.

Kimura, T. and M. Yoshimizu (1991) : Viral diseases of fish in Japan. *Annual Rev Fish Dis.*, **1**, 67-82.

Kimura, T., M.Yoshimizu and M. Tanaka (1981a) : Studies on a new virus (OMV) from *Oncorhynchus masou* -I. Characteristics and pathogenicity. *Fish Pathol.*, **15**, 143-147.

Kimura, T., M. Yoshimizu and M.Tanaka (1981b) : Studies on a new virus (OMV) from *Oncorhynchus masou* -II. Oncogenic nature. *Fish Pathol.*, **15**, 149-153.

木村喬久・吉水 守・田中 真 (1983) : サケ科魚類の稚仔魚期における OMV 感受性, 魚令と魚種間による相違. 魚病研究, **17**, 251-258.

Kimura,T., S. Suzuki and M. Yoshimizu (1983a) : In vitro antiviral effect of 9-(2-hydroxyethoxymethyl) guanine on the fish herpesvirus, *Oncorhynchus masou* virus (OMV). *Antiviral Res.*, **3**, 93-101.

Kimura, T., S. Suzuki and M. Yoshimizu (1983b) : In vivo antiviral effect of 9-(2-hydroxyethoxymethyl) guanine on experimental infection of chum salmon (*Oncorhynchus keta*) fry with *Oncorhynchus masou* virus (OMV). *Antiviral Res.*, **3**, 103-108.

Kimura, T., M. Yoshimizu and H. Yasuda (1984) : Rapid, simple serological diagnosis of infectious pancreatic necrosis by coagglutination test using antibody-sensitized staphylococci. *Fish Pathol.*, **19**, 25-33.

Kimura, T., M.Yoshimizu and S.Gorie (1986) : A new rhabdovirus isolated in Japan from cultured hirame (Japanese flounder) *Paralichthys olivaceus* and ayu *Plecoglossus altivelis*. *Dis.Aquat.Org.*, **1**, 209-217.

木村武志・山野恵祐・中野平二・桃山和夫・平岡三登里・井上 潔 (1996) : PCR法によるPRDVの検出. 魚病研究, **31**, 93-98.

Klingler, K. (1958) : Forellenfutterung und "Neue Krankheit" (Infektiose Nierenschwellung und Leberdegeneration der Regenbogenforellen-INuL). *Allg. Fisch. Ztg.*, **83**, 3-8.

Koener, J. F. and J. C. Leong (1990) : Expression of the glycoprotein gene from a fish rhabdovirus by using baculovirus vectors. *J.Virol.*, **64**, 428-430.

Krossøy, B., I. Holdvil, F. Nilsen, A. Nylund and C. Ebdressen (1999) : The putative polymerase sequence of infectious salmon anemia virus suggests a new genus within the Orthomyxoviridae. *J. Virol.*, **73**, 2136-

第Ⅱ章　ウイルス病

2142.

Krossøy, B., F. Nilsen, K. Falk, C. Endresen and A. Nylund (2001) : Phylogenetic analysis of infectious salmon anaemia virus isolates from Norway, Canada and Scotland. *Dis. Aquat. Org.*, **44**, 1-6.

Kumagai, A., K. Takahashi and H. Fukuda (1994) : Epizootics caused by salmonid herpesvirus type 2 infection in maricultured coho salmon. *Fish Pathol.*, **29**, 127-134.

熊谷　明・山岡茂人・佐藤　靖(1997): EIBS (赤血球封入体症候群)の防疫に関する研究.平成8年度魚病対策技術開発研究成果報告書,日本水産資源保護協会,東京, pp.102-107.

Kurita, J., K. Nakajima, I. Hirono and T. Aoki (1998) : Polymerase chain reaction (PCR) amplification of DNA of red sea bream iridovirus (RSIV). *Fish Pathol.*, **33**, 17-23.

楠田理一・一色　正(1987):ブリ稚魚のYAVに対する感受性.高知大海洋生物研究報告, **9**, 51-57.

楠田理一・加百克好・竹内康博・川合研児(1989):ヒラメ病魚から分離されたビルナウイルスの性状.水産増殖, **37**, 115-120.

Kusuda, R., Y. Nishi, N. Hosono and S. Suzuki (1993) : Serological comparison of birnaviruses isolated from several species of marine fish in south west Japan. *Fish Pathol.*, **28**, 91-92.

楠田理一・長戸政臣・川合研児(1994):マダイのイリドウイルス感染症病魚から分離されたウイルスの性状.水産増殖, **42**, 151-156.

Langdon, J. S. (1989) : Experimetal transmission and pathogenicity of epzootic haematopoietic necrosis virus (EHNV) in redfin perch, *Perca fluviatilis* L., and other 11 teleosts. *J. Fish Dis.*, **12**, 295-310.

Langdon, J. S. and J. D. Humphrey (1987) : Epizootic haematopietic necrosis, a new viral disease in redfin perch, *Perca fluviatilis* L., in Australia. *J. Fish Dis.*, **10**, 289-297.

Langdon, J.S., J.D. Humphrey, L.M. Williams, A.D. Hyatt and H.A. Westbury (1986) : First virus isolation from Australian fish: an iridovirus-like pathogen from redfin perch, *Perca fluviatilis* L. *J. Fish Dis.*, **9**, 263-268.

Langdon, J.S., J.D. Humphrey and L.M. Williams (1988) : Outbreaks of an EHNV-like iridovirus in cultured rainbow trout, *Salmo gairdneri* Richardson, in Australia. *J. Fish Dis.*, **11**, 93-96.

LaPatra, S.E., J. M. Groff, G. R. Jones, B. Munn, T. L. Patterson, R.A. Holt, A.K. Hauck and R.P. Hedrick (1994) : Occurrence of white sturgeon iridovirus infections among cultured white sturgeon in the Pacific Northwest. *Aquaculture*, **126**, 201-210.

LaPatra,S., N.Lorenzen and G.Kurath (2002) : A DNA vaccine against infectious hematopoietic necrosis virus. *Fisheries Sci.*, **68**, suppl.II: 1151-1156.

Leek, S.L. (1987) : Viral erythrocytic inclusion body syndrome (EIBS) occurring in juvenile spring chinook salmon (*Oncorhynchus tshawytscha*) reared in freshwater. *Can.J.Fish.Aquat.Sci.*, **44**, 685-688.

Liebmann, H.(1956): Ernahrungsstorungen und Degeneration als primare Ursache der Bauchwassersucht bei Fischen. *Berl. Munchen.Tieraztl. Wochschr.*, **69**, 21-25.

Liebmann, H., H. H. Reichenbach-Klinke and S. Riedmuller (1960) : Teich versuche zur sogenannten "Forellenseuche" (Egtved- Krankheit oder INuL). *Allg.Fisch.Ztg.*, **18**, 85.

Lien, T.-W., H.-C. Hsiung, C.-C. Huang and Y.-L. Song (2002) : Genomic similarity of Taura syndrome virus (TSV) between Taiwan and western hemisphere isolates. *Fish Pathol.*, **37**, 71-75.

Lightner, D.V. (1988) : Gut and nerve syndrome (GNS) of *Penaeus japonicus*. In "Disease diagnosis and control in North American marine aquaculture' (ed. by C.J. Sindermann and D.V. Lightner), Elsevier, Amsterdam, pp.104-107.

Lightner, D. V. (1996a) : Epizootiology, distribution and the impact on international trade of two penaeid shrimp viruses in the Americas. In "Preventing the spread of aquatic animal diseases), Scientific and Technical Review Vol.15, No.2, Office International des Epizooties, Paris, pp.579-601.

Lightner, D.V. (1996b) : A handbook of shrimp pathology and diagnostic procedures for diseases of cultured penaeid shrimp. World Aquacult. Soc., Baton Rouge, 304p.

Lightner, D.V. and R.M. Redman (1985) : A parvo-like virus disease of penaeid shrimp. *J. Invertebr. Pathol.*, **45**, 47-53.

Lightner, D.V. and R. M. Redman (1998a) : Strategies for the control of viral diseases of shrimp in the Americas. *Fish Pathol.*, **33**, 165-180.

Lightner, D. V. and R. M. Redman (1998b) : Shrimp diseases and current diagnostic methods. *Aquaculture*, **164**, 201-220.

Lightner, D.V., R. M. Redman and T. A. Bell (1983) : Infectious hypodermal and hematopoietic necrosis (IHHN), a newly recognized virus disease of penaeid shrimp. *J. Invertebr. Pathol.*, **42**, 62-70.

Lightner, D.V., T.A. Bell, R.M. Redman, L.L. Mohney, J. M. Natividad, A. Rukyani and A. Poernomo (1992) : A review of some major diseases of economic significance in penaeid prawns/shrimps of the Americas ans Indo-Pacific. In "Diseases in Asian aquaculture I"(ed. by M. Shariff, R. Subasinghe and J.R. Arthur), FHS/AFS, Manila, pp.57-80.

Lightner, D.V., R. M. Redman, K. W. Hasson and C. R. Pontoja (1995) : Taura syndrome in *Penaeus vannamei*: gross signs, histopathology and ultrastructure. *Dis.*

引用文献

Aquat. Org., 21, 53-59.

Lovely, J.E., B.H. Dannevig, K. Falk, L. Hutchin, A.M. MacKinnon, K.J. Melville, E. Rimstard and S.G. Griffiths (1999): First identification of infectious salmon anemia virus in North America with haemorrhagic kidney syndrome. *Dis. Aquat. Org.*, 35, 145-148.

Lowe, J. (1874): Fauna and flora of Norfolk. PartIV. *Tran. Norfolk and Norwick Nat. Soc. Fishes.* pp.21-56.

Lunder, T., K. Thorud, T.T. Poppe, R.A. Holt, J.S. Rohovec (1990): Particles similar to the virus of erythrocytic inclusion body syndrome, EIBS, detected in Atlantic salmon (*Salmo salar*) in Norway. *Bull. Eur. Ass. Fish Pathol.*, 10, 21-23.

Maeda, M., T. Itami, A. Furumoto, O. Hennig, T. Imamura, M. Kondo, I. Hirono, T. Aoki and Y. Takahashi (1998a): Detection of penaeid rod-shaped DNA virus (PRDV) in wild-caught shrimp and other crustaceans. *Fish Pathol.*, 33, 373-380.

Maeda, M., J. Kasornchandra, T. Itami, N. Suzuki, O. Hennig, M. Kondo, J.D. Albaladejo and Y. Takahashi (1998b): Effect of various treatments on white spot syndrome virus (WSSV) from *Penaeus japonicus* (Japan) and *P. monodon* (Thailand). *Fish Pathol.*, 33, 381-387.

Maita, M., N. Okamoto, K. Takahashi, A. Kumagai, S. Wada and Y. Ikeda (1996): Pathophysiological studies on erythrocytic inclusion body syndrome in sea-cultured coho salmon. *Fish Pathol.*, 31, 151-155.

Maita, M., Y. Oshima, S. Horiuchi and N. Okamoto (1998): Biochemical properties of coho salmon artificially infected with erythrocytic inclusion body syndrome virus. *Fish Pathol.*, 33, 53-58.

Manning, D.S., C. Manson and J. Leong (1990): Cell-free translational analysis of the processing of infectious pancreatic necrosis virus polyprotein. *Virology*, 179, 9-15.

Mao, J., R. Hedrick and V. Chinchar (1997): Molecular characterization, sequence analysis, and taxonomic position of newly isolated fish iridoviruses. *Virology*, 229, 212-220.

松岡 学・井上 潔・中島員洋 (1996): 1991年から1995年に"マダイイリドウイルス病"が確認された海産養殖魚種. 魚病研究, 31, 233-234.

松里寿彦 (1975): 養殖ハマチのリンホシスチス病について. 魚病研究, 10, 90-93.

McCain, B.B., J.L. Fryer and K.S. Pilcher (1971): Antigenic relationship in a group of three viruses of salmonid fish by cross neutralization. *Poc. Soc. Expl. Biol. Med.*, 137, 1042-1046.

McCain, B.B., J.L. Fryer and K.S. Pilcher (1974): Physico-chemical properties of RNA of salmonid hematopoietic necrosis virus (Oregon strain, 38161). *Poc. Soc. Expl. Biol. Med.*, 146, 630-634.

McGladdery, S. E. (1999): Shellfish diseases (Viral, bacterial and fungal). In "Fish diseases and disorders Vol. 3", (ed. by P.T.K. Woo and D.W. Bruno), CABI Publishing, Wallingford, UK, pp.723-842.

Melville, K. J. and S. G. Griffiths (1999): Absence of vertical transmission of infectious salmon anemia virus (ISAV) from individually infected Atlantic salmon *Salmo salar*. *Dis. Aquat. Org.*, 38, 231-234.

Meyers, T.R., J. Sullivan, E. Emmenegger, J. Follett, S. Short, W. N. Batts and J. R. Winton (1992): Identification of viral hemorrhagic septicemia virus isolated from Pacific cod *Gadus macrocephalus* in Prince William Sound, Alaska, USA. *Dis. Aquat. Org.*, 12, 167-175.

Meyers, T. R., S. Short, K. Lipson, W. N. Batts, J. R. Winton, J. Wilcok and E. Brown (1994): Association of viral hemorrhagic septicemia virus with epizootic hemorrhages of the skin in Pacific herring *Clupea harengus pallasi* from Prince William Sound and Kodiak Island, Alaska, USA. *Dis.Aquat.Org.*, 19, 27-37.

Meyers, T. R., S. Short and K. Lipson (1999): Isolation of the North American strain of viral hemorrhagic septicemia virus (VHSV) associated with epizootic mortality in two new host species of Alaskan marine fish. *Dis.Aquat.Org.*, 38, 81-86.

M'Gonigle, R. H. (1940): Acute catarrhal enteritis of salmonid fingerlings. *Trans. Amer. Fish. Soc.*, 70, 297-302.

Miyata, M., K. Matsuno, S. J. Jung, Y. Danayadol and T. Miyazaki (1997): Genetic similarity of iridoviruses from Japan and Thailand. *J. Fish Dis.*, 20, 127-134.

宮崎照雄・江草周三 (1972): スズキ (*Lateolabrax japonicus* (Cuvier and Valenviennes) のリンホシスチス病について. 魚病研究, 6, 83-89.

Mjaaland, S., E. Rimstad, K. Falk and B.H. Dannevig (1997): Genomic characterization of the virus causing infectious salmon anemia in Atlantic salmon (*Salmo salar* L.): an orthomyxo-like virus in a teleost. *J. Virol.*, 71, 7681-7686.

Mohan, C.V., K.M. Shankar, S. Kulkarni and P.M. Sudha (1998): Histopathology of cultured shrimp showing gross signs of yellow head syndrome and white spot syndrome during 1994 Indian epizootics. *Dis. Aquat. Org.*, 34, 9-12.

桃山和夫 (1981a): クルマエビの伝染性中腸腺壊死症に関する研究-Ⅰ. 発生状況および症状. 山口県内海水試報告, No.8, 1-11.

桃山和夫 (1981b): クルマエビの伝染性中腸腺壊死症に関する研究-Ⅱ. 人為感染. 山口県内海水試報告, No.8, 12-20.

桃山和夫 (1983): クルマエビの伝染性中腸腺壊死症に関する研究-Ⅲ. 仮診断法. 魚病研究, 17, 263-268.

第Ⅱ章　ウイルス病

桃山和夫（1988）：クルマエビの種苗生産時に発生するバキュロウイルス性中腸腺壊死症（BMN）の伝染源．魚病研究，23，105-110．

桃山和夫（1989a）：消毒剤によるバキュロウイルス性中腸腺壊死症（BMN）ウイルスの不活化効果．魚病研究，24，47-49．

桃山和夫（1989b）：紫外線，日光，熱および乾燥によるバキュロウイルス性中腸腺壊死症（BMN）ウイルスの不活化．魚病研究，24，115-118．

桃山和夫（1991）：クルマエビ稚仔のバキュロウイルス性中腸腺壊死症（BMN）に関する研究．山口県内海水試報告，No.20，1-91．

Momoyama, K.(1992)：Viral diseases of cultured penaeid shrimp in Japan. In "Diseases of cultured penaeid shrimp in Asia and the United States", (ed. by W. Fulks and K.L. Main), The Oceanic Institute, Honolulu, pp.185-192.

Momoyama, K. and T. Sano (1989)：Developmental stages of kuruma shrimp, *Penaeus japonicus* Bate, susceptible to baculoviral mid-gut gland necrosis (BMN) virus. *J. Fish Dis.*, 12, 585-589.

桃山和夫・平岡三登里・中野平二・河邊　博・井上　潔・大迫典久（1994）：1993年に西日本で発生した養殖クルマエビの大量死：病理組織観察．魚病研究，29，141-148．

Momoyama, K., M. Hiraoka, K. Inouye, T. Kimura and H. Nakano (1995)：Diagnostic techniques of the rod-shaped nuclear virus infection in the kuruma shrimp, *Penaeus japonicus*. *Fish Pathol.*, 30, 263-269.

Momoyama, K., M. Hiraoka, K. Inouye, T. Kimura, H. Nakano and M. Yasui (1997)：Mass mortalities in the production of juvenile greasyback shrimp, *Metapenaeus ensis*, caused by penaeid acute viremia (PAV). *Fish Pathol.*, 32, 51-58.

Momoyama, K., M. Hiraoka, H. Nakano, and M. Samejima (1998)：Cryopreservation of penaeid rod-shaped DNA virus (PRDV) and its survival in sea water at different temperatures. *Fish Pathol.*, 33, 95-96.

Momoyama, K., M. Hiraoka and C. A. Venegas (1999)：Pathogenicity of penaeid rod-shaped DNA virus (PRDV) to juveniles of six crustacean species. *Fish Pathol.*,34,183-188.

Moody, N. and L. Owens (1994)：Experimental demonstration of the pathogenicity of a frog virus, Bohle iridovirus, for a fish species, barramundi *Lates calcarifer*. *Dis. Aquat. Org.*,18,95-102.

Mori, K., T. Nakai, M. Nagahara, K. Muroga, T. Mekuchi and T. Kanno (1991)：A viral disease in hatchery-reared larvae and juveniles of redspotted grouper. *Fish Pathol.*, 26, 209-210.

Mori, K., T. Nakai, K. Muroga, M. Arimoto, K. Mushiake and I. Furusawa (1992)：Properties of a new virus belonging to Nodaviridae found in larval striped jack (*Pseudocaranx dentex*)with nervous necrosis. *Virology*, 187,368-371.

Mori, K., K. Mushiake and M. Arimoto (1998)：Control measures for viral nervous necrosis in striped jack, *Pseudocaranx dentex*. *Fish Pathol.*, 33, 443-444.

Mori, K., T. Mangyoku, T. Iwamoto, M. Arimoto, S. Tanaka and T. Nakai (2003)：Serological relationships among genotypic variants of betanodavirus. *Dis. Aquat. Org.*, 57, 19-26.

Mortensen, H. F., O. E. Heuer, N. Lorenzen, L. Otte and N. J. Olesen (1999)：Isolation of viral hemorrhagic septicemia virus (VHSV) from wild marine fish species in Baltic Sea, Kattegat, Skagerrak, and the North Sea. *Virus Res.*, 63, 95-106.

Mulcahy,D. and R. J. Pascho (1984)：Adsorption to fish sperm of vertically transmitted fish viruses. *Science*, 225, 333-335.

Mulcahy, D., D.Klaybor and W. N. Batts (1990)：Isolation of infectious hematopoietic necrosis virus from a leech (*Piscicola salmositica*) and a copepod (*Salmincola* sp.), ectoparasites of sockeye salmon *Oncorhynchus nerka*. *Dis.Aquat.Org.*, 8, 29-34.

Munday, B. L. and T. Nakai (1997)：Special topic review: Nodaviruses as pathogens in larval and juvenile marine finfish. *World J. Microbiol. Biotech.*, 13, 375-381.

Munday, B. L., T. Nakai and H. D. Nguyen (1994)：Antigenic relationship of the picorna-like virus of larval barramundi, *Lates calcarifer* Bloch to the nodavirus of larval striped jack, *Pseudocaranx dentex* (Bloch & Schneider). *Austr. Vet. J.*, 71, 384.

Munday, B. L., J. Kwang and N. Moody (2002)：Betanodavirus infections of teleost fish: a review. *J. Fish Dis.*, 25, 127-142.

室賀清邦（1995）：海産魚介類の仔稚におけるウイルス性および細菌性疾病，魚病研究，30，71-85．

Muroga, K.(2001)：Viral and bacterial diseases of marine fish and shellfish in Japanese hatcheries. *Aquaculture*, 202, 23-44.

室賀清邦・古澤　徹・古澤　巌（1998）：総説　シマアジのウイルス性神経壊死症．水産増殖，46，473-780．

Murphy, F. A., C. M. Fauguet, D. H. L. Bishop, S. A. Ghabrial, A. W. Iarus, G. P. Martelli, M. A. Mayo and H. D. Summers (Eds)(1995)：Virus Taxomomg-sixth Report of the Internatinal committee and Taxonomy of Viruses. Springer. Verlag, Wien New York. p.586.

虫明敬一・有元　操（2000）：シマアジのウイルス性神経壊死症（VNN）に関する防除対策．栽培技研，28，47-55．

Mushiake, K., M. Arimoto, T. Furusawa, I. Furusawa, T. Nakai and K. Muroga (1992)：Detection of antibodies against striped jack nervous necrosis virus (SJNNV) from brood stocks of striped jack. *Nippon Suisan Gakkaishi*, 58, 2351-2356.

虫明敬一・中井敏博・室賀清邦・関谷幸生・古澤　巌

引用文献

(1993)：シマアジのウイルス性神経壊死症：仔魚の発病に対する親魚の抗体価および産卵飼育法の影響. 水産増殖, 41, 327-332.

Mushiake, K., T. Nishizawa, T. Nakai, I. Furusawa and K. Muroga (1994)：Control of VNN in striped jack: Selection of spawners based on the detection of SJNNV gene by polymerase chain reaction (PCR). *Fish Pathol.*, 29, 177-182.

虫明敬一・有元 操・佐藤 純・森広一郎 (1998)：天然クルマエビ成体からのPRDVの検出. 魚病研究, 33, 503-509.

Mushiake, K., K. Shimizu, J. Satoh, K. Mori, M. Arimoto, S. Ohsumi and K. Imaizumi (1999)：Control of penaeid acute viremia (PAV) in *Penaeus japonicus*: selection of eggs based on the PCR detection of the causative virus (PRDV) from receptaculum seminis of spawned broodstock. *Fish Pathol.*, 34, 203-209.

中井敏博・Nguyen Huu Dung・西澤豊彦・室賀清邦・有元 操・大槻観三 (1994)：クエおよびトラフグにおけるウイルス性神経壊死症の発生. 魚病研究, 29, 211-212.

Nakajima, K. and M. Sorimachi (1994a)：Serological and biochemical characterization of two birnaviruses; VDV and YAV isolated from cultured yellowtail. *Fish Pathol.*, 29, 183-186.

Nakajima, K. and M. Sorimachi (1994b)：Biological and physico-chemical properties of the iridovirus isolated from cultured red sea bream, *Pagrus major*. *Fish Pathol.*, 29, 29-33.

Nakajima, K. and M. Sorimachi (1995)：Production of monoclonal antibodies against red sea bream iridovirus. *Fish Pathol.*, 30, 47-52.

Nakajima, K. and Y. Maeno (1998)：Pathogenicity of red sea bream iridovirus and other fish iridoviruses to red sea bream. *Fish Pathol.*, 33, 143-144.

中島員洋・前野幸男・有元 操・井上 潔・反町 稔 (1993)：ブリ稚魚の"ウイルス性変形症". 魚病研究, 28, 125-129.

Nakajima, K., Y. Maeno, M. Fukudome, Y. Fukuda, S. Tanaka, S. Matsumoto and M. Sorimachi (1995)：Immunofluorescence test for the rapid diagnosis of red sea bream iridovirus infection using monoclonal antibody. *Fish Pathol.*, 30, 115-119.

Nakajima, K., Y. Maeno, J. Kurita and Y. Inui (1997)：Vaccination against red sea bream iridoviral disease in red sea bream. *Fish Pathol.*, 32, 205-209.

Nakajima, K., K. Inouye and M. Sorimachi (1998a)：Viral diseases in cultured marine fish in Japan. *Fish Pathol.*, 33, 181-188.

Nakajima, K., Y. Maeno, K. Yokoyama, C. Kaji and S. Manabe (1998b)：Antigen analysis of red sea bream iridovirus and comparison with other fish iridoviruses. *Fish Pathol.*, 33, 73-78.

Nakajima, K., Y. Maeno, A. Honda, K. Yokoyama, T. Tooriyama and S. Manabe (1999)：Effectiveness of a vaccine against red sea bream iridoviral disease in a field trial test. *Dis. Aquat. Org.*, 36, 73-75.

Nakajima, K., T. Ito, J. Kurita, H. Kawakami, T. Itano, Y. Fukuda, Y. Aoi, T. Tooriyama and S. Manabe (2002)：Effectiveness of a vaccine against red sea bream iridoviral disease in various cultured marine fish under laboratory conditions. *Fish Pathol.*, 37, 90-91.

中野平二・河邊 博・梅沢 敏・桃山和夫・平岡三登里・井上 潔・大迫典久 (1994)：1993年に西日本で発生した養殖クルマエビの大量死：発生状況および感染. 魚病研究, 29, 135-139.

中野平二・平岡三登里・鮫島 守・木村武志・桃山和夫 (1998)：クルマエビ類の急性ウイルス血症 (PAV) の原因ウイルス PRDV の不活化. 魚病研究, 33, 65-71.

中内良介・宮崎照雄・塩満捷夫 (1985)：トラフグの口白症の病理組織学的研究. 魚病研究, 20, 475-480.

Namikoshi, A., J.L. Wu, T. Yamashita, T. Nishizawa, T. Nishioka, M. Arimoto and K. Muroga (2003)：Vaccination trials with *Penaeus japonicus* to induce resistance to white spot syndrome virus. *Aquaculture*, 229, 25-35.

Nelson, J. S. (1994)：Fishes of the World. Third Edition, John Wiley and Sons, Inc., New York, 600p.

Nguyen, H.D., T.Mekuchi, K.Imura, T.Nakai, T.Nishizawa and K. Muroga (1994)：Occurrence of viral nervous necrosis (VNN) in hatchery-reared juvenile Japanese flounder *Paralichthys olivaceus*. *Fisheries Sci.*, 60, 551-554.

Nguyen, H.D., T.Nakai and K.Muroga (1996)：Progression of striped jack nervous necrosis virus (SJNNV) infection in naturally and experimentally infected striped jack *Pseudocaranx dentex* larvae. *Dis. Aquat. Org.*, 24, 99-105.

Nguyen, H.D., K. Mushiake, T. Nakai and K. Muroga (1997)：Tissue distribution of striped jack nervous necrosis virus (SJNNV) in adult striped jack. *Dis. Aquat. Org.*, 28, 87-91.

Nigrelli, R. F. and G. D. Ruggieri (1965)：Studies on virus diseases of fishes. Spontaneous and experimentally induced cellular hypertrophy (Lymphocystis disease) in fishes of the New York Aquarium, with a report of new cases and annotated bibliography (1874-1965). *Zoologica*, 50, 83-96.

Nishida, H., M. Yoshimizu and Y. Ezura (1998)：Detection of antibody against fish lymphocystis disease virus in Japanese flounder by enzyme linked immunosorbent assay. *Fish Pathol.*, 33, 207-211.

Nishizawa, T., M. Yoshimizu, J. R. Winton, W. Ahne and T. Kimura (1991)：Characterization of structural proteins of hirame rhabdovirus, HRV. *Dis.Aquat.Org.*, 10, 167-172.

Nishizawa, T., K. Mori, T. Nakai, I. Furusawa and K.

第Ⅱ章　ウイルス病

Muroga (1994): Polymerase chain reaction (PCR) amplification of RNA of striped jack nervous necrosis virus (SJNNV). *Dis. Aquat. Org.*, 18, 103-107.

Nishizawa, T., K.Mori, M. Furuhashi, T. Nakai, I. Furusawa and K. Muroga (1995a): Comparison of the coat protein genes of five fish nodaviruses, the causative agents of viral nervous necrosis in marine fish. *J. Gen. Virol.*, 76, 1563-1569.

Nishizawa, T., M. Kise, T. Nakai and K. Muroga (1995b): Neutralizing monoclonal antibodies to striped jack nervous necrosis virus (SJNNV). *Fish Pathol.*, 30, 111-114.

Nishizawa, T., M. Furuhashi, T. Nagai, T. Nakai and K. Muroga (1997): Genomic classification of fish nodaviruses by molecular phylogenetic analysis of the coat protein gene. *Appl. Environ. Microbiol.*, 63, 1633-1636.

Nishizawa, T., H.Iida, R. Takano, T.I sshiki, K.Nakajima and K.Muroga (2002): Genetic relatedness among Japanese, American and European isolates of viral hemorrhagic septicemia virus (VHSV) based on partial G and P genes. *Dis.Aquat.Org.*, 48, 143-148.

Numann, W.and J.Deufel (1956): Vorlaufige Ergebnisse unserer Untersuchungen uber die "neue" Forellenkrankheit. *Allg. Fisch.Ztg.*, 81, 223-224.

Nylund, A., T. Hovland, K. Watanabe and K. Endresen (1995a): Presence of infectious salmon anaemia virus (ISAV) in tissues of Atlantic salmon, *Salmo salar* L., collected during three separate outbreaks of the disease. *J. Fish Dis.*, 18, 135-145.

Nylund, A., S. Alexandersen and J.B. Rolland (1995b): Infectious salmon anaemia virus (ISAV) in brown trout. *J. Aquat. Anim. Health*, 7, 236-240.

Oh, M.-J. and M. Yoshimizu (1996): Enzyme-linked immunosorbent assay (ELISA) for the detection of RSV (Retrovirus of Salmonid). *J.Fish Pathol.*, 9, 169-176.

Oh, M.-J., M.Yoshimizu, T.Kimura and Y.Ezura (1995a): A new virus isolated from salmonid fish. *Fish Pathol.*, 30, 15-22.

Oh, M.-J., M.Yoshimizu, T.Kimura and Y.Ezura (1995b): Pathogenicity of the virus isolated from brain of abnormally swimming salmonid. *Fish Pathol.*, 30, 33-38.

Oh, M.-J., M.Yoshimizu, H.Ueda, T. Kimura and Y. Ezura (1995c): Histopathology of a newly isolated virus infection of abnormal swimming coho salmon (*Oncorhynchus kisutch*). *Fish Pathol.*, 30, 201-208.

Oh, M.-J., S.-J. Jung and Y.-J. Kim (1999): Detection of RSIV (red sea bream iridovirus) in the cultured marine fish by the polymerase chain reaction. *J. Fish Pathol.*, 12, 66-69. (In Korean)

OIE (2003): Manual of diagnostic tests for aquatic animals-2003-. Office International des Epizooties, http://www.oie.int/eng/normes/fmanual/A_summry.htm.

岡本信明 (1993): サケ科魚類の IPN (伝染性膵臓壊死症), 疾病診断マニュアル (室賀清邦編), 日本水産資源保護協会, pp.1-4.

岡本信明・安富亮平・芝崎弘之・半沢貞彦・佐野徳夫 (1987a): IPNVウイルス接種時水温と飼育水温がニジマス稚魚のへい死に及ぼす影響. 日水誌, 53, 1125-1128.

岡本信明・松本達志・加藤宣昭・田崎志郎・田中深貴男・阿井敬雄・花田　博・鈴木雄策・高松千秋・田山卓男・佐野徳夫 (1987b): ふ化場別ニジマスの IPNウイルス感受性の相違. 日水誌, 53, 1121-1124.

岡本信明・広谷博史・佐野徳夫・小林達治 (1988): 光合成細菌抽出物による魚類ウイルス不活性化について. 日水誌, 54, 2225.

Okamoto, N., K. Takahashi, M. Maita, J.S. Rohovec and Y. Ikeda (1992a): Erythrocytic inclusion body syndrome: Susceptibility of selected size of coho salmon and of several other species of salmonid fish. *Fish Pathol.*, 27, 153-156.

Okamoto, N., K. Takahashi, A. Kumagai, M. Maita, J. S. Rohovec and Y. Ikeda (1992b): Erythrocytic inclusion body syndrome: Resistance to reinfection. *Fish Pathol.*, 27, 213-216.

岡本信明・高橋清孝・熊谷　明・柴崎弘之・舞田正志・田中　真・J. S. Rohovec・池田弥生 (1992): 本邦淡水養殖ギンザケにおける EIBS の発生. 魚病研究, 27, 207-212.

Ord, W. M. (1975): Resistance of chinook salmon (*Oncorhynchus tschwytscha*) fingerlings experimentally infected with viral hemorrhagic septicemia virus. *Bull.Fr.Piscic.*, 257, 149-152.

Ord, W. M., M. Le Berre and P.de Kinkelin (1976): Viral haemorhagic septicemia: comparative susceptibility of rainbow trout (*Salmo gairdneri*) and hybrids (*S. gairdneri* x *Oncorhynchus kisutch*) to experimental infection. *J. Fish. Res. Board Can.*, 33, 1205-1208.

Oreshkova, S.F., N.V. Tikunova, I.S. Shchelkunov and A.A. Ilyichev (1995): Detection of spring viremia of carp virus by hybridization with biotinylated DNA probes. *Vet. Res.*, 26, 533-537.

Oreshkova, S. F., I.S. Shchelkunov, N. V. Tikunova, T. I. Shchelkunova, A.T. Puzyrev and A. A. Ilyichev (1999): Detection of spring viremia of carp virus by hybridization with non-radioactive probes and amplification by polymerase chain reaction. *Virus Res.*, 63, 3-10.

大迫典久・吉水　守・五利江重昭・木村喬久 (1988a): HRV (Hirame rhabdovirus: *Rhabdovirus olivaceus*) 感染ヒラメの病理組織学的検討. 魚病研究, 23, 117-123.

大迫典久・吉水　守・木村喬久 (1988b): *Rhabdovirus olivaceus* (HRV) 人工感染に及ぼす水温の影響. 魚病研究, 23, 125-132.

引用文献

Oshima, S., J. Hata, N. Hirasawa, T. Ohtaka, I. Hirono, T. Aoki and S. Yamashita (1998): Rapid diagnosis of red sea bream iridovirus infection using polymerase chain reaction. *Dis. Aquat. Org.*, **32**, 87-90.

Owens, L. and C. McElnea (2000): Natural infection of the redclaw crayfish *Cherax quadricarinatus* with presumptive spawner-isolated mortality virus. *Dis. Aquat. Org.*, **40**, 219-223.

Owens, L., S. De Beer and J. Smith (1991): Lymphoidal parvovirus-like particles in Australian penaeid prawns. *Dis. Aquat. Org.*, **11**, 129-134.

Owens, L., G. Haqshenas, C. McElnea and R. Coelen (1998): Putative spawner-isolated mortality virus associated with mid-crop mortality syndrome in farmed *Penaeus monodon* from northern Australia. *Dis. Aquat. Org.*, **34**, 177-185.

Oyamatsu, T., N.Hata, K.Yamada, T.Sano and H.Fukuda (1997): An etiological study on mass mortality of cultured colorcarp juvniles showing edema. *Fish Pathol.*, **32**, 81-88.

Pakingking Jr., R., R.Takano, T.Nishizawa, K.Mori, Y. Iida, M. Arimoto and K. Muroga (2003): Experimental coinfection with aquabirnavirus and viral hemorrhagic septicemia virus (VHSV), *Edwardsiella tarda* or *Streptococcus iniae* in Japanese flounder *Paralichthys olivaceus*. *Fish Pathol.*, **38**, 15-21.

Pakingking, Jr., R., Y. Okinaka, K. Mori, M. Arimoto, K. Muroga and T. Nakai (2004): In vivo and in vitro analysis of the resistance against viral haemorrhagic septicaemia virus in Japanese flounder (*Paralichthys olivaceus*) precedingly infected with aquabirnavirus. *Fish Shellfish Immunol.*, **17**, 1-11.

Palmer, R., R.H. Sautar, E.J. Branson, P.J. Southgate, E. Drinan, R. H. Richards and R. O. Collins (1992): Mortalities in Atlantic salmon, *Salmo salar* L., associated with pathology of the melano-macrophage and haemopoietic systems *J. Fish Dis.*, **15**, 207-210.

Parisot, T. J. and J. Pelnar (1962): An interim report on Sacramento River chinook disease: A virus-like disease of chinook salmon. *Prog. Fish-Cult.*, **24**, 51-55.

Parisot,T. J., W. T. Yasutake and G. W. Klontz (1965): Virus disease of salmonidae in western United States. 1. Etiology and epizootiology. *Ann.N. Y. Acad. Sci.*, **126** (Art.1), 502-519.

Peters, F. and M. Neukirch (1986): Transmission of some fish pathogenic viruses by the heron, *Ardea cinerea*. *J. Fish Dis.*, **9**, 539-544.

Pfitzner, I. (1966): Beitrag zur Atiologie der "Haemorrhagischen Virus Septikaemie der Regenbogenforellen". *Zntbl.Bakl.Parasitenk.Infekt. Hyg.* I Abt Orig. **201**, 306-320.

Piacentini, S.C. and J.S. Rohovec (1989): Acridine orange as a differential stain for blood cell viruses. *Am. Fish. Soc., Fish Health Section Newsletter*, **17** (1), 6.

Piacentini, S. C., J. S. Rohovec and J. L. Fryer (1989): Epizootiology of erythrocytic inclusion body syndrome. *J. Aquat. Anim. Health*, **1**,173-179.

Pilcher, K. S. and J. L. Fryer (1980): The vival disease of fish. CRC Critical Res Microbiol, **7**, 287-363.

Rasmussen, C. J. (1965): A biological study of the Egtved disease (INuL). *Ann.N.Y. Acad.Sci.*, **126** (Part. 1), 427-460.

Reichennach-Klinke, H. H. (1960): Fischkrankheiten in Bayern im Jahre 1959. *Allg.Fisch.Ztg.*, **85**, 58.

Reno, P. W. (1999): Infectious pancreatic necrosis and associated aquatic birnaviruses. In "Fish diseases and disorders Vol. 3" (ed. by P.T.K. Woo and D.W. Bruno) CABI Publishing, Wallingford, pp.1-55.

Rimstad, E., E. Hornes, O. Olsvik and B. Hyllseth (1990): Identification of a doble-stranded RNA virus by using polymerase chain reaction and magnetic separation of synthesized segments. *J. Clinic. Microbiol.*, **28**, 2275-2278.

Rodger, H.D., E.M. Darinan, T.M. Murphy and T. Lunder (1991): Observation on erythrocytic inclusion body syndrome in Ireland. *Bull. Eur. Ass. Fish Pathol.*, **11**, 108-111.

Rodger, H.D., T. Turnbuli, F. Muir, S. Millar and R. Richards (1998): Infectious salmon anaemia (ISA) in United Kingdom. *Bull. Eur. Assoc. Fish Pathol.*, **18**, 115-116.

Rosado, G.E., D.Castro, S.Rodriguez, S.I. Perez-Prieto and J.J. Borrego (1999): Isolation and characterization of lymphocystis virus (FLDV) from gilt-head sea bream (*Sparus aurata*, L) using a new homologous cell line. *Bull.Eur.Ass.Fish Pathol.*, **19**, 53-56.

Rosenberry, B. (1997): World Shrimp Farming. Shrimp News International, San Diego, 284 p.

Ross, A.J., J.Pelnar and R.R. Rucker (1960): A virus-like disease of chinook salmon. *Trans. Amer. Fish. Soc.*, **89**, 160-163.

Ross, K., U. McCarthy, P.J. Huntly, B.P. Wood, D. Stuart, E.L. Rough, D.A. Smail and D.W. Bruno (1994): An outbreak of viral hemorrhagic septicemia (VHS) in turbot (*Scophthalmus maximus*) in Scotland. *Bull. Eur. Ass. Fish Pathol.*, **14**, 213-214.

Roubal, F.R., J.L. Paynter and R.J.G. Lester (1989): Electron microscopic observation of hepatopancreatic parvo-like virus (HPV) in the penaeid prawn, *Penaeus merguiensis* de Man, from Australia. *J. Fish Dis.*, **12**, 199-201.

Rucker, R.R., W.J. Whipple, J.R. Parvin and C.A. Evans (1953): A contagious disease of salmon, possibly of virus origin. *U.S. Fish Wild. Serv. Fish. Bull.*, **54**, 35-46.

Sano, M., M. Minagawa, A. Sugiyama and K. Nakajima

(2001): Susceptibility of fish cultured in subtropical area of Japan to red sea bream iridovirus. *Fish Pathol.*, 36, 38-39.

Sano, N., M. Morikawa and T. Sano (1993a): *Herpesvirus cyprini*: Thermal effects on pathogenicity and oncogenicity. *Fish Pathol.*, 28, 171-175.

Sano, N., M. Morikawa, R. Hondo and T. Sano (1993b): *Herpesvirus cyprini*: a search for viral genome in infected fish by in situ hybridization. *J. Fish Dis.*, 16, 495-499.

佐野徳夫 (1966):ニジマス稚魚の疾病. 魚病研究, 1 (1), 37-46.

Sano, T. (1971): Studies on viral diseases of Japanese fishes I. Infectious pancreatic necrosis of rainbow trout: first isolation from epizootics in Japan. *Bull. Japan. Soc. Sci. Fish.*, 37, 495-498.

Sano, T. (1972): Studies on viral diseases of Japanese fishes-III. Infectious pancreatic necrosis of rainbow trout: Geographical and seasonal distributions in Japan. *Bull. Japan. Soc. Sci. Fish.*, 38, 313-316.

Sano, T. (1976): Viral disease of cultured fishes in Japan. *Fish Pathol.*, 10, 221-226.

佐野徳夫 (1984):魚のウイルス, 遺伝, 38 (11), 159-168.

Sano, T. and K. Momoyama (1992): Baculovirus infection of penaeid shrimp in Japan. In "Diseases of cultured penaeid shrimp in Asia and the United States", (ed. by W. Fulks and K.L. Main), The Oceanic Institute, Honolulu, pp.169-174.

Sano, T., K. Tanaka and S. Fukuzaki (1981a): Immune response in adult trout against formalin killed concentrated IPNV. In "Fish biologics: Serodiagnostics and vaccines (Developments in biological standardization 49) 8ed. by D. P. Anderson and W. Hennessen), S. Karger, Basel, pp.63-70.

Sano, T., T. Nishimura, K. Oguma, K. Momoyama and N. Takeno (1981b): Baculovirus infection of cultured kuruma shrimp, *Penaeus japonicus* in Japan. *Fish Pathol.*, 15, 185-191.

Sano, T., H. Fukuda, N. Okamoto and F. Kaneko (1983): Yamame tumor virus: Lethality and oncogenicity. *Bull. Japan. Soc. Sci. Fish.*, 49, 1159-1163.

Sano, T., T. Nishimura, H. Fukuda, T. Hayashida and K. Momoyama (1984): Baculoviral mid-gut gland necrosis (BMN) of kuruma shrimp (*Penaeus japonicus*) larvae in Japanese intensive culture systems. *Helgolander Meeresunters.*, 37, 255-264.

Sano, T., H. Fukuda and M. Furukawa (1985a): *Herpesvirus cyprini*: Biological and oncogenic properties. *Fish Pathol.*, 20, 381-388.

Sano, T., H. Fukuda, M. Furukawa, H. Hosoya and Y. Moriya (1985b): A herpes virus isolated from carp papilloma in Japan, In "Fish and shellfish pathology" (ed. by A.E. Ellis), Academic Press, London, pp.307-311.

Sano, T., N. Morita, N. Sima and M. Akimoto (1991): *Herpesvirus cyprini*: lethality and oncogenicity. *J. Fish Dis.*, 14, 533-543.

佐藤 純・虫明敬一・森 広一郎・有元 操・今泉圭之輔・西澤豊彦・室賀清邦 (1999):クルマエビの種苗生産過程におけるPAVの発生状況. 魚病研究, 34, 33-38.

佐藤 純・虫明敬一・森 広一郎・有元 操・今泉圭之輔 (2003):種苗生産過程におけるクルマエビの急性ウイルス血症 (PAV) の防除対策. 栽培技研, 30, 101-109.

Schäperclaus, W. (1954): Fischkrankheiten. 3 Auful. Akademie-Verlag, Berlin., 708 p.

Schäperclaus, W. (1969): Virus infektion bei Fischen. In "Handbuch der Virus-fektionen bei Tieren" (ed. by H.Rohrer), VEB Gustav Fischer Verlag, Jena, pp.1067-1141.

Scolari, C. (1954): Su di una epizoozia delle trotte iridee d'allevamento "La lipoidosi epatica". *Clin.Vet.*, 77, 102-106.

Shchelkunov, I. S. and T. I. Shchelkunova (1989): *Rhabdovirus carpio* in herbivorous fishes: isolation, pathology and comparative susceptibility of fishes. In "Viruses of lower vertebrates" (ed. by W. Ahne and E. Kurstak), Springer-Verlag, Berlin, pp.333-348.

Simko, E., L.L. Brown, A.M. MacKinnon, P.J. Byrne, V.E. Ostland and H.W. Ferguson (2000): Experimental infection of Atlantic salmon, *Salmo salar* L., with infectious salmon anemia virus: a histopathological study. *J. Fish Dis.*, 23, 27-32.

Sindermann, C.J. (1990): Diseases of shellfish caused by microbial pathogens and animal parasites. In "Principal diseases of marine fish and shellfish Vol. 2", Academic Press, San Diego, pp. 7-206.

Sithigorngul, P., P. Chauychuwong, W. Sithigorngul, S. Longyant, P. Chaivisuthangkura and P. Menasveta (2000): Development of a monoclonal antibody specific to yellow head virus (YHV) from *Penaeus monodon*. *Dis. Aquat. Org.*, 42, 27-34.

Sittidilokratna, N., R. A. L. Hodgson, J. A. Cowley, S. Jitrapakdee, V. Boonsaeng, S. Panyim and P. J. Walker (2002): Complete ORF1b-gene sequence indicates yellow head virus is an invertebrate nidovirus. *Dis. Aquat. Org.*, 50, 87-93.

Snow, M. and C.O. Cunningham (2001): Characterisation of the putative nucleoprotein gene of infectious salmon anaemia virus (ISAV). *Virus Res.*, 74, 111-118.

Söderhäll, K. and P.-O. Thörnqvist (1997): Crustacean immunity - A short review. In "Fish vaccinology" (ed. by R. Gudding, A. Lillehaug, P.J. Midtlyng and F. Brown), Karger, Base, pp. 45-51.

宋 振栄・金井欣也・吉越一馬・新山 洋・本田敦司・浦賢二郎 (1997):種苗生産過程で発生したウイルス性神経壊死症によるコチ仔・稚魚の大量死. 水産増殖, 45,

引用文献

241-246.

Sonstegard, R.A., L. A. McDermott and K.S. Sonstegard (1972)：Isolation of infectious pancreatic necrosis virus from white sucker (*Catastomus commersoni*). *Nature*, **236**, 174-175.

反町　稔 (1993)：ブリのウイルス性腹水症, 疾病診断マニュアル (室賀清邦編), 日本水産資源保護協会, pp.75-78.

反町　稔・原　武史 (1985)：腹水症を呈するブリ稚魚から分離されたウイルスについて. 魚病研究, **19**, 231-238.

反町　稔・江草周三 (1986)：ブリ稚魚に対するウイルスYAVの感染実験. 魚病研究, **21**, 133-134.

Speilberg, L., O. Evensen and B.H. Dannevig (1995)：A sequential study of the light and electron microscopic liver lesions of infectious anemia in Atlantic salmon (*Salmo salar* L.). *Vet. Pahtol.*, **32**, 466-478.

Stone, D.M., K.Way and P.F. Dixon (1997)：Nucleotide sequence of the glycoprotein gene of viral haemorrhagic septicemia (VHS) virus from different geographical areas: a link between VHS in fermed fish species and viruses isolated from North Sea cod (*Gadus morhua* L.). *J. Gen. Virol.*, **78**, 1319-1326.

鈴木邦夫 (1993) ニジマスの新しいウイルス病. 試験研究は今, 北海道水産部, No.165.

Suzuki, S. and M. Nojima (1999)：Detection of marine birnavirus in wild molluscan shellfish species from Japan. *Fish Pathol.*, **34**, 121-125.

Suzuki, S., T. Kimura and M. Saneyoshi (1986)：Characterization of DNA polymerase induced by salmon herpesvirus, *Oncorhynchus masou* virus. *J. Gen. Virol.*, **67**, 405-408.

Suzuki, S., H. Machida and M. Saneyoshi (1987a)：Antiviral activity of various 1-β-D-arabinofuranosyl-E-5-halogenovinyluracils and E-5-bromovinyl-2'-deoxyuridine against salmon herpes virus, *Oncorhynchus masou* virus (OMV). *Antiviral Res.*, **7**, 79-86.

Suzuki, S., S. Izuta, C. Nakayama and M. Saneyoshi (1987b)：Inhibitory effects of 5-alkyl- and 5-alkenyl-1-β-D-arabinofuranosyluracil 5'- triphosphates on herpes virus-induced DNA polymerases. *J.Biochem.*, **102**, 853-857.

Tak, E. (1959)：Beitrage zur Erforschung der Forellenseuche. *Arch. Fischereiwiss*, **10**, 20-30.

Takahashi, K., N. Okamoto, A. Kumagai, M. Maita, Y. Ikeda and J.S. Rohvec (1992a)：Epizootics of erythrocytic inclusion body syndrome in coho salmon cultured in seawater in Japan. *J. Aquat. Anim. Health*, **4**, 174-181.

Takahashi, K., N. Okamoto, M. Maita, J. S. Rohovec and Y. Ikeda (1992b)：Progression of erythrocytic inclusion body syndrome in artificially infected coho salmon. *Fish Pathol.*, **27**, 89-95.

Takahashi, Y., T. Itami, M. Kondo, M. Maeda, R. Fujii, S. Tomonaga, K. Supamattaya and S. Boonyaratpalin (1994)：Electron microscopic evidence of bacilliform virus infection in kuruma shrimp (*Penaeus japonicus*). *Fish Pathol.*,**29**, 121-125.

Takahashi, Y., T. Itami, M. Maeda, N. Suzuki, J. Kasornchandra, K. Supamattaya, R. Khongpradit, S. Booyaratpalin, M. Kondo, K. Kawai, R. Kusuda, I. Hirono and T. Aoki (1996)：Polymerase chain reaction (PCR) amplification of bacilliform virus (RV-PJ) DNA in *Penaeus japonicus* Bate and systemic ectodermal and mesodermal baculovirus (SEMBV) DNA in *Penaeus monodon* Fabricius. *J. Fish Dis.*,**19**, 399-403.

Takahashi, Y., T. Itami, M. Maeda and M. Kondo (1998)：Bacterial and viral diseases of kuruma shrimp (*Penaeus japonicus*) in Japan. *Fish Pathol.*, **33**, 357-364.

Takahashi, Y., M. Kondo, T. Itami, T. Honda, H. Inagawa, T. Nishizawa, G. Soma and Y. Yokomizo (2000)：Enhancement of disease resistance against penaeid acute viremia and induction of virus-inactivating activity in haemolymph of kuruma shrimp, *Penaeus japonicus*, by oral administration of *Pantoea agglomerans* lipopolysaccharide (LPS). *Fish Shellfish Immunol.*, **10**, 555-558.

Takano, R., T. Nishizawa, M. Arimoto and K. Muroga (2000)：Isolation of viral haemorrhagic septicemia virus (VHSV) from wild Japanese flounder *Paralichthys olivaceus*. *Bull. Eur. Ass. Fish Pathol.*, **20**, 186-192.

Takano, R., K. Mori, T. Nishizawa, M. Arimoto and K. Muroga (2001)：Isolation of viruses from wild Japanese flounder *Paralichthys olivaceus*. *Fish Pathol.*, **36**, 153-160.

Tanaka, M., M. Yoshimizu and T. Kimura (1984)：*Oncorhynchus masou* virus: Pathological changes in masu salmon (*Oncorhynchus masou*), chum salmon (*O. keta*) and coho salmon (*O. kisutch*) fry infected with OMV by immersion method. *Bull. Japan. Soc. Sci. Fish.*, **50**, 431-437.

田中　真・吉水　守・草刈宗晴・木村喬久 (1984) 北海道に発生したリンホシスチス病について. 日水誌, **50**, 37-42.

田中　真・吉水　守・木村喬久 (1987)：OMV感染RTG-2細胞およびサケ *O. keta* 肝細胞の超微構造. 日水誌, **53**, 47-55.

田中　真・岡本信明・鈴木基生・五十嵐保正・高橋清孝・J. S. Rohvec (1994)：EIBS自然発病淡水飼育ギンザケの昇温飼育 (16℃) による治療試験. 魚病研究, **29**, 91-94.

Tanaka, S., H. Aoki and T. Nakai (1998)：Pathogenicity of the nodavirus detected from diseased sevenband grouper *Epinephelus septemfasciatus*. *Fish Pathol.*, **33**, 31-36.

Tanaka, S., K. Mori, M. Arimoto, T. Iwamoto and T. Nakai (2001)：Protective immunity of sevenband grouper,

Epinephelus septemfasciatus Thunberg, against experimental viral nervous necrosis. *J. Fish Dis.*, 24, 15-22.

Tang, K. F. J. and D. V. Lightner (1999): A yellow head virus gene probe: nucleotide sequence and application for in situ hybridization. *Dis. Aquat. Org.*, 35, 165-173.

Tang, K. F. J. and D. V. Lightner (2001): Detection and quantification of infectious hypodermal and hematopoietic necrosis virus in penaeid shrimp by real-time PCR. *Dis. Aquat. Org.*, 44, 79-85.

Thorud, K. and H.O. Djupvik (1988): Infectious anaemia in Atlantic salmon (*Salmo salar* L.). *Bull. Eur. Ass. Fish Pathol.*, 8, 109-111.

Toranzo, A.E. and F.M. Hetrick (1982): Comparative stability of two salmonid viruses and poliovirus in fresh, estuarine and marine waters. *J. Fish Dis.*, 5, 223-231.

Totland, G.K. B.K. Hjeltnes and P.R. Flood (1996): Transmission of infectious salmon anaemia (ISA) through natural secretion and excretions from infected smolts of Atlantic salmon *Salmo salar* during their presymptomatic phase. *Dis. Aquat Org.*, 26, 25-31.

Tsing, A. and J.R. Bonami (1987): A new viral disease of the tiger shrimp, *Penaeus japonicus* Bate. *J. Fish Dis.*, 10, 139-141.

Tu, C., H.T. Huang, S.H. Chuang, J.P. Hsu, S.T. Kuo, N.J. Li, T.L. Tus, M.C. Li and S.Y. Lin (1999): Taura syndrome in Pacific white shrimp *Penaeus vannamei* cultured in Taiwan. *Dis. Aquat. Org.*, 38, 159-161.

Van Hulten, M.C.W., R.W. Goldbach and J.M. Vlak (2000a): Three functionally diverged major structural proteins of white spot syndrome virus of shrimp. *Virology*, 266, 227-236.

Van Hulten, M.C.W., M. Westenberg, S.D. Goodall and J.M. Vlak (2000b): Identification of two major protein genes of white spot syndrome virus DNA genome sequence. *Virology*, 286, 7-22.

Van Hulten, M.C.W., J. Witteveldt, S. Peters, N. Kloosterboer, R. Tarchini, M. Fiers, H. Sandbrink, R. K. Lankhorst and J.M. Vlak (2001): The white spot syndrome virus DNA genome sequence. *Virology*, 286, 7-22.

van Regenmortel, M.H.V., C.M. Fauquet, D.H.L. Bishop, E.B. Carsten, M.K. Estes, S.M. Lemon, J. Maniloff, M.A. Mayo, D.J. McGeoch, C.R. Pringle and R.B. Wickner (2000): Virus Taxonomy: Classification and Nomenclature of Viruses (7th report of the International Committee on Taxanomy of Viruses), Academic Press, San Diego, 1162 pp.

Venegas, C.A., L. Nonaka, K. Mushiake, K. Shimizu, T. Nishizawa and K. Muroga (1999): Pathogenicity of penaeid rod-shaped DNA virus (PRDV) to kuruma prawn in different developmental stages. *Fish Pathol.*, 34, 19-23.

Venegas, C.A., L. Nonaka, K. Mushiake, T. Nishizawa and K. Muroga (2000): Quasi-immune response of *Penaeus japonicus* to penaeid rod-shaped DNA virus (PRDV). *Dis. Aquat. Org.*, 42, 83-89.

和田新平・藤巻由紀夫・畑井喜司雄・窪田三朗・磯田政恵 (1985): 養殖トラフグの"口白症"自然発生例の病理組織学的所見. 魚病研究, 20, 495-500.

和田新平・畑井喜司雄・窪田三朗・井上　潔・安永統男 (1986): 養殖トラフグ口白症人為感染魚の病理組織学的所見. 魚病研究, 21, 101-104.

Wang, C.-H., H.-H. Yang, C.-Y. Tang, C.-H. Lu, G.-H. Kou and C.-F. Kou (2000): Ultrastructure of white spot syndrome virus development in primary lymphoid organ cell culture. *Dis. Aquat. Org.*, 41, 91-104.

Wang, C.S., K.F.J. Tang, G.H. Kou and S.N. Chen (1996): Yellow head disease-like virus infection in the kuruma shrimp *Penaeus japonicus* cultured in Taiwan. *Fish Pathol.*, 31, 177-182.

Wang, T.-C. and P.-S. Chang (2000): Yellow head virus infection in the giant tiger prawn *Penaeus monodon* cultured in Taiwan. *Fish Pathol.*, 35, 1-10.

Watanabe, K., S. Suzuki, T. Nishizawa, K. Suzuki, M. Yoshimizu and Y. Ezura (1998): Control strategy for viral nervous necrosis of barfin flounder. *Fish Pathol.*, 33, 445-446.

Watanabe, L., R. Pakingking Jr., H. Iida, T. Nishizawa, Y. Iida, M. Arimoto and K. Muroga (2002): Isolation of aquabirnavirus and viral hemorrhagic septicemia virus (VHSV) from wild marine fishes. *Fish Pathol.*, 37, 189-191.

Watson, S.W., R.W. Guenther and R.R. Rucker (1954): A virus disease of sockeye salmon. *U.S. Fish, Wildl. Serv., Spec. Sci. Rep.* No.138, 1-36.

Weissenberg, G. (1914): Uber infektiose Zellhypertrophie bei Fischen (Lymphocystis erkrankung). *Sitz-Ber. Klg. preuss. Akad. Wiss.*, 30, 792-804.

Whittington, R.J. and KA. Steiner (1993): Epizootic haematopoietic necrosis virus (EHNV): improved ELISA for detection in fish tissues and cell cultures and an efficient method for release of antigen from tissues. *J. Virol. Method.*, 43, 205-220.

Whittington, R.J., A. Philbey, G.L. Reddacliff and A. R. Macgown (1994): Epidemiology of epizootic hematopoietic necrosis virus (EHNV) infection in farmed rainbow trout, *Oncorhynchus mykiss* (Walbaum): findings based on virus isolation, antigen capture ELISA and serology. *J. Fish Dis.* 17, 205-218.

Whittington, R. J., J. B. Jones, P.M. Hine and A. D. Hyatt (1997): Epizootic mortality in the pilchard *Sardinops sagax neopilchardus* in Australia and new Zealand in 1995. I. Pathology and epidemiology. *Dis. Aquat. Org.*,

引用文献

28, 1-16.

Whittington, R.J., L.A. Reddacliff, I. Marsh, C. Kearns, Z. Zupanovic and R.B.Callinan (1999): Further observations on the epidemiology and spread of epizootic hematopoietic necrosis virus (EHNV) in farmed rainbow trout Oncorhynchus mykiss in southern Australia and a recommended sampling strategy for surveillance. Dis. Aquat. Org., 35, 125-130.

Williams, T., G. Chinchar, G. Darai, A. Hyatt, J. Kalmakoff and V. Seligy (2000): Family Iridoviridae. In "Virus taxonomy. Seventh report of the International Committee on Taxonomy of Viruseses" (ed. by M. H. V. van Regenmortel, C. M. Fauquet, D. H. L. Bishop, E. B. Carstens, M. K. Estes, S. M. Lemon, J. Maniloff, M. A. Mayo, D. J. McGeoch, C. R. Pringle and R. B. Wickner), Academic Press, London, pp.167-182.

Wingfield, W. H., J. L. Fryer and K.S.Pilcher (1969): Properties of the sockeye salmon virus (Oregon strain). Proc.Soc.Exp. Biol.Med., 130, 1055-1059.

Winton, J. R., W. N. Batts, T. Nishizawa and C. M. Stehr (1989): Characterization of the first North American isolates of viral hemorrhagic septicemia virus. Am. Fish. Soc., Fish Health Sec., Newsletter, 17, 2-3.

Wolf, K.(1988): Fish viruses and fish virus diseases, Cornell Univ. Press, Ithaca, New York, 476p.

Wolf, K. and M. C. Quimby (1962): Established eurythermic line of fish cell in vitro. Science, 135, 1065-1066.

Wolf, K. and M.C.Quimby (1973): Fish viruses: buffers and methods for plaquing eight agents under normal atomosphere. Appl. Micribiol., 25, 659-664.

Wolf, K., C.E. Dunbar and S.F. Snieszko (1960): Infectious pancreatic necrosis of trout. I. A tissue-culture study. Prog.Fish-Cult., 22, 64-68.

Wolf, K., M. Gravell and R.G. Malsberger (1966): Lymphocystis virus: isolation and propagation in centrarchid fish cell lines. Science, 151, 1004-1005.

Wolf, K., M.C. Quimby, L.L. Pettijohn and M.L. Landolt (1973): Fish viruses; isolation and identification of infectious hematopoietic necrosis in eastern North America. J. Fish. Res. Board Can., 30, 1625-1627.

Wolf, K., T. Sano and T. Kimura (1975): Herpesvirus disease of salmonids. Fish Disease Leaflet, 44, 2-8.

Wolf, K., R.W. Darlington, W.G.Taylor, M.C.Quimby and Y. Nagabayashi (1978): Herpesvirus salmonis: Characterization of a new pathogen of rainbow trout. J. Virol., 27, 659-669.

Wongteerasupaya, C., J. E. Vickers, S. Sriurairatana, G. L. Nash, A. Alarajamorn, V. Boonsaeng, S. Panyim, A. Tassanakajon, B. Withyachumnarnkul and T.W. Flegel (1995a): A non-occuluded, systemic baculovirus that occurs in cells of ectodermal and mesodermal origin and causes high mortality in the black tiger prawn Penaeus monodon. Dis. Aquat. Org., 21, 69-77.

Wonteerasupaya, C., S. Sriurairatana, J.E. Vickers, A. Anutara, V. Boonsaeng, S. Panyim, A. Tassanakajon, B. Withyachumnarnkul and T.W. Flegel (1995b): Yellow-head virus (YHV) of Penaeus monodon is an RNA virus. Dis. Aquat. Org., 22, 45-50.

Wood, E. M., S. F. Snieszko and W. Yasutake (1955): Infectious pancreatic necrosis in brook trout. Arch. Pathol., 60, 26-28.

Woodcock, H.M.(1904): Notes on a remarkable parasite of plaice and flounders. Trans. Liverpool Biol.Soc., 18, 143-152.

Wu, J. L., A. Namikoshi, T. Nishizawa, K. Mushiake, K. Teruya and K. Muroga (2001): Effects of shrimp density on transmission of penaeid acute viremia in Penaeus japonicus by cannibalism and the waterborne route. Dis. Aquat. Org., 47, 129-135.

Wu, J. L., T. Nishioka, K. Mori, T. Nishizawa and K. Muroga (2002): A time-course study on the resistance of Penaeus japonicus induced by artificial infection with white spot syndrome virus. Fish Shellfish Immunol., 13, 391-403.

Yang, F., J. He, X. Lin, Q. Li, D. Pan, X. Zhang and X. Xu (2001): Complete genome sequence of the shrimp white spot syndrome baciliform virus. J. Virol., 75, 11811-11820.

Yasutake, W. T.(1970): Comparative histopathology of epizootic salmonid virus diseases. In "A symposium on diseases of fishes and shellfishes" (ed. by S. F. Snieazko), Spec.Publ., No.5, Amer. Fish. Soc., Washington, D.C., pp.341-350.

Yasutake, W. T. and C. J. Rasmussen (1968): Histopathogenesis of experimentally induced viral hemorrhagic septicemia in fingerling raibow trout (Salmo gairdneri). Bull. Off. Int. Epiz., 69, 977-984.

Yasutake, W.T. and D.F. Amend (1972): Some aspects of pathogenesis of infectious hematopoietic necrosis (IHN). J.Fish Biol., 4, 261-264.

Yasutake, W.T., T.J. Parisot and G.W. Klontz (1965): Virus disease of the salmonidae in western United States. 2. Aspects of pathogenesis. Ann. N. Y. Acad. Sci., 126 (Prt.1), 520-530.

Yoshikoshi, K. and K. Inoue (1990): Viral nervous necrosis in hatchery-reared larvae and juveniles of Japanese parrotfish, Oplegnathus fasciatus (Temminck & Schlegel). J. Fish Dis., 13, 69-77.

吉水 守(1990):魚類培養細胞の凍結保存法. 海洋, 22, 154-158.

吉水 守(1996):魚類のウイルス. ウイルス, 46, 49-52.

Yoshimizu, M.(1996): Disease problems of salmonid fish in Japan caused by international trade. Rev. Sci. Tech. Off. Int. Epiz., 15, 533-549.

吉水 守(1997):魚類由来培養細胞のウイルス感受性. 日水誌, 63, 245-246.

第Ⅱ章 ウイルス病

吉水 守（1998）：サケ科魚類の種苗期のウイルス病対策. 海洋，号外，14，14-19.

吉水 守・野村哲一（1989）：サケマス採卵親魚の魚類病原微生物検査法. 魚と卵，37，49-59.

吉水 守・絵面良男（1999）：抗ウイルス物質産生細菌による魚類ウイルス病の制御. *Microbes Environ.*, 14, 269-275.

吉水 守・笠井久会（2002）：種苗生産施設における用水および排水の殺菌. 工業用水，523，13-26.

Yoshimizu, M., T. Kimura and J. R. Winton (1985) An improved technique for collecting reproductive fluid samples from salmonid fishes. *Prog.Fish-Cult.*, 47, 199-200.

吉水 守・瀧澤宏子・亀井勇統・木村喬久（1986）：魚類病原ウイルスと環境由来微生物との相互作用：飼育水中での生存性. 魚病研究，21，223-231.

Yoshimizu, M., M. Tanaka and T. Kimura (1987)：*Oncorhynchus masou* virus (OMV): Incidence of tumor development among experimentally infected representative salmonid species. *Fish Pathol.*, 22, 7-10.

吉水 守・田中 真・木村喬久（1988）：OMV感染耐過魚に発現した腫瘍の組織学的研究. 魚病研究，23，133-138.

Yoshimizu, M., M.Sami and T. Kimura (1989)：Survivability of infectious hematopoietic necrosis virus (IHNV) in fertilized eggs of masu (*Oncorhynchus masou*) and chum salmon (*O. keta*). *J.Aquat.Anim. Health*, 1, 13-20.

Yoshimizu, M., T.Nomura, Y.Ezura and T.Kimura (1993)：Surveillance and control of infectious hematopoietic necrosis virus (IHNV) and *Oncorhynchus masou* virus (OMV) of wild salmonid fish returning to northern part of Japan, 1976 to 1991. *Fisheries Res.*, 17, 163-173.

Yoshimizu, M., H.Fukuda, T. Sano and T. Kimura (1995)：Salmonid herpesvirus 2; Epizootiology and selological relationship. *Vet.Res.*, 29, 486-492.

吉水 守・木村喬久・西澤豊彦（2000）：日本国内で保管保存されている魚類由来株化細胞. 動物細胞工学ハンドブック（日本動物細胞工学会編），朝倉書店，pp.319-334.

Yoshimizu, M., Y. Hori, Y.Yoshinaka, T.Kimura and Jo-Ann Leong (2001) Evaluation of methods used to detect the prevalence of infectious haematopoietic necrosis (IHN) virus in the surveillance and monitoring of fish health for risk assessment. In "Risk analysis in aquatic animal health", World Organisation for Animal Health, OIE, Paris, pp.276-281.

吉仲桃子・吉水 守・絵面良男（1997）：サケ科魚類の伝染性造血器壊死症ウイルス（IHNV）の分離に適した細胞の選抜. 魚病研究，32，75-80.

Yoshinaka, T., M. Yoshimizu and Y. Ezura (2000)：Adsorption and infectivity of infectious hematopoietic necrosis virus (IHNV) with various solids. *J. Aquat. Anim. Health*, 12, 64-68.

Yu, Y.X., M. Bearzotti, P.Vende, W. Ahne and M. Bermont (1999)：Partial mapping and sequencing of a fish iridovirus genome reveals genes homologous to the frog virus 3 p31, p40 and human elF2alpha. *Virus Res.*, 63, 53-63.

Yuasa, K., I. Koesharyani, D. Roza, K. Mori, M. Katata and T. Nakai (2002)：Immune response of humpback grouper, *Cromleptes altivelis* (Valenciennes) injected with the recombinant coat protein of betanodavirus. *J. Fish Dis.*, 25, 53-56.

Zhan, W.-B., Y.-H. Wang, J.L. Fryer, K. Okubo, H. Fukuda, K.-K. Yu and Q.-X. Meng (1999)：Production of monoclonal antibofdies (MAbs) against white spot syndrome virus (WSSV). *J. Aquat. Anim. Health*, 11, 17-22.

Zwillenberg, L.O. and H.H.L. Zwillenberg (1968)：Transmission and recurrence problems on viral heamorrhagic septicemia of rainbow trout. *Bull. Off. Int. Epiz.*, 69, 969-976.

Zwillenberg, L. O., I. Pfitzner and H. H. L. Zwillenberg (1968)：Infektionsversuche mit Egtved-Virus an Zellkulturen und Individuen der Schleie (*Tinca vulgaris*, Cuv.) sowie an anderen Fischarten. *Zntbl. Bakt. Pasasitenk. Intekt. Hyg.*, I Abt. Orig. 208, 218-226.

第Ⅲ章 細菌病

1. 概　説

1）魚介類病原細菌

　魚類細菌病の研究は19世紀末に開始され，マス類のせっそう病およびウナギのビブリオ病などがヨーロッパで研究された．日本においては，1930年代にウナギの鰭赤病に関する報告がなされたが，本格的に魚類細菌病が研究され始めたのは1950年代に入ってからであり，ウナギの鰭赤病（パラコロ病を含む）とマス類のビブリオ病が研究された．その後，養殖の集約化と発展に伴い次々に新しい細菌病が登場し大きな産業的被害を与えるようになった．すなわち，1960年代にはアユのビブリオ病，ウナギのカラムナリス病（鰓病）およびブリの類結節症，1970年代にはウナギの赤点病，サケ科魚類の細菌性腎臓病（BKD）およびブリの連鎖球菌症，1980年代にはクルマエビのビブリオ病，ブリの細菌性溶血性黄疸，そして1990年代にはアユの冷水病や細菌性出血性腹水病などが新たに発生するようになった．新しい病気と記したが，それぞれの病気が問題になり始めた時点でその宿主がその病原体に初めて遭遇したと考えられる病気は殆どなく，多くの場合，元々自然界に存在した組み合わせが養殖という人間の営みにより流行病として顕在化したものと考えられる．しかし，中にはサケ科魚類のBKDやウナギの赤点病のように外国から輸入卵・種苗とともに病原菌が持ち込まれ，発生するようになったと考えられる病気もある．

　一方，天然水域における細菌病に関する報告は少ないが，米国チェサピーク湾におけるホワイトパーチや日本の沿岸水域におけるウマヅラハギの *Photobacterium damselae* subsp. *piscicida* 感染症や琵琶湖におけるアユのビブリオ病のような例がないわけではない．多くの場合，これらの天然水域での細菌病の発生には環境の変化など流行の引き金となる要因があるものと考えられるが，その全体像が明らかにされた例はない．

　産業的に問題となる細菌病については，その多くが化学療法により被害の軽減化が計られている．しかし予防免疫などの有効な予防法により防除が可能になった病気は少ない．現在日本では，細菌病の中ではアユ，マス，あるいはブリのビブリオ病，およびブリの連鎖球菌症に対するワクチンが実用化されているに過ぎない．先述のウナギの赤点病は，飼育水温を25℃以上に保つという環境制御により完全に撲滅し得たユニークな例である．

　魚介類の主要な病原細菌をグラム陰性菌（表Ⅲ-1-1）およびグラム陽性菌（表Ⅲ-1-2）に分けて示した．種類数の点でも，もたらす被害の大きさの点でも，グラム陰性菌の重要度が高い．発育温度からみると，殆どが中温菌であり発育至適温度はおおむね 20〜30℃の範囲にあるが，

第Ⅲ章　細菌病

Renibacterium salmoninarum（発育至適温度15～18℃）あるいは *Flavobacterium psychrophilum*（発育至適温度15～20℃）などやや低温性の病原菌もある．

表には、日本では報告がないが、チリの養殖ギンザケに多発するピシリケッチア症の原因菌 *Piscirickettsia salmonis* が含まれており，世界中で多くのリケッチアあるいはクラミジア様微生物による感染症が報告されている．日本でもクラミジアによるエピテリオシスチスの発生

表Ⅲ-1-1　魚介類の主要病原細菌（1）グラム陰性細菌

菌　種	主たる宿主・病名
Aeromonas hydrophila	淡水魚の運動性エロモナス症
A. salmonicida	サケ・マス類のせっそう病
非定型　*A. salmonicida*	淡水魚・海産魚の非定型 *A. salmonicida* 感染症
Citrobacter freundii	マンボウの敗血症
*Edwardsiella ictaluri**	アメリカナマズのエドワジエラ敗血症
E. tarda	ウナギ，ヒラメのエドワジエラ症
Flavobacterium branchiophilum	サケ・マス類の細菌性鰓病（BGD）
Flavo. columnare	ウナギ，マス類のカラムナリス病
Flavo. psychrophilum	ギンザケ，アユの冷水病
Photobacterium damselae	海産魚の潰瘍病
Photo. damselae subsp. *piscicida*	ブリの類結節症
*Piscirickettsia salmonis**	ギンザケのピシリケッチア症
Pseudomonas anguilliseptica	ウナギの赤点病
Pseudo. chlororaphis	アマゴのシュードモナス症
Pseudo. fluorescens	ブリのシュードモナス症
Pseudo. plecoglossicida	アユの細菌性出血性腹水病
Serratia liquefaciens	タイセイヨウサケの"セラチア症"
Tenacibaculum maritimum（*Flexibacter maritimus*）	マダイ稚魚の滑走細菌症
T. ovolyticum（*Flexibacter ovolyticus*）*	ハリバット卵・仔魚の滑走細菌症
Vibrio alginolyticus	海産魚のビブリオ病
V. anguillarum	サケ・マス類，海産魚のビブリオ病
V. cholerae	アユのナグビブリオ病
V. harveyi	ウシエビのビブリオ病
V. ichthyoenteri	ヒラメ仔魚の細菌性腸管白濁症
V. ordalii	ニジマス，クロソイのビブリオ病
V. penaeicida	クルマエビのビブリオ病
*V. salmonicida**	タイセイヨウサケの冷水性ビブリオ病
V. vulnificus	ウナギのビブリオ病（B型）
*Yersinia ruckeri**	ニジマスのレッドマウス病

＊　国内未報告種，　" "：暫定的病名

表Ⅲ-1-2　魚介類の主要病原細菌（2）グラム陽性菌

菌　種	主たる宿主・病名
Aerococcus viridans var. *homari**	アメリカンロブスターのガフケミア
Clostridium botulinum	マス類のボツリヌス中毒症
Eubacterium tarantellae	ボラのユーバクテリウム髄膜炎
Lactococcus garvieae	ブリの連鎖球菌症
Mycobacterium spp.	海産魚のミコバクテリア症
Nocardia asteroides	サケ・マス類のノカルジア症
N. seriolae	ブリのノカルジア症
Renibacterium salmoninarum	サケ・マス類の細菌性腎臓病（BKD）
Staphylococcus epidermidis	ブリのブドウ球菌症
Streptococcus iniae	アユ，マス類，ヒラメの連鎖球菌症

＊　国内未報告種

1. 概　説

が報告されているが，原因体については殆ど研究されておらず，本表には載せていない．最近，養殖イサキで細胞内寄生細菌感染症が問題となり（福田ら，2002），原因菌は *Francisella* 属に分類されると考えられている．

2）偏性病原菌と条件性病原菌

病原菌は偏性病原菌（obligate pathogen；正統病原菌 orthodox pathogen）と条件性病原菌（facultative pathogen；日和見病原菌 opportunistic pathogen）とに分けることができる．魚類病原菌の多くは条件性病原菌の範疇に入り，典型的な偏性病原菌は少ないと考えられている．ここで注意しなければならないことは，ある病原菌を一義的に偏性病原菌あるいは条件性病原菌と決めつけることはできず，あくまでも宿主との関係で決まるということである．例えば，*Vibrio anguillarum* はアユにとっては偏性病原菌の部類に入るが，多くの海産魚にとっては条件性病原菌と位置づけられる．また，ヒラメ仔魚の細菌性腸管白濁症の原因菌である *V. ichthyoenteri* のように仔魚にのみ病原性を発揮するような条件性病原菌もある．なお，日和見病原菌と条件性病原菌という言葉はほぼ同じ意味を有すると考えられるが，魚病学では歴史的に条件性病原菌という言葉が使われてきたので，ここでもそれにならい，条件性病原菌という言葉を用いる．

表Ⅲ-1-3 に偏性病原菌と条件性病原菌の違いを示した．偏性病原菌と条件性病原菌の基本的な違いは病原性の強さにあり，前者は通常 $10^1 \sim 10^4$ CFU（colony forming unit）/ 尾の菌量の注射攻撃，あるいは $10^4 \sim 10^8$ CFU/ ml といった濃度の菌液を用いた浸漬攻撃により感受性宿主を殺すのに対し，後者では浸漬攻撃により発病させることはできず，10^7 CFU / 尾以上の菌量を注射して初めて宿主を殺し得る．なお，*V. ichthyoenteri* の場合は浸漬攻撃では魚を殺せないが，数回にわたり経口投与することでヒラメ仔魚を発病させることができる．

もう一つの違いは，条件性病原菌は通常飼育環境水中に常在し得るのに対し，偏性病原菌は流行時を除けば環境水中に存在することはない，という点である．例えば，*V. anguillarum* はアユが飼育されている淡水中では長時間生存し得ないが，海水中には普遍的に存在している．しかし，多くの魚類病原細菌の生態についてはあまり詳しく検討されていない．

以上の両者の違いから，偏性病原菌感染症の成立および流行は，宿主の一般的な抵抗力によって左右されるというより，接触する病原菌の量・濃度とその病原菌に対する免疫性によって決まる．これに対し条件性病原菌による感染症の成立・流行は宿主の総合的な抵抗力によって

表Ⅲ-1-3　魚類病原細菌における偏性病原菌と条件性病原菌の比較

	偏性病原菌	条件性病原菌
病原性	強い	弱い
注射攻撃による致死量	$10^1 \sim 10^4$ CFU / 尾	10^7 CFU / 尾　以上
浸漬攻撃	成立する	成立しない
環境水中の存在	普通は存在しない	常在することが多い
発病を決定する要因	宿主の免疫性	宿主の総合的な抵抗力
主たる予防対策	防疫，免疫	健康管理
例	*Aeromonas salmonicida*-サケ・マス類 *Vibrio anguillarum*-アユ *Renibacterium salmoninarum*-サケ・マス類 *Photobacterium damselae* 　　subsp. *piscicida*-ブリ	*Aeromonas hydrophila*-淡水魚 *Vibrio anguillarum*-海産魚 *Edwardsiella tarda*-ウナギ *Lactococcus garvieae*-ブリ

第Ⅲ章　細菌病

決定される．したがって，偏性病原菌感染症に対する予防対策としては，宿主と病原菌の接触を防ぐ防疫と，接触しても発病を防ぐ予防免疫が基本となり，条件性病原菌感染症に対しては全般的な健康管理が基本となる．表Ⅲ-1-3にはそれぞれの範疇に入る病原菌の例を宿主とともに示したが，すべての病原菌を2つの範疇のいずれかに当てはめることができるわけではなく，よりどちらに近いかという捉え方をすべきであろう．

3）細菌病の診断

魚の感染症の診断に関する一般的な解説は既に序章（第Ⅰ章-6-1診断）でなされており，ここでは細菌病の診断について必要なことのみを解説する．

多くの場合，病魚の患部，肝臓，脾臓あるいは腎臓から細菌の分離が試みられるが，培地としては普通培地，ハートインフュージョン培地，トリプトソーヤ培地などの寒天平板培地が用いられる．*Flavobacterium columnare* や *F. psychrophilum* などのいわゆる滑走細菌にはサイトファガ寒天培地が用いられ，*Renibacterium salmoninarum* には KDM-2 などの特殊な培地が使用される．また，*Edwardsiella tarda* 検出のためには SS 寒天培地が，*Vibrio* 属細菌の検出には TCBS 寒天培地が，それぞれ選択培地として使用される．*Piscirickettsia salmonis* のようなリケッチアは偏性細胞内寄生体であり，抗生物質を含まない細胞培養を用いて培養される．

分離細菌の培養温度は，病魚の環境水温を考慮し，概ね冷水魚や冬季では 10～20℃，温水魚では 20～30℃ とする．キンギョの穴あき病の場合のように，25℃ で培養すると *Aeromonas hydrophila* およびその類似菌が多く分離され，15℃ で培養して初めて原因菌である非定型 *A. salmonicida* が分離されるような例もあるので，時には異なる温度で培養する必要もある．

通常，一つの養殖池あるいは養殖場で10尾以上の病魚から細菌の分離を行い，6割以上の病魚から特定の細菌が純粋もしくは優勢に分離された場合，初めて細菌病の発生が疑われる．

分離培養法以外の診断法として，患部塗抹標本を用いた蛍光抗体法，感染臓器ホモジネートを原材料とした共同凝集試験，ELISA (enzyme-linked immunosorbent assay) あるいは PCR 法などがある．いずれの場合も，原因菌がある程度想定され，想定した病原菌に対する抗血清や PCR 用プライマーが必要となる．BKD の場合のように，原因菌（*R. salmoninarum*）の発育が著しく遅い場合は，これらの免疫血清学的あるいは分子生物学的診断法に頼らざるを得ない．

4）細菌病の予防・治療対策

魚類の細菌病の予防・治療対策として表Ⅲ-1-4に示した8つの方法があげられる．これはAmend（1976）がサケ科魚類のウイルス病対策として示した内容を一部改変したものであり，細菌病に限らず他の感染症あるいは寄生虫病に対しても当てはめることができる（Muroga, 1997）．以下にそれぞれの対策における最も有効な実例を示す．

表Ⅲ-1-4　魚類における細菌病の対策

感染源・感染経路対策
　1）防疫（狭義の）
　　感受性宿主と病原菌の接触を避ける
　2）環境制御
　　特定の病原菌の生存・増殖を妨げる環境を維持する
宿主対策
　3）耐病性育種
　　特定の病気に対する抵抗性の高い品種を作出する
　4）予防免疫
　　特定の病原菌に対する予防免疫を施す
　5）生体防御能の活性化
　　免疫賦活剤あるいは栄養剤を投与し，非特異的生体防御能を活性化する
　6）適正飼育管理
　　適正な飼育管理により宿主の生体防御能を維持する
治療対策
　7）化学療法
　　その病原菌に対する有効薬剤を用いて治療する
　8）生物学的治療
　　ファージ療法に代表されるように，生物を用いて治療する

1. 概　　説

　防疫はウイルス病の IHN や VHS の予防対策として国際的に重要視されているが，細菌病としてはレッドマウス病やアメリカナマズのエドワジエラ症（*Edwardsiella ictaluri*）などが日本にとっては重要であろう．環境制御が効を奏した例としてはウナギの赤点病をあげることができる．ブリの体表に寄生する単生類の駆除に用いられる淡水浴も広い意味では環境制御に含まれる．耐病性育種については日本ではあまり検討がなされていないが，欧米ではサケ・マス類におけるビブリオ病や BKD に対する耐病性育種，あるいはアメリカにおけるエビ類でのウイルス病に対する耐病性育種が試みられ，一部では遺伝的解析も行われている．

　予防免疫については，それぞれの病気の各論で述べるように，多くの病原菌について検討がなされてきているが，日本でこれまでに実用化されたワクチンは，アユおよびニジマスのビブリオ病に対する浸漬ワクチン（1988年承認），ブリの連鎖球菌症経口ワクチン（1996 年），マダイ・イリドウイルス病注射ワクチン（1998年），ブリの連鎖球菌症＋ビブリオ病混合注射ワクチン（2000 年），およびブリ・連鎖球菌症注射ワクチン（2002 年）である．

　生体防御能の活性化の例としては，米国でアメリカナマズのエドワジエラ症に対するビタミン C の効果が実験的に示されており，グルカンや LPS 等の各種免疫賦活剤について日本でも多くの実験的有効例が報告されている．しかし，現場におけるそれらの効果は必ずしも一定しないようである（酒井，1998；Sakai, 1999a）．

　現在日本では 20 種以上もの薬剤が水産用医薬品としてその使用が認められているが，諸外国の状況と比較すると非常に種類が多い．それぞれの薬品には対象魚種と病気が限定され，投与量，投与期間および休薬期間が定められている．それらをきちんと守れば特に問題はないと考えられているが，実際にはヨーロッパでアボパルシンをニワトリに使用したためにバンコマイシン耐性腸球菌（vancomycin-resistant enterococci; VRE）が生じヒトに感染した事例に示されるように，食品としての養殖魚における抗生物質の使用には潜在的な危険性が含まれており，可能な限り抗生物質等の使用は避けるべきである．養殖の現場においては各種薬剤の使用に伴う耐性菌の増加が認められ，治療効果がみられなくなることで，大きな問題となっている（Aoki, 1992）．さらに，薬剤を含んだ餌が自然水域にそのまま出ていくことによる環境汚染も無視し得ない問題であり，薬剤に依存する安易な考え方を改め，適正飼育管理を見直す努力が必要である．特に，条件性病原菌による感染症については全般的な飼育管理技術の向上が望まれる．

　最後に示した生物学的治療法の例としてはファージ療法があげられ，アユの細菌性出血性腹水病に対する実験的治療例などが報告されているが，実用化には至っていない．

5) 食品衛生上問題となり得る魚類病原菌

　動物とヒトを共通の宿主とする人畜共通病原体というものがあり，それらによる感染症を人畜共通伝染病（zoonosis）という．魚は変温動物であり，通常ヒトの体温よりかなり低い水温下で生活するため，37℃で発育し得る魚類病原菌は限られている．しかし，*Aeromonas hydrophila* あるいは *Vibrio vulnificus* といった魚類病原菌はヒトに感染し発病させ得ると考えられ，それなりの注意が必要である．魚とヒトの両方に感染する細菌については第Ⅰ章序論で説明されているので，ここでは具体例は省略する．種を単位に考えれば確かに何種類かの細菌は人魚共通病原菌と呼び得るが，果して同一の株がヒトと魚に病気をもたらし得るのかどうかについては確証がない．しかしながら，その可能性は十分あると考え，上記の細菌による感染症が魚で認められた場合は，食品衛生上の注意は無論のこと，養殖業者自身あるいはそれらを検査する

6）その他の細菌病

表Ⅲ-1-1およびⅢ-1-2に記載されているが各論では登場しない病原菌による病気について，以下に簡単に説明する．

Citrobacter freundii：1981年に松島水族館で飼育されていたマンボウに皮膚の発疹および腎臓におけるリポイド肉芽腫を伴う疾病が発生し，29尾のうち25尾が死亡した．各臓器から *Citrobacter freundii* が分離され，本病の原因と推定された（Sato *et al*., 1982）．その後，インドにおいてコイ稚魚における本菌感染症が報告されている（Karunasagar *et al*., 1992）．

Edwardsiella ictaluri：本菌を原因とするアメリカナマズのエドワジエラ敗血症（enteric septicemia of catfish: ESC）は，年間20万トン以上も生産される養殖アメリカナマズにおける最も重要な病気となっており，種々の研究がなされてきている（Plumb, 1993）．米国以外ではタイのウォーキング・キャットフィッシュ（*Clarias batrachus*）からの分離例が知られるのみである．本菌の血清型は単一で，死菌を注射すると抗体価が確実に上昇することなどから予防免疫が有望と考えられていたが，実際には有効なワクチンが開発されなかった．その主な理由は本菌が条件性細胞内寄生体であり，液性免疫だけでなく細胞性免疫をも高める必要があると考えられた．最近，遺伝子操作により *aroA* 遺伝子欠損弱毒株が作製され，本弱毒生ワクチンの有効性が示され（Thune *et al*., 1999），生ワクチンが市販されるに至った（Shoemaker *et al*., 2002）．

Photobacterium damselae：本菌は最初，ダムゼルフィッシュの一種である black-smith（*Chromis punctipinnis*）病魚から分離され，*Vibrio damsela* と名付けられた（Love *et al*., 1981）．その後本菌はサメやターボットからも分離され，日本ではブリ病魚から報告がある（Sakata *et al*., 1989）．本菌は後に *Photobacterium* 属に移され（Smith *et al*., 1991），更に種小名の語尾が変えられ（Truper and de'Clari, 1997），現在は *Photobacterium damselae* と呼ばれる．本菌はヒトにも感染するとされ，注意を要するが，魚病細菌としてはあまり問題になっていない．

Pseudomonas chlororaphis：山梨県で飼育されていたアマゴ稚魚に発生した大量死の原因菌として本菌が分離された（Hatai *et al*., 1975）．その後，日本では本菌感染症に関する報告はないが，Schäperclaus（1992）によれば，ロシアのサケ（*Oncorhynchus keta*）あるいはコイ科魚類（*Abramis brama*）で本菌感染症が1960年代および1970年代に報告されているという．

Pseudomonas fluorescens：本菌は古くは *Aeromonas hydrophila* とならんで淡水魚の代表的な病原細菌にあげられていた（Bullock *et al*., 1971）．日本では，コイ（塩瀬ら，1974）ナイルテラピア（宮下，1984）およびイワナ（山本・高橋，1986）といった淡水魚のみならず，チダイ（楠田ら，1974a）およびブリ（楠田，1980）といった海産魚においても本菌感染症の発生が報告されている．本菌は多くの魚類に対する条件性病原菌であり，悪環境や他の要因で抵抗力が低下しているような魚に感染しやすい（Inglis and Hendrie, 1993）．したがって，魚を適切な状態で飼育していればあまり問題となるような細菌ではないと考えられ，事実最近では本菌感染症の報告はほとんどない．

Serratia liquefaciens：スコットランドで養殖されていたタイセイヨウサケに腹水の貯留あるいは腎臓や脾臓におけるノジュール形成を呈する病魚が認められ，原因菌として本菌が分離された（McIntosh and Austin, 1990）．その後フランスのターボットにおいて本菌感染症例が報告されているが（Vigneulle and Baudin-Laurencin, 1995），日本では報告例はない．

1. 概　説

Tenacibaculum ovolyticum（*Flexibacter ovolyticus*）：ヨーロッパにおいてハリバットの卵および孵化仔魚に本菌が感染し，大量死をもたらすことがある．本菌は滑走運動を示すグラム陰性の桿菌（$0.4 \times 2 \sim 20 \mu m$）で 4～30℃の範囲で増殖する（Hansen *et al.*, 1992）．日本では本菌感染症の報告はない．

Vibrio harveyi：*Vibrio harveyi* は，スズキ科アカメ目の snook（*Centropomus undecimalis*）（Kraxberger-Beatty *et al.*, 1990），マンボウ（Hispano *et al.*, 1997），あるいはサバヒー（Ishimaru and Muroga, 1997）の事例のように目に感染する例が多い．また東南アジアでは本菌による発光ビブリオ病（luminescent vibriosis）がエビの孵化場（Lavilla-Pitogo *et al.*, 1990）および養殖場（Lavilla-Pitogo *et al.*, 1998）に発生し，大きな被害をもたらしているが，日本では水温の関係もあってか報告例はない．一方，サメなどの病原菌として *V. carchariae* が知られているが，これは *V. harveyi* のシノニムとされ，*V. carchariae* なる種名はあまり使われなくなっている（Pedersen *et al.*, 1998; Gauger and Gomez-Chiarri, 2002）．なお，日本ではトコブシにおける *V. carchariae* 感染症が報告されており（Nishimori *et al.*, 1998），海洋細菌としての *V. harveyi* については研究されているが，本菌による魚類感染症の報告はまだない．

Vibrio salmonicida：1970 年代からノルウェーのヒトラ島で養殖されていたタイセイヨウサケに大きな被害をもたらす病気が流行し，その原因菌として *Vibrio salmonicida* が新種として報告された（Egidius *et al.*, 1981, 1986）．本病が冷水性ビブリオ病（coldwater vibriosis）と呼ばれていることからもわかるように，本菌の発育可能温度は1～22℃，至適温度は15℃と低い．本病はその後スコットランドおよびフェロー諸島（デンマーク）でも発生しているが，日本での発生例はない．ノルウェーにおいては 1987年からワクチンが使用されるようになり，被害は明らかに減少しているといわれる（Lillehaug, 1990）．

Aerococcus viridans var. *homari*：アメリカン・ロブスターに発生するガフケミア（gaffkaemia）は古くから知られ，グラム陽性4連球菌である原因菌は最初 *Gaffkya homari* と名付けられ，その後属名は変わったが，現在まで多くの研究がなされてきている（Sindermann, 1990 ; Stewart, 1993 ; McGladdery, 1999）．*Aeroccocus viridans* は稀にヒトの心内膜炎に関与することはあるが，一般的には雑菌と考えられている．しかし *A. viridans* var. *homari* はアメリカン・ロブスターおよびヨーロピアン・ロブスターに対し，特異的に強い病原性を発揮する．これは本菌がロブスター血リンパ中の殺菌活性や凝集活性因子に抵抗性を有し，さらに血球中で増殖し得るためと考えられている（Stewart, 1993）．日本では本病に関する報告はない．

Clostridium botulinum：この偏性嫌気性細菌は食中毒原因菌としてよく知られるが，養殖池の底泥に存在した本菌をサケ・マス類が経口的に取り込み死亡した事例が欧米で知られている（Eklund *et al.*, 1982; Cann and Taylor, 1984）．日本では泥池でサケ・マス類を飼育する例が少ないためか，本症に関する報告はない．いずれにしても，本菌が魚に感染し体内で増殖するわけではなく，魚でもボツリヌス中毒が起き得ると理解すべきである．

Eubacterium tarantellae：後にユーバクテリア髄膜炎（Winton *et al.*, 1983）と名付けられた病気がフロリダの天然ボラに認められ，偏性嫌気性細菌が原因菌として分離され，*Eubacterium tarantellus* と名付けられた（Uday *et al.*, 1977）．最近，文法的な理由から種名が *tarantellus* から *tarantellae* と改められた（Truper and de'Clari, 1997）．

Mycobacterium spp.：1980 年代の中頃，高知県下で養殖されていたブリに，腹部膨満，

肛門発赤，腹水貯留，肥大した脾臓および腎臓における粟粒結節の形成を特徴とする病気が発生し，原因菌として一種の *Mycobacterium* が分離された．分離菌を魚類病原性 *Mycobacterium* 属 3 種と比較したところ，ナイアシン産生性や 37℃における発育などで異なる性状があるものの，*M. marinum* に近縁であることが分かった（楠田ら，1987a）．種名についてはその後特に検討されず現時点では *Mycobacterium* sp.として記載されている（Kusuda and Kawai, 1998）．本病は慢性的な経過をとることが多く，また比較的有効と考えられるリファンピシンを用いて治療したブリに原因菌が残存していたことなどから（川上・楠田，1990），現場での治療は困難であると考えられる．ワクチンの登場により減少し始めた連鎖球菌症などにとって代わり，本病の被害が増加してくる恐れもあり，今後の研究が求められる．

世界的には観賞魚などを含め多くの魚種でミコバクテリウム症の発生が報告され，中にはヒトに感染し皮膚の病変をもたらす菌種もあるので，注意を要する．現在，魚類病原性 *Mycobacterium* としては，*M. marinum*, *M. fortuitum* および *M. chelonae* の 3 種が認められており，それらのいずれもがヒトに感染し得るとされる（Frerichs, 1993）．

Nocardia asteroides：本菌による感染症は最初熱帯魚に発生したが，その後ニジマスなどいろいろな魚種に発生しているが，詳しい記載はほとんどない．本菌はグラム陽性多形性の土壌細菌であり，時に淡水魚に感染するが，死亡率はさほど高くはない（Frerichs, 1993）．日本ではブリにおける *Nocardia seriolae* 感染症については比較的よく研究されているが，本菌感染症の事例は知られていない．

Staphyloccocus epidermidis：本菌はグラム陽性，通性嫌気性球菌で，通常ヒトなどの皮膚に存在し，時にヒトや魚類を含む動物に感染し病気をひきおこす，いわゆる日和見病原体の一種である．現在まで日本のブリ，マダイあるいは台湾のソウギョでの感染例が知られる（Austin and Austin, 1999）．ブリおよびマダイでの症例は 1970 年代に認められているが（楠田・杉山，1981），その後あまり問題になっていない．

細菌性溶血性黄疸：1980 年代当初から，外見的に体色の黄変を特徴とする病気が養殖ブリに発生し，1980 年代の半ばには九州，四国，紀伊半島沿岸など西日本に広くみられるようになった．本病の原因についてはいろいろな見方があったが，1990 年代に入り，普通ブイヨンあるいはウシ胎児血清を加えた L-15 培地を用いて長桿菌（$0.3 \times 4 \sim 6 \mu m$）が分離され，その病原性が確認されたことから，この分離菌が本病の原因であると判断された（反町ら，1993）．本病はこれにより細菌性溶血性黄疸と命名されたが，原因菌の分類学的位置については明らかにされていない．

（室賀清邦）

2. サケ科魚類の細菌性腎臓病
（Bacterial kidney disease: BKD）

1）序

サケ科魚類の細菌性腎臓病（bacterial kidney disease: BKD）は 1930 年代にほぼ時を同じくしてスコットランド（Smith, 1964）および米国（Belding and Merrill, 1935）において発見された．スコットランドでは Dee disease と呼ばれ，米国あるいはカナダでは kidney disease と呼ばれていたが，現在では bacterial kidney disease が病名として世界的に一般化している．日本では 1973 年に北海道のマスノスケ，ヒメマスなどで本病の発生が確認され（木村・粟倉，1977），その後，本州のサケ・マス養殖場でも発生するようになった．

本病に関しては木村（1978），Fryer and Sanders（1981），Evelyn（1993），Evenden et al.（1993），Wiens and Kaattari（1999）な

2. サケ科魚類の細菌性腎臓病

どの総説がある．

2）原　因

本病の原因菌は，研究の初期には分離培養することができず，形態的特徴から *Corynebacterium* 属（Ordal and Earp, 1956）やその他の属に分類されたが，その後，分離培養菌の菌体成分や DNA についての詳細な研究により新属・新種 *Renibacterium salmoninarum* に分類された（Sanders and Fryer, 1980）．

形態および性状：グラム陽性の短桿菌（0.3～1.0×1.0～1.5μm）で，無芽胞，非運動性，非抗酸性，しばしば双桿状を呈する．

分離培地として，システイン血液寒天培地（Ordal and Earp, 1956），システイン血清寒天（CSA）培地（Evelyn *et al.*, 1973），CSA 培地を改良した KDM-2 培地（Evelyn, 1977），などが報告されている（表Ⅲ-2-1）．また，選択培地として SKDM 培地（Austin *et al.*, 1983）が使われている．いずれの培地を用いても本菌の発育が培地上に認められるようになるまでに 15～20℃培養で 20～30 日間を要するが，KDM-2 培地で 15℃，20 日間培養すると，径 2 mm 前後のクリーム色（無色素）の半球状の光沢のあるコロニーが形成される．

表Ⅲ-2-1　細菌性腎臓病原因菌（*Renibacterium salmoninarum*）の分離に用いられる CSA（システイン血清寒天）および KDM-2 の組成

CSA		KDM-2	
トリプトース	1.0%	ペプトン	1.0%
肉エキス	0.3	酵母エキス	0.05
NaCl	0.5	塩酸システイン	0.1
酵母エキス	0.05	仔牛血清（V/V）	20
塩酸システイン	0.1	寒天	1.5
仔牛血清（V/V）	20	（pH6.5）	
寒天	1.5		

（Fryer & Sanders, 1981）

本菌の DNA の G+C 含量は 53 mol%（Sanders and Fryer, 1980）ないし 55.5 mol%（Banner *et al.*, 1991）．細胞壁のペプチドグリカンを構成するアミノ酸はアラニン，グルタミン酸，リジンおよびグリシン，糖の主体はブドウ糖．主な生化学的性状は，表Ⅲ-2-2 の通りである．

血清学的性状：Bullock *et al.* (1974) は北米各地のニジマス，カワマス，ベニザケ，ギンザケ，およびマスノスケから分離された 10 菌株について，

表Ⅲ-2-2　*Renibacterium salmoninarum* の生化学的性状（Goodfellow *et al.*, 1985）

性　状	
オキシダーゼ	−
カタラーゼ	+
硝酸塩還元	−
ゼラチン分解	−
カゼイン分解	+
でん粉分解	−
エスクリン分解	−
チロシン分解	−
キチン分解	−
トリブチリン分解	+
DNA 分解	−
ツイーン 40 分解	+
ツイーン 60 分解	+
ツイーン 80 分解	−
糖分解	−

＋陽性，−陰性

それらがほぼ同一の抗原構造をもち，抗血清による診断が可能であることを報告した．また，Getchell *et al.* (1985) は米国，カナダ，フランス，イギリス，およびノルウェーのサケ科魚類からの 7 分離菌株について免疫電気泳動分析し，7 つの共通抗原の存在と，そのうちの分子量 57 kD の抗原（F）が主要表面抗原であることを示した．日本で分離された菌株もやはり共通抗原を有することが認められている．しかし，Bandin *et al.* (1992) は，2 つの血清型（抗原型）が存在し，それぞれ 57 kD および 30 kD の細胞膜タンパクによって特徴付けられると報告している．

病原性：本病はサケ科魚類のみに発生している．日本では，ギンザケ，マスノスケ，サケ，カラフトマス，ヤマメ，ヒメマスおよびニジマスの 8 種で本病の発生が認められている．分離菌の注射による感染実験では，Ordal and Earp (1956) のマスノスケでは 12 日後から，Sakai *et al.* (1989a) のニジマスでは 17 日後から死亡が始まっている．また，Murray *et al.* (1992) によるマスノスケを実験魚とした同居感染と浸漬感染では，死亡が始まるまでにそれぞれ平均 145 日と 203 日を要している．最近，日本でア

ユにおける症例が報告されている（Nagai and Iida, 2002）.

病原因子に関して，本菌の菌体外産物にプロテアーゼ（Sakai et al., 1993a）や溶血素（Grayson et al., 1995）の存在が認められているが，否定的な報告もある（Bandin et al., 1991）．また，Bruno（1988）は菌体の親水性および自己凝集性と病原性の強弱との間の相関性を報告している．

3）症状・病理

症状の進んだ個体では，腹部の膨満，体色の黒化，眼球の周囲の出血および眼球突出が認められ，力なく排水口付近および水面を遊泳する．しかし，症状の比較的軽い段階の個体においてはこれらの病変は認められないことが多い．開腹してみると，体腔内に腹水の貯留が認められる．すべての段階の病魚に共通してみられるのは腎臓における病変であり，症状の軽い段階の病魚では直径 2〜3 mm の白点が数個散在し，症状の進んだ個体では直径 3〜5 mm の白色斑が 1 ヶ所に数個集まり，腎臓全体が暗赤色に肥大し，弾力性を失っている（河村ら，1977；木村，1978）（図Ⅲ-2-1）．同様の白点は時に肝臓と脾臓にもみられる．

腎臓その他の臓器に生じた白点ないし白斑状の病巣部では，組織は壊死し，細胞崩壊物，大食細胞を主体とする遊走細胞および多数の病原菌が占める．それらの細胞の多くは大食細胞に取り囲まれた形で存在している．白点や白斑の生じた臓器の塗抹標本を作り，染色，検鏡することにより無数のグラム陽性小桿菌を容易に観察することができる（図Ⅲ-2-2）．腎臓などの臓器実質病巣ではびまん性の組織性肉芽腫様炎症が慢性的に進行し，明瞭な肉芽腫様病変がみられる（河村ら，1977；木村・粟倉，1977；Wood and Yasutake, 1956）．

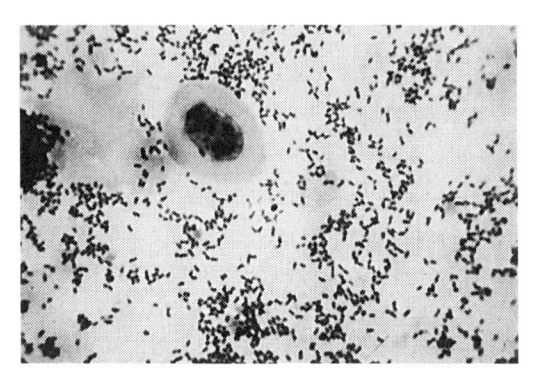

図Ⅲ-2-2 細菌性腎臓病罹病魚腎臓患部の塗抹標本に観察される多数のグラム陽性微小桿菌（木村，1980）

上記のような造血組織における病変に伴い，血液性状にも変化が生じることが明らかにされている．すなわち病魚のヘマトクリット値および血清タンパク量は健康魚の 1/2 から1/3 に減少していると報告されている（Hunn, 1964；木村・粟倉，1977）．さらに，副腎ビタミンC量，ヘモグロビン量，血糖値，および肝臓グリコーゲン量などの低下も認められている（Wedemeyer and Ross, 1973）．

4）疫 学

本病は北米，ヨーロッパ，日本および南米（チリー）で発生しているが，オーストラリアおよびニュージーランドでは未だ発生していない（Evelyn, 1993）．図Ⅲ-2-3 に木村・吉水（1981）が示した日本における本病の発生地および魚種を示した．

米国やカナダでは天然河川あるいは湖のカワマスなどにも本病が分布していることが明らか

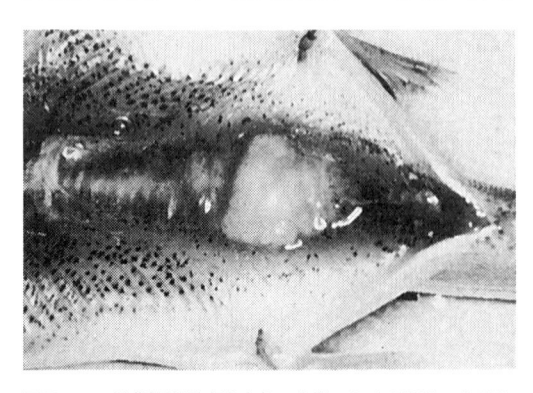

図Ⅲ-2-1 細菌性腎臓病罹病魚の末期における腎臓の定型的病変（木村，1980）

2. サケ科魚類の細菌性腎臓病

にされている（Ellis *et al*., 1978; Mitchum *et al*., 1979; Evelyn *et al*., 1973）。一般的には *R. salmoninarum* はサケ科魚類の偏性病原菌であり，感染したサケ科魚類が感染源であると考えられている（Fryer and Sanders, 1981）。すなわち，宿主を離れた病原菌の生存能力は低く，Austin and Rayment（1985）によれば，本病が繰り返し発生する養鱒場の池水や沈殿物からも病原菌を検出することができず，また，池水と沈殿物に接種した病原菌の生存期間はそれぞれ約4日と21日であった．

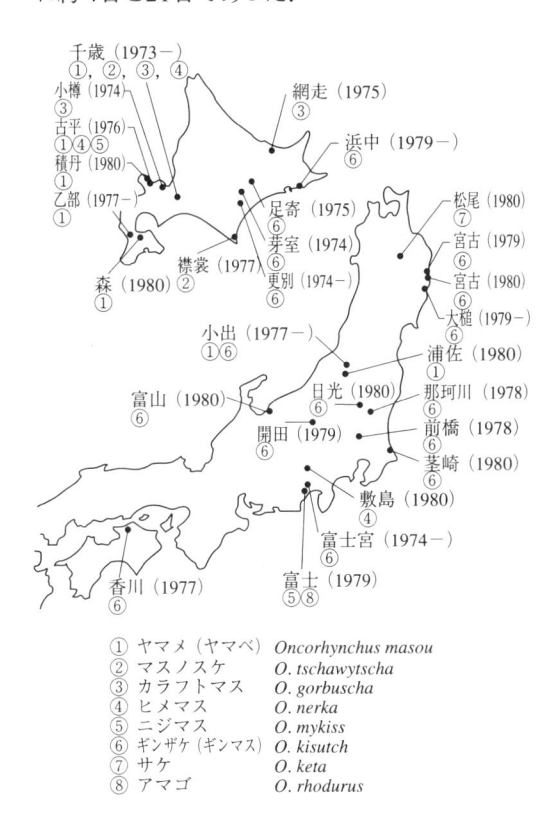

図Ⅲ-2-3　日本における細菌性腎臓病の発生地および被害魚種（1973～80年）（木村・吉永，1981）

① ヤマメ（ヤマベ）　Oncorhynchus masou
② マスノスケ　　　　O. tschawytscha
③ カラフトマス　　　O. gorbuscha
④ ヒメマス　　　　　O. nerka
⑤ ニジマス　　　　　O. mykiss
⑥ ギンザケ（ギンマス）O. kisutch
⑦ サケ　　　　　　　O. keta
⑧ アマゴ　　　　　　O. rhodurus

本病は水温約7℃から18℃の範囲で発生するとされている．Sanders *et al.*（1978）はギンザケ，降海型ニジマスおよびベニザケを用いた感染実験から，本病は約4℃から20℃の範囲で起こり得るが，水温18℃以上では死亡率が低下すること，また感染後死亡するまでの日数は水温12.2℃で約1ヶ月であるのに対し，水温6.7℃では約2ヶ月であることなどを明らかにしている．また木村（1978）によれば，北海道のマスノスケやヤマメ飼育池における本病の発生はもっぱら春先や水温が10℃前後に低下する秋に認められるという．現在までアユでは1例しか報告されていないが，この症例における本病発生時の水温は15～21℃であった（Nagai and Iida, 2002）．

養魚場における水平感染のほかに，米国では湖に住む感染した天然魚（カワマス）が感染源となり，その湖に新たに収容されたカワマスなどに水平感染した例が報告されている（Mitchum and Sherman, 1981）．また，卵を消毒しても仔魚が発病することから垂直感染の可能性が指摘されていたが（Bullock *et al.*, 1978），卵黄に病原菌が存在することを明らかにされている（Evelyn *et al.*, 1984）．卵内への感染経路として，体腔液中の菌が micropyle から侵入する可能性と卵巣組織から卵形成中に直接感染する可能性が指摘されている（Lee and Evelyn, 1989）．

5）診　　断

推定診断には病魚の主として腎臓組織の塗抹標本が用いられ，グラム陽性の双桿菌の確認によってなされるが，初心者は組織に含まれるメラニン顆粒を見誤るおそれがある．原因菌の分離には，一般的に KDM-2 培地が用いられているが（Evelyn, 1977），河川水や糞など雑菌を含む試料のために選択培地の SKDM 培地が工夫されている（Austin *et al.*, 1983）．いずれの培地を用いるにせよ集落が形成されるまでにかなりの日数（20～25日）を要するため，分離法に代わるいろいろな免疫学的検査法や分子遺伝学的検査法が案出されている．

免疫学的検査法としては，病原菌を含む患部組織ホモジネートと抗血清とのゲル内沈降反応（Chen *et al.*, 1974），あるいは患部の加熱抽出

抗原と抗血清とのゲル内沈降反応（木村ら，1978），患部の生鮮，凍結，もしくはホルマリン固定組織切片，家兎抗血清および蛍光ラベルした羊免疫グロブリンを用いた間接蛍光抗体試験（FAT）(Bullock and Stuckey, 1975a)，直接蛍光抗体試験（Bullock et al., 1980），特異抗体感作 Staphylococcus aureus を用いた coagglutination test（共同凝集試験）（木村・吉水，1981），さらにモノクローナル抗体を用いた enzyme-linked immunosorbent assay（ELISA）(Hsu and Bowser, 1991) などが報告されている．これらのうち coagglutination test は，S. aureus のある株の含有するプロテインAが抗体タンパクのIgGのFabを遊離のままFc部分に吸着する現象を応用した一種の逆受身凝集反応であり，所要時間が2〜3時間であることや，蛍光顕微鏡のような特別な装置を必要としないことから生産現場での診断に適した技法といえる．

分子遺伝学的検査法としては，R. salmoninarum の 16S ribosomal RNA を標的とする RT-PCR 法（Magnusson et al., 1994），57 kD の可溶性タンパク（p57）をコードする遺伝子を標的とする PCR 法（Brown et al., 1994），R. salmoninarum に特異的なビオチン標識 DNA（pRS47）プローブを用いたドットブロット・ハイブリダイゼーション法（Hariharan et al., 1995）などが報告されている．Pascho et al.（1998）によれば，卵巣試料の R. salmoninarum 検査には p57 を標的とする nested PCR 法が最適であった．

6) 対　策

予防：垂直感染を防ぐために親魚を選別して，保菌魚を除去する試みが行われている．カナダのブリティッシュ・コロンビアでは，最近まで蛍光抗体法によって親魚の選別が行われていたが，完全には垂直感染を防ぐことができず，検出感度が十分でないためと考察されている（Evelyn, 1993）．また，産卵前の親魚にエリスロマイシン（20 mg / kg 体重）を注射して垂直感染を防止する試みも行われている（Brown et al., 1990）．有機ヨード剤による受精卵の消毒が，卵表面に付着した病原菌の除去に有効であるが，前述のように卵内にある菌には効果がない．

岡山県北部のある山村では，10 経営体のアマゴ養殖場のうち 7 経営体に 1988 年に初めて本病が発生したが，10 経営体のすべてのアマゴを処分し，BKD 未発生域から新たに種苗を導入したところ，本病を根絶することができた（原ら，1993）．

ワクチンの開発について多くの研究が報告されているが，実用化には至っていない（Paterson et al., 1981; McCarthy et al., 1984; Sakai et al., 1989a）．また，タイセイヨウサケに対する弱毒生ワクチンを用いた免疫実験も行われ，高い防御能が賦与されたことが報告されている（Daly et al., 2001）．

BKD の発病と栄養の関係が指摘されており，Lall et al.（1985）は配合飼料にヨウ素やフッ素を添加することよって自然感染率が著しく低下したことをマスノスケについて報告している．また，Bell et al.（1984）は L-アスコルビン酸ナトリウム，亜鉛，鉄，およびマンガンの飼料への添加効果を調べ，アスコルビン塩の量が多く，亜鉛とマンガンの量が少ないと病魚の生存時間が短いことを示した．

治療：本病が慢性的な病気である点や，病原菌が細胞内に寄生すること，さらには潜伏期間が長く，病魚を発見した時には，同一集団の魚の多くがすでに感染を受けてしまっている場合が多いことなどから，本病の治療は極めて困難であるとされる．

1950 年代始めにサルファ剤による治療が試みられ，その後さらに種々の抗生物質による治療が検討された（Elliot et al., 1989）．それらのうち，孵化場の幼若魚に対するエリスロマイ

シンの経口投与（Wolf and Dunber, 1959）や産卵親魚に対するエリスロマイシンの注射（Peterson, 1982; Sakai et al., 1986）などの有効性が示されている．しかし，いずれの場合も，投与期間が長く，また治療が一応成功したかにみえても，投薬を中止すると再発することが多く，化学療法剤による治療は一時的な対策にしかならない．　　　　　　　　　　　（若林久嗣）

3. サケ科魚類のせっそう病
（Furunculosis）

1）序

せっそう病はビブリオ病と並んで最も古くから知られた細菌病の一つである．ドイツのEmmerich und Weibel（1894）によって最初の報告がなされ，典型的な病魚の体側部に生じる半球状の膨隆患部が医学用語の"せっそう"に相当すると考えられたため，せっそう病の病名が生まれた．その後，用語の誤りが指摘されたが，長い間慣用されてきた病名ということで今日もそのまま使われている．

本病の発祥地は欧州とも米国西部ともいわれているが定かではない．現在，南米（チリ），アフリカ（南アフリカ），アジア（日本，韓国），オーストラリアなど，サケ科魚類が飼われている殆どの国から報告されている．日本では1929年頃からその存在が知られていたようであるが，あまり問題にならなかった．それは従来サケ科魚類の養殖の中心が本病に抵抗力のあるニジマスであったためで，アマゴ，ヤマメ，ヒメマスなどの養殖が盛んになった1960年代半ば頃から，これらいわゆる在来マスの被害によって改めて注目されるようになった．

せっそう病あるいはその原因菌に関する総説としては，McCarthy and Roberts（1980），Austin and Austin（1999），Bernoth et al.（1997），Hiney and Olivier（1999）などがある．

2）原因

せっそう病の原因菌の学名は過去に *Bacterium salmonicida* Lehmann and Neumann, 1886, *Bacillus salmonicida* (Lehmann and Neumann) Kruse, 1896, *Proteus salmonicida* (Lehmann and Neumann) Pribram, 1933 と呼ばれた時代もあったが，現在は *Aeromonas salmonicida* (Lehmann and Neumann) Griffin, Snieszko and Friddle, 1953 に分類されている．Bergey's Manual of Determinative Bacteriology（第9版）には *A. salmonicida* subsp. *salmonicida*, *A. salmonicida* subsp. *achromogenes* (Smith) Schubert 1963, *A. salmonicida* subsp. *masoucida* Kimura, 1969 の3亜種が記載されている．その後，新亜種 *A. salmonicida* subsp. *smithia* が Austin et al.（1989）によって加えられた．また，McCarthy and Roberts (1980) は，*A. salmonicida* subsp. *masoucida* を *A. salmonicida* subsp. *achromogenes* のシノニムとし，サケ科魚類以外の魚類から分離された非定型株に対して *A. salmonicida* subsp. *nova* なる新亜種名を提案している．一般的には，*A. salmonicida* subsp. *salmonicida* を定型的 *A. salmonicida* と呼び，他の subspp. は包括的に非定型 *A. salmonicida* と呼ぶことが多い．

形態および性状：グラム陰性，非運動性短桿菌（0.8～1.3×1.3～2.0μm）．通性嫌気性で，分離・培養には普通寒天培地，TSA培地，フルンクローシス培地（FA培地）などが使用される．*A. salmonicida* の特徴の一つは水溶性褐色色素を産生することであり，その結果，コロニー周辺の培地が褐色に染まる．ただし，*A. salmonicida* subsp. *achromogenes*, *A. salmonicida* subsp. *masoucida*, *A. salmonicida* subsp. *smithia* の3亜種は色素を産生しない．病患部試料を接種した培地上のコロニーはもろく堅い'R型'であるが，分離株の継代を続けると光沢のある軟らかい'S型'が多くなる．これは，

新鮮分離株は Udey and Fryer（1978）が外膜上に見つけた A layer（additional layer）を保持しているのに対し，継代株などの変異株は A layer を失っているためと考えられている．また，A layer 保持株は強い自己凝集性を示し，液体培養は不均一に濁り，速やかに沈殿する．

A. salmonicida の発育可能温度は 6～34℃，至適温度は 20～25℃である．発育可能 pH は 6～9，至適 pH は 7 付近である．発育可能食塩濃度範囲は 0～3％である．主な生化学的性状は表Ⅲ-3-1 のとおりである．また 4 亜種の鑑別点を表Ⅲ-3-2 に示す．

病原性：ベニザケ，サケ（シロサケ），カラフトマス，ギンザケ，サクラマス，マスノスケ，タイセイヨウサケ，アマゴ，カワマス，ニジマス，ブラウントラウトなど主要サケ科魚類のほとんどが A. salmonicida に感受性をもつことが報告されている（Herman, 1968；木村, 1969, 1970, 1993; Hiney and Olivier, 1999）．これらのなかで，ニジマスの感受性が低いことは前述のとおりである．サケ科魚類以外の魚についても種々の魚が感受性をもつことが感染実験によって示されているが（McCraw, 1952; Herman, 1968; McCarthy, 1975），最近まで自然感染による発病の報告はなかった．しかるに，1980年代に入ってからサケ科以外のいろいろな魚に A. salmonicida ないしは非定型 A. salmonicida による病気の流行が報告されるようになった（次節参照）．

前記の A layer は貪食細胞内での殺菌作用に抵抗する役割を果たしており，病原株は A layer をもっているのに対して非病原株はそれをもたない（Udey and Fryer, 1978; Daly et al., 1996）．A. salmonicida の培養濾液中には

表Ⅲ-3-1　*Aeromonas salmonicida* subsp. *salmonicida* の生化学的性状
（Bergey's Manual of Determinative Bacteriology-9th, 1993, 一部改変）

性　状		性　状	
オキシダーゼ	+	炭水化物分解	
カタラーゼ	+	D-グルコース（酸）	+
インドール産生	−	D-グルコース（ガス）	+
メチルレッド試験	+	アドニトール（酸）	−
Voges Proskauer の試験	−	L-アラビノース（酸）	+
クエン酸塩利用（Simmons）	−	D-アラビノース（酸）	−
硫化水素産生	−	セルビオース（酸）	−
尿素分解	−	ズルシトール（酸）	−
フェニルアラニン脱アミノ酵素	−	エリストール（酸）	−
リジン脱炭酸酵素	d	D-ガラクトース（酸）	+
アルギニン脱水素酵素	+	グリセロール（酸）	d
オルニチン脱炭酸酵素	−	*myo*-イノシトール（酸）	+
ゼラチン分解	+	ラクトース（酸）	−
KCN 試験	+	マルトース（酸）	+
マロン酸利用	−	D-マニトール（酸）	+
エスクリン利用	+	D-マンノース（酸）	+
酒石酸塩利用（Jordan）	−	ラフィノース（酸）	−
リパーゼ（コーンオイル）	+	L-ラムノース（酸）	−
DNA 分解酵素	+	サリシン（酸）	d
硝酸塩還元	+	D-ソルビトール（酸）	−
ONPG	d	シュクロース（酸）	−
クエン酸塩利用（Christensen）	−	トレハロース（酸）	+
水溶性褐色色素産生	+	D-キシロース（酸）	−
OF 試験	発酵		

＋：陽性，−：陰性，d：菌株によって相違する，［＋］：弱陽性

3. サケ科魚類のせっそう病

表Ⅲ-3-2 *Aeromonas salmonicida* の 4 亜種の生化学的性状の比較

(木村, 1970；Austin *et al*., 1989)

	Aeromonas salmonicida subsp.			
	salmonicida	*achromogenes*	*masoucida*	*smithia*
褐色色素産生	+	−	−	−
溶血性	+	−	+	−
ゼラチン液化	+	−	+	+
Loeffler 血清消化	+	−	−	
カゼイン消化	+	+	−	+
ホスファターゼ	+	−	+	+
レシチナーゼ	+	−	−	−
インドール産生	−	−	+	−
硫化水素産生	−	−	(+)	+
リジン脱炭酸	−	−	+	−
MR試験	+	−	−	
VP試験	−	−	+	
2, 3-ブタンジオール産生	−	−	+	
炭水化物分解				
アラビノース	AG	−	AG	
ラクトース	−	−	(AG)	−
シュクロース	−	A	AG	v
セロビオース	−	−	AG	
サリシン	−	−	(A)	

＋ 反応陽性；− 反応陰性；v 反応不定；A 酸；G ガス；( ) 反応微陽性

ロイコシディン，プロテアーゼ，ヘモリジン，フォスフォリパーゼ，アセチルコリンエステラーゼ，などの菌体外産物（ECP）が含まれており，病原性との関連について多数の研究報告がある（Klontz *et al*., 1966; Fuller *et al*., 1977; Sakai, 1977; Cipriano *et al*., 1981; Rockey *et al*., 1988; Huntley *et al*., 1992; Perez *et al*., 1998）．一方，菌体抽出物には魚に対する毒性が認められていない（Wedmeyer *et al*., 1969; Paterson and Fryer, 1974）．ただし，Paterson and Fryer (1974) はその抽出物がマウスやニワトリには毒性を示したと述べている．

血清型：*A. salmonicida* は血清学的にきわめて均一であり，殆どすべての菌株が共通の菌体抗原（O抗原）をもつことが知られている（Klontz and Anderson, 1968; Hahnel *et al*., 1983; Chart *et al*., 1984)）．

色素非産生の亜種は共通抗原のほかに亜種特有の抗原をもっている（木村, 1970；McCarthy and Rawle, 1975）．また，*A. salmonicida* は *Aeromonas* 属の他の種とも共通抗原をもっており，両者が血清学的に近縁であることも知られている（Bullock, 1966）．

3）症状・病理

Herman (1968) はせっそう病を次の4型に類別している．(1) 外部症状の発現を待たずに死亡する急性型，(2) "せっそう"が現れてから死亡する亜急性型，(3) 腸炎と鰭基部に出血がみられる程度の症状で死亡が長く続く慢性型，(4) 病原菌は分離されるが症状はなく，死亡もしない慢性型．実際には，これらの病型に当てはまらない症状を示す病魚もしばしばみられる．とくに鰓にまず感染病巣が形成され，点状出血や脈瘤の生ずる症例が報告されている（Herman 1968；宮崎・窪田, 1975a; Ferguson and McCarthy, 1978）．

せっそう病に特徴的な膨隆患部（図Ⅲ-3-1）は，まず躯幹筋肉内に小さな感染病巣が形成されることに始まり，細菌の増殖によって筋肉が

第Ⅲ章 細菌病

融解し，出血や漿液の浸出，遊走細胞の浸潤などによって膨張することによって形成される．膨隆患部表面の皮膚が壊死・崩壊して潰瘍化することがある（図Ⅲ-3-2）．この"せっそう"患部は皮膚創傷を主要門戸とする経皮感染に始まると考えられており，宮崎・窪田（1975b）によりその経過が詳細に観察されている．

図Ⅲ-3-1　せっそう病に冒されたニジマスの躯幹部に生じた膨隆患部（写真提供：Dr. P. Ghittino）

図Ⅲ-3-2　せっそう病に冒されたアマゴ．躯幹部に潰瘍化した患部がみられる

感染様式にはこのほかに経鰓感染と経口感染が認められ，それぞれ異なった初期症状を現す．前者では鰓薄板上皮や毛細血管にまず細菌集落が形成され，血行障害や組織の崩壊を起こし，続いて細菌が血流に乗って心臓やその他の内臓に転移病巣を作る（宮崎・窪田，1975a）．また後者では腸の各所が発赤し，内部に血液の混じった粘質物を含むことが多い．またときには激しいカタール性炎症を起こす．

4）疫　　学

比較的最近まで A. salmonicida は魚体外では長く生存できない偏性病原体とされていた（Rabb and MacDermott, 1962）が，生態学的研究が進み，本菌が水中や水底に長時間生存し続けることが明らかになりつつある．実験的に調べられた水中生存時間は研究者によって大きな差があるが，McCarthy（1980）は，滅菌していない場合，11～13℃下で，淡水中で17日，汽水中で24日，海水中で8日と報告している．彼はまた，養魚池の底泥中で少なくとも29日間は生存することを示した．Sakai（1986a, b）によれば，川底の砂中に含まれる腐植酸とアミノ酸の複合物が A. salmonicida の生存時間を延長し，さらに負に帯電している病原株が正に帯電している非病原株よりも砂の表面に付着しやすいため，病原株が選択されるという．

水中や水底に長時間生存できるとしても，主要の感染源は養殖場や水源の河川にすむ保菌魚であると考えられる（Rabb and MacDermott, 1962）．McCarthy（1980）によれば，病死した魚を飼育水槽に放置したところ A. salmonicida は死魚の筋肉内に 32 日間残り，水中からは40日間検出されたという．

保菌魚はいろいろな臓器に保菌しており，卵巣や精巣からも検出されており，保菌親魚から卵あるいは孵化仔魚への感染の可能性が指摘されている（McDermott and Brest, 1968）．しかし，これまでのところ垂直感染は証明されておらず，それほど重要ではないと考えられている（McCarthy, 1980）．

保菌魚は何らかのストレスを受けて発病し，水中に病原菌をまき散らす．McCraw（1952）によれば15℃以上の水温，溶存酸素の不足，水質汚染が保菌魚を発病させる重要な要因である．Bullock and Stuckey（1975b）は加温ストレスやコルチゾールの注射が保菌魚の発病を促すことを示し，McCarthy（1980）が同様の方法で養殖場のブラウントラウトとニジマスの

保菌検査を行ったところ，前者の保菌率が40～80％であったのに対して後者のそれは5％以下であった．Bullock et al.（1976）によればタイセイヨウサケを12.5℃の水槽中で10^7cells/lのA. salmonicidaに30分間接触させたところ，10日後から死亡が始まり，2週間後で死亡率50～90％に達したという．また病魚のいる水槽からの排水に接触させたときも同様に感染発病した．

5）診　断

"せっそう"患部を生じている病魚ではその特徴と患部その他の組織の塗抹標本を検鏡して非運動性短桿菌の存在を観察することで，ほぼ確実に診断できる．しかし，ビブリオ病など他の病気と紛らわしい症状のものや症状を示さないものがあるので正確には細菌学的・血清学的検査が必要である．

病原菌の分離にはTSA培地あるいはFA培地が賞用され，A. salmonicida subsp. salmonicidaは水溶性褐色色素を産生することで識別されるが，色素非産生の亜種の存在や類似の色素を産生する他の細菌の存在に留意する必要がある．クーマシーブルーを含むCBB培地はA layerをもつA. salmonicidaの鑑別培地として臨床検査に利用されている（Markwardt et al., 1989）．また，CBB培地上に養魚池水などを濾過したメンブレンフィルターを置いて培養することによって水中のA. salmonicidaを鑑別することができることが報告されている（Ford, 1994）．ただし，CBB培地ではA layerをもたない株は鑑別できないことや，Chromobacteriumなど紛らわしい色素産生菌の存在に注意しなければならない．

A. salmonicidaは前述のように血清学的に均質であることから，血清学的手法がいろいろ工夫されている．スライド凝集反応も常用されているが，多くの菌株は自己凝集をするので，その場合には短時間の超音波処理などの前処理をして自己凝集を防ぐ．分離菌から可溶性抗原を抽出し，間接血球凝集反応を行う方法も報告されている（McCarthy and Rawle, 1975）．また，A. salmonicidaに対する免疫グロブリンで感作したラテックスビーズと病魚の患部組織の抽出液との凝集反応（McCarthy, 1975）や特異抗体で感作したstaphylococciと患部組織抽出液との凝集反応（木村・吉水，1983）によって，細菌を分離することなく病原菌を検出する方法も報告されている．

一般に保菌数が少ない無症状感染魚の検査のために通常の方法よりも検出感度の高いDNAプローブ法やPCR法の使用が試みられている．Mooney et al.（1995）は彼らの開発したA. salmonicidaに特異的なプローブを用いてアイルランドの3つの河川で捕集された61尾のタイセイヨウサケを調査し，保菌率87％と報告している．また，Hoie et al.（1997）は16S rRNAおよびプラスミッド由来のPCRプライマーを設計し，特異性や感度を比較検討している．

6）対　策

予防：病原菌の養魚場への侵入を防ぐことが第1に必要なことであり，そのため発眼卵などの種苗を移入するときには病歴のないところから入手するとともに，消毒を施してから放養する．発眼卵にはポビドンヨードによる消毒（有効ヨード濃度50 ppmで15分間）が推奨されている．

養魚用水源には保菌魚となり得る天然魚が存在しないことが望ましい．また，養魚場内では幼稚魚池を上流に設置し，経年魚との混養を避け，また，養魚池別に専用の器具を使用する．保菌魚が何らかのストレスを受けて発病したとき，それらから排出される病原菌が感染源として最も重要であるので，季節の変わり目などにはとくに管理に注意を払う．

ワクチンによる予防は積極的手段として期待

され，Duff（1942）による経口ワクチンの研究以来，数多く報告されているが，経口ワクチンや浸漬ワクチンについては有効とする報告と無効とする報告が合い半ばしている．注射ワクチンについては有効であっても多数の魚を取り上げて接種するのは手間が掛かり，魚にも大きなストレスを与えるのではないかとの懸念から久しく実用性がないものと思われていた．しかし，ノルウェーの海面網生け簀養殖タイセイヨウサケがせっそう病により大きな被害を受け，薬剤による治療が耐性菌の出現などによって行き詰まり，やむなく注射ワクチンの接種が敢行された．その結果，顕著な予防効果が現れるとともに作業的にも実行可能であることが判明した（Midtlyng, 1996）．そして，これを機に各国でせっそう病のみならずその他の魚病についても注射ワクチンが見直されるようになった．しかしながら日本においては現時点で本病に対するワクチンは実用化されていない．

治療：早期に発見し，正しく行えば化学療法が有効である．原（1980）は実験感染魚に各種抗菌剤を投与し，治療効果を比較した結果，スルファモノメトキシン，スルフイソゾール，クロラムフェニコール，塩酸オキシテトラサイクリン，塩酸テトラサイクリン，ナリジクス酸，オキソリン酸などに治療効果を認めた．しかし，スコットランドでは海面養殖サケのせっそう病の治療が頻繁に行われるようになってオキシテトラサイクリンに対する耐性菌の増加が問題化した（Hastings and McKay, 1987; Ridhards et al., 1992）．また，ノルウェーの場合も同様であり，前述のようにワクチン接種がせっそう病対策の中心となった．　　　　　　　（若林久嗣）

4. 非定型 Aeromonas salmonicida 感染症（Atypical Aeromonas salmonicida infection）

1）序

せっそう病は19世紀末から知られる古い細菌病であるが，長い間，サケ科魚類特有の病気と考えられ，原因菌 Aeromonas salmonicida は分類学的に均一な性状をもつと思われてい

表Ⅲ-4-1　サケ目以外の Aeromonas salmonicida 感染魚

養殖（飼育）魚	
ウナギ目	
ニホンウナギ	Silver perch
American eel	Wrasse
European eel	カレイ目
コイ目	ムシガレイ
コイ（含ニシキゴイ）	Turbot
キンギョ（含フナ）	カサゴ目
スズキ目	クロソイ
Common wolfish	アイナメ
Spotted wolfish	

野生魚	
ウナギ目	Viviporous blenny
American eel	Whiting
European eel	スズキ目
ニシン目	Goldsinny wrasse
Pacific herring	Perch
コイ目	Sand-eels
Bream	Smallmouth bass
Chub	Yellow bass
Crucian carp	カレイ目
Dace	American plaice
Goldfish	Dab
Minnow	Greenback founder
Roach	Halibut
Rudd	Plaice
Silver bream	Turbot
タラ目	カサゴ目
Cod	Sablefish
Four bearded rocking	
Haddock	
Tomcod	

（Wiklund & Dalsgaard 1999 を改変・加筆）
（和名は日本で，英名は外国で報告されたもの）

表Ⅲ-4-2　非定型 Aeromonas salmonicida 感染魚が報告されている国・海域

米国	ユーゴスラビア
カナダ	ハンガリー
日本	フィンランド
シンガポール	スウェーデン
オーストラリア	ノルウェー
英国	アイスランド
デンマーク	バルト海
オランダ	フェロー諸島
ドイツ	南アフリカ
イタリア	

（Wiklund & Dalsgaard, 1999 を改変）

4. 非定型 *Aeromonas salmonicida* 感染症

た．しかし，前節で述べたように，1960年代に水溶性褐色色素を産生しない菌株によるせっそう病が英国のマス（*Salmo trutta*）と日本のマス（*Oncorhynchus masou*）に発見され，また，両者は色素非産生以外の性状に違いが認められるところから *A. salmonicida* の亜種 *achromogenes* および *masoucida* とそれぞれ命名された．1970年代になると既報の亜種とは性状の異なる *A. salmonicida* の変異株がいろいろな淡水魚や海水魚の病魚から分離されるようになった（Wiklund and Dalsgaard, 1998）．例えば，Evelyn（1971）は，カナダ西海岸の海面養殖サケ 2 種とギンダラから分離された変異株について報告した．また，Bootsma *et al.*（1977）はヨーロッパで古くから知られていたコイの伝染性腹水症（Infectious dropsy of carp / IDC complex）の一部が，色素を産生しない *A. salmonicida* の変異株を原因とすることを明らかにし，それによるものを紅斑性皮膚炎（Carp erythrodermatitis / CE）と名付けた．それらの変異株の中には英国の roach（*Lutilus lutilus*）の潰瘍病の原因として報告され，新しい亜種名 *smithia* が提案されたものもあるが（Austin *et al.*, 1989），*A. salmonicida* subsp. *salmonicida* 以外のものは亜種名に関係なく非定型 *Aeromonas salmonicida* と総称されている（Wiklund and Dalsgaard, 1998; Hiney and Olivier, 1999）．本節ではそれらのうち日本に存在するサケ科魚類以外の非定型 *A. salmonicida* 感染症について述べる（表Ⅲ-4-1，Ⅲ-4-2）．

2）キンギョの穴あき病

1971年の春にキンギョ，フナ，コイなどの皮膚に潰瘍のできる病気が日本各地の養魚場や，天然の河川湖沼，さらには釣り堀などに発生した．この病気は誰云うとなく"穴あき病"と呼ばれるようになり，全国的に大きな被害を出したが，1973年から1975年をピークに次第に減少した．現在は殆ど見られなくなったが，まったく姿を消したわけではなく時々発生し，原因菌が分離され，確認されている（Yamada *et al.*, 2000）．病魚の症状は魚種によって若干の差が見られるものの基本的には共通している．高橋ら（1975a）や斉藤ら（1975）はキンギョの穴あき病の発生部位，病状の推移などを詳しく観察しており，それによると最初はほぼ鱗 1 枚の範囲で表皮が白濁・肥厚し，その周辺や鱗の下が軽く発赤する．やがて鱗が脱落し，壊死した真皮が露出する．続いてその真皮が剥離し筋肉が露出するが，それより深部に患部が進むことは少ない（図Ⅲ-4-1）．内臓諸器官には肉眼的な異常は認められず，体表の潰瘍だけが顕著な病変であることが本病の特徴である．流行期は春と秋であり夏に発生することは少ない．晩春から初夏にかけて発生するときは水温の上昇に伴って自然治癒することが多い．

図Ⅲ-4-1 穴あき病に冒されたサンギョ（写真提供：高橋耿之介氏）

高橋ら（1975b）は穴あき病が伝染性であり，クロラムフェニコールに感受性がある $0.45\mu m$ 以上の因子が関与していることを実験的に証明した．高橋（1975c）は病患部から分離される種々の細菌を用いて感染実験を行い，*Aeromonas hydrophila* が筋肉の壊死・融解に深く関与していると考えられる結果を得たものの，穴あき病の一次因子とは考えられないとした．

一方，Shotts *et al.*（1980）および Elliot and Shotts（1980a）は米国内の 5 つの養殖場と東京都水産試験場およびロンドンの観賞魚問屋から送られた病キンギョを検査し，これら 7

ヶ所のいずれのキンギョからもその潰瘍患部から非定型の *A. salmonicida* が高率に分離されることを見出した．そして分離培養菌の懸濁液（$3×10^6$ CFU / ml）に30分間浸漬して実験感染を試みた結果，13日後までに10尾中9尾の皮膚に患部が形成されたことから，この非定型の *A. salmonicida* をキンギョの潰瘍病（ulcer disease）[*1] の病原菌と結論した（Elliott and Shotts, 1980b）．その後，日本の病魚からも同じ性状の細菌が病魚から検出され，また以前に分離された菌株の中にも存在していたことから，キンギョの穴あき病の原因とされるに至った．

3）ニシキゴイの'新'穴あき病

キンギョの穴あき病は1975年頃から急減し，キンギョだけでなくニシキゴイやフナにも殆どみられなくなったが，1996年頃から症状の類似した病気が再びニシキゴイの間で流行し始めた．キンギョの穴あき病では，ニシキゴイの症例を含め，その特徴である潰瘍患部が主として躯幹部の1ヶ所に限られている場合が多かったのに対し，この場合は，躯幹部だけでなく鰭や鰭の基部，口吻部，鰓蓋などにも潰瘍が生じ，複数の患部をもつものも多いことに加え，当歳魚などの小型魚でも発生すること，致死性が高いこと，昇温に治療効果が認められないことなどが特徴として指摘された．また，穴あき病に有効であったオキソリン酸やテトラサイクリンなどの薬剤に治療効果が認められない一方，クロラムフェニコールやニューキノロン系の薬剤の有効性が報告された．そして，これらを穴あき病との相違点として，業界において「新穴あき病」と呼ばれるようになった[*2]．

当初は，ニシキゴイの新穴あき病の病魚から

[*1] 後に彼らはこれをキンギョの潰瘍性せっそう病（ulcerative furunclosis）と改称している．
[*2] 全日本錦鯉振興会は平成9年（1997）にパンフレット「新穴あき病について」を会員に配布した

非定型 *A. salmonicida* を分離することができなかったが，的山ら（1999）は1997年から1998年にかけて新潟県の7ヶ所のニシキゴイ養魚場から得た病魚を検査してどの養魚場由来の病魚からも非定型 *A. salmonicida* を分離することに成功した．また，加来ら（1999）も新潟県と石川県のニシキゴイおよび群馬県と茨城県のマゴイの病魚から非定型 *A. salmonicida* を分離した．分離培養する際，キンギョの穴あき病の場合と同様にトリプトソーヤ寒天培地よりも血液寒天培地の方が発育がよく，コロニー数も多い傾向が認められているが，いずれの培地においても18℃で1週間前後の培養期間を要する．分離菌株は，*A. salmonicida* subsp. *salmonicida* に対する抗血清に反応するが，定型株やキンギョの穴あき病などからの既報の非定型株とは異なる生化学的性状をもつ（表Ⅲ-4-3）．また，16S rDNAの塩基配列に基づく系統樹においてもそれぞれ別のクラスターに属する（Yamada *et al*., 2000）．

分離菌株は，エンロフロキサシン，カナマイシン，オキシテトラサイクリン，ニフルスチレン酸に感受性であったが，後2者には耐性株があり，また，オキソリン酸に対しては全ての供試菌株が耐性であった（的山ら，1999）．

ニシキゴイの新穴あき病魚から分離された非定型 *A. salmonicida* 菌株は，腹腔注射，筋肉注射，皮下注射，菌液に浸漬のいずれの感染実験区においても30日以内に実験魚を死亡させた（的山ら，1999）．注射感染魚は注射部位にのみに潰瘍患部を生じ，患部を形成せずに死亡するものも多かった一方，浸漬感染魚は頭部，躯幹，鰭の何れにも患部を形成し，複数の患部をもつものもあった．浸漬感染魚では，体表患部からは非定型 *A. salmonicida* が再分離されたが，腎臓からは細菌が全く分離されなかった．また，水温別では27℃で死亡および患部形成が最も早かったが，累積死亡率は最も低かった．一方，15℃では患部形成に1週間以上を要した

4. 非定型 Aeromonas salmonicida 感染症

表Ⅲ-4-3 Aeromonas salmonicida の亜種および日本において病魚から分離された非定型株の生化学的性状の比較

	褐色色素産生	オキシダーゼ産生	カタラーゼ産生	インドール産生	ブドウ糖からガス産生	白糖から酸産生	エスクリン分解	ゼラチン分解	ONPG（β-ガラクトシダーゼ）
A. salmonicida subsp. salmonicida	+	+	+	-	+	-	+	+	+
A. salmonicida subsp. achromogenes	-	+	+	+	-	+	-	-	+
A. salmonicida subsp. masoucida	-	+	+	+	+	+	+	+	+
A. salmonicida subsp. smithia	-	+	+	-	nd	+	-	+	+
キンギョ（穴あき病）Shotts ら（1980）[*1]	+	+	+	+	-	+	-	+	+
ニシキゴイ（'新'穴あき病）加来ら（1999）[*2]	-	+	-	-	-	+	-	+	+
コイ 加来ら（1999）	+	-	+	-	-	-	-	-	-
ウナギ（頭部潰瘍病）飯田ら（1984）[*3]	-	+	+	+	-	+	-	+	+
ムシガレイ 中津川（1994）	+w/-	+	+	+	nd	+	-	+	+
アイナメ・ヒラメ・クロソイ 飯田ら（1997）[*4]	+	+	+	+	-	+	+	+	+

[*1] Yamadaら（2000），[*2] 的山ら（1999），Yamadaら（2000），[*3] 大塚ら（1984），Kitaoら（1984），
[*4] 泉川・植木（1997）も同様の報告をしている．
+：陽性，-：陰性，+w/-：弱陽性または陰性，nd：資料なし

が，累積死亡率は最も高かった．これらの実験結果は，生産現場での観察や経験とよく符号しており，ニシキゴイの新穴あき病の原因が非定型 A. salmonicida であることを裏付けた．加来ら（1999）も皮下注射実験魚の致死日数および死亡率が接種菌量と相関すること，長期間生存した実験魚には自然感染魚と類似の患部が形成されることを報告している．

このようにニシキゴイの新穴あき病は，キンギョの穴あき病のそれとは異なる菌型ではあるが，非定型 A. salmonicida が原因と判断される．また，今後，別の菌型の A. salmonicida を原因とするキンギョやニシキゴイの「穴あき病」が発生する可能性もあると推察される．したがって，「'新'穴あき病」とするよりは，「穴あき病」として，A. salmonicida を原因とする「穴あき病」の定義を広げておく方が合理的ではないかと思われる．なお，ニシキゴイの新穴あき病の原因について，Miyazaki et al.（2000）は，コロナウイルス様のウイルスとしている．宮崎（1999，2002）は，病名を「ウイルス血症随伴穴あき病」とすることを提案している．

4) ウナギの頭部潰瘍病

本病は，1979年頃から鹿児島県を中心に九州南部のウナギ養殖場で流行し，1981年から1983年にかけて徳島県や静岡県においても認められた（大塚ら，1984）．これら各県の養殖場のほか，広島大学や東京大学水産実験所（静岡県）の構内の飼育水槽で発病したウナギから非定型 A. salmonicida が分離され，それらの生化学的性状についてキンギョの穴あき病原因菌など既報の非定型 A. salmonicida とは相異があることが報告されているが，報告によって相異点に多少の差がある（大塚ら，1984；飯田ら，1984；Kitao et al., 1984）．

病魚の口唇部を含む頭部に膨隆あるいは潰瘍

患部が形成されることが共通の特徴であるが,そのほかに頭部の発赤,眼球の白濁・突出,躯幹部の発赤・潰瘍,鰭の発赤,肝臓のうっ血,胃水の貯留,腹膜の出血を併せもつ場合(大塚ら,1984)と顕著な症状が認められない場合(飯田ら,1984)が報告されている.分離菌株を用いたウナギに対する病原試験において,$1×10^5$ CFU を筋肉注射した実験魚は平均5日で死亡し,外見的症状は殆ど認められず,接種部の筋肉以外からは菌が再分離されなかったのに対し,$1×10^4$ CFU 以下の接種量では,実験魚の死亡までに10日以上を要し,接種部に潰瘍が生じ,内臓からも菌が再分離された(大塚ら,1984).養殖池においては,摂餌の際や噛み合いによって生じた口唇部ないし頭部の傷に病原菌が感染して初期病巣が形成され,次第に躯幹部や内臓に広がっていくが,急性の場合には頭部以外の部位に顕著な病変が生ずる前に死亡してしまうものと推察される.

本病のもう一つの特徴は,秋から春にかけての低水温期に露地池に発生しやすい点にあり,水温を変えた感染実験においても 25℃の場合のウナギの死亡率は19℃の場合より低く,30℃では死亡する魚はなかった(大塚ら,1984).このことは加温養鰻の普及とともに本病がほとんどみられなくなったことと関係しているものと考えられる.

5) 海産魚類の非定型 *Aeromonas salmonicida* 感染症

1992 年と1993年に京都府の種苗生産場においてムシガレイの 0〜1歳魚および 3〜5 歳の親魚に頭部や体躯の発赤,口唇部のびらんを特徴とする病気が流行し,病魚の腎臓や脾臓や脳から非定型 *A. salmonicida* が分離され,感染実験によって病原菌であることが示された(中津川,1994).

大分県下で養殖中のアイナメ,ヒラメおよびクロソイに,1993年と1994年に体躯の皮膚の

びらん,筋肉内の出血,肝臓の出血などを特徴とする非定型 *A. salmonicida* 感染症が流行した(飯田ら,1997).また,1994 年には岡山県下で養殖中のクロソイにも同じ症状の病気が流行し,病魚から非定型 *A. salmonicida* が分離された(泉川・植木,1997).両県で分離された菌株はいずれもほぼ均一の性状を示し,同じ型に分類されると考えられる(表Ⅲ-4-3).海産魚における非定型 *A. salmonicida* 感染症は日本だけでなく北ヨーロッパでも頻繁に報告されている.いろいろな条件下の水中における海産魚由来菌株の生残性について検討したWiklund(1995)によれば,堆積物を含む汽水中での生残性が高かったという.このことは汚染の進んだ沿岸海水中には非定型 *A. salmonicida* が常在している可能性を示唆するものとも考えられる.

(若林久嗣)

5. 運動性エロモナス感染症
(Motile *Aeromonas* infections)

1)序

サケ科魚類のせっそう病の原因である *Aeromonas salmonicida* には鞭毛がなく運動をしないのに対し,他の *Aeromonas* 属の細菌は1本の極在鞭毛(極毛)をもち運動をすることから運動性エロモナス(motile *Aeromonas*,あるいは motile aeromonads)と総称されている.淡水域に広く分布し,水生動物の腸内などの細菌叢の構成員であり,また,蛙や魚の病原菌であるとともに,人に食中毒を起こすなど陸上動物にも病原性をもつことが知られている(Salton and Schnick, 1973).運動性エロモナスは表現型性状が多様であるために種の分類が難しく,久しく論議が続いている.すなわち,Bergey's Manual of Determinative Bacteriology(第7版)においては,Snieszko(1957)によって *A. liquefaciens*, *A. punctata*, *A. hydrophila* の3種に分類された.しかし,その後,Snieszko を

5. 運動性エロモナス感染症

含め米国の研究者らは，生化学的性状などに多少の違いがあっても病魚から分離された運動性エロモナスを基準種のA. liquefaciensとするのが適当であるとした（Bullock, 1964）．しかし，Bergey's Manual of Determinative Bacteriology（第8版）においては，Schubert（1974）によってA. hydrophilaとA. punctataの2種に分類され，前者にhydrophila, anaerogenes, proteolyticaの3亜種，後者にpunctata, caviaeの2亜種が設けられた一方，A. liquefaciensの種名は棄却された．さらに，Bergey's Manual Systematic Bacteriology（第1版）においては，Popoff（1984）によりA. hydrophila, A. caviae, A. sobriaの3種に分類された．その後，急速に増えた遺伝型性状などの新しい知見をもとに次々に新種が提案され，2003年6月現在，国際細菌命名規約に則して有効に提案された運動性エロモナスが17種6亜種にも達している（表Ⅲ-5-1）．しかし，それらについてもいろいろな問題点が指摘されており，論議が続いている．

本節では，魚病の原因，あるいは魚類由来の運動性エロモナスを中心に総述する．なお，運動性エロモナスの分類ならびに魚類感染症に関する研究の歴史については，江草（1967, 1978）に詳しく述べられている．また，最近著された総説として，Roberts（1993），Joseph and Carnahan（1994），Austin et al.（ed.）（1996）などがあげられる．

表Ⅲ-5-1 命名規約に則して有効に提案された運動性エロモナスの種名および亜種名
（2003年6月現在）　　　　　　　　　　　　　（http://www.bacterio.cict.fr/ 参照）

1	*Aeromonas allosaccharophila* Martinez-Murcia et al. 1992, sp. nov.
2	*Aeromonas bestiarum* Ali et al. 1996, sp. nov.
3	*Aeromonas caviae*（ex Eddy 1962）Popoff 1984, sp. nov., nom. rev. [*1]
4	*Aeromonas culicicola* Pidiyar et al. 2002, sp. nov. [*2]
5	*Aeromonas encheleia* Esteve et al. 1995, sp. nov.
6	*Aeromonas enteropelogenes* Schubert et al. 1991, sp. nov. [*3]
7	*Aeromonas eucrenophila* Schubert and Hegazi 1988, sp. nov. [*1]
8	*Aeromonas hydrophila*（Chester 1901）Stanier 1943（Approved Lists 1980），species.
8-1	*Aeromonas hydrophila* subsp. *anaerogenes* Schubert 1964（Approved Lists 1980），subspecies.
8-2	*Aeromonas hydrophila* subsp. *dhakensis* Huys et al. 2002, subsp. nov.
8-3	*Aeromonas hydrophila* subsp. *hydrophila*（Chester 1901）Stanier 1943（Approved Lists 1980），subspecies.
8-4	*Aeromonas hydrophila* subsp. *proteolytica*（Merkel et al. 1964）Schubert 1969（Approved Lists 1980），subspecies.
8-5	*Aeromonas hydrophila* subsp. *ranae* Huys et al. 2003, subsp. nov.
9	*Aeromonas ichthiosmia* Schubert et al. 1991, sp. nov. [*4]
10	*Aeromonas jandaei* Carnahan et al. 1992, sp. nov.
11	*Aeromonas media* Allen et al. 1983, sp. nov.
12	*Aeromonas popoffii* Huys et al. 1997, sp. nov.
13	*Aeromonas punctata*（Zimmermann 1890）Snieszko 1957（Approved Lists 1980），species. [*1]
13-1	*Aeromonas punctata* subsp. *caviae*（Scherago 1936）Schubert 1964（Approved Lists 1980），subspecies. [*1]
13-2	*Aeromonas punctata* subsp. *punctata*（Zimmermann 1890）Snieszko 1957（Approved Lists 1980），subspecies.
14	*Aeromonas schubertii* Hickman-Brenner et al. 1989, sp. nov.
15	*Aeromonas sobria* Popoff and Veron 1981, sp. nov.
16	*Aeromonas trota* Carnahan et al. 1992, sp. nov. [*3]
17	*Aeromonas veronii* Hickman-Brenner et al. 1988, sp. nov. [*4]

[*1] A. punctataとA. punctata subsp. caviaeとA. caviaeは基準株が同じであり，そのため，Bergey's Manual 8th ed. では，A. punctataの新基準株としてNCMB74，A. punctata subsp. caviaeの基準株としてATCC15468が指定された．しかし，NCMB74（＝ATCC23309）はA. eucrenophilaの基準株であり（Huys et al., 1997），問題が残っている．
[*2] 基準菌株が規約の要求する供用可能な2つの菌株保存機関に置かれていない．
[*3] A. enteropelogenesとA. trotaは同一種と考えられる（Collins et al., 1993）．
[*4] A. ichthiosmiaとA. veroniiは同一種と考えられる（Collins et al., 1993）．

2) 原　因

Schäperclaus (1930) はヨーロッパのコイの腹水病などの原因菌を *Pseudomonas punctata* として報告したが，前記のBergey's Manual (第7版) (1957) において *Aeromonas punctata* に改められた．保科 (1962) は，日本の養殖ウナギの病魚から分離された細菌を *A. punctata* に同定し鰭赤病の原因菌として報告した．一方，Egusa and Nishikawa (1965) は，Bullock (1964) などの提案にしたがって，病ウナギからの分離菌を *A. liquefaciens* とした．楠田・高橋 (1970) もコイ科魚類の立鱗病から分離し，実験的に病原性の認められた細菌を *A. liquefaciens* と報告した．しかし，その後の *Aeromonas* 属の分類についての研究 (Schubert, 1967；Popoff and Veron, 1976；Huys *et al.*, 2002) においてはいずれも *A. hydrophila* subsp. (biovar) *hydrophila* を基準種としており，それまでに魚病菌として記載された運動性エロモナスは殆どが *A. hydrophila* subsp. *hydrophila* に再同定されると推察される．*A. hydrophila* subsp. *hydrophila* は世界中で種々の魚から分離され，運動性エロモナス感染症の主要原因種と考えられる．しかし，楠田・高橋 (1970) がコイ科魚類の立鱗病から分離し，*A. liquefaciens* と報告した菌株には *A. hydrophila* subsp. *hydrophila* のほかに *A. hydrophila* subsp. *anaerogenes* が含まれているようである (江草, 1978)．なお，*A. hydrophila* subsp. *dhakensis* はバングラデッシュの子供の下痢症例から分離されたもの，*A. hydrophila* subsp. *proteolytica* は海産等脚類 *Limnoria tripunctala* の腸内から分離されたもの，*A. hydrophila* subsp. *ranae* はタイの養殖場の病カエル *Rana rugulosa* から分離されたもので，魚病細菌ではなく，魚類との関係は明確でない．

A. hydrophila 以外の運動性エロモナスのうち，*A. allosaccharophila* はスペインにおいて稚ウナギの病魚から分離されたものである (Martinez-Murcia *et al.*, 1992)．また，*A. bestiarum* は米国で病魚から分離されたものであり (Ali *et al.*, 1996)，ポーランドの養殖コイからの分離菌株について感染実験によってコイに対する病原性が認められている (Kozinska *et al.*, 2002)．*A. caviae* は，トルコの黒海沿岸の4つの養魚場のタイセイヨウサケの病魚から分離され (Candan *et al.*, 1995)，また，ケニヤの養殖ニジマスの病魚からも分離されている (Ogara *et al.*, 1998)．*A. enchelia* はスペインにおいてヨーロッパウナギから分離されたものであり (Esteve *et al.*, 1995)，ポーランドの養殖コイからも分離されたがコイに対する病原性は認められなかった (Kozinska *et al.*, 2002)．*A. jandaei* はスペインにおいて養殖ウナギの病原菌として報告されている (Esteve *et al.*, 1993, 1994)．*A. sobria* は，米国メリーランドの gizzard shad の野生親魚の大量死亡との関係が報告されている (Toranzo *et al.*, 1989)．しかし，養殖コイから分離された *A. sobria* と *A. veroni* の感染実験の結果，コイに対する病原性は前者ではなく，後者に認められた (Kozinska *et al.*, 2002)．

形態および性状：運動性エロモナスは，グラム陰性の短桿菌ないし桿菌 ($0.6 \sim 1.1 \times 0.9 \sim 6$ μm) で，単極毛で活発に運動する．芽胞，莢膜をもたない．通性嫌気性で，普通寒天培地，TSA 培地のほか McConkey 培地，SS 培地にもよく発育する．普通培地上のコロニーは円形，周縁無構造，中央が隆起し，半透明，灰白色で光沢がある．発育可能温度はおよそ $5 \sim 40$℃，至適温度は 28℃付近である．発育可能 pH は $6 \sim 11$，至適 pH は $7.2 \sim 7.4$ である．発育可能塩分濃度は $0 \sim 4\%$，至適塩分濃度は 0.5%付近である．グルコースを発酵分解して酸を産生する．チトクローム・オキシダーゼを産生し，硝酸塩を還元し，プテリジンO/129 に感受性を示さない．G+C 含量は $57 \sim 63$ mol%である．*A. hydrophila* subsp. *hydrophila* の主な生化学性

5. 運動性エロモナス感染症

状は表Ⅲ-5-2のとおりである．また，主な種および亜種間の相違点は表Ⅲ-5-3のとおりである．

病原性：保科（1962）は凍結融解法でウナギの鰭赤病原因菌の菌体内成分を抽出し，大量に注射すればウナギを致死させることを示すと

表Ⅲ-5-2 *Aeromonas hydrophila* subsp. *hydrophila* の生化学的性状
（Bergey's Manual of Determinative Bacteriology-9th, 1993，一部改変）

性　状		性　状	
オキシダーゼ	＋	炭水化物分解	
カタラーゼ	＋	D-グルコース（酸）	＋
インドール産生	＋	D-グルコース（ガス）	＋
メチルレッド試験	＋	アドニトール（酸）	－
Voges Proskauerの試験	＋	L-アラビノース（酸）	＋
クエン酸塩利用（Simmons）	d	D-アラビノース（酸）	－
硫化水素産生	＋	セルビオース（酸）	－
尿素分解	－	ズルシトール（酸）	－
フェニルアラニン脱アミノ酵素	－	エリストール（酸）	－
リジン脱炭酸酵素	d	D-ガラクトース（酸）	＋
アルギニン脱水素酵素	＋	グリセロール（酸）	－
オルニチン脱炭酸酵素	－	myo-イノシトール（酸）	＋
ゼラチン分解	＋	ラクトース（酸）	d
KCN試験	＋	マルトース（酸）	＋
マロン酸利用	－	D-マニトール（酸）	＋
エスクリン利用	＋	D-マンノース（酸）	[＋]
酒石酸塩利用（Jordan）	－	メリビオース（酸）	－
酢酸塩利用	d	α-CH₂-D-グルコシッド（酸）	d
リパーゼ（コーンオイル）	d	ラフィノース（酸）	－
DNA分解酵素	＋	L-ラムノース（酸）	－
硝酸塩還元	＋	サリシン（酸）	＋
ONPG	＋	D-ソルビトール（酸）	－
クエン酸塩利用（Christensen）	－	シュクロース（酸）	＋
チロシン分解	＋	トレハロース（酸）	＋
OF試験	発酵	D-キシロース（酸）	－

＋：陽性，－：陰性，d：菌株によって相違する，[＋]：弱陽性

表Ⅲ-5-3 運動性エロモナスの主な種および亜種間の生化学的性状の相違（Huys *et al.*, 2003より引用）

	1	2	3	4	5	6	7	8	9	10	11	12	13	14	15	16
DL-ラクテート利用	＋	＋	＋	－	v＋	＋	－	v＋	－	－	＋	－	v＋	ND	ND	＋
アルブチン利用	＋	＋	＋	＋	v＋	＋	＋	＋	－	－	＋	－	＋	－	ND	－
D-マニトール利用	＋	＋	＋	＋	＋	＋	＋	＋	＋	＋	＋	＋	－	v＋	＋	＋
D-メリビオース利用	－	－	－	－	－	－	－	－	－	－	－	－	－	ND	ND	－
サリシンから酸産生	＋	＋	＋	v－	＋	v＋	＋	＋	－	－	＋	－	－	－	＋	－
D-セロビオースから酸産生	v－	－	－	v－	v＋	＋	＋	＋	v－	v＋	－	－	－	＋	＋	－
L-アラビノースから酸産生	＋	＋	＋	＋	＋	＋	＋	v＋	－	－	＋	v－	－	－	v＋	v－
D-シュクロースから酸産生	＋	＋	＋	＋	＋	＋	＋	＋	＋	＋	＋	v－	－	v－	＋	－
オルニチン脱炭酸	－	－	－	－	－	－	－	－	－	－	－	－	－	－	v	－
リジン脱炭酸	＋	＋	＋	＋	＋	＋	－	＋	＋	＋	＋	－	v＋	＋	＋	＋
アルギニン脱水素	＋	＋	＋	＋	＋	＋	＋	＋	－	＋	＋	＋	＋	＋	v＋	＋

1, *A. hydrophila* subsp. *hydrophila*；2, *A. hydrophila* subsp. *dhakensis*；3, *A. hydrophila* subsp. *ranae*；4, *A. bestiarum*；5, *A. caviae*；6, *A. media*；7, *A. eucrenophila*；8, *A. sobria*；9, *A. veronii* biovar. *sobria*；10, *A. veronii* biovar. *veronii*；11, *A. jandaei*；12, *A. encheleia*；13, *A. schubertii*；14, *A. trota*；15, *A. allosaccharophila*；16, *A. popoffii*.
性状表記：＋，85％以上の菌株が陽性；－，85％以上の菌株が陰性；v＋，50-85％の菌株が陽性；v－，50-85％の菌株が陰性，ND，データなし．

第Ⅲ章　細菌病

ともに，摘出臓器に対する反応を調べた．一方，Shimizu（1968a, b, c, d；清水，1969）は鰭赤病原因菌の菌体を超音波で破壊し，さらにこれをゲル濾過法で分画し，2つの異なる毒性物質の存在を明らかにした．すなわち，モルモット皮内反応で組織壊死を特徴とする物質と，同じく出血を特徴とする物質で，前者はウナギに接種すると出血と組織壊死の両方を起こすが，後者のウナギに対する作用は明らかでない．また，Wakabayashi et al.（1981）は A. hydrophila biovar. hydrophila の菌体の超音波破壊によって得た抽出物中にウナギやコイに注射すると浮腫を惹き起こし立鱗症状をもたらす物質の存在を示した．

運動性エロモナスが菌体外毒素を産生することは古くから知られていた（Liu, 1961）．Wakabayashi et al.（1981）は種々の魚や池水などから分離された291株の運動性エロモナスの病原性と種々の菌体外酵素および溶血素の産生能を比較し，エラスターゼとブドウ球菌溶解酵素を産生する菌株が強病原株であり，それらは A. hydrophila biovar. hydrophila に同定されることを明らかにした．また，培養濾液中のプロテアーゼ活性の強弱と病原性との相関を示した．Shotts et al.（1985）も同様の報告をしているが，Chabot and Thune（1991）はプロテアーゼ活性と病原性の間に相関は認められないとしている．Stevenson and Allan（1981）は，サケ科魚について，溶血素の方がプロテアーゼよりも病原性との関係が深いとしているが，Thune et al.（1982）は β 溶血素と病原性とは関係がないとしている．β 溶血素以外に，Kanai and Takagi（1986）は A. hydrophila がコイの筋肉内で産生する α 溶血素を抽出し，それが体表の出血や膨隆を引き起こすことを示した．Aoki and Hirono（1991），Hirono and Aoki（1991）および Hirono et al.（1992）は A. hydrophila の β 溶血素遺伝子をクローニングし，その性質を報告している．

そのほか，運動性エロモナスの病原因子として，エンテロトキシン（Boulanger et al., 1977）菌体表面の S 層（S-layer）タンパク（Dooley et al., 1988），鉄獲得能（Massad et al., 1991），赤血球に対する付着性（Del Corral et al., 1990），上皮細胞に対する付着因子（Lee et al., 1997）などが報告されている．また，Rahman et al.（1997, 1998）は，飢餓状態に置かれた A. hydrophila は培養直後のものよりも病原性が強いこと，飢餓菌からは S 層タンパクが消失し，培養菌とは異なる外膜タンパクが認められること，この変化が食細胞に対する抵抗性をもたらすと考えられることを報告している．

血清型など型分け：凝集反応で調べる場合，運動性エロモナスが血清学的多様性を示すことは古くから知られている（Eddy, 1960；清水・江草，1968；高橋・楠田，1977; Santos et al., 1991）．郭（1972）は日本各地のウナギ，コイ，キンギョ，アユなどから分離された運動性エロモナス301株から選んだ14株を免疫原とする抗血清を作製し，それらと301株の凝集反応を調べた結果，106株（35%）が陽性であり，そして地域が離れても同じ魚種からの菌株の中に共通した凝集抗原をもつものが多い傾向を認めた．一方，寒天ゲル内沈降反応で調べると，Aeromonas 属の細菌は非運動性の A. salmonicida を含め，ほとんどすべての菌株に共通抗原の存在が認められることが報告されている（Bullock, 1966）．

Aeromonas 属細菌は，DNA-DNA ハイブリダイゼーションによって少なくとも13のグループ〔hybridization groups（HGs）あるいは genetic species と称されている〕に分かれる（Janda, 1991）．Kampfer and Altwegg（1992）は，DNA-DNAハイブリダイゼーションによるグループと表現型による種がよく対応することを数値分類によって示した．しかし，東南アジアの EUS 病魚から分離された運動性エロモナ

5. 運動性エロモナス感染症

スのなかには，表現型による種と DNA-DNA ハイブリダイゼーション・グループとが一致しないものもあった（Iqbal et al., 1998）．

3）症状・病理

ウナギ：健康なウナギは餌を与えたときしか水面に姿をみせないが，鰭赤病に罹ったウナギは水面をふらついたり，池壁近くの浅い所や杭などの上に静止していることが多い．病魚は臀鰭，胸鰭およびそれらの基部，腹側の皮膚，肛門などが発赤する（図Ⅲ-5-1，口絵参照）．症状が進むと腹部などでは内出血のため出血斑が生ずる．また，頭部，躯幹，尾部などの皮膚の一部が壊死して白変し，そこにミズカビが着生したり，潰瘍になったりする．患部の周縁は帯状の発赤を伴うのがふつうである．病理学的特徴を江草（1978）によりまとめると，肝臓は強くうっ血し，暗赤色を呈し，肝細胞に脂肪変性がみられることが多い．腎臓は腫脹し，糸球体上皮細胞の剥離，尿細管上皮細胞の混濁，硝子滴変性など激しい病変がみられ，壊死，崩壊へ進む．腸管の剥離性カタル性炎は本病を特徴づける基本的な症状と思われる．また，腸粘膜上皮さらに粘膜固有層の広範囲な壊死も普通にみられる（図Ⅲ-5-2）．皮膚，肝臓，腎臓などの病変部に感染病巣が認められることは殆どなく，病原菌の増殖は専ら腸管内に限られている．鰭赤病にみられる症状の第一は腸内で増殖した病原菌の産生する毒素による腸炎であり，続いて血液に入った毒素によって全身的な障害がもたらされる．むろん多くの魚類感染症と同様に本病においても，ある段階から細菌は血流中に多数侵入するようになり，敗血症となる．

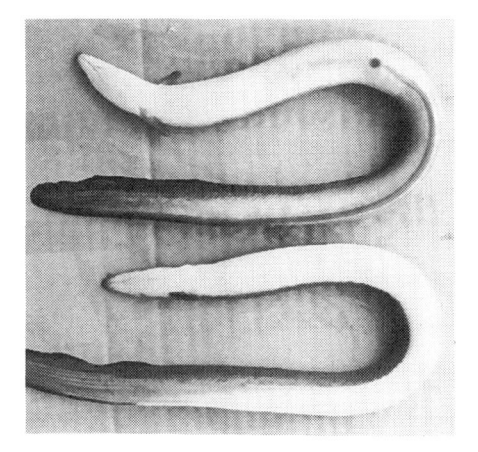

図Ⅲ-5-1 鰭赤病に冒されたウナギ（上）．躯幹腹側部皮膚と臀鰭，および肛門の発赤が著しい．下は健康魚

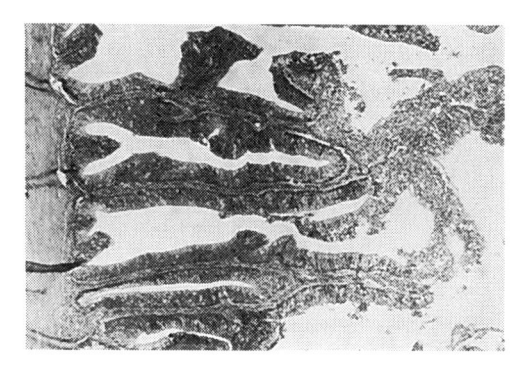

図Ⅲ-5-2 鰭赤病に冒されたウナギの腸の組織切片標本．腸粘膜絨毛の先端部の壊死がみられる．HE染色

コイ：池水の状態の不安定な秋から冬にかけて水変わりや水質の悪変をきっかけに溜池養殖のコイに発生することがある．病魚の皮膚や鰭

図Ⅲ-5-3 エロモナス病（赤斑病）に冒されたコイ．（上）皮膚に出血，立鱗がみられる．眼球は突出している．（下）肝膵臓を除き引き出した腸，その後部は出血を起こし，赤変している．

に皮下出血斑がみられることが多く，赤斑病とも呼ばれている．局所的あるいは全身的な立鱗，眼球突出，腹水貯留を伴う場合も多い．内臓では腸の赤変が顕著であり（図Ⅲ-5-3），剥離性カタール性腸炎を起こしている．

キンギョ：立鱗症状を示すキンギョ（図Ⅲ-5-4）からその原因と考えられる運動性エロモナスが分離されている（楠田・高橋，1970）．マゴイやニシキゴイにも立鱗と腹水貯留だけが顕著な症例がしばしばあり，鱗嚢や腹水から運動性エロモナスが検出されることがある．しか

図Ⅲ-5-4 エロモナス病（立鱗病）の冒されたキンギョ

し，これらの魚に立鱗あるいは腹水貯留を引き起す要因は運動性エロモナス以外にもあり得るので原因究明は症例ごとに慎重に行うことが大切である．宮崎・界外（1986）は，大阪府の釣り堀のフナに発生した体表のびらんと皮下出血，腹水貯留，腸炎を病徴とするフナの症例を報告している．

アユ：1967年夏，阿武隈川，久慈川，豊川，筑後川，球磨川などの河川で運動性エロモナスによるアユの大量死亡が起こった．症状としては口唇部の赤変と皮膚のびらんが顕著で，そのため口赤病と呼ばれた．1978年10月に徳島県の養殖場に被害を与えた養殖アユの運動性エロモナス症は，眼球の突出，背部と尾柄後端部の皮下出血を特徴とした（城・大西，1980）．宮崎・城（1985）は同じ症例について，病魚の病理組織学的特徴を記述している．

その他：Kuge et al. (1992) は，日本のナマズの種苗生産時に発生した運動性エロモナス症を報告している．また，外国ではコイ科魚類のほか，サケ・マス類（Thorpe and Roberts, 1972），golden shiners（Meyer, 1964），アメリカナマズ（Bach et al., 1978）など，種々の魚の運動性エロモナス感染症が報告されている．

4）疫　　学

養魚池内の保菌魚，病魚，河川水などを利用している場合にはそこに住む保菌動物が主要な伝染源と考えられる．淡水域のサケ科魚類の腸内には運動性エロモナスが常在しているが，海水域ではビブリオが優占種であり水域の移動によって腸内細菌相が変化する（Trust and Sparrow, 1974; Yoshimizu and Kimura, 1976; Ugajin, 1979）．健康魚の腸内の運動性エロモナスは一般に非病原株ないし弱病原株で占められているが，鰭赤病魚では腸内に運動性エロモナスの異常増殖が認められるだけでなく，強病原菌の占める割合も著しく増加する（金井ら，1977）．外部から侵入した病原菌あるいはもともと腸内に潜んでいた強病原株が何らかの原因によって卓越した結果と思われる．保菌魚あるいは病魚から排出された病原菌株は環境中に長期間生存し得るが，魚体外で代を重ねるうちに病原性が弱まるのか，あるいは競合によって増殖が抑制されるのか，環境中から分離される菌株には病原性をもつものが比較的少ない（若林ら，1976；Wakabayashi et al., 1981）．感染門戸は主として腸であり，経皮・経鰓感染は少ないと思われる．ウナギの鰭赤病は，露地池養殖の時代，絶食越冬後の給餌を再開して間もない早春に頻繁に発生した．過給餌になりやすい上に気温の変化が激しいこの時期，急激な水温低下などが消化不良を引き起こしやすく，腸内の運動性エロモナスが異常増殖したのではないかと思われる．その後，ウナギ養殖がハウス加温養殖に変わり，また配合飼料が普及したため，鰭赤病の爆発的発生はなくな

5. 運動性エロモナス感染症

った．一方，前述の1967年夏の阿武隈川などのアユの口赤病の流行は，この時期，それらの河川は異常渇水の状態にあり，水不足と高水温がアユの抵抗力を低下させたことによって起こったと推察された．また，Nieto et al.（1985）によれば，1983年3月と1984年4月にスペインのニジマス養殖場で発生した A. hydrophila biovar. hydrophila による大量死亡は水温が5.5〜8℃から急に11℃に上昇したことが引き金になった．いずれにしても水温の急変が流行の重要な要因の一つといえよう．

光抗体法（FA）による病原菌（A. liquefaciens）の検出を試みている．また，Lewis and Savage（1972）は間接蛍光抗体法（IFA）による感染魚の血清中の病原体に対する抗体の検出も試みている．Toranzo et al.（1986）は，環境中の Aeromonas 属細菌についていろいろな同定方法を比較している．また，Sugita et al.（1994，1995）は，マイクロプレート・ハイブリダイゼーション法で淡水魚の腸管などから分離された運動性エロモナスの種の同定を行っている．

5）診　断

ウナギの鰭赤病の場合，外観や解剖所見から診断することもおおむね可能であるが，ビブリオ病，パラコロ病，赤点病も躯幹や鰭に発赤を伴い紛らわしい症状を示すことがある．また，それらの疾病と混合感染することも多いので（保科，1962；若林・江草，1973），正確を期するには細菌検査が必要である．他の魚種の場合も同様である．

細菌分離には普通寒天培地やTSA培地が使われるが，Rimler-Shotts 培地（RM培地）[*1]や McCoy-Pilcher 培地[*2] などの選択培地も利用できる．Bullock et al.（1971）は寒天ゲル内沈降反応を利用した血清学的同定法を報告している．Lewis and Allison（1971）は直接蛍

6）対　策

運動性エロモナスは水中常在細菌であり，保菌動物も普遍的に存在しているので防疫の対象にはなり難い．しかし，前述のように，通常の河川や養魚池の水中や健康魚の消化管内の運動性エロモナスの病原性はないか弱いものが大部分を占めているのに対し，病魚や病死魚は病原性の強い菌株を水中に撒き散すので，それらを極力速やかに水中から排除することは有効な防疫対策である．また，水温の乱高下などの環境的ストレスや消化不良などが流行の引き金と判断される場合が多いことに留意し，発病の背景を考察し，飼育環境や給餌を改善することも基本的な対策といえよう．

腸管感染が主で，他の臓器や筋肉などに感染病巣が形成されることが少ないことから，多くの場合，化学療法剤の経口投与が有効である．しかし，いろいろの魚の養殖場における薬剤耐性菌の増加が報告されており（Aoki and Egusa, 1971；青木ら，1980; De Paolo et al., 1988），投薬にあたっては有効な薬剤の選別が必要である．

予防免疫については死菌ワクチンの注射によって免疫が賦与

[*1] RM培地

塩酸L-リジン	5.0 g	デオキシコールナトリウム塩	1.0 g
塩酸L-オルニチン	6.5 g	ノボビオシン	0.005 g
マルトース	3.5 g	酵母エキス	3.5 g
チオ硫酸ナトリウム	6.8 g	食塩	5.0 g
塩酸L-システイン	0.3 g	寒天	13.5 g
ブロムチモールブルー	0.03 g	水	1 l
鉄明ばん	0.8 g	pH	7.0

[*2] McCoy-Pilcher 培地

バクトペプトン	10 g	ラウリル硫酸ナトリウム	0.1 g
バクト肉エキス	10 g	ブロムチモールブルー	0.1 g
グリコーゲン	4 g	寒天	15 g
食塩	5 g	水	1 l
		pH	6.9〜7.1

第Ⅲ章 細菌病

されることが報告されている（Khalifa and Post, 1976；高橋・楠田, 1971, 楠田ら, 1987b）経口ワクチンの効果については評価が一定しない（保科, 1962; Post, 1966; Schäperclaus, 1970）．いずれも実用化はされていない．また，抗原的にも多様な運動性エロモナス・ワクチンの実用化に当たっては多価ワクチンの開発が必要と思われる．

〈若林久嗣〉

6. ビブリオ病-1
（*Vibrio anguillarum* infection）

1）序

魚介類における *Vibrio* 属細菌感染症をビブリオ病と総称するが，ここでは *Vibrio anguillarum* 感染症について述べ，それ以外の *Vibrio* 属細菌による感染症は次節のビブリオ病-2 で扱う．

ビブリオ病は魚類細菌病の中でも最も古くから知られるものの一つで，ヨーロッパではウナギの red pest あるいは red disease と呼ばれていた．ウナギの red pest はイタリアなどヨーロッパ各地で 18 世紀から既に観察され，本病原菌の種名 "anguillarum"（ウナギを殺す）がその歴史を物語っている．しかし，現在では，ビブリオ病はむしろサケ科魚類の病気として世界的に重用視されている．すなわち，欧米におけるブラウントラウト，ニジマス，マスノスケ，ベニザケ，カラフトマスなどでの症例報告がなされている．しかし，後述するように有効ワクチンの開発により，産業的被害は近年かなり減少していると考えられる．

一方，日本においては，ニジマス，アマゴ，ヤマメ，ギンザケなどのサケ科魚類に加えて，ウナギ，あるいはブリ，マダイなどの海産養殖魚で本病が発生している．中でも，アユにおける本病の被害は大きく，養殖アユ最大の病害となっていたが，1990年頃からワクチンの登場もあって，急速に被害が減少し，最近ではほとんど問題にされていない．

2）原因

V. anguillarum は前述の如くヨーロッパウナギの病原体として Bergman により1909 年に命名・報告された（Anderson and Conroy, 1970）．その後デンマークのウナギから *V. anguillicida*, オーストリアのコイから *V. piscium*, 日本のニジマスから *V. piscium* var. *japonicus*（Hoshina, 1957），スコットランドのカレイ類から *V. ichthyodermis* などが報告され，*V. anguillarum* との異同をめぐって混乱がみられたが，1971年に至り Hendrie *et al.*（1971）により，*V. piscium*, *V. piscium* var. *japonicus*, および *V. ichthyodermis* は *V. anguillarum* のシノニムとされ，また *V. anguillicida* は抹消され，本菌をめぐる分類学的混乱は整理された．1985年に MacDonell and Colwell（1985）により，ビブリオ科細菌に関する系統分類が検討され，*V. anguillarum* や *V. damsela* を新たに設けた *Listonella* 属に分類する提案がなされたが，一般的には受け入れられず，現在でも本菌は *V. anguillarum* として扱われている（Austin and Austin, 1999）．

形態学的・生化学的性状：グラム陰性，運動性短桿菌（$0.5～0.7 \times 1～2\mu m$）（図Ⅲ-6-1）．極単毛．普通寒天培地上で正円形，やや凸状，辺縁平滑，灰白色の透明感かつ光沢のある集落を形成．*Vibrio* 属細菌に共通する基本的性状を有

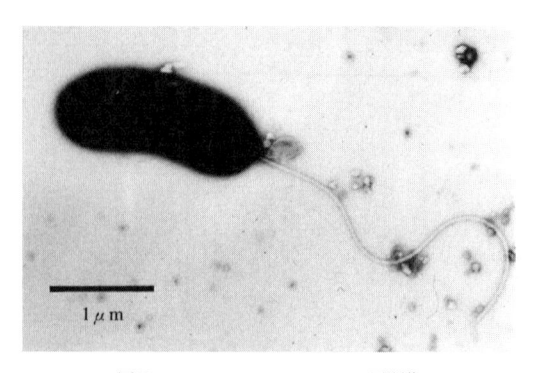

図Ⅲ-6-1 *Vibrio anguillarum* 電顕像

するが，薬剤耐性株の一部は vibrio-static agent (O/129) に感受性を示さないことがある．ヒトの病原菌である *V. cholerae* や *V. parahaemolyticus* とは，アルギニン分解が陽性である点で鑑別し得る．発育可能温度10～35℃，至適温度 25℃前後，発育可能塩分 (NaCl) 0.5～6 ないし 7%，至適塩分 1%前後，発育可能 pH6～10，至適 pH8 前後．その他の主要な性状については表Ⅲ-6-1を参照．

病原性：自然感染が報告された魚種としては，アユ，ニジマス，アマゴ，ヤマメ，ギンザケ，ニホンウナギ，ヨーロッパウナギ，ボラ，ブリ，カンパチ，マダイ，ヒラメ（以上日本における症例），タイセイヨウタラ，プレイス，ブラウントラウト，マスノスケ，サケ，ベニザケ，カラフトマス，タイセイヨウサケ，熱帯魚などがある．無脊椎動物としては，アメリカガキの幼生やウシエビのポストラーバにおける発病例も知られる．実験的に感受性を有することが報告された魚種としては，ドジョウ，クロダイ，イワナ，ヒメマス，キンギョなどがある．温血動物のマウス，ラット，ウサギや両生類のウシガエルには病原性は示さない（Hacking and Budd, 1971; Saito et al., 1964）．本菌はアユに対しては偏性病原体として位置付けられるが，ブリやマダイなどの海産魚に対しては条件性病原体であると考えられる．

本菌の加熱死菌および菌体外産物がキンギョなどの実験動物を殺し得ることが報告され (Umbreit and Tripp, 1975; Inamura et al., 1984)，その本体はプロテアーゼであることが明らかにされている (Inamura et al., 1985; Stensvag et al., 1993; Morita et al., 1996)．しかしプロテアーゼ以外の菌体外産物も報告されており (Kodama et al., 1985)，毒性成分は一つではないと考えられる．

本菌の病原性の強弱は，ある種のプラスミドの有無によって支配されており，そのプラスミドは鉄を効果的に利用する働きをなしていることが明らかにされた (Crosa et al., 1980)．その後，プラスミド pJM1 にコードされるシデロフォア (anguibactin) 産生量が鉄取り込み能を決定することや (Tolmasky et al., 1988)，染色体遺伝子による鉄取り込み能の調節機構なども報告されている (Lemos et al., 1988)．また，病原因子としての鞭毛の機能についても研

表Ⅲ-6-1 魚介類病原性 *Vibrio* 属細菌の性状比較

項　目	Vibrio alg	V. ang	V. cho	V. ich	V. ord	V. par	V. pen	V. vul
オキシダーゼ	+	+	+	+	+	+	+	+
カタラーゼ	+	+	+	+	+	+	+	+
OF試験	発酵	発酵	発酵	発酵	発酵	発酵	発酵	発酵
ブドウ糖ガス	−	−	−	−	−	−	−	−
O/129感受性	+	±	+	+	+	+	+	+
10℃	+	+	+弱	未検討	+	−	未検討	−
37℃	+	±	+	−	−	+	−	+
42℃	+	−	+	−	−	−	−	−
NaCl 7 %	+	±	−	未検討	−	+	−	−
MR	−	−	+弱	+	−	+	+	+
VP	+	+	+	−	−	−	−	−
インドール	+	±	+	−	−	+	±	+
アルギニン分解	−	+	−	−	−	−	−	−
リジン脱炭酸	+	−	+	−	−	+	−	+
オルニチン脱炭酸	+	−	+	−	−	+	−	+
ショ糖（酸産生）	+	+	+	+	+	−	+	+

Vibrio alg: *Vibrio alginolyticus*, V. ang: *V. anguillarum*, V. cho: *V. cholerae*, V. ich: *V. ichthyoenteri*, V. ord: *V. ordalii*, V. par: *V. parahaemolyticus*, V. pen: *V. penaeicida*, V. vul: *V. vulnificus*

究されている (Norqvist and Wolf-Watz, 1993; O'Toole *et al.*, 1996).

血清学的性状：絵面ら（1980）は耐熱性抗原（O 抗原）の特異性に基づき *V. anguillarum* に J-O-1 から J-O-3 なる 3 つの血清型を設け，調べた 170 株の *V. anguillarum* のうちの100 株を J-O-1 型に，11 株を J-O-2 型に，56 株を J-O-3 型にそれぞれ分けている．そして J-O-1 型は淡水中で飼育されていたアユおよびサケ科魚類由来株が，J-O-3 型はブリあるいは海水飼育中のギンザケ由来株が，それぞれ主体をなしていたという．楠田ら（1981a），城（1981）あるいは Kitao *et al.* (1983) もほぼ同様の結果を報告し，日本ではアユを中心とした淡水魚は主として J-O-1 型に，海面養殖ギンザケやブリなどの海産魚は主として J-O-3 型の *V. anguillarum* の感染を受けると理解されている．その後 J-O-8 型までの血清型が報告されているが（Tajima *et al.*, 1985），アユ病魚からはやはり J-O-1 および J-O-3 のみが分離される傾向が強いようである（田中ら，1993）.

なお，Skov Sørensen and Larsen（1986）はデンマーク由来株を中心に本菌の血清型について検討し，10 の O 血清型を報告しているが，J-O-1, 2, 3 型は彼らの O2, O3, O1 型にそれぞれ相当する．ヨーロッパでは，サケ科魚類由来株の大半（70%）は O1 型，一部（20%）は O2 型であり，スズキ類などの海産魚由来株のほとんどは O1 型であり，ヨーロッパウナギ由来株は O2 型と O3 型が半々であったと報告されている（Larsen *et al.*, 1994）．現在では O16 型まで 16 の血清型が知られている（Grisez and Ollevier, 1995）.

K 抗原（Rasmussen, 1987）や J-O-1〜J-O-8 型株に共通して存在する易熱性抗原（Tajima *et al.*, 1990）に関する報告もなされている．

V. anguillarum の主たる性状を，後出する日本における魚介類病原 *Vibrio* 属細菌，すなわち *V. ordalii*, *V. vulnificus*, *V. cholerae*, *V. ichthyoenteri* および *V. penaeicida* と比較して表Ⅲ-6-1に示した.

3）症状・病理

V. anguillarum に感染したサケ科魚類およびアユでは，特に目立った外見的異常を示さずに死亡する過急性，眼球，鰭，肛門およびその周辺，体表や内臓および腹膜に出血を呈する急性ないし亜急性，さらには体表に潰瘍を形成するが容易には死亡しない慢性までいろいろな型がみられる．アユの場合は潰瘍形成は比較的稀であり，体表における線状，V字状，あるいは斑状の出血を呈して死亡するものが多い（図Ⅲ-6-2，口絵参照）．その他の魚種においても体表の出血あるいは潰瘍形成が一般的に認められる．

図Ⅲ-6-2　ビブリオ病（*Vibrio anguillarum*）罹病アユ
（写真提供：城　泰彦氏）

解剖所見をニジマスの例で示すと，びまん性あるいは点状出血が肝臓，腸，生殖腺などに認められ，腸管内には血液を含んだ粘液状物が存在する（Saito *et al.*, 1964）．顕微鏡的所見としては，心筋の間質，心膜，肝臓の中心静脈の周囲，腎臓の間質とボーマン氏嚢腔，胃および腸の粘膜下組織と筋肉層にびまん性出血が起こり，さらに肝臓に壊死巣，腎尿細管の融解，脾臓の血海状あるいは融解壊死がみられる．

本病に罹ったアユの病理組織を検討した舟橋ら（1974）によれば，本病の直接的死因は皮膚を初感染部位とする第 2 次性敗血症によるものと判断されている．皮膚が主要な感染門戸で

6. ビブリオ病-1

あることは，その後実験的に裏付けられている（Muroga and De La Cruz, 1987; Kanno et al., 1989, 1990）．

また，血液学的な面からは赤血球数の減少，ヘモグロビン量およびヘマトクリット値の低下がタラ，カレイなどの海産魚（Anderson and Conroy, 1970），あるいはマスノスケ（Cardwell and Smith, 1971）などで報告されている．しかしウナギを用いた実験的感染では白血球，特に好中球の変動は顕著に認められるが，赤血球数の減少などの貧血症状は認められていない（室賀，1975）．

4）疫　　学

V. anguillarum 感染症は世界的にかなり広く分布しているが，症例報告の殆どは温帯および亜寒帯の沿岸あるいは内陸（内水面）からのものであり，熱帯や乾燥地帯からの報告は見当たらない．これは熱帯における魚病研究の不足によるとも考えられるが，あまり水温が高い環境中では本病は発生しにくいと思われる．例えば，養殖ブリについてみると，本菌感染症は水温 19～24℃の範囲にある5月末から7月上旬にかけて発生し，さらに水温が上昇する盛夏にはほとんどみられない（城ら，1979）．瀬戸内海を中心に行われた調査によれば，V. anguillarum は水温 20℃以下の海水からは比較的頻繁に検出されるのに対し，水温20℃以上の海水からの検出率は著しく低い（Muroga et al., 1986）．なお，カナダで飼育されていた淡水性熱帯魚における症例が報告されているが，その場合の飼育水温は 23～24℃であったと記されている（Hacking and Budd, 1971）．

次にアユの本菌感染症について，その発生状況および感染経路について述べる．アユは一般に地下水あるいは伏流水を用いた流水式養殖場で飼育されているため，飼育水温の季節変化は比較的小さくほぼ 15～25℃の範囲にある．このため，本病流行の季節性というものは特には認められない．また，本病は魚の大きさにもあまり関係なく稚アユ（田谷ら，1985）から出荷サイズの成魚に発生する．

感染経路としては，飼育水（淡水）あるいは配合飼料を通じて原因菌が持ち込まれる可能性はほとんどなく，もっぱら種苗が V. anguillarum を養殖場に持ち込むものと考えられる．海産種苗のみならず，琵琶湖産種苗も天然水域で採捕された時点でその一部が本菌を保有していることが確認されている（Muroga et al., 1984）．無論一つの池を通った飼育水が別の池に入るような養殖場では，先の池に本病が発生すれば次の池にも伝播することは，しばしば見受けられる現象であり，実験的にも病魚の入った水槽の排水に暴露したアユが感染・発病することが確かめられている（楠田ら，1978）．

V. anguillarum は沿岸海水中に常在し（Muroga et al., 1986），海産魚やウナギに対しては代表的な条件性病原菌となっているが，アユに対してはやや異なり偏性病原菌に近いと考えられる．条件性病原菌による感染症においては，その誘因として，採捕，輸送，選別などの取り扱い，あるいは過密飼育に起因するストレスが問題となる．

先にも述べたように1990年頃（1988年製造承認）からワクチンが市販されるようになり，丁度その頃からアユのビブリオ病の発生頻度が著しく低下している．しかし，これはすべてワクチンの効果によるものではなく，原因菌の毒力の低下やアユの本菌に対する感受性の低下などが関与している可能性もある．丁度その時期から冷水病あるいは細菌性出血性腹水病が養殖アユに流行し始めたこととあわせて考えると，興味深いものがある．

5）診　　断

魚類の V. anguillarum 感染症は，体表の出血や潰瘍形成を外見的特徴とするが，これらの症状から他の細菌感染症と区別することは困難

であり，正確に診断するためには細菌学的診断に頼らざるを得ない．ビブリオ病に罹っていると疑われる病魚の脾臓，腎臓，肝臓あるいは血液から，普通寒天培地あるいは ZoBell 2216E 寒天培地（もしくは Marine Agar）を用いて細菌の分離を行う．TCBS 寒天培地などの選択培地を用いる場合もあるが，菌数が少ない場合はうまく分離できないこともある．

少なくともアユ病魚から分離される V. anguillarum は前述の如く J-O-1～J-O-3 型のいずれかに属する場合がほとんどであり，これらの3抗血清を用いたスライド凝集試験により血清学的診断が可能である．しかし，それ以外の血清型に属する株の場合は生化学的性状を調べるなど別の方法を用いる必要がある．なお，後述する V. ordalii は V. anguillarumのJ-O-1 型抗血清に反応するので，注意が必要である．

生化学的診断法として API 20E を用いた簡便法（Grisez et al., 1991），選択培地の使用（Alsina et al., 1994），あるいは選択培地の使用とモノクローナル抗体を利用した蛍光抗体法（Miyamoto and Eguchi, 1997）があり，分子生物学的診断法としてはリボソームRNA遺伝子の解析（Valle et al., 1990），コロニーハイブリダイゼーション法（Aoki et al., 1989），選択培地の使用と DNA ハイブリダイゼーション法を組み合わせた方法（小林ら，1994），メンブレンフィルターと DNA プローブを組み合わせた方法（Powell and Loutit, 1994）などが報告されている．

6）対　策

予防：種苗の採捕・輸送あるいは飼育魚の選別時などにおける物理的・生理学的負荷の軽減，適正飼育密度あるいは適正飼育環境の維持などが本病の発生率の低下につながる．種苗の蓄養時や養殖池への搬入時に投薬することが行われるが，薬剤耐性菌の増加などの問題がある．

近年日本では魚類感染症に対するワクチン開発の研究が活発化しているが，ビブリオ病に対する予防免疫の研究は既に 1960 年代に開始された．その後米国においてマスノスケやギンザケのビブリオ病に対し経口免疫の有効性が示され（Fryer et al., 1976），ワクチンによる予防が実用的手段として注目されるようになった．その後やはり米国において浸漬免疫法（Amend and Fender, 1976; Croy and Amend, 1977），および噴霧法（スプレー法）（Gould et al., 1978）といった簡便法が開発された．これらの成果を受け，日本でもアユのビブリオ病に対し，経口免疫（楠田ら，1978），浸漬免疫（青木・北尾，1978；中島・近畑，1979），あるいは噴霧免疫（Itami and Kusuda, 1978）の有効性が確認され，1988 年に至り浸漬免疫ワクチンの製造承認が得られた．浸漬免疫の有効期間は 3ヶ月程度と短いが，養殖場におけるアユの飼育期間は通常 3～4ヶ月程度であるので，特に追加免疫の必要はないと考えられている．また，浸漬免疫の成立機構についても議論があったが，浸漬免疫により防御能を獲得したアユの血清中には微量ながら抗体が存在し，それが防御能を担っていることが実験的に確かめられており（Muroga et al., 1995），免疫魚における実験的感染後のアユについての病理組織学的検討もなされている（Miyazaki, 1987）．なお，本病に対するワクチン開発までの研究については見奈美ら（1983），Muroga and Egusa（1988）および日本水産資源保護協会（1990）に纏められている．

本菌はポビドンヨード1～3 ppm，塩化ベンザルコニウム 0.03～0.1％，クレゾール石鹸 0.3％，ホルムアルデヒド1％で 1 分間（20℃）処理することにより不活化し得る（佐古ら，1988）．

ビブリオ病に対するアユの抗病性についての育種学的な検討もなされているが（稲田ら，1996），本格的な研究には至っていない．

治療：日本のニジマスあるいはアユのビブリオ病の治療にフラン剤，サルファ剤，あるいは

抗生物質が有効であることは古くから認められ，特にアユのビブリオ病に対して種々の薬剤が用いられてきた．しかし，1973年頃から薬剤耐性菌の問題が顕在化し，それらの耐性菌株にR因子が確認された（Aoki *et al*., 1974, 1984）．そして薬剤の使用頻度と耐性菌株の出現率の間には関連性があることが示された（Aoki, 1975；Aoki *et al*., 1985）．現在は，オキソリン酸，フロルフェニコール，スルファモノメトキシンおよびスルフィソゾールがアユのビブリオ病治療薬として使用されているが，ワクチン導入直後は耐性菌は依然として存在していた（Zhao *et al*., 1992）． （室賀清邦）

7. ビブリオ病-2
（Other *Vibrio* infections）

ここでは*Vibrio anguillarum*以外で日本で問題となる菌種，すなわち*V. ordalii*, *V. vulnificus*, *V. cholerae*, *V. ichthyoenteri*およびその他によるビブリオ病について概説する（Muroga, 1992）．なお，*V. penaeicida*によるクルマエビのビブリオ病については別に説明する（本章第22節）．これらの菌種の主要な生化学的および生理学的性状の比較は前節の*V. anguillarum*のところに示した（表Ⅲ-6-1）．

1） *Vibrio ordalii* 感染症

（1）序：1960年代に日本の養殖ニジマスに発生したビブリオ病についていくつかの調査がなされ，いずれの場合も原因菌はHoshina（1957）が報告した*Vibrio piscium* var. *japonicus*であると考えられた．本菌はその後*V. anguillarum*のシノニムとされたことから，日本の養殖ニジマスには古くから*V. anguillarum*によるビブリオ病が存在したということになる．しかし1970年代の半ばに各地の養殖ニジマスのビブリオ病について調査したところ，原因菌として分離された菌はアユなどから分離される*V. anguillarum*とは明らかに性状を異にするものであり，*Vibrio* sp. RT groupとして報告された（大西・室賀，1976, 1977）．その後同様の性状を有する菌がニジマスのみならず，アマゴおよびヤマメからも分離され，絵面ら（1980）によりphenon Ⅱとして報告された．一方，米国においてもほぼ同じ頃養殖ギンザケ病魚から本菌に似た性状の細菌が分離され，*Vibrio* sp. 1669（Harrell *et al*., 1976）あるいは*V. anguillarum* biotype 2（Schiewe *et al*., 1977）と呼ばれた．その後Schiewe *et al*.は米国の*V. anguillarum* biotype 2と日本の*Vibrio* sp. RT groupが同一種であることを確認し，DNAホモロジーの結果などに基づき当該種が

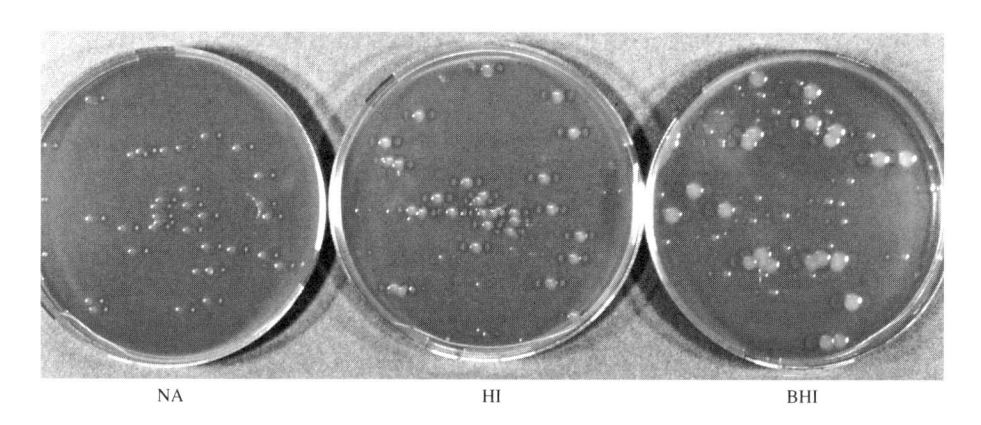

図Ⅲ-7-1 寒天培地上の*Vibrio anguillarum*（大コロニー）および*V. ordalii*（小コロニー）のコロニーの比較．
（NA：普通寒天；HI：ハートインフュージョン寒天，BHI：ブレインハートインフュージョン寒天；いずれも25℃48時間培養）

第Ⅲ章　細菌病

V. anguillarum とは別種であると判断し，*Vibrio ordalii* なる新種名を提案し（Schiewe et al., 1981），今日その種名が広く用いられている（Austin and Austin, 1999）.

現在，日本の養殖ニジマスに発生するビブリオ病はほとんどがこの *V. ordalii* によるものであり，アユ，さらには海産魚のクロソイにも本菌感染症が発生している（室賀ら，1986；文谷ら，1987）.

(2) **原因**：原因菌 *V. ordalii* はハートインフュージョン（HI）あるいはブレイン・ハートインフュージョン（BHI）寒天培地で良好に発育する．普通寒天培地における発育の不良（図Ⅲ-7-1），VP 試験陰性，アルギニン分解陰性などの諸点で *V. anguillarum* と異なる．本菌の発育可能温度は15～30℃，至適温度 20～25℃，発育可能塩分 0.5～5%，至適塩分1～3%，発育可能 pH6～9，至適 pH7．本菌は海水中では数週間生存したが，淡水中では3時間以内に死滅した（大西・室賀，1977）.

これまでに，ニジマス，アマゴ（佐古・原，1984a, b），アユ，およびクロソイにおける症例が報告されている．実験的には，ヤマメおよびキンザケは高い感受性を有し（佐古・原，1984b），コイはある程度の感受性を示したが，ウナギはごく低い感受性しか示さなかった（大西・室賀，1977）.

血清学的には *V. anguillarum* J-O-1 型と共通抗原を有するため，血清学的診断にあたっては注意を要する.

(3) **症状・病理**：本病に罹患したニジマスには，眼球突出および体表における膨隆患部の形成が認められる．体表に異常が認められない場合でも，筋肉に出血が観察されることがある．これらの他に，体色黒化，体表面のスレや出血，鰭基部の発赤，貧血による鰓の褪色，肛門の発赤・拡張などが見られる．解剖すると，腸管の炎症が顕著で，赤色の粘液が入っている．肝臓の出血斑，脾臓の肥大，生殖腺や腹膜の出血も認められる.

病理組織学的検討により，初期感染病巣は皮膚に形成され，細胞繁殖性－出血性－漿液性炎症で特徴付けられる炎症反応が認められている（宮崎・窪田，1977）．サケやギンザケを用いた実験感染において，*V. anguillarum* は血中および脾臓や腎臓に多く存在したのに対し，*V. ordalii* は皮下や筋肉に多く存在し，しかも大きな菌集落を形成していたという（Ransom et al., 1984）．自然発病したアユにおいても体表における出血はほとんど目立たず，躯患局所における膨隆患部が特徴的である．また，本菌の感染を受けたクロソイ稚魚では，*V. ordalii* が口腔あるいは鼻腔粘膜から侵入し，上顎で病巣を拡大した後，血行的に全身臓器に感染したものと推察されている（文谷ら，1987）.

(4) **疫学**：本病はほとんどのサケ科魚類に発生するが，ニジマスでの被害が多い．ニジマスでは，孵化後数ヶ月の稚魚から成魚まで罹病す

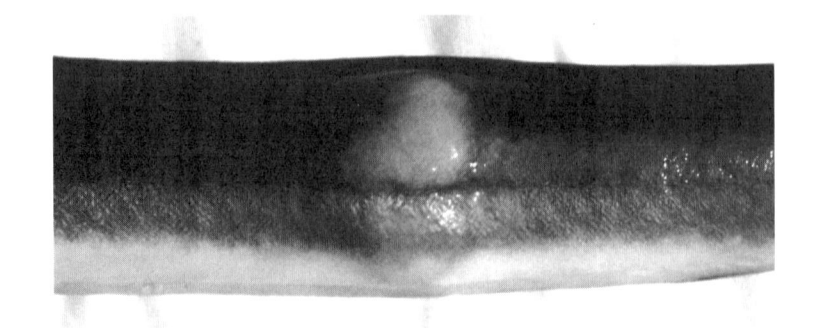

図Ⅲ-7-2　*Vibrio vulnificus* に感染したニホンウナギ（ビブリオ病 B 型）

るが，出荷サイズの50～150gのものの被害が大きい．極端な低水温期を除き，周年発生するが，水温が10℃以上になる春から秋にかけて多く発生する．被害率は10％以下である場合が多い．アユでは琵琶湖産のいわゆる二期作目（5～6月養殖開始）に，発生頻度は低いものの，発生が見られたという（室賀ら，1986）．クロソイでは全長2.5～5 cmの稚魚に，水温15～20℃の6月から7月に発生している．

（5）診断：病魚の内臓よりHIあるいはBHI寒天培地を用いて菌を分離し，抗 *V. anguillarum* J-O-1 血清に反応し，MR，VP，インドール，アルギニン分解などの生化学的性状がいずれも陰性であることを確認する．

（6）対策：ニジマスに対しては浸漬ワクチンが市販されている．クロソイ稚魚においても浸漬免疫の有効性が実験的に確かめられている（中井ら，1989）．

ニジマスに対しては治療薬としてオキソリン酸，フロルフェニコール，スルファジメトキシン，スルファモノメトキシンおよびオキシテトラサイクリンが水産薬として使用されている．クロソイでの症例では，オキシテトラサイクリンの効果は認められなかったが，オキソリン酸の経口投与により病気は終息したと報告されている（文谷ら，1987）．

2） *Vibrio vulnificus* 感染症

（1）序：1970年代の半ば，徳島県下のある程度塩分を含むウナギ養殖場に *V. anguillarum* とは異なる新しい *Vibrio* 属細菌による感染症が発生した．原因菌はインドール，ショ糖およびマンニトールがいずれも陰性である点などから，過去にヨーロッパでウナギの病原体として報告された *V. anguillicida* に近いと考えられた（室賀ら，1976a, b；Nishibuchi *et al.*, 1979）．その後，本菌はヒトの病原菌として新たに認知された *V. vulnificus* と同種であることが判明し，病原性およびインドール産生能における違いから，ヒト由来株からなる *V. vulnificus* biogroup 1 と，ウナギ由来株からなる biogroup 2 に区別された（Tison *et al.*, 1982）．しかし最近ではその区分はむしろ血清型として区別されるようになっている．ヨーロッパでもウナギにおける本菌感染症の発生が報告され（Biosca *et al.*, 1991；Dalsgaard *et al.*, 1999），オランダではウナギ由来株に感染して死亡したヒトの症例などがあり（Veenstra *et al.*, 1992），本菌は魚とヒトに感染する人魚共通病原体の一つにあげ得る．

（2）原因：本菌は，普通寒天培地上で，中心部がやや隆起した周縁円滑な正円形集落を形成し，周縁部は微黄色透明であり，中心部は半透明黄褐色で湿潤性光沢がある．25℃で培養すると，その発育は *V. anguillarum* よりやや良好である．TCBS寒天培地上で青緑色の集落を形成する．前出の表Ⅲ-6-1に示されたように，*V. vulnificus* は *V. anguillarum* と10℃における発育（陰性），VP反応（陰性），アルギニン分解（陰性），リジン脱炭酸反応（陽性）およびショ糖からの酸産生（陰性）の諸点で区別し得る．発育可能温度は18～39℃，至適温度30～35℃，発育可能塩分（NaCl）0.1～4％，至適塩分1～2％，発育可能pH 6～10，至適pH 7～9．

現在まで日本では，ウナギおよびテラピア（Sakata and Hattori, 1988）での症例が知られている．本菌はアジア諸国で養殖エビに発生するビブリオ病の原因菌の一つとされているが（Lavilla-Pitogo and de la Peña, 1998），日本ではエビの病原体として報告されたことはない．本菌はヒトの病原体であることから，ヒト由来株の溶血素（Tison and Kelly, 1984），細胞融解素（Gray and Kreger, 1985），鉄取り込み能（Morris *et al.*, 1987），プロテアーゼ（Nishina *et al.*, 1992）などの病原因子について検討され，ウナギ由来株の莢膜についても検討されている（Biosca *et al.*, 1993a）．

(3) 症状・病理：ウナギ皮膚局所の発赤，腫脹，および潰瘍が特徴である（図Ⅲ-7-2）．病理組織学的には，漿液性－出血性－組織壊死性炎により特徴づけられ，全身感染の症例では，脾臓，肝臓，腎臓，腸管などに転移病巣が形成され，血行障害を伴う組織壊死が認められている（宮崎ら，1977）．

(4) 疫学：V. anguillarum によるウナギのビブリオ病（V. vulnificus によるビブリオ病と区別するためビブリオ病 A 型とも呼ばれる）は水温 20℃以下の比較的水温の低い時に発生しやすいのに対し，V. vulnificus によるビブリオ病（B 型）は水温 20℃以上の高水温期に発生しやすい．A 型 B 型いずれの場合もやや塩分を含む飼育水を使用している養殖場に発生している．

(5) 診断：病魚の内臓から普通寒天培地を用いて細菌を分離し，抗血清を用いて診断するか（西淵・室賀，1980），API 20E を用いて生化学的性状を調べて診断する（Biosca et al., 1993b）．また，カキ，魚，底泥などからの本菌の検出のために PCR 法も検討されている（Brauns et al., 1991; Arias et al., 1995）．

(6) 対策：日本では本病に対する予防免疫の研究は見あたらないが，最近外国ではヨーロッパウナギに対する予防免疫の有効性が検討されている（Collado et al., 2000; Fouz et al., 2001）．最初に日本でウナギから分離された菌株は，エリスロマイシン，オレアンドマイシン，ロイコマイシン，クロラムフェニコールおよびテトラサイクリンに高い感受性を示した（室賀ら，1976a）．

3) Vibrio cholerae 感染症（アユのナグビブリオ病）

(1) 序：1977 年夏，琵琶湖周辺の河川および養殖場のアユにそれまでみられなかった細菌感染症が発生し，原因菌は Vibrio cholerae non-O1（＝NAG vibrio）と同定された（Muroga et al., 1979；山野井ら，1980）．同地域においてはその年を含めて 2，3 年本病の発生がみられたが，その後はあまり問題にならなくなり，忘れ去られたような状態になった．しかし，1987 年から 1991 年にかけ，栃木，茨城，静岡，石川，愛知，滋賀，徳島および大分県下の天然アユに本菌感染症が流行し，本病が広域に継続的に存在することが明らかとなった（Kiiyukia et al., 1992）．

(2) 原因：本病の原因菌は，コレラの原因菌と分類学的には同一種である．コレラは多くの場合 V. cholerae O1 血清型株によって引き起こされるが，本病原因菌はその O1 血清型には属さず，コレラの心配はないが，ヒトに食中毒を起こし得るということで，食品衛生的な注意も必要である（本田・山本，1990）．普通寒天培地で非常によく発育し，TCBS 寒天培地上では黄色の大きな集落を形成する（図Ⅲ-7-3）．発育可能温度は 15〜42℃，至適温度 37℃，発育可能塩分（NaCl）0〜5%，至適塩分 1%，発育可能 pH 7〜10，至適 pH 8．滅菌した淡水および海水中では 1 年近く生存し得る．いまのところアユでのみ本病が報告されているが，実験的にはウナギおよびマウスを殺し得ることが明らかにされている．

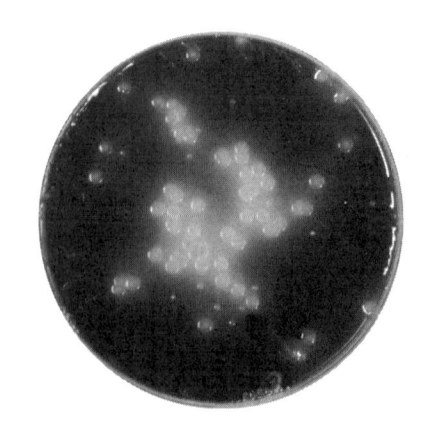

図Ⅲ-7-3 TCBS 選択培養上の Vibrio cholerae non-O1 のコロニー（アユ病魚由来株）

（3）症状・病理：アユ病魚には体表の出血および内臓諸器官における発赤が認められるが，病理組織学的検討はなされていない．

（4）疫学：アユにおける本菌感染症は水温22℃以上の高水温期に限って発生する．養殖場よりも天然河川で発生し，特に降雨量が少なく平年以上に水温が上昇するような時に流行する傾向がある．1987年から1991年にかけての全国的な流行事例の検討から，病原菌は琵琶湖産の種苗により全国に伝搬された可能性が強いと考えられている（Kiiyukia et al., 1992）．

（5）診断：疑わしい病魚の内臓から普通寒天培地あるいは TCBS 寒天培地を用いて細菌を分離し，性状を API 20E などを用いて調べ，診断する．

（6）対策：河川の天然アユ（放流アユ）に発生するため，特に対策はない．ただし，前記のように食品衛生上の問題があるので，本病発生時のアユは食さないよう指導する必要がある．なお，アユ病魚分離株はセファロシン，エリスロマイシン，ナリジクス酸，テトラサイクリンなどに高い感受性を示した（Kiiyukia et al., 1992）．

4）Vibrio ichthyoenteri 感染症
（ヒラメ仔魚の細菌性腸管白濁症）

（1）序：本病は1971年頃から和歌山県下で発生し，1980年代にはほぼ全国で認められるようになった．本病はある種の Vibrio 属細菌によって起こることが示され，伝染性腸管白濁症と名付けられた（村田，1987）．その後，広島県下に発生した事例について詳しく検討され（増村ら，1989；Muroga et al., 1990），原因菌は Vibrio ichthyoenteri と名付けられた（Ishimaru et al., 1996）．また，病名も細菌性腸管白濁症と呼ばれるようになった．

（2）原因：原因菌 V. ichthyoenteri は，ZoBell 2216e 寒天培地で培養（25℃，2日間）すると，直径1mm程度の正円形，やや凸状，灰白色の透明感のある集落を形成する．前出の表Ⅲ-6-1 に示したように，アルギニン，リジン，オルニチン分解，インドール産生，ゼラチン分解など何れも陰性であるのが特徴である．本菌は 15～30℃，NaCl 1～6％の範囲で増殖する．

血清型は，例えば和歌山県由来株と広島県由来株では異なり，多型であると考えられる．病原性は低く，ヒラメ仔魚に経口投与した時にのみ，発病・致死をもたらす（増村ら，1989）．本菌は飼育海水中およびワムシ等の生物餌料中にもともと存在すると考えられるが，確認はされていない．

（3）症状・病理：罹病したヒラメ仔魚は，体色の黒化，消化管の萎縮，白濁，さらには腹部の陥没が認められ，摂餌を停止し，1～2日で死亡する（図Ⅲ-7-4，口絵参照）．病理組織学的検討により，本菌は仔魚の腸管粘膜上皮に感染し（図Ⅲ-7-5），限局性の壊死病巣を形成し，魚は剥離性カタル性腸炎を呈することが明らかにされている（図Ⅲ-7-6）（宮崎ら，1990；Muroga et al., 1990）．

（4）疫学：孵化後30日あるいは40日までのヒラメ仔魚に発生することが現場での観察および感染実験から明らかにされている．発生時期の水温は 18～20℃と記録されているが，それ以外の水温でも発生することがある．他の魚種にも本菌感染症が起こるかどうかについては明らかにされていない．

（5）診断：種苗生産現場では，症状から推定するか，あるいは TCBS 寒天培地などの選択培地を用いて黄色の集落を形成する細菌がほぼ純粋に分離されることをもって推定診断していることが多い．血清型も多型であることから，血清学的診断法も確立しておらず，確定診断は分離菌の詳しい性状を調べて行うしかないのが現状である．

（6）対策：前述のように，本菌は飼育海水もしくはワムシなどの生物餌料から伝播すると考えられ，飼育水や餌料生物の消毒が予防法にな

第Ⅲ章 細菌病

図Ⅲ-7-4 腸管白濁症（*Vibrio ichthyoenteri* 感染）罹病ヒラメ仔魚（写真提供：村田 修氏）

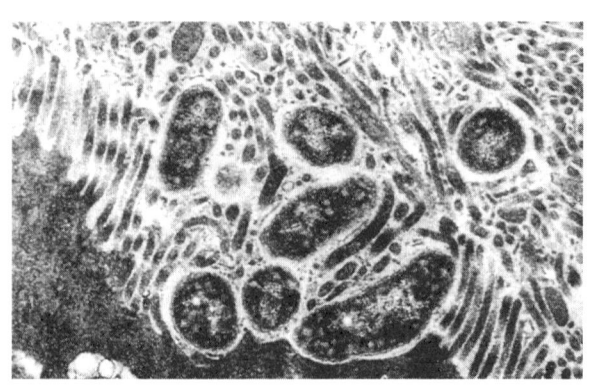

図Ⅲ-7-5 ヒラメ仔魚腸管上皮表面で増殖する *Vibrio ichthyoenteri*

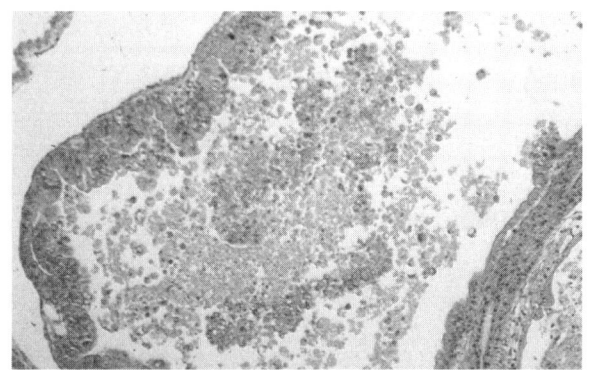

図Ⅲ-7-6 実験的に *Vibrio ichthyoenteri* を感染させたヒラメ仔魚の腸管における剥離性カタール

るといわれる．いったん発病した場合は薬浴や薬剤の経口投与を行ってもほとんど効果は認められない．

5）その他の *Vibrio* 属細菌による感染症

過去に養殖ブリ病魚から *V. alginolyticus* あるいはその類似菌が分離された例はあるが，病気の原因体と考えてよいかどうかはあまり明確ではない．また，マダイやクロダイ仔魚のいわゆる腹部膨満症の原因菌あるいはそれに関与する細菌として本菌が報告されているが（岩田ら，1978；楠田ら，1986；安信ら，1988），原因菌としての位置づけはまだ不十分であると思われる（室賀，1995）．

養殖シマアジ病魚から *V. parahaemolyticus* に近似する *Vibrio* 属細菌が分離されていたが（畑井ら，1981），その後シマアジのビブリオ病の原因菌として新種 *V. trachuri* が報告された（Iwamoto et al., 1995）．しかし最近になり，この *V. trachuri* は *V. harveyi* の junior synonym であることが報告され（Thompson et al., 2002），日本においても東南アジアの国々と同様に海産魚の *V. harveyi* 感染症が存在するということになった．

クルマエビのビブリオ病については別に説明するが（本章第22節），ガザミ幼生には *V. harveyi* に近似した種類によるビブリオ病が発生している（Muroga et al., 1994; Ishimaru and Muroga, 1997）．またトリガイの幼生（藤原ら，1993），マガキの幼生（Sugumar et al., 1998a, b），あるいはトコブシ（Nishimori et al., 1998）にもビブリオ病が発生している．さらにはエゾバフンウニにおけるビブリオ病の報告もある（Tajima et al., 1998）．マガキ幼生のビブ

リオ病（bacillary necrosis）の対策に関しては，オボグロブリン（Takahashi et al., 2000）および抗生物質（松原ら，2002）を用いた治療，あるいはバイオコントロール（Nakamura et al., 1999）の有効性について検討されている．

（室賀清邦）

8. 細菌性鰓病（Bacterial gill disease：BGD）

1）序

細菌性鰓病は鰓組織の表面に多数の長桿菌が繁殖し，その刺激によって上皮細胞が異常増生し鰓薄板が癒合することを特徴とする病気で，Davis（1926）によって米国のカワマスおよびニジマスの新しい鰓病として最初に報告された．彼は病原菌の分離，同定を行わなかったが，硫酸銅などの薬剤で鰓組織表面の長桿菌を除去することによって病魚が速やかに回復することからこの長桿菌を病因と判断し，栄養性鰓病など細菌以外の原因によるものと対比して細菌性鰓病（bacterial gill disease）の病名を与えた（Davis, 1953）．Rucker et al.（1952）は病魚の鰓から Cytophaga sp. を分離し，また Borg（1960）や Bullock（1972）も同様に粘液細菌類（現在の分類基準では滑走性のある Cytophaga-Flavobacteium 類）を分離し，病原菌の疑いをもって感染実験を試みた．しかし，種々の工夫にもかかわらず，それらの分離菌株による感染実験はいずれも成功しなかった．一方，木村ら（1978）は群馬県下のニジマスおよびヤマメの病魚から感染力のある長桿菌を分離した．この細菌は滑走運動あるいは寒天平板上における遊走性が全く認められない点で従来病原菌の疑いがもたれていた粘液細菌とは異なっており Flavobacterium 属に分類された．その後，Wakabayashi et al.（1980）によって木村らの分離菌株と殆ど同じ性状の病原菌が米国オレゴン州のいくつかのサケ・マス孵化場の病魚から分離された．

サケ科魚類の鰓病のなかには短桿菌が観察されるものもあり，また長桿菌でも鰓の上に繁殖している菌の形態によって数種類が識別されるという（Wood and Yasutake, 1957）．さらに Fusobacterium と推定される紡錘形をした細菌が多数鰓に観察された例も Hoskins（1976）によって報告されている．これらの事実から，細菌性鰓病を特定の病原菌による病気とせず，鰓の表面あるいは水中に常在する細菌のうち比較的組織親和性の強い種々の細菌による病気の総称とする見解もある．しかし，本節では木村ら（1978）によって最初に分離され，Wakabayashi et al.（1989）によって命名された Flavobacterium branchiophila を原因とする特定の病気として取り扱うことにする．なお，von Glaevenitz（1990）によって文法上の誤りが指摘され，現在，種名は branchiophilum に訂正されている．

本病に関する総説としては，若林（1980），Bullock（1990），Wakabayashi（1992），Shotts and Starliper（1999）などがある．

2）原因

形態および性状：Wakabayashi et al.（1989）による Flavobacterium branchiophilum の性状は次のとおりである．グラム陰性の長桿菌（$0.5 \times 8\,\mu m$）で，菌体は屈曲運動も滑走運動もしない．サイトファガ寒天培地（第9節参照）ので18℃5日間培養すると0.5〜1 mm径の淡黄色，半透明の微小コロニーを形成する．コロニーの辺縁は円滑で滑走細菌に特徴的な樹根状の辺縁構造やスウォーミングはみられない．仔牛血清を培地に約5％添加すると発育が促進される．発育可能温度は10〜25℃であるが，5℃あるいは30℃で発育する菌株もある．発育可能塩分濃度は0〜0.05％で，一部の菌株は0.1％でも発育する．嫌気的条件下では発育しない．主な生化学的性状は表Ⅲ-8-1のとおりである．G＋C含量は29〜30 mol％で，標準株（日本

第Ⅲ章　細菌病

表Ⅲ-8-1　*Flavobacterium branchiophilum* の生化学的性状
（Wakabayashi et al., 1989; Wakabayashi, 1992; Bernardet et al., 1996）

性　状		性　状	
チトクロームオキシダーゼ	＋	O/129 感受性	＋
カタラーゼ	＋	炭水化物分解・酸産生	
硫化水素産生	－	グルコース	＋
インドール産生	－	フラクトース	＋
硝酸塩還元	－	ラクトース	－
ゼラチン分解	＋	シュクロース	＋
カゼイン分解	＋	マルトース	＋
でん粉分解	＋	トレハロース	＋
エスクリン分解	－	セルビオース	＋
チロシン分解	＋	アラビノース	－
キチン分解	－	キシロース	－
セルロース分解	－	ラムノース	－
寒天分解	－	ラフィノース	＋
DNA 分解	－	マニトール	－
βガラクトシダーゼ（ONPG）	＋	ソルビトール	－
卵黄反応	＋	イノシトール	－
フレキシルビン反応	－	イヌリン	＋
コンゴレッド吸着	－	サリシン	－

＋陽性，－陰性

株）に対する米国株とハンガリー株の DNA 相同性はそれぞれ 79％と 96％であった．

病原性：木村ら (1978) は *F. branchiophilum* をサイトファガ寒天培地で培養し，その 100 m*l* を 20 *l* の水で希釈し（$6.0 \times 10^5 \sim 1.9 \times 10^6$ CFU / m*l*），ニジマスおよびヤマメ（1.0～17.5 g）を 1 時間浸漬した．浸漬後，供試魚を流水槽に移し，その後の経過を観察した結果，18～48 時間以内に殆どすべての実験魚の鰓薄板の表面に無数の長桿菌の着生が確認された．やがて実験魚の一部は自然感染魚と同様に鰓蓋を開いたままの状態となり，遊泳力が衰え，排水口に押し流されて死亡した．しかし，死亡率は実験群間の差が著しく 2～47％であった．*F. branchiophilum* は速やかに鰓組織上に着生して繁殖するが，一旦感染してもその後の経過に著しい差がある．肉眼的には終始，感染魚の外見に何の異常も認められず，そのうちに鰓から感染菌が消失する例がしばしばある．環境的要因および魚の抵抗力の影響を強く受けると思われるが，十分には検証されていない．

血清型：Huh and Wakabayashi (1989) は，日本株 3 株，米国株 2 株，ハンガリー株 1 株について血清学的性状を比較した．各菌株のホルマリン不活化菌体に対する家兎抗血清はそれぞれ全ての菌株と凝集反応し，ほぼ同じ凝集素価を示したが，吸収試験の結果，日本株と外国株は別の血清型に分かれた．また，超音波破壊ホルマリン不活化菌体抗原と抗血清を用いて免疫電気泳動したところ，15 本の沈降線が識別され，その内の 4 本はすべての菌株に共通して認められた．また，日本株の抗血清を米国株あるいはハンガリー株のホルマリン不活化菌体で吸収した抗血清では日本株と反応する明瞭な 1 本の沈降線が観察された一方，外国株の抗血清を日本株で吸収した抗血清では外国株と反応する 2 本の明瞭な沈降線が観察され，吸収血清の凝集反応で認められた 2 つの血清型の存在を裏付けた．

3）症状・病理

病魚はまず餌を摂らなくなり，動きが鈍く，群れを離れて水面をふらふら泳ぐ．鰓蓋運動の頻度が増加するが，やがて多量の粘液分泌によ

8. 細菌性鰓病

って鰓蓋が閉まらなくなり，鰓はうっ血し，腫脹する．

組織病理学的には，鰓組織が細菌で被われ，上皮細胞の増生が起こるが，通常，増生は鰓薄板の先端部から始まり，やがて鰓薄板が互いに癒着して鰓弁が棍棒化していく（Wood and Yasutake, 1957; Kudo and Kimura, 1983a; Speare et al., 1991a, b）．なお，病変が上皮の基底膜に及ばない感染初期に塩水浴を行って原因菌を除去すると，鰓の状態は完全に回復する（Kudo and Kimura, 1983b）．

走査型電子顕微鏡で観察すると，感染初期には，鰓組織に無数の F. branchiophilum が短冊を並べたように付着しており，その間隙から外

F. branchiophilum は体内に侵入することはなく，内臓や筋肉から分離されることはない．Kudo and Kimura（1983b）は F. branchiophilum が増生因子を産生すると述べており，また，Ototake and Wakabayashi（1985）はプロテアーゼなどの菌体外産物を報告し，鰓に付着し繁殖した F. branchiophilum が産生するこれらの物質が上皮細胞の増生を刺激するのではないかと考察している．そして，鰓薄板の肥厚や癒着が血流と水とのガス交換を阻害し，呼吸を妨げることが感染魚の死亡の原因と推察されている（Wood and Yasutake, 1957; Snieszko, 1981）．Wakabayashi and Iwado（1985a）は，ニジマス（体重約 3 g）を使った F. branchio-

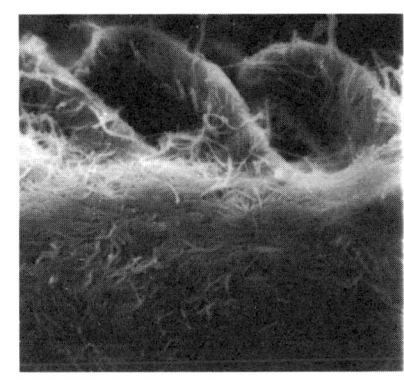

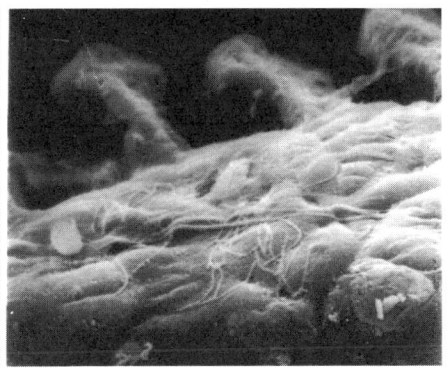

図Ⅲ-8-1 Flavobacterium branchiophilum の実験感染ニジマス（浸漬法）の鰓の走査電子顕微鏡写真．左：浸漬感染18時間後．鰓弁の表面に無数の細菌がみられる．右：浸漬感染4日後．細菌の数が減った一方，鰓弁が肥厚しており，上皮細胞が増生したと推察される．

見的には健全な鰓薄板表面のマイクロリッジ構造が観察されるが，やがて付着している菌が少なくなるとともにマイクロリッジ構造が認められなくなり，鰓薄板が肥厚する（図Ⅲ-8-1）（Wakabayashi et al., 1980 ; Speare et al., 1991a）．鰓組織への菌の付着について，Speare et al.（1991a）は菌体表面のグリコカリックスによると考察している一方，若林（1980）は線毛を介して鰓薄板上皮に付着していることを観察し（図Ⅲ-8-2），Heo et al.（1990a）は培養菌から線毛を分離し，部分精製をして性状を調べている．

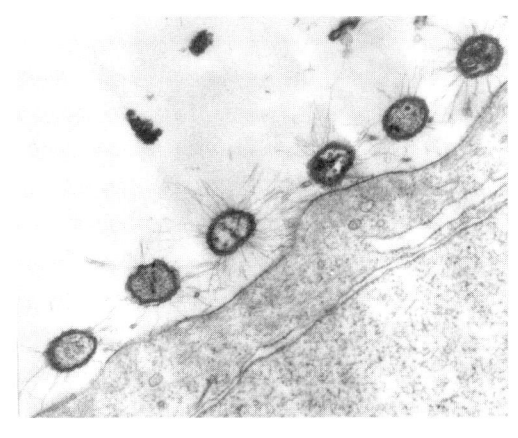

図Ⅲ-8-2 浸漬感染18時間後のニジマスの鰓弁組織超薄切片の透過型電子顕微鏡写真．細菌が線毛を介して鰓弁上皮から一定の距離をおいて付着している．

philum の感染実験において，非感染魚，感染2日後および感染5日後の実験魚各10尾の標準酸素消費量はそれぞれ 251～289 ml O$_2$ / kg / h, 183～229 ml O2 / kg / h, 155～167 ml O$_2$ / kg / h となり，感染によって酸素の取込能力が低下することを示した．Wakabayashi and Iwado (1985b) は，また，実験感染魚の筋肉中のグリコーゲン，ピルビン酸，および乳酸の濃度を測定し，死亡する直前に感染魚の筋肉中の乳酸が急増することを見出した．循環血の酸素不足によって乳酸の代謝不全が生ずるためと考察している．

4）疫　　学

細菌性鰓病はサケ科魚類の中で最もよく発生する疾病の一つであり，米国とカナダのほか，ヨーロッパの国々のマス類で知られている（Farkas, 1985; Ferguson et al., 1991）．アジアでは，日本のほか，韓国のニジマスの症例が報告されている（Ko and Heo, 1997）．

日本では，ニジマスの稚魚の疾病として水温が 13℃ を超え摂餌が活発になる 4～5 月頃に決まったように発生することが以前から知られていた．さらに，ヤマメなど在来マスの養殖や，放流用のサケの中間育成が盛んになって，これらにも頻発するようになった．これらの場合はもっと水温の低い 1～2 月頃によく発生する．大量死がみられるのは浮上稚魚から体重 10 g（体長 5 cm）位までのもので，それより大きいものに発生することは稀である．

病原菌は養魚池あるいは天然水域に常在し，魚の過密，水中アンモニアの増加，溶存酸素の低下，水中浮遊物などが感染・発病を促進するといわれているが（Bullock, 1972），環境条件と感染・発病との関係はまだ十分には明らかにされていない．

サケ科魚類以外の細菌性鰓病としては，アユの業者間でボケと称せられていた病魚の鰓から *F. branchiophilum* が分離され（若林・城，未発表），菌の着生した鰓薄板には細菌性鰓病に特徴的な病変が観察されている（宮崎・城，1986）．

5）診　　断

鰓弁の一部を切りとって直接検鏡し，細長い細菌の存在と，上皮細胞の増生，鰓薄板の癒合を観察することによって診断できる．菌体が上皮組織に密着していたり，菌数が少ないために直接検鏡できないと思われる場合は，切りとった鰓弁をスライドグラスに擦り付けるか押し潰すかし，さらに固定，染色して検鏡するとよい．

F. branchiophilum に対する抗血清は種特異性が高いので，間接蛍光抗体法で塗抹標本上の菌を鑑別することができる（許・若林，1987; Heo et al., 1990b）．また，*F. branchiophilum* に特異的なプライマーを用いた PCR による同定も可能である（Toyama et al., 1996）．

6）対　　策

過密飼育を避けることがまず第一に重要である．Davis (1926) は魚のいない水源を利用している孵化場では細菌性鰓病の発生がなかったと報告している．また，Borg (1960), Bullock (1972), Larmoyeux and Piper (1973) などは細菌性鰓病が環境的ストレスを契機として発生することを認めている．

かつては硫酸銅や有機水銀が治療に使われていたが，公衆衛生上の観点から，今日では使用されなくなった．米国では塩化ベンザルコニウムの 1～2 ppm（有効成分）1 時間以内の薬浴が行われているが，安全係数が低いことが問題のようである．Wood (1974) は過マンガン酸カリの 1～2 ppm, 1 時間薬浴を奨めている．また，Bullock and Herman (1989) は流量一定のサイホンによるクロラミン T の 6～9 ppm の 1 時間流下浴がニジマス稚魚（2.5～54 g）の細菌性鰓病の治療に有効であったと報告している．

日本ではニトロフラン剤による薬浴が一般的であったが，同剤の発ガン性が指摘され製造が中止され，使用できなくなった．代わって，5％食塩水に2分間浸漬する方法が行われるようになった．塩水浴は安全かつ有効であるが，規模の大きな施設では大量の食塩を必要とすることが難点である．

自然感染耐過魚（ニジマス）および実験感染耐過魚のいずれにおいても血清中の凝集抗体は検出されない（Heo et al., 1990b）．しかし，Lumsden et al.（1995）によれば，アセトンで不活化した *F. branchiophilum* を用いて体重約50gのニジマスを注射法および浸漬法で免疫したところ，いずれの方法で免疫した魚においても抗体価の上昇が認められ，浸漬免疫魚においては実験感染に対する防御能も認められたという． 　　　　　　　　　　　　　　（若林久嗣）

9. カラムナリス病（Columnaris disease）

1）序

カラムナリス病は滑走細菌類の *Flavobacterium columnare* の感染による淡水魚，まれに汽水域の魚の疾病で，環境水に直接接する鰓，鰭，皮膚などに感染病巣を形成する．魚の種類や年齢その他の要因によって，患部が一部の組織に偏ってみられることがあり，そのため，鰓病，鰓ぐされ，口ぐされ，尾ぐされ，cotton mouth などとも呼ばれている．

本病は米国ミシシッピ川上流のフェアポートの試験場で，温水魚の疾病として Davis（1922）によって最初の報告がされた．彼は病原菌の分離には成功しなかったが，患部に必ず無数の長桿菌が存在し，スライドグラスに載せて直接検鏡すると混在する組織片や鱗の縁に柱状の特徴的な集落を作ることを見つけ（図Ⅲ-9-1），この菌に *Bacillus columnaris* の名を与えた．その後20年余り殆ど報告がなかったが，1942年ワシントン州のリーベンワース孵化場のベニザケ稚魚に本病が流行し，このとき Ordal and Rucker（1944）によって初めて病原菌が分離され，*Chondrococcus* 属に分類される新種として *Chondrococcus columnaris* と命名された．殆ど時を同じく東部魚病研究所の Garnjobst（1945）はブラウンブルヘッドのカラムナリス病から同様の細菌を分離し，それを *Cytophaga* 属に分類し，*Cytophaga columnaris* と命名した．このように病原菌が異なる属に分類されたのは，Ordal and Rucker（1944）は病原菌がミクロシスト（microcyst）とフルーティングボディ（fruiting body）を形成するとしたのに対し，Garnjobst（1945）はそれらの形成がみられないとしたためである．病原菌の分類学上の位置付けについては，その後もいろいろ論議され，Bergey's Manual of Deteminative Bacteriology（第8版）では新しく設けられた *Flexibacter* 属に分類された（Leadbetter, 1974）．さらに，Bernardet et al.（1996）は，*Flexibacter* 属，*Cytophaga* 属，*Flavobacterium* 属などの細菌種の分子生物学的な系統樹に基づいて，カラムナリス病原因菌を *Flavobacterium* 属に移し，*Flavobacterium columnare* とすることを提案し，現在これが受け入れられている．

カラムナリス病は温水魚，冷水魚を問わず種々の淡水魚に発生し，世界各地で被害を出している．とくに米国北西部のコロンビア川とその直ぐ北方のカナダのフレーザー川では産卵場へ遡上するサケ科魚類が大きな被害を受け，それ故，米・加両国ではサケ科魚類のカラムナリス病について詳細な研究がなされた．日本でも以前より主としてニジマスで本病の被害が知られていたが，病原菌が最初に分離されたのは研究室の水槽に蓄養されていた市販のドジョウからであった（若林・江草，1967）．その後，1966年の夏，静岡県吉田町の養殖ウナギで鰓弁の著しい欠損と貧血を特徴とする鰓病の発生があ

第Ⅲ章 細菌病

り，これがカラムナリス病と判明し（若林ら，1970），さらにアユなど種々の淡水魚類で確認されるようになった．

2）原　因

形態および性状：病原体の *Flavobacterium columnare* はグラム陰性の細長い桿菌で，病魚の患部から直接採取したものや新鮮培養菌は 0.5×3～8μm 位で比較的均一な形をしている．しかし培養時間が長くなると，極めて不揃いな形となり，非常に長いもの，波状をしたもの，輪をつくるものなどが現われる．最終的には球形ないし不定形の粒子状になるが，これらは新しい培地に植えても発芽しないためミクロシストとは考えられていない．

本菌は鞭毛をもたないが，特異な運動をする．その一つは菌体の一端を固定して他端を揺り動かすような運動（屈曲運動）であり，もう一つはスライドグラス上や寒天平板上でみられる滑走運動である．

分離培養にはサイトファガ寒天培地[*1]あるいはTY寒天培地[*2]が使われる．これらの培地上では辺縁が樹根状をした黄色の扁平なコロニーを形成する（図Ⅲ-9-2）．コロニーの表面は粗で，膜状に培地に密着している．黄色はフレキシルビン色素であるため20％KOH液を滴下すると褐色に変色する．また，コンゴレッド液を滴下するとコロニーに色素が吸着して辺縁が赤く染まる．液体培地で静置培養をすると液面に黄色の強靱な膜を形成する．振盪培養をすれば一様に混濁した状態を保つことができる．

発育可能温度は5～35℃．至適温度は27～

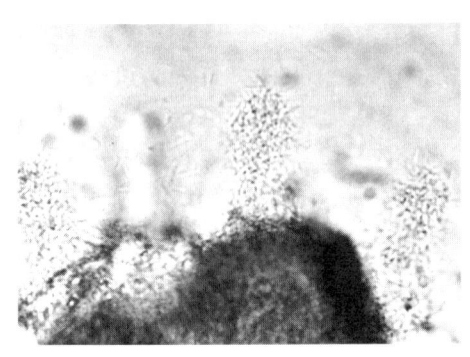

図Ⅲ-9-1　組織片の縁に柱状に集合した *Flavobacterium columnare* 細胞群

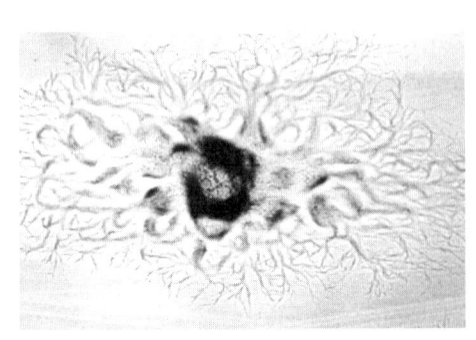

図Ⅲ-9-2　サイトファガ寒天培地上の *Flavobacterium columnare* コロニー．コロニーの辺縁が樹根状を成す

表Ⅲ-9-1　*Flavobacterium columnare* の生化学的性状
（若林ら，1970; Bootsma and Clex, 1976; Song et al., 1988, Bernardet and Grimont, 1989; Bernardet et al., 1996; Triyanto and Wakabayashi, 1999）

性　状		性　状	
チトクロームオキシダーゼ	＋	クエン酸塩利用	－
カタラーゼ	＋	アルギニン加水分解	－
硫化水素産生	＋	リジン脱炭酸	－
インドール産生	－	オルニチン脱炭酸	－
硝酸塩還元	d	βガラクトシダーゼ（ONPG）	－
ゼラチン分解	＋	ウレアーゼ	－
カゼイン分解	＋	VP反応	－
でん粉分解	－	0/129感受性	＋
エスクリン分解	－	フレキシルビン反応	＋
チロシン分解	－	コンゴレッド吸着	＋
トリブチリン分解	＋	メチレンブルー還元	＋
キチン分解	－	ニュートラルレッド還元	＋
セルロース分解	－	卵黄反応	＋
寒天分解	－	細菌融解（グラム陰性菌）	＋
DNA分解	＋	炭水化物分解	－

＋陽性，－陰性，d菌株によって異なる

28℃，発育可能pHは6.5～8.5，至適pHは7.5付近，食塩濃度0.5％でもよく発育するが，2％

[*1] トリプトン0.5g，酵母エキス0.5g，肉エキス0.2g，酢酸ソーダ0.2g，寒天9～11g，水1*l*，pH7.2
[*2] トリプトン3g，酵母エキス2g，寒天15g，水1*l*，pH7.2～7.4

では発育しない．嫌気的条件では発育しない．

主な生化学的性状は表Ⅲ-9-1の通りである．Ordal and Rucker（1944）はグルコースを分解するとしたが，その後の研究者はグルコースを含め炭水化物を利用しないとしている．

病原性：*F. columnare* の病原性の証明は培養菌の筋肉，皮下，腹腔などへの注射あるいは傷口への塗布などの方法でも可能であるが，菌浮遊液に一定時間実験魚を入れて菌と接触させるだけで容易に，むしろ確実に行うことができる．Pacha and Ordal（1970）は *F. columnare* の浮遊液にベニザケの 1 年魚を 2～5 分間浸漬したのち 20℃の水槽に移し，供試魚がすべて死亡するまでの時間によって菌株の病原性を次のように区分した．

100％致死時間	毒力（virulence）
24 時間以内	強（high）
24～48 時間	やや強（moderate）
48～96 時間	やや弱（intemediate）
96 時間以上	弱（low）

この方法あるいは類似の方法で調べられた結果，*F. columnare* の病原性は株によって著しく相違することが一般的に認められている．病原性の差に関して，菌の産生する毒素や細胞膜成分の差などが論じられているが，まだよく解っていない．

血清型その他：Anacker and Ordal（1959a）はコロンビア川水系で分離された 325 株とテキサス州で分離された 1 株について血清型を検討し，1 つの共通抗原と，8 つの特異抗原を見出した．供試菌株中 323 株は抗原構造から 4 つの血清型に類別されたが，テキサス株を含む 3 株はどの血清型にも入らなかった．また，地理的分布や病原性の強弱と血清型との関係は認められなかった．その後，血清型に関する報告は少なく，日本の菌株についても報告がないが，血清型が幾つあるにしても，*F. columnare* はすべての菌株に共通した凝集素抗原をもっているようである．

Anacker and Ordal（1959b）は *F. columnare* の多くの菌株が腸内細菌の産生するコリシンに似たバクテリオシンを産生することをみつけ，菌株相互の感受性の違いにより134 株の供試菌株を 9 つのバクテリオシン型に区分し，それらと血清型との間にある程度の相関があることを報告している．また，バクテリオファージについても Anacker and Ordal（1955）や Kingsbury and Ordal（1966）の報告があり，型別が論じられている．

Toyama *et al.*（1996）は，*F. columnare* に対する種特異的 PCRプライマーの設計過程で供試菌株が 2 群に分かれ，その 2 群は PCR-RFLP 分析によっても識別されることから，*F. columnare* に遺伝子型の存在する可能性を指摘した．Triyanto and Wakabayashi（1999）は，さらに分析を進めて *F. columnare* に genomovar 1，2，3 の 3 つの遺伝子型を定義した．そして，Triyanto *et al.*（1999）は，茨城県内水面水産試験場内で飼育されていたマゴイ 0 歳魚を 1997 年 7 月から約 1 年間に 16 回，計 399 尾サンプリングして各 genomovar に特異的な PCRプライマーによる検査を行った．その結果，genomovar 1，2，3 の検出率はそれぞれ16.79％，0.75％，0.50％であった．また，Michel *et al.*（2002）は，フランスにおいて東南アジアから輸入されたネオンテトラの輸入直後の病魚から分離された 3 株とベルギーにおいてブラックモリーから分離された 2 株の *F. columnare* が genomovar 2 であったと報告している．彼らは，米国やヨーロッパ由来の参照菌株が全て genomovar 1 であったことから，genomovar 2 を Asian genomovar と称しているが，アジアに広く分布しているかどうかは今後の調査が必要であろう．

第Ⅲ章　細菌病

3）症状・病理

症状は魚種によって多少差があるが，本質的には同じである．まず，鰭，吻，鰓弁などの先端，あるいは体表に病原菌の集落である黄白色の小斑点が現れ，次第に大きく広がっていく．体表の患部の周囲は発赤し，鰭は先の方から鰭条が裂け，擦り切れていく．また，鰓では粘液の分泌が激しく，やがて鰓葉が箒状になったり，部分的に欠損したりする（図Ⅲ-9-3）．内臓は通常正常な外観を示している．皮膚患部における病原菌の増殖は上皮組織より真皮組織で盛んで，真皮の毛細血管は充血し，やがて破れて出血が起こる．真皮は壊死し，鱗が脱落し，潰瘍へと進む．

病原菌の鰓への感染は致死原因として重視されている．鰓では病原菌の殆どが鰓薄板上皮組織の表面に集落をなすが，鰓弁の結合織での増殖も認められる．本病の特徴は細菌性鰓病と違って鰓の組織の崩壊が容易に起こることである．舟橋（1980）によれば $F.\ columnare$ に感染したニホンウナギの鰓ではまず，鰓薄板上皮細胞および粘液細胞が活性化し，粘液の分泌と上皮細胞の増生が起こり，肥厚した鰓薄板は互いに癒着して鰓弁は棍棒化する．棍棒化した鰓弁の多くは循環不全により壊死し，やがて鰓弁が脱落する．

4）疫　学

カラムナリス病は米国やカナダで別名，夏病（summer disease）とも呼ばれ，15℃以下の水温では殆ど流行しないが，20℃を超えると激化する．Fujihara and Olson（1962）によればコロンビア川に遡上するサケ科魚類の 1960 年から1961年にかけてのカラムナリス病による死亡率は水温が 60°F（約16℃）以上のときが 54％であったのに対し，60°F 以下では 22％であった．また，Colgrove and Wood（1966）によれば，フレーザー川の各支流では 1964 年の 8 月と 9 月の日中平均水温が 57°F（約14℃）で平年より 2～3°F 低く，本病による死亡率は各支流とも 5％以下であった．日本のウナギ養殖池では水温が 15℃を超える 4 月頃から発生し始め，夏を中心に流行し，15℃を下まわり始める10月下旬頃に終息すると報告されている（若林・江草，1973）．

コロンビア川やフレーザー川を遡上するサケ科魚類は下流域を通過する際，サッカー類などの野生魚の保菌魚あるいは罹病魚から放出された菌に感染して，上流の産卵場近くにきてから発病することが調べられている（Becker and Fujihara, 1978; Pacha and Ordal, 1970）．若林・江草（1973）の養殖ウナギについての調査では 2 月および 3 月に少数ではあるが鰓および内臓から $F.\ columnare$ が分離され，越冬魚のなかに保菌魚が存在することが示された．ま

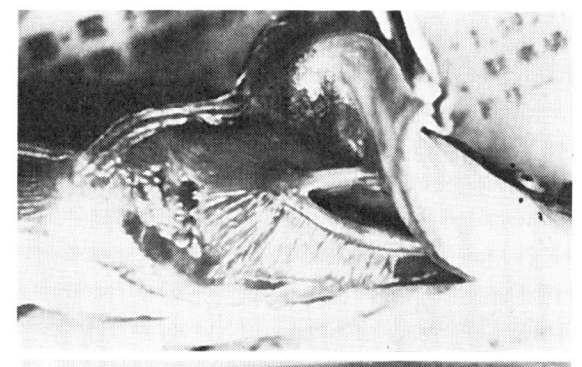

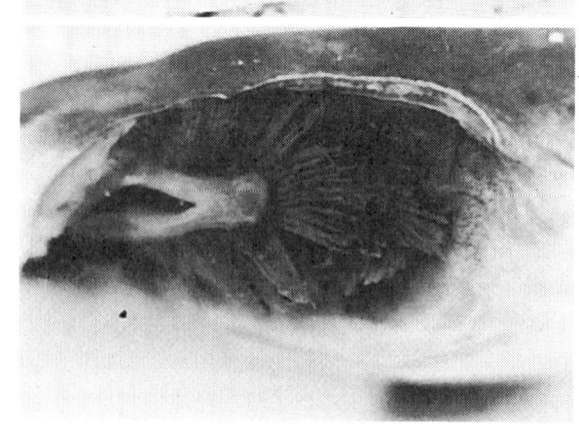

図Ⅲ-9-3　カラムナリス病に冒されたウナギの鰓．上では局所的な大きな感染病巣が形成され，その部位の鰓弁が崩壊して欠けている．下で菌が鰓一面に感染して鰓弁の軟組織が各所で崩壊し，鰓弁は箒状になっている．

た，若林・江草（1967）は3月に野外で捕獲されたドジョウを15℃以上の流水槽に収容したところ，カラムナリス病が発生したが，テトラサイリン薬浴を施してから収容したときには発生がなかったと報告している．

Fujihara and Nakatani（1971）がコロンビア川の水を導入した水槽内で自然感染させたニジマス幼魚について調べたところによれば，カラムナリス病による死亡率は4週間後のピークまで急激に上昇したが，その後急激に減少した．しかし水中に放出される $F. columnare$ の菌数は死亡率の低下のように急速には低下せず，はるかに緩慢で1回から数回の上昇期をもち28日から140日後に検出されなくなった．その間の魚は高いレベルの抗体を保有しており，その結果，発病を免れたと考察された．また，コロンビア川に住む種々の魚について抗体の有無が調べられ，mountain whitefish 以外の全ての魚種に $F. columnare$ に対する抗体が証明され，また全数の75％が陽性であった．

5）診　断

体表部に感染病巣がある場合には外観からそれと判る．一見，水カビ類の寄生に似ているが，よく観察すればミズカビのように綿毛状ではなく，やや黄色を帯びた粘質物が付着していることで識別される．鰓についても鰓蓋を開けて観察すれば同様の所見が得られる．さらに，患部からその粘質物をとって400倍程度の倍率で直接検鏡すると，滑走運動および屈曲運動をする細長い細菌が多数認められ，やがて散在していた菌が集まって特異な円柱状の集合を作ることが観察される．

$F. columnare$ の分離は患部からとった粘質物をサイトファガ寒天培地あるいは TY 寒天培地に塗抹し，25℃で48時間程度培養する．ポリミキシンB 20～40 μg/mg，あるいはポリミキシンB 10 μg/mg とネオマイシン5 μg/mg を培地に含ませると雑菌の発育をある程度抑制

することができる（若林・江草，1968）．同定はコロニーの形態からほぼ正確に行えるが，より正確には抗血清による凝集反応をみるとよい．

雑菌の多い患部や不顕感染魚からの検査材料など $F. columnare$ の分離培養が困難なものについては，PCR による検査も可能である（Triyanto et al., 1999）．

6）対　策

感染は病原菌との直接接触によって起こるが，鰓や皮膚に損傷があると感染しやすいので，流行期にはできるだけ取り揚げや移動を避ける．やむをえない場合は事後に薬浴などの処置を施すことが望ましい．治療は薬浴が最も効果的であるが，初期であればサルファ剤や抗生物質の経口投与による治療も可能であろう．

Fujihara and Nakatani（1971）は，加熱処理菌体あるいは超音波処理菌体をペレットに混ぜニジマス稚魚に7週間連続投与し，自然感染による攻撃試験を行い，明らかな防御効果を認めた．また，Moore et al.（1990）は，1982～1986年の5年間，アメリカナマズ養殖場において毎年6～10万尾の稚魚（平均体重1.5～4.1 g）にホルマリン不活化菌体ワクチンを浸漬法で接種した．各年のカラムナリス病による死亡率とニトロフラゾン薬浴による治療時間の合計をほぼ同数のワクチンを接種しない魚群と比較したところワクチンの有効性が認められたと報告している．しかし，これまでのところ，米国においてもカラムナリス病ワクチンは普及していないようである．

（若林久嗣）

10. 細菌性冷水病（Bacterial cold-water disease）

1）序

細菌性冷水病は，Davis（1946）によって米国のニジマスの罹病が最初に記録され，Borg

(1948)によってギンザケから原因菌が分離されて以来,北米のサケ・マス孵化場において最もよく発生する病気の一つとして知られている. 北米以外には久しく知られていなかったが, 1984〜85年の冬にドイツとフランスのニジマス養殖場で発生した(Weis, 1987; Bernardet et al., 1988). それ以来, デンマーク(Lorenzen et al., 1991), イタリア(Sarti et al., 1992), イギリス(Austin, 1992; Bruno, 1992; Santos et al., 1992), スペイン(Toranzo and Barja, 1993), フィンランド(Wiklund et al., 1994), スウェーデン(Ekman et al., 1999)などヨーロッパ諸国のニジマスやタイセイヨウサケに流行して大きな被害を出すようになった. また, 1989〜90年の冬にドイツのウェゼル川のウナギや同じ地域のいくつかの人工湖や池のコイ, フナ, テンチ(tench)の病魚から原因菌が分離され, サケ類以外の魚類で最初の症例報告がなされた(Lehmann et al., 1991). さらに, オーストラリア(Schmidtke and Carson, 1995), チリ(Bustos et al., 1995), 韓国(Lee and Heo, 1998)においても病魚から原因菌が分離されている.

日本では, 1987年に徳島県において池入れ2〜3日後に発病した琵琶湖産アユ稚魚から初めて冷水病原因菌が分離された(Wakabayashi et al., 1994). また, 1990年に宮城県と岩手県のギンザケ孵化場で冷水病の発生が確認されたが, 同じ症状の病魚は1985年頃から散見されていた(若林ら, 1991). ニジマスやヤマメなどのマス類の罹病も確認されている. アユの冷水病は養殖場のみならず, 河川のアユに蔓延して遊漁に深刻な影響を与えている(井上, 2000). また, 河川においてはオイカワなどのアユ以外の野生魚にも病魚や保菌魚の存在が確認されて, 環境問題としても注目されている.

本病に関する総説としては, Holt et al. (1993), 熊谷(1998), Shotts and Starliper (1999)がある.

2) 原　因

本病の原因菌はBorg(1960)によって最初に分離されて *Cytophaga psychrophila* と命名された. Bergey's Manual of Determinative Bacteriology(第8版)(Buchanan and Gibbons, 1978)における *Cytophaga* 属の定義の変更に伴い *Flexibacter psychrophilus* に分類し直された(Bernardet and Grimont, 1989)が, その後さらに *Flavobacterium psychrophilum* に再分類されて現在に至っている(Bernardet et al., 1996, 2002).

形態および性状:*Flavobacterium psychrophilum* はグラム陰性の細長い桿菌で大きさはおよそ0.3〜0.75×2〜7μmであるが, 非常に長いものや輪状のものなども観察される. 滑走運動をするが, *F. columnare* などに比べ微弱で観察し難い場合が多い. 分離培養にはサイトファガ培地, 改変サイトファガ培地[*1], TYES培地[*2]などが使われる. これらに仔牛血清やカゼインを加えると発育が多少促進される. これらの寒天平板培地を用いて15℃で5日間ほど培養すると不規則な波状の縁をもつ黄色コロニーを形成するが, 表面の滑らかな円形コロニーを形成したり, 両者が混在する場合も多い(図Ⅲ-10-1). 発育可能温度は5〜23℃で至適温度は15℃前後であるが, 3℃や25℃で発育する菌株もある. 食塩濃度0.8%までは発育するが, 1%では発育する株としない株があり, 2%では発育しない. 嫌気的条件では発育しない.

主な生化学的性状は表Ⅲ-10-1のとおりである. G+C含量は, Bernardet and Kerouault (1989)によれば32.5〜33.8 mol%, Holt et al. (1993)によれば33.2〜35.3 mol% である.

[*1] トリプトン2g, 酵母エキス0.5g, 肉エキス0.2g, 酢酸ソーダ0.2g, 塩化カルシウム0.2g, 硫化マグネシウム0.2g, 水1l, 寒天15g, pH 7.2〜7.4.
[*2] トリプトン4g, 酵母エキス0.4g, 塩化カルシウム0.5g, 硫化マグネシウム0.5g, 水1l, 寒天15g, pH 7.2.

10. 細菌性冷水病

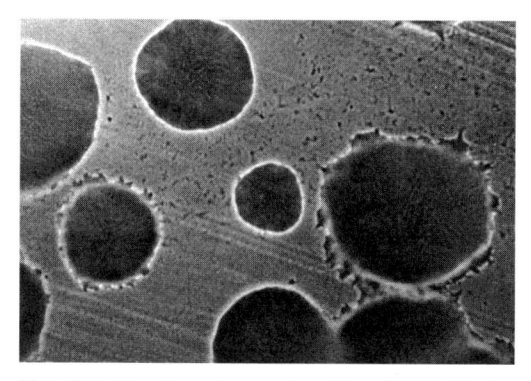

図Ⅲ-10-1 *Flavobacterium psychrophilum* 株のサイトファガ寒天平板培地上のコロニー（15℃, 5日間培養）. 一つの菌株であるのにコロニー辺縁がスムースなものと, イレギュラーなものが混在している.

表Ⅲ-10-1 *Flavobacterium psychrophilum* の生化学的性状 (Bernardet and Kerouault, 1989; 若林ら, 1991; Holt *et al.*, 1993)

性　状		性　状	
チトクロームオキシダーゼ	+w[1]	キチン分解	−
カタラーゼ	+w[2]	セルロース分解	−
硫化水素産生	−	寒天分解	−
インドール産生	−	アルギニン加水分解	−
硝酸塩還元	−	リジン脱炭酸	−
ゼラチン分解	+	オルニチン脱炭酸	−
カゼイン分解	+	0/129 感受性	+
でん粉分解	−	フレキシルビン反応	+
エスクリン	−	コンゴレッド吸着	−
チロシン分解	+	卵黄反応	+
トリブチリン分解	+	細菌融解（グラム陰性菌）	+
DNA分解	+	炭水化物分解	−

＋陽性, ＋w 弱陽性, −陰性.
[1] Holt *et al.* (1993) は陰性としている.
[2] 若林ら (1991) は陰性, Bernardet and Kerouault (1989) は弱陽性, Holt *et al.*, (1993) は陽性だが反応が遅いとしている.

病原性：菌株間のタンパク質分解酵素産生能の差異が病原性に影響することが感染実験によって示されているが, 病原因子としての役割はそれほど大きくはないように思われる (Bertolini *et al.*, 1994; Madsen and Dalsgaard, 2000; Dalsgaard and Madsen, 2000).

Kondo *et al.* (2001) は, *F. psychrophilum* の培養菌は対数増殖期 (15℃36時間振盪培養) で最も病原性が高く, 定常期以後 (48および72時間培養) は病原性が低下することを感染実験で示した. それとともに彼らは, 電子顕微鏡観察により 38 時間培養菌の菌体表面には 48 および 72 時間培養菌には殆ど見られない外膜が突出してできた突起や小胞構造があること, また SDS-ポリアクリルアミドゲル電気泳動により外膜のタンパク質の種類が 38 時間培養菌と 48 および 72 時間培養菌とで異なることを明らかにした. しかしながら, 培養時間による病原性の違いが外膜の構造や成分の変化によるものかどうかは今後の研究に待たなければならない.

そのほか, プラスミドの有無, 血清型, リボタイプなどと病原性の関係が示唆されているが, 明確な関係は見出されていない (Chakroun *et al.*, 1998; Madsen and Dalsgaard, 2000).

血清型などの型別：*F. psychrophilum* は共通抗原をもち, 抗血清は分離菌株の簡易同定の手段として有用であることが広く認められている (Holt *et al.*, 1993; Wakabayashi *et al.*, 1994; Lorenzen and Olsen, 1997).

Wakabayashi *et al.* (1994) と Izumi and Wakabayashi (1999) は, 米国のギンザケ由来株 NCIMB1947[T], 日本のアユ由来株 FPC840, 日本のニジマス由来株 FPC814 のホルマリン不活化菌体に対する家兎抗血清を作製し, それぞれの自家抗原（加熱菌体）に特異的になるまで自家抗原以外の 2 菌株のホルマリン不活化菌体で吸収操作を行い, 型血清 (O-1, O-2, O-3) を得た. この 3 種類の型血清で凝集抗体価を測定した結果, ギンザケ由来菌株 11 株のうち自己凝集などによって判定できない 6 株以外の 5 株は全て O-1 型, アユ由来菌株 65 株のうち判定不能の 11 株以外は全て O-2 型, ニジマス由来菌株 38 株のうち判定不能の 5 株のほかは 1 株が O-1 型, 32 株が O-3 型であった. これらのことから, O-1, O-2, O-3 の血清型がそれぞれ宿主であるギンザケ, アユ, ニジマスと相関性の高いことが判明した. ギンザケ, アユ, ニジマス以外の魚種に由来する 19 株には, O-1 型が 1 株, O-3 型が 4 株あったが, アユ型ともい

える O-2 型はなく，放流アユから河川に生息する他の魚への伝染が危惧されている状況からは意外な結果であった．河川雑魚由来の供試菌株数が少なく，また血清型不明株の割合が大きいことから O-1, O-2, O-3 以外の血清型が存在する可能性もあり，さらなる研究が必要である．Lorenzen and Olesen (1997) は，抗血清の吸収操作により，ヨーロッパでいろいろな魚類から分離された菌株について Fd, Th, Fp^T の3つの血清型を報告した．ニジマス由来株33株中11株が Fd 型であったが，他の魚種由来株は1株だけ Fd 型であった．また，Fp^T 型は標準菌株 NCIMB1947^T の血清型であり，O-1 型に相当すると推察される．なお，Madetoja et al. (2001) はフィンランドでサケ科魚類から分離された菌株のなかに既存菌株との共通抗原を有しないものを見出し，新しい血清型として T1-1 を加えた．

Madetoja et al. (2001) は，北欧で分離された菌株（血清型 Fd, Th, Fp^T）と標準菌株についてリボゾーム遺伝子（16S および 23S 領域）を標的とした PCR-RFLP 解析を行って F1 から F13 までの遺伝子型を類別した．彼らは，血清型と遺伝子型の関係を調べ，Fd と F1 との間に，また Fp^T と F2～F13 との間に高い相関が認められるが，Th との間の相関はいずれも低いことを明らかにした．Izumi et al. (2003) は，ジャイレース遺伝子（gyrB）を標的とした PCR-RFLP 解析によって2種類の遺伝子型別（A-B 型別および R-S 型別）を行った．供試菌株 242 株中アユ由来菌株 109 株が A 型であり，アユ由来菌株 35 株とその他の魚種由来菌株 98 株が B 型であった．また，ニジマス由来菌株は 43 株中 39 株（91％）が R 型であったのに対し，アユ由来菌株は 144 株中 117 株（81％）が S 型であった．すなわち，どちらの型別においても遺伝子型と宿主魚（アユおよびニジマス）との関連が示唆された．

3）症状・病理

米国ではいろいろなサケ科魚類が罹病しているが，ギンザケがとくに感受性が高く，また魚の発育段階によって症状や激しさが異なる．前期仔魚期の場合は卵黄凝固症とも呼ばれ，卵黄の凝固，さらには卵黄嚢の表皮のびらんを特徴とし，30～50％が死亡する (Wood, 1974)．後期仔魚期になってから発生した場合には尾柄部にびらんや潰瘍などの患部が形成されやすいことから Davis (1946) は，本病を尾柄病と名付けた．先ず背鰭後方あるいは脂鰭の辺りの皮膚が変色（明化）し，やがてその部分がえぐり取られたように崩落して筋肉が露出する（図Ⅲ-10-2）．死亡率は通常 20％位である．摂餌を始めてから数週間後に発生した場合は，背鰭前方や顎などの尾柄以外の皮膚や筋肉にも患部が形成される．流行の終期には体色の黒化だけで体表患部をもたない病魚もみられる．稚魚期に激しい流行を経験した魚群には，3～4ヶ月齢に達した頃，短躯症や脊椎湾曲症などの変形魚が出現しやすい (Kent et al., 1989)．また，越年魚では冬季に慢性的な発病が起こり，これらの病魚は定型的な症状を示すもののほかに，鰓の出血とともに貧血症状を示すものがみられる．

ヨーロッパで大流行したニジマス仔魚の症例では，肉眼的病変が専ら内臓に現れ，既報の症状と異なることからニジマス仔魚症候群 (RTFS: rainbow trout fry syndrome) と名付けられ，F. psychrophilum が原因と認識されるまでに若干の年月を要した (Lorenzen et al., 1991)．RTFS は，0.2～2 g 位の仔魚期に最も大きな被害（死亡率 30～90％）を出し，鰓の褪色，ヘマトクリット値の著しい低下，腎臓，肝臓，腸管の褪色などの貧血症状が特徴で体表に患部が見られないことから内臓型冷水病の名称も提案されている (Lorenzen, 1994)．

日本のギンザケでは，成長段階によって症状が異なり，稚魚では尾柄部の黒化やびらんや欠損，体側部のびらんを特徴とするが，症状の顕

10. 細菌性冷水病

著でないものもある．幼魚では上顎や脂鰭の周囲や各鰭や体側のびらんや眼球白濁がみられ，また鰓や肝臓の褪色，肝臓に出血点のみられるものもある．ニジマスでは，体色の黒化，鰓の貧血，肝臓や腎臓の褪色，また一部の魚で眼球突出や腹部の膨満などが観察されている．アユでは，稚魚の場合，体表の白濁，脂鰭から尾柄部のびらんや潰瘍が特徴的であり，体表や筋肉に出血の見られるものもある（図Ⅲ-10-3，口絵参照）．養殖アユの成魚の場合，鰓や内臓の貧血以外には顕著な症状が見られないものが多い．

4）疫　学

本病は米国の孵化場において 10℃以下の水温時に最も流行することから，低温病あるいは冷水病と呼ばれていたが，もう一つの病名の尾柄病とともに，細菌性冷水病なる病名に統一された（Pacha and Ordal, 1970）．Holt et al. (1989) は，本病の進行に与える水温（3～23℃）の影響を感染実験（強病原株の皮下注射）によってギンザケ，マスノスケ，ニジマスの 3 魚種について調べた．その結果，3 魚種とも死亡率は 3～15℃で最も高く，致死時間は 15℃で最も短かった．

日本のギンザケでは，主に 1 月中旬から 4 月下旬（水温 7～11℃）にかけて稚魚（0.4～2 g）に発生しているが，5 月以降にも認められ，20 g 以上の魚も罹病している．東京都水産試験場が 1991 年と 1992 年の 2 年間に発病を確認した 9 つのニジマス養魚場の延べ 16 例では，4 月上旬から 12 月中旬まで夏季を含めて水温 6.0℃から 17.4℃の範囲で体重 0.3 g から 125 g までの魚が罹病した．また，アユでは，琵琶湖の天然アユの中に保菌魚がおり，河川放流用や養殖用の種苗として冬季に採捕される稚アユに，池入れ，餌付け後間もなく細菌性冷水病が発生する例が多い．ただし，夏季に湖内や周辺河川で体表面に傷のあるアユが数多く漁獲され，それ

図Ⅲ-10-2　細菌性冷水病に罹ったギンザケ稚魚．尾柄部の皮膚が変色（白化）している．

図Ⅲ-10-3　細菌性冷水病に罹ったアユ稚魚．躯幹後部から尾柄部の皮膚が剥離して筋肉が露出している．

らの患部から F. psychrophilum が高率で分離される例はあるが，冬季，湖内での流行は認められていないようである．アユ冷水病対策研究会の調査によれば，河川での流行時期は5月から10月にわたるが，70％以上が5～6月に発生している．琵琶湖産種苗の放流が感染源となった場合が多いと思われるが，人工生産種苗しか放流していない河川や天然遡上だけの河川でも細菌性冷水病の発生が報告されている．

米国の天然水域における感染源は不明であるが，河川に常在するサケ科魚類が保菌者であろうと推察されている（Wood, 1974）．Holt et al. (1993) によれば，成熟したギンザケの内臓と血液を検査したところ約50％の魚から F. psychrophilum が分離された．また，3ヶ所の孵化場で成熟したマスノスケとギンザケの保菌検査をしたところ，皮膚粘液，腎臓と肝臓組織，卵巣液，精液から F. psychrophilum が検出され，検出率は雌魚が20～76％，雄魚が0～66％であった．この調査において検査された110尾の卵巣液の38％から多数の F. psychrophilum が分離され，卵を介した垂直伝播の重要性が示された．日本は，古くから種々のサケ科魚類の発眼卵を北米から輸入しているが，ギンザケ養殖が産業化した1970年頃からはとくに多量のギンザケ卵を毎年輸入している．輸入ギンザケ卵は，しばしば F. psychrophilum で汚染されており，孵化仔魚が発病している（Izumi and Wakabayashi, 1997; Kumagai and Takahashi, 1997）．分離菌株の血清型が米国で分離された菌株と同じであることからも，日本のギンザケの細菌性冷水病の感染源が輸入卵に由来することは明らかである．しかし，ギンザケ以外の魚種，とりわけアユの病魚由来の菌株は血清型などの型分けにおいてギンザケ由来菌株と別の集団を形成しており，その感染源はギンザケ卵とは異なると思われるが，詳細は不明である．

Brown et al. (1997) および Kumagai et al. (2000) は，F. psychrophilum が受精卵内に侵入し得ることを明らかにしているが，感染親魚から産出された卵のうちのどのくらいが卵内感染をしているのか，あるいは感染菌の胚発生に及ぼす影響などは不明である．

網田ら（2000）は，新潟県の海川において定期的にアユなどの魚類，石に付着した藻類，河川水から PCR および IFAT による F. psychrophilum の検出を試みた．その結果，遡上アユ，放流アユ，アユ以外の6魚種中4魚種に保菌が認められ，月別では6月と10月の保菌率が高かった．成熟魚から採取した卵や川で採集した仔魚にも保菌が認められた．5月，11月，12月に採取された付着藻類が PCR 検査で陽性であったことは，付着藻類が魚類以外の感染源となる可能性を示すものとして注目され，さらなる調査が期待される．

5）診　断

低水温下で発生することや特徴的な尾柄部の病変によって診断することができる場合もある．しかし，多様な症状を示し，また外部症状の殆どみられないものもある．また，サケ科魚類では IHN や EIBS，アユではビブリオ病や細菌性出血性腹水病との混合感染が知られている．

F. psychrophilum の分離培養は，雑菌の多い体表の潰瘍患部以外に，腎臓など原則的に他の細菌のいない試料を用いることができる．しかし，純粋培養の場合でもコロニーの形に前述のようにバラツキがあり，また，鍵となる試験項目が少ないことから鑑別し難い．これらの難点を補う手段として，抗血清を用いた凝集反応や蛍光抗体反応などの血清学的手法による同定が広く行われている．また，分子生物学的技法の普及に伴い，F. psychrophilum に特異性をもつDNAプライマーを用いたポリメラーゼ・チェーン・リアクション（PCR）による同定も普及している（Toyama et al., 1994; Izumi and Wakabayashi, 2000; Bader and Shotts, 1998; Wiklund et al., 2000）．

10. 細菌性冷水病

6）対　策

治療：サケ科魚類については，水産用医薬品として使用が認められている塩酸オキシテトラサイクリンあるいはオキソリン酸の経口投与が行われているが，年々耐性化の傾向が認められている．アユについては，アユに使用が認められている水産用医薬品のうち，一般的にスルフイソゾールとフロルフェニコールには治療効果が認められるが，スルファモノメトキシンおよびオルメトプリムの配合剤，オキソリン酸には顕著な効果が認められていない（全国湖沼河川養殖研究会，2000）．

F. psychrophilum が25℃以上では殆ど発育しないことから，飼育水温の加温による治療が琵琶湖産種苗の中間育成場や養殖場などで実施されている．しかし，治療後しばらくすると再発する例がみられることから，加温と投薬の併用による治療が試みられている．滋賀県水産試験場では，えり（魞）で採捕された0.3 gの湖産アユについて，23℃で一次加温して後にフロルフェニコールあるいはスルフイソゾールを投与し，さらに27〜28℃の二次加温をする試験を行い，治療のみならず再発防止にも有効であることを示した（全国湖沼河川養殖研究会，2000）ただし，成熟促進の可能性や27〜28℃という高温の副作用に留意する必要がある．

予防：Wood（1974）によれば，ギンザケの前期仔魚期における細菌性冷水病の流行は，深い水槽よりも浅い水槽に収容した方が明らかに軽く済むとのことである．また縦型孵化槽で過度に通水すると病勢が激しくなるようであり，これに関連して，Leon and Bonney（1979）は仔魚が動き回って擦り傷を作ることを防ぐ工夫を孵化盆に加える試みをしている．

保菌親魚から産出された卵が *F. psychrophilum* に汚染されており，孵化仔魚に感染して大きな被害を出すことから，サケ科魚類では発眼卵の有機ヨード剤による消毒が広く行われている．Ross and Smith（1972）は，卵を有効濃度25 mg/lの有機ヨード剤に5分間浸漬すれば十分に殺菌されることを示した．しかしながら，Holt *et al.*（1993）は，実験的観察から，ヨード剤による卵の消毒では孵化仔魚の細菌性冷水病の発生を完全には防げないと述べている．前述のように，汚染菌の一部が消毒剤の届かない卵内に侵入してしまうためかもしれない．また，アユ卵の消毒剤として有機ヨード剤と過酸化水素が候補にあげられ，実用化に向けた試験が進められている（全国湖沼河川養殖研究会，2000）．

Holt *et al.*（1993）によれば，*F. psychrophilum* のホルマリン不活化ワクチンをギンザケ稚魚に接種し，53日後に腹腔注射によって攻撃試験をしたところ，対照区の死亡率43%に対し，腹腔注射ワクチン区では死亡がなく，浸漬ワクチン区では死亡率11%であった．Obach and Baudin-Laurencin（1991）によれば，ホルマリン不活化ワクチンを腹腔注射したニジマス（平均体重2.2 g）の相対生残率は80%であった．ワクチンは，免疫機能が未発達の仔魚期には利用できないが，細菌性冷水病は仔魚期にむしろ大きな被害を出している．Lorenzen（1994）は，体重0.225 gから1.2 gまでのニジマスにホルマリン不活化ワクチンを腹腔内注射し，4週間後に生菌の腹腔内注射によって攻撃試験をした．その結果，平均1.0 g区および1.2 g区では明らかに有効であったのに対し，0.72 g区あるいはそれ以下の体重区では効果がなかった．そこで，Lorenzen（1994）は母子免疫の可能性を検討したが，親魚から仔魚への免疫の移行は証明できなかった．ワクチンによる予防は，上述のように注射法あるいは浸漬法でもある程度有効であることが実験的に示されているが，未だ実用化されていない．アユの放流事業に伴う細菌性流行病の伝播を予防する有力な手段としてワクチン開発が期待され研究が続けられているが，実用化までにはかなりの時間を要する状況にある．

（若林久嗣）

11. アユの細菌性出血性腹水病
（Bacterial hemorrhagic ascites）

1）序

1990年頃から徳島県などのアユの養殖場において知られるようになった．単独の場合もあるが，冷水病と一緒に，あるいは冷水病の終息後に発生することが多い．病魚の腎臓などから *Pseudomonas* 属の細菌が分離されることからアユのシュードモナス病と呼ばれていたが，その後，原因菌の性状が詳しく調べられた結果，*Pseudomonas* 属の新種であることが明らかにされ，*Pseudomonas plecoglossicida* と命名された（Nishimori *et al.*, 2000）．また，他の *Pseudomonas* 属の病原菌による病気と区別するため，病魚の最も共通的な症状である血液混じりの腹水貯留に因んで細菌性出血性腹水病（Bacterial hemorrhagic ascites）の病名が提案された（若林ら，1996）．

2）原　因

形態および性状：*Pseudomonas plecoglossicida* Nishimori, Kita-Tsukamoto and Wakabayashi, 2000 は，0.5～1×2.5～4.5μm のグラム陰性桿菌で，複極毛（叢毛）で運動する（図Ⅲ-11-1）が，非運動性の株も報告されている（中津川・飯田，1996；Park *et al.*, 2000b, 2002）．本菌は，病魚の腎臓組織などの試料をトリプトソイ培地などの普通培地の寒天平板に接種し，20～25℃で24～48時間培養すると，無色の円形コロニーとして容易に分離される．水溶性褐色色素を産生する株も報告されている（Park *et al.*, 2000b）．発育温度は 10～30℃，

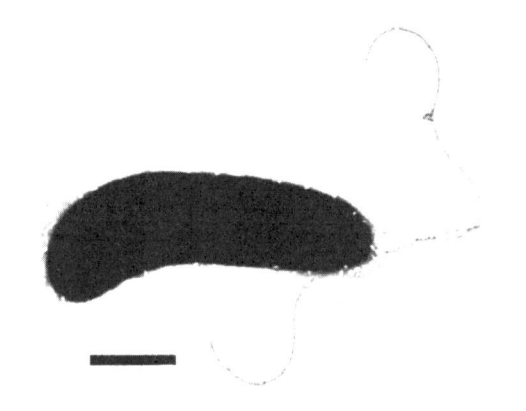

図Ⅲ-11-1　*Pseudomonas plecoglossicida* FPC951T のネガティブ染色菌体の電子顕微鏡写真（スケールは 1μm）．

表Ⅲ-11-1　*Pseudomonas plecoglossicida* と既知類似 *Pseudomonas* 属菌種の性状比較

	P. pleco-glossicida[1]	*P. fluo-rescens*[2]	*P. putida*[2]	*P. anguilli-septica*[3]
グラム染色	-	-	-	-
形態	桿菌	桿菌	桿菌	桿菌
運動性	+	+	+	+
鞭毛	複極毛	複極毛	複極毛	単極毛
チトクロームオキシダーゼ産生	+	+	+	+
カタラーゼ産生	+	+	+	+
OF 試験	O	O	O	
ピオシアニン産生（キング培地A）	-	-	-	
フルオレッシン産生（キング培地B）	+w	+	+	
ゼラチン加水分解	-	+	-	
硝酸塩還元	+	d	-	
G+C含量（mol%）	63.2 & 62.8[4]	59.4～61.3	60～63	60～62[5]

＋陽性；＋w 弱陽性；－陰性；d 不定；O 酸化；F 発酵

1）1994年分離滋賀県株 PFC940 と PFC941，および1994年分離徳島県株 FPC951T と FPC952.
2）Bergey's manual（第7版）による．
3）Wakabayashi and Egusa（1972）による．
4）FPC940 および FPC951
5）Michel *et al.*（1992）による．

11. アユの細菌性出血性腹水病

発育食塩濃度は 0〜5％，発育 pH は 5〜9 である．嫌気的条件では発育しない．キング培地 B において弱い蛍光色素の産生が認められる．表III-11-1 は，定型的な *P. plecoglossicida* と類似の *Pseudomonas* 属細菌との主な性状を比較したものである．非腸内細菌科細菌同定キット API20NE システム（BioMerioux）を使用すると，大多数の菌株は数値プロファイル 1-140-457 を示す．

遺伝学的性状：熱変性法により測定した標準菌株 FPC951 と菌株 FPC941 の G＋C 含量は，それぞれ 62.8 mol％と 63.2 mol％である．16S rDNA の塩基配列に基づく系統樹において *P. putida* の近傍に位置する．*P. putida* との DNA-DNA 相同値は 20〜47％で，同一種の下限とされる 60％よりも明らかに低い．

薬剤感受性：アユに使用できる水産用医薬品のスルフイソゾール，スルファモノメトキシン，モノメトキシンとオルメトプリムの配合剤，フロルフェニコール，オキソリン酸のいずれにも感受性を示さないか，極めて感受性が低い．その他の抗生物質や合成抗菌剤の中にも高い感受性を示すものは見出されていない．

病原性：細菌性出血性腹水病の症例は，これまでのところ，アユ以外では，神奈川県内水面水産試験場で飼育中のペヘレイがあるだけである（相澤・相川，1996）．しかし，中津川・飯田（1996）は，アユ病魚から分離された非運動性菌株を用いて感染実験を行い，アユ以外に，マダイとヒラメにも強い病原性をもつことを示した．

分離菌株によるアユに対する感染実験は，腹腔注射，筋肉注射，浸漬法のいずれでも成立する（若林ら，1996；Sukenda and Wakabayashi, 1999）．体重約 7 g のアユに対する筋肉注射，腹腔内注射，および浸漬法における菌株 FPC941 の LD_{50}（水温約 23℃）は，それぞれ，$4.5×10^2$ CFU／g（筋肉注射後 7 日間），$9.5×10^3$ CFU／g（腹腔注射後 7 日間），$4.3×10^6$ CFU／ml（15 分浸漬後 10 日間）であった（未発表）．

血清型：ホルマリン不活化菌体を抗原として作製された家兎抗血清は *P. plecoglossicida* に特異性をもち，*P. putida* などの他菌種とは反応しない．非運動性株や水溶性褐色色素産生株を含め，これまでに供試された菌株の間に血清型の相違は見出されていない．

3）症状・病理

主な外見的症状として，眼球の軽い出血，肛門の拡張・出血，頭部や下顎の発赤・出血，鰓の軽い貧血が観察され，また，解剖所見としては，血液の混じった腹水の貯留，腹腔壁や内臓の点状出血，直腸部の内出血などが観察される．とくに多くの病魚に観察される最も特徴的な症状として血液混じりの腹水の貯留があげられる（図III-11-2，口絵参照）（若林ら，1996）．

中津川・飯田（1996）が観察した非運動性菌株による症例では，病魚は鰓の褪色を主徴と

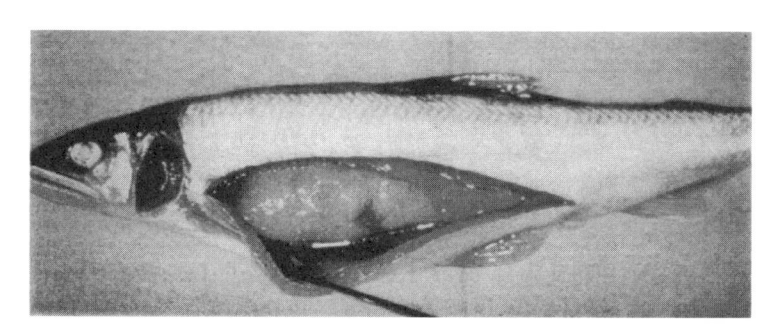

図III-11-2　細菌性出血性腹水病に罹ったアユ．血液混じりの腹水の貯留がみられる．

第Ⅲ章　細菌病

し，鰓弁先端部の充出血，下顎の発赤や胸鰭や腹鰭の基部の発赤が一部に見られ，また，内臓全体と褪色，脾臓の腫大と腎臓の腫脹が特徴であった．Park *et al.*（2002）が1999年に調査した病魚の場合，29尾中25尾に血液混じりの腹水が観察され，29尾中28尾からは非運動性菌株が，1尾からは運動性株が分離された．また，2001年に調査した病魚はどれも腹水貯留がなく，分離菌はすべて非運動性株であった．しかし，非運動性菌株を接種したアユからは運

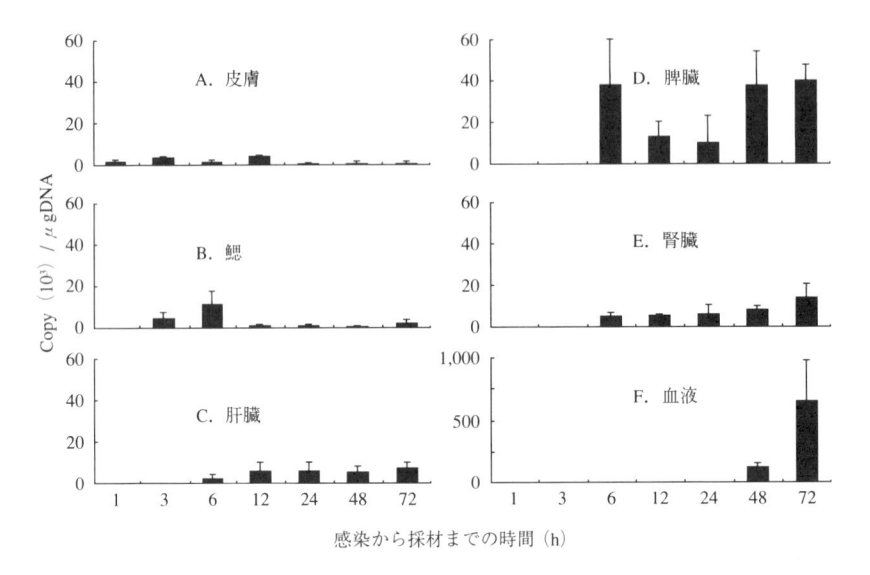

図Ⅲ-11-3　実験感染魚（浸漬法）の各臓器における *P. plecoglossicida* gyrB 遺伝子のコピー数（アユ5尾の平均値と標準偏差）の経時的変化

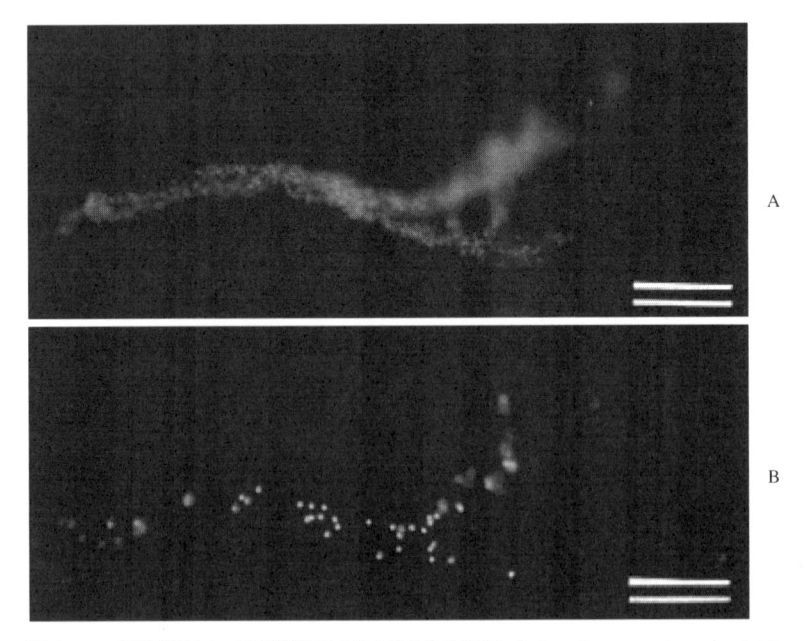

図Ⅲ-11-4　緑色蛍光タンパク質遺伝子を組み込み蛍光標識した *Pseudomonas plecoglossicida*（A）と青色蛍光標識ラテックスビーズ（直径1μm）（B）との混合液に漬けたアユの皮膚の同じ場所をそれぞれの励起波長で観察した蛍光顕微鏡写真．両者の付着場所が同じであることが分かる．（スケールは30μm）

動性，非運動性両菌株が分離され，死亡魚の大半が腹水症状を示した．これらのことから，Park et al. (2002) は，病魚においける腹水症状と分離菌株の運動性との間には一定の関係はないと結論している．

　Sukenda and Wakabayashi (2000) は，浸漬感染実験後の諸臓器中の菌量を定量 PCR で時間を追って測定し，皮膚で1時間後から，鰓で3時間後から，肝・腎・脾で6時間後から，血液で48時間後から *P. plecoglossicida* の DNA を検出した（図Ⅲ-11-3）．実験結果から，水中の *P. plecoglossicida* は，皮膚や鰓から魚体内に侵入して肝臓，腎臓，脾臓に定着し，また，血液中の菌量は当初は検出限界以下の微量で，侵入した菌を各臓器に運ぶだけであるが，2ないし3日後に急増して敗血症となると推察した．さらに，Sukenda and Wakabayashi (2001) は，*P. plecoglossicida* に緑色蛍光タンパク遺伝子を組み込んで蛍光標識し，浸漬感染実験を行った．蛍光標識 *P. plecoglossicida* と励起波長の異なる蛍光色素（青色）で標識されたラテックスビーズを混ぜて浸漬実験したところ，アユの皮膚上の菌の付着場所とビーズの付着場所が一致した（図Ⅲ-11-4）．ビーズの付着する場所は皮膚の微細創傷部であることが分かっている（Kiryu and Wakabayashi, 1999）ことから，*P. plecoglossicida* は専ら"スレ"に付着した後，体内に侵入すると推察した．

4）疫　　学

　本病は，種苗を養成池に入れてから10日以降に発生する場合が多い．冷水病と合併することが多いが，この場合，冷水病よりも遅れて発生することが多く，また，冷水病対策として飼育水加温や投薬を行ったあとに発生することが多い．概ね5月下旬から7月上旬まで，水温15～20℃で発生する．

5）診　　断

　多くの場合，発病時期や血液混じり腹水の貯留などの典型的な症状によって診断が可能である．しかし，冷水病の症状と紛らわしいものや，鰓などの貧血しか観察されないものや，外見的な症状に乏しいものなどは，とくに細菌学的診断が必要である．

　原因菌は，腎臓，肝臓，脾臓あるいは血液からトリプトソイ寒天培地などを用いて20～25℃で2日位培養することによって容易に分離・培養することができる．しかし，*Pseudomonas putida* などの極めて近縁の菌が分離される可能性があるので，抗血清による凝集試験や API20NE 同定システムによって，分離菌が *P. plecoglossicida* であることを確認する必要がある．

6）対　　策

　これまでのところ，有効な治療薬は見出されていない．Park et al. (2000a) は，アユ養殖環境から分離された2種類のファージ，PPpW-3 (Myoviridae) と PPpW-4 (Podoviridae) の治療効果を調べ，それぞれの実験感染アユに対する経口投与あるいは筋肉注射が有効であることを示した．さらに野外実験での有効性も示され (Park and Nakai, 2003)，ファージによる治療が期待されるが，まだ実用化はされていない．

　Sukenda and Wakabayashi (1999) は，ホルマリン不活化菌体を抗原とする浸漬ワクチンのアユに対する効果を感染実験によって調べ，有効率（RPS）は高くないが，フィッシャーの検定法で有意な免疫が賦与されることを示した．この実験において，浸漬攻撃試験後，日を追って供試魚の肝臓，腎臓，脾臓，血液中の攻撃菌の生菌数を測定し，非免疫魚では3日後に3尾中3尾の肝・腎・脾で測定されたのに対し，ワクチン2回接種魚では3尾中0尾，ワクチン1回接種魚では3尾中1尾に測定されただけであった．二宮・山本 (2002) は，ホルマリン不活

化菌体をオイルアジュバント（MONTANIDE-ISA711または-ISA763A）とともにアユに腹腔内注射し，22日後と52日後に腹腔内注射攻撃試験を行った結果，対照区あるいはアジュバント無添加ワクチン区に比べ，アジュバント添加区において高い有効性を認めた．しかし，少なくとも65日後まで魚体内にアジュバントが残留した．

治療薬がなく，ファージによる治療やワクチンによる予防がまだ実用化されていない状況下では，"すれ"が主な感染門戸と推定されているのでできるだけ丁寧に扱うことのほか，過密や過食を避けるなどの一般的な防疫対策をとるしかない．　　　　　　　　　　　　　（若林久嗣）

12. エドワジエラ症
（Edwardsiellosis）

1）序

Ewing et al.（1965）は，それまでbacterium 1483-59あるいはBartholomew groupと呼ばれていた人および家畜から分離された菌群（King and Adler, 1964）およびAsakusa groupと称されていた主にヘビから分離された菌群（Sakazaki, 1967）を腸内細菌科の新属新種として Edwardsiella tarda と命名することを提案した．魚類のE. tarda 感染症は，Meyer and Bullock（1973）が米国の養殖アメリカナマズについて，Wakabayashi and Egusa（1973）が日本の養殖ウナギについて報告したのが最初である．そして，Wakabayashi and Egusa（1973）は，Hoshina（1962）によってウナギの鰭赤病の病原菌の一つとして新種記載された Paracolobactrum anguillimortiferum は E. tarda と同じ細菌種であると考察した．Sakazaki and Tamura（1975）は，Hoshina（1962）の方が先に種名を付けているので E. tarda を E. anguillimortifera に改めるべきであると提案したが，国際命名委員会における論議の結果，E.

tarda の名が存続することになった（Farmer et al., 1976; Sakazaki and Tamura, 1978）．

当初，1属1種だった Edwardsiella 属にその後，E. hoshinae（Grimont et al., 1981）および E. ictaluri（Hawke et al., 1981）の2種が加わった．E. hoshinae は，鳥類，爬虫類，および水から分離されているが，本菌による魚病は報告されていない．一方，E. ictaluri は，アメリカナマズの腸内細菌性敗血症（Enteric septicemia of catfish: ESC）の原因として知られ，1977年に初めて病魚が認められて以来，毎年，米国南部の養殖アメリカナマズに多大の被害を与えている．

エドワジエラ症は E. ictaluri 感染症も含む Edwardsiella 属細菌感染症の総称ともいえるが（Plumb, 1999），日本では E. ictaluri 感染症が発生していないため，ウナギのパラコロ病などの E. tarda 感染症だけを意味する魚病名として用いられている[*1]．したがって，本節では，専ら E. tarda 感染症について記述することとする．E. ictaluri 感染症については，Plumb（1993, 1999）などの総説を参照されたい．

2）原　因

形態および性状：グラム陰性の短桿菌（$0.5〜1 \times 1〜3 \mu m$）で周毛により運動する（Ewing et al., 1965; Wakabayashi and Egusa, 1973）が，非運動性の菌株も報告されている（楠田ら，1977）．普通寒天培地やトリプトソイ寒天培地に発育するが，コロニーは比較的小さく，25℃ 24時間培養で直径1mm程度の灰白色で光沢のある正円形コロニーが形成される．SS寒天培地，DHL寒天培地，XLD寒天培地などの選択鑑別培地では，中心部が黒く周辺部は透明な比較的小さなコロニーを形成する．ただし，硫化水素を産生しない菌株も報告されており（Waltman et al., 1986），それらには適用さ

[*1] 日本魚病学会（2000）：選定された魚病名（2000年改訂），魚病研究, 35, 235-243.

12. エドワジエラ症

れない．DSSS（double strength Salmonella-Shigella）液体培地で前培養してから SS 寒天培地に塗抹培養する方法（Wyatt et al., 1979; 皆川ら，1983）やチオグリコレート液体培地で前培養してから BHI 寒天培地に塗抹培養する方法（Amandi et al., 1982）などの選択増菌培養法が野外調査などに利用されている．発育可能温度は15～42℃，至適温度約31℃，発育可能 pH は 5.5～9.0，食塩濃度 0～4%，一部の菌株は4.5%でも発育する．通性嫌気性．

主な生化学的性状は表Ⅲ-12-1のとおりである．Paracolobactrum anguillimortiferum は菌株が保存されていないため厳密に比較することはできないが，記載されている生物学的，生化学的性状はアラビノースおよびデキストリンの分解能を除き E. tarda と一致する．また，E. tarda と E. hoshinae の鑑別点は表Ⅲ-12-2のとおりであり，また，E. tarda と E. ictaluri，そしてレッドマウス病の原因菌 Yersinia ruckeri との鑑別点は表Ⅲ-12-3のとおりである．

病原性：保科（1962）はウナギからの分離菌株がコイ，キンギョ，カエルに病原性をもち，マウスにも弱い病原性をもつと報告している．ウナギ以外の魚ではアメリカナマズ（Meyer and Bullock, 1973），オオクチバス（White et al., 1973），ボラ（楠田ら，1976a），チダイ（楠

表Ⅲ-12-1 Edwardsiella tarda および Paracolobactrum anguillimortiferum の生化学的性状

	E. tarda (ヒトなど)[1]	E. tarda (ウナギ)[2]	E. tarda (ヒラメ)[3]	Paracolobactrum anguillimortiferum[4]
オキシダーゼ	−	−	NS	NS
カタラーゼ	NS	+	NS	+
硫化水素	+	+	+	+
ウレアーゼ	−	−	−	−
インドール	+	+	+	+
アンモニア	NS	−	NS	−
MR試験	+	+	+	d
VP試験	−	−	−	−
β-ガラクトシダーゼ	−	−	−	NS
硝酸塩還元	+	+	NS	+
リトマス牛乳	NS	−	R	−
ゼラチン	−	−	−	−
スターチ	NS	−	NS	−
アルギニン脱水素酵素	−	−	−	NS
オルニチン脱炭酸酵素	+	+	+	NS
リジン脱炭酸酵素	+	+	+	NS
フェニルアラニン脱アミノ酵素	−	−	−	NS
マロン酸塩	−	−	−	NS
クエン酸塩 (Simmons)	−	−	−	NS
クエン酸塩 (Christensen)	+	+	d	NS
酒石酸塩 (Jordan)	NS	(+)		NS
クエン酸塩 (Kauffman-Peterson)	+	(+)	−	NS
d-酒石酸 (Kauffman-Peterson)	+			NS
i-酒石酸 (Kauffman-Peterson)	−		NS	NS
l-酒石酸 (Kauffman-Peterson)	−		NS	NS
粘液酸塩 (Kauffman-Peterson)				NS
トリブチリン				NS
トリアセチン				NS
コーンオイル				NS
O-F試験	F	F	NS	NS
炭水化物（酸）				
グルコース	+	+	+	+
アラビノース	−	−	−	d
ラムノース	−	−	−	−

第Ⅲ章 細菌病

	E. tarda (ヒトなど)[1]	E. tarda (ウナギ)[2]	E. tarda (ヒラメ)[3]	Paracolobactrum anguillimortiferum[4]
キシロース	—	—	—	—
フラクトース	NS	+	+	+
ガラクトース	NS	+	+	+
マンノース	NS	+	+	+
ソルボース	NS	—	NS	—
ラクトース	—	—	—	—
シュクロース	—	—	—	—
マルトース	+	+	+	+
トロハロース	—	—	—	—
セロビオース	—	—	—	—
ラフィノース	—	—	—	—
スターチ	NS	—	NS	—
デキストリン	NS	—	—	—
グリコーゲン	NS	—	NS	—
イヌリン	NS	—	NS	—
サリシン	—	—	—	—
エスクリン	—	—	—	—
グリセロール	d	(+)	(+)	—
マンニトール	—	—	—	—
ソルビトール	—	—	—	—
ズルシトール	—	—	—	—
アドニトール	—	—	—	NS
エリスリトール	—	—	—	NS
イノシトール	—	—	NS	NS

+；陽性，−；陰性，(+)；弱陽性，d；不定，R；色素還元，F；発酵，NS；記載なし
[1] Ewing et al. (1965), [2] Wakabayashi and Egusa (1973), [3] 中津川 (1983), [4] Hoshina (1962)

Ⅲ-12-2 E. hoshinae と E. tarda の鑑別　　(坂崎，1981)

テスト (基質)	E. hoshinae	E. tarda 定型的	E. tarda 非定型的
マロン酸	+	—	—
炭水化物 (酸)			
シュクロース	+	—	+
トレハロース	+	—	—
マンニット	+	—	+
サリシン	d	—	—

+；陽性，−；陰性，(+), d；不定

表Ⅲ-12-3　E. ictaluri と E. tarda と Yersinia ruckeri の鑑別
(Hawke et al., 1981)

テスト (基質)	E.ictaluri	E. tarda	Y. ruckeri
運動性，25℃	+	+	+
運動性，37℃	—	+	—
インドール	—	+	—
クエン酸 (Simmons)	—	—	+
トレハロース	—	—	+
ゼラチン，22℃	—	—	+
d-酒石酸	—	+	+
グルコースからのガス産生，25℃	+	+	—
グルコースからのガス産生，37℃	—	+	—
硫化水素	—	+	—

+；陽性，−；陰性，(+)

12. エドワジエラ症

田ら，1977），マスノスケ（Amandi *et al.*, 1982），マダイ（安永ら，1982），ブリ（安永ら，1982），ヒラメ（中津川，1983a），ニシキゴイ（Sae-Oui *et al.*, 1984），テラピア（宮下，1984），ストライプトバス（Herman and Bullock, 1986）などで感染症が報告されている．*E. tarda* はヘビの腸内常在細菌とされ，また，主として水辺に生息する両生類，爬虫類，鳥類からも分離され，宿主範囲がきわめて広い．さらにヒトや家畜の血液，ヒトの下痢便に検出されることもあり，人魚共通病原菌の疑いももたれている（Bockemuhl *et al.*, 1971；坂崎，1991）．

E. tarda の毒素についてはあまりよく分かっていない．保科（1962）は加熱死菌 2 mg の筋肉接種によってウナギ（28〜30 g）が致死したことから菌体内毒素の存在を疑い，凍結融解法で抽出した菌体内成分を同様にウナギに筋肉注射した．その結果は，接種点が一時的に発赤腫脹し，元気を失ったが，やがて回復し，死亡するものはなかった．また，ブイヨン培養濾液 1 m*l* の筋肉注射はウナギに何の影響を与えなかった．一方，Ullah and Arai（1983 a, b）は，ウナギとヒラメの病魚から分離された *E. tarda* について，全ての菌株が菌体から遊離しない溶血活性をもつこと，またウナギ皮膚に対して壊死活性をもつ 2 種類の外毒素を産生することを明らかにした．外毒素の一つは皮内注射 3〜8 時間後に発赤を起こし，3 日間ほど持続し，もう一つは注射 5〜7 日後に腫瘍で始まり，壊死性の発赤となる．ヒラメ由来株の毒性について調べた Hari Suprapto *et al.*（1995）によれば，細胞構成成分と菌体外産物のいずれもヒラメおよびウナギに対する致死毒性が認められている．

病原細菌，とくに毒素産生能の弱い細菌は，宿主の生体防御を逃れる機能（エスケープ機能）をもつ必要がある．Miyazaki and Kaige（1985）はヒラメ病魚の好中球内における *E. tarda* の増殖像を観察している．飯田ら（1993）は，ウナギ好中球内に貪食された細菌の生死をアクリジン・オレンジ染色によって時間を追って調べ，*Escherichia coli* や *Vibrio anguillarum* は徐々に死んでいくのに対し *E. tarda* は生き続けることを明らかにした．また，*E. tarda* は好中球の貪食作用における補体によるオプソニン化に対しても抵抗性を有する（Iida and Wakabayashi, 1993）．病原細菌は生存に必須の鉄を宿主組織から奪わなければならないが，Igarashi *et al.*（2002）によれば *E. tarda* の病原株は鉄制限下で増殖し，シデロフォアの産生能が高いのに対し，非病原株は鉄制限下では増殖せず，シデロフォア産生能も低い．

血清型などの型別：Sakazaki（1967）はヒトや爬虫類に由来する 256 株の *E. tarda* について血清型を調べ，17 の O 抗原と 11 の H 抗原の組合せによって 54 の血清型を区別し，*E. tarda* に多くの血清型があることを明らかにした．皆川ら（1983）は，ウナギ養殖池の池水と底泥から分離された菌株中の 37 株の病原株は共通の O 抗原をもつが，吸収試験によって 2 つの血清型に分かれることを示した．朴ら（1983）は，ウナギ養殖池の池水，底泥，ウナギの末腸内容物（糞）および腎臓を試料とした定期的調査（1980〜81 年）によって得られた 445 株の *E. tarda* の耐熱性抗原（100℃ 1 時間加熱）について凝集反応による血清型別を試み，内 270 株を A，B，C，D の 4 つの血清型に類別した．試料別の血清型をみた場合，池水，底泥，糞からの分離菌株は A 型 13〜17％，B 型 22〜35％，C 型 4〜13％，D 型 2〜5％であったのに対し，腎臓からの分離菌株は A 型 72％，B 型 0％，C 型 3％，D 型 13％であり，A 型が大部分を占めた．また感染実験の結果，A 型菌株のウナギに対する病原性は，他の血清型菌株に比べて明らかに強いことが示された．Mamnur Rashid *et al.*（1994b）が西日本各地でヒラメ病魚から分離された 28 株の *E. tarda* の血清型

第Ⅲ章 細菌病

を調べたところ,全て同じ血清型であり,朴ら(1983)のA型と一致した.また,Costa et al. (1998a) がタイ類から分離された9株の非運動性菌株の血清型を調べたところ,ウナギとヒラメに由来する対照菌株と同じ血清型,すなわちA型であった.これまでのところ,日本の養殖魚類のエドワジエラ症の多くはA型菌によっていることが示唆される.一方,E. tarda は血清学的に多型であることから,分離菌の血清型を調べることが今後のエドワドジエラ症の疫学的調査に不可欠であろう.

Yamada and Wakabayashi(1998)は,144株の E. tarda がカタラーゼ反応,スーパーオキシドジスムターゼとカタラーゼの電気泳動パターンによってすべての病魚由来菌株を含むグループ1と標準菌株 ATCC1694 を含む魚類に由来しない菌株のグループ2とに2分されること,また,グループ1は16SリボゾームDNAのPCR-RFLP 解析によってさらに2つの遺伝子型に細分されることを示した.

3)症状・病理

ウナギ:鰭や腹部に発赤を生じ一見鰭赤病に似た症状がみられるが,病死魚を集めてみると鰭赤病魚の場合より無惨な感じを与え,また悪臭が強い.肛門の拡大突出,その周囲の発赤腫脹が多くの病魚にみられる.これは腎臓の後部に膿瘍病巣が形成され,腎臓が腫大し,さらには開口して膿が流れ出たことに起因するもので,肛門付近以外の腸には顕著な病変が認められないのがふつうである.また,病魚のなかには前腹部が著しく発赤腫脹したり,腹壁に孔が開いているものがみられる.これは肝臓を冒された病魚にみられる症状である.肝臓と腎臓とを同時に冒された病魚もみられないこともな

いが,どちらか一方が主として冒されている場合が多い(図Ⅲ-12-1).宮崎・江草(1976 a, b, c)によれば,本病は本質的には腎臓あるいは肝臓の繊維素性化膿炎であり,ある段階から転移病巣が心臓,脾臓にも形成され,終には敗血症となって死ぬ.

なお,ウナギのエドワジエラ症は,養魚家が古くから"ちょうまん"と呼んでいたものが概ねこれに当たると思われる.また,Hoshina (1962)が原因菌を Paracolobactrum anguillimortiferum と名付けていたことに因み,ウナギのパラコロ病と呼ばれている.

テラピア:1974年4月に新潟県長岡温泉で養殖されていたテラピアに E. tarda 感染症の発生があり,筆者は新潟県内水面水産試験場と共同調査をした.躯幹や尾柄に膨隆やびらんのみられる病魚もあったが,横転していたり,力なく泳ぐ以外には外見的症状の乏しいものが多かった.しかし,ほとんどの病魚で,肝,腎,脾,鰾に白点状の病巣が観察された.宮下(1984)は大阪府などの養殖テラピア(ナイルテラピア)

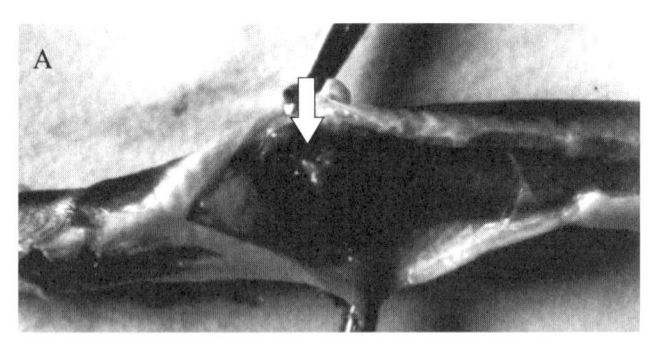

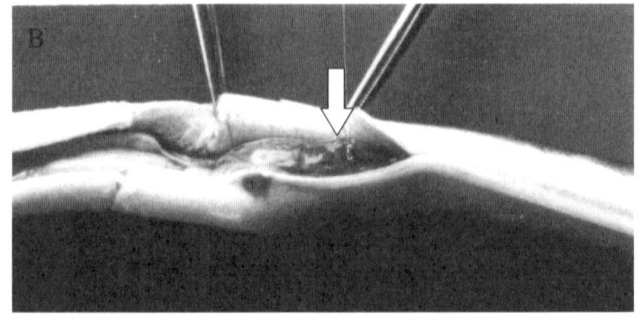

図Ⅲ-12-1 パラコロ病に冒されたウナギ.肝臓に著しい膿瘍があり,穴があいている(A).腎臓に著しい膿瘍形成があり,腫脹している(B)

12. エドワジエラ症

の慢性的斃死の原因を調査し，Pseudomonas fluorescens と E. tarda を見出し，E. tarda 感染魚の特徴的症状として卵巣の発赤をあげている．界外ら（1986）は，テラピア（カワスズメ）に対して E. tarda の筋肉内注射による感染実験を行い，時間を追って，症状と諸器官組織の病変を観察している．

ボラ：楠田ら（1976a）によれば，1973年9月下旬から10月上旬にかけて，高知県興津湾で多数のボラがエドワジエラ症で死亡した．病魚は海面に浮上し，けいれんや旋回しながら死亡し，その腹側筋肉組織には広範囲にわたって膿瘍が形成されており，体表の膿瘍周辺部は出血により縁どられて，病巣部はかなり腐敗して強い悪臭を放っていた．また，腹腔内にはガスが充満しており，そのため腹部が膨満していた．

チダイ・マダイ：楠田ら（1977）は，1974年晩夏から初冬にかけて三重県矢口浦の養殖チダイに流行した非運動性の E. tarda によるエドワジエラ症を調査した．病魚は皮膚に出血性びらんが形成され，脾臓と腎臓に多数の小白斑のみられることを特徴とした．非運動性の E. tarda によるエドワジエラ症は，その後，マダイでも報告されている（安永ら，1982）．

ヒラメ：病魚の多くは腹水の貯留による腹部の膨満，肛門からの脱腸などの特徴的な症状示す（図Ⅲ-12-2，口絵参照）．Miyazaki and Kaige（1985）は自然感染した養殖ヒラメを観察し，腹水は血液混じりあるいは乳状，肝臓は褪色し膿瘍を形成し，腎臓は肥大し膿を有し，髄膜炎を生ずる，と記述している．彼らは，さらにそれらについて病理組織学的観察を行っている．また，馬久地ら（1995a）は，ヒラメ病魚由来菌株を用いて，筋肉内注射法，腹腔内注射法，浸漬法，経口法の4つの攻撃方法でヒラメに対する感染実験を行い，症状を観察している．

アメリカナマズ：急性の場合，躯幹や尾柄の筋肉内の膿瘍患部がガスの充満で急速に大きさを増し，表面の皮膚が膨隆する．このことからアメリカナマズの E. tarda 感染症は，気腫性腐敗症 Emphysematous putrefactive disease of catfish（EPDC）と呼ばれている（Meyer and Bullock, 1973）．

4）疫　学

ウナギの養殖が露地池だけで行われていた時代，パラコロ病は夏を中心に春から秋まで散発的に発生する成魚の病気であり，春先には運動性エロモナスによる鰭赤病を併発していること

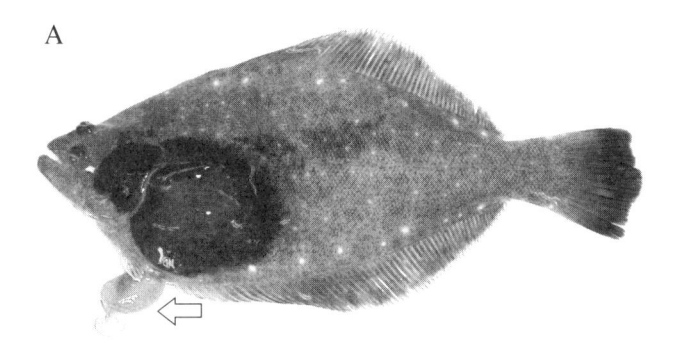

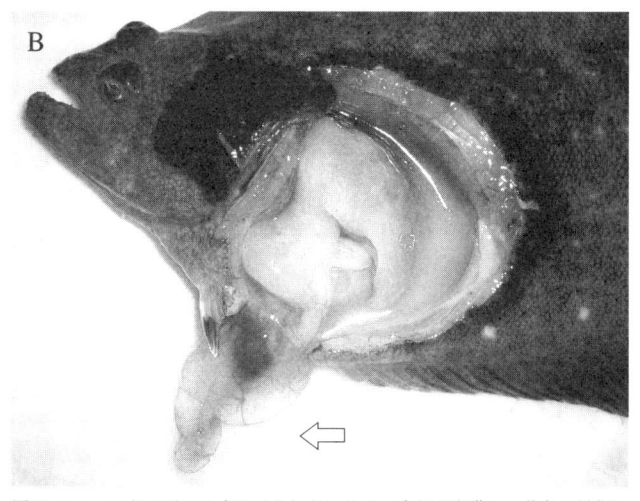

図Ⅲ-12-2　エドワジエラ症に冒されたヒラメ．腹部が膨満し，体色が黒化している．また，脱腸している（A）．同じ魚の内臓の外観（B）．（写真提供：水野芳嗣氏）

第Ⅲ章 細菌病

が多かった（保科，1962；若林・江草，1973）．ハウス養殖が始まり常に高水温下で飼育されるようになってからは魚齢に関係なく，周年発生するようになった．とくに餌付開始後1週間位のシラスウナギに高率に発生し，かつ急性であるため大きな被害を出すようになった．また，幼魚や成魚においても大量死をもたらすようになり，この場合，換水が悪く，腐泥の溜りやすい池ほど被害が大きい傾向が認められている．Meyer and Bullock（1973）によれば，アメリカナマズにおいても有機物量の多い池で高水温時（30℃）に発生しやすい．また，養殖池においては死亡率が5%を超えることは稀であるが，流行中に水揚げをして蓄養池に移した場合にはそのストレスにより死亡率が高まり50%に達することもあるという．最近，コルチゾールを注射したテラピアにおいて好中球の遊走性や貪食能が低下し，実験的 E. tarda 感染に対し抵抗性が低下することが実証されている（Kurogi and Iida, 2002）．

露地養殖時代のウナギ養殖池では，病魚がいる池や近い過去にいた池では水中浮遊物や池底に貯まった糞や残餌を含む腐泥からは E. tarda が分離されても，健康魚の腸内や病魚のいない養魚池の水や泥から検出されることは少なかった（若林ら，1976，1977a；陳・郭，1978）．皆川ら（1983）は，春夏秋冬の4回，徳島県下のウナギ養殖池のべ125池（各回約30池）の池水と底泥から E. tarda の定量的検出を試みた．調査対象池はハウス養殖池を多数含む一方，明らかにパラコロ病が発生している池は除外された．調査の結果，養殖池には E. tarda が常在すること，その存在量は水温が高い時期に多いことが判明した．また，朴ら（1983）は浜名湖地域のウナギ養殖池2池（ハウス内加温水）について5月から12月まで毎月調査し，池水や底泥中に E. tarda が常在することを明らかにした．若林ら（1976）と陳・郭（1978）は普通寒天培地を用いて，皆川ら（1983）は選択増菌培地（DSSSブイヨン）による限界希釈法を用いて，また，朴ら（1983）は選択分離培地（1%マンニット加SS寒天培地）を用いており，それぞれ検出方法が異なるため一概に比較はできないが，ハウス養殖の普及に伴って養殖池環境中に常時多数の E. tarda が存在するようになったと思われる．

ヒラメ養殖の普及とともに，エドワジエラ症が主に初夏から秋までの高水温期に発生し，短期間に大量に死ぬことは少ないものの，一旦発生すると長期にわたって死亡が続くため，養殖ヒラメの主要な病害の一つになっている（安永ら，1982；中津川，1983a；金井ら，1988）．金井ら（1988）が長崎市の海面養殖場において行った毎月調査によれば，エドワジエラ症の流行時以外は環境中から E. tarda が分離されることは殆どなかったが，腸管からは常に分離され（検出率10～50%），とくに流行中の魚群では60～100%の検出率に達し，腸内の E. tarda 菌数が多い個体ほど腎臓からの検出率が高かった．Mamnur Rashid et al.（1994a）が実施した福山市内の2つの陸上のヒラメ養殖場の調査によれば，調査期間中にエドワジエラ症の発生がなかったにもかかわらず，池水（海水）底泥（沈殿物）および外見的に健康な魚体（仔魚は全身ホモジネート，成魚は腸管）からかなりの高率（0～86%）で E. tarda が分離された．ヒラメ由来の E. tarda 菌株は，塩分が3%を越えると増殖性が著しく低下し（安永ら，1982），海水中での生存期間は7日以内であり（Mamnur Rashid et al., 1994a），海水養殖環境中にはそれほど長い期間は生存できない．それ故，ヒラメなどの海水養殖魚への E. tarda の感染は，保菌魚の腸内から排出された菌や河川水など陸から持ち込まれた菌が主役であろうと推察される．ただし，Sakai et al.（1994）は，E. tarda は海水中で "a viable but non-culturable form" で少なくとも30日間は生存すると報告している．

E. tarda にはヘビ（Sakazaki, 1967），カメ（Otis and Behler, 1973），カエル（Sharma et al., 1974），ワニとアザラシ（Wallace et al., 1966），カモメ（Berg and Anderson, 1972）やその他の鳥類（White et al., 1969, 1973）などの多種多様な宿主動物が報告されている．とくにアメリカナマズ養殖池内のカエル，カメ，ザリガニの保菌率が100%であった（Wyatt et al., 1979）ことは養魚池内にすむあらゆる動物が保菌者になり得ることを示唆し，注目される．また，露地の養殖池ではサギなどの水鳥が伝搬の役割を果たすかもしれないが実証されてはいない．シラスウナギ飼育池ではイトミミズを与え始めてから間もなくパラコロ病が発生し，それを配合飼料に切り替える時期には治まることが多いことから，イトミミズが感染源として疑われている．しかし，イトミミズの *E. tarda* 検査では陰性の場合が殆どで疑問の余地を残している．

人為的に *E. tarda* をミジンコに捕食させ，これを幼ウナギに与えて感染死亡させた実験例が報告されている（保科，1962）．また，胃あるいは直腸の中に強制的に培養菌を入れる実験による感染死亡例も報告されており（石原・楠田，1981；宮崎ら，1992），経口感染は可能性の高い感染経路と考えられる．しかしながら，通常は病魚においても消化管内での *E. tarda* の繁殖は顕著ではなく，病変もあまり生じないことから，菌は消化管壁を通り抜けて先ず腎臓や肝臓などの局所に膿胞病巣を形成するものと思われる（Miyazaki and Kaige, 1985）．

5）診　　断

ウナギにおいては腎臓や肝臓の膿瘍，ヒラメにおいては脱腸など，それぞれの魚種が特徴的な症状をもつので，多くの場合，外部所見や解剖所見に基づいて診断が可能である．しかし，露地養殖のウナギのように鰭赤病と紛わしい症状を示すものやそれとの合併症も報告されており，正確には病原菌を分離・同定する必要がある．選択培地としては SS 培地，DHL 培地，XLD 培地が利用できることは前述のとおりである．また，これらにマンニットを加えることによって養魚池に比較的多いマンニットを分解する *E. tarda* 類似菌を鑑別することができる（朴ら，1983）．簡易同定に API 20E がしばしば用いられるが，これよりもミニテック同定システム（Minitec numerical identification system）の信頼性の方が高いとの報告もある（Taylor et al., 1995）．

免疫蛍光抗体法を用いた診断法がウナギ（堀内ら，1980）やアメリカナマズ（Amandi et al., 1982）について報告されている．

6）対　　策

前述のように *E. tarda* は養殖池の環境に常在しているので，残餌や腐泥をできるだけ速やかに池外に出して処分するなどの環境浄化策がとくにエドワジエラ症対策として重要であると思われる．また，保菌動物の種類が多いことから雑魚介類や水鳥などの侵入防止策も大切であろうと思われる．

ウナギのパラコロ病の治療用の水産用医薬品として，オキソリン酸，フロルフェニコール，オキシテトラサイクリン，ミロキサシン，スルファモノメトキシン・オルメトプリム配合剤が市販されている（平成14年現在）．ヒラメその他についてはとくにエドワジエラ症を適応症としているものはないが，それぞれの魚種に許可されている水産用医薬品の中に有効なものがある可能性はある．耐性菌の存在が知られており（Aoki and Kitao, 1981），投薬に際しては病魚から病原菌を分離して感受性を確認することが必要である．

シラスウナギの場合，採捕後間もなく何らかの伝染源から感染すると思われ，餌付用のイトミミズが最も疑わしいとされているので，シラスウナギを加温池に入れ，餌付をするに当って予

め池の消毒を徹底し，イトミミズは薬浴をし，清浄な流水中に1両日置いたものを与えることが望ましい．最近は餌付け用の配合飼料が普及し，この点はほとんど問題にならなくなったようである．

ウナギを対象としたワクチンについては，Song and Kou（1981）や Trongvanichnam et al.（1994）がホルマリン不活化菌体を抗原とする浸漬免疫を試み，ある程度の有効性を認めている．また，Salati et al.（1983, 1984）は E. tarda から抽出したリポ多糖（LPS）がワクチン抗原として有効であると報告している．ウナギ以外では，テラピアに対するホルマリン不活化菌体を抗原とする浸漬免疫（Lio-Po and Wakabayashi, 1986）や弱毒変異株を抗原とする生菌免疫（Igarashi and Iida, 2002），マダイに対するホルマリン不活化菌体および抽出 LPS の筋肉注射免疫（Salati et al., 1987），ヒラメに対するホルマリン不活化菌体を抗原とする注射免疫，浸漬免疫および経口免疫（馬久地ら，1995b）などが報告されている．しかし，いずれの魚種に対するいずれのワクチンも実用には到っていない．

ESC（E. ictaluri 感染症）に対する予防免疫の研究が米国において活発に行われてきたが，E. ictaluri 不活化菌体をアメリカナマズに接種しても抗体価は上昇するものの十分な防御能は得られなかった．最近，遺伝子工学的技術を用いて aro A 遺伝子欠損株（弱毒株）が作られ，それを生ワクチンとして用いることにより強い防御能を賦与し得ることが明らかにされた（Thune et al., 1999）．現在，米国では ESC に対する生ワクチンが認可されており，さらにそれを用いたアメリカナマズの発眼卵に対する浸漬免疫の有効性も報告されている（Shoemaker et al., 2002）． （若林久嗣）

13. ウナギの赤点病
（Red spot disease）

1）序

赤点病はその名の通り体表の点状出血を特徴的症状とするウナギの細菌病であり，1971年春に最初の流行例が認められた（Wakabayashi and Egusa, 1972）．この年には徳島県，静岡県および高知県で本病が発生し，その後，長崎県，三重県，山口県などでも確認されたが，産業的被害という点では本病はもっぱら徳島県で問題となった．

当初，本病は日本および台湾（Nakai et al., 1985）にのみ存在すると考えられたが，1981年には英国スコットランドのヨーロッパウナギに発生し（中井・室賀，1982；Stewart et al., 1983），ヨーロッパにおいてはその後ヨーロッパウナギ（Michel et al., 1992）のみならず多くの海産魚における症例が報告されている（Wiklund and Lonnstrom, 1994; Berthe et al., 1995）．

本病は後述するように，現在日本ではまったく見られなくなっているが，これは加温養鰻の普及に伴い，結果的に高水温飼育という環境制御による対策（本章 1. 細菌病概説参照）が功を奏した特筆すべき例である．

2）原　因

本病の原因菌は Wakabayashi and Egusa（1972）により新種 Pseudomonas anguilliseptica として報告された．本菌は，グラム陰性の短桿菌（$0.5 \times 1 \sim 3 \mu$m）であり，極単毛を有し運動する．ただし培養温度25℃以上では運動性は微弱となる．電顕観察によれば菌体周囲にエンベロープが存在し，その内側に鞭毛が包み込まれている場合もある．普通寒天培地で発育するが，その発育は遅く，20℃で2〜3日培養すると直径1mm程度の透明で光沢と粘ちゅ

う性を有する集落を形成する．ブドウ糖を始めいっさいの糖を利用しない．オキシダーゼおよびカタラーゼ陽性．インドール，VPなど多くの項目で陰性．発育可能温度5～30℃，至適温度15～20℃．発育可能塩分 0.1～4％，至適塩分 0.5～1％．発育可能 pH5.3～9.7，至適 pH7～9．淡水中では1日以内に死滅するが，海水および希釈海水中では200日以上生存可能（室賀ら，1977）．

クロラムフェニコール，テトラサイクリン，カナマイシンなどに強い感受性を示すが，スルフイソキサゾール，エリスロマイシン，オレアンドマイシンなどには感受性を示さない（Wakabayashi and Egusa, 1972；室賀ら，1973）．

本菌感染症はもっぱらニホンウナギに発生するが，ヨーロッパウナギ（城ら，1975）およびアユ（中井ら，1985）やシマアジ（Kusuda et al., 1995）にも発生する．実験的にはドジョウおよびブルーギルが比較的高い感受性を有し，コイやフナは低い感受性を示すが（室賀ら，1975），ニジマス，アマゴなどのマス類は感受性を示さない（宇野，1976）．なお，ニホンウナギを用いた実験では，注射攻撃により感染は容易に成立するが，浸漬攻撃では予め高濃度食塩浴処理（7％，10分）を施した場合にのみ感染が成立し，経口攻撃では感染は成立しなかった（Muroga and Nakajima, 1981）．

血清型としてはⅠ型（K⁺）およびⅡ型（K⁻）の2つがあり（Nakai et al., 1981, 1982），Ⅰ型は100℃・30分耐熱性，121℃・30分易熱性のK抗原と呼び得る因子，すなわちO凝集阻害因子を有するのに対し，Ⅱ型はこのK抗原を欠いている．Ⅰ型株の寒天平板上の集落は光沢があり病原性を有するのに対し，Ⅱ型株の集落はややラフ化したような形態を示し病原性

がない．Ⅱ型はⅠ型から保存中に生じたものと考えられるが，確認はされていない．

3）症状・病理

病名の如く，本病に罹ったウナギの皮膚，特に下顎や腹部の皮膚に，顕著な点状出血が認められる（図Ⅲ-13-1：口絵写真）．これは，病原菌がウナギの表皮基底膜や真皮に侵入して増殖し，そこに分布する毛細血管に赤血球が充満し，濾出性の出血や局所的かつ破綻性の塊状出血が生じるためである（図Ⅲ-13-2）（宮崎・江草，1977）．そのほか，鰭の出血，肝臓のうっ血，脾臓の萎縮，腎臓の萎縮，腸管と胃の発赤，腹膜の点状出血などが認められ，症例によっては内臓全体に貧血が認められる．

P. anguilliseptica に感染したシマアジでは，口唇部および鰓蓋部における出血や脳の発赤が

図Ⅲ-13-1　赤点病罹病ニホンウナギ（写真提供：城　泰彦氏）

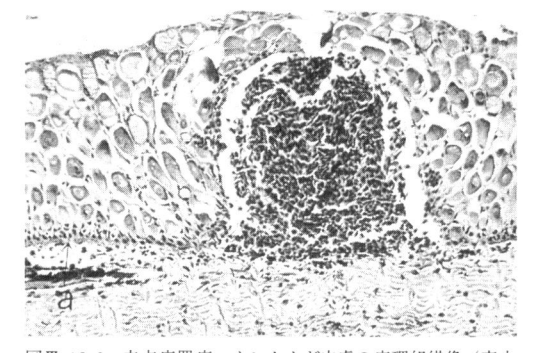

図Ⅲ-13-2　赤点病罹病ニホンウナギ皮膚の病理組織像（表皮基底膜上の局所的塊状出血）（写真提供：宮崎照雄氏）

主徴であったと報告されている（Kusuda et al., 1995）．

4）疫　学

主流行地であった徳島県における調査によれば（室賀ら，1973），本病はやや塩分を含む（塩素量にして約1‰以上）池のニホンウナギに発生する．季節的には，水温が10℃位に上昇する春先に流行し始め，水温が20℃程度になる6月には下火になり，日中水温が25〜26℃に達する7月上旬には完全に終息する．これらの疫学的特徴は，本病原因菌の発育適温が20℃前後とやや低いことやウナギの生体防御能が水温の上昇とともに高まること（ウナギの抗体産生の至適水温は25〜27℃），および塩分が本菌の環境水中での生存を高めることによると考えられる．

本病が1971年にウナギ養殖場で突然流行し始めた理由については不明であるが，当時ヨーロッパウナギの種苗が大量に輸入されたこと，および流行地であった徳島県下の養殖場の池水に塩分が多く含まれていたことが，関係していると推測される．なお，当時日本ではヨーロッパウナギが大量に養殖されていたにもかかわらず，本病はもっぱらニホンウナギに発生していた．

1980年頃から加温養鰻が普及し，ウナギは周年26℃以上で飼育されるようになり，前述のごとく本病は日本の養鰻場から完全に姿を消した．

5）診　断

病魚の体表における点状出血は特徴的であるが，細菌学的な確認が望ましい．赤点病罹病魚と疑わしいウナギの肝臓，脾臓あるいは腎臓から普通寒天培地を用いて細菌の分離を行う．20℃で2日培養すると露滴状の透明感のある小集落が形成される．ウナギの病原菌として比較的似たような集落を形成するものに*Edwardsiella tarda*があるが，*P. anguilliseptica*がオキシダーゼ陽性であるのに対し，*E. tarda*は陰性であるので区別し得る．

また，Ⅰ型およびⅡ型の抗血清を用意すれば，スライド凝集反応により本菌の同定が可能であり，直接蛍光抗体法の診断への応用も検討されている（堀内・甲賀，1979）．

6）対　策

予防：飼育水温を26℃以上に保つ，池水の淡水化を図る，あるいは飼育魚をニホンウナギからヨーロッパウナギに代えるといった3つの対策があげられ，特に加温飼育の有効性が実験的に裏付けられた（室賀，1978）．免疫学的予防法についても検討され，実験的に注射法による免疫は有効であるが（Nakai and Muroga, 1979），浸漬法は無効であることが報告されている（中井ら，1982）．

治療：実験的感染魚をオキソリン酸およびナリジクス酸を用いて薬浴した実験，あるいはオキソリン酸およびピロミド酸を経口投与した実験では，明瞭な治療効果が認められている（城，1978）．

（室賀清邦）

14. ブリの連鎖球菌症（*Lactococcus garvieae* infection）

1）序

1974年7月から9月にかけ，高知県土佐清水市のブリ養殖場の1年魚および2年魚に，眼球突出および鰓蓋内側の発赤を主徴とする新しい病気が発生し，大きな被害をもたらした（楠田ら，1976b）．これはブリにおける連鎖球菌症の最初の報告例であり，その後本病は各地で発生するようになり，ごく最近に至るまでブリ養殖業における最も一般的な，かつ被害の大きい病気となっていた．1997年から本病に対する経口ワクチンが市販され，さらに2000年以降注射ワクチンが使用されるようになり，本病の

発生は明らかに減少している．なお，本病の病名については，後述する原因菌の種名の変遷に伴い腸球菌症と呼ばれたこともあるが，現在では最初の名前に戻り連鎖球菌症と呼ばれている．レンサ球菌症と片仮名で書かれる場合もあるが，レンサ球菌が *Streptococcus* 属細菌を指すとすれば，*Lactococcus garvieae* および *Streptococcus iniae* による魚類の感染症を包括的に連鎖球菌症と呼ぶのが妥当と考えられる．

本稿では混乱を避けるため *Lactococcus garvieae* による連鎖球菌症についてのみ記載するが，世界的に見て *Streptococcus* 属細菌，あるいはその類似菌による連鎖球菌症に関する報告は数多くある．それらについては，本稿の最後に付録として付け加えたが，*Streptococcus iniae* 感染症については次節でとりあげる．

2）原　　因

上記のブリにおける最初の流行例からの分離菌は，*Streptococcus faecalis* および *S. faecium* の両種に近い性状を有するものの，それらのいずれとも異なることから，*Streptococcus* sp. として報告された（楠田ら，1976b）．その後，本菌はいったん新種として登録され *Enterococcus seriolicida* なる種名がつけられたが（Kusuda et al., 1991），最近になり本種は *E. seriolicida* より先に登録された *Lactococcus garvieae* と同種であることが確認され（Eldar et al., 1996; Teixeira et al., 1996），現在は *L. garvieae* と呼ばれている．

L. garvieae は元々家畜の乳房炎の起因菌として分離されたが，ヒトに対しても病原性を有するとされていることから，魚から分離される *L. garvieae* 株のヒトに対する病原性が新たに問題になってきたが，これについては特に検討されていない．イタリアでは *L. garvieae* によるニジマスの連鎖球菌症が重要な問題となっているが（Eldar et al., 1996），日本では後出する *Streptococcus iniae* がニジマス，アユなどの淡水魚の連鎖球菌症の原因となっている．なお，最近台湾でオニテナガエビにおける本菌感染症が報告されている（Chen et al., 2001）．

形態学的・生化学的性状：BHI 寒天培地で 25℃，24 時間培養すると，直径 0.5 mm 以下の正円形，周縁円滑，隆起の少ない白色微小集落を形成する．普通寒天培地上では発育は悪いが，遠藤培地，40％胆汁加寒天培地，PEAアザイド寒天培地で発育する．血液寒天培地上で α 型溶血（不完全溶血）環を形成する．卵形 0.7 $\times$ 1.4 μm，連鎖状配列をなすグラム陽性球菌．カタラーゼ，オキシダーゼともに陰性．ブドウ糖を発酵的に分解するがガスは産生しない．発育可能温度 10〜45℃，至適温度 20〜37℃．発育可能塩分 0〜7％，至適塩分 0％．発育可能 pH3.5〜10，至適 pH7.6．楠田ら（1976b）によって報告された本種の性状の一部を，ニジマスやアユから分離される *Streptococcus iniae*（Kitao et al., 1981；大西・城，1981；宇賀神，1981），およびブリから分離される *Streptococcus equisimilis*（見奈美ら，1979）の性状とともに表III-14-1に示した．同表に示されたように，本種は *S. iniae* や *S. equisimilis* と比べ，発育温度などの生理学的性状で大きく異なっている．

薬剤感受性：スルファモノメトキシンおよびナリジクス酸には感受性を示さないが，テトラサイクリン，クロラムフェニコール，アミノベンジルペニシリン，チアンフェニコール，エリスロマイシン，リンコマイシンなどに比較的高い感受性を示す（Aoki et al., 1983）．本菌に対するエリスロマイシン（片江，1982），ドキシサイクリン（中村，1982），スピラマイシン（菅，1982），リンコマイシン（楠田・鬼崎，1985），あるいはジョサマイシン（楠田・竹丸，1987）についての研究も行われたが，やがてエリスロマイシンなどのマクロライド系薬剤，リンコマイシン，テトラサイクリン，およびクロラムフェニコールに対する薬剤耐性株が出現

し（Aoki et al., 1990），治療が困難なケースがみられている．

病原性：ブリ，カンパチ，チダイ，マダイに対して病原性を示す．また，ウナギ，ニジマスあるいはクチボソなどの淡水魚にも病原性を示す．菌株により異なるが，ブリに対する致死量は，腹腔内注射法で 10^4 CFU/尾，浸漬法で 10^5 CFU/ml 数時間，経口投与法で 10^9 CFU/尾といった値が報告されている．なお，継代培養を重ねると病原性はかなり低下し，9回魚体を通過させることによりようやく発病させ得たという例もある（Kusuda and Kimura, 1978）．本菌の病原因子として毒素があげられ，内毒素は致死性があるのに対し，外毒素は溶血性を示すことが確かめられている（Kusuda and Hamaguchi, 1988a）．本菌には次項で述べるように2つの表現型（$Cap^+=KG^-$，$Cap^-=KG^+$）があり，Cap^+（莢膜保有型＝非凝集型）株の細胞表面に莢膜様構造（capsule）があり，これが宿主の食細胞に対する抵抗性を担い，病原因子の一つになっている（Yoshida et al., 1996a, 1997a）．

血清学：北尾（1982）によれば，本菌にはKG7409株なる代表株の抗血清に凝集する型（KG^+）と，凝集しない型（KG^-）の2型が存在すると報告されている．KG^+およびKG^-という表記は誤解を招きやすいので，ここではKG^-をCap^+，KG^+をCap^-と表記する．Cap^+

表Ⅲ-14-1　日本で分離された魚類病原性連鎖球菌の比較

項目	Lactococcus garvieae [*1]	Streptococcus iniae [*2]	Streptococcus sp. [*3]	Staphylococcus epidermidis [*4]
溶血性	α	β	γ	+
10℃発育	+	−	−	−
45℃	+	−	−	+
NaCl 6.5 %	+	−	−	+
pH 9.6	+	−	+	±
0.1%MBミルク	+	−	−	未検討
40%胆汁酸	+	−	−	−
カタラーゼ	−	−	−	+
オキシダーゼ	−	−	−	−
ゼラチン加水分解	−	−	−	−
でん粉	−	+	−	−
馬尿酸塩	−	−	+	+
エスクリン	+	+	−	−
アルギニン	+	+	−	−
リジン	−	−	−	−
オルニチン	−	−	+	−
0.01% TTC還元	+	+	未検討	未検討
0.04% PT	−	−	未検討	−
ガラクトース	+	+	−	+
マンノース	+	+	+	±
シュークロース	−	+	+	+
トレハロース	+	+	−	−
セロビオース	+	+	−	−
デキストリン	+	−	−	+
サリシン	+	+	−	−
エスクリン	+	+	−	−
マンニトール	+	+	−	−
ソルビトール	+	−	−	−

[*1] 楠田ら（1976b），[*2] Kitao et al.（1981），大西・城（1981），宇賀神（1981）
[*3] 飯田ら（1986），[*4] 楠田・杉山（1981）

型株は抗 Cap⁻型株血清に対する被凝集阻害作用を有する特異的抗原（莢膜様抗原）と Cap⁻型株との共通抗原を備えている．したがって抗 Cap⁺型株血清を用いれば Cap⁺型株はもちろん Cap⁻型株とも凝集し，何れの型の株をも同定し得る．したがって2つの血清型があるという表現は正確ではない．なお，Cap⁺型株は継代培養により莢膜を失い，Cap⁻型株に変化するものと考えられるが，実験的には EF 培地に含まれる TTC（塩化トリフェニルテトラゾリウム）によってこの変化を起こすことができる．

3）症状・病理

夏から秋にかけての流行時の病魚には眼球突出，眼球周囲の出血および鰓蓋内側の激しい出血が特徴的である（図III-14-1，口絵参照）．水温が比較的低い時期の病魚にはこれらの症状のほかに各鰭の発赤やびらん，および体表特に尾柄部における血膿を含んだ膨隆患部や潰瘍の形成が認められる．開腹してみると，幽門垂，肝臓，腎臓，あるいは腸管などに点状出血または出血斑が認められる．

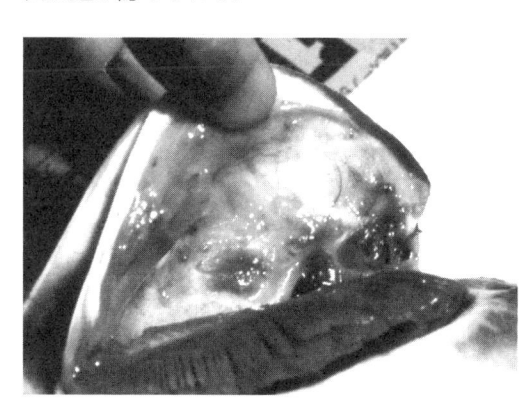

図III-14-1　連鎖球菌症罹病ブリ（鰓蓋内側の出血）
（写真提供：城　泰彦氏）

病理組織学的には，全眼部，鰓蓋内側，尾柄部病巣，脳および心臓における化膿性炎および肉芽腫性炎が特徴的である（宮崎，1982）．上記のような典型的な病徴を呈することなく死亡する罹病魚もあり，それらの魚にはしばしば狂奔遊泳といった行動異常が認められ，脳（視葉内部の第3脳室）および鼻腔から原因菌が高率に分離される（塩満，1982）．

実験的感染ブリを材料にビジョンシステムを用いて調べたところ，感染魚の血液中のグルコース濃度は24時間後に顕著に上昇したが，ヘモグロビン量，赤血球数，ヘマトクリット値，タンパク質量などは一様に減少したという（楠田・二宮，1992）．

4）疫学

稚魚から2,3年魚にいたるまで年齢に関係なく罹病する．流行期は初夏から冬までの長期にわたるが，盛夏に特に流行しやい．徳島県下のブリ養殖場では，5月から7月にかけビブリオ病（*V. anguillarum* 感染症）が発生し，7月には類結節症が流行し，7月中旬ないし下旬から10月にかけて連鎖球菌症が流行するといった傾向がみられる．地域的にはブリ養殖が行われている地域全域に及んでいる．

本病がウナギなどの淡水魚にも発生することや，本病原因菌の発育至適塩分が0%であることから，本菌は元々陸水から由来したと考えられるが，現在では養殖場およびその周辺の海水ないし底泥に本菌が存在しており（北尾ら，1979），感染源は環境そのものにあるといえる．25℃における試験管内実験で，本菌は外海水中では7日以内に死滅したが，内湾水中では約40日生存し，またイカナゴ抽出液を10 ppm 添加した外海水中では約30日生存した（楠田・川合，1982）．このことから富栄養化あるいは養殖による自家汚染が進行した水域では本菌が長期にわたり生存し，感染の機会を高めているものと考えられる．

また，餌が感染源となっている場合もあるようで（谷口，1982a），養殖ブリの餌として冷凍されていたイカナゴ，マイワシ，カタクチイワシなどから本菌が分離された例が報告されている（見奈美，1979；安永，1982）．秋にモイ

第Ⅲ章　細菌病

ストペレットやドライペレットから生餌に切り替える時期に多発するという報告もあるが（松岡・室賀，1993），これは生餌が原因菌に汚染されているためか，餌の切り替えに伴う魚の生理的不調が関係するのかは不明である．

本病原因菌は典型的な条件性病原菌であり，ブリの飼育環境に常在するが，発病ないし流行そのものは魚の抵抗力が低下した時などに起こるものと考えられる．本病が盛夏から秋にかけて流行しやすいのは，水温の上昇による原因菌の増殖もさることながら，同時に鮮度の低下した餌料の過食による魚の抵抗力の低下が大きく関与しているものと考えられる．事実，マイワシとマサバを餌として併用した飼育ブリに比べマイワシのみを投与した飼育ブリの方が連鎖球菌症に罹りやすいことが実験的に示されている（藤田，1980）．最近では，モイストペレットやドライペレットの普及により，餌の鮮度による問題は減少していると考えられる．

環境水中の酸素濃度との関係についても検討され，低酸素濃度下（酸素飽和度60～80％程度）で飼育されたブリは高酸素濃度下（同110～160％程度）の飼育魚に比べ，連鎖球菌症に罹った場合死亡率が高く，水平感染も起きやすいことが実験的に示されている（福田ら，1997a, b）．また，ブリの血管内吸虫の寄生が本症による死亡率を高めるという報告もなされている（Kumon et al., 2002）．

5) 診　　断

眼球突出および鰓蓋内側の出血という外見的な特徴から本病を診断できる場合もあるが，典型的な症状を伴わない病魚も認められており，やはり細菌学的診断が必要である．

病魚の脳，腎臓，あるいは体表ならびに鰓蓋内側の患部より0～2％NaCl加BHI寒天培地，トリプトソーヤ（TS）寒天培地または0.5％ブドウ糖加HI寒天培地を用いて細菌分離を行う．20～30℃で24ないし48時間培養し，前述したコロニー形態を示す細菌の発育を確認する．原因菌と疑わしき分離菌については，グラム染色，カタラーゼおよびチトクロムオキシダーゼ反応を調べ，診断する．確定診断を行うためには，分離菌の生化学的性状等を簡易同定キットを利用するなどして調べるとともに（飯田ら，1991），L. garvieae に対する抗血清を用いて凝集試験を行う．また，病魚の腎臓塗抹標本に対する蛍光抗体法の有効性も報告されている（Kawahara et al., 1986；河原・楠田，1987）．

最近では本菌のジヒドロプテロイン酸シンターゼ遺伝子を標的としたPCR検出系が考案され，診断に有用であることが示されている（Aoki et al., 2000）．一方で，罹病魚の血漿中におけるクレアチニンキナーゼ・アイソザイム濃度が病態生理学的診断の指標になり得ることも報告されている（Lee et al., 1999）．

6) 対　　策

予防：魚の健康管理がまず重要である．たとえば，鮮度のよくない餌料を与えることなどは避けなければならない．また，飼育密度を下げるとか，死亡魚を速やかに取り上げるなどの努力が必要である（谷口，1982b）．前述のように，飼育環境水の酸素濃度を高く保つことも，予防あるいは被害の軽減化につながると考えられる．また，栄養的な見地から，グリチルリチンを投与し肝機能を高めておくといった方法も示されている（枝広ら，1990, 1991）．

予防免疫については，注射免疫，浸漬免疫および経口免疫の実験的有効性が比較され，いずれも有効ではあったが，浸漬免疫の効果は注射法より低く，経口免疫の効果は浸漬免疫より更に低かったことが報告されている（飯田ら，1982）．更に，注射免疫によりブリの血清抗体価が上昇し，補体価およびオプソニン効果も亢進していることが明らかにされ（楠田ら，1996；佐藤ら，1996），Cap^+型株とCap^-型株を免疫原とした注射免疫実験により，防御抗原

は莢膜様構造にはなく，Cap⁻型株の表面にあると推測されている（Ooyama et al., 1999）.

最初に述べたように，1997年から本病に対する経口ワクチン（ブリのα溶血性連鎖球菌症不活化ワクチン）が，更に2000年から注射ワクチン（ビブリオ病との混合ワクチン）が市販され，使用されるに至っている．

治療：かつてはテトラサイクリン系抗生物質あるいはアミノベンジルペニシリンが使用されていたが，その後ドキシサイクリン，エリスロマイシン，およびスピラマイシンの有効性が報告された．これらの薬の特徴はブリ体内での残留期間が長いことにあり，そのため肉芽腫を形成した患部にも薬が作用し治療効果が上がると考えられた．いずれの薬の場合も20〜50 mg／魚体重1 kg／日の量で3〜7日間経口投与すると治療効果が認められる．この時，投餌量を通常の70〜80％程度に減らすことが薬効を高めるとされる．現在ではエリスロマイシン，オキシテトラサイクリン，キタサマイシン，ジョサマイシン，スピラマイシン，ドキシサイクリン，およびリンコマイシンなどが使用されている．

また，本菌に対するビルレントファージが探索され，それによる治療の可能性も示されている（Park et al., 1997）.

7）*Lactococcus garvieae* 以外の細菌による海産魚の連鎖球菌症

β溶血型連鎖球菌症とも呼ばれてきた *Streptococcus iniae* による連鎖球菌症については次項で説明するが，本症はブリのほかヒラメやクロソイなどの海産魚にも発生する．

1976年7月和歌山県下のブリ養殖場で発生した症例では，眼球の白濁および軽度の心外膜炎が認められ，原因菌として分離された連鎖球菌は *Streptococcus equisimilis* と同定された（見奈美ら，1979）．しかし，その性状は *S. iniae* のそれとよく似ており，Bergey's Manual of Systematic Bacteriology（1986）では *S. equisimilis* は不確実な種類とされていることから，現時点では本症例は *S. iniae* 感染症に含められるのではないかと考えられる．

また，脊椎変形ブリの脳から非溶血性 *Streptococcus* sp. が分離されているが（飯田ら，1986），あまり発生例がないためもあり，研究は進んでいない．

1976年から1977年にかけて高知および香川県の養殖ブリとマダイに球菌症が発生し，原因菌は *Staphylococcus epidermidis* に同定された（楠田・杉山，1981）．本菌はヒトの日和見病原体として知られているが，上記の病魚由来株は血清学的にヒト由来株とは異なることが報告されている（杉山・楠田，1981）．最近，テラピアで本菌感染症が報告され，実験感染により *Staphylococcus epidermidis* がテラピアの脾臓や腎臓においてリンパ球およびマクロファージにアポトーシスを引き起こすことが報告されている（Huang et al., 2000）.

イスラエルでは *Streptococcus shiloi* および *Streptococcus difficile* なる2種がニジマスやテラピアにおいて髄膜脳炎を引き起こすことが報告されている（Eldar et al., 1994）．*S. shiloi* は *S. iniae* のシノニムと考えられているが（Austin and Austin, 1999），興味あることに日本のブリ由来の2株も *S. difficile* に同定されている（Eldar et al., 1994）.

（室賀清邦）

15. アユ等淡水魚の連鎖球菌症
（*Streptococcus iniae* infection）

1）序

現在までに日本で連鎖球菌症の発生が確認されている淡水魚としては，ニジマス（Kitao et al., 1981），アマゴ（大西・城，1981），ギンザケ（厚田ら，1990），アユ（Kitao et al., 1981；大西・城，1981；宇賀神，1981），ウナギ（Kusuda et al., 1978），およびテラピア（Kitao et al., 1981）の6種がある．これらに

おける連鎖球菌症の原因菌のほとんどはβ溶血型連鎖球菌と呼ばれてきたが，1993年に至りようやく *Streptococcus iniae* と同定し得ることが確認された（佐古，1993a）．ここではアユにおける問題を中心に *S. iniae* 感染症について説明する．なお，上記のうち，ニジマスの症例については古く Hoshina et al. (1958) の報告があり，そこでは原因菌は *S. faecalis* に同定し得るとされている．外国でも古くからニジマスにおける本菌感染症が知られているが，多くの場合原因菌の種名については明確にされていない（Barham et al., 1979; Boomker et al., 1979）．また，Kusuda et al. (1978) の報告したウナギの場合の原因菌は *Lactococcus garvieae* に相当する．

ブリ，クロソイ（酒井ら，1986），ヒラメなどの海産魚においても *S. iniae* 感染症が発生しており，特にヒラメにおいては重要な病気の一つになっている（中津川，1983b）．

2) 原　因

上記のごとく原因菌はβ溶血型連鎖球菌と呼ばれてきたが，*Streptococcus iniae* と同定された．本菌はもともとアマゾンの淡水イルカに発生した連鎖球菌症の原因菌として報告された種である（Pier and Madin, 1976）．

形態学的・生化学的性状：0.5〜0.8μm の大きさの球菌で，BHI寒天培地で25℃，24〜48時間培養すると，正円形，周縁円滑，隆起の少ない乳白色微小集落を形成するが，*Lactococcus garvieae* と比べると発育は遅い．PEAアザイド寒天培地で発育するが，EF，マッコンキー，遠藤，BTBティーポール寒天培地では発育しない．連鎖状配列をなすグラム陽性球菌，カタラーゼ，オキシダーゼともに陰性．ブドウ糖を発酵的に分解するがガスは産生しない．発育可能温度15〜37℃（ギンザケ由来株は10℃で発育可能），至適温度30℃前後．発育可能塩分0〜4%，至適塩分0%．pH 9.6発育不能．先に *L. garvieae* と *S. iniae* の性状を表Ⅲ-14-1に示したが，同表に示されたように，これら2種の間には，発育温度などの生理学的性状および生化学的性状で大きく異なっている．

薬剤感受性：佐古（1993b）はブリ，ヒラメ，アユ，アマゴおよび天然マサバ病魚から分離された *S. iniae* 株の薬剤感受性を調べている．その結果，ペニシリン系，セファロスポリン系，マクロライド系，クロラムフェニコール系およびテトラサイクリン系抗生物質，リファンピシン，リンコマイシンならびにジアミノピリミジン誘導体に高い感受性を示した．アミノグリコシド系抗生物質などに低い感受性を示し，ポリミキシン，サルファおよびキノロンカルボン酸系誘導体には耐性を示した．高い感受性を示した薬剤を，経口的に実験感染魚に投与したところ，発病阻止効果が認められている．

病原性：本菌は上記の淡水魚のみならず，ブリ，マアジ，イシダイ，ヒラメ，スズキ，アイゴ，メジナ，カワハギなど多くの海産魚に対して病原性を示す．アユ由来株がアユおよびアマゴのみならずブリやマダイにもやや低いものの病原性を有することが実験的に確かめられている（大西・城，1986）．ヒラメの場合は 10^3 CFU/ml 程度の濃度の菌液に浸漬することにより発病させ得るという（Nguyen et al., 2001a）．ニジマス由来の *S. iniae* 株における莢膜と病原性の関係が検討され，莢膜を有する株の方が莢膜を欠く株に比べ，ニジマスの食細胞に対する抵抗性が強く，ニジマスにより高い病原性を示すことが報告されている（Yoshida et al., 1996b）．

最近，外国でニジマスにおける実験的 *L. garvieae* 感染症と *S. iniae* 感染症を比較した研究があり（Eldar and Ghittino, 1999），それによれば注射攻撃による LD_{50} 値（半数致死量）は前種で 1.25×10^1 CFU／尾，後種で 2.5×10^5 CFU／尾と大きく異なっていた．また，前種の感染を受けたニジマスは急性全身感染に陥ったのに対し，後種の感染魚は髄膜炎および全眼球

15. アユ等淡水魚の連鎖球菌症

炎を呈しており，これら2種は病原性という点でもかなり異なる種類であることがわかる．

3）症状・病理

アユ病魚においては，眼球突出，眼球周囲の出血および鰓蓋内側の発赤，腹部の点状出血，肛門の拡張とその周囲の発赤，尾柄部の発赤などを主徴とする（図Ⅲ-15-1，口絵参照）．解剖すると腹腔内壁の出血，腹水の貯留，肝臓のうっ血，腸管の炎症などが認められる．やや小型（20～30 g 以下）の魚では上記の典型的な症状を示さずに死亡する個体もある（城，1982）．

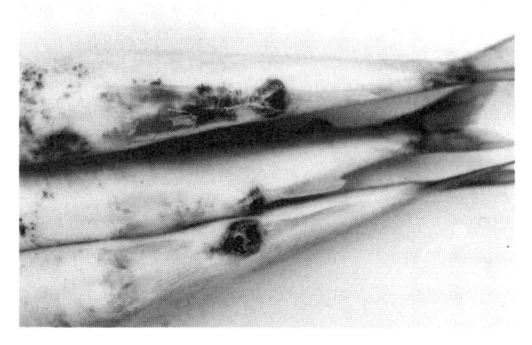

図Ⅲ-15-1 連鎖球菌症（*Streptococcus iniae* 感染）罹病アユ（肛門の拡張・発赤）（写真提供：城　泰彦氏）

ギンザケ病魚においても眼球突出や鰭基部および腹部の発赤が認められ，剖検所見として鰓壁の白濁肥厚と腫脹，心外膜部の偽膜形成，消化管周囲の脂肪組織の発赤およびゼリー状胞の形成が報告されている（厚田ら，1990）．

アユでは眼結膜の出血を伴う眼球突出と肛門部の発赤をそれぞれの主病徴とする2つの発現型があるといわれる．病理組織学的には，眼結膜，角膜，虹彩，鞏膜，眼窩脂肪織，動眼筋組織，視神経束に細菌が侵入・増殖し，出血，好中球やマクロファージの浸潤，壊死などが認められる．発赤腫脹した肛門部では，細菌が周囲脂肪織や組織内で増殖し，壊死，出血，炎症性細胞浸潤が起こっている．いずれの発現型においても，細菌の全身感染が見られ，心臓および全身の血管系で著しい細菌増殖増が認められる．

脾臓では莢動脈の莢組織の莢大円細胞および脾臓の細網細胞が細菌の侵襲を受け，細菌の細胞内増殖のため壊死している．腎臓や肝臓においても細菌の増殖が認められる（宮崎，1982）．

ニジマスでは検討例が少ないためか，肛門部の病変を示す病魚は観察されていない．ニジマスにおける全眼部感染局所の病理組織像はアユの場合と同様である．

ヒラメにおける実験的 *S. iniae* 感染症について検討され，浸漬攻撃の場合本菌は魚の傷んだ鰭から侵入しそこでまず増殖し，ついで血液に乗り全身に運ばれ，最終的に魚は全身感染に陥ることが示されている（Nguyen *et al.*，2001b）．

4）疫　学

徳島県においては，本病は1978年から1980頃にかけて急速に増加したが，その後はあまり大きな問題とはなっていない．季節的には8月から10月に多く発生している．種苗別にみると，ほとんど琵琶湖産種苗の飼育魚に発生している．

本病原因菌をアユに筋肉内接種，経口接種あるいは浸漬攻撃した時の，LD_{50}（楠田ら，1981b）および接種菌の魚体内分布（杉山ら，1981）が調べられており，本菌のアユに対する病原性は *V. anguillarum* のそれに比較し，やや低いことが報告されている．

ギンザケでの症例では，魚を海水に馴致し始めたころから死亡が始まっていることから，淡水飼育中において既に感染しており，淡水から海水への移行時のストレスが本病発生の引き金になっていたものと推定されている．なお，アユなどでは本病は水温18℃以上の比較的高水温で発生しているのに対し，ギンザケでは水温11～14℃で発生している（厚田ら，1990）．

5）診　断

眼球突出および鰓蓋内側の出血という外見的な症状に基づき診断できる場合もあるが，やは

病魚の脳，血液，肝臓，腎臓，あるいは脾臓から0～2％NaCl加BHI寒天培地，TS寒天培地または0.5％ブドウ糖加HI寒天培地を用いて細菌分離を行う．最近，ヒラメおよびその養殖環境から本菌を分離するための選択培地が検討され，HI寒天培地に酢酸タリウム（1 g / l）とオキソリン酸（5 mg / l）を加えた培地，あるいはHI寒天培地に硫酸コリスチン（10 mg / l）とオキソリン酸（5 mg / l）を加えた培地が有用であることが報告されている（Nguyen and Kanai, 1999）．0.5％ブドウ糖加HI寒天培地にて25～30℃で48時間培養すると不透明，淡黄色の円形コロニーが形成される．グラム陽性の連鎖状球菌で（図Ⅲ-15-2），β型溶血性を特徴とする．血液寒天培地（ヒツジ，ヤギ，ウマなどの血球を使用）に菌を画線培養するとα型の場合は集落の周囲に緑色の狭い溶血環が形成されるのに対し，β型の場合は集落の周囲に無色透明な溶血環が形成される．

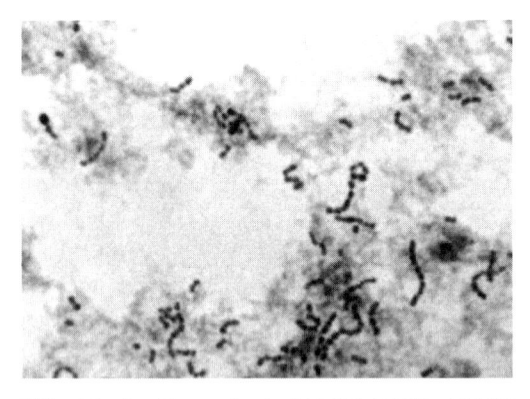

図Ⅲ-15-2 トッドヒューイットブロス培地で25℃・15時間培養したStreptococcus iniae（罹病ヒラメ由来株）菌体（メチレンブルー染色）（写真提供：金井欣也氏）

前出の表Ⅲ-14-1に示されたように，S. iniaeは45℃，6.5％NaCl，pH 9.6などの発育条件（何れも陰性）やVPテスト（陰性）の点でL. garvieaeと鑑別し得る．

6）対　策

予防：飼育密度を下げるなど魚の健康管理が重要と考えられる．アユにおける原因菌の感染経路が明らかにされる必要があるが，将来的には種苗時に本菌に感染していないことを確認して養殖に供するべきであろう．

予防免疫については，ニジマスにおいて注射免疫および浸漬免疫の実験的有効性が比較され，いずれも有効ではあったが，浸漬免疫の効果は注射法より低かったことが報告されている（Sakai et al., 1987, 1989b；酒井ら，1988）．また，S. iniaeのホルマリン死菌を注射することによりブリの防御能を高めることができたが，浸漬免疫および経口免疫の効果は認められなかったという（佐古，1992a, b）．

治療：多くの分離株がクロラムフェニコール，塩酸テトラサイクリン，塩酸オキシテトラサイクリン，エリスロマイシン，アミノベンジルペニシリンなどに高い感受性を有し，塩酸オキシテトラサイクリン（50 mg / 魚体重1 kg；1日3回，8日間）あるいはエリスロマイシン（50 mg / kg / 日・5日間）の実験的投与の有効性が報告されている（城，1982；北尾ら，1987）．現時点では，テラピアにおける連鎖球菌症に対する水産薬は，フロルフェニコール，塩酸リンコマイシン，塩酸ドキシサイクリン，エリスロマイシンなど多数の薬剤が存在するが，アユやニジマスの連鎖球菌症への適用は認められない．

（室賀清邦）

16. ブリの類結節症
（Pseudotuberculosis）

1）序

1969年6月に西日本一帯の養殖場のブリにおいて，脾臓に明瞭な小白点が多数形成されることを特徴とする疾病が流行し，甚大な被害を与えた．そして，この病気は翌年には全国的に流行し，以来現在に至るまで毎年大きな被害を

16. ブリの類結節症

与え続けている．窪田ら（1970a, b, 1972）は病理組織学的観察を行い，それらの白点が細菌の大集落とそれを囲んで形成された結節様構造物であることを明らかにし，その特徴に基づいて細菌性類結節症という病名を与えた．現在では単に類結節症と呼ばれる．1970年代から1990年代にかけ，本病は連鎖球菌症とともにブリにおける最も被害の大きな細菌病として存在してきた．連鎖球菌症は1990年代の後半になり，経口ワクチンが開発され，その被害は減少し始めているが，類結節症に対してはまだ有効なワクチンは開発されず，依然として大きな問題として残されている．

2）原　　因

原因菌は木村・北尾（1971）によって最初に分離され，*Corynebacterium* 属あるいはその近縁種として報告された．その後，それが米国チェサピーク湾のホワイトパーチおよびストライプドバスから分離された *Pasteurella piscicida* と一致することが明らかにされた（楠田・山岡，1972）．その後，本菌は *Vibrio damsela* と同一種であることが明らかになり，*V. damsela* が *Photobacterium* 属に移されたのに合わせ，本菌は *Photobacterium damsela* subsp. *piscicida* とされた（Gauthier et al., 1995）．更に，種名に関する文法上の理由から *P. damsela* が *P. damselae* と変えられたことから（Truper and de'Clair, 1997），本種の種名も *P. damselae* subsp. *piscicida* と表記されるようになった（Austin and Austin, 1999）．ただし，本種は *P. damselae* よりも *P. angustum* あるいは *P. leiognathi* に近いとする意見もある（Thyssen et al., 1998）．

本菌感染症は日本や韓国といった極東だけでなく，前述のように米国で最初に報告され，1990年代になってからはスペイン，フランス，イタリア，ノルウェーといったヨーロッパ諸国で発生している（Daly, 1999）．

形態および性状：グラム陰性の非運動性短桿菌（0.6～1.2×0.8～2.6μm）であるが，培養条件によっては球菌に近くなったり，反対に菌体の長さが伸びたり，著しい多形性を示す．グラム染色性も一定ではなく，培養初期にはグラム陽性に近い染色性を示すことがある（木村・北尾，1971；Simidu and Egusa, 1972）．また，魚体内の菌や新鮮分離菌は両極濃染性を示す（楠田・山岡，1972）．非抗酸性，非色素産生で，芽胞は形成しない（図Ⅲ-16-1）．

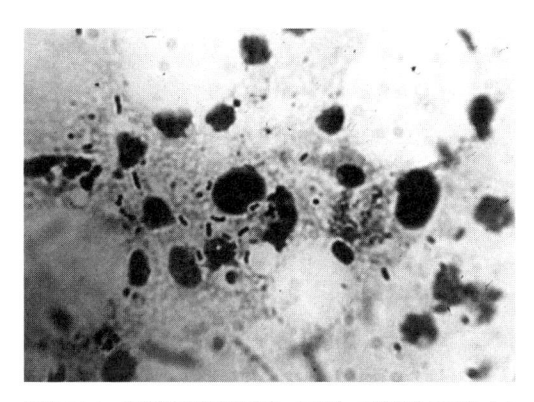

図Ⅲ-16-1　類結節症実験的病魚（ブリ）の脾臓塗抹標本（メイ・ギムザ染色を施した *Photobacterium damselae* subsp. *piscicida*）

ブレイン・ハートインフュージョン（BHI）寒天培地や血液寒天培地など（いずれも食塩濃度1.5～2.0％）での発育は良好であるが，普通寒天培地での発育はよくない．BHI寒天培地上のコロニーは正円形，無色，半透明，露滴状で，粘ちゅう性がある．McConkey培地には発育するが，SS培地には発育しない．通性嫌気性である．発育可能温度は17～32℃，至適温度は25～30℃，発育可能pHは6.8～8.8，至適pHは7.5～8.0，発育可能食塩濃度は0.5～5.0％，至適食塩濃度は2～3％と報告されているが（Simidu and Egusa, 1972），若干異なる値も報告されている（Koike et al., 1975；楠田・山岡，1972；橋本ら，1985）．

主な，生化学的性状を表Ⅲ-16-1に示した．一部の炭水化物の利用性などに不一致はあるもののブリの類結節症原因菌とホワイトパーチ由

第Ⅲ章　細菌病

来株とは同一種と判断される．日本由来株とヨーロッパ由来株との間には，シアル酸の組成に違いがあるとの報告もある (Jung et al., 2001a).

病原性：病魚から分離直後の菌の病原性は菌株間であまり差はないが，継代を重ねると比較的速やかに病原性が低下する．実験感染魚は接種菌量が多い場合には脾臓や腎臓に類結節症の特徴的症状である白点が形成される以前に死亡してしまう．しかし接種菌量が適当であれば接種後数日して自然感染魚と同様の白点が形成される．これらの臓器での白点の形成はブリだけでなく，カンパチ，カワハギ，イシダイを使った感染実験においても観察されている．

本菌による感染事例は，クロダイ (Muroga et al., 1977)，マダイ (安永ら, 1983)，キジハタ (植木ら, 1990)，イソギンポ (浜口ら, 1991)，シマアジ (Nakai et al., 1992)，ヒラメ (福田ら, 1996)，あるいはアユ (松岡ら, 1990) などの養殖魚で認められている．また，ウマヅラハギ (安永ら, 1984) やメジナ (Kawakami et al., 1999) などの天然魚でも本菌感染症が確認されている．なお，外国では，先に触れた米国での例に加え，最近ではヨーロッパでヨーロッパヘダイ (Toranzo et al., 1991) などで問題となっている．感染実験によれば，やはりブリが特に高い感受性を有し，マダイやマアジは感受性を示さなかったと報告されている (Kawakami and Sakai, 1999).

本菌の病原因子として疎水性，血球凝集能 (Sakai et al., 1993b)，致死性菌体外産物

表Ⅲ-16-1　ブリ等から分離された *Photobacterium damselae* subsp. *piscicida* の性状

性状	反応	性状	反応
チトクロムオキシダーゼ	＋	炭水化物分解（酸産生）	
カタラーゼ	＋	グルコース	＋
硫化水素産生	－	フラクトース	＋
MR試験	＋	ガラクトース	＋
VP反応	±	マンノース	＋
2,3ブタンジオール	＋	マルトース	±
インドール産生	－	シュクロース	±
硝酸塩還元	－	デキストリン	±
ウレアーゼ	－	グリセロール	±
マロン酸塩	－	アラビノース	－
ゼラチン液化	－	ラムノース	－
カゼイン消化	－	キシロース	－
リトマスミルク	±	トレハロース	－
でん粉加水分解	±	ラクトース	－
ツイーン80	＋	セロビオース	－
βガラクトシダーゼ	－	メリビオース	－
フェニルアラニン	－	スターチ	－
O/129感受性	＋	グリコーゲン	－
アルギニン脱水素酵素	＋	ラフィノース	－
オルニチン脱炭酸酵素	－	イヌリン	－
リジン脱炭酸酵素	－	メレジトース	－
グルコン酸塩	－	サリシン	－
クエン酸塩	－	エスクリン	－
d-酒石酸	－	マンニトール	－
OF試験	発酵	アドニトール	－
溶血性	±	ソルビトール	－
グルコースからのガス産生	－	ズルシトール	－
		イノシトール	－

木村・北尾 (1971)，Simidu and Egusa (1972)，楠田・山岡 (1972)，Koike et al. (1975) およびNakai et al. (1992) より

(Nakai et al., 1992; Bakopoulos et al., 2002)，鉄取り込み能（Magarinos et al., 1994c），吸着・侵入能（Magarinos et al., 1996a; Yoshida et al., 1997b; Jung et al., 2001b），および莢膜（Arijo et al., 1998）などがあげられている．しかし，ワクチン開発などに関連する最も重要な病原因子は，食細胞抵抗性（細胞内寄生体）であり，本菌を取り込んだ，好中球，マクロファージ，あるいは細網内皮細胞内で本菌が生き残り，増殖することが知られている（窪田ら，1970a；江草ら，1979；Magarinos et al., 1996b）．

血清型：Kitao and Kimura（1974）は各地の養殖ブリから分離された 11 菌株について，凝集反応および蛍光抗体反応を試み，これらの血清学的性状に差異はないと報告している．福田・楠田（1981）によれば，養殖ブリ由来の菌株はすべて同じ血清型に属するが，ホワイトパーチ由来株とは共通抗原はもっているものの血清型は異なるという．1995 年に大分県下で分離された P. damselae subsp. piscicida 株について検討した結果，それらは共通抗原を有するものの 3 つの血清型に分けることができたと報告されている（Kawahara et al., 1998）．

3）症状・病理

病状の進行はきわめて急速で，病魚はまず食欲を失い，ついで群を離れ生け簀の底に静止するようになり，そのまま死亡する．体色が多少黒化したり，鱗が 2，3 枚とれてその部分が青黒くみえたりするほかは体表には殆ど病変は認められない．一方，脾臓と腎臓にはほぼ例外なく多数の小白点が観察される（図Ⅲ-16-2，口絵参照）．また，心臓，肝臓，膵臓，腸間膜，腹膜，鰾，血合肉，鰓などにも少数ではあるが小白点が形成されていることがある．白点の大きさはごく微小なものから直径数 mm のものまで様々であるが，大部分は 1 mm 前後である．形は不定であるが，球形に近い．白点は細菌の大きな集落あるいは多数の小集落が球面状に配置したもので，多くは繊維組織に取り囲まれ結節をなし，内部の細菌は死んでいる．これらの菌集落の形成は白血球や細網内皮細胞に貪食された病原菌が，細胞内消化に耐え，さらに食細胞内増殖を起こし，毛細血管や間質組織内で菌球を形成することに基づく．毛細血管や間質では激しい菌の増殖がみられ，菌血症を呈するが，実質組織は大きな影響を受けない（窪田ら，1970a，b，1972）．

また，筋肉内注射，浸漬法あるいは経口法で攻撃したブリにおける P. damselae subsp. piscicida の組織内における動態を蛍光抗体法を用いて検討した結果，いくつかの異なる侵入経路があるものと考えられている（Kawahara et al., 1989）．

4）疫 学

前述したように，類結節症は 1969 年に瀬戸内海，九州，四国，熊野灘沿岸で一斉に発生し，翌年からは全国的に流行するようになった．1969 年以前にも豊後水道，宇和海あるいは瀬戸内海で本症と考えられる病気の発生はあったようであるが，最初の発生源を明らかにすることは難しい．

類結節症が全国的に蔓延している現在，感染を耐過した養殖ブリ，さらには養殖場付近に生

図Ⅲ-16-2　類結節症罹病ブリの腎臓における小白点（菌集落）
（写真提供：城　泰彦氏）

息するカワハギやイシダイなどの本病原菌に対する感受性の比較的低い天然魚が主な伝染源となっていると考えられる．本病原菌は海水や海底泥中では本来長時間生存できないが，富栄養化した海水中ではかなり長期間生存することから，養殖場が密集している水域では流行しやすい条件が整っているとみることができる．

類結節症はもともと梅雨期に餌付け後間もない幼魚に発生しやすい病気であり，水温が20℃を超える頃，大雨が降り海水の塩分濃度が下がると発生する傾向がある．しかし，最近では水温が25〜28℃で，塩分濃度も高い7〜8月に多発することも報告されている．また，幼魚だけでなく1+歳魚にも発生が見られるようになっている（松岡・室賀，1993）．最近，本菌はいわゆる VBNC（viable but non-culturable state）の状態になり得ることが報告されており（Magarinos et al., 1994b），流行期以外の時期に本菌が養殖場の底泥などに存在している可能性も考えられる．

5）診　断

臓器に小白点のみられる養殖ブリの疾病には，ほかにノカルジア症とイクチオホヌス症があるが，類結節症の場合には筋肉中に結節や膿瘍が形成されることはなく，また肝臓の粟餅状肥大や腎臓の腫大がないことなどから，それらの病気とある程度区別することができる．

確認のためには細菌検査が必要であるが，血液塗抹標本や病患部の圧印標本を用いる方法が簡便である．単染色をして両極濃染の傾向をもつ短桿菌が多数観察されれば本病と診断してほぼ間違いない．確定診断には，やはり蛍光抗体法（Kitao and Kimura, 1974）あるいは DNA-DNA ハイブリダイゼーション（Zhao and Aoki, 1989）などの方法を用いて確認すべきであるし，最近では PCR 法による遺伝子検出法も検討されている（Aoki et al., 1997）．

6）対　策

本病は全国的に蔓延しているのであまり効果は期待できないが，基本的には感染魚の移動の制限や，病魚や死魚の速やかな除去による防疫的措置が必要である．

本病の治療薬としてアンピシリン（楠田・井上，1976），オキソリン酸（Takahashi and Endo, 1987），フロルフェニコール（Fukui et al., 1987; Yasunaga and Yasumoto, 1988; Yasunaga and Tsukahara, 1988），フルメキン（Takahashi et al., 1990）およびビコザマイシン（Kitao et al., 1992）などが有効とされている．本菌の薬剤感受性（Takashima et al., 1985；楠田ら，1990）および R-プラスミド（Aoki and Kitao, 1985; Zhao and Aoki, 1992）についても詳しく検討されている．

福田・楠田（1981）は P. damselae subsp. piscicida のホルマリン不活化菌体を用いて平均体重 30 g のブリに対し経口法，浸漬法，噴霧法および注射法による人工免疫を試みた．ワクチン投与後 3 週間後に経口的に生菌攻撃を行い，これらのいずれの免疫法も程度の差はあれ有効であることを認めた．それらのワクチンの有効成分は主として LPS であろうと考えられている（Fukuda and Kusuda, 1985）．しかし，若林ら（1977b）は同様の実験で経口ワクチンに効果が見られなかったことを報告している．Kusuda and Hamaguchi（1988b）は異なるワクチンを用いて浸漬免疫を行ったところ，弱毒化生ワクチンはホルマリン死菌あるいは加熱死菌ワクチンより高い防御能をもたらしたことを報告している．さらにはリボゾームワクチン（楠田ら，1988；二宮ら，1989）の研究もなされ，ヨーロッパでもワクチン開発の研究がなされている（Magarinos et al., 1994a）．

最近ではアジュバントを用いた注射ワクチンが有効であることが改めて確認されている（Kawakami et al., 1998; Sakai, 1999b）．現時点では本病に対するワクチンは日本では市販さ

れていないが，ヨーロッパでは既に実用化され，最近では V. alginolyticus との混合ワクチンを用いた浸漬免疫の有効性がヨーロッパヘダイで確認されている（Morinigo et al., 2002）．先に述べたように，本菌は条件性細胞内寄生体であるため，液性免疫だけでなく細胞性免疫をも高める必要があると考えられるが，このこととワクチンの有効性との関係についてはあまり検討されていない． （室賀清邦）

17. ブリのノカルジア症
（Nocardiosis）

1）序

放線菌の仲間である Nocardia による魚類の感染症は，Conroy（1963）および Valdez and Conroy（1963）によってアルゼンチンのネオンテトラ（Hyphessobrycon innesi）から Nocardia asteroides が分離されたことから知られるようになった．その後，北米あるいはヨーロッパにおいてニジマス（Snieszko et al., 1964），カワマス（Campbell and MacKelvie, 1968），およびギンザケ（Wolke and Meade, 1974）からも N. asteroides あるいは Nocardia sp. による感染症が報告されている．比較的最近ではタイワンドジョウにおける N. asteroides 感染症が報告されているが（Chen, 1992），一般的には熱帯観賞魚に多い病気と考えられている（Frerichs, 1993）．

日本では1967年8月三重県尾鷲において養殖ブリおよびカンパチに，体表および内臓に白色の粟粒結節が形成されることを特徴とする細菌性疾病が発生し，その原因菌は N. asteroides とは異なる新種であるとされ，N. kampachi と名付けられた（狩谷ら，1968）．本病はその後西日本各地のブリ養殖場に拡がり，現在でも養殖ブリの重要な病気の一つになっている．いくつかの魚病に関する本では依然として N. kampachi なる種名が用いられているが（Frerichs,

1993; Chinabut, 1999），1980年代の末に日本におけるノカルジア症の原因菌として新たに N. seriolae なる種名が提案され（Kudo et al., 1988），Austin and Austin（1999）は N. seriolae を N. kampachi に代わる有効種名として認めている．N. kampachi の元記載分離株が保存されていないため N. kampachi と N. seriolae の異同については厳密には確認されておらず，問題はあるが，示された性状を比べる限りこれらはシノニムであると考えられる．したがって，本書でも N. kampachi と N. seriolae は同種であるとして以下の記述を行う．

2）原　因

性状・分類：養殖ブリのノカルジア症の原因菌 N. seriolae（＝N. kampachi）は弱抗酸性，分枝したグラム陽性糸状菌である（図Ⅲ-17-1）．培養日数が長くなると長桿状や球状を呈する．ベネット寒天培地あるいは小川培地でよく発育するが，普通寒天培地やサブロー培地では発育は悪い．気中菌糸（aerial mycelium もしくは aerial hypha）を形成．発育可能温度12～32℃，至適温度 25～28℃．発育可能塩分 0～4%（N. seriolae は 4% 発育不能），至適塩分 0～1.0%．発育可能 pH5.8～8.5，至適 pH6.5～7.0．狩谷ら（1968），楠田・滝（1973）および楠田ら（1974b）が報告した N. kampachi の性状と

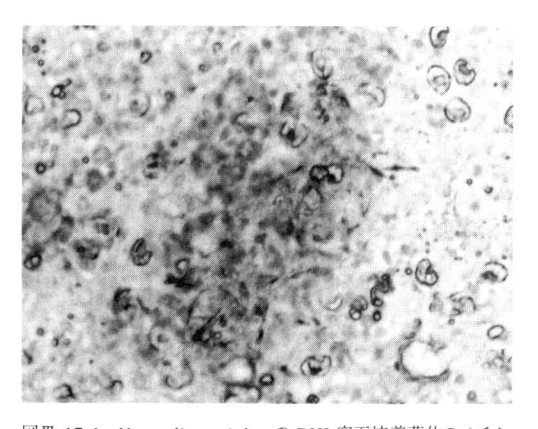

図Ⅲ-17-1　*Nocardia seriolae* の BHI 寒天培養菌体のメチレンブルー単染色像（スケール：10μm）
（写真提供：福田　穣氏）

第Ⅲ章 細菌病

Kudo et al. (1988) が報告した N. seriolae の性状を，N. asteroides の性状とともに表Ⅲ-17-1 に示した．この表に示されたように，N. kampachi と N. seriolae との間にはほとんど違いは見られないが，N. seriolae と N. asteroides とは尿素分解，発育温度，発育塩分，発育窒素源などの生化学的性状で異なり，さらに DNA-DNA ホモロジーの値から，これらは別種であることが確認されている．

薬剤感受性：オレアンドマイシン，塩酸ストレプトマイシン，クロラムフェニコールなどに強い感受性を示す (Kusuda, 1975)．

病原性：本菌は細胞内増殖性細菌の一種であるとされる (楠田ら，1989)．ブリ，カンパチ，シマアジ，ヒラメ，カワハギおよびウマヅラハギにおける本症の自然発症例が知られている．また，実験的にはマダイ，キンギョ，あるいはコイが本病原因菌に対し感受性を示す．

後述するように，本症には躯幹結節型と鰓結節型の 2 型が存在するが，それぞれの型の病魚

表Ⅲ-17-1　Nocardia seriolae と N. asteroides の性状比較

項　目	N. seriolae (N. kampachi)[*1]	N. seriolae[*2]	N. asteroides[*2]
キサンチン分解	−	−	−
チロシン	+弱	−	±
ヒポキサンチン	+弱	−	±
でん粉加水分解	+	未検討	±
ゼラチン液化	−	未検討	
尿素	−	−	+
アラビノース（酸産生）	±	−	−
エリスリトール	−	−	±
ガラクトース	−	−	−
グルコース	±	+	+
グリセロール	±	+	+
マルトース	−	−	−
マンノース	±	±	−
ラムノース	−	−	−
トレハロース	±	±	±
クエン酸（炭素源）	+	+	+
リンゴ酸	±	+	+
コハク酸	±	+	+
硝酸ナトリウム（窒素源）	+弱	−	−
リン酸水素二アンモニウム	未検討	−	+
アセトアミド	未検討	−	+
ピラジナミド	未検討	−	±
L-システイン	未検討	+	+
L-グルタミン酸塩	未検討	−	+
L-フェニルアラニン	未検討	−	±
L-セリン	未検討	−	±
10℃発育	−	−	±
20℃	+	+	+
30℃	+	+	+
35℃	(37℃−)	−	+
40℃	−	−	±
リファンピン耐性	未検討	−	±
4%食塩	+	−	+
50℃8時間	(4時間−)	−	+
GC値	未検討	67.1	68.9

[*1] 狩谷ら（1968），楠田・滝（1973），楠田ら（1974b），　[*2] Kudo et al. (1988)

から分離された株は，それぞれに特有な病徴を引き起こすとされる（江草ら，1979）．

3）症状・病理

本病の発現型には，躯幹部の皮下脂肪織や筋肉に膿瘍や結節が多発する躯幹結節型（図Ⅲ-17-2，口絵参照）と，鰓に結節が多発する鰓結節型（図Ⅲ-17-3，口絵参照）に大別され，そのほかに口唇部に結節が現れる症例も知られる（Kusuda，1975）．

図Ⅲ-17-2　ノカルジア症罹病ブリ（躯幹結節型）（写真提供：福田　穣氏）

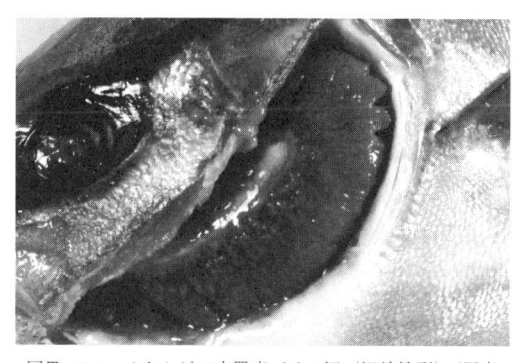

図Ⅲ-17-3　ノカルジア症罹病ブリの鰓（鰓結節型）（写真提供：福田　穣氏）

躯幹結節型では，躯幹部と尾部の表皮に潰瘍病巣や皮下に膨大病巣が特徴的に認められ，膨大病巣の割面からは白色の膿が流出する．剖検的には心臓，脾臓，腎臓，鰾，鰓に結節病巣が観察される．真皮や筋組織では病巣周囲を繊維芽組織が層を成して囲むことが多いが，脾臓や腎臓では繊維芽細胞の増殖はおおむね弱い（窪田ら，1968；江草ら，1979）．それらの病巣における炎症反応は基本的には，化膿性炎から増殖性炎を経て肉芽腫性炎に，または繁殖性炎から肉芽腫性炎への形式のどちらかをたどるが，その形式は菌の毒力や感染病巣を構成する組織の特性，および感染魚の健康度などによって変わってくる．

鰓結節型の病変は一般に冬期に多く現れ，鰓に結節性の病巣が多発するのが特徴である．鰓の病変が進行した病魚では内臓諸器官にも結節病巣が現れ，特に越年魚では鰾に結節病巣が認められる．

4）疫　学

最初に述べたように，本病は1967年に三重県下で最初に発生し，翌1968年には高知県および愛媛県でも発生し，1971年には宮崎県および広島県でも本病による被害が認められている．また，この1971年には鰓結節型が和歌山県および高知県で見られるようになった．その後，静岡，徳島，熊本，長崎県下でも本症の発生が確認され，ブリ養殖が行われているすべての地域に広がった（松里，1978）．

1年魚から2年魚以上の大型魚まで年齢に関係なく罹病する．鰓結節型はこの型が流行し始めた当初は2年魚以上の大型魚に限られていたが，その後年齢に関係なく発生している．流行期は水温の上昇する7月に始まり翌年の2月まで続く．最大の流行期は9月から10月である．

米国でのギンザケにおけるノカルジア症の例では，土壌中から持ち込まれた原因菌（Nocardia sp.）が濾過槽に定着し，魚に感染したものと推測されている（Wolke and Meade，1974）．N. seriolae の場合もその塩分耐性や海水中での比較的短い生存時間からやはり元来は陸生細菌ではないかと考えられている（楠田・中川，1978）．本菌は外海水中では2日以内に死滅するが，養殖場付近の海水中では1週間程度生存することができ，さらに肉エキスを100 ppm添加した海水中では90日以上も生存したこと

が報告されており，富栄養化あるいは養殖業による自家汚染が進んだ水域に本菌は定着していると考えられる（楠田・中川，1978）．初発生地である三重県から他県への本症の伝播は病魚あるいは保菌魚の移動によって生じたと考えられるが，現在では多くの地域において病原菌が環境中に常在し，感染源となっているものと考えられる．

5）診　断

躯幹部もしくは鰓に形成された膿瘍から膿汁などの塗抹標本を作り，グラム染色を施すと，グラム陽性の糸状菌が容易に観察でき，本症の推定診断が可能である．菌の分離にあたっては，体表患部や，腎臓，脾臓あるいは鰓の患部材料を直接 1％小川培地に接種するか，もしくは 4％NaOH で処理した後 3％小川培地に接種する．通常 25℃で 4～5 日後に小集落が認められるようになり，約 2 週間で淡黄色から橙黄色に変化するイボ状の緻密な硬い集落が形成される．

血清学的診断については検討されていない．N. seriolae の検出に蛍光抗体法が実験的に用いられた例はあるが，他菌種との共通抗原が存在することから診断法としては確立されていない（楠田・中川，1978）．また，実験感染魚の血液性状が調べられているが（池田ら，1976），診断法へ応用されるには至っていない．

6）対　策

予防：魚肉エキスが病原菌の海水中での生存性を高め，ひいては感染の機会を多くしていると考えられることから，過密飼育あるいは自家汚染を防止することが本病の発生を抑えることにつながると考えられる．また，実験的に傷をつけたブリに菌浴攻撃が成立することから，外傷が感染門戸となると考えられ，魚の取り扱いに注意を払うことも大切な予防策とされる（楠田・中川，1978）．

N. seriolae のホルマリン死菌もしくは加熱死菌をブリに筋肉内接種すると，約 5 週間後には抗体価が約 10,000 にまで上昇し，生菌攻撃に対しても防御効果を発揮することが報告されている（楠田・中川，1978）．また，ブリに弱毒生菌（生ワクチン）およびホルマリン死菌を接種し，4 週間後に調べたところ，血中抗体価には 2 つの免疫区で差がなかったが，腹腔内に挿入した生菌を含むマイクロチューブへの白血球の動態には差が見られた．すなわち，生菌による免疫により，リンパ球や顆粒球が活性化され，より強い防御効果がもたらされるものと考えられている（楠田ら，1989）．

治療：N. seriolae はテトラサイクリンなどの薬剤に対し高い感受性を示すが，本菌が魚体内で多数の結節を形成するためか，生体内では薬が効きにくい．畑井ら（1984）は実験的に N. seriolae に感染させたブリに経口投与実験を行い，エリスロマイシンおよびスピラマイシンは有効であったが，オキソリン酸，塩酸オキシテトラサイクリン，スルファモノメトキシンは無効であったことを報告している．1999 年から 2001 年にかけて愛媛県および高知県下でブリやシマアジなどの病魚から分離された 60 株の N. seriolae について調べたところ，カナマイシンに対しては全ての株が高い感受性を示したが，エリスロマイシン，スピラマイシンおよびリンコマイシンに対しては約 1/3 の株のみが高い感受性を示した（板野・川上，2002）．しかしながら，本病に対して承認された水産用医薬品は現時点ではない．

（室賀清邦）

18. 海産魚の滑走細菌症
（Gliding bacterial disease, *Tenacibaculum maritimum* infection）

1）序

タイ類の種苗生産が盛んになった 1972 年頃から海面小割生け簀で中間育成中のマダイやク

ロダイの稚魚にカラムナリス病とよく似た滑走細菌症による大量死亡が発生するようになった。原因菌は海水で作ったサイトファガ培地を使って分離・培養されたが，サイトファガ培地やそれに食塩だけを加えた培地には発育せず，カラムナリス病原因菌とは異なる海洋性の新しい魚病菌と考察された（増村・若林，1977；Hikida et al., 1979）。さらに細菌分類学的検討が加えられた結果，原因菌を *Flexibacter maritimus* と命名することが提案された（Wakabayashi et al., 1986）。タイ類に続いて，ヒラメの種苗生産場でも *F. maritimus* 感染症の被害が報告され（Baxa et al., 1986, 1987a），さらにその後，トラフグやムシガレイなどの仔稚魚にも発生し，*F. maritimus* 感染症は日本の海産魚類種苗生産場における主な細菌感染症の一つとして知られるようになった。

Dover sole の 'black patch necrosis'（BPN）はスコットランドで最初に報告され（McVicar and White, 1979; Campbell and Buswell, 1982），その原因菌として菌株 NCMB 2158 が英国の National Collection of Marine Bacteria に登録保存されている。この菌株は *F. maritimus* と性状がよく一致し，とくに両者の DNA-DNA 相同率が 73％以上であった（Bernardet and Grimont, 1989）ため，*F. maritimus* が BPN の原因であると結論され（Bernardet et al., 1990），外国にも *F. maritimus* 感染症があることが初めて明らかになった。その後，*F. maritimus* 感染症はフランスやスペインの種々の海面養殖魚でも報告された（Alsina and Blanch, 1993; Pazos et al., 1993; Bernardet et al., 1994）。

北アメリカでは，海水で飼育中のサケ科魚類にカラムナリス病によく似た滑走細菌症が時々発生することが以前から知られていたが，原因菌は特定されていなかった（Borg, 1960；Anderson and Conroy, 1969；Wood, 1974；Sawyer, 1976）。*F. maritimus* の記載後，Chen et al.（1995）は，南カルフォルニア沿岸の網生け簀で養殖中のマスノスケや white sea bass，また，それらの生き餌の northern anchovy や Pacific sardine の鰓や皮膚などの患部から *F. maritimus* を分離し，その性状を報告した。さらに米国ではタイセイヨウサケやスチールヘッドからも分離されている（Bader and Schotts, 1998）。また，Handlinger et al.（1997）はオーストラリアのタスマニアにおけるサケ科魚類や greenback flounder, striped trumpeter などの海面養殖魚類の *F. maritimus* 感染症を報告している。このような状況から，*F. maritimus* は世界中に広く分布しており，条件次第でいろいろな海産魚に感染するのではないかと思われる。

なお，Kent et al.（1988）は，米国ワシントン州沿岸で網生け簀に移して約 1 週間後のタイセイヨウサケのスモルトにしばしば生ずる皮膚や筋肉のびらん・潰瘍の原因として *F. maritimus* とは異なる海水培地を必要とする滑走細菌 *Cytophaga* sp. を報告している。また，Hansen et al.（1992）は，ハリバットの卵と仔魚の新しい病原菌として *Flexibacter ovolyticus* を報告している。*F. ovolyticus* は海水培地を必要とする冷水性の滑走細菌であるが，これまでのところノルウェー以外の地域では見出されていない。

2）原　　因

日本でタイ類の病魚から分離された滑走細菌は *Flexibacter* 属の新種として，種名 *marinus* が予定された（Hikida et al., 1979）が，*maritimus* と改名されて正式に提案された（Wakabayashi et al., 1986）。なお，原因菌を *Cytophaga marina* と命名することが Reichenbach（1989）によって提案されたが，*F. maritimus* が優先種名であると判定された（Holmes, 1992）。その後，*F. maritimus* は *Flexibacter* 属の基準種である *F. flexilis* と系統分類学的に離れており，さらに既存のどの属にも分類し難いことが指摘され

(Bernardet et al., 1996), 新たに Tenacibaculum 属を設けて基準種を T. maritimum (= F. maritimus) とすることが提案された (Suzuki et al., 2001). そして, Tenacibaculum 属を含む Flavobacteriaceae 科の新しい分類基準が提案された (Bernardet et al., 2002).

形態および性状：T. maritimum は, グラム陰性の細長い桿菌で大きさは通常 0.3〜0.5×2〜30 μm であるが, 長さ100 μm に達するフィラメント状のものが見られることもある. また, 培養が古くなると球状のものが多く出現する (図Ⅲ-18-1). それらは退行形であり, ミクロシストとは形態的にも異なり, 新鮮な培地に継代しても発育しない.

T. maritimum の培養には, 海水サイトファガ培地 (増村・若林, 1977) [*1], TYC 培地 (Hikida et al., 1979) [*2], Marine Agar (2216E) 培地 (Difco), FMM 培地 (Pazos et al., 1996) [*3] などが使われている. 海水サイトファガ培地は30％以上の海水を必要とし, 海水を代わりに NaCl だけを加えても発育せず, NaCl のほかに少なくとも KCl の添加を必要とする (Hikida et al., 1979). 病魚の患部材料をこれらの寒天平板培地に塗抹し, 25℃で48時間位培養すると, 表面が粗で辺縁が樹根状の扁平な淡黄色のコロニー (直径数mm) として T. maritimum を分離することができる (図Ⅲ-18-2). コロニ

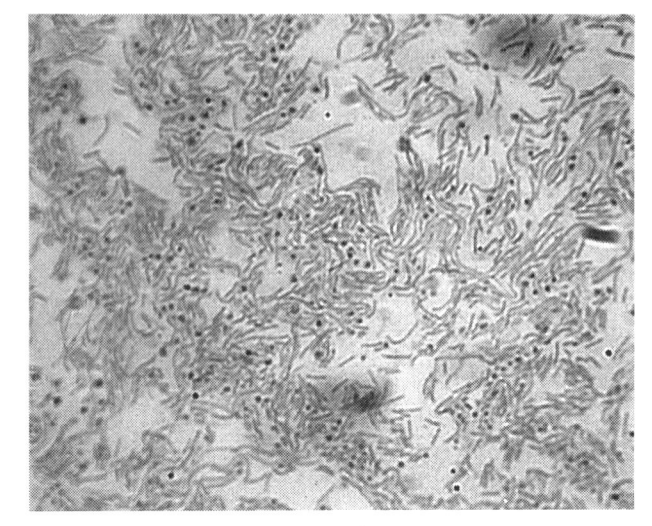

図Ⅲ-18-1 海水サイトファガ液体培地で培養された Tenacibaculum maritimum の塗抹標本 (グラム染色)

ーは寒天面に密着しており, これを掻きとって液体培地などに均一に分散することが容易でない. また, 液体培地で静置培養すると, 塊や膜を形成する. 嫌気的条件では発育しない. 発育温度は15〜34℃, 30℃前後で最もよく発育する. 発育 pH 域は6〜9, pH7前後が最適であ

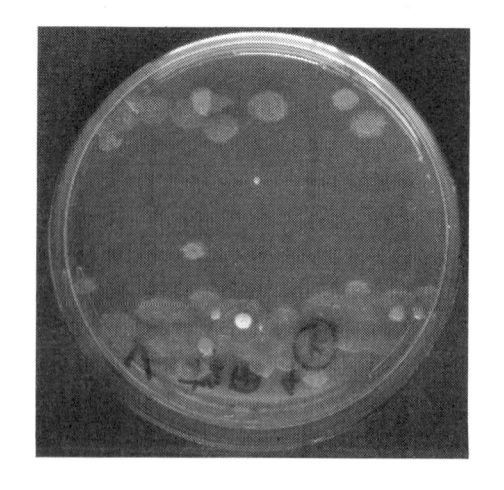

図Ⅲ-18-2 海水サイトファガ寒天培地上の Tenacibaculum maritimum のコロニー (矢印). 雑菌のコロニーが7つ混じっている.

[*1] 海水サイトファガ培地：(A) トリプトン0.5 g, 酵母エキス0.5 g, 肉エキス0.2 g, 酢酸ソーダ0.2 g, 寒天9〜11g, 蒸留水300 ml と (B) 海水700 ml とを別々に高圧滅菌し, 適度に冷えたところで混合して, 平板培地とする.

[*2] TYC 培地：トリプトン1 g, カザミノ酸1 g, 酵母エキス0.2 g, NaCl 0.7 g, MgCl$_2$·6H$_2$O 10.8 g, CaCl$_2$·2H$_2$O 1 g, 寒天15 g, 蒸留水1000 ml, pH 7.2

[*3] FMM 培地：ペプトン5.0 g, 酵母エキス0.5 g, 酢酸ソーダ0.01 g, 寒天15 g, 海水1000 ml, pH 7.2〜7.4

18. 海産魚の滑走細菌症

る.

主な生化学的性状は表Ⅲ-18-1 の通りである. なお, G+C 含量は 31.3〜32.5 mol%（Wakabayashi et al., 1986）, あるいは 30.6〜32.0 mol%（Bernardet et al., 1994）と報告されている. また, 本菌の近縁種である Tenacibaculum ovolyticum, Flavobacterium columnare, Flavobacterium psychrophilum との主な相違点は表Ⅲ-18-2 の通りである.

病原性：感染実験における T. maritimum の病原性は F. columnare よりも弱く, 通常, 実験魚を菌液に浸漬するだけでは感染しない（増村・若林, 1977；Baxa et al., 1987b）. 実験魚に原因菌を注射した場合, 皮下注射では病状を

表Ⅲ-18-1 Tenacibaculum maritimum (= Flexibacter maritimus) の生化学的性状.
(Wakabayashi et al., 1986; Baxa et al., 1986; Bernardet and Grimont, 1989; Bernardet et al., 1990; Alsina and Blanch, 1993)

性　状		性　状	
チトクロームオキシダーゼ	＋	DNA分解	＋
カタラーゼ	＋*1	クエン酸塩利用	－
硫化水素産生	－	アルギニン加水分解	－
インドール産生	－	リジン脱炭酸	－
硝酸塩還元	＋	オルニチン脱炭酸	－
ゼラチン分解	＋*2	βガラクトシダーゼ（ONPG）	－
カゼイン分解	＋	ウレアーゼ	－
でん粉分解	－	アンモニア産生	＋
エスクリン分解	－	フレキシルビン反応	－
チロシン分解	＋*3	コンゴレッド吸着	＋
トリブチリン分解	＋	メチレンブルー還元	－
キチン分解	－	卵黄反応	＋
セルロース分解	－	細菌融解（グラム陰性菌*4）	＋*5
寒天分解	－	炭水化物分解	－

＋ 陽性, － 陰性

*1 Baxa et al.（1986）では供試 23 株中 6 株は＋.
*2 Baxa et al.（1986）では供試 23 株中 2 株は－.
*3 Baxa et al.（1986）では供試 23 株中 7 株は－.
*4 Escherichia coli, Edwardsiella tarda, Aeromonas hydrophila, Vibrio anguillarum.
*5 Wakabayashi et al.（1986）では E. coli については基準株を含む供試 15 株中 11 株は－.

表Ⅲ-18-2 Tenacibaculum maritimum (= Flexibacter maritimus) と近縁菌種との鑑別点

	Tenacibaculum maritimum	Tenacibaculum ovolyticum	Flavobacterium columnare	Flavobacterium psychrophilum
サイトファガ培地で発育	－	－	＋	＋
海水培地で発育	＋	＋	－	－
4℃での発育	－	＋	－	＋
30℃での発育	＋	－	＋	－
フレキシルビン色素反応	－	－	＋	＋
コンゴレッド吸着	＋	－	＋	－
カタラーゼ	＋	＋	＋	－or＋w
硝酸塩還元	＋	＋	＋	－
アンモニア産生	＋	－	＋	＋
硫化水素産生	＋	－	－	－
チロシン分解	＋	＋	－	＋

＋ 陽性, － 陰性, ＋w 弱陽性

再現することができた（Campbell and Buswell, 1982; Baxa et al., 1987b）が，腹腔内注射や筋肉注射ではできなかった（Wakabayashi et al., 1984; Alsina and Blanch, 1993）．白金耳で菌を実験魚の口吻部や尾部に直接擦り付ける（増村・若林，1977），試験管ブラシで菌液を体表に塗布したのち，さらに実験魚を菌液に 20 分間浸漬する（Baxa et al., 1987b），実験魚の脇腹に切り傷を付けたのち菌液を塗布する（Bernardet et al., 1994）などの創傷感染法によってもっとも高い感染率や死亡率が得られ，自然感染魚に似た症状が再現されている．

血清型などの型別：マダイ，クロダイ，チダイ由来の 3 菌株に対する家兎抗血清を作ってそれまでに日本各地のタイ類から分離された菌株について凝集素価を調べたところ，全ての供試菌株が共通抗原をもっていた（Wakabayashi et al., 1984）．カナダ太平洋岸の養殖タイセイヨウサケ由来の菌株は，日本のマダイ，クロダイ由来の 2 菌株（基準株を含む）と共通抗原をもっており，凝集素価には差が認められなかったが，免疫拡散法では共通しない沈降線も観察され，抗原構造の差異が認められた（Ostland et al., 1999）．しかし，血清型は報告されていない．

3）症状・病理

マダイやクロダイの稚魚の場合，体色の黒化，口唇部のびらん，尾鰭の壊死崩壊などを主徴とし（図Ⅲ-18-3），病魚は生け簀の隅寄りを緩慢に遊泳していることが多い（増村・若林，1977）．11月頃から 2 月頃までの低水温期に 1～2 年魚に発生する場合は稚魚とやや異なり，頭部，躯幹，鰭などの所々に発赤や出血がみられ，さらにびらんや潰瘍に進んだ患部がみられる．稚魚，成魚いずれにおいても患部には T. maritimum が繁殖しており，それらは肉眼的には黄白色の粘液状の塊として，また顕微鏡下では無数の細長い細菌として観察される．しかし，外部寄生細菌症の常として，感染後の時間が経過するにしたがって患部の菌相が変わり，一次感染菌が見られなくなるので初期病巣を観察することが必要である．

ヒラメの稚魚の場合，主な症状は背鰭や尾鰭などの部分的な崩壊や欠損と体表のびらんや壊死であり，初期の体表患部は白濁しているが，やがて真皮や筋肉が露出して発赤する（Baxa et al., 1986；水野，1992）．鰓に壊死患部をもつ病魚は稚魚では殆ど見られないが，夏から秋にかけて体重 300 g 以上の成魚に「鰓腐れ」を主症状とする病魚が出現することがある（水野，1992）．Dover sole の BPN の場合，先ず皮膚の表面が僅かに水ぶくれのようなり，尾鰭の基部組織が黒化した後，表皮が剥がれ，露出した真皮に出血が生ずる（McVicar and White, 1979）．養殖ターボットの病魚の主な症状は，爛れた口や裂けたり欠けたりした鰭であると報告されている（Alsina and Blanch, 1993）．

スズキ類やサケマス類の場合も主な症状はタイ類やヒラメなどと類似している（Bernardet et al., 1994; Chen et al., 1995; Handlinger et al., 1997）．なお，Handlinger et al. (1997) は，タイセイヨウサケとニジマスの躯幹，頭部，鰭，

図Ⅲ-18-3 クロダイ（上）とマダイ（下）の稚魚の病魚．口の周りがただれ，背鰭や尾鰭が崩れている．

鰓，および目について感染患部の病理組織学的観察結果を報告している．

4）疫　学

マダイやクロダイの種苗生産場の場合，陸上水槽から海上の網生け簀に移して（いわゆる沖出し）から数週間を経て稚魚が全長 2 cm 位になる 7 月上旬から流行し，6 cm 位に成長する 7 月下旬ないし 8 月上旬には終息する（増村・若林，1977）．しかし，11 月頃から翌 3 月頃までの冬季に網生け簀養殖場の 1 年魚あるいは 2 年魚が発病することがある．この場合，マダイに比べ低水温に強いクロダイは殆ど被害を受けない．稚魚の場合には沖出しに伴う作業および環境や餌の変化が抵抗力を弱め，養成魚の場合には低水温が抵抗力を弱めることが，*T. maritimum* の感染を許す主な理由と考えられる．すなわち，*T. maritimum* は日和見感染性の強い条件性病原菌であり，その感染・発病は宿主魚の防御力の低下に強く依存することを示唆している．

ヒラメ稚魚では，春，水温 14〜18℃で多発し，20℃を超えると終息し，同じ水温期の秋には発生しないが，成魚では鰓腐れを主症状とするものが夏から秋に発生することがある（水野，1992）．収容密度が低く，換水率が高く，水槽が清潔で汚れが少なく，室内が暗く静かな養殖場の発生率は低く，逆に密植で注水量が少なく，残餌等の始末が悪く，人の出入りの多い養殖場では発生率が高い傾向が認められる（水野，1992）．

McVicar and White（1979）によれば，Dover sole の BPN は，孵化後 60 日から 100 日の間に最初の徴候が観察され，当歳群と 1 歳群に繰り返し発生するが冬季よりも夏季に頻発する．また，当歳群の被害の方が大きく，症状が現れてからおよそ 5 日以内に死亡が始まる．また，Handlinger *et al.*（1997）によれば，豪州タスマニアでは海面生け簀養殖が始まった 1985 年当初からタイセイヨウサケなどの養殖サケ科魚類にビブリオ菌と滑走細菌の混合感染による皮膚の潰瘍が観察されていたが，1988〜1989 年の夏（11 月下旬から翌 1 月）に相互に 30 km も離れている各地の養殖場で皮膚の潰瘍患部と鰓の壊死患部を特徴とする *T. maritimum* 感染症が流行した．その夏は快晴の日が続いたために海水温が 21℃に達したことが大流行の最大の要因と考察されたが，それに加えて，給餌不足による摂餌競争が皮膚のスレをもたらしたこと，発病初期にオキソリン酸による不適切な治療が試みられたこと，アメーバなど *T. maritimum* 以外の原因による鰓の傷害が存在したことなど，の関与も指摘された．

5）診　断

体表あるいは鰓の患部を観察し，患部組織の小片を採取してウェットマウント標本さらには塗抹・染色標本を顕微鏡で観察して多数の長桿菌の存在を確認する（図Ⅲ-18-4）．しかし，ごく初期の感染魚や患部の菌相の変化した病魚では *T. maritimum* の数が少なく観察できない場合がある．また，形態のよく似た他の細菌が存在する場合もある．そこで，海水サイトファガ寒天培地など適当な培地に患部試料を塗抹して培養し，*T. maritimum* を分離する．コロニー

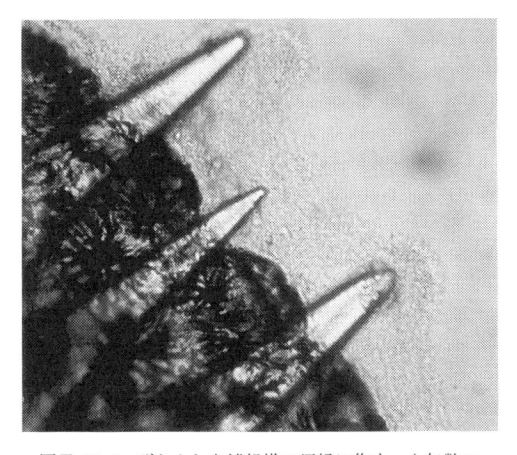

図Ⅲ-18-4　びらんした鰭組織の辺縁に集まった無数の *Tenacibaculum maritimum*

の形態から概ね鑑別できるが,抗血清を用いて確認することが望ましい.この場合,自発凝集する性質があるのでスライド凝集反応以外の蛍光抗体反応などを行う方がよい.

Baxa et al.(1988)は,クロダイ仔魚の実験感染魚について皮膚,鰓,肝臓,腎臓からの T. maritimum の検出を試み,直接蛍光抗体法の方が培養法より診断法として優れていると結論している.Toyama et al.(1996)および Bader and Shotts(1998)は,16S rRNA 遺伝子を標的とする PCR による T. maritimum の同定・検出法を開発した.ただし,両者の設計した種特異的プライマーの塩基配列は異なっている.Cepeda et al.(2003)は,Bader and Shotts(1998)法の反応時間を短縮した迅速法と前 2 者を比較していずれも有用であることを認めた上,迅速法による自然感染魚の検査を行った.その結果,1993 年から 2002 年までに調べた 54 件のうち T. maritimum 感染症と診断された 20 件の全てにおいて,迅速 PCR 法は培養法と同様の結果を示し,その精度と感度が確認された.

6)対　策

タイ類の稚魚ではオキシテトラサイクリンが沖出し後数日間予防的に,あるいは発症が認められた時点から,経口投与され,その効果が認められている.しかし,餌を摂らない冬季の病魚の治療は困難であり,環境のよい場所を選び,放養密度を抑えて越冬させるのが,最良のようである.

ヒラメの養殖場では,治療対策として,ニフルスチレン酸の薬浴あるいはこれとオキシテトラサイクリンの経口投与の併用が行われてきた.また,トリコジナなどの寄生虫を先に駆除し,その後に本症の治療する方法が一般的である.さらに,発症群を分養するだけで死亡数が減少する効果が認められている(水野,1992).

世界的にみても本病に対するワクチンに関する研究はほとんどない(Bernardet,1997).こ れは一つには Dover sole の例で観察されているように感染耐過群が一向に抵抗性を獲得する様子がないことも関係しているかもしれない(McVicar and White,1997).　　(若林久嗣)

19. ピシリケッチア症
（Piscirickettsiosis）

1)序

魚類におけるリケッチア感染症あるいはリケッチア様微生物による感染症は,1939 年のナイル川淡水フグ（Tetrodon fahaka）での病例についての報告以来,数多く観察されている.最近では,台湾におけるテラピアでのかなり大きな産業的被害を伴う病例(Chern and Chao, 1994; Chen et al., 1994),熱帯魚での病例(Khoo et al., 1995),スミツキハタにおける病例(Chen et al., 2000),あるいはヨーロッパスズキでの病例(Comps et al., 1996)などが報告されている.また,淡水ザリガニ（Cherax quadricarinatus）におけるリケッチア症（Coxiella cherax sp. nov. 感染症）(Tan and Owens, 2000),あるいは米国におけるクロアワビ（Haliotis cracherodii）のリケッチア症(Gardner et al., 1995)など,水産無脊椎動物におけるリケッチア症も研究されている.しかし,魚介類の病原リケッチアとしては,ここで説明するギンザケのピシリケッチア症の原因菌 Piscirickettsia salmonis のみが分離培養され,性状が詳しく調べられている.

1989年からチリで海面養殖されていたギンザケに新しい流行病が発生し,原因体はリケッチアであることが判明した（Fryer et al., 1990; Branson and Diaz-Munoz, 1991; Cvitanich et al., 1991; Garces et al., 1991）.この細菌は CHSE-214 細胞を用いて分離され,詳しい性状が調べられ,リケッチア目の中の新属新種として Piscirickettsia salmonis と命名された（Fryer et al., 1992）.本病は,サケ科魚類リ

ケッチア敗血症（salmonid rickettsial septicemia＝SRS）あるいはピシリケッチア症（piscirickettsiosis）と呼ばれるが，ここではOIEのマニュアルにならいピシリケッチア症と呼ぶ．本病はその後カナダ，アイルランド（Rodger and Drinan, 1993），およびノルウェーのタイセイヨウサケでも発生しているが，それらにおける死亡率はチリのギンザケの場合と比べるとごく低い．日本ではこれまで本病の発生は見られていない．

本病については既にいくつかの総説が書かれているが，ここでは主としてTurnbull (1993)，Fryer and Lannan (1996) およびLannan et al. (1999) の記述にしたがって紹介する．

2) 原　因

原因菌 *Piscirickettsia salmonis* は，偏性細胞内寄生体であり，非運動性のグラム陰性細菌（図Ⅲ-19-1）である．形はほぼ球形（直径0.5〜1.5μm）であるが，リング状，曲桿菌状などの形態もみられる．典型的なグラム陰性細菌の細胞膜および細胞質構造を有する．ギムザ染色陽性（濃青色），H&E染色好塩基性，PAS陰性，チールニルセン陰性．

CHSE-214, RTG-2, EPC, FHM, CHH-1などの魚類由来細胞で空胞形成および細胞の球形化を特徴とするCPEを呈する．ただし，本菌はペニシリンを除く多くの抗生物質に感受性を有するため，培養は抗生物質を加えずに行う必要がある．増殖可能温度10〜21℃，至適温度15〜18℃．10% DMSOを添加することにより凍結保存も可能である．

注射攻撃によりギンザケおよびタイセイヨウサケに高い死亡率をもたらすことが確認されている．これまでに，ギンザケ，タイセイヨウサケ，ニジマス，ヤマメ，マスノスケ，およびカラフトマスでの自然発生例が報告されている．

本菌の宿主外での生存性についても調べられており，海水中では5〜15℃で14日間感染能力を維持したが，淡水中では速やかに感染能を喪失した．なお，5〜15℃の海水中での感染能は，水温が低いほど長時間維持された（Lannan and Fryer, 1994）．

3) 症状・病理

ギンザケ病魚は不活発，食欲不振，体色黒化などの一般的な病徴を示すが，本病に特有な外見的病変はない．体表に出血斑あるいは直径2cm程度の皮膚潰瘍病巣を示す個体もある．開腹してみると，腹水の貯留，腎臓および脾臓の肥大，鰾や腹膜等内臓の表面における小出血点，慢性的病魚では肝臓にリング状のクリーム色の病変部が観察される（図Ⅲ-19-2）．鰓では鰓薄板上皮の増生による癒着，および貧血による鰓の褪色が見られる．ヘマトクリット値はしばしば25%以下に低下しており，血中には好中球の増加が認められる．急性的に死亡する個体では

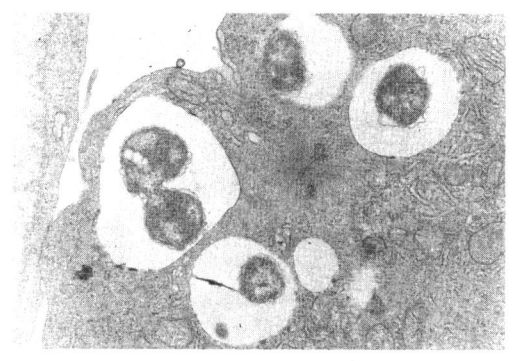

図Ⅲ-19-1　CHSE-214細胞内に観察される *Piscirickettsia salmonis* の電顕像（写真提供：J. L. Fryer博士）

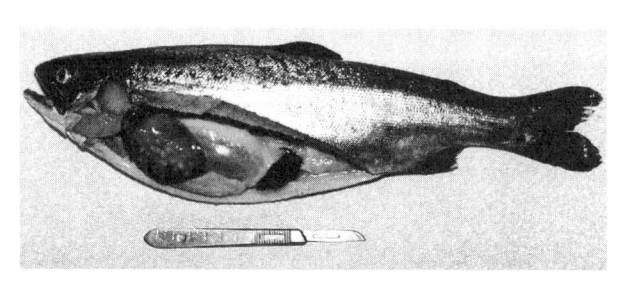

図Ⅲ-19-2　ピシリケッチア症罹病ギンザケ：肝臓の白色の壊死域が見られる（写真提供：J. L. Fryer博士）

第Ⅲ章　細菌病

内臓に病変がほとんど見られない場合が多い．

病理組織学的にも多くの臓器において変化が見られるが，特に腸管，腎臓，肝臓および脾臓での病変が顕著である．それらの臓器の特に血管周囲において，炎症および壊死が認められ，感染細胞の細胞質中あるいはマクロファージ中に原因菌が多数認められる．腎臓の造血組織には肉芽腫様反応が認められ，末期の魚においては心外膜炎も認められる．血栓および血管内皮細胞の壊死による血管内凝固も認められ，他の動物におけるリケッチア症に類似した血管病変が観察される．

4) 疫　学

チリのギンザケでは，淡水から海面の生け簀に移動させた6～12週間後に発生しやすい．時期的には秋から冬にかけて（4月～8月）大きな流行があり，春（12月）にも小流行がみられる．チリの例では最高90％もの累積死亡率がもたらされているが，カナダやノルウェーのタイセイヨウサケの場合は死亡率はせいぜい0.06％と低い．殆どの症例報告は海水中で飼育されているサケ科魚類からなされているが，チリでは淡水飼育中のギンザケおよびニジマスからも本菌が分離されており（Gaggero et al., 1995），海水中の魚だけが感染を受けるわけではない．

海水中の何らかの生物が P. salmonis を保有しており，それが本来チリの海域には生息しなかったギンザケに感染し，流行病をもたらしたのではないかと推測されているが，本菌の感染源，ベクターあるいは感染機構については全く不明である．陸上動物のリケッチアは Coxiella 属のものを除けば，いずれも何らかのベクターを必要とする．しかし水生生物である魚類に感染するリケッチアは必ずしもベクターを必要としないとも考えられる．事実，海水中では本菌は2週間も生存し得ることが明らかにされており，ベクターの存在なしで十分水平感染を起こし得ると考えられる．実験的には，注射攻撃により病気を再現し得るが，同居感染実験による水平感染の成立に関しては，かならずしも肯定的な結果ばかりではなく，まだ検討の余地が残されている．

成魚の卵巣・精巣中に P. salmonis が存在することが確かめられているが，垂直感染の確たる証拠は提示されていない．淡水中では本菌は生存できないことから，淡水中での伝播経路として垂直感染は無視し得ないと考えられるが，稚魚における発病例はほとんどないようである．

5) 診　断

基本的には感受性細胞を用いて P. salmonis を分離することが必要であるが，抗生物質を添加しないため，実際には雑菌の混入が頻発し，特に現場における調査には使えないことが多い．接種した細胞は15～18℃で培養し，3～4週間観察する必要がある．2代目の継代培養では4～7日でCPEが現れる．

簡易推定診断法としては，腎臓などのスタンプ標本あるいは血液塗抹標本をギムザあるいはアクリジン・オレンジ染色して，P. salmonis 様微生物を観察する方法が用いられるが（図Ⅲ-19-3），できれば抗血清を用いて準確定診断を行うべきである（Lannan et al., 1991）．なお，カナダやノルウェーのタイセイヨウサケか

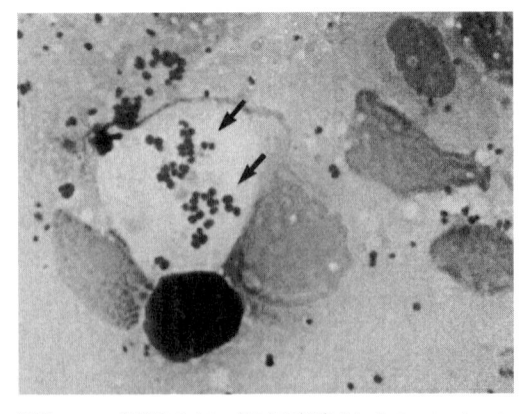

図Ⅲ-19-3　患部のスタンプ標本に観察される Piscirickettsia salmonis（矢印）ギムザ染色（写真提供：J. L. Fryer 博士）

ら分離された P. salmonis はチリのギンザケ由来標準株に対するポリクローナル血清には反応するが，モノクローナル抗体には反応しない．

病原体の分子生物学的検出法として PCR 法が開発されている (Mauel et al., 1996; Heath et al., 2000)．なお，本菌の標準株と前記のカナダやノルウェーのタイセイヨウサケ由来株との 16S rRNA の比較によれば，それらの遺伝子の相同性は99.4％と高いことが確認されている．

6) 対　策

感染経路などが不明であるため，適切な防除法が立てられない状況にある．理屈の上ではPCR 法による親魚選別および卵消毒などにより本病原体フリーの稚魚を生産することが，まず必要と思われるが，もし海上生け簀に移動させた後に感染が起こるとすれば，SPF (specific pathogen free) 種苗の導入はあまり意味がないことになる．その場合，予防免疫が必要ということになるが，現時点では有効なワクチンに関する報告はない．感染したギンザケにおける抗体産生は微弱であるとの報告もあり (Kuzyk et al., 1996)，今後細胞性免疫の活性化を含めて検討される必要がある．

本菌はペニシリン G には感受性を示さないが，オキソリン酸，エリスロマイシン，オキシテトラサイクリン，テトラサイクリン，クロラムフェニコールなどに感受性を示す．しかし菌株により感受性はかなり異なるとの報告もある (Smith et al., 1996)．いずれにせよ，試験管内では感受性があるにしても，原因菌が細胞内寄生体であるため，実際の治療効果は上がらないようである．　　　　　　　　　（室賀清邦）

20. エピテリオシスチス病
（Epitheliocystis）

1) 序

本病は最初米国のブルーギルから報告され (Hoffman et al., 1969)，主に鰓の上皮細胞に微生物が感染し増殖することにより細胞が著しく肥大することを特徴とする病気である．同様の病気は続いて米国のストライプトバスとホワイトパーチに見いだされ (Wolke et al., 1970)，エピテリオシスチス病と呼ばれるようになり，現在までに淡水，海水あるいは天然，養殖を問わず，チョウザメ科，コイ科，アジ科，タラ科，ボラ科，タイ科，イシダイ科，ヒラメ科，サケ科など 20 以上もの科に属する魚種から報告されている (Lannan et al., 1999)．

日本では1984年に香港より輸入し飼育されていたマダイに本病が発生し，初めて問題となった (Miyazaki et al., 1986；乙竹，1987；乙竹・松里，1987)．本病は通常致死的な害を与えることはないが，宿主の抵抗力が低い場合にある程度の被害をもたらし，問題となることがある．本病については江草 (1987)，Turnbull (1993)，Fryer and Lannan (1994, 1996)，あるいは Lannan et al. (1999) などの総説がある．なお，日本では本病に似ているものの本病とは異なると考えられるエピテリオシスチス類症なる病気も存在するが，これについては最後にごく簡単に触れる．

2) 原　因

本病の原因体はいまだ分離培養されず，形態観察に基づいて分類学的位置が検討されてきた．これまでにいろいろ議論されてきたが，現時点では偏性細胞内寄生性細菌であるクラミジア類に入ると考えられている．しかし，Chlamydia 属に共通する抗原（糖タンパク質）を欠くことから，クラミジア科に分類されるとしてもヒトの病原体を含む Chlamydia 属とは異なる群を形成すると考えられている (Lannan et al., 1999)．原因体は EPO (epitheliocystis organism) あるいは CLO (chlamydia-like organism) などと略称されるが，ここではEPO と呼ぶことにする．

クラミジアは一般に，感染性はあるが増殖で

第Ⅲ章 細菌病

きない基本小体（elementary body，小型細胞）と，それが宿主細胞に侵入して増殖性をもつようになった網様構造体（reticulate body，網状体，大型細胞）とからなる．EPOも基本的には同様の形態を有するが，reticulate body（直径 0.7～1.25 μm），elongated cell（1～2×0.3～0.6 μm），round cell（直径 0.3～1 μm），および infective small cell（0.5～0.7×0.3～0.5 もしくは 0.9～1.3×0.5～0.7 μm）といった4つの形態が認められるとされ，その他，鎖状，分枝状，あるいは head-and-tail cell といったような形態も認められている（Turnbull, 1993; Lannan et al., 1999）．また，ヨーロッパヘダイに認められたEPOには2つの異なる発達様式が認められるという最近の報告もある（Crespo et al., 1999）．

　グラム陰性，非運動性の細菌であり，生きた細胞内においてのみ増殖が可能である．BF-2細胞を用いてブルーギルから病原体を分離することが試みられたが，細胞の巨大化は認められたものの病原体の継代はできなかったという（Hoffman et al., 1969）．それ以外に分離の試みに関する記載は見あたらない．クラミジアは通常種々の抗生物質に感受性を示すが，EPOに関してはクロラムフェニコールの経口投与が有効であったとの記載がある程度である．

3）症状・病理

　EPOは水を介して鰓などの上皮細胞に直接感染する．感染を受けた宿主細胞の細胞質内で増殖し，封入体（inclusion）と呼ばれる菌体集塊を形成する．封入体は好塩基性でヘマトキシリンによく染まり，またギムザ染色陽性であるがPAS染色は陰性である．EPOの増殖につれて集塊は大きくなり，細胞は肥大する．細胞質は押し広げられ集塊を囲むような形になり，核は隅に位置するようになる（図Ⅲ-20-1）．このように肥大した細胞をシストと呼ぶが，このシストは一つの細胞が肥大してできる場合と複数の細胞が融合してできる場合がある．シストの大きさは魚種や感染後のシストの発育段階によって異なるが，10～400 μm の範囲にあり，色は半透明の白色あるいは淡黄色である．シストは呼吸上皮細胞，塩類細胞などから発達するが，毛細血管を構成する内皮細胞がシストに変化したという観察結果もある（Miyazaki et al., 1986）．

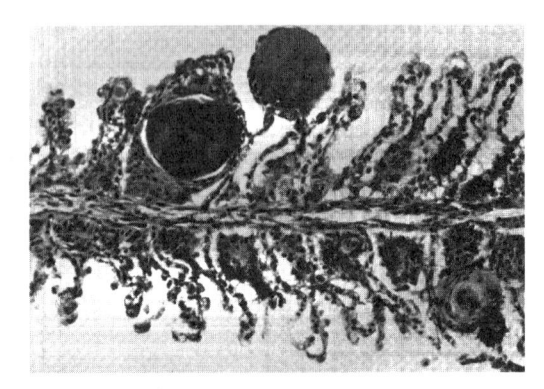

図Ⅲ-20-1　エピテリオシスチス病罹病マダイの鰓にみられるシスト（肥大した感染細胞）（Miyazaki et al., 1986）

　多くの場合，シスト形成に対する宿主の反応は微弱であり，感染魚が死亡することはない．この良性型（benign form）に対し，増殖型（proliferative form）と呼ばれる病態があり，この場合は上皮細胞の異常増殖，粘液の過剰分泌および白血球の浸潤といった反応がみられ，呼吸障害や浸透圧調節障害などを引き起こし，一部の罹病魚は死亡する．増殖型は飼育中の稚魚などに発生しやすく，例えばヨーロッパではヨーロッパヘダイ，ボラ，コイなどで（Paperna, 1977; Paperna and Sabnai, 1980; Paperna and Alves de Matos, 1984），米国ではレイクトラウトなどで（Bradley et al., 1988），ある程度の死亡を伴った症例が報告されている．

　日本のマダイでの例では，シストの大きさは 15～55 μm で，封入体の中には 0.52～0.71 μm のEPOが観察されている（Miyazaki et al., 1986）．また，乙竹・松里（1987）はアザン染色標本の観察により，感染を受けたマダイにお

20. エピテリオシスチス病

けるシストの発達を6期に分けて記載している．

4）疫　学

日本ではこれまでにマダイ，トラフグ，およびコイでの自然発生例が報告されている（Miyazaki et al., 1986）．香港より輸入されたマダイに発生した症例を研究した乙竹・松里（1987）によれば，タイ稚魚は香港の蓄養場に収容されていた時期（3～5月）にEPOに感染し，日本への輸送のストレスなどにより病勢が進むとともに新たな個体への感染あるいは再感染が起こり，到着後（6月）に魚群全体に本病が蔓延したものと推測されている．7月中旬には自然終息にむかい，7月中旬から9月上旬にはシストの発達はもはや見られなくなったが，その後半年以上シストは残っていた．

養殖されているヨーロッパヘダイにおいてはかなり高い感染率が認められるようで，他の要因，例えば単生類との混合感染などにより被害が問題となるようである（Crespo et al., 1999）．

5）診　断

鰓弁を切り出し，エピテリオシスチスのシストを直接顕微鏡で観察する．シストは無色（あるいは淡黄色），半透明の大小不同の円形物として認められる．封入体内容物の塗抹標本をギムザ染色し，0.5～0.7μm程度の微生物が顕微鏡で観察されれば，本病の疑いが高い．より信頼性の高い診断を行うためには，鰓の組織切片標本を作製し，H&E（好塩基性）あるいはギムザ染色を施し，シストの構造を観察する必要がある．PAS染色は陰性．確定診断のためには感染組織の電子顕微鏡観察が必要である（図Ⅲ-20-2）．

現在までのところ血清学的診断法や分子生物学的診断法に関する研究は見あたらない．

6）対　策

日本で産業的にその被害が問題になったのは，前述のマダイの例だけであり，感染している恐れのある種苗を導入しないなどの防疫対策が現時点では唯一の方法であろう．被害が少ないこと，原因菌が培養できないこと，あるいは本症は主として稚魚に発生することなどから，本病に対する予防免疫法の開発は非現実的であると考えられている（Lannan et al., 1999）．

7）エピテリオシスチス類症

1983年の鹿児島県の種苗生産施設における初発生以来，イシガキダイ，マダイ，およびイシダイの仔魚（8～25日齢）の鰓と皮膚の上皮組織に多数のシストが形成され，高い死亡率をもたらす病気が知られている（江草ら，1987；塩満，1987）．これは桿菌様微生物がそれらの上皮細胞に寄生し，大きさ10～150μmのシストを形成するもので，一見するとエピテリオシスチス病と似ている．しかし，寄生体の形態が殆ど揃った桿菌状で，大きさが0.5×1～3μmであること，PAS陽性であることなどの点でEPOとは異なる．また本病が30日齢以上の魚には発生していないことも相違点の一つにあげられる（江草，1987）．詳細についての記載はないが，1990年代に入ってブリ，カンパチ，キハダ，およびスジアラの仔魚に本症が発生しているとの報告もある（西岡ら，1997）．

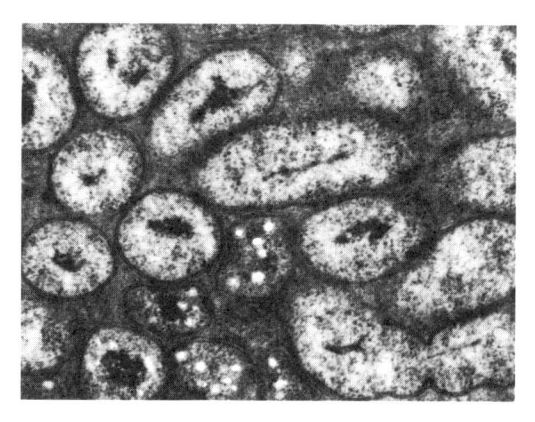

図Ⅲ-20-2　マダイ稚魚のエピテリオシスチス病の原因体（EPO）の電顕像（写真提供：乙竹　充氏）

（室賀清邦）

21. レッドマウス病 (Redmouth disease)

1) 序

　レッドマウス病は腸内細菌科細菌 *Yersinia ruckeri* 感染症であるが，日本では未だ報告されていない．1950年代初期に米国アイダホ州の Hagerman Valley の孵化場のニジマスで発見されたことから Hagerman redmouth (HRM) とも呼ばれ，また腸内細菌科細菌を意味する enteric を冠して Enteric redmouth (ERM) とも呼ばれている（米国では後者がよく使われている）．その後，米国やカナダのほか，1970年代後半からヨーロッパ諸国で流行し始め，さらに南米のチリ，南アフリカ，オーストラリアでも報告されている．ニジマスでの発生が最も多く被害も大きいが，ギンザケ，マスノスケ，ベニザケ，カワマス，タイセイヨウサケ，ブラウントラウトなどのサケ科魚類の症例が報告されており，全てのサケ科魚類が罹病すると考えられている．サケ科魚類以外では emerald shiner, fathead minnow, cisco, white fish, sturgeon (*Acipenser baeri*)，ターボットに病魚が知られている．また，キンギョやヨーロッパウナギなどの魚類のほか，甲殻類（ザリガニ）や水鳥（カモメ）や水辺動物（ネズミ）の保菌が報告されている．*Y. ruckeri* の伝搬・流行を防ぐためには，養殖種苗のみならず鑑賞・愛玩水生動物の輸入にも細心の注意が必要である．

　レッドマウス病に関しては Bullock and Cipriano (1990), Furones et al. (1993a), Stevenson et al. (1993), Horne and Barnes (1999) などの総説があり，また特定疾病診断マニュアル（日本水産資源保護協会，2000）にもレッドマウス病が取り上げられている．

2) 原因

　レッドマウス病の原因菌は，Ross et al. (1966) がアイダホ州を中心に米国西部のニジマスから1960年代前半に分離された菌株について性状を記載した後，Ewing et al. (1978) が *Yersinia ruckeri* と命名し，新種記載した．

　形態および性状：グラム陰性の桿菌（$1.0 \times 2.0 \sim 3.0 \mu m$）で，周毛をもち運動をするが，非運動株もある．病魚の腎臓などから TSA や BHIA などの普通培地を用い容易に分離することができる．22～25℃で48時間培養すると直径2～3 mm の円形で隆起した辺縁無構造の光沢のある灰白色コロニーを形成する．発育食塩濃度は0～3％である．培養温度については33～37℃よりも22～25℃の方が発育がよい．高温で培養すると鞭毛を作らず，生化学的性状試験結果の相違する項目もある．

　主な生化学的性状は表Ⅲ-21-1 のとおりである．また G+C 含量は 47.5～48.5 mol％である．

　血清型：*Y. ruckeri* には，Serovar Ⅰ～Ⅵまで6つの血清型が報告されている (Stevenson and Airdrie, 1984; Daly et al., 1986)．Serovar Ⅰ の *Y. ruckeri* は Hagerman 株と通称され，最も広く分布している．Serovar Ⅱ は，ソルビトール発酵株の血清型であり，オレゴン州のマスノスケから最初に分離され，Serovar Ⅰ のつぎに分離頻度が高い．Serovar Ⅲ は，オーストラリアで分離されたソルビトール発酵株の血清型であるが，カナダやノルウェーで分離された菌株中にも見つかっている．Serovar Ⅳ はカナダのオンタリオ州で分離された菌株の血清型であるが，その後，この菌株は *Y. ruckeri* でないことが DNA ハイブリダイゼーションによって判明したために除外された (De Grandis et al., 1988)．Serovar Ⅴ と Serovar Ⅵ は，それぞれコロラド州で分離された菌株とオンタリオ州で分離された菌株に見つけられた血清型である．

　Serovar Ⅰ～Ⅵ は，*Y. ruckeri* のホルマリン不活化菌体を抗原として調べられた血清型であるが，Stevenson et al. (1993) は，耐熱性の O 抗原に基づく血清型と対比し，Serovar Ⅰ と

21. レッドマウス病

表III-21-1 *Yersinia ruckeri* の主な生化学的性状

Ewing *et al.*（1978）より一部改変

試験あるいは基質	培養温度 22～25℃	培養温度 35～37℃
オキシダーゼ	－（100*1）	－（100*2）
硫化水素*3	－（100）	－（100）
ウレアーゼ	－（100）	－（100）
インドール	－（100）	－（100）
MR 試験	＋（97）	＋（96）
VP 試験	－（70）	－（100）
β-ガラクトシダーゼ	＋（100）	＋（87）
硝酸塩還元	＋（97）	＋（74）
ゼラチン	＋（94）	NT
アルギニン脱水素酵素	－（97）	－（78）
オルニチン脱炭酸酵素	＋（100）	＋（100）
リジン脱炭酸酵素	＋（100）	＋（91）
フェニルアラニン脱アミノ酵素	－（100）	－（100）
クエン酸塩（Simmons）	＋（97）	－（100）
クエン酸塩（Christensen）	＋（100）	－（61）
クエン酸塩（Kauffman-Peterson）	＋（100）*4	－（100）
D-酒石酸塩（Kauffman-Peterson）	－（100）	－（100）
マロン酸塩	－（100）	－（100）
粘液酸塩	－（100）	－（100）
ペクチン酸塩	－（100）	－（100）
セトミリド	－（76）	－（100）
リパーゼ（コーンオイル）	＋（76）	－（100）
O-F 試験	F（100）	F（100）
炭水化物（酸）		
グルコース	＋（100）	＋（100）
グルコース（ガス）	－（91）	－（96）
アラビノース	－（100）	－（96）
ラムノース	－（100）	－（100）
キシロース	－（100）	－（100）
マンノース	＋（97）	＋（100）
ラクトース	－（88）	－（100）
シュクロース	－（100）	－（100）
マルトース	＋（100）	＋（96）
トロハロース	＋（97）	＋（91）
セロビオース	－（100）	－（96）
メリビオース	－（100）	－（100）
ラフィノース	－（100）	－（91）
サリシン	－（100）	－（100）
エスクリン	－（100）	－（100）
グリセロール	＋（85）	－（78）
マンニトール	－（100）	－（100）
ソルビトール	－（100）	－（96）
ズルシトール	－（100）	－（100）
アドニトール	－（100）	－（100）
エリスリトール	－（100）	－（100）
イノシトール	－（100）	－（100）

＋；陽性，－；陰性，(＋)；弱陽性，F；発酵，NT；試験なし，( )；%.

[*1] 供試菌株数 33 株，[*2] 供試菌株数 23 株，[*3] TSA 鑑別培地，
[*4] 8～14 日培養後．

SerovarⅢはともに Serogroup O-1 に対応し，SerovarⅡは Serogroup O-2 と Serogroup O-3 と Serogroup O-4 の3つに別れ，SerovarⅤと SerovarⅥは Serogroup O-5 と Serogroup O-6 にそれぞれ対応することを明らかにしている．

病原性：SerovarⅠと SerovarⅡの菌株は注射法のほか浸漬法によってもニジマスやタイセイヨウサケなどに感染し，実験魚を死亡させることができる（Bullock et al., 1976; Bullock and Anderson, 1984; Cipriano et al., 1986）．しかし，SerovarⅢの菌株を用いた浸漬感染実験は成功していない（Busch, 1982）．

Y. ruckeri の菌体外産物（EPC）にはアミラーゼ，カゼイナーゼ，ゼラチナーゼ，溶血性リパーゼおよびフォスフォリパーゼが含まれており，そのLD_{50}は2〜9.12μgタンパク/g魚体重であった（Romalde and Toranzo, 1993）．また，CHSE-214 株培養細胞に対する付着活性が認められた（Romalde and Toranzo, 1993）．シデロフォアを介した鉄獲得能をもつことも示唆されている（Romalde et al., 1991）．

3）症状・病理

病魚は動作が緩慢になり，体色が黒化する．病名のように口腔，口吻，下顎，鰓蓋など口部周辺の発赤や点状出血が特徴的である（Rucker, 1966）が，口部の発赤が顕著でない症例もある（Frerichs et al., 1985; Sparboe et al., 1986）．その他の外見症状として，鰭基部や側線沿いの体表面の出血，眼球突出があげられる．解剖検査では，肝臓，膵臓，脂肪組織，幽門垂，鰾，腸間膜などに点状出血，腸の後部や肛門に炎症がみられる．胃には水様物が貯留し，腸内には黄色粘液質が認められる．

病理組織学的には急性菌血症で，腎臓，脾臓，心臓，肝臓，鰓に多数の細菌が観察される（Rucker, 1966）．腎臓の造血組織の壊死，脾臓のリンパ組織の消失，肝臓の細胞変性，眼球後部の浮腫による眼球周囲の病変などがみられる（Wobeser, 1973）．

4）疫　学

本病は春から夏にかけて体長7.5 cm くらいに成長したニジマスに最も発生しやすく，急性で死亡率が高い．秋から冬にかけておよそ体長12.5 cm 以上に成長したニジマスが罹病した場合は慢性化し，死亡率が比較的低い．15〜18℃の水温下でもっとも激しく流行し，水温が10℃以下になると治まる（Rucker, 1966）．レッドマウス病の流行地域では，種々の魚やその生息環境に広く Y. ruckeri が分布しており，レッドマウス病は原因菌の存在の上に何らかのストレスが加わった時に流行する．

レッドマウス病は1950年代にアイダホ州で最初に発生し，保菌魚や汚染種卵の移動によって北米全体に広がったと推察されている（Wobeser, 1973）．しかし，Bullock et al. (1977)によれば，Y. ruckeri は1952年にウェストヴァージニア州で，また1960年にオーストラリアで分離されており，アイダホ州で最初の流行があった時に既に他の地域にも原因菌が存在していたとのことである．ヨーロッパでは1981年にほぼ同時にドイツ（Fuhrmann et al., 1983），フランス（Lesel et al., 1983），イギリス（Roberts, 1983）のニジマス養殖場でレッドマウス病が発生したが，鑑賞魚用の餌魚として米国から輸入された minnow などが感染源として疑われている（Michel et al., 1986）．しかし，Roberts (1983) は1977年の大量死亡も Y. ruckeri が原因であり，1981年以前に既に原因菌は存在したとしている．

5）診　断

典型的な病魚は口部の出血や脂肪組織の点状出血など特徴的な症状を示すが，多様な症状が報告されている．また，無症状の感染魚の多いことからも原因菌の確認が必要である．

レッドマウス病は Y. ruckeri の全身感染症であるので，原因菌は感染魚の内臓から TSA などの普通培地によって比較的容易に分離することができる．雑菌を含む感染病巣や環境からの分離培養のために3つの選択鑑別培地が開発されている(Waltman and Shotts, 1984; Rodgers, 1992; Furones et al., 1993b)．Y. ruckeri は，コロニー形態の観察，スライド凝集試験によって概ね鑑別できる．生化学的性状試験によって同定するが，API 20E などの市販の迅速同定キットが利用できる．

Y. ruckeri の検出のための PCR 法も報告されているが(Argenton et al., 1996)，現場における診断法としては一般化していないようである(Horne and Barnes, 1999)．

6) 対　策

予防：レッドマウス病ワクチンは米国において 1976 年に製造承認され，市販されている(Tebbit et al., 1981)．レッドマウス病ワクチンの開発研究については，Bullock and Anderson (1984)，Ellis (1988) および Stevenson (1997) などの総説がある．注射法だけでなく浸漬法や経口法も有効であるが，防御能向上の機序については不明の点が多く残されている(Stevenson, 1997)．

Vigneulle and Gerard (1986) は，ビタミン A と C と E をそれぞれ 48,000 IU / kg，8,650 mg / kg，500 mg / kg 添加した飼料を5日間給餌した結果，ニジマスのレッドマウス病に対する抵抗力が高まったと報告している．

治療：つぎのような化学療法が有効であったと報告されている．サルファメラジン 200 mg / kg 体重 / 日を3日間投与につづいてオキシテトラサイクリン 50 mg / kg 体重 / 日を3日間投与する(Rucker, 1966)．メチレンブルー 1 g / kg 飼料を5日間投与につづいてオキシテトラサイクリン 66 mg / kg 体重 / 日を10日間投与し，さらにメチレンブルー 1 g / kg 飼料を5日間投与する(Llewellyn, 1980)．オキソリン酸 10 mg / kg 体重 / 日を10日間投与する(Rodgers and Austin, 1982)．

De Grandis and Stevenson (1985) は，Y. ruckeri の分離菌株の中に R プラスミドによる薬剤耐性菌を見つけている．

（若林久嗣）

22. クルマエビのビブリオ病
（Vibriosis of kuruma prawn）

1) 序

1980年頃から山口，熊本，鹿児島の各県下のクルマエビ養殖場で細菌病が流行し始め，高橋ら (1985) によって原因菌は未記載のビブリオ属細菌であることが明らかにされ，以降本病はビブリオ病と呼ばれ，現在に至るまで日本のクルマエビ養殖場における最もやっかいな病気となっている(Takahashi et al., 1998)．原因菌 (Vibrio sp. PJ) についてはその後新種であることが確認され，Vibrio penaeicida なる種名が提案され (Ishimaru et al., 1995)，国際的にこの種名が認められている．諸外国においてもビブリオ属細菌による病害がクルマエビ類の養殖上，大きな問題になっている．例えば東南アジアでは主として Vibrio harveyi が原因菌として報告されているが，V. peneaecida 感染が報告された例はない (Lavilla-Pitogo, 1995; Lavilla-Pitogo and de la Peña, 1998)．しかし，太平洋南西部のニューカレドニアにおいて養殖されていたブルーシュリンプに発生した大量死 (Syndrome 93) の原因は V. penaeicida によるビブリオ病であろうと考えられている (Costa et al., 1998b)．なお，同島には日本からクルマエビの種苗が持ち込まれたことがあるようで，その種苗が本菌を運んだ可能性が疑われる．

V. penaeicida は日本のクルマエビ養殖場に常在し，クルマエビに対する典型的な条件性病原体となっている．したがって，集約的養殖を行う限り，エビが成長し密度が高くなり，残餌

や糞の堆積により環境が悪化し，水温が上昇するという条件が整えば，本病は必ずといっていいほど発生する．いろいろな対策が考案されてはいるが，飼育環境をよくし，エビに必要以上のストレスを与えないことが，基本的な対策となろう．

2）原　因

原因菌は Vibrio penaeicida であり，その性状は以下のとおりである（高橋ら，1985；de la Peña et al., 1993; Ishimaru et al., 1995）．

形態および性状：大きさ $0.8\times2.0\mu m$ のグラム陰性短桿菌で，1本の極鞭毛をもち，ビブリオ属の基本的性状を有する．2％NaCl加BHI寒天培地やZoBell 2216E寒天培地でよく発育するが，SS寒天培地やマッコンキー寒天培地には発育しない．TCBSあるいはBTBティポール寒天培地上では青緑色の集落を形成する．アルギニン加水分解，リジン，アルギニン，およびオルニチン脱炭酸反応がいずれも陰性である点で，V. anguillarum とは区別される（ビブリオ病-1の節で示した表Ⅲ-6-1参照）．

本菌の発育可能温度は13～31℃で，至適発育温度は27℃前後にある．発育可能塩分濃度は1.0～5.0％で，5％での発育の可否は株によって異なる．至適塩分濃度は2～4％．発育可能pH範囲は6～9，至適pHは7～8である．vibrio-static agent O/129 に感受性を示す．

血清型：調べられた範囲内では，すべての株が耐熱性共通抗原を有し，O血清型は1つであると報告されている（de la Peña et al., 1993）．

薬剤感受性：クロラムフェニコール，ノボビオシン，サルファメトキサゾール/トリメトプリン合剤，アミノベンジルペニシリン，オキソリン酸およびナリジクス酸に高い感受性を示す（de la Peña et al., 1993）．

病原性：培養菌を筋肉内注射すると，10^2（高橋ら，1985）あるいは 10^1 cfu/g（de la Peña et al., 1993）程度の接種菌量でクルマエビを殺し得る．また，菌浴法（江草ら，1988）あるいは経口攻撃法（de la Peña et al., 1995）によってもクルマエビを殺し得ることが確認されている．これらの実験的感染エビは自然発症エビと同様の肉眼的病徴を呈し，組織学的にも共通した病変が認められている．これらの結果は，本菌の病原性が強いことを示しており，この点からすると本菌を条件性病原菌と呼ぶことにやや抵抗がある．

これまでのところ，本菌による自然感染はクルマエビのほかブルーシュリンプにのみ認められている．

3）症状・病理

ビブリオ病は体重1～45gのクルマエビで発生が観察されているが，15～25gの範囲のエビが特に罹りやすい傾向がある．上述したように菌浴法で感染が成立することから，菌の侵入門戸は鰓である可能性が強いが，経口感染も成立することから胃が感染門戸となる場合もあると考えられる（de la Peña et al., 1995）．

本病の肉眼的特徴として，鰓糸に点々と現れる小黒点（図Ⅲ-22-1）があげられる．また，第6腹節の筋肉の白濁も認められるが，多くの場合あまり顕著ではない．剖検すると，中腸腺の前部に位置する一対の小囊状のリンパ様器官の腫脹と，その表層や内部に形成された大小の褐色斑点が目立つ（図Ⅲ-22-2）．血リンパ液は凝固性が低下し，血球数は著しく減少している．また血リンパ中に多数の細菌（原因菌）が観察される．

病理組織学的特徴は以下の通りである（江草ら，1988）．最も顕著な病変はリンパ様器官にみられ，鞘組織における細菌の増殖と組織の壊死が顕著である．細菌は壊死組織内に大小の集落として存在し，また広範囲に散在している．大部分の鞘組織は構成細胞が殆ど崩壊し，融解状になっている．中心の血管は弛緩して拡張し，また鞘と鞘の間の洞は拡大し，組織崩壊物が散

22. クルマエビのビブリオ病

在している（図Ⅲ-22-3）．このため，リンパ様器官は全体的に脹らんでいる．壊死した鞘組織内の各所に大小の結節様構造物（ノジュール）が観察される．その中心には細菌集落があり，それを囲んで厚いメラニン沈着層がある．その外側を扁平化した血球が層をなして囲んでいる．これらは周囲の壊死組織からは隔離され，結節と呼び得るが，繊維芽細胞や繊維で包まれた像はみられない．これらの結節様構造物は小さいもので径 $10\mu m$ 程度，大きいものでは $100\mu m$ を超え，肉眼的に褐色斑点としてみえる．

菌浴感染エビでの観察によれば，初期のごく少数の細菌のリンパ様器官への侵入に対し，宿主の防御反応として結節様構造物が形成されると考えられる．そして更に細菌の増殖が続くとリンパ様器官の壊死に発展すると判断される．

細菌の集落を囲むメラニン担血球の集中による黒点形成は，心臓，鰓，筋肉，中腸腺，生殖腺など多くの器官にみられるが，これらの器官の実質組織には通常細菌の侵襲はなく，病変は認められない．心筋や第6腹節筋肉に細菌集落を伴う小壊死巣が観察されることがあるが軽微であり，胃，腸，触角腺，神経，あるいは造血組織などにも明らかな病変は認められない．これらの観察結果から，*V. penaeicida* のリンパ様器官に対する親和性が窺われ，体内に侵入した菌が血流によって同器官に到達すると速やかに増殖し，最終的にそれらが血流に充満し敗血

図Ⅲ-22-1 ビブリオ病罹病クルマエビの鰓に見られる小黒点（ノジュール）（写真提供：桃山和夫氏）

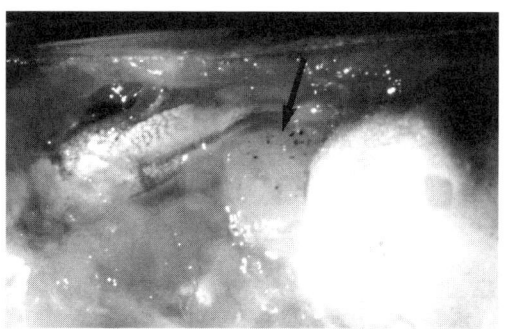

図Ⅲ-22-2 ビブリオ病罹病クルマエビにおける肥大したリンパ様器官（矢印）とその内部の褐色斑点（写真提供：桃山和夫氏）

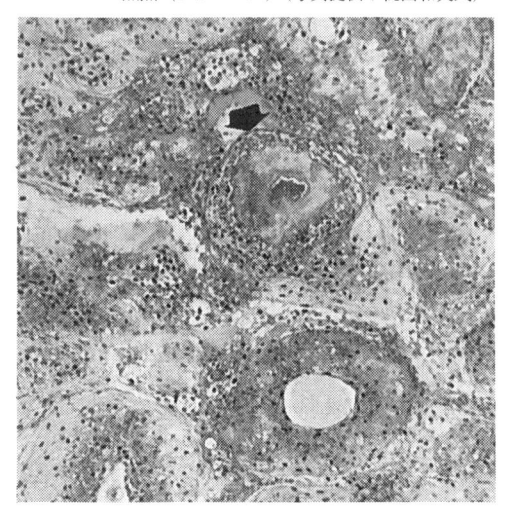

図Ⅲ-22-3 実験的 *Vibrio penaeicida* 感染クルマエビのリンパ様器官の病理組織像（矢印：メラニン沈着したノジュール）．スケール $100\mu m$（江草ら，1988）

症的症状をもたらすものと考えられる．一方，経口感染させたエビ体内における原因菌の消長を免疫組織化学的に追跡した結果，菌は最初胃で増殖し，ついでリンパ様器官および中腸腺で増殖し，敗血症をもたらすと報告されている（de la Peña *et al.*, 1995）．

最近，前記のニューカレドニアにおける Syndrome 93 の原因菌としての *V. penaeicida* について検討され，本菌がエビを致死せしめるある種の菌体外毒素を産生することが報告されている（Goarant *et al.*, 2000）．

4）疫　学

本病は6月下旬から11月下旬にかけて発生

第Ⅲ章　細菌病

する．越冬飼育エビがいる場合は，これらの中の保菌者が新しい種苗に対する感染源となっていると考えられる．しかし多くの養殖場では冬から春にかけては養殖池にエビは存在しないので，初夏の発生源は池底の砂泥中に潜む V. penaeicida が感染源となっている可能性がある．事実，病気発生前に養殖池水から本菌が分離されている．年間を通しての調査によれば，外見的に健康なクルマエビからも V. penaeicida は検出され，感染率はやはり7月から10月にかけて高かった（de la Peña et al., 1992）．しかし，感染していても必ずしも大量死が起こるわけではなく，栄養や環境の影響を受ける宿主の抵抗力が発病を左右しているものと考えられる．また取り上げおよび輸送といったストレスをエビに与えることによって，V. penaeicida の検出率が上昇することが確かめられ，体内に存在する少量の菌が宿主の抵抗力の低下により増殖することが明らかにされている（de la Peña et al., 1997）．

冒頭に述べたように，世界中のエビ養殖場でビブリオ病が発生し，大きな被害をもたらしているが，V. penaeicida は日本固有の病原菌であると考えられ，ニューカレドニアにおける1例を除けば，外国からの報告例はない．また，諸外国では幼生期やポストラーバ期におけるビブリオ病の被害も大きな問題となっているが，日本では被害があまりないためか，この時期における細菌病についてはほとんど研究されていない．今後，地球温暖化の影響などにより東南アジアで問題になっている V. harveyi などやや高温性のビブリオ属細菌による病害問題が生じる可能性がある．

5）診　　断

鰓の小黒点，第6腹節筋肉の白濁，リンパ様器官の腫脹と褐色斑点が観察されれば本病と診断しておよそ間違いないが，確実を期するためにはリンパ様器官などから細菌を分離し，抗血清を用いたスライド凝集試験を行い，V. penaeicida であることを確認する必要がある．また，感染エビのリンパ様器官の塗抹標本を用いた間接蛍光抗体法による診断も有用である（de la Peña et al., 1992）．

V. penaeicida の遺伝子学的検出法も開発されている．本菌の16S rRNA 遺伝子の一部を標的とする RT-PCR 法が開発され（Genmoto et al., 1996），実際に養殖エビの検査に用いたところ，従来の培養法に比べ高い検出率が得られたことが報告されている（Nakai et al., 1997）．ニューカレドニアにおける Syndrome 93 に関する一連の研究においても，本菌の16S rDNA を標的とした PCR 法が開発されている（Saulnier et al., 2000）．

6）対　　策

治療に関しては，オキシテトラサイクリン（OTC）の経口投与の有効性が報告されている（Takahashi et al., 1985）．OTCの V. penaeicida に対する MIC は＜0.1～12.5 μg/ml であり，実験的な有効投薬量は 25～50 mg/kg 体重と判断されている．実際には塩酸 OTC およびオキソリン酸を含む固形飼料が用いられ，投与量はいずれの薬剤の場合も 50 mg/kg・日となっている．

予防免疫についての検討がなされ，本菌のホルマリン死菌を用いた注射法，浸漬法，およびスプレー法のいずれもがクルマエビの本菌に対する防御能を高めることが報告されている（Itami et al., 1989）．また，Schizophillum commune から抽出された β-1,3-glucan（Itami et al., 1994）あるいは Bifidobacterium thermophilum 由来のペプチドグリカン（Itami et al., 1998）といった免疫賦活剤を経口投与することにより本病に対するエビの抵抗性を高めることも報告されている．これらの免疫賦活剤はエビの血球の食作用および殺菌作用を高めることにより，ビブリオ病に対する抵抗性を高めて

いることが確かめられている（高橋ら，1995）．

　なお，本病だけでなくクルマエビ類に細菌抗原を投与することによって生体防御能が高められることが広く知られているが，甲殻類には脊椎動物に存在するような抗体（免疫グロブリン）は存在しないとされており，その作用機構については不明である．脊椎動物の免疫グロブリンに相当するような物質が関与する免疫様現象なのか，単に免疫賦活剤としての細菌細胞構成成分による非特異的防御能の昂進なのか，今後の研究が期待される．　　　　　　（室賀清邦）

引用文献

相澤　康・相川英明（1996）：ペヘレイのシュードモナス症．養殖，33（12），頁外．

Ali, A., A.M. Carahan, M. Altwegg, J. Luthy-Hotestein and S.W. Joseph (1996): *Aeromonas bestiarum* sp. nov. (formerly genomospecies DNA group 2 *A. hydrophila*) a new species isolated from non-human sources. *Med. Microbiol. Lett.*, 5, 156-165.

Alsina, M. and A. R. Blanch (1993): First isolation of *Flexibacter maritimus* from cultivated turbot (*Scophthalmus maximus*). *Bull. Eur. Ass. Fish Pathol.*, 13, 157-160.

Alsina, M., J. Martinez-Picado, J. Jofre and A.R. Blanch (1994): A medium for presumptive identification of *Vibrio anguillarum*. *Appl. Environ. Microbiol.*, 60, 1681-1683.

Amandi, A., S.F. Hiu, J.S. Rohovec and J.L. Fryer (1982): Isolation and characterization of *Edwardsiella tarda* from chinook salmon (*Oncorhynchus tshawyscha*). *Appl. Environ. Microbiol.*, 43, 1380-1384.

Amend, D. F. (1976): Prevention and control of viral diseases of salmonids. *J. Fish. Res. Board Canada*, 33, 1059-1066.

Amend, D. F. and D. C. Fender (1976): Uptake of bovine serum albumin by rainbow trout from hyperosmotic solutions: a model for vaccinating fish. *Science*, 192, 793-794.

網田健次郎・星野正邦・本間智晴・若林久嗣（2000）：河川における*Flavobacterium psychrophilum*の分布調査．魚病研究，35, 193-197.

Anacker, R. L. and E. J. Ordal (1955): Study of a bacteriophage infecting the myxobacterium *Chondrococcus columnaris*. *J. Bacteriol.*, 70, 738-741.

Anacker, R. L. and E. J. Ordal (1959a): Studies on the myxobacterium *Chondrococcus columnaris*. I. Serological typing. *J. Bacteriol.*, 78, 25-32.

Anacker, R. L. and E. J. Ordal (1959b): Studies on the myxobacterium *Chondrococcus columnaris*. II. Bacteriocins. *J. Bacteriol.*, 78, 33-40.

Anderson, J.I.W. and D.A. Conroy (1969): The pathogenic myxobacteria with special reference to fish disease. *J. Appl. Bacteriol.*, 32, 30-39.

Anderson, J.I.W. and D.A. Conroy (1970): Vibrio disease in marine fishes. In "A symposium of the American Fisheries Society on diseases of fishes and shellfishes (ed. by S.F. Snieszko), *Trans. Amer. Fish. Soc.*, Spec. Pub., 5, 266-272.

Aoki, T. (1975): Effects of chemotherapeutics on bacterial ecology in the water of ponds and the intestinal tracts of cultured fish, ayu (*Plecoglossus altivelis*). *Japan. J. Microbiol.*, 19, 7-12.

Aoki, T. (1992): Present and future problems concerning the development of resistance in aquaculture. In "Chemotherapy in aquaculture: from theory to reality", (ed. by C. Michel and D.J. Alderman), Office International des Epizooties, Paris, pp.254-262.

Aoki, T. and S.Egusa (1971): Drug sensitivity of *Aeromonas liquefaciens* isolated from freshwater fishes. *Bull. Japan. Soc. Sci. Fish.*, 37, 176-185.

青木　宙・北尾忠利（1978）：アユのビブリオ病．魚病研究，13, 19-24.

Aoki, T. and T. Kitao (1981): Drug resistance and transferable R plasmids in *Edwardsiella tarda* from fish culture ponds. *Fish Pathol.*, 15, 249-255.

Aoki, T. and T. Kitao (1985): Detection of transferable R plasmids in strains of the fish-pathogenic bacterium *Pasteurella piscicida*. *J. Fish Dis.*, 8, 345-350.

Aoki, T. and I. Hirono (1991): Cloning and characterization of the haemolysin determinants from *Aeromonas hydrophila*. *J. Fish Dis.*, 14, 305-314.

Aoki, T., S. Egusa and T. Arai (1974): Detection of R factors in naturally occurring *Vibrio anguillarum* strains. *Antimicro. Agents Chemother.*, 6, 534-538.

青木　宙・城　泰彦・江草周三（1980）：アユ養殖場における薬剤耐性菌増加について．魚病研究，15, 1-6.

Aoki, T., S. Takeshita and T. Kitao (1983): Antibacterial action of chemothrapeutic agents against non-hemolytic *Streptococcus* sp. isolated from cultured marine fish, yellowtail *Seriola quinqueradiata*. *Bull. Japan. Soc. Sci. Fish.*, 49, 1673-1677.

Aoki, T., T. Kitao, S. Watanabe and S. Takeshita (1984): Drug resistance and R plasmids in *Vibrio anguillarum* isolated in cultured ayu *Plecoglossus altivelis*. *Microbiol. Immunol.*, 28, 1-10.

Aoki, T., T.Kanazawa and T.Kitao (1985): Epidemiological surveillance of drug resistant *Vibrio anguillarum* strains. *Fish Pathol.*, 20, 199-208.

Aoki, T., I. Hirono, T. Decastro and T. Kitao (1989): Rapid identification of *Vibrio anguillarum* by colony hybridi-

第Ⅲ章 細菌病

zation. *J. Appl. Ichthyol.*, 5, 67-73.

Aoki, T., K. Takami and T. Kitao (1990): Drug resistance in a non-hemolytic *Streptococcus* sp. isolated from cultured yellowtail *Seriola quinqueradiata*. *Dis. Aquat. Org.*, 8, 171-177.

Aoki, T., D. Ikeda, T. Katagiri and I. Hirono (1997): Rapid detection of the fish pathogenic bacterium *Pasteurella piscicida* by polymerase chain reaction targetting nucleotide sequences of the species-specific plasmid pZP1. *Fish Pathol.*, 32, 143-151.

Aoki, T., C.-I. Park, H. Yamashita and I. Hirono (2000): Species-specific polymerase chain reaction primers for *Lactococcus garvieae*. *J. Fish Dis.*, 23, 1-6.

Argenton, F., S. de Mas, C. Maloccoo, L. Dalla Valle, G. Giorgetti and L. Colombo (1996): Use of random DNA amplification to generate specific molecular probes for hybridization tests and PCR-based diagnosis of *Yersinia ruckeri*. *Dis. Aquat. Org.*, 24, 121-127.

Arias, C. R., E. Garay and R. Aznar (1995): Nested PCR method for rapid and sensitive detection of *Vibrio vulnificus* in fish, sediments and water. *Appl. Environ. Microbiol.*, 61, 3476-3478.

Arijo, S., J. Borrego, I. Zorilla, M. C. Balebona and M. A. Morinigo (1998): Role of the capsule of *Photobacterium damsela* subsp. *piscicida* in protection against phagocytosis and killing by gilt-head seabream (*Sparus aurata* L.) macrophages. *Fish Shellfish Immunol.*, 8, 63-72.

厚田静男・吉本二郎・酒井正博・小林正典 (1990): 養殖ギンザケに発生した連鎖球菌症について. 水産増殖, 38, 215-219.

Austin, B. (1992): The recovery of *Cytophaga psychrophila* from two cases of rainbow trout (*Oncorhynchus mykiss*, Walbaum) fry syndrome in the U.K. *Bull. Eur. Ass. Fish Pathol.*, 12, 207-208.

Austin, B. and J. Rayment (1985): Epizootiology of *Renibacterium salmoninarum*, the causative agent of bacterial kidney disease in salmonid fish. *J. Fish Dis.*, 8, 505-509.

Austin, B. and D. A. Austin (1999): Bacterial fish pathogens: Disease of farmed and wild fish (3rd ed.), Springer, London, 457pp.

Austin, B., T. M. Embley and M. Goodfellow (1983): Selective isolation of *Renibacterium salmoninarum*. *FEMS Microbiol. Lett.*, 17, 111-114.

Austin, D.A., D.McIntosh and B.Austin (1989): Taxonomy of fish associated *Aeromonas* spp., with the description of *Aeromonas salmonicida* subsp. *smithia* subsp. nov. *Syst. Appl. Microbiol.*, 11, 277-290.

Austin, B., M. Altwegg, P.J. Gosling and S. Joseph (ed.) (1996): The Genus *Aeromonas*. Wiley, New York, 350p.

Bach, R., P. K. Chen and G. B. Chapman (1978): Changes in the spleen of the channel catfish *Ictalurus punctatus* Rafinesque induced by infection with *Aeromonas hydrophila*. *J. Fish Dis.*, 1, 205-218.

Bader, J. A. and E. B. Shotts (1998): Identification of *Flavobacterium* and *Flexibacter* species by species-specific polymerase chain reaction primers to the 16S ribosomal RNA gene. *J. Aquat. Anim. Health*, 10, 311-319.

Bakopoulos, V., K. Poulos, A. Adams, M. Galeotti and G. J. Dimitriadis (2002): The effect of novel growth media on the virulence and toxicity of cellular and extracellular components of the fish pathogen *Photobacterium damselae* subsp. *piscicida*. *Bull. Eur. Ass. Fish Pathol.*, 22, 272-279.

Bandin, I., Y. Santos, D.W. Bruno, R.S. Raynard, A. E. Toranzo and J.L. Barja (1991): Lack of biological activities in the extracellular products of *Renibacterium salmoninarum*. *Can. J. Fish. Aquat. Sci.*, 48, 421-425.

Bandin, I., Y. Santos, B. Magarinos, J. L. Barja and A. E. Toranzo (1992): The detection of two antigenic groups among *Renibacterium salmoninarum* isolates. *FEMS Microbiol. Lett.*, 94, 105-110.

Banner, C.R., J.S. Rohovec and J.L. Fryer (1991): A new value for mol percent guanine + cytosine of DNA for the salmonid pathogen *Renibacterium salmoninarum*. *FEMS Microbiol. Lett.* 79, 57-60.

Barham, W.T., H. Schoonbee and G.L. Smit (1979): The occurrence of *Aeromonas* and *Streptococcus* in rainbow trout, *Salmo gairdneri* Richardson. *J. Fish Biol.*, 15, 457-46.

Baxa, D. V., K. Kawai and R. Kusuda (1986): Characteristics of gliding bacteria isolated from diseased cultured flounder, *Paralichthys olivaceus*. *Fish Pathol.*, 21, 251-258.

Baxa, D.V., K. Kawai and R. Kusuda (1987a): Molecular taxonomic classification of gliding bacteria isolated from diseased cultured founder. *Fish Pathol.*, 22, 11-14.

Baxa, D.V., K. Kawai and R. Kusuda (1987b): Experimental infection of *Flexibacter maritimus* in black sea bream (*Acanthopagrus schlegeli*) fry. *Fish Pathol.*, 22, 105-109.

Baxa, D.V., K. Kawai and R. Kusuda (1988): Detection of *Flexibacter maritimus* by fluorescent antibody technique in experimentally infected black sea bream fry. *Fish Pathol.*, 23, 29-32.

Becker, C. D. and M. P. Fujihara (1978): The bacterial pathogen *Flexibacter columnaris* and its epizootiology among Columbia River fish. *Monograph* No. 2., American Fisheries Society, Washington, D.C. 92 pp.

Belding, D. L. and B. Merrill (1935): A preliminary report upon a hatchery disease of the Salmonidae. *Trans. Am. Fish. Soc.*, 65, 76-84.

引用文献

Bell, G. R., D. A. Higgs and G. S. Traxler (1984)：The effect of dietary ascorbate, zinc, and manganese on the development of experimentally induced bacterial kidney disease in sockeye salmon (*Oncorhynchus nerka*). *Aquaculture*, 36, 293-311.

Berg, R.W. and A. W. Anderson (1972)：Salmonellae and *Edwardsiella tarda* in gull feces: a source of contamination in fish processing plants. *Appl. Microbiol.*, 24, 501-503.

Bernardet, J.-F. (1997)：Immunization with bacterial antigens: *Flavobacterium* and *Flexibacter* infections. In "Fish vaccinology" (ed. by R. Gudding, A. Lillehaug, P.J. Midtlyng and F. Brown). Karger, Basel, pp. 179-188.

Bernardet, J.-F. and P. A. D. Grimont (1989)：Deoxyribonucleic acid relatedness and phenotypic characterization of *Flexibacter columnaris* sp. nov., nom. rev., *Flexibacter psychrophilus* sp. nov., nom. rev., and *Flexibacter maritimus* Wakabayashi, Hikida and Masumura 1986. *Int. J. Syst. Bacteriol.*, 39, 346-354.

Bernardet, J.-F. and B. Kerouault (1989)：Phenotypic and genomic studies of "*Cytophaga psychrophila*" isolated from diseased rainbow trout (*Oncorhynchus mykiss*) in France. *Appl. Environ. Microbiol.*, 55, 1796-1800.

Bernardet J.-F., F. Baudin-Laurecin and G. Tixerant (1988)：First identification of "*Cytophaga psychrophila*" in France. *Bull. Eur. Ass. Fish Pathol.*, 8, 104-105.

Bernardet J.-F., A.C. Campbell and J.A. Buswell (1990)：*Flexibacter maritimus* is the agent of "black patch necrosis" in Dover sole in Scotland. *Dis. Aquat. Org.*, 8, 233-237.

Bernardet J.-F., B. Kerouault and C. Michel (1994)：Comparative study on *Flexibacter maritimus* strains isolated from farmed sea bass (*Dicentrarchus labrax*) in France. *Fish Pathol.*, 29, 105-111.

Bernardet, J.-F., P. Segers, M. Vancanneyt, F. Berthe, K Kersters, and P. Vandamme (1996)：Cutting a Gordian knot: Emended calassification and description of the genus *Flavobacterium*, emended description of the family *Flavobacteriaceae*, and proposal of *Flavobacterium hydatis* nom. nov. (Basonym, *Cytophaga aquatilis* Strohl and Tait 1978). *Int. J. Syst. Bacteriol.*, 46, 128-148.

Bernardet J.-F., Y. Nakagawa, and B. Holmes (2002)：Proposed minimal standards for describing new taxa of the family *Flavobacteriaceae* and emended description of the family. *Int. J. Syst. Evol. Microbiol.*, 52, 1049-1070.

Bernoth, E.-M., A.E. Ellis, P.J. Midtlyng, G. Olivier and P. Smith (1997)：Furunclosis- Multidisciplinary fish disease research. Academic Press, London, 529p.

Berthe, F. C. J., C. Michel and J.-F. Bernardet (1995)：Identification of *Pseudomonas anguilliseptica* isolated from several fish species in France. *Dis. Aquat. Org.*, 21, 151-155.

Bertolini, J.M., H. Wakabayashi, V.G. Whipple, and J. S. Rohovec (1994)：Electrophoretic detection of proteases from selected strains of *Flexibacter psychrophilus* and assessment of their variability. *J. Aquat. Anim. Health*, 6, 224-233.

Biosca, E.G., C. Amaro, C. Esteve, E. Alcaide and E. Garay (1991)：First record of *Vibrio vulnificus* biotype 2 from diseased European eel, *Anguilla anguilla* L. *J. Fish Dis.*, 14,, 103-109.

Biosca, E.G., H. Llorens, E. Garay and C. Amaro (1993a)：Presence of a capsule in *Vibrio vulnificus* biotype 2 and its relationship to virulence for eels. *Infect. Immun.*, 61, 1611-1618.

Biosca, E.G., C. Esteve, E. Garay and C. Amaro (1993b)：Evaluation of the API 20E system for identification and discrimination of *Vibrio vulnificus* biotypes 1 and 2. *J. Fish Dis.*, 16, 79-82.

Bockemuhl, J., R. Pan-Urai and F. Burkhardt (1971)：*Edwardsiella tarda* associated with human disease. *Pathog. Microbiol.*, 37, 393-401.

Boomker, J., G. D. Imes Jr., C. M. Cameron, T.W. Naude and H. J. Schoobee (1979)：Trout mortalities as a result of *Streptococcus* infection. *J. Vet. Res.*, 46, 71-78.

Bootsma, R. and J. P. M. Clex (1976)：Columnaris disease of cultured carp *Cyprinus carpio* L. Characteristics of the causative agent. *Aquaculture*, 7, 371-384.

Bootsma, R., N. Fijan and J. Blommaert (1977) Isolation and identification of the causative agent of carp-erythrodermatitis. *Veterinarski Archiv*, 47, 291-302.

Borg, A. F. (1948)：Studies on myxobacteria associated with diseases in salmonid fishes. Ph. D. thesis, University of Washington, Seattle.

Borg, A. F. (1960)：Studies on myxobacteria associated with diseases of salmonid fishes. *J. Wildlife Dis.*, 8, 1-85.

Boulanger, Y., R. Lallier and G. Cousineau (1977)：Isolation of enterotoxigenic *Aeromonas* from fish. *Can. J. Microbiol.*, 23, 1161-1164.

Bradley, T.M., C.E. Newcomer and K.O. Maxwell (1988)：Epitheliocyctis associated with massive mortalities of cultured lake trout *Salvelinus namaycush*. *Dis. Aquat. Org.*, 4, 9-17.

Branson, E. J. and D. N. Diaz-Munoz (1991)：Description of a new disease condition occurring in farmed coho salmon, *Oncorhynchus kisutch* (Walbaum), in South America. *J. Fish Dis.*, 14, 147-156.

Brauns, L.A., M.C. Hudson and J.D. Oliver (1991)：Use of the polymerase chain reaction in detection of culturable and non culturable *Vibrio vulnificus* cells. *Appl. Environ. Microbiol.*, 57, 2651-2665.

第Ⅲ章　細菌病

Brown, L. L., L. J. Albright and T. P. T. Evelyn (1990)： Control of vertical transmission of *Renibacterium salmoninarum* by injection of antiboiotics into maturing female coho salmon *Oncorhynchus kisutch*. *Dis. Aquat. Org.*, 9, 127-131.

Brown, L. L., G. K. Iwama, T. P. T. Evely, W. S. Nelson and R. P. Levine (1994)：Use of the polymerase chain reaction (PCR) to detect DNA from *Renibacterium salmoninarum* within individual salmonid eggs. *Dis. Aquat. Org.*, 18, 165-171.

Brown, L. L., W.T.Cox and R.P. Levine (1997)：Evidence that the causal agent of bacterial cold-water disease *Flavobacterium psychrophilum* is transmitted within salmonid eggs. *Dis. Aquat. Org.*, 29, 213-218.

Bruno, D. W. (1988)：The relationship between auto-agglutination, cell surface hydrophobicity and virulence of the fish pathogen *Renibacterium salmoninarum*. *FEMS Microbiol. Lett.*, 51, 135-140.

Bruno, D. W. (1992)：*Cytophaga psychrophila* (='*Flexibacter psychrophilus*') (Borg), histopathology associated with mortalities among farmed rainbow trout, *Oncorhynchus mykiss* (Walbaum) in the UK. *Bull. Eur. Ass. Fish Pathol.*, 12, 215-216.

Bullock, G.L. (1964)：Pseudomonadales as fish pathogens. *Develop. Indust. Microbiol.*, 5, 101-108.

Bullock, G. L. (1966)：Precipitin and agglutinin reactions of aeromonads isolated from fish and other sources. *Bull. Off. Int. Epiz.*, 65, 805-824.

Bullock, G. L. (1972)：Studies on selected myxobacteria pathogenic for fishes and on bacterial gill disease in hatchery-reared salmonids. *U.S. Bureau of Sport Fisheries and Wildlife Technical Papers*, 60 pp.

Bullock, G. L. (1990)：Bacterial gill disease of freshwater fishes. *US Department of Interior Fish and Wildlife Service, Fish disease leaflet* 84, 2pp.

Bullock, G. L. and H. M. Stuckey (1975a)：Fluorescent antibody identification and detection of the *Corynebacterium* causing kidney disease of salmonids. *J. Fish. Res. Board Can.*, 32, 2224-2227.

Bullock G. L. and H. M. Stuckey (1975b)：*Aeromonas salmonicida*: detection of asymptomatically infected trout. *Prog. Fish Cult.*, 37, 237-239.

Bullock, G.L. and D.P. Anderson (1984)：Immunization against *Yersinia ruckeri*, cause of enteric redmouth disease. In "Symposium on Fish Vaccination" (ed. by P. de Kinkelin), Office International des Epizooties, Paris, pp. 151-166.

Bullock, G. L. and R. L. Herman (1989)：Control of bacterial gill disease with Chloramin-T. *FHS/AFS Newsletter*, 16 (3), p. 6.

Bullock, G.L. and R.C. Cipriano (1990)：Enteric redmouth disease of salmonids U.S. Fish and Wildlife Service, Fish Disease Leaflet, No82.

Bullock, G. L., D. A. Conroy and S. F. Snieszko (1971)： Diseases of fishes, Book 2A, T.F.H. Pub. Inc., Jersey City, 151p.

Bullock, G. L., H. M. Stuckey and P. K. Chen (1974)： Corynebacterial kidney disease of salmonids: growth and serological studies on the causative bacterium. *Appl. Microbiol.*, 28, 811-814.

Bullock, G. L., H.M. Stuckey and R. L. Herman (1976)： Comparative susceptibility of Atlantic salmon (*Salmo salar*) to the enteric redmouth bacterium and *Aeromonas salmonicida*. *J. Wildlife Dis.*, 12, 376-379.

Bullock, G. L., H.M. Stuckey and E. B. Shotts (1977)： Early records of North American and Australian outbreaks of enteric redmouth disease. *Fish Health News*, 6, 96-97.

Bullock, G.L., H. M. Stuckey and D. Mulcahy (1978)： Corynebacterial kidney disease: egg transmission following iodophore disinfection. *Fish Health News*, 7, 51-52.

Bullock, G. L., B. R. Griffin and H. M. Stuckey (1980)： Detection of *Corynebacterium salmoninus* by direct fluorescent antibody test. *Can. J. Fish. Aquat. Sci.*, 37, 719-721.

文谷俊雄・星合愿一・畑井喜司雄・玉井　登・窪田三朗 (1987)：クロソイ稚魚の *Vibrio ordalii* 感染による斃死例とその病理. 魚病研究, 22, 113-114.

Busch, R. A. (1982)：Enteric redmouth disease (*Yersinia ruckeri*). In "Antigens of fish pathogens" (ed. by D. P. Anderson. M. Dorson and P. Dubourget), Marcel Merieux, Lyon, pp. 201-223.

Bustos, P.A., J. Calbuyahue, J. Montana, B. Opazo, P. Entrala and R. Solervicens (1995)：First isolation of *Flexibacter psychrophilus*, as a causative agent of rainbow trout fry syndrome (RTFS), producing rainbow trout mortality in Chile. *Bull. Eur. Ass. Fish Pathol.*, 15, 162-164.

Campbell, A.C. and J.A. Buswell (1982)：An investigation into the bacterial aetiology of 'black patch necrosis' in Dover sole (*Solea solea* L.). *J. Fish Dis.*, 5, 495-508.

Campbell, G. and R.M. MacKelvie (1968)：Infection of brook trout (*Salvelinus fontinalis*) by Nocardiae. *J. Fish. Res. Board Can.*, 25, 423-425.

Candan, A., M.A. Kucuker and S. Karatas (1995)：Motile aeromonad septisemia in *Salmo salar* cultured in the Black Sea in Turkey. *Bull. Eur. Ass. Fish Pathol.*, 15, 195-196.

Cann, D.C. and L.Y. Taylor (1984)：An evaluation of residual contamination by *Clostridium botulinum* in a trout farm following an outbreak of botulism in the fish stock. *J. Fish Dis.*, 7, 391-396.

Cardwell, R. D. and L. S. Smith (1971)：Hematological manifestation of vibriosis upon juvenile chnook salmon. *Prog. Fish-Cult.*, 33, 232-235.

引用文献

Cepeda, C., S. Garcia-Marquez, and Y. Santos (2003): Detection of *Flexibacter maritimus* in fish tissue using nested PCR amplification. *J. Fish Dis.*, **26**, 65-70.

Chabot, J. D. and R. L. Thune (1991): Proteases of the *Aeromonas hydrophila* complex: identification, characterizaion and relation to virulence in channel catfish, *Ictalurus punctatus* (Rafinesque). *J. Fish Dis.*, **14**, 171-184.

Chakroun, C., F. Grimont, M. C. Urdaci, and J.-F. Bernardet (1998): Fingerprinting of *Flavobacterium psychrophilum* isolates by ribotyping and plasmid profiling. *Dis. Aquat. Org.*, **33**, 167-177.

Chart, H., D.H. Shaw, E.E. Ishiguro and T.J. Trust (1984): Structural and immunochemical homogeneity of *Aeromonas salmonicida* lipopolysaccharide. *J. Bacteriol.*, **158**, 16-22.

陳 昭德・郭 光雄 (1978): 養殖鰻細菌分布之研究. *JCRR Fisheries Series*, **34**. 魚病研究專集, II, 15-32.

Chen, M. F., D. Henry-Ford and J. M. Groff (1995): Isolation and characterization of *Flexibacter maritimus* from marine fishes of Calfornia. *J. Aquat. Anim. Health*, **7**, 318-326.

Chen, P. K., G. L. Bullock, H.M. Stuckey and A.C. Bullock (1974): Serological diagnosis of corynebacterial kidney disease of salmonids. *J. Fish. Res. Board Can.*, **31**, 1939-1940.

Chen, S. C., M. C. Tung, S. P. Chen, J. F. Tsai, P. C. Wang, R. S. Chen, S. C. Lin and A. Adams (1994): Systemic granulomas caused by a rickettsia-like organism in Nile tilapia, *Oreochromis niloticus* (L.), from southern Taiwan. *J. Fish Dis.*, **17**, 591-599.

Chen, S.C., P.C. Wang, M.C. Tung, K.D. Thompson and A. Adams (2000): A *Piscirickettsia salmonis*-like organism in grouper, *Epinephelus melanostigma*, in Taiwan. *J. Fish Dis.*, **23**, 415-418.

Chen, S.-C., Y.-D. Lin, L.-L. Liaw and P.-C. Wang (2001): *Lactococcus garvieae* infection in the giant freshwater prawn *Macrobrachium rosenbergii* confirmed by polymerase chain reaction and 16S rDNA sequencing. *Dis. Aquat. Org.*, **45**, 45-52.

Chen, S.H. (1992): Study of the pathogenicity of *Nocardia asteroides* to the Formosa snakehead, *Channa maculata* (Lacepede), and the largemouth bass, *Micropterus salmoides* (Lacepede). *J. Fish Dis.*, **15**, 47-53.

Chern, R.S. and C.B. Chao (1994): Outbreaks of a disease caused by a rickettsia-like organism in cultured tilapias in Taiwan. *Fish Pathol.*, **29**, 61-71.

Chinabut, S. (1999): Mycobacteriosis and nocardiosis. In "Fish diseases and disorders, Vol.3, Viral, bacterial and fungal infections" (Ed. by P.T.K. Woo and D.W. Bruno), CABI Publishing, Wallingford, UK, pp.319-340.

Cipriano, R.C., B.R. Griffin and B.C. Lidgerding (1981): *Aeromonas salmonicida*: relationship between extracellular growth products and isolate virulence. *Can. J. Fish. Aquat. Sci.*, **38**, 1322-1326.

Cipriano, R.C., W.B. Schill, S.W. Pyle and R. Horner (1986): An epizootic in chinook salmon (*Oncorhynchus tshawytscha*) caused by a sorbitol-positive serovar II strain of *Yersinia ruckeri*. *J. Wildlife Dis.*, **22**, 488-492.

Colgrove, D. J. and J. W. Wood (1966): Occurrence and control of *Chondrococcus columnaris* as related to Fraser River sockeye salmon. *Progress Report of International Pacific Salmon Fisheries Commission*, No.15, 51pp.

Collado, R., B. Fouz, E. Sanjuan and C. Amaro (2000): Effectiveness of different vaccine formulations against vibriosis caused by *Vibrio vulnificus* serovar E (biotype 2) in European eels *Anguilla anguilla*. *Dis. Aquat. Org.*, **43**, 91-101.

Collins, M.D., A.J. Martinez-Murcia and J. Caj (1993): *Aeromonas enteropelogenes* and *Aeromonas ichthiosmia* are identical to *Aeromonas trota* and *Aeromonas veronii*, respectively, as revealed by small-subunit rRNA sequence analysis. *Int. J. Syt. Bacteriol.*, **49**, 1945-1947.

Comps, M., J.C. Raymond and G.N. Plassiart (1996): Rickettsia-like organism infecting juvenile sea-bass *Dicentrarchus labrax*. *Bull. Eur. Ass. Fish Pathol.*, **16**, 30-33.

Conroy, D. A. (1963): The study of a tuberculosis-like condition in neon tetras (*Hyphessobrycon innesi*). *Microbiol. Espan.*, **16**, 47-54.

Costa, A. B., K. Kanai and K. Yoshikoshi (1998a): Serological characterization of atypical strains of *Edwardsiella tarda* isolated from sea breams. *Fish Pathol.*, **33**, 265-274.

Costa, R., I. Mermoud, S. Koblavi, B. Morlet, P. Hafner, F. Berthe, M. Le Groumellec and P. Grimont (1998b): Isolation and characterization of bacteria associated with a *Penaeus stylirostris* disease (Syndrome 93) in New Caledonia. *Aquaculture*, **164**, 297-309.

Crespo, S., C. Zarza, F. Padros and M. Marin de Mateo (1999): Epitheliocystis agents in sea bream *Sparus aurata*: morphological evidence for two distinct chlamydia-like developmental cycles. *Dis. Aquat. Org.*, **37**, 61-72.

Crosa, J.H., L.L. Hodges and M.H. Schiewe (1980): Curing of a plasmid is correlated with an attenuation of virulence in the marine fish pathogen *Vibrio anguillarum*. *Infect. Immun.*, **27**, 897-902.

Croy, T.R. and D.F. Amend (1977): Immunization of sockeye salmon (*Oncorhynchus nerka*) against vibriosis using the hyperosmotic infiltration technique. *Aquaculture*, **12**, 317-325.

Cvitanich, C.D., N.O. Garate and C.E. Smith (1991): The

第Ⅲ章 細菌病

isolation of a rickettsia-like organism causing disease and mortality in Chilean salmonids and its confirmation by Koch's postulates. *J. Fish Dis.*, 14, 121-145.

Dalsgaard, I. and L. Madsen (2000): Bacterial pathogens in rainbow trout, *Oncorhynchus mykiss* (Walbaum), reared at Danish freshwater farms. *J. Fish Dis.*, 23, 199-209.

Dalsgaard, I., L. Hoi, R. J. Siebeling and A. Dalsgaard (1999): Indole-positive *Vibrio vulnificus* isolated from disease outbreaks on a Danish eel farm. *Dis. Aquat. Org.*, 35, 187-194.

Daly, J. D. (1999): Other bacterial pathogens. In "Fish diseases and disorders. Vol. 3, Viral, bacterial and fungal infections" (ed. by P. T. K. Woo and D. W. Bruno), CABI Publishing, Wallingford, UK, pp. 577-598.

Daly, J. G., B. Lindvik and R. M. W. Stevenson (1986): Serological heterogeneity of recent isolates of *Yersinia ruckeri* from Ontario and British Columbia. *Dis. Aquat. Org.*, 1, 151-153.

Daly, J.G., A.K. Kew, A.R. Moor1 and G. Olivier (1996): The cell surface of *Aeromonas salmonicida* determines *in vitro* survival in cultivated brook trout (*Salvelinus fontinalis*) pertitional macrophages. *Microb. Pathogen.*, 21, 447-461.

Daly, J.G., S.G. Griffiths, A.K. Kew, A.R. Moore and G. Olivier (2001): Characterization of attenuated *Renibacterium salmoninarum* strains and their use as live vaccines. *Dis. Aquat. Org.*, 44, 121-126.

Davis, H.S. (1922): A new bacterial disease of freshwater fishes. *U.S. Bureau of Fisheries Bulletin*, 38, 261-280.

Davis, H. S. (1926): A new gill disease of trout. *Trans. Am. Fish. Soc.*, 56, 156-160.

Davis, H.S. (1946): Care and disease of trout. US Department of the Interior Research Report No. 12,. US Government Printing Office, Washington, DC, 98 pp.

Davis, H. S. (1953): Culture and diseases of game fishes. Univ. California Press, Berkely, 332 pp.

De Grandis, S.A. and R.M.W. Stevenson (1985): Antimicrobial susceptibility patterns and R plasmid-mediated resistance of the fish pathogen *Yersinia ruckeri*. *Antimicro. Agents Chemother.*, 27, 938-942.

De Grandis, S. A., P. J. Krell, D. E. Flett and R. M. W. Stevenson (1988): Deoxyribonucleic acid relatedness of serovars of *Yersinia ruckeri*, the enteric redmouth bacterium. *Int. J. Syst. Bacteriol.*, 38, 49-55.

Del Corral, F., E. B. Shott and J. Brown (1990): Adherence haemagglutination and cell surface characteristics of motile aeromonads virulent for fish. *J. Fish Dis.*, 13, 255-268.

de la Peña, L.D., K. Momoyama, T. Nakai and K. Muroga (1992): Detection of the causative bacterium of vibriosis in kuruma prawn, *Penaeus japonicus*. *Fish Pathol.*, 27, 223-228.

de la Peña, L.D., T. Tamaki, K. Momoyama, T. Nakai and K. Muroga (1993): Characteristics of the causative bacterium of vibriosis in the kuruma prawn, *Penaeus japonicus*. *Aquaculture*, 115, 1-12.

de la Peña, L.D., T. Nakai and K. Muroga (1995): Dynamics of *Vibrio* sp. PJ in organs of orally infected kuruma prawn, *Penaeus japonicus*. *Fish Pathol.*, 30, 39-45.

de la Peña, L.D., H. Koube, T. Nakai and K. Muroga (1997): Detection of *Vibrio penaeicida* in kuruma prawn after transport. *Fish Pathol.*, 32, 233-234.

De Paola, A., P. A. Flynn, R. M. McPhearson and S.B. Levy (1988): Phenotypic and genotypic characterization of tetracycline- and oxytetracycline-resistant *Aeromonas hydrophila* from cultured channel catfish (*Ictalurus punctatus*) and their environment. *Appl. Environ. Microbiol.*, 54, 1861-1863.

Dooley, J.S.G., W.D. McCubbin, C.M. Kay and T.J. Trust (1988): Isolation and biochemical characterization of the S-layer protein from a pathogenic *Aeromonas hydrophila* strain. *J. Bacteriol.*, 170, 2631-2638.

Duff, D. C. B. (1942): The oral immunization of trout against *Bacterium salmonicida*. *J. Immunol.*, 44, 87-94.

枝広知新・浜口昌巳・楠田理一 (1990): ブリ稚魚の連鎖球菌症に対するグリチルリチン投与の影響. 水産増殖, 38, 239-243.

枝広知新・浜口昌巳・楠田理一 (1991): 過酸化脂質を投与したブリ稚魚の実験的連鎖球菌症に対するグリチルリチンの投与効果. 水産増殖, 39, 21-27.

Eddy, B. P. (1960): Cephalotrichous, fermentative Gram-negative bacteria: The genus *Aeromonas*. *J. Appl. Bacteriol.*, 23, 216-249.

Egidius, E., K. Anderson, E. Causen and J. Raa (1981): Cold water vibriosis or 'Hitra disease' in Norweigian salmonid farming. *J. Fish Dis.*, 4, 353-354.

Egidius, E., R. Wiik, K. Andersen, K.A. Hoff and B. Hjeltnes (1986): *Vibrio salmonicida* sp. nov., a new fish pathogen. *Int. J. Syst. Bacteriol.*, 36, 518-520.

江草周三 (1967): 運動性エロモナス菌について (総説). 魚病研究, 2, 36-49.

江草周三 (1978): 2.4 ウナギの鰭赤病. 2.5 コイその他の魚のエロモナス病. 魚の感染症. 恒星社厚生閣, pp. 146-164.

江草周三 (1987): 魚類のエピテリオシスチス病. 魚病研究, 22, 165-171.

Egusa, S. and T. Nishikawa (1965): Studies of a primary infectious disease in the so-called fungus disease of eels. *Bull. Japan. Soc. Sci. Fish.*, 31, 804-813.

江草周三・窪田三朗・宮崎照雄 (1979): 魚の病理組織学. 東京大学出版会, 162pp.

江草周三・宮崎照雄・塩満捷夫・藤田征作 (1987): 種苗生産過程でみられたイシガキダイ仔魚のエピテリオシスチ

引用文献

ス類症. 魚病研究, 22, 33-34.

江草周三・高橋幸則・伊丹利明・桃山和夫 (1988): クルマエビのビブリオ病の病理組織学的研究. 魚病研究, 23, 59-65.

Eklund, M.W., M.E. Peterson, F.T. Poysky, L.W. Peck and J. F. Conrad (1982): Botulism in juvenile coho salmon (Oncorhynchus kisutch) in the United States. Aquaculture, 27, 1-11.

Ekman, E., H. Borjeson, and N. Johansson (1999): Flavobacterium psychrophilum in Baltic salmon Salmo salar brood fish and their offspring. Dis. Aquat. Org., 37, 159-163.

Eldar, A. and C. Ghittino (1999): Lactococcus garvieae and Streptococcus iniae infections in rainbow trout Oncorhynchus mykiss: similar, but different diseases. Dis. Aquat. Org., 26, 227-231.

Eldar, A., Y. Bejerano and H. Bercovier (1994): Streptococcus shiloi and Streptococcus difficile: two new streptococcal species causing a meningoencephalitis in fish. Curr. Microbiol., 28, 139-143.

Eldar, A., C. Ghittino, L. Asanta, E. Borretta, M. Goria, M. Prearo and H. Bercovier (1996): Enterococcus seriolicida is a junior synonym of Lactococcus garviae, a causative agent of septicemia and meningoencephalitis in fish. Curr. Microbiol., 32, 85-88.

Elliott, D.G. and E.B. Shotts (1980a): Aetiology of an ulcerative disease in goldfish, Carassius auratus (L.): microbiological examination of diseased fish from seven locations. J. Fish Dis., 3, 133-143.

Elliott, D.G. and E.B. Shotts (1980b): Aetiology of an ulcerative disease in goldfish, Carassius auratus (L.): experimental induction of the disease. J. Fish Dis., 3, 145-151.

Elliott, D. G., R. J. Pascho and G. L. Bullock (1989): Developments in the control of bacterial kidney disease of salmonid fishes. Dis. Aquat. Org., 6, 201-215

Ellis, A. E. (1988): Vaccination against enteric redmouth (ERM). In "Fish vaccination" (ed. by A.E. Ellis), Academic Press, London, pp. 85-92.

Ellis, R.W., A. J. Novotny and L. W. Harrell (1978): Case report of kidney disease in a wild chinook salmon, Oncorhynchus tshawytscha, in the sea. J. Wildlife Dis., 14, 120-123.

Emmerich, R. and E. Weibel (1894): Uber eine durch Bakterien erzengte Seuche unter den Forellen. Arch. Hyg. Bakteriol., 21, 1-21.

Esteve, C., E. G. Biosca and C. Amaro (1993): Virulence of Aeromonas hydrophila and some other bacteria isolated from European eels Anguilla anguilla reared in fresh waer. Dis. Aquat. Org., 16 15-20.

Esteve, C., C.Amaro and A.E. Toranzo (1994): O-serotyping and surface components of Aeromonas hydrophila and Aeromonas jandaei pathogenic for eels. FEM Microbiol. Lett., 117, 85-90.

Esteve, C., M. C. Gutierrez and A. Ventosa (1995): Aeromonas encheleia sp. nov., isolated from European eels. Int. J. Syst. Bacteriol., 45, 463-466.

Evelyn, T.P.T. (1971): An aberrant strain of the bacterial fish pathogen Aeromonas salmonicida isolated from a marine host, the sablefish (Anoplopoma fimbria) and from two species of cultured Pacific salmon. J. Fish. Res. Board Can., 28, 1629-1634.

Evelyn, T.P.T. (1977): An improved growth medium for the kidney bacterium and some notes on using the medium. Bull. Off. Int. Epiz., 87, 511-513.

Evelyn, T.P.T. (1993): Bacterial kidney disease - BKD. In "Bacterial diseases of fish" (ed. by V. Inglis, R.J. Roberts and N.R. Bromage), Blackwell Sci. Pub., London, pp. 177-195.

Evelyn, T.P.T., G.E. Hoskins and G.R. Bell (1973): First record of bacterial kidney disease in apparently wild salmonid in British Columbia. J. Fish. Res. Board Can., 30, 1578-1580.

Evelyn, T.P.T., J. E. Ketcheson and L. Prosperi-Porta (1984): Further evidence for the presence of Renibacterium salmoninarum in salmonid eggs and for the failure of povidone-iodine to reduce the intra-ovum infection in water-hardened eggs. J. Fish Dis., 7, 173-182.

Evenden, A.J., T.H. Grayson, M.L. Gilpin and C.B. Munn (1993): Renibacterium salmoninarum and bacterial kidney disease - the unfinished jugsaw. Ann. Rev. Fish Dis., 3, 87-104.

Ewing, E.W., A.J. Ross, D.J. Brenner and G.R. Fanning (1978): Yersinia ruckeri sp. nov., the redmouth (RM) bacterium. Int. J. Syst. Bacteriol., 28, 37-44.

Ewing, W. H., A. C. McWhorter, M. R. Escobar and A. H. Lubin (1965): Edwardsiella, a new genus of Enterobacteriaceae based on a new species, Edwardsiella tarda. Int. Bull. Bact. Num. Taxon., 15, 33-38.

絵面良男・田島研一・吉水 守・木村喬久 (1980): 魚類Vibrio属病原菌の分類学的ならびに血清学的検討. 魚病研究, 14, 167-179.

Farkas, J. (1985): Filamentous Flavobacteium sp. isolated from fish with gill disease in cold water. Aquaculture, 44, 1-10.

Farmer, J. J., D. J. Brenner and W. A. Clark (1976): Proposal to conserve the specific epithet tarda over the specific epithet anguillimortiferum in the name of the organism presently known as Edwardsiella tarda. Int.J. Syst. Bacteriol., 26, 293-294.

Ferguson, H. W. and D. H. McCarthy (1978): Histopathology of furunculosis in brown trout Salmo trutta L. J. Fish Dis., 1, 165-174.

Ferguson, H. W., V. E. Ostland, P. Byrne and J. S. Lumsden

第Ⅲ章　細菌病

(1991)：Experimental production of bacterial gill disease in trout by horizontal transmission and by bath challenge. *J. Aquat. Anim. Health*, 3, 118-123.

Ford, L. A. (1994)：Detection of *Aeromonas salmonicida* from water using a filtration method. *Aquaculture*, 122, 1-7.

Fouz, B., M. D. Esteve-Gassent, R. Barrera, J. L. Larsen, M.E. Nielsen and C. Amaro (2001)：Field testing of a vaccine against eel diseases caused by *Vibrio vulnificus*. *Dis. Aquat. Org.*, 45, 183-189.

Frerichs, G. N. (1993)：Mycobacteriosis: Nocardiosis. In "Bacterial diseases of fish" (ed. by V. Inglis, R. J. Roberts and N.R. Bromage), Blackwell Science, Oxford, pp.219-233.

Frerichs, G.N., J.A. Stewart and R.O. Collins (1985)：Atypical infection of rainbow trout, *Salmo gairdneri* Richardson, with *Yersinia ruckeri. J. Fish Dis.*, 8, 383-387.

Fryer, J. L. and J. E. Sanders (1981)：Bacterial kidney disease of salmonid fish. *Ann. Rev. Microbiol.*, 35, 273-298.

Fryer, J. L. and C. N. Lannan (1994)：Review article: Rickettsial and chlamydial infections of freshwater and marine fishes, bivalves, and crustaceans. *Zool. Studies*, 33, 95-107.

Fryer, J.L. and C.N. Lannan (1996)：Rickettsial infections of fish. *Ann. Rev. Fish Dis.*, 6, 3-13.

Fryer, J.L., J.S. Rohovec, G.L. Tebbit, J.S. McMichael and K.S. Pilcher (1976)：Vaccination for control of infectious diseases in Pacific salmon. *Fish Pathol.*, 10, 155-164.

Fryer, J.L., C.N. Lannan, L.H. Garces, J.J. Larenas and P.A. Smith (1990)：Isolation of a rickettsiales-like organism from diseased coho salmon (*Oncorhynchus kisutch*) in Chile. *Fish Pathol.*, 25, 107-114.

Fryer, J.L., C.N. Lannan, S.J. Giovannoni and N.D. Wood (1992)：*Piscirickettsia salmonis* gen. nov., sp. nov., the causative agent of an epizootic disease in salmonid fishes. *Int. J. Syst. Bacteriol.*, 42, 120-126.

Fuhrmann, H., K.H. Bohm and H.-J. Schlotfeldt (1983)：An outbreak of enteric redmouth disease in West Germany. *J. Fish Dis.*, 6, 309-311.

Fujihara, M.P. and P.A. Olson (1962)：Incidence and virulence of columnaris. *U.S. Atm. Energy Consm. Res. Dev. Rep.* (HW-72500), 151-155.

Fujihara, M.P. and R.E. Nakatani (1971)：Antibody production and immune response of rainbow trout and coho salmon to *Chondrococcus columnaris. J. Fish. Res. Board Can.*, 28, 1253-1258.

藤原正夢・上野陽一郎・岩尾敦志（1993）：トリガイ浮遊幼生の斃死因と考えられる *Vibrio* 属細菌について．魚病研究, 28, 83-89.

藤田真吾（1980）：連鎖球菌に対するハマチの感受性に与えるビタミン欠乏の影響．京都海洋センター研究報告, 4, 28-31.

福田　穣・楠田理一（1981）：各種投与法による養殖ハマチ類結節症ワクチンの有効性．日水誌, 47, 147-150.

Fukuda, Y. and R. Kusuda (1985)：Vaccination of yellowtail against pseudotuberculosis. *Fish Pathol.*, 20, 421-425.

福田　穣・松岡　学・水野芳嗣・成田公義（1996）：養殖ヒラメ稚魚に発生した *Pasteurella piscicida* 感染症．魚病研究, 31, 33-38.

福田　穣・舞田正志・佐藤公一・岡本信明（1997a）：飼育水の溶存酸素量がブリの実験的腸球菌症における死亡率に及ぼす影響．魚病研究, 32, 129-130.

福田　穣・舞田正志・佐藤公一・山本　浩・岡本信明・池田弥生（1997b）：ブリにおける *Enterococcus seriolicida* の実験的水平感染に及ぼす溶存酸素量の影響．魚病研究, 32, 43-49.

福田　穣・岡村　愛・西山　勝・川上秀昌・釜石　隆・良永知義（2002）：養殖イサキに発生した細胞内寄生細菌による肉芽腫．魚病研究, 37, 119-124.

Fukui, H., Y. Fujihara and T. Kano (1987)：*In vitro* and *in vivo* antibacterial activities of florfenicol, a new fluorinated analog of thiamphenicol, against fish pathogens. *Fish Pathol.*, 22, 201-207.

Fuller, D. W., K. S. Pilcher and J. L. Fryer (1977)：A leucocytolytic factor isolated from cultures of *Aeromonas salmonicida. J. Fish. Res. Board Can.*, 34, 1118-1125.

舟橋紀男（1980）：鰓の病理組織学的研究-Ⅰ. ウナギの鰓ぐされ病．魚病研究, 14, 107-115.

舟橋紀男・宮崎照雄・小寺和郎・窪田三朗（1974）：アユのビブリオ病の病理組織学的研究．魚病研究, 8, 136-143.

Furones, M. D., C. J. Rodgers and C. B. Munn (1993a)：*Yersinia ruckeri*, the causative agent of enteric redmouth disease (ERM) in fish. *Ann. Rev. Fish Dis.*, 3, 105-125.

Furones, M. D., M. L. Gilpin and C. B. Munn (1993b)：Culture media for the differentiation of isolates of *Yersinia ruckeri*, based on detection of a virulence factor. *J. Appl. Bacteriol.*, 74, 360-366.

Gaggero, A., H. Castro and A.M. Sandino (1995)：First isolation of *Piscirickettsia salmonis* from coho salmon, *Oncorhynchus kisutch* (Walbaum) and rainbow trout, *Oncorhynchus mykiss* (Walbaum), during the freshwater stage of their life cycle. *J. Fish Dis.*, 18, 277-279.

Garces, L.H., J.J. Larenas, P.A. Smith, S. Sandino, C.N. Lannan and J. L. Fryer (1991)：Infectivity of a rickettsia isolated from coho salmon, *Oncorhynchus kisutch. Dis. Aquat. Org.*, 11, 93-97.

Gardner, G.R., J.C. Harshbarger, J.L. Lake, T.K. Sawyer, K.L. Price, M.D. Stephensen, P.L. Haarker and H.A.

引用文献

Togstad (1995): Association of procaryotes with symptomatic appearance of withering syndrome in black abalone *Haliotis cracherodii*. *J. Invertebr. Pathol.*, 66, 111-120.

Garnjobst, L. (1945): *Cytophaga columnaris* (Davis) in pure culture: a myxobacterium pathogenic to fish. *J. Bacteriol.*, 49, 113-128.

Gauger, E.J. and M. Gomez-Chiarri (2002): 16S ribosomal DNA sequencing confirms the synonymy of *Vibrio harveyi* and *V. carchariae*. *Dis. Aquat. Org.*, 52, 39-46.

Gauthier, G., B. Lafay, R. Ruimy, V. Breittmayer, J.L. Nicolas, M. Gauthier and R. Christen (1995): Small-subunit rRNA sequence and whole DNA relatedness concur from the reassignment of *Pasteurella piscicida* (Snieszko et al.) Janssen and Surgalla to the genus *Photobacterium* as *Photobacterium damsela* subsp. *piscicida* comb. nov. *Int. J. Syst. Bacteriol.*, 45, 139-144.

Genmoto, K., T. Nishizawa, T. Nakai and K. Muroga (1996): 16S rRNA targeted RT-PCR for the detection of *Vibrio penaeicida*, the pathogen of cultured kuruma prawn *Penaeus japonicus*. *Dis. Aquat. Org.*, 24, 185-189.

Getchell, R.G., J.S. Rohovec and J.L. Fryer (1985): Comparison of *Renibacterium salmoninarum* isolates by antigenic analysis. *Fish Pathol.*, 20, 149-159.

Goarant, C., J. Herlin, R. Brizard, A.-L. Marteau, C. Martin and B. Martin (2000): Toxic factors of *Vibrio* strains pathogenic to shrimp. *Dis. Aquat. Org.*, 40, 101-107.

Goodfellow, M., T. M. Embley and B. Austin (1985): Numerical taxonomy and emended description of *Renibacterium salmoninarum*. *J. Gen. Bacteriol.*, 131, 2739-2752.

Gould, R.W., P.J. O'leary, R.L. Garrison, J. S. Rohovec and J. L. Fryer (1978): Spray vaccination: A method for the immunization of fish. *Fish Pathol.*, 13, 63-68.

Gray, L.D. and A.S. Kreger (1985): Purification and characterization of an extracellular cytolysin produced by *Vibrio vulnificus*. *Infect. Immun.*, 48, 62-72.

Grayson, T.H., A.J. Evenden, M.L. Gilpin and C.B. Munn (1995): Production of a *Renibacterium salmoninarum* hemolysin fusion protein in *Escherichia coli* K12. *Dis. Aquat. Org.*, 22, 153-156.

Grimont, P. A. D., F. Grimont, C. Richard and R. Sakazaki (1981): *Edwardsiella hoshinae*, a new species of Enterobacteriaceae. *Int. J. Syst. Bacteriol.*, 31, 215-218.

Grisez, L. and F. Ollevier (1995): Comparative serology of the marine fish pathogen *Vibrio anguillarum*. *Appl. Environ. Microbiol.*, 61, 4367-4373.

Grisez, L., R. Ceusters and F. Ollevier (1991): The use of API 20E for the identification of *Vibrio anguillarum* and *V. ordalii*. *J. Fish Dis.*, 14, 359-365.

Hacking, M.A. and J. Budd (1971): Vibrio infection in tropical fish in a freshwater aquarium. *J. Wildlife Dis.*, 7, 273-280.

Hahnel, G.B., R.W. Gould and E.S. Boatman (1983): Serological comparison of selected strains of *Aeromonas salmonicida* ssp. *salmonicida*. *J. Fish Dis.*, 6, 1-11.

浜口昌巳・薄 浩則・楠田理一 (1991): イソギンポに発生した*Pasteurella piscicida*感染症.魚病研究, 26, 93-94.

Handlinger, J., M. Soltani, and S. Percival (1997): The pathology of *Flexibacter maritimus* in aquaculture species in Tasmania, Australia. *J. Fish Dis.*, 20, 159-168.

Hansen, G.H., O. Bergh, J. Michaelsen and D. Knappskog (1992): *Flexibacter ovolyticus* sp. nov., a pathogen of eggs and larvae of Atlantic halibut, *Hippoglossus hippoglossus* L. *Int. J. Syst. Bacteriol.*, 42, 451-458.

原 武史 (1980): サケ科魚のせっそう病の防除に関する研究. 博士論文, 東京大学農学部

原 武史・山崎隆義・田代文男・野本具視・小坂光昭・木村喬久 (1993): 魚類防疫への挑戦 (サケ・マス編), 緑書房, 187p.

Hariharan, H., B. Qian, B. Despres, F.S. Kibenge, S.B. Heaney and D. J. Rainnie (1995): Development of a specific biotinylated DNA probe for the detection of *Renibacterium salmoninarum*. *Can. J. Vet. Res.*, 59, 301-306.

Hari Suprapto, T. Nakai and K. Muroga (1996): Toxicity of extracellular products and intracellular components of *Edwardsiella tarda* in th Japanese eel and flounder. *J. Aquat. Anim. Health*, 7, 292-297.

Harrell, L.W., A.J. Novotny, M.H. Schiewe and H.D. Hodgins (1976): Isolation and description of two vibrios pathogenic to Pacific salmon in Puget Sound, Washington. *Fish. Bull. Nat. Ocean. Atmos. Adm.*, 74, 447-448.

橋本伸一・村岡愛一郎・三原 茂・楠田理一 (1985): *Pasteurella piscicida*の増殖に及ぼす培養温度, 食塩濃度, pHの影響. 日水誌, 51, 63-67.

Hastings, T. S. and A. McKay (1987): Resistance of *Aeromonas salmonicida* to oxolinic acid. *Aquaculture*, 61, 165-171.

Hatai, K., S. Egusa and M. Nakajima (1975): *Pseudomonas chlororaphis* as a fish pathogen. *Bull. Japan. Soc. Sci. Fish.*, 41, 1203.

畑井喜司雄・安元 進・安永統男 (1981): 養殖マアジから分離されたビブリオ菌について. 魚病研究, 16, 111-118.

畑井喜司雄・安元 進・安永統男 (1984): 養殖ブリのノカルジア症に対するエリスロマイシンの効果. 長崎水試報告, 10, 85-93.

Hawke, J. P., A. C. McWhorter, A. G. Steigerwalt and D. J.

第Ⅲ章　細菌病

Brenner (1981) : *Edwardsiella ictaluri* sp. nov., the causative agent of enteric septicaemia of catfish. *Int. J. Syst. Bacteriol.*, 31, 396-400.

Heath, S., S. Park, S. Marshall, E. M. Prager and C. Orrego (2000) : Monitoring *Piscirickettsia salmonis* by denaturant gel electrophoresis and competitive PCR. *Dis. Aquat. Org.*, 41, 19-29.

Hendrie, M.S., W. Hodgkiss and J.M. Shewan (1971) : Proposal that the species *Vibrio anguillarum* Bergman 1909, *Vibrio piscium* David 1927, and *Vibrio ichthyodermis* (Wells and ZoBell) Shewan, Hoggs and Hodgkiss 1960 be combined as a single species, *Vibrio anguillarum. Int. J. Syst. Bacteriol.*, 21, 64-68.

Heo, G.-J., H. Wakabayashi and S. Watabe (1990a) : Purification and characterization of pili from *Flavobacterium branchiophila. Fish Pathol.*, 25, 21-27.

Heo, G.-J. K. Kasai and H. Wakabayashi (1990b) : Occurrence of *Flavobacterium baranchiophila* associated with bacterial gill disease at a trout hatchery. *Fish Pathol.*, 25, 99-105.

Herman, R. L. (1968) : Fish furunculosis 1952-1966. *Trans. Am. Fish. Soc.*, 97, 221-230.

Herman, R.L. and G.L. Bullock (1986) : *Edwardsiella tarda* as a cause of mortality in striped bass. *Trans. Am. Fish. Soc.*, 115, 232-235.

Hikida, M., H. Wakabayashi, S. Egusa and K. Masumura (1979) : *Flexibacter* sp., a gliding bacterium pathogenic to some marine fishes in Japan. *Bull. Japan. Soc. Sci. Fish.*, 45, 421-428.

Hiney, M. and G.Olivier (1999) : Furunculosis (*Aeromonas salmonicida*). In "Fish diseases and disorders, Vol. 3" (ed. by P.T.A. Woo and D.W. Bruno), CABI Publishing, Wallingford, UK, pp. 341-425.

Hirono, I. and T. Aoki (1991) : Nucleotide sequence and expression of an extracellular hemolysin gene of *Aeromonas hydrophila. Microb. Pathogen.*, 11, 189-197.

Hirono, I., T. Aoki, T. Asao and S. Kozaki (1992) : Nucleotide sequences and characterization of hemolysin genes from *Aeromonas hydrophila* and *Aeromonas sobria. Microb. Pathogen.*, 13, 433-447.

Hispano, C., Y. Nebra and A.R. Blanch (1997) : Isolation of *Vibrio harveyi* from an ocular lesion in the short sunfish (*Mola mola*). *Bull. Eur. Ass. Fish Pathol.*, 17, 104-107.

Hoffman, G.L., C.E. Dumbar, K. Wolf and L.O. Zwillenberg (1969) : Epitheliocystis, a new infectious disease of the bluegill (*Lepomis macrochirus*). *Antonie van Leeuwenhoek J. Microbiol. Serol.*, 35, 146-158.

Hoie, S., M. Heum and O.F. Thorensen (1997) : Evaluation of a polymerase chain reaction-based assay for the detection of *Aeromonas salmonicida* ssp. *salmonicida* in Atlantic salmon *Salmo salar. Dis. Aquat. Org.*, 30, 27-35.

Holmes (1992) : Synonymy of *Flexibacter maritimus* Wakabayashi, Hikida, and Masumura 1986 and *Cytophaga marina* Reichenbach 1989. *Int. J. Syst. Bacteriol.*, 42, 185.

Holt, R. A., A. Amandi, J. S. Rohovec and J. L. Fryer (1989) : Relation of water temperature to bacterial cold-water disease in coho salmon, chinook salmon, and rainbow trout. *J. Aquat. Anim. Health*, 1, 94-101.

Holt, R.A., J.S. Rohovec and J. L. Fryer (1993) : Bacterial coldwater disease. In "Bacterial diseases of fish" (ed. by V. Inglis, R.J. Roberts and N.R. Bromage), Blackwell Scientific Publications, Oxford, pp. 3-23.

Horne, M.T. and A.C. Barnes (1999) : Enteric redmouth disease (*Yersinia ruckeri*). In "Fish diseases and disorders, vol. 3. Viral, bacterial and fungal infections" (ed. by R.T.K. Wood and D.W. Bruno), CABI Publishing, Wallingford, UK, pp. 455-477.

本田武司・山本耕一郎 (1990) : *Vibrio cholerae* non-O1の産生する多様な病原毒素. 医学細菌学 5, (中野昌康・吉川昌之介・竹田美文編), 菜根出版, pp.293-323.

堀内三津幸・甲賀清美 (1979) : 免疫蛍光直接法による養殖ウナギ赤点病の迅速診断. 日水誌, 45, 835-840.

堀内三津幸・佐藤 勉・高木博元・戸塚耕二 (1980) : 養殖ウナギの主要細菌感染症の迅速診断システムに関する研究-Ⅰ. 免疫蛍光直接法によるパラコロ病診断の基礎的研究. 魚病研究, 15, 49-55.

Hoshina, T. (1957) : Further observations of the causative bacteria of the epidemic disease like furunculosis of rainbow-trout. *J. Tokyo Univ. Fish.*, 43, 59-66.

保科利一 (1962) : ウナギの鰭赤病に関する研究. 東京水産大学特別研究報告, 6, 1-105.

Hoshina, T. (1962) : On a new bacterium, *Paracolobactrum anguillimortiferum* n. sp. *Bull. Japan. Soc. Sci. Fish.*, 28, 162-164.

Hoshina, T., T. Sano and Y. Morimoto (1958) : A streptococcus pathogenic to fish. *J. Tokyo Univ. Fish.*, 44, 57-68.

Hoskins, G. (1976) : Fusobacteria associated with bacterial gill disease of salmon. *Prog. Fish-Cult.*, 33, 150-151.

Hsu, M. M. and P.R. Bowser (1991) : Development and evaluation of a monoclonal antibody-based enzyme-linked immunosorbent assay for the diagnosis of *Renibacterium salmoninarum* infection. *J. Aquat. Anim. Health*, 3, 168-175.

Huang, S.-L., I.-C. Liao and S.-N. Chen (2000) : Induction of apoptosis in tilapia, *Oreochromis aureus* Steindachner, and in TO-2 cells by *Staphylococcus epidermidis. J. Fish Dis.*, 23, 363-368.

許 康俊・若林久嗣 (1987) : 間接蛍光抗体法による細菌性鰓病の病原菌 *Flavobacterium* sp. の検出. 魚病研究, 22, 215-220.

引用文献

Huh G.-J. and H. Wakabayashi (1989): Serological characteristics of *Flavobacterium branchiophila* isolated from gill diseases of freshwater fish in Japan and Hungary. *J. Aquat. Anim. Health*, 1, 142-147.

Hunn, J. B. (1964): Some patho-physiologic effects of bacterial kidney disease in brook brout. *Proc. Soc. Exp. Biol. Med.*, 117, 383-385.

Huntley, P. J., G. Coleman and A.L.S. Munro (1992): The nature of the lethal effect on Atlantic salmon, *Salmo salar* L., of a lipopolysaccharide-free phospholipase activity isolated from the extracellular products of *Aeromonas salmonicida. J. Fish Dis.*, 15, 99-102.

Huys, G., P. Kampfer, M. Altwegg, R. Coopman, P. Janssen, M. Gillis and K. Kersters (1997): Inclusion of *Aeromonas* DNA hybridization group 11 in *Aeromonas encheleia* and extended descriptions of the species *Aeromonas eucrenophila* and *A. encheleia. Int. J. Syst. Bacteriol.*, 47, 1157-1164.

Huys, G., P. Kampfer, M.J. Alert, I. Kuhn, R. Denys and J. Swings (2002): *Aeromonas hydrophila* subsp. *dhakensis* subsp. nov., isolated from children with diarrhoea in Bangladesh, and extended description of *Aeromonas hydrophila* subsp. *hydrophila* (Chester 1901) Stanier 1943 (Approved Lists 1980). *Int. J. Syst. Evol. Microbiol.*, 52, 705-712.

Huys, G., M. Pearson, P. Kampfer, R. Denys, M. Cnockaert, V. Inglis and J. Swings (2003): *Aeromonas hydrophila* subsp. *ranae* subsp. nov., isolated from septicaemic farmed frogs in Thailand. *Int. J. Syst. Evol. Microbiol.*, 53, 885-891.

Igarashi, A. and T. Iida (2002): A vaccination trial using live cells of *Edwardsiella tarda* in tilapia. *Fish Pathol.*, 37, 145-148.

Igarashi, A., T. Iida and J.H. Crosa (2002): Iron-acquisition ability of *Edwardsiella tarda* with involvement in its virulence. *Fish Pathol.*, 37, 53-57.

Iida, T. and H. Wakabayashi (1993): Resistance of *Edwardsiella tarda* to opsonophagocytosis of eel neutrophils. *Fish Pathol.*, 28, 191-192.

飯田貴次・若林久嗣・江草周三（1982）：ハマチの連鎖球菌症ワクチンについて．魚病研究，16, 201-206.

飯田貴次・中越一統・若林久嗣（1984）：ウナギ病魚からの非定型 *Aeromonas salmonicida* の分離．魚病研究，19, 109-112.

飯田貴次・古川 清・酒井正博・若林久嗣（1986）：脊椎変形ブリの脳から分離された非溶血性連鎖球菌．魚病研究，21, 33-38.

飯田貴次・浜崎恒二・若林久嗣（1991）：簡易同定キットによる魚類病原性連鎖球菌の迅速同定．魚病研究，26, 91-92.

飯田貴次・三浦 薫・若林久嗣・小林正典（1993）：アクリジン・オレンジ染色によるウナギ好中球内殺菌活性の測定．魚病研究，28, 49-50.

飯田貴次・坂田千夏・川津浩嗣・福田 穣（1997）：海産魚の非定型 *Aeromonas salmonicida* 感染症．魚病研究，32, 65-66.

池田弥生・尾崎久雄・早山萬彦・池田静徳・見奈美輝彦（1976）：ノカルジア菌を接種したハマチの血液成分に関する診断学的研究．日水誌，42, 1055-1064.

稲田善和・筑紫康博・辻村明夫・谷口順彦（1996）：ビブリオ病に対するアユの免疫能形質の評価．水産育種，23, 29-39.

Inamura, H., K. Muroga and T. Nakai (1984): Toxicity of exracellular products of *Vibrio anguillarum. Fish Pathol.*, 19, 89-96.

Inamura, H., T. Nakai and K. Muroga (1985): An extracellular protease produced by *Vibrio anguillarum. Bull. Japan. Soc. Sci. Fish.*, 51, 1915-1920.

Inglis, V. and M.S. Hendrie (1993): *Pseudomonas* and *Aeromonas* infection. In "Bacterial diseases of fish" (ed. by V. Inglis, R. J. Roberts and N. R. Bromage), Blackwell Science, Oxford, pp. 169-174.

井上 潔（2000）：アユの冷水病．海洋と生物，126, 35-38.

Iqbal, M.M., K. Tajima, T. Sawabe, K. Nakano and Y. Ezura (1998): Phenotypic and genotypic identification of motile aeromonads isolated from fish with epizootic ulcerative syndrome in southeast Asian countries. *Fish Pathol.*, 33, 255-263.

石原秀平・楠田理一（1981）：シラスウナギおよびクロコに対する *Edwardsiella tarda* の実験的感染について．日水誌，47, 999-1002.

Ishimaru, K. and K. Muroga (1997): Taxonomical re-examination of two pathogenic *Vibrio* species isolated from milkfish and swimming crab. *Fish Pathol.*, 32, 59-64.

Ishimaru, K., M. Akagawa-Matsushita and K. Muroga (1995): *Vibrio penaeicida* sp. nov., a pathogen of kuruma prawns (*Penaeus japonicus*). *Int. J. Syst. Bacteriol.*, 45, 134-138.

Ishimaru, K., M. Akagawa-Matsushita and K. Muroga (1996): *Vibrio ichthyoenteri* sp. nov., a pathogen of Japanese flounder (*Paralichthys olivaceus*) larvae. *Int. J. Syst. Bacteriol.*, 46, 155-159.

Itami, T. and R. Kusuda (1978): Efficacy of a vaccination by spray administration against vibriosis in cultured ayu. *Bull. Japan. Soc. Sci. Fish.*, 44, 1413.

Itami, T., Y. Takahashi and Y. Nakamura (1989): Efficacy of vaccination against vibriosis in cultured kuruma prawns *Penaeus japonicus. J. Aquat. Anim. Health*, 1, 238-242.

Itami, T., Y. Takahashi, E. Tsuchihira and H. Igusa (1994): Enhancement of disease resistance of kuruma prawn *Penaeus japonicus* and increase in phagocytic activity of prawn hemocytes after oral administration of β-1, 3-glucan (Schizophyllan). In "The Proceedings of Third Asian Fisheries Forum" (ed. by Chou *et al.*),

第Ⅲ章　細菌病

Asian Fish. Soc., Manila, pp. 375-378.

Itami, T., M.Asano, K.Tokushige, K.Kubono, A. Nakagawa, N. Takeno, H. Nishimura, M. Kondo and Y. Takahashi (1998)：Enhancement of disease resistance of kuruma shrimp, *Penaeus japonicus*, after oral administration of peptidoglycan derived from *Bifidobacterium thermophilum*. *Aquaculture*, 162, 277-288.

板野公一・川上秀昌（2002）：最近分離された *Nocardia seriolae* の薬剤感受性. 魚病研究, 37, 152-153.

Iwamoto, Y., Y.Suzuki, A.Kurita, Y.Watanabe, T. Shimizu, H. Ohgami and Y. Yanagihara（1995）：*Vibrio trachuri* sp. nov., a new species isolated from diseased Japanese horse mackerel. *Microbiol. Immunol.*, 39, 831-837.

岩田一夫・矢野原良民・石橋　制（1978）：マダイの種苗生産過程における斃死要因に関する研究. 魚病研究, 13, 97-102.

Izumi, S. and H. Wakabayashi（1997）：Use of PCR to detect *Cytophaga psychrophila* from apparently healthy juvenile ayu and coho salmon eggs. *Fish Pathol.*, 32, 169-173.

Izumi, S. and H. Wakabayashi（1999）：Further study on serotyping of *Flavobacterium psychrophilum*. *Fish Pathol.*, 34, 89-90.

Izumi, S. and H. Wakabayashi（2000）：Sequencing of *gyrB* and their application in the identification of *Flavobacterium psychrophilum* by PCR. *Fish Pathol.*, 35, 93-94.

Izumi, S., F. Aranishi and H. Wakabayashi（2003）：Genotyping of *Flavobacterium psychrophilum* using PCR-RFLP analysis. *Dis. Aquat. Org.*, 56, 207-214.

泉川晃一・植木範行（1997）クロソイに発生した非定型 *Aeromonas salmonicida* 感染症. 魚病研究, 32, 67-68.

Janda, J. M.（1991）：Recent advances in the study of the taxonomy, pathogenicity and infections syndromes associated with the genus *Aeromonas*. *Clin. Microbiol. Review*, 4, 397-410.

城　泰彦（1978）：薬剤による赤点病の治療実験. 魚病研究, 13, 41-42.

城　泰彦（1981）：アユの *Vibrio anguillarum* 感染症とその予防免疫. 四国医学雑誌, 37, 82-110.

城　泰彦（1982）：淡水養殖魚の連鎖球菌症症例. 魚病研究, 17, 33-37.

城　泰彦・大西圭二（1980）：養殖アユから分離された *Aeromonas hydrophila*. 魚病研究, 15, 1-6.

城　泰彦・室賀清邦・大西圭二（1975）：養殖ウナギの赤点病に関する研究-Ⅲ. ヨーロッパウナギ（*Anguilla anguilla*）における発病例. 魚病研究, 9, 115-118.

城　泰彦・大西圭二・室賀清邦（1979）：養殖ハマチから分離された *Vibrio anguillarum*. 魚病研究, 14, 43-47.

Joseph, S.W. and A. Carnahan（1994）：The isolation, identification, and systematics of the motile *Aeromonas* species. *Ann. Rev. Fish Dis.*, 4, 315-345.

Jung, T.S., K.D. Thompson and A. Adams（2001a）：A comparison of sialic acid between different isolates of *Photobacterium damselae* subsp. *piscicida*. *Fish Pathol.*, 36, 217-224.

Jung, T.S., K.D. Thompson and A. Adams（2001b）：Determination of attachment of *Photobacterium damselae* subsp. *piscicida* to fish cells using as enzyme linked immunosorbent assay. *Fish Pathol.*, 36, 201-206.

界外　昇・宮崎照雄・窪田三朗（1986）：テラピアの *Edwardsiella tarda* 感染症の病理組織学的研究　―　実験感染魚. 魚病研究, 21, 95-99.

加来佳子・山田義行・若林久嗣（1999）：最近流行している穴あき病様疾病のコイから分離された非定型 *Aeromonas salmonicida* の性状. 魚病研究, 34, 155-162.

Kampfer, P. and M. Altwegg（1992）：Numerical classification and identification of *Aeromonas* genospecies. *J. Appl. Bacteriol.*, 72, 341-351.

金井欣也・田脇誠一・内田洋祐（1988）：ヒラメ養殖場における *Edwardsiella tarda* の分布. 魚病研究, 23, 41-47.

金井欣也・若林久嗣・江草周三（1977）：養殖ウナギにおける健康魚と病魚との腸内細菌叢の比較. 魚病研究, 12, 199-204.

Kanai, K. and Y. Takagi（1986）：Alpha-hemolytic toxin of *Aeromonas hydrophila* produced *in vivo*. *Fish Pathol.*, 21, 245-250.

Kanno, T., T. Nakai and K. Muroga（1989）：Mode of transmission of vibriosis among ayu *Plecoglossus altivelis*. *J. Aquat. Anim. Health*, 1, 2-6.

Kanno, T., T. Nakai and K. Muroga（1990）：Scanning electron microscopy on the skin surface of ayu *Plecoglossus altivelis* infected with *Vibrio anguillarum*. *Dis. Aquat. Org.*, 8, 73-75.

狩谷貞二・窪田三朗・中村恵江・吉良桂子（1968）：養殖ハマチ・カンパチにおけるノカルジア症について-Ⅰ細菌学的研究. 魚病研究, 3（1）, 16-23.

Karunasagar, I., I. Karunasagar and R. Pai（1992）：Systemic *Citrobacter freundii* infection in common carp, *Cyprinus carpio* L., fingerlings. *J. Fish Dis.*, 15, 95-98.

片江宏巳（1982）：エリスロマイシンのすべて―ブリ連鎖球菌症への応用に関する研究―. 魚病研究, 17, 77-85.

河原栄二郎・楠田理一（1987）：直接蛍光抗体法による α および β 型溶血性 *Streptococcus* spp. の識別. 魚病研究, 22, 77-82.

Kawahara, E., J. S. Nelson and R. Kusuda（1986）：Fluorescent antibody technique compared to standard media culture for detection of pathogenic bacteria for yellowtail and amberjack. *Fish Pathol.*, 21, 39-45.

Kawahara, E., K. Kawai and R. Kusuda（1989）：Invasion of *Pasteurella piscicida* in tissues of experimentally infected yellowtail *Seriola quinqueradiata*. *Nippon Suisan Gakkaishi*, 55, 499-501.

Kawahara, E., Y. Fukuda and R. Kusuda（1998）：Serological differences among *Photobacterium*

引用文献

damsela subsp. *piscicida* isolates. *Fish Pathol.*, **33**, 281-285.

Kawakami, H. and M. Sakai（1999）: Comparison of susceptibility of seven fishes to *Photobacterium damsela* subsp. *piscicida*. *Bull. Eur. Ass. Fish Pathol.*, **19**, 153-155.

Kawakami, H., N. Shinohara and M. Sakai (1998): The non-specific immunostimulation and adjuvant effects of *Vibrio anguillarum* bacterin, M-glucan, chitin, and Freund's complete adjuvant against *Pasteurella piscicida* infection in yellowtail. *Fish Pathol.*, **33**, 287-292.

Kawakami, H., K. Suzukawa, H. Yamashita, Y. Kohno, T. Kono and M. Sakai（1999）: Mass mortality of wild largescale blackfish *Girella punctata* caused by *Photobacterium damsela* subsp. *piscicida*. *Fish Pathol.*, **34**, 87-88.

川上宏一・楠田理一（1990）: ブリ実験感染ミコバクテリウム症に対するリファンピシン, ストレプトマイシンならびにエリスロマイシンの有効性. 日水誌, **56**, 51-53.

河村 博・粟倉輝彦・渡辺克彦・松本春義（1977）: 細菌性腎臓病に対するエリスロマイシンの治療効果並びにサケ科魚類4種の感受性について. 北海道立水産孵化場研究報告, 32号, 21-36.

Kent, M. L., C. F. Dungan, R. A. Elston, and R. A. Holt (1988): *Cytophaga* sp.（*Cytophagales*）infection in sea water pen-reared Atlantic *salmon Salmo salar*. *Dis. Aquat. Org.*, **4**, 173-179.

Kent, M.L., J.M. Groff, J. K. Morrison, W.T. Yasutake, and R.A. Holt (1989): Spiral swimming behaviour due to cranial and vertebral lesions associated with *Cytophaga psychrophila* infections in salmonid fishes. *Dis. Aquat. Org.*, **6**, 11-16.

Khalifa, K.A. and G. Post (1976): Immune response of advanced rainbow trout fry to *Aeromonas liquefaciens*. *Prog. Fish-Cult.* **38**, 66-68.

Khoo, L., P.M. Dennis and G.A. Lewbart (1995): Rickettsia-like organisms in the blue-eyed plecostomus, *Panaque suttoni*（Eigenmann & Eigenmann）. *J. Fish Dis.*, **18**, 157-164.

Kiiyukia, C., A. Nakajima, T. Nakai, K. Muroga, H. Kawakami and H. Hashimoto (1992): *Vibrio cholerae* non-O1 isolated from ayu fish（*Plecoglossus altivelis*）in Japan. *Appl. Environ. Microbiol.*, **58**, 3078-3082.

木村正雄・北尾忠利（1971）: 類結節症の原因菌について. 魚病研究, **6**, 8-14.

木村紀彦・若林久嗣・工藤重治（1978）: サケ科魚類の細菌性鰓病に関する研究-Ⅰ. 人為感染試験における病原菌の選択. 魚病研究, **12**, 233-242.

木村喬久（1969）: 催熟蓄養中のサクラマスならびにカラフトマスに発生したせつ瘡病様疾病の原因に関する分類学的研究-Ⅰ. 原因病の形態学的, 生化学的ならびに生物学的性状による分類上の位置. 魚病研究, **3**, 45-52.

木村喬久（1970）: 催熟蓄養中のサクラマスおよびカラフトマス親魚に発生した細菌性疾病に関する研究. 北海道さけますふ化場研報, **24**, 9-100.

木村喬久（1978）: サケ科魚類の細菌性腎臓病. 魚病研究, **13**, 43-52.

木村喬久（1980）: サケ科魚類の細菌性腎臓病. 海洋科学, **12**（4）, 267-272.

木村喬久（1993）: サケ科魚類のせっそう病. 疾病診断マニュアル（室賀清邦編）, 日本水産資源保護協会, 東京, 13-18.

木村喬久・粟倉輝彦（1977）: わが国で初めて見出された養殖サケ科魚類の細菌性腎臓病（Bacterial Kidney Disease）について. 日水誌, **43**, 143-150.

木村喬久・吉水 守（1981）: 特異抗体感作 staphylococci を用いた coagglutination test によるサケ科魚類の細菌性腎臓病（BKD）の迅速診断法について. 日水誌, **47**, 1173-1183.

木村喬久・吉水 守（1983）: 特異抗体感作 staphylococci を用いた coagglutination test のセッソウ病迅速診断への応用について. 魚病研究, **17**, 259-262.

木村喬久・絵面良男・田島研一・吉水 守（1978）: 病魚患部の加熱抽出液を抗原としたゲル内沈降反応によるサケ科魚類の細菌性腎臓病（BKD）診断について. 魚病研究, **13**, 103-108.

King, B. M. and D. L. Adler (1964): A previously undescribed group of Enterobacteriaceae. *Am. J. Clin. Pathol.*, **41**, 230-232.

Kingsbury, D. T. and E. J. Ordal (1966): Bacteriophage infecting the myxobacterium *Chodrococcus columnaris*. *J. Bacteriol.*, **91**, 1327-1332.

Kiryu, I. and H. Wakabayashi (1999): Adherence of suspended particles to the body surface of rainbow trout. *Fish Pathol.*, **34**, 177-182.

北尾忠利（1982）: 連鎖球菌の検査法-培養学的, 生化学的および血清学的性状を中心として-. 魚病研究, **17**, 17-26.

Kitao, T. and M. Kimura（1974）: Rapid diagnosis of pseudotuberculosis in yellowtail by means of the fluorescent antibody technique. *Bull. Japan. Soc. Sci. Fish.*, **40**, 889-893.

北尾忠利・青木 宙・岩田一夫（1979）: ハマチ連鎖球菌症の疫学的研究-Ⅰ. ハマチ養殖場における海水・海泥中の *Streptococcus* sp. の分布. 日水誌, **45**, 567-572.

Kitao, T., T. Aoki and R. Sakoh (1981): Epizootic caused by β-haemolytic *Streptococcus* species in cultured freshwater fish. *Fish Pathol.*, **15**, 301-307.

Kitao, T., T. Aoki, M. Fukudome, K. Kawano, Y. Wada and Y. Mizuno (1983): Serotyping of *Vibrio anguillarum* isolated from diseased freshwater fish in Japan. *J. Fish Dis.*, **6**, 175-181.

Kitao, T., T. Yoshida, T. Aoki and M. Fukudome (1984): A typical *Aeromonas salmonicida*, the causative agent of an ulcer disease of eel occurred in Kagoshima

第Ⅲ章 細菌病

Prefecture. *Fish Pathol.*, **19**, 113-117.

北尾忠利・岩田一夫・太田開之（1987）：水産用エリスロマイシン製剤による養殖ニジマスの連鎖球菌症の治療試験. 魚病研究, **22**, 25-28.

Kitao, T., T.Yoshida, R.Kusuda, T.Matsuoka, S.Nakano, M. Okada and T. Ooshima（1992）：In vitro antibacterial activity of bicozamycin against *Pasteurella piscicida*. *Fish Pathol.*, **27**, 109-113.

Klontz, G. W., W. T. Yasutake and A. J. Ross（1966）：Bacterial disease of the Salmonidae in the Western United States: pathogenesis of furunculosis in rainbow trout. *Am. J. Vet. Res.*, **27**, 1455-1460.

Klontz, G.W. and D.P. Anderson（1968）：Fluorescent antibody studies of isolates of *Aeromonas salmonicida*. *Bull. Off. Int. Epizoot.*, **69**, 1149-1157.

Ko, Y.-M. and G.-J. Heo（1997）：Characteristics of *Flavobacterium branchiophila* isolated from rainbow trout in Korea. *Fish Pathol.*, **32**, 97-102.

小林秀樹・両角徹雄・浅輪珠恵・三宅正仁・三谷賢治・伊東伸宜・反町　稔（1994）：*Vibrio anguillarum* の選択鑑別培地による分離および分子生物学的迅速同定法の確立. 魚病研究, **29**, 113-120.

Kodama, H., M. Moustafa, T. Mikami and H. Izawa（1985）：Partial purification of extracellular substance of *Vibrio anguillarum* toxigenic for rainbow trout and mouse. *Fish Pathol.*, **20**, 173-179.

Koike, Y., A.Kuwahara and H. Fujiwara（1975）：Characterization of "*Pasteurella*" *piscicida* isolated from white perch and cultured yellowtail. *Japan. J. Microbiol.*, **19**, 241-247.

Kondo, M., K. Kawai, K. Yagyu, K. Nakayama, K. Kurohara and S. Oshima（2001）：Changes in the cell structure of *Flavobacterium psychrophilum* with length of culture. *Microbiol. Immunol.*, **45**, 813-818.

郭　光雄（1972）：魚病細菌 *Aeromonas liquefaciens* 之出現及其血清型. *Aquiculture*, **2**, 22-33.

Kozinska, A., M.J. Figueras, M.R. Chacon and L. Soler（2002）：Phenotypic characteristics and pathogenicity of *Aeromonas* genomospecies isolated from common carp（*Cyprinus carpio* L.）. *J. Appl. Microbiol.*, **93**, 1034-1041.

Kraxberger-Beatty, T., D. J. McGarey, H. J. Grier and D.V. Lim（1990）：*Vibrio harveyi*, an opportunistic pathogen of common snook, *Centropomus undecimalis*（Bloch）, held in captivity. *J. Fish Dis.*, **13**, 557-560.

窪田三朗・狩谷貞二・中村恵江・吉良桂子（1968）：養殖ハマチ・カンパチにおけるノカルジア症について-Ⅱ病理組織学的研究. 魚病研究, **3**（1）, 24-33.

窪田三朗・木村正雄・江草周三（1970a）：養殖ブリ稚魚の細菌性類結節症の研究-Ⅰ. 病徴学及び病理組織学-1. 魚病研究, **4**, 111-118.

窪田三朗・木村正雄・江草周三（1970b）：養殖ブリ稚魚の細菌性類結節症の研究-Ⅱ. 結節形成の機構. 魚病研究, **5**, 31-34.

窪田三朗・木村正雄・江草周三（1972）：養殖ブリ稚魚の細菌性類結節症の研究-Ⅲ. 結節・菌集落に関する知見. 魚病研究, **6**, 69-72.

Kudo, S. and N. Kimura（1983a）：Transmission electron microscopic studies on bacterial gill disease in rainbow trout fingerlings. *Japan. J. Ichthyol.*, **30**, 247-260.

Kudo, S. and N. Kimura（1983b）：Extraction of a hyperplasia in an artificial infection. *Bull. Japan. Soc. Sci. Fish.*, **49**, 1777-1782.

Kudo, T., K. Hatai and A. Seino（1988）：*Nocardia seriolae* sp. nov. causing nocardiosis of cultured fish. *Int. J. Syst. Bact.*, **38**, 173-178.

Kuge, T., K. Takahashi, I. Barcs and F. Hayashi（1992）：*Aeromonas hydrophila*, a causative agent of mass mortality in cultured Japanese catfish larvae（*Silurus asotus*）. *Fish Pathol.*, **27**, 57-62.

熊谷　明（1998）：ギンザケの冷水病の防疫. 月刊海洋, 号外, **14**, 168-174.

Kumagai, A. and K. Takahashi（1997）：Imported eggs responsible for the outbreaks of cold-water disease among cultured coho salmon in Japan. *Fish Pathol.*, **32**, 231-232.

Kumagai, A., S. Yamaoka, K. Takahashi, H. Fukada, and H. Wakabayashi（2000）：Waterborne transmission of *Flavobacterium psychrophilum* in coho salmon eggs. *Fish Pathol.*, **35**, 25-28.

Kumon, M., T. Iida, Y. Fukuda, M. Arimoto and K. Shimizu（2002）：Blood fluke promotes mortality of yellowtail caused by *Lactococcus garvieae*. *Fish Pathol.*, **37**, 201-203.

Kurogi, J. and T. Iida（2002）：Impaired neutrophil defense activities and increased susceptibility to edwardsiellosis by cortisol injection. *Fish Pathol.*, **37**, 17-21.

Kusuda, R.（1975）：Nocardial infection in cultured yellowtails. Proc. 3rd US-Japan Meet. Aquacult., Japan Sea Reg. Fish. Res. Lab., Spec. Pub.,pp.63-66.

楠田理一（1980）：海産魚の病原細菌と魚病. 海洋科学, **12**, 293-298.

楠田理一・高橋幸則（1970）：コイ科魚類の立鱗病に関する研究-Ⅰ. 病魚から分離した *Aeromonas* 菌について. 魚病研究, **4**, 87-97.

楠田理一・山岡政興（1972）：養殖ハマチの細菌性類結節症の原因菌に関する研究-Ⅰ. 形態学的ならびに生化学的性状による種の同定. 日水誌, **38**, 1325-1332.

楠田理一・滝　秀児（1973）：養殖ハマチのノカルディア症に関する研究-Ⅰ. 病原菌の形態学的ならびに生化学的性状について. 日水誌, **39**, 937-943.

楠田理一・井上喜久治（1976）：養殖ハマチの類結節症に対するアンピシリンの水産薬としての応用に関する研究-Ⅰ. 類結節症に対する *in vitro* での抗菌力, 耐性獲得および耐性消失. 日水誌, **42**, 969-973.

Kusuda, R. and H. Kimura（1978）：Studies on pathogenesis

引用文献

of streptococcal infection in cultured yellowtail *Seriola* spp.: the fate of *Streptococcus* sp. bacteria after inoculation. *J. Fish Dis.*, 1, 109-114.

楠田理一・中川敦史（1978）：ブリのノカルディア病．魚病研究, 13, 25-31.

楠田理一・杉山昭博（1981）：各種病魚から分離された *Staphylococcus epidermidis* の性状に関する研究-Ⅰ．分離菌の形態学的, 生物学的ならびに生化学的性状について．魚病研究, 16, 15-24.

楠田理一・川合研児（1982）：ブリ連鎖球菌の特性．魚病研究, 17, 11-16.

楠田理一・鬼崎　忍（1985）：ブリ連鎖球菌 *Streptococcus* sp. に対するマクロライド系抗生物質およびリンコマイシンの試験管内作用．魚病研究, 20, 453-457.

楠田理一・竹丸　巌（1987）：実験的ブリ連鎖球菌症に対するジョサマイシンの有効性．日水誌, 53, 1519-1523.

Kusuda, R. and M. Hamaguchi (1988a)：Extracellular and intracellular toxins of *Streptococcus* sp. isolated from yellowtail. *Bull. Eur. Ass. Fish Pathol.*, 8, 9-10.

Kusuda, R. and M. Hamaguchi (1988b)：The efficacy of attenuated live bacterin of *Pasteurella piscicida* against pseudotuberculosis in yellowtail. *Bull. Eur. Ass. Fish Pathol.*, 8, 50-52.

楠田理一・二宮　学（1992）：ビジョンシステムを用いた *Enterococcus seriolicida* ブリ実験感染魚の血液性状の変化の測定．水産増殖, 40, 323-328.

Kusuda, R. and K. Kawai (1998)：Bacterial diseases of cultured marine fish in Japan. *Fish Pathol.*, 33, 221-227.

楠田理一・豊嶋利雄・西岡　純（1974a）：養殖チダイから分離された病原性 *Pseudomonas* の性状について．魚病研究, 9, 71-78.

楠田理一・滝　秀雄・竹内照文（1974b）：養殖ハマチのノカルディア症に関する研究-Ⅱ．鰓結節症のハマチから分離された *Nocardia kampachi* の性状．日水誌, 40, 369-373.

楠田理一・豊嶋利雄・岩村善利・佐古　浩（1976a）：高知県興津湾のボラ病魚から分離された *Edwardsiella tarda* について．日水誌, 42, 271-275.

楠田理一・川合研児・豊嶋利雄・小松　功（1976b）：養殖ハマチから分離された *Streptococcus* 属の新魚病細菌について．日水誌, 42, 1345-1352.

楠田理一・伊丹利明・宗清正広・中島博司（1977）：養殖チダイから分離された病原性 *Edwardsiella tarda* の性状について．日水誌, 43, 129-134.

楠田理一・川合研児・城　泰彦・秋月友治・福永　稔・小竹子之助（1978）：アユのビブリオ病に対する経口ワクチンの効果について．日水誌, 44, 21-25.

Kusuda, R., I. Komatsu and K. Kawai (1978)：*Streptococcus* sp. isolated from an epizootic of cultured eels. *Bull. Japan. Soc. Sci. Fish.*, 44, 295.

楠田理一・川合研児・佐古　浩（1981a）：病魚から分離された *Vibrio* 属細菌の分類学的研究-Ⅱ．血清学的性状による検討．高知大海洋生物研究報告, 3, 89-95.

楠田理一・杉山昭博・川合研児・稲田善和・木田　実（1981b）：アユに対する *Streptococcus* sp. ならびに *Vibrio anguillarum* の病原性について．日水誌, 47, 993-997.

楠田理一・横山　淳・川合研児（1986）：クロダイ仔稚魚のいわゆる腹部膨満症に関する細菌学的研究．日水誌, 52, 1745-1751.

楠田理一・川上宏一・川合研児（1987a）：養殖ブリから分離された魚類病原性 *Mycobacterium* sp. について．日水誌, 53, 1797-180.

楠田理一・陳　昌福・川合研児（1987b）：*Aeromonas hydrophila* で免疫したニシキゴイの凝集抗体価と血清タンパクの変化．魚病研究, 22, 141-146.

楠田理一・二宮　学・浜口昌巳・村岡愛一郎（1988）：ブリ類結節症に対する *Pasteurella piscicida* リボゾームワクチンの有効性．魚病研究, 23, 191-197.

楠田理一・木村喜洋・浜口昌巳（1989）：*Nocardia kampachi* で免疫したブリの血液中および腹腔内の白血球の動態．日水誌, 55, 1183-1188.

楠田理一・杉浦浩義・川合研児（1990）：1986年から1988年に養殖ブリから分離された *Pasteurella piscicida* の薬剤感受性．日水誌, 56, 239-242.

Kusuda, R., K. Kawai, F. Salati, C.R. Banner and J.L. Fryer (1991)：*Enterococcus seriolicida* sp. nov., a fish pathogen. *Int. J. Syst. Bact.*, 41, 406-409.

Kusuda, R., N. Dohata, Y. Fukuda and K. Kawai (1995)：*Pseudomonas anguilliseptica* infection of striped jack. *Fish Pathol.*, 30, 121-122.

楠田理一・佐藤洋大・川合研児・二宮　学（1996）：*Enterococcus seriolicida* ホルマリン不活化菌体の投与がブリの生体防御系に与える影響．日水誌, 62, 780-784.

Kuzyk, M .A., J. C. Thorton and W. W. Kay (1996)：Antigenic characterization of the salmonid pathogen *Piscirickettsia salmonis*. *Infect. Immun.*, 64, 5205-5210.

Lall, S.P., W.D. Paterson, J.A. Hines and N.J. Adams (1985)：Control of bacterial kidney disease in Atlantic salmon, *Salmo salar* L., by dietary modification. *J. Fish Dis.*, 8, 113-124.

Lannan, C.N. and J.L. Fryer (1994)：Extracellular survival of *Piscirickettsia salmonis*. *J. Fish Dis.*, 17, 545-548.

Lannan, C.N., S.A. Ewing and J.L. Fryer (1991)：A fluorescent antibody test for detection of the rickettsia causing disease in Chilean samonids. *J. Aquat. Anim. Health*, 3, 229-234.

Lannan, C.N., J.L. Bartholomew and J.L. Fryer (1999)：Rickettsial and clamydial infections. In "Fish diseases and disorders Vol.3 (ed. by P.T.K. Woo and D.W. Bruno)", CAB Internatinal, Wallingford, pp.245-267.

Larmoyeux, J.D. and R.G. Piper (1973)：Effects of water reuse on rainbow trout in hatcheries. *Prog. Fish-Cult.*, 35, 2-8.

Larsen, J.L., K. Pedersen and I. Dalsgaard (1994)：*Vibrio*

第Ⅲ章 細菌病

anguillarum serovars associated with vibriosis in fish. *J. Fish Dis.*, 17, 259-268.

Lavilla-Pitogo, C.R. (1995)：Bacterial diseases of penaeid shrimps: an Asian view. In "Diseases in Asian aquaculture II" (Ed. by M. Shariff, J.R. Arthur and R.P. Subasinghe), Fish Health Section, Asian Fish. Soc., Manila, pp.107-121.

Lavilla-Pitogo, C.R. and L.D. de la Peña (1998)：Bacterial diseases in shrimp (*Penaeus monodon*) culture in the Philippines. *Fish Pathol.*, 33, 405-411.

Lavilla-Pitogo, C.R., M.C.L. Baticados, E.R. Cruz-Lacierda and L.D. de la Peña (1990)：Occurence of luminous bacterial disease of *Penaeus monodon* larvae in the Philippines. *Aquaculture*, 91, 1-13.

Lavilla-Pitogo, C.R., E.M. Leano and M.G. Paner (1998)：Mortalities of pond-cultured juvenile shrimp, *Penaeus monodon*, associated with dominance of luminescent vibrios in the rearing environment. *Aquaculture*, 164, 337-349.

Leadbetter, E. R.(1974)：Genus II. *Flexibacter*. In "Bergey's Manual of Determinative Bacteriology, 8th ed." (ed. by R. E. Buchanan and N. E. Gibbons), William & Wilkins, Baltimore, pp.105-107.

Lee, E.G. and T.P.T. Evelyn (1989)：Effect of *Renibacterium salmoninarum* levels in ovarian fluid of spawning chinook salmon on the prevalence of the pathogen in their eggs and progeny. *Dis. Aquat. Org.*, 7, 179-184.

Lee, H.-K., M. Maita, Y. Fukuda and N. Okamoto (1999)：Application of creatinine kinase isoenzymes for detecting pathophysiological changes in yellowtail infected with *Lactococcus garvieae*. *Fish Pathol.*, 34, 53-57.

Lee, K.-B. and G.-J. Heo (1998)：First isolation and identification of *Cytophaga psychrophila* from cultured ayu in Korea. *Fish Pathol.*, 33, 37-38.

Lee, S.Y., Z. Yin, R. Ge and Y.M. Sin (1997)：Isolation and characterization of fish *Aeromonas hydrophila* adhesions important for *in vitro* epithelial cell invasion. *J. Fish Dis.*, 20, 169-175.

Lehmann, J., D. Mock, F.-J. Sturenberg and J.-F. Bernardet (1991)：First isolation of *Cytophaga psychrophila* from a systemic disease in eel and cyprinids. *Dis. Aquat. Org.*, 10, 217-220.

Lemos, M.L., P. Salinas, A.E. Toranzo, J.L. Barja and J.H. Crosa (1988)：Chromosome-mediated iron uptake system in pathogenic strains of *Vibrio anguillarum*. *J. Bacteriol.*, 170, 1920-1925.

Leon, K.A. and W.A. Bonney (1979)：Atlantic salmon embryos and fry: effects of various incubation and rearing methods on hatchery survival and growth. *Prog. Fish-Cult.*, 41, 20-25.

Lesel, R., M. Lesel, F. Gavini and A. Vuillaume (1983)：Outbreak of enteric redmouth disease in rainbow trout, *Salmo gairdneri* Richardson, in France. *J. Fish Dis.*, 6, 385-387.

Lewis, D.H. and T.C. Allison (1971)：An immunofluorescent technique for detecting *Aeromonas liquefaciens* in fish utilized in lunar exposure studies. *Trans. Amer. Fish. Soc.*, 100, 575-578.

Lewis, D. H. and N. L. Savage (1972)：Detection of antibody to *Aeromonas liquefaciens* in fish by an indirect fluorescent antibody technique. *J. Fish. Res. Board Can.* 29, 211-212.

Lillehaug, A. (1990)：A field trial of vaccination against coldwater vibriosis in Atlantic salmon (*Salmo salar*). *Aquaculture*, 84, 1-12.

Lio-Po, G. and H. Wakabayashi (1986)：Immuno-response in tilapia *Sarotherodon niloticus* vaccinated with *Edwardsiella tarda* by hyperosmotic infiltration method. *Vet. Immunol. Immunopathol.*, 12, 351-357.

Liu, P. V.(1961)：Observations on the specificities of extracellular antigens on the genera *Aeromonas* and *Serratia*. *J. Gen. Microbiol,*, 24, 145.

Llewellyn, L.C. (1980)：A bacterium with similarities to the redmouth bacterium and *Serratia liquefaciens* (Grimes and Hennerty) causing mortalities in hatchery reared salmonids in Australia. *J. Fish Dis.*, 3, 29-39.

Lorenzen, E. (1994)：Studies on *Flexibater psychrophilus* in relation to rainbow trout fry syndrome (RTFS). PhD thesis, National Veterinary Laboratory, Arhus, Royal Veterinary and Agricultural University, Copenhagen.

Lorenzen, E. and N.J. Olsen (1997)：Characterization of isolates of *Flavobacterium psychrophilum* associated with coldwater disease or rainbow trout fry syndrome II: serological studies. *Dis. Aquat. Org.,* 31, 209-220.

Lorenzen, E., I. Dalsgaard, J. From, E.M. Hansen, V. Horlyck, H. Korsholm, S. Mellergaard and N.J. Olesen (1991)：Preliminary investigations of fry mortality syndrome in rainbow trout. *Bull. Eur. Ass. Fish Pathol.*, 11, 77-79.

Love, M., D. Teebken-Fisher, J.E. Hose, J.J. Farmer III, F.W. Hickman and G.R. Fanning (1981)：*Vibrio damsela*, a marine bacterium, causes skin ulcers on the damselfish *Chromis punctipinnis*. *Science*, 214, 1139-1140.

Lumsden, J. S., V.E . Ostland, D. D. MacPhee and H. W. Ferguson (1995)：Production of gill-associated and serum antibody by rainbow trout (*Oncorhynchus mykiss*) following immersion immunization with acetone-killed *Flavobacterium branchiophilum* and the relationship to protection from experimental challenge. *Fish Shellfish Immunol.*, 5, 151-165.

MacDonell, M. T. and R. R. Colwell (1985)：Phylogeny of the Vibrionaceae and recommendation for two genera, *Listonella* and *Shewanella*. *Syst. Appl. Microbiol.*, 6,

引用文献

171-182.

Madetoja, J., M.-L. Hanninen, V. Hirvela-Koski, I. Dalsgaard, and T. Wiklund (2001): Phenotypic and genotypic characterization of *Flavobacterium psychrophilum* from Finnish fish farms. *J. Fish Dis.*, 24, 469-479.

Madsen L. and I. Dalsgaard (2000): Comparative studies of Danish *Flavobacterium psychrophilum* isolates: ribotypes, plasmid profiles, serotypes and virulence. *J. Fish Dis.*, 23, 211-218.

Magarinos, B., J.L. Romalde, Y. Santos, J.F. Casal, J.L. Barja and A.E. Toranzo (1994a): Vaccination trials on gilthead seabream (*Sparus aurata*) against *Pasteurella piscicida*. *Aquaculture*, 120, 201-208.

Magarinos, B., J.L. Romalde, J.L. Barja and A.E. Toranzo (1994b): Evidence of a dormant but infective state of the fish pathogen *Pasteurella piscicida* in seawater and sediment. *Appl. Environ. Microbiol.*, 60, 180-186.

Magarinos, B., J.L. Romalde, M.L. Lemos, J.L. Barja and A.E. Toranzo (1994c): Iron uptake by *Pasteurella piscicida* and its role in pathogenicity for fish. *Appl. Environ. Microbiol.*, 60, 2990-2998.

Magarinos, B., J.L. Romalde, M. Noya, J.L. Barja and A.E. Toranzo (1996a): Adherence and invasive capacities of the fish pathogen *Pasteurella piscicida*. *FEMS Microbiol. Lett.*, 138, 29-34.

Magarinos, B., A.E. Toranzo and J.L. Romalde (1996b): Phenotypic and pathobiological characteristics of *Pasteurella piscicida*. *Ann. Rev. Fish Dis.*, 6, 41-64.

Magnusson, H.B., O.H. Fridjonsson, O.S. Andresson, E. Benediktsdottir, S. Gudmundsdottir and V. Andresdottir (1994): *Renibacterium salmoninarum*, the causative agent of bacterial kidney disease in salmonid fish, detected by nested reverse transcription-PCR of 16S rRNA sequences. *Appl. Environ. Microbiol.*, 60, 4580-4583.

Mamnur Rashid, M., K. Honda, T. Nakai and K. Muroga (1994a): An ecological study on *Edwardsiella tarda* in flounder farms. *Fish Pathol.*, 29, 221-227.

Mamnur Rashid, M., T. Mushiake, T. Nakai and K. Muroga (1994b): A serological study on *Edwardsiella tarda* strains isolated from diseased Japanese flounder (*Paralichthys olivaceus*). *Fish Pathol.*, 29, 277.

Markwardt, N.M., Y.M. Gocha and G.W. Klontz (1989): A new application for Coomassie brilliant blue agar: detection of *Aeromonas salmonicida* in clinical samples. *Dis. Aquat. Org.*, 6, 231-233.

Martinez-Murcia, A.J., C. Esteve, E. Garay and M.D. Collins (1992): *Aeromonas allosaccharophila* sp. nov., a new mesophilic member of the genus *Aeromonas*. *FEMS Microbiol. Lett.*, 91, 199-206.

Massad, G., J.E.L. Arceneaux and B.R. Byers (1991): Acquisition of iron from host sources by mesophilic *Aeromonas* species. *J. Gen. Microbiol.*, 137, 237-241.

増村和彦・若林久嗣(1977):人工生産マダイ,クロダイ稚魚の滑走細菌症. 魚病研究, 12, 171-177.

増村和彦・安信秀樹・岡田直子・室賀清邦(1989):ヒラメ仔魚の腸管白濁症原因菌としての *Vibrio* sp. の分離. 魚病研究, 24, 135-141.

的山央人・星野正邦・細谷久信(1999):ニシキゴイの"新穴あき病"病魚から分離された非定型 *Aeromonas salmonicida* の病原性. 魚病研究, 34, 189-193.

松原弾司・田中 實・惣明睦枝・平川浩司・土居竜司・中井敏博(2002):マガキ幼生の細菌性壊死症に対する抗菌剤の治療効果. 魚病研究, 37, 183-188.

松岡 学・室賀清邦(1993):愛媛県下の養殖海産魚における細菌性疾病発生の歴史(1966-1992年). 広大生物生産学部紀要, 32, 109-118.

松岡 学・和田有二・河本 泉(1990):アユ稚魚の *Pasteurella piscicida* 感染症. 魚病研究, 25, 253-254.

松里寿彦(1978):養殖ハマチのノカルディア病. 魚病研究, 13, 33-34.

Mauel, M.F., S.F. Giovannoni and J.L. Fryer (1996): Development of polymerase chain reaction assays for detection, identification and differentiation of *Piscirickettsia salmonis*. *Dis. Aquat. Org.*, 26, 189-195.

McCarthy, D. H. (1975): Detection of *Aeromonas salmonicida* antigen in diseased fish tissue. *J. Gen. Microbiol.*, 88, 185-187.

McCarthy, D.H. (1980): Some ecological aspects of the bacterial fish pathogen - *Aeromonas salmonicida*. In "Aquatic Microbiology. Symposium of the Society of Applied Bacteriology No. 6", pp. 299-324.

McCarthy, D.H. and C.T. Rawle (1975): Rapid serological diagnosis of fish furunculosis caused by smooth and rough strains of *Aeromonas salmonicida*. *J. Gen. Microbiol.*, 86, 185-187.

McCarthy, D.H. and R.J. Roberts (1980): Furunclosis of fish - the present state of our knowledge. In "Advances in Aquatic Microbiology" (ed. by M.A. Droop and H.W. Jannasch), Academic Press, London, p.293-341.

McCarthy, D.H., T.R. Cory and D.F. Amend (1984): Immunization of rainbow trout, *Salmo gairdneri* Richardson, against bacterial kidney disease: preliminary efficacy evaluation. *J. Fish Dis.* 7, 65-71.

McCraw, B. M. (1952): Furunculosis of fish. *United States Fish and Wildlife Service, Special Scientific Report*, 84, 87p.

McDermott, L. A. and A. H. Brest (1968): Experimental plantings of brook trout (*Salvelinus fontinalis*) from furunculosis-infected stock. *J. Fish. Res. Board Can.*, 25, 2643-2649.

McGladdery, S. E. (1999): Shellfish diseases (Viral, bacterial and fungal), In "Fish diseases and disorders Vol. 3", (ed. by P.T.K. Woo and D.W. Bruno), CABI

Publishing, Wallingford, pp.723-842.

McIntosh, D. and B. Austin (1990): Recovery of an extremely proteolytic form of *Serratia liquefaciens* as a pathogen of Atlantic salmon, *Salmo salar*, in Scotland. *J. Fish Biol.*, 36, 765-772.

McVicar, A. H. and P. G. White (1979): Fin and skin necrosis of cultivated Dover sole *Solea solea* (L.). *J. Fish Dis.*, 2, 557-562.

馬久地隆幸・清川智之・本多数充・中井敏博・室賀清邦 (1995a)：ヒラメにおける *Edwardsiell tarda* の感染実験．魚病研究, 30, 247-250.

馬久地隆幸・清川智之・本多数充・中井敏博・室賀清邦 (1995b)：ヒラメのエドワジエラ症に対する予防免疫の試み．魚病研究, 30, 251-256.

Meyer, F. P. (1964): Field treatments of *Aeromonas liquefaciens* infections in golden shiners. *Prog. Fish-Cult.*, 26, 33-35.

Meyer, F.P. and G.L. Bullock (1973): *Edwardsiella tarda*, a new pathogen of channel catfish (*Ictalurus punctatus*). *Appl. Microbiol.*, 25, 155-156.

Michel, C., B. Faivre and P. de Kinkelin (1986): A clinical case of enteric redmouth in minnows (*Pimephales promelas*) imported in Europe as bait-fish. *Bull. Eur. Ass. Fish Pathol.*, 6, 97-99.

Michel, C., J.-F. Bernardet and D. Dinand (1992): Phenotypic and genotypic studies of *Pseudomonas anguilliseptica* strains isolated from farmed European eels (*Anguilla anguilla*) in France. *Fish Pathol.*, 27, 229-232.

Michel, C., S. Messiaen and J.-F. Bernardet (2002): Muscle infections in imported neon tetra, *Paracheirodon innesi* Myers: limited occurrence of microsporidia and predominance of severe forms of columnaris disease caused by an Asian genomovar of *Flavobacterium columnare*. *J. Fish. Dis.*, 25, 253-263.

Midtlyng, P.J. (1996): A field study on intraperitoneal vaccination of Atlantic salmon (*Salmo salar* L.) against furunculosis. *Fish Shellfish Immunol.*, 6, 553-565.

皆川武夫・中井敏博・室賀清邦 (1983)：養鰻環境中における *Edwardsiella tarda*．魚病研究, 17, 243-250.

見奈美輝彦 (1979)：飼料魚から分離されたハマチ病原性連鎖球菌．魚病研究, 14, 15-19.

見奈美輝彦・中村正夫・池田弥生・尾崎久雄 (1979)：養殖ハマチから分離された β 溶血レンサ球菌．魚病研究, 14, 33-38.

見奈美輝彦・高橋 誓・城 泰彦 (編集) (1983)：アユのビブリオ病．全国湖沼河川養殖研究会, ビブリオ病部会．71pp.

Mitchum, D.L. and L.E. Sherman (1981): Transmission of bacterial kidney disease from wild to stocked hatchery trout. *Can. J. Fish. Aquat. Sci.*, 38, 547-551.

Mitchum, D.L., L.E. Sherman and G.T. Baxter (1979): Bacterial kidney disease in feral populations of brook trout (*Salvelinus fontinalis*), brown trout (*Salmo trutta*), and rainbow trout (*Salmo gairdneri*). *J. Fish. Res. Board Can.*, 36, 1370-1376.

Miyamoto, N. and M. Eguchi (1997): Direct detection of a fish pathogen, *Vibrio anguillarum* serotype J-O-1, in freshwater by fluorescent antibody technique. *Fisheries Sci.*, 63, 253-257.

宮下敏夫 (1984)：ティラピア病魚から分離された *Pseudomonas fluorescens* および *Edwardsiella tarda*．魚病研究, 19, 45-50.

宮崎照雄 (1982)：連鎖球菌症の病理学的研究（病魚の病理組織像）．魚病研究, 17, 39-47.

Miyazaki, T. (1987): A histological study of the response to challenge with vibriosis in ayu, *Plecoglossus altivelis* Temminck and Schlegel, vaccinated by immersion and injection with *Vibrio anguillarum* bacterin. *J. Fish Dis.*, 10, 445-452.

宮崎照雄 (1999)：ニシキゴイの新穴あき病．養殖, 36 (1), 86-87.

宮崎照雄 (2002)：ニシキゴイの新穴あき病（ウイルス血症随伴穴あき病）．養殖, 39 (1), 27-28.

宮崎照雄・窪田三朗 (1975a)：アマゴ節瘡病の組織学的研究-Ⅱ．経鰓感染について．魚病研究, 9, 204-212.

宮崎照雄・窪田三朗 (1975b)：アマゴ節瘡病の組織学的研究-Ⅲ．経皮感染について．魚病研究, 9, 213-218.

宮崎照雄・江草周三 (1976a)：ニホンウナギの *Edwardsiella tarda* 感染症の病理組織学的研究-Ⅰ．自然感染－化膿性造血組織炎型．魚病研究, 11, 33-43.

宮崎照雄・江草周三 (1976b)：ニホンウナギの *Edwardsiella tarda* 感染症の病理組織学的研究-Ⅱ．自然感染－化膿性肝炎型．魚病研究, 11, 67-75.

宮崎照雄・江草周三 (1976c)：ニホンウナギの *Edwardsiella tarda* 感染症の病理組織学的研究-Ⅲ．自然感染－稚ウナギ．魚病研究, 11, 127-131.

宮崎照雄・江草周三 (1977)：ニホンウナギの *Pseudomonas anguilliseptica* 感染症の病理組織学的研究-Ⅰ．自然感染．魚病研究, 12, 39-49.

宮崎照雄・窪田三朗 (1977)：サケ科魚類のビブリオ病の病理組織学的研究．魚病研究, 12, 93-98.

宮崎照雄・城 泰彦 (1985)：アユの運動性エロモナス症の病理組織像．魚病研究, 20, 55-59.

Miyazaki, T. and N. Kaige (1985): Comparative histopathology of edwardsiellosis in fishes. *Fish Pathol.*, 20, 219-227.

宮崎照雄・城 泰彦 (1986)：アユの細菌性鰓病の病理組織像．魚病研究, 21, 207-208.

宮崎照雄・界外 昇 (1986)：フナの運動性エロモナス症の病理組織学的研究．魚病研究, 21, 181-185.

宮崎照雄・城 泰彦・窪田三朗・江草周三 (1977)：ニホンウナギのビブリオ病の病理組織学的研究-Ⅰ．自然感染．魚病研究, 12, 163-170.

Miyazaki, T., Y. Fujimaki and K. Hatai (1986): A light and electron microscopic study on epitheliocystis

引用文献

disease in cultured fishes. *Bull. Japan. Soc. Sci. Fish.*, 52, 199-202.

宮崎照雄・梶原直人・藤原和恵・江草周三（1990）：ヒラメ仔魚の腸管白濁症の病理組織学的研究．魚病研究，25, 7-13.

宮崎照雄・M. A. Gutierrez・田中真二（1992）：ニホンウナギのパラコロ病の実験感染に関する研究．魚病研究，27, 39-47.

Miyazaki, T., H. Okamoto, T. Kageyama and T. Kobayashi (2000): Viremia-associated ana-aki-byo, a new viral disease in color carp *Cyprinus carpio* in Japan. *Dis. Aquat. Org.*, 39, 183-192.

水野芳嗣（1992）：ヒラメの滑走細菌症の発生要因と対策について．養殖，29 (5), 113-117.

Mooney, J., E. Powell, C. Clabby and R. Powell (1995): Detection of *Aeromonas salmonicida* in wild Atlantic salmon using a specific DNA probe test. *Dis. Aquat. Org.*, 21, 131-135.

Moore, A. A., M. E. Eimers and M. A. Cardell (1990): Attempts to control *Flexibacter columnaris* epizootics in pond-reared channel catfish by vaccination. *J. Aquat. Anim. Health*, 2, 109-111.

Morinigo, M. A., J. L. Romalde, M. Chabrillon, B. Magarinos, S. Arijo, M.C. Balebona and A. E. Toranzo (2002): Effectiveness of a divalent vaccine for gilthead sea bream (*Sparus aurata*) against *Vibrio alginolyticus* and *Photobacterium damselae* subsp. *piscicida*. *Bull. Eur. Ass. Fish Pathol.*, 22, 298-303.

Morita, J., S.Suzuki and R.Kusuda (1996): Metalloprotease produced by *Listonella anguillarum* shows similar activity to plasma activated protein C in rainbow trout coagulation cascade. *Fish Pathol.*, 31, 9-17.

Morris, J.G., A.C. Wright, L.M. Simpson, P.K. Wood, D.E. Johnson and J. D. Oliver (1987): Virulence of *Vibrio vulnificus*: association with utilization of transferrin-boud iron, and lack of correlation with levels of cytotoxin or protease production. *FEMS Microbiol. Lett.*, 40, 55-59.

村田 修（1987）：ヒラメの伝染性腸管白濁症（日本魚病学会ワークショップ）．魚病研究，22, 59-61.

室賀清邦（1975）：*Vibrio anguillarum* およびその感染症に関する研究．広大水畜産学部紀要，14, 101-215.

室賀清邦（1978）：ウナギの赤点病．魚病研究，13, 35-39.

Muroga, K. (1992): Vibrisis of cultured fishes in Japan. In "Salmonid diseases" (ed. by T. Kimura), Hokkaido Univ. Press, Sapporo, pp.165-171.

室賀清邦（1995）：海産魚介類の仔稚におけるウイルス性および細菌性疾病．魚病研究，30, 71-85.

Muroga, K.(1997): Recent advances in infectious diseases of marine fish with particular reference to the case in Japan. In "Diseases in Asian aquaculture III", (ed. by T.W. Flegel and I. H. MacRae), Fish Health Section, Asian Fish. Soc., Manila, pp.21-31.

Muroga, K. and M.C. De La Cruz (1987): Fate and location of *Vibrio anguillarum* in tissues of artificially infected ayu (*Plecoglossus altivelis*). *Fish Pathol.*, 22, 99-103.

Muroga, K. and K. Nakajima (1981): Red spot disease of cultured eels -Methods for artificial infection-. *Fish Pathol.*, 15, 315-318.

Muroga, K. and S. Egusa (1988): Vibriosis of ayu: A review. *J. Fac. Appl. Biol. Sci., Hiroshima Univ.*, 27, 1-17.

室賀清邦・城 泰彦・矢野雅行（1973）：養殖ウナギの赤点病に関する研究-Ⅰ．1972年徳島県下の養殖場における赤点病発生状況．魚病研究，8, 1-9.

室賀清邦・城 泰彦・沢田達男（1975）：養殖ウナギの赤点病に関する研究-Ⅱ．原因菌 *Pseudomonas anguilliseptica* の病原性について．魚病研究，9, 107-114.

室賀清邦・城 泰彦・西淵光昭（1976a）：養殖ウナギから分離された病原性 *Vibrio*-I. 性状と分類学的位置．魚病研究，11, 141-145.

室賀清邦・西淵光昭・城 泰彦（1976b）：養殖ウナギから分離された病原性 *Vibrio*-II. 生理学的性状および病原性．魚病研究，11, 147-151.

室賀清邦・中井敏博・沢田達男（1977）：養殖ウナギの赤点病に関する研究-Ⅳ．原因菌 *Pseudomonas anguilliseptica* の生理学的特性．魚病研究，12, 33-38.

Muroga, K., T.Sugiyama and N.Ueki (1977): Pasteurellosis in cultured black seabream (*Mylio macrocephalus*). *J. Fac. Fish. Anim. Husband., Hiroshima Univ.*,16, 17-21.

Muroga, K., S. Takahashi, H. Yamanoi and M. Nishibuchi (1979): Non-cholera vibrio isolated from diseased ayu. *Bull. Japan. Soc. Sci. Fish.*,45, 829-834.

Muroga, K., H. Yamanoi, Y. Hironaka, S. Yamamoto, M. Tatani, Y. Jo, S. Takahashi and H. Hanada (1984): Detection of *Vibrio anguillarum* from wild fingerlings of ayu *Plecoglossus altivelis*. *Bull. Japan. Soc. Sci. Fish.*, 50, 591-596.

Muroga, K., M. Iida, H. Matsumoto and T. Nakai (1986): Detection of *Vibrio anguillarum* from waters. *Bull. Japan. Soc. Sci. Fish.*, 52, 641-647.

室賀清邦・城 泰彦・増村和彦（1986）：アユおよびクロソイ病魚から分離された *Vibrio ordalii*. 魚病研究，21, 239-243.

Muroga, K., H. Yasunobu, N. Okada and K. Masumura (1990): Bacterial enteritis of cultured flounder *Paralichthys olivaceus* larvae. *Dis. Aquat. Org.*, 9, 121-125.

Muroga, K., K. Suzuki, K. Ishimaru and K. Nogami (1994): Vibriosis of swimming crab *Portunus trituberculatus* in larviculture. *J. World. Aquacult. Soc.*, 25, 50-54.

Muroga, K., A.Nakajima, T.Nakai and H.Yamanoi (1995): Humoral immunity in ayu, *Plecoglossus altivelis*, immunized with *Vibrio anguillarum* by immersion method. in "Diseases in Asian aquaculture II" (ed by M. Shariff,

第Ⅲ章 細菌病

J.R. Arthur and R.P. Subasinghe), FHS/AFS, Manila, pp. 441-449.

Murray, C.B., T.P.T. Evelyn, T.D. Beacham, L.W. Barner, J. E. Ketcheson and L. Prosperi-Porta (1992): Experimental induction of bacterial kidney disease in chinook salmon by immersion and cohabitation challenge. Dis. Aquat. Org., 12, 91-96.

Nagai, T. and Y. Iida (2002): Occurrence of bacterial kidney disease in cultured ayu. Fish Pathol., 37, 77-81.

Nakai, T. and K. Muroga (1979): Studies on red spot disease of pond-cultured eels-V. Immune response of the Japanese eel to the causative bacterium Pseudomonas anguilliseptica. Bull. Japan. Soc. Sci. Fish., 45, 817-821.

中井敏博・室賀清邦 (1982):スコットランドのヨーロッパウナギ (Anguilla anguilla) から分離された Pseudomonas anguilliseptica. 魚病研究, 17, 147-150.

Nakai, T., K. Muroga and H. Wakabayashi (1981): Serological properties of Pseudomonas anguilliseptica in agglutination. Bull. Japan. Soc. Sci. Fish., 47, 699-703.

Nakai, T., K. Muroga and H. Wakabayashi (1982): An immunoelectrophoretic analysis of Pseudomonas anguilliseptica antigens. Bull. Japan. Soc. Sci. Fish., 48, 363-367.

中井敏博・室賀清邦・大西圭二・城 泰彦・谷本尚則 (1982):養殖ウナギの赤点病に関する研究-Ⅸ. 予防免疫の試み. 水産増殖, 30, 131-135.

中井敏博・花田 博・室賀清邦 (1985):養殖アユに発生したPseudomonas anguilliseptica感染症. 魚病研究, 20, 481-484.

Nakai, T., K. Muroga, H.-Y. Chung and G.-H. Kou (1985): A serological study on Pseudomonas anguilliseptica isolated from diseased eels in Taiwan. Fish Pathol., 19, 259-261.

中井敏博・室賀清邦・増村和彦 (1989):Vibrio ordalii および Vibrio anguillarum 死菌抗原によるクロソイ Sebastes schlegeli 稚魚の浸漬免疫. 水産増殖, 37, 129-132.

Nakai, T., N. Fujiie, K. Muroga, M. Arimoto, Y. Mizuta and S. Matsuoka (1992): Pasteurella piscicida infection in hatchery-reared juvenile striped jack. Fish Pathol., 27, 103-108.

Nakai, T., Y. Nishimura and K. Muroga (1997): Detection of Vibrio penaeicida from apparently healthy kuruma prawns by RT-PCR. Bull. Eur. Ass. Fish Pathol., 17, 131-133.

中島基寛・近畑裕邦 (1979):アユのビブリオ病に対するワクチン経口投与と高張浸漬法の効果. 魚病研究, 14, 9-13.

Nakamura, A., K.G. Takahashi and K. Mori (1999): Vibriostatic bacteria isolated from rearing seawater of oyster brood stock: Potentiality as biocontrol agents for vibriosis in oyster larvae. Fish Pathol., 34, 139-144.

中村吉成 (1982):ドキシサイクリンのすべて. 魚病研究, 17, 67-76.

中津川俊雄 (1983a):ヒラメ幼魚から分離された Edwardsiella tarda. 魚病研究, 18, 99-101.

中津川俊雄 (1983b):養殖ヒラメの連鎖球菌症について. 魚病研究, 17, 281-285.

中津川俊雄 (1994):ムシガレイから分離された非定型 Aeromonas salmonicida. 魚病研究, 29, 193-198.

中津川俊雄・飯田悦左 (1996):アユ病魚から分離された Pseudomonas sp. 魚病研究, 31, 221-227.

Nguyen, H.T. and K. Kanai (1999): Selective agars for the isolation of Streptococcus iniae from Japanese flounder, Paralichthys olivaceus, and its cultural environment. J. Appl. Microbiol., 86, 769-776.

Nguyen, H.T., K. Kanai and K. Yoshikoshi (2001a): Experimental Streptococcus iniae infection in Japanese flounder Paralichthys olivaceus. Fish Pathol., 36, 40-41.

Nguyen, H. T., K. Kanai and K. Yoshikoshi (2001b): Immunochemical examination of experimental Streptococcus iniae infection in Japanese flounder Paralichthys olivaceus. Fish Pathol., 36, 169-178.

Nieto, T.P., M.J.R. Corcobado, A.E. Toranzo and J.L. Barja (1985): Relation of water temperature to infection of Salmo gairdneri with motile Aeromonas. Fish Pathol., 20, 99-105.

日本水産資源保護協会 (1990):アユとニジマスのビブリオ病ワクチン. 魚類防疫技術書シリーズⅧ, 145p.

日本水産資源保護協会 (2000):特定疾病診断マニュアル. 日本水産資源保護協会, 東京, 91p.

二宮浩司・山本充孝 (2001):アユの細菌性出血性腹水病に対するオイルアジュバント添加ワクチンの予防効果. 魚病研究, 36, 183-185.

二宮 学・村岡愛一郎・楠田理一 (1989):Pasteurella piscicida によるブリの浸漬免疫. 日水誌, 55, 1773-1776.

Nishibuchi, M., K. Muroga, R.J. Seidler and J.L. Fryer (1979): Pathogenic Vibrio isolated from cultured eels-IV. Deoxyribonucleic acid studies. Bull. Japan. Soc. Sci. Fish., 45, 1469-1473.

西淵光昭・室賀清邦 (1980):養殖ウナギから分離された病原性 Vibrio-V. 血清学的検討. 魚病研究, 14, 117-124.

Nishimori, E., O.Hasegawa, T.Numata and H.Wakabayashi (1998): Vibrio carchariae causes mass mortalities in Japanese abalone, Sulculus diversicolor supratexta. Fish Pathol., 33, 495-502.

Nishimori, E., K. Kita-Tsukamoto and H. Wakabayashi (2000): Pseudomonas plecoglossicida sp. nov., the causative agent of bacterial haemorrhagic ascites of ayu, Plecoglossus altivelis. Int. J. Syst. Evol. Microbiol., 50, 83-89.

Nishina, Y., S. I. Miyoshi, A. Nagase and S. Shinoda (1992): Significant role of an extracellular protease in

引用文献

utilization of heme by *Vibrio vulnificus*. *Infect. Immun.*, 60, 2128-2138.

西岡豊弘・古澤　徹・水田洋之介（1997）：種苗生産過程の海産魚介類における疾病発生状況．水産増殖，45, 285-290.

Norqvist, A. and H. Wolf-Watz (1993)：Characterisation of a novel chromosomal virulence locus involved in expression of a major surface flagellar sheath antigen of the fish pathogen *Vibrio anguillarum*. *Infect. Immun.*, 61, 2434-2444.

Obach, A. and F. Baudin-Laurencin (1991)：Vaccination of rainbow trout *Oncorhynchus mykiss* against the visceral form of coldwater disease. *Dis. Aquat. Org.*, 12, 13-15.

Ogara W.O., P.G. Mbuthia, H.F.A. Kaburia, H. Sorum, D.K. Sorum, D.I. Nduthu and D. Colquhoun (1998)：Motile aeromonads associated with rainbow trout (*Oncorhynchus mykiss*) mortality in Kenya. *Bull. Eur. Ass. Fish Pathol.*, 18, 7-9.

大西圭二・室賀清邦（1976）：養殖ニジマスのビブリオ病の一原因菌-Ⅰ．生化学的性状．魚病研究，11, 159-165.

大西圭二・室賀清邦（1977）：養殖ニジマスのビブリオ病の一原因菌-Ⅱ．生理学的性状および病原性．魚病研究，12, 51-55.

大西圭二・城　泰彦（1981）：淡水養殖魚の連鎖球菌症に関する研究-Ⅰ．1977年および1978年に養殖アユおよびアマゴから分離されたβ溶血連鎖球菌の性状．魚病研究，16, 63-67.

大西圭二・城　泰彦（1986）：養殖アユから分離されたβ溶血連鎖球菌の生理学的性状および病原性．魚病研究，21, 9-13.

Ooyama, T., A. Kera, T. Okada, V. Inglis and T. Yoshida (1999)：The protective immune response of yellowtail *Seriola quinqueradiata* to the bacterial fish pathogen *Lactococcus garvieae*. *Dis. Aquat. Org.*, 37, 121-126.

Ordal, E.J. and R.R Rucker (1944)：Pathogenic myxobacteria. *Proc. Soc. Exp. Biol. Med.*, 56, 15-18.

Ordal, E.J. and B.J. Earp (1956)：Cultivation and transmission of etiological agent of bacterial kidney disease in salmonid fishes. *Proc. Soc. Exp. Biol. Med.*, 92, 85-88.

Ostland, V.E., C.LaTrace, D. Morrison and H.W. Ferguson (1999)：*Flexibacter maritimus* associated with a bacterial stomatitis in Atlantic salmon smolts reared in net-pens in British Columbia. *J. Aquat. Anim. Health*, 11, 35-44.

Otis, V.S. and J.L. Behler (1973)：The occurrence of salmonellae and *Edwardsiella* in the turtles of New York zoological park. *J. Wildl. Dis.*, 9, 4-9.

O'Toole, R., D.L. Milton and H. Wolf-Watz (1996)：Chemotactic motility is required for invasion of the host by the fish pathogen *Vibrio anguillarum*. *Molec. Microbiol.*, 19, 625-637.

乙竹　充（1987）：クラミジア様微生物感染症（1）マダイ．魚病研究，22, 55-57.

Ototake, M. and H. Wakabayashi (1985)：Characteristics of extacellular products of *Flavobacterium* sp., a pathogen of bacterial gill disease. *Fish Pathol.*, 20, 167-171.

乙竹　充・松里寿彦（1987）：輸入したタイ稚魚のエピテリオシスチス病．養殖研究所報告，11号，51-59.

大塚弘之・中井敏博・室賀清邦・城　泰彦（1984）：ウナギ病魚から分離された非定型 *Aeromonas salmonicida*. 魚病研究，19, 101-107.

Pacha, R. E. (1961)：Columnaris disease in fishes in the Columbia River Basin. Ph.D. thesis, University of Washington, Seattle.

Pacha, R.E. and E.J. Ordal (1970)：Myxobacterial diseases of salmonids. In "A symposium on diseases of fish and shellfishes" (ed. by S.F. Snieszko), Spec. Pub. No.5, Am. Fish. Soc., Washington DC, pp. 243-247.

Paperna, I. (1977)：Epitheliocystis infection in wild and cultured sea bass (*Sparus aurata*, Sparidae) and grey mullets (*Liza ramada*, Mugilidae). *Aquaculture*, 10, 169-176.

Paperna, I. and I. Sabnai (1980)：Epitheliocystis diseases in fishes. In "Fish diseases (ed. by W. Ahne)", Springer Verlag, Berlin, pp.228-234.

Paperna, I. and A.P. Alves de Matos (1984)：The development cycle of epitheliocystis in carp, *Cyprinus carpio* L. *J. Fish Dis.*, 7, 137-147.

Park, K.H., S. Matsuoka, T. Nakai and K. Muroga (1997)：A virulent bacteriophage of *Lactococcus garvieae* (formerly *Enterococcus seriolicida*) isolated from yellowtail *Seriola quinqueradiata*. *Dis. Aquat. Org.*, 29, 145-149.

Park, S. C. and T. Nakai (2003)：Bacteriophage control of *Pseudomonas plecoglossicida* infection in ayu *Plecoglossus altivelis*. *Dis. Aquat. Org.*, 53, 33-39.

Park, S. C., I. Shimamura, M. Fukunaga, K-I. Mori and t. Nakai (2000a)：Isolation of bacteriophages specific to a fish pathogen, *Pseudomonas plecoglossicida*, as a candidate for disease control. *Appl. Envioron. Microbiol.*, 66, 1416-1422.

Park, S. C., I. Shimamura, M. Hagihira and T. Nakai (2000b)：A brown pigment-producing strain of *Pseudomonas plecoglossicida* isolated from ayu with hemorrhagic ascites. *Fish Pathol.*, 35, 91-92.

Park, S. C., T. Nakai and A. Yuasa (2002)：Relationship between *in vitro* motility of *Pseudomonas plecoglossicida* and clinical conditions in affected ayu. *Fish Pathol.*, 37, 141-144.

朴　守一・若林久嗣・渡辺佳一郎（1983）：養鰻池に分布する *Edwardsiella tarda* の血清型と病原性．魚病研究，18, 85-89.

Pascho, R.J., M.L. Landolt and J.E. Ongerth (1998)：

第Ⅲ章 細菌病

Inactivation of *Renibacterium salmoninarum* by free chlorine. *Aquaculture*, 131, 165-175.

Paterson, W.D. and J.L. Fryer (1974)：Immune response of juvenile coho salmon (*Oncorhynchus kisutch*) to *Aeromonas salmonicida* endotoxin. *J. Fish. Res. Board Can.*, 31, 1743-1749.

Paterson, W.D., D. Desautels and J.M. Weber (1981)：The immune response of Atlantic salmon *Salmo salar* L., to the causative agent of bacterial kidney disease, *Renibacterium salmoninarum. J. Fish Dis.*, 4, 99-111.

Pazos, F., Y. Santos, S. Nunez and A.E. Toranzo (1993)：Increasing occurrence *of Flexibacter maritimus* in the marine aquaculture of Spain. *Fish Health Section, American Fish. Soc. Newsletter,* 21, 1-2.

Pazos, F., Y. Santos, A.R. Macias, S. Nunez and A.E. Toranzo (1996)：Evaluation of media for the successful culture of *Flexibacter maritimus. J. Fish Dis.*, 19, 193-197.

Pedersen, K., L. Verdonck, B. Austin, D.A. Austin, A.R. Blank, P.A.D. Grimont, J. Jofre, S. Koblavi, J.L. Larsen, T. Tiainen, M. Vigneulle and J. Swings (1998)：Taxonomic evidence that *Vibrio carchariae* Grimes *et al.* 1985 is a junior synonym of *Vibrio harveyi* (Johnson and Shunk 1936) Bauman *et al.* 1981. *Int. J. Syst. Bacteriol.*, 48, 749-758.

Perez, M.J., L.A. Rodriguez and T.P. Nieto (1998)：The acetylcholinesterase ichthyotoxin is a common component of the extracellular products of Vibrionaceae strains. *J. Appl. Microbiol.*, 84 47-52.

Peterson, J.E. (1982)：Analysis of bacterial kidney disease (BKD) and BKD control measures with eythromycin phosphate among cutthroat trout (*Salmo clarki* Bouveri). *Salmonid*, 5, 12-15.

Pier, G.B. and S.H. Madin (1976)：*Streptococcus iniae* sp. nov., a beta-hemolytic streptococcus isolated from an Amazon freshwater dolphin, *Inia geoffrensis. Int. J. Syst. Bacteriol.*, 26, 545-553.

Plumb, J. A. (1993)：*Edwardsiella* septicaemia. In "Bacterial diseases of fish" (ed. by V. Inglis, R.J. Roberts and N. R. Bromage). Blackwell Scientific Publications, London. pp. 61-79.

Plumb, J.A. (1999)：*Edwardsiella* septicaemias. In "Fish diseases and disorders, Vol. 3. Viral, bacterial and fungal infections" (ed. by P.T.K. Woo and D.W. Bruno), CABI Publishing, Wallingford, UK, pp. 479-521.

Popoff, M. (1984)：Genus III. *Aeromonas* Kluyver & van Niel (1936). In "Bergey's Manual of Systematic Bacteriology, Vol. I" (ed. by N.R. Krieg and J.G. Holt), Williams & Wilkins, Baltimore. pp. 545-548.

Popoff, M and M. Veron (1976)：A taxonomic study of the *Aeromonas hydrophila-Aeromonas punctata* group. *J. Gen. Microbiol.*, 94, 11-22.

Post, G. (1966)：Response of rainbow trout (*Salmo gairdneri*) to antigens of *Aeromonas hydrophila. J. Fish. Res. Board Can.*, 23, 1487-1494.

Powell, J.L. and M.W. Loutit (1994)：The detection of the pathogen *Vibrio anguillarum* in water and fish using a species specific DNA probe combined with membrane filtration. *Microbial Ecol.*, 28, 375-383.

Rabb, L. and L.A. MacDermot (1962)：Bacteriological studies of freshwater fish. II. Furunculosis. *J. Fish. Res. Board Can.*, 19, 989-995.

Rahman, M. H., K. Kawai and R. Kusuda (1997)：Virulaence of starved *Aeromonas hydrophila* to cyprinid fish. *Fish Pathol.*, 32, 163-168.

Rahman, M.H., S. Suzuki, R. Kusuda and K. Kawai (1998)：Changes of outer membrane as S-layer protein profiles of *Aeromonas hydrophila* by starvation. *Fish Pathol.*, 33, 275-279.

Ransom, D. P., C.N. Lannan, J. S. Rohovec and J. L. Fryer (1984)：Comparison of histopathology caused by *Vibrio anguillarum* and *Vibrio ordalii* in three species of Pacific salmon. *J. Fish Dis.*, 7, 107-115.

Rasmussen, H. B. (1987)：Evidence for two new *Vibrio anguillarum* K antigens. *Curr. Microbiol.*, 16, 105-107.

Reichenbach, H. (1989)：Genus 1. *Cytophaga* Winogradsky 1929, 577^{AL}, emend. In "Bergey's Maual of Systematic Bacteriology, Vol.3", (ed. by J. T. Staley, M. P. Bryant, N. Pfennig and J. G. Holt), Williams & Wilkins, Baltimore, pp. 2015-2050.

Ridhards, R.H., V. Inglis, G.N. Frerichs and S.D. Millar (1992)：Variation in antibiotic resistance patterns of *Aeromonas salmonicida* isolated from Atlantic salmon *Salmo salar* L. in Scotland. In: "Chemotherapy in Aquaculture: from Theory to Reality" (Ed. by C. Michel and D.J. Alderman), Office International des Epizooties (OIE), Paris, pp. 276-284.

Roberts, M.S. (1983)：A report of an epizootic in hatchery reared rainbow trout, *Salmo gairdneri* Richardson, at an English trout farm, caused by *Yersinia ruckeri. J. Fish Dis.*, 6, 551-552.

Roberts, R.J. (1993)：Motile aeromonad septicaemia. In "Bacterial diseases of fish" (ed. by V. Inglis, R.J. Roberts and N.R. Bromage), Blackwell Scientific Publications, London, pp. 143-155.

Rockey, D.D., J.L. Fryer and J.S. Rohovec (1988)：Separation and *in vivo* analysis of two extracellular proteases and the T-hemolysin from *Aeromonas salmonicida. Dis. Aquat. Org.*, 5, 197-204.

Rodger, H.D. and E.M. Drinan (1993)：Observation of a rickettsia-like organism in Atlantic salmon, *Salmo salar* L. in Ireland. *J. Fish Dis.*, 16, 361-369.

Rodgers, C.J. (1992)：Development of a selective-differential medium for the isolation of *Yersinia*

引用文献

ruckeri and its application in epidemiological studies. *J. Fish Dis.*, 15, 243-254.

Rodgers, C.J. and B. Ausin (1982): Oxolinic acid for control of enteric redmouth disease in rainbow trout. *Vet. Rec.*, 112, 83.

Romalde, J.L. and A.E. Toranzo (1993): Pathological activities of *Yersinia ruckeri*, the enteric redmouth (ERM) bacterium. *FEMS Microbiol. Lett.*, 112, 291-300.

Romalde, J.L., R.F. Conchas and A.E. Toranzo (1991): Evidence that *Yersinia ruckeri*, possesses a high affinity iron uptake system. *FEMS Microbiol. Lett.*, 112, 291-300.

Ross, A.J. and C.A. Smith (1972): Effect of two iodophors on bacterial and fungal fish pathogens. *J. Fish. Res. Board Can.*, 29, 1359-1361.

Ross, A.J., R.R. Rucker and W.H. Ewing (1966): Description of a bacterium associated with redmouth disease of rainbow trout (*Salmo gairdneri*). *Can. J. Microbiol.*, 12, 763-770.

Rucker, R.R. (1966): Redmouth disease of rainbow trout (*Salmo gairdneri*). *Bull. Off. Int. Epiz.*, 65, 825-830.

Rucker, R.R., H.E. Johnson and G.M. Kaydas (1952): An interim report on gill disease. *Prog. Fish-Cult.*, 14, 10-14.

Sae-Oui, D., K. Muroga and T. Nakai (1984): A case of *Edwardsiella tarda* infection in cultured colored carp *Cyprinus carpio*. *Fish Pathol.*, 19, 197-199.

齋藤　実・中村多恵子・高橋耿之介 (1975)：キンギョの穴あき病に関する研究-Ⅱ. 患部の進行および治療状況の観察. 魚病研究, 9, 179-186.

Saito, Y., M. Otsuru, T. Furukawa, K. Kanda and A. Sato (1964): Studies on an infectious disease of rainbow-trouts. *Acta Medica et Biologica*, 11, 267-295.

Sakai, D.K. (1977): Causative factors of *Aeromonas salmonicida* in salmonid furunculosis: extracellular protease. *Sci. Rep. Hokkaido Fish Hatch.*, 32, 61-89.

Sakai, D.K. (1986a): Kinetics of adhesion associated with net electrical charges in agglutinating *Aeromonas salmonicida* cells and their spheroplasts. *Bull. Japan. Soc. Sci. Fish.*, 52, 31-36.

Sakai, D.K. (1986b): Electrostatic mechanism of survival of virulent *Aeromonas salmonicida* strains in river water. *Appl. Environ. Microbiol.*, 51, 1343-1349.

Sakai, D.K., M. Nagata, T. Iwami, N. Koide, Y. Tamiya, Y. Ito and M. Atoda (1986): Attempt to control BKD by dietary modification and erythromycin chemotherapy in hatchery-reared masu salmon *Oncorhynchus masou* Brevoort. *Nippon Suisan Gakkaishi*, 52, 1141-1147.

酒井正博 (1998)：魚類の免疫賦活剤は本当に有効か. 月刊海洋, 14, 159-165.

Sakai, M. (1999a): Current research status of fish immunostimulants. *Aquaculture*, 172, 63-92.

Sakai, M. (1999b): Virulence properties and vaccine development of *Photobacterium damsela* subsp. *piscicida*, causative agent of fish pasteurellosis. *Rec. Res. Devel. Microbiol.*, 3, 211-233.

酒井正博・厚田静男・小林正典 (1986)：クロソイの連鎖球菌症について. 水産増殖, 34, 171-177.

Sakai, M., R. Kusuda, S. Atsuta and M. Kobayashi (1987): Vaccination of rainbow trout *Salmo gairdneri* against β-haemolytic streptococcal disease. *Nippon Suisan Gakkaishi*, 53, 1373-1376.

酒井正博・厚田静男・小林正典 (1988)：ニジマスの β 溶血性連鎖球菌症に対する浸漬ワクチンの有効性. 魚病研究, 23, 269-270.

Sakai, M., S. Atsuta and M. Kobayashi (1989a): Attempted vaccination of rainbow trout *Oncorhynchus mykiss* against bacterial kidney disease. *Nippon Suisan Gakkaishi*, 55, 2105-2109.

Sakai, M., S. Atsuta and M. Kobayashi (1989b): Protective immune response in rainbow trout, *Oncorhynchus mykiss*, vaccinated with β-haemolytic streptococcal bacterin. *Fish Pathol.*, 24, 169-174.

Sakai, M., S.Atsuta and M.Kobayashi (1993a): The immune response of rainbow trout (*Oncorhynchus mykiss*) injected with five *Renibacterium salmoninarum* bacterins. *Aquaculture*, 113, 11-18.

Sakai, M., S. Atsuta, M. Kobayashi, H. Kawakami and T. Yoshida (1993b): The cell surface hydrophobicity and hemagglutinating properties of the bacterial fish pathogen, *Pasteurella piscicida*. *Bull. Eur. Ass. Fish Pathol.*, 13, 168-170.

Sakai, M., S. Atsuta and M. Kobayashi (1994): Survival of fish pathogen *Edwardsiella tarda* in sea water and fresh water. *Bull. Eur. Ass. Fish Pathol.*, 14, 188-190.

Sakata, T. and M. Hattori (1988): Characteristics of *Vibrio vulnificus* isolated from diseased tilapia. *Fish Pathol.*, 23, 33-40.

Sakata, T., M. Matsuura and Y. Shimokawa (1989): Characteristics of *Vibrio damsela* isolated from diseased yellowtail *Seriola quinqueradiata*. *Nippon Suisan Gakkaishi*, 55, 135-141.

Sakazaki, R. (1967): Studies on the Asakusa group of Enterobacteriaceae (*Edwardsiella tarda*). *Japan. J. Med. Sci. Biol.*, 20, 205-212.

坂崎利一 (1981)：メディアサークル, 26, 565-568.

坂崎利一 (編集) (1991)：水食系感染症と細菌性中毒. 中央法規出版, 557p.

Sakazaki, R. and K. Tamura (1975): Priority of the specific epithet *anguilimortiferum* over the specific epithet *tarda* in the name of the organism presently known as *Edwardsiella tarda*. *Int. J. Syst. Bacteriol.*, 25, 219-220.

Sakazaki, R. and Tamura, K. (1978): Comment on a proposal of Farmer *et al.* to conserve the specific

第Ⅲ章 細菌病

epithet *tarda* over specific epithet *anguillimortiferum* in the name of the organism known as *Edwardsiella tarda*. *Int. J. Syst. Bacteriol.*, 28, 130-131.

佐古 浩 (1992a)：ブリの実験的β溶血性連鎖球菌症回復魚における免疫の獲得. 水産増殖, 40, 389-392.

佐古 浩 (1992b)：ブリのβ溶血性連鎖球菌症予防ワクチンの有効性. 水産増殖, 40, 393-397.

佐古 浩 (1993a)：海水魚および淡水魚から分離されたβ溶血性連鎖球菌の性状ならびに病原性. 水産増殖, 41, 387-395.

佐古 浩 (1993b)：各種化学療法剤に対するβ溶血性連鎖球菌原因菌の感受性. 水産増殖, 41, 397-404.

佐古 浩・原 武史 (1984a)：降海性アマゴから分離されたビブリオ菌について. 養殖研究所研報, 5, 63-69.

佐古 浩・原 武史 (1984b)：降海性アマゴから分離されたビブリオ菌の病原性について. 養殖研究所研報, 5, 71-76.

佐古 浩・石田典子・前野幸男・反町 稔 (1988)：*Aeromonas salmonicida*, *Vibrio anguillarum*ならびに*V. ordalii*に対する各種消毒薬の殺菌作用. 魚病研究, 23, 219-230.

Salati, F., K. Kawai and R. Kusuda (1983)：Immunoresponse of eel against *Edwardsiella tarda* antigens. *Fish Pathol.*, 18, 135-141.

Salati, F., K. Kawai and R. Kusuda (1984)：Immunoresponse of eel to *Edwardsiella tarda* lipopolysaccaride. *Fish Pathol.*, 19, 187-192.

Salati, F., M. Hamaguchi and R. Kusuda (1987)：Immune response of red sea bream to *Edwardsiella tarda* antigens. *Fish Pathol.*, 22, 93-98.

Salton, R. and S. Schnick (1973)：*Aeromonas hydrophila* peritonitis. *Cancer Chemotherapy Reports*, 57, 489-491.

Sanders, J. E. and J. L. Fryer (1980)：*Renibacterium salmoninarum* gen. nov., sp. nov., the causative agent of bacterial kidney disease in salmonid fishes. *Int. J. Syst. Bacteriol.*, 30, 496-502.

Sanders, J.E., K.S. Pilcher and J.L. Fryer (1978)：Relation of water temperature to bacterial kidney disease in coho salmon (*Oncorhynchus kisutch*), sockeye salmon (*O. nerka*) and steelhead trout (*Salmo gairdneri*). *J. Fish. Res. Board Can.*, 35, 8-11.

Santos, Y., I. Bandin, S. Nunez, T.P. Nieto and A.E. Tranzo (1991)：Serotyping of motile *Aeromonas* species in relation to virulence phenotype. *Bull. Eur. Ass. Fish Pathol.*, 11, 153-155.

Santos Y., P. J. Turnbull and T. S. Hastings (1992)：Isolation of *Cytophaga psychrophila* (*Flexibacter psychrophilus*) in association with rainbow trout in the United Kingdom. *Bull. Eur. Ass. Fish Pathol.*, 12, 209-210.

Sarti, M., G. Giorgetti and A. Manfrin (1992)：Method for the rapid diagnosis of visceral myxobacteriosis in reared trout in Italy. *Bull. Eur. Ass. Fish Pathol.*, 12, 53.

Sato, N., N. Yamane and T. Kawamura (1982)：Systemic *Citrobacter freundii* infection among sunfish *Mola mola* in Matsushima Aquarium. *Bull. Japan. Soc. Sci. Fish.*, 48, 1551-1557.

佐藤洋大・二宮 学・川合研児・楠田理一 (1996)：*Enterococcus seriolicida* 不活化菌体接種後のブリの腸球菌症に対する感染防御性と免疫血清のオプソニン効果. 日水誌, 62, 939-940.

Saulnier, D., J.C. Avarre, G. Le Moullac, D. Ansquer, P. Levy and V. Vonau (2000)：Rapid and sensitive PCR detection of *Vibrio penaeicida*, the putative etiological agent of Syndrome 93 in New Caledonia. *Dis. Aquat. Org.*, 40, 109-115.

Sawyer, E. S. (1976)：An outbreak of myxobacterial disease in coho salmon (*Oncorhynchus kisutsch*) reared in a marine estuary. *J. Wildlife Dis.*, 12, 575-578.

Schäperclaus, W. (1930)：*Pseudomonas punctata* als Krankheits-erreger bei Fischen. *Zeitung fur Fisherei*, 28, 289-370.

Schäperclaus, W. (1970)：Experimentelle Untersuchungen zur Ermittlung der wirksamsten Impfatigene fure eine active immunisierung von Karpfen gegen *Aeromonas punctata*. *Zeitschrift fur Fischerei*, 18 N.F., 227-257.

Schäperclaus, W. (1992)：Fish Diseases (Vol. 1,2) (ed. by W. Schaperclaus, H. Kulow and K. Schreckenbach), A.A. Balkema, Rotterdam, 1398 pp.

Schiewe, M.H., J.H. Crosa and E.J. Ordal (1977)：Deoxyribonucleic acid relationships among marine vibrios pathogenic to fish. *Can. J. Microbiol.*, 23, 954-958.

Schiewe, M.H., T.J. Trust and J.H. Crosa (1981)：*Vibrio ordalii* sp. nov.: A causative agent of vibriosis in fish. *Curr. Microbiol.*, 6, 343-348.

Schmidtke L. M. and J. Carson (1995)：Characteristics of *Flexibacter psychrophilus* isolated from Atlantic salmon in Australia. *Dis. Aquat. Org.*, 21, 157-161.

Schubert, R. H. W. (1967)：The taxonomy and nomenclature of the genus *Aeromonas* Kluyver and van Niel 1936. I. Suggestions on the taxonomy and nomenclature of the aerogenic *Aeromonas* spp. *Int. J. Syst. Bacteriol.*, 17, 23-27.

Schubert, R. H. W. (1974)：Genus II. *Aeromonas*. In "Bergey's Manual of Determinative Bacteriology, 8th ed." (ed. by R.E. Buchanan and N.E. Gibbons), William & Wilkins, Baltimore, pp. 345-348.

Sharma, V.K., Y.K. Kaura and I.P. Singh (1974)：Frogs as carriers of *Salmonella* and *Edwardsiella*. *Antonie van Leeuwenhoek*, 40, 171-175.

清水朋子 (1969)：エロモナス感染症における菌の病原性と産生する毒素について（総説）. 魚病研究, 4, 19-30.

引用文献

Shimizu, T.（1968a）：Studies on pathogenic properties of *Aeromnas liquefaciens* - I. Production of toxic substance to eel. *Bull. Japan. Soc. Sci. Fish.*, **35**, 55-66.

Shimizu, T.（1968b）：Studies on pathogenic properties of *Aeromnas liquefaciens* - II. Separation of toxic factors by gel filtration. *Bull. Japan. Soc. Sci. Fish.*, **35**, 163-172.

Shimizu, T.（1968c）：Studies on pathogenic properties of *Aeromnas liquefaciens* - III. Some chemical and antigenic properties of toxic factors. *Bull. Japan. Soc. Sci. Fish.*, **35**, 423-429.

Shimizu, T.（1968d）：Studies on pathogenic properties of *Aeromnas liquefaciens*- IV. Necrotic factor for eel and quinea pig. *Bull. Jap. Soc. Sci. Fish.*, **35**, 613-618.

清水朋子・江草周三（1968）：ウナギのワタカブリ病から分離された *Aeromonas liquefaciens* の血清学的菌型について．魚病研究, **3**, 12-15.

塩満捷夫（1982）：養殖ブリの脳からの連鎖球菌の検出について．魚病研究, **17**, 27-31.

塩満捷夫（1987）：クラミジア様微生物感染症（2）シガキダイ．魚病研究, **22**, 57-58.

塩瀬淳也・若林久嗣・富永正雄・江草周三（1974）：コイに発生したきょう膜をもつシュードモナス菌による魚病について．魚病研究, **9**, 79-83.

Shoemaker, C.A., P.H. Klesius and J.J. Evans（2002）：In ovo methods for utilizing the modified live *Edwardsiella ictaluri* vaccine against enteric septicemia in channel catfish. *Aquaculture*, **203**, 221-227.

Shotts, E.B. and C.E. Starliper（1999）：Flavobacterial diseases: columnaris disease, cold-water disease and bacterial gill disease. In "Fish diseases and disorders, Vol. 3, Viral, bacterial and fungal infections", (ed. by P.T.K. Woo and D.W. Bruno), CABI Publishing, Wallingford, UK, pp. 559-576.

Shotts E. B. Jr, F. D. Talkington, D. G. Elliott and D.H. McCarthy（1980）：Aetiology of an ulcerative disease in goldfish, *Carassius auratus*（L.）: Characterization of the causative agent. *J. Fish Dis.*, **3**, 181-186.

Shotts, E.B., T.C. Tsu and W.D. Waltman（1985）：Extracellular proteolytic activity of *Aeromonas hydrophila* complex. *Fish Pathol.*, **20**, 37-44.

Simidu, U. and S. Egusa（1972）：A re-examination of the fish-pathogenic bacerium that had been reported as a *Pasteurella* species. *Bull. Japan. Soc. Sci. Fish.*, **38**, 803-812.

Sindermann, C. J.（1990）：Bacteria (Diseases of shellfish caused by microbial pathogens and animal parasites), In "Principal diseases of marine fish and shellfish Vol. 2 (2nd ed.), Academic Press, San Diego, pp.41-70.

Skov Sørensen, U.B. and J.L. Larsen（1986）：Serotyping of *Vibrio anguillarum*. *Appl. Environ. Microbiol.*, **51**, 593-597.

Smith, I. W.（1964）：The occurrence and pathology of Dee disease. *Freshwater Salmon Fish. Res.*, **34**, 1-12.

Smith, P.A., I.M. Vecchiola, S. Oyanedel, L.H. Garces, J. Larenas and J. Contreras（1996）：Antimicrobial sensitivity of four isolates of *Piscirickettsia salmonis*. *Bull. Eur. Ass. Fish Pathol.*, **16**, 164-168.

Smith, S.K., D.C. Sutton, J.A. Fuerst and J.L. Reichelt（1991）：Evaluation of the genus *Listonella* and reassignment of *Listonella damsela*（Love *et al.*）MacDonell and Colwell to the genus *Photobacterium* as *Photobacterium damsela* comb. nov. with an emended description. *Int. J. Syst. Bacteriol.*, **41**, 529-534.

Snieszko, S.F.（1957）：Genus IV *Aeromonas* Kluyver & van Niel 1936. In "Bergey's Manual of Determinative Bacteriology, 7th edn" (ed. by R.S. Breed, E.D.G. Murray and R. Smith), Williams & Wilkins, Baltimore, pp. 189-193.

Snieszko, S.F.（1981）：Bacterial gill disease of freshwater fishes. U.S. Fish and Wildlife Service, Fish Disease Leaflet, No.62.

Snieszko, S. F., G. L. Bullock, C. E. Dunbar and L. L. Pettijohn（1964）：Nocardial infection in hatchery-reared fingerling rainbow trout（*Salmo gairdneri*）. *J. Bacteriol.*, **88**, 1809-1810.

Song, Y.L. and G.H. Kou（1981）：The immuno-responses of eel（*Anguilla japonica*）against *Edwardsiella anguillimortifera* as studied by the immersion method. *Fish Pathol.*, **15**, 249-255.

Song, Y.L., J. L. Fryer and J. S. Rohovec（1988）：Comparison of gliding bacteria isolated from fish in North America and other areas of the Pacific rim. *Fish Pathol.*, **23**, 197-202.

反町　稔・前野幸男・中島員洋・井上　潔・乾　靖夫（1993）：養殖ブリ"黄疸症"の原因．魚病研究, **28**, 119-124.

Sparboe, O., C. Koren, T. Hastein, T. Poppe and H. Stenwig（1986）：The first isolation of *Yersinia ruckeri* from farmed Norwegian salmon. *Bull. Eur. Ass. Fish Pathol.*, **6**, 41-42.

Speare, D.J., H.W. Ferguson, F.W.M. Beamish, J.A. Yager and S. Yamashiro（1991a）：Pathology of bacterial gill disease: Ultrastructure of branchio lesions. *J. Fish Dis.*, **14**, 1-20.

Speare, D.J., H.W. Ferguson, f.W.M. Beamish, J.A. Yager and S. Yamashiro（1991b）：Pathology of bacterial gill diseases: Sequential development of lesions during natural outbreaks of disease. *J. Fish Dis.*, **14**, 21-32.

Stensvag, K., T.O. Jorgensen, J. Hoffman, K. Hjelmeland and J. Bogwald（1993）：Partial purification and characterization of extracellular metalloproteases with caseinolytic, aminopeptidolytic and collagenolytic activities from *Vibrio anguillarum*. *J. Fish Dis.*, **16**, 525-539.

Stevenson, R., D. Flett and B.T. Raymond（1993）：

第Ⅲ章 細菌病

Enteric redmouth (ERM) and other enterobacterial infections of fish. In "Bacterial diseases of fish" (ed. by V. Inglis, R.J. Roberts and N.R. Bromage), Blackwell Science Publication, London, pp. 80-105.

Stevenson, R.M.W. (1997): Immunization with bacterial antigens: Yersiniosis. In "Fish vacciology" (ed. by R. Gudding, A. Lillehaug, P.J. Midtlyng and F. Brown), Karger, Basel, pp. 117-124.

Stevenson, R.M.W. and B.J. Allan (1981): Extracellular virulence products in *Aeromonas hydrophila* disease processes in salmonid. *Develop. Biol. Standard.*, **49**, 173-180.

Stevenson, R.M.W. and D.W. Airdrie (1984): Serological variation among *Yersinia ruckeri* stains. *J. Fish Dis.*, **7**, 247-254.

Stewart, D.J., K. Woldemariam, G. Dear and F.M. Mochaba (1983): An outbreak of 'Sekiten-byo' among cultured European eels, *Anguilla anguilla* L., in Scotland. *J. Fish Dis.*, **6**, 75-76.

Stewart, J. J. (1993): Infectious diseases of marine crustaceans. In "Pathobiology of marine and estuarine organisms", (ed. by J.A. Couch and J.W. Fournie), CRC Press, Boca Raton, pp.319-342.

菅 善人 (1982): スピラマイシンのすべて. 魚病研究, **17**, 87-99.

Sugita, H., T. Nakamura, K. Tanaka and Y. Deguchi (1994): Identification of *Aeromonas* species isolated from freshwater fish with microplate hybridization method. *Appl. Environ. Microbiol.*, **60**, 3036-3038.

Sugita, H., T. Nakamura, K. Tanaka and Y. Deguchi (1995): Distribution of *Aeromonas* species in the intestinal tracts of river fish. *Appl. Environ. Microbiol.*, **61**, 4128-4130.

杉山昭博・楠田理一 (1981): 各種病魚から分離された *Staphylococcus epidermidis* の性状に関する研究-Ⅲ. 分離菌株と人由来菌株の血清学的性状の比較. 魚病研究, **16**, 35-41.

杉山昭博・楠田理一・川合研児・稲田善和・木田 実 (1981): 感染アユの体内における *Streptococcus* sp. の分布と消長. 日水誌, **47**, 1003-1007.

Sugumar, G., T. Nakai, Y. Hirata, D. Matsubara and K. Muroga (1998a): *Vibrio splendidus* biovar. II as the causative agent of bacillary necrosis of Japanese oyster *Crassostrea gigas* larvae. *Dis. Aquat. Org.*, **33**, 111-118.

Sugumar, G., T. Nakai, Y. Hirata, D. Matsubara and K. Muroga (1998b): Pathogenicity of *Vibrio splendidus* biovar II, the causative bacterium of bacillary necrosis of Japanese oyster larvae. *Fish Pathol.*, **33**, 79-84.

Sukenda and H. Wakabayashi (1999): Immersion immunization of ayu (*Plecoglossus altivelis*) with *Pseudomonas plecoglossicida* bacterin. *Fish Pathol.*, **34**, 163-164.

Sukenda and H. Wakabayashi (2000): Tissue distribution of *Pseudomonas plecoglossicida* in experimentally infected ayu *Plecoglossus altivelis* studied by real-time quantitative PCR. *Fish Pathol.*, **35**, 223-228.

Sukenda and H. Wakabayashi (2001): Adherence and infectivity of green fluorescent protein-labeled *Pseudomonas plecoglossicida* to ayu *Plecoglossus altivelis*. *Fish Pathol.*, **36**, 161-167.

Suzuki, M., Y. Nakagawa, S. Harayama and S. Yamamoto (2001): Phylogenetic analysis and taxonomic study of marine *Cytophaga*-like bacteria: proposal for *Tenacibaculum* gen. nov. with *Tenacibaculum maritimum* comb. nov. and *Tenacibaculum ovolyticum* comb. nov., and description of *Tenacibaculum mesophilum* sp. nov. and *Tenacibaculum amylolyticum* sp. nov. *Int. J. Syst. Evol. Microbiol.*, **51**, 1639-1652.

Tajima, K., Y. Ezura and T. Kimura (1985): Studies on the taxonomy and serology of causative organisms of fish vibriosis. *Fish Pathol.*, **20**, 131-142.

Tajima, K., Y. Ezura and T. Kimura (1990): Serological analysis of thermolabile antigens of *Vibrio anguillarum*. *J. Aquat. Anim. Health*, **2**, 212-216.

Tajima, K., K. Takeuchi, M. M. Iqubal, K. Nakano, M. Shimizu and Y. Ezura (1998): Studies of a bacterial disease of sea urchin *Strongylocentrotus intermedius* occurring at low water temperature. *Fisheries Sci.*, **64**, 918-920.

高橋耿之介・川名俊雄・中村多恵子 (1975a): キンギョの穴あき病に関する研究-Ⅰ. 発病部位について, 魚病研究, **9**, 174-178.

高橋耿之介・川名俊雄・中村多恵子 (1975b): キンギョの穴あき病に関する研究-Ⅲ. 病魚患部を用いた感染実験. 魚病研究, **9**, 187-192.

高橋耿之介・川名俊雄・中村多恵子 (1975c): キンギョの穴あき病に関する研究-Ⅳ. 病魚からの分離菌について. 魚病研究, **10**, 22-30.

Takahashi, K.G., A. Nakamura and K. Mori (2000): Inhibitory effects of ovoglobulins on bacillary necrosis in larvae of the Pacific oyster, *Crassostrea gigas*. *J. Invertebr. Pathol.*, **75**, 212-217.

高橋幸則・楠田理一 (1971): コイ科魚類の立鱗病に関する研究-Ⅱ. *Aeromonas liquefaciens* に対するコイの免疫応答について. 魚病研究, **6**, 24-29.

高橋幸則・楠田理一 (1977): コイ科魚類の立鱗病に関する研究-Ⅲ. 病魚から分離された *Aeromonas liquefaciens* の血清学的性状について. 魚病研究, **12**, 12-15.

Takahashi, Y. and T. Endo (1987): Evaluation of the efficacy of an ultrafine preparation of oxolinic acid in the treatment of pseudotuberculosis in yellowtail. *Nippon Suisan Gakkaishi*, **53**, 2157-2162.

高橋幸則・山下泰正・桃山和夫 (1985): 養殖クルマエビから分離された *Vibrio* 属細菌の病原性ならびに性状. 日水誌, **51**, 721-730.

Takahashi, Y., T. Itami, A. Nakagawa, H. Nishimura and T.

引用文献

Abe (1985): Therapeutic effects of oxytetracycline trial tablets against vibriosis in cultured kuruma prawns *Penaeus japonicus* Bate. *Bull. Japan. Soc. Sci. Fish.*, 51, 1639-1643.

Takahashi, Y., T. Itami, A. Nakagawa, T. Abe and Y. Suga (1990): Therapeutic effect of flumequine against pseudotuberculosis in cultured yellowtail. *Nippon Suisan Gakkaishi*, 56, 223-227.

高橋幸則・伊丹利明・近藤昌和 (1995): 甲殻類の生体防御機構. 魚病研究, 30, 141-150.

Takahashi, Y., T. Itami, M. Maeda and M. Kondo (1998): Bacterial and viral diseases of kuruma shrimp (*Penaeus japonicus*) in Japan. *Fish Pathol.*, 33, 357-364.

Takashima, N., T. Aoki and T. Kitao (1985): Epidemiological surveillance of drug-resistant strains of *Pasteurella piscicida*. *Fish Pathol.*, 20, 209-217.

Tan, C.K. and L. Owens (2000): Infectivity, transmission and 16S rRNA sequencing of a rickettsia, *Coxiella cherax* sp. nov., from the freshwater crayfish *Cherax quadricarinatus*. *Dis. Aquat. Org.*, 41, 115-122.

田中 真・花田 博・吉川昌之 (1993): 静岡県下のアユ養殖場におけるビブリオ病の発生状況, 1984～1990－原因菌の血清型と薬剤感受性. 魚病研究, 28, 77-82.

谷口道子 (1982a): ハマチの連鎖球菌症における餌料経由の人為経口感染について. 日水誌, 48, 1717-1720.

谷口道子 (1982b): 高知県下における養殖ブリの連鎖球菌症の発病要因とその予防対策. 魚病研究, 17, 55-59.

田谷全康・室賀清邦・杉山瑛之・平本義春 (1985): 種苗生産過程の仔稚アユからの *Vibrio anguillarum* の検出. 水産増殖, 33, 59-66.

Taylaor, P.W., J.E. Crawford and E.B. Shotts, Jr. (1995): Comparison of two biochemical test systems with conventional methods for identification of bacteria pathogenic to warm water fish. *J. Aquat. Anim. Health*, 7, 312-317.

Tebbit, G.L., J.D. Erikson and R.B. Vande Water (1981): Development and use of *Yersinia ruckeri* bacterins to control enteric redmouth disease. In "International Symposium on Fish Biologics: Serodiagnostics and Vaccines". *Develop. Biol. Standard.*, 49, 395-401.

Teixeira, L.M., V.L.C. Merquior, M. da C.E. Vianni, M. da G.S. Carvalho, S.E.L. Fracalanzza, A.G. Steigerwalt, D.J. Brenner and R.R. Facklam (1996): Phenotypic and genotypic characterization of atypical *Lactococcus garvieae* strains isolated from water buffalos with subclinical mastitis and confirmation of *L. garvieae* as the senior subjective synonym of *Enterococcus seriolicida*. *Int. J. Syst. Bact.*, 46, 664-668.

Thompson, F.L., B. Hoste, K. Vandemeulebroecke, K. Engelbeen, R. Denys and J. Swings (2002): *Vibrio trchuri* Iwamoto *et al*. 1995 is a junior synonym of *Vibrio harveyi* (Johnson and Shunk 1936) Bauman *et al*. 1981. *Int. J. Syst. Evol. Microbiol.*, 52, 973-976.

Thorpe, J.E. and R.J. Roberts (1972): An aeromonad epidemic in the brown trout (*Salmo trutta* L.). *J. Fish Biol.*, 4, 441-451.

Thune, R.L., T.E. Graham, L.M. Riddle and R.L Amborski (1982): Effects of *Aeromonas hydrophila* extracellular products and endotoxins. *Trans. Amer. Fish. Soc.*, 111, 749-754.

Thune, R.L., D.H. Fernabdez and J.R. Battista (1999): An *aroA* mutant of *Edwardsiella ictaluri* is safe and efficacious as a live, attenuated vaccine. *J. Aquat. Anim. Health*, 11, 358-372.

Thyssen, A., L. Grisez, R.van Houdt and F.Ollevier (1998): Phenotypic characterisation of the marine pathogen *Photobacterium damselae* subsp. *piscicida*. *Int. J. Syst. Bacteriol.*, 48, 1145-1151.

Tison, D.L. and M.T. Kelly (1984): Factors affecting hemolysin production by *Vibrio vulnificus*. *Curr. Microbiol.*, 10, 181-184.

Tison, D.L., M. Nishibuchi, J. Greenwood and R.J. Seidler (1982): *Vibrio vulnificus* biogroup 2: New biogroup pathogenic for eels. *Appl. Environ. Microbiol.*, 44, 640-646.

Tolmasky, M.E., P.C. Salinas, L.A. Actis and J.H. Crosa (1988): Increased production of the siderophore anguibactin mediated by pJM1-like plasmids in *Vibrio anguillarum*. *Infect. Immun.*, 56, 1608-1614.

Toranzo, A. E. and J. L. Barja (1993): Fry mortality syndrome (FMS) in Spain. Isolation of the causative bacterium *Flexibacter psychrophilus*. *Bull. Eur. Ass. Fish Pathol.*, 13, 30-32.

Toranzo, A.E., Y. Santos, T.P.Nieto and J.L. Barja (1986): Evaluation of different assay systems for identification of environmental *Aeromonas* strains. *Appl. Environ. Microbiol.*, 51, 652-656.

Toranzo, A.E., A.M. Baya, J.L. Romalde and F.M. Herick (1989): Association of *Aeromonas sobria* with mortalities of adult gizzard shad, *Dorosoma cepedianum* Lesueur. *J. Fish Dis.*, 12, 439-448.

Toranzo, A.E., S. Barreiro, J.F. Casal, A. Figueras, B. Magarinos and J.L. Barja (1991): Pasteurellosis in cultured gilthead seabream (*Sparus aurata*) - first report in Spain. *Aquaculture*, 99, 1-15.

Toyama, T., K. Kita-Tsukamoto, and H. Wakabayashi (1994): Identification of *Cytophaga psychrophila* by PCR targeted 16S ribosomal DNA. *Fish Pathol.*, 29, 271-275.

Toyama, T., K. Kita-Tsukamoto and H. Wakabayashi (1996): Identification of *Flexibacter maritimus*, *Flavobacteium branchiophilum* and *Cytophaga columnaris* by PCR targeted 16S ribosomal DNA. *Fish Pathol.*, 31, 25-31.

Triyanto and H. Wakabayashi (1999): Genotypic diversity of strains of *Flavobacterium columnare* from diseased

第Ⅲ章 細菌病

fishes. Fish Pathol., 34, 65-71.

Triyanto, A. Kumamaru and H. Wakabayashi (1999): The use of PCR targeted 16S rDNA for identification of genomovars of Flavobacterium columnare. Fish Pathol., 34, 217-218.

Trongvanichnam, K., T. Iida and H. Wakabayashi (1994): Use of an indirect enzyme-linked immunosorbent assay (ELISA) to detect serum antibodies in eel vaccinated by immersion administration. The 3rd Asian fisheries Forum (ed. by L.M. Chou et al.), Asian Fish Soc., pp. 328-331.

Truper, H,G. and L. de'Clair (1997): Taxonomic note: Necessary correction of specific epithets formed as substantives (nouns) 'in apposition'. Int. J. Syst. Bact., 47, 908-909.

Trust, T.J. and R.A.H. Sparrow (1974): The bacterial flora in the alimentary tract of freshwater salmonid fishes. Can. J. Microbiol., 20, 1219-1228.

Turnbull, J. F. (1993): Epitheliocystis and salmonid rickettsial septicaemia. In "Bacterial diseases of fish. (ed. by V. Inglis, R.J. Roberts and N.R. Bromage)", Blackwell Science, Oxford, pp.237-254.

Udey, L.R. and J.L. Fryer (1978): Immunization of fish with bacterins of Aeromonas salmonicida. Mar. Fish. Rev., 40, 12-17.

Udey, L.R., E. Young and B. Sallman (1977): Isolation and characterization of an anaerobic bacterium, Eubacterium tarantellus sp. nov., associated with striped mullet (Mugil cephalus) mortality in Biscayne Bay, Florida. J. Fish. Res. Board Can., 34, 402-409.

植木範行・萱野泰久・室賀清邦 (1990)：キジハタ稚魚に発生したPasteurella piscicida感染症. 魚病研究, 25, 43-44.

Ugajin, M.(1979): Studies on the taxonomy of major microflora on the intestinal contents of salmonids. Bull. Japan. Soc. Sci. Fish., 45, 721-731.

宇賀神光夫 (1981)：1980年栃木県下の養殖アユの流行病の原因である連鎖球菌に関する研究. 魚病研究, 16, 119-127.

Ullah, M.A. and T. Arai (1983a)：Pathological activities of the naturally occurring strains of Edwardsiella tarda. Fish Pathol., 18, 65-70.

Ullah, M.A. and T. Arai (1983b)：Exotic substances produced by Edwardsiella tarda. Fish Pathol., 18, 71-75.

Umbreit, T.H. and M.R. Tripp (1975)：Characterization of the factors responsible for death of fish infected with Vibrio anguillarum. Can. J. Microbiol., 21, 1272-1274.

宇野将義 (1976)：Aeromonas salmonicida, Vibrio anguillarum および Pseudomonas anguilliseptica のイワナなどに対する実験的病原性. 魚病研究, 11, 5-9.

Valdez, I. and D. A. Conroy (1963): The study of a tuberculosis-like condition in neon tetras (Hyphessobrycon innesi) II. Characteristics of the bacterium isolated. Microbiol. Espan., 16, 249-253.

Valle, O., M. Dorsch, R. Wiikand E. Stackebrandt (1990): Nucleotide sequence of the 16S rRNA from Vibrio anguillarum. Syst. Appl. Microbiol.,13, 257.

Veenstra, J., P.J.G.M. Rietra, C.P. Stoutenbeek, J.M. Coster, H.H.W. de Gier and S. Dirks-Go (1992): Infection by an indole-negative vatiant of Vibrio vulnificus transmitted by eels. J. Infect. Dis., 166, 209-210.

Vigneulle, M. and J.P. Gerard (1986): Incidence d'un apport polyvitaminique sur la yersiniose experimentqale de la truite arc-en-ciel (Salmon gairdneri). Bull. Acad. Veter. France, 59, 77-86.

Vigneulle, M. and F. Baudin-Laurencin (1995): Serratia liquefaciens: a case report in turbot (Scophthalmus maximus) cultured in floating cages in France. Aquaculture, 132, 121-124.

Von Glaevenitz, A. (1990): Revised nomenclature of Campylobacter laridis, Enterobacter intermedium, and 'Flavobacterium branchiophila'. Int. J. Syst. Bacteriol., 40, 211.

若林久嗣 (1980)：サケ・マスの細菌性鰓病. 魚病研究, 14, 185-189.

Wakabayashi, H. (1992): Bacterial gill disease caused by Flavobacterium branchiophilum. In "Salmonid diseases" (ed. by T. Kimura), Hokkaido Univ. Press, Sapporo, pp. 158-164.

若林久嗣・江草周三 (1967)：ドジョウのカラムナリス病について. 魚病研究, 1, 20-26.

若林久嗣・江草周三 (1968)：Chondrococcus columnaris 分離のための選択的抑制物質としてのポリミキシンBの使用. 魚病研究, 2, 135-140.

若林久嗣・江草周三 (1973)：静岡県吉田地区における養殖ウナギの細菌感染について. 魚病研究, 8, 91-97.

Wakabayashi, H. and S. Egusa (1972): Characteristics of a Pseudomonas sp. from an epizootic of pond-cultured eels (Anguilla japonica). Bull. Japan. Soc. Sci. Fish., 38, 577-587.

Wakabayashi, H. and S. Egusa (1973): Edwardsiella tarda (Paracolobactrum anguillimortiferum) associated with pond-cultured eel diseases. Bull. Japan. Soc. Sci. Fish., 39, 931-939.

Wakabayashi, H. and T. Iwado (1985a): Effects of a bacterial gill disease on the respiratory functions of juvenile rainbow trout. In "Fish and shellfish pathology" (ed. by A.E. Ellis). Academic Press, London. pp. 153-160.

Wakabayashi, H. and T. Iwado (1985b): Changes in glycogen, pyruvate and lactate in rainbow trout with bacterial gill disease. Fish Pathol., 20, 161-165.

若林久嗣・吉良桂子・江草周三 (1970)：養殖ウナギのChondrococcus columnaris 感染症に関する研究-Ⅰ. 養殖ウナギから分離された C. columnaris の細菌学的性状と病原性. 日水誌, 36, 147-155.

若林久嗣・金井欣也・江草周三 (1976)：養殖環境における

引用文献

魚病細菌の生態に関する研究-Ⅰ. 池水中の一般細菌について. 魚病研究, 11, 63-66.

若林久嗣・金井欣也・江草周三（1977a）：養殖ウナギにおける健康魚と病魚との腸内細菌叢の比較, 相違について. 魚病研究, 12, 199-204.

若林久嗣・豊田　宏・江草周三（1977b）：胃内投与法による *Pasteurella piscicida* のハマチに対する人為感染について. 魚病研究, 11, 207-211.

Wakabayashi, H., S. Egusa and J. L. Fryer（1980）：Characteristics of filamentous bacteria isolated from a gill disease of salmonids. *Can. J. Fish. Aquat. Sci.*, 37, 1499-1504.

Wakabayashi, H., K. Kanai, T.C. Hsu and S. Egusa（1981）：Pathogenic activities of *Aeromonas hydrophila* biovar *hydrophila* (Chester) Popoff and Veron, 1976 to fishes. *Fish Pathol.*, 15, 319-325.

Wakabayashi, H., M. Hikida and K. Masumura（1984）：*Flexibacter* infections in cultured marine fish in Japan. *Helgoland. Meeresunters.*, 37, 587-593.

Wakabayashi, H., M. Hikida and K. Masumura（1986）：*Flexibacter maritimus* sp. nov., a pathogen of marine fishes. *Int. J. Syst. Bacteriol.*, 39, 213-216.

Wakabayashi, H., H.-J. Huh and N. Kimura（1989）：*Flavobacterium branchiophila*, sp. nov. a causative agent of bacterial gill disease of freshwater fishes. *Int. J. Syst. Bacteriol.*, 39, 213-216.

若林久嗣・堀内三津幸・文谷俊雄・星合愿一（1991）：日本で発生したギンザケ稚魚の冷水病. 魚病研究, 26, 211-212.

Wakabayashi, H., T. Toyama and T. Iida（1994）：A study on serotyping of *Cytophaga psychrophila* isolated from fishes in Japan. *Fish Pathol.*, 29, 101-104.

若林久嗣・沢田健蔵・二宮浩司・西森栄太（1996）：シュードモナス属細菌によるアユの細菌性出血性腹水病. 魚病研究, 31, 239-240.

Wallace, L.J., F.H. White, and H.L. Gore（1966）：Isolation of *Edwardsiella tarda* from a sea lion and two alligators. *J. Am. Vet. Med. Ass.*, 149, 881-883.

Waltman, W.D. and E.B. Shotts, Jr（1984）：A medium for the isolation and differentiation of *Yersinia ruckeri*. *Can. J. Fish. Aquat. Sci.*, 41, 804-806.

Waltman, W.D., E.B. Shotts and T.C. Hsu（1986）：Biochemical and enzymatic characterization of *Edwardsiella tarda* from the United States and Taiwan. *Fish Pathol.*, 21, 1-8.

Wedemeyer, G.A. and A.J. Ross（1973）：Nutritional factors in the biochemical pathology of corynebacterial kidney disease in the coho salmon (*Oncorhynchus kisutch*). *J. Fish. Res. Board Can.*, 30, 296-298.

Wedmeyer, G.A., A.J. Ross and L. Smith（1969）：Some metabolic effects of bacterial endotoxins in salmonid fishes. *J. Fish. Res. Board Can.*, 26, 115-122.

Weis, J.（1987）：Uber das Vorkommen einer Kaltwasserkrankheit bei Regenbogenforellen, *Salmo gairdneri*. *Tierarztliche Umshau*, 7, 575-577.

White, F.H., F.E. Neal, C.F. Simpson and A.F. Walsh（1969）：Isolation of *Edwardsiella tarda* from an ostrich and an Australian skink. *J. Am. Vet. Med. Ass.*, 155, 1057-1058.

White, F.H., C.F. Simpson and L.E. Williams, Jr.（1973）：Isolation of *Edwardsiella tarda* from aquatic animal species and surface waters in Florida. *J. Wildl. Dis.*, 9, 204-208.

Wiens, G.D. and S.L. Kaattari（1999）：Bacterial kidney disease (*Renibacterium salmoninarum*). In "Fish diseases and disorders, Vol. 3" (ed. by P.T.K. Woo and D.W. Bruno), CABI Publishing, Wallingford, UK, pp. 269-301.

Wiklund, T.（1995）：Survival of 'atypical' *Aeromonas salmonicida* in water and sediment microcosms of different salinities and temperatures. *Dis. Aquat. Org.*, 21, 137-143.

Wiklund, T. and L. Lonnstrom（1994）：Occurrence of *Pseudomonas anguilliseptica* in Finnish fish farms during 1986-1991. *Aquaculture*, 126, 211-217.

Wiklund, T. and I. Dalsgaard（1998）Occurrence and significance of atypical *Aeromonas salmonicida* in non-salmonid and salmonid fish species: a review. *Dis. Aquat. Org.*, 32, 49-69.

Wiklund T., K. Kaas, L. Lonnstrom and I. Dalsgarrd（1994）：Isolation of *Cytophaga psychrophila* (*Flexibacter psychrophilus*) from wild and farmed rainbow trout (*Oncorhynchus mykiss*) in Finland. *Bull. Eur. Ass. Fish Pathol.*, 14, 44-46.

Wiklund T., L. Madsen, M.S. Bruun and I. Dalsgaard（2000）：Detection of *Flavobacterium psychrophilum* from fish tissue and water samples by PCR amplification. *J. Appl. Microbiol.*, 88, 299-307.

Winton, J.R., J.S. Rohovec and J.L. Fryer（1983）：Bacterial and viral diseases of cultured salmonids in the Pacific Northwest. In "Bacterial and viral diseases of fish-Molecular studies" (ed. by J.H. Crosa), Univ. Washington, Seattle, pp.1-20.

Wobeser, G.（1973）：An outbreak of redmouth disease in rainbow trout (*Salmo gairdneri*) in Saskatchewan. *J. Fish. Res. Board Can.*, 30, 571-575.

Wolf, K. and C.E. Dunber（1959）：Test of 34 therapeutic agents for control of kidney disease in trout. *Trans. Am. Fish. Soc.*, 88, 117-124.

Wolke, R.E. and T.L. Meade（1974）：Nocardiosis in chinook salmon. *J. Wildlife Dis.*, 10, 149-154.

Wolke, R. E., D. S. Wyand and L. H. Khairallah（1970）：A light and electron microscopic study of epitheliocystis disease in the gills of Connecticut striped bass (*Morone saxatilis*) and white perch (*Morone americanus*). *J. Comp. Pathol*, 80, 559-563.

第Ⅲ章　細菌病

Wood, J.W. (1974): Low-temperature disiases. In "Diseases of Pacific salmon: their prevention and treatment (2nd edition)". State of Washington, Department of Fisheries, Hatchery Division, Olympia, Washington, 82 pp.

Wood, E.M. and W.T. Yasutake (1956): Histophathology of kidney disease in fish. *Am. J. Pathol.*, 32, 845-857.

Wood, E.M. and W.T. Yasutake (1957): Histopathology of fish- V. Gill disease. *Prog. Fish-Cult.*, 19, 7-17.

Wyatt, L.E., R. Nickelson and C. Van Derzant (1979): *Edwardsiella tarda* in freshwater catfish and their environment. *Appl. Environ. Microbiol.*, 38, 710-714.

Yamada, Y. and H. Wakabayashi (1998): Enzyme electrophoresis, catalase test and PCR-RFLP analysis for the typing of *Edwardsiella tarda*. *Fish Pathol.*, 33, 1-5.

Yamada, Y., Y. Kaku and H. Wakabayashi (2000): Phylogenetic intrarelationships of atypical *Aeromonas salmonicida* isolated in Japan as determined by 16S rDNA sequencing. *Fish Pathol.*, 35, 35-40.

山本　淳・高橋一孝 (1986)：イワナから分離された*Pseudomonas fluorescens*について．魚病研究, 21, 259-260.

山野井英夫・室賀清邦・高橋　誓 (1980)：アユから分離されたNAGビブリオの生理学的性状および病原性．魚病研究, 15, 69-73.

安永統男 (1982)：飼料用マイワシ筋肉からのハマチ病原性*Streptococcus* sp.の分離．魚病研究, 17, 195-198.

安永統男・小川七朗・畑井喜司雄 (1982)：数種の海産養殖魚から分離された病原性*Edwardsiella*の性状について．長崎県水産試験場研究報告, 8, 157-165.

Yasunaga, N. and J. Tsukahara (1988): Dose titration study of florfenicol as a therapeutic agent in naturally occurring pseudotuberculosis. *Fish Pathol.*, 23, 7-12.

Yasunaga, N. and S. Yasumoto (1988): Therapeutic effect of florfenicol on experimentally induced pseudotuberculosis in yellowtail. *Fish Pathol.*, 23, 1-5.

安永統男・畑井喜司雄・塚原淳一郎 (1983)：養殖マダイから分離された*Pasteurella piscicida*について．魚病研究, 18, 107-110.

安永統男・安元　進・平川栄一・塚原淳一郎 (1984)：*Pasteurella piscicida*に起因すると考えられるウマヅラハギの大量へい死について．魚病研究, 19, 51-55.

安信秀樹・室賀清邦・丸山敬悟 (1988)：マダイ仔魚の腸管膨満症に関する細菌学的検討．水産増殖, 36, 11-20.

Yoshida, T., T. Eshima, Y. Wada, Y. Yamada, E. Kakizaki, M. Sakai, T. Kitao and V. Inglis (1996a): Phenotypic variation associated with an anti-phagocytic factor in the bacterial fish pathogen *Enterococcus seriolicida*. *Dis. Aquat. Org.*, 25, 81-86.

Yoshida, T., Y. Yamada, M. Sakai, V. Inglis, X.J. Xie, S.-N. Chen and R. Kruger (1996b): Association of the cell capsule with anti-opsonophagocytosis in beta-hemolytic *Streptococcus* spp. isolated from rainbow trout. *J. Aquat. Anim. Health*, 8, 223-228.

Yoshida, T., M. Endo, M. Sakai and V. Inglis (1997a): A cell capsule with possible involvement in resistance to opsonophagocytosis in *Enterococcus seriolicida* isolated from yellowtail *Seriola quinqueradiata*. *Dis. Aquat. Org.*, 29, 233-235.

Yoshida, T., V. Inglis, N. Misawa, R. Kruger and M. Sakai (1997b): *In vitro* adhesion of *Pasteurella piscicida* to cultured fish cells. *J. Fish Dis.*, 20, 77-80.

Yoshimizu, M. and T. Kimura (1976): Study on the intestinal microflora of salmonids. *Fish Pathol.*, 10, 243-259.

全国湖沼河川養殖研究会 (2000)：アユの冷水病研究．アユ冷水病研究部会, 平成6年～平成11年度の取りまとめ. 97 pp.

Zhao, J. and T. Aoki (1989): A specific DNA hybridization probe for detection of *Pasteurella piscicida*. *Dis. Aquat. Org.*, 7, 203-210.

Zhao, J. and T. Aoki (1992): Plasmid profile analysis of *Pasteurella piscicida* and use of a plasmid DNA probe to identify the species. *J. Aquat. Anim. Health*, 4, 198-202.

Zhao, J., E.-H. Kim, T. Kobayashi and T. Aoki (1992): Drug resistance of *Vibrio anguillarum* isolated from ayu between 1989 to 1991. *Nippon Suisan Gakkaishi*, 58, 1523-1527.

第IV章 真菌病

1. 概説

　魚介類の真菌病は，普遍的に水中に存在する菌類が魚介類に寄生繁茂することで起こる病気の総称で，いったん発生すると有効な治療法が少ないため，魚介類に大きな被害を与えることがある．

　近年，菌類（Fungi）の分類体系は大きく変化したが，これまでのAinsworth and Bisby's Dictionary of the Fungi（Hawksworth et al., 1983）の分類では，菌類は生物の一つとして菌界（Kingdom of Fungi）を形成しており，変形菌門と真菌門とに大別されてきた．これまで変形菌類に原因する動物の病気は知られておらず，その原因菌はすべて真菌類に分類されている．このため動物の菌類に原因する病気は一般に真菌病と呼ばれている．真菌類は，5亜門（鞭毛菌類，接合菌類，子嚢菌類，担子菌類，不完全菌類）に分類されているが，このうち前2亜門（鞭毛菌類，接合菌類）は下等菌類，後3亜門（子嚢菌類，担子菌類，不完全菌類）は高等菌類と呼ばれる．下等菌類の特徴は，菌糸の径が10μm程度かそれより太く，しかも菌糸に隔壁がみられないことである．一方，高等菌類の特徴は，菌糸の径が数μmと細く，菌糸が隔壁を有することである．

　下等菌類は，鞭毛で運動する胞子（遊走子という）を産生する鞭毛菌類と，運動性のない胞子を産生する接合菌類とに分類される．鞭毛菌類に分類される菌は，淡水魚類の重要な真菌病である水カビ病と真菌性肉芽腫症，および甲殻類の真菌病（卵菌症）を引き起こす．接合菌類に分類される菌は，魚類（淡水魚・海水魚）にイクチオホヌス症を引き起こす．子嚢菌類および担子菌類に原因する魚類の病気は知られていない．不完全菌類に起因する魚介類の病気は種々知られているが，一般的に大量死の原因となることは少ない．

　近年のAinsworth and Bisby's Dictionary of the Fungi（Hawksworth et al., 1995）の分類では，従来の菌界が原生動物界（Protozoa），クロミスタ界（Chromista）および菌界（Fungi）とに分割され，菌界に含められるものだけが真菌類であるとされている．魚介類の主たる真菌病の原因菌を包括している鞭毛菌類はクロミスタ界に含められていることから，従来の鞭毛菌類に原因する病気は，真菌病として扱えなくなる可能性もある．

　クロミスタ界は，卵菌類を含む生物の界の一つで，鞭毛の小毛が管状であること，葉緑体が2枚の葉緑体膜の外側にさらに2枚ある膜の合計4枚の膜に包まれていることを特徴とする生物群である（岩波生物学辞典（第4版），1996）．また，菌類の細胞壁は主にキチンで構成されているのに対して，クロミスタ界に含まれるものではセルロースからなる．菌類の新旧分類の概

第IV章　真菌病

略を表IV-1-1に示した.

表IV-1-1に示したように, 現在の菌類は子嚢菌類, 担子菌類, ツボカビ類, 接合菌類, 有糸分裂無性胞子形成菌類（従来の不完全菌類）に分類されている. 菌の分類に関しては, Ainsworth and Bisby's Dictionary of the Fungi だけではなく, 他の分類も提案されている（McLaughlin et al., 2001）. 現在, 諸説があるとみなせることから, 本書では, 従来魚介類の真菌病として扱われてきた病気について解説したい.

なお, 発生頻度の低い下記の病気については概説の中で略記するにとどめる. 日本における魚介類の真菌病に関しては, 畑井（1983, 1986, 1989, 1996, 1998a, b）を参考にされたい.

デルモシスチジウム症は, 魚類に発生する病気であるが, その病原体が真菌類に分類されるか否かは不明確であり, その生活史も分かっていない. これまでこの属はツボカビ類に分類されてきたが, 本属に14種知られる寄生体の中で, *Dermocystidium salmonis* は, 現在, 原生動物界, Neozao 亜界, Neomonada 門, Ichthyosporea 綱に含められてる（McLaughlin et al., 2001）. 日本では, *D. koi* と *D. anguillae* の2種の寄生例が知られているが, これら2種の新分類については検討されていない. 本症は *Dermocystidium* 属の菌が, 魚類の鰓および皮膚などに種々の形状をした栄養体を形成し, それぞれ特異な症状を引き起こす病気の総称である. 本属の特徴は, 栄養体内に球形の胞子が無数に含まれ, 各胞子内には核および球状封入体を各々1個有することである.

D. koi 罹病コイは春から初夏にかけてみられるが, 本症によりコイが死亡することはない（保科・佐原, 1950）. 罹病魚は眼, 鰭基部, 体側部, 腹部などの皮膚または筋肉内に菌糸状の栄養体を形成するために, 患部は外観的に発赤し, 隆起して見える. 栄養体は長さが10 cmを超えることもある. 胞子の径は平均 8.2 μm, 球状封入体の径は平均 4.5 μm である.

D. anguillae 罹病ウナギは最初ドイツで発見され, 新種として報告されたが（Spangenberg, 1975）, ヨーロッパウナギ稚魚を欧州から日本に輸入した際に病魚が持ち込まれた（畑井ら, 1979）. その後, 本症は欧州から数例報告され

表IV-1-1　菌類の分類（Dictionary of the Fungi）

7th editon（第7版）(1983)	8th editon（第8版）(1995)
FUNGI	PROTOZOA　原生動物界の菌類
Myxomycota	Acrasiomycota　アクラシス菌門
	Dictyosteliomycota　タマホコリカビ門
Eumycota	Myxomycota　粘菌門
Mastigomycotina	Plasmodiophoromycota　ネコブカビ門
Chytridiomycetes	
Hyphochytrimycetes	CHROMISTA　クロミスタ界を設ける菌類
Oomycetes	Hyphochytriomycota　サカゲツボカビ門
Zygomycotina	Labrynthulomycota　ラビリンツラ菌門
Ascomycotina	Oomycota　卵菌門
Basidiomycotina	
	FUNGI　菌類界として限定する菌類
Deuteromycotina	Ascomycota　子嚢菌門
	Basidiomycota　担子菌門
	Chytridiomycota　ツボカビ門
	Zygomycota　接合菌門
	Trichomycetes　トリコミケス綱
	Zygomycetes　接合菌綱
	Mitosporic fungi 不完全菌類

2. 水カビ病
(Water mold disease)

本病は卵菌綱，ミズカビ科に属する Saprolegnia, Achlya, Aphanomyces 属などの菌が魚類に感染することによって起こる病気の総称である．本病は外観的に綿毛状に菌糸塊（菌糸体という）が，鰓，鰭，体表などに寄生繁茂するのが特徴であるが，一般的にその外観から原因菌を特定することはできない．したがって，患部から寄生菌を分離・培養し，同定することによって初めてどの菌に原因する感染症であるのかが判明する．原因菌が判明した場合にはそれぞれの和名を用い，Saprolegnia 属の菌であればミズカビ病，Achlya 属の菌であればワタカビ病と呼ぶが，Aphanomyces 属には和名がないためにアファノマイセス病と呼ぶ．通常，養殖魚類の体表に菌が繁茂する水カビ病の場合，その原因菌の殆どは Saprolegnia 属の菌であるので，ミズカビ病と呼んでも差し支えがない．

観賞用の淡水性熱帯魚は，通常 25℃で飼育されるが，それらの魚類に発生する水カビ病は通常ワタカビ病またはアファノマイセス病であることが多く，ミズカビ病は少ない．

ミズカビ科に属する菌の分離・培養には下記に示すGY寒天培地が，またその同定・保存には麻の実培養法が常用されている．

 GY寒天培地
  ブドウ糖　　　　1.0％
  酵母エキス　　　0.25％
  寒天　　　　　　1.5％
 麻の実培養
  市販の麻の実を 30 分間煮沸し，殻を剥いだ後に，高圧滅菌したものを滅菌水道水に入れ，その表面に菌を繁殖させて培養する．

水カビ病は，外部寄生水カビ病と内部寄生水カビ病とに大別される．前者は魚体あるいは魚

ている（Gittino et al., 1981; Wooten and McVicar, 1982; Molnar and Sovenyi, 1984）．本症は 6～7 月頃に稀にヨーロッパウナギの幼稚魚に発生し，重篤な場合，罹病魚は死亡する．ニホンウナギでの発生は知られていない．罹病魚の鰓に栄養体が形成されるが，大型でその数が多い場合には鰓蓋が膨れあがり，衰弱して水面を浮遊する．栄養体はソーセージ形，西洋梨形，腎臓形など様々で，大きさは 0.6～1.5×1.6～41 mm である．通常 2～8 個の栄養体が 1 尾の鰓に形成される．胞子の径は通常 7.0～8.8 μm である．対策は，水温を約 30℃に上昇させる方法が有効である．

ブランキオマイセス症は，温水性淡水魚に発生する病気で，欧州ではコイ科魚類に古くから知られてきた（Neish and Hugh, 1980）．米国ではアメリカナマズ，アメリカウナギなどに発生した例が知られている（Khoo et al., 1998; Noga, 1996）．日本で本症が確認されたのは養殖ウナギからだけである（江草・大岩, 1972）．罹病ウナギの外観には異常が見られないが，重症魚は"鰓ぐされ"の状態にあるため食欲が低下し，鼻上げを呈し，窒息死することがある．本病は，ミズカビ目の菌であるとされる Branchiomyces sanguinis が鰓の毛細血管内で繁殖する病気である（Plehn, 1912）．原因菌は，菌糸の径が 8～30 μm，菌糸壁の厚さが約 0.2 μm，胞子の径が 5～9 μm である．本病は有機物の多い比較的富栄養化した養魚池で発生する傾向がある．したがって，本病を防除するためには注水などにより池水を清浄に保つことが肝要であり，池干し後，生石灰（15～20 g / m²）で消毒するとよい．なお，本属の菌には他に B. demigrans が知られている（Wundsch, 1930）が，本種の菌糸は鰓の毛細血管外へも伸長することができ，欧州のパイクやテンチ（Tinca tinca）に寄生する菌として知られている．

第Ⅳ章　真菌病

卵の表面に外観的に綿毛状に糸状菌が寄生繁茂する病気で，一般的に水カビ病と呼ばれているが，菌糸は通常体内にも伸長している．しかし水カビ病における外観症状はたとえ菌糸が魚体内に侵入することがあっても，体表に綿毛状に菌糸が発育することによって特徴づけられており，魚体上に顕著にカビ寄生が見られる場合は外部寄生水カビ病と呼ぶ．一方，後者の内部寄生水カビ病は，ミズカビ科に分類される菌が魚体外に伸長することなく，魚体内だけで発育する病気をいう．日本では本病に分類される病気としてサケ科魚類稚魚の内臓真菌症および養殖アユの真菌性肉芽腫症がある．

2-1　ミズカビ病
1）序

日本ではサケ科魚類に発生して問題となる．特に産卵期には本病が発生しやすいニジマスでは採卵後の親魚（雌）に，またヤマメやアマゴでは産卵期になると，まず雄に，続いて雌に発生する．後者の場合には多くの雄がミズカビ病で死亡するために採卵時に雌に授精する雄がいなくなることが問題となる（畑井，1983）．

ギンザケ養殖は急速に発展した産業であるが，その卵の多くは米国から輸入される．孵化稚魚は淡水養殖池で100〜200ｇになるまで飼育され，その後，海面で養殖される．しかし，

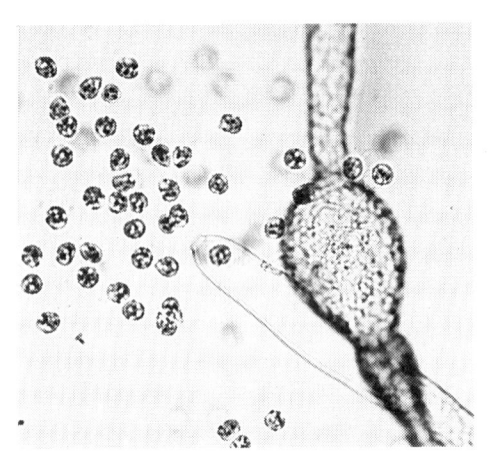

図Ⅳ-2-1　ミズカビの遊走子遊出様式．遊走子嚢内に形成された遊走子は頂口で休眠することなく水中に遊出する

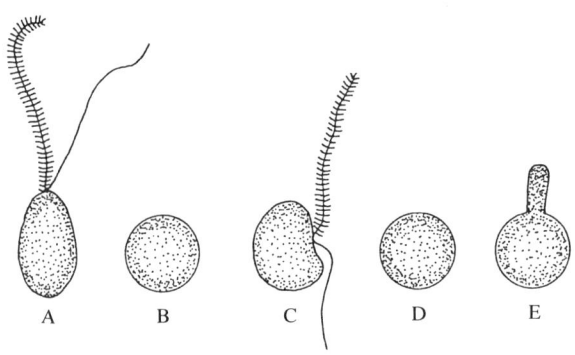

図Ⅳ-2-2　ミズカビの遊走子の形態
A：一次遊走子．鞭毛は頂生で尾型と羽型の二毛性を示す，B：一次休眠胞子，C：二次遊走子．鞭毛は側生を示す，D：二次休眠胞子，E：休眠胞子からの発芽

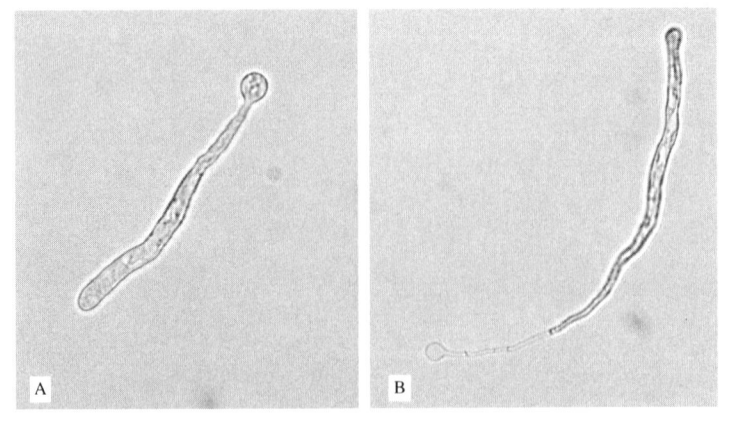

図Ⅳ-2-3　ミズカビの発芽様式
A：直接発芽（*Saprolegnia diclina*），B：間接発芽（*Saprolegnia parasitica*）

2. 水カビ病

淡水で飼育されている期間にミズカビ病が発生し，飼育養魚の半数以上がミズカビ病で死亡した例もある（Hatai and Hoshiai, 1992）．

本病は，また，コイやウナギなどの温水性魚類でも水温が低下する時期に発生する．サケ科魚類の受精卵は発眼卵となるまでに1～2週間を要するが，この間，死卵が発生するとそれらにミズカビ類が寄生繁茂し，放置すると生卵にまでミズカビ類が繁茂し，卵は死亡する．このため各孵化場では卵のミズカビ病対策は必須なものとなっている（Kitancharoen et al., 1997, 1998）．卵のミズカビ病はアユやワカサギなどの卵でも問題となっている．

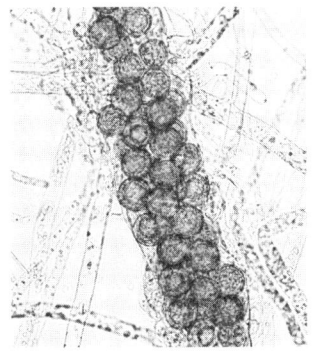

2）原　因

Saprolegnia parasitica の感染による．本種はミズカビ科に分類されるが，ミズカビ科の菌は，遊走子の産生様式（無性生殖）で属名が決定され（図Ⅳ-2-1），また，有性生殖器官の特徴から種名が決定される．ミズカビ属の遊走子は，菌糸の先端に形成される遊走子嚢から一次遊走子が水中に遊出し，短時間水中を遊泳した後，いったん休眠する（一次休眠胞子）．その後，二次遊走子が一次休眠胞子から遊出し，水中を遊泳して魚体に着生し，二次休眠胞子となる．やがて短時間で発芽を開始し，菌糸となる（図Ⅳ-2-2）．このような様式で繁殖する場合を無性生殖という．

本種は通常，有性生殖器官を産生しないため，遊走子の発芽様式などから *S. parasitica* に同定されることが多い．すなわち，ミズカビ属の菌が発芽する際，直接発芽または間接発芽により菌糸を伸長させる（図Ⅳ-2-3）．通常，サケ科魚類が生息する環境から分離されるミズカビ属の菌は，*S. parasitica* または *S. diclina* であり，前者が体表寄生菌（病原菌）として重要な種である．*S. parasitica* は，主に間接発芽，また *S. diclina* は直接発芽により菌糸を伸長させる（Yuasa et al., 1997）．また，それらの休眠胞子は，その表面に鉤状毛と呼ばれる構造を有し，病原菌である *S. parasitica* の場合にはその長さが0.7～4.5μmであるのに対して *S. diclina* では0.4～1.1μmと短い（図Ⅳ-2-4）（Hatai and Hoshiai, 1993）．したがって，前者の場合には，顕微鏡下で鉤状毛を針状の形状として観察することが可能である．これらの2点から両菌種を区別することが可能である．*S. parasitica* は稀に有性生殖器官を産生することがあるが，その際の造卵器の形状は不定形な長円形である（Yuasa and Hatai, 1995）（図Ⅳ-2-5）．ミズカビ属の菌は，多数の遊走子を産生するが，比較的短期間の培養でゲンマ（厚膜胞子）を形成することがある（Yuasa and Hatai, 1995）（図Ⅳ-2-6）．*S. parasitica* はゲンマを産生しやすい特徴も有する．

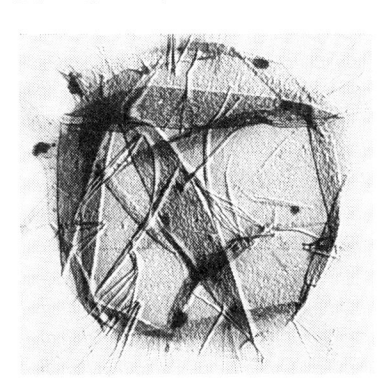

図Ⅳ-2-4　*Saprolegnia parasitica* の休眠胞子の表面構造．長い鉤状毛を有する

図Ⅳ-2-5　*Saprolegnia parasitica* の造卵器

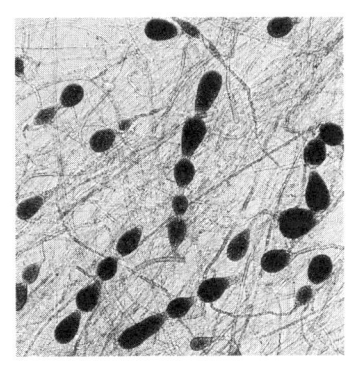

図Ⅳ-2-6　*Saprolegnia parasitica* の厚膜胞子（ゲンマ）

第Ⅳ章　真菌病

3）症状・病理

外観的に鰓や体表に菌糸体が綿毛状に繁殖しているように見える（図Ⅳ-2-7，口絵参照）．特に頭部，尾部などに寄生しやすく，鰓に寄生した場合，罹病魚は速やかに死亡することが多い．体表に菌が繁殖している場合，表皮が消失し，真皮が露出しており（図Ⅳ-2-8），そこで繁殖している菌は実際には躯幹深部にまで菌糸を伸長させている（図Ⅳ-2-9）．その結果，罹病魚体内の塩類は体外に漏出し，感染魚は浸透圧調節を行えなくなり死亡する．

4）診　　断

鰓または体表に綿毛状の菌糸体を確認すればよい．

5）対　　策

従来からミズカビ病の予防・治療剤としてマラカイトグリーンが使用されてきたが，今後その使用が禁止されるため，その代替品の開発が急務となっている．これまでに種々の薬品が試験されてきたが，マラカイトグリーンより優れた治療剤は見出されていない．サケ科魚類卵のミズカビ病に対しては，実用可能なものとして過酸化水素が有望であると考えられたが（Kitancharoen et al., 1997, 1998；山本ら，2001），使用濃度が 1,000 ppm と高濃度であること，ニジマス卵に対しては問題がないが，サケ卵では毒性が発現されることなどの問題がある．最近，欧州などで使用されているブロノポールが日本でも有効かどうか今後検討される予定である．

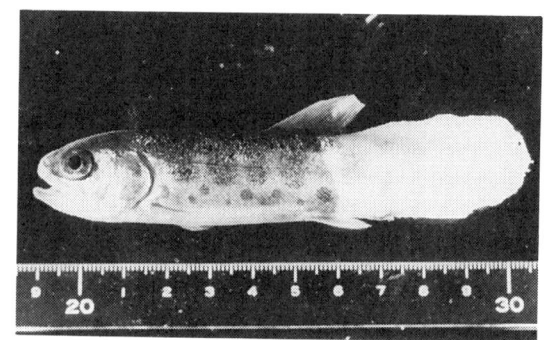

図Ⅳ-2-7　ミズカビ病罹病魚

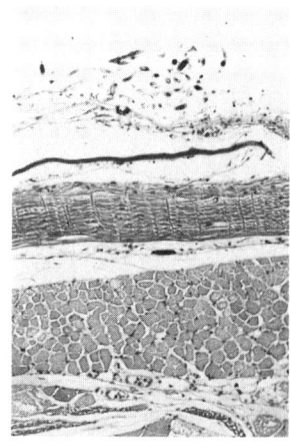

図Ⅳ-2-8　ミズカビ病罹病ギンザケの体表．表皮が消失し，真皮が露出している

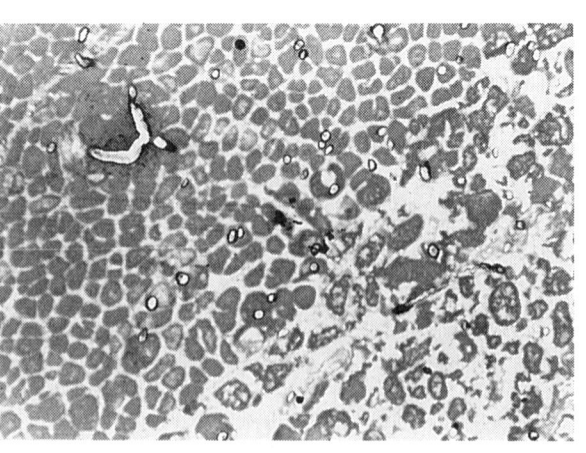

図Ⅳ-2-9　病魚筋肉内に伸長している菌糸．グロコット染色

2-2 サケ科魚類稚魚の内臓真菌症
1) 序

本症はサケ科魚類稚魚の体内でミズカビがその菌糸を体外に伸長させることなく発育することによっておこる病気で（時に不完全菌類が同時に同一個体に感染していることもある），内部寄生水カビ病に分類される．本症に類似した病気は，Davis and Lazar（1940）がニジマス稚魚に見出し，寄生カビを *Saprolegnia invaderis* と報告した．彼らの記載した症例は，ミズカビが胃内で発育を開始し，胃壁を貫通して体腔内に菌糸を伸長させることに起因するもので以下に述べる内臓真菌症と酷似している．彼らは分離されたミズカビを既知の *S. parasitica* と比較し，それとは異なることから *S. invaderis* と命名したが，その後，本種は *S. ferax* の異名とされた．しかし，通常本種がサケ科魚類から分離されることはないことからその同定結果には疑問がもたれる．日本では1974年に岐阜県で類似の病気が初めて観察され，その概要は田代ら（1977）により，またその原因菌については畑井・江草（1977）により報告された．本症はサケ科魚類の稚魚だけに見られるのが特徴である．

2) 原因

Saprolegnia diclina が主因で，稀に不完全菌または *S. parasitica* が分離されることもある．*S. diclina* は胃の幽門部で発育を開始した後，胃壁を貫通し，腹腔内で繁殖し，続いて各臓器内に菌糸を伸長させる．そして最終的には体全体が菌糸で被い尽くされてしまう病気である．本種は，麻の実培養により約1週間で有性生殖器官を形成するが，その特徴は造卵器が球形で，卵胞子の内部構造が中心位型であり，また造精枝の起源がディクリナス型を示すことである（図Ⅳ-2-10）．卵胞子の内部構造および造精枝の起源はミズカビ科に分類される菌の同定上重要な特徴である（図Ⅳ-2-11，Ⅳ-2-12）．

稀に菌糸が細く，隔壁を有する不完全菌に起因する内臓真菌症が観察される．この場合，菌は胃の噴門部が初期感染部位で，菌糸は鰓，腎臓，肝臓などに伸長して発育する場合と，鰾が初期感染部位でそこから他に拡がる場合とがある（畑井・江草，1977；宮崎ら，1977）．不完全菌の同定はなされていない．

本症の発生は，まず胃内で餌が滞留する障害が起こり，その間に休眠胞子が発芽し，菌糸を伸長させることに起因する病気であると考えられる．したがって，本症は体表に寄生する *S.*

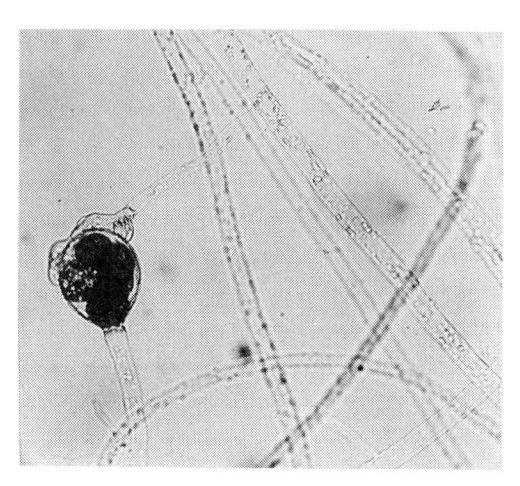

図Ⅳ-2-10 *S. diclina* の造卵器．造精枝の起源がディクリナスを示す

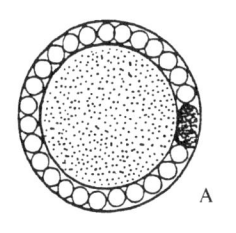

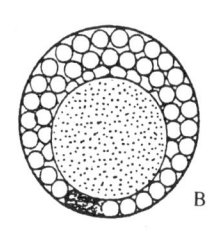

図Ⅳ-2-11 卵胞子の内部構造
A：中心位型（centric），B：亜中心位型（subcentric）

第Ⅳ章　真菌病

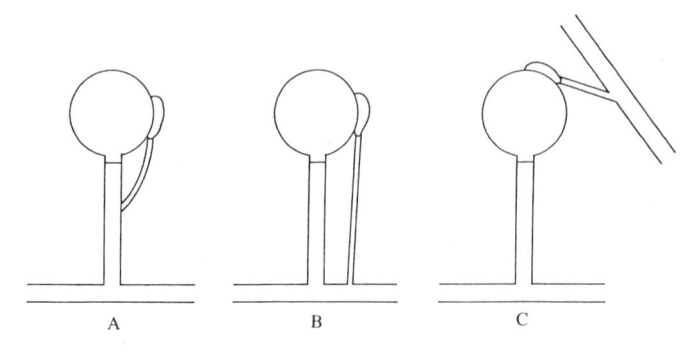

図Ⅳ-2-12　ミズカビ類の有性生殖器官（造精枝の起源）の特徴
A：アンドロギナス型（androgynous），B：モノクリナス型（monoclinous），C：ディクリナス型（diclinous）．

図Ⅳ-2-13　病魚の概観

parasitica（通常水中には少ない）が原因菌とはならず，水中に多数存在する非病原性の *S. diclina* が胃内で繁殖する病気であると判断される．

3）症　　状

病魚は遊泳が不活発となり群から離れ，池底で横転したり排水部に押し流されたりしてやがて死亡する．症状が進んだ病魚は全体的に褪色しており，腹部全体または胃部が膨脹している（図Ⅳ-2-13）．腹腔内では真菌の発育が顕著であり，腹腔壁と臓器が菌糸によって縫合されたようになっていることも少なくない．

4）疫　　学

本症は，ニジマス，ヤマメおよびアマゴなどのサケ科魚類の稚魚に発生する．その発生は，餌付後 1～2 週齢の 0.15～0.3 g 程度の稚魚に見られ，発生から終息までの期間は 20 日間，死亡率は通常 10～20％ である（田代ら，1977）．

5）診　　断

本症の診断は臓器の圧扁標本中に多量の無隔の菌糸を確認することで容易になされる．

6）対　　策

いったん発病した個体に対しては治療法がない．本症の発生時期は限定されているので，その期間，稚魚槽内の感染源となる遊走子を殺滅させることで，発生を防除する．稚魚槽内に残餌があると，そこに *S. diclina* が繁殖し，水中に多量の遊走子を遊出させるので，残餌がないような飼育環境を常に維持することが肝要である．

3. 真菌性肉芽腫症
（Mycotic granulomatosis）

1）序

真菌性肉芽腫症（mycotic granulomatosis；MG）は，アファノマイセス属（*Aphanomyces*）の菌が主に温水性淡水魚の筋肉内で繁殖し，肉芽腫を形成することを特徴とする病気である．本症は内部寄生水カビ病に分類される．

本症は，1971年に大分県の養殖アユで最初に発見されたが（江草・益田，1971），その後，

3. 真菌性肉芽腫症

キンギョ，フナ，ブルーギル，カムルチー，チチブ，ボラなどの魚にも発生が確認された（畑井，1983）．また，本症は，東南アジアから日本に輸入されている観賞魚の一種，ドワーフグラミーにも確認されているが，この場合には魚体が3～4cmと小型であるためか，内臓にも肉芽腫が形成される（Hatai et al., 1994）．本症は東南アジアの各種の淡水魚類で問題となっている流行性潰瘍症候群（epizootic ulcerative syndrome；EUS）と同一の病気で，また，オーストラリアの淡水魚で知られる赤点病（red spot disease；RSD），あるいは米国のメンハーデン（汽水魚）で知られる潰瘍性真菌症（ulcerative mycosis；UM）とも同一の病気である（Blazer et al., 2002; Lilley and Roberts, 1997; Lilley et al., 1997）．

2）原　因

Aphanomyces invadans（=*A. piscicida*）の感染による（畑井, 1980; Lilley et al., 1998）．本菌は日本で初め発見され，*A. piscicida* と命名されたことから，日本では piscicida なる種名が用いられてきた．本菌の遊走子嚢は，その基底部に隔壁が認められず，その形状は単純で同径または先細であり，長さは通常20～40μmである．遊走子は球形で，その径は通常8～9μmで遊走子嚢内に一列に形成され，遊出する際に頂口で一次休眠胞子となるアクリア型を呈する（図Ⅳ-3-1）．有性生殖器官は見られない．本菌の発育適温は15～30℃で，pH は5～9で

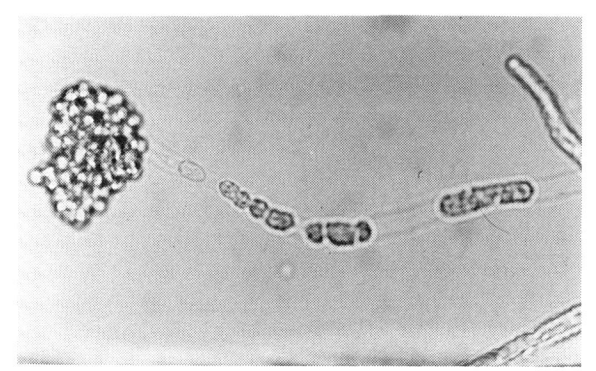

図Ⅳ-3-1　*Aphanomyces piscicida* の遊走子の産生様式

図Ⅳ-3-2　体表の膨隆幹部．周囲に出血斑が見られる

図Ⅳ-3-3　肉芽種が水中に脱落し潰瘍が形成される

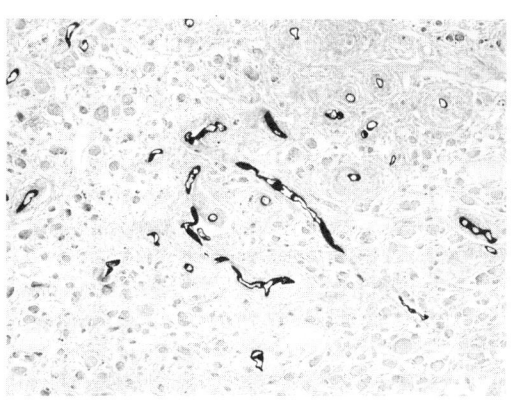

図Ⅳ-3-4　病理組織標本．アユの筋肉内に形成された多数の肉芽種

ある（畑井, 1980）．原因菌の分離培養にはGY寒天培地を用いる．

3）症状・病理

本症の初期の外観症状は体表に生じる出血点であり，やがてその部位が腫れ，その周辺に出血斑が現れる（図Ⅳ-3-2）．最終的に，筋肉患部内に形成された肉芽腫は皮膚が崩壊し，水中に脱落する．このため患部には潰瘍が形成される（図Ⅳ-3-3）．しかし，養殖アユでは通常，潰瘍が形成されないうちに死亡することが多い．

病理組織学的には筋肉内に進入した菌糸は類上皮細胞で囲まれ，肉芽腫を形成することが特徴である（Hatai et al., 1994；宮崎・江草, 1972a, b）（図Ⅳ-3-4）．本症の病名の由来はこの病理組織学的特徴によっている．

4）疫　学

本症は1971年に大分県下のアユ養殖場で初めて見出され，その後，1972年にかけて宮崎，徳島，滋賀，長野，栃木，東京などの各都県のアユ養殖場で発生して少なからぬ被害を与え，その後，他魚種にも蔓延した．地域によっては現在でもアユ養殖場で発生して問題となっている．本症は，1972年にオーストラリアで，1975～76年には東南アジアで，また1986年には米国で発生が確認された．日本では水温が25℃に上昇する夏に発生し，東南アジアでは雨季などの水温が25℃に低下する季節に発生する（Lilley et al., 1998）．

A. invadans に対してブルーギル，フナおよびキンギョは同程度の感受性を，またタイリクバナタバゴは極めて高い感受性を，逆にウナギ，ドジョウ，ナマズおよびコイはまったく感受性を示さないことが実験的に確かめられている（畑井, 1980）．外国ではテラピアが本菌に感受性を示さないことが知られている．コイの血液中には本菌を殺菌する物質がキンギョよりも多くふくまれていることが分かっている（Kurata et al., 2000）．また，感染実験を行い，病理組織学的に局所を観察すると，コイでは強い炎症反応を示し，比較的短期間に，菌糸を排除する現象が確認されている（Wada et al., 1996）．これらのことが，コイでは本症の発生がない原因ではないかと考えられる．

5）診　断

病患部を圧扁して，その中に隔壁のない菌糸が多数繁殖していること（図Ⅳ-3-5），病理組織学的に肉芽腫が形成されていることを確認する．菌学的には原因真菌を純培養し，その菌をGY液体培地に接種し，25℃で3日間培養する．それを滅菌水道水に移し変えると，24～30時間後に遊走子が産生される．その際，前述の記載が確認されればよい．最近では，PCR法による迅速診断も確立されている（Phadee et al., 2004）．

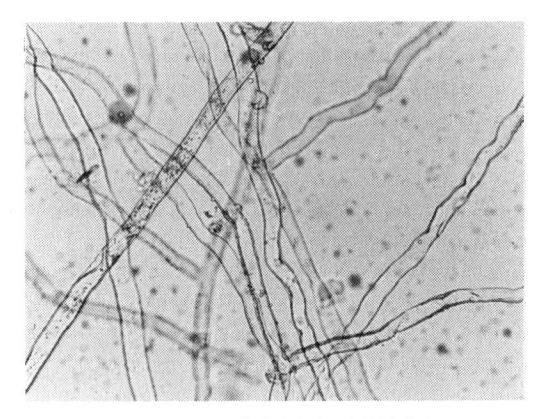

図Ⅳ-3-5　アユ筋肉患部内の無隔な菌糸

6）対　策

現在のところ有効な予防・治療法は知られていない．

4. イクチオホヌス症
（Ichthyophonosis）

1）序

本症は少なくとも80種類以上の淡水魚，汽水魚および海産魚の重要な真菌症の一つで，その病原体は宿主の種々の臓器，筋肉などに寄生する．欧州ではニジマスで古くから知られ（Amlacher, 1970；Reichenbach-Klinke and Elkan, 1965），米国でも太平洋沿岸の養鱒場で発生が知られている（Rucker and Gustafson, 1953）．また最近でも，種々の海産魚から本症の発生が報告されており，宿主範囲は広い（Athanassopoulou, 1992; Rand, 1992; Rahimian, 1998）．特に天然のニシンでの感染例はよく知られている（Patterson, 1996; Kocan et al., 1999）．日本では1965年に北海道の養鱒場で発生したのが最初で（小野ら，1966），その後，重要なニジマスの病気となった（宮崎・窪田，1977a, b）．これは初期のニジマス養殖では餌に海産魚が使用されていたことが原因と考えられている．本症は，ブリ幼魚などにも発生し，問題となることがある（簡ら，1979）．

2）原因

原因菌は *Ichthyophonus*（＝*Ichthyosporidium*）*hoferi* である．本種の分類上の位置は明確ではなく，これまで接合菌類のハエカビ目に含められてきた（Sproston, 1944）．原因菌は過去の報告の中で *Ichthyosporidium hoferi* として記載されたこともあったが，*Ichthyosporidium* 属は本来原生動物に対して与えられた属名であり，菌の属名として用いるのは正しくないとされた．しかし，本菌の分類上の位置が系統分類学的に検討された結果，最近では，本菌は真菌と原生動物の境界に位置する生物であると位置付けられ（Ragan et al., 1996; Spanggaard et al., 1996; Benny and O'Donnell, 2000），分類学的には原生動物のイクチオスポア目，イクチオホヌス科に含める提案がなされている（McLaughlin et al., 2001; Kirk et al., 2001）．また，本菌は1属1種とされてきたが，最近，Rand et al.（2000）は，カナダの yellowtail flounder に見出された菌が，これまでの菌とは形状や発育が若干異なり，また，系統分類学的に *I. hoferi* とは若干異なることから新種であると判断し，*I. irregularis* と命名した．

魚体内での菌の繁殖様式は罹病魚の病理組織切片から明らかにされている（図IV-4-1）．宮崎・窪田（1977c）は，その生活史を発育期，前発芽期，発芽・糸状体期および繁殖期の4段階に類別している．発育期は2個の核と薄い細胞壁をもつ2核体の糸状体胞子が核の直接分裂によって核数を増し，細胞壁が肥厚しながら大きくなり数が数10～100位の核をもつ多核球状体に発育する段階である．この時点で多核球状体の大きさはニジマス稚魚期の病魚において直径20～125μm，当歳魚の病魚で40～140μm程度となる．前発芽期はある大きさに発育した多核球状が発芽のための準備をする期間で，核数の増加，細胞質の増量など細胞体の質的な変化が起こる．次いで原形質が偽足状に変化する，細胞体の形態的変化が起こるのが特徴で，原形質膜は元の細胞壁の内面から分離する

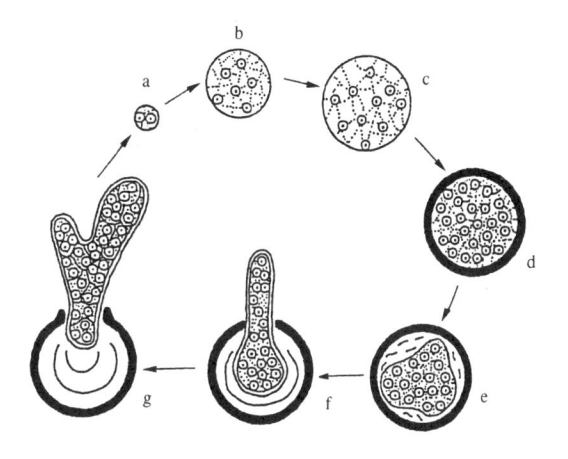

図IV-4-1　魚体内での *Ichthyophonus hoferi* の繁殖様式
a：糸状体胞子，b, c, d：多核球状体，e：細胞壁からの原形質の遊離，f：発芽，g：菌糸様の糸状体形成

第Ⅳ章　真菌病

とともにその原形質膜の表面には新しく薄い細胞壁が分泌され，細胞壁が著しく肥厚する段階である．発芽および糸状体期は細胞体が元の細胞壁の一部を突き破り，新しく形成された薄い細胞壁に包まれた状態で発芽し，さらに発芽した細胞体が原形質膜の周囲に薄い細胞壁を分泌しながら連続的に伸長し，時には分枝し，無隔の不規則な太さをもつ菌糸様の糸状体となり，この糸状体の伸長とともに細胞体が糸状体内に移動し，球状体が中空になるまでの段階である．繁殖期は糸状体内で細胞体が分裂し，通常2個から10個の核をもち，薄い細胞壁で囲まれた糸状体胞子を形成し，これらの糸状体胞子が糸状体先端の破裂，または糸状体全体の崩壊によって組織内に放出される段階である．

菌の培養は容易で，MEM-10に患部の一部を接種し，20℃またはそれ以下で培養する．培地中における菌の繁殖形態はpHによって異なり，pH 3〜5では球状体として，またpH 7〜9では糸状体を形成して繁殖する（Okamoto et al., 1985）．

3）症状・病理

ニジマス稚魚では外観的に体色黒化および"やせ"を呈する（宮崎・窪田，1977a）．また腹部に黒点が発現することもある．大型のニジマスでは腹部に朱点が発現されることもあり，また，重症魚では腹水の貯留と腎臓の腫大によって腹部膨満（図Ⅳ-4-2）を呈することが多い（宮崎・窪田，1977b）．さらに眼球突出や脊椎湾曲がみられることもある．病魚は貧血状態にあり，選別作業などのストレスが加わると死亡する．剖検では心臓，肝臓（図Ⅳ-4-3），脾臓，腎臓（図Ⅳ-4-4），腸管表面に白点または結節

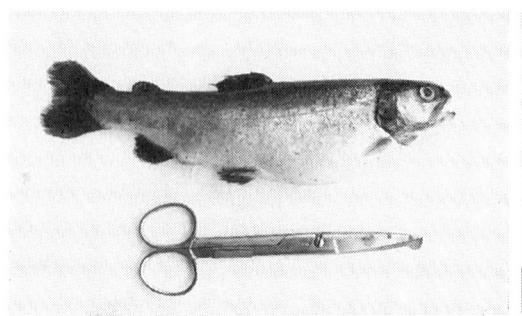

図Ⅳ-4-2　腹部膨満を呈する罹病ニジマス

図Ⅳ-4-3　肝臓と脾臓に形成された結節

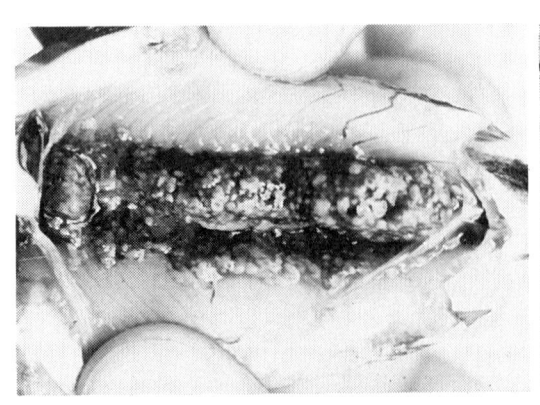

図Ⅳ-4-4　腎臓に形成された粟粒状結節

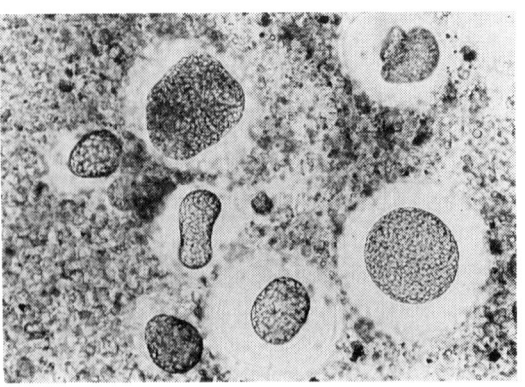

図Ⅳ-4-5　腎臓の圧扁標本中の多核球状体

が認められる．病理組織学的にみると，感染源である多核球状体が経口的に魚に摂取されると，胃の粘膜上皮で発芽し，伸長した糸状体が粘膜上皮内に侵入し，そこで糸状体胞子を産生する．この胞子は血行を介して，感染局所に運ばれ，図Ⅳ-4-1に示した繁殖様式で新たな胞子を多数産生し，患部を形成する．すなわち，本症は経胃感染であり，したがって，本症は無胃魚には発生しない．寄生体は全身感染しており，感染病巣には繁殖性炎と肉芽腫性炎とが見られる（宮崎・窪田，1977a, b, c；簡ら，1979）．

4）疫　学

感染源は多核球状体（図Ⅳ-4-5）で，ニジマスの場合には周年見られる慢性的な病気であるが，ブリの場合には7月頃に幼魚に発生することがあるが，水温が20℃を超えると自然終息する．これは原因菌の発育適温が20℃以下であり，それ以上の温度では発育できなることによる．ニジマスでは糞とともに多核球状体が水中に排泄され，それが摂餌の時に経口的に魚に摂取されることで感染が起こる．一方，ブリではイクチオホヌス症に感染した魚を鮮魚の状態で摂取すると感染が起こる．

5）診　断

各臓器（特に腎臓）の圧扁標本中に多核球状体が存在するか否かを確認する．

6）対　策

本症の有効な治療方法は知られていないので，一旦病気が発生した場合には感染源となる多核球状体を排出する病魚・死魚の除去を励行し，また池干しの実施などの方法により蔓延防止を心がける．

5. オクロコニス症
（Ochroconis infection）

1）序

魚類の本症原因菌には，*Ochroconis tshawytschae* と *O. humicola* の2種類が知られているが，それらに起因する病気の初発例のいずれもが米国のサケ科魚類から報告された．すなわち，*O. tshawytschae* はマスノスケから最初，*Heterosporium tshawytschae* として報告され（Doty and Slater, 1946），その後 *Scolecobasidium* 属に移された（McGinnis and Ajello, 1974）後に *Ochroconis* 属に移された（Kirilenko and All-Achmed, 1977）．一方，*O. humicola* はギンザケから最初，*Scolecobasidium humicola* として報告された（Ross and Yasutake, 1973）．その後，*O. humicola* に起因する真菌病は，ニジマスからも報告された（Ajello *et al.*, 1977）．日本では，*O. tshawytschae* に類似した菌（*Ochroconis* sp.）による重篤な病気がヤマメに発生した例があり（Hatai and Kubota, 1989），また *O. humicola* に原因する真菌病はシマアジ，マダイ，カサゴおよびオニオコゼなどの海産稚魚に散見される（Wada *et al.*, 1995）．

2）原　因

原因菌は"黒色真菌"に分類され，3隔壁4細胞性の分生子を産生する *Ochroconis tshawytschae* と，1隔壁2細胞性の分生子を産生する *O. humicola* との2種類が知られている．分生子の形状はいずれの種も卵形または円筒形である（図Ⅳ-5-1）．これらの菌の培地上での集落は茶褐色から黒褐色を呈し，また分生子は，シンポジオ型に形成される分生子形成細胞先端の小歯上に産生される（図Ⅳ-5-2）．前者の菌に原因する真菌病は日本では知られていない．

第Ⅳ章 真菌病

3）症状・病理

ヤマメに発生した *Ochroconis* sp. に起因する症例では，体表の潰瘍形成や腹水貯留を伴う腹部膨満が見られ，剖検では腎臓が著しく腫大しているのが特徴であった（図Ⅳ-5-3）．病魚の腎臓内には茶褐色の菌糸が繁殖しており，病理組織学的には巨大肉芽腫が形成されており，その内部には菌糸が認められた．*O. humicola* に起因する真菌病が海産稚魚に発生した場合，外観的には背鰭基部または体側部などに潰瘍が形成される程度である（図Ⅳ-5-4）が，稚魚の筋肉部また腎臓などには菌糸の発育が認められる．

4）疫　学

Ochroconis sp. を原因とするヤマメの病気は熊本県で1回確認されただけであったが，100％近い死亡率であった．一方，*O. humicola* を原因とする病気は西日本各地の種苗生産場または沖出し後の海産稚魚に散見されるが，死亡率は低い．本菌種は，アコヤガイや水族館で飼育されている海産魚からも分離されることがある．本来は淡水または陸上の土壌中に生息している菌が海産生物に病害を与える理由は明確にされていない．

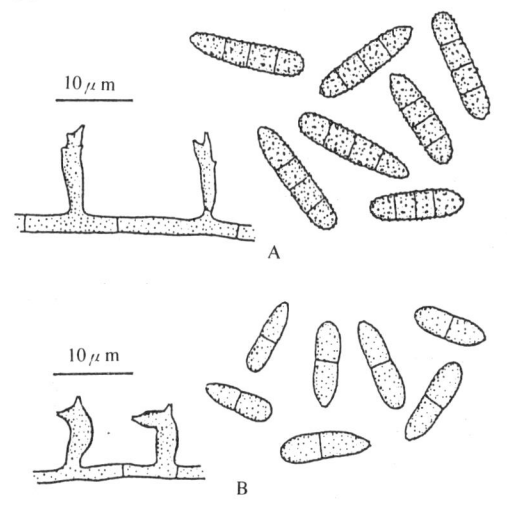

図Ⅳ-5-1　オクロコニス属菌の分生子形成細胞および分生子の形状
　A：*Ochroconis tshawytschae*
　B：*Ochroconis humicola*

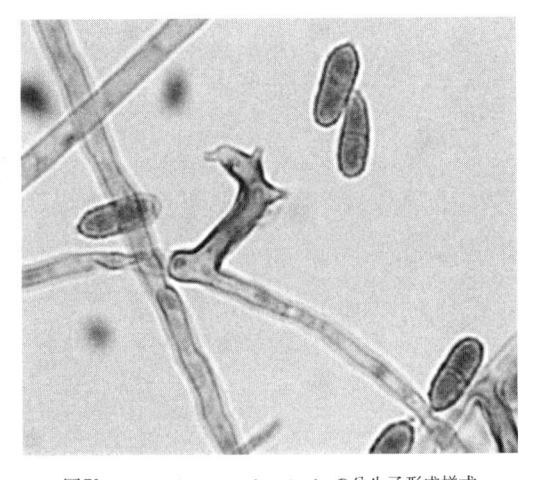

図Ⅳ-5-2　*Ochroconis humicola* の分生子形成様式

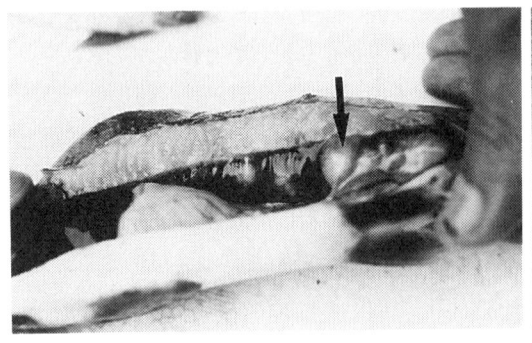

図Ⅳ-5-3　罹病ヤマメの腎臓（矢印）

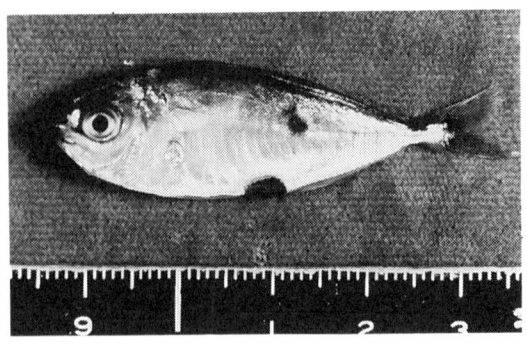

図Ⅳ-5-4　罹病シマアジ稚魚の概観

5) 診　断

病患部の圧扁標本中に多数の無隔壁で，淡褐色の細い菌糸が認められれば"黒色真菌"に原因する真菌病であると診断される．ただし，他の菌（*Exophiala* spp., *Scytalidium infestans*, *Fusarium solani* など）による真菌病も海産魚に確認されているので，原因菌の同定については分離・培養を行い検査する必要がある．

6) 対　策

有効な対策は分かっていない．罹病魚は発見次第取り除き，蔓延を防ぐことが肝要である．死因は，体表に潰瘍が形成されるため，浸透圧調節が不全に陥るためと思われる．体表の傷などが一次原因と思われるので，稚魚の取り扱いを丁寧に行うことが肝要である．また，潰瘍が形成された患部には細菌の感染が起こることも考えられるので，発生頻度が高い場合には薬浴により患部を殺菌消毒するとよい．

6. 甲殻類の真菌病
（Fungal diseases in crustacean）

甲殻類の成体および幼生には種々の真菌病が知られている．その種類は細菌病と比較しても決して少なくない．しかし，一部のものを除いて詳細に報告されないことが多い．これは世界的に見て真菌病の専門家が少ないことに起因している．しかしながら，甲殻類の種苗生産および養殖は今後日本のみならず世界的に盛んになることが予想され，それにつれて真菌病による被害も増えてくると思われる．

日本では鞭毛菌類，クサリフクロカビ目（Lagenidiales）に分類される *Lagenidium*, *Haliphthoros*, *Halocrusticida* および *Atkinsiella* 属などに分類される菌による卵菌症が種々の甲殻類に知られている．これら原因菌の特徴は宿主内でのみ発育する組織内寄生菌であること，また遊走子産生時に放出管を宿主外に伸長させ，そこから遊走子を水中に遊出させること，有性生殖器官を形成しないことなどである．したがって，基本的に遊走子の産生様式により属の分類が行われる．これらの菌に起因する真菌病は特に種苗生産時の幼生に発生しやすく，種苗生産場での大きな問題となっているが，その対策は今後の課題である．卵菌症は種々の海産動物に見られ（Hatai, 1989），甲殻類だけではなくアワビなどの軟体動物，初期餌料として重要なワムシやアルテミアなどからも分離されている（Nakamura and Hatai, 1995a, b）．なお，アワビ類の場合には，塩素剤を有効塩素量として 10 ppm の濃度となるように海水に添加する方法が有効である．

子嚢菌類に分類される *Trichomaris invadens* に起因するトリコマリス症が日本近海で漁獲されるズワイガニやベニズワイガニに知られている．罹病カニの外観は寄生菌の褐色の子嚢殻で被い尽くされるために黒色を呈する．脱皮の度にかなりの寄生菌は除去されると思われるが，病理組織学的検査の結果，心臓で菌が繁殖している例もあったことから本菌の感染が死亡原因になることも少なくないと思われる．本症は最初，アラスカ海域に生息するズワイガニから報告されたが（Hibbits *et al.*, 1981; Porter, 1982），その後もズワイガニの仲間にだけ認められている．

一方，不完全菌類では，*Fusarium* spp. に起因するフサリウム症が養殖クルマエビに大きな被害をもたらすことがある．

6-1 卵菌症
1) 序

甲殻類の種苗生産は，クルマエビ，ガザミなどを始めとして，多くの種類で試みられているが，それらの幼生に一旦卵菌症が発生すると，感染宿主は壊滅的な被害を被ることが多い（畑井，1998a, b）．本症は幼生だけではなく，卵および成体にも感染する．原因菌はすべて下等

第Ⅳ章　真菌病

菌類であるクサリフクロカビ目（鞭毛菌類，卵菌類）に分類される．原因菌は，全実性の組織内寄生菌で（図Ⅳ-6-1），側生型の 2 鞭毛を有する遊走子を産生する菌で，有性生殖器官を形成しない．このため原因菌の分類・同定は無性生殖の様式，特に遊走子囊の形状および遊走子の遊出様式などに基づいて行われる．

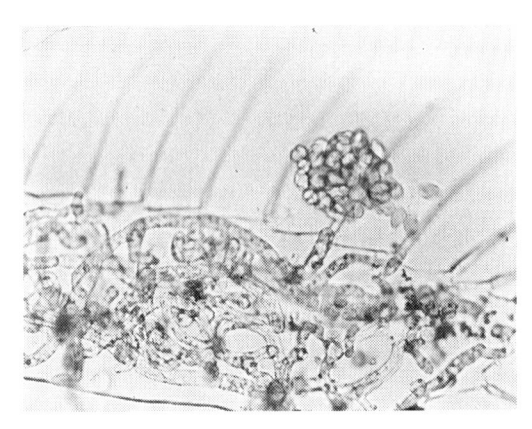

図Ⅳ-6-1　菌は宿主体内で繁殖し，遊走子を産生する時にだけ放出管を対外に伸長させる

卵菌類の分離・培養には下記に示すPYGS 寒天培地が常用されている．

　　PYGS 寒天培地
　　　ペプトン　　　　　　　　1.25 g
　　　酵母エキス　　　　　　　1.25 g
　　　ブドウ糖　　　　　　　　3.0 g
　　　海水（人工海水も可）1,000 ml
　　　寒天　　　　　　　　　　12〜14 g

分離は菌の感染が見られる幼生をPYGS 寒天培地の中央に接種し，細菌の繁殖を抑制するためにペニシリンとストレプトマイシンの微量を接種部に散布した後に 25℃で培養する．通常数日以内に菌の発育がみられるので，その集落の辺縁部を切り取り，新たな PYGS 寒天培地に植え替える方法で分離菌を得る．

同定は，まず PYGS 液体培地に菌を接種し，25℃で 4〜7日間培養して菌糸体を得る．これを滅菌海水で数回洗浄し，培地成分を落とした後に滅菌海水中に収容する．遊走子は通常 24 時間以内に産生され，水中に遊出するので，この時に菌糸，遊走子囊と放出管の形状，遊走子の産生・遊出様式，遊走子の形状，発芽様式などを観察して同定を試みる．

2）原　　因

Lagenidium, *Haliphthoros*, *Halocrusticida* および *Atkinsiella* 属などの菌が原因菌となるが，宿主に感染している時は菌糸しか形成せず，このために分離・培養を試みない限り同定することはできない．

Lagenidium 属菌の特徴は，遊走子産生時に放出管の先端に小囊（vesicle）を形成し，その内部に遊走子を形成することである（図Ⅳ-6-2）．これまでに，*L. myophilum*, *L. callinectes*, *L. thermophilum* などの種が報告されている（Hatai and O. Lawhavinit, 1988; Nakamura and Hatai, 1995a; Nakamura *et al.*, 1995）．

Haliphthoros 属菌の特徴は，菌糸の原形質が集合し，種々の形状のフラグメント（fragment）を形成することで，やがてそのフラグメントから放出管が伸長し，それらの内部で遊走子が産生され，放出管の先端から遊走子が遊出することである（図Ⅳ-6-3）．これまでに *H. milfordensis* などの種が報告されている（Nakamura and Hatai, 1995a; Hatai *et al.*, 1992）．

Halocrusticida 属菌の特徴は，栄養体が菌糸状とならず囊状となることで，このため集落が大きくなることはない．また放出管は遊走子囊から複数本形成され，しかも放出管が分枝することもある（図Ⅳ-6-4）．さらに遊走子囊となるゲンマを形成する種もある．本属の菌は，最初，*Atkinsiella* 属の菌として報告された．しかし，*Atkinsiella* 属の基準種である *Atkinsiella dubia* とは多くの点で異なることが判明したことから，*A. dubia* 以外の *Atkinsiella* 属菌はすべて新属 *Halocrusticida* に移された（Nakamura and Hatai, 1995b）．これまでに *H. parasitica*, *H. okinawaensis*, *H. panulirata* が分離されており（Nakamura and Hatai, 1994; Nakamura and

Hatai, 1995a; Kitancharoen and Hatai, 1995），また甲殻類ではないが，アワビから *H. awabi* が分離されている（Kitancharoen *et al.*, 1994）.

Atkinsiella 属菌は1属1種であり，*A. dubia* しか知られていない．本菌は透明感のある特徴ある集落（球根状の栄養体の集合体）を形成し（図Ⅳ-6-5)，ガラス様の表面構造を有する球根状の栄養体は遊走子囊となる．また，本菌は，遊走子囊内で形成された遊走子が遊走子囊内で一旦休眠し，この休眠胞子から遊出した遊走子が放出管を通って遊出するのを特徴とする．

3）症状・病理

本菌は組織内寄生菌であるため，卵および幼生に感染した場合には菌糸がそれらの表面で繁殖することはない．顕微鏡下で観察すると，菌糸状のものが外部に伸長しているように見えるものは，放出管である．幼生の場合には菌が繁殖している部位が白濁して見えることがある．成体に発症した場合，通常患部は鰓であり，鰓黒症状を呈することが多い．また筋肉内に感染することもあり，その場合には筋肉が白濁して見える．

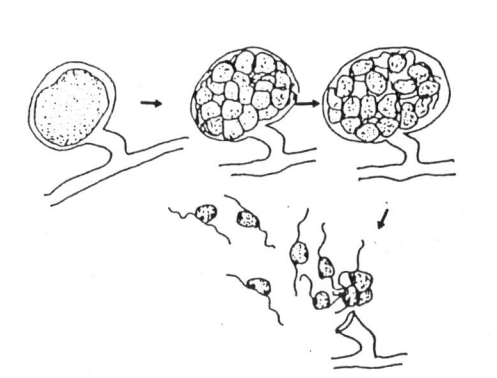

図Ⅳ-6-2 *Lagenidium* 属菌の遊走子産生様式．放出管の先端に小囊が形成され，その内部に遊走子が産生される

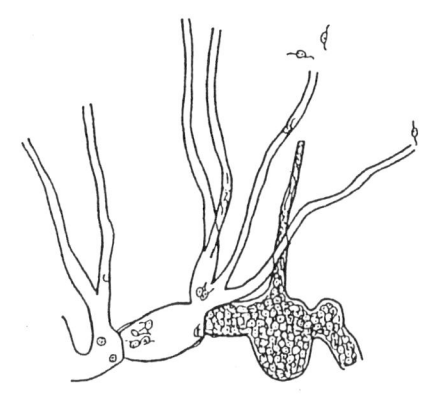

図Ⅳ-6-4 *Halocrusticida* 属菌の遊走子産生様式．放出管が遊走子囊から複数本形成され，しかも放出管が分岐することもある

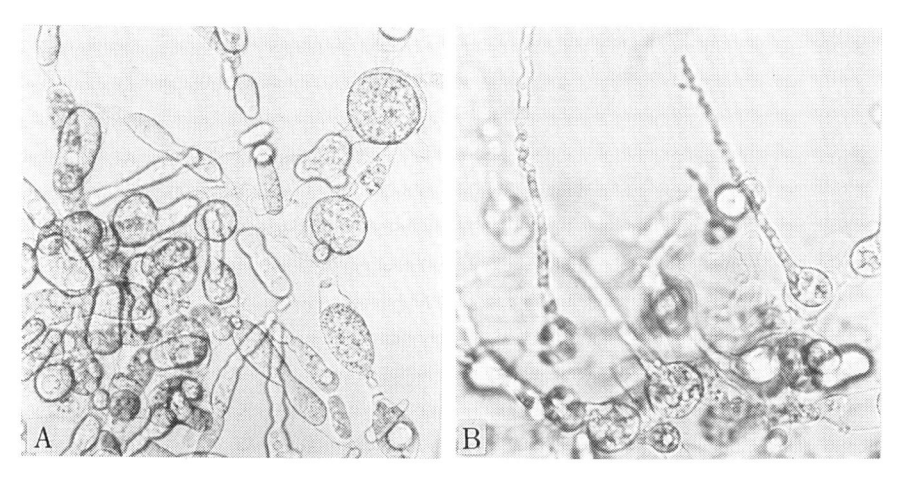

図Ⅳ-6-3 *Haliphthoros* 属菌のフラグメント形成（A）およびフラグメントからの放出管伸長（B）

第Ⅳ章　真菌病

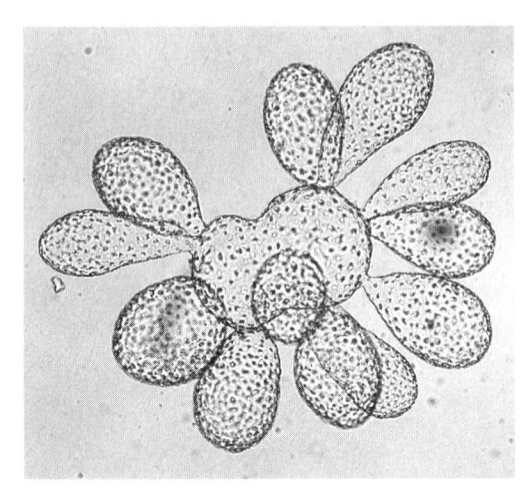

図Ⅳ-6-5　*Atkinsiella* 属菌のガラス様の表面構造を示す集落

4）疫　学

　日本において，甲殻類の種苗生産場で問題となることが多いが，クサリフクロカビ目の菌は藻類，アワビなどの軟体動物，ワムシ，アルテミアなどにも感染することが分かっており，宿主範囲が広いといえる．しかし，通常それらの菌がどのような場に生息しているのかは分かっていない．種苗生産場で一旦卵菌症が発生すると，孵化した幼生は全滅することも少なくない．*Haliphthoros* 属菌は広範囲な水温下で，また *Lagenidium* および *Halocrusticida* 属菌は高水温下で繁殖しやすい傾向がある．

5）診　断

　無隔壁で太い菌糸が宿主内に存在するのを顕微鏡下で確認する．属および種の同定は分離・培養しなければ特定できない．

6）対　策

　種苗生産場に感染個体を搬入しないことが重要である．仮に導入したとしても，その個体から遊出する遊走子が幼生に感染しない措置を施すことが対策上必要となる．前者については，親の鰓や筋肉が黒色を呈していないこと，筋肉に白斑状の患部が見られないこと，また抱卵している場合には死卵が存在しないかどうかを確認する．後者の場合には，対象生物によって対策が異なる．ガザミ類の場合，孵化槽にホルマリンを 25 ppm の濃度となるように添加することで，孵化槽内での孵化幼生への感染を防ぐことが行われたが（加治ら，1991；浜崎・畑井，1993, 1994），現在，本方法は制限されている．また pH 9.25 の飼育水で孵化幼生を飼育すると，幼生は菌の感染を受けないことが実証されている（安信ら，1997）．しかし，この方法はアルカリ水では溶けてしまうヨシエビ幼生などには適応できない．

6-2　フサリウム症
1）序

　甲殻類のフサリウム症は1972 年に日本の養殖クルマエビで報告されてから（Egusa and Ueda, 1972），多くの国々から報告されるようになった（Hatai, 1989）．特徴的病徴は鰓が黒色を呈することで，鰓黒病とも呼ばれてきた．しかし，鰓が黒化する現象はフサリウム症だけではなく，水質の悪化，細菌感染および原虫感染などでも生じることが判明したことから鰓黒病の病名は用いられなくなった．本症は一旦発生すると治療法がないために多大な被害をクルマエビに与える．罹病クルマエビの鰓を顕微鏡で観察すると鰓糸内で繁殖した菌糸が鰓外に伸長し，大分生子や小分生子を産生しているのを観察することができる．

2）原　因

　主たる病原菌はシクロヘキシミドに耐性を有する *Fusarium solani* である（畑井ら，1978；畑井・江草，1978）．しかし病徴はまったく同一であるが，シクロヘキミドに感受性を示す *Fusarium moniliforme* と *F. graminearum* に原因するフサリウム症も散見されている（Rhoobunjongde *et al*., 1991）．本属の菌は基

6. 甲殻類の真菌病

本的に大分生子と小分生子の2種類の分生子を産生する．F. solani の特徴は，隔壁を有する長いフィアライドの先端に分生子が塊状に形成されることと（図Ⅳ-6-6），長期間培養を行うと厚膜胞子が形成されることである（図Ⅳ-6-7）．F. moniliforme は小分生子が連鎖状に形成されることを特徴とする菌である．

さらに F. graminearum は小分生子が形成されず，大分生子だけを産生することが特徴で，さらに赤色の色素を産生する菌として特徴付けられる．

3）症状・病理

罹病クルマエビの鰓は黒色を呈するのが特徴で（図Ⅳ-6-8，口絵参照），このことから鰓黒病とも呼ばれてきた．しかし，ハリフトロス症の場合にも鰓の黒化が発現されることから，鰓黒病の名前はそれらの総称として用いるべきである．

4）疫 学

本症は，米国のクルマエビ類やロブスターなどからも報告されており，海産の甲殻類に広く知られている真菌病で，最近では魚類からも報告されている（Hatai, 1989）．

5）診 断

鰓を観察し，鰓黒症状があればその部位を，また認められない場合でも鰓を鏡検する．鰓の内部に隔壁を有する細い菌糸が存在し，鰓から外部に伸長している菌糸の周辺に小分生子または大分生子が見られるか否かを確認する．確定診断は，菌の培養を行い，スライド培養を行って，分生子の形成様式を確認する．

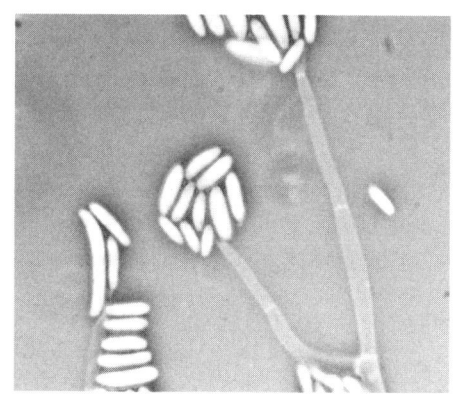

図Ⅳ-6-6 Fusarium solani では，分生子形成細胞は隔壁を有し，その先端に小分生子が塊状に形成される

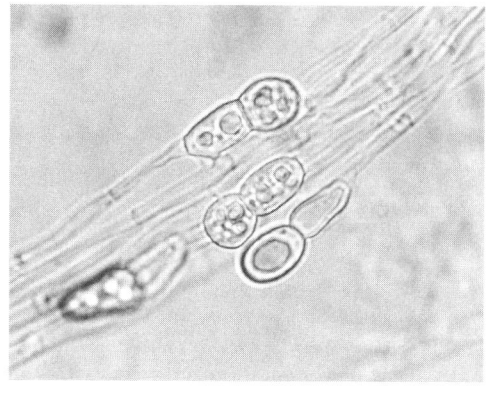

図Ⅳ-6-7 Fusarium solani の厚膜胞子

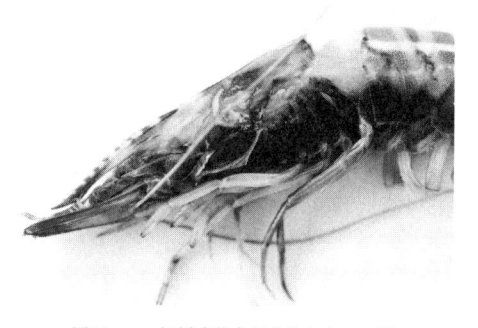

図Ⅳ-6-8 鰓黒症状を呈するクルマエビ

6）対 策

有効な治療法は知られていない．したがって，一旦本症が発生した場合には，飼育エビを取上げ，飼育環境を塩素剤で消毒する以外対策はない．分生子や厚膜胞子などの菌要素は環境中で長期間生存することから池干しなどは効果がない．

（畑井喜司雄）

第Ⅳ章　真菌病

引用文献

Ajello, L., M. R. McGinnis and J. Camper (1977): An outbreak of phaeophyphomycosis in rainbow trout caused by *Scolecobasidium humicola. Mycopathologia*, 62, 15-22.

Amlacher, E. (1970): Text-book of fish diseases. T.F.H. Publication, Neputune City, 302 p.

Athanassopoulou, F. (1992): Ichthiophonosis in sea bream, Sparus aurata (L.), and rainbow trout, *Onchorhynchus mykiss* (Walbaum), from Greece. *J. Fish Dis.*, 15, 437-441.

Benny, G. L. and O'Donnell, K. O. (2000): *Amoebidium parasiticum* is a protozoan, not a Trichomycete. *Mycologia*, 92, 1133-1137.

Blazer, V., J. H. Lilley, W. B. Schill, Y. Kiryu, C. L. Densmore, V. Panyawachira and S. Chinabut (2002): *Aphanomyces invadans* in Atlantic menhaden along the East Coast of the United States. *J. Aquat. Anim. Health*, 14, 1-10.

Davis, H. S. and E. C. Lazar (1940): A new fungus disease of trout. *Trans. Am. Fish. Soc.*, 70, 264-271.

Doty, M. S. and D. W. Slater (1946): A new species of Heterosporium pathogenic on young Chinook salmon. *Am. Midl. Naturalist*, 36, 663-665.

Egusa, S. and T. Ueda (1972): *A. fusarium* sp. associated with black gill disease of the kuruma prawn, *Penaeus japonicus* Bate. *Bull. Jap. Soc. Sci. Fish.*, 38, 1253-1260.

江草周三・益田信之 (1971): 養殖アユに見られた新しいカビ病. 魚病研究, 6, 41-43.

江草周三・大岩靖之 (1972): 養殖ウナギの鰓に見られた新しいカビ病, *Branchiomyces* sp. の寄生について. 魚病研究, 7, 79-83.

Gittino, P., G. Mezzani and G. Arlati (1981): Mortalita da Malattia Branchiale connessa con Dermocistidiosi in cieche d'anguilla (*Anguilla anguilla*) allevate intensivamente. *Riv. It. Piscic. Ittiop.*- A.XVI, 32-35.

浜崎活幸・畑井喜司雄 (1993): ガザミおよびノコギリガザミの卵とふ化幼生の真菌症に対するホルマリン浴の効果. 日水誌, 59, 1067-1072.

浜崎活幸・畑井喜司雄 (1994): ガザミ卵寄生菌類の特性およびふ化幼生のホルマリン浴による真菌症防止効果. 栽培技研, 22, 99-108.

Hatai, K. (1989): Fungal pathogens/parasites of aquatic animals. In Methods for the microbiological examination of fish and shellfish (ed. by B. Austin and D. A. Austin), Ellis Horwood Limited, West Sussex, pp.240-272.

Hatai, K. and G. Hoshiai (1992): Mass mortality in cultured coho salmon (*Oncorhynchus kisutch*) due to *Saprolegnia parasitica* Coker. *J. Wildl. Dis.*, 28, 532-536.

Hatai, K. and G. Hoshiai (1993): Characteristics of two Saprolegnia species isolated from coho salmon with saprolegniasis. *J. Aquat. Animal Health*, 5, 115-118.

Hatai, K. and O-a. Lawhavinit (1988): *Lagenidium myophilum* sp. nov., a new parasite on adult northern shrimp (*Pandalus borealis* Kroyer). *Trans. Mycol. Soc. Japan*, 29, 175-184.

Hatai, K. and S. S. Kubota (1989): A visceral mycosis in cultured masu salmon (*Oncorhynchus masou*) caused by a species of Ochroconis. *J. Wildl. Dis.*, 25, 83-88.

Hatai, K., K. Nakamura, K. Yuasa and S. Wada (1994): *Aphanomyces* infection in dwarf gourami (*Colisa lalia*). *Fish Pathol.*, 29, 95-99.

Hatai, K., W. Rhoobunjongde and S. Wada (1992): *Haliphthoros milfordensis* isolated from gills of juvenile kuruma prawn (*Penaeus japonicus*) with black gill disease. *Trans. Mycol. Soc. Japan*, 33, 185-192.

畑井喜司雄 (1980): 淡水魚の水カビ病の病因真菌に関する研究. 長崎県水産試験場論文集 第8集, 1-95.

畑井喜司雄 (1983): 真菌病, 魚病学 (江草周三編), 恒星社厚生閣. pp.179-217.

畑井喜司雄 (1986): 水産動物の糸状菌. 微生物の分離法 (山里一英他編). R&Dプランニング. pp.219-229.

畑井喜司雄 (1989): 鞭毛菌亜門. 新編獣医微生物学 (梁川良他編). 養賢堂, pp.1151-1162.

畑井喜司雄 (1996): 真菌病, 魚病学概論 (室賀清邦・江草周三編). 恒星社厚生閣. pp.70-82.

畑井喜司雄 (1998a): 甲殻類種苗生産における真菌病. 海洋, 14, 37-41.

畑井喜司雄 (1998b): 真菌性疾病, 魚病学 (畑井喜司雄・宗宮弘明・渡邉 翼). 学窓社. pp.83-90.

畑井喜司雄・江草周三 (1977): サケ科魚類稚魚の内臓真菌症に関する研究-Ⅱ. アマゴ稚魚の腹腔内より分離された真菌の性状. 魚病研究, 11, 187-193.

畑井喜司雄・古谷航平・江草周三 (1978): 養殖クルマエビの鰓黒病起因真菌に関する研究-Ⅰ. BG-Fusarium の分離および同定. 魚病研究, 12, 219-224.

畑井喜司雄・江草周三 (1978): 養殖クルマエビの鰓黒病起因真菌に関する研究-Ⅱ. BG-Fusarium に関する2, 3の知見. 魚病研究, 12, 225-231.

畑井喜司雄・廣瀬一美・日置勝山・宮川宗記・江草周三 (1979): 日本で発見されたヨーロッパウナギの *Dermocystidium anguillae*. 魚病研究, 13, 205-210.

Hawksworth, B. L., B. C. Sutton and G. C. Ainsworth (1983): Ainsworth and Bisby's Dictionary of the Fungi. 7th ed., CMI, Kew, Surrey, 445 p.

Hawksworth, B. L., P. M. Kirk, B. C. Sutton and D. N. Pegler (1995): Ainsworth and Bisby's Dictionary of the Fungi. 8th ed., CAB International, Oxon, 616 p.

Hibbits, J., G. C. Hughes and A. K. Sparks (1981): *Trichomaris invadens* gen. sp. nov., an ascomycete parasite of the tanner crab (Chionoecetes bairdi Rathbun Crustacea; Brachyura). *Can. J. Bot.*, 59,

引用文献

2121-2128.

保科利一・佐原吉夫（1950）：鯉に寄生せる *Dermocystidium* 属の一新種 D. koi sp. nov. に就いて. 日水誌, 15, 825-829.

加治俊二・兼松正衛・手塚信弘・伏見 浩・畑井喜司雄 (1991)：ノコギリガザミの卵およびふ化幼生のハリフトロス症に対するホルマリン浴の効果. 日水誌, 57, 51-55.

簡 肇衝・宮崎照雄・窪田三朗（1979）：魚類のイクチオフォヌス症に関する研究-Ⅳ. 自然感染魚の比較病理組織学的観察. 三重大学研報, 6, 129-146.

Khoo, L., A. T. Leard, P. R. Waterstrat, S. W. Jack and K. L. Camp (1998)：*Branchiomyces* infection infarm-reared channel catfish, *Ictalurus punctatus* (Rafinesque). *J. Fish Dis.*, 21, 423-431.

Kirilenko, T. C. and M. A. All-Achmed (1977)：*Ochroconis tshawytschae* (Dity et Slater) comb. nov. *Mikrobiol. Soc.*, 39, 303-306.

Kirk, P. M., P. F. Cannon, J. C. David and J. A. Stalpers (2001)：Dictionary of the Fungi 9th Edition, CABI Publishing, Oxon, 655p.

Kitancharoen, N. and K. Hatai (1995)：A marine oomycete *Atkinsiella panulirata* sp. nov. from philozoma of spiny lobster, Panulirus japonicus. Mycoscience, 36, 97-104.

Kitancharoen, N. and K. Hatai (1996)：Experimental infection of *Saprolegnia* spp. in rainbow trout eggs. *Fish Pathol.*, 31, 49-50.

Kitancharoen, N., K. Nakamura, S. Wada and K. Hatai (1994)：*Atkinsiella awabi* sp. nov. isolated from stocked abalone *Haliotis sieboldii*. Mycoscience, 35, 265-270.

Kitancharoen, N., A. Yamamoto and K. Hatai (1997)：Fungicidal effect of hydrogen peroxide on fungal infection of rainbow trout eggs. *Mycoscience*, 38, 375-378.

Kitancharoen, N., A. Yamamoto and K. Hatai (1998)：Effects of sodium chloride, hydrogen peroxide and malachite green on fungal infection in rainbow trout eggs. *Biocont. Sci.*, 3, 113-115.

Kocan, R. M., P. Hershberger, T. Mehl, N. Elder, M. Bradley, D. Wildermuth and K. Stick (1999)：Pathogenicity of *Ichthyophonus hoferi* for laboratory-reared Pacific herring *Clupea pallasi* and its early appearance in wild Puget Sound herring. *Dis. Aquat. Org.*, 35, 23-29.

Kurata, O., H. Kanai and K. Hatai (2000)：Hemagglutinating and hemolytic capacities of *Aphanomyces piscicida*. *Fish Pathol.*, 35, 29-33.

Lilley, J. H. and R. J. Roberts (1997)：Pathogenicity and culture studies comparing *Aphanomyces* involved in epizootic ulcerative syndrome (EUS) with other similar fungi. *J. Fish Dis.*, 20, 101-110.

Lilley, J. H., R. B. Callinan, S. Chinabut, S. Kanchanakhan, I. H. MacRae and M. J. Phillips (1998)：Epizootic Ulcerative Syndrome (EUS) Technical Handbook. AAHRI, Bangkok, pp. 1-88.

Lilley, J. H., K. D. Thompson, and A. Adams (1997)：Characterization of *Aphanomyces invadans* by electrophoretic and Western blot analysis. *Dis. Aquat. Org.*, 30, 187-197.

McGinnis, M. R. and L. Ajello (1974)：*Scolecobasidium tshawytschae. Trans. Br. Mycol. Soc.*, 63, 202-203.

McLaughlin, D. J., E. G. McLaughlin and P. A. Lemke (2001)：Systematics and Evolution, Part A, In "The Mycota VII" (ed. by K. Esser and P. A. Lemke). Springer, Berlin, 366p.

宮崎照雄・江草周三（1972a）：淡水魚の真菌性肉芽腫症に関する研究-Ⅰ. キンギョに流行した真菌性肉芽腫症. 魚病研究, 7, 15-25.

宮崎照雄・江草周三（1972b）：淡水魚の真菌性肉芽腫症に関する研究-Ⅱ. アユに流行した真菌性肉芽腫症. 魚病研究, 7, 125-133.

宮崎照雄・窪田三朗（1977a）：魚類のイクチオフォヌス症に関する研究-Ⅰ. ニジマス稚魚. 三重大学研報, 4, 45-46.

宮崎照雄・窪田三朗（1977b）：魚類のイクチオフォヌス症に関する研究-Ⅱ. ニジマスにおける慢性感染症. 三重大学研報, 4, 57-65.

宮崎照雄・窪田三朗（1977c）：魚類のイクチオフォヌス症に関する研究-Ⅲ. ニジマスに感染したイクチオフォヌスの生活史. 三重大学研報, 4, 67-80.

宮崎照雄・窪田三朗・田代文男（1977）：サケ科魚類稚魚の内臓真菌症に関する研究-Ⅰ. 病理組織, 魚病研究, 11, 183-186.

Molnar, K. and F. Sovenyi (1984)：*Dermocystidium anguillae* infection in elvers cultured in Hungary. *Aquacult. Hungarica*, 4, 71-78.

Nakamura, K. and K. Hatai (1994)：*Atkinsiella parasitica* sp. nov. isolated from rotifer, *Brachionus plicatilis*. *Mycoscience*, 35, 383-389.

Nakamura, K. and K. Hatai (1995a)：Three species of Lagenidiales isolated from the eggs and zoeae of the marine crab *Portunus pelagicus*. *Mycoscience*, 36, 87-95.

Nakamura, K. and K. Hatai (1995b)：*Atkinsiella dubia* and its related species. *Mycoscience*, 36, 431-438.

Nakamura, K., M. Nakamura and K. Hatai (1994)：*Atkinsiella* infection in the rotifer *Brachionus plicatilis*. *Mycoscience*, 35, 291-294.

Nakamura, K., M. Nakamura, K. Hatai and Zafran (1995)：*Lagenidium* infection in eggs and larvae of mangrove crab (*Scylla serrata*) produced in Indonesia. *Mycoscience*, 36, 399-404.

Neish, G. A. and G. C. Hugh (1980)：*Branchiomyces*: systematics, pathology and epizootiology. In: Fungal Diseases of Fishes (ed. By S. F. Snieszko and H. R. Axelrod), T.F.H. Publications, Neptune, NJ, pp.50-60.

Noga, E. J. (1996)：Fish Disease: Diagnosis and Treatment.

第Ⅳ章 真菌病

Mosby-Year Book Inc., St Louis, MO. 367p.

Okamoto, N., K. Nakase, H. Suzuki, Y. Nakai, K. Fujii and T. Sano (1985): Life history and morphology of *Ichthyophonus hoferi* in vitro. *Fish Pathol.*, 20, 273-285.

小野　威・兼子樹広・粟倉輝彦・青海昭紀(1966)：日本におけるニジマス(*Salmo gairdnerii irideus* GIBBONS)の *Ichthyosporidium* disease に関する病理学的研究. 水産孵化場研報, 21, 43-53.

Patterson, K. R. (1996): Modelling the impact of disease-induced mortality in an exploited population: the outbreak of the fungal parasite *Ichthyophonus hoferi* in the North Sea herring (*Clupea harengus*). *Can. J. Fish. Aquat. Sci.*, 53, 2870-2887.

Phadee, P., O. Kurata and K Hatai (2004): A PCR method for the detection of *Aphanomyces piscicida*. *Fish Pathol.*, 39, 25-31.

Plehn, M. (1912): Eine neue Karfenkrankheit und ihr Erreger *Branchiomyces sanguinis*, Zentralblutt bakterologie, Parasitenkunde und Infektion. I. *Abteilung Originale*, 62, 129-134.

Porter, D. (1982): The appendaged ascospores of *Trichomaris invadens* (Halosphaeriaceae), a marine ascomycetous parasites of the tanner crab, *Chionoecetes bairdi*, *Mycology*, 74, 363-375.

Ragan, M. A., C. L. Goggins, R. J. Cawthorn, L. Cerenius, A. V. C., Jamieson, S. M. Plourde, T. G. Rand, K. Soderhall and R. R. Gutell (1996): A novel clade of protistan parasites near the animal-fungal divergence. *Proc. Natl. Acad. Sci. USA*, 93, 11907-11912.

Rahimian, H. (1998): Pathology and morphology of *Ichthyophonus hoferi* in naturally infected fishes off the Swedish west coast. *Dis. Aquat. Org.*, 34, 109-123.

Rand, T. G. (1992): Distribution of *Ichthyophonus hoferi* (Mastigomycotina: Ichthyopholes) in yellowtail flounder, *Limanda ferruginea*, from the Nova Scotia Shelf, Canada. *J. Mar. Biol. Ass. U.K.*, 72, 669-674.

Rand, T. G., K. White, J. J. Cannone, R. R. Gutell, C. A. Murphy and M. A. Ragan (2000): *Ichthyophonus irregularis* sp. nov. from the yellowtail flounder *Limanda ferruginea* from the Nova Scotia shelf. *Dis. Aquat. Org.*, 41, 31-36.

Reichenbach-Klinke, H. and E. Elkan (1965): Fish Pathology. T. F. H. Publication, Neputune City, 512 p.

Rhoobunjongde, W., K. Hatai, S. Wada and S. S. Kubota (1991): *Fusarium moniliforme* (Sheldon) isolated frm gills of kuruma prawn *Penaeus japonicus* (Bate) with black gill disease. *Nippon Suisan Gakkaishi*, 57, 629-635.

Ross, A. J. and W. T. Yasutake (1973): Scolecobasidium humicola, a fungal pathogen of fish. *J. Fish. Res. Board. Can.*, 30, 994-995

Rucker, R. R. and P. V. Gustafson (1953): An epizootic among rainbow trout. *Prog. Fish Cult.*, 15, 179-181.

Spangenberg, R. (1975): Eine Kiemankrankheit beim Aal, verursacht durch *Dermocystidium anguillae* n. sp. *Zeitschrift fur die Binnenfischerei*, 22, 363-367.

Spanggaard, B., P. Skouboe, L. Rossen and J. W. Taylor (1996): Phylogenetic relationships of the intercellular fish pathogen *Ichthyophonus hoferi* and fungi, choanoflagellates and the rosette agent. *Marine Biol.*, 126, 109-115.

Sproston, N. G. (1944): *Ichthyosporidium hoferi* (Plehn & Mulsow, 1911), an internal fungoid parasite of the mackerel. *J. Mar. Biol. Assoc. UK*,. 26, 72-98.

田代文男・森川　進・荒井　真(1977)：サケ科稚魚類稚魚に発生した新しいカビ病, 魚病研究, 11, 213-215.

Wada, S., K. Nakamura and K. Hatai (1995): First case of *Ochroconis humicola* infection in marine cultured fish in Japan. *Fish Pathol.*, 30, 125-126.

Wada, S., S.-A. Rha, H, Kondoh, H. Suda, K Hatai and H. Ishii (1996): Histopathological comparison between ayu and carp artificially infected with *Aphanomyces piscicida*. *Fish Pathol.*, 31, 71-80.

Wooten, R. and A. H. McVicar (1982): Dermocystidium from cultured eels, *Anguilla anguilla* L., in Scotland. *J. Fish Dis.*, 5, 215-222.

Wundsch, H. H. (1930): Weitere Beobachtungen an *Branchiomyces demigrans* als Erreger der Kiemenfäule beim Hecht. *Zeitschr. Fish.*, 28, 391-402.

山本　淳・豊村真之介・実吉峯郎・畑井喜司雄(2001)：過酸化水素によるサケ科魚卵の水カビ病の防除. 魚病研究, 36, 241-246.

安信秀樹・永山博敏・中村和代・畑井喜司雄(1997)：飼育水の pH 調整によるガザミ幼生真菌症の防除. 日水誌, 63, 56-63.

Yuasa, K. and K. Hatai (1995): Relationship between pathogenicity of *Saprolegnia* spp. isolates to rainbow trout and their biological characteristics. *Fish Pathol.*, 30, 101-106.

Yuasa, K., N. Kitancharoen and K. Hatai (1997): Simple method to distinguish between *Saprolegnia parasitica* and *S. diclina* isolated from fishes with saprolegniasis. *Fish Pathol.*, 32, 175-176.

第 V 章

原虫病

1. 概　説

1）魚類に寄生する原虫

　魚類に寄生する原虫類は従来，鞭毛虫，繊毛虫，アピコンプレックス，ミクソゾア，微胞子虫の 5 つの動物門に分類されてきた（Levine et al., 1980; Lom and Dykova, 1992）。しかし，最近の研究の進展によってミクソゾアと微胞子虫の分類学的位置が大きく変わることになりそうである．ミクソゾアの大部分を構成する粘液胞子虫では，胞子は多細胞体であることは以前から認められていた．さらに遺伝子を用いた系統解析によって，粘液胞子虫は刺胞動物か，それに近縁の多細胞動物であることが指摘された（Smothers et al., 1994）。この点については「第VI章　粘液胞子虫病」のところで改めて述べるが，研究者の間では粘液胞子虫は原虫ではないとする考えがすでに広く受け入れられているため，ここでは粘液胞子虫を原虫から除外することとした．また，微胞子虫も原虫ではなく，菌類に近縁という説が有力である（橋本，2001）。しかし，微胞子虫の分類学的位置はまだ確定されていないことや，教科書では長く原虫の仲間として扱ってきた経緯から，ここでは従来どおり，原虫に含めることにする．

　魚類寄生性の 4 門の原虫類は単細胞性の動物という点で便宜上，一つの章のなかにまとめられているが，系統的には互いに離れた類縁関係にある．細胞の大きさも大きく異なり，$1\,\mu\mathrm{m}$（最小の微胞子虫の胞子の長径）から 1 mm（淡水性白点虫の栄養体の直径）までと幅広い．細菌類と同様，分裂増殖するが，その様式はさまざまである．鞭毛虫と繊毛虫は主に 2 分裂によって増殖する．一方，アピコンプレックスと微胞子虫は分裂増殖期（メロゴニー）を経て胞子形成期（スポロゴニー）に大量の胞子を形成する．分裂増殖期には多核体を形成するものがある．胞子体やシストを形成しない原虫では魚体を離れて長期間生存できない．ウイルスや細菌に比べ体制が複雑なため，一般に人工培養には成功していない．内部寄生虫と外部寄生虫がある．

　ここで，本書における「感染」という用語の取り扱いについて触れておく．「岩波生物学辞典（第 4 版）」によると，感染とは，「病原体（微生物）が生体内に侵入し増殖の足がかりを確立すること」となっている．これにならって，魚病学における「感染」を定義すると，「魚体内に侵入した微生物が，特定の部位に定着して増殖する過程」となろう．内部寄生性で，かつ魚体内で増殖する原虫については，「感染」という用語を使用することに支障はない．しかし，本書では，白点虫のように内部寄生性でも魚体内では分裂増殖しないもの，あるいはキロドネラのように魚体表面で増殖するものなどにも，「寄生」という用語だけでなく，「感染」という

用語も用いている．理由はいくつかある．すなわち，厳密に適用すると，「感染」を用いるのが適当な原虫と「寄生」が適当な原虫が出てきて，混乱を招くこと，寄生部位を内部と外部に分けることが難しい場合があり，寄生部位による峻別が必ずしも合理的ではないこと，これまで原虫に分類されていた粘液胞子虫や将来，原虫から除外される可能性のある微胞子虫にも，従来通り「感染」を用いるのが相応しいこと，外国においては，感染を表わす Infection という単語が大型の外部寄生虫などにも一般的に使われていること，などがあげられる．そこで，本書においては原虫だけでなく粘液胞子虫や大型寄生虫にも，上記の理由から，「感染」という用語を，時には「寄生」の同義語として広く用いた．

2）魚類寄生原虫の害作用とそれに対する宿主の生体防御

　魚類寄生性原虫の害作用は増殖方法や寄生様式に深く関係する．鞭毛虫，アピコンプレックス，繊毛虫は魚の体表，鰓，消化管などの上皮表面または上皮組織内に寄生するため，寄生刺激によって上皮組織に炎症や壊死を引き起こす．その結果，しばしば体表面を通じての水分の流出または流入，鰓における呼吸，消化管からの栄養吸収などに障害を与える．一方，微胞子虫は神経系，血管系，鰓，生殖腺，心筋，体側筋，内臓など，魚体内のさまざまな組織，器官で分裂増殖する．多くの場合，膜に覆われたシスト内に胞子を形成する．大型のシストが多数形成されることによって遊泳力が低下したり，シストが寄生部位に萎縮，管腔の栓塞などを引き起こし，さまざまな機能障害を起こすことがある．また，微胞子虫は細胞内寄生性であるため，ウナギのべこ病のように，胞子形成が完了するまで，まったく宿主反応を認めず，害作用もほとんどない場合もある．しかし，いったん発育が完了するとシスト膜が消失し，胞子およびシスト内容物が宿主組織と接触するようになると，宿主組織の壊死や崩壊が起きる．

　魚類の細菌やウイルス感染症では，病原体の株間でビルレンスに差のあることはよく知られている．原虫においても，繊毛虫の一種，白点虫 *Ichthyophthirius multifiliis* は株の由来によってビルレンスに差があること（Price and Clayton, 1999）や微胞子虫 *Loma salmonae* にも弱毒株が存在することが報告されている（Sanchez et al., 2001a）．同様な現象は他の多くの原虫にも存在しそうであるが，一般に培養技術が確立されていないため，この方面の研究は立ち遅れている．

　魚類の原虫感染において，同一魚種内でも品種によって感受性が異なる場合がある．例えば，マスノスケは *L. salmonae* に対する感受性が品種によって大きく異なった（Shaw et al., 2000a）．またカワマスの住血鞭毛虫 *Cryptobia salmositica* に対する感受性も品種によって差があり，感受性はメンデル遺伝することが示唆されている（Forward et al., 1995）．

　原虫の感染に対して魚類は免疫を獲得する場合があるが，それらの原虫は内部寄生性か，外部寄生性でも細胞の一部を宿主体内に挿入している場合である．前者の例では繊毛虫 *Ichthyophthirius multifiliis* や *Cryptocaryon irritans*，後者の例では鞭毛虫 *Amyloodinium ocellatum* や *Ichthyobodo necator* の感染を経験した魚が該当する．一方，アユは微胞子虫 *Glugea plecoglossi* には繰り返し感染するように，内部寄生性の原虫に対して必ずしも免疫ができるとは限らない．詳細は各論を参照されたい．

　微胞子虫の感染においては宿主魚は免疫が抑制されることが知られている．2種のヒラメ類 *Pseudopleuronectes americanus* と *Paralichthys dentatus* に *Glugea stephani* の胞子を接種すると，接種量に応じて血清中の免疫グロブリン量が減少した．1回の接種では減少は60日後まで

1. 概　説

に回復したが，2回接種区では減少はさらに大きくなった．胞子とともに他の抗原（馬赤血球）を接種しても抗体価は，他の抗原を単独に接種した場合よりも低かった (Laudan et al., 1986)．これは胞子抗原が他の抗原に対する免疫反応の開始も阻害しているためと考えられる (Laudan et al., 1989)．感染によって宿主がプロスタグランジンのような免疫抑制作用をもつ可溶性タンパク質を血清中に放出したためとする説が提唱されている (Laudan et al., 1989)．

3）各門の概説

アピコンプレックス門：この動物門に属する原虫は宿主に感染するための細胞器官として，生活環の一時期にアピカルコンプレックスと呼ばれる構造物を体前部にもつ．魚に寄生するアピコンプレックスでは，一般に魚体内で産生された胞子が水中に出て，それを取り込んだ魚が感染を受ける．日本では，いわゆるコクシジウム腸炎の原因種として知られる Goussia carpelli がニシキゴイの腸管上皮組織に寄生した例が報告されている（徳森ら，1985）．直径約 $10\mu m$ の球形のオーシスト内に4つのスポロゾイトが入っている（図V-1-1）．病魚は腹部膨満や腹水貯留の症状を示した．その他にも日本の魚類から数種が知られるが，病害性に関する情報はない．

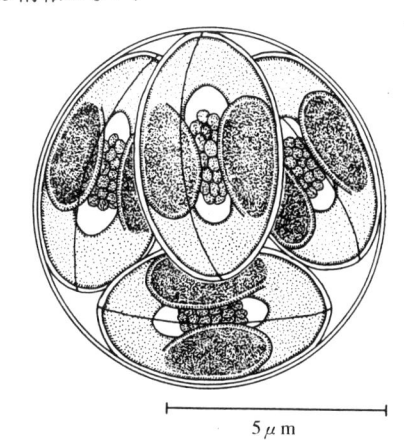

図V-1-1　ニシキゴイの腸管上皮組織に寄生する Goussia carpelli のオーシスト（徳森ら，1985）．

鞭毛虫門：魚類寄生性の鞭毛虫，すなわち肉質鞭毛虫（門）の主要なものは渦鞭毛虫綱，キネトプラスト綱，ディプロモナス綱に分類される (Lom and Dykova, 1992)．以降，微細構造と遺伝子による鞭毛虫類の系統解析が進み，従来の肉質鞭毛虫門に分類されていた鞭毛虫は8門に細分化する提案がなされている (Cavalier-Smith, 1999)．この分類がそのまま受け入れられるかどうかは未定であるので，ここでは従来の分類に従うが，鞭毛虫類の分類体系は早晩大幅に書き換えられることになるだろう．国外では種々の鞭毛虫病が古くから問題とされ，研究も多いが，日本ではイクチオボド症を除けばほとんど研究されていない．本章では，イクチオボド症のほか，Amyloodinium ocellatum によるアミルウージニウム症など，いくつかの重要な鞭毛虫病についても簡単に説明する．

繊毛虫門：魚類寄生性の繊毛虫の主要なものはキネトフラグミノフォーラ綱と少膜綱に含まれる (Lom and Dykova, 1992)．キネトフラグミノフォーラ綱は細胞口の発達は貧弱だが，キロドネラのように微小管からなる筒状の装置をもつものもある．一方，魚類寄生性繊毛虫のほとんどを含む少膜綱では，細胞口は体繊毛と明瞭に区別される繊毛や特殊な膜状構造物を発達させている．一般に，魚類寄生性繊毛虫は皮膚，鰓，腸管腔の表面に繊毛や特殊な付着装置によって寄生している．白点虫のように組織内寄生性のものは例外である．ある種のスクーチカ繊毛虫のように条件性寄生体では寄生部位は一定せず，魚体外部にも内部にもみられるものがある．多くは2分裂で増殖するが，白点虫のように分裂増殖のために魚体外でシストを作るものもある．

ここでは白点病，トリコジナ症およびキロドネラ症について詳述するほか，スクーチカ繊毛虫症などについて簡単に述べる．

微胞子虫門：微胞子虫は原生動物から哺乳類まで，きわめて広い範囲の動物に寄生するが，

第V章 原虫病

魚類に寄生するものはそれ自体で独立した群を構成している．宿主体内で生活環の最終産物である胞子を産生する．胞子は一般にきわめて小さく，ほとんどは長さが $10\mu m$ を超えない．$1\mu m$ ほどしかないものもある．胞子（図V-1-2）は普通，長楕円形で，殻は内膜と外膜とその中間のキチン質の膜の3層から成っている．内部に1核あるいは2核の胞子原形質，極管という管状構造物，空胞などが収まっている．極管は宿主に感染する時に使われるもので，何らかの外的刺激に反応して管が反転して外に弾出される．すると管を通って胞子原形質が核とともに宿主組織内に注入される．

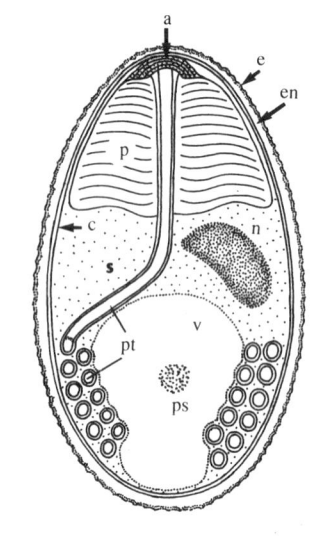

図V-1-2 微胞子虫の胞子の構造（Lom and Dykova, 1992）．a，極帽；c，原形質膜；e，胞子外膜；en，胞子内膜；n，核；P，極管；ps，ポステロソーム（液胞内）；pt，極管；s，胞子原形質；v，後部液胞．

微胞子虫は宿主の細胞内に寄生する．その後の発育の過程は属ごとに異なる．まず，アメーバ状の胞子原形質（メロントと呼ばれる）は，宿主細胞内でメロゴニー（増員生殖）によって2分裂または多分裂による増殖を繰り返し，多核体となる．その後，分裂して，さらに小型の多核体に，または分裂前と同じ単核のメロントになる．こうした過程が何回も繰り返される．やがてメロントの表面が1層の外膜によって覆われて，スポロントに変化し，スポロゴニー（胞子形成期）に移行する．スポロントは分裂によって胞子芽細胞を経て胞子に変化する．スポロントが2分裂して2つの胞子芽細胞となる（*Loma*）か，核分裂によっていったん多核体を形成した後，細胞分裂によって小型の多核体となり，さらにそれぞれがいくつかの胞子芽細胞となる（*Thelohania*）か，多核体が多数の胞子芽細胞前駆体に分裂し，それぞれが2個の胞子芽細胞になる（*Glugea*）．胞子芽細胞は胞子に変化する．スポロゴニーは一般に特別に形成された担胞子胞（sporophorous vesicle）と呼ばれる膜状構造物のなかで行われる．ここでは，メロゴニーからスポロゴニーまでの発育を *Glugea* を例に図示する（図V-1-3）．

各論では，日本で特に問題とされるアユのグルゲア症とウナギ等のべこ病について詳述するほか，武田微胞子虫（*Kabatana takedai*）等について簡単に説明する．

魚類の原虫病の総説として，Lom and Dykova

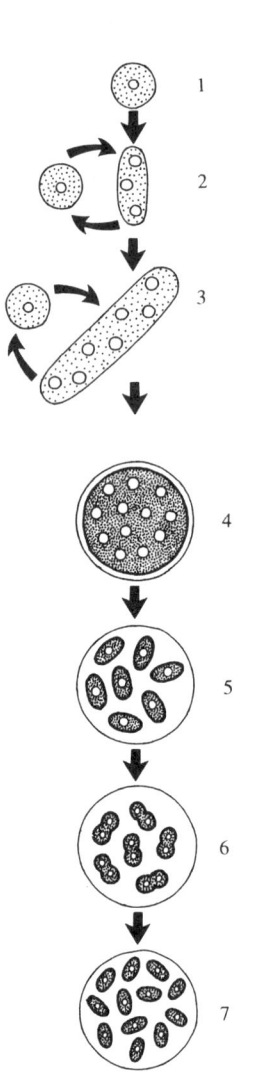

図V-1-3 *Glugea* の発育環．1，胞子原形質；2-3，メロゴニー；4，担胞子胞内のスポロゴニー期の多核体；5，胞子芽細胞前駆体；6，胞子芽細胞の2分裂；7，胞子形成（図は Woo, 1995 を改変）．

2. イクチオボド症
（Ichthyobodosis）

1）序

イクチオボドによる感染症は，かつて使われていた属名に由来するコスチア症という病名が用いられていたが，現在ではイクチオボド症に統一されている．元来，世界的には淡水魚の寄生虫症として，コイ科やサケ科魚に散発的な発生が知られていたが，最近日本では，海水飼育のサケ科魚やその他の海産養殖魚にもイクチオボドが寄生し，しばしば大量死を起こす事例が報告されている．また寄生が放流サケ種苗の海水中での生残にも影響することがわかってきた．このように，本症は今後，海産魚の増養殖において注意すべき寄生虫症の一つになっている．

2）原因

原因寄生体は肉質鞭毛虫門，ボド科（Bodidae）の *Ichthyobodo necator*（Henneguy, 1883）Pinto, 1928 である．宿主特異性は低く，多くの淡水魚に寄生する．体は 8〜12×6〜10μm ほどである．寄生時の虫体は紡錘形で，付着盤によって宿主細胞に固着している（図V-2-1）．付着盤からは細胞口突起が伸長し，宿主細胞内に深く差し込まれている．魚体を離れた虫体は腹側がやや凹み，扁平な楕円形となり，鞭毛で運動する．体縁に沿って溝がある．通常は2本，稀に4本の長さ不等の鞭毛が，溝の上端に生じ，溝の中に収まるが，鞭毛の先端は虫体の外まで達している．この他に，淡水魚に寄生する種として，やや小型の *I. pyriformis* が報告されているが，*I. necator* のシノニムとする考え方が支配的である．

海産魚あるいは海水飼育のサケ科魚に寄生する *Ichthyobodo* も世界各地から報告されている（図V-2-2）．淡水飼育のサケ科魚に寄生してい

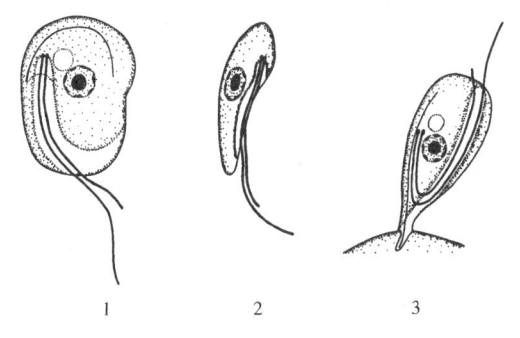

図V-2-1 主として淡水魚の外表面に寄生する *Ichthyobodo necator*. 1, 遊離虫体の腹面観；2, 遊離虫体の側面観；3, 寄生状態の虫体（図はいずれも Lom and Dykova, 1992）．

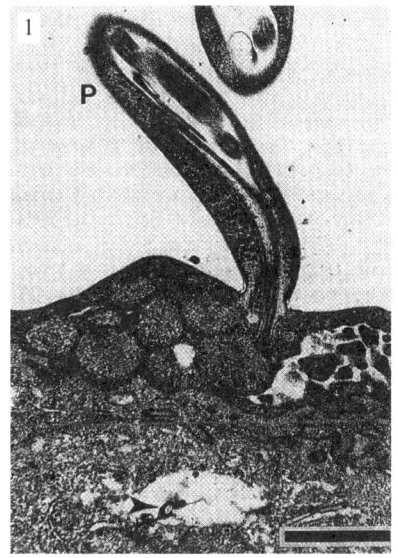

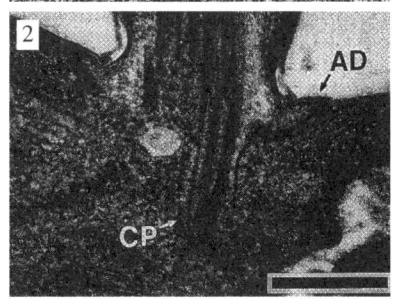

図V-2-2 ヒラメに寄生している *Ichthyobodo* sp. の TEM像. 1, 体表上皮細胞に寄生している虫体（P）．細胞口突起の先端（矢頭）は深部にまで達している．2, 付着盤（AD）付近の拡大図．細胞口突起（CP）を上皮細胞内に挿入している（図はいずれも Urawa et al., 1998）．

た Ichthyobodo は，魚を直接海水に移しても，宿主の上で増殖したことから（Ellis and Wootten, 1978; Urawa and Kusakari, 1990），淡水の I. necator が海水に適応して寄生していると考えられる．一方，日本のヒラメに寄生する種は大きさが 9～13×6～10 μm とほぼ I. necator の範囲であるが，サケにはほとんど感染しなかったことから，これとは別種の Ichthyobodo sp. とされた（Urawa and Kusakari, 1990）．形態的には，淡水魚寄生の I. necator に存在する収縮胞が海産魚寄生種には認められないこと，海産魚寄生種では走査電顕で虫体表面に皺がみられることで区別されるが，淡水では浸透圧を保つために収縮胞が発達するから，収縮胞の有無は種を区別する違いにはならず，虫体表面の皺も浸透圧の差による可能性が高い．したがって，現時点では両種を形態によって区別することはできない．Ichthyobodo sp. はヒラメの他に，トラフグ，クロソイ，イシガキダイといった海水魚にも寄生することが知られている（Urawa et al., 1998）．その他の沿岸性の魚に寄生している Ichthyobodo も I. necator に同定されることが多い．また，沿岸から離れた水域に生息する海水魚にも Ichthyobodo の寄生が報告されているが，I. necator に同定されうるものかははっきりしない．このように，海産魚に寄生する Ichthyobodo の分類については結論は出ていない．

3）症状・病理

寄生種の同定には問題が残されているが，寄生を受けた魚の症状や病理には基本的な差はないと考えられるので，寄生種が未同定の場合も含めて，まとめて解説する．重篤に寄生を受けた魚は摂餌せず，遊泳が不活発になる．患部は白濁するが，症状が進むと出血を伴った潰瘍を形成する．

イクチオボドは魚の鰓，鰭，体表の上皮細胞に付着盤によって寄生し，細胞口突起を差し込んで栄養を吸収する（図V-2-2）．しかし，魚種によって寄生部位は若干異なるようである．すなわち，サケでは鰓にはほとんど寄生せず（Urawa and Kusakari, 1990），ヒラメでも寄生は有眼側の体表上皮に集中し，鰓や無眼側の体表にはほとんど寄生しなかった（Urawa et al., 1991）．一方，トラフグでは体表にも鰓にも寄生がみられた（Urawa et al., 1998）．

イクチオボドの寄生を受けた上皮細胞は萎縮し，壊死する（図V-2-3）．寄生体がある種の毒素を出す可能性が指摘されているが，証明さ

図 V-2-3 サケ稚魚に寄生する Ichthyobodo necator の SEM 像．
1，体表上皮の一部に崩壊；2，広範な上皮剥離（SA）（図はいずれも Urawa, 1996）．

2. イクチオボド症

れていない（Lom and Dykova, 1992）．寄生の刺激によって周辺の上皮細胞が増生する結果，上皮は肥厚し，粘液細胞から粘液が分泌される．鰓では鰓薄板の癒着が起こる．寄生が持続すると粘液細胞は枯渇し，体表や鰭では上皮組織の配列が乱れ，終には基底膜から剥離する（図V-2-3-2）．出血も伴う．剥離が広範囲に起こると浸透圧調節不全に陥り，致命的となる．

4）疫　学

I. necator は世界に広く分布している．生存可能な温度範囲は水温 2～29℃で，増殖適温は 24～25℃とされるが（Becker, 1977），淡水域のサケ科魚における発症は 2～14℃と低い（Urawa, 1992a）．2 分裂で増殖する．偏性寄生体で，魚体を離れた虫体が新たな魚への感染源となる．被害の多くは幼稚魚に集中する．イクチオボドは水を介して魚から魚に伝播するが，湧水を用いたサケ科魚類の種苗生産施設でも発生することがある．この場合，感染経路は解明されていない（Urawa, 1992a）．

Urawa（1993）によると，サケ稚魚を淡水中で I. necator に感染させると，寄生は 6 週後にピークに達した．10 週後までの間の累積死亡率は 12.4％で，多くは回復した．一方，感染させた稚魚を 4～6 週後に海水に移すと，累積死亡率は 63～70％にも達した．血清中の塩素イオン濃度が有意に高かったことから，感染が塩分変化に対する適応を低下させたことが死因と考えられる（図V-2-4）．千歳川に放流されたサケ稚魚における寄生率は 20～34％で，河口域（塩分濃度 17～34‰）に下った後も 27～32％と依然として高かったことから，I. necator 寄生が放流種苗の減耗の原因になっている可能性が指摘されている（Urawa and Kusakari, 1990）．

イクチオボドの寄生は海産魚の種苗生産場や養殖施設においても問題になっている．季節的には冬の終わりから夏の初めにかけてで，15～25℃の水温帯で発生している（Urawa, 1992a）．かつて種苗生産場において17℃の加温水で飼育していたヒラメ稚魚（体長約 2 cm）の40％が Ichthyobodo sp. の寄生によって数日のうちに死亡した例では，病魚の体表における平均寄生密度は 3 万虫体 / mm^2 にも達した（Urawa et al., 1991）．Urawa et al.（1998）は越冬明けの網生け簀養殖トラフグに Ichthyobodo sp. が大量寄生した事例も報告している．

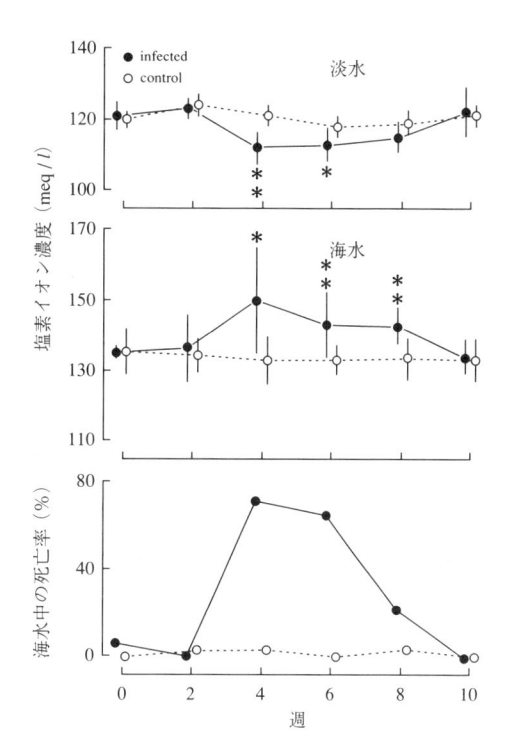

図V-2-4　淡水または海水中で Ichthyobodo necator に寄生させたサケ稚魚の血清中の塩素イオン濃度（上は淡水，中は海水）と海水中における死亡率の経時変化（Urawa., 1993）．*，対照区と比較して有意差あり（$p<0.05$）；**，同（$p<0.01$）．

5）診　断

患部のウェットマウント標本を作製し，200～400 倍で検鏡し，鞭毛をもった虫体を確認する．麻酔薬 tricaine（MS-222）を用いた効率的な虫体の採集方法も報告されている（Callahan and Noga, 2002）．

第V章 原虫病

6）対　策

　イクチオボドの寄生を受けた魚が高密度飼育などによるストレスを受けると，成長低下や大量死を起こしやすい．水槽飼育のヒラメにおいては，水槽の底に砂を敷くことによって被害を軽減できることもある．また，一度寄生から回復した魚は免疫を獲得することが知られている（Urawa, 1992b）．それに伴って寄生数も激減したことから，PAS陽性粘液細胞が生体防御に関わっていると推察されるが，詳細は検討されていない．

　感染魚に対しては，ホルマリンによる薬浴が有効で，処理後数週間以内に魚は回復する．しかし，ホルマリンの使用は食品衛生上の問題があり，環境に与える影響への懸念もあることから，養殖場での使用は禁止されている．ホルマリンに代わる有効な薬浴剤の開発が望まれる．

3. その他の鞭毛虫病
（Other flagellate diseases）

Amyloodinium ocellatum：*A. ocellatum* による寄生症は古い学名に由来するウージニウム症とも呼ばれるが，日本魚病学会ではアミルウージニウム症を用いているので，ここでもそれを踏襲する．アミルウージニウム症は古くから知られる水族館飼育の海水魚の寄生虫病である．日本においては形態に基づいた病原体の正確な同定は行われていないが，本症が日本の水族館で発生することは間違いないようである

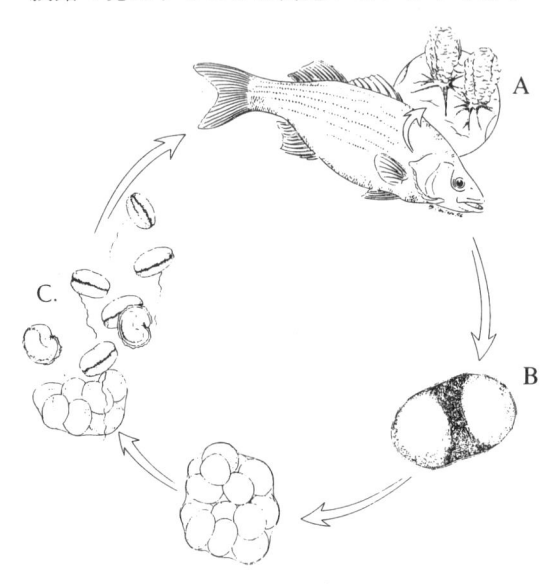

図V-3-1　*Amyloodinium ocellatum* の生活環（Noga and Levy, 1995）．A, 栄養体；B, シスト；C, 仔虫（dinospore）．

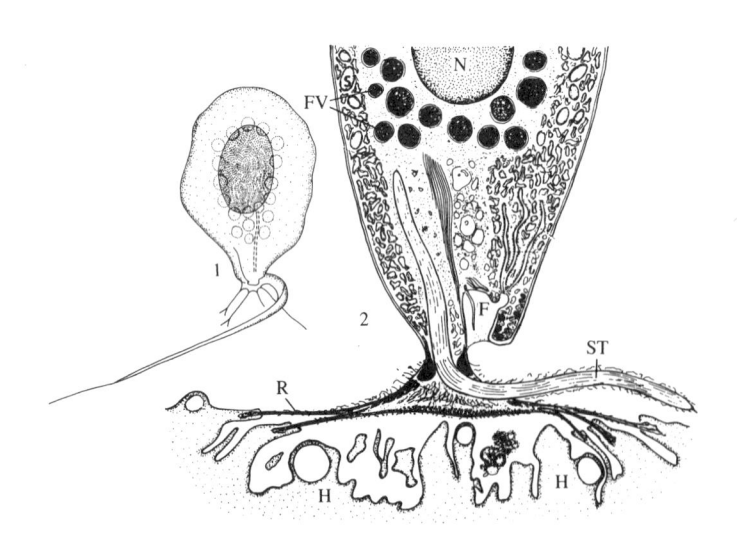

図V-3-2　*Amyloodinium ocellatum* の形態．1, 栄養体；2, 栄養体の下部の拡大図（Lom and Dykova, 1992）．F, 鞭毛；FV, 食胞；H, 宿主細胞；N, 核；R, 仮根；ST, stomopode.

図V-3-3　アユ稚魚の鰭に寄生する *Amyloodinium ocellatum*（ルゴール染色）．

3. その他の鞭毛虫病

（粟倉，1960）．一方，陸上飼育の海産魚の種苗生産場や養殖場，海面の養殖場で本症が発生したという確たる記録はないが，欧米では発生例があり，重要な疾病とされている．以下，Lom and Dykova (1992) と Noga and Levy (1995) に従って本症の要点を述べる．寄生体は魚に寄生する栄養体，魚を離れて分裂増殖するシスト，シストから遊出した魚への寄生期である仔虫 (dinospore) の 3 つの発育期から成る（図V-3-1）．栄養体は洋梨形または卵形で，最大でも 350 μm ほどの長さである．体中央に球形の核が位置する（図V-3-2-1）．一端に宿主細胞への付着盤をもち，そこから数本の仮根が出て，先端は宿主細胞に挿入される（図V-3-2-2）．そのほかに付着盤に付属した器官として，摂餌に関与しているとされる可動性の stomopode という突起が存在する．食胞内部にでん粉顆粒を有するため，栄養体はルゴール液で濃染される（図V-3-3）．色素体はもたない．十分に成長した栄養体では仮根は付着盤に吸収されて消滅し，宿主から離脱して水底で球形のシストとなる．寄生体はシスト内で 2 分裂によって最高 256 個の仔虫を産生する（図V-3-1）．分裂完了まで 25～26℃で 3 日を要した．仔虫は 2 本の不等の鞭毛をもち，長さは 8～13.5 μm ほどである．鞭毛で水中を遊泳し，宿主と遭遇すると寄生生活に入る．水中で 15 日経過すると活力が低下する．主な寄生部位は鰓，体表，鰭である．19～24℃では感染後，3～5 日で成長して脱落する．分裂増殖の至適温度は 23～27℃で，17℃未満では感染は起こらなかったという．塩分の影響については，報告によってかなりばらつきがあるが，広い塩分濃度帯で感染が可能である．すなわち，紅海においては最低で 12～20‰，最高で 50‰で感染がみられたのに対し，メキシコ湾では 2.8～45‰の範囲であった．鰓に大量寄生すると，頻繁な鰓蓋運動，食欲低下，体を器物にこすりつける行動が見られる．鰓の組織増生，炎症，出血，壊死を引き起こし，酸素欠乏によって死亡する．浸透圧調節不全や寄生虫による毒素産生も死因に関与するとする説もある．宿主特異性は低いが，魚種による感受性の違いも指摘されている．感染耐過した魚では抗体が産生され，免疫が付与される (Cobb et al., 1998)．高塩分でも増殖する魚類株化細胞を用いて A. ocellatum の in vitro 培養が可能である (Noga, 1987)．対策として，感染魚を飼育系にもち込まないこと，新しい飼育水を紫外線殺菌するなど，予防措置が第一に重要である．その他，水族館での治療には銅イオン 0.12～0.15 ppm 浴 10～14 日が有効とされるが，無脊椎動物や藻類に有害なので，使用には注意が必要である．最近，過酸化水素水 75 ppm で 30 分魚を薬浴すると栄養体が脱落したという報告がある (Montgomery-Brock et al., 2001)．

住血鞭毛虫：魚類には住血鞭毛虫も多い．単鞭毛の *Trypanosoma* については，190 種が記載されているが，分類は混乱している (Lom and Dykova, 1992)．日本ではかつて養殖ウナギに未同定の *Trypanosoma* sp. の寄生が報告されている (Hoshina and Sano, 1957) が，実害はない（図V-3-4-1）．一方，ヨーロッパではコイ，フナをはじめとするコイ科魚に寄生する *Trypanosoma carassii* (= *T. danilewskyi*) がよく知られている．魚への寄生はヒル *Piscicola geometra* と *Hemiclepsis marginata* によって媒介される．魚は溶血性の貧血を起こし，血清のタンパク質も減少する．造血組織の病理変化が著しい．不等の 2 本の鞭毛をもつ住血鞭毛虫 *Trypanoplasma* は海外において約 40 種が記載されている．*Trypanoplasma borreli* (= *T. cyprini*) はヨーロッパのコイ科魚に寄生する有害種である (Lom and Dykova, 1992)．*Trypanoplasma salmositica* (= *Cryptobia salmositica*) は北米太平洋岸のサケ科魚を初めとする多くの淡水魚の重要寄生虫である．通常はヒル *Piscicola salmositica* が魚への感染を媒介するが，魚から魚への直接伝播も知られ

第Ⅴ章　原虫病

ている．

Hexamita salmonis：*H. salmonis* は古くから淡水飼育のサケ科魚の腸管寄生鞭毛虫として知られる．虫体は卵形または洋梨形で，体長は7～14μmほどである．前方に2個の卵形の核をもつ．鞭毛は前方に4対あるが，内1対は体内を貫通する導管を通って体後端の細胞口を出て後方に伸張する（図Ⅴ-3-4-2）．魚の飼育条件が悪い場合にヘキサミタ症が発症することから，本虫の病害性は弱いといわれる．一方，きわめて類似した鞭毛虫 *Spironucleus barkhanus* が北欧の海水飼育タイセイヨウサケの内臓等に寄生した例がある（Poppe *et al.*, 1992；Sterud *et al.*, 1998）．本来はグレーリングの腸管や胆嚢に寄生するとされる（Sterud *et al.*, 1997）が，タイセイヨウサケに寄生した場合，肝臓，腎臓および体側筋に可視大の結節が見られ，結節内および血液中に無数の虫体が確認されている．培養された虫体の長さは11～20μmで，*H. salmonis* よりやや大型であった．2つの細胞口は後端中央に開くが，各細胞口は一方を三日月形隆起によってさえぎられて，互いに反対方向に向くように開口している．一方，*H. salmonis* では，細胞口には隆起は存在しない．腸管には虫体はほとんど存在しなかったことから，腸管以外の経路から感染したのではないかと考えられている（Poppe *et al.*, 1992）．野生のグレーリングが感染源として疑われている（Sterud *et al.*, 1998）．一方，カナダで海面養殖されていたマスノスケが類似の症状で死亡した例がある（Kent *et al.*, 1992）が，タイセイヨウサケ寄生のものと同じ鞭毛虫であったかどうかは未確定である．

Neoparamoeba pemaquidensis：日本では未確認であるが，1980年代後半から，北米，地中海，タスマニアなど世界各地で海水飼育されているサケ科魚やターボットなどに，「アメーバ性鰓病」（新称）(amoebic gill disease＝AGD) が流行し，深刻な問題となっている．複数種のアメーバが関与しているといわれるが，*Neoparamoeba*（=*Paramoeba*）*pemaquidensis* (Page, 1970) が主たる原因寄生体である（Kent *et al.*, 1988；Dykova *et al.*, 2000）（図Ⅴ-3-4-3）．病害性は強く，飼育魚の半数以上が死亡する場合もある．水温10.6℃以上，塩分濃度7.2‰以上と広い温度，塩分域で発生が確認されている（Clark and Nowak, 1999）．寄生体は条件性病原体で，培養することもできる（Kent *et al.*, 1988；Dykova *et al.*, 2000）．寄生を受けた魚の鰓では粘液細胞の増加，粘液分泌過多，鰓薄板の癒着が広範囲に認められる（Kent *et al.*, 1988；Zilberg and Munday, 2000）．淡水浴で

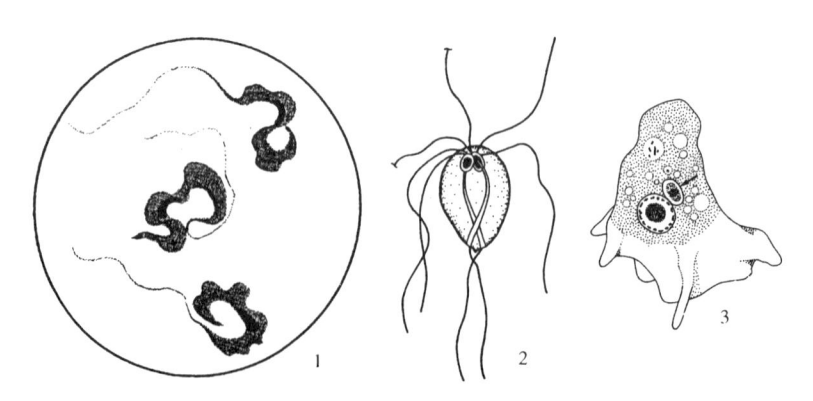

図Ⅴ-3-4　魚類寄生性の鞭毛虫数種．1，ウナギの血液に寄生する *Trypanosoma* sp.；2，サケ科魚の腸管に寄生する *Hexamita salmonis*；3，海外の海水飼育魚の鰓に寄生するアメーバ *Neoparamoeba pemaquidensis*．矢印は原虫性の共生生物（1はHoshina and Sano, 1957；2, 3はLom and Dykova, 1992）．

駆虫可能であるが，2～3時間を要する上，再感染を受ける（Findlay and Munday, 1998）．

4. 白点病（淡水・海水）
（White spot disease）

1）序

原因寄生体は魚に寄生している時，肉眼的に白い点として見えるので，白点虫と称される．淡水魚に寄生する種と汽水・海水魚に寄生する種は異なるが，いずれの種も常在性で，世界的に広く分布し，害作用が強く，宿主範囲も広いことから，魚病学的に重要な病原体として古くから研究されてきた．なかでも淡水の白点病は最もよく研究されている魚類寄生虫病の一つである．感染実験が比較的容易であるということから，宿主-寄生体の感染モデルとしても研究されている．最近は免疫学や分子生物学的手法を用いた研究も目立つ．白点病については，Lom and Dykova（1992）や Dickerson and Dawe（1995）にも詳細な記述がある．

2）原因

白点虫は繊毛虫門の少膜綱に属す．淡水魚に寄生する白点虫は *Ichthyophthirius multifiliis* Fouquet, 1876 である．4つの発育期をもつ．魚に寄生している虫体は栄養体またはトロホント（trophont）と呼ばれ，鰓，体表，鰭の上皮内に空隙を作って，そのなかで繊毛によって緩やかに回転運動をしている．アメリカナマズを使った感染実験で，まれではあるが，鰓や皮膚以外に腹腔内にも栄養体が確認される場合があった（Maki *et al.*, 2001）．栄養体はほぼ球形で，馬蹄形の大核をもつ（図V-4-1）．低水温時には直径が1 mmに達することもあるが，高水温時では0.5～0.8 mmであることが多い．上部にある口から後端に向かう多数の縦列の繊毛に覆われている．栄養体は成長するとみずから魚を離れる．この状態の虫体はトモント（tomont）と呼ばれ，水底に沈んでシストを形成する（図V-4-2）．白点虫はシストのなかで等分裂を普通10～11回繰り返し，仔虫（トーマイト tomite）を産生する．シストから遊出してきた虫体をセロント（theront）という（図V-4-2）．魚への感染期である．セロントは宿主の体表中に含まれるアミノ酸や糖タンパク質などに反応して組織に侵入すると思われる（Haas *et al.*, 1999）．なお，ごく最近まで遊出虫体をトーマイトとしている論文が多かったが，ここではすべてセロントと読み替えて記述した．

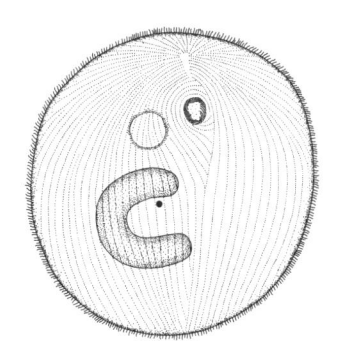

図V-4-1 白点虫 *Ichthyophthirius multifiliis* の栄養体（図は Lom and Dykova, 1992）．

図V-4-2 白点虫 *Ichthyophthirius multifiliis* のシスト内の分裂（1-4）とセロント（5, 6）（図は江草周三, 1989）．

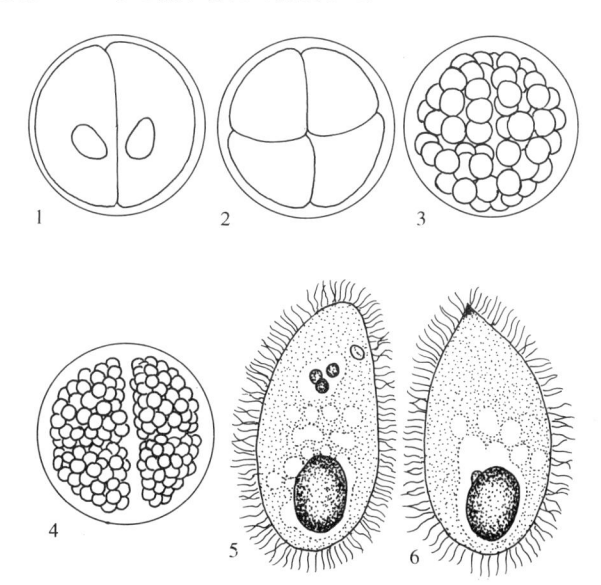

I. multifiliis の生活環が 1 回転するのに要する日数, 虫体の大きさ, 産生されるトーマイトの数は水温に強く影響される (Lom and Dykova, 1992). 栄養体は 2～3℃以下, または 30℃以上では発育しない. 魚体で十分成長するには 7℃で 20 日, 13～15℃で 12 日, 18～20℃で 7 日, 23～24℃で 3～6 日を要した. トモントがトーマイトを産生するのに, 4～5℃では 6 日を要したのに対し, 15℃では 28～30 時間, 23～24℃では 9～13 時間であった. また, 4～5℃で産生されたトーマイトは体長 60 μm と大きいものの, 100 虫ほどと少なかったのに対し, 25℃では 20 μm の虫体を最高で 3,000 虫も産生した. 23～24℃では 34% のセロントが感染性を保持していたが, 20 時間後では 1% 以下となった.

増殖するのは主に魚体を離れてからであるが, 魚体に寄生している時も 2 分裂で増えるとする説もある (Ewing et al., 1988). また, 無性的に分裂増殖するだけでなく, 魚に寄生する栄養体のときに有性生殖をしている可能性があるが (Matthews et al., 1996), 完全には証明されていない.

I. multifiliis の培養も試みられている (Nielsen and Buchmann, 2000) が, まだすべての発育段階の培養には成功していない. 人工培地 (E-MEM または L-15) や EPC 細胞を用いた培養では, いずれもセロントが栄養体に変態した. また, EPC 細胞の上に人工膜 (Anopore Tissue Culture Insert) を敷くと細胞への付着や成長が改善された. また, 宿主の粘液や血漿を添加しても成長がよくなった.

一方, 海水魚に寄生する白点虫も知られている (図 V-4-3, 口絵参照). 学名を *Cryptocaryon irritans* Brown, 1951 (= *Ichthyophthirius marinus* Sikama, 1961) という. 四竈 (1937) は海水水族館の魚に淡水魚の白点病とよく似ているが, 原因種の異なる疾病を世界で初めて記載し, 鹹水性白点病と名づけた. しかし残念なことに, 新種として記載したのが遅れたため, 彼の提案した *Ichthyophthirius marinus* という学名は使われていない. これまでに 100 種を超える魚種が宿主として記録されている (四竈, 1937; Wilkie and Gordon, 1969). 発育期を 4 つもつ点は *I. multifiliis* と同様である. 栄養体は卵形で, 最大で長径 450 μm まで成長する (図 V-4-4). それぞれが密に接した楕円形の大核が 4 つある.

ヨーロッパヘダイを用いた *C. irritans* の生活環に関する実験 (水温 24±1℃) では, 栄養体として魚体内に 3～7 日 (ピーク 4～5 日), シスト形成後, 仔虫の産生からセロントの放出ま

図 V-4-3 マダイ稚魚の白点病.

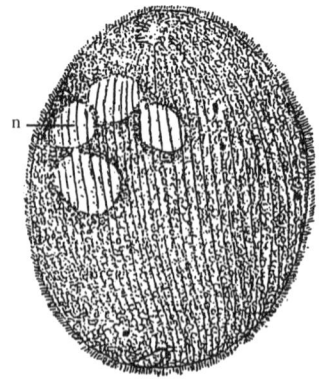

図 V-4-4 海水魚に寄生する白点虫 *Cryptocaryon irritans* の栄養体 (図は江草周三, 1989). n, 大核.

4. 白点病（淡水・海水）

で3〜28日（ピーク6±2日），セロントの寿命は1〜2日という結果であった（Colorni, 1985）。シスト内の産生仔虫数は最高で200虫と少ないことと，仔虫産生に多くの日数を要する点で I. multifiliis と異なる。一方，海水馴致したブラックモリーを用いた実験では，魚への寄生期間はもっと限定的で，25℃と28℃では3〜4日，31℃では3日であった（Yoshinaga, 2001）。

セロントの感染力は遊出後，かなり短時間のうちに失われる。遊出3.5時間以内のセロントの67.2%がブラックモリーに感染することができたが，6時間後では4%以下と，急速に感染性を失った（Yoshinaga and Dickerson, 1994）。ボラの一種 Chelon labrosus を用いた結果もほぼ同様で，感染力は遊出4時間後までは維持されるが，その後は急速に低下し，18時間後には完全に失われた（Burges and Matthews, 1994a）。

ボラの一種 C. labrosus を用い，12時間明-12時間暗の光条件下で行った感染実験では，栄養体の宿主からの離脱やシスト形成は暗期にのみ起こった（Burges and Matthews, 1994b）。一時的に明期と暗期を逆転させると，離脱は明期に起こったことから，内在的な日周リズムが介在していると考えられる。異なる時刻に回収したトモントを暗所に保持したところ，セロントの遊出は午前2時から9時に集中した（Yoshinaga and Dickerson, 1994）。この現象も C. irritans の発育に内在的日周リズムが存在することを示唆している。

C. irritans の外観や寄生様式は I. multifiliis に似るが，シスト内で不等分裂によってトーマイトを産生すること（図V-4-5）や分類上重要な口の構造が異なる。18S rRNA 遺伝子の一部を用いて作成した分子系統樹においても I. multifiliis とは類縁関係が遠いことが示唆されているが（Diggles and Adlard, 1995），分類学的位置は未確定である（Lom and Dykova, 1992）。また，世界中から株を集めると，互いに遺伝子や大きさ，発育速度に差がみられることから，Diggles and Adlard（1997）は C. irritans を4型に分けている。魚への侵襲力に株間で差があるかどうかは明らかでない。

最近，低水温期に韓国の養殖ヒラメに寄生するとの報告があったが（Jee et al., 2000），同じものは既に日本の養成ヒラメでも報告されている（良永知義ら；平成5年度日本水産学会春季大会口頭発表）。この種は C. irritans とは別種の繊毛虫であるが，分類が確定していない。

3）症状・病理

I. multifiliis に感染した初期には魚は物に体をこすりつけたり，時折急激に泳いだりと遊泳に異常がみられることがある。感染が進むと，逆に遊泳が不活発になる。重篤になると，水底に沈んで動かなくなる，鰓蓋の動きが速まる，餌を摂らないなどの行動異常が認められる場合がある。外観症状としては体表や鰭の白点が特徴的であるが，栄養体の寄生が体表面にはほとんど認められず，鰓に集中する場合もある。粘液の分泌も亢進する。重篤な場合は上皮が剥離するため，体表に潰瘍が形成されたり，鰭条間の

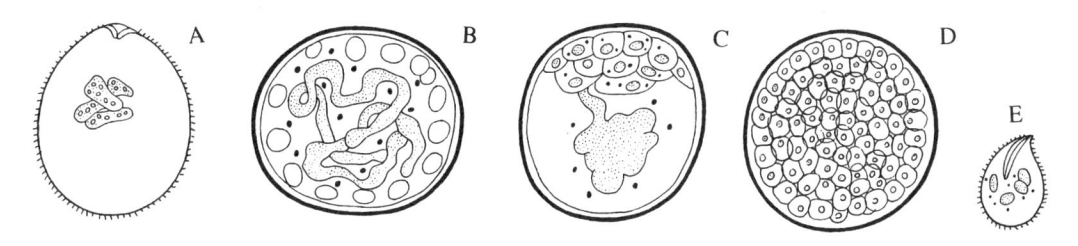

図V-4-5 *Cryptocaryon irritans* の栄養体（A），シスト内の分裂（B-D），セロント（E）（図は Lom and Dykova, 1992）。

第V章 原虫病

組織が崩壊するため，鰭が箒状になったりする．

I. multifiliis 寄生による病理組織学的変化については，種々の淡水魚を用いて研究した Ventura and Paperna（1985）の結果を中心に述べる．病理変化は魚種間でより，むしろ同種でも個体間で差が大きかった．体表では栄養体は上皮基底膜の直上に位置した．軽度感染では栄養体と接触する細胞には，繊毛運動に起因すると考えられる膨潤や壊死がみられた．栄養体はこうした壊れた細胞を取り込むとされる．重度感染や再感染の場合，上皮細胞と粘液細胞の増生が顕著となり，上皮は肥厚した（Hines and Spira, 1974a）．好中球，好酸球，リンパ球の浸潤もみられた．虫体は増生した組織によって囲まれた空洞内で成長を続けた．周囲に広範に壊死が起こる結果，組織は融解して剥離し，終には基底膜が露出した．この状態に至ると浸透圧に重大な影響を与える．鰓では栄養体は鰓薄板間の上皮基底膜上に位置した（図V-4-6，V-4-7）．上皮増生は虫体周辺にとどまらず，鰓薄板全体に及ぶ結果，鰓薄板は完全に癒着し，棍棒化した（Hines and Spira, 1974a）．増生した組織中には粘液細胞の占める割合が高く，その他に塩類細胞も含まれていた．鰓においても増生細胞の壊死は顕著で，呼吸に甚大な影響を与えると考えられる．

C. irritans 感染における外観症状や病理変化は *I. multifiliis* の場合と基本的に同じと考えられる（Dickerson and Dawe, 1995）．

キンギョに *I. multifiliis* が寄生して 2 日後には血漿中の Cl^- が減少した．それに伴って鰓の塩類細胞が増加したことから，塩類細胞は流失したイオンを補っているものと考えられる（Tumbol et al., 2001）．

I. multifiliis に対する感受性には魚の品種や系群間で差があることが報告されている．コイは品種によって *I. multifiliis* に対する感受性に差が認められた（Price and Clayton, 1999）．また，rainbowfish（*Melanontaenia eachamensis*）では，感受性の高い系群と低い系群を用いて作出した F1 の感受性は中間型であった（Gleeson et al., 2000）．寄生虫の側にも由来によってビルレンスに差があることがコイの *I. multifiliis* に対する感染実験によって示された（Price and Clayton, 1999）．

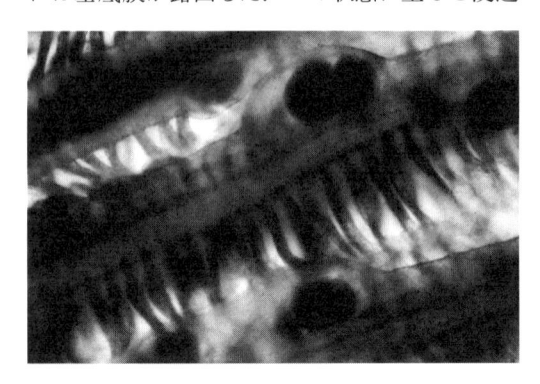

図V-4-6 *Ichthyophthirius multifiliis* が寄生したウナギの鰓（写真提供：江草周三氏）．

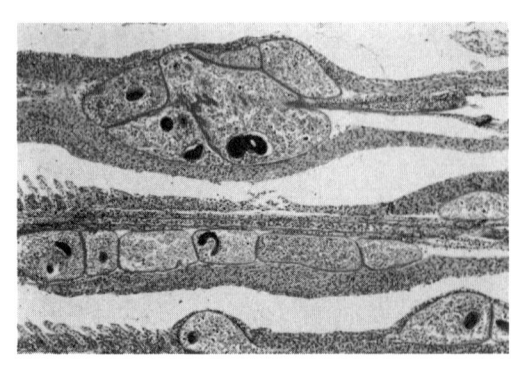

図V-4-7 *Ichthyophthirius multifiliis* が寄生したコイの鰓組織（写真提供：江草周三氏）．Hematoxylin-eosin 染色．

4）疫　学

一般に寄生虫は宿主が死亡すると自らも早晩死ぬ運命にある．しかし白点虫の栄養体は宿主の死後，魚を離れてシストを形成することができる．*I. multifiliis* に大量に寄生を受けた魚が死ぬと，栄養体は一斉に宿主を離れ分裂増殖し，翌日のほぼ同時期にセロントが放出される．この場合，感染が一時に重篤に起こる可能性がある．

白点病の流行に関わる最大の要因は水温であ

4. 白点病（淡水・海水）

る（Dickerson and Dawe, 1995）. *I. multifiliis* は広い温度帯で発育可能であるが，実際の流行は 20℃以下の比較的低水温期に多い（江草，1978）．また，流行は宿主側の要因，すなわち，免疫獲得の有無（後述）やストレス（低酸素や過密飼育など）によっても影響を受ける（Dickerson and Dawe, 1995）. *I. multifiliis* で免疫したコイに副腎皮質ホルモンを接種して人為的にストレス状態にすると，白点虫に対する高い抗体価を保持していても，攻撃試験で死亡した（Houghton and Matthews, 1990）．

白点病は天然水域でも発生することがある．1994～95 年，カナダの一部の河川に遡上したベニザケが *I. multifiliis* の寄生によって最高で 80% 死亡した．産卵場の下流で数週間，高密度に滞留していたことや産卵期のストレスが原因で，もともと河川に生息していた魚が感染源となって流行が起こったと推定されている（Traxler *et al.*, 1998）．しかし，流行は翌年には起こらなかったこと，1995 年には別の場所でも発生したことから，天然域における白点病の流行には他に未知の要因があることが推察される．

C. irritans による白点病の流行は，比較的高水温時に水族館の循環水槽や陸上飼育水槽など，閉鎖的な環境で発生するが（江草，1988），水温が 19℃ を下回ると病気は発生しないという（Wilkie and Gordon, 1969）．セロントの遊出は 30℃ で最も盛んで，7℃ と 37℃ ではシストを形成することはあっても，セロントは遊出しなかった（Cheung *et al.*, 1979）．31℃ までは *C. irritans* は正常に発育し，高水温ほど発育が速かったのに対し，34℃ では魚体内で発育しなかったことから，Yoshinaga（2001）は 31℃ が *C. irritans* の発育至適温度であるとしている．

一方，近年では，沿岸域の網生け簀養殖場にも発生し，マダイなどでしばしば大量死を引き起こしている（Yoshinaga, 2001）．興味あることに，夏の高水温時（約 30℃）よりも，水温が低下する秋や台風通過後に大きな発生があるのが特徴である．虫体のシストを低溶存酸素下で培養すると，仔虫の産生が抑制されたが，飼育水を高溶存酸素にすると発育が進み，セロントが遊出した（Yoshinaga, 2001）．このことから，水温低下や台風による水の攪乱によって，夏期に形成された躍層が崩れ，貧酸素であった底層に溶存酸素濃度の高い水塊が侵入することによって，*C. irritans* の発育が促進され，セロントが大発生する引き金になるのではないかという仮説が提唱されている（Yoshinaga, 2001）．

I. multifiliis の感染を耐過した魚は，完全ではないものの免疫を獲得することは古くから知られている．コイでは少なくとも 8ヶ月は免疫が持続した（Hines and Spira, 1974b）．テラピア *Oreochromis aureus* では免疫が母から子に伝達されることが示された．すなわち，テラピアに *I. multifiliis* のセロントを接種して免疫すると，その卵由来の仔魚はセロントの攻撃に対し，ある程度の，また，孵化後に口内保育されていた仔魚は，さらに高い防御能を示した（Sin *et al.*, 1994）．一方，非免疫魚に同様な攻撃実験を行うと，卵由来の仔魚はすべて死亡したのに対し，保育仔魚ではわずかながら防御能を示した．仔魚にみられた免疫は卵から，および保育中の親から伝わると考えられる．*I. multifiliis* の感染に耐過して免疫を獲得したアメリカナマズを非免疫魚と同居させると，免疫魚と同居しなかった対照魚と比べて，非免疫魚の寄生数は著しく少なかった（Xu *et al.*, 2003）．飼育水中には *I. multifiliis* に対する抗体が検出されたことから，免疫魚は皮膚に存在する抗体を水中に放出していることが明らかになった．

自然感染によって免疫を獲得したコイに *I. multifiliis* のセロントを感染させると，侵入虫体数は免疫されていないコイと差はなかったが，免疫魚では大部分の虫体が 2 時間以内に魚組織を離脱した（Cross and Matthews, 1992）．虫体の侵入部位に細胞浸潤が確認されたのは，実験開始 1～2 日後で，5 日後にピークに達し

た．浸潤細胞はマクロファージが優占した．侵入したセロントが宿主の免疫系細胞の反応が活発になる前に魚を離脱したことから，体液成分が虫体の離脱に重要な役割をしていると考えられる．同様に，自然感染によって免疫を獲得したコイにセロントを感染させると，大部分の虫体は2時間以内に魚組織を離脱したが，一部の離脱虫体は別の魚に再度侵入する能力を残していた（Wahli and Matthews, 1999）．

免疫を獲得したコイの血清中にセロントを入れると，繊毛運動を停止した．体表粘液中にも血清ほどではないものの，同様の作用が認められた（Hines and Spira, 1974b）．また，これらのコイの血清や粘液中には *I. multifiliis* に対する抗体が含まれていることも確認された．

I. multifiliis に感染したアメリカナマズの血清はセロントの繊毛と特異的に反応した．さらに繊毛を膜と軸糸成分に分画すると，血清は膜分画と反応した（Clark et al., 1988）．繊毛運動停止に関わる抗原（immobilization antigenの頭文字から，i-抗原と呼ばれる）は虫体繊毛の膜タンパク質が主なものとされる．また，水中に溶出するタイプで，抗原的には膜タンパク質抗原と区別できない i-抗原も存在する（Xu et al., 1995）．現在までに i-抗原には 3 つの血清型が存在することが明らかにされている（Dickerson et al., 1993）．そのうちの 2 血清型について，おのおのの型の白点虫で免疫したアメリカナマズは別の血清型の白点虫に対しても防御効果があった（Leff et al., 1994）．最近，この抗原タンパク質は GPI アンカー型タンパク質であることが明らかになった（Clark et al., 2001）．すなわち，抗原は糖脂質の一種，GPI（glycosyl-phosphatidylinositol グリコシルホスファチジルイノシトール）によって細胞膜に結合した形で存在している．

量的には少ないが，抗体は粘液中にも存在している（Dickerson and Dawe, 1995）．i-抗原に対するネズミモノクローナル抗体を作製し，アメリカナマズに接種したところ，顕著な防御効果が認められた（Lin et al., 1996）．このことは，ネズミ抗体が体表に移動することを示している（Dickerson and Dawe, 1995）．しかし，興味あることに魚に作らせた抗体を接種しても防御効果はなかったことから，魚の抗体は体表に移動しにくいのかもしれない（Dickerson and Dawe, 1995）．ネズミの抗体で受動免疫を施した魚に攻撃実験をすると，虫体は魚に侵入後，速やかに魚を離脱した．離脱虫体の繊毛には抗体が結合していることが確認された（Clark et al., 1996）．

一方，白点虫も特殊な物質を分泌して宿主の攻撃から逃れる機構をもっていると思われる．免疫を獲得したコイの血清に in vitro で作用させた栄養体は繊毛運動を停止し，ゼラチン様物質で覆われた．これは虫体の粘液胞（mucocyst）から放出された物質と考えられる．興味あることに，抗体は繊毛とは結合していなかった．したがって，ゼラチン様物質が繊毛運動停止の原因で，この物質が抗体が繊毛の抗原と結合するのを妨げる役割をしているのかもしれない（Cross, 1993）．

上述のように，ストレス状態にあるコイは *I. multifiliis* に対する高い抗体価を保持していても，攻撃試験で死亡した（Houghton and Matthews, 1990）．このことは *I. multifiliis* に対する魚類の防御反応には細胞性免疫も関与していることを示唆する．セロントを腹腔内注射して免疫したキンギョにセロントを皮内接種すると，血液や粘液中の抗体価の上昇のみならず，接種部位に顕著な単核の白血球の浸潤が認められた（Sin et al., 1996）．非免疫魚には目立った白血球浸潤はみられなかったことから，体液性免疫とともに細胞性免疫が白点虫に対する免疫反応に関与していると考えられる．

感染歴のないコイに *I. multifiliis* を感染させると，1～2 日後には好中球が，3日目以降に好酸球や好塩基球が浸潤した．一方，*I. multifiliis*

で免疫したコイに攻撃試験をすると，初期の好中球浸潤は同じだが，後にはエオシン好性顆粒をもつ白血球（eosinophilic granular cell＝EGC）と好塩基球が浸潤してきた（Cross and Matthews, 1993）．EGC が脱顆粒して皮膚血管の透過性を高める可能性が指摘されている．EGC は免疫魚にのみ認められたことから，何らかの免疫反応に関わると考えられるが，詳しい機能は不明である．

白点病には非特異的防御も関与していることが示唆されている．すなわち，*I. multifiliis* で免疫したコイの頭腎白血球は非免疫魚に比べ，有意に非特異的貪食活性が高かった（Cross and Matthews, 1993）．また，単生類 *Gyrodactylus derjavini* で免疫されたニジマスは *I. multifiliis* 寄生に対しても防御効果を示した（Buchmann et al., 1999）．補体などの因子が白点虫の感染防御に関わっている可能性があるとされる．ブラウントラウトの眼球表面を除く体表上皮中にはチオニン陽性細胞（おそらくは肥満細胞）が分布している．*I. multifiliis* に感染させると，7 日後には陽性細胞数は有意に減少し，その後の 9 日間でまったく認められなくなった．感染によってチオニン陽性細胞に脱顆粒が起こったためと考えられる（Sigh and Buchmann, 2000）．

免疫の獲得は *C. irritans* による白点病でも知られている．ボラの一種 *Chelon labrosus* を用いた実験では，完全ではなかったが，寄生強度に比例した免疫が形成され，それは 6 ヶ月維持された（Burges and Matthews, 1995）．また，海水馴致した mummichog（*Fundulus heteroclitus*）を用いた感染実験でも，魚は免疫を獲得し，虫体の繊毛運動を停止させる抗体を産生した（Yoshinaga and Nakazoe, 1997b）．

5）診　断

外観症状のところで述べたように，診断はまず，虫体の確認が基本である．魚体外表面の白点は，粘液胞子虫のシストや *Amyloodinium ocellatum* とも一見類似する．しかし，直接検鏡すれば，白点虫では繊毛運動が確認されるので，これらとは容易に区別される．遊泳の異常，粘液の分泌亢進，重篤な場合の上皮剥離は他の感染症でもみられることに留意する．

6）対　策

感染環の遮断は寄生虫対策の基本である．前述のように，重篤寄生魚が死ぬと，栄養体が宿主をいっせいに離脱し，大量のセロントを産生する．そのため，感染が一気に拡大する可能性がある．したがって，重篤寄生魚を取り除くことは感染を予防する上で大切なことである．

I. multifiliis に感染した鑑賞魚では，水槽を毎日交換することを 5～7 日間続けるのは有効である（Dickerson and Dawe, 1995）．この方法でセロントによる再感染を防ぐことができる．循環水槽では飼育水の紫外線照射（毎秒 91,900μW/cm^2）も有効とされる（Gratzek et al., 1983）．セロントは高水温で殺すこともできる．感染魚を 29～30℃で 1 週間飼育すると駆虫できるという（Dickerson and Dawe, 1995）．

化学療法としては，まず塩水浴があげられる．0.7～2％の食塩水中で魚を飼育する（Kabata, 1985）．期間は長くても 1 週間とされる．この方法には即効性はないが，感染によって失われたナトリウムイオンを補充し，浸透圧調節を助けるという利点もある．観賞魚用にはメチレンブルー，過マンガン酸カリ，ホルマリン，水性二酸化塩素などによる薬浴があるが，養殖魚に対しては使えない．経口投与法としては，マダイの白点病に対して塩化リゾチームが水産薬として認可されている．また，ビタミンCを経口投与したニジマスに *I. multifiliis* の攻撃試験をすると，死亡率が非投与群に比べて有意に低かった（Wahli et al., 1995）．塩化リゾチームやビタミンC は非特異的生体防御能を高めるものと思われる．マダイの白点虫感染に対しては，

第V章　原虫病

天然物の経口投与が有効であったとする報告もある．ラクトフェリンを40 mg/kg体重/日の割合で投与すると，28日の実験期間中，感染はみられなかったのに対し，無添加飼料を与えた魚では大半が死亡したという（角田・黒倉，1995）．カプリル酸を75 mg/kg体重/日の割合でマダイに経口投与した後，24℃で *C. irritans* のセロントで攻撃すると寄生数は投与区で有意に少なかった（Hirazawa *et al.*, 2001）．

C. irritans は低塩分には比較的弱い．すなわち，トモントのシスト形成は塩分濃度15‰以上，仔虫の産生は25‰以上でのみ観察され，セロントの出現は25‰では大幅に遅れた（Colorni, 1985）．この性質を利用して，水槽内での感染には，3時間の低塩水浴（塩分10‰）を3日おきに4回行うことが有効という（Colorni, 1987）．また，単に白点虫フリーの海水の水槽に魚を3日おきに4回移し換えるのも同様に有効としている．こうした方法で効果を上げるために，虫体の離脱の時刻（Burges and Matthews, 1994b）を考慮した浸漬や水槽換えを行うべきであろう．*I. multifiliis* の場合とは処理の間隔が異なるのは，ステージごとの発育速度が異なるためである．この他に観賞魚には，飼育水に硫酸銅を0.5～1.0 ppmになるように加える方法があるが，効果が現れるのが遅い上に，海水から炭酸マグネシウムが沈殿するという欠点がある（Colorni, 1987）．

網生け簀で養殖されている海産魚における白点病対策で，最も重要なことは感染の早期発見である．診断は体表の栄養体を確認することであるが，肉眼で白点虫として確認できるのは夕刻から早朝の時間帯に限られる（良永，1998）（図V-4-8）．早期発見のためにはこの点に留意しておく必要がある．白点病が発生した場合，最も有効な対応は生け簀ごと魚を海水交換のよい水域に移動させることである．この処置は病魚の呼吸を助けるという効果のほかに，再感染を防ぐ意味もある．

I. multifiliis 虫体や他の繊毛虫をワクチンに応用しようとする試みは1980年代から行われている．培養された繊毛虫 *Tetrahymena pyriformis* の繊毛をアメリカナマズに腹腔内接種したところ，*I. multifiliis* の攻撃試験に対し，防御効果を示した（Goven *et al.*, 1980）．また，ニジマスを別種の繊毛虫 *Tetrahymena thermophila* の繊毛懸濁液に浸漬したところ，同様な効果が認められた（Wolf and Markiw, 1982）．さらに，*I. multifiliis* のセロントや *T. pyriformis* 懸濁液の浸漬または接種によって，キンギョは *I. multifiliis* に免疫を獲得したのみならず，*Ichthyobodo necator*, *Chilodonella piscicola*（＝*C. cyprini*），*Trichodina* sp.といった他の原虫感染にも有効であったという報告もある（Ling *et al.*, 1993）．しかし，同様な処理で効果が認められなかったという事例も多い（Dickerson *et al.*, 1984 など）．*T. thermophila* の繊毛に対し，白点虫に免疫を獲得したアメリカナマズの血清が反応しなかったという（Clark *et al.*, 1988）．今のところ，培養可能な繊毛虫

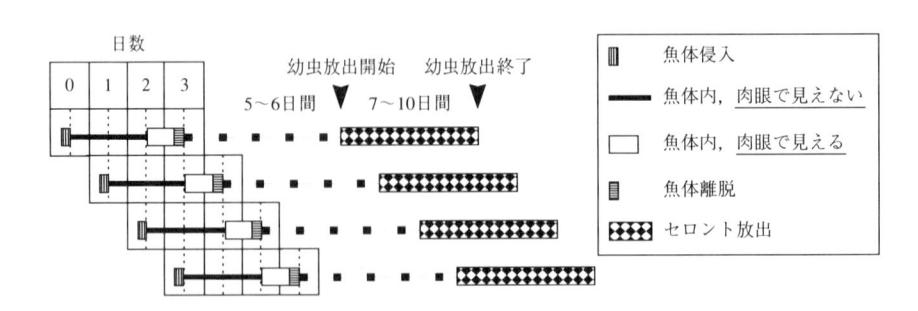

図V-4-8　*Cryptocaryon irritans* における感染の日周性（良永，1998）．

の繊毛を抗原としたワクチンの実用化の目途は立っていない．

 I. multifiliis のセロントをアメリカナマズに腹腔内接種すると免疫が付与されるが，そのメカニズムは不明である（Burkart et al., 1990）．一方，T. pyriformis を腹腔内接種したコイに I. multifiliis の攻撃試験をしたが，防御効果は認められなかった（Houghton et al., 1992）．コイ，ウサギ，ネズミの抗 T. pyriformis 血清は白点虫の抗原を認識しなかった．

 組換え DNA ワクチンを作製する試みもある．I. multifiliis の i-抗原をコードする遺伝子のうちの 316 塩基対をもとに大腸菌に i-抗原・グルタチオン S-トランスフェラーゼ融合体タンパク質を合成させた（He et al., 1997）．このタンパク質の抗血清はトーマイトの 48 kDa タンパク質と反応した．感染歴のないキンギョをこの合成タンパク質で免疫すると白点病に対して抵抗性を示した．また，繊毛虫類はコドン表が他の生物と異なる部分があることから，i-抗原タンパク質を大腸菌などで発現することができなかった．Lin et al.（2002）は Assembly PCR を用いて i-抗原遺伝子を繊毛虫以外の生物にも翻訳ができるように改変し，大腸菌や哺乳類由来細胞 COS-7 に発現させた．また，この合成遺伝子を組み込んだプラスミドをアメリカナマズに接種したところ，i-抗原に対する抗体が産生された．将来，これらの組換え DNA ワクチンが I. multifiliis 感染の対策に応用できる可能性が示された．

5. トリコジナ症
（Trichodinosis）

1）序
 トリコジナ類は繊毛虫門の少膜綱運動目トリ

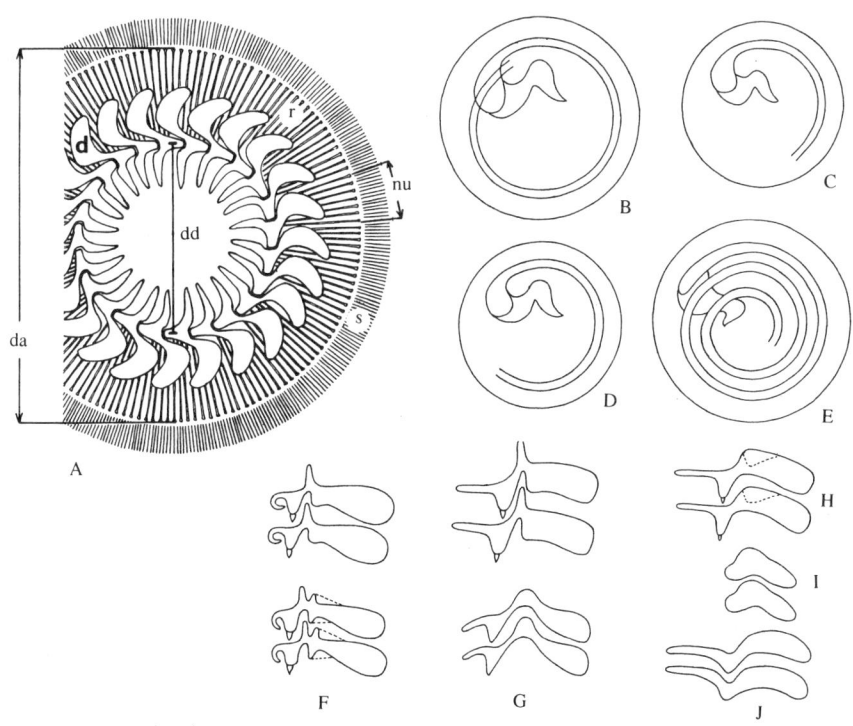

図V-5-1 トリコジナ科の代表的な6属の形態的特徴（Lom and Dykova, 1992 を改変）．
歯状体環の各部の名称（A）は歯状体（d），歯状体環（直径 dd），付着盤（直径 da），放射条線（r），歯状体 1 枚当たりの放射条線の数（nu），縁膜の線状模様（s）；周口域の繊毛帯は Trichodina では約 360°（B），Trichodinella では約 180°（C），Tripartiella と Paratrichodina では約 270°（D），Vauchomia renicola では 2 回転と 1/5（E）；歯状体は Trichodina（A），Trichodinella（F），Tripartiella（G），Paratrichodina incissa（H），Dipartiella（I），Vauchomia（J）．

コジナ科に属し，魚類寄生性のものは，周口域の繊毛帯と虫体下面の歯状体環の形状によって7属に分類される（Lom and Dykova, 1992）（図V-5-1）．日本では分類学的研究は十分に行われておらず，これまで記載された種はすべて Trichodina 属のものである．ドーム型で，下面の付着盤中央の歯状体環と周囲の繊毛によって魚の組織表面に着生する．鰓や体表に寄生するものが大部分であるが，消化管，尿管，生殖管内壁に寄生するものもある．口は上面に開き，周口域の繊毛の運動によって宿主の細胞残渣や細菌などを取り込む．宿主組織を直接摂取するわけではないので，厳密な意味で寄生虫ではない．

Tripartiella 属は小型のトリコジナ類で，歯状体の中心に向かう突起が鉤状に曲がっているのが特徴である．Tripartiella epizootica は，歯状体環の直径は13～47μm，分布はほぼ世界的で，90種ほどの淡水魚から記録されている（Lom and Dykova, 1992）．ストレスを受けた魚の上でしばしば大増殖するため，有害種とされる．

2）原　因

Trichodina 属は100種を超える魚類から記録されている（Lom and Dykova, 1992）．しかし，国内では同定されたものは，以下の数種に留まる．Trichodina reticulata はキンギョとコイの体表，鰭，鰓に寄生する（Ahmed, 1977）．歯状体環の直径は 50～90μm であった．ウナギの鰓には Trichodina japonica, Trichodina acuta, Trichodina jadranica の3種が寄生する（Imai et al., 1991）．歯状体環の直径（それぞれ9～15μm, 16～20μm, 18～29μm）や歯状体環の形態で区別可能であった．サケ稚魚の体表には Trichodina truttae が寄生する（Urawa and Arthur, 1991）（図V-5-2）．歯状体環の直径は81～125μmと大型のトリコジナである．北海道の孵化場の調査では，カラフトマス，ヤマメ，ベニザケには寄生していなかったことから，宿主特異性が高い寄生虫のように思われる（Urawa, 1992c）．

ヒラメ，マダイなど，多くの海産魚にもトリコジナ類が寄生するがほとんどは未同定のままである．養殖トラフグの鰓には Trichodina fugu と T. jadranica が寄生する（Imai et al., 1997）．T. fugu は歯状体環の直径は 28～48μm で，歯状体が非常に細長いのが特徴である．T. jadranica は淡水魚からも報告されている種である．ブリには T. jadranica とそれとよく似ているがやや大型の T. sp. が寄生する（松本哲・今井壮一・畑井喜司雄：養殖ブリ稚魚の鰓に見られた寄生繊毛虫，原生動物学雑誌，28, 63-64, 1995；日本原生動物学会大会講演要旨）．

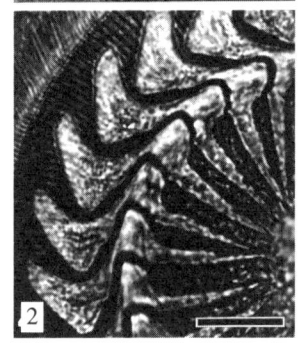

図V-5-2　サケ稚魚に寄生する Trichodina truttae. 1, 塗銀染色標本；2, 1の拡大（図は Urawa and Arthur, 1991）．（スケールは1が20μm, 2が10μm）

3）症状・病理

寄生を受けても通常は外観的には無症状であるため，害作用に関する記載はほとんどない．一方，魚種によってはトリコジナは常在的な寄生虫のようである．養殖トラフグを周年にわたり調査したところ，常にトリコジナの寄生を受けていた（Ogawa and Inouye, 1997）．何らか

の原因で生体防御能が低下した魚ではトリコジナは大繁殖し，寄生した上皮を著しく損傷することが知られている．そうした魚では粘液が多量に分泌され，上皮も剥離し，衰弱が進む(Lom and Dykova, 1992)．したがって，トリコジナは一般的には条件性病原体といえる．

平均体重 0.78 g のサケ稚魚を *T. truttae* の寄生したサケと同居感染させた場合，実験魚に明らかな害作用を与えた (Urawa, 1992c)．すなわち，実験開始 3 週後には寄生数は平均で 5,000 個体を超え，魚はしばしば急激な遊泳や飛び跳ね行動を示した．6 週後には寄生はほぼ終息したが，その間の累積死亡率は 56 % に達した．*Ichthyobodo necator* 寄生の場合と異なり，トリコジナ寄生は宿主の成長や海水適応能力には特に影響はみられなかった．

4）疫　　学

トリコジナ症は稚魚やストレスを受けた魚に発生しやすい (Lom and Dykova, 1992)．トリコジナ寄生の流行に関しては，養殖トラフグでは，寄生に季節性は認められなかった (Ogawa and Inouye, 1997)．また，春先に冬の低水温のストレスを受けた魚に発生することもあるという (Lom and Dykova, 1992)．

5）診　　断

トリコジナの検出は通常，鰓や体表の粘液を検鏡して行う．虫体は一般に直径数 10～100 μm ほどの大きさである．種までの同定は歯状体の形や数，歯状突起環の大きさ，周口域の繊毛帯の形状などによって行う．

6）対　　策

稚魚の場合，感染源となる大型魚からの隔離が重要な予防策になるであろう．条件性病原体なので，飼育魚のストレスを軽減することや，流水飼育魚の場合は換水率を上げると効果がある．薬浴剤は開発されていない．また，サケ稚魚に *T. truttae* を寄生させた実験では，未感染魚の皮膚上皮の粘液細胞は PAS 反応陰性であったのに対し，回復魚の粘液細胞は PAS 反応陽性の内容物に置き換わっていた (Urawa, 1992c)．粘液の成分の変化によって寄生を排除したと思われる．詳細は今後の研究に待つが，回復魚が免疫を獲得する事例として興味深い．

6．キロドネラ症
（Chilodonellosis）

1）序

コイ科魚やサケ科魚の冬から春にかけての外部寄生虫症としてよく知られている．慢性的な病気であるが，放置すると，特に稚魚では被害が大きくなる恐れがある．

2）原　　因

原因寄生体は繊毛虫門のキネトフラグミノフォーラ綱キロドネラ科の *Chilodonella piscicola* (Zacharias, 1894) Jankovsky, 1980 (= *C. cyprini*) である．宿主特異性は低く，多くの淡水魚の鰓や体表に寄生する．Lom and Dykova (1992) によると，虫体の測定値は 30～80×20～62 μm と報告者によって大きな幅があるが，普通は長さ 60 μm ほどである．虫体（図 V-6-1）は扁平で不相称な卵形を呈し，腹面は中央が窪むがほぼ平坦，背面はやや膨らむ．後端部は V 字型の切れ込みがある．腹面には体縁に沿って右側 8～11，左側 12～13 の繊毛列がある．細胞口は腹面前部にあり，表面にやや突出した簗（やな）器の先端に開口している．口周辺に摂餌用に特化した繊毛などはもたない．体のほぼ中央に楕円形の大核，それに付随して 1 個の小核を有する．右側繊毛列の約半数は細胞口の前部にまで達している．横 2 分裂で増殖する．寄生虫にとって状況が悪化するとシストを作ることも知られている (Bauer and Nikol'skaya, 1957)．魚体を離れた虫体に

第Ⅴ章　原虫病

よって他個体に伝播する.

さらに, discus (*Symphysodon discus*) などの淡水性熱帯魚に寄生する *Chilodonella hexasticha* (Kiernik, 1909) Kahl, 1931 も知られている (Imai *et al.*, 1985). 大きさが 30〜65×20〜50μm と小さいこと, 繊毛列の数が右側 5〜7, 左側 7〜9 と少ないこと, 後端の切れ込みがないことで, *C. piscicola* と区別される. 北欧では平均水温 16℃ でサケ科魚に *C. hexasticha* の寄生が認められた例がある (Rintamaki *et al.*, 1994).

3) 症状・病理

キロドネラは繊毛の生えた腹面によって宿主の外表面に吸着する. 感染魚との同居によってサクラマス稚魚 (魚体重 0.3g) は鰓 (一部は鰭) に *C. piscicola* の寄生を受けた (Urawa and Yamao, 1992). 魚は摂餌せず, 慢性的な死亡が続いた. 病魚は鰓蓋を開け, 体色の黒化がみられた. 組織学的には鰓上皮の増生, 炎症性の細胞浸潤, 鰓薄板や鰓弁の癒着が認められた (図Ⅴ-6-2). 症状が進むと, 組織は水腫的になり, 組織の崩壊も起こった. 興味あることに, このような病変は寄生がみられるところに限られていた.

4) 疫　学

病気は低水温の時期に流行することが多い. 5〜10℃ で分裂増殖がもっとも盛んで, 20℃ 以上では死滅するといわれる (Bauer and Nikol'skaya, 1957). 根室の孵化場における発生例では, サクラマス稚魚の累積死亡率が 10〜20% に達し, そのときの水温は 6〜8℃ であった (Urawa and Yamao, 1992).

5) 診　断

鰓や鰭に寄生している虫体を直接検鏡し, 形態を確認する. 位相差顕微鏡や微分干渉顕微鏡は繊毛列を確認するのによい.

6) 対　策

過密飼育や水質不良などのストレスを与えないことは, 予防手段となるばかりでなく, 症状を悪化させないという効果もある. 予防や治療の手段として, 食塩水浴が有効である. 実施の詳細は白点虫の項参照. また, まだ実用性はないが, キンギョを生きた白点虫のトーマイトや繊毛虫 *Tetrahymena pyriformis* の液に浸漬したり, 液を注射すると, 白点虫だけでなくキロドネラ, イクチオボド, トリコジナの感染にも免疫が付与されたという (Ling *et al.*, 1993).

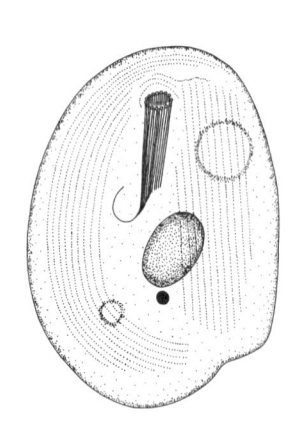

図Ⅴ-6-1　淡水魚に寄生する *Chilodonella piscicola*. (図は Lom and Dykova, 1992).

図Ⅴ-6-2　*Chilodonella piscicola* の寄生によって癒着したサクラマス稚魚の鰓 (矢印は虫体) (Urawa and Yamao, 1992).

7. その他の繊毛虫病
(Other ciliate diseases)

Brooklynella hostilis：キネトフラグミノフォーラ類では，淡水魚寄生性のキロドネラとよく似た *B. hostilis* は注意すべき寄生虫である（図V-7-1）．本虫寄生症はもともとニューヨークの水族館の飼育魚に発生した繊毛虫病であるが（Lom and Nigrelli, 1970），中東や東南アジアの養殖場でもみられるという（Lom and Dykova, 1992）．サンゴ礁の天然魚にも寄生が報告されている（Landsberg, 1995）．日本の養殖魚にも症例があるようだが，存在は確認されていない．虫体は36～86×32～50μmの大きさで，腹面には体縁に沿って右側8～11，左側12～15の繊毛列がある．虫体下方の腹側に固着の補助器官として数列の襞があることと多数の小核を有することで *Chilodonella* 属とは区別される．宿主特異性はほとんどないようであるが，寄生部位は鰓に限られる．寄生生態や病害性は *Chilodonella* と同様である．

スクーチカ繊毛虫：近年，日本各地の種苗生産場や養殖場で，ヒラメ稚魚にスクーチカ繊毛虫による感染症が流行している．病原体のスクーチカ繊毛虫は洋梨形で長さ30～45μm，長軸に沿って8～12本の繊毛列があり，尾端に1本の長繊毛を備える．体表や鰭が虫体に侵されると体色が白化し，びらんや出血もみられた（乙竹・松里，1986）（図V-7-2，口絵参照）．体内にも侵入し，鱗囊内，真皮下の結合組織（図V-7-3），脳にも虫体が多数みられた．魚体

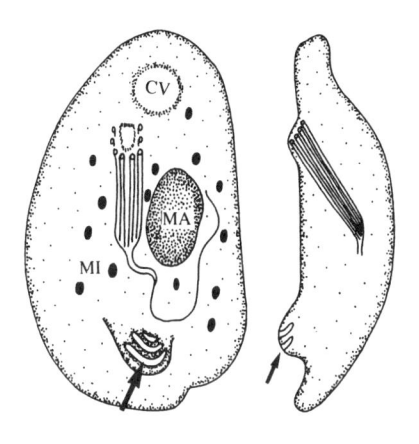

図V-7-1 海外で海水魚の鰓に寄生する有害繊毛虫 *Brooklynella hostilis*．左は腹面観，右は側面観（Lom and Dykova, 1992）．CV, 収縮胞；MA, 大核；MI, 小核；矢印は補助固着器官としての数列の襞．

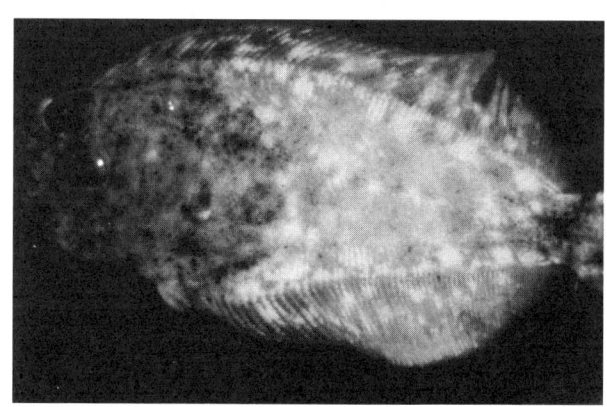

図V-7-2 スクーチカ繊毛虫の侵襲を受けて体色が白化したヒラメ稚魚（写真提供：乙竹　充氏）．

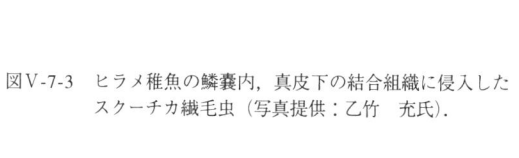

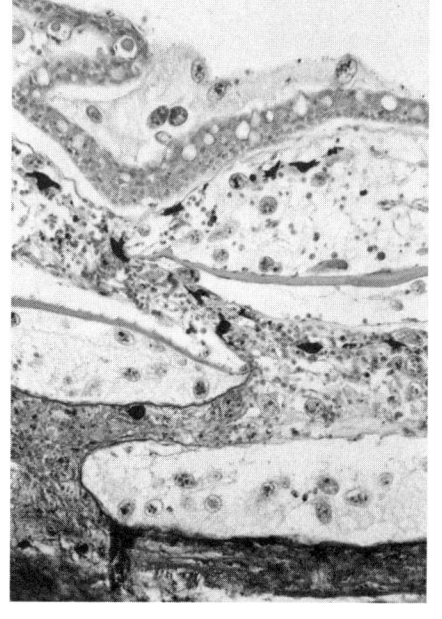

図V-7-3 ヒラメ稚魚の鱗囊内，真皮下の結合組織に侵入したスクーチカ繊毛虫（写真提供：乙竹　充氏）．

第V章　原虫病

内，特に脳に侵入するのが特徴である．患部が脳に限られると，外観症状をほとんど伴わない場合もある．侵入経路はわかっていない．魚体内部に深く侵入しているので，薬浴による駆虫は期待できず，治療法は開発されていない．虫体は人工培地などで培養可能である（Yoshinaga and Nakazoe, 1997a；吉水ら，1993）．このことから，原因繊毛虫は条件性の寄生体であると考えられる．この病気の最大の問題は，原因繊毛虫がスクーチカ繊毛虫目のレベルまでしか同定されていないことである．

韓国で養殖されるヒラメに Uronema marinum に起因するスクーチカ症が発生している（Jee et al., 2001）（図V-7-4-1）．日本のヒラメに発生するスクーチカ症に酷似するが，繊毛列が前端まで達していない点で，日本の虫体とは形態が若干異なるようである．一方，スペインで養殖されていた稚魚から 1,500 g までのターボットにスクーチカ繊毛虫が寄生して，最高で 100％の死亡を引き起こした（Dykova and Figueras, 1994; Iglesias et al., 2001）．原因寄生体はかつてヨーロッパスズキに寄生していたものと同種の Philasterides dicentrarchi と同定された（Iglesias et al., 2001）（図V-7-4-2）．流行の初期に皮膚に出血を伴う比較的大きい潰瘍が形成されたが，その後はむしろ，体色の黒化，腹水の貯留，遊泳行動の変化，眼球突出が目立った．虫体の侵入はほぼ全身に及んでおり，日本の例とは異なり，肝臓などの内臓器官にも侵入していた（Iglesias et al., 2001）．日本の

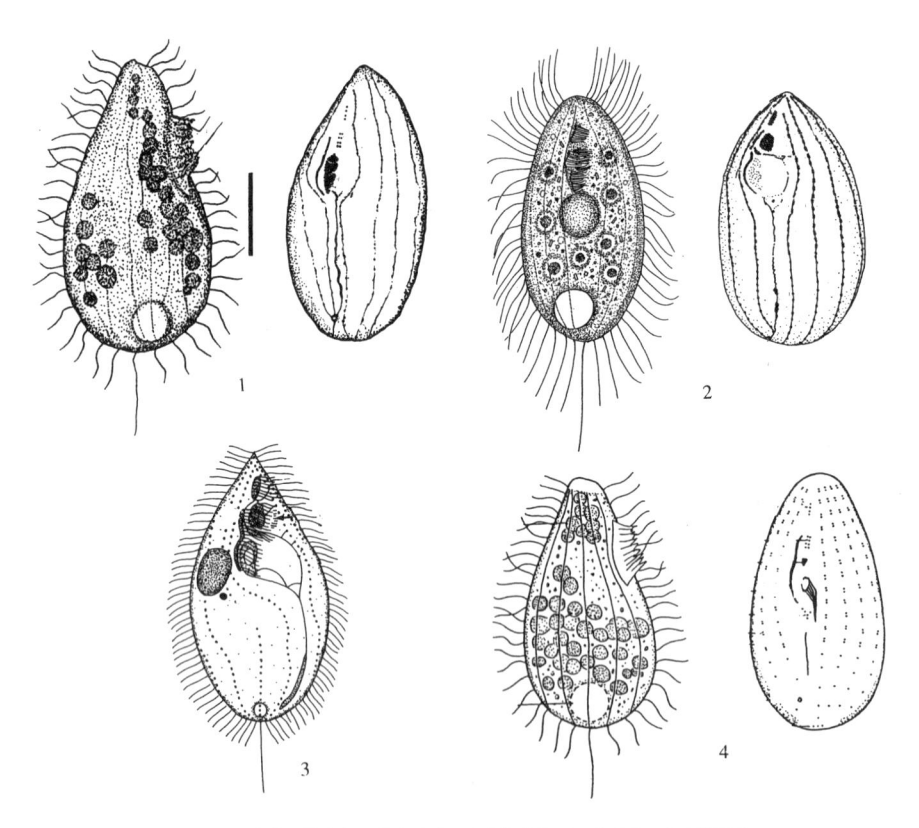

図V-7-4　海外の海産魚に寄生することが知られているスクーチカ繊毛虫．
1，韓国の養殖ヒラメに寄生する Uronema marinum；2，スペインの養殖ターボットに寄生する Philasterides dicentrarchi；3，マイアミのタツノオトシゴの仲間に寄生する Miamiensis avidus；4，オーストラリアのミナミマグロに寄生する Uronema nigricans（図は 1, Jee et al., 2001；2, Dragesco et al., 1995 および Iglesias et al., 2001；3, Lom and Dykova, 1992；4, Munday et al., 1997）．

ヒラメに発生しているスクーチカ症と類似点が多いので注目される．一方，中国においてヒラメの体表に寄生していたスクーチカ繊毛虫は *Miamiensis avidus* に同定されている（Song and Wilbert, 2000）．この繊毛虫は，かつてマイアミのタツノオトシゴの仲間の体表面に寄生していた繊毛虫として記載されたものである（宿主への害作用は不明）（Thompson and Moewus, 1964）（図V-7-4-3）．Song and Wilbert（2000）は，そのなかで *P. dicentrarchi* を *Miamiensis avidus* のシノニムにすることを提案している．これらの繊毛虫と日本のヒラメに寄生する繊毛虫の異同は結論が出ていない．その他に，ニューヨーク水族館で飼育していた多くの海産魚の鰓，内臓，筋肉に *Uronema marinum* が寄生した例（Cheung et al., 1980），オーストラリアで蓄養中のミナミマグロが *Uronema nigricans* の脳内寄生で死亡した例（Munday et al., 1997）がある（図V-7-4-4）．

Tetrahymena corlissi：最近，観賞魚，特にグッピーにテトラヒメナによる寄生症が多い．シンガポールから輸入されたグッピーの半数以上が鱗，筋肉，内臓に体長 35～100μm の *T. corlissi* の寄生を受けていた（Imai et al., 2000）（図V-7-5）．眼窩や神経系にまで侵入している場合もあった．繊毛列は 17～29 と幅があり，後端に1本の尾繊毛を備える．寄生種は1種とは限らないようで，国内の観賞魚店で購入したグッピーには *T. pyriformis* が寄生していた（Ponpornpisit et al., 2000）．体長 50～80μm，繊毛列は 20～30 と *T. corlissi* とほぼ重複するが，尾繊毛をもたないことで区別される．グッピーを 0.5% 食塩水中に保つとほぼ感染を予防することができた．食塩浴と免疫増強剤 C-UPIII の経口投与を併用したところ，まったく感染しなかった（Ponpornpisit et al., 2001）．鱗を数枚除去したり（Hatai et al., 2001），尾部を酸で処理する（Ponpornpisit et al., 2000）と容易に感染が成立することから，体表の傷が侵入門戸になると考えられる．

8．アユのグルゲア症
（Glugeosis）

1）序

アユにグルゲア症がはじめて確認されたのは，1964 年のことである．アユ養殖が盛んになりつつあった時期と一致する．当初は鹿児島県と徳島県の養殖アユに発生したが，1970 年代までには西日本各地で発生が確認され，天然水域でも病魚がみつかるようになった（高橋，1981）．また，琵琶湖産種苗を飼育すると発生することから，琵琶湖ですでに感染を受けていると考えられるにもかかわらず，湖内で発症魚が見つかった例はない．琵琶湖においてどのように感染環が維持されているか，わかっていない．同様に，河川における感染環も不明である．

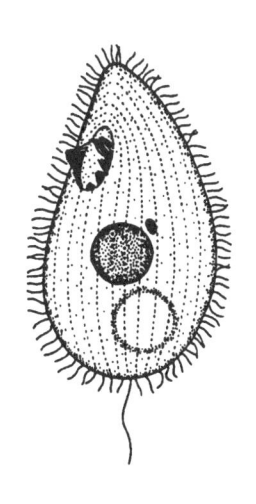

図V-7-5　グッピーなど淡水魚に寄生する *Tetrahymena corlissi*（図は Lom and Dykova, 1992）．

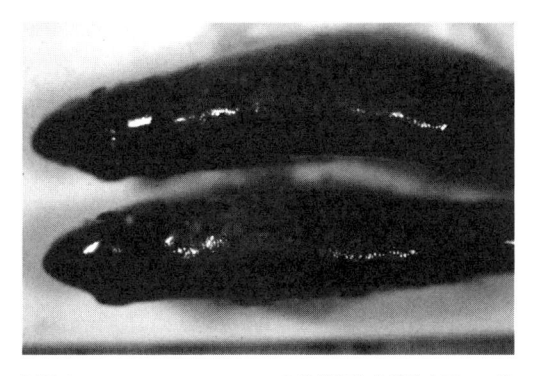

図V-8-1　*Glugea plecoglossi* の重篤寄生を受けたアユ．皮下のグルゲアシストが肉眼でも見える．

第Ⅴ章　原虫病

感染魚の死亡率は高くはないが，肉眼で見えるサイズのグルゲアシストを形成するため，商品価値を失う（図Ⅴ-8-1，Ⅴ-8-2，口絵参照）．そのことによる養魚家の経済的損失は大きい．実用的な化学療法剤はないが，最近，飼育水温を上昇させることによる治療法が開発され，対策に応用される可能性が出てきた．

2）原　　因

原因寄生体は微胞子虫門グルゲア科の *Glugea plecoglossi* Takahashi and Egusa, 1977である．高橋・江草（1977a）の原記載によると，生鮮胞子（図Ⅴ-8-3）は長楕円形で，長さ5.1〜6.2 μm，弾出させた極管の長さは普通，100〜150 μmである．

胞子の経口投与，胞子懸濁液中に浸漬，胞子液の接種によって容易にアユに感染が成立する（高橋・江草，1977a；高橋・江草，1978；高橋，1981）．実際には経口感染が一般的と考えられる（図Ⅴ-8-4，Ⅴ-8-5）．

経口法における寄生体の発育を主として高橋・江草（1977a）に従って述べる．胞子は腸管内で極管を弾出して，胞子原形質を腸管組織内に注入する（Lee *et al*., 2000）．胞子原形質は宿主の貪食細胞（おそらくはマクロファージ）に取り込まれるが，その中で発育する．この宿主細胞は周囲から栄養を吸収しつつみずからも肥大化する．こうした宿主細胞と寄生体の複合体をキセノマ（xenoma）という．投与6日後には腸管の粘膜固有層にキセノマが確認される．キセノマは成長しつつ，腸管を通過して腹腔内へ出て定着すると，宿主の結合組織によって囲繞され始める．この時にはメロゴニー（増員生殖）が行われている．すなわち，キセノマなかでは分裂によって単核のメロントが大量に産生される．その後，メロントは多核（8〜32

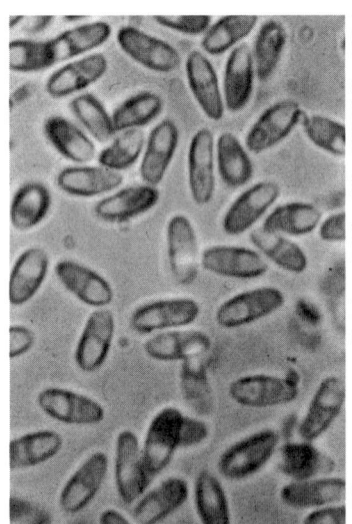

図Ⅴ-8-2　*Glugea plecoglossi* の重篤寄生を受けたアユ．解剖すると内臓に多数のグルゲアシストが見える．

図Ⅴ-8-3　*Glugea plecoglossi* の生鮮胞子（写真提供：高橋　聲氏）．

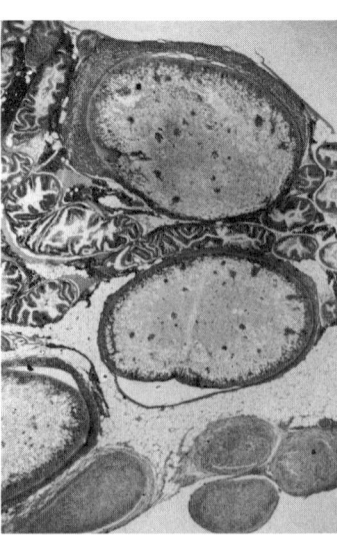

図Ⅴ-8-4　生鮮胞子の経口投与でアユの内臓に形成されたグルゲアシスト．

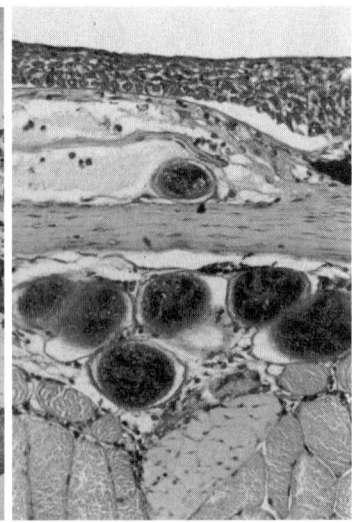

図Ⅴ-8-5　生鮮胞子の皮下摂取でアユの皮膚や皮下に形成されたグルゲアシスト．

核）化し，球形ないし楕円形を呈するようになるが，やがて周囲に担胞子胞ができて，多核のスポロントに変化する．スポロゴニーが始まるのは，胞子投与18～23日後である．スポロントは単核の胞子芽細胞前駆体，さらにそれが分裂して2個の胞子芽細胞となり，それぞれが胞子に変化する．発育中のキセノマ内の周縁部にはメロゴニーからスポロゴニーまで観察され，中央には産生された胞子が蓄積される．その後，数ヶ月以内にキセノマは成長を終わり，内部は胞子で充満した状態になる．この時は直径数ミリに達する（最大で5 mm）．やがてキセノマは崩壊し，胞子が周囲の組織に拡散する．

その後の胞子の運命についてはよくわかっていない．おそらくは胞子はマクロファージに貪食され，体内で処理されるが，一部は魚体外に出て行くと考えられる．一方，一部の胞子は貪食細胞内で発育を始める結果，自家感染を起こすことが想定される．経口感染によるキセノマは普通数個以内であることから，キセノマが数百に及ぶ重篤感染アユは自家感染によって引き起こされるのかもしれない．

実験的には G. plecoglossi はニジマスにも感染し（高橋・江草，1977a），その感受性はアユと同等であった（Lee et al., 2000）．キセノマの発育は水温に依存し，18℃以上では正常に発育したが，16℃以下では発育を停止した（高橋・江草，1977b）．ニジマスに本病が発生しないのは，本種が通常アユより低水温で飼育されているのが影響しているためとも考えられる．

3）症状・病理

シストの形成部位は主には腹腔内の脂肪組織，幽門垂，生殖巣の漿膜および腹膜であるが，重篤感染魚では皮膚，体側筋，鰓，鰭などにもみられる．軽症魚では外観的な異常は認められず，成長も影響を受けない．重症魚では腹水の貯留ややせ症状を呈することはあるが，死亡することは稀である．

発育中のキセノマに対しては目立った宿主反応は示さない．生殖巣表面に形成されたキセノマでは漿膜下に充血が認められる．胞子形成を終了したキセノマに対しては宿主の炎症性細胞が浸潤し，胞子の貪食と肉芽腫の形成が起こる．この宿主反応の過程でアユはグルゲア胞子に対する抗体を産生するが（Kim et al., 1996），産生された抗体は再感染に対する防御効果を示さなかった（Kim et al., 1997）．

4）疫　　学

琵琶湖産のアユを地下水で飼育するとグルゲアに感染した魚が出現することから，琵琶湖に感染源があると考えられる．不思議なことに琵琶湖で採捕されたアユにはグルゲア症病魚は見つかっておらず，琵琶湖における感染環は不明である（Takahashi and Ogawa, 1997）．各地の海産，河川産稚アユを養殖して発症した例もあるが（高橋，1981），琵琶湖以外で感染環が維持されている天然水域が存在するかどうかは確認されていない．人工種苗生産魚が発症することもある（図V-8-6）．この場合，親魚が感染していたと思われるが，卵に胞子が付着していたか，寄生体が卵内に入っていたかは不明で，伝播の機序はわかっていない．

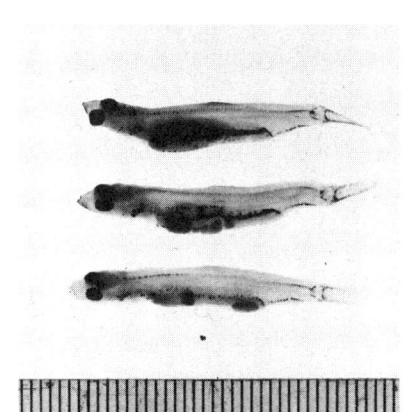

図V-8-6　グルゲア症の人工種苗アユ（写真提供：Dr. S.-J. Lee）．

5）診　断

腹腔内に可視大のシストが見出された場合は，本症と診断してほぼ間違いない．確定診断のためには潰したシスト検鏡して胞子を確認する．シストが肉眼で確認できるサイズ以下の場合は，寄生の確認は難しい．塗抹標本でキセノマが見つかった場合は，内部のメロントの形態を確認する．組織標本においてはキセノマが宿主の結合組織によって囲繞されていること，キセノマ内の辺縁部のメロント，発育の進んだものでは中央部の胞子を確認する．微胞子虫胞子のキチン質膜を染色する蛍光色素 Uvitex 2B と H-E を重染色した組織標本によっても胞子を検出することができる（Kim et al., 1996）．

6）対　策

養殖場における処置として，施設や器具の太陽光線による乾燥消毒，用水の紫外線消毒は予防効果がある（高橋，1978）．感染魚の化学療法としては，実験的には抗生物質のフマギリンが有効であった（高橋・江草，1976）．すなわち，フマギリン（有効成分88.5％）を50mg / kg / day の割合で感染11日目より3日間経口投与することで発症を抑えることができた．この時期はキセノマが宿主の消化管から腹腔内へ移行する時期で，これより前でも後でも効果は期待できない（高橋・江草，1977b）．しかし，本抗生物質は実用化されるに至っていない．

グルゲア症のアユの飼育温度を上げると防除効果が認められることがある（Takahashi and Ogawa, 1997）．実験感染後16日目から水温を19℃から29℃に上げ，5日間保つと発症が完全に抑えられた．しかし，11日目と21日目から昇温した場合はシストを形成する個体があった．一方，11～26日目までに5日間の昇温処理をした後，元の水温に1週間戻し，さらに2回目の昇温処理をした場合も発症しなかった．したがって，2回昇温処理のほうが実用的防除法となりえる．本処理の適用上の注意点として，昇温により他の感染症，特に細菌性出血性腹水症（シュードモナス病）が顕在化することがある（Takahashi and Ogawa, 1997）．また，いったん回復しても，魚には免疫が付与されなかった（Kim et al., 1997）．

in vitro でアユ頭腎マクロファージは胞子の貪食に際して多量の過酸化水素を産生した（Kim et al., 1998）．胞子は過酸化水素の存在下で極管を弾出することから，グルゲア胞子が感染のために宿主側の貪食反応を利用している可能性もある．グルゲア胞子表面にはレクチンの一種 ConA と WGA と結合する糖タンパクがある（Kim et al., 1999）．ConA 処理した胞子を頭腎マクロファージに貪食させると，過酸化水素の産生は減少し，代わりにスーパーオキシドの産生量が増加した．また，ConA 処理した胞子をアユに経口投与すると，感染はするが，形成されるキセノマの数が激減した．こうした反応の意味は必ずしも明確ではないが，将来，宿主の免疫反応が寄生の軽減に応用されるかもしれない．

9. べこ病（ウナギ）
（Beko disease-1）

1）序

1930年代から露地池で飼育されていたウナギの体側が不規則に凸凹になる感染症が発生していて，その外観からウナギのべこ病と呼ばれた（図V-9-1）．死亡率は高くなかったものの，商品価値を損ねるため問題となった．最近では，ハウス式養殖の普及につれてべこ病の発生は少なくなってきている．

2）原　因

ウナギのべこ病の原因寄生虫は Hoshina (1951) によって微胞子虫門の新種 Plistophora anguillarum として記載された．後に属名の表記が Pleistophora に変更され，さらに Het-

9. べこ病（ウナギ）

erosporis 属に移されて，本種の学名は *H. anguillarum*（Hoshina, 1951）Lom, Dykova, Körting et Klinger, 1989 となった．ニホンウナギとかつて国内でも盛んに養殖されていたヨーロッパウナギのクロコから成鰻まで感染するが，発生は10～30 cm サイズのウナギに多い．寄生部位は主として体側筋で（図V-9-2），胃壁の筋肉に寄生することもある．筋細胞内にシスト（＝スポロフォロシスト）をつくり，内部に胞子を産生するが，長さ 6.7～9.0μm，幅 3.3～5.3μm の大胞子と長さ 2.8～5.0μm，幅 2.0～2.9μm の小胞子と 2 タイプの胞子があるのが特徴である（Hoshina, 1951）（図V-9-3）．極管の長さは 400～440μmに達する．実験的には胞子の経口接種や胞子懸濁液中への浸漬によって感染が成立する（加納・福井，1982）．シスト形成部位は，経口接種の場合，ほとんどが胃の筋肉であったのに対し，浸漬感染の場合は全身の躯幹筋であった．養殖池では，ウナギへの感染に媒介生物が関与している可能性があるが，よくわかっていない．

経口または経皮的に侵入した胞子原形質は宿主の筋細胞内に達するが，侵入から宿主細胞内にいたる過程は不明である．筋細胞内で増員生殖と胞子形成が行われる（図V-9-4）．メロゴニー中の栄養体は寄生虫が分泌した膜に包まれて発育する．これはシストと通称されるが，正確にはスポロフォロシストと呼ばれる．シストは十分発育しても直径 200μm 以下ほどの大きさである．普通，シストは筋組織内に多数存在する．シスト内でメロントは多分裂で多核体を形成した後，おのおのがスポロントになり，担胞子胞に囲まれる．興味あることに，シスト内の発育が同調的ではなく，内部で胞子形成が進行している担胞子胞もあれば，まだメロゴニー期のものもみられる（図V-9-4）．胞子形成では

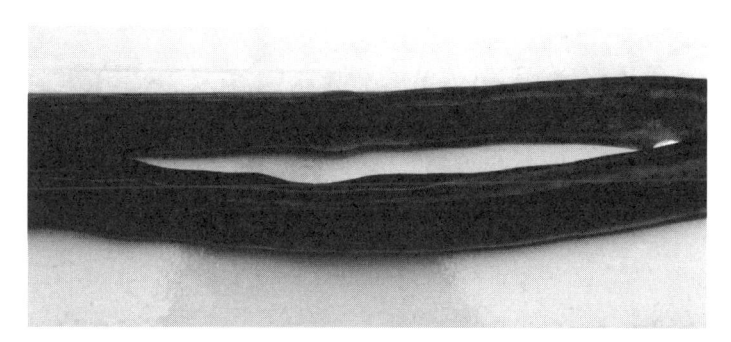

図V-9-1　ウナギべこ病の外観症状．

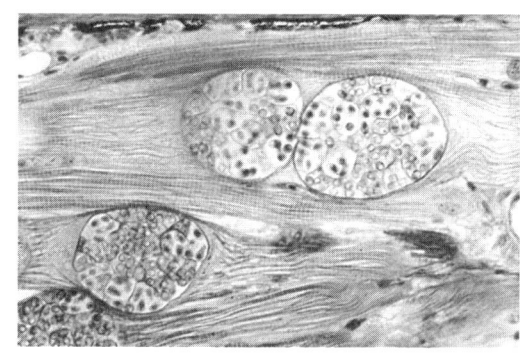

図V-9-2　ウナギの体側筋に形成された *Heterosporis anguillarum* のシスト（写真提供：岡 英夫氏）．Hematoxylin-eosin 染色．

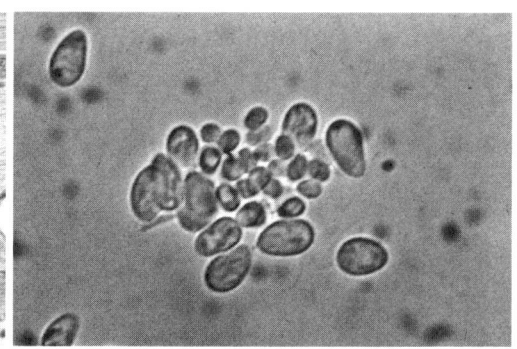

図V-9-3　*Heterosporis anguillarum* の生鮮胞子（大胞子と小胞子）．

第V章　原虫病

1個のスポロントから4個または8個の大胞子が形成されるか，16かそれ以上の小胞子が形成される（Hoshina, 1951）．なぜ大胞子と小胞子ができるか，大胞子と小胞子には生物学的に相違があるかどうかは，わかっていない．胞子形成後，シストは崩壊し，胞子が組織内に出る．このように，胞子形成がスポロフォロシスト内で行われること，スポロフォロシスト内の発育が同調しないこと，大胞子と小胞子があることが*Heterosporis*属微胞子虫の共通の特徴である．胞子が体表から出ていくところが観察されている．胞子には運動性がないことから，おそらく筋肉組織内に出た胞子がマクロファージに貪食されて体外に移行していく過程と思われる．腎臓のリンパ様組織や腸管の粘膜下織にも胞子がみられることがあるが，これも胞子が寄生部位でマクロファージに取り込まれた後に移動したものと考えられる．感染実験では，20〜30℃でよく発育し，25℃ではウナギに侵入後，30日で可視大のシストに成長したが，15℃以下ではほとんど発育しなかった．

3）症状・病理

ウナギには感染してから寄生体が胞子形成を終わるまで，宿主反応や寄生に伴う病変はほとんどみられない．しかし，いったん胞子形成が完了するとシストは崩壊し，内部の胞子が宿主の筋肉組織に逸散する．するとシスト内部に存在したタンパク融解酵素によって筋組織は融解する（図V-9-5）．患部はクリーム色から黄色に変色する．筋融解が広範に起こると，体表は陥没し，外観的に「べこ」症状を呈する．患部には各種白血球や貪食細胞が出現し，修復される．産生された胞子による自家感染が起こる可能性があるが，証明されていない．

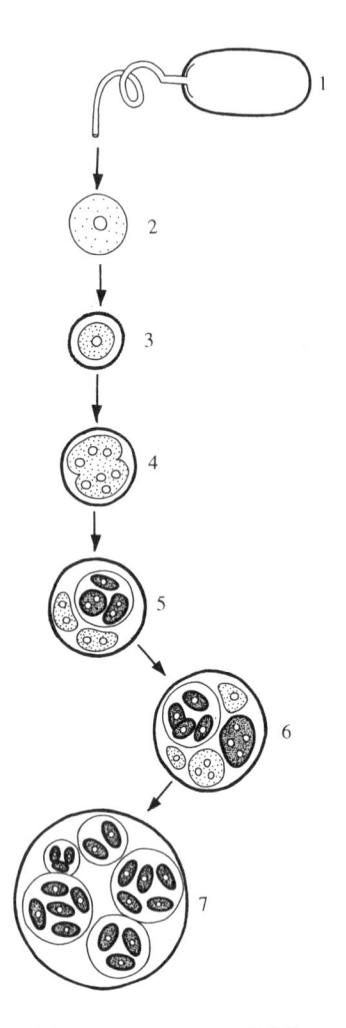

図V-9-4　*Heterosporis*の発育環（図は Lom and Dykova, 1992 を改変）．1, 極管弾出；2, メロント；3〜4, スポロフォロシスト内でのメロゴニー；5〜6, 一部のメロントが担胞子胞に囲まれてスポロゴニーの開始；7, 胞子形成終了．

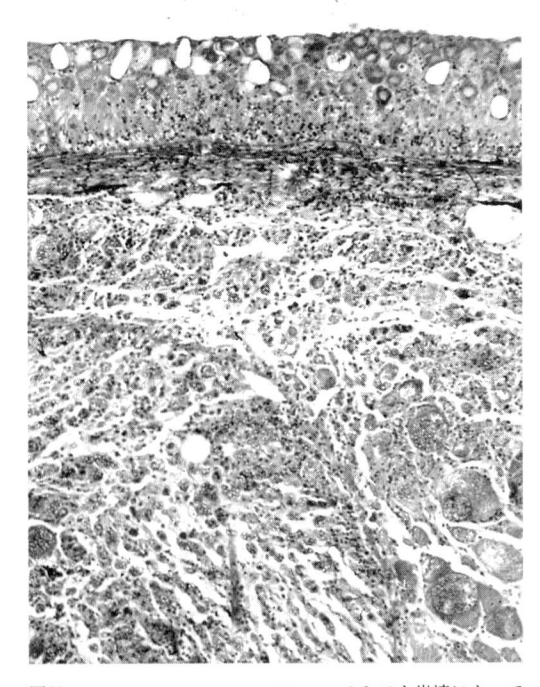

図V-9-5　*Heterosporis anguillarum*のシスト崩壊によって筋肉融解を引き起こしたウナギの体側筋患部（写真提供：岡　英夫氏）．Hematoxylin-eosin 染色．

4) 疫　学

ウナギのべこ病は日本と台湾で発生が確認されている．台湾での発生は日本からの病魚のもち込みであるとの説があるが，証明されていない．

感染は水温の影響を強く受ける．すなわち胞子の経口投与による感染実験において，水温18℃以上では67％以上のウナギが感染したが，16℃では感染率は33％に低下し，14℃ではほとんど感染しなかった（加納・福井，1982）．現在の日本における養鰻の主流はハウス式であるが，ハウス養鰻ではあまりべこ病は発生しないようである．1年中高水温で飼育されるためとされるが，理由は明確ではない．

5) 診　断

類似の外観症状を呈するものに，脊椎骨の湾曲があるが，べこ病罹病魚のように，不規則な凸凹を呈していないので，注意深く観察すれば区別できる．確定診断には，患部のごく少量をウェットマウントで検鏡し，胞子を確認する．寄生虫の発育がメロゴニー期であれば外観症状は認められず，ウェットマウントで胞子も確認できないため，診断は困難である．しかし，患部を塗抹しメイギムザ染色を施した標本では発育期の寄生体が認められるかもしれない．回復魚では「べこ」症状を呈していても胞子を検出できない場合がある．感染魚には抗体産生が確認されているが（Wang et al., 1990; Buchmann et al., 1992），診断には応用されていない．

蛍光色素 Uvitex 2B は微胞子虫胞子のキチン質膜を染色するのでごく少数の胞子も検出できる．また，H-E 染色に Uvitex 2B を重染色した組織標本によっても胞子を検出することができる．

6) 対　策

防疫的な措置として，養魚家はウナギの選別を定期的に行って，罹病魚を廃棄処分にしている．胞子の経口または経皮感染実験が成立することから，病魚を除くことは共食いによる経口感染や感染魚から排出された胞子による経皮感染を防ぐ効果がある．しかし，感染後間もない魚では鑑別は不可能である．かつて抗生物質のフマギリンを経口投与して治療する試みも行われた（加納・福井，1982；加納ら，1982）．すなわち，経口感染では，直後から5 mg力価/kg魚体重/dayで60日間，または50 mg力価/kg魚体重/dayで20日間以上の投薬，また，同居感染では7.2 mg力価/kg魚体重/day連続投与が有効であったとされる（加納ら，1982）．しかし，実用までには検討すべきこと多く残されている．一方，感染魚には抗体が形成されるが（Wang et al., 1990），これによって免疫が付与されるかどうかは検討されていない．

10. べこ病（ブリ，マダイ）
(Beko disease-2)

1) 序

養殖をはじめて数ヶ月以内のブリや人工生産されたブリ種苗に類似の症状を示す魚が出現することがあり，ブリのべこ病と称される（図V-10-1）．同じ寄生虫は天然の大型カンパチやヒラマサにもみられる．マダイ稚魚にも類似の疾病がある．これらはすべて，微胞子虫が体側筋に寄生した結果，生じたものである．

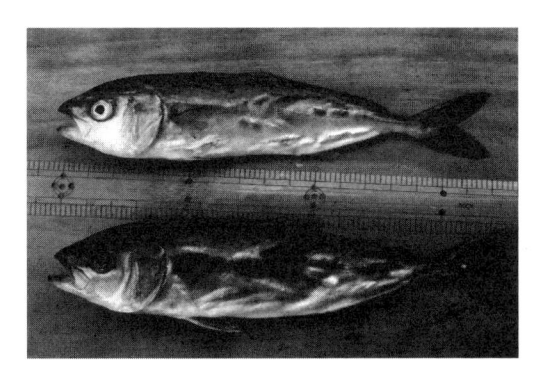

V-10-1　ブリべこ病の外観症状.

第Ⅴ章　原虫病

2）原　因

微胞子虫においては，新種であることが明らかで，属レベル以上の分類学的位置の特定が困難な場合，*Microsporidium* という集合的な属に暫定的に置くことができる．ブリ類のべこ病の原因寄生虫の場合にもこのことが当てはまり，学名を *Microsporidium seriolae* Egusa, 1982という．後に Lom *et al.*（2001）は本種を *Kabatana* 属へ移したが，同属の遺伝子解析が不十分なことから，Lom and Nilsen（2003）は *Microsporidium* 属に戻した．ブリ，ヒラマサ，カンパチに寄生が認められている．体側筋に白色不整形の数 mm から 1 cm 程の寄生体の集塊が形成される（図Ⅴ-10-2）．これはメロント，スポロント，スポロブラストおよび胞子の集塊である．胞子の大きさは長さ 2.9〜3.7 μm，幅 1.9〜2.4 μm である．感染環は解明されていない．胞子をブリに投与しても感染は成立しなかった．日本栽培漁業協会五島事業場（現水産総合研究センター五島栽培漁業センター）におけるブリの種苗生産過程での発生例では，砂濾過海水を使用した室内飼育時にはほとんど感染は認められなかったが，中間育成のため，地先に沖出しすると高率に寄生した（Sano *et al.*, 1998）．砂濾過で通過しない生物が感染環に関与している可能性があるが，証明されていない．また，熊本県産マダイ稚魚にもべこ病を引き起こす微胞子虫の感染が報告されている．解剖所見，病理組織像，寄生虫の発育過程はブリ寄生種とほとんど差はないが，胞子が平均で長さ 2.9〜3.9 μm，幅 1.9〜2.6 μm とやや大きいた

図Ⅴ-10-2　べこ病ブリの体側筋に形成されたシスト．

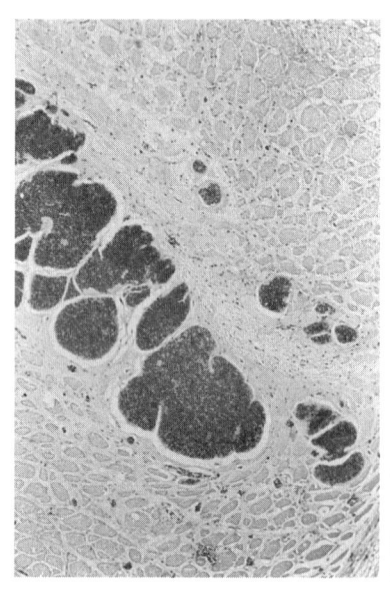

図Ⅴ-10-3　ブリの体側筋に形成された *Microsporidium seriolae* のシスト（写真提供：横山　博氏）．Hematoxylin-eosin 染色．

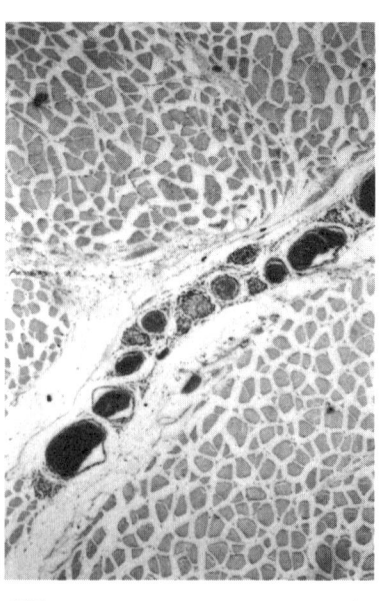

図Ⅴ-10-4　*Microsporidium seriolae* のシスト形成後，修復されつつある体側筋患部（写真提供：横山　博氏）．Hematoxylin-eosin 染色．

め，*Microsporidium* sp.とされる（江草ら，1988）．

M. seriolae の発育については，多核のメロントが分裂によって1核体となり，スポロントからスポロブラストに変化し，胞子に発育する．発育ステージの若いものは辺縁部にあり，胞子はより中央部で産生される．シストは宿主由来の薄い結合組織に被包されるが，寄生体由来の膜は形成されない（江草，1982）．胞子形成完了後は崩壊したシストから周囲の筋肉組織に放出された胞子は貪食細胞によって活発に貪食される（江草，1988）．

3）症状・病理

ブリのべこ病では，寄生体が発育中は宿主反応はほとんどみられない（図V-10-3）．しかし，胞子形成が終了するとシストは崩壊する．周囲の筋組織は広範に融解壊死して，細胞浸潤が著しい．筋組織の融解によって，体表が陥没するため，感染魚は通常痩せる．重度の寄生を受けた魚は死亡することもある（江草，1988）．一方，胞子の貪食や胞子塊の被包によって患部は次第に回復する（江草，1988；Sano *et al.*, 1998）（図V-10-4）．

4）疫　学

ブリ類のべこ病は日本のみに知られた疾病で，西日本に多い．種苗生産場において，沖出し飼育する時期を異にした群における感染を経過観察した実験では，6月20日から7月10日に室内から地先の網生け簀に移した群の寄生率はほぼ100％に達したが，7月31日に移した群では寄生率は50％をやや上回る程度であった（Sano *et al.*, 1998）．この実験結果から，6月から7月は感染期で，高水温になると感染しにくいことが明らかにされたが，それ以外の時期に感染が起こるかどうかは未知である．

5）診　断

罹病魚の体側面は不規則な凸凹を呈している．剖検すれば，筋繊維に沿って不定形の白色シストが肉眼で容易に観察される．確定診断には，患部のごく少量をウェットマウントで検鏡し，胞子を確認する．ただし，大型魚では胞子が検出されても，明瞭な外観症状を呈さない場合がある．

塗抹標本の蛍光色素 Uvitex 2B 染色による胞子検出率は肉眼観察によるシストの発見率よりはるかに高く，検査時間も短くてすむことから迅速診断に有効である（Yokoyama *et al.*, 1996）（図V-10-5）．また，H-E 染色に Uvitex 2B を重染色した組織標本によっても胞子を検出することができる．*M. seriolae* については，リボソーム RNA をコードする遺伝子を用いた

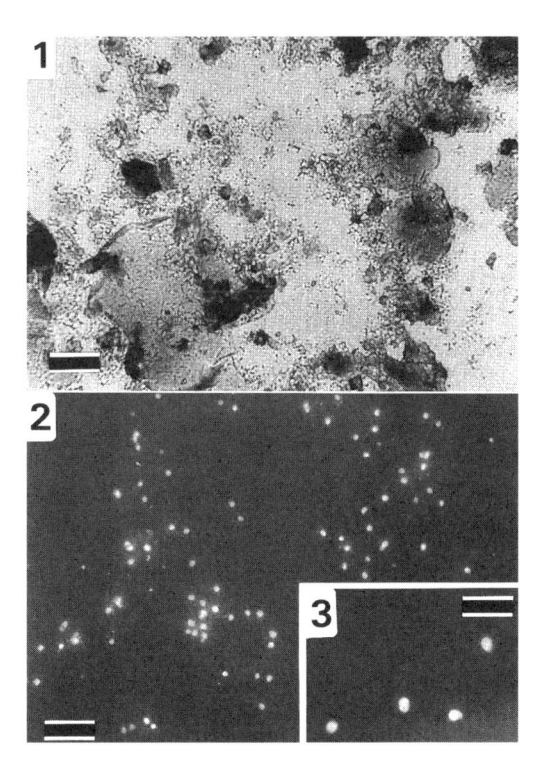

図V-10-5 ヒラマサ体側筋スメアの Uvitex 2B-エバンス青二重染色による *Microsporidium buri* の胞子の検出．1，通常光での観察（宿主組織がエバンス青に染まるが，胞子は観察しづらい）；2，1と同じ視野を UV 励起の蛍光顕微鏡で観察（胞子が明瞭に検出される）；3，2の拡大（Yokoyama *et al.*, 1996）．スケールは1，2が10μm，3が20μm．

第V章　原虫病

PCRによる検出法も開発されている（Bell et al., 1999）．高感度であるので，感染初期の検出には適しているが，特異性に問題を残しているため，PCRのみでの診断はできない．

6）対　策

砂濾過海水を用いた沖出し前の陸上飼育の間は，ほとんど感染しない（Sano et al., 1998）．濾過によって感染体が除かれるのか不活化されるのかは不明であるが，砂濾過には予防効果あると考えられる．

11. その他の微胞子虫病
（Other microsporidan diseases）

武田微胞子虫：北海道の千歳川のニジマス，ヤマメ，ヒメマスをはじめとするサケ科魚の風土病として武田微胞子虫症がよく知られている（図V-11-1）．武田（1933）が千歳川の水を使って飼育したニジマスの心臓に小白点が形成されたのを発見し，それが微胞子虫の感染であることを明らかにしたのが本病についての最初の記載である．その後，トキト沼および阿寒湖のサケ科魚にも感染が確認されているが，寄生虫の分布は道内にとどまる（粟倉ら，1966；粟倉，1978）．何故，一部の水域でしか発生しないのかはわかっていない．胞子は長さ2.8〜4.9μm，幅1.7〜2.3μmの大きさで，高齢魚では心筋，若年魚では心筋，体側筋，動鰭筋など筋組織に，宿主細胞と明確な境界線のない寄生体の集塊が形成される．発育（図V-11-2）は単核のメロントが2〜4核の円筒状に成長しつつ分裂増殖し，やがて単核のスポロントとなった後，それぞれが胞子芽細胞を経て胞子となる．発育における最大の特徴はシストも担胞子胞もキセノマも形成されないということである．武田（1933）は Plistophora sp. に分類したが，長らく未同定のままであった．後に粟倉（1974）は新種 Glugea takedai と命名した．しかし，上記の発育様式は Glugea 属を含む既知の微胞子虫のいずれとも合致せず，一時，分類位置の不明確な微胞子虫を集めた Microsporidium 属に入れられていたが，最近，武田微胞子虫に対し，新属が提唱され，Kabatana takedai（Awakura, 1974）Lom, Nilsen et Urawa, 2001という学名となった．発育は温度に依存する．すなわち，8℃以下ではメロゴニーを停止し，15℃以上で発症する（粟倉，1974）．生活環は解明されていない．胞子の経口投与で感染が成立した（粟倉，1974）と

図V-11-1　ヤマメの武田微胞子虫症（写真提供：浦和茂彦氏）．

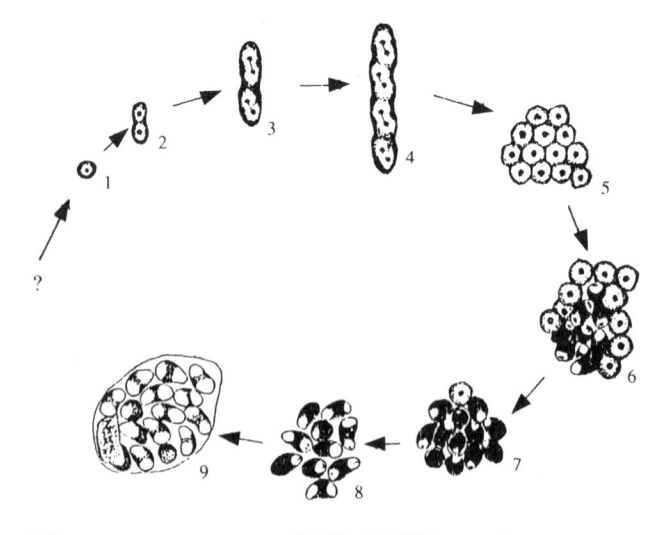

図V-11-2　Kabatana takedai の発育環（図は粟倉，1974）．1〜4，メロント；5，スポロント；6〜7，胞子形成；8，胞子；9，宿主細胞による胞子の貪食．

されるが，追認されていない．一方，粟倉（1974）は千歳川の水をあるサイズ以下の目合のプランクトンネットで濾過すると，その水で飼育した魚に感染しないことを見出した．その目合のネットにトラップされる輪虫類の Euchlanis dilatata とカワシンジュガイのグロキジウム幼生が魚への伝播に関与している可能性を示したが，その後，研究は進んでいない．

Loma salmonae：海外においては，サケ科魚類に L. salmonae による被害が大きいため，よく研究されている．日本でも北海道のサクラマスに類似の寄生が報告されているが，同種かどうかの確認はされていない（粟倉，1982）．胞子は長さ 3〜7.5 μm，幅 1.6〜2.8 μm と測定値にかなり幅がある（Lom and Dykova, 1992）．寄生体は最大でも直径 0.4 mm 程度の小型のキセノマを鰓薄板に形成する（Lom and Dykova, 1992）．感染組織を経口投与したニジマス体内の L. salmonae を in situ hybridization (ISH) 法によって追跡すると，寄生体は24時間以内に腸管上皮や粘膜固有層に侵入し，2日目には心臓の血球細胞内で分裂像が確認された（Sanchez et al., 2001b）．すなわち，L. salmonae は鰓でキセノマを形成する前に心臓でメロゴニーを行うことが示唆された．その後，鰓に移動するが，ISHによると主たる感染細胞は鰓薄板の血管内皮細胞であることが確かめられた（Speare et al., 1998a）．Oncorhynchus 属のサケ類が主な宿主であるが，感染実験で産生されたキセノマの数から，感受性の高さはマスノスケ，ギンザケ，ニジマスの順であった（Ramsay et al., 2002）．マスノスケでは品種によって感受性は大きく異なった（Shaw et al., 2000a）．Oncorhynchus 属の魚のほか，ブラウントラウトやカワマスにも感染したが，タイセイヨウサケには感染しなかった（Shaw et al., 2000b）．淡水飼育のマスノスケでは，キセノマは鰓薄板のみならず，鰓血管内，動脈球，偽鰓にも形成され，血管を閉塞している場合もあった．症状は全身に及び，眼球突出，腹水貯留，鰓血管周辺の出血や頭部軟骨の部分的崩壊や壊死，尾部の黒化などがみられ，死亡率は10％に達した（Hauck, 1984）．鰓の病変はキセノマ崩壊後の組織内の胞子に対する宿主反応が原因となっていた（Speare et al., 1998a）．淡水飼育のマスノスケに対し，胞子の経口投与，腹腔内，筋肉内および血管内接種，感染魚との同居で実験感染が成立した（Shaw et al., 1998）．感染は海水中でも成立した．すなわち，海水飼育のマスノスケを収容した水槽に，感染した鰓をばらばらにして海水に混ぜたところ感染が確認された（Kent et al., 1995）．感染から回復したニジマスとマスノスケには免疫が付与された（Speare et al., 1998b; Kent et al., 1999）．ニジマスを7℃で感染させるとキセノマは形成しなかったが，免疫は獲得していた（Beaman et al., 1999）．L. salmonae には弱毒株の存在が報告されている．弱毒株でニジマスを免疫させると，通常株による攻撃に対し防御効果が認められた（Sanchez et al., 2001a）．抗生物質のフマギリンや TNP-470（フマギリンの宿主に対する毒性を弱めた誘導体）の経口投与は L. salmonae の感染に対し防御効果を示した（Kent and Dawe, 1994; Higgins et al., 1998）が，実用性は低い．そこで稚魚に低水温（7℃）で感染させる，または弱毒株を感染させることによって免疫付与することが検討されている．

Nucleospora salmonis：微胞子虫は魚のさまざまな細胞に寄生するが，注目すべきものとして，北米産マスノスケの幼弱リンパ球の核内に寄生する Nucleospora salmonis （=Enterocytozoon salmonis）がある（Chilmonczyk et al., 1991）．寄生を受けたマスノスケは貧血症状を呈し，腎臓や脾臓の造血組織細胞は盛んに増殖していた（Elston et al., 1987; Hedrick et al., 1990; Morrison et al., 1990）．感染したリンパ球は血流にのって体の各所へ運ばれた．淡水中でマスノスケ病魚の腎臓の経口投与または

病魚との同居で無感染魚に感染した（Baxa-Antonio et al., 1992）．海水中でも感染が成立すると想定されるが，厳密な証明はなされていない．

異体類やタラなどの海産魚に腫瘍様の新生物が形成される病気が古くから知られていて，腫瘍を構成する細胞はX細胞と呼ばれている．日本においてもマハゼにみられる「お化けハゼ」の腫瘍もX細胞によるものとされる．これを電顕観察したところ，X細胞は分類学的位置不明の原虫が感染した細胞とされた（Shinkawa and Yamazaki, 1987）．後に，カレイ類 Pleuronectes vetulus におけるX細胞性の腫瘍から N. salmonis の塩基配列に非常に近い遺伝子が検出された（Khattra et al., 2000）．これらのことから，X細胞に起因する腫瘍に本微胞子虫の関与を疑う研究者もいる．

Ovipleistophora mirandellae：*O. mirandellae*（=*Pleistophora mirandellae*）はヨーロッパの *Rutilus rutilus* などのコイ科魚の主として卵細胞内に寄生する（Wiklund et al., 1996）．精巣に寄生した場合，ほとんど害作用を認めないが，雌では寄生を受けた卵細胞の崩壊が広範囲に及び，卵巣がほとんど消失した例もある．機序は不明であるが，寄生によって卵巣と精巣を併せもつようになった魚も得られている．病魚は高齢魚に多いことから，寄生の影響は慢性的と考えられる．最近，メロントが厚い膜で覆われるなどの特徴から新属 *Ovipleistophora* が提唱された（Pekkarinen et al., 2002）．

（小川和夫）

12. 貝類の原虫病
（Protozoan diseases in mollusks）

1）概　説

現在，日本国内で問題となっている貝類の原虫病は少なく，アサリのパーキンサス症とマガキの卵巣肥大症が問題となっている程度である．しかし，世界的に見ると，カキ類を中心に天然貝や養殖貝に甚大な影響を与える原虫症が少なからず存在しており，国際獣疫事務所（OIE）が貝類の重要疾病として指定している疾病のほとんどが原虫症である（表V-12-1）．

表V-12-1　国際獣疫事務局（OIE）によって指定された貝類の重要疾病（Office International des Epizooties, 2003a）

病名	病原体	分布*	宿主
原虫症			
ボナミア症	*Bonamia exitiosus*	オーストラリア・ニュージーランド	*Ostrea chilensis, O. angasi*
	Bonamia ostrea	欧州，北米	*Ostrea edulis, O. angasi, O. denselammaellosa, O. puelchana, O. conchaphila, O. chilensis*
	Mikrocytosis roughleyi	オーストラリア	*Saccostrea glomerata*（*commercialis*）
マルティリア症	*Marteilia refringens*	欧州	*Ostrea edulis, O. angasi, O. chilensis*
	Marteilia sydneyi	オーストラリア・ニュージーランド	*Saccostrea glomerata*（*commercialis*）
マイクロサイトス症	*Mikrocytos mackini*	北米	*Crassostrea gigas, C. virginica, Ostrea edulis, O. conchaphila*
MSX病	*Haplosporidium nelsoni*	北米，極東，欧州	*Crassostrea virginica, C. gigas*
SSO病	*Haplosporidium costalae*	北米	*Crassostrea virginica*
パーキンサス症	*Perkinsus marinus*	北米	*Crassostrea virginica, C. gigas*
	P. olseni/atlanticus	オーストラリア・ニュージーランド，欧州，極東	*Haliotis ruber, H. cyclobates, H. laevigata, Austrovenus stutchburyi, Ruditapes philippinarum, R. decussatus*
細菌症			
アワビ類の衰弱病	*Candidatus Xenohaliotis californiensis*	北米，中米	*Haliotis cracherodii, H. rufescens*

*　分布は簡略化して記載した．

以下にこれらの原虫症について OIE の水棲動物診断マニュアル 2003 年版（Mannual of Diagnostic Tests for Aquatic Animals-2003-）(Office International des Epizooties, 2003b)（以下，OIE マニュアル 2003 年版と略称する）を中心に概説する．

また，アサリのパーキンサス症とマガキの卵巣肥大症，OIE 指定の重要疾病には含まれていないが日本に侵入した場合大きな打撃を与えると予想されるホタテガイの *Perkinsus qugwadi* 感染症について，別項を設けて紹介する．

ボナミア症：ボナミア症は Haplosporidia 門に属する *Bonamia ostreae*, *B. exitiosus* および *Mikrocytos roughleyi* を原因とするカキ類の疾病で，細胞内寄生性の病原体が宿主の主として血球細胞内で増殖し，全身性の感染を引き起こすことによって宿主が死亡に至る．

M. roughleyi は，以前は *Mikrocytos mackini* と近縁であると考えられていたが，分子生物学的知見ならびに電子顕微鏡観察による知見に基づき *Bonamia* 属に近縁であるとされるようになった．OIEマニュアル2003年版では依然として *Mikrocytos* という属名が与えられているが，*M. mackini* との類縁関係は否定され，*Bonamia* 属への転属が提唱されている（Cochennec-Laureau *et al.*, 2003）．

B. ostreae は虫体および感染貝の磨砕物を健常貝に注射するかあるいは水槽内に添加することで感染が成立することから，ボナミア症は水平感染すると考えられている（Hervio *et al.*, 1995）．

病原体は，いずれも *Ostrea* 属，*Saccostrea* 属を宿主とし，国内の重要種であるマガキ，スミノエガキ，イワガキなど *Crassostrea* 属への感染は認められていない．また，分布域は *B. ostrea* が欧州と北米，*B. exitiosus* がニュージーランドとオーストラリア，*M. roughleyi* がオーストラリアに限られており，日本国内からは発見されていない．外国の汚染地域においても *Crassostrea* 属への感染が認められないことから，仮にこれらの病原体が国内に侵入したとしても産業的にはあまり問題にならないと予想される．ただし，これらの原虫に感受性のある *Ostrea* 属や *Saccostrea* 属に属する天然のイタボガキおよびケガキ等への感染については注意が必要である．

推定診断には組織学的観察や心臓の塗抹標本観察が用いられ，確定診断は電子顕微鏡観察が用いられる．最近では，DNA プローブを用いた診断・検出法が開発されつつあるが（Adlard and Lester, 1995；Carnegie *et al.*, 2000；Diggles *et al.*, 2003），OIEマニュアル2003年版では診断法として未だ採用されていない．

マルテイリア症：マルテイリア症は Paramyxea 門に属する *Marteilia* 属原虫を原因とするカキ類の疾病である．その中でも，欧州のヨーロッパヒラガキに寄生する *M. refringens* とオーストラリアのシドニーガキに寄生する *M. sydneyi* は病原性が強く，宿主の死亡原因となる．*M. refringens* と *M. sydneyi* は，どちらも組織内寄生性で，感染部位は感染初期には若干異なるが，いずれも最終的に宿主の消化盲嚢の上皮組織中で胞子形成を行う．そのため，消化盲嚢上皮の構造が破壊され，栄養の摂取が阻害される．その結果，飢餓状態となり，死に至る．

Marteilia 属原虫は実験感染が成立しないことから，その生活環には何らかの中間宿主が関与していると推察されている．最近，*M. refringens* がコペポーダの 1 種に実験的に感染することが報告され，生活環解明の糸口として注目を集めている（Audemard *et al.*, 2002）．

マガキでは *M. refringens* と *M. sydneyi* によるマルテイリア症の発生は知られておらず，ボナミア症と同様に国内に侵入しても被害にはつながらないと考えられる．しかし，*Marteilia* 属他種のなかには，バージニアガキ等の *Crassostrea* 属やムラサキイガイに寄生する種もある．さらに，米国フロリダ東岸では未同定

第V章　原虫病

の Marteilia sp. によるホタテガイの一種 Argopecten gibbus の大量死が報告されている（Moyer et al., 1993）．M. refringens と M. sydneyi 以外の Marteilia 属については分類，宿主範囲，分布，病原性等がほとんどわかっておらず，今後日本国内で問題となる可能性も否定できないので，十分な注意が必要である．

推定診断には組織学的観察および組織塗抹標本の観察が用いられる．確定診断は in situ hybridization 法，PCR 法あるいは電子顕微鏡観察で行う．

マイクロサイトス症：マイクロサイトス症は分類群不明の原虫 Mikrocytos mackini によって生じるカキ類の疾病である．この原虫はカナダ南西部に分布し，マガキ，ヨーロッパヒラガキ，オリンピアガキに感染する．実験的にはバージニアガキにも感染する．

外観的には，罹病貝の唇弁および外套膜の表面等に黄緑色の小膿疱が認められる（図V-12-1）．時として，膿瘍部に接する貝殻内壁に茶色の傷が生じる．細胞内寄生性で，虫体（直径 1～2 μm）は宿主の結合組織の細胞内に感染し，血球細胞の浸潤と組織の壊死を生じさせる．膿瘍内の虫体の観察は困難であり，虫体は膿疱周囲の細胞内にのみ観察される（図V-12-2）．本虫は水平感染する（Hervio et al., 1996）．

本疾病はカナダ南西部のマガキでの発生が知られているものの，日本国内での発生は確認されていない．発症は2～3歳以上のカキにほぼ限定され，また，10℃以下の低水温が3～4ヶ月以上継続した後に発生しやすい．日本国内でこのような条件でマガキを養殖している海域は限られているが，そのような海域では汚染海域からのカキ類の移入を行わないなどの措置を講じるべきである．

推定診断には組織スタンプ標本の観察が用いられ，確定診断には組織学的観察あるいは電子顕微鏡観察が用いられる．PCR 法や蛍光 in situ hybridization 法など，DNA probe を用いた診断，検出法が開発されつつあるが（Carnegie et al., 2003），OIE マニュアル2003年版では未だ採用されていない．

MSX病とSSO病：MSX 病と SSO 病は，それぞれ Haplosporidia 門に属する原虫 Haplosporidium nelsoni と H. costale を原因とするバージニアガキの疾病であり，北米東岸で甚大な被害を与えている．

どちらも組織内寄生性で，H. nelsoni の分裂増殖期の多核の栄養体は multinucleate sphere X（MSX）と呼称され，宿主の主として結合組織内に寄生する．胞子形成は消化盲嚢上皮組織内に限定される．H. costale は seaside organism（SSO）と呼ばれ，分裂増殖，胞子形成と

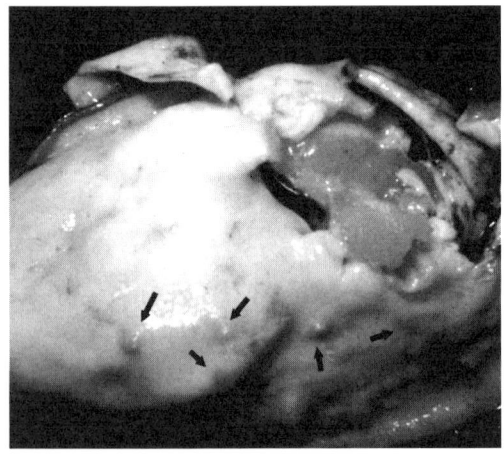

図V-12-1　マイクロサイトス症に罹病したマガキ．矢印：感染によって生じた膿瘍．（写真提供：Susan Bower 氏）

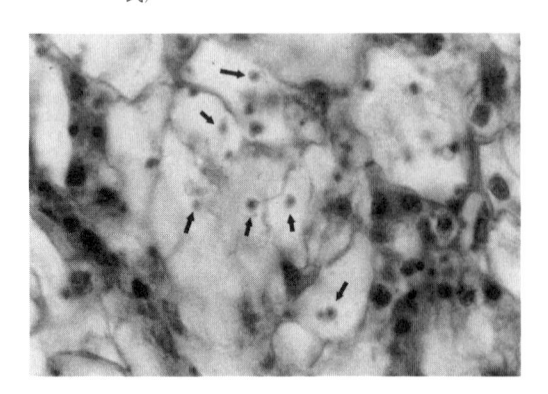

図V-12-2　Mikrocytos mackini（矢印）（写真提供：Susan Bower 氏）

12. 貝類の原虫病

もに宿主の結合組織内で行われ，多核の栄養体と胞子の両方が結合組織内に観察される．*H. nelsoni* と *H. costale* の胞子形成時にそれぞれ消化盲嚢上皮および結合組織が崩壊するために宿主が死亡すると考えられている．

どちらの種もその生活環は不明であり，何らかの中間宿主が存在すると考えられている．

H. nelsoni は北米東岸ばかりでなく，日本，韓国，欧州のマガキからも検出されているが，検出されるのは種ガキに限定され，その感染率も数％以下と低い．*H. nelsoni* によるマガキの死亡例は知られておらず，マガキへの病原性はほとんどない．

推定診断には組織学的観察と PCR 反応が用いられ，確定診断には in situ hybridization 法が用いられる．

パーキンサス症：パーキンサス症は *Perkinsus* 属原虫を原因とする貝類の疾病である．*Perkinsus* 属の分類上の位置については諸説があり確定していないが，渦鞭毛虫類に近縁であるとする説が有力である．

パーキンサス症原因原虫のうち，*Perkinsus marinus* はバージニアガキの病原体で，米国の東海岸に分布し，当地のバージニアガキに大きな産業上の損失を与えている．本種はマガキやスミノエガキにも感染するが，これらのカキは本種に対して耐性が高く，ほとんど病原性を示さない．

P. olseni はもともとオーストラリアのアカアワビに寄生する種として記載され，一方，*P. atlanticus* はポルトガルのヨーロッパアサリの寄生体として記載された．しかし，分子生物学的知見に基づき，この 2 種は同一種と見なされるようになり，OIEマニュアル2003年版では *Perkinsus olseni/atlanticus* という名称で扱われている．*P. olseni/atlanticus* の宿主範囲はアカアワビ，マルアワビ，ミツウネアワビ，ウスヒラアワビ，アサリ，ヨーロッパアサリである．

OIE マニュアル 2003 年版では，極東のアサリに寄生している種を *P. olseni/atlanticus* とした上で，*P. olseni/atlanticus* の分布域をオーストラリア，ニュージーランド，ポルトガル，スペイン，フランス，イタリアおよび日本，韓国としている．しかし，後述するように，極東

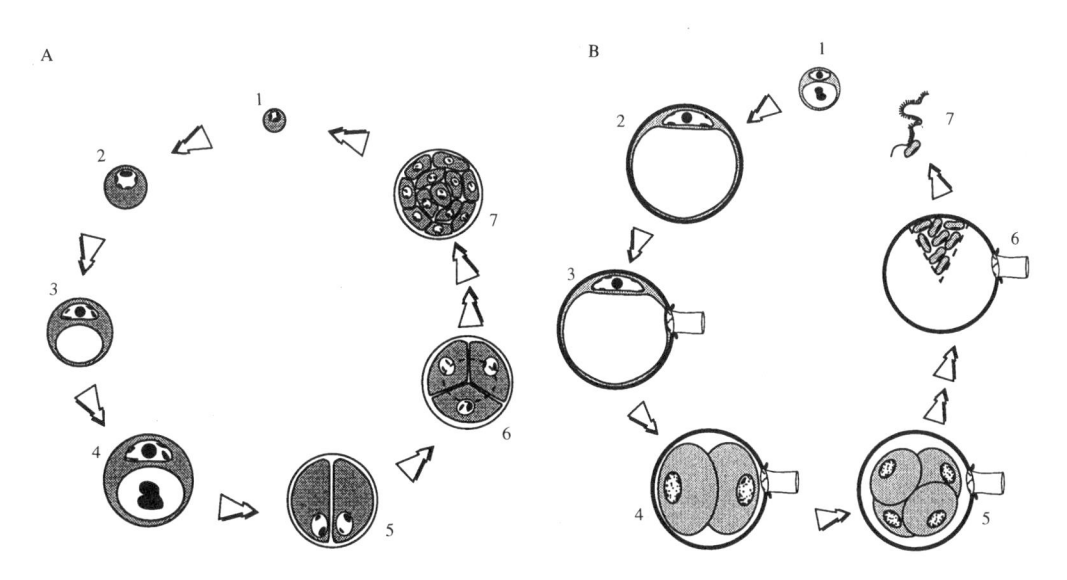

図V-12-3 *Perkinsus marinus* の生活史．A：カキ体内，B：海水中
A, 1～4. 栄養体．3～4. シグネットリング状栄養体．5～6. 分裂中のトモント
B, 1. 栄養体．2～3. 栄養体の大型化．4～6. 遊走子内での遊走子の形成．7. 遊走子（Perkins, 1996より改図）

のアサリに寄生している種の同定については確定しておらず，今後の研究が必要と考えられる．

Perkinsus 属原虫の生活環は宿主体内での栄養体期と宿主体外での胞子形成期からなる（図V-12-3）．すなわち，栄養体は大きな液胞と偏在した核をもついわゆるシグネットリング（印鑑付き指輪）状の形状をしており，組織内寄生性で，宿主組織内で分裂増殖を行う．宿主が瀕死あるいは死亡し嫌気的な状態になると，栄養体は大型化し，海水中で遊走子嚢（zoosporangium）となる．この遊走子嚢から遊走子（zoospore）が水中に放出される．近年，*P. marinus* において，虫体が宿主の糞や偽糞とともに水中へ放出されることが明らかになり，感染の伝播に宿主の死亡は必須でないことが示された（Bushek et al., 2002）．

栄養体に対する宿主の反応は *P. marinus* と *P. olseni/atlanticus* とで大きく異なる．バージニアガキは *P. marinus* の栄養体に対してはほとんど防御反応を示さず，栄養体の感染が全身に広がり，結合組織や上皮組織が崩壊する．一方，アサリ類は *P. olseni/atlanticus* の栄養体に対して血球の浸潤や炎症等の防御反応を示し，感染は主として結合組織に限定される．

P. marinus はバージニアガキの大量死の直接の原因となっている．*P. olseni/atlanticus* が原因と考えられる大量死がオーストラリアのウスヒラアワビとヨーロッパアサリで報告されている．しかし，最近，*P. olseni/atlanticus* によるヨーロッパアサリの大量死には本種の寄生だけでなく高水温条件が係わっているという結果も得られており，*P. olseni/atlanticus* の感染単独ではアサリ類の大量死を引き起こさないという意見もある．

P. marinus と *P. olseni/atlanticus* 以外にも *Perkinsus* 属原虫は非常に多くの二枚貝類から報告されており，その多くは未同定のまま残されていると同時に，その病原性などもわかっていない．したがって，この2種以外の *Perkinsus* 属についても十分な注意が必要である．

ほとんどの *Perkinsus* 属の栄養体は Ray's fluid thioglycollate medium（RFTM）中で大型化する．これをルゴール液で染色すると青紫色に染まり，容易に観察できる．そのため，推定診断にはこの RFTM 培養法が一般的に用いられ，併せて組織学的観察，電子顕微鏡観察，PCR 法が用いられる．*Perkinsus* 属の種レベルの確定診断のためには，現状では，rRNA 遺伝子の ITS 領域の塩基配列の解析が必要である．

防除・防疫からみた貝類原虫病の特徴

貝類原虫病に有効な治療法はほとんど見つかっていない．また，生活環や伝搬経路が複雑で，生活環の遮断による被害の軽減という手法も困難となっている．さらに，貝類の多くは天然資源として存在しており，地まき養殖や垂下養殖などの場合でも，魚類の給餌養殖と比べ天然環境との関連が密接である．そのため，特定の海域で重大な貝類原虫病が発生すると，疾病のコントロールはほとんど不可能であり，壊滅的打撃につながる場合が多い．

たとえば，フランスを中心とするヨーロッパにおけるヨーロッパヒラガキの生産はマルテイリア症とボナミア症の発生により打撃を受け，特にフランスの年間生産量は，1970 年代の 2 万トンから 1995 年には 1,800 トンにまで落ちてしまった．また，アメリカ東海岸のバージニアガキでは，1950 年代当初 25 万トン程度の生産があったが，パーキンサス症と MSX 病の発生により生産量が激減し，1980 年代半ば以降は 5 万トン以下に推移している（FAO 統計）．

貝類の原虫病のもう一つの特徴は，種苗の移動による疾病の侵入と宿主転換による病原性の発現である．カキ類を初めとする貝類種苗は輸送が比較的用意であることもあり，歴史的に国際的移動が盛んである．そのため，種苗の移動に伴う病原体の移動がしばしば見られる．また，本来の宿主にはほとんど病原性のなかった原虫が，未感染海域へ侵入した後に新しい宿主種に

宿主転換し，その結果，新しい宿主種に対し強い病原性を示した例も少なくない．

たとえば，MSX病の病原体 *Haplosporidium nelsoni* の本来の宿主は極東のマガキであり，マガキに対しては全く病原性を示さない．しかし，マガキ種苗が極東から米国に大量に輸送された結果，米国に侵入し，バージニアガキに宿主転換して強い病原性を示している．また，ヨーロッパヒラガキのボナミア症の病原体 *Bonamia ostreae* は，もともとアメリカ西岸のオリンピアガキに病原性を示さずに感染していたものが，ヨーロッパに侵入し，ヨーロッパヒラガキに対し強い病原性を示したと考えられている．*Perkinsus marinus* および *Marteilia refringens* についても，突然出現し大きな被害を継続的に出していることから，その起源は不明であるが，侵入種である可能性が高い．

このように，貝類では国外からの疾病の侵入は産業の壊滅的打撃につながることが多い．特に，宿主転換による病原性の発現を考えると，健康と判断されるどんな種類の貝であっても，国内の貝類に対して病原性を有する原虫に潜在的に感染している可能性がある．国外からの貝類の移入はきわめて危険といわざるを得ない．

なお，貝類の原虫症に関する最新の情報はOIE (2003a, b) および Bower et al. (1994〜) で得られるので，参照されたい．どちらも，適宜，改訂・更新されており，インターネットのホームページ上で最新版が得られる．

2) アサリのパーキンサス症

(1) 序　日本国内のアサリに *Perkinsus* 属原虫が感染していることは Hamaguchi et al. (1998) によって初めて見出された．その後，*Perkinsus* 属原虫は北海道東部以外の海域のアサリに広く分布しており，重篤感染地域では寄生率が90%以上に達していることが報告された (Maeno et al. 1998；Choi et al., 2002；浜口ら，2002)．同様の原虫は韓国のアサリにも広く分布している (Park and Choi, 2001; Lee et al., 2001)．

(2) 原因　*Perkinsus olseni/atlanticus* に類似した *Perkinsus* 属原虫が引き起こす．OIE 診断マニュアル2003版では，日本と韓国は *Perkinsus olseni/atlanticus* の分布域とされている．日本産アサリの *Perkinsus* 属原虫のITS領域および 5.8S rRNA 遺伝子の配列が *P. olseni/atlanticus* のものとほぼ同一である (Hamaguchi et al., 1998) という報告がその根拠となっている．しかし，Hamaguchi et al. (1998) は明確な同定を避けており，Maeno et al. (1999) は，三重県産アサリに寄生する *Perkinsus* sp. の栄養体のサイズは *P. olseni/atlanticus* と異なり，Hamaguchi et al. (1998) の報告とも異なることを報告している．また，韓国のアサリに寄生する *Perkinsus* 属原虫についても，種レベルでの同定はされていない (Lee et al., 2001; Park and Choi, 2001)．極東のアサリに寄生する *Perkinsus* 属原虫の分類についてはさらに詳細な検討が必要である．

(3) 症状・病理　*P. olseni/atlanticu* と同様に，シグネットリング状の栄養体が感染貝の結合組織内に存在する（図V-12-4）．栄養体の周囲には宿主細胞の浸潤が観察される．重篤感染アサリでは栄養体に対する炎症性反応の結果として白色のシスト様の結節が形成され，これ

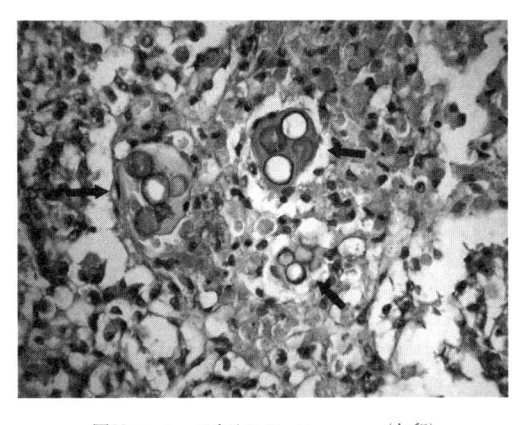

図V-12-4　アサリの *Perkinsus* sp.（矢印）
（写真提出：伊藤直樹氏）

第Ⅴ章 原虫病

らの結節が外套膜や鰓の表面に肉眼で観察される．

日本および韓国において，明らかに本症が原因となったアサリの大量死は報告されていない．しかし，重篤感染ではアサリの成長，成熟ならび濾水能力に何らかの悪影響があるのではないかと危惧されている（Choi et al., 2002）．また，韓国ならびに日本の両国で近年アサリ資源量が著しく減少しており，パーキンサス症とアサリ資源量の減少との関連も疑われている（Lee et al., 2001, Hamaguchi et al., 1998）．

（4）疫　学　国内では，北海道東部以外の海域に広く分布している．浜口ら（2002）は，感染強度は近接した海域でも大きく異なり，一般に河口干潟や地盤高の高い水域で感染強度が高いこと示している．また，Park and Choi（2001）は韓国のアサリを調べ，高塩分濃度，高水温と底質の高泥分率が本症の発生に好適条件となっていることを示している．さらに浜口ら（2002）は，種苗放流に用いられる外国種苗の感染強度が高いこと，種苗放流が盛んな潮干狩り場＞アサリ漁場＞その他の海域の順で感染強度が高いことから，感染強度を決定する要因の一つとして外国産種苗の放流が関与している可能性もあげている．

（5）診　断　他のパーキンサス属と同様，RFTM 培養法，PCR，病理組織学検査が用いられる（Hamaguchi et al., 1998; Maeno et al., 1999；浜口ら，2002）．

（6）対　策　有効な対策は見つかっていない．

3）マガキの卵巣肥大症

（1）序　本症は Paramyxea 門に属する Marteilioides 属原虫がマガキの卵細胞に感染することにより卵巣に結節様構造が生じる疾病である．

マガキは通常夏季に産卵し，秋季には卵巣はほとんど消失し結合組織に置き換わる．しかし，本症に罹病したマガキでは，秋季以降も外見的に異常に発達した卵巣が残っており，直径数 mm から数十 mm の乳白色から黄色の瘤状の膨隆患部が形成されている．

本症は，その特異な外観から異常卵塊という名前で古くから知られており，関（1933）によって最初に報告された．当初は，寄生虫感染による疾病とは考えられていなかったが，Matsusato et al.(1977) および Matsusato and Masumura（1981）によって，原虫感染症であることが明らかにされた．分類については，最初に，韓国のマガキに寄生していた虫体が *Marteilioides chungmuensis* として新種報告され（Comps et al., 1987），その後，日本のマガキの虫体もこれと同種であることが確認された（Itoh et al., 2002）．

本症によるマガキの大量死は報告されておらず，宿主の生残におよぼす影響は大きくないと考えられる．しかし，寄生を受けたマガキはむき身に加工される過程で廃棄されており，市場価値を失う．殻つきかきとして出荷された場合は，消費の段階で発見され商品クレームの対象となる．

（2）原　因　*Marteilioides chungmuensis* がマガキの卵細胞内に寄生することによって生じる．虫体の大きさは発育段階によって異なり，直径 5〜25 μm．虫体は卵細胞内で分裂し胞子となる（Itoh et al., 2002）．胞子に感染したマガキ卵が産出されることにより，胞子が環境水中へ放出される．

感染マガキでは，本来の産卵期ではない秋以降にも，寄生を受けた卵と寄生を受けていない成熟卵が観察される．このことから，本虫は宿主の性成熟に何らかのメカニズムで影響を与えているものと思われる．

生活環には中間宿主が関与していると考えられるが，その詳細は不明である．また，本虫の宿主への侵入経路，侵入後から卵巣内に観察されるまでの間の宿主内初期発達過程も不明であ

12. 貝類の原虫病

る．

(3) 症状・病理 肉眼的所見としては卵巣の膨隆患部が特徴的である（図V-12-5）．組織学的には，卵巣濾胞の卵細胞内に様々な発達段階の虫体が観察されるが（図V-12-6），卵巣内の濾胞腔や生殖管腔に存在する成熟卵には発育した虫体が観察され，濾胞縁辺部の未成熟卵には未発達の虫体が観察される．

本症に起因する大量死は認められておらず，生残への影響は小さいものと思われる．しかし，大量寄生個体では軟体部が弾力を失いいわゆる水ガキ状態になり，また，産卵期が通常より長く続くため産卵期後の回復が遅れる．宿主に対するストレス要因となっていると思われる（Matsusato *et al.*, 1977; Park *et al.*, 2003）．

(4) 疫学 本症は日本と韓国のマガキのみに認められ，米国やヨーロッパに移入され定着したマガキでは見いだされていない．国内での分布に関する研究は不十分であるものの，太平洋側では三重以西，日本海側では佐渡島以西から報告されており（Matsusato and Masumura, 1981），おおよそ西日本を主要な分布域としていると思われる．

寄生が肉学的に観察されるのは主として産卵後の秋から冬にかけてであるが，組織学的検査では産卵期である夏季にすでに感染が認められ，秋季から冬季にかけて寄生強度が低下する（Imanaka *et al.*, 2001; Ngo *et al.*, 2003; Park *et al.*, 2003）．

関（1933）は本症の発生には高塩分濃度や高水温などの環境要因が影響している可能性を示している．また，Matsusato *et al.* (1977) は広島県下での調査で，広島県東部での発生率が高く，広島湾奥では発生が認められなかったことを示している．本症の発生は，環境要因に強く影響されている可能性が高い．

(5) 診断 マガキにおいて類似の外観症状を示す疾病は知られていないため，卵巣の結節様構造の存在をもって診断が可能である．しかし，この方法では成熟期のマガキや軽微な感染では感染を見逃しやすく，注意が必要である．確定診断のためには，卵巣のスタンプ標本，組織切片標本の観察により，卵細胞内の虫体を確認する．18SrRNA 遺伝子に基づく PCR や *in situ* hybridization によっても寄生体の検出と同定が可能である（Itoh *et al.*, 2003a, b）．

近縁種としてはシドニーガキに寄生する *Marteilioides branchialis* が知られているが，この種は胞子内に形成される細胞の数で *M. chungmuensis* と区別される（Anderson and Lester, 1992; Itoh *et al.*, 2002）．

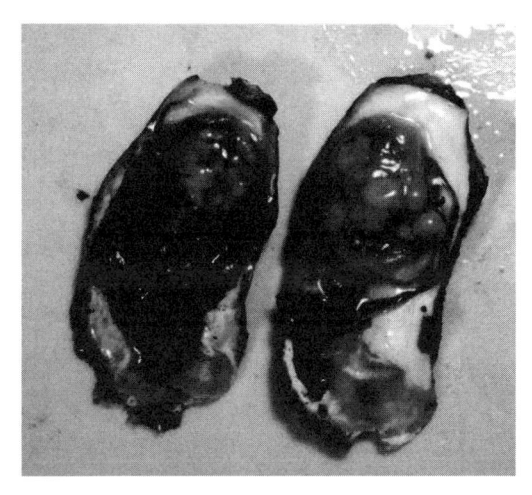

図V-12-5 卵巣肥大症のマガキ（写真提供：Kay Lwin Tun 氏）

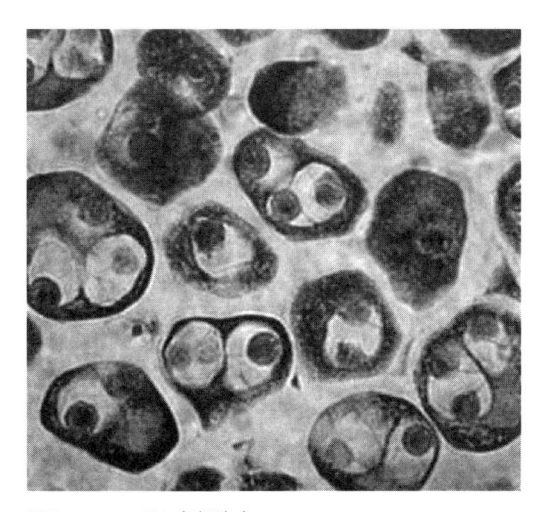

図V-12-6 マガキ卵細胞内の *Marteilioides chungmuensis*．（写真提供：Kay Lwin Tun 氏）

第Ⅴ章　原虫病

(6) 対　策　　有効な対策は見つかっていない．

4) ホタテガイの Perkinsus qugwadi 感染症

(1) 序　　1980年代に養殖の目的で日本からカナダのブリティッシュ・コロンビア州に実験的に移入されたホタテガイに本症が発生し，大きな被害を与えた (Bower et al., 1992)．稚貝での死亡率が90%以上に達した例も報告されている．現在日本国内のホタテガイ生産量は漁獲，養殖あわせて約50万トンに上っている．本種が国内へ侵入した場合，甚大な経済的被害につながる可能性が高い．汚染地域からの貝類，特にホタテガイ類の移入は厳に慎むべきである．

(2) 原　因　　原因原虫は Perkinsus qugwadi で，以前は，SPX (scallop protistan X) とも呼称された．本種は Perkinsus 属として分類されているが，Perkinsus 属の検出に使用される RFTM 中で栄養体の大型化が生じないこと，rRNA 遺伝子の ITS 領域が Perkinsus 属他種と異なることから，系統学的位置については疑問が呈されている (Blackbourn et al., 1998; Casas et al., 2002)．

同居飼育によって感染が成立することから，遊走子によって伝播していくと考えられる (Bower et al., 1992)．

(3) 症状・病理　　肉眼的には，生殖巣，消化盲嚢部や外套膜などの様々な器官に乳白色の小膿疱 (直径5 mm以下) が観察される (図Ⅴ-12-7)．

感染したカキの様々な臓器の結合組織内に，栄養体 (直径10 μm 以下) や2〜8個の栄養体 (直径5 μm 以下) を内包したトモントが寄生している (図Ⅴ-12-8) (Blackbourn et al.,

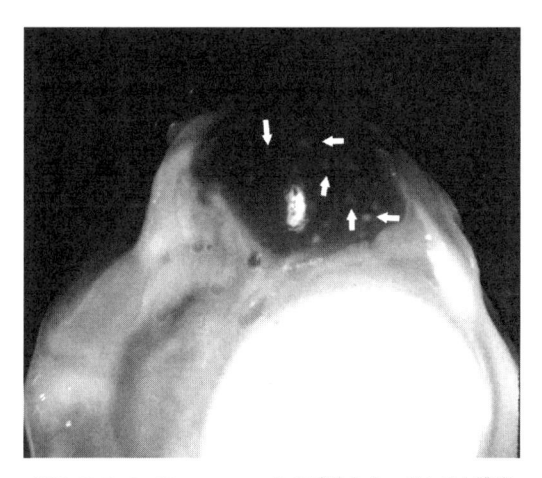

図Ⅴ-12-7　*Perkinsus qugwadi* に感染したマガキの小膿疱 (矢印) (写真提供：Susan Bower 氏)

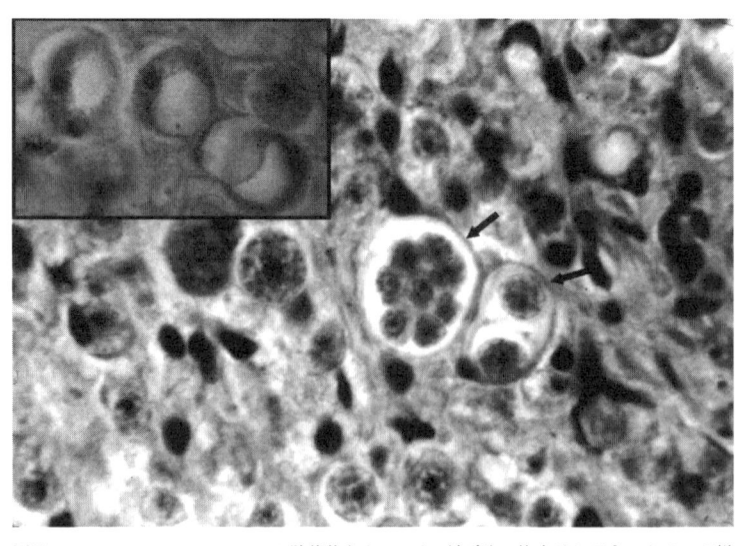

図Ⅴ-12-8　*Perkinsus qugwadi* の栄養体とトモント (矢印)．枠内はシグネットリング様の構造をもつ栄養体 (写真提供：Susan Bower 氏)

1998）．*Perkinsus* 属に特徴的な空胞をもったシグネットリング様の形態をとる栄養体もある．他の *Perkinsus* 属と異なり，稚貝の体内に遊走子嚢および遊走子が見られることがある．

（4）疫　　学　カナダのブリティッシュ・コロンビア州に分布するが，感染率は州内でも海域によって大きく異なり，まだらに分布していると考えられる（Bower *et al.*, 1998）．日本からのホタテガイのみが発症し，ブリティシュ・コロンビア州在来のホタテガイ類（*Chlamys rubida*, *C. hastata*）は明らかに耐性をもつ（Bower *et al.*, 1999）．*P. qugwadi* はブリティッシュ・コロンビア州にもとから存在する何らかの貝に寄生していたものが，日本のホタテガイに宿主転換し，病原性を示したものと考えられている（Bower *et al.*, 1998）．

（5）診　　断　診断は病理組織観察による虫体の確認で行う．他の *Perkinsus* 属原虫と異なり，RFTM 培養によって遊走子嚢を形成しないため，RFTM 培養による検出はできない．

rRNA 遺伝子 ITS 領域の DNA の塩基配列は GenBank に登録されている．しかし，この配列に基づいた PCR 等の分子生物学的診断手法は検討されていない．

（6）対　　策　疾病が発生した後の有効な対策は見つかっていない．感染海域からのホタテガイ類の移入を行わないことが，唯一の対策となる．

（良永知義）

引用文献

Adlard, R. D. and R. J. G. Lester (1995): Development of a diagnostic test for *Mikrocytos roughleyi*, the aetiological agent of Australian winter mortality of the commercial rock oyster, *Saccostrea commercialis* (Iredale & Roughley). *J. Fish Dis*, 18, 609-614.

Ahmed, A. T. A. (1977): Morphology and life history of *Tricodina reticulata* from goldfish and other carps. *Fish Pathol.*, 12, 21-31.

Anderson, T. J. and R. J. G. Lester (1992): Sporulation of *Martelioides branchialis* n. sp. (Paramyxea) in the Sydney rock oyster, *Saccostrea commercialis*- An electron microscope study, *J. Protozool.*, 39, 502-508.

Audemard, C., F. Le Roux, A. Barnaud, C. Collins, B. Sautour, P.G. Sauriau, X. de Montaudouin, C. Coustau, C. Combes and F. Berthe (2002): Needle in a haystack: involvement of the copepod *Paracartia grani*, in the life-cycle of the oyster pathogen *Marteilia refringens*. *Parasitology*, 124, 315-323.

粟倉輝彦（1960）：熱帯性海水魚の鰓病について．動物園水族館雑誌，2，3-5．

粟倉輝彦（1974）：サケ科魚類の微胞子虫病に関する研究．水産孵化場研究報告，29，1-95．

粟倉輝彦（1978）：サケ科魚類における微胞子虫病の新しい発生地について．魚病研究，13，17-18．

粟倉輝彦・倉橋澄雄・松本春義（1966）：サケ科魚の *Plistophora* 病に関する研究-II. 新しい発生地について．水産孵化場研究報告，21，1-12．

粟倉輝彦・田中　真・吉水　守（1982）：サクラマスの寄生虫に関する研究-IV. 鰓に寄生する微胞子虫 *Loma* について．水産孵化場研究報告，37，49-55．

Bauer, O. N. and N. P. Nikol'skaya (1957): *Chilodonella cyprini* (Moroff, 1902), its biology and epizootiological importance. *Bull. All Union Sci. Res. Inst. Freshw. Fish.*, 42, 56-67. (in Russian)

Baxa-Antonio, D., J. M. Groff and R. P. Hedrick (1992): Experimental horizontal transmission of *Enterocytozoon salmonis* to chinook salmon, *Oncorhynchus tshawytscha*. *J. Protozool.*, 39, 699-702.

Beaman, H. J., D. J. Speare, M. Brimacombe and J. Daley (1999): Evaluating protection against *Loma salmonae* generated from primary exposure of rainbow trout, *Oncorhynchus mykiss* (Walbaum), outside of the xenoma-expression temperature boundaries. *J. Fish Dis.*, 22, 445-450.

Becker, C. D. (1977): Flagellate parasites of fish. In "Parasitic protozoa Vol. I. Taxonomy, kinetoplastids, and flagellates of fish" (ed. by J. P. Kreier). Acad. Press, London, pp. 357-416.

Bell, A.S., H. Yokoyama, T. Aoki, M. Takahashi and K. Maruyama (1999): Single and nested polymerase chain reaction assays for the detection of *Microsporidium seriolae* (Microspora), the causative agent of 'Beko' disease in yellowtail *Seriola quinqueradiata*. *Dis. Aquat. Org.*, 37, 127-134.

Blackbourn, J., S.M. Bower and G. R. Meyer (1998): *Perkinsus qugwadi* sp. nov. (incertae sedis), a pathogenic protozoan parasite of Japanese scallops, *Patinopecten yessoensis*, cultured in British Columbia, Canada. *Can. J. Zool.*, 76, 942-953.

Bower, S. M., J. Blackbourn and G.. R. Meyer (1998): Distribution, Prevalence and pathogenicity of the protozoan *Perkinsus qugwadi* in Japanese scallops, *Patinopecten yessoensis*, cultured in British Columbia, Canada. *Can. J. Zool.*, 76, 954-959.

Bower, S. M., J. Blackbourn, G.. R. Meyer and D.J.H.

第Ⅴ章 原虫病

Nishimura (1992)：Diseases of cultured Japanese scallops (*Patinopecten yessoensis*) in British Columbia, Canada. *Aquaculture*, 107, 201-210.

Bower, S. M., J. Blackbourn and G. R. Meyer and D. W. Welch (1999)：Effect of *Perkinsus qugwqadi* on various species and strains of scallops. *Dis. Aquat. Org.*, 36, 143-151.

Bower, S. M., S. E. McGladdery and I. M. Price (1994～)：Synopsis of infectious diseases and parasites of commercially exploited shellfish. *Ann. Rev. Fish Dis.*, 4, 1-199. この本は出版後，インターネットのホームページ上で公開され (http://www.pac.dfo-mpo.gc.ca/sci/shelldis/title_e.htm)，適宜更新されている．

Buchmann, K., K. Ogawa and C.-F. Lo (1992)：Immune response of the Japanese eel (*Anguilla japonica*) against major antigens from the microsporean *Pleistophora anguillarum* Hoshina, 1951. *Fish Pathol.*, 27, 157-161.

Buchmann, K., T. Lindenstrom and J. Sigh (1999)：Partial cross protection against *Ichthyophthirius multifiliis* in *Gyrodactylus derjavini* immunized rainbow trout. *J. Helminthol.*, 73, 189-195.

Burges, P. J. and R. A. Matthews (1994a)：A standardized method for the in vivo maintenance of *Cryptocaryon irritans* (Ciliophora) using the grey mullet *Chelon labrosus* as an experimental host. *J. Parasitol.*, 80, 288-292.

Burges, P. J. and R. A. Matthews (1994b)：*Cryptocaryon irritans* (Ciliophora) —photoperiod and transmission in marine fish. *J. Mar. Biol. Ass. U. K.*, 74, 535-542.

Burges, P. J. and R. A. Matthews (1995)：*Cryptocaryon irritans* (Ciliophora) — acquired protective immunity in the thick lipped mullet, *Chelon labrosus*. *Fish Shellfish Immunol.*, 5, 459-468.

Burkart, M. A., T. G. Clark and H. W. Dickerson (1990)：Immunization of channel catfish, *Ictalurus punctatus* Rafinesque, against *Ichthyophthirius multifiliis* (Fouquet)：killed versus live vaccines. *J. Fish Dis.*, 13, 401-410.

Bushek, D., S. E. Ford and M. M. Chintala (2002)：Comparison of *in vitro*-cultured and wild-type *Perkinsus marinus*. III. Fecal elimination and its role in transmission. *Dis. Aquat. Org.*, 51, 217-225

Callahan, H. A. and E. J. Noga (2002)：Tricaine dramatically reduces the ability to diagnose protozoan ectoparasite (*Ichthyobodo necator*) infections. *J. Fish Dis.*, 25, 433-437.

Carnegie, R. B., B. J. Barber, S. C. Culloty, A. J. Figueras and D. L. Distel (2000)：Development of a PCR assay for detection of the oyster pathogen *Bonamia ostreae* and support for its inclusion in the Haplosporidia. *Dis. Aquat. Org.*, 42, 199-206.

Carnegie, R. B., G. R. Meyer, J. Blackbourn, N. Cochennec-Laureau, F. C. J. Berthe and S. M. Bower (2003)：Molecular detection of the oyster parasite Mikrocytos mackini, and a preliminary phylogenetic analysis. *Dis. Aquat. Org.*, 54, 219-227.

Casas, S. M., A. Villalba and K. S. Reece (2002)：Study of Perkinsosis in the carpet shell clam *Tapes decussates* in Galcia (NW Spain). I. Identification of the aetiological agent and *in vitro* modulation of zoosporulation by temperature and salinity. *Dis. Aquat. Org.*, 50, 51-65.

Cavalier-Smith, T. (1999)：Zooflagellate phylogeny and the systematics of Protozoa. *Biol. Bull.*, 196, 393-396.

Cheung, P. J., R. F. Nigrelli and G. D. Ruggieri (1979)：Studies on cryptocaryoniasis in marine fish: effect of temperature and salinity on the reproductive cycle of *Cryprocaryon irritans* Brown, 1951. *J. Fish Dis.*, 2, 93-97.

Cheung, P. J., R. F. Nigrelli and G. D. Ruggieri (1980)：Studies on the morphology of *Uronema marinum* Dujardin (Ciliatea: Uronematidae) with a description of the histopathology of the infection in maraine fishes. *J. Fish Dis.*, 3, 295-303.

Chilmonczyk, S. W. T. Cox and R. P. Hedrick (1991)：*Enterocytozoon salmonis* n. sp. — an intranuclear microsporidium from salmonid fish. *J. Protozool.*, 38, 264-269.

Choi, K.S, K.I.Park, K.W.Lee and K.Matsuoka (2002)：Infection intensity, prevalence, and histopathology of *Perkinsus* sp. in the Manila clam, *Ruditapes philippinarum*, in Isahaya Bay, Japan. *J. Shellfish Res.*, 21, 119-125.

Clark, A and B. F. Nowak (1999)：Field investigations of amoebic gill disease in Atlantic salmon, *Salmo salar* L., in Tasmania. *J. Fish Dis.*, 22, 433-443.

Clark, T. G., H. W. Dickerson and C. Findly (1988)：Immune response of channel catfish to ciliary antigens of *Ichthyophthirius multifiliis*. *Dev. Comp. Immunol.*, 12, 581-594.

Clark, T. G., T. L. Lin and H. W. Dickerson (1996)：Surface antigen cross-linking triggers forced exit of a protozoan parasite from its host. *Proc. Nat. Acad. Sci. U. S. A.*, 93, 6825-6829.

Clark, T. G., Y. Gao, J. Gaertig, X. T. Wang and G. Cheng (2001)：The I-antigens of *Ichthyophthirius multifiliis* are GPI-anchored proteins. *J. Eukar. Microbiol.*, 48, 332-337.

Cobb, C. S., M. G. Levy and E. J. Noga (1998)：Acquired immunity to amyloodiniosis is associated with an antibody response. *Dis. Aquat. Org.*, 34, 125-133.

Cochennec-Laureau N., K. S. Reece, F. C. J. Berthe and P. M. Hine (2003)：*Mikrocytos roughleyi* taxonomic affiliation leads to the genus *Bonamia* (Haplosporidia), *Dis. Aquat. Org.*, 54, 209-217.

引用文献

Colorni, A. (1985): Aspects of the biology of *Cryptocaryon irritans* and hyposalinity as a control measure in cultured gilt-head sea bream, *Sparus aurata*. *Dis. Aquat. Org.*, 1, 19-22.

Colorni, A. (1987): Biology of *Cryptocaryon irritans* and strategies for its control. *Aquaculture*, 67, 236-237.

Comps, M., M. S. Park and I. Desportes (1987): Fine structure of *Marteilioides chungmuensis* n.g. n.sp., parasite of the oocytes of the oyster *Crassostrea gigas*. *Aquaculture*, 67, 264-265.

Cross, M. L. (1993): Antibody-binding following exposure of live *Ichthyophthirius multifiliis* (Ciliophora) to serum from immune carp *Cyprinus carpio*. *Dis. Aquat. Org.*, 17, 159-164.

Cross, M. L. and R. A. Matthews (1992): Ichthyophthiriasis in carp, *Cyprinus carpio* L.: fate of parasites in immunized fish. *J. Fish Dis.*, 15, 497-505.

Cross, M. L. and R. A. Matthews (1993): Localized leukocyte response to *Ichthyophthirius multifiliis* establishment in immune carp *Cyprinus carpio* L. *Vet. Immunol. Immunopathol.*, 38, 341-358.

Dickerson, H. W. and D. L. Dawe (1995): *Ichthyophthirius multifiliis* and *Cryptocaryon irritans* (Phylum Ciliophora), In "Fish diseases and disorders. Vol. 1. Protozoan and metazoan infections" (ed. by P. T. K. Woo). CAB International, Wallingford, pp. 181-227.

Dickerson, H. W., J. Brown, D. L. Dawe and J. B. Gratzek (1984): *Tetrahymena pyriformis* as a protective antigen against *Ichthyophthirius multifiliis* infection: comparison between isolates and ciliary preparations. *J. Fish Biol.*, 24, 523-528.

Dickerson, H. W., T. G. Clark and A. A. Leff (1993): Serotypic variation among isolates of *Ichthyophthirius multifiliis* based on immobilazation. *J. Euk. Microbiol.*, 40, 816-820.

Diggles, B. K. and R. D. Adlard (1995): Taxonomic affinities of *Cryptocaryon irritans* and *Ichthyophthirius multifiliis* inferred from ribosomal RNA sequence data. *Dis. Aquat. Org.*, 22, 39-43.

Diggles, B. K. and R. D. Adlard (1997): Intraspecific variation in *Cryptocaryon irritans*. *J. Euk. Microbiol.*, 44, 25-32.

Diggles B.K., N. Cochennec-Laureau and P. M. Hine (2003): Comparison of diagnostic techniques for *Bonamia exitiosus* from flat oysters *Ostrea chilensis* in New Zealand. *Aquaculture*, 220, 145-156.

Dykova, I. and A. Figueras (1994): Histopathological changes in turbot *Scophthalmus maximus* due to a histophagous ciliate. *Dis. Aquat. Org.*, 18, 5-9.

Dykova, I., A. Figueras and Z. Peric (2000): *Neoparamoeba* Page, 1987: light and electron microscopic observations on six strains of different origin. *Dis. Aquat. Org.*, 43, 217-223.

江草周三 (1978): 魚の感染症. 恒星社厚生閣, 554 p.

江草周三 (1982): ブリ幼魚のベコ病の原因微胞子虫について. 魚病研究, 16, 187-192.

江草周三 (1988): 原虫症. 改訂増補魚病学 (江草周三編), 恒星社厚生閣, pp. 219-274.

江草周三・畑井喜司雄・藤巻由紀夫 (1988): マダイ稚魚ベこ病の原因微胞子虫 *Microsporidium* sp.について. 魚病研究, 23, 263-267.

Ellis, A. E. and R. Wootten (1978): Costiasis of Atlantic salmon, *Salmo salar* L. smolts in seawater. *J. Fish Dis.*, 1, 389-393.

Elston, R. A., M. L. Kent and L. H. Harrell (1987): An intracellular microsporidium associated with acute anemia in the chinook salmon, *Oncorhynchus tshawytscha*. *J. Protozool.*, 34, 274-277.

Ewing, M. S., S. A. Ewing and K. M. Kocan (1988): *Ichthyophthirius* (Ciliophora): population studies suggest reproduction in host epithelium. *J. Protozool.*, 35, 549-552.

Findlay, V. L. and B. L. Munday (1998): Further studies on acquired resistance to amoebic gill disease (AGD) in Atlantic salmon, *Salmo salar* L. *J. Fish Dis.*, 21, 121-125.

Forward, G. M., M. M. Ferguson and P. T. K. Woo (1995): Susceptibility of brook charr, *Salvelinus fontinalis* to the pathogenic hemoflagellate, *Cryptobia salmositica*, and the inheritance of innate resistance by progenies of resistant fish. *Parasitology*, 111, 337-345.

Gleeson, D. J., H. I. McCallum and I. P. F. Owens (2000): Differences in initial and acquired resistance to *Ichthyophthirius multifiliis* between populations of rainbowfish. *J. Fish Biol.*, 57, 466-475.

Goven, B. A., D. L. Dawe and J. B. Gratzek (1980): Protection of channel catfish, *Ictalurus punctatus* Rafinesque, against *Ichthyophthirius multifillis* Fouquet by immunization. *J. Fish Biol.*, 17, 311-316.

Gratzek, J. B., J. P. Gilbert, A. L. Lohr, E. B. Shotts and J. Brown (1983): Ultraviolet light control of *Ichthyophthirius multifiliis* Fouquet in a closed fish culture recirculation system. *J. Fish Dis.*, 6, 145-153.

Haas, W., B. Haberl, M. Hofmann, S. Kerschensteiner and U. Ketzer (1999): *Ichthyophthirius multifiliis* invasive stages find their fish hosts with complex behavior patterns and in response to different chemical signals. *Eur. J. Protistol.*, 35, 129-135.

浜口昌巳・佐々木美穂・薄 浩則 (2002): 日本国内におけるアサリ *Ruditapes philippinarum* の *Perkinsus* 原虫の感染状況. 日本ベントス学会誌, 57, 168-176.

Hamaguchi, M., N. Suzuki, H.Usuki and H. Ishioka (1998): *Perkinsus* protoaozan infection in short-necked clam *Tapes* (*Ruditapes*) *philippinarum* in Japan. *Fish Pathol.*, 33, 473-480.

橋本哲男 (2001): 原虫類の進化－微胞子虫とマラリア原虫

第V章 原虫病

の系統的位置. 遺伝, 55 (2), 30-35.

Hatai, K., K. Chukanhom, O. A. Lawhavinit, C. Hanjavanit, M. Kunitsune and S. Imai (2001)：Some biological characteristics of *Tetrahymena corlissi* isolated from guppy in Thailand. *Fish Pathol.*, 36, 195-199.

Hauck, A. K. (1984)：A mortality and associated tissue reaction of chinook salmon, *Oncorhynchus tshawytscha* (Walbaum), caused by the microsporidan *Loma* sp. *J. Fish Dis.*, 7, 217-229.

He, J. Y., Z. Yin, G. L. Xu, Z. Y. Gong, T. J. Lam and Y. M. Sin (1997)：Protection of goldfish against *Ichthyophthirius multifiliis* by immunization with a recombinant vaccine. *Aquaculture*, 158, 1-10.

Hedrick, R. P., J. M. Groff, T. S. McDowell, M. Willis and W. T. Cox (1990)：Hematopoietic intranuclear microsporidian infections with features of leukemia in chinook salmon *Oncorhynchus tshawytscha*. *Dis. Aquat. Org.*, 8, 189-197.

Hervio, D., E. Bachère, V. Boulo, N, Cochennec, V. Vuillemin, Y. Le Coguic, G. Cailletaux, J. Mazuri, and E. Mialhe (1995)：Establishment of an experimental infection protocol for the flat oyster, *Ostrea edulis*, with the intrahaemocytic protozoan parasite, *Bonamia ostrea*：application in the selection of parasite-resistant oysters. *Aquaculture*, 132, 183-194.

Hervio, D., S. M. Bower and G. R. Meyer (1996)：Detection, isolation, and experimental transmission of *Mikrocytos mackini*, a microcell parasite of Pacific oysters *Crassostrea gigas* (Thunberg). *J. Invertebr. Pathol.*, 67, 72-79.

Higgins, M. J., M. L. Kent, J. D. W. Moran, L. M. Weiss and S. C. Dawe (1998)：Efficacy of the fumagillin analog TNP-470 for *Nucleospora salmonis* and *Loma salmonae* infections in chinook salmon *Oncorhynchus tshawytscha*. *Dis. Aquat. Org.*, 34, 45-49.

Hines, R. S. and D. T. Spira (1974a)：Ichthyophthiriasis in the mirror carp *Cyprinus carpio* L. III. Pathology. *J. Fish Biol.*, 6, 189-196.

Hines, R. S. and D. T. Spira (1974b)：Ichthyophthiriasis in the mirror carp *Cyprinus carpio* (L.). V. Acquired immunity. *J. Fish Biol.*, 6, 373-378.

Hirazawa, N., S. Oshima, T. Hara, T. Mitsuboshi and K. Hata (2001)：Antiparasitic effect of medium-chain fatty acids against the ciliate *Cryptocaryon irritans* infestation in the red sea bream *Pagrus major*. *Aquaculture*, 198, 219-228.

Hoshina, T. (1951)：On a new microsporidian, *Plistophora anguillarum* n. sp., from the muscle of the eel, *Anguilla japonica*. *J. Tokyo Univ. Fish.*, 38, 35-46.

Hoshina, T. and T. Sano (1957)：On a trypanosome of eel. *J. Tokyo. Univ. Fish.*, 43, 67-69.

Houghton, G. and R. A. Matthews (1990)：Immunosuppression in juvenile carp, *Cyprinus carpio* L.: the effects of the corticosteroids triamcinolone acetonide and hydrocortisone 21-hemisuccinate (cortisol) on acquired immunity and the humoral antibody response to *Ichthyohthirius multifiliis* Fouquet. *J. Fish Dis.*, 13, 269-280.

Houghton, G., L. J. Healey and R. A. Matthews (1992)：The cellular proliferative response, humoral antibody response, and cross reactivity studies of *Tetrahymena pyriformis* with *Ichthyophthirius multifiliis* in juvenile carp (*Cyprinus carpio*). *Dev. Comp. Immunol.*, 16, 301-312.

Iglesias, R., A. Parama, M. F. Alvarez, J. Leiro, J. Fernandez and M. L. Snamartin (2001)：*Philasterides dicentrarchi* (Ciliophora, Scuticociliatida) as the causative agent of scuticociliatosis in farmed turbot *Scophthalmus maximus* in Galcia (NW Spain). *Dis. Aquat. Org.*, 46, 47-55.

Imai, S., K. Hatai and M. Ogawa (1985)：*Chilodonella hexasticha* (Kiernik, 1909) found from the gills of a discus *Symphysodon discus* Heckel., 1940. *Jpn. J. Vet. Sci.*, 47, 305-308.

Imai, S., H. Miyazaki and K. Nomura (1991)：Trichodinid species from the gills of cultured Japanese eel, *Anguilla japonica*, with the description of a new species based on light and electoron microscopy. *Eur. J. Protistol.*, 27, 79-84.

Imai, S., K. Inouye, T. Kotani and K. Ogawa (1997)：Two trichodinid species from the gills of cultured tiger puffer, *Takifugu rubripes*, in Japan, with the description of a new species. *Fish Pathol.*, 32, 1-6.

Imai, S., S. Tsurimaki, E. Goto, K. Wakita and K. Hatai (2000)：*Tetrahymena* infection in guppy, *Poecilia reticulata*. *Fish Pathol.*, 35, 67-72.

Imanaka S., N. Itoh. K. Ogawa and H. Wakabayashi (2001)：Seasonal fluctuations in the occurrence of abnormal enlargement of the ovary of Pacific oyster *Crassostrea gigas* at Gokasho Bay, Mie, Japan. *Fish Pathol.*, 36, 83-91.

Itoh, N., T. Oda, K.Ogawa and H. Wakabayashi (2002)：Identification and development of paramyxean ovarian parasite in the Pacific oyster *Crassostrea gigas*. *Fish Pathol.*, 37, 23-28.

Itoh, N., T. Oda, T. Yoshinaga and K. Ogawa (2003a)：Isolation and 18S ribosomal gene sequences of *Marteilioides chungmuensis* (Paramyxea), an ovarian parasite of the Pacific oyster *Crassostrea gigas*. *Dis. Aquat. Org.*, 54, 163-169.

Itoh, N., T. Oda, T. Yoshinaga and K. Ogawa (2003b)：DNA probes for detection of *Marteilioides chungmuensis* from the ovary of Pacific oyster *Crassostrea gigas*. *Fish Pathol.*, 38, 163-169.

Jee, B.-Y., K.-H. Kim, S.-I. Park and Y.-C. Kim (2000)：A new strain of *Cryptocaryon irritans* from the cultured

引用文献

olive flounder *Paralichthys olivaceus*. *Dis. Aquat. Org.*, **43**, 211-215.

Jee, B. Y., Y. C. Kim and M. S. Park (2001) : Morphology and biology of parasite responsible for scuticociliatosis of cultured olive flounder *Paralichthys olivaceus*. *Dis. Aquat. Org.*, **47**, 49-55.

Kabata, Z. (1985) : Parasites and diseases of fish cultured in the tropics. Tailor and Francicc, Philadelphia, 318 p.

加納照正・福井晴朗 (1982) : ウナギのプリストホラ症に関する研究―I. 実験的感染法の検討とフマジリンの効果について. 魚病研究, **16**, 193-200.

加納照正・岡内哲夫・福井晴朗 (1982) : ウナギのプリストホラ症に関する研究―II. フマジリンの投薬方法と効果について. 魚病研究, **17**, 107-114.

角田 出・黒倉 寿 (1995) : マダイの白点虫感染に対するラクトフェリンの防御効果. 魚病研究, **30**, 289-290.

Kent, M. L. and S. C. Dawe (1994) : Efficacy of fumagillin DCH against experimentally-induced *Loma salmonae* (Microsporea) infections in Chinook salmon *Oncorhynchus tshawytscha*. *Dis. Aquat. Org.*, **20**, 231-233.

Kent, M. L., T. K. Sawyer and R. P. Hedrick (1988) : *Paramoeba pemaquidensis* (Sarcomastigophora : Paramoebidae) infestation of the gills of coho salmon *Oncorhynchus kisutch* reared in sea water. *Dis. Aquat. Org.*, **5**, 163-169.

Kent, M. L., J. Ellis, J. W. Fournie, S. C. Dawe, J. W. Bagshaw and D. J. Whitaker (1992) : Systemic hexamitid (Protozoa, Diplomonadida) infection in seawater pen-reared chinook salmon *Oncorhynchus tshawytscha*. *Dis. Aquat. Org.*, **14**, 81-89.

Kent, M. L., S. C. Dawe and D. J. Speare (1995) : Transmissoin of *Loma salmonae* (Microsporea) to Chinook salmon in sea-water. *Can. Vet. J.*, **36**, 98-101.

Kent, M.L., S.C. Dawe and D.J. Speare (1999) : Resistance to reinfection in chinook salmon *Oncorhynchus tshawytscha* to *Loma salmonae* (Microsporidia). *Dis. Aquat. Org.*, **37**, 205-208.

Khattra, J. S., S. J. Gresoviac, M. L. Kent, M. S. Myers, R. P. Hedrick and R. H. Devlin (2000) : Molecular detection and phylogenetic placement of a microsporidian from English sole (*Pleuronectes vetulus*) affected by X-cell pseudotumors. *J. Parasitol.*, **86**, 867-871.

Kim, J.-H., H. Yokoyama, K. Ogawa, S. Takahashi and H. Wakabayashi (1996) : Humoral immune response of ayu, *Plecoglossus altivelis* to *Glugea plecoglossi* (Protozoa: Microspora). *Fish Pathol.*, **31**, 215-220.

Kim, J.-H., K. Ogawa, S. Takahashi and H. Wakabayashi (1997) : Elevated water temperature treatment of ayu infected with *Glugea plecoglossi*: apparent lack of involvement of antibody in the effect of the treatment. *Fish Pathol.*, **32**, 199-204.

Kim, J.-H., K. Ogawa and H. Wakabayashi (1998) : Respiratory burst assay of head kidney macrophages of ayu, *Plecoglossus altivelis*, stimulated with *Glugea plecoglossi* (Protozoa: Microspora) spores. *J. Parasitol.*, **84**, 552-556.

Kim, J.-H., K. Ogawa and H. Wakabayashi (1999) : Lectin-reactive components of the microsporidian *Glugea plecoglossi*, and their relation to spore phagocytosis by head kidney macrophages of ayu, *Plecoglossus altivelis*. *Dis. Aquat. Org.*, **39**, 59-63.

Landsberg, J. H. (1995) : Tropical reef-fish disease outbreaks and mass mortalities in Florida, USA—What is the role of dietary biological toxins. *Dis. Aquat. Org.*, **22**, 83-100.

Laudan, R., J.S. Stolen and A.Cali (1986) : Immunoglobulin levels of the winter flounder (*Pseudopleuronectes americanus*) and the summer flounder (*Paralichthys dentatus*) injected with the microsporidian parasite *Glugea stephani*. *Dev. Comp. Immunol.*, **10**, 331-340.

Laudan, R., J. S. Stolen and A. Cali (1989) : The effect of the microsporida *Glugea stephani* on the imunoglobulin levels of juvenile and adult winter flounder (*Pseudopleuronectes americanus*). *Dev. Comp. Immunol.*, **13**, 35-41.

Lee, M.-K., B.-Y. Cho, S.-J. Lee, J.-Y.Kang, H.D. Jeohg, S. H.Huh and M.-D.Huh (2001) : Histopathological lesions of Manila clam, *Tapes philippinarum*, from Hadong and Namhae coastal areas of Korea. *Aquaculture*, **201**, 199-209.

Lee, S.-J., H. Yokoyama, K. Ogawa and H. Wakabayashi (2000) : *In situ* hybridization for detection of the microsporidian parasite *Glugea plecoglossi* by using rainbow trout as an experimental infection model. *Fish Pathol.*, **35**, 79-84.

Leff, A. A., T. Yoshinaga and H. W. Dickerson (1994) : Cross immunity in channel catfish, *Ictalurus punctatus* (Rafinesque), against 2 immobilization serotypes of *Ichthyophthirius multifiliis* (Fouquet). *J. Fish Dis.*, **17**, 429-432.

Levine, N.D., J.O. Corliss, F.E.G. Cox, G. Deroux, J. Grain, B. M. Honigberg, G. F. Leedale, A. R. Loeblich, III, J. Lom, D.Lynn, E.G. Merinfeld, F.C. Page, G.Poljansky, V. Sprague, J. Vavra and F. G. Wallace (1980) : A newly revised classification of the Protozoa. *J. Protozool.*, **27**, 37-58.

Lin, T. L., T. G. Clark and H. Dickerson (1996) : Passive immunization of channel catfish (*Ictalurus punctatus*) against the ciliated protozoan parasite *Ichthyophthirius multifiliis* by use of murine monoclonal antibodies. *Infect. Immunity*, **64**, 4085-4090.

Lin, Y. K., G. Cheng, X. T. Wang and T. G. Clark (2002) : The use of synthetic genes for the expression of ciliate proteins in heterologous systems. *Gene*, **288**, 85-94.

Ling, K. H., Y. M. Sin and T. J. Lam (1993) : Protection of goldfish against some common ectoparasitic protozoans

第V章 原虫病

using *Ichthyophthirius multifiliis* and *Tetrahymena pyriformis* for vaccination. *Aquaculture*, 116, 303-314.

Lom, J. and I. Dykova (1992): Protozoan diseases of fishes. Elsevier, Amsterdam, 315 p.

Lom, J. and R. F. Nigrelli (1970): *Brooklynella hostilis*, n. g., n. sp., a pathogenic cytophorine ciliate in marine fishes. *J. Protozool.*, 17, 224-232.

Lom, J. and F. Nilsen (2003): Fish microsopirdia: fine structural diversity and phylogeny. *Int. J. Parasitol.*, 33, 107-127.

Lom, J., F. Nilsen and S. Urawa (2001): Redescription of *Microsporidium takedai* (Awakura, 1974) as *Kabatana takedai* (Awakura, 1974) comb. n. *Dis. Aquat. Org.*, 44, 223-230.

Maeno, Y., T. Yoshinaga and K. Nakajima (1999): Occurrence of *Perkinsus* species (Protozoa, Apicomplexa) from Manila clam *Tapes philippinarum* in Japan. *Fish Pathol.*, 34, 127-131.

Maki, J. L., C. C. Brown and H. W. Dickerson (2001): Occurrence of *Ichthyophthirius multifiliis* within the peritoneal cavities of infected channel catfish *Ictalurus punctatus*. *Dis. Aquat. Org.*, 44, 41-45.

Matsusato, T., T. Hoshina, K. Y. Arakawa and K. Masumura (1977): Studies on the so-called abnormal egg-mass of Japanese oyster *Crassostrea gigas* (Thunberg) -I. Distribution of the oyster collected in the coast of Hiroshima pref. and parasite in the egg-cell. *Bull. Hiroshima pref. Fish. Exp. St.*, 8, 9-25.

Matsusato, T. and K. Masumura (1981): Abnormal enlargement of the ovary of oyster, *Crassostrea gigas* (Thunberg) by an unidentified parasite. *Fish Pathol.*, 15, 207-212.

Matthews, R. A., B. F. Matthews and L. M. Ekless (1996): *Ichthyophthirius multifiliis*: Observations on the life-cycle and indications of a possible sexual phase. *Folia Parasitol.*, 43, 203-208.

Montgomery-Brock, D., V. T. Sato, J. A. Brock and C. S. Tamaru (2001): The application of hydrogen peroxide as a treatment for the ectoparasite *Amyloodinium ocellatum* (Brown 1931) on the Pacific threadfin *Polydactylus sexfilis*. *J. World Aquacult. Soc.*, 32, 250-254.

Morrison, J. K., E. MacConnell, P. F. Chapman and R. L. Westgard (1990): A microsporidium-induced lymphoblastosis in chinook salmon *Oncorhynchus tshawytscha* in freshwater. *Dis. Aquat. Org.*, 8, 99-104.

Moyer M. A., N. J. Blake and Arnold W. S. (1993): An ascetosporan disease causing mass mortality in the Atlantic calico scallop, *Argopecten gibbus* (Linnaeus, 1758). *J. Shellfish Res.*, 12, 305-310.

Munday, B. L., P. J. O'Donoghue, M. Watts, K. Rough and T. Hawkesford (1997): Fatal encephalitis due to the scuticocilate *Uronema nigricans* in sea-caged, southern bluefin tuna *Thunnus maccoyii*. *Dis. Aquat. Org.*, 30, 17-25.

Ngo, T. T. T, F.C. J. Berthe and K.-S. Choi (2003): Prevalence and infection intensity of the ovarian parasite *Marteilioides chungmuensis* during an annual reprocuctive cycle of the oyster *Crassostrea gigas*. *Dis. Aquat. Org.*, 56, 259-267.

Nielsen, C. V. and K. Buchmann (2000): Prolonged *in vitro* cultivation of *Ichthyophthirius multifiliis* using an EPC cell line as substrate. *Dis. Aquat. Org.*, 42, 215-219.

Noga, E. J. (1987): Propagation in cell-culture of the dinoflagellate *Amyloodinium*, an ectoparasite of marine fishes. *Science*, 236, 1302-1304.

Noga, E. J. and M. G. Levy (1995): Dinoflagellida (Philum Sarcomastigophora), In "Fish diseases and disorders. Vol. 1. Protozoan and metazoan infections" (ed. by P. T. K. Woo). CAB International, Wallingford, pp. 1-25.

Office International des Epizootee (OIE) (2003a): International Aquatic Animal Health Code, 6th editon, Office International des Epizooties. (http://www.oie.int/eng/en_index.htm)

Office International des Epizooties (OIE) (2003b): Manual of Diagnostic Tests for Aquatic Animals, 4th edition, Office International des Epizooties. (http://www.oie.int/eng/en_index.htm)

Ogawa, K. and K. Inouye (1997): Parasites of cultured tiger puffer (*Takifugu rubripes*) and their seasonal occurrences, with descriptions of two new species *of Gyrodactylus*. *Fish Pathol.*, 32, 7-14.

乙竹　充・松里寿彦 (1986): ヒラメ*Paralichthys olivaceus*稚魚のスクーチカ繊毛虫（膜口類）症．養殖研報，9, 65-68.

Park, K. I and K. S. Choi (2001): Spatial distribution of the protozoan parasite *Perkinsus* sp. found in the Manila clams, *Ruditapes philippinarum*, in Korea. *Aquaculture*, 203, 9-22.

Park, M. S., C.-K Kang, D.-L .Choi and B.-Y. Jee (2003): Appearance and pathogenicity of ovarian parasite *Marteilioides chungmuensis* in the farmed Pacific oysters, *Crassostrea gigas*, in Korea. *J. Shellfish Res.*, 22, 475-479.

Pekkarinen, M., J. Lom and F. Nilsen (2002): *Ovipleistophora* gen. n., a new genus for *Pleistophora mirandellae*-like microsporidia. *Dis. Aquat. Org.*, 48, 133-142.

Perkins, F. O. (1996): The structure of *Perkinsus marinus* (Mackin, Owen and Collier, 1950) Levine, 1978 with comments on taxonomy and phylogeny of *Perkinsus* spp. *J. Shellfish Res.*, 15, 67-87.

Ponpornpisit, A., M. Endo and H. Murata (2000): Experimental infections of a ciliate *Tetrahymena pyriformis* on ornamental fishes. *Fish. Sci.*, 66, 1026-

引用文献

1031.

Ponpornpisit, A., M. Endo and H. Murata (2001): Prophylactic effects of chemicals and immunostimulants in experimental *Tetrahymena infections* of guppy. *Fish Pathol.*, 36, 1-6.

Poppe, T.T., T.A. Mo and L.Iversen (1992): Disseminated hexamitosis in sea-caged Atlantic salmon *Salmo salar. Dis. Aquat. Org.*, 14, 91-97.

Price, D. J. and G. M. Clayton (1999): Genotype-environment interactions in the susceptibility of the common carp, *Cyprinus carpio, to Ichthyophthirius multifiliis* infections. *Aquaculture*, 173, 149-160.

Ramsay, J. M., D. J. Speare, S. C. Dawe and M. L. Kent (2002): Xenoma formation during microsporidial gill disease of salmonids caused by *Loma salmonae* is affected by host species (*Oncorhynchus tshawytscha, O. kisutch, O. mykiss*) but not by salinity. *Dis. Aquat. Org.*, 48, 125-131.

Rintamaki, P., H. Torpstrom and A. Bloigu (1994): *Chilodonella* spp. at 4 fish farms in northern Finland. *J. Euk. Microbiol.*, 41, 602-607.

Sanchez, J. G., D. J. Speare, R. J. F. Markham and S. R. M. Jones (2001a): Experimental vaccination of rainbow trout against *Loma salmonae* using a live low-virulence variant of *L. salmonae. J. Fish Biol.*, 59, 442-448.

Sanchez, J. G., D.J. Speare, R.J.F. Markham, G. M. Wright, F. S. B. Kibenge (2001b): Localization of the initial developmental stages of *Loma salmonae* in rainbow trout (*Oncorhynchus mykiss*). *Vet. Pathol.*, 38, 540-546.

Sano, M., J. Sato and H. Yokoyama (1998): Occurrence of beko disease caused by *Microsporidium seriolae* (Microspora) in hatchery-reared juvenile yellowtail. *Fish Pathol.*, 33, 11-16.

関 晴雄 (1933):広島真牡蛎卵巣の異常発達について (予報).日本学術協会報告, 9, 93-99.

Shaw, R.W., M.L. Kent and M.L. Adamson (1998): Modes of transmission of L*oma salmonae* (Microsporidia): *Dis. Aquat. Org.*, 33, 151-156.

Shaw, R. W., M. L. Kent and M. L. Adamson (2000a): Innate susceptibility differences in chinook salmon *Oncorhynchus tshawytscha* to *Loma salmonae* (Microsporidia). *Dis. Aquat. Org.*, 43, 49-53.

Shaw, R.W., M.L. Kent, A.M.V. Brown, C. M. Whipps and M. L. Adamson (2000b): Experimental and natural host specificity of *Loma salmonae* (Microsporidia). *Dis. Aquat. Org.*, 40, 131-136.

四竈安正 (1937):鹹水性白点病について (予報).水産学会報, 7, 149-160.

Shinkawa, T. and F. Yamazaki (1987): Proliferative patterns of X-cells found in the tumorous lesions of Japanese goby. *Nippon Suisan Gakkaishi*, 53, 563-568.

Sigh, J. and K. Buchmann (2000): Associations between epidermal thionin-positive cells and skin parasitic infections in brown trout *Salmo trutta. Dis. Aquat. Org.*, 41, 135-139.

Sin, Y. M., K. H. Kim and T. J. Lam (1994): Passive transfer of protective immunity against ichthyophthiriasis from vaccinated mother to fry in tilapias, *Oreochromis aureus. Aquaculture,* 120, 229-237.

Sin, Y. M., K.H. Ling and T.J. Lam (1996): Cell-mediated immune response of goldfish, *Carassius auratus* (L), to *Ichthyophthirius multifiliis. J. Fish Dis.*, 19, 1-7.

Smothers, J. F., C. D. von Dohlen, L. H. Smith, Jr. and R. D. Spall (1994): Molecular evidence that the myxozoan protists are metazoans. *Science*, 265, 1719-1721.

Song, W. and N. Wilbert (2000): Redefinition and redescription of some marine scuticociliates from China, with report of a new species, *Metanophrys sinensis* nov. spec. (Ciliophora, Scuticociliatida). *Zool. Anz.*, 239, 45-74.

Speare, D. J., J. Daley, R. J. F. Markham, J. Sheppard, H. J. Beaman and J. G. Sanchez (1998a): *Loma salmonae*-associated growth rate suppression in rainbow trout, *Oncorhynchus mykiss* (Walbaum), occurs during early onset xenoma dissolution as determined by in situ hybridisation and immunohistochemistry. *J. Fish Dis.*, 21, 345-354.

Speare, D.J., H.J. Beaman, S.R. M. Jones, R.J.F. Markham, G. J. Arsenault (1998b): Induced resistance in rainbow trout, *Oncorhynchus mykiss* (Walbaum), to gill disease associated with the microsporidian gill parasite *Loma salmonae. J. Fish Dis.*, 21, 93-100.

Sterud, E., T. A. Mo and T. T. Poppe (1997): Ultrastructure of *Spironucleus barkhanus* n. sp. (Diplomonadida: Hexamitidae) from grayling *Thymallus thymallus* (L.) (Salmonidae) and Atlantic salmon *Salmo salar* L. (Salmonidae). *J. Euk. Microbiol.*, 44, 399-407.

Sterud, E., T. A. Mo and T. T. Poppe (1998): Systemic spironucleosis in sea-farmed Atlantic salmon *Salmo salar*, caused by *Spironucleus barkhanus* transmitted from feral Arctic char *Salvelinus alpinus*? *Dis. Aquat. Org.*, 33, 63-66.

高橋 誓 (1978):アユのグルゲア症-魚類の微胞子虫症の防除に関して.魚病研究, 13, 9-16.

高橋 誓 (1981):アユのグルゲア症に関する研究.滋賀県水試研報, 34, 1-81.

高橋 誓・江草周三 (1976):アユのグルギア症に関する研究-II. 防除法の検討 (1) フマジリン経口投与の効果.魚病研究, 11, 83-88.

高橋 誓・江草周三 (1977a):アユのグルギア症に関する研究-I. 新種の提案.魚病研究, 11, 175-182.

高橋 誓・江草周三 (1977b):アユのグルギア症に関する研究-III. グルギア症と水温の関係.魚病研究, 11, 195-200.

第Ⅴ章　原虫病

高橋　誓・江草周三（1978）：アユのグルギア症に関する研究－Ⅳ．胞子の注射による人為感染．魚病研究，12, 255-259.

Takahashi, S. and K. Ogawa (1997)：Efficacy of elevated water temperature treatment of ayu infected with the microsporidian *Glugea plecoglossi*. *Fish Pathol.*, 32, 193-198.

武田志麻之輔（1933）：虹鱒の新しい病気．鮭鱒彙報，5, 1-9.

Thompson. J. C. and L. Moewus (1964)：*Miamiensis avidus* n. g., n. sp., a marine facultative parasite in the ciliate order Hymenostomatida. *J. Protozool.*, 11, 378-381.

Traxler, G. S., J. Richard and T. E. McDonald (1998)：*Ichthyophthirius multifiliis* (Ich) epizootics in spawning sockeye salmon in British Columbia, Canada. *J. Aquat. Anim. Health*, 10, 143-151.

徳森　浩・村上恭祥・室賀清邦（1985）：コイの腸管に寄生していた2種の球胞子虫．魚病研究，20, 505-506.

Tumbol, R. A., M. D. Powell and B. F. Nowak (2001)：Ionic effects of infection of *Ichthyophthirius multifiliis* in goldfish. *J. Aquat. Anim. Health*, 13, 20-26.

Urawa, S. (1992a)：Epidermal responses of chum salmon (*Oncorhynchus keta*) fry to the ectoparasitic flagellate *Ichthyobodo necator*. *Can. J. Zool.*, 70, 1567-1575.

Urawa, S. (1992b)：Host range and geographical distribution of the ectoparasitic protozoans *Ichthyobodo necator*, *Trichodina truttae* and *Chilodonella piscicola* on hatchery-reared salmonids. *Sci. Rep. Hokkaido Salmon Hatch.*, 46, 175-203.

Urawa, S. (1992c)：*Trichodina truttae* Mueller, 1937 (Ciliophora: Peritrichida) on juvenile chum salmon (*Oncorhynchus keta*)：pathogenicity and host-parasite interactions. *Fish Pathol.*, 27, 29-37.

Urawa, S. (1993)：Effects of *Ichthyobodo necator* infections on seawater survival of juvenile chum salmon (*Oncorhynchus keta*). *Aquaculture*, 110, 101-110.

Urawa, S. (1996)：The pathobiology of ectoparasitic protozoans on hatchery-reared Pacific salmon. *Sci. Rep. Hokkaido Salmon Hatch.*, 50, 1-99.

Urawa, S. and J. R. Arthur (1991)：First record of the parasitic ciliate *Trichodina truttae* Mueller, 1937 on chum salmon fry (*Oncorhynchus keta*) from Japan. *Fish Pathol.*, 26, 83-89.

Urawa, S., and M. Kusakari (1990)：The survivability of the ectoparasitic flagellate *Ichthyobodo necator* on chum salmon fry (*Oncorhynchus keta*) in seawater and comparison to *Ichthyobodo* sp. on Japanese flounder (*Paralichthys olivaceus*). *J. Parasitol.*, 76, 33-40.

Urawa, S. and S. Yamao (1992)：Scanning electron microscopy and pathogenicity of *Chilodonella piscicola* (Ciliophora) on juvenile salmonids. *J. Aquat. Anim. Health*, 4, 188-197.

Urawa, S., N. Ueki, T. Nakai and H. Yamasaki (1991)：High mortality of cultured juvenile Japanese flounder, *Paralichthys olivaceus* (Temminck & Schlegel), caused by the parasitic flagellate *Ichthyobodo* sp. *J. Fish Dis.*, 14, 489-494.

Urawa, S., N. Ueki and E. Karlsbakk (1998)：A review of *Ichthyobodo* infection in marine fishes. *Fish Pathol.*, 33, 311-320.

Ventura, M. T. and I. Paperna (1985)：Histopathology of *Ichthyophthirius multifiliis* in fishes. *J. Fish Biol.*, 27, 185-203.

Wahli, T. and R. A. Matthews (1999)：Ichthyophthiriasis in carp *Cyprinus carpio*: infectivity of trophonts prematurely exiting both the immune and non-immune host. *Dis. Aquat. Org.*, 36, 201-207.

Wahli, T., R. Frischknecht, M. Schmitt, J. Gabaudan, V. Verlhac and W. Meier (1995)：A comparison of the effect of silicone coated ascorbic acid and ascorbyl phosphate on the course of ichthyophthiriosis in rainbow trout, *Oncorhynchus mykiss*. *J. Fish Dis.*, 18, 347-355.

Wang, C.-H., W.-H. Shia, Y.-S. Chang, C.-F. Lo and G.-H. Kou (1990)："Beko disease"の研究について. Proc. ROC-Japan Symp. Fish Dis. (ed. by G.-H. Kou, H. Wakabayashi, I.-C. Liao, S.-N. Chen and C.-F. Lo) Nat. Sci. Council., Taipei, Taiwan, pp. 144-154.

Wiklund, T., L. Lounasheimo, J. Lom and G. Bylund (1996)：Gonadal impairment in roach *Rutilus rutilus* from Finnish coastal areas of the northern Baltic sea. *Dis. Aquat. Org.*, 26, 163-171.

Wilkie, D. W. and H. Gordon (1969)：Outbreak of cryptocaryoniasis in marine aquaria at Scripps Institute of Oceanography. *Calif. Fish Game*, 55, 227-236.

Wolf, K. and M. A. Markiw (1982)：Ichthyophthiriasis: immersion immunization of rainbow trout (*Salmo gairdneri*) using *Tetrahymena thermophila* as a protective immunogen. *Can. J. Aquat. Sci.*, 39, 1722-1725.

Woo, P. T. K. (ed.) (1995)：Fish diseases and disorders. Vol. 1. Protozoan and metazoan infections. CAB International, Wallingford, 808 p.

Xu, D. H. and P. H. Klesius (2003)：Protective effect of cutaneous antibody produced by channel catfish, *Ictalurus punctatus* (Rafinesque), immune to *Ichthyophthirius multifiliis* Fouquet on cohabited non-immune catfish. *J. Fish Dis.*, 26, 287-291.

Xu, C. H., T. G. Clark, A. A. Leff and H. W. Dickerson (1995)：Analysis of the soluble and membrane-bound immobilization antigens of *Ichthyophthirius multifiliis*. *J. Euk. Microbiol.*, 42, 558-564.

Yokoyama, H., J.-H. Kim, J. Sato, M. Sano and K. Hirano (1996)：Fluorochrome Uvitex 2B stain for detection of the microsporidian causing beko disease of yellowtail

引用文献

and goldstriped amberjack juveniles. *Fish Pathol.*, **31**, 99-104.

吉水　守・日向進一・呉　明柱・生駒三奈子・木村喬久・森立成・野村哲一・絵面良男 (1993)：ヒラメ (*Paralichthys olivaceus*) のスクーチカ感染症―スクーチカ繊毛虫の培養性状・薬剤感受性・病原性. 韓国魚病学会誌, **6**, 205-208.

良永知義 (1998)：海産白点虫 *Cryptocaryon irritans* の防疫と対策. 月刊海洋, 号外, **14**, 73-76.

Yoshinaga, T. (2001)：Effects of high temperature and dissolved oxygen concentration on the development of *Cryptocaryon irritans* (Ciliophora) with a comment on the autumn outbreaks of cryptocaryoniasis. *Fish Pathol.*, **36**, 231-235.

Yoshinaga, T. and H. W. Dickerson (1994)：Laboratory propagation of *Cryptocaryon irritans* on a saltwater-adapted *Poecilia* hybrid, the black molly. *J. Aquat. Anim. Health*, **6**, 197-201.

Yoshinaga, T. and J. Nakazoe (1997a)：Effects of light and rotation culture on the *in vitro* growth of a ciliate causing the scuticociliatosis of Japanese flounder. *Fish Pathol.*, **32**, 227-228.

Yoshinaga, T. and J. Nakazoe (1997b)：Acquired protection and production of immobilization antibody against *Cryptocaryon irritans* (Ciliophora, Hymenostomatida) in mummichog (*Fundulus heteroclitus*). *Fish Pathol.*, **32**, 229-230.

Zilberg, D. and B. L. Munday (2000)：Pathology of experimental amoebic gill disease in Atlantic salmon, *Salmo salar* L., and the effect of pre-maintenance of fish in sea water on the infection. *J. Fish Dis.*, **23**, 401-407.

第VI章

粘液胞子虫病

1. 概　説

1）序

　ミクソゾア門に属する粘液胞子虫類は今まで1,300種以上が記載されており，そのほとんどが魚類を宿主とする寄生虫である（Kent et al., 2001; Lom and Dyková, 1992, 1995; Yokoyama, 2003）．それらの多くは宿主魚に対して無害であるが，天然魚や養殖魚に致命的影響を与えたり，食品価値を失わせることで産業的被害を及ぼすものがいくつかある（江草，1988）．

　1980年代半ば以降，ミクソゾアに関して科学的に大きな発見が2つあった．ひとつは，動物界におけるミクソゾアの分類学的な位置付けが大幅に変更されたことである．粘液胞子虫の胞子は1～数個の極囊細胞，胞子殻細胞および胞子原形質細胞から構成される多細胞体であり，しかも各細胞が機能的にも分化していることから原生生物を超越しているといわれていたが，近年の分子生物学的な系統解析により後生動物であることが裏付けられた．さらに起源に関して，刺胞動物のような二胚葉性か，線虫のような三胚葉性の動物かという論争が今なお続いている（Anderson et al., 1998; Okamura et al., 2002; Schlegel et al., 1996; Siddall et al., 1995; Smothers et al., 1994）．

　もうひとつの発見は，生活環の解明である．粘液胞子虫の胞子を魚に接種しても感染が成立しないことは古くから知られていたが，旋回病原因粘液胞子虫 *Myxobolus cerebralis* の胞子がイトミミズ（*Tubifex tubifex*）に取り込まれ放線胞子虫に変態することで初めて魚に感染することが1984年に報告された（Wolf and Markiw, 1984）．それ以来，現在まで20種以上の粘液胞子虫について主に水生貧毛類を介した二相性生活環が証明されている（Kent et al., 2001; Yokoyama et al., 1991）．放線胞子虫の胞子は3個の極囊，3個の胞子殻および数個から数十個の原形質細胞から成り，典型的には胞子殻が後端に伸張した柄や突起をもつなど，粘液胞子虫類の胞子とは形態学的に著しく異なる（図VI-1-1）．そのため，ミクソゾア門の中で粘液胞子虫綱とは別の放線胞子虫綱に分類され主に環形動物を宿主とする寄生虫と考えられていたが，粘液胞子虫の発育ステージの一部である

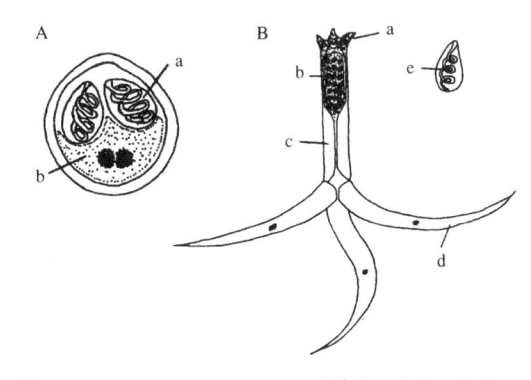

図VI-1-1　*Myxobolus cerebralis* の粘液胞子（A）と放線胞子（B）．a 極囊，b 胞子原形質，c 柄，d 突起，e 極糸（Hedrick et al., 1998より改図）

第VI章 粘液胞子虫病

ことが判明したわけである．現在では放線胞子虫綱は消滅し，従来記載されていた放線胞子虫の学名は集合群として通称的に用いることが提案されている．なお，粘液胞子虫ステージと放線胞子虫ステージの生物学的意義付けは未だに明確でないため，中間宿主，終宿主という用語を避け，魚類も環形動物も同等に交互宿主（alternate host）と呼ぶのが慣例になっている．

粘液胞子虫の生活環に関するこれら一連の発見は，寄生虫学のみならず魚病学的にも問題解決のための突破口を開いた画期的な研究といえる．すなわち，粘液胞子虫病の伝播は魚と魚の間で起こるのではなく，交互宿主となる環形動物の分布に規定されることになる．実際，多くの粘液胞子虫病において発生水域が偏在する風土病的性質が知られていたが，その経験則が科学的に裏付けられたわけである．しかしながら，海産の粘液胞子虫については生活環および交互宿主が特定された例はなく，依然大きな課題として残されている．

本章ではまず旋回病に代表される世界的にみて重要と思われる粘液胞子虫病について簡単に触れ，次いで各論としてコイ稚魚の鰓ミクソボルス症，コイの筋肉ミクソボルス症，およびブリの粘液胞子虫性側湾症について説明する．

2）旋回病（whirling disease）

世界的に見て，最も被害が大きく研究も集積されている粘液胞子虫病はサケ科魚類の旋回病である．*Myxobolus cerebralis* が主にニジマス稚魚の頭蓋骨や脊椎骨の軟骨組織に寄生して頭骨の変形や脊椎の捻れ，尾部の黒化などの症状をもたらす．寄生に伴う肉芽腫性炎症により脊髄と脳幹が損傷を受けた結果，自らの尾を追いかけるような旋回遊泳をするのが特徴的であり（Rose et al., 2000），病名の由来にもなっている．本病の起源は欧州にあり，ニジマスの移植に伴って北米，中南米，ニュージーランド，南アフリカなど世界中に拡散したとされているが（Hoffman, 1970），日本では現在に至るまで知られていない．多くのサケ科魚類が宿主となり，感受性の強さはニジマス，ベニザケ，カワマス，マスノスケの順とされ，ブラウントラウトとギンザケは感受性が低い．また，以前はサケ・マス孵化場や養殖場に限定された病気であったが，近年，米国中西部の河川に流行して天然ニジマスの資源に壊滅的な被害を及ぼしていることで再興感染症として注目を集めている（Hedrick et al., 1998）．

ニジマスとイトミミズの体内における発育過程が実験感染により詳細に記載されている．*M. cerebralis* 粘液胞子は魚体外に出てからイトミミズに取り込まれ，その腸管上皮組織内で発育してシゾゴニー（増員生殖），ガメトゴニー（配偶子形成）を経てパンスポロブラスト内でトリアクチノミクソン放線胞子虫に変態する．イトミミズの腸管腔内から体外に排泄された放線胞子は3本の突起を伸張して水中で浮遊し，ニジマスの体表に接触すると極糸を弾出して胞子原形質を侵入させる．その後，魚体内で分裂・増殖過程を経ながら神経系経由で頭骨などの軟骨組織に定着し，粘液胞子に発育する（El-Matbouli and Hoffmann, 1998）．

本病の診断法として，頭骨をペプシンやトリプシンなどの酵素処理により消化して *M. cerebralis* 胞子を検出する方法が用いられてきたが，最近では 18S rDNA の塩基配列に基づいた種特異的で感度の高い PCR 法も開発されている（Andree et al., 1998）．

3）セラトミクサ症

Ceratomyxa shasta がサケ科魚の内臓に寄生して起こるセラトミクサ症は，北米西海岸の限定された水系にのみ見られる風土病である．罹患魚は腹水貯留による腹部膨満や眼球突出などの症状を呈する．初期の栄養体は腸管上皮組織内で観察されるが，その後，消化器系全体，鰓，肝臓，脾臓，心臓，体側筋などに拡大し，内臓

1. 概　説

諸器官が膨張する．*C. shasta* の生活環には淡水産多毛類の一種 *Manayunkia speciosa* が関与し，その体内でテトラアクチノミクソン放線胞子虫に変態することが証明されている (Bartholomew *et al.*, 1997)．

本粘液胞子虫は多くのサケ科魚類を宿主とするが，同一魚種でも系群によって感受性が大きく異なることから，耐病性系群を選抜育種するという対策が講じられている (Bartholomew, 1998)．

4) PKD（proliferative kidney disease, 増殖性腎臓病）

サケ科魚の PKD の病原体は魚体内で成熟胞子を形成しないため，分類学上の位置不明という意味で "PKX" と呼ばれてきたが，近年の研究により淡水産コケムシ類に寄生する *Tetracapsuloides bryosalmonae* (= *Tetracapsula bryosalmonae*) と同一生物であることが証明された (Canning *et al.*, 1999, 2002; Feist *et al.*, 2001)．*T. bryosalmonae* はミクソゾア門に新設された軟胞子虫（新称）綱 (Malacosporea) に属し，粘液胞子虫胞子と異なり硬い胞子殻を形成せず，扁平な単層細胞で構成された嚢内で発育することなどを特徴とする．すなわち，PKD は粘液胞子虫病ではなく，軟胞子虫類による病気ということになるが，同じミクソゾアであるため本章で述べることとする．*T. bryosalmonae* は 4 個の極嚢を有するため従来の放線胞子虫とは定義上異なるが，やはりコケムシは交互宿主としての役割を担うのか，あるいは本来コケムシのみを宿主とする寄生虫が異常な宿主に迷入して発育が止まった状態が PKX なのか，生活環や感染様式などの詳細は明らかでない．

罹患魚は腎臓と脾臓の肥大および肉芽腫性病変による白化，浮腫を呈する．PKX 細胞は腎臓間質内においてマクロファージやリンパ球に取り囲まれた状態で見られ，慢性的な炎症反応による間質の肥大，尿細管の萎縮，白血球の浸潤，肉芽腫性腎炎が観察される (Clifton-Hadley *et al.*, 1984; Hedrick *et al.*, 1993)．PKD は北米とヨーロッパ各国に分布が知られているが，日本では未報告である．

5) 海産魚の筋肉クドア症

海産魚の体側筋肉に寄生して無数のシストを形成したり（図VI-1-2），いわゆるジェリーミートという筋肉融解（図VI-1-3）を引き起こして

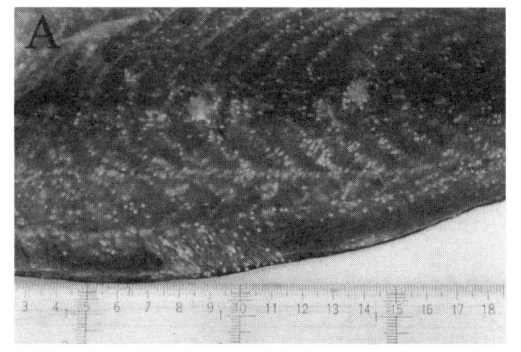

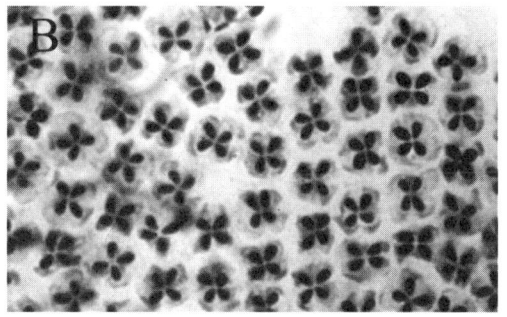

図 VI-1-2　奄美クドア症に冒されたブリの筋肉 (A) および *Kudoa amamiensis* の胞子 (B：ギムザ染色，写真提供：江草周三氏)．

図 VI-1-3　*Kudoa histolytica* に冒されたタイセイヨウサバの筋肉

第Ⅵ章 粘液胞子虫病

罹患魚の商品価値を失わせるクドア症が国内外で知られている(江草,1986;Moran et al., 1999).前者の例では Kudoa amamiensis によるブリの奄美クドア症が有名である(江草・中島,1978).奄美・沖縄地方の風土病と考えられてきたが,最近の地理的分布調査により沖縄本島では本部海域にほぼ限定されていることが証明された(杉山ら,1999).K. iwatai はマダイ,イシガキダイ,ブリの体側筋肉にシストを形成するが,K. amamiensis と比して寄生の程度は低い.ジェリーミートの原因となるクドア属粘液胞子虫としては,タイセイヨウサケ等の K. thyrsites,メルルーサ類の K. rosenbuschi, K. paniformis, K. peruvianus,メカジキの K. musculoliquefaciens,スズキの K. cruciformum,タイセイヨウサバの K. histolytica などが知られている.

6) 海産魚の腸管粘液胞子虫症

近年,地中海沿岸で養殖されているヨーロッパヘダイの腸管に Enteromyxum leei (= Myxidium leei) が寄生して致命的な被害を与えている.本種は腸管上皮組織内に寄生して腸上皮の剥離や崩壊,および腸炎をもたらす.この種の大きな特徴は,発育途中の栄養体が体外に排泄されて魚から魚へ経口的に伝播することである(Diamant, 1997).本来の生活環は交互宿主を介して放線胞子虫ステージに変態する可能性を否定できないが,養殖環境中では魚から魚へ直接感染が拡がるため他の粘液胞子虫病と異なり伝染性の強い病気といえる.また,粘液胞子虫類としては例外的に宿主範囲が広く,水族館内でベラ類,イソギンポ類,マンボウなどを含む4目10科16属に渡る25種の魚類に次々と伝播し損害を与えた事例がある(Padrós et al., 2001).同様の症例として,スペインの養殖ターボットにおける E. scophthalmi 腸管感染症(Branson et al., 1999;Palenzuela et al., 2002)と,日本の養殖トラフグにおける粘液胞子虫性やせ病があげられる.トラフグの場合,目の落ち窪みと頭骨が浮き上がるほどの顕著な痩せ症状を主徴とし(図Ⅵ-1-4,口絵参照),病魚の腸管に組織内寄生する E. leei (= Myxidium sp. TP) と Leptotheca fugu,および腸管上皮に付着寄生する Enteromyxum fugu (= Myxidium fugu) の3種類が記載されているが(Tin Tun et al., 2000),病害に関与するのは前2種であると考えられている(Ogawa and Yokoyama, 2001; Tin Tun et al., 2002).なお,E. scophthalmi と E. fugu についても,E. leei と同様,魚から魚へ直接伝播することが証明されている(Redondo et al., 2002; Yasuda et al., 2002).

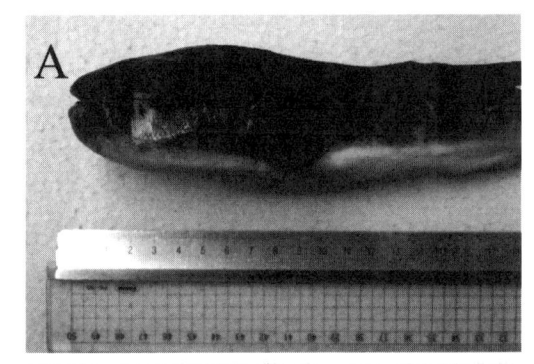

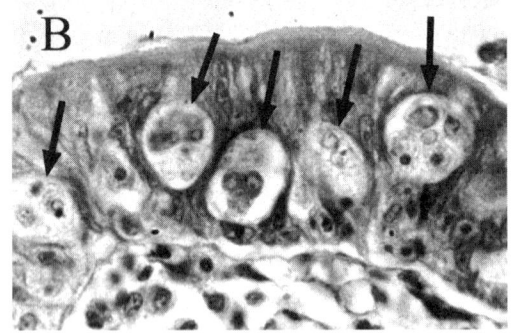

図Ⅵ-1-4 粘液胞子虫性やせ病に冒されたトラフグ(A)および Enteromyxum leei(矢印)の寄生を受けた腸上皮の組織切片(B).HE染色

7) その他

その他,今まで国内で問題となった粘液胞子虫病には以下のものがある.かつてニホンウナギの皮膚に Myxidium matsui が寄生し,白斑を形成することから外観を損ね,問題となった

が（江草，1978），最近はほとんど問題にされていない．コイの腸管テロハネルス症は *Thelohanellus kitauei* がコイの腸管壁に寄生して腫瘤を形成し腸管閉塞を起こす病気であるが（図VI-1-5），最近はなぜか下火になりあまり見られなくなっている．コイの出血性テロハネルス症は *T. hovorkai* がコイ全身の結合組織に寄生し皮下出血を呈する病気であり（図VI-1-6），ニシキゴイ親魚に致命的影響を与えた事例がある（Yokoyama et al., 1998）．キンギョの腎腫大症は *Hoferellus carassii* の栄養体がキンギョ腎臓尿細管の上皮細胞内に寄生して増殖した結果，腎臓が異常に肥大する病気であり，死亡率は高くないものの異様な外観から商品価値を落とす（横山，2002）．海産魚の脳寄生多殻目粘液胞子虫は，しばしばスズキやヒラメの異常遊泳の原因となる．原因生物は7個の極嚢を有するとして *Septemcapsula yasunagai* という種名が提案されたが，実際には6極嚢をもつ胞子と7極嚢をもつ胞子が同じくらいの頻度で観察されることから，この属名には疑義もある（江草，1988）．なお，本種はイシダイ，マダイ，ブリ，メジナ等の脳からも検出されているが，それらでは異常遊泳は確認されていない．

2. コイ稚魚の鰓ミクソボルス症
（Gill myxobolosis of carp）

1）序

古くから頬腫れと呼ばれるように，鰓蓋が押し上げられたように見えるのが特徴的なコイ稚魚の病気であり，シストといわれる塊状物が鰓に多数形成された結果，呼吸障害を起こして死亡する（江草，1978；1988）．多くは体長5〜6cmの0歳魚が初夏の頃に罹患し酸欠になると致死的であるが，9月以降，自然治癒する．鰓弁上には大きさ数mmに達する大型のシスト

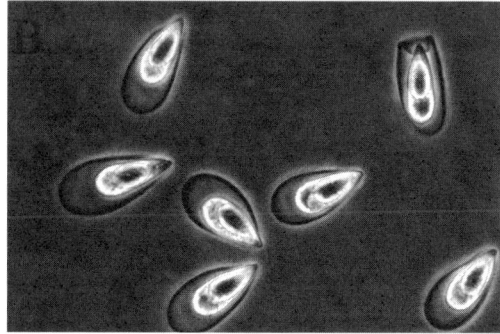

図VI-1-5 腸管テロハネルス症に冒されたコイ（A）および *Thelohanellus kitauei* の生鮮胞子（B）（写真提供：江草周三氏）．

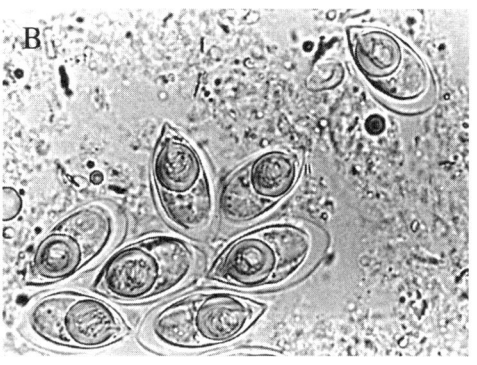

図VI-1-6 出血性テロハネルス症に冒されたニシキゴイ（A）および *Thelohanellus hovorkai* の生鮮胞子（B）．（Yokoyama et al., 1998）

第Ⅵ章 粘液胞子虫病

（図Ⅵ-2-1）と，1 mm 以下の小型のシストが共存して観察されることが多い（図Ⅵ-2-2）．しかし，致命的な影響を与えるのは大型のシストのみで，小型のシストはほとんど宿主に害がないと考えられている．

2）原　　因

原因粘液胞子虫として Myxobolus koi Kudo, 1918, M. toyamai（Kudo, 1920），および M. musseliusae Jakovtchuk, 1979 の 3 種が知られる．M. koi の胞子は流滴形で，極間突起を有する（図Ⅵ-2-3）．2 つの極嚢はほぼ同型・同大，内部に 7～8 回巻かれた極糸をもつ．胞子の長さ 12～15 μm，幅 5～9 μm，厚さ 5～8 μm，極嚢の長さ 5.9～7.4 μm，幅 1.6～2.7 μm，弾出された極糸の長さ 45～63 μm である．M. toyamai の胞子は細長い洋梨形で，前端がやや湾曲している（図Ⅵ-2-4A）．2 個の極嚢は大きさ不同で，大極嚢の長さ 7～8 μm に対し小極嚢の長さは 3 μm 程度である．小極嚢は生標本では見逃されやすいが，染色標本では明瞭に確認できる．M. musseliusae の胞子はほぼ球形または卵形で，胞子の長さ 10.5～11.1 μm，幅 8.8～10 μm，厚さ 7.2 μm である（図Ⅵ-2-4B）．2 個の極嚢の大きさは若干異なり，大極嚢の長さ 3.9～4 μm に対し小極嚢の長さは 1.7～2.2 μm である．上記 3 種のうち，M. toyamai と M. musseliusae は常に小型のシストしか形成しない一方，M. koi のシストには大小 2 型あることが強く示唆されているが，この点については以前から議論がある．江草（1988）は，原記載の M. koi Kudo, 1918 は 0.23 mm 以下の小型シストから採集されたものであること，大型のシストを形成する胞子とは形態および計測

図Ⅵ-2-1　鰓ミクソボルス症に冒されたコイ稚魚（Yokoyama et al., 1997）

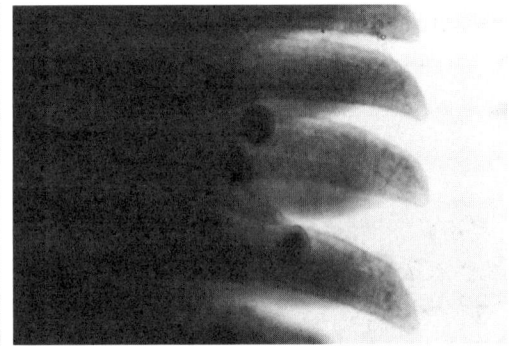

図Ⅵ-2-2　コイの鰓ミクソボルス症において散見される小型シスト（Yokoyama et al., 1997）

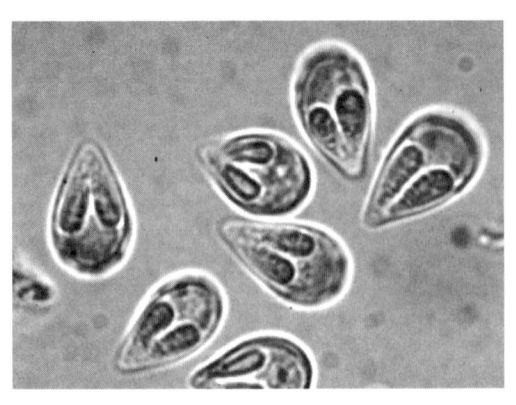

図Ⅵ-2-3　大型のシストから得られた Myxobolus koi の生鮮胞子（Yokoyama et al., 1997）

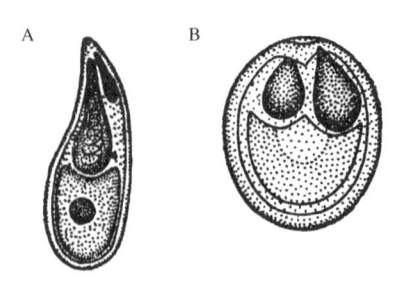

図Ⅵ-2-4　Myxobolus toyamai の胞子（A）と Myxobolus musseliusae の胞子（B）（Shulman, 1984）

値に若干の差異が見られることから，これらを別種として扱うべきであるとの見解を述べ，大型のシストを形成するものを *Myxobolus* sp. Nakai, 1926 と訂正した．しかし，横山らは大型のシストと小型のシストから別々に胞子を分離し詳細に形態学的特徴を比較した結果，形態および計測値の差異は種内変異の範囲内であることを示すとともに，蛍光抗体法によっても同一種であることを示唆した（Yokoyama et al., 1997）．しかし，両者は魚への侵入時期と鰓弁内の定着部位に違いがあることも示され，今後，遺伝子レベルで両者の異同を証明するとともに，生活環を解明して感染実験によりシスト大小 2 型の発現機構を明らかにすることが望まれる．

3）症状・病理

コイ稚魚の鰓弁に大型のシストが形成された場合，鰓弁の上皮細胞が異常増生し多量の粘液が分泌され，数 mm から 5 mm 程度に達する塊状物が鰓の血管を閉塞する．寄生を受けた鰓薄板の組織が崩壊して出血したり，シストの崩壊・脱落に伴い鰓弁が部分的に欠損する．大型のシストを形成する栄養体は，初期には鰓弁に沿って湾曲しながら発育し，鰓組織を包み込んで複雑に変形した塊状物になる（図Ⅵ-2-5）．一方，小型のシストは 1 mm 以下の小白点として認められ，多い場合は 1 枚の鰓弁に数十個も寄生するが，組織の異常増生や粘液分泌など目立った宿主反応はみられない．この場合，初期の栄養体は鰓薄板の毛細血管内に定着しており，寄生体の成長に伴い鰓薄板が球状に膨張するものの隣接した鰓薄板に拡がることはない（図Ⅵ-2-6）．胞子形成終了後，シストは寄生を受けた鰓薄板ごと崩壊して速やかに治癒する．なお，*M. toyamai* は常に鰓薄板内，*M. musseliusae* は常に鰓弁内で発育し，ともに小型のシストしか形成しない．*M. toyamai* のシストは *M. koi* の小型シストと肉眼的に区別し難いが，*M. musseliusae* のシストは鰓弁に沿った輪郭不明瞭な膨隆として認められることで識別できる．

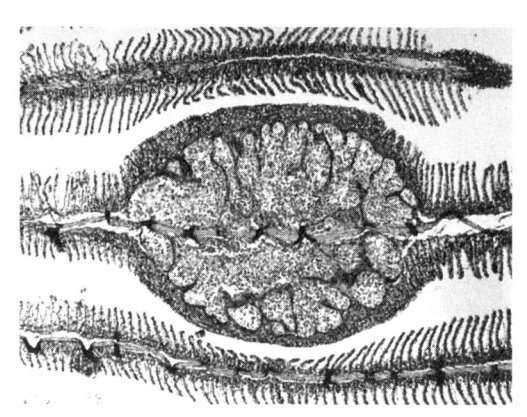

図Ⅵ-2-5 *Myxobolus koi* の鰓弁寄生により大型シストが形成された鰓の切片．HE 染色（写真提供：小川和夫氏）

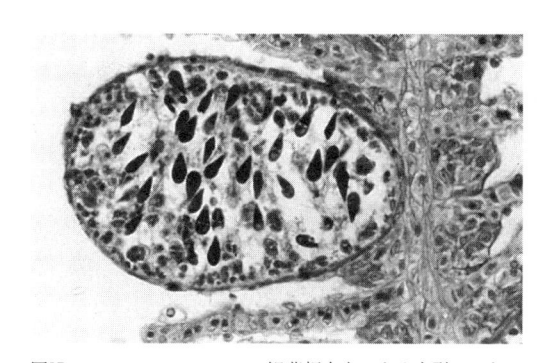

図Ⅵ-2-6 *Myxobolus koi* の鰓薄板寄生による小型シストの切片．メイグリュンワルド・ギムザ染色

4）疫　　学

0 歳魚の初夏から大型のシストが観察されるようになり，8月から9月にかけてシストが脱落し，秋にはほとんど消失する．小型のシストはやや遅れて見られ始め，秋以降，徐々に減少する．日本，ロシア，イギリス，バングラデシュ，インドネシアなど国内外に広く分布すると考えられるが，詳細は不明である．同一地域内の隣接した養殖場でも発生する池としない池が見られる場合がある．なお，コイ以外の魚種では寄生は確認されていない．

5）診　　断

シスト内容物をウェットマウントにより，あ

るいは塗抹標本を作製してギムザ染色またはその簡便法であるディフ・クィック染色を施すことにより，胞子を検鏡して同定する．

6）対　策

化学療法等により駆虫する対策は開発されていない．対症療法ではあるが，夏場の感染ピーク時に酸素を十分供給し，給餌量や魚の密度に注意して酸欠による死亡を極力抑えながら自然治癒するまで待つしかない．なお，交互宿主と考えられる環形動物の種類や放線胞子虫ステージは特定されていないため，積極的に感染源を絶つ方策は未検討である．

3. コイの筋肉ミクソボルス症
（Muscular myxobolosis of carp）

1）序

1980年代半ば，茨城県霞ヶ浦の養殖コイに突如出現し国内に拡がった病気であるが，生活環が不明のため伝播経路はわからない．体側筋肉内に長さ数 mm の米粒大白色シストが形成される（図Ⅵ-3-1）．1歳魚の場合は外観的に目立った症状がないため生産段階で見逃されてしまい，流通過程で初めてシストが発見されて問題になる場合がある．0歳魚では外観的に体表が凹凸を呈するほど重篤に寄生する例が知られており（図Ⅵ-3-2），その場合は出血性貧血により慢性的な死亡の原因となる．

2）原　因

粘液胞子虫 *Myxobolus artus* Achmerov, 1960 が原因である．胞子は上下に押し潰したような卵形で小さな極間突起を有する（図Ⅵ-3-3）．胞子の長さ 7.6～9.5 μm，幅 10.0～12.7 μm，厚さ 5.7～6.3 μm．2個の極嚢はほぼ同形，同大であるが，計測値は若干異なり，4.6～5.7 μm×3.0～3.8 μm と 4.2～5.3 μm×2.6～3.5 μm である．極嚢の内部に 4～5 回巻いた極糸を有する．なお，*M. artus* の交互宿主および放線胞子虫ステージは現在まで特定されていない．

3）症状・病理

コイ体側筋の筋繊維間において，宿主由来の結合組織で被包された紡錘形の白色シストを形成する（図Ⅵ-3-4）．寄生体はシスト内で発育し胞子形成が終了すると被包していた結合組織が萎縮して崩壊する．シスト内容物の流出に伴い宿主のマクロファージが浸潤し，胞子を貪食する．この時期には腎臓，脾臓，肝膵臓などにメラノマクロファージセンターが形成され，体側筋から運ばれた胞子が集積される（図Ⅵ-3-5）．特に腎臓における胞子の集積は顕著で，胞子の集塊を宿主の結合組織が取り巻き，肉眼的にも小白点として確認される場合もある．胞子は腸

図Ⅵ-3-1　筋肉ミクソボルス症に冒されたコイの体側筋肉
（写真提供：小川和夫氏）

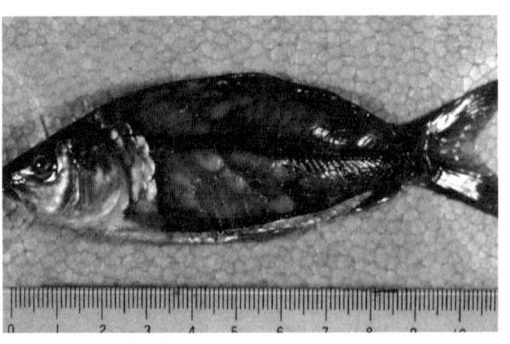

図Ⅵ-3-2　*Myxobolus artus* の重篤寄生を受けたコイ稚魚
（Yokoyama *et al.*, 1996）

管の粘膜上皮，体表上皮，鰓薄板の毛細血管内などにも認められる．このような胞子はマクロファージにより貪食されて二次的に輸送されたもので，それぞれ腸管，体表，鰓から魚体外に排出される（Ogawa et al., 1992）．0歳稚魚が重篤に寄生を受けると体側筋がほとんど寄生体に置き換わってしまうほどになるが，罹患魚は衰弱するものの急性的に死ぬことはない．病魚に致命的影響を与えるのは，むしろ，シストが崩壊して胞子が処理される過程である．シスト崩壊後，胞子はマクロファージに貪食されて内臓諸器官に輸送され多くは排出されるが，鰓に運ばれた大量の胞子が鰓薄板毛細血管内に充満すると毛細管が拡張，崩壊し，鰓上皮が剥離して出血する（図VI-3-6）．剖検的に鰓は極度の貧血を呈し，ヘマトクリット値，ヘモグロビン量，赤血球数の低下および幼若赤血球数の増加を特徴とする出血性貧血となる（Yokoyama et al., 1996）．

4）疫　　学

本病は日本とインドネシアに分布する．*M. artus* の原記載はロシアであるが，腸管内の寄生が確認されているだけで病気としては報告されていない．魚への感染は5～6月頃と考えられ，夏から秋にかけてシストが可視大に達する．その後，秋から翌春にかけてシスト崩壊に伴い胞子が排出されるが，重篤寄生を受けた0歳魚の場合は，その期間中，出血性貧血により慢性的に死亡する．

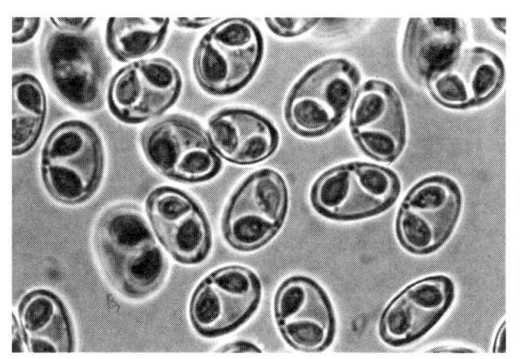

図VI-3-3　*Myxobolus artus* の生鮮胞子

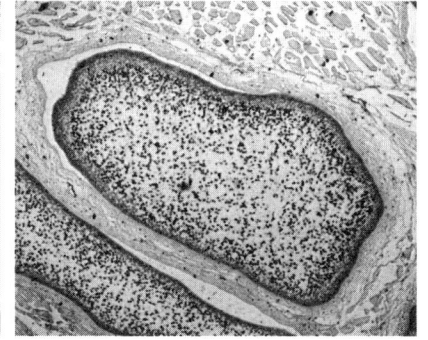

図VI-3-4　コイの体側筋肉に寄生した *Myxobolus artus* の切片．HE染色

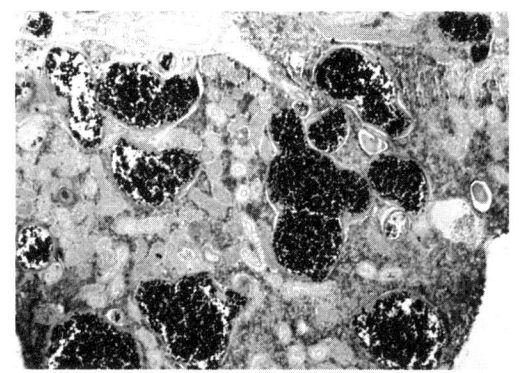

図VI-3-5　*Myxobolus artus* 胞子の集積により形成された腎臓のメラノマクロファージセンター．メイグリュンワルド・ギムザ染色（写真提供：小川和夫氏）

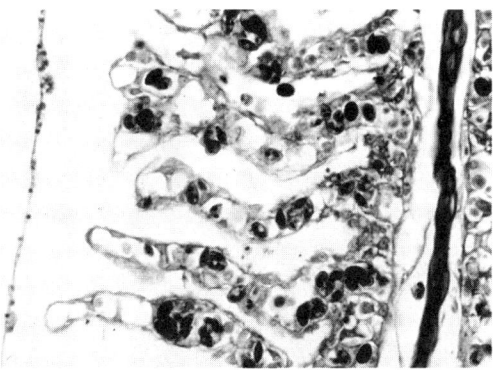

図VI-3-6　*Myxobolus artus* 胞子の鰓弁への輸送に伴う鰓毛細血管の拡張，鰓上皮の剥離．メイグリュンワルド・ギムザ染色

5) 診 断

コイの体側筋肉に類似のシストを形成する種類は他にないので，解剖所見においても推定診断が可能である．しかし確定診断するためには，シスト内容物をウェットマウントにより，あるいは塗抹標本をギムザまたはディフ・クィック染色を施すことにより，胞子を検鏡して同定する．また，腎臓組織をホモジナイズして遠心分離し胞子の有無を検鏡することで，より精度の高い診断が可能である．

6) 対 策

実用的な駆虫薬等は開発されていない．シストは成熟すると崩壊して萎縮し最終的には消失するが，重篤寄生の場合は完全に治癒するまでかなりの長期間を要する．シストが発育途中で崩壊した場合，罹患魚は *M. artus* の栄養体に対する抗体を産生することが証明された（Furuta et al., 1993）が，感染防御との関係は不明である．

▲ 4．ブリの粘液胞子虫性側湾症
（Myxosporean scoliosis of yellowtail）

1) 序

養殖ブリの側湾症は，骨曲がり，変形魚などと呼ばれ商品価値を著しく低下させるうえ，養殖開始後およそ半年から1年を経過した出荷サイズの魚に発症することから経済的な損害が極めて大きい（図Ⅵ-4-1，口絵参照）．本病は罹患魚の甚だしく醜悪な外観により古くから研究者の注目を集め，その原因について諸説発表された．特に，漁網防汚剤として当時用いられていた有機スズ（TBTO）の影響や薬物による副作用が疑われたため，消費者の不安を煽り養殖魚価の低下を招くに至ったが，現在では粘液胞子虫の脳寄生による感染症であることが証明されている（Egusa, 1985；阪口ら，1987）．

2) 原 因

粘液胞子虫 *Myxobolus buri* Egusa, 1985 が原因とされてきたが，最近の遺伝子解析と形態観察によって，マハゼの脳に寄生する *Myxobolus acanthogobii* Hoshina, 1952 のシノニムであることが示されている．大きさ0.07〜0.40 mm のシストの集塊がブリ脳の第4脳室内に形成されると，その物理的な刺激により神経系が障害を受けた結果，脊柱が湾曲する．胞子は楕円形で極間突起を有する（図Ⅵ-4-2）．胞子殻の縫合隆起は顕著で，7〜9個の襞がある．胞子の長さ9.2〜11.8（平均10.6）μm，幅7.9〜10.2（9.2）μm，厚さ5.5〜7.3（6.6）μm，

図Ⅵ-4-1 粘液胞子虫性側湾症に冒されたブリ（写真提供：小川和夫氏）

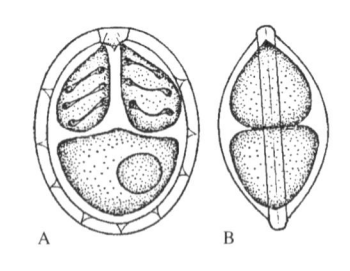

図Ⅵ-4-2 *Myxobolus acanthogobii*（= *Myxobolus buri*）の胞子．正面観（A）と側面観（B）（Egusa, 1985）

極嚢の長さ 3.9～5.4（4.5）μm, 幅 2.5～3.4（2.8）μm, 弾出された極糸の長さ 17.7～40.3（30.6）μm. 養殖ブリ以外にも，天然のホウボウ，キタマクラ，ムツなどにも寄生し変形症の原因になる（Maeno and Sorimachi, 1992）が，マハゼでは脊柱が湾曲しない．

3）症状・病理

脊柱が左右の側方に 1～数回湾曲し，尾部が捻れて短躯化したように見えることもある．遊泳，摂餌行動は緩慢となるが，死に至ることはない．宿主由来の組織で被包された白色シストが単独または集塊として，中脳腔，第 4 脳室，嗅葉，視葉蓋，下葉および延髄の表面や組織内に観察される（図Ⅵ-4-3）．しかし，脊柱湾曲は専ら第 4 脳室内のシストが原因とされている．第 4 脳室内の小脳冠腹側においてシストが集塊を形成すると，それらと接する部分の延髄が損傷を受ける．湾曲部の凹側の体側筋には萎縮や脂肪化などの変性がみられ，椎体端部は変形し軟骨組織の増生により湾曲が固定化する．

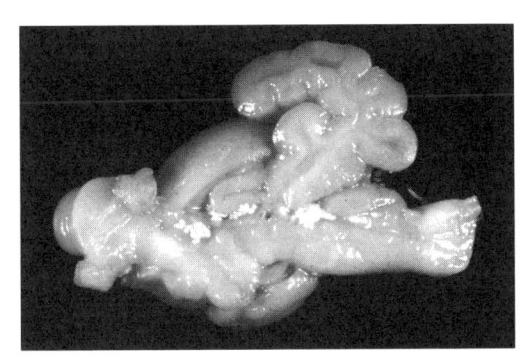

図Ⅵ-4-3 ブリの脳内に形成された *Myxobolus acanthogobii* の白色シスト．ホルマリン固定標本．（写真提供：前野幸男氏）

4）疫　学

養殖を開始して約半年後の 11 月頃から軽度の側湾魚が見られ始め，徐々に進行して翌年の秋まで増加し続ける．感染は餌付け漁場で稚魚期の短い期間に起こると考えられている．地域的に偏在性があるといわれており，交互宿主または前述の天然保有魚の分布と関連していることを窺わせるが，本種の生活環は明らかにされていない．

5）対　策

交互宿主となる環形動物を稚魚が捕食することで感染が起こるのではないかとの仮説に基づき，餌付け期に早朝から夕方まで連続給餌を行うことで天然餌料をなるべく取り込まないような条件を設定し発病率を抑制できたとの報告がある（阪口ら，1987）．しかし，*M. acanthogobii* の交互宿主および放線胞子虫ステージは未だに特定されておらず，感染経路も経口的なのか経皮的なのかも分っていない現状では，この実験結果の正当な解釈は難しい．本病の分布に地域性があり感染が稚魚期に限られるとするならば，餌付け期のみ感染の起こらない漁場で行うというのも一つの方策と考えられるが，感染水域に関する疫学情報は乏しい．　　　　（横山　博）

引用文献

Anderson, C. L., E. U. Canning and B. Okamura (1998)：A triploblast origin for Myxozoa? *Nature*, 392, 346-347.

Andree, K. B., E. MacConnell and R. P. Hedrick (1998)：A nested polymerase chain reaction for the detection of genomic DNA of *Myxobolus cerebralis* in rainbow trout *Oncorhynchus mykiss*. *Dis. Aquat. Org.*, 34, 145-154.

Bartholomew, J. L. (1998)：Host resistance to infection by the myxosporean parasite *Ceratomyxa shasta*: A review. *J. Aquat. Anim. Health*, 10, 112-120.

Bartholomew, J. L., M. J. Whipple, D. G. Stevens and J. L. Fryer (1997)：The life cycle of *Ceratomyxa shasta*, a myxosporean parasite of salmonids, requires a freshwater polychaete as an alternate host. *J. Parasitol.*, 83, 859-868.

Branson, E., A. Riaza and P. Alvarez-Pellitero (1999)：Myxosporean infection causing intestinal disease in farmed turbot, *Scophthalmus maximus* (L.), (Teleostei: Scophthalmidae). *J. Fish Dis.*, 22, 395-399.

Canning, E. U., A. Curry, S. W. Feist, M. Longshaw and B. Okamura (1999)：*Tetracapsula bryosalmonae* n. sp. for PKX organism, the cause of PKD in salmonid fish. *Bull. Eur. Ass. Fish Pathol.*, 19, 203-206.

Canning, E.U., S. Tops, A.Curry, T.S.Wood and B.Okamura (2002)：Ecology, development and pathogenicity of

第Ⅵ章　粘液胞子虫病

Buddenbrockia plumatellae Schroder, 1910（Myxozoa, Malacosporea）(syn. *Tetracapsula bryozoides*) and establishment of *Tetracapsuloides* n. gen. for *Tetracapsula bryosalmonae*. *J. Eukaryot. Microbiol.*, **49**, 280-295.

Clifton-Hadley, R.S., D.Bucke and R.H. Richards（1984）： Proliferative kidney disease of salmonid fish: a review. *J. Fish Dis.*, **7**, 363-377.

Diamant, A.(1997)：Fish-to-fish transmission of a marine myxosporean. *Dis. Aquat. Org.*, **30**, 99-105.

江草周三（1978）：魚の感染症，恒星社厚生閣，554p.

Egusa, S.(1985)：*Myxobolus buri* sp. n.（Myxosporea: Bivalvulida）parasitic in the brain of *Seriola quinqueradiata* Temminck et Schlegel. *Fish Pathol.*, **19**, 239-244.

江草周三（1986）：多殻類粘液胞子虫とくにクドア類について．魚病研究，**21**，261-274.

江草周三（1988）：原虫病．改訂増補魚病学（江草周三編），恒星社厚生閣，pp.219-274.

江草周三・中島健次（1978）：ブリのアマミクドア症．魚病研究，**13**，1-7.

El-Matbouli, M. and R. W. Hoffmann(1998)：Light and electron microscopic studies on the chronological development of *Myxobolus cerebralis* to the actinosporean stage in *Tubifex tubifex*. *Int. J. Parasitol.*, **28**, 195-217.

Feist, S. W., M. Longshaw, E. U. Canning and B. Okamura（2001）：Induction of proliferative kidney disease（PKD）in rainbow trout *Oncorhynchus mykiss* via the bryozoan *Fredericella sultana* infected with *Tetracapsula bryosalmonae*. *Dis. Aquat. Org.*, **45**, 61-68.

Furuta, T. K. Ogawa and H. Wakabayashi(1993)：Humoral immune response of carp *Cyprinus carpio* to *Myxobolus artus*（Myxozoa: Myxobolidae）infection. *J. Fish Biol.*, **43**, 441-450.

Hedrick, R. P., E. MacConnell and P. de Kinkelin(1993)： Proliferative kidney disease of salmonid fish. *Ann. Rev. Fish Dis.*, **3**, 277-290.

Hedrick, R. P., M. El-Matbouli, M. A. Adkison and E. MacConnell(1998)：Whirling disease: re-emergence among wild trout. *Immunol. Rev.*, **166**, 365-376.

Hoffman, G. L.(1970)：Intercontinental and transcontinental dissemination and transfaunation of fish parasites with emphasis on whirling disease（*Myxosoma cerebralis*）. In: "Diseases of fishes and shellfishes (ed. by S. F. Snieszko)". Washington, DC, American Fisheries Society, pp. 69-81.

Kent, M. L., K. B. Andree, J. L. Bartholomew, M. El-Matbouli, S. S. Desser, R. H. Devlin, S. W. Feist, R. P. Hedrick, R. W. Hoffmann, J. Khattra, S. L. Hallett, R. J. G. Lester, M. Longshaw, O. Palenzuela, M. E. Siddall and C.Xiao (2001)：Recent advances in our knowledge of the Myxozoa. *J. Eukaryot. Microbiol.*, **48**, 395-413.

Lom, J. and I. Dyková（1992）：Protozoan parasites of fishes. Elsevier, New York, 315p.

Lom, J. and I. Dyková（1995）：Myxosporea（Phylum Myxozoa）. In "Fish diseases and disorders, vol.1 (ed. by P. T. K. Woo)". CAB International, Wallingford, pp. 97-148.

Maeno, Y.and M.Sorimachi（1992）：Skeletal abnormalities of fishes caused by parasitism of Myxosporea. *NOAA Technical Report NMFS*, **111**, 113-118.

Moran, J. D. W., D. J. Whitaker and M. L. Kent（1999）：A review of the myxosporean genus *Kudoa* Meglitsch, 1947, and its impact on the international aquaculture industry and commercial fisheries. *Aquaculture*, **172**, 163-196.

Ogawa, K. and H. Yokoyama（2001）：Emaciation disease of cultured tiger puffer *Takifugu rubripes*. *Bull. Natl. Res. Inst. Aquacult., Suppl.* **5**, 65-70.

Ogawa, K., K. P. Delgahapitiya, T. Furuta and H. Wakabayashi（1992）：Histological studies on the host response to *Myxobolus artus* Akhmerov, 1960（Myxozoa: Myxobolidae）infection in the skeletal muscle of carp, *Cyprinus carpio* L. *J. Fish Biol.*, **41**, 363-371.

Okamura, B., A. Curry, T. S. Wood and E. U. Canning（2002）：Ultrastructure of *Buddenbrockia* identifies it as a myxozoan and verifies the bitaterian origin of the Myxozoa. *Parasitology*, **124**, 215-223.

Padrós, F., O. Palenzuela, C. Hispano, O. Tosas, C. Zarza, S. Crespo and P. Alvarez-Pellitero（2001）：*Myxidium leei*（Myxozoa）infections in aquarium-reared Mediterranean fish species. *Dis. Aquat. Org.*, **47**, 57-62.

Palenzuela, O., M. J. Redondo and P. Alvarez-Pellitero（2002）：Description of *Enteromyxum scophthalmi* gen. nov., sp. nov.(Myxozoa), an intestinal parasite of turbot (*Scophthalmus maximus* L.) using morphological and ribosomal RNA sequence data. *Parasitology*, **124**, 369-379.

Redondo, M. J., O. Palenzuela, A. Riaza, A. Macias and P. Alvarez-Pellitero（2002）：Experimental transmission of *Enteromyxum scophthalmi*（Myxozoa）, an enteric parasite of turbot *Scophthalmus maximus*. *J. Parasitol.*, **88**, 482-488.

Rose, J. D., G. S. Marrs, C. Lewis and G. Schisler（2000）： Whirling disease behavior and its relation to pathology of brain stem and spinal cord in rainbow trout. *J. Aquat. Anim. Health*, **12**, 107-118.

阪口清次・原　武史・松里寿彦・柴原敬生・山形陽一・河合　博・前野幸男（1987）：養殖ハマチの粘液胞子虫寄生による側弯症．養殖研報，**12**，79-86.

Schlegel, M., J. Lom, A. Stechmann, D. Bernhard, D. Leipe, I. Dyková and M. L. Sogin（1996）：Phylogenetic

引用文献

analysis of complete small subunit ribosomal RNA coding region of *Myxidium lieberkuehni*: evidence that the Myxozoa are metazoans and related to bilaterians. *Arch. Protistenkd.*, 147, 1-9.

Shulman, S. S. (1984): Parasitic protozoa. Vol. 1, In "Key to the parasites of freshwater fauna of USSR (ed. by O. N. Bauer)", Nauka, Leningrad, 428 pp. (In Russian)

Siddall, M. E., D. S. Martin, D. Bridge, S. S. Desser and D. K. Cone (1995): The demise of a phylum of protists: phylogeny of the Myxozoa and other parasitic cnidaria. *J. Parasitol.*, 81, 961-967.

Smothers, J. F., C. D. von Dohlen, L. H. Smith Jr. and R. D. Spall (1994): Molecular evidence that the myxozoan protists are metazoans. *Science*, 265, 1719-1721.

杉山昭博・横山 博・小川和夫 (1999): 沖縄県内における奄美クドア症の疫学的調査. 魚病研究, 34, 39-43.

Tin Tun, H. Yokoyama, K. Ogawa and H. Wakabayashi (2000): Myxosporean and their hyperparasitic microsporeans in the intestine of emaciated tiger puffer. *Fish Pathol.*, 35, 145-156.

Tin Tun, K. Ogawa and H. Wakabayashi (2002): Pathological changes induced by three myxosporeans in the intestine of cultured tiger puffer, *Takifugu rubripes*. *J. Fish Dis.*, 25, 65-72.

Wolf, K. and M. E. Markiw (1984): Biology contravenes taxonomy in the Myxozoa: new discoveries show alternation of invertebrate and vertebrate hosts. *Science*, 225, 1449-1452.

Yasuda, H., T. Ooyama, K. Iwata, Tin Tun, H. Yokoyama and K. Ogawa (2002): Fish-to-fish transmission of *Myxidium* spp. (Myxozoa) in cultured tiger puffer suffering from emaciation disease. *Fish Pathol.*, 37, 29-33.

横山 博 (2002): キンギョの腎腫大症. 観賞魚臨床, 2, 9-14.

Yokoyama, H. (2003): A review: Gaps in our knowledge on myxozoan parasites of fishes. *Fish Pathol.*, 38, 125-136.

Yokoyama, H., K. Ogawa and H. Wakabayashi (1991): A new collection method of actinosporeans - a probable infective stage of myxosporeans to fishes - from tubificids and experimental infection of goldfish with the actinosporean, *Raabeia* sp. *Fish Pathol.*, 28, 135-139.

Yokoyama, H., T. Danjo, K. Ogawa, T. Arima and H. Wakabayashi (1996): Hemorrhagic anemia of carp associated with spore discharge of *Myxobolus artus*. *Fish Pathol.*, 31, 19-23.

Yokoyama, H., D. Inoue, A. Kumamaru and H. Wakabayashi (1997): *Myxobolus koi* (Myxozoa: Myxosporea) forms large-and small-type 'cysts' in the gills of common carp. *Fish Pathol.*, 32, 211-217.

Yokoyama, H., Y. S. Liyanage, A. Sugai and H. Wakabayashi (1998): Hemorrhagic thelohanellosis of color carp caused by *Thelohanellus hovorkai* (Myxozoa: Myxosporea). *Fish Pathol.*, 33, 85-89.

第Ⅶ章 単生虫病

1. 概説

単生虫（単生類）は扁形動物門に属し，渦虫，吸虫，条虫と並んで単生綱という独立した綱を形成している．雌雄同体で，ほとんどが魚の外部寄生虫である．一般に単生虫は宿主特異性が高い．これは宿主とそれに寄生する単生虫が共進化した結果と考えられるが，特異性の機構についてはほとんど解明されていない．単生綱内部の分類法については諸説あるが，ここではYamaguti (1968) の体系に従い，体後端の固着器官の形態によって単後吸盤類と多後吸盤類に分類する．単後吸盤類は体後端部の固着盤にある鉤を使って魚の鰓や体表に寄生して上皮細胞を栄養とする．多後吸盤類は固着盤上に特別に発達した把握器を用いて魚の鰓に寄生し，鰓から吸血する．大きさはともに 1 mm に満たないものから数 cm に達する大型種もある．*Gyrodactylus* の仲間以外は卵生である．孵化幼生はオンコミラシジウムと呼ばれ，繊毛で遊泳し，宿主に到達すると固着盤の鉤を使って寄生する．生活環には中間宿主を含まない．そのため，養殖場のように宿主が密に存在する環境下では寄生レベルが高くなりやすく，しばしば病害をもたらす．害作用は種によって異なるが，単後吸盤類では寄生刺激による組織増生や粘液の多量分泌，固着器官による傷害や食害などがあげられる．一方，多後吸盤類では，吸血によって宿主が貧血に陥る．

本章では，魚に有害種としてよく研究されたものを取り上げるが，その他にも以下のように，時として魚に害を与える単生虫は多い．例えば単後吸盤類では，ヤマメとアマゴの鰓に寄生する *Tetraonchus awakurai*, *T. oncorhynchi* やマダイとクロダイの鰓に寄生する *Lamellodiscus* の数種は養殖場では普通に見られる．体表や鰭に寄生する種として，マダイに *Anoplodiscus tai*，クロダイに *A. spari* が知られるが，これらは固着盤が吸盤のように発達する代わりに鉤は退化している．寄生刺激によって宿主体表の出血，鰭の欠損を引き起こす (Ogawa, 1994)．親魚養成中のオオニベの鰓，鰭，体表に *Calceostoma* sp. が大量に寄生した事例も報告されている（那須ら，1987）．多後吸盤類では，クロダイの鰓弁に *Aspinatrium spari* と *Polylabris japonicus* が寄生する．マダイの *Choricotyle elongata* は把握器を吸盤のように使って鰓腔の壁面に吸着し，鰓から吸血する．

単生類の害作用は養殖魚にとどまらない．多後吸盤類のフタゴムシ *Diplozoon nipponicum* (= *Eudiplozoon nipponicum*) はコイやフナの鰓に寄生するが，寄生後の間もないうちに2虫体がX字状に合体するという特異な生態をもつ．フタゴムシ寄生によって河川のフナが貧血を呈したという症例が報告されている (Kawatsu, 1978)．カタクチイワシが大量死した例では，多

第Ⅶ章 単生虫病

後吸盤類の *Pseudanthocotyloides* の寄生が原因であったと考えられている（山本ら，1984）．1990年代後半に *Neoheterobothrium* 寄生による天然ヒラメの貧血が問題になったが，これについては第6節のところで詳しく説明する．

2. ダクチロギルス症・シュードダクチロギルス症（Dactylogylosis・Pseudodactylogyrosis）

1）序

主としてコイ科魚の鰓弁上に4つの眼点をもった1 mm前後の寄生虫がみられる．これは *Dactylogyrus* という単生虫で，コイやキンギョの養殖場ではしばしば大量に寄生して，魚に呼吸障害を引き起こす．種類数はきわめて多く，コイとキンギョ・フナ類に寄生する種だけでも日本でそれぞれ8種が報告されている（小川・江草，1979；Ogawa and Egusa, 1982）．コイ科魚以外では，スズキに寄生する *Dactylogyrus* が知られる．

ウナギの鰓には *Dactylogyrus* によく似た *Pseudodactylogyrus* が寄生する．しばしば養殖場のウナギ（ニホンウナギ）に大量寄生することがあるが，かつて日本でヨーロッパウナギを大規模に養殖した時に大繁殖して問題になった（Ogawa and Egusa, 1976）．これは，ヨーロッパウナギの方がはるかに寄生を受けやすいためである．

これらのうち，コイ寄生の *D. vastator* と *D. extensus*，ウナギ寄生の *P. bini* がよく研究されている．

2）原因

Dactylogyrus は単後吸盤類のダクチロギルス科に属する．体長は *D. vastator* で1.2 mm，*D. extensus* で2 mmほどに達する（図Ⅶ-2-1）．体は背腹に偏平で，前端近くの背面に2対の眼点がある．後端部は皮膜状の固着盤となる．盤上に硬タンパク質から成る固着器があるが，それらは固着盤中央の1対の鉤，鉤をつないで補強する1本の支持棒，盤辺縁の7対の周縁小鉤から成る．周縁小鉤は虫体の成長とともに大型化する（図Ⅶ-2-1）．体前端の腹面に粘着腺（頭腺とも呼ばれる）が開口し，宿主の鰓組織に対する吸着器官として使われる．口，咽頭に続く消化管は短い食道の後に二叉し，体の両側面を通り，固着盤の前で合一する．肛門はない．体の中央部分に卵巣，その後ろに精巣が位置する．雄性交接器と膣も硬化している．硬化した固着器や生殖器が重要な分類形質である．スズキ寄生の *Dactylogyrus* は *D. inversus* で，体長2.5 mmに達する大型種である．周縁小鉤より中央の鉤の方が小さいという形態的特徴がある．

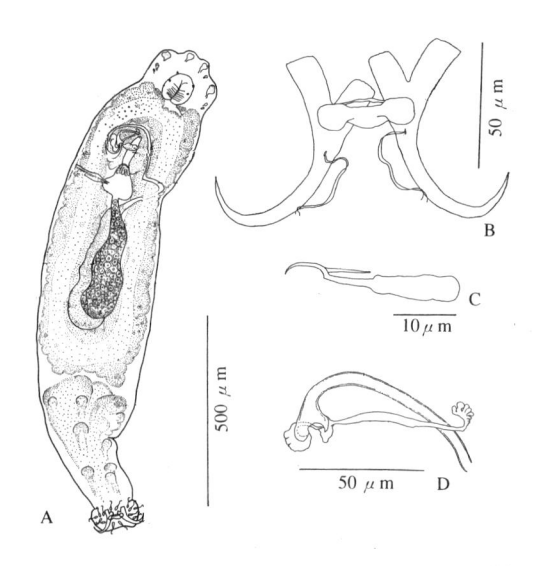

図Ⅶ-2-1 *Dactylogyrus extensus*. A：全体図，B：固着盤の鉤，C：周縁小鉤，D：雄性交接器（今田ら，1976）

Dactylogyrus は卵生で，卵は後端に短柄をもった鶏卵形である（図Ⅶ-2-2）．産出された卵は水底に沈下する．*D. vastator* では，孵化までに22℃で9〜10日，28〜29℃で4〜5日を要した（Paperna, 1963）．孵化幼生は繊毛で遊泳し，孵化後の数時間は眼点によって正の走光性を示すが，その後は負の走光性に転じる（Bychowsky, 1957）．正の走光性を示す時期が虫体の拡散期，負の走光性を示す時期が魚への

2. ダクチロギルス症・シュードダクチロギルス症

感染期とされる．孵化幼生の寿命は約1日である．宿主に到達すると，呼吸水流に乗って鰓に到達し，繊毛を捨てて寄生生活に入る．宿主上の寿命は，*D. vastator* では，夏季は1週間から1ヶ月，冬季は6ヶ月以上にも及ぶ（Bychowsky, 1957; Paperna, 1963; Kollmann, 1970）．

Pseudodactylogyrus は単後吸盤類のシュードダクチロギルス科に属する．養殖ウナギには *P. bini* と *P. anguillae* の2種が知られる．体長は *P. bini* で最大1.6 mm, *P. anguillae* で1.3 mm になる（図Ⅶ-2-3, Ⅶ-2-4）．形態的には *Dactylogyrus* によく似ているが，固着盤が腹側に向くこと（*Dactylogyrus* では背側に向く），周縁小鉤が成長しないこと（幼生型）などで区別される．ヨーロッパウナギに寄生した *P. bini* について，発達や産卵に関する数値をあげる（Buchmann, 1988）．産卵は30℃で最も盛んで，1日に約17個を記録した．25℃で3〜4日，30℃で2〜3日で孵化した．感染してから成熟まで，25℃で8日，30℃で7日を要した．寿命は25℃で50日，30℃で35日であった．一方，*P. anguillae* ではヨーロッパウナギとニホンウナギに寄生した場合，産卵能力に違いがみられた．ヨーロッパウナギを用いた Buchmann (1990) の観察によれば，*P. anguillae* は25℃での産卵が最も活発であったが，1日にわずか

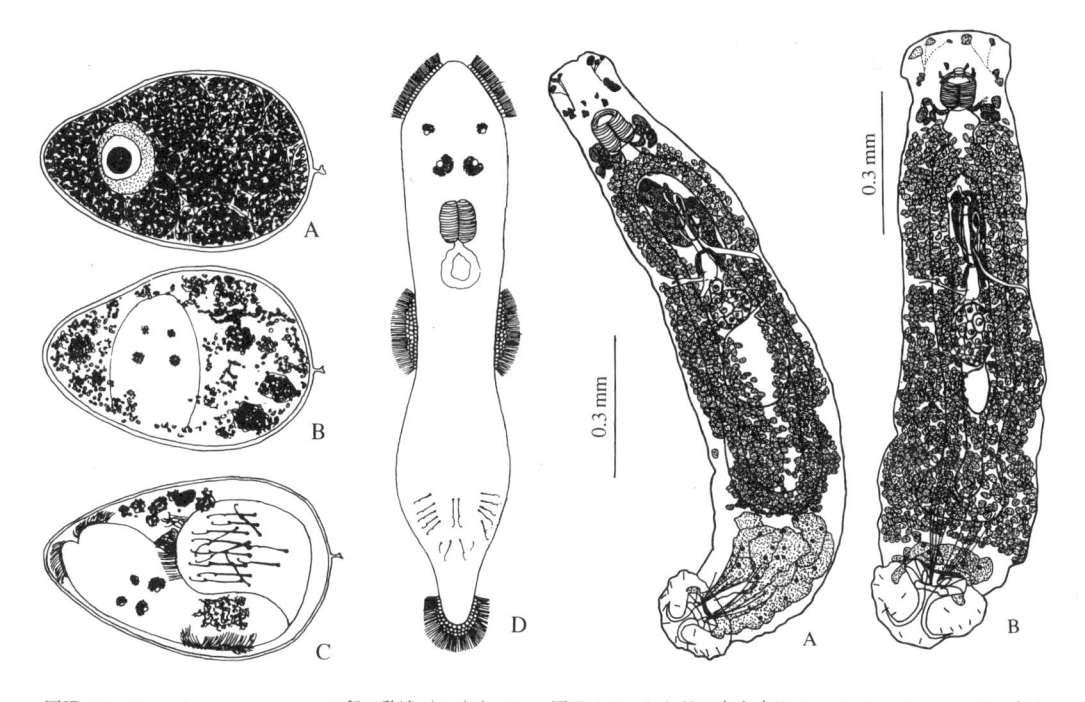

図Ⅶ-2-2　*Dactylogyrus vastator* の卵の発達（A から C へ）と孵化幼生（D）（原図は Kollmann, 1970）

図Ⅶ-2-3　ウナギに寄生する *Pseudodactylogyrus bini* (A) と *P. anguillae* (B) (Ogawa and Egusa, 1976).

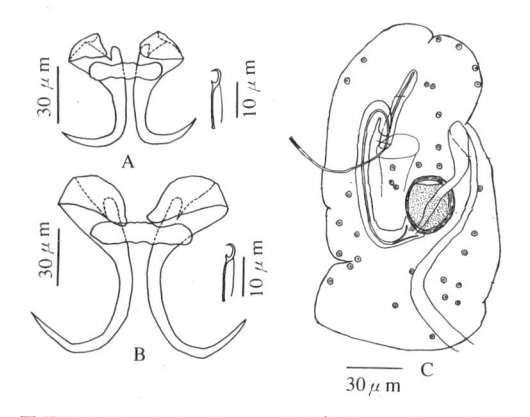

図Ⅶ-2-4　*Pseudodactylogyrus bini* と *P. anguillae*．A：*P. bini* の鉤と周縁小鉤，B：*P. anguillae* の鉤と周縁小鉤，C：*P. bini* の生殖器の構造（一部）（原図は Ogawa and Egusa, 1976）．

4 個程度で，*P. bini* に比べると際立って少なかった．10℃ではほとんど産卵しなかったが，46日後に孵化した．一方，ニホンウナギを用いた実験（今田・室賀，1978）では，産卵数は 20℃ と 28℃ の間で差はなく，1日当たり 8〜10 個であった．また，10℃では 1ヶ月後まで孵化せず，発生も進まなかった．いずれにしても，*P. bini* の方が *P. anguillae* に比べやや至適水温が高く，産卵能力も高いことがうかがわれる．

Dactylogyrus も *Pseudodactylogyrus* も宿主特異性が高く，1 種のみ，もしくは同属の数種の宿主のみに寄生する．*P. bini* と *P. anguillae* はもともとウナギの寄生虫であるが，ヨーロッパウナギ，アメリカウナギ，オーストラリアの *Anguilla reinhardti* などウナギ属の魚なら寄生することができる．

3）症状・病理

Dactylogyrus と *Pseudodactylogyrus* の寄生を受けた魚は特異的な外観症状を示さない．*Dactylogyrus* が重篤寄生したコイ科魚では緩慢遊泳や鰓蓋の不完全な開閉がみられることがあるが，ウナギではこれらの症状も確認することは難しい．解剖所見で共通する症状は鰓からの粘液の多量分泌である．組織学的には *D. vastator, D. extensus, D. inversus*，および *P. bini* の寄生を受けた鰓では，鉤が鰓組織深くまで達するため，固着盤周辺に組織増生が著しい（図Ⅶ-2-5）．増生が進むと鰓薄板が広範囲に癒着する結果，鰓弁が棍棒化する（Paperna, 1964a；江草，1978）．当然，呼吸効率は低下し，呼吸障害によって死亡することがある（Paperna, 1964a）．一方，その他の *Dactylogyrus* や *P. anguillae* では寄生は鰓組織の表層にとどまるため，増生は顕著ではない（図Ⅶ-2-5）．*Pseudodactylogyrus* の寄生したウナギでは摂餌が低下し，その結果，成長が悪くなる．特にクロコに寄生した場合，少数寄生でもウナギは摂餌しないので，影響は大きい．

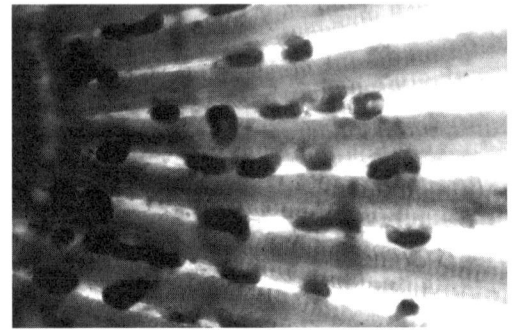

図Ⅶ-2-5　ヨーロッパウナギの鰓に寄生した *Pseudodactylogyrus bini*（上）と *P. anguillae*（下）．

D. vastator と *D. extensus* が寄生したコイでは 2 種の寄生虫の間に興味ある寄生の変遷が観察される（Paperna, 1964b）．すなわち，初期には *D. vastator* による鰓弁組織の破壊が進み，そのため *D. extensus* は駆逐され，*D. vastator* のみが大量に寄生した．その後，鰓組織が回復し，再び 2 種が寄生するようになった．さらに日数が経過すると，コイが *D. vastator* に対して免疫を獲得する結果，*D. vastator* は寄生できなくなり，*D. extensus* や他の *Dactylogyrus* が残った．

上述のように，体長 60 mm 以上のコイは *D. vastator* の寄生に対し，免疫を獲得した（Paperna, 1964a）．免疫には補体，プロペルジン，食作用，抗体の関与が報告されている（Vladimirov, 1971）．*Pseudodactylogyrus* spp. を駆除した後，ヨーロッパウナギは不完全ながら再感染に対する防御を獲得した（Slotved and Buchmann, 1993）．しかし，防御機構の詳細は

2. ダクチロギルス症・シュードダクチロギルス症

明らかにされず，*P. bini* と *P. anguillae* を区別していないので，2種の寄生虫に対する反応に違いがあったかどうかは不明である．

4) 疫　　学

Dactylogyrus も *Pseudodactylogyrus* もそれぞれ養殖しているコイ科魚やウナギに普通に寄生している．寄生は周年にわたってみられるが，流行期は一般的に高水温期である．*P. anguillae* も10℃ではほとんど産卵せず，卵も発育しなかったが，産卵後10℃で40日を経過した卵を20℃に移すと孵化が観察されたことから，低水温にも適応能力があることが示唆される（今田・室賀, 1978；Slotved and Buchmann, 1993）．

不思議なことに，*D. vastator* はヨーロッパのコイに被害を及ぼす重要種であるが，日本のコイに寄生したという記録はない．ヨーロッパと日本ではコイの品種が異なり，そのために *D. vastator* に対する感受性も異なるためと考えられる．

Pseudodactylogyrus bini と *P. anguillae* は元々日本，中国，台湾のウナギ（ニホンウナギ）の寄生虫と考えられている (Kikuchi, 1929; Yin and Sproston, 1948; Liu, 1978)．オーストラリアの *Anguilla reinhardtii* にも両種が寄生するとされたが (Gusev, 1965)，最近の再調査で別種であることが明らかとなった（岩下, 2000）．1970年代にはヨーロッパにおいても寄生が確認されるようになった．初めは旧ソ連で報告されたが，寄生虫の起源は日本から試験的に移植したウナギと考えられている (Golovin, 1977)．1980年代に入ると，まず東欧，次いで西欧諸国の養殖および天然ヨーロッパウナギに寄生が拡大した (Buchmann et al., 1987)．1990年代以降には北米の天然のアメリカウナギにも両種が寄生しているのが確認されている．当初はもともと北米に分布していた寄生虫と思われたが (Cone and Marcogliese, 1995; Marcogliese and Cone, 1996)，日本，ヨーロッパ，北米で採集された *Pseudodactylogyrus* のリボゾームRNA 遺伝子の ITS 領域を比較した結果，伝染源は特定されていないものの，外部から北米に持ち込まれた寄生虫と考えられた (Hayward et al., 2001)．

5) 診　　断

一般に病害性はそれほど高くないので寄生していても特に外観症状は示さないことが多い．小型魚の場合，多数寄生を受けると遊泳が緩慢になり，コイなどでは鰓蓋の開閉が不完全になる．

寄生種の同定は固着器や交接器の硬タンパク部分の形態や大きさの違いによって行われる．

6) 対　　策

Dactylogyrus, Pseudodactylogyrus ともに，トリクロルホンを 0.3～0.5 ppm となるように養殖池に散布することにより駆除しうる．*P. microrchis*（＝*P. anguillae*）は，0.5 ppm 24時間浴 (pH 6.75, 水温 26.5～30.8℃) では一部の虫体が鰓に残ったが，同じ濃度の飼育水中に 7 日間ウナギを保つと完全に駆虫された（今田・室賀, 1979）．池に残った虫卵からの再感染を考慮して，反復して薬浴するとさらに有効と考えられた．一方，*P. bini* はトリクロルホンに対し *P. anguillae* よりはるかに感受性が高く，より駆虫効果が高い．

Dactylogyrus の寄生を受けた淡水魚には食塩水浴による駆虫も行われる (Schmahl, 1991)．標準的には 6% 食塩水に魚を 20 秒浸漬する．稚魚にはこの方法は危険なので，より薄い食塩水（1～1.5%）に長め（20分）に浸漬する．

Pseudodactylogyrus に対しては，アンモニア水を使った駆除も試みられた（堀内ら, 1988）．それによると25℃, pH 7.2 で，有効アンモニア濃度 15 ppm の 18 時間処理で *P. anguillae* はほとんど駆除されたという．しかし，飼育水

が高 pH，高水温ほど非解離のアンモニアの割合が高まり，魚への毒性が高くなる．逆に，低 pH，低水温ほど魚への毒性が弱くなって駆虫効果も低下する恐れがあるため，実施には十分な注意が必要であろう．

養殖池においては，新たに魚を導入する前に池の水を抜いて乾燥することが推奨される．このことによって底質に残った虫卵を殺滅して，感染環を断ち切ることができる．

3. ギロダクチルス症
（Gyrodactylosis）

1）序

Dactylogyrus と並んで，もっともよく知られた単生虫で，淡水魚，海水魚を問わず，多くの魚類から500を超える種が記載されている．有害種として最も有名な *Gyrodactylus* はヨーロッパにおいてタイセイヨウサケをはじめとするサケ科魚類の外表面に寄生する *G. salaris* であろう．もともとスウェーデンとフィンランドのタイセイヨウサケやニジマスに寄生していたものが，1970年代に，魚の移動によって分布を拡大した結果，ノルウェーのタイセイヨウサケに伝播して大量死を引き起こし，河川のサケ資源の激減と遡上魚の減少をもたらしたとされる（Johnsen and Jensen, 1991）．これはタイセイヨウサケのノルウェー系群が *G. salaris* に特に感受性が高かったためと考えられている．日本においてもしばしば養殖魚に大量寄生して被害を与える *Gyrodactylus* がいくつか知られている．

2）原　因

Gyrodactylus は単後吸盤類のギロダクチルス科に属する．単生虫としては例外的に胎生であるという点に特徴がある．体の中央部を子宮が占め，その内部の仔虫が発育すると，その子宮の内部にさらに仔虫が形成される．このように仔虫が入れ子になっており，同時に3世代がみられることから，三代虫と呼ばれることがある．一般に小型で，体長1mmを超えない．後端の固着盤には，中央に1対の鉤と2本の支持棒，固着盤周辺に8対の周縁小鉤が備わる．支持棒のうち，腹側の支持棒には通常，膜状構造物が付属する．眼点はもたない．消化系は *Dactylogyrus* とほぼ同じだが，二叉した消化管は後部で合一しない（図Ⅶ-3-1）．

産み出されたばかりの *Gyrodactylus* の子宮内にはすでにかなり発達した仔虫が入っている．やがて第1回の産仔が行われる．空いた子宮内には直ちに卵が入り，分裂が始まる．この胚が十分に発達して第2回の産仔が行われる頃には，親虫には雄性生殖器官が形成されていて，他個体と交尾が行われる．3回目以降の胚は自らの卵と他個体の精子との有性生殖によって形成される．したがって，*Gyrodactylus* は胎生という点で他の単生類とは異なる繁殖法をもっているばかりでなく，2回目までの産仔は無性的に，それ以降は有性的に行うという産仔様式もきわめて特異である．繁殖力や寿命は水温に依存し，好適水温は種によって異なる．タイセイヨウサケに寄生する *G. salaris* では，寿命は2.6℃で33.7日，19.1℃で4.5日であったが，個体当たりの平均産仔数は6.5〜13.0℃で2.4虫と最も高く，最多産仔数は4虫であった（Jansen and Bakke, 1991）．1回目の産仔までに2.6℃で9.3日，19.1℃で1.1日，1回目から2回目の産仔までに2.6℃で36.6日，19.1℃で4.0日を要した．3回目以降の産仔は6.6℃と13.0℃でのみ観察され，6.6℃では5〜7週間，13.0℃では2〜3週間を要した（Jansen and Bakke, 1991）．一方，グッピーに寄生する *G. bullatarudis* では，25〜27℃で産出された若虫が第1回の産仔をするまでに18時間，第2回の産仔までに42時間を要した（Turnbull, 1956）．

Gyrodactylus は *Dactylogyrus* や *Pseudo-*

3. ギロダクチルス症

dactylogyrus と同様に宿主特異性が高く, 1 種のみ, もしくは同属の数種の宿主のみに寄生する. ヨーロッパに分布する G. salaris は比較的宿主特異性が低く, 天然のサケ科の 3 属のみならず, ヒラメ属の魚にも寄生が確認されている (Soleng and Bakke, 1998). 日本の養殖魚や観賞魚に寄生する種とその寄生部位を示すと, コイの G. kherulensis (体表, 鰭), G. sprostonae (鰓弁), キンギョの G. kobayashii (体表, 鰭), アユの G. japonicus, G. plecoglossi および G. tominagai (いずれも主に体表, 鰭), ニジマス, ヤマメ, アマゴの G. masu (体表, 鰭, 鰓), ウナギの G. nipponensis (鰓弁), G. egusai (体表, 鰭) および G. joi (体表, 鰭), トラフグの G. rubripedis (体表, 鰭) となる (図Ⅶ-3-2).

3) 症状・病理

G. salaris に限らず, Gyrodactylus はしばしば魚を衰弱させる例が知られている. 3 歳のコイ 1 尾当たり最高で 43 万 5 千虫もの G. sprostonae が鰓に寄生した例では, 魚は窒息状態で, 鰓は斑点状にうっ血していた (Mattheis and Gläser, 1970). G. japonicus が養殖アユの体表に大量寄生すると, 体表に出血が認められた.

魚類は Gyrodactylus に対し, 様々な防御反応を示す. G. salaris をタイセイヨウサケとカワマスに寄生させたところ, タイセイヨウサケは重篤寄生に陥って死亡したが, カワマスは寄生虫を排除して回復した. タイセイヨウサケでは粘液細胞の密度は減少し上皮は薄くなったが, カワマスでは粘液細胞はむしろ増加し, 上皮も肥厚した. このことから, タイセイヨウサケが G. salaris の寄生に対応できない理由は粘液細胞の数が相対的に少ないことにあることが示唆された (Sterud et al., 1998). また, ヨー

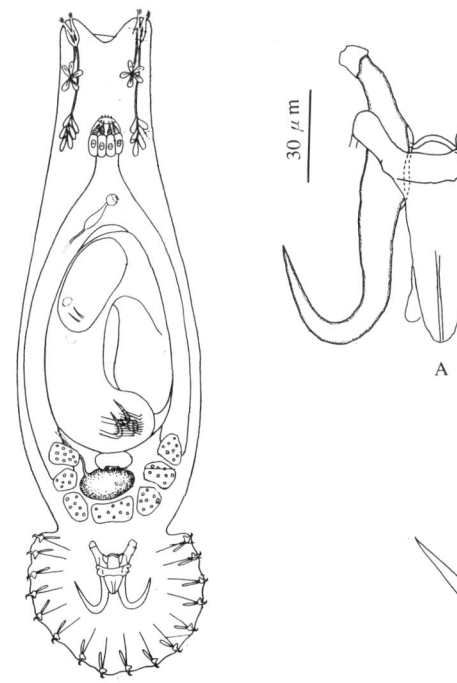

図Ⅶ-3-1 Gyrodactylus の構造 (原図は Gusev, 1985).

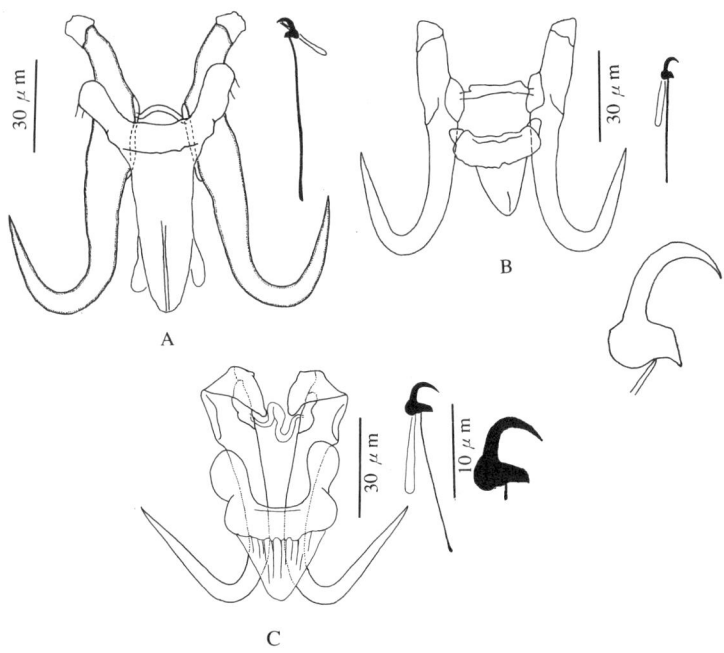

図Ⅶ-3-2 日本産魚類に寄生する Gyrodactylus 数種の固着盤の硬タンパク質構造 (1 対の鉤, 背腹の支持棒, 周縁小鉤).
A: G. japonicus, B: G. masu, C: G. rubripedis; B, C については周縁小鉤本体の拡大図も示す (原図は Ogawa and Egusa, 1978; Ogawa, 1986; Ogawa and Inouye, 1997a).

ロッパに分布する G. derjavini に対し，4 種の
サケ科魚は異なる感受性を示したが，寄生部位
の体表の粘液細胞の分布密度が高いほど感受性
が低い傾向にあった（Buchmann and Uldal,
1997）．ニジマスに実験的に寄生させると次第
に粘液細胞密度の低い眼球や尾鰭に寄生が集中
した（Buchmann and Bresciani, 1998）．これ
らのことは，粘液に含まれる成分が感染防御に
有効に働くことを示唆している．ブラウントラ
ウトの眼球表面を除く体表上皮中にはチオニン
陽性細胞（おそらくは肥満細胞）が分布してい
る．G. derjavini に感染させると，7 日後には
この細胞数は有意に減少し，その後の 9 日間で
まったく認められなくなったが，これは感染に
よってチオニン陽性細胞に脱顆粒が起こったた
めと考えられる（Sigh and Buchmann, 2000）．
補体が感染防除に関与する可能性も指摘されて
いる．すなわち，G. salaris はタイセイヨウサ
ケの血清や粘液によって容易に殺滅されたが，
血清を加熱したり EDTA を添加すると効果が
認められなくなった（Harris et al., 1998）．ま
た，ニジマスの補体成分 C3 は in vitro 系で G.
derjavini の虫体表面，特に頭腺開口部分に結
合することによって，殺寄生虫効果をもつこと
が示された（Buchmann, 1998）．

4) 疫　学

Gyrodactylus は水を介して魚体から魚体に
直接伝播する．G. salaris はサケ科魚に限らず，
数日間ならトゲウオ類やヒラメ類にも寄生する
ことができることから，淡水と海水の間を往来
するこれらの魚を運搬宿主として分布域を拡大
していく可能性が指摘されている（Soleng and
Bakke, 1998）．

5) 診　断

寄生種の同定は固着器の硬タンパク質部分の
形態の比較によって行われる．しかし，現実的
には鉤，支持棒，周縁小鉤の形態だけで種の同
定をするのは困難を伴う．Gyrodactylus は一
般に宿主特異性，寄生部位特異性が高いので，
何という魚のどこから採集したかという情報は
有用である．

ヨーロッパではタイセイヨウサケに寄生する
G. salaris が有害種である．ヨーロッパのサケ
科魚類には 5 種の Gyrodactylus が寄生する
が，G. salaris と他種を区別するため，上記の
硬タンパク質部分の測定値を統計処理する方法
（Shinn et al., 2000）や遺伝子を用いた同定法
（Cunningham et al., 1995）が試みられている．
日本の魚類に寄生する種ではこのような研究例
はない．

6) 対　策

安全で，環境への影響も配慮した駆虫法はほ
とんど開発されていないというのが現状である．
そのなかでは，環境水の浸透圧を変化させて駆
虫する方法が試みられている．トラフグに寄生
する G. rubripedis に対しては，10〜20 分の淡
水浴が行われる．一方，淡水魚の Gyrodactylus
寄生に対しては，5 分間の 5％食塩水浴が予防
と治療に有効であったという（Bauer et al.,
1969）．

4. ハダムシ症（ベネデニア・ネオベネデニア）（Skin fluke disease）

1) 序

1960 年代に入ってブリ養殖に小割式網生け
簀が用いられるようになって以来，体表に寄生
するハダムシ Benedenia seriolae は，ブリ養
殖においては最も被害の大きい寄生虫である
（図VII-4-1）．養殖対象がカンパチやヒラマサに
拡大しても，本種はそれらにも寄生することか
ら，本種は以前にも増して重要な寄生虫となっ
ている．

一方，イシダイには別種のハダムシ B. hoshi-
nai が寄生する（Ogawa, 1984a）（図VII-4-1）．

4. ハダムシ症（ベネデニア・ネオベネデニア）

1990年代に入ると，ハタ類やヒラメに寄生する *B. epinepheli*（図Ⅶ-4-1），ヒラメ，トラフグなど多くの魚種に寄生する *Neobenedenia girellae* が相次いで報告され（Ogawa *et al*., 1995a; 1995b）（図Ⅶ-4-2），ハダムシ症はほとんどの海産養殖魚が罹病する疾病となってきている．また，クロソイの鰓蓋内側に寄生するハダムシ *Megalobenedenia derzhavini* も知られる（図Ⅶ-4-2）．

このように，ハダムシとは本来，ブリ寄生の *B. seriolae* のことを指していたが，近年，近縁種が多く出現し，養殖魚に被害を及ぼしている現状がある．ここでは便宜上，「ハダムシ」をカプサラ科に属する単生虫に拡大して使うことに

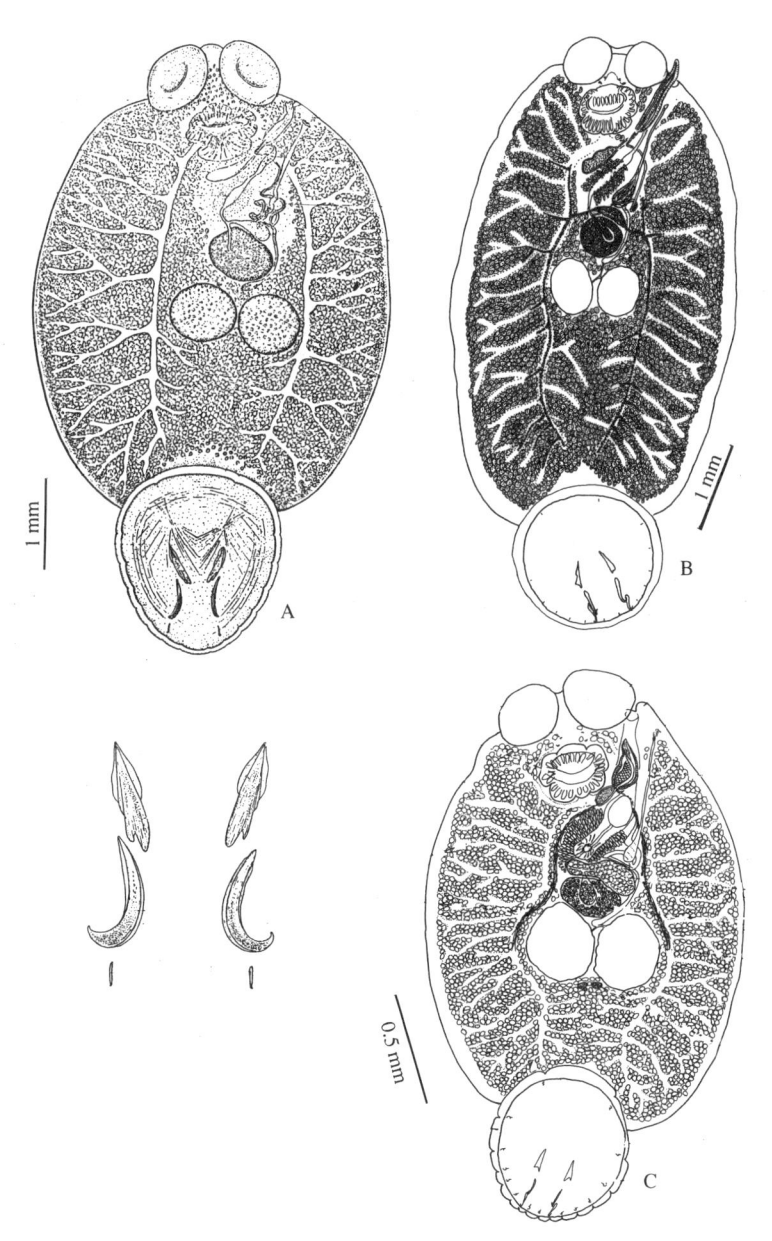

図Ⅶ-4-1 日本の養殖魚に寄生する *Benedenia* 属のハダムシ類．A：*B. seriolae* の虫体と固着盤の2対の鉤と1対の付属片，B：*B. hoshinai*，C：*B. epinepheli*（原図はYamaguti, 1934; Ogawa, 1984a; Ogawa *et al*., 1995a）

第Ⅶ章　単生虫病

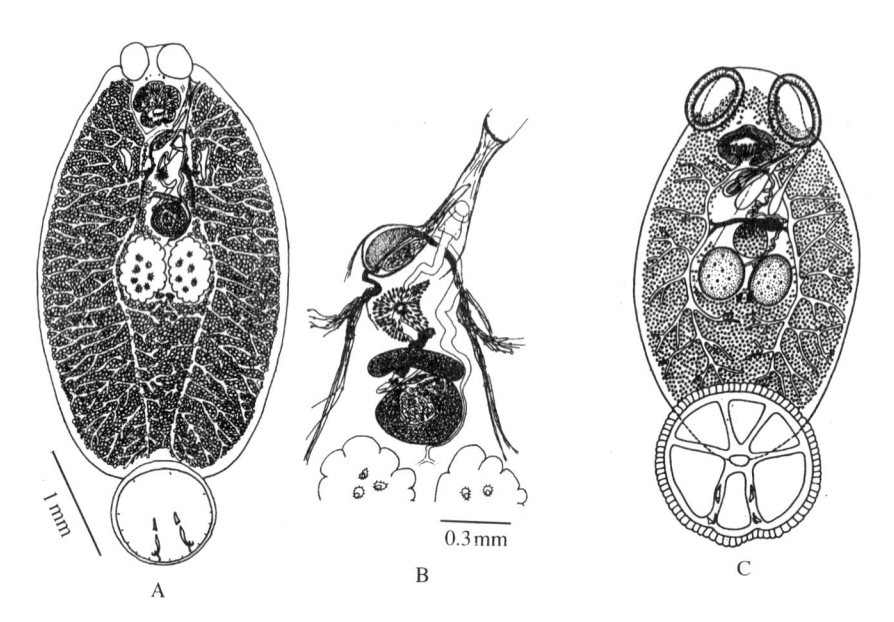

図Ⅶ-4-2　日本の養殖魚に寄生するその他のハダムシ類.
A：*Neobenedenia girellae*，B：*N. girellae* の生殖器の構造（一部），C：*Megalobenedenia derzhavini*（原図は Ogawa *et al.*, 1995b; Egorova, 1994）

する．したがって，タイ類寄生の *Anoplodiscus*（アノプロディスカス科）は類似の寄生生態をもつが，「ハダムシ」の呼称は適用しない．

2）原　　因

Benedenia seriolae：*Benedenia* 属と *Neobenedenia* 属は単後吸盤類カプサラ科ベネデニア亜科に，*Megalobenedenia* 属は同科トロコパス亜科に分類される．ブリのハダムシ症原因寄生虫の *B. seriolae*（Yamaguti, 1934）はもともと天然ヒラマサの体表から採集されたものであるが，不思議なことに，以降は天然のブリ，カンパチ，ヒラマサからの採集記録はない．体長 5 mm 以上が成虫で（笠原，1967），最大で 11.6 mm に達する．体は偏平な小判状で，後端は筋肉質の固着盤になっている．盤の周辺は薄い膜が囲み，盤全体で宿主の体表などの面に強固に吸着する．また，盤中央から後部にかけて 2 対の鉤と前方の鉤の前に 1 対の付属片がある．支持棒を欠く．固着盤周囲には 7 対の周縁小鉤が存在する．体前端に 1 対の口前吸盤がある．口前吸盤の直後に咽頭が位置する．口は咽頭中央部に開口する．消化管は咽頭直後に 2 分岐し，多くの側分岐を出しながら，体中央部を後方に走り，固着盤の前で盲端に終わる．体の中央部に丸い精巣が 2 個並列している．精巣を出た輸精管は咽頭の後ろで陰茎につながる．卵巣は精巣の直前に 1 個存在する．左側の口前吸盤の後背面に膣が開口する．膣管は卵巣の前の卵黄囊に達する．輸卵管を出た卵が卵黄囊から出た精子と受精した後，卵形成腔で四面体の卵が作られ，膣口の直前に開く生殖口から産出される．容器に取り出した虫体は 20℃で 1 時間に 27 個産卵した（Kearn *et al.*, 1992a）．卵には一端に長い付属糸がついている（図Ⅶ-4-3）．容器内で産み出された卵の附属糸は約 1 mm 程度の長さだが，遊泳している魚から産出された卵の付属糸は 2〜4 mm に達する（Kearn *et al.*, 1992a）．これは付属糸には弾性があり，自然に産出された場合，海水中で伸長したためである．水温と孵化の関係を求めた保科・松里（1967）によると，12.5〜26.9℃では 50％以上

— 362 —

4. ハダムシ症（ベネデニア・ネオベネデニア）

の孵化率を示したが，29.7℃では3％しか孵化せず，9.4℃ではまったく孵化はみられなかった．孵化開始までの日数については，12.5℃では52.1日，21.3℃で6.5日，23.9℃で5.2日を要した．自然光下の室内実験では，孵化は日照時間中，特に明け方に集中し，夜間はほとんど孵化しなかった（Kearn et al., 1992b）（図Ⅶ-4-4）．孵化幼生は体長0.33 mmで，本体の前方と後方の体側および固着盤後端に繊毛帯が備わる（図Ⅶ-4-3）．孵化幼生の遊泳特性や寿命については知見がない．寄生後は宿主魚の体表上皮を摂食して成長する．水温22～26℃では，20日後に5.8 mmにまで成長した（笠原，1967）．成熟すると，魚体上で2個体が同時に相互に受精する形で交尾が行われる（Kearn, 1992）．ブリ，ヒラメ，マダイの粘液を用いたin vitro実験の結果から，B. seriolaeの孵化幼生は魚に着定する段階では宿主特異性を発揮せず，3種の魚の粘液に含まれる共通した物質を認識して着定するものと推定されている（Yoshinaga et al., 2002）．また，着定を誘導する物質はレクチンで阻害されたことから，糖関連物質であることが示唆された．養殖場ではブリ属の魚にのみ寄生することから，ヒラメやマダイでは着定後に成長できないものと想定されるが，詳細は検討されていない．

Neobenedenia girellae：*N. girellae*（Hargis, 1955）は体長3.6～5.6 mmほどのハダムシである．*Benedenia*属とは膣を欠くことで区別される．なお，*N. girellae*を*N. melleni*の同種とする見方もある（Whittington and Horton, 1996）．宿主特異性がきわめて低く，日本ではこれまでに5科15種の養殖魚への寄生が確認されている．主な魚種はヒラメ，トラフグ，マダイなどである（Ogawa et al., 1995b）．ヒラメ，ブリ，マダイ，ニジマスの粘液に対する*N. girellae*の孵化幼生の反応性を*in vitro*実験で調べたところ，どの魚種の粘液に対しても反応し，固着盤を開いて着定した（Yoshinaga et al., 2000a）．また，着定を誘導する物質はレクチンで阻害された．したがって，*N. girellae*の孵化幼生も4種の魚の粘液中に共通して存在する糖関連物質を認識して着定するが，*B. seriolae*と異なり，着定後もそのまま発育すると考えられる．*N. girellae*の孵化幼生を水槽に添加して感染させた後，淡水浴で駆虫したヒラメに再感染させたところ，初めて感染させたヒラメに比べ，寄生数は少なく，虫体も小さかった（Bondad-Reantaso et al.,

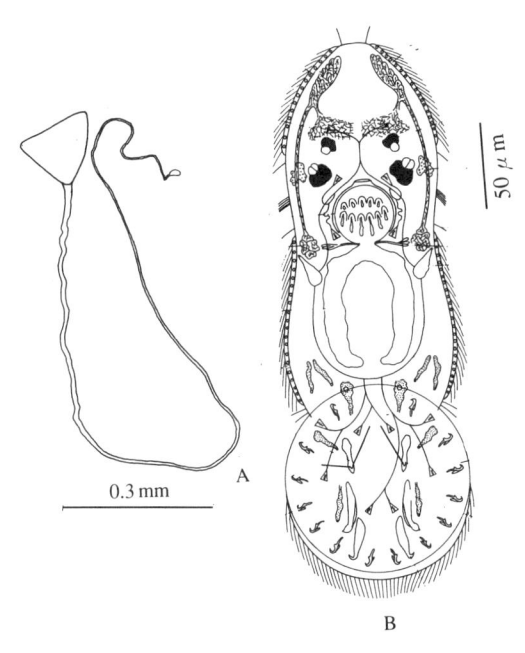

図Ⅶ-4-3　ハダムシ類の卵と孵化幼生
A：*Benedenia hoshinai*の卵，B：*B. seriolae*の孵化幼生
（原図はOgawa, 1984b; Kearn et al., 1992a）．

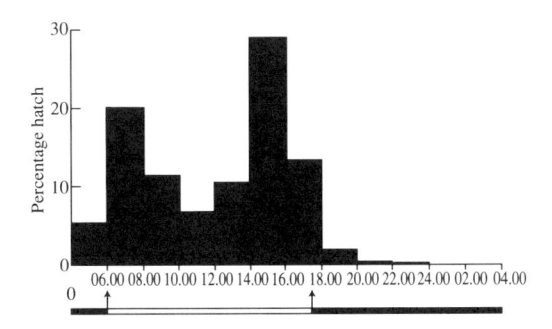

図Ⅶ-4-4　*Benedenia seriolae*の孵化リズム．ヒストグラムは2時間ごとの孵化率を表す．その下の黒線は夜，左矢印は夜明け時刻，右矢印は日没時刻を示す（原図はKearn et al., 1992b）．

1995a). したがって，ヒラメは N. girellae の感染によって2度目の感染に対する防御能を獲得することが示された．虫体のホモジネートを接種しても防御能は高まらなかったことから，血中抗体は防御能に関与しないと考えられている．

その他の種類：イシダイのハダムシ B. hoshinai Ogawa, 1984 は B. seriolae よりやや小型で，体形も細長い．体長 3.5 mm 以上が成虫で，最大 7.1 mm にも達する（Ogawa, 1984a, b）．鉤や陰茎の形態も異なる．体表だけでなく鰭にも寄生する．尾鰭，背鰭軟条部，体表背側後半部に多い（Ogawa, 1984b）．イシガキダイにも寄生する．一方，B. epinepheli（Yamaguti, 1938）は天然魚，養殖魚，水族館飼育魚を問わず，13 科 25 種もの魚から記録されている．主な魚種はヒラメ，キジハタ等のハタ類，メバル属，トラフグ属の魚種である（Ogawa et al., 1995a）．体長は 1.9〜3.0 mm と小型である．生殖口の開口部付近が翼状に小さく突出していることで他の Benedenia 属の単生虫と区別される．

クロソイには Megalobenedenia derzhavini が寄生する．他のハダムシとは異なり，鰓腔や鰓蓋内壁に寄生する．未成熟虫が鰓弁にいることから，まず鰓弁に寄生し，成長に伴って移動して行くものと思われる（小川，未発表）．

3) 症状・病理

症状・病理に関する検討はどの寄生種についても不足しているが，およそ以下のように考えられている．

ハダムシ類の病害性は固着盤と前吸盤による吸着と宿主組織の食害である．固着盤による吸着によって寄生部位の組織は糜爛し，粘液が過剰に分泌される（図Ⅶ-4-5）．吸着したまま体表面を移動することも刺激になっていると思われる．こうした刺激によって，魚は生け簀の網地などに体をこすりつける結果，寄生部の損傷はさらに悪化する．傷口は細菌の二次的感染の侵入門戸になるといわれる（Hoshina, 1968；江草，1978）．寄生の影響で，魚は摂餌せず，成長不良に陥る（Hoshina, 1968）．

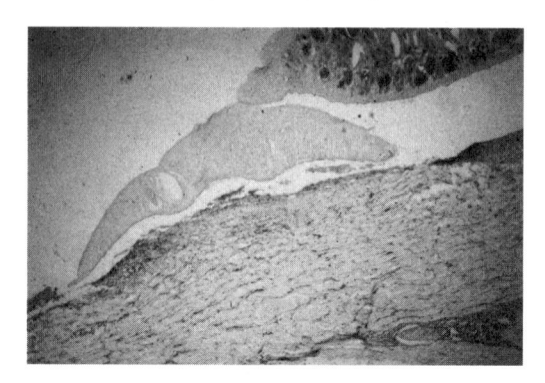

図Ⅶ-4-5 イシダイの体表に寄生する Benedenia hoshinai. 固着盤下面に接する上皮組織は損傷を受けるか，失われている．

4) 疫　学

Benedenia 属ハダムシの寄生は周年みられるが，流行についての報告は少ない．B. seriolae が寄生したブリを 28℃に 41 時間保った場合は虫体のほとんどが寄生したままであったのに対し，29℃では大半が脱落した．この観察結果から，B. seriolae の高温限界は 29℃と推定されている（笠原，1967）．N. girellae は沖縄県や小笠原地方を除けば，冬の低水温期には寄生がほとんどみられなくなる．産出された卵も 15℃では孵化しなかったことから，高水温に適応した種と考えられている（Bondad-Reantaso et al., 1995b）．一方，沖縄や小笠原では周年にわたって寄生が確認されていて，通年にわたる対策が求められている．

養殖ブリのハダムシ症は 1970 年代にはさほど大きな問題ではなかった．これは生け簀の網地の表面に塗布していた有機スズを含んだ防汚剤がハダムシの繁殖を抑制していたためと考えられている．しかし，人体への影響の懸念から，有機スズ剤の使用が 1980 年代後半に中止されると，ハダムシ症が流行するようになった（江草，1995）．

日本では N. girellae の寄生が初めて確認されたのは1991年のことであった．宿主も養殖ヒラメと養殖トラフグで，従来，ハダムシ寄生は知られていなかった．その後の調査で，本種は中国等から輸入されるカンパチ種苗に高い確率で寄生していたことから，外国産種苗とともに日本に持ち込まれた寄生虫であることが判明した（Ogawa et al., 1995b）．

5）診　断

上記のハダムシ類の同定は，まず，固着盤に隔壁がある Megalobenedenia と隔壁がない Benedenia, Neobenedenia に大別される．さらに，後者は膣をもつ Benedenia ともたない Neobenedenia に区別される．同一属内では，体の大きさ，体形（体長と体幅比；本体と固着盤の比），固着盤の鉤とその付属片の形態が重要な分類基準となる．

6）対　策

網生け簀養殖では，魚体上の虫から産出された虫卵はフィラメント状の付属物によって網地に絡まる．すなわち，飼育魚のすぐ近くで孵化するため，再感染の確率が高まる．したがって，寄生を予防するために，定期的な網替えが奨励される．具体的には下記の方法で駆虫した際に，必ず網を替える．虫卵は網を乾燥させることによって容易に殺滅することができる．

淡水浴が最も確実な駆虫法である．すなわち寄生を受けた魚を淡水に5～10分間浸漬する．低水温ほど浸漬時間を長めにする．虫体は3～4分で白化し，遂には脱落する．淡水を反復使用する場合は，駆虫の間の溶存酸素低下に注意する．脱落した虫体の再感染は起こらない．衰弱して脱落した虫体は産卵能力もない．ただし，虫卵は20分の淡水処理後でも，海水に戻せば40％は孵化したことから（保科，1966），生残した虫卵から孵化，感染，発育した虫体が成熟し産卵を開始する前に再度の淡水浴をすると駆虫効果がさらに高まる（松里，1968a）．

淡水浴は有効な方法であるが，現場では淡水が入手しにくい場合もある．それ以外の駆虫法として，過酸化水素を有効成分とする薬浴剤を海水で希釈して使用する方法と，プラジクアンテルを有効成分とする経口剤を餌に混ぜて使用する方法がある．いずれの薬剤も水産用医薬品であり，前者はスズキ目魚類の B. seriolae とトラフグの N. girellae に対する駆虫薬，後者はスズキ目魚類の B. seriolae に対する駆虫薬として市販されている．

5. エラムシ症-1（ヘテラキシネ・ゼウクサプタ・ビバギナ・ミクロコチレ）（Gill fluke disease-1）

1）序

1960年代に網生け簀養殖のブリで問題になった寄生虫症には前述のハダムシ症の他に，エラムシ症があった．エラムシとは本来，ブリの鰓弁に寄生する Heteraxine heterocerca のことである．しかし，前項であげたのと同様の理由によって，ここでは，H. heterocerca に近縁の数種もエラムシとして扱うことにする．カンパチとヒラマサには Zeuxapta japonica，マダイには Bivagina tai，クロソイには Microcotyle sebastis，カサゴには M. sebastisci が寄生する．後述のように，寄生生態，害作用など，共通点が多い．

2）原　因

Heteraxine heterocerca：Heteraxine 属と Zeuxapta 属は多後吸盤類ヘテラキシネ科に，Bivagina 属と Microcotyle 属はミクロコチレ科に属す（図Ⅶ-5-1）．ブリのエラムシ H. heterocerca（Goto, 1894）は天然ブリから採集されて，記載されたものである（Goto, 1894）．養殖ブリに寄生していた虫体をもとにした Ogawa and Egusa（1977）の再記載によると，体は三角形を呈し，体長は最大で14 mmに達

第Ⅶ章　単生虫病

する．体は左右不相称で，三角形の底辺に相当する部分の左右どちらかの一端が虫体の後端に当たる．後端から三角形の底辺部分と上方に向かう辺の辺縁に把握器が配列されている．底辺部分の把握器は 24～32 個（普通 26～30 個）で，中央部分の把握器が大きく，直径 360～410 μm で，両端に向かって小型化し，中央部分の 10 分の 1 程度の大きさしかない．もう 1 列の把握器は 3～14（普通 7～9）個で，すべて小さい．いずれの把握器も同形である．前後の硬タンパク質の枠が中央部分と連動して折りたたまれて，鰓薄板を掴むようになっている．中央部分の一端には三叉した付属物がある．2 列の把握器のうち，鰓弁の水流が当たる側の列が大型化し，数も増えるため，左右が不相称になる（Ogawa and Egusa, 1981）．左側が発達するか，右側が発達するかは鰓弁上の寄生部位によって決定され，その確率は等しく，それぞれほぼ同数であった．鰓から吸血するため，口腔内に 1 対の吸盤（口内吸盤という）があり，吸血時に鰓を捕捉する．小さい咽頭のあと，消化管は 2 分岐し，側枝を出しながら後端近くま

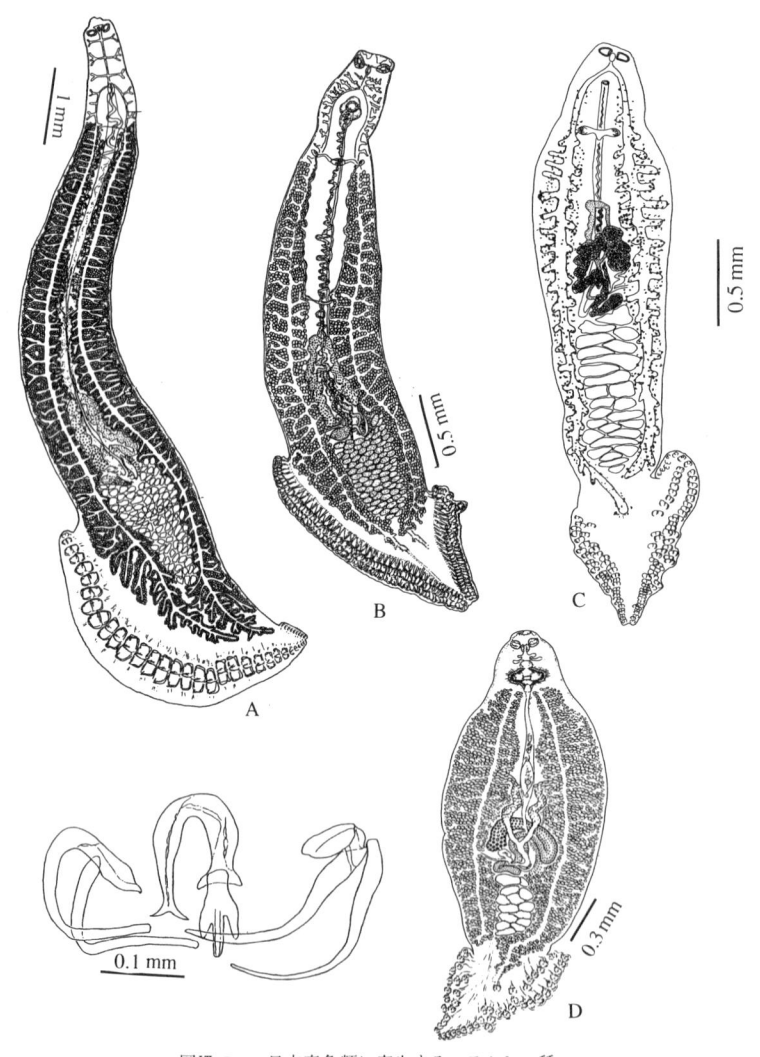

図Ⅶ-5-1　日本産魚類に寄生するエラムシ 4 種．
A：*Heteraxine heterocerca* の虫体と把握器，B：*Zeuxapta japonica*，C：*Bivagina tai*，
D：*Microcotyle sebastisci*（原図は Ogawa and Egusa, 1977; Yamaguti, 1940; Ogawa, 1988a; Yamaguti, 1958）

5. エラムシ症-1 (ヘテラキシネ・ゼウクサプタ・ビバギナ・ミクロコチレ)

で延び, 盲端に終わる. 消化管の内面には溶血された血球を取り込んで細胞内消化するヘマチン細胞が配列している. 吸血が進むと細胞内にヘマチンが沈着し, 消化管は褐色を呈する. 体後部には精巣が約 100 個存在する. 卵巣はその前にあって, 逆 U 字形を呈する. 卵巣と精巣の間に卵形成腔がある. 卵は鶏卵形で, 一端に長いフィラメントをもつ (図Ⅶ-5-2). 卵形成腔で一つずつ作られた卵は, 卵巣前の長大な子宮に貯えられる. 子宮内の卵はフィラメントによって互いに絡まりあっている. 産卵の際は, 絡まりあったまま, 長い塊として産出される. 1 回の産卵数については 300〜800 個ほど (松里, 1968b), 111〜627 個 (平均 360 個) (Harada and Akazaki, 1971) という記録がある. 膣は生殖口の後方背面に開口する. 孵化開始までの日数については, 12.5℃では 14.4 日, 18.5℃で 9.7 日, 23.9℃で 7.5 日を要した (松里, 1968b). 12.5℃から 23.9℃までは 90％を超える孵化率を示したが, 6.5℃や 29.7℃では孵化しなかった. 自然光下の室内実験では, 孵化は薄暮時と日没後数時間以内に集中し, 日中はほとんど孵化しなかった (Kearn et al., 1992b) (図Ⅶ-5-3). 孵化幼生は体長 0.18〜0.29 mm で (Ogawa and Egusa, 1981), 本体の前方と後方の体側および固着盤後端に繊毛帯が備わる. 体軸中央部に色素胞で半ば囲まれ互いに隣接する1対の眼点とそのやや後方の体側近くに色素胞を伴わない 1 対の眼点を備え (Kearn et al., 1992c) (図Ⅶ-5-2), 孵化幼生は

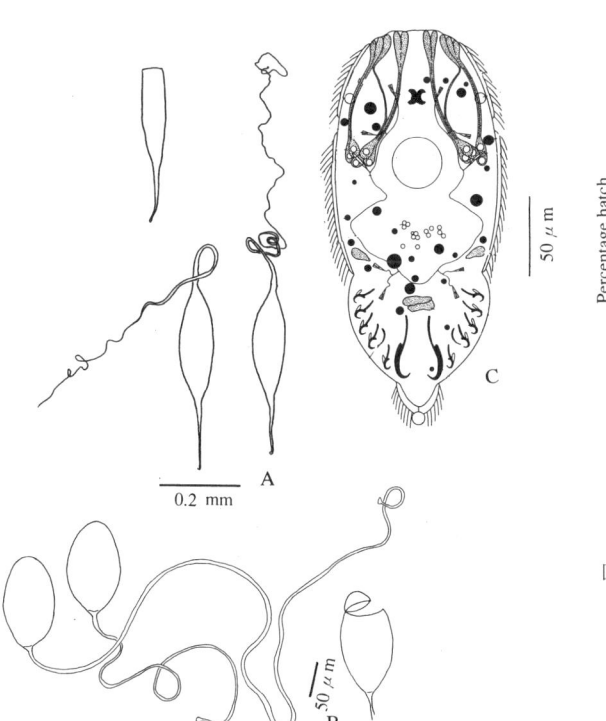

図Ⅶ-5-2　エラムシ類の虫卵と孵化幼生.
A：*Bivagina tai* の虫卵, B：*Heteraxine heterocerca* の虫卵, C：*H. heterocerca* の孵化幼生 (原図は Ogawa, 1988a; Ogawa and Egusa, 1981; Kearn et al., 1992a).

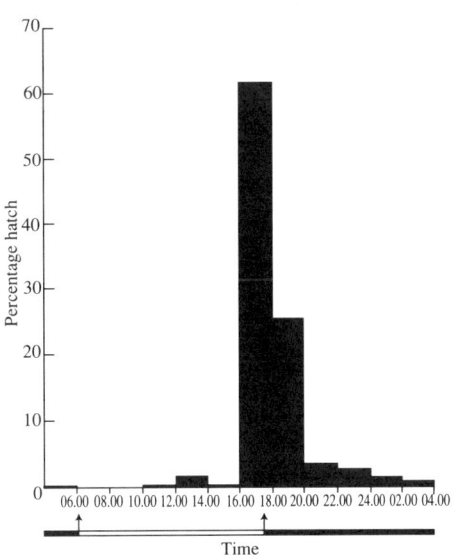

図Ⅶ-5-3　*Heteraxine heterocerca* 虫卵の孵化リズム ヒストグラムは 2 時間ごとの孵化率を表す. その下の黒線は夜, 左矢印は夜明け時刻, 右矢印は日没時刻を示す (原図は Kearn, Ogawa and Maeno, 1992b).

正の走光性を示す（松里，1968b）．水温23〜26℃では約6時間で繊毛上皮が剥離し，遊泳能力を失った（松里，1968b）．

Zeuxapta japonica：Z. japonica（Yamaguti, 1940）も左右不相称の単生虫であるが，不相称性は H. heterocerca ほど明瞭でない．天然ヒラマサから採集した虫体に基づく原記載（Yamaguti, 1940）によると，体長は4.1〜8.5 mm．長い把握器列では把握器は45〜47個，短い列では39〜42個であった．最大の把握器で直径は120μm．体前端は断ち切ったような形をしている．精巣は80〜110個．

Bivagina tai：マダイの鰓弁には Bivagina tai（Yamaguti, 1938）が寄生する．もともと天然のマダイに寄生していた虫体をもとに，新種 Microcotyle tai Yamaguti, 1938 として報告されたものである．体形は細長く，体長は最大で約7 mmである．後端の固着盤ではほぼ同様に発達した2列の把握器は平行に並ぶ．成長とともに数が増加し，成虫では総数が80個以上に達する．成熟後も増え続け，最終的には130個に及ぶ（Ogawa, 1988a）．Heteraxine では把握器は1列のみが長大化した結果，体は不相称化したが，B. tai では2列が同等の発育をするので不相称にはならない．個々の把握器も両端のものを除けばほぼ同大である．本体の後半部を22〜37個の精巣が占めている．子宮と雄性生殖器は生殖窩に開口するが，生殖窩は棘をもたない点で後述の Microcotyle と異なる．前半部背面正中線上に膣が開口する．開口部は内部で左右に伸長して1対の有棘の吸盤状構造物を形成する．属名は2つの吸盤状構造物が膣の開口部のようにみえることに由来する．

その他の種類：クロソイの鰓に Microcotyle sebastis Goto, 1894，カサゴの鰓に M. sebastisci Yamaguti, 1958 が寄生する．Microcotyle は体制が Bivagina とよく似ている．子宮と雄性生殖器が開口する生殖窩の内面は無数の棘で覆われていること，膣の開口部に特別な構造はもたないことで Bivagina と異なる．M. sebastis は Goto（1894）の原記載に寄れば，体長5.5 mm，把握器は総計約58個，生殖窩の内面の棘は最も長いもので17μm，精巣は40個．全虫体を抗原として，クロソイに注射または浸漬免疫を施し，2週後に攻撃試験を行ったところ，緩衝液のみを接種した対照区の魚に比べ，寄生虫数が少なかった．また，フロインドの完全アジュバントのみを接種した魚でも寄生虫数が少なかったことから，クロソイは M. sebastis に対し特異的および非特異的免疫反応を示すことが示唆された（Kim et al., 2000）．M. sebastisci は Yamaguti（1958）の原記載によれば，体長は1.7〜4.4 mm と小型で，把握器の総計は29〜62個，精巣は8〜20個．生殖窩の棘は最長で10μmであった．

3）症状・病理

エラムシの寄生を受けた魚に特徴的な外観症状は知られていない．慢性的に寄生の影響を受けた魚は摂餌が不活発になり，やせる傾向にある．吸血性の寄生虫なので，重度に寄生を受けると，鰓が貧血症状を呈する．把握器が鰓弁を掴むが，カンパチに寄生する Z. japonica では，寄生部位には病理組織学的損傷はみられなかった（Anshary and Ogawa, 2001）（図Ⅶ-5-4）．

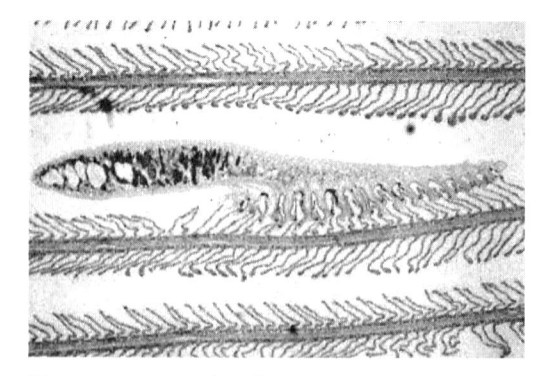

図Ⅶ-5-4　カンパチの鰓に寄生する Zeuxapta japonica（原図は Anshary and Ogawa, 2001）．

4）疫　学

エラムシの寄生は周年みられるが，流行についての報告は少ない．*H. heteraxine* については，寄生の盛期が水温 20～26℃の頃であるというにとどまる（赤崎，1965）．一方，*B. tai* の寄生には明瞭な季節性が認められる．すなわち，マダイが 0 歳の冬に寄生強度が著しく高まる（Ogawa, 1988b）．1 歳以上のマダイでも寄生数は増加するが，0 歳魚ほど顕著ではない．したがって，被害ももっぱら冬季の 0 歳魚に集中する．1 月下旬でも *B. tai* が盛んに産卵していることが確認されている（藤田ら，1969）．水温が 20℃まで上昇する 5 月頃に再び寄生数が増加するが，ふつう実害は出ない．その後，さらに水温が上昇する夏には寄生数は減少する．したがって，*B. tai* は好適繁殖温度は 20℃以下で，冬の流行は水温低下によって 0 歳魚が寄生に対し抵抗力を失ったためと考えられている（Ogawa, 1988b）．

5）診　断

一般にエラムシ類は宿主特異性が高く，1 魚種当たりに寄生する種類数も少ないので，同定はそれほど困難ではない．エラムシの種類とそれが寄生する宿主は上述の通りである．例外的にはカンパチの特に 0 歳魚に *H. heterocerca* が寄生することがある．寄生種の同定には把握器の形状と配列が最も重要な分類形質である．

6）対　策

B. tai の駆虫薬として，過酸化水素を有効成分とする薬浴剤（水産用医薬品）が市販されている．また，*H. heteraxine* の駆除法として，ブリを食塩 6～9％添加した海水に 3～6 分間浸漬する，濃塩水浴がある（赤崎ら，1965）．マダイを食塩 6％添加海水に 1 分 30 秒浸漬することで 90％，同じく 8％添加海水で 100％の *B. tai* が駆除されたという記録があるが（藤田ら，1969），濃塩水浴は魚に悪影響を与えるので注意を要する．寄生を予防する研究は行われていない．

韓国で網生け簀養殖されているクロソイに *M. sebastis* が寄生し問題となるが，プラジクアンテルやメベンダゾールの経口投与が有効であったとされる（Kim *et al*., 1998）．イミダゾール化合物の一種，シメチジンをプラジクアンテルと併用すると効果はさらに高まった（Kim *et al*., 2001）．

韓国において，*M. sebastis* 虫体のホモジネートをクロソイの腹腔内接種または浸漬接触させると，攻撃試験に対し防御効果が認められた（Kim *et al*., 2000）．腹腔内にフロイントの完全アジュバントを接種しただけでも有効だったことから，防御には特異的だけでなく非特異的な免疫反応も関与しているとされる．こうした結果は，クロソイの *M. sebastis* 寄生症の対策に宿主の免疫反応が応用できる可能性を示している．

6. エラムシ症-2（ヘテロボツリウム・ネオヘテロボツリウム）
（Gill fluke disease-2）

1）序

1960～70 年代には漁獲された天然トラフグを金網の囲いのなかで飼育して出荷するという蓄養が行われていたが，生産量は全国集計でも 100 トンに満たなかった．1980 年代に入ると，トラフグの種苗生産技術が確立され，人工種苗が養殖に用いられるようになった．以降，養殖生産量は飛躍的に増大し，1996 年以降は年間 5 千トンを超えるまでになった．養殖形態はブリやマダイと同じ小割式網生け簀が主体である．蓄養の時代から，トラフグでは鰓や鰓腔壁に寄生するエラムシによる被害が問題とされた（岡本，1963）．この問題は網生け簀でトラフグを養殖するようになっても依然として根本的には解決されていない．

ヒラメは養殖のみならず，全国各地で種苗の

第Ⅶ章　単生虫病

放流が行われている，日本の最も重要な増養殖対象魚の一種である．1995年以来，中部および西部日本海沿岸の天然ヒラメに従来未知の大型エラムシの寄生が確認されている．その後，陸上養殖のヒラメにも寄生が確認され，被害の拡大が懸念されている．一方，ほぼ同時期に貧血症状を伴う天然ヒラメが出現した．当初，吸血性である本エラムシあるいはウイルスとの関連が疑われたが，現在では天然ヒラメ貧血症の原因はエラムシ寄生によるとほぼ結論付けられている．

2）原　因

トラフグ寄生種は *Heterobothrium okamotoi* Ogawa, 1991，ヒラメ寄生種は *Neoheterobothrium hirame* Ogawa, 1999という学名で，いずれもディクリドフォラ科に属する多後吸盤類である（図Ⅶ-6-1）．前節のエラムシ類はすべて鰓弁にのみ寄生するが，本節のディクリドフォラ科単生類は，まず鰓弁で成長した後，別の部位で成熟するという特徴がある．

Heterobothrium okamotoi：トラフグのエラムシの成虫は鰓腔壁に体の後半部分を埋没させて寄生している．Ogawa（1991）の再記載

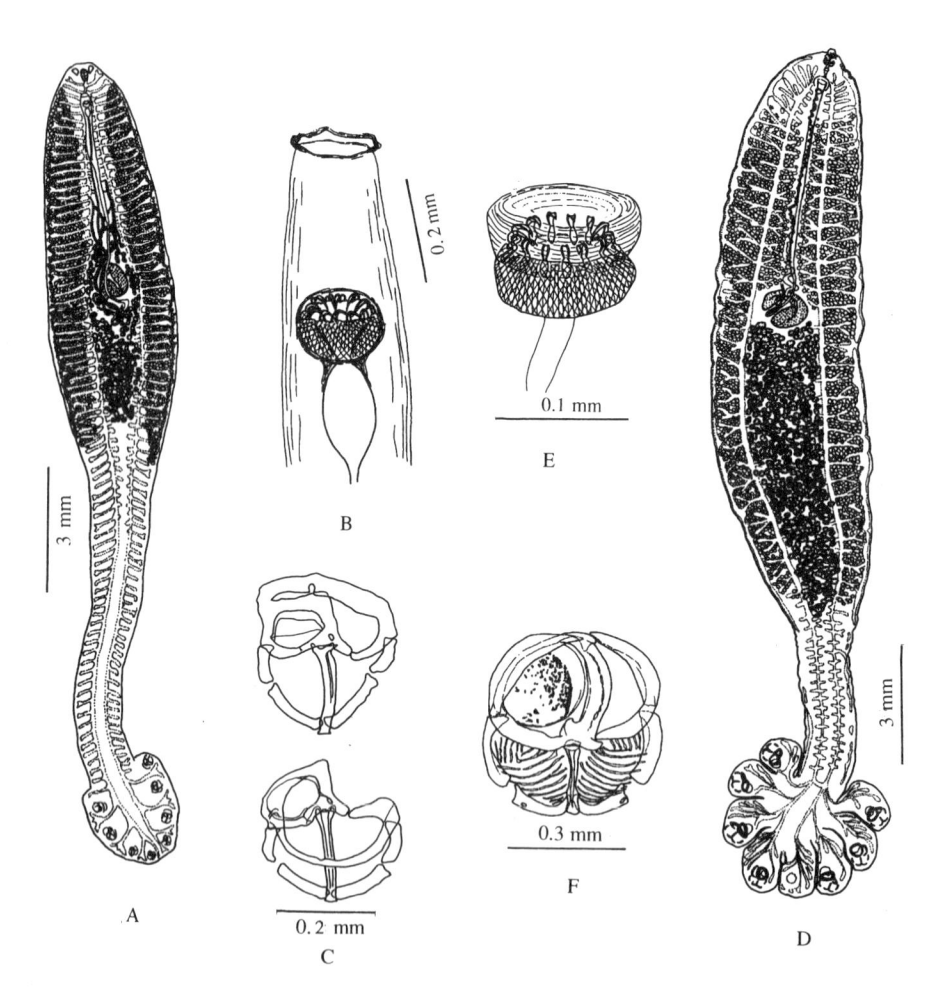

図Ⅶ-6-1　日本産魚類に寄生するエラムシ2種．
A：*Heterobothrium okamotoi* 虫体，B：同雄生殖器の末端部分，C：同開いた状態（上）と閉じた状態（下）の把握器，D：*Neoheterobothrium hirame* の虫体，E：同雄生殖器の末端部分，F：同把握器（原図はOgawa, 1991；1999）

6. エラムシ症-2（ヘテロボツリウム・ネオヘテロボツリウム）

によると，体は細長く，本体部分と後端の固着盤，両者の間を挟む挟部から成り，体長は最大で 23 mm に達する．固着盤周辺に 4 対のほぼ同大で，直径 200〜340 μm の把握器が配列されている．把握器の構造は，硬タンパク質の枠の前部は逆 U 字形に癒合し，後部は 4 本の小片から成り，前後が折りたたまれる際，挟まれた鰓薄板と把握器の間に引圧が生じる結果，鰓薄板が吸引されるようになっている．吸血のための口内吸盤が口腔内に 1 対存在する．消化系の構造と働きは前章のエラムシ類と基本的に同じである．体後部には精巣は 150〜240 個存在し，前端は卵巣の側面にまで分布する．雄性生殖器の末端は筋肉質の交接器になっていて，先端部周囲は約 12 本の鉤が生えている．交尾は相手個体の体側面に鉤で取りつき，精子を体腔に打ち込む．膣はない．打ち込まれた精子は卵黄輸管に入り，卵黄とともに輸卵管に達する（Ogawa, 1997）．卵巣は逆 U 字形を呈する．卵形成腔で作られた卵が子宮に運び込まれると次の卵が作り始められる．卵の形態で特徴的なことはフィラメント状の付属物で前後の卵が互いに結ばれていることである．寄生部位の組織ごと虫体を取り出して実体顕微鏡下で観察したところ，約 2 分に 1 個の割合で卵形成が行われた（Ogawa, 1997）．子宮は本体の前半部分を占め，多数の卵を貯留する．子宮内の卵は最高で 1,580 にも及んだ．産出される際は数珠つなぎになった 1 本の卵のフィラメントとなり（図 Ⅶ-6-2），最長で 2.8 m に達した（Ogawa, 1997）．網生け簀養殖においては，産出された卵はほぼすべて網地に絡まることが確認された（鮫島ら，平成 9 年度日本魚病学会春季大会口頭発表）．産み出された卵は 15℃で平均 11.8 日，20℃で 7.0 日，25℃で 5.3 日で孵化する（Ogawa, 1998）．孵化幼生は体長 200〜300 μm で，眼点をもたないため，走光性は示さない（図Ⅶ-6-2）．幼生は孵化後 1 日以内がもっとも感染力が強いが，1 日後では 1 日以内の約 50％程度が，4 日後でもごく少数が感染力を保持していた（Chigasaki et al., 2000）．孵化幼生は実験感染させるとトラフグの鰓弁のほか，体表にも着定するが，体表の虫体が鰓に到達できるかどうかは不明である（Chigasaki et al., 2000）．鰓弁上で約 1 ヶ月寄生するが，成熟しない．後に鰓腔壁に移動し，壁面に把握器で吸

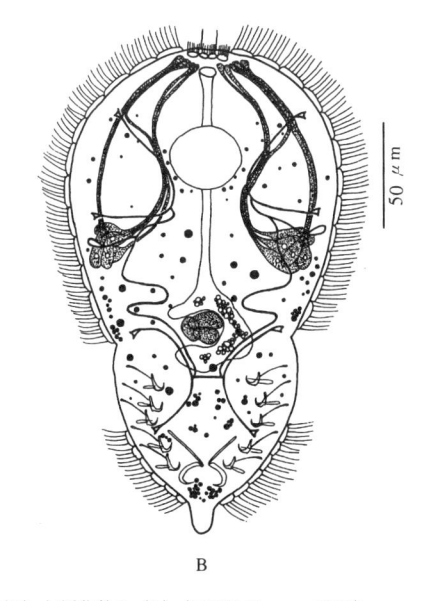

図Ⅶ-6-2　*Heterobothrium okamotoi* の虫卵（A）と孵化幼生（B）（原図は Ogawa, 1998）

着して寄生すると，短期間のうちに成熟する（Ogawa and Inouye, 1997b）．水温20℃付近では，最長で約4ヶ月の寿命と推定された（Ogawa and Inouye, 1997b）．今のところ，トラフグ以外の魚に寄生したという記録はない．

Neoheterobothrium hirame：ヒラメのエラムシ（*N. hirame*）の成虫は口腔壁やその周辺部に体の後半部分を埋没させて寄生している．形態的特徴はトラフグのエラムシに似る．Ogawa（1999）の新種記載によると，体長は最大で33 mmに達する．固着盤辺縁は8つに枝分かれし，その先端部分に把握器が1つずつ存在する．消化管は体側にも前後に走る管があるのが特徴である．精巣は260〜510個ときわめて多い．その他にトラフグのエラムシとの形態と異なる点は，卵は両端が長い突起状を呈していて，前後に作られる卵とつながらないことである（図Ⅶ-6-3）．また，子宮内にほとんど蓄えられずに産出される．しかし，産卵能力は20℃で平均781個とトラフグのエラムシと同等と考えられる（Tsutsumi et al., 2002）．ヒラメのエラムシについては異なる温度における産卵も調べられている．すなわち，10℃で平均203個，15℃で578個，25℃で651個を産生したが，25℃では一部の卵は外形が異常で，正常産卵の上限に近い温度と考えられる（Tsutsumi et al., 2002）．卵は10〜25℃の範囲では高率に孵化したが，30℃ではほとんど孵化しなかった（Yoshinaga et al., 2000a）．孵化に要する日数は *Heterobothrium okamotoi* とほぼ同等である．孵化幼生は体長0.19〜0.26 mmで，眼点をもたない（Ogawa, 2000）．*N. hirame* はまず，鰓弁に寄生した後，鰓杷や鰓弓を経て口腔壁に移動し，成熟する（Anshary and Ogawa, 2001）20℃では感染して38日後には産卵が確認された（Tsutsumi et al., 2002）．

保存されていたヒラメ固定標本を検査したところ，1993年以降に採捕された魚には本種の寄生が認められたが，それ以前のヒラメには寄生は認められなかった（Anshary et al., 2001）．ヒラメ以外の魚に寄生したという記録はない．一方，*Paralichthys* 属の魚は南北アメリカに18種が分布していて，未同定の魚も含め，3種の *Paralichthys* 属の魚に *N. hirame* とは別種の *Neoheterobothrium* が寄生する（Ogawa, 1999; 2000）．また，実験的には *N. hirame* は北米原産の southern flounder *Paralichthys lethostigma* にも寄生した（Yoshinaga et al., 2001a）．*N. hirame* が日本のヒラメ固有の寄生虫であったかどうかは不明である．

3）症状・病理

H. okamotoi の多数寄生を受けたトラフグは貧血を呈する（Ogawa and Inouye, 1997b）．組織学的には，鰓弁寄生時にはまったく病理変化は認められない．しかし，鰓腔壁に移行後は，把握器による吸着部位で，まず上皮が，次いで真皮が失われる結果，固着盤は筋肉組織に達する．周辺組織には激しい炎症反応がみられ，虫体後半部分は増生した組織によって被包される（Ogawa and Inouye, 1997c）（図Ⅶ-6-4）．しかし虫体の後端部では皮膚による被包が不完全な

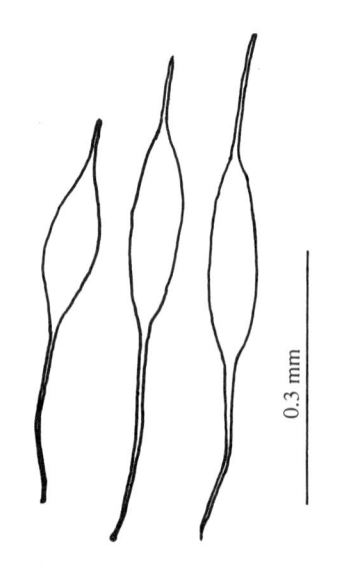

図Ⅶ-6-3 *Neoheterobothrium hirame* の虫卵
（原図は Ogawa, 1999）

6. エラムシ症-2（ヘテロボツリウム・ネオヘテロボツリウム）

ため，皮下の増生組織に海水が侵入する結果，宿主組織は壊死する．寄生を受けたトラフグには H. okamotoi に対する特異抗体が産生される（Wang et al., 1997）．鰓に未成熟虫が寄生しただけではトラフグは抗体を産生しなかったことから，成虫寄生によって鰓腔壁にみられる炎症反応が抗体産生に関わっているものと考えられる（中根，2000）．

N. hirame の害作用もトラフグの H. okamotoi と同様で，貧血と成虫寄生部位の組織壊死が認められる（Anshary and Ogawa, 2001）（図Ⅶ-6-5）．ヒラメに重度寄生させると，血中ヘモグロビン量の低下，幼若赤血球の出現，赤血球細胞質の空胞変性や染色性の低下が認められた（Yoshinaga et al., 2001b）．一方，重度に寄生を受けたヒラメを駆虫すると，こうした症状は消失した（Yoshinaga et al., 2001c）．

4）疫　　学

一般にトラフグは夏に種苗を導入して翌年の冬に出荷するというサイクルで養殖が行われている．したがって，養殖場には夏から出荷前の冬にかけて 0 歳と 1 歳のトラフグが混在することになる．種苗が養殖場に導入された時点では寄生は確認されていないことから，0 歳魚の H. okamotoi 寄生は，まず，1 歳魚から 0 歳魚に伝播することによって成立すると考えられる．その後は 0 歳魚の間でも寄生のサイクルが回るようになる．こうした養殖法によって H. okamotoi の寄生は養殖場に定着している．ひとたび寄生のサイクルが確立した魚群は，常に寄生の圧力を受けているといって過言ではない．しかし，すべての魚が重篤寄生に陥るわけではない．経験的には寄生を受けた後，不完全ながら免疫を獲得し，症状が悪化しない魚が現れる（小川，2000）．このような魚と未寄生の魚を水槽内で同居飼育すると，今までに寄生を経験していな

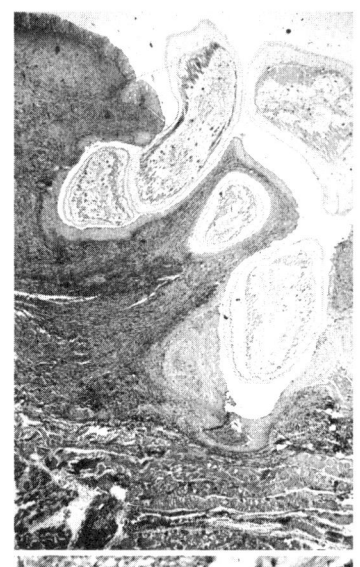

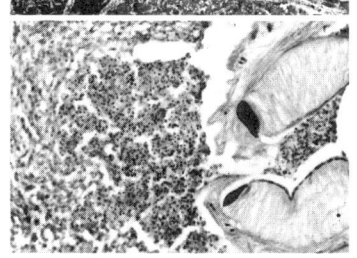

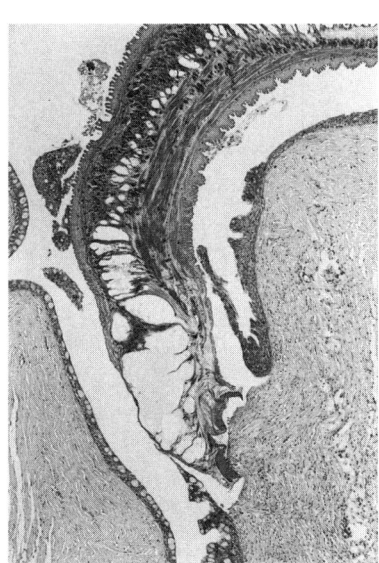

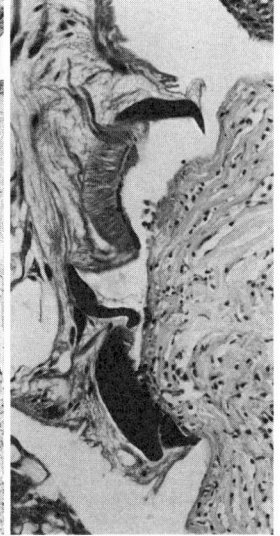

図Ⅶ-6-5　ヒラメの口腔壁に寄生する Neoheterobothrium hirame；宿主組織深く埋没する虫体（左）と露出した真皮組織を掴む把握器（右）．

図Ⅶ-6-4　トラフグの鰓腔壁に寄生する Heterobothrium okamotoi；宿主組織深く埋没する虫体（上）と筋肉組織を掴む把握器（下）．

かった魚は重篤に寄生を受けたが，免疫獲得魚には寄生数の変化はなかった．このように，免疫獲得魚は寄生を受け難いことが実験的にも確かめられている（中根，2000）．

H. okamotoi は周年トラフグに寄生がみられる．しかし，高水温時には寄生が軽減する傾向がある（Ogawa and Inouye, 1997c）．一方，低水温時にも産卵が確認されていることから，至適水温は20℃以下と思われる（中根，2000）．

N. hirame の寄生は，北海道南部から九州にいたる広い範囲で確認されている（虫明ら，2001）．一方，1990年代後半から，貧血症状を呈する天然ヒラメが多く見られる（虫明ら，2001）．血液学的には，赤血球の減少，血中ヘモグロビン量の低下，幼若赤血球の出現，赤血球細胞質の空胞変性や染色性の低下が認められたことから，低色素性小球性の貧血と定義された（Nakayasu et al., 2002）．当初，未知のウイルスの関与が疑われた（三輪・井上，1999）が，養殖魚や天然魚の血液性状の調査および実験感染による病徴の再現から，天然ヒラメの貧血症の多くは *N. hirame* の寄生によって引き起こされると推定されている（良永ら，2000; Yoshinaga et al., 2001b; 虫明ら，2001）．

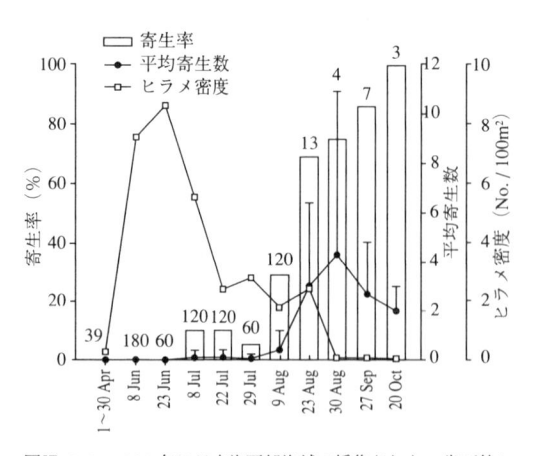

図Ⅶ-6-6 1999年に日本海西部海域で採集された0歳天然ヒラメにおける *Neoheterobothrium hirame* の寄生状況．棒グラフの上の数字は調査した魚尾数．平均寄生数＝全寄生虫数／全調査魚数．魚の分布密度は曳網面積と漁獲効率から算出した（原図はAnshary et al., 2002）．

一部の海域では，*N. hirame* が天然ヒラメの資源量に与える影響も懸念されている．日本海西部における新規加入魚における寄生動態を調べたところ，寄生は6月に始まり，8月上旬には次世代の寄生虫の出現によって寄生率が急上昇し，秋までにはすべての魚が寄生を受けていた（Anshary et al., 2002）（図Ⅶ-6-6）．寄生レベルの上昇に伴って，魚の分布密度は極端に減少したことから，*N. hirame* の寄生が0歳ヒラメの減少に深く関わっていることが示唆された．6月の0歳ヒラメへの寄生は同所的に生息する1〜2歳魚が感染源と考えられる．

5）診　断

一般に重度寄生を受けたトラフグやヒラメは貧血に陥っている．トラフグでは鰓孔から糸状に伸びた虫卵が認められることもある．その他，本病に特徴的な外観症状はない．

N. hirame の成虫はヒラメの口を開けて口腔や咽頭付近を観察すれば，寄生を肉眼で確認できる．*H. okamotoi* の成虫も，解剖すれば，鰓腔壁の虫体を直接確認できる．いずれも虫体後半部分は宿主組織内に被包されている．しばしば多数の虫体が同所的に房状に寄生している．形態の確認のために虫体を取り出す際には，周辺の宿主組織ごと切り出した後，宿主組織を取り除く．鰓弁の未成熟虫体については，形態学的特徴によって同定はできないが，今のところ，類似の寄生虫はトラフグ，ヒラメのいずれにおいても知られていない．

6）対　策

網生け簀養殖では *H. okamotoi* の虫卵はほとんどすべて網地に絡まる．虫卵がそのまま発育を続けて網地上で孵化するため，再感染の確率が高い．したがって，頻繁な網替えが奨励されるが，25℃では約5日で孵化するため（Ogawa, 1998），高水温時に網替えによって感染を予防することは現実的に難しい．また，網替えは周

辺の養殖場で一斉に行うことによって効果を高めることができると考えられる。一方，網生けす内に何らかの卵付着基質を設置して，網地に付着する前に卵を基質に付着させ，定期的に卵を取り除くという方法が考えられるが，どの程度有効に取り除けるかは未知であるため，実用にいたっていない。

H. okamotoi の駆除法として，過酸化水素による薬浴が有効で，水産用医薬品として過酸化水素を有効成分とする薬浴剤が市販されている。しかし，過酸化水素は鰓弁上の未成熟虫には有効であるが，鰓腔壁の成虫には無効であるので，鰓腔壁に移動する前に駆虫する必要がある。孵化幼生が寄生後，鰓弁上にとどまる期間は約1ヶ月であるので，1ヶ月に一度駆虫する。ただし，水温が20℃を超える期間はトラフグに対して毒性が強まるので使用を控える。平成16年にベンズイミダゾール系化合物のフェバンテルを有効成分とする経口駆虫薬（水産用医薬品）が市販されている。

N. hirame に関しては，ヒラメに60分間3％食塩添加海水浴を施すことによって，鰓弁に寄生している未成熟虫は完全に駆虫された（Yoshinaga *et al.*, 2000c）。成虫については，宿主組織に埋没して寄生した虫体は駆除できなかった。割合は少ないが，別の虫体の上に把握器で付着している成虫は本塩水浴によって脱落した（Yoshinaga *et al.*, 2000c）。また，成虫はピンセットなどによって物理的に駆除が可能である（Yoshinaga *et al.*, 2001c）。したがって，鰓に寄生している未成熟虫は食塩添加海水浴によって，口腔壁の成虫はピンセットで除去することによって，完全駆虫することが可能である。種苗生産用の親魚などにこの方法が適用される。

（小川和夫）

引用文献

赤崎正人（1965）：ブリ鰓吸虫 *Heteraxine heterocerca* の生態と外部形態. 日本生態学会誌, 15, 155-159.

赤崎正人・原田輝雄・楳田　晋・熊井英水（1965）：ブリ鰓吸虫 *Heteraxine heterocerca* の駆除について. 近畿大学農学部紀要, 2, 75-84.

Anshary, H. and K. Ogawa (2001): Microhabitats and mode of attachment of *Neoheterobothrium hirame*, a monogenean parasite of Japanese flounder. *Fish Pathol.*, 36, 21-26.

Anshary, H., K. Ogawa, M. Higuchi and T. Fujii (2001): A study of long-term change in summer infection levels of Japanese flounder *Paralichthys olivaceus* with the monogenean *Neoheterobothrium hirame* in the central Sea of Japan, with an application of a new technique for collecting small parasites from the gill filaments. *Fish Pathol.*, 36, 27-32.

Anshary, H., E. Yamamoto, T. Miyanaga and K. Ogawa (2002): Infection dynamics of the monogenean *Neoheterobothrium hirame* infecting Japanese flounder in the western Sea of Japan. *Fish Pathol.*, 37, 131-140.

Bauer, O. N., V. A. Musselius and Yu. A. Strelkov (1969): Diseases of pond fishes, English transl., Israel Program for Scientific Translations (1973), Jerusalem, 220 p.

Bondad-Reantaso, M. G., K. Ogawa, T. Yoshinaga and H. Wakabayashi (1995a): Acquired protection against *Neobenedenia girellae* in Japanese flounder. *Fish Pathol.*, 30, 233-238.

Bondad-Reantaso, M. G., K. Ogawa, M. Fukudome and H. Wakabayashi (1995b): Reproduction and growth of *Neobenedenia girellae* (Monogenea: Capsalidae), a skin parasite of Japanese cultured marine fish. *Fish Pathol.*, 30, 227-231.

Buchmann, K. (1988): Temperature-dependent reproduction and survival of *Pseudodactylogyurs bini* (Monogenea) of the European eel (*Anguilla anguilla*). *Parasitol. Res.*, 75, 162-164.

Buchmann, K. (1990): Influence of temperature on reproduction and survival of *Pseudodactylogyrus anguillae* (Monogenea) from the European eel. *Folia Parasitol.*, 37, 59-62.

Buchmann, K. (1998): Binding and lethal effect of complement from *Oncorhynchus mykiss* on *Gyrodactylus derjavini* (Platyhelminthes: Monogenea). *Dis. Aquat. Org.*, 32, 195-200.

Buchmann, K. and J. Bresciani (1998): Microenvironment of *Gyrodactylus derjavini* on rainbow trout *Oncorhynchus mykiss*: association between mucous cell density in skin and site selection. *Parasitol. Res.*, 60, 17-24.

Buchmann, K. and A. Uldal (1997): *Gyrodactylus derjavini* infections in four salmonids: comparative host susceptibility and site selection of parasites. *Dis. Aquat. Org.*, 28, 201-209.

Buchmann, K., S. Mellergaard and M. Koie (1987): *Pseudodactylogyrus* infections in eel: a review. *Dis.*

第Ⅶ章　単生虫病

Aquat. Org., 3, 51-57.
Bychowsky, B. E. (1957)：Monogenetic trematodes, their systematics and phylogeny. Izdatelstvo Akademii Nauk SSSR, Leningrad. Translated in English by Amer. Inst. Biol. Sci., Washington D. C. in 1961. 627 p.
Chigasaki, M., K. Ogawa and H. Wakabayashi (2000)：Standardized method for experimental infection of tiger puffer, *Takifugu rubripes* with oncomiracidia of *Heterobothrium okamotoi* (Monogenea: Diclidophoridae) with some data on the oncomiracidial biology. *Fish Pathol.*, 35, 215-221.
Cone, D.K. and D.J. Marcogliese (1995)：*Pseudodactylogyrus anguillae* on *Anguilla rostrata* in Nova Scotia: An endemic or an introduction? *J. Fish Biol.*, 47, 177-178.
Cunningham, C. O., D. M. McGillivray, K. MacKenzie and W. T. Melvin (1995)：Discrimination between *Gyrodactylus salaris, G. derjavini* and *G. truttae* (Platyhelminthes : Monogenea) using restriction fragment length polymorphisms and an oligonucleotide probe within the small subunit ribosomal RNA gene. *Parasitology*, 111, 87-94.
Egorova, T. P.(1994)：On a new genus *Megalobenedenia* (Capsalidae; Trochopodinae). *Parazitologiya*, 28, 76-78. (In Russian)
江草周三(1978)：魚の感染症, 恒星社厚生閣, 554 p.
江草周三(1995)：寄生虫騒動, 魚病研究余録, 緑書房, pp. 67-78.
藤田矢郎・依田勝雄・玉河道徳・与賀田稔久(1969)：マダイに寄生する *Microcotyle tai* の駆除. 魚病研究, 3, 53-56.
Golovin, P. P. (1977)：Monogeneans of eel during its culture using heated water. In "Investigation of Monogenoidea in U.S.S.R." (ed. by O. A. Scarlato). Zool. Inst., U. S. S. R. Acad. Sci., Leningrad, pp. 144-150.
Goto, S. (1894)：Studies on the ectoparasitic trematodes of Japan. *J. Coll. Sci. Imp. Univ. Tokyo*, 8, 1-273.
Gusev, A. V. (1965)：A new genus of monogenetic trematodes from *Anguilla* spp. *Trudy Zool. Inst. Leningr.*, 35, 119-125.
Gusev, A. V. (1985)：Identification key to parasites of freshwater fishes of USSR. Vol.2. Metazoan parasites. Part 1. Akademii Nauk SSSR, Leningrad. 424 p. (In Russian)
Harada, T. and M. Akazaki (1971)：The egg and miracidium of the yellow-tail's gill trematode, *Heteraxine heterocerca. Mem. Fac. Agr., Kinki Univ.*, 4, 157-162.
Harris, P. D., A. Soleng and T. A. Bakke (1998)：Killing of *Gyrodactylus salaris* (Platyhelminthes, Monogenea) mediated by host complement. *Parasitology*, 117, 137-143.
Hayward, C.J., M. Iwashita, J. Crane and K.Ogawa (2001)：First report of the invasive eel pest, *Pseudodactylogyrus bini*, in North America and in wild American eels. *Dis. Aquat. Org.*, 44, 53-60.
堀内三津幸・桑原 章・相馬武久・中田 実(1988)：養殖ウナギのシュードダクチロギルス症に対するアンモニア水長時間薬浴の有効性. 水産増殖, 35, 259-263.
保科利一(1966)：*Benedenia seriolae* に関する研究. 昭和40年度魚病対策に関する研究報告. 静岡県水試, 40-42.
Hoshina, T. (1968)：On the monogenetic trematode, *Benedenia seriolae*, parasitic on yellow-tail, *Seriola quinqueradiata. Bull. Off. Int. Epiz.*, 69, 1179-1191.
保科利一・松里寿彦(1967)：ハマチの病害虫の一種 *Benedenia seriolae* の卵の孵化と水温の関係. 昭和41年度魚病対策に関する研究報告. 静岡県水試, 69-71.
今田良造・室賀清邦(1978)：養殖ウナギに寄生する *Pseudodactylogyrus microrchis* (単生目)-Ⅱ. 産卵, 孵化及び宿主上での発育. 日水誌, 44, 571-576.
今田良造・室賀清邦(1979)：養殖ウナギに寄生する *Pseudodactylogyrus microrchis* (単生目)-Ⅲ. トリクロルホンによる実験的駆虫. 日水誌, 45, 25-29.
今田良造・室賀清邦・平林重政(1976)：養殖ゴイに寄生していた単世代吸虫 *Dactylogyrus extensus*. 日水誌, 42, 153-158.
岩下 誠(2000)：魚類寄生シュードダクチロギルス亜科単生虫の種分化に関する研究. 東京大学博士論文, 106 p.
Jansen, P. A. and T. A. Bakke (1991)：Temperature-dependent reproduction and survival of *Gyrodactylus salaris* Malmberg, 1957 (Platyhelminthes: Monogenea) on Atlantic salmon (*Salmo salar* L.). *Parasitolgy*, 102, 105-112.
Johnsen, B. O. and A. J. Jensen (1991)：The *Gyrodactylus* story in Norway. *Aquaculture*, 98, 289-302.
笠原正五郎(1967)：ハマチの外部寄生吸虫 *Benedenia seriolae* の生態に関する研究-Ⅰ. 夏季における成長, 産卵などについて. 広島大学水畜産学部紀要, 7, 97-104.
Kawatsu, H. (1978)：Studies on the anemia of fish-Ⅸ. Hypochromic microcytic anemia of crucian carp caused by infestation with a trematode, *Diplozoon nipponicum. Bull. Japan. Soc. Sci. Fish.*, 44, 1315-1319.
Kearn, G. C. (1992)：Mating in the capsalid monogenean *Benedenia seriolae*, a skin parasite of the yellowtail, *Seriola quinqueradiata*, in Japan. *Pub. Seto Mar. Biol. Lab.*, 35, 273-280.
Kearn, G. C., K. Ogawa and Y. Maeno (1992a)：Egg production, the oncomiracidium and larval development of *Benedenia seriolae*, a skin parasite of the yellowtail, *Seriola quinqueradiata* in Japan. *Publ. Seto Mar. Biol. Lab.*, 35, 351-362.
Kearn, G. C., K. Ogawa and Y. Maeno (1992b)：Hatching patterns of the monogenean parasites *Benedenia seriolae* and *Heteraxine heterocerca* from the skin and gills, respectively, of the same host fish, *Seriola quinqueradiata. Zool. Sci.*, 9, 451-455.
Kearn, G. C., K. Ogawa and Y. Maeno (1992c)：The

引用文献

oncomiracidium of *Heteraxine heterocerca*, a monogenean gill parasite of the yellowtail *Seriola quinqueradiata*. *Publ. Seto Mar. Biol. Lab.*, **35**, 347-350.

Kim, K.-H., S.-I. Park and B.-Y. Jee (1998): Efficacy of oral administration of praziquantel and mebendazole against *Microcotyle sebastis* (Monogenea) infestation of cultured rockfish (*Sebastes schlegeli*). *Fish Pathol.*, **33**, 467-471.

Kim, K.-H., Y.-J. Hwang, J.-B. Cho and S.-I. Park (2000): Immunization of cultured juvenile rockfish *Sebastes schlegeli* against *Microcotyle sebastis* (Monogenea). *Dis. Aquat. Org.*, **40**, 29-32.

Kim, K.-H., E.-H. Lee, S.-R. Kwon and J.-B. Cho (2001): Treatment of *Microcotyle sebastis* infestation in cultured rockfish *Sebastes schlegeli* by oral administration of praziquantel in combination with cimetidine. *Dis. Aquat. Org.*, **44**, 133-136.

Kikuchi, H. (1929): Two new species of Japanese trematodes belonging to Gyrodactylidae. *Annot. Zool. Japon.*, **12**, 175-186.

Kollmann, A. (1970): *Dactylogyrus vastator* Nybelin, 1924 (Trematoda, Monogenoidea) als Krankheitserreger auf den Kiemen des Karpfens (*Cyprinus carpio* L.). *Z. Fisch.*, **18**, 259-288.

Liu, C.-I. (1978): The pathological study on gill diseases in eel. *JCRR Fish. Ser.*, **34**, 45-57. (in Chinese with an English summary)

Marcogliese, D. J. and D. K. Cone (1996): On the distribution and abundance of eel parasites in Nova Scotia. *J. Parasitol.*, **82**, 389-399.

松里寿彦 (1968a): 養殖ハマチの外部寄生吸虫 *Benedenia seriolae* の駆除について. 魚病研究, **2**, 154-155.

松里寿彦 (1968b): 養殖ハマチの外部寄生吸虫 *Axine* (*Heteraxine*) *heterocerca* について. 魚病研究, **2**, 105-111.

Mattheis, T. and H. J. Gläser (1970): *Gyrodactylus sprostonae* Ling Mo-En als Krankheitserreger beim Karpfen (*Cyprinus carpio*). *Deutsche Fisch. Zeit.*, **17**, 256-264.

三輪 理・井上 潔 (1999): 日本沿岸で発生している貧血を特徴とするヒラメの疾病の病理組織学的研究. 魚病研究, **34**, 113-119.

虫明敬一・森広一郎・有元 操 (2001): 天然ヒラメにおける貧血症の発生状況. 魚病研究, **36**, 125-132.

中根基行 (2000): 養殖トラフグのヘテロボツリウムにおける宿主の免疫反応に関する研究. 東京大学博士論文. 54p.

Nakayasu, T., T. Yoshinaga and A. Kumagai (2002): Hematological characterization of anemia recently prevailing in Japanese flounder. *Fish Pathol.*, **37**, 38-40.

那須 司・小川和夫・岩田一夫 (1987): 種苗生産用のオオニベ (*Nibea japonica*) 親魚に寄生した単生類 *Calceostoma* sp.の駆虫. 魚病研究, **22**, 111-112.

Ogawa, K. (1984a): *Benedenia hoshinai* sp. nov., a monogenean parasite on the Japanese striped knifejaw, *Oplegnathus fasciatus*. *Fish Pathol.*, **19**, 97-99.

Ogawa, K. (1984b): Development of *Benedenia hoshinai* (Monogenea) with some notes on its occurrence on the host. *Bull. Japan. Soc. Sci. Fish.*, **50**, 2005-2011.

Ogawa, K. (1986): A monogenean parasite *Gyrodactylus masu* sp. n. (Monogenea: Gyrodactylidae) of salmonid fish in Japan. *Bull. Japan. Soc. Sci. Fish.*, **52**, 947-950.

Ogawa, K. (1988a): Development of *Bivagina tai* (Monogenea: Microcotylidae). *Nippon Suisan Gakkaishi*, **54**, 61-64.

Ogawa, K. (1988b): Occurrence of *Bivagina tai* (Monogenea: Microcotylidae) on the gills of cultured red sea bream *Pagrus major*. *Nippon Suisan Gakkaishi*, **54**, 65-70.

Ogawa, K. (1991): Redescription of *Heterobothrium tetrodonis* (Monogenea: Diclidophoridae) and other related new species from puffers of the genus *Takifugu* (Teleostei: Tetraodontidae). *Jpn. J. Parasitol.*, **40**, 388-396.

Ogawa, K. (1994): *Anoplodiscus tai* sp. nov. (Monogenea: Anoplodiscidae) from cultured red sea bream *Pagrus major*. *Fish Pathol.*, **29**, 5-10.

Ogawa, K. (1997): Copulation and egg production of the monogenean *Heterobothrium okamotoi*, a gill parasite of cultured tiger puffer (*Takifugu rubripes*). *Fish Pathol.*, **32**, 219-223.

Ogawa, K. (1998): Egg hatching of the monogenean *Heterobothrium okamotoi*, a gill parasite of cultured tiger puffer (*Takifugu rubripes*), with a description of its oncomiracidium. *Fish Pathol.*, **33**, 25-30.

Ogawa, K. (1999): *Neoheterobothrium hirame* sp. nov. (Monogenea: Diclidophoridae) from the buccal cavity wall of Japanese flounder *Paralichthys olivaceus*. *Fish Pathol.*, **34**, 195-201.

Ogawa, K. (2000): The oncomiracidium of *Neoheterobothrium hirame*, a monogenean parasite of Japanese flounder *Paralichthys olivaceus*. *Fish Pathol.*, **35**, 229-230.

小川和夫 (2000): 養殖トラフグのヘテロボツリウム症. 海洋と生物, **126**, 51-55.

Ogawa, K. and S. Egusa (1976): Studies on eel pseudodactylogyrosis. 1. Morphology and classification of three eel dactylogyrids with a proposal of a new species, *Pseudodactylogyrus microrchis*. *Bull. Japan. Soc. Sci. Fish.*, **42**, 395-404.

Ogawa, K. and S. Egusa (1977): Redescription of *Heteraxine heterocerca* (Monogenea: Heteraxinidae). *Jpn. J. Parasitol.*, **26**, 383-396.

Ogawa, K. and S. Egusa (1978): Seven species of *Gyrodactylus* (Monogenea: Gyrodactylidae) from *Plecoglossus altivelis* (Plecoglossidae), *Cyprinus*

第Ⅶ章　単生虫病

carpio (Cyprinidae) and *Anguilla* spp. (Anguillidae). *Bull. Japan. Soc. Sci. Fish.*, 44, 613-618.

小川和夫・江草周三 (1979) : 養殖ゴイおよびキンギョから得た単生類 *Dactylogyrus* の 6 種について. 魚病研究, 14, 21-31.

Ogawa, K. and S. Egusa (1981) : Redescription of the development of *Heteraxine heterocerca* (Monogenea: Heteraxinidae) with a note on the relationship between the asymmetry and the site of attachment to the gill. *Bull. Japan. Soc. Sci. Fish.*, 47, 1-7.

Ogawa, K. and S. Egusa (1982) : Eight species of *Dactylogyrus* (Monogenea : Dactylogyridae) from carp *Cyprinus carpio* in Japan with a proposal of two new species. *Parazitologiya*, 16, 95-101. (In Russian)

Ogawa, K. and K. Inouye (1997a) : Parasites of cultured tiger puffer (*Takifugu rubripes*) and their seasonal occurrences, with descriptions of two new species of *Gyrodactylus*. *Fish Pathol.*, 32, 7-14.

Ogawa, K. and K. Inouye (1997b) : *Heterobothrium* infection of cultured tiger puffer, *Takifugu rubripes* — experimental infection. *Fish Pathol.*, 32, 21-27.

Ogawa, K. and K. Inouye (1997c) : *Heterobothrium* infection of cultured tiger puffer, *Takifugu rubripes* (Teleostei: Tetraodontidae) — a field study. *Fish Pathol.*, 32, 15-20.

Ogawa, K., M. G. Bondad-Reantaso and H. Wakabayashi (1995a) : Redescription of *Benedenia epinepheli* (Yamaguti, 1937) Meserve, 1938 (Monogenea: Capsalidae) from cultured and aquarium marine fishes of Japan. *Can. J. Fish. Aquat. Sci.*, 52 (Supppl. 1), 62-70.

Ogawa, K., M. G. Bondad-Reantaso, M. Fukudome and H. Wakabayashi (1995b) : *Neobenedenia girellae* (Hargis, 1955) Yamaguti, 1963 (Monogenea: Capsalidae) from cultured marine fishes of Japan. *J. Parasitol.*, 81, 223-227.

岡本　亮 (1963) : 瀬戸内海におけるフグの吸虫被害について. 水産増殖臨時号, 3, 17-27.

Paperna, I. (1963) : Some observations on the biology and ecology of *Dactylogyrus vastator* in Israel. *Bamidgeh*, 15, 8-28.

Paperna, I. (1964a) : Host reaction to infestation of carp with *Dactylogyrus vastator* Nybelin, 1924 (Monogenea). *Bamidgeh*, 16, 129-141.

Paperna, I. (1964b) : Competitive exclusion of *Dactylogyrus extensus* by *Dacytlogyrus vastator* (Trematoda, Monogenea) on the gills of reared carp. *J. Parasitol.*, 50, 94-98.

Schmahl, G. (1991) : The chemotherapy of monogeneans which parasitize fish: a review. *Folia Parasitol.*, 38, 97-106.

Shinn, A. P., J. W. Kay and C. Sommerville (2000) : The use of statistical classifiers for the discrimination of species of the genus *Gyrodactylus* (Monogenea) parasitizing salmonids. *Parasitology*, 120, 261-269.

Sigh, J. and K. Buchmann (2000) : Associations between epidermal thionin-positive cells and skin parasitic infections in brown trout *Salmo trutta*. *Dis. Aquat. Org.*, 41, 135-139.

Soleng, A. and T. A. Bakke (1998) : The susceptibility of three-spined sticleback (*Gasterosteus aculeatus*), nine-spined stickleback (*Pungitius pungitius*) and flounder (*Platichthys flesus*) to experimental infections with the monogenean *Gyrodactylus salaris*. *Folia Parasitol.*, 45, 270-274.

Slotved, H. C. and K. Buchmann (1993) : Acquired resistance of the eel, *Anguilla anguilla* L., to challenge infections with gill monogeneans. *J. Fish Dis.*, 16, 585-591.

Sterud, E., P. D. Harris and T. A. Bakke (1998) : The influence of *Gyrodactylus salaris* Malmberg, 1957 (Monogenea) on the epidermis of Atlantic salmon, *Salmo salar* L., and brook trout, *Salvelinus fontinalis* (Mitchill) : experimental studies. *J. Fish Dis.*, 21, 257-263.

Tsutsumi, N., K. Mushiake, K. Mori, T. Yoshinaga and K. Ogawa (2002) : Effects of temperature on the spawning of the monogenean *Neoheterobothrium hirame*. *Fish Pathol.*, 37, 41-43.

Turnbull, E. R. (1956) : *Gyrodactylus bullatarudis* n. sp. from *Lebistes reticulatus* Peters with a study of its life cycle. *Can. J. Zool.*, 34, 583-594.

Vladimirov, V. L. (1971) : The immunity of fishes in the case of dactylogyrosis. *Parazitologiya*, 1, 58-68. (In Russian with an English summary)

Wang, G., J.-H. Kim, M. Sameshima and K. Ogawa (1997) : Detection of antibodies against the monogenean *Heterobothrium okamotoi* in tiger puffer by ELISA. *Fish Pathol.*, 32, 179-180.

Whittington, I. D. and M. A. Horton (1996) : A revision of *Neobenedenia* Yamaguti, 1963 (Monogenea: Capsalidae) including a redescription of *N. melleni* (MacCallum, 1927) Yamaguti, 1963. *J. Nat. Hist.*, 30, 1113-1156.

Yamaguti, S. (1934) : Studies on the helminth fauna of Japan. Part 2. Trematodes of fishes, I. *Japan. J. Zool.*, 5, 249-541.

Yamaguti, S. (1940) : Studies on the helminth fauna of Japan. Part 31. Trematodes of fishes, VII. *Japan. J. Zool.*, 9, 35-108.

Yamaguti, S. (1958) : Studies on the helminth fauna of Japan. Part 53. Trematodes of fishes, XII. *Publ. Seto Mar. Biol. Lab.*, 7, 53-88.

Yamaguti, S. (1968) : Monogenetic trematodes of Hawaiian fishes. Univ. of Hawaii Press, Honolulu, 287 p.

山本賢治・高木修作・松岡　学 (1984) : 伊予灘に発生した単生類の鰓寄生によるカタクチイワシのへい死について.

引用文献

魚病研究, **19**, 119-123.

Yin, W.-Y. and N. G. Sproston (1948): Studies on the monogenetic trematodes of China: Part 1-5. *Sinensia*, 19, 57-85.

Yoshinaga, T., I. Segawa, T. Kamaishi and M. Sorimachi (2000a): Effects of temperature, salinity and chlorine treatment on egg hatching of the monogenean *Neoheterobothrium hirame* infecting Japanese flounder. *Fish Pathol.*, **35**, 85-88.

Yoshinaga, T., T. Kamaishi, I. Segawa and E. Yamamoto (2000b): Effects of NaCl-supplemented seawater on the monogenean *Neoheterobothrium hirame*, infecting the Japanese flounder. *Fish Pathol.*, **35**, 97-98.

Yoshinaga, T., T. Nagakura, K. Ogawa and H. Wakabayashi (2000c): Attachment inducing activities of fish tissue extracts on oncomiracidia of *Neobenedenia girellae* (Monogenea, Capsalidae). *J. Parasitol.*, **86**, 214-219.

良永知義・釜石　隆・瀬川　勲・熊谷　明・中易千早・山野恵祐・竹内照文・反町　稔 (2000): 貧血ヒラメの血液性状, 病理組織および単生類 *Neoheterobothrium hirame* の寄生状況. 魚病研究, **35**, 131-136.

Yoshinaga, T., T. Kamaishi, H. Ikeda and M. Sorimachi (2001a): Experimental recovery from anemia in Japanese flounder challenged with the monogenean *Neoheterobothrium hirame*. *Fish Pathol.*, **36**, 179-182.

Yoshinaga, T., N. Tsutsumi, T. Shima, T. Kamaishi and K. Ogawa (2001b): Experimental infection of southern flounder *Paralichthys lethostigma* with *Neoheterobothrium hirame* (Monogenea: Diclidophoridae). *Fish Pathol.*, **36**, 237-239.

Yoshinaga, T., T. Kamaishi, I. Segawa, K. Yamano, H. Ikeda and M. Sorimachi (2001c): Anemia caused by challenges with the monogenean *Neoheterobothrium hirame* in the Japanese flounder. *Fish Pathol.*, **36**, 13-20.

Yoshinaga, T., N. Nagakura, K. Ogawa, Y. Fukuda and H. Wakabayashi (2002): Attachment-inducing capacities of fish skin epithelial extracts on oncomiracidia of *Benedenia seriolae* (Monogenea: Capsalidae). *Internat. J. Parasitol.*, **32**, 381-384.

第VIII章 大型寄生虫病

　魚介類に寄生する多細胞体の寄生虫は，ミクソゾア門の粘液胞子虫と軟胞子虫，刺胞動物門のヒドラ，扁形動物門の渦虫，単生虫，吸虫，条虫，線形動物門の線虫，鉤頭動物門の鉤頭虫，環形動物門のヒル，軟体動物門の二枚貝，節足動物門の甲殻類（カイアシ類，等脚類の一部，およびエラオ類）が含まれる．ヒル類については，数種のサケ科魚に寄生するアタマヒル Hemiclepsis maraginata，養殖ウナギに寄生するミドリビル Batrachobdella smaragdina，養殖ブリをはじめ数種の海産魚に寄生するヒダビル Trachelobdella okae が代表的なものである．二枚貝については，北海道の河川のサケ科魚にカワシンジュガイのグロキジウム幼生が寄生する例が知られている．ここでは，すでに登場した粘液胞子虫および単生虫以外の多細胞体の寄生虫のうち，吸虫，条虫，線虫，甲殻類について述べる．

1. 吸虫病
（Trematodiasis）

1）概　説

　吸虫類の生活環は，一般的には3段階の宿主を経て完結する．吸虫は終宿主の消化管などの管腔内で成熟し，産み出された卵は水中で孵化する．孵化幼生はミラシジウムと呼ばれ，繊毛で遊泳して第1中間宿主に侵入する．第1中間宿主は典型的には巻貝類で，ミラシジウムは巻貝の生殖腺などで袋状のスポロシスト，さらには口や消化管を備えたレジアに変態し，終には尾を備えたセルカリアを体内に産生する．この変態過程は単為生殖によって進み，1個体のミラシジウムから無数のセルカリアが産出される．第1中間宿主から遊出したセルカリアは甲殻類や魚類などの第2中間宿主に侵入し，メタセルカリア（被囊幼虫）となる．第2中間宿主の種類や被囊の形成部位は吸虫の種によって固有である．終宿主が第2中間宿主を捕食することによって寄生虫は終宿主へ移行して成熟し，生活環が完結する．

　魚は第2中間宿主か終宿主となる．終宿主内では成虫の多くは消化管腔内に寄生し，病害性の強いものは少ない．しかし，それ以外の組織や器官に寄生するものには有害なものがある．その代表的なものは血管系に寄生する住血吸虫の仲間であり，各論で述べるように養殖カンパチに被害をもたらす Paradeontacylix がよく知られる．また，病気を引き起こさないが，可食部や目に付くところに寄生して問題になるものもある．例えば，ディディモゾーン類は大型のシストを作って，その中に寄生する吸虫であるが，天然マダイの体側筋に寄生する Gonapodasmius okushimai（中島ら，1974）やマグロ類の鰓や内臓に寄生する未同定の数種が知られている．一方，魚が第2中間宿主となる場合，メタセルカリアが被囊する部位によっては宿主に強い害作用を及ぼす．各論で述べる吸虫性白

第Ⅷ章　大型寄生虫病

内障がその代表例である．

　魚に寄生する吸虫類には人体寄生虫も含まれる．それらはすべて魚を第2中間宿主として利用する場合で，メタセルカリアが寄生した組織を生食すると，人間が寄生を受ける場合がある．アユの横川吸虫，モツゴなどの肝吸虫は代表的なものである．この場合も一般に魚は寄生によって病気になるわけではないが，食品としての安全性を確保する必要がある．これらの問題は魚病学の範疇には入らないので省略するが，興味がある場合は宮崎一郎・藤　幸治（1988）「図説人畜共通寄生虫症」（九州大学出版会）などを参考にされたい．

　一方，第1中間宿主の貝類においては，吸虫の寄生はしばしば寄生去勢を引き起こしたり，死亡原因にもなる．なかでも，アコヤガイの生殖巣に寄生する *Bucephalus varicus* の例はよく知られている．寄生を受けた貝は寄生去勢を引き起こし，痩せて衰弱し真珠の挿核手術に適さないため，経済的な被害は大きい．三重県下で発生した事例では，終宿主であるマルエバやナガエバがいない水域に母貝養成場を移すことにより，問題はほぼ解決したという（阪口，1968）．同じ寄生虫でも宿主の段階で病害性が異なり，第1中間宿主では被害が大きいが，第2中間宿主の小型魚と終宿主の魚食魚では目立った害作用は認められない．

2）カンパチの血管内吸虫症

（1）序　　1980年代にはカンパチの養殖は高知県の一部を除いて本格的には行われていなかった．種苗となるモジャコの採捕数が限られていたためである．1983年から84年にかけての冬に，高知県の養殖場で0歳のカンパチが慢性的に死ぬ事例があった．また，1990年代以降，中国を中心とした海域からカンパチ種苗が大量に輸入されるようになったが，1992年に鹿児島県で輸入後間もないカンパチに大量死が発生した．いずれの事例も死因は血管内に *Paradeontacylix* 属の吸虫が寄生したためであり，以降，本病は養殖カンパチに一般的に認められる病気となっている．従来，血管内吸虫による魚病は外国において，*Sanguinicola* 属の数種がニジマスやコイ等の淡水魚に寄生する疾病が知られていたが，本症は海産魚で血管内吸虫の被害が出た初めての例となった．

（2）原因　　サンギニコラ科の吸虫 *Paradeontacylix grandispinus* Ogawa and Egusa, 1986と *P. kampachi* Ogawa and Egusa, 1986が心臓や鰓の血管系に寄生し，虫卵が鰓の毛細血管を閉塞するために，血行障害を起こす疾病である（Ogawa et al., 1989）（図Ⅷ-1-1）．*Paradeontacylix* 属吸虫は雌雄同体で，体形は柳葉状を呈し，吸盤を欠く．口はほぼ前端に開き，消化管はほぼ中央部分で前後2方向に分岐しX字状の盲管を形成する．体の後方に卵巣があり，その前方に精巣が1～2列に配列する．子宮は卵巣の後方に位置し，背側の側面に開口する．腹側の体側に無数の小棘が配列している．後端の数列の棘が大型化する．Ogawa and Egusa（1986）の新種記載（図Ⅷ-1-2）によると，*P. grandispinus* は体長2.0～3.3 mmで，各列10～13本から成る棘が410～470列ある．棘は後端では2～3列と数は減少する一方で，大型化して21～26μmの長さに達する．*P. kampachi* は *P. grandispinus* よりかなり大きく，体長4.7～8.1 mmに達する．各列7～10

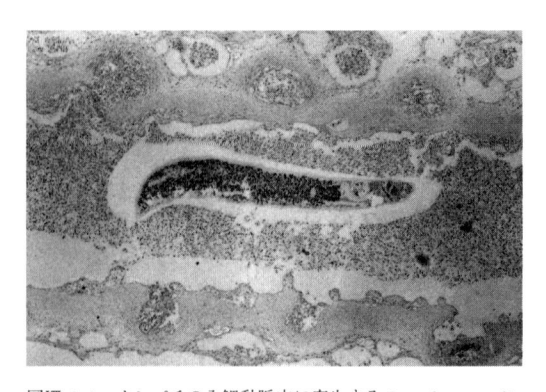

図Ⅷ-1-1　カンパチの入鰓動脈内に寄生する *Paradeontacylix grandispinus*．H & E 染色．

1. 吸虫病

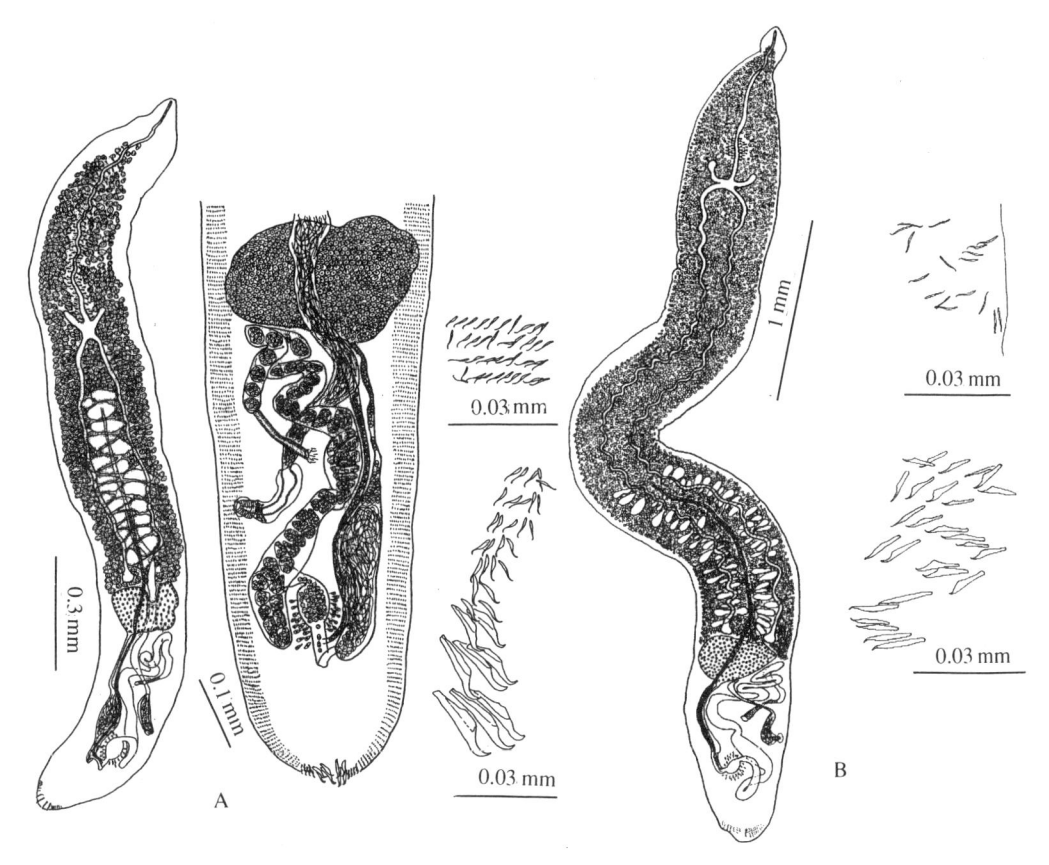

図Ⅷ-1-2 カンパチの血管内吸虫．A：*Paradeontacylix grandispinus*（左，虫体の腹面観；中，虫体後半部；右上，虫体中央部の体棘；右下，虫体後端部の体棘），B：*P. kampachi*（左，虫体の腹面観；右上，虫体中央部の体棘；右下，虫体後端部の体棘）（Ogawa and Egusa, 1986）．

本の棘が510～590列ある．後端の数列は各列2～5本で，やや大型化して13～17μmとなる．なお，ブリの血管内にはカンパチ寄生種とは異なる未同定の吸虫が寄生していることがある．

血管内吸虫は一段階の中間宿主しかとらない．淡水魚に寄生する*Sanguinicola*属の血管内吸虫の中間宿主はすべて巻貝である．海産魚の血管内吸虫では，生活環が解明された種はヨーロッパのカレイ類に寄生する*Aporocotyle simplex*ただ1種のみである（Koie, 1982）．この場合，中間宿主は管棲多毛類フサゴカイ科の*Artacama proboscidea*である．中間宿主から採集したセルカリアをカレイ類の*Limanda limanda*に感染させることにも成功している．残念ながら，カンパチ寄生の血管内吸虫の中間宿主は未発見である．

カンパチの血管系から虫体をとり出すことは難しく，虫卵が無数に存在しても虫体を回収できない例も多い．1985～86年に高知県で行った調査では，通常，上記2種が混合感染していたが，*P. grandispinus*が優占種であった（Ogawa *et al.*, 1993）．寄生部位は種によって若干異なった．すなわち，*P. grandispinus*は95％が入鰓動脈に，その他は静脈洞と心室に寄生していた．*P. kampachi*は54％が入鰓動脈，27％が静脈洞，残りは心房，心室，腹大動脈に見出された．これら以外の部位の血管系は調べていないが，組織学的には，虫体は静脈洞から心臓を経て入鰓動脈にいたる部分にのみ，虫卵は心臓と鰓にのみ確認されていることから

— 383 —

(Ogawa et al., 1989), 寄生部位はこれらの部分に限定されるようである.

(3) 症状・病理　1985年7月から本病の発生水域で0歳カンパチを飼育し，翌年の7月まで隔月に採材して鰓における虫卵の集積を調べたところ，卵は1985年11月以降，常に確認された（Ogawa et al., 1993）. 虫卵数が最も多かったのは3月で，鰓弁1枚あたり1,000個を超える例もあり，平均でも452個であった.

感染魚の鰓弁の小入鰓動脈から毛細血管にかけて集積した虫卵は宿主によって被包され結節状を呈した（図Ⅷ-1-3）. また，鰓ほど重篤ではないが，虫卵結節は心筋にも認められた（図Ⅷ-1-3）. 入鰓動脈では内皮細胞が増生して乳頭が形成された（Ogawa et al., 1989）（図Ⅷ-1-4）. こうした病理組織学的観察から，血管内吸虫の寄生による死因は鰓弁と入鰓動脈における血行障害と考えられた.

(4) 疫　学　上述のように，これまでに高知県と鹿児島県における発生例が報告されている. 高知県では12月から翌年の4月にかけて体長30〜40cmの0歳魚に日間で約1%の死亡が慢性的に起こった. 本病の流行には明確な季節性が認められた. 発生水域で一定期間飼育したカンパチを未発生水域に移動して飼育する実験によって，セルカリアのカンパチへの侵入は9月に始まることが確認された（Ogawa et al., 1993）. また，5月おいてもカンパチから若い成虫が採集されることから，セルカリアの侵入期は翌春まで続くと推測された. 鰓に虫卵が集積し始めるのが11月であることから，セルカリアがカンパチに侵入後，成虫になるのに約2ヶ月を要すると推定された（Ogawa et al., 1993）. また，5月には血管内吸虫の寄生による死亡は治まった. 以上のことから，高知県における本病の発生は主に冬に限定されると考え

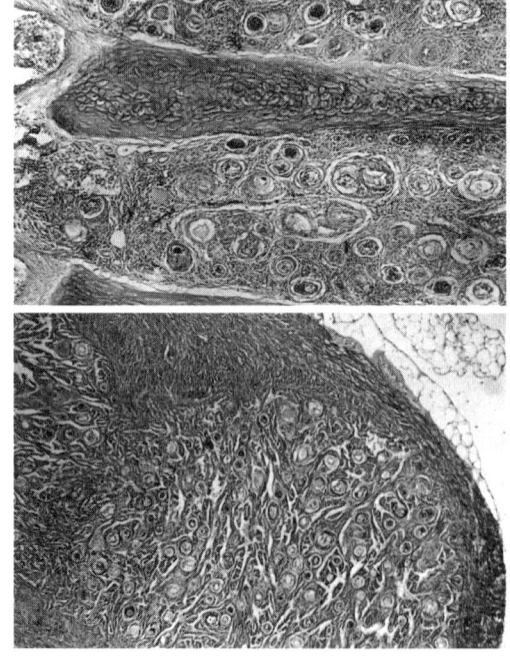

図Ⅷ-1-3　血管内吸虫の寄生によってカンパチ体内の形成された虫卵結節. 鰓弁の小入鰓動脈から毛細血管（上）と心筋（下）. H&E染色.

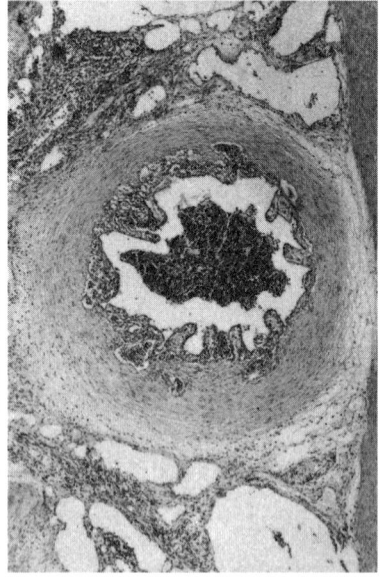

図Ⅷ-1-4　カンパチ入鰓動脈内皮の乳頭突起. H&E染色.

られた．

　一方，鹿児島県では1992年2月中旬から4月上旬に中国から輸入されたカンパチが，5月から6月に *P. grandispinus* と *P. kampachi* の寄生によって日間死亡率が最高で15％に達する急性発症例があった（Ogawa and Fukudome, 1994）．罹病魚が体長12～19 cmと小さかったことが急激な死亡と結びついたのかもしれない．輸入から発病まで2ヶ月あったため，輸入時にすでに感染していたかどうかは判断できない．しかし，2000年に中国から輸入して約1ヶ月後のカンパチに血管内吸虫症が発生した事例では，カンパチは日本到着時にはすでに感染していたと考えられる．今後は輸出国に対し，寄生虫対策を求める必要もあろう．

　高知県では1983～84年の冬には調べたすべての0歳魚が感染していた．翌年，0歳魚には同様な疾病の流行があったが，1歳魚における寄生はごく軽微であった（Ogawa *et al.*, 1989）．したがって，前年の寄生を耐過した魚は免疫を獲得する可能性があると考えられる．

　なお，本病そのものではないが，ブリにおける血管内吸虫寄生が *Lactococcus garvieae* に対する抵抗性を弱めることが実験的に示されている（Kumon *et al.*, 2002）．

　(5) 診　　断　　餌を与えた直後に口を開けて死ぬことがあるが，これは鰓の血管が虫卵によって閉塞している時に急激な運動によって窒息したためである．こうした外観症状によって本症を予備的に診断することができる．

　確定診断は血管内に寄生した虫体を確認することが基本であるが，実際には技術的にかなり難しい．一方，実体顕微鏡で鰓に集積した虫卵を確認するのは容易である．しかし，虫卵だけでは *P. grandispinus* と *P. kampachi* のどちらが寄生しているのかは判断できない．これまでの例では両種は混合寄生していることが多かった．

　(6) 対　　策　　今のところ，予防法も治療法も検討されておらず，使用が認可された水産薬はない．給餌後に重篤感染魚が酸欠で死ぬ例があるので，餌は最小限にする．

3）メタセルカリア寄生症

　(1) 序　　　多くの魚類が吸虫の第2中間宿主としてメタセルカリアの寄生を受けるが，メタセルカリアが被嚢する部位によっては宿主に強い害作用を及ぼす．ここではそれらをメタセルカリア寄生症としてまとめた．代表的なものに海産魚の吸虫性旋回病と淡水魚の吸虫性白内障がある．いずれもメタセルカリアが宿主の神経系に寄生して障害を与える．その結果，宿主の行動が変化し，終宿主の鳥類に捕食されやすくなるといわれる．

　メタセルカリアは魚のさまざまな部位に被嚢するが，一般に宿主に与える影響は少ない．しかし，多数寄生によって発症する例もある．2000年1月に宇治川のオイカワに腹口類吸虫のメタセルカリア寄生による疾病が発生した（浦部ら，2001）．魚は皮下から浅い筋肉層，鰭などに無数のメタセルカリアの寄生を受け，出血がみられた．寄生数は多いもので1万虫に達し，手網ですくえるほど衰弱していた．宇治川ではコウライモロコも同様に重篤寄生を受けていた（Ogawa *et al.*, 2004；図Ⅷ-1-5）．第1中間宿主を探索した結果，最近，宇治川に繁殖し始めた南アジア原産の付着性二枚貝のカワヒバリガイに寄生が確認されている（浦部ら，2001）．

　この他に，寄生が肉眼で目に付いて産業上の問題となったり，寄生した組織を生食することによって人に寄生する吸虫も含まれる．*Metagonimus* 属吸虫のなかには，被嚢の周囲にメラニン色素が沈着するために，淡水魚に黒点病を引き起こす種が含まれる．黒点病は宿主への害作用は小さいが，寄生を受けた魚の外観が悪いことで問題になる．*Metagonimus* 属吸虫は人体寄生虫でもある．*Clinostomum complanatum* はドジョウなどの淡水魚の筋肉組織

第Ⅷ章　大型寄生虫病

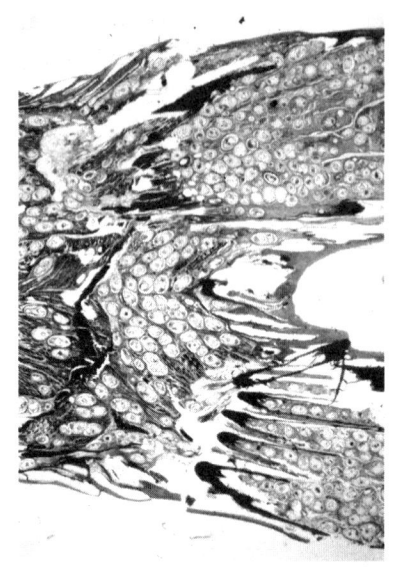

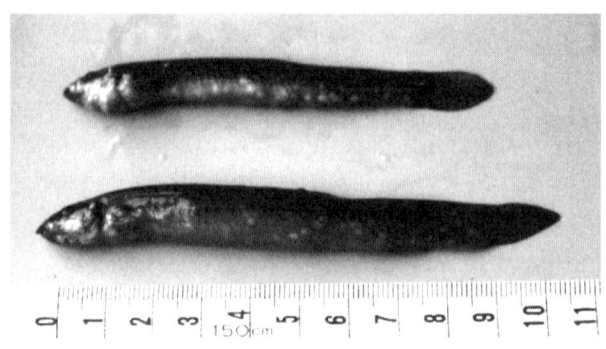

図Ⅷ-1-6　ドジョウの筋肉組織に寄生した *Clinostomum complanatum* のメタセルカリア.

図Ⅷ-1-5　宇治川のコウライモロコに発生した腹口類吸虫メタセルカリアの重篤寄生．アザン染色（Ogawa *et al.*, 2004）.

に寄生する．被嚢は長楕円形で，長さ 2〜3 mm と大きく，体表面に近い筋肉組織に存在するため，外観で見つけることができる（図Ⅷ-1-6）．クロソイの筋肉に寄生する *Liliatrema skrjabini* のメタセルカリアは被嚢の周囲にメラニンが沈着するため，しばしば消費者のクレームの対象になる（大林・紺野，1966）．

（2）原　因　吸虫性旋回病の原因種は異形吸虫科の *Galactosomum* sp. で，被嚢の大きさは直径 0.8〜0.9 mm，脱嚢させた虫体の大きさは 2.7〜4.9 mm であった（亀谷ら，1979）（図Ⅷ-1-7）．第 2 中間宿主は野生魚ではカタクチイワシ，キビナゴ，メジナ，カワハギで，養殖魚ではブリ，イシダイ，マアジ，トラフグで寄生が確認されている．養殖魚はいずれも 0 歳魚であった（安永ら，1981）．寄生部位は間脳であり，ほとんどの場合，被嚢の数は 1 個であった（木村・延東，1979）．終宿主はウミネコであるが，第 1 中間宿主は特定されていない（亀谷ら，1982）．

吸虫性白内障の原因種は *Diplostomum* sp. で，静岡県下の養殖ニジマスに発症例が報告されている（Sato *et al.*, 1976）．メタセルカリアは眼のレンズ内に被嚢せずに存在する．虫体の長さは 0.3〜0.7 mm であった（Sato *et al.*, 1976）．ヨーロッパにおいてよく研究されている *Diplostomum spathaceum* においては，第 1 中間宿主は淡水産巻貝である．第 2 中間宿主は多くの淡水魚で，第 1 中間宿主から遊出したセルカリアは，主に鰓から侵入し，血管系を通って 1 日以内にレンズに到達した（Paperna, 1995）．終宿主はカモメなどの水鳥類である．かつて静岡県下のウナギ養殖場で未同定の *Diplostomum* による吸虫性白内障が発生した際には，第 1 中間宿主はモノアラガイであった（小川，未発表）．日本の症例では終宿主は特定されていない．

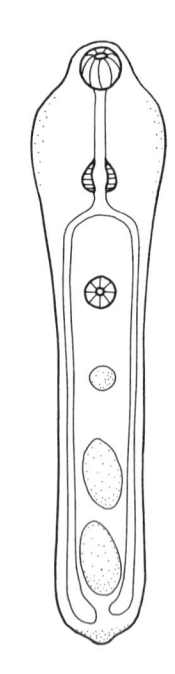

図Ⅷ-1-7　カタクチイワシの間脳に寄生した *Galactosomum* sp. のメタセルカリア（木村・延東，1979）.

1. 吸虫病

Metagonimus 属吸虫の第 1 中間宿主は数種のカワニナ類である．第 2 中間宿主は淡水魚であるが，種によって寄生する魚種が異なる．終宿主は哺乳類や鳥類で，小腸に寄生する．ヒトに寄生した場合，腹痛や下痢といった症状が出ることがある．*Metagonimus* 属吸虫の分類は混乱している．すなわち，アユに寄生する種は従来，横川吸虫 *Metagonimus yokogawai* 1 種と考えられてきたが，現在は 2 種存在するという考え方が有力である．横川吸虫のメタセルカリアはアユの主に筋肉（一部は鱗）に寄生し，宮田吸虫 *Metagonimus miyatai* はアユ，シラウオを初め，多くの淡水魚と汽水魚の鱗に寄生する（斉藤，1999）．アユに寄生する種類は寄生部位によって大半が鑑別可能であるが，メタセルカリアの形態によって 2 種を鑑別することは困難であり，同定には問題を残している．また，アユでは普通，黒点を形成しないが，横川吸虫，宮田吸虫のいずれもがアユにメラニン沈着を誘発しないかどうかは，明確に記載されていない．斉藤（1972）はカワニナから採集した *Metagonimus* 属のセルカリアをアユに感染させ，鱗から得たメタセルカリアを測定している．寄生部位から判断すると宮田吸虫と思われるが，その被囊は円形ないし楕円形で，0.15～0.18 mm×0.13～0.17 mm であった．この他に，コイとフナ類の黒点病の原因種として，高橋吸虫 *Metagonimus takahashii* がいる（図Ⅷ-1-8）．寄生部位は鱗と鰭で，筋肉には被囊しない（斉藤，1973）．被囊の大きさは 0.15～0.16 mm×0.14～0.15 mm であった（斉藤，1972）．

(3) **症状・病理** 海産魚の吸虫性旋回病においては，寄生を受けたブリやカタクチイワシは海面を狂奔，旋回遊泳する（木村・延東，1979）．一方，イシダイではそれ程激しい遊泳異常を示さないという（安永ら，1981）．寄生数は通常，1 個体であったが，被囊は間脳にあって，周囲の神経組織を圧迫し，神経の変性や壊死を起こしていた（木村・延東，1979）．このため，中枢神経の病変が魚の異常行動の原因と考えられる．発症した魚は 1～2 日で死亡した．養殖場で発生した場合，死亡率は 5～20％に及んだ（安永ら，1981）．異常遊泳をするため，罹病魚はこれを捕食する魚や鳥に発見されやすい．かつてはこの習性を利用して，罹病魚を餌とした，メスリ漁と呼ばれる一本釣りの漁法があった．同様に，罹病魚は終宿主のウミネコに捕食されやすく，そのために寄生虫の生活

図Ⅷ-1-8 高橋吸虫のメタセルカリア寄生によるフナの黒点病．

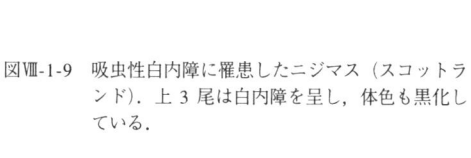

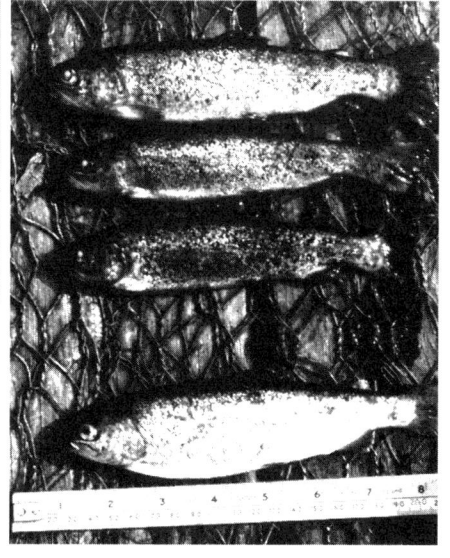

図Ⅷ-1-9 吸虫性白内障に罹患したニジマス（スコットランド）．上 3 尾は白内障を呈し，体色も黒化している．

第Ⅷ章　大型寄生虫病

環が回転すると考えられている．

　日本で発生したニジマスの吸虫性白内障の例では，体長 11〜16 cm の魚に最高で 120 虫もの寄生がみられた（Sato et al., 1976）．重度に寄生を受けるとレンズは次第に変性，白濁し，終には失明する．外国の例ではあるが，*D. spathaceum* の寄生によって失明したニジマスは体色調節機能を失うため，体全体が黒化する（図Ⅷ-1-9）．また，摂餌不良となり，成長が遅れる（Paperna, 1995）．魚種によっては寄生によってレンズが破裂することもある．未同定の *Diplostomum* のセルカリアをウナギに感染させたところ，数日後にはレンズが破裂し，寄生していた虫体は内容物とともにレンズ外へ排除された（小川，未発表）．

　一方，*Metagonimus* 属吸虫のメタセルカリアの魚に対する害作用は軽微である．寄生を受けた魚に行動異常や死亡の記録はない．

　(4) 疫　学　海産魚の吸虫性旋回病は長崎県の対馬を中心とした地域，佐賀県と石川県の一部に発生が限られる（安永ら，1981；安永・井上，1986）．これはおそらく終宿主のウミネコの行動生態に関連した現象と考えられるが，生活環には未解明の部分が多く，発生地域が限定される理由の詳細は不明である．なお，流行地であっても数 km 離れただけで発生がほとんど起こらない場合も報告されている（安永ら，1981）．本病の発生は 8 月上旬から 9 月上旬の水温 24〜27℃の頃に限定される（安永ら，1981）（図Ⅷ-1-10）．これは第 1 中間宿主からのセルカリア放出時期と考えられる．

　日本においては，吸虫性白内障の流行に関する研究はない．ウナギの養殖場で発生した例では，モノアラガイからのセルカリアの遊出は夏の高水温時に限られた（小川，未発表）．

　Metagonimus 属吸虫に関しては，上述のように，寄生虫の同定に問題を残しているため，種ごとの流行については不明な部分が多いが，琵琶湖のアユにおける寄生は 4 月に始まり，8 月にピークに達するという（斉藤，1999）．この結果はセルカリアのカワニナからの遊出が水温に影響を受けることを示している．河川のカワニナのセルカリア遊出もほぼ同様な傾向を示した．天然アユにおける *Metagonimus* の寄生率は高い（斉藤，1999）．当然，河川水を用いた養殖アユも寄生を避けられない．一方，地下水を利用した養殖場のアユには寄生は認められない．

　(5) 診　断　流行地において上述のような異常行動を示す魚がいれば，吸虫性旋回病と仮診断できるが，確定診断のためには解剖して間脳にメタセルカリアを確認する必要がある．

　淡水魚の吸虫性白内障の原因となる *Diplostomum* sp. は，魚の目のレンズを実体顕微鏡で観察すれば，容易に診断できる．寄生が軽度の場合はまだ透明なレンズのなかに虫体が動いているのが確認できる．

　アユにおいては，2 種の *Metagonimus* が寄生している可能性がある．筋肉寄生のものは横川吸虫と同定して差し支えないが，鱗寄生のものは動物実験によって成虫を確認しない限り同定は困難である．また，河川のアユには皮膚に厚い被嚢に覆われた別種吸虫のメタセルカリアがみつかることがある．コイ，フナの高橋吸虫では，被嚢の周囲にメラニンが集積する．さらに，被嚢の大きさと寄生部位が上述の記載と一致すれば，高橋吸虫と同定可能である．

　(6) 対　策　海産魚の吸虫性旋回病については，生活環が未解明なため，根本的な対策

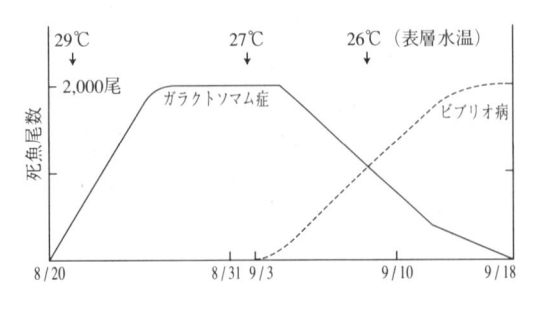

図Ⅷ-1-10　イシダイの吸虫性旋回病における発生の季節性（安永ら，1981）．

が立てられていない．発症して1～2日で魚が死ぬため，化学療法も困難と思われる．魚への侵入期が限られているので，流行池ではその間に魚の飼育を避ける以外に現実的手段はない．

淡水魚の吸虫性白内障に関しては，*D. spathaceum* の寄生に対し，数種の化学療法が試されているが，日本では研究されていない．かつて，ウナギを養殖していた露地池で吸虫性白内障が発生した際，コイを池に放養して，第1中間宿主のモノアラガイを食べさせたところ，翌年にはまったく発生がみられなかった（小川，未発表）．

Metagonimus 寄生に対する化学療法は研究されていない．河川水を使用したアユ養殖場において，寄生を防ぐ手段は開発されていない．

2. 条虫病
（Cestodiasis）

1）概　説

条虫類は脊椎動物の消化管に寄生する．栄養は専ら体表から吸収するため，口や腸管などの消化系をもたない．体は頭節部，頸部，体節部から成る．頭節部には宿主の消化管に吸着，固着するためのさまざまな器官がある．頭節の形態は条虫の主要な分類形質である．頸部はその後に続く体節を産生する部分である．体節の数は1,000を超える場合もあり，条虫の体の大半を占める．体節は頭部から離れるほど大型化し，成熟も進んでいる．各体節には雌雄の生殖器が一組備わっていて，異なる体節間で自家授精が行われる．成熟体節はしばしば本体からちぎれて脱落する．吸虫と同様に，条虫も中間宿主を1段階とるものと2段階とるものがある．終宿主を離れた卵は水中で孵化する．孵化幼生は球形で繊毛に覆われている．6本の鉤をもつことから六鉤幼虫（コラキジウム）と呼ばれる．第1中間宿主となるのは小型甲殻類を始めとした無脊椎動物で，孵化幼生を食べて感染する．宿主の消化管を貫通して体腔に出て，前擬充尾虫（プロセルコイド）という幼生に変態する．第2中間宿主は一般に魚類で，第1中間宿主を摂食することによって感染する．幼虫は魚の消化管から別の組織に移行するが，宿主組織に被包された芋虫状の擬充尾虫（プレロセルコイド）となる．さらに終宿主となる大型の魚類や他の脊椎動物が擬充尾虫が寄生した中間宿主を食べると，その消化管に寄生して成体となる．

このように，魚類を宿主とする条虫の生活環は3段階の宿主を経るのが最も一般的である．一方，コイ吸頭条虫 *Bothriocephalus acheilognathi* はコイが第1中間宿主のケンミジンコを摂食すると，前擬充尾虫がコイの消化管でそのまま成体になる．中間宿主が一段階の例である．また，かつて養殖ブリの嚢虫として知られた四吻目条虫 *Callotetrarhynchus nipponica* については，第1中間宿主は不明であるが，おそらくは小型の甲殻類，第2中間宿主がカタクチイワシ，第3中間宿主がブリ，終宿主がサメ類で，3段階の中間宿主を経る（中島・江草，1972）．

2）各　論

これまでに主に養殖魚の条虫寄生が報告されているが，産業に影響を与えるほど深刻なものはない．養殖ブリの嚢虫症のように，かつては流行が見られても，現在ではほとんど姿を消してしまった条虫もある．すなわち，1960年代から70年代にかけて，瀬戸内海と豊後水道で養殖されたブリの腹腔内に嚢虫が寄生して問題になったことがある（中島・江草，1972）．これは当時，この条虫の寄生を受けたカタクチイワシ（第2中間宿主）を生餌としてブリに与えていたためである．餌の主体がペレットとなった現在では，この寄生虫は養殖ブリにはみられなくなってしまった．

コイはしばしば擬葉目の吸頭条虫の一種 *Bothriocephalus acheilognathi*（和名はコイ吸

第Ⅷ章 大型寄生虫病

頭条虫）の寄生を受ける（図Ⅷ-2-1）．頭節に備わる1対の吸溝で宿主の腸管に吸着する．全長は数十cmに達する．腸管組織には粘膜上皮の壊死や剥離などの病変を引き起こすが，寄生を受けた魚には外観の異常は認められず，肥満度にも変化がなかった（中島・江草，1974）．一方，1950年代以降，ソウギョの移動とともにアジア地域から旧ソ連邦を含むヨーロッパ一帯に吸頭条虫の寄生が広まった（Bauer and Hoffman, 1976）．近年ではアメリカ大陸やオーストラリアの淡水魚に吸頭条虫の寄生が目立つ．ニシキゴイやキンギョなど，鑑賞魚の移動が主な原因と考えられている．本来の宿主以外の魚に対してはコイ吸頭条虫は病害性が高く，世界各地で寄生が問題となっている．

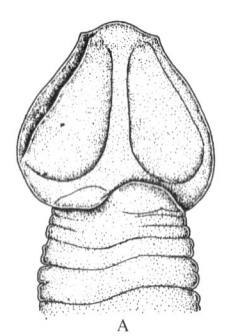

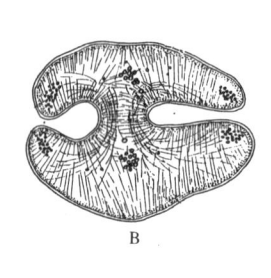

図Ⅷ-2-1 コイ吸頭条虫．
A：頭節から体節部の前部にかけての虫体の構造，B：頭節の断面（原図はYamaguiti, 1934）．

杯頭条虫に属する *Proteocephalus plecoglossi*（和名はアユ杯頭条虫）は1969年に養殖アユに大発生したことがある（高橋，1973）．以降は大きな問題は起こっていない．頭節側部に4個，頂部に1個の吸盤がある．全長でもせいぜい5cmほどの小型の条虫である（図Ⅷ-2-2）．琵琶湖においてのみ感染環が成立していて，アユは中間宿主のケンミジンコ類を摂食して感染する．寄生の年変動の要因については解析されていない．

コイ科魚の腹腔にリグラ *Digramma alternans* の擬充尾虫が寄生する．終宿主は数種の魚食性の鳥である．魚は第2中間宿主でありながら，虫体は時に1mを超えるまでに成長する．北海道においては，かつて寄生を受けたフナ類やウグイの生殖巣の発達が阻害され，いわゆる寄生去勢の現象が観察された（粟倉ら，1976）．おそらく，腹腔内の虫体が物理的に内臓を圧迫するためと考えられる．同様に，かつてマハゼの体腔内に *Ligula* sp. が寄生したことがある．充満した虫体によって内臓全体が圧迫されていた（図Ⅷ-2-3，口絵参照）．

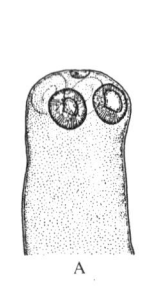

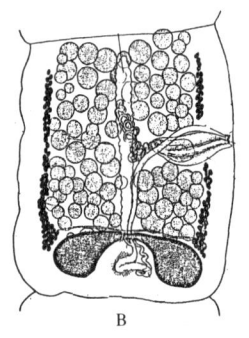

図Ⅷ-2-2 アユ杯頭条虫．
A：頭節，B：成熟した体節（原図はYamaguiti, 1934）

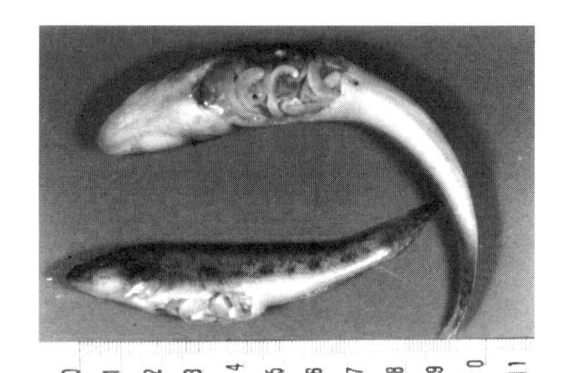

図Ⅷ-2-3 マハゼの体腔内に寄生する条虫 *Ligula* sp. の擬充尾虫．

3. 線虫病
（Nematodiasis）

1) 概　説

線虫の外皮はクチクラで覆われているため成長するために脱皮をする．成虫になるまでに4回脱皮し，第5期が成虫である．卵内で1～2回の脱皮を済ませてから孵化してくる種もあ

3. 線虫病

る．線虫の生活環は，一般に1段階の中間宿主をとる．中間宿主の体内では線虫は少なくとも1回の脱皮を行う．これに対し，体内で線虫が脱皮しない場合の宿主を運搬宿主という．魚類は中間宿主，運搬宿主，終宿主のいずれにもなる．中間宿主における線虫の発育ステージは1期から3期である．3期幼生は終宿主に侵入するために1本の穿歯を前端にもつ．終宿主内に侵入した3期幼生は2回脱皮して成虫となる．中間宿主はふつう節足動物で，卵または孵化幼生を摂食して感染する．魚類を終宿主とする線虫の場合，終宿主がこれを捕食して感染する場合と，まず，運搬宿主となる小型魚が中間宿主を食べ，さらにそれを魚食性の終宿主が捕食して感染する場合がある．後者の場合，小型魚内では線虫は消化管を貫通した後に様々な組織に移行して，3期幼虫のままで被囊する．終宿主が中間宿主を捕食する習性がない場合，生活環を完結するためには運搬宿主は必須である．こうして線虫の生活環が生態系の食物連鎖の中に巧みに組み込まれている．

例外的な生活環も知られている．マハゼの体腔内に寄生する *Hysterothylacium haze* は中間宿主を必要としない生活環をもつ線虫である（図Ⅷ-3-1）．卵がマハゼの消化管内で2期幼生として孵化し，消化管壁内で3期幼生に進み，体腔内に出て成熟する．ゴカイや小型甲殻類が卵や孵化幼生の運搬宿主となることもある．マハゼの体腔内で成虫によって産みだされた卵は孵化し，そこで成虫まで成長する．すなわち，マハゼの体内で自家感染が起こっている．自家感染によって寄生は重篤化し，やがて魚が死ぬと，虫卵や孵化幼生が水中に出ていって運搬宿主に取り込まれ，新たな感染源になると考えられている（Yoshinaga et al., 1989）．

2）各　論

線虫は終宿主内では消化管に寄生するものが多いが，魚類寄生の線虫には，体側筋肉，鱗の下，鰭，生殖巣，鰾，体腔，血管内，眼窩など特殊な場所に寄生する種も知られている．フィロメトラ科の線虫はすべて宿主の消化管以外の場所で成熟する．*Philometra lateolabracis* はスズキやマダイの生殖腺に，*Philometra pinnicola* はキジハタの鰭の中に，また，最近，新種報告された *Philometra ocularis* はマハタの眼窩に寄生する．同じフィロメトラ科の *Philometroides seriolae* はブリの体側筋肉に，*Philometroides cyprini* はコイの鱗の下に，*Philonema oncorhynchi* はサケ科魚の体腔内に寄生する．アンギリコラ科の *Anguillicola crassus* はウナギの鰾腔内に寄生する．

フィロメトラ科の線虫の生活環は一部で解明されているに過ぎない．上記の寄生部位の線虫はすべて雌で，大型化する．一方，雄は普通ミリ単位にしか成長しないといわれ，ほとんどの種で未発見である．消化管以外の部位に寄生する線虫では，産卵や産仔の方法に様々な適応がみられる．ブリ筋肉寄生の *P. seriolae* では，成虫は春になると虫体の一部を魚体外に出して，子宮内で孵化した仔虫を水中に放す．マダイなどの *P. lateolabracis* では生殖輸管を通じて仔虫を魚体外に放出する．*P. oncorhynchi* はサケ科魚の体腔内に寄生して，宿主の産卵時に魚体外に出て，

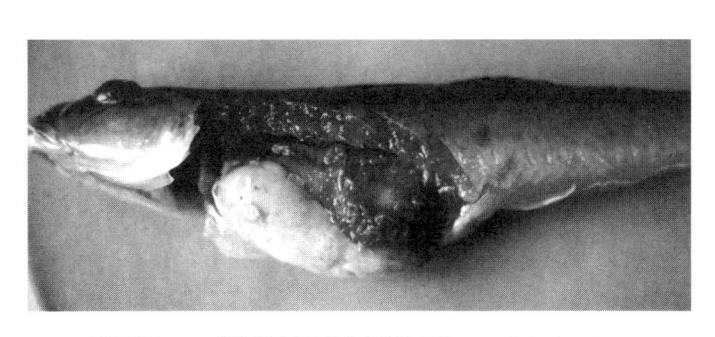

図Ⅷ-3-1　マハゼの体腔内に寄生する線虫 *Hysterothylacium haze*（写真提供：良永知義氏）．

第Ⅷ章 大型寄生虫病

体を破裂させて子宮内の虫卵を魚体外に放出する（Moravec, 1994）.

Philometra lateolabracis：フィロメトラ科の線虫は目に付いて魚の商品価値を落として問題となったり，害作用の強い種類が多く含まれる．マダイの生殖腺線虫症を引き起こす *P. lateolabracis* では，体長 20 cm にも達する雌成虫の 1 虫から数虫が生殖巣にとぐろを巻くように寄生する（図Ⅷ-3-2）．雄は発見されていない．マダイに限らず，スズキ，イサキほか数種の魚にも寄生する．マダイにおいては 0 歳の夏に消化管内に未熟線虫の寄生が確認されている．その後，線虫は消化管から体腔内に出て，1 歳魚の秋から冬にかけて宿主の生殖腺に移行し，2 歳魚になって宿主が成熟するのに合わせて，線虫も成熟するとされる（阪口ら，1987）．中間宿主は小型甲殻類が想定されるが，特定されていない．宿主への影響はマダイでは研究されていない．*P. lateolabracis* はオーストラリアのアオバダイ *Glaucosoma hebraicum* にも寄生する（Hesp *et al.*, 2002）．そこでは雌虫体は卵巣腔内にいて，吸血しつつ成熟し，腔内に産仔した．産仔による虫体周辺の卵管閉塞は認められなかったが，これは寄生が数虫体と軽度のためだったかもしれないとしている．産仔を終える頃から宿主反応が顕著となり，虫体は宿主の結合組織で被包され始めた．

Philometroides cyprini：コイの皮膚線虫症は *P. cyprini* の雌成虫が鱗の下に寄生するために起こる．寄生虫の大きさは 10 cm ほどで，1 虫から数虫がとぐろを巻いて寄生している．旧ソ連の研究者によると，中間宿主はシクロプス類で，稚魚が春にシクロプスを摂取して感染する．血体腔にいた 3 期幼生は魚の腸管から体腔に出て，脱皮，成熟し，交尾する．その後，夏までに雌だけが鱗囊内に移行する（Bauer *et al.*, 1969）．雌の子宮内に孵化仔虫が認められるようになるのは翌年の 4 月から 5 月にかけてで，その後，6 月にかけて雌は皮膚を破って虫体を水中に出し，産仔した（篠原，1970）．鱗の出血など，損傷はあるが，後に修復され，宿主に重大な影響を及ぼすことはない．

Philometroides seriolae：ブリの筋肉線虫症は *P. seriolae* の雌成虫が体側筋に寄生するために起こる（図Ⅷ-3-3，口絵参照）．寄生虫の大きさは 40 cm にも達する．雄は未発見である．魚の外観からは寄生は確認できない．春先に漁獲される大型天然ブリに寄生している確率が高

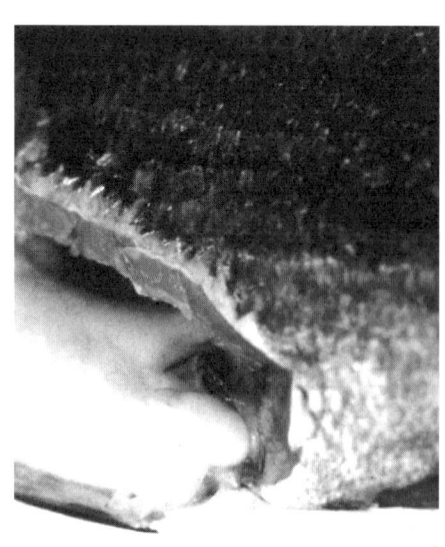

図Ⅷ-3-3 *Philometroides seriolae* が体側筋に寄生した天然ブリ（写真提供：江草周三氏）．

図Ⅷ-3-2 クロダイの生殖腺に寄生する線虫 *Philometra lateolabracis*（写真提供：江草周三氏）．

いとされるが，詳細な知見はない．寄生を受けた魚は当然，商品価値を著しく下落させるため，問題となる．まれに養殖ブリにも寄生が認められるが，生活環が不明のため，感染経路は特定されていない．雌は春から夏にかけて，皮膚を穿孔して虫体を体外に出し，産仔する（中島ら，1970）．虫体が寄生していた体側筋肉にどのような病変があったか，虫体が去った後の寄生部位は完全に修復されるのか，研究例はない．

Anguillicola crassus：その他，ウナギ（ヨーロッパウナギと区別するため，以降，ニホンウナギと呼ぶ）の鰾にアンギリコラ科線虫 A. crassus が寄生する．吸血性のため，虫体は茶褐色を呈する．成虫の大きさは雌 42〜72 mm，雄 21〜56 mm であった（Kuwahara et al., 1974）．雌は鰾腔内で産卵するが，一部は孵化仔虫（2 期幼生）として産出される．仔虫は宿主の気道を通じて腸管に出て，水中に排出される．これを中間宿主であるシクロプス類が捕食した際に大量寄生が起こった．A. crassus は鰾内で産卵，産仔すると，仔虫が鰾壁に侵入するため壁が肥厚する．また，成虫が死んで崩壊するため，仔虫や崩壊物が鰾内だけでなく，鰾から気道を通って消化管に流れ込んで，激しい炎症を引き起こす（広瀬ら，1976）（図Ⅷ-3-4，口絵参照）．これをヨーロッパウナギの鰾線虫症と呼ぶ．A. crassus がヨーロッパには分布しない寄生虫であったため，ヨーロッパウナギの感受性が高かったものと思われる．その後 1980 年代に入って，ニホンウナギをヨーロッパに移植した際，A. crassus もヨーロッパに分布が拡大した（Taraschewski et al., 1987）．現在では，広い地域の天然ヨーロッパウナギに寄生が及んでいる．天然資源に与える影響が懸念される一方，鰾内の線虫によって宿主の浮力調節機能が損なわれ，大量寄生を受けたヨーロッパウナギは産卵場にたどり着けないのではないかという説も提唱されている（Kirk et al., 2000）．

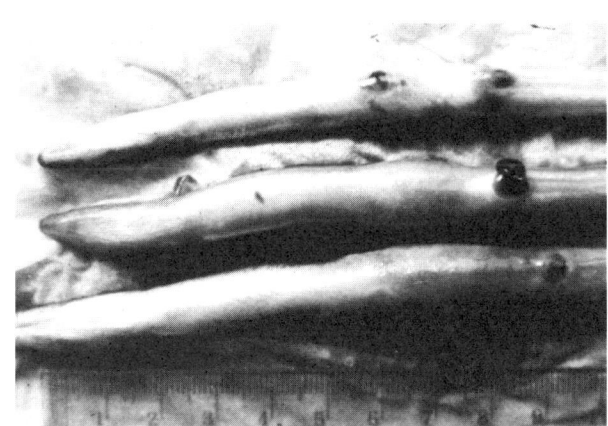

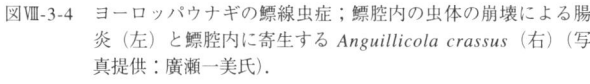

図Ⅷ-3-4 ヨーロッパウナギの鰾線虫症；鰾腔内の虫体の崩壊による腸炎（左）と鰾腔内に寄生する Anguillicola crassus（右）（写真提供：廣瀬一美氏）．

して感染する（広瀬ら，1976）．3 期幼生をもった中間宿主をウナギが捕食して感染すると考えられている．養鰻池内に A. crassus の感染環が成立していたが，ニホンウナギでは大量寄生は稀で，問題になることは少なかった．しかし，1970 年代にヨーロッパウナギを輸入して養殖

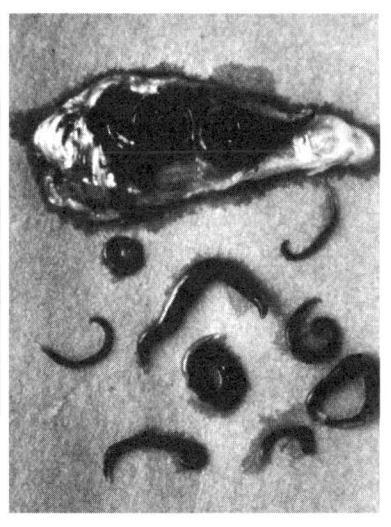

4. 鉤頭虫病
（Acanthocephaliasis）

1）概　説

鉤頭虫類は脊椎動物の消化管に鉤の密生した

第Ⅷ章　大型寄生虫病

円筒状の吻を打ち込んで寄生する．体は吻部，頸部，胴部から成り，雌雄異体である．口や消化管をもたず，胴部の表面から栄養を吸収する．雄の後端部には交接囊が内包されている．交尾時には交接囊を外翻させて雌の後端部を把握する．胴の後半部にはセメント腺があり，交尾後にセメント腺の分泌物で生殖孔に栓をして精子の漏出を防ぐといわれている．雌では一般に卵巣は卵巣球として胴部の体腔内を浮遊している．受精した雌では，卵が次第に体腔内に充満してくる．卵は楕円形で，内部の胚は前端に3対の鉤をもち，体表にも多数の小棘を備えていて，アカントール幼生と呼ばれる．孵化しないまま産み出され，終宿主の消化管から水中に排泄される．魚類を終宿主とする鉤頭虫類に魚病学上重要な種が含まれる．その場合，中間宿主は甲殻類でそれを摂食した魚類が終宿主となる．終宿主から水中に排出された虫卵を中間宿主が摂食して感染する．虫卵は中間宿主の消化管内で孵化する．アカントール幼生は体腔内に移行し，アカンテラ幼生を経て成虫の構造を備えた若虫に変態し，被囊する．この状態をシストアカンスという．シストアカンスをもった中間宿主を終宿主が食べると，終宿主の腸管で脱囊して寄生する．

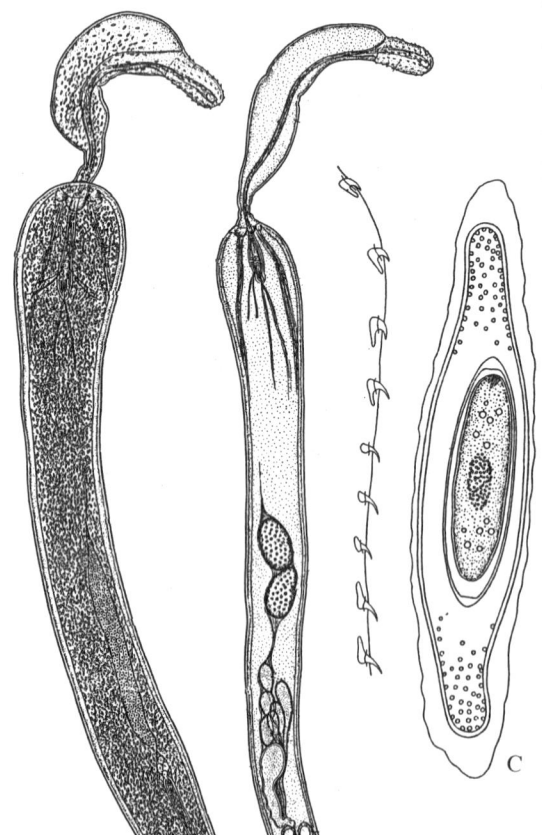

2）各　　論

Longicollum pagrosomi：マダイにはクビナガコウトウチュウ *L. pagrosomi* が寄生する（図Ⅷ-4-1）．養殖マダイはほぼ例外なく寄生を受けている．寄生は直腸部に集中するため，重篤な場合，腸管の表面が見えないほど寄生を受ける（図Ⅷ-4-2）．雄，雌とも虫体は17〜18 mmほどで，頸部までを宿主組織に穿入させている．そのため，穿入部分の腸管組織には肉芽腫形成など，激しい炎症反応が見られる（畑井ら，1987）．穿入部分が直腸を突き抜け，消化管の外側からもみえることもある．重篤寄生によってマダイは成長不良に陥るともいわれるが，確認されていない．普通，魚の外観からは寄生を判断できない．ワレカラ類の数種が中間宿主と考えられている（Yasu-

図Ⅷ-4-2　マダイの直腸に寄生する *Longicollum pagrosomi*（写真提供：畑井喜司雄氏）．

図Ⅷ-4-1　マダイの直腸に寄生する *Longicollum pagrosomi*．A：雄成虫，B：雌成虫，C：吻鉤，D：卵（原図は Yamaguti, 1935）．

moto and Nagasawa, 1996). これらの端脚類は生け簀網の表面に付着して，水中の小動物や有機懸濁物などを餌としているが，マダイから排泄された虫卵を摂取して感染する．クビナガコウトウチュウは他の海産魚にも寄生するが，マダイ以外の魚のなかでは十分に成熟しない．

Acanthocephalus：淡水魚には *Acanthocephalus* 属の数種が寄生する．今までに報告されている種は，*Acanthocephalus echigoensis*, *A. acerbus*, *A. aculeatus*, *A. opsariichthydis*, *A. minor* である．宿主特異性が低いうえに，種の分類形質である吻鉤の列数，各列の鉤数，吻鉤の大きさに種間で重複があり，*A. minor* を除いて種までの同定は困難である．*Acanthocephalus* 属の生活環においては等脚類が中間宿主になっている．*A. echigoensis*, *A. opsariichthydis*, *A. minor* ではミズムシ *Asellus hilgendorfi* が中間宿主である（中井・小海, 1932；粟倉, 1972；Nagasawa and Egusa, 1983）．サケ科魚の飼育池内に繁殖していたミズムシを摂食した結果，ニジマスやヤマメが寄生を受けた．1尾あたり最高で5,500虫も寄生していたニジマスもみられた（粟倉, 1972）．吻の穿入によって宿主の腸管粘膜の損傷や増殖性の炎症などが起こっていたが，寄生による死亡は認められなかった．寄生の影響は慢性的と考えられるが，詳細な研究はされていない．寄生を軽減させるためには，中間宿主を減らすことが最も確実な手段である．そのために，ミズムシの餌となる落葉などの沈降物を池や水路からとり除くことが推奨される（粟倉, 1972）．

5. 甲殻虫病
（Crustacean disease）

1）概　説

節足動物の体は頭部，胸部，腹部で構成される．各部は複数の体節から成り，各体節には1対の付属肢が備わる．寄生性の節足動物では付属肢は宿主にとり付いたり，宿主組織を摂食するように特殊化したものもみられる．体表面は殻で覆われているので，成長するために脱皮する．節足動物の甲殻類のうち，魚類に寄生する種はカイアシ類 Copepoda，エラオ（鰓尾）類 Branchiura および軟甲類のうちの等脚類 Isopoda に限られる．

カイアシ類で魚類寄生性の種はキクロプス目，ツブムシ目（ポエキロストム目），ウオジラミ目（シフォノストム目）に含まれる．孵化幼生は自由生活性のノープリウスで，数回の脱皮の後，コペポディド期に至る．寄生生活への適応の違いによって，コペポディドで直ちに寄生生活に入るものから最後のコペポディド期で寄生を始めるものまである．最も進化した群ではコペポディドで孵化して直ちに魚に寄生する．キクロプス目ではイカリムシ *Lernaea cyprinacea* は鑑賞魚の愛好家にもよく知られている．ツブムシ目では魚類の外表面に寄生する *Ergasilus*, *Neoergasilus*, *Pseudergasilus* などのエルガシルス類が代表的な魚類寄生性の属である（図Ⅷ-5-1）．いずれもノープリウス6期，コペポディド6期から成り，雄は終生自由生活性で，成虫（第6コペポディド）の時に交尾した雌だけが魚に寄生する（Urawa et al., 1980）．特に *Pseudergasilus zacconis* Yamaguti, 1936 は琵琶湖産稚アユへの寄生が産業上の問題とされた．鉤爪状の第2触角で鰓を把握するため，寄生部位における上皮増生，粘液過多，出血等の病変がみられ，成長阻害が指摘されている．有効な駆虫法は開発されていない．ウオジラミ目はすべて寄生性で，円筒状の口を宿主組織に押し当て，表面の組織を削りとる．体形は適応進化の方向によって大きく異なる．重要な魚類寄生種はウオジラミ科とナガクビムシ科に含まれる．

ウオジラミ科の寄生虫は種類が多いが，重要種は *Caligus*, *Pseudocaligus*, *Lepeophtheirus* の3属に含まれる．*Caligus* では汽水域の魚に

第Ⅷ章　大型寄生虫病

寄生した例も知られているが、これを例外として、その他はすべて海産魚の外部寄生虫である。少数寄生では問題にならないが、養殖環境下でしばしば大量に寄生して被害を及ぼす。海外においては北欧やカナダにおける海面養殖サケ科魚の有害寄生種として、*Caligus elongatus*, *Caligus clemensi* およびサケジラミ *Lepeophtheirus salmonis* が知られている（図Ⅷ-5-2, 口絵参照）。なかでも北欧を中心として、タイセイヨウサケにおけるサケジラミの被害が甚大で、そのため多くの研究がなされている。タイセイヨウサケはサケジラミに感受性が高く、わずか 10 虫程度の寄生でも摂餌せず、また、寄生を放置すると頭部背面を中心として体表に筋

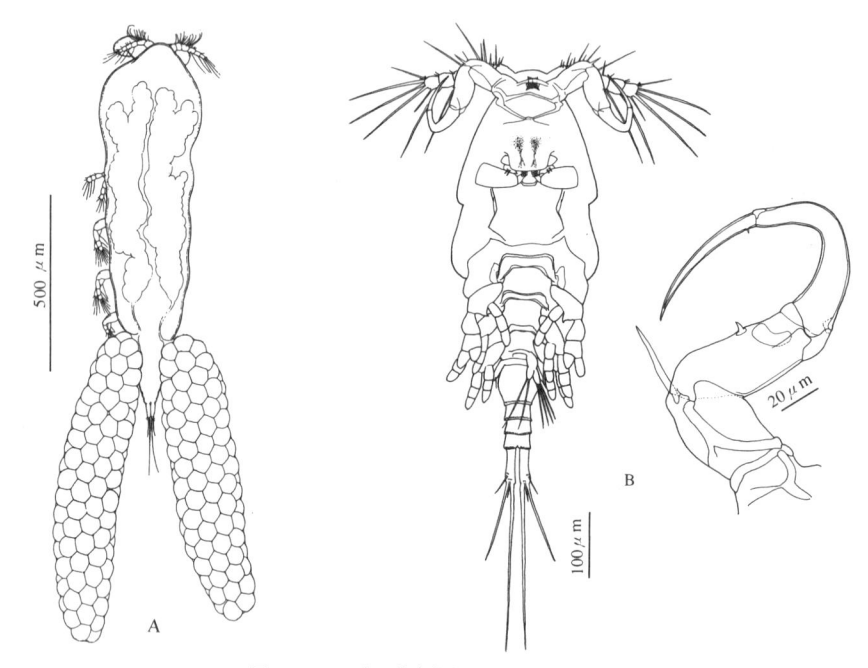

図Ⅷ-5-1　日本の代表的なエルガシルス類.
A：*Pseudergasilus zacconis*，B：*Neoergasilus japonicus*（右は第 2 触角）.
（原図は Yamaguti, 1936a; Urawa *et al*., 1980）

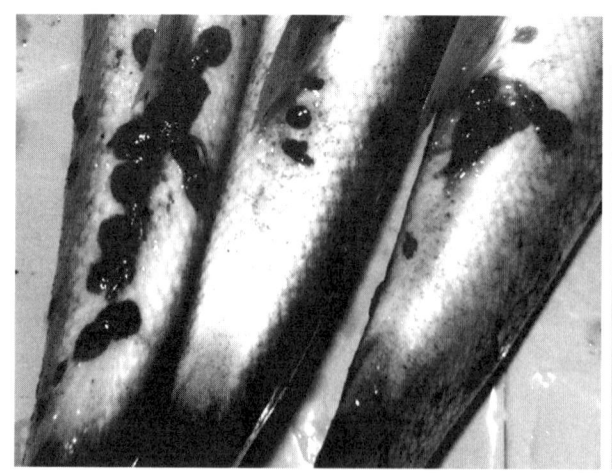

図Ⅷ-5-2　タイセイヨウサケに寄生するサケジラミ *Lepeophtheirus salmonis*（写真提供：Dr. Colin Kirkpatrick）.

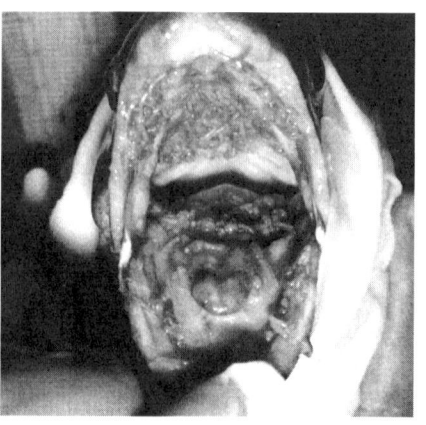

図Ⅷ-5-3　イワナの口腔壁に寄生する *Salmincola carpionis*（写真提供：長澤和也氏）.

肉の露出した深い患部を形成するに至る．単一の方法では効果が薄いため，サケを出荷後にしばらく養殖場に魚を導入せずに感染環を断ち切る，駆虫剤を使用する，サケジラミを食べさせる掃除魚を導入するなど，複数の方法を組み合わせた対策が実施されている．こうした研究の詳細は Pike and Wadsworth（2000）の総説等に譲る．ナガクビムシ類では，雌の第2小顎が伸張して左右の先端が合一し，そこからブラと呼ばれる厚皮組織を分泌し，宿主組織に打ち込んで固着寄生する．そのため，遊泳肢は退化，体節構造は癒合によって不明瞭となり，頭胸部と躯幹部が区別されるだけとなる．躯幹部の末端に1対の卵嚢を備える．雄は幼形成熟をする矮雄で，雌に超寄生する．ヤマメやヒメマスといったサケ科魚類の鰓蓋内壁や鰓腔壁に寄生する *Salmincola californiensis* とイワナの口腔壁に寄生する *Salmincola carpionis* によるサルミンコラ症（図Ⅷ-5-3）やクロダイの鰓弁に寄生する *Alella macrotrachelus* によるアレラ症が知られている．

2）イカリムシ症

(1) 序　イカリムシは最も早くから研究された魚類の寄生虫である（石井，1915）．コイやウナギなど多くの淡水魚に寄生するため，古くから生物学的な研究がなされ（中井・小海，1931），後に笠原（1962）によってさらに総合的に研究が行われた．特に，有機リン系農薬のディプテレックスを用いた防除法が開発された結果，当時被害が大きかった養殖ウナギにおけるイカリムシ症はみられなくなった．これは産業的に重要な魚類寄生虫症の対策が確立されたわが国最初の例として記録されるべき成果である．

(2) 原　因　イカリムシは学名を *Lernaea cyprinacea* Linnaeus, 1758 という．キクロプス目に属す寄生性カイアシ類である．固着寄生するのは雌成虫で，体長は10〜12 mmほどである（図Ⅷ-5-4）．角状突起と呼ばれる錨状の頭部とそれに続く胸部の一部を魚の組織内深く穿入させていて，その形状からイカリムシという名がつけられた（松井・熊田，1928）．英名も anchor worm である．体は筒状，体節は不明瞭で付属肢は退化的である．生殖節には1対の卵嚢が備わる．

イカリムシの宿主特異性は低く，おそらくどんな淡水魚にも寄生できるものと思われる．発育期はノープリウス4期とコペポディド6期からなり，最後の第6コペポディドが成虫である（図Ⅷ-5-4）．ノープリウス期はまったく餌をとらずに脱皮を繰り返し，第1コペポディドになると第2触角と顎脚を用いて魚の体表面に寄生する．この時期は魚体表面を動き回るので，移動寄生期とも呼ばれる（笠原，1962）．成虫になると交尾が行われ，その後，雄は死滅するが，雌は固着寄生に入る．固着生活に伴って，雌の形態は劇的に変化する．すなわち，体は大型化し，体節や付属肢は退化的となるが，前端には穿入器官の角状突起が出現する．口器はむしろ退化的で，専ら宿主体液を摂取する．

雌は貯蔵した精子を用いて受精させ，抱卵する．抱卵は一生のうちに10回以上，総産卵数は5,000に及ぶといわれる．抱卵から孵化までの日数は，16℃で3.3日，22℃で2.1日，26℃で1.6日を要する．雌の寿命は22℃で2ヶ月，27℃で1ヶ月半ほどであるが，冬は越冬し，寿命は6ヶ月に及ぶ（笠原，1962）．

(3) 症状・病理　コイ，キンギョでは体表に寄生するが，ウナギやドジョウでは口腔壁にのみ寄生する．固着部位周辺では，炎症や粘液過剰分泌がみられる．また，角状突起の穿入によって筋肉や皮膚が壊死し，細菌，原虫，カビの二次的感染の侵入門戸になるともいわれる．ウナギでは口の中に寄生するため，摂餌しなくなるのが問題視された．

(4) 疫　学　世界的に広く分布する．寄生の盛期は夏であるが，繁殖は15℃以上でみ

第Ⅷ章 大型寄生虫病

られ，1年で4～5世代が繰り返される．水温が12℃以下になると成長を停止し，そのまま越冬する（笠原，1962）．

(5) 診　断　　体表や口腔壁に穿入した雌成虫を確認する．日本の淡水魚では，イカリムシ以外にはナマズ寄生の *L. parasiruli* が知ら

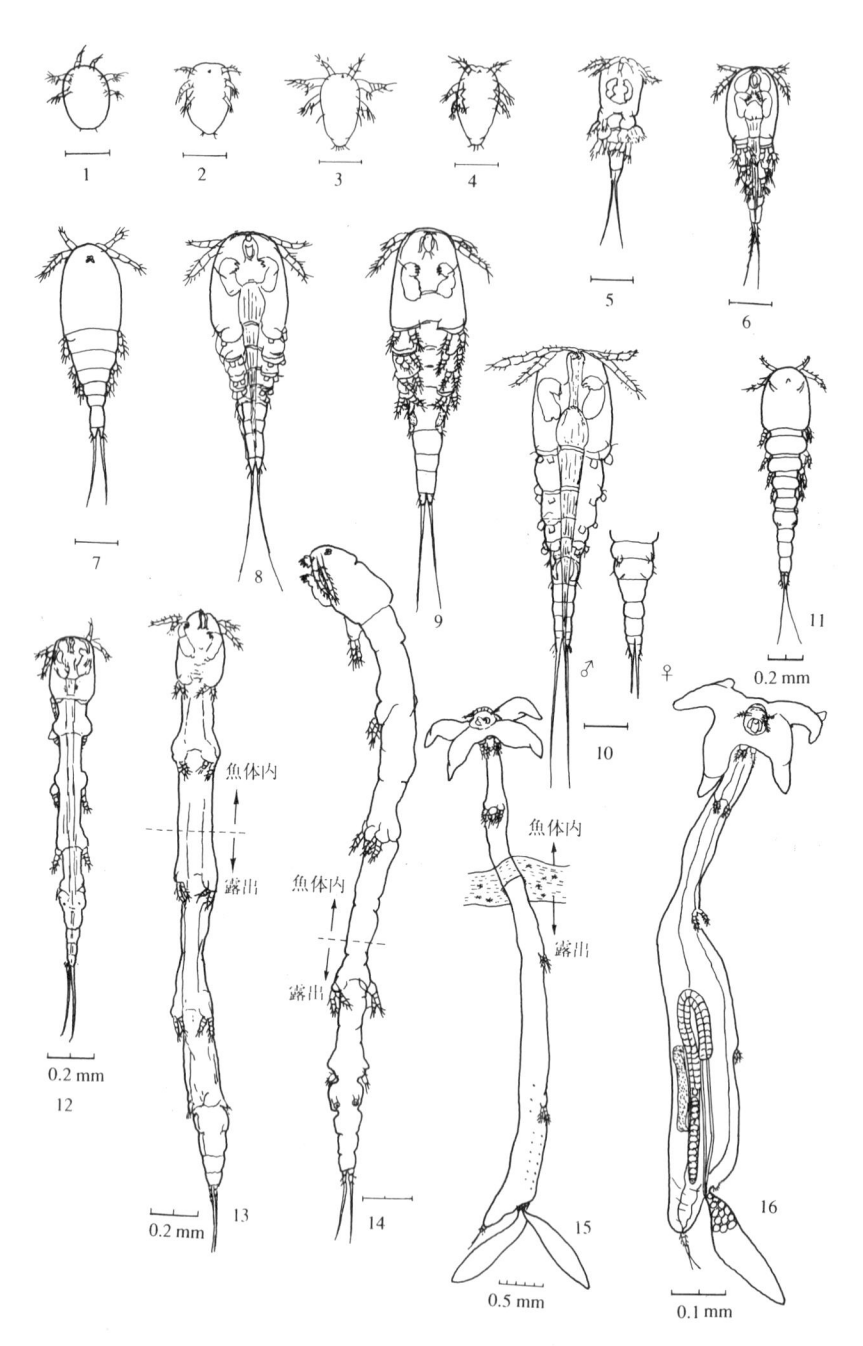

図Ⅷ-5-4　*Lernaea cyprinacea* の発育（笠原，1962）．
1～4：ノープリウス，5：第1コペポディド，6：第2コペポディド，7：第3コペポディド，8：第4コペポディド雌，9：第5コペポディド雄，10：第6コペポディド雄（成体），11：第6コペポディド雌（成体；交尾後穿入前），12：雌（穿入直前），13, 14：雌（穿入初期），15：雌（産卵期初期），16：雌（産卵期盛期）．
1～10の縮尺は0.1 mm．

5. 甲殻虫病

れているのみである．

(6) 対 策　トリクロルホンを 0.2～0.3 ppm となるように池中散布する．これによって，水中のノープリウスや魚体表面の移動寄生期の虫体を殺滅することができる．しかし，この方法では固着寄生した雌成虫と卵囊内の卵には無効であるため，3 週間ほどの間隔で数回の反復散布を行うと効果がある．雌成虫が寿命によって死に絶えるまで薬浴を繰り返す必要がある．

3) カリグス症

(1) 序　カリグス類は種類が多い．*Caligus* 属だけで 200 種が報告され，その他に *Lepeophtheirus* や *Pseudocaligus* といった近縁属も知られる．ほとんどすべて海産魚の外部寄生虫である．魚の体表以外に，鰓耙や鰓蓋の内側などに寄生する種もある．外国においては海面養殖のサケ科魚における寄生が問題となるが，日本ではアジ科の魚でしばしば被害が出る．

(2) 原 因　ブリ，カンパチ，ヒラマサの鰓に寄生する *Caligus spinosus* Yamaguti, 1939 とシマアジの体表に寄生する *Caligus longipedis* Bassett-Smith, 1898 が代表的なものである．体は扁平で，頭胸部，胸節，生殖節，腹部から成る．雌では生殖節の末端に 1 対の卵囊をもつ．背面の殻が伸張して背甲を形成し，頭胸部を覆う．背甲そのものが吸盤的で，第 2 触角と第 2 顎脚は鉤爪状，さらに前端にルヌルと呼ばれる 1 対の吸着構造物があり，これらの作用により宿主表面に吸固着する．ウオジラミ目に属するすべての種に共通することであるが，口が口円錐と呼ばれる筒状構造をしていて，内部に鋸形をした大顎が収まっている．口円錐で宿主組織表面に吸いつき，大顎を使って組織を削りとる．

Caligus spinosus の体長は雌で 3～5 mm，雄で 2～4 mm（図Ⅷ-5-5）．雌の卵囊内の卵は 1 列に 10～20 個．*Caligus longipedis* の体長は雌で 4～5 mm，雄で 3～7 mm．卵囊内の卵は 29～42 個であった（図Ⅷ-5-6A）．

卵は第 1 ノープリウスとして孵化する．発育期は 9 期から成るが，*C. spinosus* ではノープリウス 2 期，コペポディド 1 期，カリムス 3 期，前成虫 2 期，成虫 1 期（Izawa, 1969）であるのに対し，*C. longipedis* では，寄生後，カリムス 4 期，前成虫 1 期，成虫 1 期とされる（Ogawa, 1992）．*C. longipedis* の第 1 ノープリウスは 22.5℃では 2.1～2.5 時間後に脱皮して第 2 ノープリウスに，さらに 16.5～17.2 時間後に脱皮してコペポディドとなった．コペポディドは海水中で平均 4 日，最長で 7 日生残した．この間に宿主と遭遇すると前端から前額糸を弾出させて鰭，体表に着生する．第 3 カリムスで雌雄判別可能となった．シマアジに *C. longipedis* のコペポディドを寄生させると，10 日後に成虫が，12 日後に抱卵雌が出現した．以上のことから，水温 22.5℃では生活環が 1 回転するのに 2 週間を要した（Ogawa, 1992）．

(3) 症状・病理　少数寄生では目立った症状を呈さないことが多い．しかし，カリグス類は養殖環境下でしばしば大繁殖して被害を及ぼす．大型ブリの鰓に *C. spinosus* が 4,000 虫以上寄生した例では，蓄養していた 3 万尾のうち 1 万尾が死亡したとされる（藤田ら，1968）．病魚は虫体の吸固着による刺激と口器による食害によって寄生部位が激しい炎症を起こしていた．一方，*C. longipedis* の大量寄生したシマアジでは，体表のスレと不摂餌が主な症状である．広塩性の *Caligus orientalis* が，汽水環境下で魚の体表に大量寄生することがある．すなわち，サロマ湖で飼育したニジマス寄生し，魚が全滅した例（Urawa and Kato, 1991）や宍道湖のカワチブナが死亡した例（鈴本，1974）が知られている．

(4) 疫 学　季節性に関しては報告がない．塩分耐性に関しては，広塩性の *C. orientalis* では，塩分濃度 6.4‰の水中で最も活発であったが，18.4‰では 30 分，淡水では 2 時間

第Ⅷ章　大型寄生虫病

で不活発になり横転した（鈴本，1974）．

(5) 診　断　　*Caligus* 属は種類が多いが，宿主特異性，寄生部位の特異性が高い．すなわち，ブリ属では *C. spinosus* 以外に 2 種のカリグスが知られる．*Caligus lalandei* Barnard, 1948 はブリとヒラマサの体表に寄生する（Ho

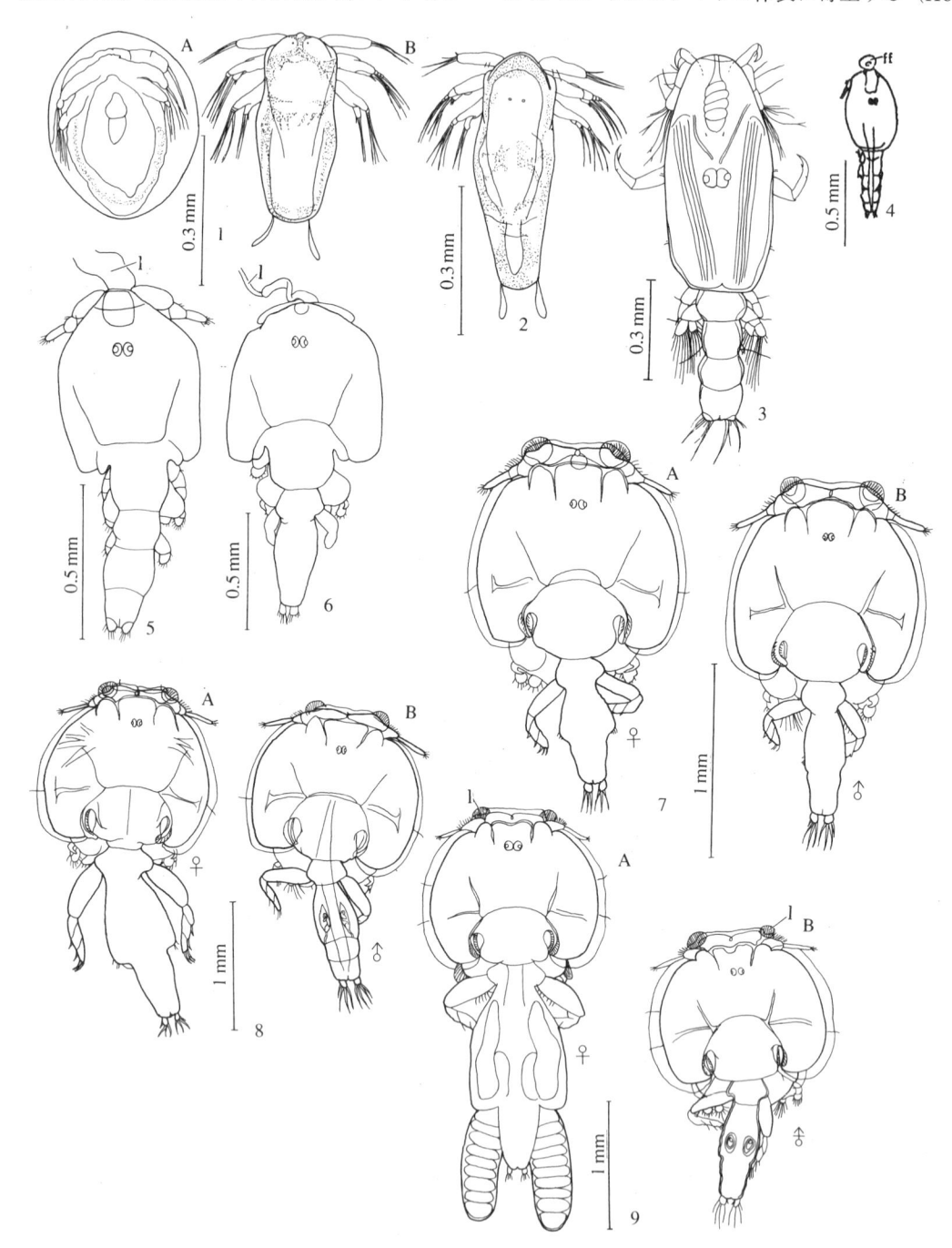

図Ⅷ-5-5　*Caligus spinosus* の発育（Izawa, 1969）．
1：第1ノープリウス（A 孵化直前, B 孵化後), 2：第2ノープリウス, 3：コペポディド, 4：第1カリムス, 5：第2カリムス, 6：第3カリムス, 7：第1期成虫（A 雌, B 雄), 8：第2期成虫（A 雌, B 雄), 9：成虫（A 雌, B 雄). ff：前額糸, l：ルヌル．

— 400 —

5. 甲殻虫病

et al., 2001）（図Ⅷ-5-6B）．*Caligus seriolae* Yamaguti, 1936 は天然ブリの鰓に寄生するとの記録があるが，鰓のどの部位かは不明で，しかも雌1虫が採集されているのみである．養殖ブリに見つかった例はない（Ogawa and Yokoyama, 1998）．のちにスズキの鰓蓋の内側に寄生していたという記録があり（Shiino, 1959），ブリが本来の宿主かどうかも疑わしい．トラフグの体表には *Pseudocaligus fugu* Yamaguti, 1936 が寄生するが，*Pseudocaligus* 属は胸部第4脚が退化的で，無節であることで *Caligus* 属と区別される（図Ⅷ-5-6C）．その他に口腔壁に寄生する *Caligus fugu* Yamaguti et Yamasu, 1959 も知られている（Ogawa and Yokoyama, 1998）．

ほかに，近縁な属として *Lepeophtheilus* 属（レペオフテイルス）がある．サケ科魚の体表に寄生する *L. salmonis*（Kroyer, 1838）が代表的な種である．汽水域で飼育したニジマスに寄生した *C. orientalis* の例があるが，*Caligus* 属とは前端にルヌルを欠くことで容易に区別される．

（6）対　策　トラフグ寄生の *Pseudocaligus fugu* に対する駆虫剤として，過酸化水素を有効成分とする薬浴剤が市販されている．カリグス類の駆虫剤として唯一の水産用医薬品である．すなわち，汽水域で *C. orientalis* が大量寄生したニジマスを淡水に移して5日間飼育したところ，ほとんどの虫体は脱落し，食欲は回復した（Urawa and Kato, 1991）．カリグス類の寄生した海水魚に比較的短時間の淡水浴をした記録はない．

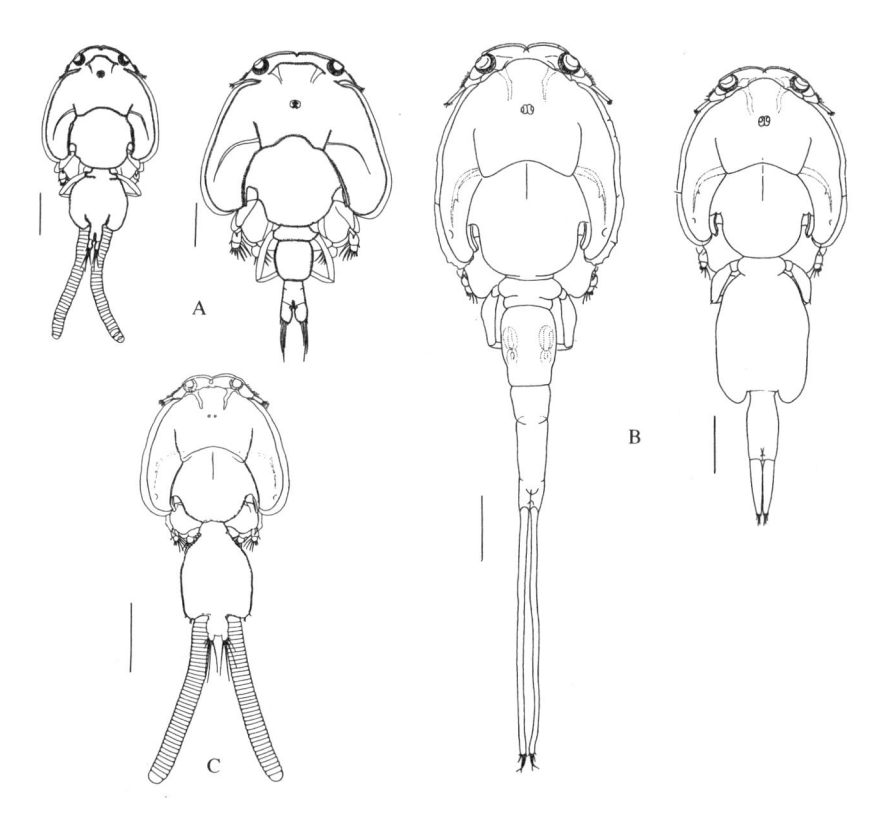

図Ⅷ-5-6．養殖魚に寄生するその他のカリグス類．
A：シマアジ体表の *Caligus longipedis*（左は雌，右は雄），B：ブリ属魚種の体表に寄生する *Caligus lalandei*（左は雄，右は雌），C：トラフグ体表の *Pseudocaligus fugu*（雌）（原図は Ogawa, 1992; Ho *et al.*, 2001; Yamaguti, 1936b）．縮尺は1 mm．

第VIII章 大型寄生虫病

4）アルグルス症

（1）序 アルグルス類は比較的大型で，多くの魚の体表面に寄生することから，古くからよく知られた寄生性甲殻類の一群である．温水性淡水魚に寄生するチョウ，冷水性淡水魚に寄生するチョウモドキ，海産魚に寄生するウミチョウ Argulus scutiformis Thiele, 1900 などがある．

（2）原因 温水性淡水魚の体表に寄生するチョウ Argulus japonicus Thiele, 1900 と冷水性淡水魚の体表に寄生するチョウモドキ Argulus coregoni Thorell, 1864 が代表的なものである．エラオ目アルグルス科に属す．大きさはチョウで雌8～9mm，雄6mmほど，チョウモドキで雌7～11mm，雄7～9mmほどである（図VIII-5-7）．体は扁平で，頭胸部，胸節，腹節から成る．頭胸部背面は殻が伸張して背甲を形成し，ほぼ体全面を覆う．第1触角は鉤爪状，第2小顎は吸盤状に変形し，これらの作用により宿主表面に吸固着する．胸部によく発達した4対の遊泳脚がある．口は吻状で内部に大顎と第1小顎を収める．口の直前にある刺針を宿主組織表面に突き立て，基部にある毒腺から分泌物を注入し，炎症を起こさせて漏出した血液を吸収する．

宿主と遭遇すると第1触角と2対の顎脚を用いて魚体表面を把握して寄生を開始する．脱皮を重ね，第5期幼生から第2小顎が吸盤状に変形し始める．第9期は前成虫で，第10期以降が成虫である（Stammer, 1959）（図VIII-5-8）．魚体を離れて，池の壁面や水草の上に卵を産み付ける習性がある．卵塊はゼラチン様物質に絡まり，粘着性がある．チョウもチョウモドキも産卵は夜間に行われる（木村, 1970；志村・江草, 1980）．チョウは1回の産卵数は最高で500個で，4日から10日の周期で，多いもので10回ほど産卵する．卵は20.7℃で24.1日，25℃で15日，30℃で10.7日で孵化する．寄生後，産卵開始まで16.6℃で49.7日，20.7℃で38.6日，25.2℃で26日，28.3℃で20.4日を要する（木村, 1970）．したがって，1年に数世代が繰り

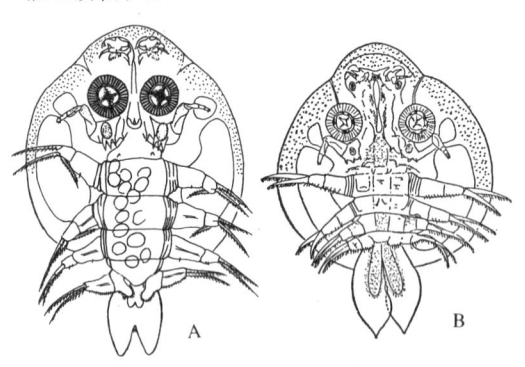

図VIII-5-7 チョウ Argulus japonicus（左）とチョウモドキ Argulus coregoni（右）（原図は Tokioka, 1936; Hoshina, 1950）．

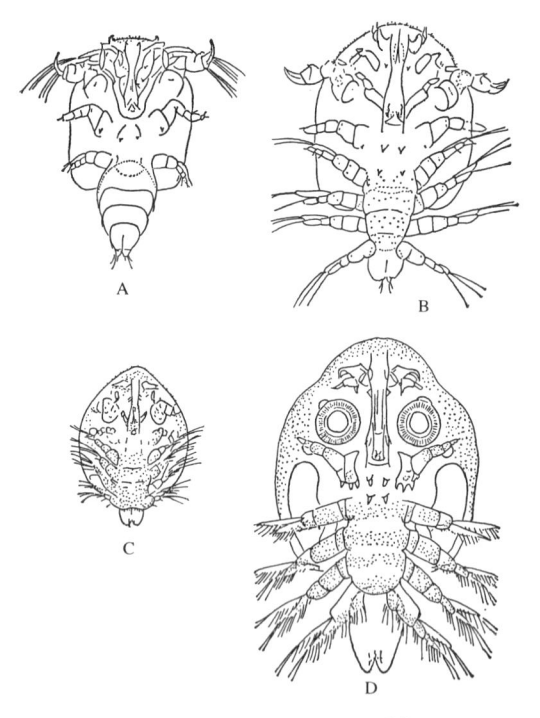

図VIII-5-8 Argulus japonicus の発育．
A：第1期幼生，B：第3期幼生，C：第5期幼生，D：第8期幼生（原図は Stammer, 1959）．

直ちに寄生可能なコペポディドとして孵化する．チョウの孵化幼生は水中で15℃では約8日，25～30℃では約3日生存した（木村, 1970）．

返されることになる．秋孵化群は越冬し，春に産卵を開始する．東京都水産試験場奥多摩分場におけるチョウモドキの観察（Shimura, 1983）

によれば，産卵は7〜12月に行われ，虫体は冬には死滅し，卵の形で越冬した．越冬卵の孵化は4月中旬から8月中旬まで続いた．このようにして1年に2世代が繰り返された．チョウは宿主特異性が低く，多くの温水性淡水魚に寄生する．一方，チョウモドキは冷水性のため，宿主はサケ科魚であるが，キンギョにも寄生することから，チョウと同様に宿主特異性は低いものと思われる．

（3）症状・病理　体長15cmのコイは，200虫のチョウが寄生すると2週後に，300虫で9日後に死亡した（Stammer, 1959）．チョウの寄生を受けた皮膚は糜爛し，潰瘍に進行することもある．また，刺針による毒液の注入で，炎症や出血が起きる（図Ⅷ-5-9）．毒液の作用は強く，小型魚はそのために死ぬこともあるといわれる（Kabata, 1970）．チョウモドキに数百虫体の寄生を受けたヤマメ1歳魚では，寄生虫の吸血や寄生部位からの出血の影響で赤血球数やヘモグロビン量の低下がみられた（志村ら，1983a）．

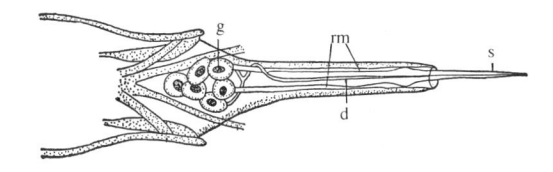

図Ⅷ-5-9　*Argulus* の刺針の構造．d：毒腺管，g：毒腺，rm；牽引筋，s：刺針（原図は Kabata, 1970）．

他の病原体に二次的な侵入門戸を提供することも重要である．チョウモドキが作る体表の傷にカビが付着することよって，サケ科魚では水カビ病になる可能性がある．また，チョウモドキが寄生したヤマメではせっそう病が伝播しやすいことが実験的に確かめられている（志村ら，1983b）．傷から *Aeromonas salmonicida* が侵入するものと考えられる．

（4）疫　学　チョウは水温が10℃を超える3月末から12月までが活動期で，特に5〜6月は孵化が盛んで大量寄生が起こりやすい（木村，1970）．冬にかけて水温の低下とともに多くの虫体は死滅するが，一部は越冬する．また，冬は卵の孵化も起こらず，卵のまま越冬する．一方，上述のように，チョウモドキでは越冬するのは虫卵のみである．

（5）診　断　わが国の淡水魚にはチョウとチョウモドキが寄生するが，両種が混合寄生した例は知られていない．チョウモドキのほうがやや大型であること，腹部の先端が尖っているのに対し，チョウでは鈍端に終わることで区別できる．

（6）対　策　チョウに対し，トリクロルホン 0.2〜0.3 ppm の池中散布が行われる．この処置によって25.4℃ですべての発育期の虫体が1日以内に死亡した（木村，1960）．しかし，卵には無効であるため，孵化後に再度薬浴をすることが必要である．

チョウモドキの寄生を受けたサケ科魚に対しては，短時間薬浴が実用的である．すなわち，トリクロルホンの 50〜100 ppm 30分，または 200 ppm 20分で高い駆虫効果が認められた（井上ら，1980）．

（小川和夫）

引用文献

粟倉輝彦（1972）：*Acanthocephalus minor* Yamaguti, 1935 の寄生によるサケ科魚類の鉤頭虫症について．水産孵化場研報, 27, 1-12.

粟倉輝彦・外崎　久・伊藤富子（1976）：北海道におけるコイ科魚類のリグラ条虫症について．水産孵化場研報, 31, 67-81.

Bauer, O. N. and G. L. Hoffman (1976): Helminth range extension by translocation of fish. In: Wildlife diseases (ed. by L. A. Page), Plenum Publ. Corp., New York, pp. 163-172.

Bauer, O. N., V. A. Musselius and Yu. A. Strelkov (1969): Diseases of pond fishes. English transl. by Israel Program for Scientific Translation, Jerusalem, 220 p.

藤田矢郎・依田勝雄・宇賀神　勇（1968）：養殖ブリ寄生するカリグスの駆除．魚病研究, 2, 122-127.

畑井喜司雄・堀田　和・窪田三朗（1987）：養殖マダイのクビナガ鉤頭虫症の病理組織学的研究．魚病研究, 22, 31-32.

第Ⅷ章　大型寄生虫病

Hesp, S. A, R. P. Hobbs and I. C. Potter (2002)：Infection of the gonads of *Glaucosoma hebraicum* by the nematode *Philometra lateolabracis*: occurrence and host response. *J. Fish Biol.*, 60, 663-673.

広瀬一美・関野忠明・江草周三 (1976)：ウナギの鰾寄生線虫 *Anguillicola crassa* の産卵, 仔虫の動向, および中間宿主について. 魚病研究, 11, 27-31.

Ho, J.-S., K. Nagasawa, I.-H. Kim and K. Ogawa (2001)：Occurrence of *Caligus lalandei* Barnard, 1948 (Copepoda, Poecilostomatoida) on amberjacks (*Seriola* spp.) in the western North Pacific. *Zool. Sci.*, 18, 423-431.

Hoshina, T. (1950)：Uber eine Argulus-Art im Salmoniden-teiche. *Bull. Japan. Soc. Sci. Fish.*, 16, 239-243.

井上　潔・志村　茂・斉藤　実・西村和久 (1980)：トリクロルホンによるチョウモドキの駆除. 魚病研究, 15, 37-42.

石井重実 (1915)：淡水飼養魚類の白点病調査報告. 水産講習所試報告, 12, 1-13.

Izawa, K. (1969)：Life history of *Caligus spinosus* Yamaguti, 1939 obtained from cultured yellow tail, *Seriola quinqueradiata* T. & S. (Crustacea; Caligidae). *Rep. Fac. Fish. Pref. Univ. Mie*, 6, 127-157.

Kabata, Z. (1970)：Diseases of fishes (ed. by S. F. Snieszko and H. R. Axelrod), Book I, T. F. H. Publications, Jersey City, 171 p.

笠原正五郎 (1962)：寄生性橈脚類イカリムシ (*Lernaea cyprinacea*) の生態と養殖池におけるその被害防除に関する研究. 東大水実業績, 3, 103-196.

亀谷俊也・安永統男・安元　進 (1979)：イシダイの脳内寄生メタセルカリア *Galactosomum* sp. 寄生虫学雑誌, 28, 増刊号, p.32.

亀谷俊也・安永統男・小川七朗・安元　進 (1982)：ウミネコの吸虫 *Galactosomum* sp. (養殖魚狂奔病の原因虫) について. 寄生虫学雑誌, 32, 増刊号, p.31.

木村正雄・延東　真 (1979)：カタクチイワシおよび養殖ハマチの旋回起因メタセルカリアについて. 魚病研究, 13, 211-213.

木村関男 (1960)：ディプテレックスによるチョウ (*Argulus japonicus* Thiele) の駆除. 水産増殖, 8, 141-150.

木村関男 (1970)：淡水魚に寄生するチョウ (*Argulus japonicus* Thiele) の繁殖に関する2, 3の生態. 淡水研報, 20, 109-126.

Kirk, R. S., J. W. Lewis and C. R. Kennedy (2000)：Survival and transmission of *Anguillicola crassus* Kuwahara, Niimi & Itagaki, 1974 (Nematoda) in seawater eels. *Parasitology*, 120, 289-295.

Koie, M. (1982)：The redia, cercaria and early stages of *Aporocotyle simplex* Odhner, 1900 — a digenetic trematode which has a polychaete annelid as the only intermediate host. *Ophelia*, 21, 115-145.

Kumon, M., T. Iida, Y. Fukuda, M. Arimoto and K. Shimizu (2002)：Blood fluke promotes mortality of yellowtail caused by *Lactococcus garvieae*. *Fish Pathol.*, 37, 201-203.

Kuwahara, A., A. Niimi and H. Itagaki (1974)：Studies on a nematode parasitic in the air bladder of the eel. I. Description of *Anguillicola crassa* n. sp. (Philometrodea, Anguillicolidae). *Japan. J. Parasitol.*, 23, 275-279.

松井佳一・熊田朝男 (1928)：魚病ニ関スル研究 (第一報). 鰻ニ寄生スル新橈脚類「イカリムシ」ニ就テ. 水産講習所試験報告, 23, 131-141.

Moravec, F. (1994)：Parasitic nematodes of freshwater fishes of Europe. Kluwer Acad. Publ., Dordrecht, 473 p.

中井信隆・小海英松 (1931)：イカリムシの生物学的研究. 水産試験場報告, 2, 93-128.

中井信隆・小海英松 (1932)：虹鱒に寄生する鈎頭虫の生物学的観察. 水産物理談話会報, 34, 581-586.

Nagasawa, K. and S. Egusa (1983)：Ecological factors influencing the infection levels of salmonids by *Acanthocephalus opsariichthydis* (Acanthocephala : Echinorhynchidae) in Lake Yunoko, Japan. *Fish Pathol.*, 18, 53-60.

中島健次・江草周三 (1972)：養殖ハマチに寄生する嚢虫に関する研究-XV. 生活史について. 魚病研究, 7, 6-14.

中島健次・江草周三 (1974)：養殖マゴイの腸管内に寄生する吸頭条虫-II. 罹虫状況および害性. 魚病研究, 9, 40-49.

中島健次・江草周三・中島東夫 (1970)：ブリに寄生する線虫 *Philometroides seriolae* の魚体脱出現象について. 魚病研究, 4, 83-86.

中島健次・杉山瑛之・江草周三 (1974)：マダイの筋肉内に虫竈をつくる吸虫 *Gonapodasmius okushimai* Ishii, 1935. 魚病研究, 8, 175-176.

Ogawa, K. (1992)：*Caligus longipedis* infection of cultured striped jack, *Pseudocaranx dentex* (Teleostei: Carangidae) in Japan. *Fish Pathol.*, 27, 197-205.

Ogawa, K. and S. Egusa (1986)：Two new species of *Paradeontacylix* McIntosh, 1934 (Trematoda : Sanguinicolidae) from the vascular system of a cultured marine fish *Seriola purpurascens*. *Fish Pathol.*, 21, 15-19.

Ogawa, K. and M. Fukudome (1994)：Mass mortality of imported amberjack (*Seriola dumerili*) caused by blood fluke (*Paradeontacylix*) infection in Japan. *Fish Pathol.*, 29, 265-269.

Ogawa, K. and H. Yokoyama (1998)：Parasitic diseases of cultured marine fish in Japan. *Fish Pathol.*, 33, 303-309.

Ogawa, K., K. Hattori, K. Hatai and S.S. Kubota (1989)：Histopathology of cultured marine fish, *Seriola purpurascens* (Carangidae) infected with *Paradeontacylix* spp. (Trematoda: Sanguinicolidae) in its vascular system. *Fish Pathol.*, 24, 75-81.

Ogawa, K., H. Andoh and M. Yamaguchi (1993)：Some biological aspects of *Paradeontacylix* (Trematoda: Sanguinicolidae) infection in cultured marine fish

引用文献

Seriola dumerili. Fish Pathol., **28**, 177-180.

Ogawa, K., T. Nakatsugawa and M. Yasuzaki (2004): Heavy metacercarial infection of cyprinid fishes in Uji River. *Fish. Sci.*, **70**, 132-140.

大林正士・紺野哲郎 (1966): クロソイ *Sebastes schlegeli* の筋肉から発見された *Liliatrema skrjabini* Gubanov, 1953 のメタセルカリアについて. 寄生虫学雑誌, **15**, 511-515.

Paperna, I. (1995): Digenea (Phylum Platyhelminthes). In: Fish diseases and disorders. Vol. 1. Protozoan and metazoan infections (ed. by P. T. K. Woo), CAB International, Wallingford, pp. 329-389.

Pike, A. W. and S. L. Wadsworth (2000): Sealice on salmonids: Their biology and control. *Adv. Parasitol.*, **44**, 233-337.

斉藤 奨 (1972): 横川吸虫と高橋吸虫の種の異同について. 1. 形態学的差異. 寄生虫学雑誌, **21**, 449-458.

斉藤 奨 (1973): 横川吸虫と高橋吸虫の種の異同について. 2. 第二中間宿主への感染実験. 寄生虫学雑誌, **22**, 39-44.

斉藤 奨 (1999): メタゴニムス —1960年以降の研究—. 「日本における寄生虫学の研究」第7巻 (大鶴正満・亀谷 了・林 滋生監修), 目黒寄生虫館, 205-215.

阪口清次 (1968): アコヤガイに寄生する吸虫の生活史ならびにその病害について. 国立真珠研報, **13**, 1635-1688.

阪口清次・柴原敬生・山形陽一 (1987): マダイに寄生する線虫, *Philometra lateolabracis* の寄生生態. 養殖研報, **12**, 73-78.

Sato, T., T. Hoshina and M. Horiuchi (1976): On worm cataract of rainbow trout in Japan. *Bull. Japan. Soc. Sci. Fish.*, **42**, 249.

Shiino, S. M. (1959): Sammlung der parasitischen Copepoden in der Prafekturuniversitat von Mie. *Rep. Fac. Fish., Pref. Univ. Mie*, **3**, 334-374.

Shimura, S. (1983): Seasonal occurrence, sex ratio and site preference of *Argulus coregoni* Thorell (Crustacea: Branchiura) parasitic on cultured freshwater salmonids in Japan. *Parasitology*, **86**, 537-552.

志村 茂・江草周三 (1980): チョウモドキの産卵生態について. 魚病研究, **15**, 43-47.

志村 茂・井上 潔・河西一彦・工藤真弘 (1983a): チョウモドキの寄生に伴うヤマメの血液性状の変化. 魚病研究, **18**, 157-162.

志村 茂・井上 潔・工藤真弘・江草周三 (1983b): ヤマメのせっそう病に対するチョウモドキの寄生の影響の検討. 魚病研究, **18**, 37-40.

篠原国一 (1970): 鯉糸状虫, いわゆるハリガネムシに関する研究. その生態と予防法について. 魚病研究, **5**, 1-3.

Stammer, J. (1959): Beitrage zur Morphologie, Biologie und Bekamphung der Karpflause. *Z. Parasitenk.*, **19**, 135-208.

鈴本博也 (1974): 宍道湖のカワチブナに発生したカリグス寄生による被害について. 魚病研究, **9**, 23-27.

高橋 誓 (1973): アユに寄生する条虫 *Proteocephalus plecoglossi* Yamagutiに関する研究—I. 滋賀県水産試験場研報, **24**, 63-82.

Taraschewski, H., F. Moravec, T. Lamah and K. Anders (1987): Distribution and morphology of 2 helminths recently introduced into European eel populations - *Anguillicola crassus* (Nematoda, Dracunculoidea) and *Paratenuisentis ambiguus* (Acanthocephala, Tenuisentidae). *Dis. Aquat. Org.*, **3**, 167-176.

Tokioka, T. (1936): Preliminary report on Argulidae found in Japan. *Annot. Zool. Japon.*, **15**, 334-343.

浦部美佐子・小川和夫・中津川俊雄・今西裕一・近藤高貴・奥西智美・加地祐子・田中寛之 (2001): 宇治川で発見された腹口類 (吸虫綱二生亜綱): その生活史と分布, 並びに淡水魚への被害について. 関西自然保護機構会誌, **23**, 13-21.

Urawa, S. and T. Kato (1991): Heavy infections of *Caligus orientalis* (Copepoda: Caligidae) on caged rainbow trout *Oncorhynchus mykiss* in brackish water. *Fish Pathol.*, **26**, 161-162.

Urawa, S., K. Muroga and S. Kasahara (1980): Studies on *Neoergasilus japonicus* (Copepoda: Ergasilidae), a parasite of freshwater fishes - II Development in copepodid stage. *J. Fac. Appl. Sci., Hiroshima Univ.*, **19**, 21-28.

Yamaguti, S. (1934): Studies on the helminth fauna of Japan. Part 4. Cestodes of fishes, I. *Japan. J. Zool.*, **6**, 1-112.

Yamaguti, S. (1935): Studies on the helminth fauna of Japan. Part 8. Acanthocephala, I. *Japan. J. Zool.*, **6**, 247-278.

Yamaguti, S. (1936a): Parasitic copepods from fishes of Japan. Part 1. Cyclopoida, I. Publ. by author, 8 p.

Yamaguti, S. (1936b): Parasitic copepods from fishes of Japan. Part 2. Caligoida, I. Publ. by author, 22 p.

Yasumoto, S. and K. Nagasawa (1996): Possible life cycle of *Longicollum pagrosomi*, an acanthocephalan parasite of cultured red sea bream. *Fish Pathol.*, **31**, 235-236.

安永統男・井上 潔 (1986): 1985年長崎県下の養殖イシダイに発生した吸虫性旋回病について. 魚病研究, **21**, 55-56.

安永統男・小川七朗・平川榮一・畑井喜司雄・安元 進・山本博敬 (1981): 海産魚のガラクトソマム症について—主として原因虫の種類と生活環の検討. 長崎県水産試験場研報, **7**, 65-76.

Yoshinaga, T., K. Ogawa and H. Wakabayashi (1989): Life cycle of *Hysterothylacium haze* (Nematoda: Anisakidae: Raphidascaridinae). *J. Parasitol.*, **75**, 756-763.

本書における魚介類の学名一覧

魚類（和名，五十音順，和名のない種類は英名，アルファベット順）

和名	学名
アイナメ	Hexagrammos otakii
アオハタ	Epinephelus awoara
アオバダイ	Glaucosoma hebraicum
アマゴ	Oncorhynchus masou macrostomus
アメマス	Salvelinus leucomaenis leucomaenis
アメリカウナギ（American eel）	Anguilla rostrata
アメリカナマズ（channel catfish）	Ictalurus punctatus
アユ	Plecoglossus altivelis
イカナゴ	Ammodytes personatus
イサキ	Parapristipoma trilineatum
イシガキダイ	Oplegnathus punctatus
イシダイ	Oplegnathus fasciatus
イソギンポ	Parablennius yatabei
イトウ	Hucho perryi
イワナ	Salvelinus pluvius
ウナギ	Anguilla japonica
ウマヅラハギ	Thamnaconus modestus
ウォーキングキャットフィッシュ（walking catfish）	Clarias batrachus
ウォールアイ（walleye）	Stizostedion vitreum vitreum
エゾイワナ→アメマス	
オイカワ	Zacco platypus
オオクチバス（largemouth black bass）	Micropterus salmoides
オオニベ	Argyrosomus japonicus (Nibea japonicus)
オニオコゼ	Inimicus japonicus
カサゴ	Sebastiscus marmoratus
カタクチイワシ	Engraulis japonica
カダヤシ（mosquitofish）	Gambusia affinis
カムルチー	Channa argus
カラフトマス	Oncorhynchus gorbuscha
カワスズメ（モザンピークテラピア）	Oreochromis mossambicus
カワハギ	Stephanolepis cirrhifer
カワマス	Salvelinus fontinalis
カンパチ	Seriola dumerili
キジハタ	Epinephelus akaara
キタマクラ	Canthigaster rivulata
キツネメバル	Sebastes vulpes
キビナゴ	Spratelloides gracilis
キンギョ	Carassius auratus
ギンザケ	Oncorhynchus kisutch
ギンダラ	Anoplopoma fimbria
クエ	Epinephelus moara (=E. bruneus)
クサフグ	Takifugu niphobles
クチボソ→ムギツク	
グッピー（guppy）	Poecilia reticulata
グレーリング（grayling）	Thymallus thymallus
クロソイ	Sebastes schlegeli
クロダイ	Acanthocephalus schlegeli
クロマグロ	Thunnus thynnus
コイ	Cyprinus carpio
コウライモロコ	Squalidus chankaensis
コクレン	Aristichthys nobilis
コチ	Platycephalus indicus
サクラマス	Oncorhynchus masou
サケ	Oncorhynchus keta
サバヒー（milkfish）	Chanos chanos
シーバス→ヨーロッパスズキ	
シマアジ	Pseudocaranx dentex
シラウオ	Salangichthys microdon
シロコバンザメ	Catostomus commersoni
シロチョウザメ（white sturgeon）	Acipenser transmontanus
スジアラ	Plectropomus leopardus
スズキ	Lateolabrax japonicus
スチールヘッド（トラウト）（steelhead trout）	Oncorhynchus mykiss
ストライプド・スネークヘッド（striped	Ophicephalus striatus

— 407 —

本書における魚介類の学名一覧

和名	学名
snakehead）	
ストライプド・バス（striped bass）	Morone saxatilis
スミツキハタ	Epinephelus melanostigma
スムースドッグフィッシュ	Mustelus canis
ソウギョ	Ctenopharyngodon idellus
タイセイヨウサケ（Atlantic salmon）	Salmo salar
タイセイヨウサバ（Atlantic mackerel）	Scomber scombrus
タイセイヨウタラ（Atlantic cod）	Gadus morhua
タイリクバラタナゴ	Rhodeus ocellatus ocellatus
タイワンドジョウ	Channa maculata
ターボット（turbot）	Scophthalmus maximus
チダイ	Evynnis japonica
チチブ	Tridentiger obscurus
チャイロマルハタ＝ヤイトハタ	Epinephelus malabaricus
チャンネルキャット→アメリカナマズフィッシュ	
ドジョウ	Misgurnus anguillicaudatus
トラフグ	Takifugu rubripes
ドワーフグラミー（dwarf gourami）	Colisa lalia
ナイルテラピア（テラピア，チカダイ）	Oreochromis niloticus (Sarotherodon niloticus)
ナガエバ	Caranx sexfasciatus
ナマズ	Silurus asotus
ニシキゴイ→コイ	
ニジマス	Oncorhynchus mykiss
ニシン	Clupea pallasii
ネオンテトラ（neon tetra）	Paracheirodon innesi (Hyphessobrycon innesi)
パイク（pike）	Esox lucius
ハクレン	Hypophthalmichthys molitrix
バラマンディー（barramundi）	Lates calcarifer
ハリバット（Atlantic halibut）	Hippoglossus hippoglossus
ヒガンフグ	Takifugu pardalis
ヒトミハタ	Epinephelus tauvina
ヒメマス（ベニザケ）	Oncorhynchus nerka
ヒラマサ	Seriola lalandi
ヒラメ	Paralichthys olivaceus
フナ	Carassius autatus
ブラウントラウト（brown trout）	Salmo trutta
ブラウンブルヘッド（brown bullhead）	Ameiurus nebulosus
ブラックモリー（black molly）	Poecilia latipinna
ブリ	Seriola quinqueradiata
ブルーギル（bluegill sunfish）	Lepomis macrochirus
ブルーキャットフィッシュ（blue catfish）	Ictalurus furcatus
プレイス（plaice）	Pleuronectes platessa
ベニザケ	Oncorhynchus nerka
ペヘレイ（pejerrey）	Odontesthes bonariensis
ホウボウ	Chelidonichthys spinosus
ボラ	Mugil cephalus
ホワイトパーチ（white perch）	Morone americanus
マアジ	Trachurus japonicus
マイワシ	Sardinops melanosticta
マコガレイ	Limanda yokohamae
マサバ	Scomber japonicus
マスノスケ	Oncorhynchus tshawytscha
マダイ	Pagrus major
マツカワ	Verasper moseri
マハゼ	Acanthogobius flavimanus
マハタ	Epinephelus septemfasciatus
マルエバ	Caranx ignobilis
マルコバン	Trachinotus blochii
マンボウ	Mola mola
ミマミマグロ（south bluefin tuna）	Thunnus maccoyii
ムギツク	Pungtungia lilgendorfi
ムシガレイ	Eopsetta grigorjewi
ムツ	Scombrops boops
メジナ	Girella punctata
メバル	Sebastes inermis
メンハーデン（menhaden）	Brevoortia tyrranus
ヤイトハタ	Epinephelus malabaricus
ヤマメ	Oncorhynchus masou masou
ヨーロッパウナギ	Anguilla anguilla

本書における魚介類の学名一覧

和名	学名	英名	学名
ヨーロッパスズキ (sea bass)	*Dicentrarchus labrax*	Greenback flounder	*Rhombosolea tapiria*
		Macqurie perch	*Macquaria australasia*
ヨーロッパナマズ (European catfish, sheatfish)	*Silurus glanis*	Mountain galaxies	*Galaxias olidus*
		Mountain whitefish	*Coregonus* sp.
		Mummichog	*Fundulus heteroclitus*
ヨーロッパヘダイ (gilthead sea bream)	*Sparus aurata*	Murray cod	*Maccullochella peelii*
		Northern anchovy	*Engraulis mordax*
レイクトラウト (lake trout)	*Salvelinus namaycush*	Pacific sardine	*Sardinops sagax*
		Perch	*Perca fluviatilis*
レッドフィン・パーチ (redfin perch)	*Perca fluviatilis*	Pilchard	*Sardinops segax neopilchardus*
ワカサギ	*Hypomesus olidus*	Platyfish	*Xiphophorus maculatus*
Angelfish	*Pterophyllum eimekei*	Rainbowfish	*Melanonotaenia eachamensis*
Australian bass	*Macquaria novemaculeata*		
Australian smelt	*Retropinna semoni*	Roach	*Rutilus rutilus*
Black smith	*Chromis punctipinnis*	Silver perch	*Bidyanus bidyanus*
Chub	*Squalius cephalus*	(Sole)	*Rhombosolea tapirina*
Cisco	*Coregonus artedii*	Smelt	*Osmerus eperlanus*
Dab	*Limanda limanda*	Southern flounder	*Paralichthys lethostigma*
Discus	*Symphysodon discus*	Striped trumpeter	*Latris lineata*
Dover sole	*Solea solea*	Summer flounder	*Paralichthys dentatus*
(Eel)	*Anguilla reinhardti*	Tench	*Tinca tinca* (*Tinca vulgaris*)
Emerald shiner	*Notemigonus atherinoides*	Thick-lipped mullet	*Chelon labrosus*
English flounder	*Pleuronectes flesus*	Tiger barb	*Barbs tetrazona*
English sole	*Pleuronectes vetulus*	(Tilapia)	*Oreochromis aureus*
European char	*Salvelinus alpinus*	Tube	*Leuciscus cephalus*
European redeye minnow	*Leuciscus rutilus*	Whitefish	*Coregonus musksun* / *Coregonus peled*
Fathead minnow	*Pimephales promelas*	White sea bass	*Atractoscion nobilis*
Fathead sole	*Hippoglossoides elassodon*	White sucker	*Catostomus commersoni*
		Winter flounder	*Pseudopleuronectes americanus*
Gizzard shad	*Dorosoma cepedianum*		
Golden perch	*Macquaria ambigua*	Yellowtail flounder	*Limanda ferruginea*
Golden shiner	*Notemigonus crysoleucas*		

甲殻類

和名	学名
アシハラガニ	*Helice tridens*
アメリカンロブスター (American lobster)	*Homarus americanus*
インドエビ	*Penaeus indicus*
ウシエビ (black tiger shrimp)	*Penaeus monodon*
オニテナガエビ (giant freshwater prawn)	*Macrobrachium resenbergi*
ガザミ	*Portunus trituberculatus*
クマエビ (green tiger prawn)	*Penaeus semisulcatus*
クルマエビ	*Penaeus japonicus*
コウライエビ	*Penaeus chinensis*
ズワイガニ	*Chionoecetes opilio*
テラオクルマエビ (aloha prawn)	*Penaeus marginatus*
ノーザンピンクシュリンプ (northern pink	*Penaeus duorarum*

本書における魚介類の学名一覧

shrimp）		ベニズワイガニ	*Chionoecetes japonicus*
ノーザンブラウンシュリンプ（northern brown shrimp）	*Penaeus aztecus*	ホワイトレッグシュリンプ（white leg shrimp）	*Penaeus vannamei*
ノーザンホワイトシュリンプ（northern white shrimp）	*Penaeus setiferus*	モクズガニ	*Eriocheir japonicus*
		ヨシエビ	*Metapenaeus ensis*
バナナエビ（banana prown）	*Penaeus merguiensis*	ヨーロッパザリガニ（European crayfish）	*Astacus astacus*
フトミゾエビ	*Penaeus latisulcatus*	ヨーロピアンロブスター（European lobster）	*Homarus gammarus* (*Homarus vulgaris*)
ブラウンタイガープロウン（brown tiger prawn）	*Penaeus esculentus*	レッドクロウザリガニ（red-claw freshwater crayfish）	*Cherax quadricarinatus*
ブルーシュリンプ（blue shrimp）	*Penaeus stylirostris*	レッドテイルプロウン（red-tail prawn）	*Penaeus penicillatus*

軟体動物（貝類）

アカアワビ	*Haliotis ruber*	ホタテガイ	*Patinopecten yessoensis*
アコヤガイ	*Pinctada fucata martensii*	ホタルイカ	*Watasenia scintillans*
アサリ	*Ruditapes philippinarum*	ポルトガルガキ	*Crassostrea angulata*
イタボガキ	*Ostrea denselamellosa*	ホンイラクサニシキガイ	*Chlamys hastata*
イワガキ	*Crassostrea nippona*	マガキ	*Crassostrea gigas*
ウスヒラアワビ	*Haliotis laevigata*	マルアワビ	*Haliotis cyclobates*
エゾバフンウニ	*Strongylocentrotus intermedius*	ミツウネアワビ	*Haliotis scalaris*
		ミヤイリガイ（カタヤマガイ）	*Oncomelania hupensis nosophora*
オリンピアガキ	*Ostrea lurida*		
カワニナ	*Semisulcospira libertina*	ムラサキイガイ	*Mytilus galloprovincialis*
カワヒバリガイ	*Limnoperna fortunei*	モノアラガイ	*Radix auricularia japonica*
クロアワビ	*Haliotis discus discus*	モモイロニシキ	*Chlamys rubida*
ケガキ	*Saccostrea kegaki*	ヨーロッパアサリ	*Ruditapes decussata*
シドニーガキ	*Saccostrea glomerata* (*Saccostrea commercialis*)	ヨーロッパヒラガキ	*Ostrea edulis*
		Atlantic calico scallop	*Argopecten gibbus*
スミノエガキ	*Crassostrea ariakensis*	Australian oyster	*Ostrea angai*
トコブシ	*Sulculus diversicolor supratexta*	Black abalone	*Haliotis cracherodii*
		New Zealand flat oyster	*Tiostrea chilensis*
トリガイ	*Fulvia mutica*		
バージニアガキ（アメリカガキ, Eastern oyster）	*Crassostrea virginica*		

病原体・寄生虫　索引

A

Acanthocephalus acerbus　395
　A. aculeatus　395
　A. echigoensis　395
　A. minor　395
　A. opsariichthydis　395
Aerococcus viridans var. *homari*　135
Aeromonas allosaccharophila　152
　A. bestiarum　152
　A. caviae　151, 152
　A. enchelia　152
　A. hydrophila　17, 147, 150
　A. hydrophila biovar. *hydrophila*　154
　A. hydrophila subsp. *anaerogenes*　152
　A. hydrophila subsp.（biovar）*hydrophila*　152
　A. jandaei　152
　A. liquefaciens　150, 151, 152, 157
　A. punctata　17, 150, 151, 152
　A. salmonicida　141, 142, 145, 146, 147, 403
　A. salmonicida subsp. *achromogenes*　141
　A. salmonicida subsp. *masoucida*　141
　A. salmonicida subsp. *nova*　141
　A. salmonicida subsp. *salmonicida*　141, 145, 147
　A. salmonicida subsp. *smithia*　141
　A. sobria　151, 152
　A. veroni　152
Alella macrotrachelus　397
Amyloodinium ocellatum　286, 292
Anguillicola crassus　391, 393
Anoplodiscus tai　353
Aphanomyces invadans　271
　A. piscicida　271
Aporocotyle simplex　383
Argulus coregoni　402
　A. foliaceus　66
　A. japonicus　402
　A. scutiformis　402
Aspinatrium spari　353
Atkinsiella dubia　278

Atypical *Aeromonas salmonicida*　146

B

Baculovirus penaei　97, 106
Batrachobdella smaragdina　381
Benedenia epinepheli　361, 364
　B. hoshinai　360, 364
　B. seriolae　360, 362, 364
Bivagina tai　365, 366, 368, 369
Bonamia exitiosus　321
　B. ostreae　321, 325
Bothriocephalus acheilognathi　389
Branchiomyces demigrans　265
　B. sanguinis　265
Brooklynella hostilis　307
Bucephalus varicus　382

C

Calceostoma sp.　353
Caligus clemensi　396
　C. elongatus　396
　C. fugu　401
　C. lalandei　400, 401
　C. longipedis　399
　C. orientalis　399, 401
　C. seriolae　401
　C. spinosus　399, 400
Callotetrarhynchus nipponica　389
Ceratomyxa shasta　340
Chilodonella cyprini　305
　C. hexasticha　306
　C. piscicola　302, 305
Chondrococcus columnaris　17, 173
Choricotyle elongata　353
Citrobacter freundii　134
Clinostomum complanatum　385
Clostridium botulinum　135
Coxiella cherax　220
Cryptobia salmositica　286, 293
Cryptocaryon irritans　286, 296, 297, 298,

299, 301, 302
Cytophaga columnaris　173
　C. marina　215
　C. psychrophila　178

D

Dactylogyrus extensus　354, 356
　D. inversus　354, 356
　D. vastator　354, 356, 357
Dermocystidium anguillae　264
　D. koi　264
　D. salmonis　264
Digramma alternans　390
Diplostomum sp.　386, 388
　D. spathaceum　386
Diplozoon nipponicum　353

E

Edwardsiella hoshinae　188, 189
　E. ictaluri　134, 188, 189, 196
　E. tarda　17, 75, 188, 189, 192, 195, 198
Enterococcus seriolicida　199
Enterocytozoon salmonis　319
Enteromyxum fugu　342
　E. leei　342
　E. scophthalmi　342
Eubacterium tarantellae　135
Eudiplozoon nipponicum　353
Exophiala spp.　277

F

Flavobacterium branchiophila　169
　F. branchiophilum　7, 169, 171, 172, 173
　F. columnare　17, 173, 174, 176, 217
　F. psychrophilum　178, 180, 182, 183, 217
Flexibacter maritimus　215
　F. ovolyticus　135, 215
　F. psychrophilus　178
Fusarium graminearum　280
　F. moniliforme　280
　F. solani　277, 281

G

Gaffkya homari　135
Galactosomum sp.　386

Glugea plecoglossi　286, 309, 310
　G. stephani　286
　G. takedai　318
Gonapodasmius okushimai　381
Goussia carpelli　287
Gyrodactylus bullatarudis　358
　G. derjavini　360
　G. egusai　359
　G. japonicus　359
　G. joi　359
　G. kherulensis　359
　G. kobayashii　359
　G. masu　359
　G. nipponensis　359
　G. plecoglossi　359
　G. rubripedis　359, 360
　G. salaris　358, 359, 360
　G. sprostonae　359
　G. tominagai　359

H

Haliphthoros milfordensis　278
Halocrusticida awabi　279
　H. okinawaensis　278
　H. panulirata　278
　H. parasitica　278
Haplosporidium costale　322
　H. nelsoni　322, 325
Hemiclepsis maraginata　293, 381
Herpesvirus salmonis　48, 49
Heteraxine heterocerca　365, 366, 367, 369
Heterobothrium okamotoi　370, 372, 373, 374
Heterosporis anguillarum　313, 314
Heterosporium tshawytschae　275
Hexamita salmonis　294
Hoferellus carassii　343
Hysterothylacium haze　391

I

Ichthyobodo necator　286, 289, 291, 302
　I. pyriformis　289
Ichthyophonus hoferi　273
　I. irregularis　273
Ichthyophthirius multifiliis　286, 295, 297, 298, 301

Ichthyosporidium hoferi 273

K

Kabatana takedai 318
Kudoa amamiensis 342
　K. histolytica 342
　　K. iwatai 342
　　K. musculoliquefaciens 342

L

Lactococcus garvieae 21, 199, 204, 385
Lagenidium callinectes 278
　L. myophilum 278
　L. thermophilum 278
Lepeophtheirus salmonis 396, 401
Leptotheca fugu 342
Lernaea cyprinacea 395, 397
　L. parasiruli 398
Ligula sp. 390
Liliatrema skrjabini 386
Loma salmonae 286, 319
Longicollum pagrosomi 394

M

Marteilia refringens 321
　M. sydneyi 321
Marteilioides branchialis 327
　M. chungmuensis 326
Megalobenedenia derzhavini 361, 362, 364
Metagonimus miyatai 387
　M. takahashii 387
　M. yokogawai 387
Miamiensis avidus 308, 309
Microcotyle sebastis 365, 368, 369
　M. sebastisci 365, 366, 368
Microsporidium seriolae 316
Mikrocytos mackini 322
　M. roughleyi 321
Mycobacterium chelonae 136
　M. fortuitum 136
　M. marinum 136
　M. sp. 136
Myxidium fugu 342
　M. leei 342
　M. matsui 342
　M. sp. TP 342
Myxobolus acanthogobii 348
　M. artus 346
　M. buri 3, 348
　M. cerebralis 340
　M. koi 344
　M. musseliusae 344
　M. toyamai 344

N

Neobenedenia girellae 361, 362, 363, 364
　N. melleni 363
Neoheterobothrium hirame 370, 371, 373, 374, 375
Neoparamoeba pemaquidensis 294
Nocardia asteroides 136, 212
　N. kampachi 211
　N. seriolae 211
Nucleospora salmonis 319

O

Ochroconis humicola 275, 276
　O. sp. 276
　O. tshawytschae 275, 276
Ovipleistophora mirandellae 320

P

Paracolobactrum anguillimortiferum 17, 188, 189, 192
Paradeontacylix grandispinus 382, 383, 385
　P. kampachi 382, 383, 385
Pasteurella piscicida 207
Perkinsus atlanticus 323
　P. marinus 323
　P. olseni 323
　P. olseni/atlanticus 323, 325
　P. qugwadi 328
Pfiesteria piscicida 6
Philasterides dicentrarchi 308, 309
Philometra lateolabracis 391, 392
　P. ocularis 391
　P. pinnicola 391
Philometroides cyprini 391, 392
　P. seriolae 391, 392
Philonema oncorhynchi 391

Photobacterium damselae　134, 207
　P. damselae subsp. *piscicida*　207, 210
Piscicola geometra　66, 293
Piscirickettsia salmonis　220, 221, 222
Pleistophora mirandellae　320
Plistophora anguillarum　312
Polylabris japonicus　353
Proteocephalus plecoglossi　390
Pseudanthocotyloides　354
Pseudergasilus zacconis　395
Pseudocaligus fugu　401
Pseudodactylogyrus anguillae　355, 356, 357
　P. bini　355, 356, 357
Pseudomonas anguilliseptica　18, 196
　P. chlororaphis　134
　P. fluorescens　134, 193
　P. plecoglossicida　7, 184, 187

R・S

Renibacterium salmoninarum　137, 139, 140
Rhabdovirus carpio　64
Rhabdovirus olivaceus　87
Salmincola californiensis　397
　S. carpionis　396, 397
Saprolegnia diclina　267, 269
　S. diclina Type I　7
　S. invaderis　269
　S. parasitica　17, 267
Scolecobasidium humicola　275
Scytalidium infestans　277
Septemcapsula yasunagai　343
Serratia liquefaciens　134
Spironucleus barkhanus　294
Staphyloccocus epidermidis　136, 203
　S. aureus　140
Streptococcus difficile　203
　S. equisimilis　199, 203
　S. faecalis　199
　S. faecium　199
　S. iniae　75, 199, 204, 206
　S. shiloi　203

T

Tenacibaculum maritimum　214, 216
　T. ovolyticum　135, 217

Tetracapsuloides bryosalmonae　341
Tetrahymena corlissi　309
　T. pyriformis　302, 303, 306, 309
　T. thermophila　302
Tetraonchus awakurai　353
　T. oncorhynchi　353
Thelohanellus hovorkai　343
　T. kitauei　343
Trachelobdella okae　381
Trichodina acuta　304
　T. fugu　304
　T. jadranica　304
　T. japonica　304
　T. reticulata　304
　T. truttae　304, 305
Trichomaris invadens　277
Tripartiella epizootica　304
Trypanoplasma borreli　293
　T. salmositica　293
Trypanosoma carassii　293

U・V

Uronema marinum　308, 309
　U. nigricans　308, 309
Vibrio alginolyticus　168, 211
　V. anguillarum　158, 161
　V. anguillicida　158, 165
　V. carchariae　135
　V. cholerae　160, 166
　V. damsela　134, 207
　V. harveyi　135, 168, 229
　V. ichthyodermis　158
　V. ichthyoenteri　8, 160, 167
　V. ordalii　160, 163
　V. parahaemolyticus　4, 168
　V. penaeicida　160, 230
　V. piscium　158
　V. piscium var. *japonicus*　158
　V. salmonicida　135
　V. trachuri　168
　V. vulnificus　160, 165

Y・Z

Yersinia ruckeri　189, 226, 228, 229
Zeuxapta japonica　365, 366, 368

事項索引

あ 行

R因子　163
RSIV　75
RSD　271（red spot disease）
R型　141
RKV　49
RTE-2　33
RTFS（rainbow trout fry syndrome）　180
RTG-2　29, 33
RT-PCR法　140, 232
RPS（relative percent survival）　48
RV-PJ　100
R-プラスミド　210
IHHNV　104
IHN（infectious hematopoietic necrosis）　13, 38
IHNV　8, 11, 29, 39
ISA（infectious salmon anemia）　31, 60
ISAV　60
i-抗原　300, 303
IPN（infectious pancreatic necrosis）　18, 29, 44
IPNV　29, 44
アカンテラ幼生　394
アカントール幼生　394
Aquabirnavirus　71
aquabirnavirus　74
アクリジン・オレンジ染色　191, 222
麻の実培養法　265
acyclovir　50, 52
アジュバント　188
アセチルコリンエステラーゼ　143
亜中心位型　269
穴あき病　19, 147, 149
アニサキス　5
アピコンプレックス　287
アファノマイセス病　265
アポトーシス　203
奄美クドア症　342
網替え　365, 374

アミルウージニウム症　292
アメーバ性鰓病　294
RFTM（Ray's fluid thioglycollate medium）　324, 326, 328
アルグルス症　402
α型溶血　199
アンドロギナス型　270
ERM（Enteric redmouth）　226
EIBS（erythrocytic inclusion body syndrome）　32, 58
EHN（epizootic hematopoietic necrosis）　31, 89
EHNV　76, 89
ESC（enteric septicemia of catfish）　134, 188, 196
EGC（eosinophilic granular cell）　301
EPA　13
EPO（epitheliocystis organism）　223
EPC　33, 296
EPDC（Emphysematous putrefactive disease of catfish）　193
EVE　36
EVEX　36
EVA　36
EUS（epizootic ulcerative syndrome）　46, 271
イカリムシ　4, 17, 395, 397
イクチオボド症　289
イクチオホヌス症　273
異型肥大細胞　77
異常卵塊　326
遺伝子型　53, 175, 180, 192
イトミミズ　195, 196, 339
易熱性抗原　160
イリドウイルス　75
イリドウイルス科　89
イリドウイルス病　21, 76
in situ hybridization　85
インターフェロン　56
ウイルス血症　101
ウイルス性血管内皮壊死症　18

事項索引

ウイルス性出血性敗血症　29, 53
ウイルス性神経壊死症　81
ウイルス性旋回病（VWD）　62
ウイルス性腹水症　70
ウイルス保有成魚　41
ウイルス誘発腫瘍　51
運動性エロモナス　150, 151, 152, 154, 156, 157
運搬宿主　391
HRM（Hagerman redmouth）　226
HIRRV　87
HINAE　80, 81
HI寒天培地　202, 206
HEPC（herpesviral epidermal proliferation in carp）　67
HPV　105
栄養体　293, 295, 298, 313, 322, 325, 328
栄養体期　324
API 20E　162, 166, 195, 229
API20NEシステム　185, 187
A layer　142, 145
疫学　9
エグドベト病　29, 53
SHK-1細胞　60
SSN-1細胞　83
SSO病　322
SS寒天培地　132, 152, 188, 194, 195
SMV　106
S型　141
SKDM培地　137, 139
SJNNV　81, 82
S層（S-layer）タンパク　154
SPR（specific pathogen resistant）　110
SBI（swim bladder inflammation）　65
SPX（scallop protistan X）　328
SPF（specific pathogen-free）　110, 223
SVC（spring viremia of carp）　29, 64
SVCV　8, 64
XLD寒天培地　188
XLD培地　195
X細胞　320
エドワジエラ症　188, 192, 193, 194, 195
エドワジエラ敗血症　134
NeVTA　48
ND_{50}　63

エピテリオシスチス病　223
エピテリオシスチス類症　225
FA培地　141, 145
FMM培地　216
MSX病　322, 324
MCMS（mid-crop mortality syndrome）　106
MBV　103, 106
鰓うっ血症　18
エラオ（鰓尾）類　395
鰓ぐされ　173
鰓黒病　280, 281
鰓結節型　213
えら腎炎　17
エラスターゼ　154
鰓病　17
エラムシ症　365, 369
エリスロマイシン　140
LOVV　108
LCD（lymphocystis disease）　29, 79
LCDV　79
LD_{50}　185, 204, 228
LPV　106
塩化リゾチーム　301
塩水浴（食塩水浴）　301, 306, 357, 360, 369, 375
エンテロトキシン　154
遠藤培地　199
塩類細胞　298
オイルアジュバント　188
黄脂症　4
OIE　23, 24
OMV　48, 49
OMVD（Oncorhynchus masou virus disease）　31
OVV　38
小川培地　211, 214
オキシダント　53
オキシテトラサイクリン　146, 148, 183, 195, 220, 229, 232
尾ぐされ　173
オクロコニス症　275
オゾン処理　43, 53
オルソミキソウイルス科　60
オンコミラシジウム　353

か 行

カイアシ類　395
海水サイトファガ寒天培地　216, 219
回転病　37
外毒素　191
外部寄生細菌　218
改変サイトファガ培地　178
潰瘍性真菌症　271
潰瘍性せっそう病　148
加温　89, 183, 198
化学療法　141, 146, 157, 229
過酸化脂質　4
過酸化水素　268, 365, 375, 401
褐色色素　141, 145, 147, 184, 185
滑走運動　169, 174, 177, 178
滑走細菌症　214, 215
下等菌類　263
化膿性炎　201, 213
株化細胞　29
ガフケミア　135
カプリル酸　302
過マンガン酸カリ　172
ガメトゴニー　340
カラムナリス病　6, 17, 173
カリグス症　399
カリムス　399
簡易同定キット　202
眼球突出　201, 205
環境因子　2, 3
環境制御　133, 196
間接発芽　267
感染経路　161
感染門戸　42, 160
飢餓菌　154
擬充尾虫　389
気腫性腐敗症　193
季節変動　10
キセノマ　310, 311, 312, 319
気中菌糸　211
基底細胞がん　51
基本小体　224
吸血　353, 366
球状封入体　264
急性ウイルス血症　100
吸着・侵入能　209

吸虫性旋回病　386, 387, 388
吸虫性白内障　386, 389
吸虫病　381
吸頭条虫　389
休眠胞子　267
休薬期間　20, 133
共同凝集試験　140
莢膜　209
莢膜様抗原　201
極管　288, 310
魚病学　7, 19
魚類由来培養細胞　33
キロドネラ症　305
菌体外産物（ECP）　143, 159, 208, 228
菌体外毒素　154
菌体内毒素　191
菌類の分類　264
空胞変性　84
躯幹結節型　213
クサリフクロカビ目　278, 280
口赤病　156, 157
口ぐされ　173
口白症　8, 93
屈曲運動　169, 174, 177
クドア症　341
クビナガコウトウチュウ　394
組換えタンパク質　89, 103
クラミジア　223
グラム陰性菌　129
グラム陽性菌　129
グリチルリチン　202
グルゲア症　309
クレアチニンキナーゼ　202
グロキジウム　381
クロミスタ界　263
クロラミンＴ　172
経口感染　5, 144, 195, 310, 315
経口攻撃法　230
蛍光抗体法（試験）　78, 140, 172, 220
蛍光タンパク遺伝子　187
経口免疫　162, 202
経口ワクチン　22, 133, 146, 203
経鰓感染　144
経皮感染　5, 144, 315
経卵感染　43

KHV　24, 67
K抗原　160, 197
KDM-2培地　132, 137, 139
血管内吸虫　202, 382
血球凝集能　208
血清型　45, 143, 160, 170, 179, 191, 226
結節様構造物　207, 231
欠乏症　3, 13
ゲル内沈降反応　139, 154, 157
検疫　24
ゲンマ（厚膜胞子）　267
ケンミジンコ　389, 390
コイ春ウイルス血症　24, 64
甲殻虫　395
交互宿主　340
鉤状毛　267
交接嚢　394
抗体　9, 13, 24
鉤頭虫　393
紅斑性皮膚炎（CE）　64, 147
厚膜胞子　281
co-culture　52
国際獣疫事務局（OIE）　23
コクシジウム腸炎　287
黒色真菌　275, 277
コスチア症　289
固着器　354, 357, 360
固着盤　353, 354, 358, 362, 364, 365, 368, 371, 372
cotton mouth　173
コペポディド　395, 397, 399, 402
コラキジウム　389
コルチゾール　144, 194
コロナウイルス　149
コンカナバリンA（Con A）　312

さ　行

細菌性鰓病（BGD）　11, 169
細菌性出血性腹水病　184
細菌性腎臓病（BKD）　11, 136
細菌性腸管白濁症　8, 11, 167
細菌性溶血性黄疸　136
細菌性冷水病（BCWD）　11, 177
細菌同定キット　185
サイトファガ寒天培地　132, 174, 215

鰓薄板　171, 172, 176, 291, 294, 298, 306, 356
鰓弁　171, 176, 356
細胞性免疫　9, 134, 211, 223
細胞内寄生体　209
細胞内増殖性細菌　212
細胞変性効果　39
在来マス　141, 172
サケ科魚類リケッチア敗血症　221
サケジラミ　396
サドルバック　2
蛹　4, 16
Salmonid herpesvirus　50
酸素消費量　172
酸素濃度　202
三代虫　358
GIV　77
CE（carp erythrodermatitis）　64, 147
CEV　67
CHSE-214　29
GSIV　77
CSTV　49
GNV　38
CMC　17
CLO（chlamydia-like organism）　223
CO_2インキュベータ　33
CCV　37
GPI（glycosyl-phosphatidylinositol）　300
CPE　39, 54, 63, 221
CBB培地　145
G＋C含量（GC値）　137, 152, 169, 178, 185, 217, 226
GY寒天培地　265
ジェリーミート　341
紫外線処理（照射）　43, 53, 88
自家感染　311, 391
自己凝集（性）　138, 142, 145, 179
糸状菌　211
システイン血液寒天培地　137
システイン血清寒天（CSA）培地　137
シスト　224, 225, 293, 295, 305, 311, 313, 317, 343
シストアカンス　394
持続感染　63
持続的養殖生産確保法　23, 57
シゾゴニー　340

事項索引

シデロフォア　159, 191, 228
自発凝集　220
シメチジン　369
ジャイレース遺伝子　180
弱毒株　43, 134
周縁小鉤　354
重感染　75
住血鞭毛虫　293
シュードダクチロギルス症　354
シュードモナス病　184
受精卵洗浄　99
出血性壊死　61
出血性貧血　346
受動免疫　300
種苗生産　7, 8, 10, 81, 214
種苗放流　6
腫瘍　50
昇温　42, 59, 69, 312
条件性細胞内寄生体　134, 211
条件性病原菌　131, 202, 219
条虫　389
消毒　19, 21, 43, 145, 183
小嚢　278
小分生子　281
食細胞抵抗性　209
食中毒細菌　4
CyHV-1　67, 68
新穴あき病　148
心外膜炎　77
人魚共通病原菌（体）　133, 165, 191
真菌性肉芽腫症　270
真菌病　263
神経細胞（組織）の壊死　63, 85
浸漬感染（攻撃）　131, 137, 148, 187, 205
浸漬免疫法　162
腎腫大症　343
浸漬ワクチン　22, 57, 133
診断　18, 19, 23
人畜共通伝染病　133
人畜共通病原体　133
Syndrome 93　231
シンポジオ型　275
水産資源保護法　23
水産用医薬品　20, 133
垂直感染（伝播）　13, 41, 46, 85, 102, 139, 182

水平感染（伝播）　41, 85, 102, 139
髄膜脳炎　203
スーパーオキシドジスムターゼ　192
スクーチカ繊毛虫　307
スタンプ標本　52, 78
ストレス　6, 144, 194, 292, 299, 304, 305
ストレス反応　3
スポロゴニー　285, 288, 311
スポロシスト　381
スポロフォロシスト　313
スポロブラスト　317
スポロント　288, 311, 313, 317, 318
スレ　7, 17, 187
生活環　321, 339, 381, 389, 391
脊椎湾曲（症）　3, 180
赤点病　18, 196
赤斑病　156
背こけ病　4
赤血球封入体症候群　58
接合菌類　263
接触感染　96
せっそう病　4, 22, 25, 141, 146
セラトミクサ症　10, 340
セルカリア　381
セロント　295
繊維素性化膿炎　192
旋回運動（遊泳）　63, 85, 387
旋回病　45, 340
前額糸　399
前擬充尾虫　389
選択（鑑別）培地　132, 206, 229
線虫　390
腺房細胞　46, 72
線毛　171
繊毛運動　298, 300
繊毛虫　287
造血組織　40, 55, 90
創傷　7, 187
創傷感染　218
増殖性腎臓病　341
造精枝　269
造卵器　269
ゾエア期　97, 106
粟粒結節　211
側湾症　348

sodium benzimidazole　42
ZoBell 2216E 寒天培地　162, 230

た 行

体液性免疫　9
胎生　358
耐性菌　133, 146
耐病性育種（品種）　25, 110, 133, 341
大分生子　281
タウラ症候群　107
多核球状体　273
ダクチロギルス症　354
武田微胞子虫　318
多後吸盤類　353
WSIV　78
WSS（white spot syndrome）　99
WSSV　100, 107
WSD（white spot disease）　99
単後吸盤類　353
淡水浴　294, 360, 365
単生虫（単生類）　353
チオグリコレート液体培地　189
チオニン陽性細胞　301, 360
地方流行病　10
中間宿主　321, 381, 389, 391, 394
注射免疫　48, 78, 103, 111, 202
注射ワクチン　22, 133, 146
中心位型　269
中腸腺　230
中和抗体　56
チョウ　402
腸炎ビブリオ　4
腸管感染　157
腸管白濁症　167
腸内細菌性敗血症　188
腸内細菌相　156
ちょうまん　192
チョウモドキ　402
直接発芽　267
治療　19, 132
Dee disease　136
DHL 寒天培地　188, 195
DSSS（double strength Salmonella Shigella）
　　液体培地　189, 194
TSV　107

DNA-DNA 相同性（相同値, 相同率, ホモロジー）
　　170, 185, 212, 215
DNAワクチン　43
ディクリナス型　269, 270
TCBS 寒天培地　132, 162, 165, 166, 230
TTC　201
ディディモゾーン　381
TBTO（tri-butyl-tin-oxide）　3, 348
ディプテレックス　17, 397
TYES 培地　178
TY 寒天培地　174
TYC 培地　216
鉄獲得能　154, 228
鉄取り込み能　159, 209
デルモシスチジウム症　264
テロハネルス症　343
点状出血　197
伝染性サケ貧血症　60
伝染性造血器壊死症（IHN）　11, 25, 38
伝染性皮下造血器壊死症（IHHN）　104
伝染性膵臓壊死症（IPN）　25, 29, 44
伝染性腹水症　147
転覆病　85
等脚類　395
頭部潰瘍病　149
動物用医薬品　20
動物流行病　9
動物流行病学　9
トーマイト　295
トガウイルス科　58
特異的防御　9
特定疾病　23, 24, 57
毒力　9, 10, 175
共食い　98, 102
トモント　295
トリクロルホン　357, 399, 403
トリコジナ症　303
トリコマリス症　277
トロホント　295

な 行

内臓型冷水病　180
内臓真菌症　269
内部寄生水カビ病　270
ナグビブリオ病　166

事項索引

夏病　　176
生ワクチン　　43, 81, 134, 196, 214
軟胞子虫　　341
肉芽腫　　138, 272
肉芽腫性炎　　201, 213
ニジマス仔魚症候群　　180
日本海裂頭条虫　　5
日本住血吸虫　　5
ニマウイルス（Nimaviridae）科　　99
乳酸　　172
乳頭腫　　68
ネオマイシン　　177
NeVTA（ネブタ）　　48
粘液胞子虫　　339
粘液胞子虫性側湾症　　348
粘着腺　　354
膿瘍　　192, 195
脳脊髄炎　　82
嚢虫症　　389
脳・網膜症　　82
ノープリウス　　395, 397, 399
ノカルジア症　　10, 211
ノジュール　　231
ノダウイルス科　　82
Norovirus　　38

は 行

Hagerman redmouth（HRM）　　226
パーキンサス症　　323, 325
把握器　　353, 369
ハーブ　　52
a viable but non-culturable form　　194
バイオコントロール　　75
媒介動物　　47
配合飼料　　3, 17
杯頭条虫　　390
培養温度　　132
培養細胞　　33
ハウス式養殖　　17
ハウス養鰻　　18
バキュロウイルス科　　97, 99
バキュロウイルス性中腸腺壊死症（BMN）　　97
bacterial gill disease　　169
バクテリオシン　　175
バクテリオファージ　　175

白点　　101, 138, 209, 210
白点虫　　295
白点病　　295
ハダムシ症　　360
発育不全症候群　　105
白化現象　　2
発光ビブリオ病　　135
鼻上げ　　17
パラコロ病　　17, 188, 192
ハリフトロス症　　281
春ウイルス血症　　64
PRDV　　100
BHI 寒天培地　　199, 206
PEA アザイド寒天培地　　199
PAS　　225
PAV　　100
PFR　　65
BMN（Baculoviral mid-gut gland necrosis）　　97
BMNV　　97
BKD（bacterial kidney disease）　　136
PKD　　341
PCR　　83, 102, 110, 172, 175, 180, 187, 220
PCLS（phagocytolytic syndrome）　　58
BGD　　169
BP　　106
BPN（black patch necrosis）　　215, 218, 219
BVdU　　52
PYGS 寒天（液体）培地　　278
ピシリケッチア症　　220
必須脂肪酸　　13
ビタミン　　4, 229
非定型 A. salmonicida　　141, 147
非特異的防御　　9
vibrio-static agent（O/129）　　159
ビブリオ病　　4, 21, 25, 158, 163, 229
尾柄病　　180, 181
微胞子虫　　287
微胞子虫病　　318
病因　　1, 2, 19
鰾炎（SBI）　　65
病原因子　　138, 154, 165, 179, 208
鰓線虫症　　393
病理学　　1
日和見病原菌　　131

事項索引

ヒル　　*381*
鰭赤病　　*8, 17, 155, 156, 157, 188*
貧血　　*54, 58, 60, 173, 181, 353, 368, 372, 374*
ファージ　　*187, 203*
ファージ療法　　*133*
VEN（viral erythrocytic necrosis）　　*32*
VHS（viral haemorrhagic septicemia）　　*29, 53*
VHSV　　*53, 75*
VNN（viral nervous necrosis）　　*32, 81*
VWD（viral whirling disease）　　*31, 62*
VDV　　*70, 71*
VBNC（viable but non-culturable state）　　*210*
風土病　　*10, 340*
封入体　　*58, 105, 224*
フォスフォリパーゼ　　*143*
phosphonoacetate　　*50*
不完全菌類　　*263*
腹水貯留　　*72, 156, 185*
腹部膨満症　　*168*
不顕感染　　*6, 8*
フサリウム症　　*277, 280*
浮腫症　　*67*
フタゴムシ　　*353*
付着　　*7, 11*
フマギリン　　*312, 315, 319*
プラーク　　*54*
フラグメント（fragment）　　*278*
プラジクアンテル　　*369*
プラスミド　　*159*
ブランキオマイセス症　　*265*
フルーティングボディ　　*173*
フルンクローシス培地（FA 培地）　　*141*
ブレイン・ハートインフュージョン（BHI）寒天培地　　*207*
フレキシルビン色素　　*174*
プレロセルコイド　　*389*
プロセルコイド　　*389*
プロテアーゼ　　*138, 143, 154, 159, 171*
ブロノポール　　*268*
分子疫学　　*62*
分生子　　*275, 281*
噴霧免疫　　*162*
閉鰾症　　*11*
β-1, 3-glucan　　*232*
β溶血型連鎖球菌　　*204*

ヘキサミタ症　　*294*
ベクター　　*42, 66, 222*
べこ病　　*312, 315*
ヘテロボツリウム　　*20*
ベネット寒天培地　　*211*
ペプチドグリカン　　*232*
ヘマトクリット（Ht）値　　*58, 60, 138, 221*
ヘモグロビン量　　*55, 138*
ヘモリジン　　*143*
ヘルペスウイルス　　*24*
ヘルペスウイルス性乳頭腫　　*67*
ヘルペスウイルス病　　*11, 48*
変形魚　　*348*
偏性嫌気性細菌　　*135*
偏性寄生体　　*291*
偏性細胞内寄生性細菌　　*223*
偏性細胞内寄生体　　*132, 221*
偏性病原菌（体）　　*131, 139, 144*
鞭毛　　*159*
鞭毛菌類　　*263*
鞭毛虫　　*287*
防疫　　*21, 57, 133*
防疫員　　*24*
防疫制度　　*22*
防汚剤　　*2*
胞子　　*285, 288, 310, 313, 316, 318*
放線胞子虫　　*339*
包埋体　　*97, 100*
保菌魚　　*144, 145, 176, 178, 181, 194*
保菌者　　*182, 195*
ボケ　　*172*
母子免疫　　*13, 183*
ポストラーバ　　*109*
補体　　*9*
ポックス　　*29, 67*
ボナミア症　　*321, 324*
骨曲がり　　*348*
ポピドンヨード（剤）　　*21, 43, 52, 57, 88, 145*
頬腫れ　　*343*
ポリミキシンB　　*177*
ホルマリン　　*20*
ボロ死に　　*17*

ま 行

マイクロサイトス症　　*322*

— 422 —

事項索引

マクロファージ　9, 347
McCoy-Pilcher 培地　157
マラカイトグリーン　20, 268
Marine Agar　162, 216
マルテイリア症　321, 324
ミクソゾア　285, 339
ミクソボルス症　343
ミクロシスト　173
ミコバクテリウム症　136
ミシス期　106
水ガキ　327
ミズカビ病　265
水カビ病　11, 265
ミズムシ　395
ミラシジウム　381
無性生殖　267
メタセルカリア　381, 385
メトヘモグロビン血症　18
メベンダゾール　369
メラニン　231
メラニン顆粒　139
メラノマクロファージセンター　65
メロゴニー　285, 288, 310, 313
メロント　288, 310, 313, 317, 318, 320
免疫学的検査法　139
免疫グロブリン　9
免疫賦活剤　111, 133, 232
免疫様現象（応答）　103, 110
網様構造体　224
モノクリナス型　270
モノクローナル抗体　42, 52, 78

や　行

薬剤感受性　185, 199, 204, 210, 230
薬剤耐性菌（耐性菌）　20, 133, 146, 162
野生魚　6, 91
野生魚介類　5
やせ病　342
誘因　3, 10
UM（ulcerative mycosis）　271
有機スズ　3, 348, 364
有性生殖器官　267
遊走子　267, 324, 329
遊走子嚢（zoosporangium）　267, 324, 329
輸入卵　182

Uvitex 2B　312, 315, 317
溶血素　138, 154
溶存酸素　299
予防免疫（接種）　21, 25, 133
ヨード剤　51
予防・治療対策　132

ら　行

ラクトフェリン　302
ラテックスビーズ　186, 187
ラブドウイルス病　86
卵黄凝固症　11, 180
卵菌症　277
ランゲルハンス氏島　46
卵消毒　43, 86
卵巣肥大症　326
卵内感染　182
卵膜軟化症　11
Reo-like virus　107
リグラ　390
リケッチア　220
リザバー（reservoir）　61, 92
リゾチーム　9
立鱗（症状）　154, 156
立鱗病　152
リボゾームワクチン　210
リボタイプ　179
Rimler-Shotts 培地　157
流行病　9
流行性潰瘍症候群　271
流行性造血器壊死症（EHN）　76, 89
鱗嚢　156
リンパ様器官　230
リンホカイン　9
リンホシスチス細胞　80
リンホシスチス病　29, 79
類結節症　206
ルヌル　399
冷水性ビブリオ病　135
冷水病　6, 11, 177, 187
レクチン　312
レジア　381
red pest　158
レッドマウス病　226
レトロウイルス　63

連鎖球菌症　*21, 198, 203*
ロイコシディン　*143*
六鉤幼虫　*389*

わ 行

YHV　*108*

YTAV　*70, 71*
YTV　*48, 50*
ワクチン　*13, 21, 22, 25, 133, 162, 302*
ワタカビ病　*265*

魚介類の感染症・寄生虫病
Infectious and parasitic diseases of fish and shellfish

2004年10月20日　初版発行

定価はカバーに表示

監　修　江草周三（えぐさしゅうぞう）
編　集　若林久嗣（わかばやしひさつぐ）　室賀清邦（むろがきよくに）
発行者　佐竹久男

発行所　株式会社 恒星社厚生閣

〒160-0008　東京都新宿区三栄町8
Tel 03-3359-7371　Fax 03-3359-7375
http://www.kouseisha.com/

本文組版：(株)恒星社厚生閣制作部　本文印刷：協友社
カラー印刷：谷島・製本：協栄製本

ISBN4-7699-1001-0 C3062